인강으로 합격하는

유창범의 소방기술사

학습자료 총정리판

소방기술사 유창범 지음

BM (주)도서출판 성안당

도서 A/S 안내

성안당에서 발행하는 모든 도서는 저자와 출판사, 그리고 독자가 함께 만들어 나갑니다.

좋은 책을 펴내기 위해 많은 노력을 기울이고 있습니다. 혹시라도 내용상의 오류나 오탈자 등이 발견되면 "좋은 책은 나라의 보배"로서 우리 모두가 함께 만들어 간다는 마음으로 연락주시기 바랍니다. 수정 보완하여 더 나은 책이 되도록 최선을 다하겠습니다.

성안당은 늘 독자 여러분들의 소중한 의견을 기다리고 있습니다. 좋은 의견을 보내주시는 분께는 성안당 쇼핑몰의 포인트(3,000포인트)를 적립해 드립니다.

잘못 만들어진 책이나 부록 등이 파손된 경우에는 교환해 드립니다.

저자 문의 e-mail : 671121@hanmail.net

본서 기획자 e-mail : coh@cyber.co.kr(최옥현)

홈페이지 : http://www.cyber.co.kr 전화 : 031) 950-6300

머리말

필자는 대학원을 졸업하고 소방기술사 공부를 시작한 지 7년 만에 어렵게 소방기술사가 되었습니다. 지금 생각해 보면 '쉽게 공부할 수 있는 것을 참 어렵게 했구나'하는 생각이 듭니다. 직장을 다니면서 공부하다 보니 학원 수강이 어려워 독학으로 공부했습니다. 그래서 누구보다도 공부하는 수험생의 마음을 알고 있기에 조금이나마 그들에게 도움이 되고자 이 책을 기술하게 되었습니다.

소방기술사의 시험문제는 단순히 암기를 요하는 것도 있지만 그보다는 소방에 대한 이해를 요하는 것이 대부분입니다. 그러나 시중에 나와 있는 대부분의 소방기술사 책은 요점 내용 위주로 되어 있고, 소방에 관한 기본서가 없는 실정입니다. 이에 소방 관련 내용을 기본 개념부터 집필하기 위해 소방에 관련된 다양한 책을 읽고 자료를 수집하여 기술하였습니다.

이 책은 기존에 출판되었던 '색다른 소방기술사'의 재개정판으로 크게 3권으로 구성되어 있습니다. 내용이 기존의 다른 수험서에 비해 방대하긴 하지만 모두가 소방을 이해하는 데 필요한 내용만을 넣은 것입니다. 책의 구성 중 특이한 점은 내용을 색으로 구분했다는 점입니다. 색은 가장 기본적이고 중요한 내용을 나타낸 것으로 기술사를 공부하시는 분이라면 반드시 이해하고 암기해야 할 내용을 나타낸 것입니다. 검은색은 소방에 대한 기본 개념을 이해하기 위해 서술한 것입니다. 이렇게 구성한 이유는 책의 중요 내용이 한눈에 쏙쏙 들어오도록 하여 수험생들이 쉽게 공부할 수 있도록 돕기 위함입니다.

말콤 글래드웰의 '아웃라이어'라는 책을 보면 1만 시간의 법칙이 나옵니다. 어떤 분야에서든 전문가가 되기 위해서는 1만 시간 정도를 투자해야 한다는 법칙입니다. 소방기술사는 소방 분야 최고의 자격증입니다. 이를 위해서는 많은 것을 포기하고 노력하는 자세가 필요합니다. 소방기술사를 공부하는 과정은 자기와의 싸움으로 시험을 포기하지 않고 정진한다면 언젠가는 이룰 수 있는 목표입니다.

여러분의 건승을 기원합니다.

이 책의 내용은 여러 선배님의 논문과 자료를 정리하여 소방기술사를 공부하시는 분들을 위해 맞춤형으로 기술한 것입니다. 이처럼 방대한 내용이 나오게 된 것은 모두가 선배님들의 연구와 노력 덕분입니다. 특히 필자에게 많은 지도 편달을 해주신 김정진 기술사님께 감사를 드립니다.

끝으로 이 책이 나오기까지 도움을 주신 성안당 관계자 여러분과 공부 때문에 함께 있지 못한 가족에게 깊은 감사를 표합니다.

Author Yoo Chang bum
Fire Protecting Engineer(P/E)

01 개요

건축물 등의 화재위험으로부터 인간의 생명과 재산을 보호하기 위하여 소방안전에 대한 규제대책과 제반시설의 검사 등 산업안전관리를 담당할 전문인력을 양성하고자 자격제도를 제정하였다.

02 수행직무

소방설비 종목에 관한 고도의 전문지식과 실무경험에 입각한 계획, 연구, 설계, 분석, 시험, 운영, 시공, 평가 또는 이에 관한 지도, 감리 등의 기술업무를 수행한다.

03 진로 및 전망

(1) 소방공사, 대한주택공사, 전기공사 등 정부투자기관, 각종 건설회사, 소방전문업체 및 학계, 연구소 등으로 진출할 수 있다.

(2) 지난 10년간 화재건수는 매년 연평균 10.2%씩 증가하여 '88년도에 12,507건이던 화재 발생이 '97년도에는 29,472건의 화재가 발생하여 '88년도보다 136%가 증가하였다. 또한, 경제성장에 따른 에너지 소비량의 증가와 각종 건축물의 대형화, 고층화 및 복잡 다양한 각종 내부인테리어로 인하여 화재는 계속 증가할 것이며, 1997년 후반기부터 건설업체에서 소방분야 도급을 받은 경우 소방설비 관련 자격증 소지자를 채용 의무화하는 등 증가요인으로 소방설비기술사에 대한 인력수요는 증가할 것이다.

04 취득방법

(1) **시행처** : 한국산업인력공단

(2) **관련 학과** : 대학 및 전문대학의 소방학, 소방안전관리학 관련 학과

(3) **시험과목** : 화재 및 소화이론(연소, 폭발, 연소생성물 및 소화약제 등), 소방수리학 및 화재역학, 소방시설의 설계 및 시공, 소방설비의 구조 원리(소방시설 전반), 건축방재(피난계획, 연기제어, 방화 · 내화 설계 및 건축재료 등), 화재, 폭발위험성 평가 및 안정성 평가(건축물 등 소방대상물), 소방관계법령에 관한 사항

(4) **검정방법**

① 필기 : 단답형 및 주관식 논술형(교시당 100분 총 400분)

② 면접 : 구술형 면접시험(30분 정도)

(5) **합격기준** : 100점 만점에 60점 이상

05 출제경향

(1) 소방설비와 관련된 실무경험, 일반지식, 전문지식 및 응용능력
(2) 기술사로서의 지도 감리능력, 자질 및 품위 등 평가

06 출제기준

주요 항목	세부항목
1. 연소 및 소화 이론	① 연소이론 ㉠ 가연물별 연소특성, 연소한계 및 연소범위 ㉡ 연소생성물, 연기의 생성 및 특성, 연기농도, 감광계수 등 ② 화재 및 폭발 ㉠ 화재의 종류 및 특성 ㉡ 폭발의 종류 및 특성 ③ 소화 및 소화약제 ㉠ 소화원리, 화재 종류별 소화대책 ㉡ 소화약제의 종류 및 특성 ④ 위험물의 종류 및 성상 ㉠ 화재현상 및 화재방어 등 ㉡ 위험물제조소 등 소방시설 ⑤ 기타 연소 및 소화 관련 기술동향
2. 소방유체역학, 소방전기, 화재역학 및 제연	① 소방유체역학 ㉠ 유체의 기본적 성질 ㉡ 유체정역학 ㉢ 유체유동의 해석 ㉣ 관내의 유동 ㉤ 펌프 및 송풍기의 성능 특성 ② 소방전기 ㉠ 소방전기 일반 ㉡ 소방용 비상전원 ③ 화재역학 ㉠ 화재역학 관련 이론 ㉡ 화재확산 및 화재현상 등 ㉢ 열전달 등 ④ 제연기술 ㉠ 연기제어 이론 ㉡ 연기의 유동 및 특성 등

주요 항목	세부항목
3. 소방시설의 설계, 시공, 감리, 유지관리 및 사업관리	① 소방시설의 설계 ㉠ 소방시설의 계획 및 설계(기본, 실시설계) ㉡ 법적 근거, 건축물의 용도별 소방시설 설치기준 등 ㉢ 특정소방대상물 분류 등 ㉣ 성능위주설계 ㉤ 소방시설 등의 내진설계 ㉥ 종합방재계획에 관한 사항 등 ㉦ 사전 재난 영향성 평가 ② 소방시설의 시공 ㉠ 수계소화설비 시공 ㉡ 가스계소화설비 시공 ㉢ 경보설비 시공 ㉣ 소방용 전원설비 시공 ㉤ 피난 · 소화용수설비 시공 ㉥ 소화활동설비 시공 ③ 소방시설의 감리 ㉠ 공사감리 결과보고 ㉡ 성능평가 시행 ④ 소방시설의 유지관리 ㉠ 유지관리계획 ㉡ 시설점검 등 ⑤ 소방시설의 사업관리 설계, 시공, 감리 및 공정관리 등
4. 소방시설의 구조 원리	① 소화설비 소화기구, 자동소화장치, 옥내소화전설비, 스프링클러설비 등, 물분무 등 소화설비, 옥외소화전설비 ② 경보설비 단독경보형 감지기, 비상경보설비, 시각경보기, 자동화재탐지설비, 비상방송설비, 자동화재속보설비, 통합감시시설, 누전경보기, 가스누설경보기 ③ 피난설비 피난기구, 인명구조기구, 유도등, 비상조명등 및 휴대용 비상조명등

주요 항목	세부항목
4. 소방시설의 구조 원리	④ 소화용수설비 상수도 소화용수설비, 소화수조 · 저수조, 그 밖의 소화용수설비 ⑤ 소화활동설비 제연설비, 연결송수관설비, 연결살수설비, 비상콘센트설비, 무선통신보조설비, 연소방지설비
5. 건축방재	① 피난계획 ㉠ RSET, ASET, 피난성능평가 등 ㉡ 피난계단, 특별피난계단, 비상용 승강기, 피난용 승강기, 피난안전구역 등 ㉢ 방 · 배연 관련 사항 등 ② 방화 · 내화 관련 사항 ㉠ 방화구획, 방화문 등 방화설비, 관통부, 내화구조 및 내화성능 ㉡ 건축물의 피난 · 방화구조 등의 기준에 관한 규칙 ③ 건축재료 ㉠ 불연재, 난연재, 단열재, 내장재, 외장재 종류 및 특성 ㉡ 방염제의 종류 및 특성, 방염처리방법 등
6. 위험성 평가	① 화재폭발위험성 평가 ㉠ 위험물의 위험등급, 유해 및 독성기준 등 ㉡ 화재위험도분석(정량 · 정성적 위험성 평가) ㉢ 피해저감대책, 특수시설 위험성 평가 및 화재안전대책 ㉣ 사고결과 영향분석 ② 화재 조사 ㉠ 화재원인 조사 ㉡ 화재피해 조사 ㉢ PL법, 화재영향평가 등
7. 소방 관계 법령 및 기준 등에 관한 사항	① 소방기본법, 시행령, 시행규칙 ② 소방시설공사업법, 시행령, 시행규칙 ③ 화재의 예방 및 안전관리에 관한 법률, 시행령, 시행규칙 ④ 소방시설 설치 및 관리에 관한 법률, 시행령, 시행규칙 ⑤ 화재안전성능기준, 화재안전기술기준 ⑥ 위험물안전관리법, 시행령, 시행규칙 ⑦ 초고층 및 지하연계 복합건축물 재난관리에 관한 특별법, 시행령, 시행규칙 ⑧ 다중이용업소의 안전관리에 관한 특별법, 시행령, 시행규칙 ⑨ 기타 소방 관련 기술기준 사항(예 : NFPA, ISO 등)

암기비법

반복과 연상기법을 다음과 같이 바로 실행하여 끊임없이 적극적으로 실천한다.

01 자기 전에 그날 공부한 내용을 1문제당 2분 이내로 빠른 시간 내에 소리 내어 읽어본다.

02 다음날 일어나서 다시 한번 전날 학습한 내용을 되새기며 형광펜으로 밑줄 친 내용을 읽어본다.

03 학습 전 어제와 그제 공부한 내용을 반드시 30분 정도 되새겨 본다.

04 스마트폰에 본인이 공부한 내용을 촬영하여 화장실이나 대중교통 이용 시 반복하여 읽는다.

05 업무 중 휴식시간에 자신이 학습한 내용을 연상하며 되새겨본다.

06 직장동료들이나 가족들 간의 대화에도 면접에 필요한 논리적인 대화를 할 수 있도록 자신이 학습한 내용을 가능하면 상대방에게 설명할 수 있도록 훈련한다.

※ 기술사 2차 시험은 면접시험으로 언어능력 특히 표현력이 부족하여 곤란한 경우가 많으므로 평상시에 연습해두어야 한다.

시험지침

01 시험장 입장

(1) 오전 8시 30분(가능한 대중교통 이용)

(2) 준비물 : 점심(초콜릿, 생수, 비타민, 껌 등), 공학용 계산기, 원형 자, 필기도구(검정색 4개), 신분증, 수험표 등

02 시험 시작

(1) 1교시 : 9:00~10:40(100분) → 13문제 중 10문제 필수 기록
- 20분간 휴식 : 이 시간에 본인이 기록한 것을 스피드하게 전체적으로 본다.

(2) 2교시 : 11:00~12:40(100분) → 6문제 중 4문제 필수 기록
- 점심 시간 : 12:40~13:30 외부 점심 금지, 초클릿 4개 정도와 생수 3개
- 10분간 휴식 : 이 시간 중 본인이 기록한 것을 스피드하게 전체적으로 본다.

(3) 3교시 : 13:40~15:20(100분) → 6문제 중 4문제 필수 기록
- 20분간 휴식 : 이 시간 중 본인이 기록한 것을 스피드하게 전체적으로 본다.

(4) 4교시 : 15:40~17:20(100분) → 6문제 중 4문제 필수 기록
- 시험이 끝난 후 조용히 집으로 귀가하여 시험 본 기억을 꼼꼼히 기록한다.

01 답안지 작성방법

(1) 답안지는 230mm×297mm 전체 양면 14페이지로 22행 양식임(용지가 매우 우수한 매끄러운 용지임)

(2) **필기도구**: 검정색의 1.0mm 또는 0.5~0.7mm 볼펜이나 젤펜 사용(본인의 감각에 맞게 선택)

(3) **1교시 답안지 작성법**: 답안지 작성 전에 전략을 세우는데 10문제를 선택하여 목차를 문제지나 답안지 양식의 제일 앞장에 간단히 기록한다.
→ 답안지 양식에 신속히 기록(25점 형태로 오버페이스 금지)하되 잘못 기재한 내용이 있으면 두 줄 긋고 진행한다.

(4) **2~4교시 답안지 작성법**: 답안지 작성 전에 전략을 세우는데 4문제를 선택하여 목차를 문제지나 답안지 양식의 제일 앞장에 간단히 기록한다.
→ 답안지 양식에 신속히 기록(25점 형태로 오버페이스 일부 가능)하되 잘못 기재한 내용이 있으면 두 줄 긋고 진행한다.

02 답안 작성 노하우

기술사 답안은 논리적 전개가 확실한 기획서와 같은 형식으로 작성하면 효율적이다.

다음은 기본적인 답안 작성방법으로 문제 형식에 맞춰 응용하며 연습하면 완성도 높은 답안을 작성할 수 있을 것이다.

(1) **서론** : 개요는 출제의도를 파악하고 있다는 것이 표현되도록 핵심 키워드 및 배경, 목적을 포함하여 작성한다.

(2) **본론**

① 제목 : 제목은 해당 답안의 헤드라인이다. 어떤 내용을 주장하는지 알 수 있도록 작성한다.

② 답변 : 문제에서 요구하는 내용은 꼭 작성하여야 하며, 필요에 따라 사례 및 실무 내용을 포함하도록 작성한다.

③ 문제점 : 내가 주장하는 논리를 펼 수 있는 문제점에 대하여 작성하도록 하며, 출제 문제에 해당하는 정책, 법적 사항, 이행사항, 경제 · 사회적 여건 등 위주로 작성한다.

④ 개선방안 : 작성한 문제점에 대한 개선방안으로 작성한다.

※ 본론 전체의 내용은 다음을 염두에 두고 작성한다.

- 내가 주장하는 바의 방향이 맞는가
- 각 내용이 유기적으로 연계되어 있는가
- 결론을 뒷받침할 수 있는 내용인가

(3) **결론** : 전문가의 식견(주장)이 담긴 객관적인(과도한 표현 지양) 문장이 되도록 작성하며, 본론에서 제시한 내용에 맞게 작성한다.

03 답안 작성 시 체크리스트

기술사 답안 작성 후 다음 항목들을 체크해본다면 답안 작성의 방향을 설정할 수 있을 것이다.

☑ 출제의도를 파악했는가?
☑ 문제에 대한 다양한 자료를 수집하고 이해했는가?
☑ 두괄식으로 답안을 작성했는가?
☑ 나의 논지가 담긴 소제목으로 구성했는가?
☑ 가독성 있게 핵심 키워드와 함축된 문장으로 표현했는가?
☑ 전문성(실무내용)있는 내용을 포함했는가?
☑ 적절한 표 or 삽도를 포함했는가?
☑ 논리적(스토리텔링)으로 답안을 구성했는가?
☑ 논지를 흩트리는 과도한 미사여구가 포함됐는가?
☑ 임팩트 있는 결론인가?
☑ 나만의 답안인가?

04 답안지 작성 시 글씨 쓰는 요령

(1) 세로획은 똑바로, 가로획은 약 25도로 우상향하는 글씨체로 굳이 정자체를 고집할 이유 없고 채점자들이 알 수 있는 얌전한 글씨체를 쓴다. 그리고 세로획이 자기도 모르게 다른 줄을 침범하는 경우가 있는데, 채점자에게 안 좋은 이미지를 줄 수 있다. 또한, 가로로 작성하다 보면 답안지 양식의 테두리를 벗어나는 경우에도 채점자에게 안 좋은 이미지를 줄 수 있다.

(2) **글씨의 크기와 작성**

① 답안지 양식에서 가로 줄 사이에 글을 정중앙에 쓴다.
② 수식은 두 줄을 이용하여 답답하지 않게 쓴다.
③ 그림의 크기는 5줄 이내로 나타낸다.
④ 복잡한 표는 시간이 많이 소요되므로 간략한 표로 나타낸다.

[답안지 양식]

아래한글에서 다음 답안지 양식을 인쇄하여 답안지를 작성하는 연습을 한다.
위 : 20mm, 머리말 : 8.0mm, 왼쪽 : 21.0mm, 오른쪽 : 25.0mm, 제본 : 0.0mm, 꼬리말 : 3.0mm, 아래쪽 : 15.0mm(A4용지)

[답안지 작성 예]

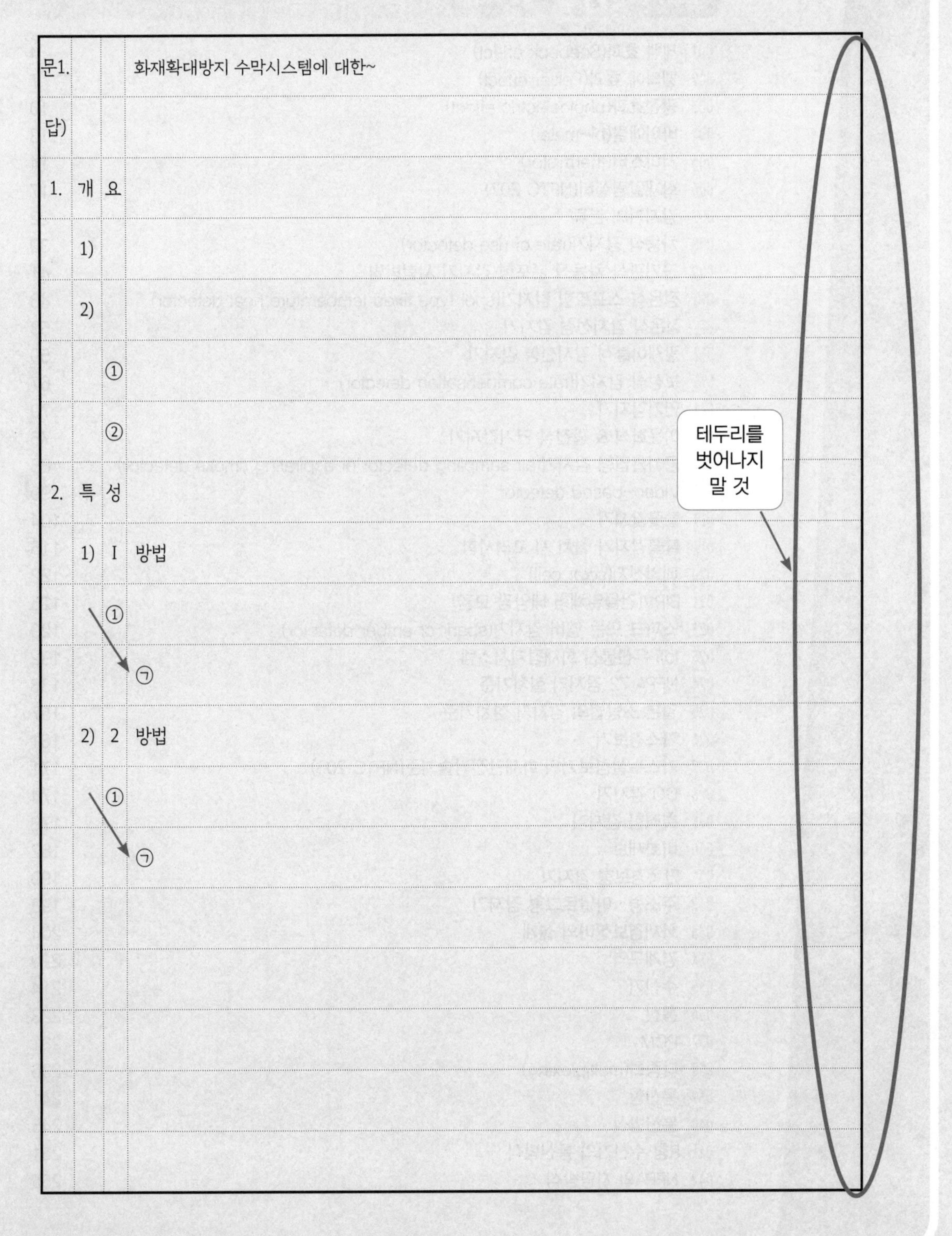

차례

Part 7 소방전기

Part 8 소화활동설비

Part 9 폭발과 위험물

Professional Engineer Fire Protection

소방기술사

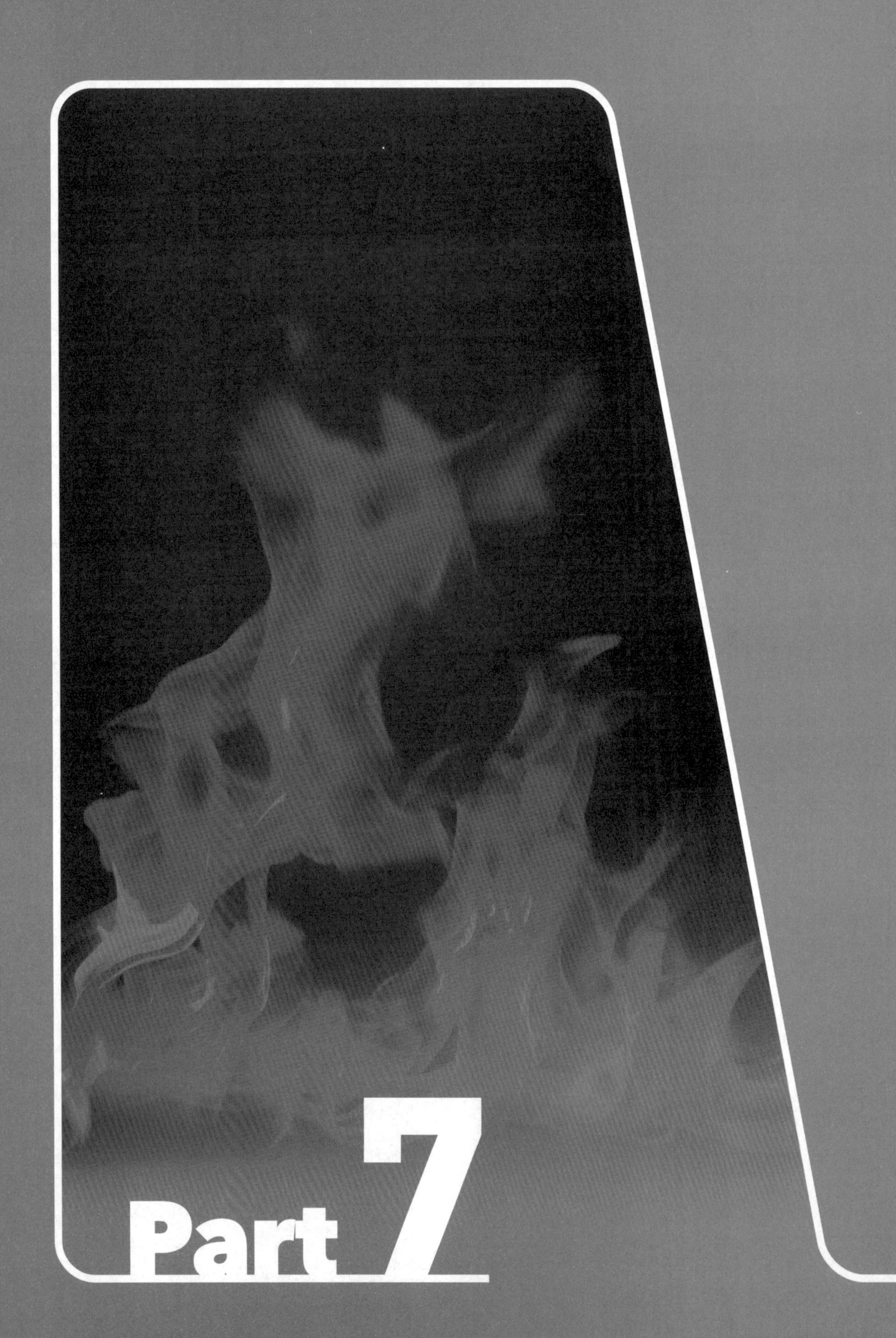
Part 7

소방전기

SECTION

SECTION

SECTION

SECTION 001

제벡 효과(Seebeck effect)

125 · 117 · 111 · 107 · 74회 출제

01 개요

(1) 열전대의 정의

열적 · 전기적으로 접촉하는 다른 두 개의 금속으로 구성된 온도센서이다.

(2) 열전(thermoelectric) 현상[제벡 효과(Seebeck effect)]

온도변화에 따라서 두 금속의 접촉부에서 전위의 차가 발생하여 열기전력이 발생하고 전류가 흐르는 현상이다.

02 제벡 효과의 원리

(1) 기전력 발생 메커니즘 125회 출제

1) 서로 다른 금속의 접속

2) 폐회로의 구성

3) 전도체에 전류가 흐르지 않아도 에너지의 흐름(온도차)에 의해 전압의 전위차가 발생한다.

① 온도의 증가(화재 등)에 따른 원자의 진동 : 온도가 증가할수록 진동이 증가하여 자유전자와 부딪히는 빈도가 증가하여 저항은 증가된다.

② 자유전자가 차가운 쪽으로 이동한다.

③ 차가운 쪽은 음전하가, 뜨거운 쪽은 양전하를 띠게 된다.

4) 전위차에 의해 기전력 발생 → 전류

(2) 금속에 따른 기전력 발생

1) 동일 금속일 경우 : 동일한 온도 변화도로 기전력이 발생하지 않는다.

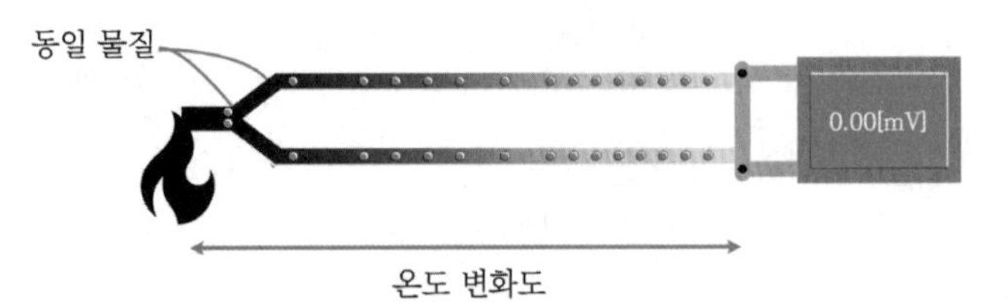

2) 다른 금속일 경우 : 온도 변화도의 차이로 기전력이 발생한다.

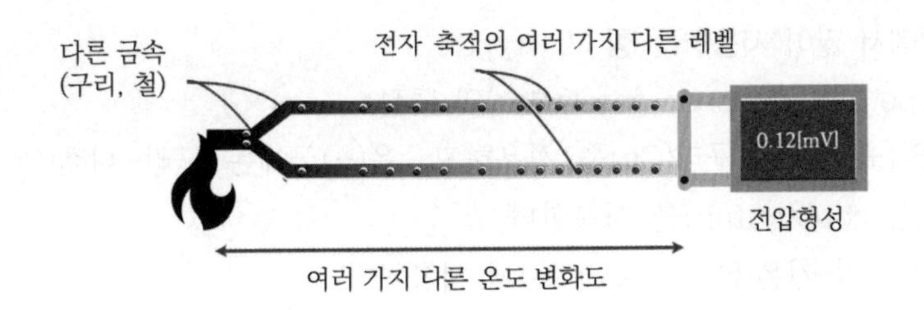

3) 제벡에 의해 발견되었다.

03 제벡 효과의 적용

(1) 화재 시 발생하는 연소 생성물로는 열, 연기, 가스, 불꽃 등이 있으며, 제벡 효과는 이 중에서 열을 이용하여 화재를 감지하는 열감지기에 이용한다.

(2) **메커니즘**

열을 받으면 제벡 소자에 의해 기전력이 발생 → 전류 → 화재신호

(3) **공식**

$$V_S = \alpha \cdot \Delta T[\mathrm{V}]$$

여기서, V_S : 열기전력의 크기[V]

α : 제벡 계수[μV/K]

ΔT : 접점의 온도차[K]

제벡 계수가 클수록 온도변화에 대한 기전력의 기울기가 커서 작은 온도변화도 쉽게 감지할 수 있다.

(4) **적용 대상 감지기**

1) 차동식 스포트형 : 열기전력식

2) 차동식 분포형 : 열전대 감지기(구리－콘스탄탄 합금 사용)

(5) **열전대의 종류**

1) 극의 재질에 따른 구분

유형	정격온도범위[℃]	물질	제벡 계수[μV/K]
J	0~760	철, 콘스탄탄	53
K	-200~1,260	니켈-크롬, 니켈-알루미늄	41
E	-200~870	니켈-크롬, 콘스탄탄	62
T	-200~370	구리, 콘스탄탄	50

제벡 계수(Seebeck coefficient) : 제벡 기전력을 접합점에 대한 온도 차로 나눈 값

2) 소방에서 많이 사용하는 형 : T-type

3) T-type 열전대(copper-constantan)의 특징

① 양(+)극에는 구리(Cu)를 사용하고, 음(-)극에는 구리-니켈(Cu-Ni)합금(콘스탄탄, constantan)을 사용한다.

② 비교적 저온(200 ~ 300[℃])에 사용한다.

③ 약산화분위기 또는 환원분위기 중에서도 사용이 가능하다.

④ 기전력은 안정화되어 온도에 대한 값의 정확도가 높다.

⑤ 취급이 간단하여 실험실 등에서 많이 사용한다.

4) 형태에 따른 구분

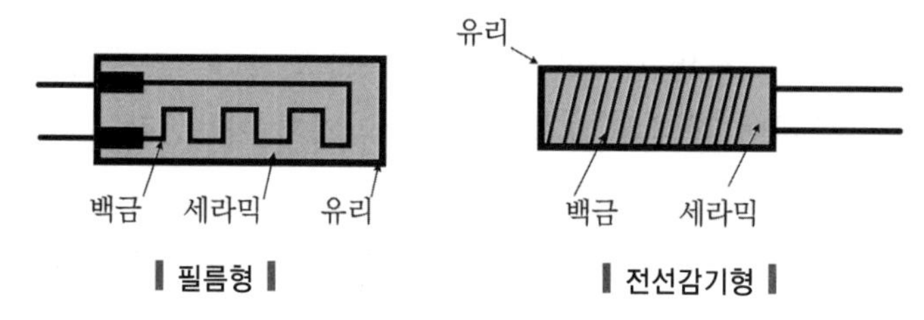

필름형 | 전선감기형

(6) 열전대의 장단점

장점	단점
① 좁은 장소에서 온도측정 가능함 ② 빠른 응답속도 ③ 진동 · 충격에 강함 ④ 고온 영역측정 가능함	① 작은 변화율 ② 온도차 검출방식으로 냉접점 온도의 보정 필요

SECTION 002

펠티에 효과(Peltier effect)

117 · 74회 출제

01 개요

(1) 펠티에 효과(Peltier effect)는 제벡 효과와 다소 차이가 난다. 제벡 효과는 온도차에 의한 에너지의 흐름 때문에 기전력이 발생하는 데 반하여, 펠티에 효과는 전류가 흐르면 에너지의 흐름이 발생하는 효과이다. 따라서, 제벡 효과의 반대현상이라 할 수 있다.

(2) 프랑스의 물리학자 펠티에(Peltier)에 의해 발견되었다.

02 원리 및 사용처

(1) **두 개의 전도체**

1) 같은 금속 : 전류가 흐를 때 온도구배는 '0'이다.

2) 서로 다른 금속 : 에너지의 흐름이 물질의 차이에 따라 불연속적 → 열의 흐름과 같은 에너지 전달 발생 → 에너지를 받는 온접점, 에너지를 내보내는 냉접점이 된다.

(2) 펠티에 효과 125회 출제

1) 정의 : 서로 다른 두 가지 금속에 전기를 통하였을 때 서로 다른 금속의 양단면에 온도차가 일어나는 현상

2) 발열 및 흡열 메커니즘 : 서로 다른 금속의 결합 → 폐회로 구성 → 전류의 흐름 → 금속 양단면에서 줄열 이외의 발열(온접점) 및 흡열(냉접점)이 발생한다.

3) 비교

제벡 효과	펠티에 효과	톰슨 효과
열전현상(열 → 전기)	전열현상(전기 → 열)	

(3) 전류가 어떤 한 방향으로 흐를 때 열이 발생된다면 전류가 그 반대방향으로 흐르면 열을 흡수하기 때문에, 펠티에(Peltier) 효과는 '제벡 효과에 가역적이다'라고 할 수 있다.

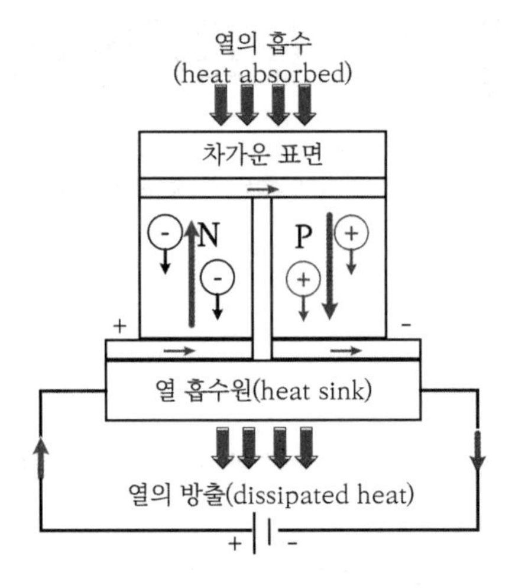

▌펠티에 효과(Peltier effect)의 개념도[1] ▌

(4) 공식

$$Q = \Pi \cdot I$$

여기서, Q : 발열량

Π : 펠티에 계수($\Pi = \alpha \Delta T$)

(5) 사용처

1) 열전 냉장장치 : 펠티에 접합을 다수 직렬로 연결
2) 냉매를 사용하는 기존의 냉장고에 비해 비교적 비효율적이며 줄(Joule)열의 발생으로 인해 고전류에서는 작동시킬 수 없지만, 소음이 없고 소형화가 가능하기 때문에 특수 용도로 사용한다.

톰슨 효과(Thomson effect) 117회 출제

① 정의 : 동일한 금속에서 부분적인 온도차가 있을 때 전류를 흘리면 발열 또는 흡열이 일어나는 현상
② 펠티에 효과와의 차이점 : 동일 금속
③ 톰슨 효과에 의한 열은 전류와 온도구배에 비례한다.

구분	Positive(정) thomson effect	Negative(부) thomson effect
현상	고온에서 저온부로 전류 → 발열	저온에서 고온부로 전류 → 흡열
대상	구리, 은, 아연, 카드뮴 등	철, 비스무트, 코발트, 백금 및 니켈 등

1) http://www.caister.com/supplementary/pcr-troubleshooting/c6f1.html에서 발췌

④ 공식 : $Q_T = \tau I \Delta T$

여기서, Q_T : 톰슨열(흡수 또는 방출)

τ : 톰슨계수$\left(\tau = T\dfrac{d\alpha}{dT}\right)$

I : 전류

ΔT : 도선의 온도구배

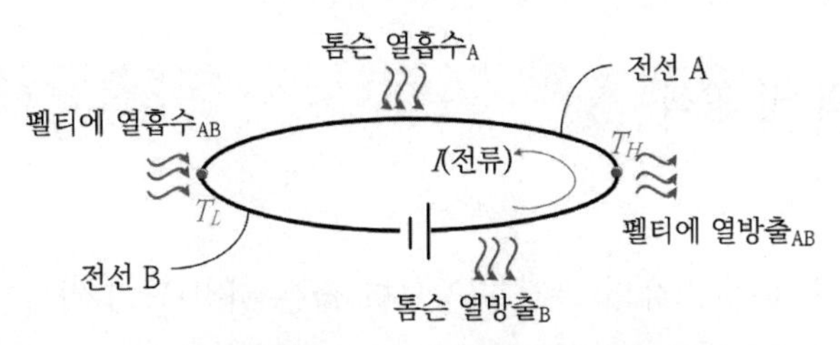

‖ 펠티에와 톰슨의 열흡수와 방출 ‖

SECTION 003 광전효과(photoelectric effect)

74회 출제

01 정의 및 공식

(1) 정의

금속 등의 물질이 고유의 특정 파장보다 짧은 파장을 가진(따라서, 높은 에너지를 가진) 전자기파를 흡수했을 때 전자를 내보내는 현상

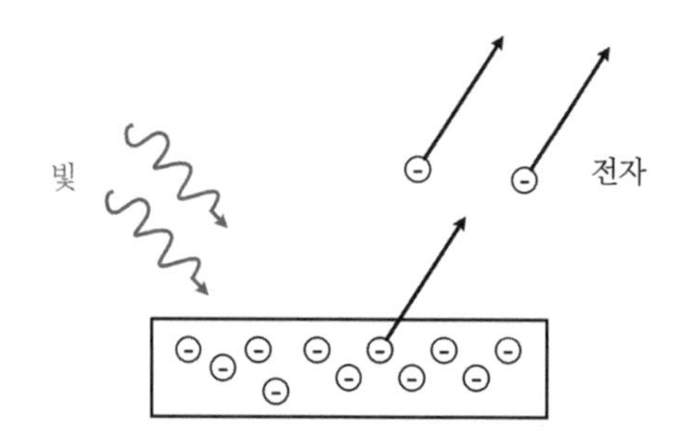

▌광전효과의 개념도▐

(2) 기본 개념

1) 한계 파장(threshold wave length) : 전자가 튀어나오는 순간의 물질 고유의 특정 파장

2) 한계 진동수(문턱 진동수) : 한계 파장에서의 진동수

3) 일함수(work function, ϕ)

① 공식

$$\phi = h\nu_0$$

여기서, ϕ : 일함수

h : 플랑크 상수

ν_0 : 한계 진동수

② 정의 : 물질 내에 있는 전자를 밖으로 끌어내는 데 필요한 최소의 일

(3) 에너지 보존법칙에 따라 다음 등식이 성립한다.

$h\nu$(입사한 광자의 에너지) = 일함수 + 운동에너지

$$h\nu = \phi + \frac{1}{2}mv^2 = h\nu_0 + \frac{1}{2}mv^2$$

$$\frac{1}{2}mv^2 = h\nu - h\nu_0 = -e V_s$$

여기서, h : 플랑크 상수

ν : 고유 진동수

ν_0 : 한계 진동수

m : 전자의 질량

v : 방출된 전자의 속도

e : 전자의 위치 에너지

V_s : 정지전위

(4) 앞 '(2)' 식의 의미

1) 입사한 광자의 에너지가 일함수보다 작으면 입사한 빛의 세기에 관계없이 전자가 방출되지 않는다.

2) 진동수(ν)와 정지전위(V_s)로 나타내면 직선을 나타내는 방정식이 된다.

$$\nu = \nu_0 + \left(-\frac{e}{h}\right)V_s$$

여기서, ν : 진동수

ν_0 : 초기 진동수

3) 직선의 기울기 : $-\frac{e}{h}$값으로 항상 일정하다는 사실을 통해 플랑크 상수 h값을 구할 수 있다.

1. **물리학에서의 양자화(quantization)** : 연속적으로 보이는 양을 자연수로 셀 수 있는 양으로 재해석하는 것, 즉 어떤 물리적 양이 연속적으로 변하지 않고 어떤 고정된 값의 정수배만을 가지는 것을 '그 양이 양자화되었다.'고 한다. 예를 들면 전하는 연속적으로 변하는 양이 아니고 어떤 기본량, 즉 전자의 전하 $e = 4.8 \times 10^{-10}$[esu]의 정수배로 되어 있다. 따라서, 전하는 양자화된 양이라고 할 수 있다.
2. 정보이론에서 양자화는 아날로그 데이터의 연속적인 값을 디지털 데이터, 즉 띄엄띄엄한 값으로 바꾸어 근사하는 과정을 뜻한다.
3. **일함수** : 전자가 금속면을 탈출하는 데 필요한 에너지준위에 상당하는 장벽의 높이를 말한다.
   ① 탈출준위(W_o)와 페르미준위(W_f)와의 차($W_o - W_f$)[eV]로 표시한다.
   ② 일함수 $W = e\phi$로 나타내며, 1개의 전자를 금속체로부터 공간으로 방출하는 데 필요한 일의 양으로 나타낸다.
4. **탈출준위(이탈준위)** : 전자가 금속면을 탈출하는 데 필요한 에너지준위에 해당하는 장벽의 윗부분의 준위이다.

5. **페르미준위** : 절대온도 영도(0[K])에서 가장 밖의 전자(가전자)가 가지는 에너지 높이이다.

6. **전자볼트** : 1[V]의 전위차에서 전자에게 주어지는 위치에너지이며, 단위는 [eV]이다. 즉, $1[eV]=1.6\times10^{-19}[J]$로 나타낼 수 있다.

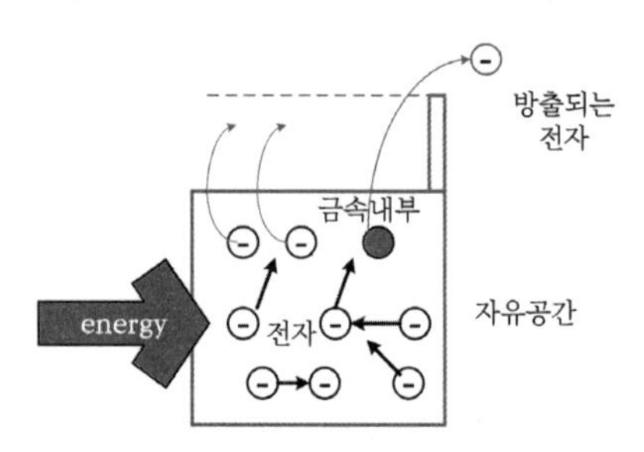

▌큰 에너지준위를 얻은 전자가 장벽을 뛰어넘어 자유공간으로의 방출▐

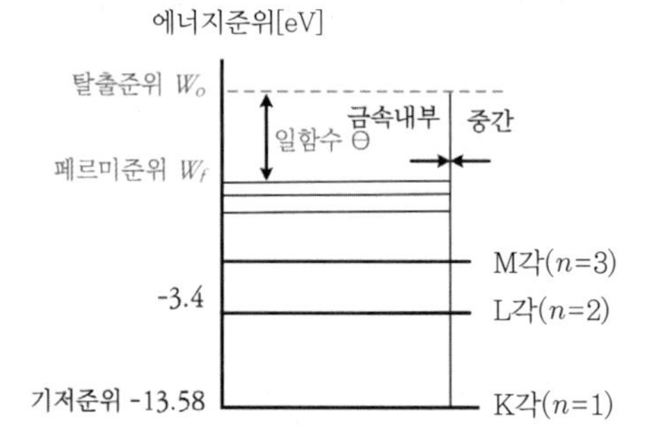

▌금속의 에너지준위와 일함수▐

02 소방의 광전효과 이용

(1) 광센서 감지기의 감지원리

(2) 불꽃감지기(UV)의 감지원리

(3) 연기감지기(광전식)의 감지원리

압전효과(Piezo electricity) : 기계적 힘을 가함으로써 유전분극이 일어나 전기적 에너지가 발생하는 현상이다. 결정구조에 힘을 가하면 한쪽으로 음전하가 모이고 반대쪽으로 양전하가 모여 전류가 흐르게 된다. 압전효과는 힘의 크기와 방향에 따라 변화한다.

SECTION 004

바이메탈(bi-metal)

78회 출제

01 개요

(1) 정의

온도에 따라 휘는 성질을 이용하여 온도를 조절할 수 있는 기기

(2) 온도에 의한 선팽창계수가 다른 두 종류 금속의 2중층 구조로서, 온도가 가해지면 한쪽은 고신장, 한쪽은 저신장이 된다. 따라서, 작게 팽창되는 저신장 방향으로 금속이 휘게 된다.

02 구조 및 소방에서의 이용

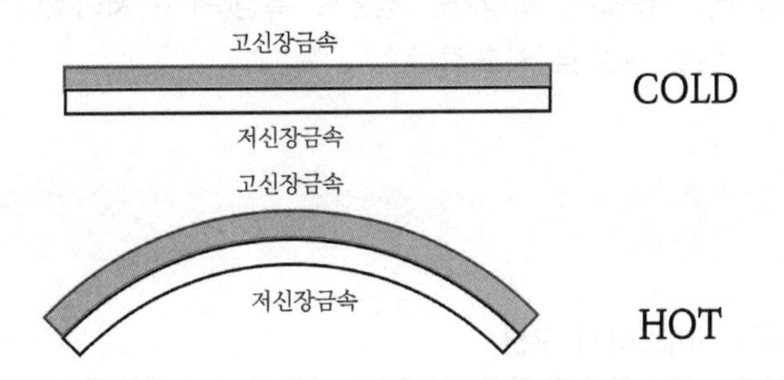

(1) 저신장 금속

니켈(Ni), 철(Fe), 인바(Invar, Fe 63.5[%] + Ni 36.5[%])의 합금을 사용한다.

(2) 고신장 금속

황동(구리와 아연의 합금, Cu + Zn)

(3) 사용온도에 따른 구분

1) 공칭 작동온도 100[℃] : 황동 + 니켈(Ni)

2) 공칭 작동온도 150[℃] : 황동 + 인바(Invar)

(4) 소방에서 바이메탈의 이용

정온식 스포트형 감지기는 고신장되는 방향에 접점을 설치하여 열에 의해 신장되면서 접점이 붙어 전기적 신호를 발하는 구조에 이용된다.

SECTION 005

서미스터(thermistor)

121 · 78회 출제

01 개요

(1) 서미스터

Thermal sensitive resistor의 합성어로서, 온도변화에 대해 저항값이 민감하게 변하는 저항기이다.

(2) 자기(ceramic)재료에 불순물을 첨가하여 각종 산화물을 조합시켜 소결한 반도체소자이다.

(3) 용도

1) 온도상승에 저항값이 떨어지는 부성온도 특성(NTC) 서미스터 : 온도감지기에 사용되는 일반적인 부품

2) 온도가 올라가면 저항값도 올라가는 정온도 특성(PTC) 서미스터 : 자기가열 때문에 발열체 또는 스위칭 용도로 사용한다.

02 특징

(1) 온도특성에 따른 서미스터의 구분

구분	저항특성	재질	특징	사용처
NTC (Negative Temperature Coefficient)	부온도 특성(−)을 가지는 서미스터로, 온도가 상승하면 저항값이 감소	산화니켈(NiO), 산화코발트(CoO), 산화망가니즈(MnO) 등	① 센서의 응답속도가 빠르고 신뢰성이 높다. ② 구조가 간단하여 소형화가 가능하다. ③ 양산성이 우수하여 안정된 가격으로 대량공급이 가능하다.	온도조절기, 전열기구, 체온계, 풍속계, 차동식 감지기, 정온식 감지기
PTC (Positive Temperature Coefficient)	온도가 높아지면 저항값이 증가하는 정특성(+) 서미스터	타이타늄바륨 ($BaTiO_3$)	자체가 온도 검출기능과 전류 조절도 가능하다.	모터기동, 자기소거, 정온발열, 과전류 보호용

구분	저항특성	재질	특징	사용처
CTR (Critical Temperature Resistor)	NTC와 유사하나 어떠한 특정 온도에서 저항값이 부온도 특성(−)으로 급변	산화바나듐(VO_2)	① NTC와 동일한 특성이다. ② 사용처가 많지 않다.	온도경보 및 적외선 검출, 정온식 감지기

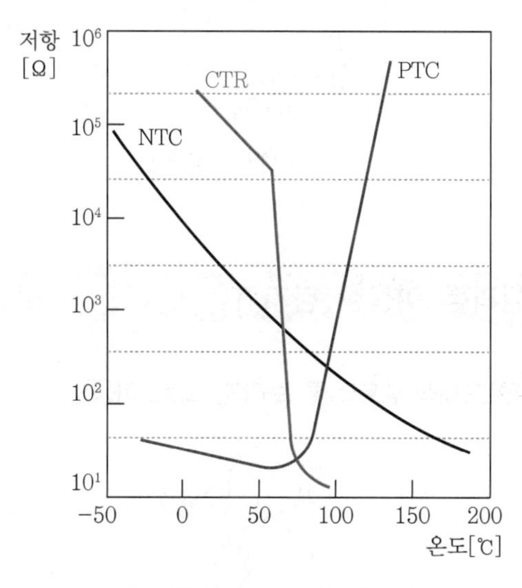

▌각종 서미스터의 온도특성▐

(2) 구조특성에 따른 서미스터의 구분

1) **직열형** : 직접 열을 감온하는 서미스터
2) **방열형** : 열과는 좀 떨어져서 열을 감온하는 서미스터
3) **지연형** : 서서히 열을 감온하는 서미스터

(3) 온도와 저항의 관계식

$$R = R_0 e^{\beta\left(\frac{1}{T} - \frac{1}{T_0}\right)}$$

여기서, R : 저항[Ω]

R_0 : 기준점의 저항[Ω]

T : 온도[K]

T_0 : 기준점의 온도[K]

β : 반도체 물질상수(2,000~4,000)

(4) 서미스터의 형태

니켈, 코발트, 망가니즈 등의 산화물을 적당한 저항률과 온도계수를 가지도록 2 ~ 3종류 혼합하여 소결한 반도체를 사용한다.

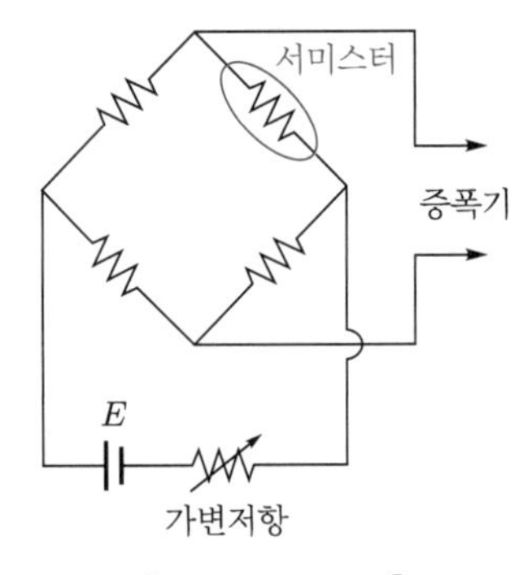

▌서미스터 회로▐

03 서미스터 원리를 이용한 감지기

(1) 차동식 스포트형 열반도체식(휘트스톤 브리지 회로 이용)

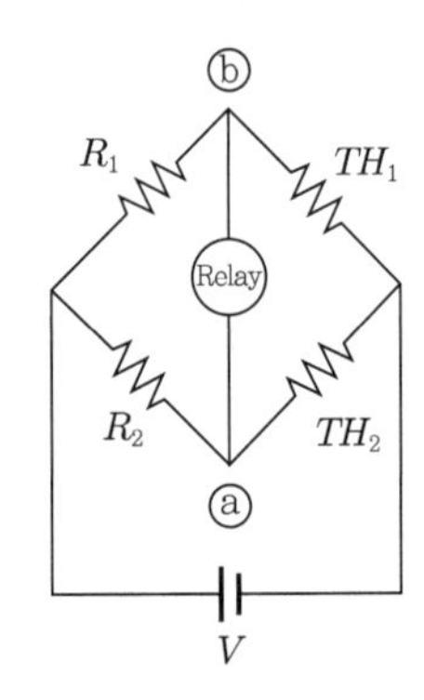

1) 평상시 $TH_1 \cdot R_2 = TH_2 \cdot R_1$: ⓐ와 ⓑ점으로 전위차가 '0'이 되어 전류발생이 없다.
   ① TH_2 변화 : 외부에 설치된 열소자가 온도가 상승함에 따라서 저항이 감소한다.
   ② $TH_1 \cdot R_2 \neq TH_2 \cdot R_1$로 달라지면서 전위차가 형성되어 전류가 흐르게 된다.
2) 전류 → 릴레이 작동
3) 릴레이 작동 → 화재신호
4) 주로 NTC를 이용한다.

(2) 정온식 스포트형 감지기

1) 서미스터를 외부에 1개 설치하여 일정한 온도(공칭 작동온도)에 도달할 경우, 저항값이 감소하면서 전류량이 증가하면 화재로 감지한다.
2) NTC와 CTR을 이용한다.

SECTION 006

화재알림설비(NFTC 207)

01 용어의 정의

(1) 화재알림형 수신기

화재알림형 감지기나 발신기에서 발하는 화재정보값 또는 화재신호 등을 직접 수신하거나 화재알림형 중계기를 통해 수신하여 화재의 발생을 표시 및 경보하고, 화재정보값 등을 자동으로 저장하여, 자체 내장된 속보기능에 의해 화재신호를 통신망을 통하여 소방관서에는 음성 등의 방법으로 통보하고, 관계인에게는 문자로 전달할 수 있는 장치를 말한다.

(2) 화재알림형 중계기

화재알림형 감지기, 발신기 또는 전기적인 접점 등의 작동에 따른 화재정보값 또는 화재신호 등을 받아 이를 화재알림형 수신기에 전송하는 장치를 말한다.

(3) 화재알림형 감지기

화재 시 발생하는 열, 연기, 불꽃을 자동적으로 감지하는 기능 중 두 가지 이상의 성능을 가진 열 · 연기 또는 열 · 연기 · 불꽃 복합형 감지기로서, 화재알림형 수신기에 주위의 온도 또는 연기의 양의 변화에 따라 각각 다른 전류 또는 전압 등(이하 '화재정보값'이라 함)의 출력을 발하고, 불꽃을 감지하는 경우 화재신호를 발신하며, 자체 내장된 음향장치에 의하여 경보하는 것을 말한다.

(4) 원격감시서버

원격지에서 각각의 화재알림설비로부터 수신한 화재정보값 및 화재신호, 상태신호 등을 원격으로 감시하기 위한 서버를 말한다.

(5) 공용부분

전유부분 외의 건물부분, 전유부분에 속하지 아니하는 건물의 부속물 및 「집합건물의 소유 및 관리에 관한 법률」 제3조 제2항 및 제3항에 따라 공용부분으로 된 부속의 건물을 말한다.

공용부분(제3조)

① 건물의 구분소유(제1조) 또는 상가건물의 구분소유(제1조의2)에 규정된 건물부분과 부속의 건물은 규약으로써 공용부분으로 정할 수 있다.

② 건물의 구분소유(제1조) 또는 상가건물의 구분소유(제1조의2)에 규정된 건물부분의 전부 또는 부속건물을 소유하는 자는 공정증서(公正證書)로써 위 '①'의 규약에 상응하는 것을 정할 수 있다.

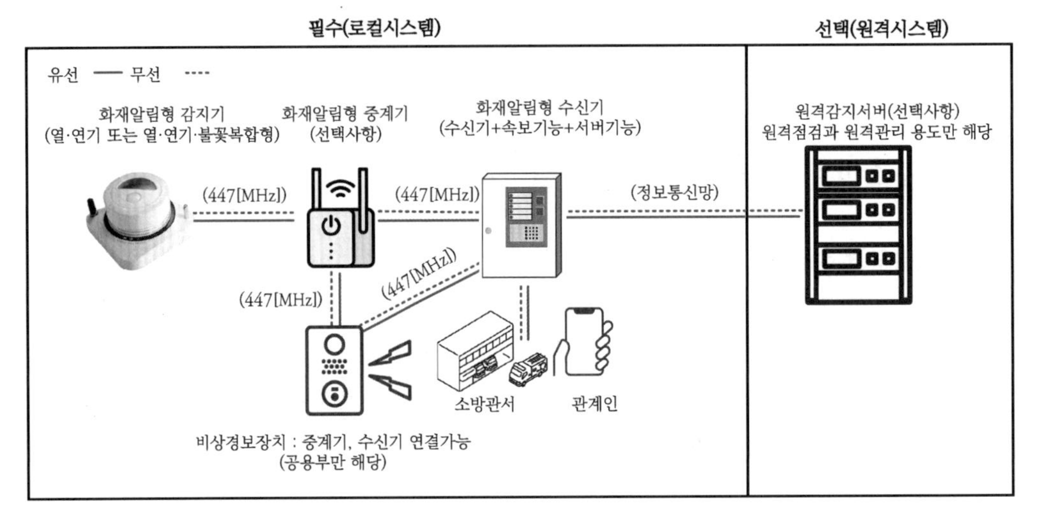

▌화재알림설비 개념도▐

02 설치기준

(1) 화재알림형 수신기

1) 성능기준

① 화재알림형 감지기, 발신기 등의 작동 및 설치지점을 확인할 수 있는 것으로 설치할 것

② 해당 특정소방대상물에 가스누설탐지설비가 설치된 경우에는 가스누설탐지설비로부터 가스누설신호를 수신하여 가스누설경보를 할 수 있는 것으로 설치할 것(예외 : 가스누설탐지설비의 수신부를 별도로 설치한 경우)

③ 화재알림형 감지기, 발신기 등에서 발신되는 화재정보 · 신호 등을 자동으로 1년 이상 저장할 수 있는 용량의 것으로 설치할 것. 저장된 데이터는 수신기에서 확인할 수 있어야 하며, 복사 및 출력도 가능하여야 한다.

④ 화재알림형 수신기에 내장된 속보기능은 화재신호를 자동적으로 통신망을 통하여 소방관서에는 음성 등의 방법으로 통보하고, 관계인에게는 문자로 전달할 수 있는 것으로 설치할 것

2) 설치기준

① 상시 사람이 근무하는 장소에 설치할 것. 사람이 상시 근무하는 장소가 없는 경우에는 관계인이 쉽게 접근할 수 있고 관리가 용이한 장소로서 화재 및 침수 등의 재해로 인한 피해를 받을 우려가 없는 곳에 설치하여야 한다.

② 화재알림형 수신기가 설치된 장소에는 화재알림설비 일람도를 비치할 것
③ 화재알림형 수신기의 내부 또는 그 직근에 주음향장치를 설치할 것
④ 화재알림형 수신기의 음향기구는 그 음압 및 음색이 다른 기기의 소음 등과 명확히 구별될 수 있는 것으로 할 것
⑤ 화재알림형 수신기의 조작 스위치는 바닥으로부터의 높이가 0.8[m] 이상 1.5[m] 이하인 장소에 설치할 것
⑥ 하나의 특정소방대상물에 둘 이상의 화재알림형 수신기를 설치하는 경우에는 화재알림형 수신기를 상호 간 연동하여 화재발생 상황을 각 화재알림형 수신기마다 확인할 수 있도록 할 것
⑦ 화재로 인하여 하나의 층의 화재알림형 비상경보장치 또는 배선이 단락되어도 다른 층의 화재통보에 지장이 없도록 각 층 배선 상에 유효한 조치를 할 것(예외 : 무선식의 경우)

(2) 화재알림형 중계기의 설치기준

1) 화재알림형 수신기와 화재알림형 감지기 사이에 설치할 것
2) 조작 및 점검에 편리하고 화재 및 침수 등의 재해로 인한 피해를 받을 우려가 없는 장소에 설치할 것. 외기에 개방되어 있는 장소에 설치하는 경우 빗물·먼지 등으로부터 화재알림형 중계기를 보호할 수 있는 구조로 설치하여야 한다.
3) 화재알림형 수신기에 따라 감시되지 않는 배선을 통하여 전력을 공급받는 것에 있어서는 전원입력측의 배선에 과전류 차단기를 설치하고 해당 전원의 정전이 즉시 화재알림형 수신기에 표시되는 것으로 하며, 상용전원 및 예비전원의 시험을 할 수 있도록 할 것

(3) 화재알림형 감지기

1) 화재알림형 감지기 중 열을 감지하는 경우 공칭감지 온도범위, 연기를 감지하는 경우 공칭감지 농도범위, 불꽃을 감지하는 경우 공칭감시거리 및 공칭시야각 등에 따라 적합한 장소에 설치하여야 한다. 이 기준에서 정하지 않는 설치방법에 대하여는 형식승인 사항이나 제조사의 시방서에 따라 설치할 수 있다.
2) 무선식의 경우 화재를 유효하게 검출할 수 있도록 해당 특정소방대상물에 음영구역이 없도록 설치하여야 한다.
3) 동작된 감지기는 자체 내장된 음향장치에 의하여 경보를 발하여야 하며, 음압은 부착된 화재알림형 감지기의 중심으로부터 1[m] 떨어진 위치에서 85[dB] 이상 되어야 한다.

(4) 비화재보 방지

화재알림형 수신기 또는 화재알림형 감지기에 자동보정기능이 있는 것으로 설치하여야 한다. 자동보정기능이 있는 화재알림형 수신기에 연결하여 사용하는 화재알림형 감지기는 자동보정기능이 없는 것으로 설치한다.

(5) 화재알림형 비상경보장치

1) 성능기준

① 정격전압의 80[%]의 전압에서 음압을 발할 수 있는 것으로 할 것(예외 : 건전지를 주전원으로 사용하는 화재알림형 비상경보장치)

② 음압은 부착된 화재알림형 비상경보장치의 중심으로부터 1[m] 떨어진 위치에서 90[dB] 이상이 되는 것으로 할 것

③ 화재알림형 감지기 및 발신기의 작동과 연동하여 작동할 수 있는 것으로 할 것

④ 하나의 특정소방대상물에 2 이상의 화재알림형 수신기가 설치된 경우 어느 화재알림형 수신기에서도 화재알림형 비상경보장치를 작동할 수 있도록 하여야 한다.

2) 설치기준

① 층수가 11층(공동주택의 경우에는 16층) 이상의 특정소방대상물은 발화층에 따라 경보하는 층을 달리하여 경보를 발할 수 있도록 할 것. 그 외 특정소방대상물은 전층경보방식으로 경보를 발할 수 있도록 설치하여야 한다.

㉠ 2층 이상의 층에서 발화한 때에는 발화층 및 그 직상 4개층에 경보를 발할 것

㉡ 1층에서 발화한 때에는 발화층ㆍ그 직상 4개층 및 지하층에 경보를 발할 것

㉢ 지하층에서 발화한 때에는 발화층ㆍ그 직상층 및 기타의 지하층에 경보를 발할 것

② 특정소방대상물의 층마다 설치하되, 해당 특정소방대상물의 각 부분으로부터 하나의 화재알림형 비상경보장치까지의 수평거리가 25[m] 이하(복도 또는 별도로 구획된 실로서 보행거리 40[m] 이상일 경우에는 추가 설치)가 되도록 하고, 해당 층의 각 부분에 유효하게 경보를 발할 수 있도록 설치할 것. 다만 방송설비를 화재알림형 감지기와 연동하여 작동하도록 설치한 경우에는 비상경보장치를 설치하지 아니하고, 발신기만 설치할 수 있다.

③ 상기 '②'에도 불구하고 '②'의 기준을 초과하는 경우로서, 기둥 또는 벽이 설치되지 아니한 대형공간의 경우 화재알림형 비상경보장치는 설치대상 장소 중 가장 가까운 장소의 벽 또는 기둥 등에 설치할 것

④ 화재알림형 비상경보장치는 조작이 쉬운 장소에 설치하고, 발신기의 스위치는 바닥으로부터 0.8[m] 이상 1.5[m] 이하의 높이에 설치할 것

⑤ 화재알림형 비상경보장치의 위치를 표시하는 표시등은 함의 상부에 설치하되, 그 불빛은 부착면으로부터 15도 이상의 범위 안에서 부착지점으로부터 10[m] 이내의 어느 곳에서도 쉽게 식별할 수 있는 적색등으로 설치할 것

3) 하나의 특정소방대상물에 둘 이상의 화재알림형 수신기가 설치된 경우 어느 화재알림형 수신기에서도 화재알림형 비상경보장치를 작동할 수 있도록 하여야 한다.

(6) 원격감시서버

화재알림설비의 감시업무를 위탁할 경우 원격감시서버는 다음의 기준에 따라 설치할 것을 권장한다.

1) 원격감시서버의 비상전원은 상용전원 차단 시 24시간 이상 전원을 유효하게 공급될 수 있는 것으로 설치한다.
2) 화재알림설비로부터 수신한 정보(주소, 화재정보 · 신호 등)를 1년 이상 저장할 수 있는 용량을 확보한다.
   ① 저장된 데이터는 원격감시서버에서 확인할 수 있어야 하며, 복사 및 출력도 가능할 것
   ② 저장된 데이터는 임의로 수정이나 삭제를 방지할 수 있는 기능이 있을 것

SECTION 007 감지기의 분류

01 개요

(1) 감지기(detector)의 정의

화재 시 발생하는 열, 연기, 불꽃 또는 연소생성물을 자동적으로 감지하여 수신기에 발신하는 장치

(2) 감지

화재를 발견하고 찾는 행동이나 과정을 지칭한다(NFPA 921).

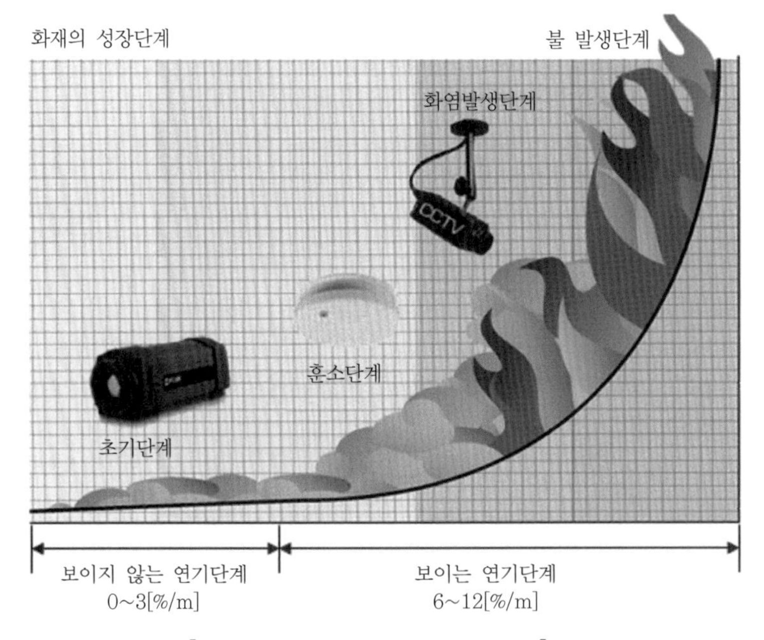

▌화재의 성장에 따른 감지기의 감도[2]▐

(3) 형(type)

▌감지기의 구조 및 형태에 의한 구분▐

구분	구조
스포트형	일국소에서의 열 또는 연기의 효과에 의하여 작동하는 구조
분포형	넓은 범위 내에서의 열효과의 누적에 의하여 작동하는 구조

2) Copyright © 1999-2013 FLIR Systems, Inc

구분	구조
감지선형	일국소의 주위온도가 일정한 온도에 도달하면 작동하는 선형구조로 재질에 따라 구분 ① 전선(강철선) ② 광케이블식
분리형	발광부와 수광부 사이의 공간에 일정한 농도의 연기가 포함하면 작동하는 구조
복합형	두 가지 성능의 감지기능이 함께 또는 각각 작동하는 구조
흡입형	공기흡입장치로 공기를 흡입해서 일정한 농도의 연기가 포함하면 작동하는 구조
단독경보형	음향장치가 내장되어 감지기 작동 시 음향이 작동하는 구조
비재용형	감지기가 작동하면 다시 사용할 수 없는 구조 예 정온식 감지선형 감지기(강철선)
축적형	정격감도에 도달한 상태에서 복구하고 정격감도가 일정한 시간 동안 유지되는 경우에만 수신기에서 화재신호를 발신하는 기능을 갖는 구조
방수형	물의 침투를 방지하는 구조
방폭형	폭발성 가스에 의한 연소가 발생하지 않는 구조 ① 내압방폭형 ② 본질안전 방폭형
주소형	스포트형의 구조에 고유주소를 갖는 감지기로 화재발생 여부와 주소(address)에 대한 정보를 제공하는 감지기를 지칭하며 형식승인서에는 부기되고 있으나 「감지기의 형식승인 및 제품검사의 기술기준」에는 정의되어 있지 않음 ① 광전식 스포트형 감지기 ② 차동식 스포트형 감지기 ③ 정온식 스포트형 감지기

(4) 식(style)

| 감지하는 방식 및 기능에 의한 구분 |

구분	방식 및 기능
차동식	주위온도가 일정 상승률 이상이 되는 경우 작동하는 방식의 열감지기
정온식	주위온도가 일정한 온도 이상이 되는 경우 작동하는 방식의 열감지기
보상식	차동식 기능과 정온식 기능 중 어느 한 기능이 작동하면 발신하는 방식의 열감지기
이온화식	이온화 전류가 변화하여 작동하는 방식의 연기감지기
광전식	광전소자에 접하는 광량의 변화로 작동하는 방식의 연기감지기
복합식	연기식과 열식 감지기의 복합기능으로 발신하는 방식
연동식	단독형 감지기가 발신하면서 주위의 다른 감지기에 화재신호를 전달하여 경보를 발하는 방식
자외선식	수광소자에 자외선의 수광량변화에 의하여 작동하는 불꽃감지기
적외선식	수광소자에 적외선의 수광량변화에 의하여 작동하는 불꽃감지기
공기관식	동관의 압력변화를 온도의 상승률로 치환하는 방식의 차동식 분포형 감지기
반도체식	반도체를 이용하여 온도의 상승률로 치환하는 방식의 차동식 분포형 감지기
열전대식	열전대를 이용하여 온도의 상승률로 치환하는 방식의 차동식 분포형 감지기
광케이블식	광케이블에 레이저를 보내 돌아오는 후방 산란광을 분석하여 거리별 온도를 측정하여 온도 상승률로 치환하는 방식의 차동식 분포형 감지기

구분	방식 및 기능
아날로그식	주위의 온도 또는 연기량이 연속적으로 변화하는 물리량을 각각 다른 전류값 또는 전압값의 출력을 발하는 방식으로 지정한 수신기에 정온식은 7단계, 연기식은 5단계 값을 표시 ① 정온식 스포트형 감지기 ② 정온식 감지선형 감지기(광케이블식) ③ 광전식 스포트형 감지기 ④ 광전식 공기흡입형 감지기 ⑤ 광전식 분리형 감지기 ⑥ 열연기 복합형 감지기(정온식 + 광전식) ⑦ 열복합형 감지기(정온식 + 차동식)
다신호식	다른 두 개 이상의 화재신호를 발신할 수 있는 것으로, 감도시험 시에 적용하는 각 해당 감도별 온도 및 연기농도에서 규정시간 내에 각 신호를 발할 수 있는 방식 ① 차동식 스포트형(1종 + 2종) ② 정온식 스포트형(1종 60[℃] + 1종 80[℃]) ③ 광전식 스포트형(1종 + 2종) ④ 이온화식 스포트형(1종 + 2종)
보정식	일정농도 이상의 연기가 일정시간 이상 연속하는 것을 전기적으로 검출하여 작동 감도를 자동적으로 보정하는 방식의 감지기

(5) 종(class)

감지기의 민감도(sensitivity)에 의한 구분(작동 및 부작동 시험을 만족)

1) **작동시험** : 감도시험방법에 따라 제한시간 내에 작동해야 하는 시험
2) **부작동시험** : 제한시간 내에 작동하지 않아야 하는 시험

구분	특종	1종	2종	3종
차동식 스포트형	해당없음	미생산	형식승인	해당없음
차동식 분포형	해당없음	형식승인	형식승인	미생산
정온식	형식승인	형식승인	미생산	해당없음
연기식	해당없음	미생산	형식승인	미생산
광전식 아날로그식	해당없음	준용	해당없음	해당없음
정온식 아날로그식	준용	해당없음	해당없음	해당없음

02 열감지기

(1) 차동식

1) 스포트(spot)형

① 공기 팽창 이용 : 열에 의한 내부 공기의 압력 상승에 의해서 기계적으로 접점을 밀어서 접촉하여 폐회로를 구성한다.

② 반도체 이용 : 두 개의 서미스터(thermistor)를 이용하여 온도변화에 따른 저항변화(부특성)로 기전력이 발생하고 전류가 흐르는 것을 고성능 릴레이로 감지한다.

③ 열기전력 이용 : 열전대의 열기전력을 고성능 릴레이로 감지한다.

2) 분포형

① 공기관식 : 공기팽창을 이용한다.

② 열반도체식 : 반도체를 이용한다.

③ 열전대식 : 열기전력을 이용한다.

(2) 정온식

1) 스포트(spot)형

① 바이메탈(bi-metal)

② 반도체 : 하나의 서미스터를 이용한다.

③ 금속의 열팽창계수의 차 : 외통과 내통을 만들어서 그 둘의 팽창 차를 이용해서 화재를 감지하는 감지기로, 주로 방폭형 감지기로 이용한다.

2) 감지선형

① 비재용형 : 가용 절연물을 이용

② 재용형 : 광케이블을 이용

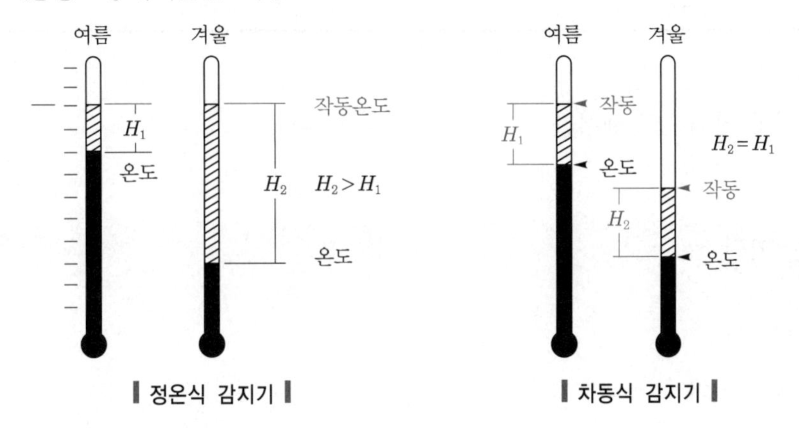

▌정온식 감지기▐ ▌차동식 감지기▐

(3) 보상식

1) 목적 : 차동식의 훈소화재 실보기능을 보완하기 위해서 정온식의 기능을 추가한 감지기

2) 둘 중에 먼저 감지하는 신호에 따라 화재경보를 발하는 감지기(오동작 발생)이다.

03 연기 감지기

(1) 스포트(spot)형

구분	이온화식	광전식
동작원리	외부 이온실에 들어온 연기입자의 양에 의해 동작	연기에 의한 산란, 수광량이 증가하면 동작(산란광식)

구분	이온화식	광전식
감지색상	연기의 색상과는 무관	엷은 색의 연기에 적응성
입자 크기	작은 입자에 적응성	큰 입자(0.3 ~ 1[μm])에 적응성

(2) **분리형** : 감광식

(3) **공기흡입식** : 초미립자 감지

04 불꽃감지기

(1) UV와 IR

구분	UV(자외선식)	IR(적외선식)
사용장소	옥외용	옥내용
검출광선	0.4[μm] 이하의 자외선 검출	적외선 검출
검출소자	유브이 트론(UV tron)	CO_2 공명반사

(2) UV/IR

적외선과 자외선의 센서를 모두 넣은 감지기이다.

05 기타

(1) CO 감지기

(2) 연소음 감지기

(3) 압력감지기

(4) DVSD

06 신호전송방법 113 · 110회 출제

(1) **복합형**

1) 열, 연기, 화재, 가스와 같은 물리적 자극에 대한 응답에 대해 하나의 감지센서보다 여러 개의 센서가 종속적으로 조합되어 사용되면 감지기의 신뢰도 및 조기 감지능력이 향상할 수 있다. 가장 일반적인 예로는 열과 연기감지기의 조합이고 그 밖에 다양한 조합으로도 가능하다.

2) 국내 검정기준의 복합형 감지기의 정의 : 서로 다른 두 가지 종류의 감지기 기능을 하나의 감지기에 내장하여 두 가지 성능이 동시에 작동될 때(AND 회로) 신호를 발신하거나 두 개의 화재신호를 각각 발신하는(OR 회로) 감지기
   ① AND 회로(중복신호) : 감지소자 둘 다 동작해야 하므로 신뢰성의 확보가 가능하여 비화재보 방지기능을 가지는 회로
   ② OR 회로(선신호) : 2개 이상의 신호 중 어느 것에도 화재신호를 발신하는 실보 방지기능을 가지는 회로
3) 2개 이상의 서로 다른 감지소자를 병행하여 설치해 비화재보를 예방하고 실보 예방도 가능하지만 국내에서 열복합형이라고 하면 AND 회로로 둘 다 동작하게 함으로써 신뢰도를 높이고 오보 예방능력이 뛰어난 감지기를 말한다.
4) 국내 복합형 감지기의 종류

종류	성능	회로
열복합형 감지기	차동식 + 정온식	AND, OR
연기복합형 감지기	이온화식 + 광전식	AND, OR
열 · 연기복합형 감지기	차동식 + 이온화식	AND, OR
	차동식 + 광전식	
	정온식 + 이온화식	
	정온식 + 광전식	

5) NFPA 72 Handbook TABLE 3.1의 복합형 감지기 구분

Type	특징
Combination	① 다수의 센서(mutiple sensors) ② 다수의 감지기(multiple listings) ③ 알고리즘이 없다.
Multi – criteria	① 다수의 센서(mutiple sensors) ② 공학적(수학) 평가(mathematically evaluated) ③ 하나의 화재신호 ④ 하나의 감지기(single listings) ⑤ 알고리즘이 있다.
Multi – sensor	① 다수의 센서(mutiple sensors) ② 공학적(수학) 평가 ③ 다수의 화재신호(capable of generating multiple alarm) ④ 다수의 감지기(multiple listings) ⑤ 알고리즘이 있다.

6) 설치기준(NFTC 203 2.4.3.11)
   ① 열복합형 감지기의 경우 : 열감지기 기준을 준용한다.
   ② 연기복합형 감지기의 경우 : 연기감지기 기준을 준용한다.

③ 열 · 연기복합형 감지기의 경우

㉠ 부착높이별 수량기준 : 열감지기 기준을 적용한다.

㉡ 복도 및 통로, 계단 및 경사로 : 연기감지기 기준을 준용한다.

7) 보상식과 열복합형의 비교

구분	보상식	열복합형
감지소자	차동식 + 정온식	차동식 + 정온식
회로	OR	OR, AND
화재신호발신	OR(선신호를 화재로 인식)	AND(선신호 후 대기상태에서 추가신호를 화재로 인식)
목적	실보 방지	오보(비화재보) 방지

(2) 다신호식

1) 1개의 감지기 내에 서로 다른 종별 또는 감도 등의 기능을 갖춘 것으로서, 다른 2개 이상의 화재신호를 발하는 감지기

2) 다신호식, 보상식, 복합형의 비교표

구분	복합형	다신호	보상식
원리	감지원리가 다른 감지소자의 조합	종류, 감도, 축적 여부가 다른 감지소자의 조합	차동식의 단점을 보완하기 위해 정온식 감지소자 조합
종류	① 열복합형 ② 연기복합형 ③ 열 · 연기복합형	① 광전식 1종, 축/비축적 ② 정온식 스포트형 60/70[°C] ③ 이온화식 스포트형 1종/2종	–
회로	AND–단신호 회로가 주요 목적(OR–다신호 회로도 가능)	각 감지소자가 작동할 때(OR 회로) 다신호식 수신기가 필요	차동식과 정온식의 OR 회로
목적	① 비화재보 방지(AND) ② 실보 방지(OR)	비화재보 방지(소자별 신호)	실보 방지(OR)
적응성	① 오동작 우려가 많은 장소 ② 화재 시 확산이 빠른 장소의 사전적 예방의 기능을 요하는 장소	화재 시 확산이 빠른 장소의 사전적 예방의 기능을 요하는 장소	훈소화재

(3) 아날로그식

1) 일반적인 감지기는 연소생성물이 어느 정도의 레벨(level)을 초과하면 화재라고 판단하고 화재신호를 발신하는 방식이지만 아날로그식은 감시구역의 정보를 지속적으로 수신기에 전송하고 그 정보값을 이용한 화재판단은 수신기가 수행하는 일종의 센서(sensor)형 감지기이다.

2) 최근에는 자체에 IC칩이 들어 있어 화재판단 기능을 가지고 있는 아날로그식도 있다.

(4) 축적형

연기감지기의 잦은 오동작을 방지하기 위하여 일정시간 내에 경보가 반복되어야지만 화재로 감지하는 방식으로, 감지기 자체가 축적형인 경우와 수신기가 축적형 기능을 가지고 있는 것이 있다.

(5) 신호처리방식

1) 정의 : 화재신호 및 상태신호 등을 송 · 수신하는 방식

2) 종류

① 유선식 : 화재신호 등을 배선으로 송 · 수신하는 방식

② 무선식 : 화재신호 등을 전파에 의해 송 · 수신하는 방식

③ 유 · 무선식 : 유선식과 무선식을 겸용으로 사용하는 방식

SECTION 008

차동식 감지기(rate of rise detector)

88 · 82회 출제

01 개요

(1) 정의

시간에 따른 온도변화율을 이용하여 검출하는 감지기이다. 따라서, 시간에 따른 온도변화율이 일정 비율 이상이 될 경우에만 화재로 경보한다.

(2) 종류

1) 감지원리에 따른 분류 : 공기식, 열기전력, 반도체식
2) 감도에 따른 종별 구분 : 1종, 2종
3) 감지범위에 따른 구분 : 분포형, 스포트형

(3) 감지특성

일시적, 급격한 온도상승 시에만 작동하고 완만한 온도상승 시에는 작동하지 않기 때문에 비화재보 방지기능은 있지만 완만한 훈소성 화재에는 적응성이 없다.

02 차동식 스포트형 감지기(rate of rise spot type heat detector)

(1) 설치기준

1) 공기유입구 : 1.5[m] 이상 떨어진 위치에 설치한다.
2) 설치위치 : 천장 및 반자 등 옥내에 면하는 부분에 설치한다.

1. 설치위치의 이유 123회 출제

① 열원에 의한 온도차(Δt) → 밀도차($\Delta \rho$) → 압력차(ΔP) → 유동

$$\rho = \frac{PM}{RT} \rightarrow \rho = \frac{1}{T}$$

$$\Delta P = 3{,}460\left(\frac{1}{T_o} - \frac{1}{T_i}\right)h_2$$

② Ceiling jet flow : 층고의 10[%]

2. **일본의 감지구역** : 감지기에 의해 화재의 발생을 유효하게 감지할 수 있는 구역을 가리키고, 벽 또는 설치면으로부터 0.4[m](차동식 분포형 감지기 · 연기감지기는 0.6[m]) 이상 돌출한 보 등에 의해 구획한 부분이다.

3) 스포트(spot)형 감지기 : 45° 이상 경사가 기울어지지 않게 설치한다.

4) 설치 높이 및 면적은 표에 따라 설치한다(단위 : [m^2]).

부착높이 및 소방대상물의 구분		스포트형 감지기의 종류					암기법
		차동식 · 보상식		정온식			
		1종	2종	특종	1종	2종	
4[m] 미만	주요 구조부를 내화구조로 한 소방대상물 또는 그 부분	90	70	70	60	20	구치치유기 A
	기타 구조의 소방대상물 또는 그 부분	50	40	40	30	15	$A/2+5$ (정온식 1종 예외)
4[m] 이상 8[m] 미만	주요 구조부를 내화구조로 한 소방대상물 또는 그 부분	45	35	35	30	-	$A/2=B$
	기타 구조의 소방대상물 또는 그 부분	30	25	25	15	-	$B/2+5$ (정온식 1종 예외)

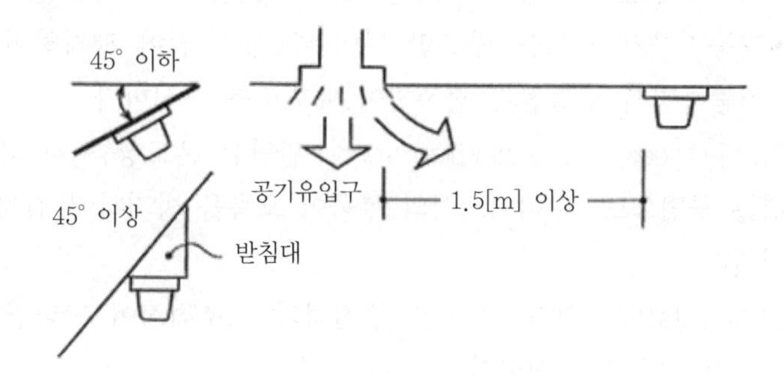

▌스포트형 열감지기의 설치기준▐

5) 국내의 거실 : 차동식 감지기를 주로 설치한다.

차동식 감지기는 화재가 발생해 일정시간이 경과하여 천장의 열기류가 형성되어야 감지할 수 있는 단점이 있는 반면에 연기감지기에 비해서 오동작의 우려가 작은 장점이 있다. NFPA의 경우에는 기본이 연기감지기로 화재를 조기에 감지할 수 있는 능력을 오동작보다 우선시하고 있다. 국내에서도 향후에는 인명안전을 우선으로 하는 감지기의 설치개념이 정착될 필요가 있다.

(2) 종류 및 특징

1) 공기식

① 구조

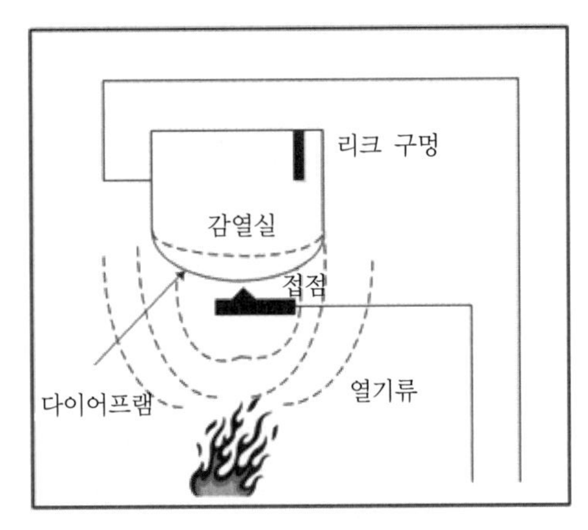

▎공기식 스포트형 감지기 ▎

㉠ 감열실(chamber) : 열을 유효하게 받는 부분

㉡ 다이어프램(diaphragm)

- 재질 : 신축성이 있는 금속판으로 인청동판이나 황동판
- 기능 : 공기가 열을 받으면 다이어프램을 밀어 팽창하여 보조접점이 상승 기능하면서 주접점과 접촉하여 폐회로를 구성한다.

㉢ 리크구멍(leak hole, calibrated vent) : 완만한 온도상승 시 공기의 팽창을 배출하는 구멍으로, 다이어프램의 부풀어 오름을 방지하여 감지기의 오동작을 방지한다.

㉣ 접점(contacts) : 전기접점으로 주접점과 보조접점이 만나면 화재로 인식하고 전기적 신호를 발신한다.

㉤ 작동표시장치(LED) : 감지기의 동작 시 점등되어 동작상태를 표시한다.

② 원리 : 온도가 상승하면 공기의 부피가 팽창한다는 샤를의 법칙 123회 출제

③ 작동원리

㉠ 화재발생 시 온도상승에 의해 감열부의 공기가 팽창한다.

㉡ 완만한 온도상승 : 리크구멍으로 배출하여 오동작을 방지한다.

㉢ 다이어프램을 밀어 올려 접점이 형성된다.

㉣ 폐회로가 구성되고 수신기에 화재라는 전기적 신호를 발신한다.

2) 열기전력식 중 열전대식 107회 출제

① 구조

㉠ 감열실(chamber) : 알루미늄제로서 열을 유효하게 받는 부분

㉡ 반도체 열전대 : P형과 N형 반도체의 조합으로서, 제벡 효과에 의해 열기전력이 발생한다.

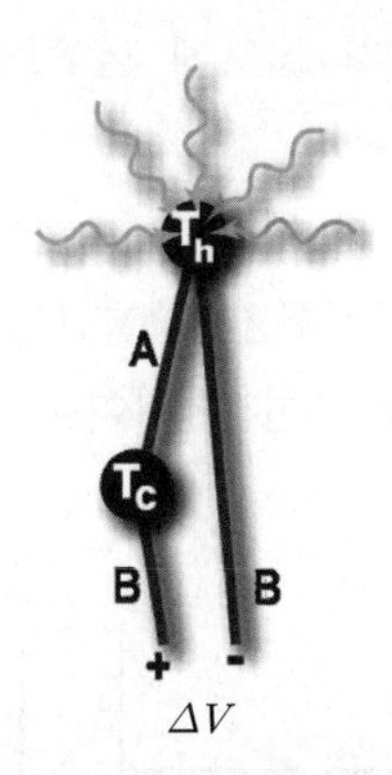

▌열전대의 작동원리(T_h : 온접점, T_c : 냉접점)▐

㉢ 고감도 릴레이 : 가동선륜형 계전기로 되어 있어 미소한 전압으로도 동작한다.

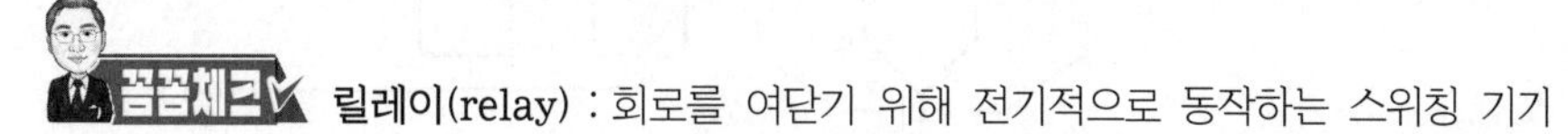

릴레이(relay) : 회로를 여닫기 위해 전기적으로 동작하는 스위칭 기기

② 작동원리 : T(열에너지) → V(전기에너지)

㉠ 제벡 효과 이용 : 화재가 발생하면 외부에 있는 온접점은 급격하게 온도가 상승하고 감열실 내의 냉접점은 완만하게 온도가 상승하면서 두 접점 사이에 온도차가 발생하여 제벡 효과에 의한 기전력이 발생한다.

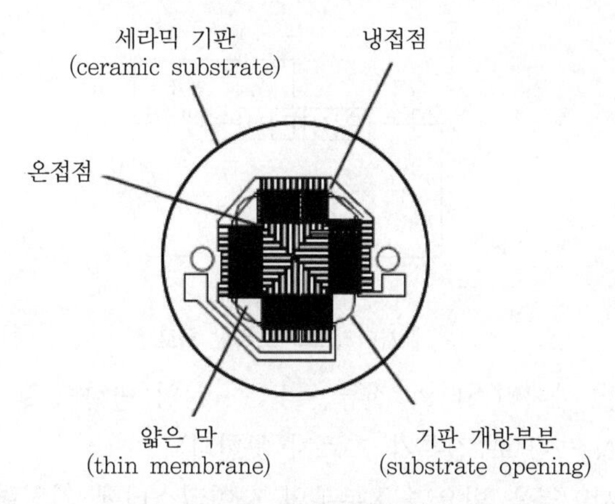

▌열전대식 스포트형 감지기[3]▐

㉡ 기전력에 의해 미소한 전류가 발생하여 고감도 릴레이를 통해 화재신호를 수신기로 전달한다.

㉢ 기전력의 크기 : 양쪽 접점 간의 온도차에 비례한다.

3) Figure 1 : Key features of the Model 2M Thin Film thermopile detector. Dexter Research Center.

3) 열기전력식 중 열반도체식

① 서미스터 방식

㉠ 구조 : 휘트스톤 브리지 회로에 서미스터를 설치한 구조

㉡ 감지 메커니즘

- 서미스터에 온도가 올라가면 저항이 낮아지고 저항이 낮아지면 전위차가 발생하여 릴레이에 전류가 발생한다.
- 릴레이에 전류가 흐르면 릴레이를 동작시켜 수신기에 화재신호를 보내게 된다.

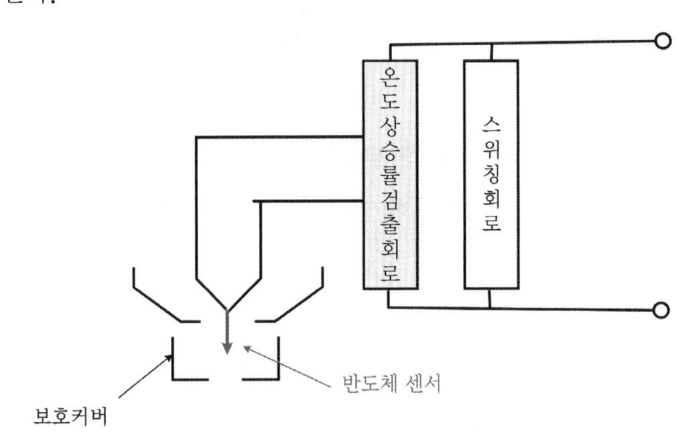

▌열반도체 감지기▐

② 감열식 사이리스터 방식 : 사이리스터 스위칭 회로

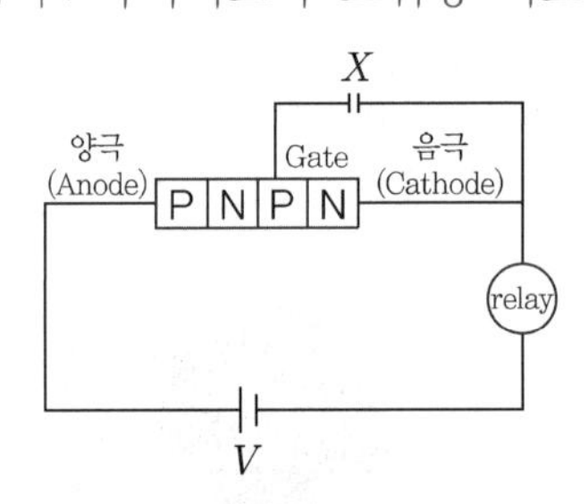

▌사이리스터 스위칭 회로▐

㉠ 평상시 : 사이리스터의 전류는 P → N의 방향으로 흐르기 때문에 사이리스터는 N → P로 전류가 흐르지 못한다.

㉡ 화재 시 : 열을 받으면 X부분의 사이리스터에 기전력 발생 → 사이리스터의 게이트 개방 → 전류 → 릴레이 작동 → 화재신호가 발신된다.

사이리스터 : P-N-P-N 접합의 4층 구조 반도체 소자의 총칭이다. 역저지 사이리스터, 역도통 사이리스터, 트라이액이 있다. 그러나 일반적으로 SCR(Silicon-Controlled Rectifier Thyrister)이라고 불리는 역저지 3단자 사이리스터를 가리키며, 실리콘 제어 정류소자를 말한다.

4) 바이메탈식[4] : 바이메탈식이라고 해서 반드시 정온식만 되는 것은 아니다. 차동식으로도 사용할 수 있다. 정온식은 바이메탈이 한 개, 차동식은 바이메탈이 두 개가 있다.

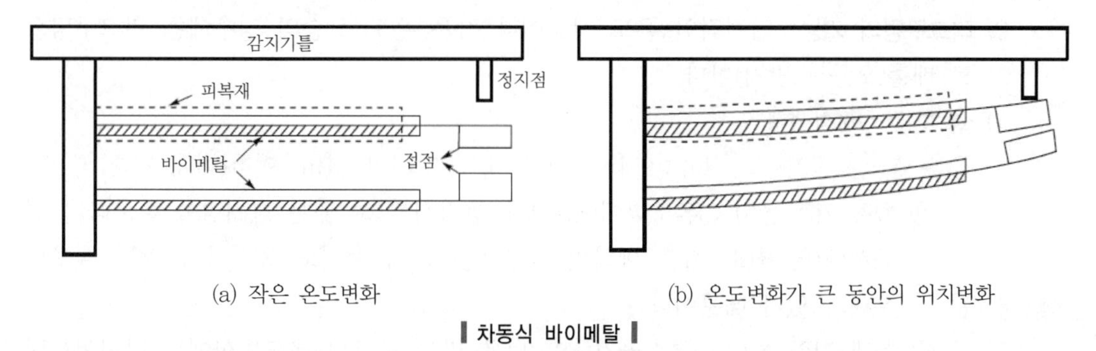

(a) 작은 온도변화 (b) 온도변화가 큰 동안의 위치변화

▌차동식 바이메탈▐

03 차동식 분포형 감지기 107 · 92회 출제

(1) 개요

광범위한 지역의 열 누적에 의해서 온도가 일정 상승률 이상 상승하면 화재로 감지하여 수신기 등에 전기적 신호를 발신하는 감지기이다.

(2) 공기관식 감지기

1) 구조

① 화재 시 열을 감지하는 감열부 : 공기관으로 외경이 1.9[mm]인 구리관

② 검출부 : 감열부에서 전해진 공기의 팽창을 감지하는 부분

③ 구성요소 : 접점, 시험장치, 다이어프램, 리크구멍, 공기관

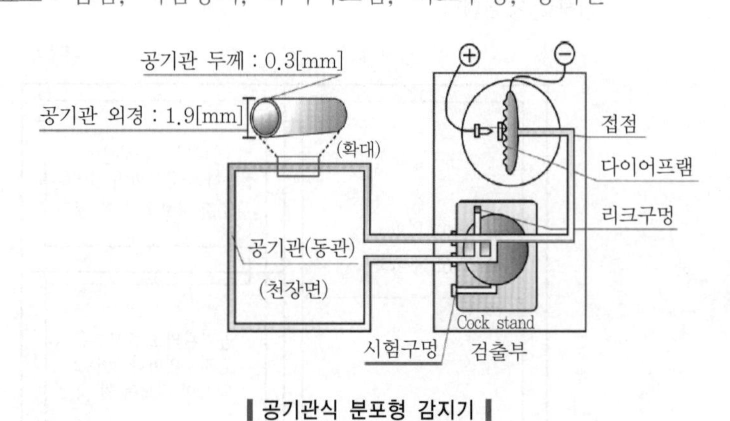

▌공기관식 분포형 감지기▐

4) Figure 2.10 Bimental rate-of-rise detector. Assessment of the Current False Alarm Situation from Fire Detection Systems in New Zealand andthe Development of an Expert System for Their Identifications by Yen-Fang Tu

2) **작동원리** : 화재 발생 → 온도 상승 → 천장면에 길게 늘어진 공기관 내 공기의 부피팽창 → 검출부 내의 다이어프램 팽창 → 접점을 밀어올려서 폐회로 구성 → 전기적 신호발신

3) **리크구멍의 기능** : 점진적인 온도 상승이나 작은 온도 상승의 경우에는 리크구멍으로 배출(오동작 방지)한다.

4) 설치기준 105회 출제

① 노출부분 공기관의 길이 : 20[m] 이상(최소 기준) 100[m] 이하(최대 기준)

㉠ 최소 기준 설치 이유 : 다이어프램을 동작시킬 수 있는 공기량을 확보하기 위해서이다. 최소 기준 이하인 경우에는 화재 시에도 동작하지 않는 실보의 우려가 있기 때문이다.

㉡ 최대 기준 설치 이유 : 공기량이 너무 많아 조금의 온도변화에도 다이어프램을 팽창시켜 비화재보를 발할 우려가 있기 때문이다.

② 감지구역 각 변과의 수평거리 : 1.5[m] 이하

1. 공기관과 각 변의 간격의 최대 기준을 정함으로써 화재발생 시 이를 신속하게 감지할 수 있다.
2. 일본의 기준에 의하면 공기관은 설치면의 하방 0.3[m] 이내의 위치에 설치하고, 또한 감지구역의 설치면의 각 변으로부터 1.5[m] 이내의 위치에 설치한다.

③ 공기관 상호 간의 거리 : 6[m] 이하(내화구조 9[m])가 되도록 설치할 것

공기관의 간격이 넓으면 화재발생 시 공기관 내의 공기 온도상승 시에 걸리는 시간이 오래 걸리게 되어 감지감도가 불량해지므로 공기관의 간격을 일정거리 이하로 제한한다.

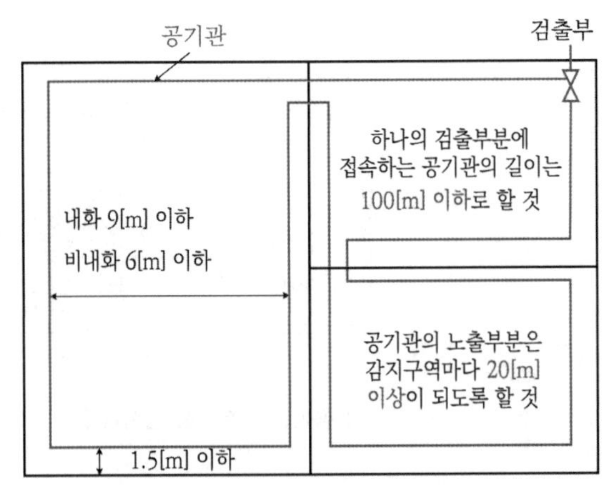

▌공기관식 설치 예▐

④ 공기관은 도중에 분기되거나 합쳐지지 말아야 한다.

공기관이 도중에 합쳐지거나 분기되면 공기팽창에 영향을 주어 감도를 변화시킬 수 있고 연결부위의 누설이 발생할 수 있기 때문이다.

⑤ 검출부의 높이 : 0.8 ~ 1.5[m]

⑥ 검출부의 경사도 : 5° 이상 경사가 기울어지지 않게 설치한다.

검출부가 벽에 대한 수직면과의 경사각을 제한한 이유는 다이어프램의 팽창감도에 영향을 줄 수 있으므로 항상 바닥면과 수직을 이루도록 설치해야 하기 때문이다.

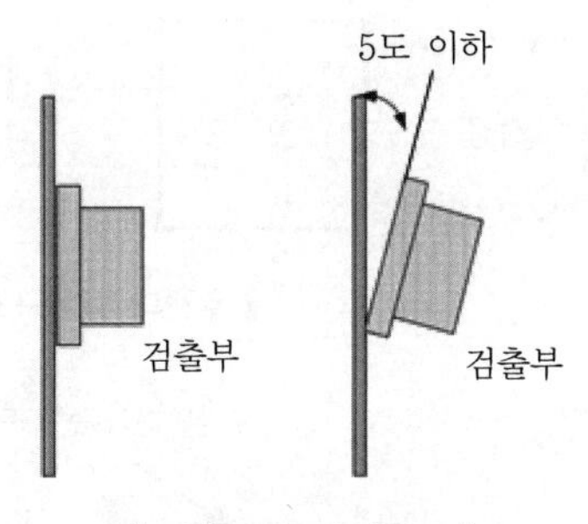

▌검출부의 경사각도▐

⑦ 설치높이 : 15[m] 미만

5) 공기관식 차동식 분포형 감지기의 기능시험 : 펌프시험, 유통시험, 접점수고시험, 작동계속시험

6) 공기관식 유통시험에 필요한 장비 : 마노미터, 초시계, 테스트펌프, 고무

(3) 열전대식 감지기

1) 구조

① 열전대(thermo – electric couple) : T–type 열전대를 주로 사용한다.

② 검출부 : 열전대부에서 발생한 열기전력을 감지하여 미터릴레이(가동선륜, 스프링, 접점)가 작동한다.

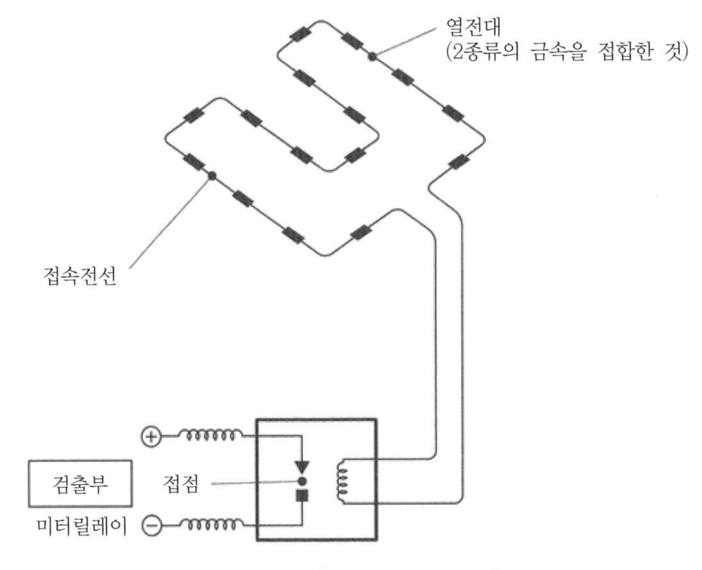

▌열전대식의 구조▐

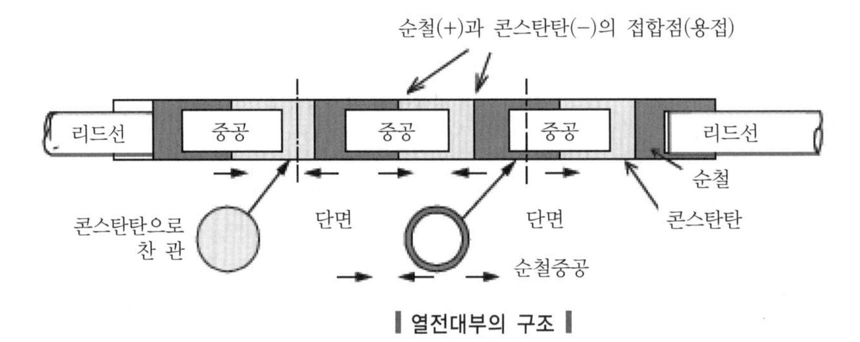

▌열전대부의 구조▐

2) **작동원리** : 화재가 발생하면 열의 발생 → 열전대부 가열 → 제벡 효과 → 금속 상호 간에 열기전력 발생 → 전류로 미터릴레이가 작동 → 접점을 붙여 폐회로 구성 → 전기적 신호가 수신기로 전달

3) 설치기준

구분	감지기의 바닥면적	최소 설치개수	하나의 검출부에 최대 설치개수
내화구조	22[m^2]/개	4(88[m^2])	20
기타 구조	18[m^2]/개	4(72[m^2])	20

열전대부에는 극성이 있으므로 열전대부 및 검출부 접속은 극성을 확인하여 기전력이 축적되도록 직렬로 접속해야 한다.

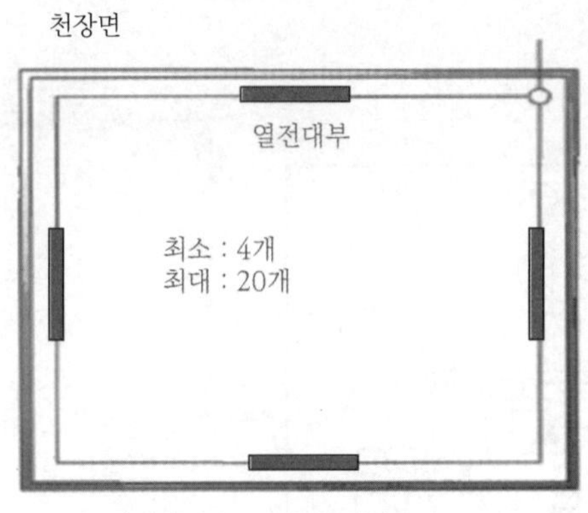

▌열전대식 설치 예▐

열전대의 개수가 많으면 조금만 온도가 변해도 기전력 형성이 용이하여 비화재보 발생이 많아진다. 또한, 열전대부가 수량이 20개 이하일 때 자동화재탐지설비 감지기회로의 전로저항이 50[Ω] 이하가 된다.

(4) 열 반도체식 감지기(thermal semiconductor type)

1) 구조

① 감열부 : 화재 시 서미스터의 부온도 특성에 의해 열기전력이 발생하는 장소

㉠ 열반도체 소자 : 열을 받아 열기전력이 발생하는 소자

㉡ 수열판 : 열을 유효하게 받는 판

㉢ 동니켈선 : 열반도체 소자와 역방향의 열기전력을 발생시켜 적은 열기전력을 상쇄시켜 주어 오동작을 방지한다.

② 검출부 : 열전대부에서 발생한 열기전력을 감지하여 미터릴레이(가동선륜, 스프링, 접점)가 작동한다.

③ 열반도체의 구조는 스포트형과 같은 개별감지기가 설치된 구조인 분포형으로 구분하는 이유는 반도체가 일정 개수(2개) 이상 동작해야만 미터릴레이를 동작시킬 수 있는 최소한의 기전력을 발생시키므로 단독적인 사용이 곤란하고 집합적 형태로 사용되기 때문이다.

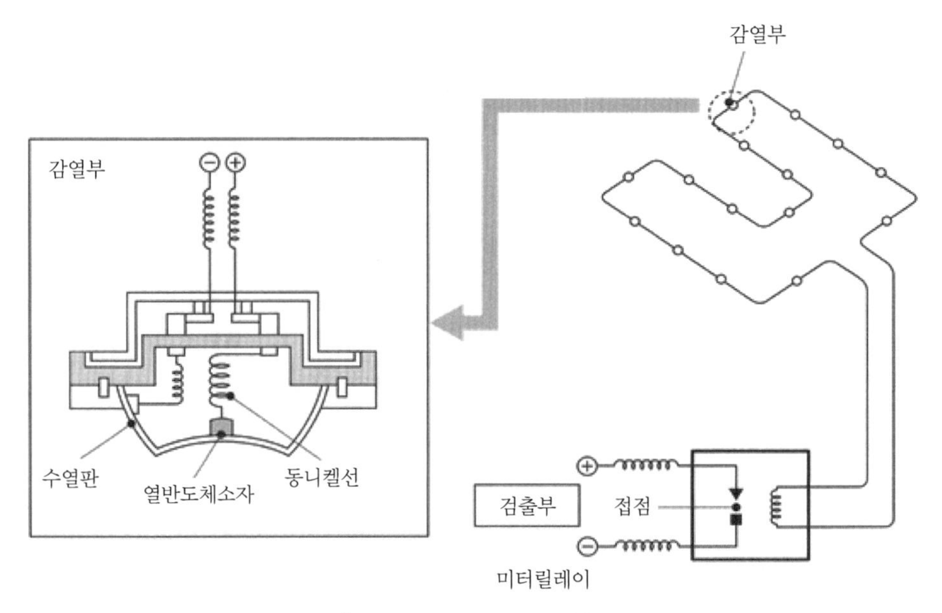

▌열반도체 감지기 개념도▐

2) 작동원리 : 휘트스톤 브리지의 서미스터(주로 NTC 이용)를 이용한다.

3) 설치기준

① 감지부는 그 부착높이 및 소방대상물에 따라 다음 표에 따른 바닥면적마다 1개 이상으로 한다.

(단위 : [m^2])

구분	구조	1종	2종
8[m] 미만	내화	65	36
	기타	40	23
8 ~ 15[m] 미만	내화	50	36
	기타	30	23

② 하나의 검출기에 접속하는 감지부 : 2개(실보 예방) 이상 15개 이하(비화재보 예방)

1. 열반도체의 개수가 많으면 조금만 온도가 변해도 기전력 형성이 용이하여 비화재보 발생이 많아진다. 또한, 열반도체 수량이 15개 이하일 때 자동화재탐지설비 감지기회로의 전로저항이 50[Ω] 이하가 된다.
2. 감열부와 접속 전선의 최대 합성저항은 검출부에 지정된 수치 이하로 한다.

SECTION 009

공기관식 차동식 분포형 감지기 시험방법

01 개요

(1) 스포트(spot)형 감지기의 경우는 가열시험기나 가연시험기를 이용하여 감지기의 성능에 대하여 개별적으로 검사를 할 수 있으나 분포형 감지기의 경우는 감지 부분이 광범위한 실 전체에 분포한다.

(2) 개별감지기를 시험하는 장비를 이용해서는 시험이 곤란하다. 공기관식 차동식 분포형 감지기는 공기팽창의 원리로 동작하므로 외부에서 강제로 공기를 공급해 화재와 동일한 동작 메커니즘을 제공하여 화재검사를 한다.

02 시험 전 감지기 상태

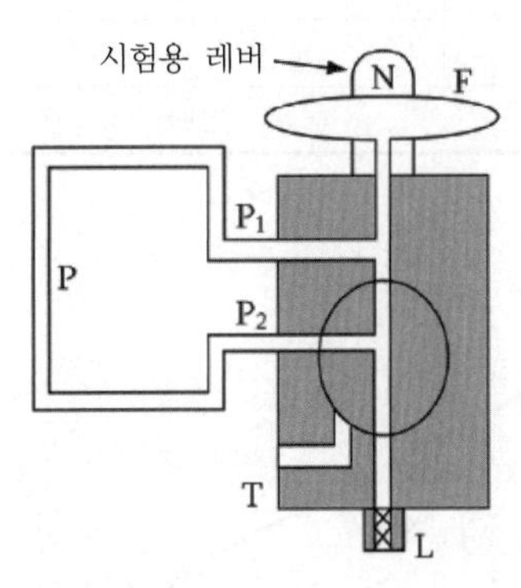

- F : 다이어프램
- L : 리크구멍
- P : 공기관
- T : 시험구멍
- TP : 테스트 펌프
- P_1, P_2 : 공기관 접속구멍
- M : 마노미터

▎공기관식 차동식 분포형 감지기 개념도 ▎

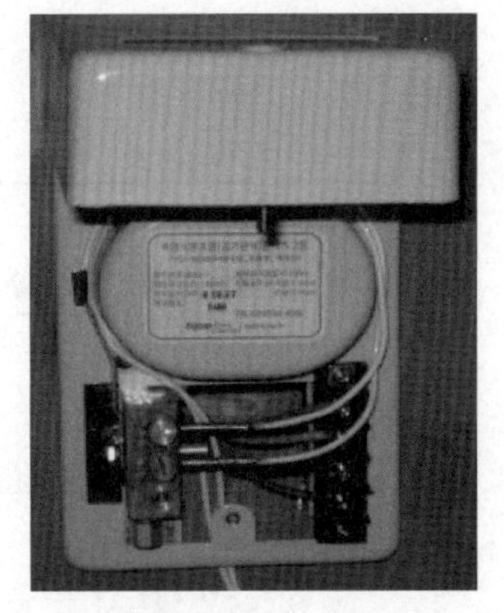

▎검출부 사진 ▎

03 화재작동시험

(1) **시험목적**

감지기의 정상작동 및 작동시간 적정 여부 확인

<table>
<tr><th colspan="2">시험방법</th></tr>
<tr><td>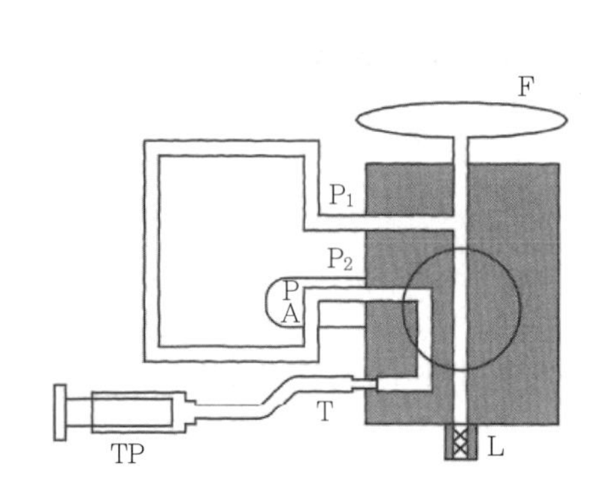
</td><td>① 주경종 스위치를 On, 지구경종 스위치를 Off에 놓는다.
② 자동복구 스위치를 시험위치에 놓는다.
③ 검출부의 시험공 T에 공기주입기를 접속한다.
④ 시험용 레버를 시험위치에 놓는다.
㉠ 정상위치(N)에서 작동시험위치(PA)로 시험용 레버를 돌린다.
㉡ 시험위치로 돌아가는 순간 내부에 있는 송기구가 열려 시험구멍 T와 공기관 접속단자 P_2가 접속하게 된다. 평상시는 레버가 N의 위치에 있으며 이 경우 시험공은 막혀 있는 상태이다.
⑤ 테스트 펌프(test pump)로 공기를 주입한다.
⑥ 초시계를 이용하여 시간을 측정(접점이 붙어 폐회로를 구성할 때까지의 시간)한다.</td></tr>
</table>

(2) 판정방법

1) 판정기준 : 표시된 시간범위 이내

2) 오동작 원인

구분	기준치 미달(시간미달)	기준치 이상(시간초과)
접점 수고값	낮다.	높다.
공기관의 길이	짧다.	길다.
공기관의 상태	–	누설
리크홀(hole) 구경	작다.	크다.

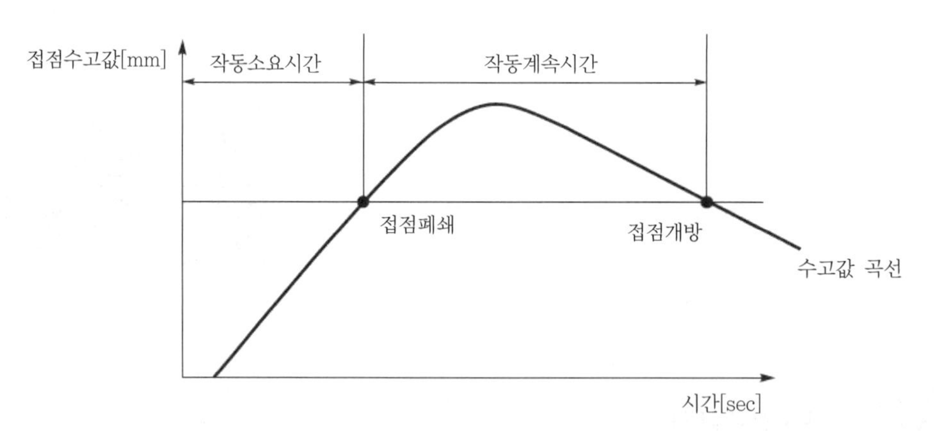

▌접점 수고값 곡선▐

04 유통시험

(1) 시험목적

공기관에 공기를 주입하여 마노미터를 통해 공기관의 누설, 변형, 폐쇄 등 공기관 유동상태, 공기관 길이의 적정성을 검토하기 위함이다.

유통시험은 리크홀에 의한 공기의 누설이 아니라 검출부의 P_1을 통해 누설되는 공기량에 의한 시험으로 공기관의 길이, 누설, 변형에 따라 누설시간이 결정된다.

시험방법	
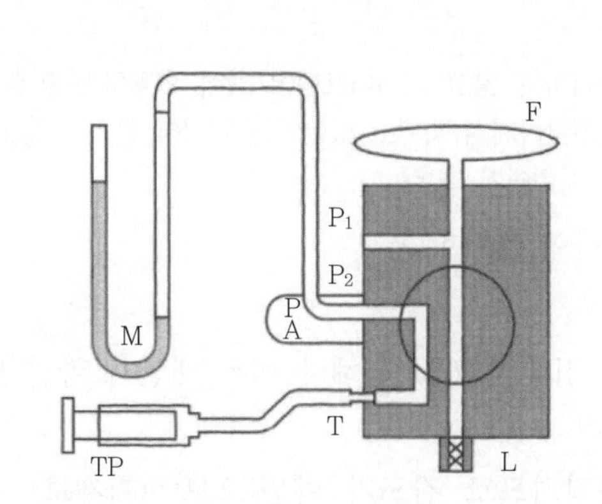 	① 공기관의 한쪽인 P_1을 분리한다. ② 분리된 공기관의 한쪽에 접속단자를 설치하여 마노미터를 접속한다. ③ 정상위치(N)에서 작동시험위치(PA)로 시험용 레버를 돌린다. ④ 시험공인 구멍(T)에 테스트 펌프를 접속한다. ⑤ 테스트 펌프에 공기를 주입하여 마노미터 수위가 일정한 높이(100[mm])를 유지하는 지 확인한다. 이때, 수위가 정지상태인지를 확인한다. 만약 수위가 정지되지 않으면 공기관에 누설이 있는 것이므로 시험을 중단하고 점검하여야 한다. ⑥ 시험용 레버를 세워 송기구 개방, 수위가 정지수위의 $\frac{1}{2}$인 50[mm]가 될 때까지의 시간을 측정한다.

수위가 유지되지 않으면 공기관에 누설이 있는 것이므로 시험을 중단하고 점검하여야 한다.

(2) 판정기준

1) 표시된 시간범위 내인 경우 : 정상
2) 설정시간보다 빠른 경우 : 공기관에 누설이 발생한다.
3) 설정시간보다 늦은 경우 : 공기관이 막히거나 변형되어 공기가 빠지지 않고 있다.

05 접점수고시험

(1) 접점수고

검출부에서 접점을 형성하는 다이어프램의 접점압력을 수두(물의 높이[mmAq])로 나타낸 것

(2) 시험목적

접점의 간격이 높고 낮음을 수두로 표시하여 적정 유지 여부를 확인하기 위함이다.

(3) 시험방법

1) 공기관의 한쪽인 P_1 단자에서 공기관을 분리한다.
2) P_1 단자에 고무호스와 접속단자를 이용하여 마노미터와 테스트 펌프를 접속한다.
3) 정상위치(N)에서 작동시험위치(DL)로 시험레버를 돌린다. 이를 통해서 테스트 구멍인 T의 위치에서 다이어프램에 직접 공기관이 접속하게 되어 다이어프램을 팽창시킬 수 있게 된다.
4) 시험코크의 접점수고치 조절 후 공기를 주입하여 다이어프램의 접점이 붙고 경종이 작동하는 것을 확인한다.

테스트 구멍인 T에다 주입하지 않고 다이어프램에 직접 연결하는 이유 : 시험이 단순히 접점의 수고값이 적당하게 유지되고 있는가와 접점이 붙었을 경우 정상동작 여부를 확인하기 위한 시험이기 때문이다.

5) 접점 후 마노미터의 수고값을 측정하여 기록한다.

(4) 판정방법

판정기준은 제조사의 사양을 기준으로 접점 수고값이 해당 범위 내인지 확인한다.

1) **적합** : 검출부에 명시된 값의 범위 이내
2) **접점 수고값이 낮은 경우** : 빨리 동작하므로 감도가 예민[오보(비화재보) 우려]한 것이다.
3) **접점 수고값이 높은 경우** : 늦게 동작하므로 감도가 둔감(실보 우려)한 것이다.

(5) 주의사항

1) 길이, 감도, 종별에 따라 적정하게 공기를 주입한다.
2) 적정량 이상 공기의 공급 시 검출부 다이어프램이 손상될 우려가 있다.

06 리크시험

(1) 시험목적

리크구멍이 크면 실보가 발생할 수 있고, 구멍이 작으면 비화재보 우려가 있으므로 리크구멍이 적절한지 여부를 확인하기 위한 시험이다.

(2) 시험방법

1) 공기관의 한쪽인 P_1 단자에서 공기관을 분리한다.
2) P_1 단자에 공기주입기를 접속한다.

3) 정상위치(N)에서 작동시험위치(DL)로 시험용 레버를 돌린다.
4) 공기주입기로 공기를 서서히 주입하면서 리크구멍의 공기누설 여부를 점검한다.

(3) 판정방법

1) 별도의 판정기준은 없으나 공기를 주입할 경우 리크구멍을 통해 공기가 서서히 누설되는지 여부를 육안으로 판단한다.
2) 리크저항이 작은 경우(구멍이 큼) : 내부의 공기팽창을 쉽게 배출(실보 우려)한다.
3) 리크저항이 큰 경우(구멍이 작음) : 내부의 공기팽창을 잘 배출하지 못한다(비화재보 우려).

07 공기관 시험방법

시험용 레버의 위치	구조도	회로도	비고
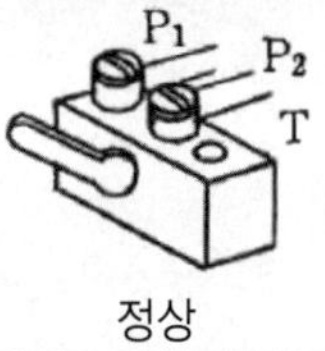 정상 (P_1, P_2, T)	N 정상 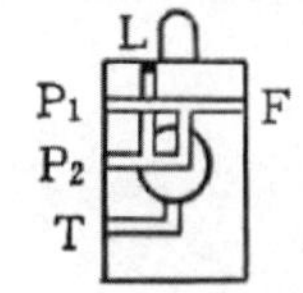	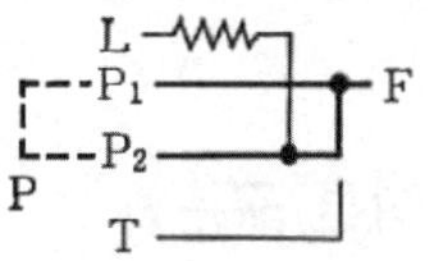	시험용 레버가 정상 위치에 있고 시험구멍이 폐쇄된 상태
 세워진 위치	P 화재작동 시험, 작동계속 시험 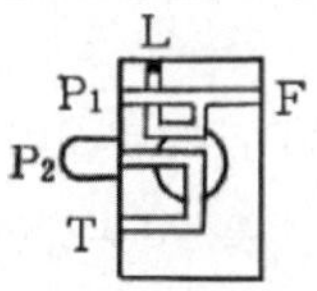	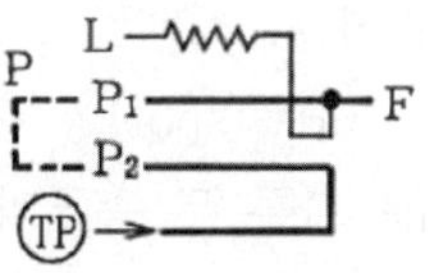	화재에 의한 공기팽창에 상당한 공기펌프로 주입하여 작동을 시험한다.
	A 유통 시험 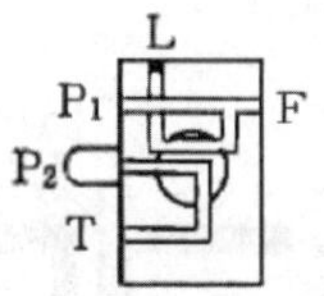	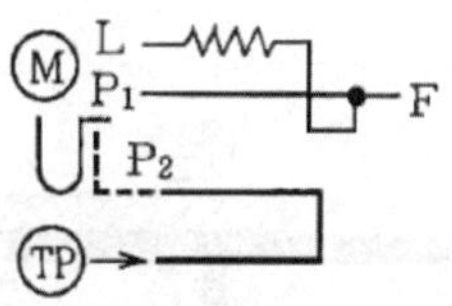	공기관 P_1을 분리하고 마노미터를 설치하며 시험펌프로 가압하여 일정 높이를 유지하는지 확인한다. 레버를 세워 마노미터의 $\frac{1}{2}$ 높이까지의 시간을 측정
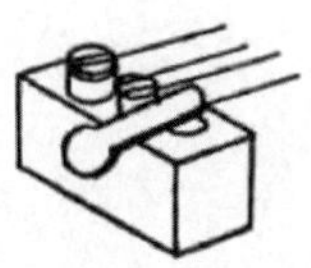 눕혀진 위치	D 접점수고 시험 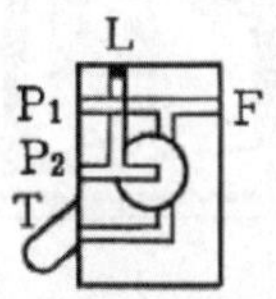	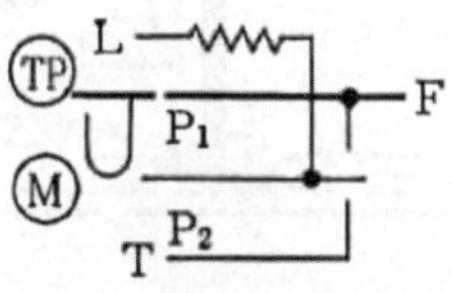	다이어프램에 시험펌프로 공기를 주입하여 다이어프램의 접점이 붙을 때 마노미터값을 측정한다.
	L 리크시험 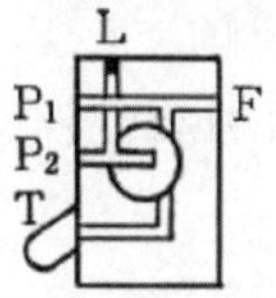	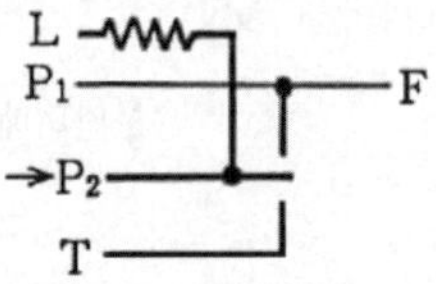	리크구멍에 공기를 주입하여 리크구멍의 저항이 적정한지를 테스트한다.

[비고] F : 다이어프램, P : 공기관, $P_1 \cdot P_2$: 공기관 접속구멍, T : 시험구멍, (TR) : 시험펌프, (M) : 압력계, L : 리크저항

SECTION 010

정온식 스포트형 감지기(spot type fixed temperature heat detector) 71회 출제

01 개요

(1) 정온식 감지기는 연소생성물 중 열의 일정 온도 이상을 감지하여 화재의 발생을 알려주는 기기로서, 감지구역 범위에 따라 정온식 스포트(spot)형 감지기와 정온식 분포형인 감지선형 감지기로 구분한다.

(2) 정온식 스포트형 감지기는 국소 부분의 열효과에 의해 동작되며, 감도에 따라 특종, 1종, 2종으로 구분할 수 있다.

02 작동원리에 따른 구분

(1) 바이메탈(bi-metal) 방식

1) 대표적인 정온식 스포트(spot)형 감지기 동작방식이다.

2) 선팽창계수가 서로 다른 두 종류의 금속을 이용하여 팽창계수 차에 따른 활곡으로 접점을 형성한다.

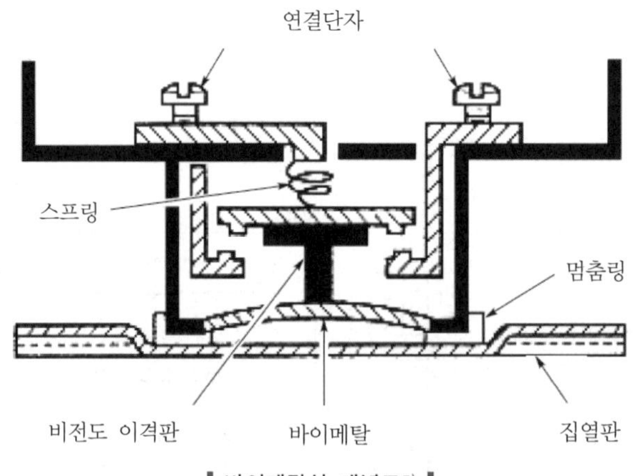

▎바이메탈식 개념도[5] ▎

5) Figue 2.9 A spot-type fixedtemperature, bimetallic snap disc type detector. Assessment of the Current False Alarm Situation from Fire Detection Systems in New Zealand andthe Development of an Expert System for Their Identifications by Yen-Fang Tu

3) 동작메커니즘[6)]

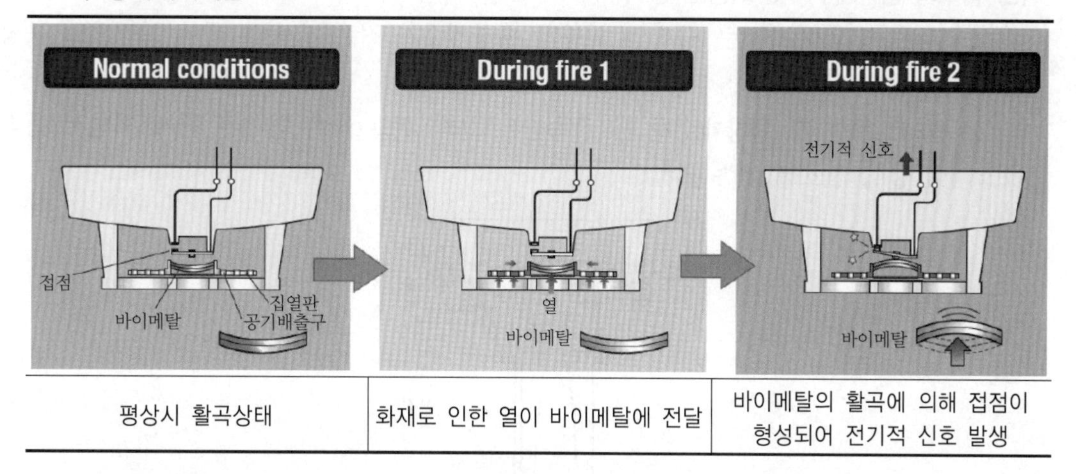

평상시 활곡상태	화재로 인한 열이 바이메탈에 전달	바이메탈의 활곡에 의해 접점이 형성되어 전기적 신호 발생

(2) 반도체소자를 이용하는 방식

1) 서미스터(thermistor)를 이용하는 방식으로, 차동식 스포트형의 반도체를 이용한 방식과 원리가 동일하다.

2) 서미스터를 이용하는 차동식과 정온식 구분

① 차동식의 경우에는 서미스터를 감지기 외부 및 내부에 각각 설치하여 열이 2개의 서미스터에 전달되는 시간에 따른 기전력의 변화를 검출한다.

② 정온식은 서미스터를 외부에 1개만 설치하여 일정한 온도(공칭작동온도)에 도달할 경우 이를 검출한다.

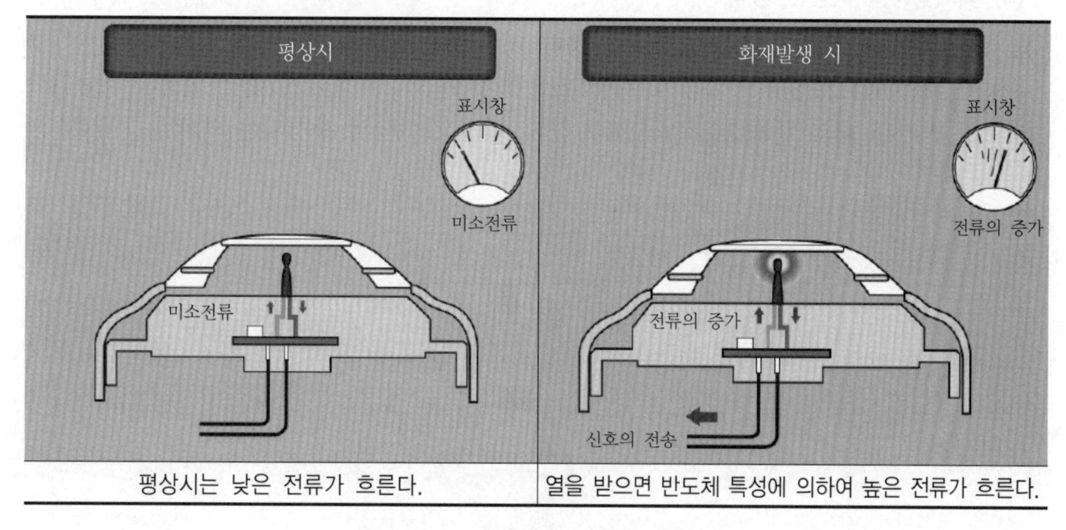

평상시는 낮은 전류가 흐른다.	열을 받으면 반도체 특성에 의하여 높은 전류가 흐른다.

▌정온식 반도체식의 동작 메커니즘[7)] ▌

6) HOCHIKI사의 카탈로그에서 발췌
7) HOCHIKI사의 카탈로그에서 발췌

(3) 금속의 팽창계수차를 이용한 방식

1) **구성** : 팽창계수가 큰 금속의 외통과 팽창계수가 작은 금속의 내부 접점으로 구성된다.

2) **원리** : 화재 시 팽창계수가 큰 금속판은 크게 휘고 작은 금속은 작게 휘면서 접점이 붙어 신호를 전송한다.

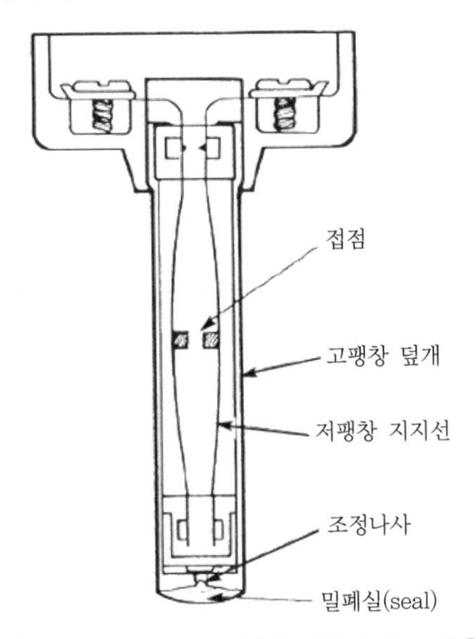

▎금속의 팽창계수를 이용한 정온식 감지기[8] ▎

(4) 액체팽창을 이용한 방식

1) **원리** : 수열체가 있는 반전판이 열을 받아 적정온도에 도달하면 반전판 내의 액체가 기화되어 팽창하여 압력에 의해 반전하게 됨으로써 접점이 붙어 신호를 전송한다.

2) 반전판 내의 액체로는 알코올과 같이 쉽게 기화되서 팽창되는 액체를 사용한다.

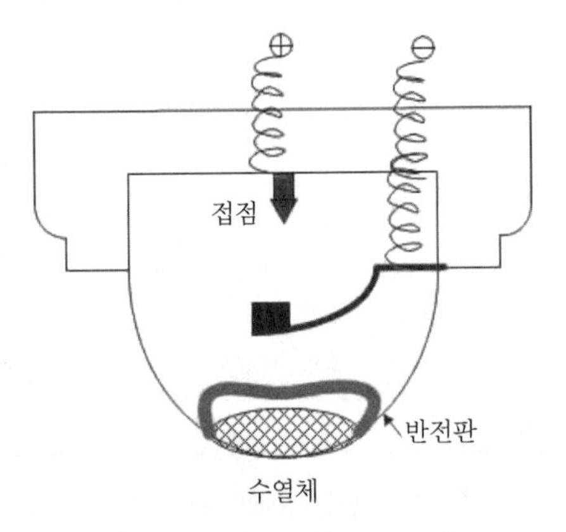

▎액체팽창을 이용한 감지기 ▎

8) Figure 4 shows a typical rate compensation heat detector. The ABC's of Fire Alarm Systems – Section II. By Anthony J. Shalna

(5) 금속의 용융을 이용한 방식

수열체로 열을 모아 용융금속으로 열전달을 하고 금속이 녹아서 접점이 구성되는 방식이다.

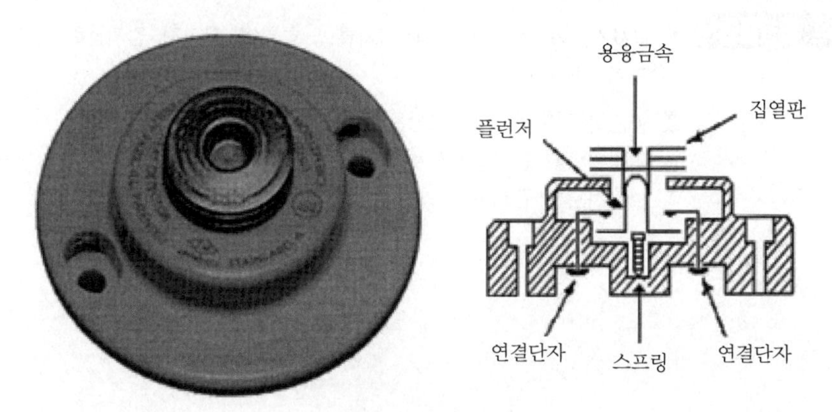

▌금속용융형 감지기[9] ▌

03 정온식 스포트형 감지기의 설치기준

(1) 설치위치

천장 또는 반자의 옥내에 면하는 부분 123회 출제

(2) 공기유입구와 이격거리

1.5[m] 이상으로 한다.

일본 소방법에서는 환기구가 천장면에서 1[m] 이상 이격된 벽체에 설치되면 1.5[m] 이내 설치가 가능하다.

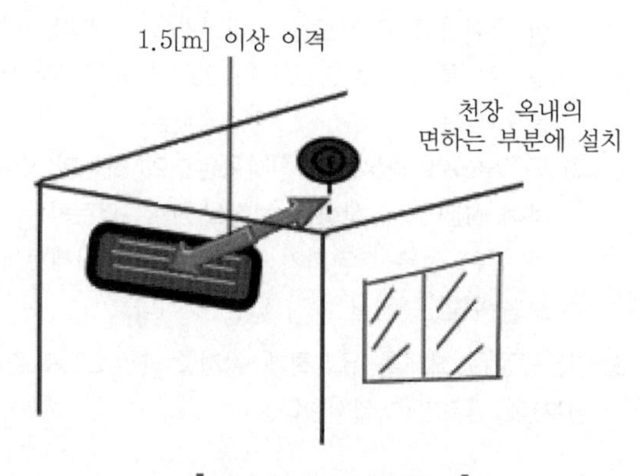

▌실내 감지기 설치위치 ▌

9) Figure 2 FUSIBLE ALLOY FIXED TEMPERATURE DETECTORS. The ABC's of Fire Alarm Systems – Section II. By Anthony J. Shalna

(3) 경사각도 제한

45° 이상 경사되지 아니하도록 부착한다. 134회 출제

1. 경사각도가 높으면 천장 열기류의 흐름이 빨라져 감지능력이 저하되는 것을 막기 위함이다.
2. 일본의 경우는 3/10 이상은 설치간격(L) 미만의 간격으로 설치한다. 이때 45° 이상의 경우는 좌판을 설치하여 평행하게 설치하고 45° 미만의 경우는 그대로 설치하도록 규정하고 있다(단, 불꽃감지기는 제외).

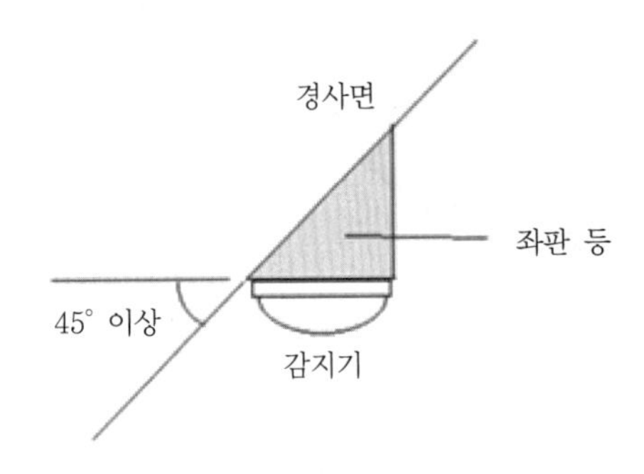

(4) 설치장소 및 작동온도

1) 설치장소 : 주방, 보일러 등으로서 다량의 화기를 취급하는 장소
2) 공칭작동온도 : 최고 주위온도보다 20[℃] 이상 높은 것으로 설치

1. 다량의 화기를 취급하는 장소의 경우는 상시 온도가 높아서 차동식의 온도상승률을 이용한 감지는 실보의 우려가 있다. 따라서, 정온식 감지기의 설치가 필요하다.
2. **정온식 스포트형 감지기의 화재안전기술기준의 문제점**
   ① NFPA나 일본의 경우 감지기의 공칭작동온도를 먼저 검토한 후 그에 적합한 주위의 최고 온도는 얼마인가를 알아내는 방법으로, NFTC의 주위의 최고 온도를 확인하고 그보다 20[℃] 높은 온도의 감지기를 선택하는 방법과는 다르다.
   ② 즉, 우리의 경우는 공칭작동온도의 하한만 있고 상한은 없는 개념인데 반하여 NFPA는 상한과 하한을 모두 검토하는 개념인 것이다. 따라서, 국내와 같은 정온식 감지기 설치방법은 비화재보의 우려는 줄일 수 있지만 실보의 위험은 커질 수가 있는 것이다.
3. 일본규정은 화재를 유효하게 감지할 수 있도록 감지구역 내의 평균한 위치(중심부)에 감지기를 설치한다.

(5) 감지기 설치높이

1) 국내의 경우

부착높이	감지기 종류												
	차동식		정온식		연기식				보상식	복합형			불꽃감지기
	스포트형	분포형	스포트형	감지선형	광전식			이온화식	스포트형	열	연기	열, 연기	
					스포트형	분리형	ASD	스포트형					
4[m] 미만	○	○	○	○	○	○	○	○	○	○	○	○	○
4[m] 이상 8[m] 미만	○	○	특, 1종	특, 1종	1·2종	1·2종	1·2종	1·2종	○	○	○	○	○
8[m] 이상 15[m] 미만	–	○	–	–	1·2종	1·2종	1·2종	1·2종	–	–	○	–	○
15[m] 이상 20[m] 미만	–	–	–	–	1종	1종	1종	1종	–	–	○	–	○
20[m] 이상	–	–	–	–	–	아날로그	아날로그	–	–	–	–	–	○

2) 일본의 경우

부착높이	감지기 종류					
	차동식		정온식	연기식		보상식
	스포트형	분포형	스포트형	광전식 스포트형	이온화식 스포트형	스포트형
4[m] 미만	○	○	○	○	○	○
4[m] 이상 8[m] 미만	○	○	특, 1종	1·2종	1·2종	○
8[m] 이상 15[m] 미만	–	○	–	1·2종	1·2종	–
15[m] 이상 20[m] 미만	–	–	–	1종	1종	–

3) 외국의 20[m] 이상 감지기 설치기준

① 일본 : 불꽃감지기만 사용할 수 있다.

② NFPA or BS 5831-1 : 공기흡입형 감지기를 권장한다.

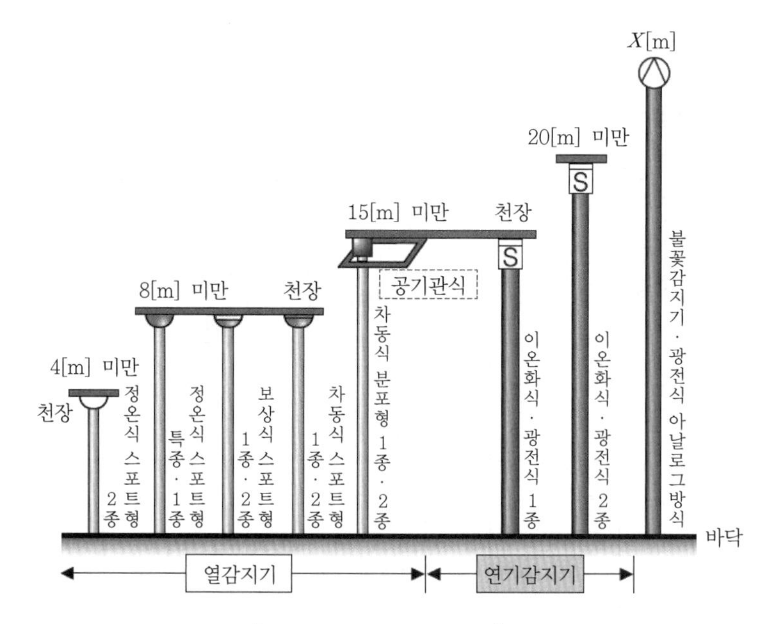

▌설치높이에 따른 감지기▐

(6) NFPA 72의 정온식 감지기[10)]

1) 감지기의 온도범위 : 천장 예상 최고 온도보다 20[℉](11[℃]) 이상 더 높은 온도등급을 선택한다.

2) 온도등급에 따른 색상코드로 표시(아날로그는 제외)한다.

3) 작동온도 표시 : 열감지 화재감지기는 등록 작동온도를 표시한다.

4) 스포트형 열감지기는 RTI 표시 : 일반형 100 미만을 사용한다.

온도등급	온도범위[℃]	최고 주위온도[℃]	색상코드
Low	39 ~ 57	28	색상없음
Ordinary	58 ~ 79	47	색상없음
Intermediate	80 ~ 121	69	백색
High	122 ~ 162	111	파란색
Extra high	163 ~ 204	152	적색
Very extra high	205 ~ 259	194	녹색
Ultra high	260 ~ 302	249	오랜지색

10) NFPA 72. Table 5-6.2.1.1 Temperature classification

SECTION 011

정온식 감지선형 감지기

119 · 118 · 114 · 105 · 96회 출제

01 개요

(1) 정온식 분포형 감지기는 감지선형 감지기로 대표적인 비재용형(非再用型) 감지기이다. 주위 온도가 일정 온도 이상일 경우, 가용 절연물(fusible material)이 용융되어 절연물 내부의 꼬인 강선의 접점이 붙어서 폐회로가 형성되는 방식이다.

(2) 내부선은 일반적으로 피아노선과 같은 강선을 서로 피복재로 피복한 다음 교차하도록 꼬아서 설치한 것으로, 열에 의해 피복재가 녹으면 강선이 원래대로 되돌아가려는 복원력에 의해 서로 붙어버려 도통이 된다. 접속 부위는 스플링 키트(splicing kit)를 사용한다.

02 구조

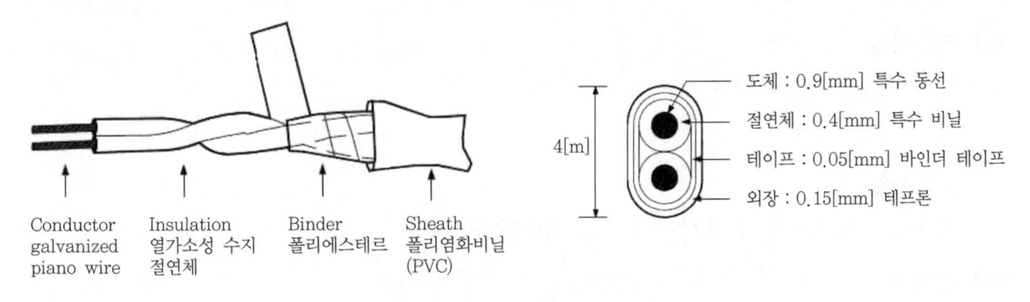

▌감지선형 감지기(2선식)의 구조[11] ▌

(1) **도체강선(conductor galvanized piano wire)**

특수 강선으로 선의 개수에 따라 2선식, 3선식으로 구분할 수 있다.

(2) **열가소성 수지 절연체(insulation)**

해당 온도에서 녹는 물질인 에틸렌 셀룰로오스(ethylene cellulose) 내에 강선을 꼬아서(twisting) 절연체가 녹으면 장력에 의해서 접점을 형성한다.

(3) **바인더(binder)**

절연체의 손상을 보호하기 위한 보호 테이프이다.

11) 지멘스 정온식 감지선형 감지기 카탈로그에서 발췌

(4) **시스(sheath)**

방수 및 내용물을 보호하기 위해 설치하는 최종 외피이다.

03 동작원리

(1) 서로 꼬인 특수 강선이 원형으로 되돌아가고자 하는 비틀리는 힘을 이용한다.

(2) 내열성능이 아주 작은 열가소성 수지(fusible material) 절연체로 꼬인 특수 강선의 표피를 피복하고 방수 및 내부를 보호할 수 있는 시스로 외피를 피복한다.

(3) 화재 시 열, 화염에 의해 열가소성 수지가 녹으면서 꼬인(twisting) 특수 강선이 장력에 의해 원래 상태로 복구되려는 힘에 의해 서로 붙으며 단락되어 동작한다.

(4) 절연체가 용융되면서 동작하기 때문에 용융된 부분은 재사용이 불가능하다.

(5) 특수 강선의 저항값을 이용해서 프로그램으로 분석하여 해당 위치의 파악이 가능하다.

04 적용분야

(1) **지하구**

전력구, 통신구, 공동구, 지하철, 터널

(2) **전기시설**

1) 전력분전반, 큐비클

2) 케이블 트레이

(3) **공업시설**

위험물 저장탱크, 집진기, 냉각탑, 컨베이어

(4) **상업시설**

비행기 격납고, 에스컬레이터, 창고

05 특징

(1) 감지선로의 단락을 통해 감지해 어느 지점에서도 감지능력이 동일하다.

(2) 설치장소의 주위 조건에 따라 해당 온도에 적합한 감지기를 선택하여 사용이 가능하고 절연물의 종류와 두께에 따라 작동온도의 조정이 가능하다.

(3) 같은 회로 내에서 온도조건이 다른 감지선과 연결이 가능하고 거리감지는 측정이 곤란(저항값 계산 곤란)하다.

(4) 시스(외피)의 종류에 따라 부식, 화학물질, 먼지, 습기 등에 적응성을 가진다.

(5) 선형 감지기의 감지기능에 대한 이상 유무는 수신기에서 확인이 가능하다.

1) 절연체가 손상을 입으면 화재로 인식한다.

2) 감지선이 끊어지면 단선으로 인식한다.

(6) 시공성 및 철거가 용이하다.

(7) **방폭지역 및 위험지역에 사용 가능**

감지기 자체에서 스파크나 이상전류가 흐르지 않아 점화원이 되지 않는다.

(8) 하나의 회로를 길게 사용하는 것이 가능하나 손실이 증가한다.

(9) 일부분 훼손 시 잘라내고 연결도구를 사용하여 새 것으로 연결하여 사용이 가능하나 손실이 증가한다.

(10) 시스템이 단순하여 고장 및 오류가 적다.

(11) **2신호식 가능** 114회 출제

1) 3개의 특수 강선을 꼬아서 설치하고 각기 용융점이 다른 가용 절연물로 절연한 후 하나의 케이블 형태로 조합한 3선식의 경우는 2신호식이 가능하다[70 ~ 90[℃]급(3선)].

2) 2신호를 수신할 수 있는 수신기가 필요하다.

3) 하나의 신호로는 경보장치를 작동시키고 나머지 하나로 소화설비를 작동시킬 수 있다.

(12) **Double ended 방식 사용 가능**

NFPA의 Class A방식으로 단일지점의 단선 시 단선경보는 물론 정상적인 감시상태 지속이 가능하다.

06 설치방법

(1) **NFTC의 정온식 감지선형 감지기 설치기준** 105회 출제

1) 보조선이나 고정금구를 사용하여 감지선이 늘어지지 않도록 설치한다.

2) 감지기와 감지구역의 각 부분과의 수평거리

구분	내화구조	기타 구조
1종	4.5[m] 이하	3[m] 이하
2종	3[m] 이하	1[m] 이하

3) 단자부와 마감 고정금구와의 설치간격 : 10[cm] 이내

4) 감지선형 감지기 굴곡반경 : 5[cm] 이상

 굴곡반경이 너무 작으면 피복이 벗겨지거나 단락될 위험이 있다.

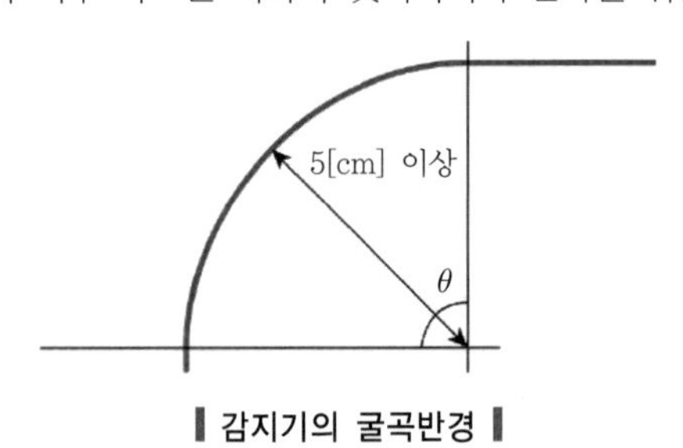

▌감지기의 굴곡반경▐

5) 케이블 트레이에 감지기를 설치하는 경우 : 케이블 트레이 받침대에 마감금구(mounting clip)를 사용한다.

 케이블의 온도상승을 빠르고, 범위를 폭넓게 감지하기 위하여 트레이 위에 다음과 같이 사행식(뱀이 기어가는 모양)으로 설치한다.

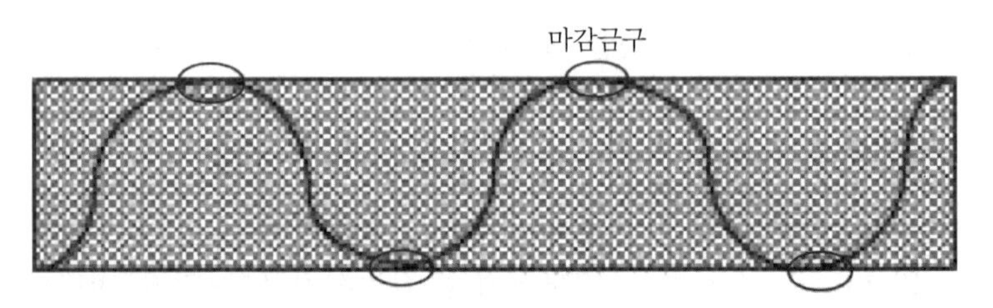

6) 창고의 천장 등에 지지물이 적당하지 않은 장소 : 보조선을 설치하고 그 보조선(메신저 와이어를 이용하여 설치)에 설치한다.

꼼꼼체크 천장에 매달 수 없는 구조인 경우에는 철선을 천장에 깔고 감지기를 타이로 묶어서 설치한다.

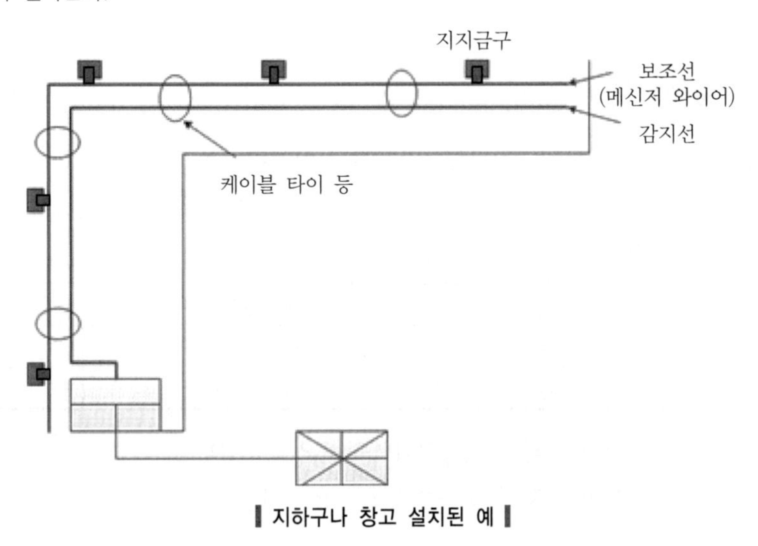

▌지하구나 창고 설치된 예▐

7) 분전반 내부에 설치하는 경우 : 접착제를 이용하여 돌기를 바닥에 고정시키고 그곳에 설치한다.

(2) 설치높이

1) 2 · 3종 : 4[m] 미만

2) 특종, 1종 : 8[m] 미만

(3) 플로팅 루프 탱크(floating roof tank) 설치방법

1) 서포트(support)를 사용하여 원주를 따라 설치한다.

2) 탱크의 벽 안쪽으로 실링 패드(sealing pad) 부분의 볼트(bolt)를 이용하여 서포터(supporter)를 고정한다.

(4) 공칭작동온도 : NFTC 203 2.4.3.3

1) 정온식 감지기는 주방 · 보일러실 등으로서, 다량의 화기를 취급하는 장소에 설치한다.

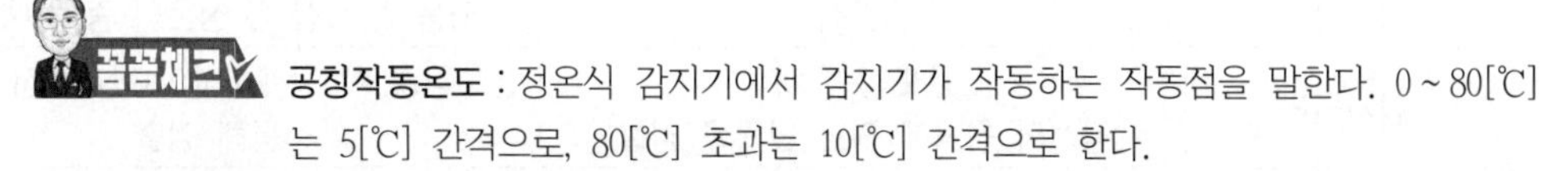

공칭작동온도 : 정온식 감지기에서 감지기가 작동하는 작동점을 말한다. 0 ~ 80[℃]는 5[℃] 간격으로, 80[℃] 초과는 10[℃] 간격으로 한다.

2) 공칭작동온도[℃] ≥ 최고 주위온도 + 20[℃]

3) **공칭작동온도 표시** : 검정기술기준에서는 감지선형 감지기에는 외피에 다음의 구분에 의한 공칭작동온도의 색상을 표시한다.

① 80[℃] 이하 : 백색

② 80[℃] 초과 120[℃] 이하 : 청색

③ 120[℃] 초과 : 적색

07 설치 시 주의사항

(1) 외피를 손상이 될 정도로 잡아당기면 외피가 소손되며 오동작 우려가 있다.

(2) 각 존(zone) 및 말단 부분에는 터미널 박스(box) 및 ELR 박스(box)를 설치하여 연결(용이한 점검목적)한다.

(3) 선형감지기가 눌리지 않도록 주의(오동작 발생)한다.

(4) 메신저 와이어를 이용하여 고정할 경우 세게 조여 고정하지 않는다(외피 소손 우려).

(5) 열에 민감하므로 감지온도보다 더 높은 장소에서 다루지 않는다(오동작 우려).

(6) 공구 등을 사용하지 않고 손으로 부드럽게 구부리며 설치(외피의 소손 우려)한다.

(7) 외부에 페인트 등 열감지를 저해할 수 있는 물질 도포를 금지(실보 우려)한다.

(8) 지하구에 설치 시 케이블의 이상온도를 조기에 감지하는 것이 중요하므로 공칭작동온도를 선정할 때는 설치된 케이블의 허용온도를 고려하여 선정한다.

(9) 고정 시 감지선이 손상되지 않도록 케이블 타이 등을 사용한다.

(10) 강선의 열팽창과 수축을 고려하여 일정 거리마다 신축을 설치(루프 구성)한다.

08 정온식 감지선형과 광케이블식 감지선형 감지기 비교[12)]

항목	정온식 감지선형	광케이블식 감지선형
감지매체	2가닥 또는 그 이상의 절연강선	난연성 광섬유 케이블
재사용 유무	비재용형	재용형
온도감시	×	○
거리표시	△(가능하나 정확도가 낮음)	○
감지방식	정온식	차동식, 보상식, 정온식 중 선택가능
감지원리	온도상승 시 강선의 용융에 의한 단락을 검출	온도상승 시 광케이블의 반사파장 변화를 통해 검출
설치높이	8[m] 미만	20[m] 이상 가능
감지온도	70 · 90 · 130[℃]	−40 ~ 90[℃]
감지시간	2분 이상	15 ~ 20[sec]
정보능력	일정 온도에 따라 용융하여 접점이 붙는 방식으로 정보능력이 낮다.	상시 감시상태로 해당 구역의 온도와 기타 정보를 분석하므로 우수하다.
최대 방호길이	1[km]	6[km]
예비경보	×	○
보수의 용이성	○	×
단락 · 단선 감시	○	○

12) 지멘스사의 카탈로그를 참조

SECTION 012

광케이블식 감지선형 감지기

107 · 97 · 77 · 72회 출제

01 개요

(1) 빛을 이용하는 광섬유 케이블은 먼지, 배기가스, 수증기, 부식성 가스와 고전압 케이블 등에서 발생할 수 있는 전자파 등 오보의 영향을 받지 않는 감지소자로, 최근에 사용빈도가 높아지는 추세이다.

(2) 광케이블식 감지선형 감지기는 연소생성물 중 열을 감지하는 원리를 이용하고, 광범위한 부분의 열을 감지하는 분포형 감지기이다. 또한, 감지선형 감지기의 단점인 화재 초기에 감지가 곤란한 점을 개선하여 화재 사전 예방적 기능을 가지고 있는 감지기이다.

(3) 화재발생지점, 화재발생 시의 온도, 화재발생 구간에 대한 온도분포, 열의 진행방향 등 다양한 정보값을 표현할 수 있는 시스템이다.

02 시스템 구성

(1) 시스템의 구성

1) 광케이블식 감지선
2) 중계기
3) 수신기

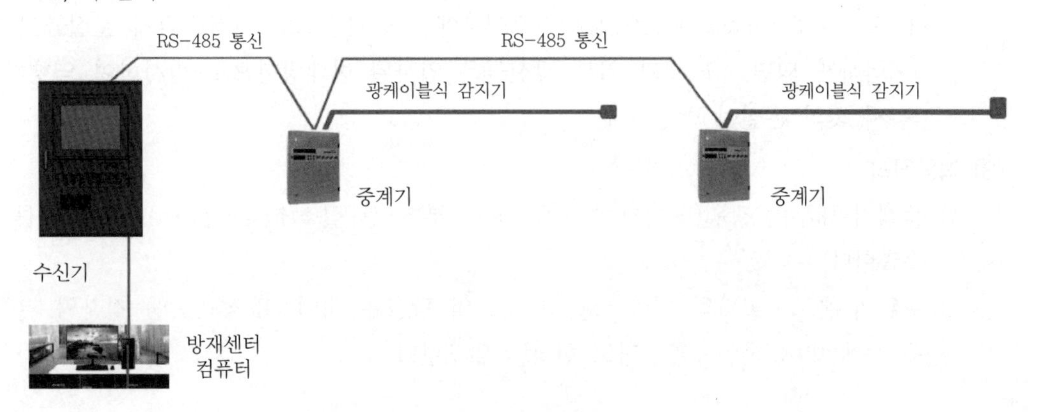

▌시스템 구성도▌

(2) 광케이블의 구조

1) **코어(속유리)** : 중심부에 굵기 0.001[mm] 정도의 굴절률이 큰 유리로 만들어진 부분
2) **클래딩(겉유리)** : 코어를 감싸는 겉유리로 0.1[mm] 정도 굵기로 굴절률이 낮은 유리로 만들어진 부분
3) **피복** : 광섬유를 감싸서 보호해 주는 부분

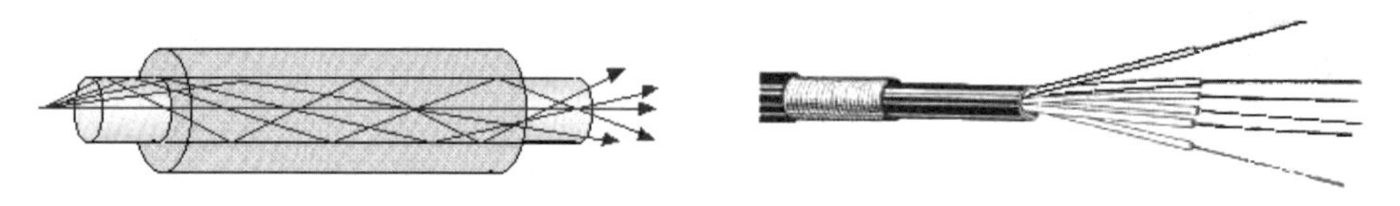

▌광케이블의 구조▐

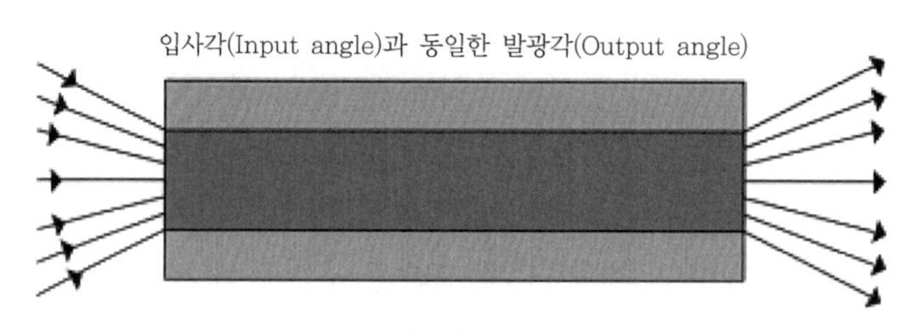

▌광케이블의 입사각과 발광각▐

4) 임계각의 범위로 입사된 광선은 광섬유를 따라 전송되며, 반대쪽에서는 입사된 각과 같은 크기로 빛이 퍼져 나간다.
5) 광섬유의 손실(loss)
   ① 흡수(absorption) : 광섬유의 제조공정 이후 광섬유 속에 남아 있는 불순물은 빛 에너지의 일부를 감쇠하는 요소가 된다.
   ② 레일리 산란(Rayleigh scattering) : 빛 입자들은 각자 임의의 각도로 퍼져 나가며 이때 임계각 이하로 퍼져 나간 광선은 코어를 벗어나게 되어 손실이 발생한다.
   ③ 프레넬 반사(Fresnel reflection) : 코어층에서 공기층으로 갑작스럽게 굴절률이 변화하게 되면, 그 결과 일부 광선들은 입사된 반대방향으로 반사하여 역행하면서 빛의 손실이 발생한다.

(3) 작동원리

1) 중계기 내부의 광원(레이저 다이오드)으로부터 광 펄스(laser pulse)를 광케이블로 송출한다.
2) 주위의 온도 · 밀도의 영향으로 광 펄스의 광섬유 내의 Glass(SiO_2) 격자의 열 진동 중에 빛이 산란 · 흡수되는 현상이 발생한다.

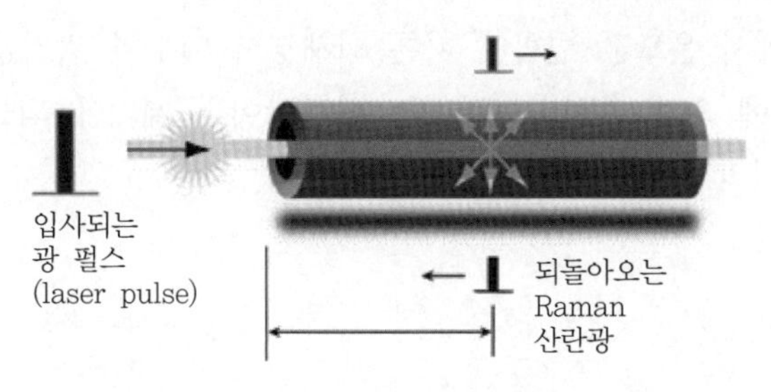

▌광 펄스의 원리▐

① 코어와 클래드의 경계면에서는 전반사가 일어나 빛은 외부로 나가지 않고 코어 내부에서만 반사를 계속하면서 손실없이 에너지 전달(Snell의 법칙)이 가능하다. 광회선은 빛의 점멸로 '0'과 '1'을 표시해 1초 동안 약 1조 개의 신호를 전송할 수 있어 구리선의 100배 이상의 정보를 보낼 수 있다.

② 전반사 : 입사하는 빛의 입사각이 임계각보다 더 큰 각도로 입사되면 굴절되는 빛은 없고 입사된 모든 빛은 반사되는 현상

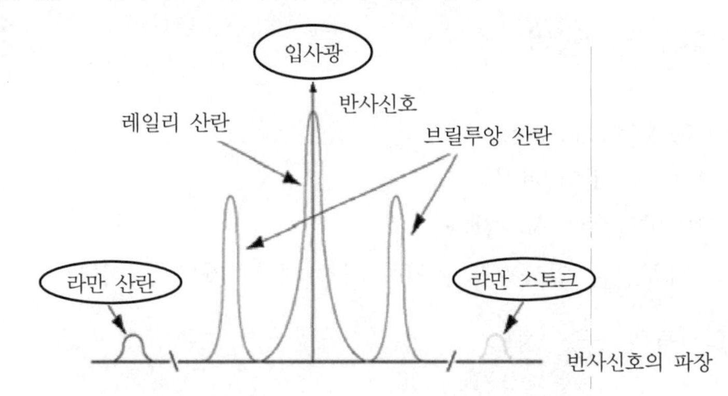

▌되돌아오는 파장의 크기에 따른 빛의 종류▐

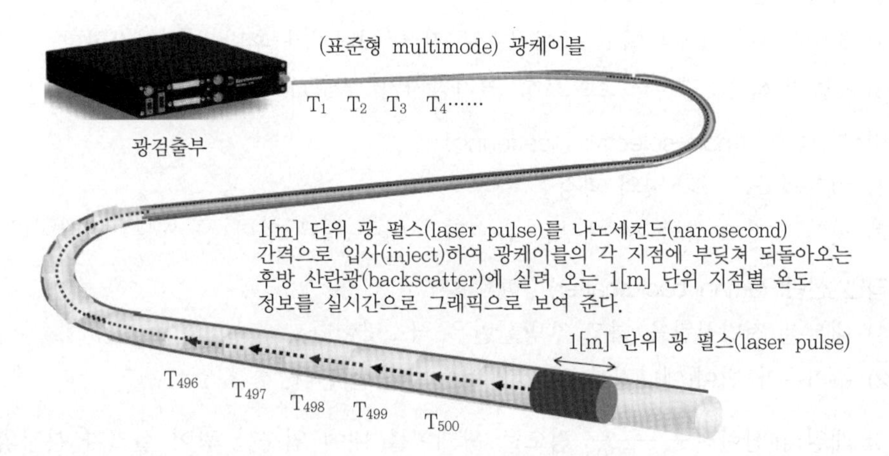

3) 산란된 광 펄스의 일부가 라만 산란광에 실려 광원측으로 복귀한다.

4) 복귀된 펄스의 신호를 분석하여 각 위치별 온도값을 실시간으로 측정할 수 있다.

5) 화재수신반에서 온도값 변화에 따른 화재경보 여부와 위치를 표시한다.
   ① 개념 : 열에 의해 분산 · 산란되는 산란광이 중계기에 되돌아오는 시간을 측정해서 중앙처리장치가 화재위치를 판단한다.
   ② 공식

$$x = C \times \frac{t}{2}$$

여기서, x : 화재 발생거리
C : 광속
t : 시간

6) 컴퓨터 디스플레이(control desk)에서 온도변화에 따른 화재경보 여부와 위치표시가 가능하다.

03 복귀펄스 분석방법

(1) 레일리 산란(Rayleigh scatter)
1) 입자의 크기 < 빛의 파장
2) 전방, 후방 양측으로 산란한다.
3) 산란광의 대부분은 입사광과 동일한 파장(에너지가 동일)이다.
4) 강도 : 입사광의 $\frac{1}{100}$ 정도

(2) 미산란광(mie scatter) 117회 출제
1) 입자의 크기 ≒ 빛의 파장
2) 전방산란이 대부분이고 상대적으로 작은 에너지가 후방으로 산란한다.
3) 소방의 적용 : 광전식 스포트형 연기감지기, ASD

(3) 비선택적 산란(non-selective scattering)
1) 입자의 크기 > 빛의 파장
2) 빛이 입자에 충돌 시 대부분 흡수되고 아주 적은 양만 산란하는 현상이다.

(4) 라만 산란(Raman backscatter) 107회 출제
1) 대부분 전방산란을 하고 후방산란은 극소량이다.
2) 주파수가 변이(에너지를 잃거나 얻으며 산란)된다.
3) 레일리 산란의 $\frac{1}{10,000}$ 정도로 광케이블 내에 입사한 광이 실리카 분자와 충돌하여 발생하는 산란이다.

실리카 : 산소와 실리콘 분자로 구성된 풍부한 화합물

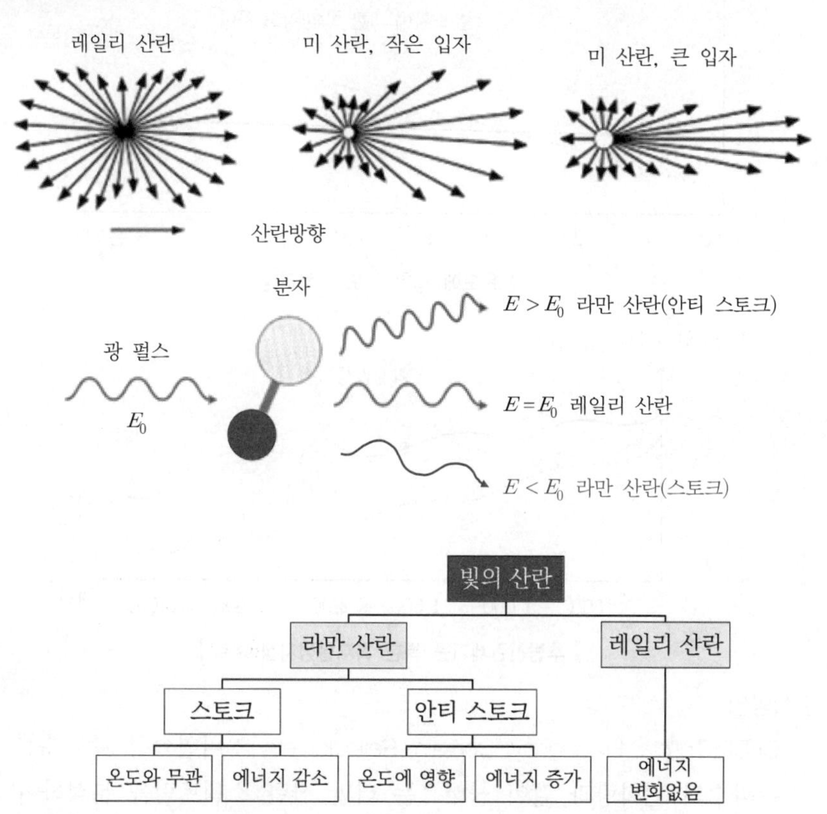

4) 라만 산란은 펄스를 분광 필터에 의해 스토크(stroke)광과 안티 스토크(anti-stroke) 광으로 구분할 수 있다.

① 비교표

구분	광원의 에너지	분자에너지	입사광 파장과 비교	온도
Anti-strokes	증가(단파장)	감소	단파장	의존성
Strokes	감소(장파장)	증가	장파장	무관

② 온도측정 : 실리카 분자는 온도에 따라서 활동량이 달라지므로 온도에 의존한 산란량의 변화가 발생(스토크대 안티 스토크의 비를 이용해 온도측정)한다.

③ 위치확인 : 산란광이 되돌아오는 시간을 계산하여 반사된 지점을 확인할 수 있다.

④ 스토크광은 산란량을 측정하여 광원의 표류를 보상하기 위하여 측정한다.

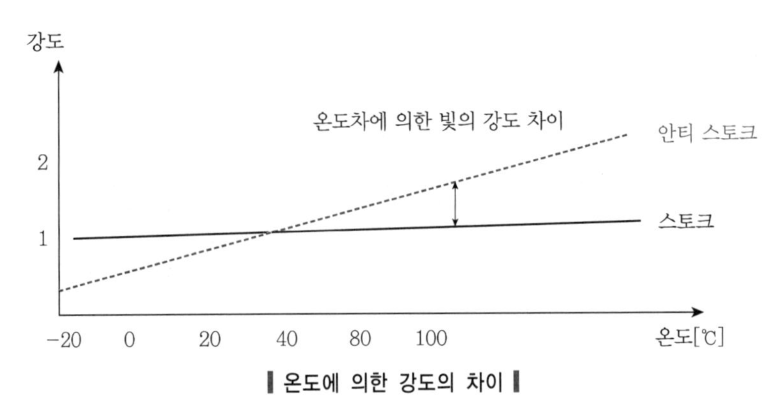

▌온도에 의한 강도의 차이▐

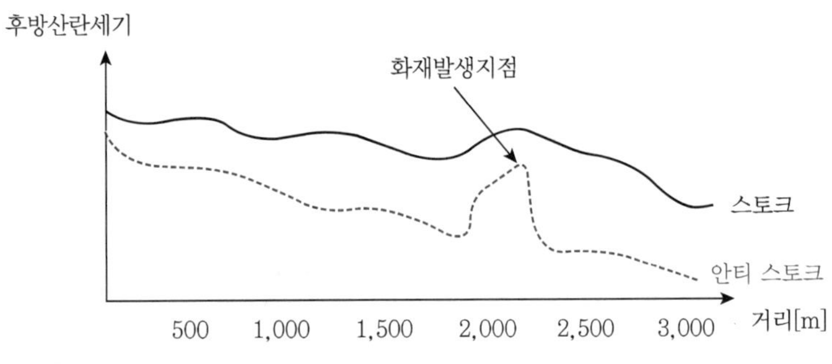

▌후방산란세기를 통한 화재발생지점 예측▐

5) 분석방법
   ① OFDR(Optical Frequency Domain Reflectometry) : 비연속성 주파수를 보내어 그 주파수의 변화량과 같이 들어오는 라만 산란 스펙트럼을 분석하여 화재발생지점을 20[cm]까지 확인할 수 있다.
   ② OTDR(Optical Time Domain Reflectometry) : 산란광이 되돌아오는 시간을 계산하여 화재발생지점을 1[m]까지 확인할 수 있다.

6) **소방에서 적용** : 광케이블식 감지선형 감지기

04 특징

(1) 정온식, 차동식, 보상식 3종류로 감지센서 조정기능이 있다.

(2) 주변환경에 적합한 작동온도를 임의로 설정 가능

발화 초기단계에서 이상징후를 포착하여 사전조치가 가능하다.

(3) 화재에 대한 다양한 정보파악 가능

위치, 온도, 화재의 진행방향을 파악한다.

(4) 최악의 환경조건에서도 사용 가능

먼지, 습도, 온도, 대전류, 고주파

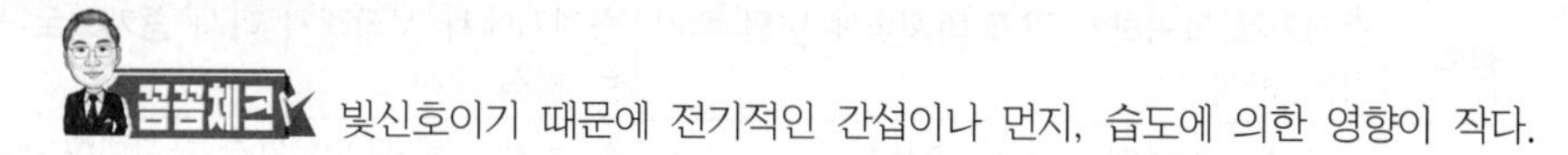

빛신호이기 때문에 전기적인 간섭이나 먼지, 습도에 의한 영향이 작다.

(5) 빛을 이용하므로 물, 먼지, 폭발성 분위기 지역에도 별도 방폭장치 없이 사용이 가능하다.

(6) 온도감지임에도 20[m] 이상의 층고가 있는 장소에도 적응성이 있다.

(7) 최대 감시거리가 길고 경계구역의 제한을 받지 않는다.

(8) Double ended 방식 사용 가능

NFPA의 Class A방식으로 단일지점의 단선 시 단선경보는 물론 정상적인 감시상태가 지속이 가능하다.

(9) 컴퓨터를 통해 모니터에 디스플레이 되는 방식

1) 과거기록 등의 저장이 가능하다.
2) 다양한 화면으로 정보를 구현할 수 있어 유지관리상 유리하다.
3) 프로토콜 오픈 시에는 타 시스템과 연동 및 인터페이스(interface)가 용이하나 오픈하지 않은 경우에는 폐쇄성이 강하여 타 시스템과의 연동 등이 곤란하다.

(10) 감지선의 단선 등 수리할 사항이 발생하면 전문업체의 특수한 장비를 이용해야 하고 프로그램 등 수정이 필요하므로 일반적인 유지관리에서 접근이 곤란하다.

05 설치

(1) 설치장소

환경적	공간적
습기나 먼지가 많은 장소인 터널, 지하구 등에 적응성	현장 접근이 용이하지 못하여 유지보수가 어려운 장소에 적응성
기류의 변화가 심한 장소에 적응성	넓고, 길이가 긴 장소인 터널 · 지하구 등에 적응성
고주파나 대전류로 인해 오동작이 발생할 우려가 있는 장소에 적응성	기타 일반 감지기 설치장소에도 적응성

(2) 설치방법

1) 감지선은 공기 유입구로부터 1.5[m] 이상 떨어진 위치에 설치한다.

2) 단선 등의 사고 시 대비 Loop(double end)형을 설치한다.

구분	Single end	Double end
정의	중계기로 복귀하지 않고 마지막에 말단 처리하는 방식	중계기에서 시작해서 다시 중계기로 돌아오는 방식
특징	• Double end에 비해서 경제적 • 단선되면 신호를 전송할 수 없음	선 중간이 화재나 사고로 단선되어도 신호가 반대쪽으로 돌아 나올 수 있어 기능을 발휘할 수 있으나 설치비용이 Single end의 2배 정도 소요
설치 대상	사방으로 선로가 설치된 지하공동구 지역이나, 지역이 광범위하여 복귀선로를 구성하는 데 어려움이 있는 발전설비 지역, 플랜트 생산시설, 위험물 취급시설 등	상행・하행 구간에 별도로 설비를 구성하는 자동차・지하철 터널이나, 복귀감지선을 설치하여도 전체 시공비용에 큰 차이가 없는 건축물

06 결론

(1) 광케이블을 이용한 화재감지시스템은 거리별 온도표시, 작동온도 설정, 감지거리의 최대화, 주변환경에 의한 영향 극소화로 종래의 감지기와는 다른 특징을 갖고 있다.

(2) 향후 공동구와 같은 터널방재를 중심으로 플랜트, 지하공간 등 환경이 열악한 장소에 적용되고 있다.

(3) 광케이블은 상시감시를 통한 예방기능을 가지고 있어 화재안전 측면의 타 감지기보다 비교 우위에 있으나 설치비용의 증가 및 고장 시 관리의 난점이 있으므로 설치장소의 환경이나 위험성 등을 종합적으로 검토하여 적절한 장소에 설치하여야 한다.

SECTION 013

보상식 감지기(rate compensation detector) 118회 출제

01 개요

(1) 보상식 감지기는 복합형 감지기와는 달리 차동식 감지기의 단점을 보완하기 위해 정온식 기능을 부가해서 둘의 기능 중 어느 것에라도 만족하는(OR 회로) 경우에 동작하도록 한 감지기이다.

(2) 구조

1) 차동식은 심부화재와 같이 시간에 따른 온도변화율이 완만한 경우에는 이를 감지하지 못하며, 정온식은 공칭작동온도에 도달할 때까지는 시간이 지연되는 단점이 있다.

2) 차동식 열감지기의 단점인 훈소에 대응하기 위해 일정한 온도에 동작하는 정온식의 소자를 설치하여 두 가지 기능(차동기능 + 정온기능) 중 어느 한쪽의 기능이 동작하는 환경조건이 조성될 경우 해당 기능이 먼저 동작되도록 제작된 비화재보를 예방하기 위한 감지기이다.

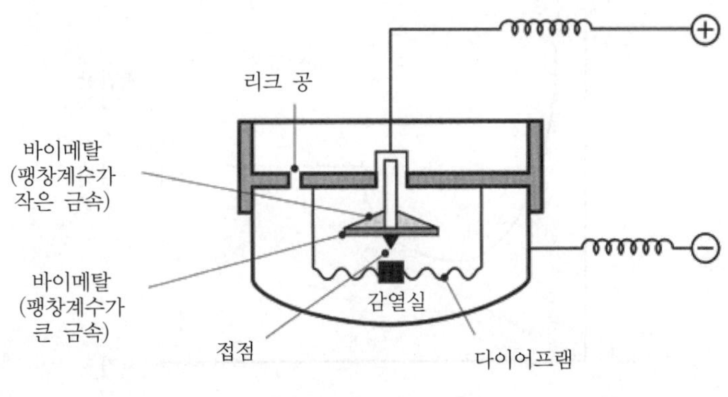

▌보상식 감지기[13] ▌

(3) 종류

감도에 따라 1종, 2종으로 구분할 수 있다.

13) Figure 4. Example of a Spot-Type Combination Rate-of-Rise, Fixed-Temperature Detector. Fire Service Guide to Reducing Unwanted Fire Alarms. NFPA (2012판)

02 감지특성 비교 110회 출제

(1) 동작시간의 빠르기

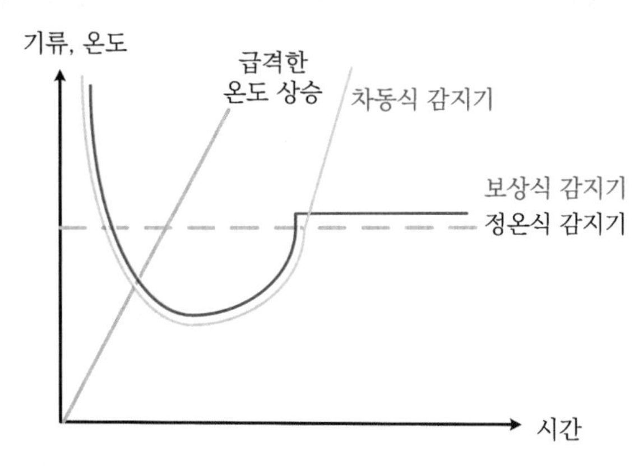

▌화염이 발생하는 화재와 같이 급격한 온도상승 시 감지기의 동작특성▐

1) 불꽃화재의 경우 동작순서 : ① 보상식 = ② 차동식 → ③ 정온식
2) 보상식 감지기는 차동식 스포트형 감지기에 훈소 등의 화재발생 시 비화재보 우려 때문에 정온식 스포트형 감지기의 기능을 추가해 놓은 것으로서, 화염이 발생하는 화재의 경우에는 차동식 감지기와 동일한 시점에 동작할 수 있다.

(2) 훈소화재 시 동작 여부

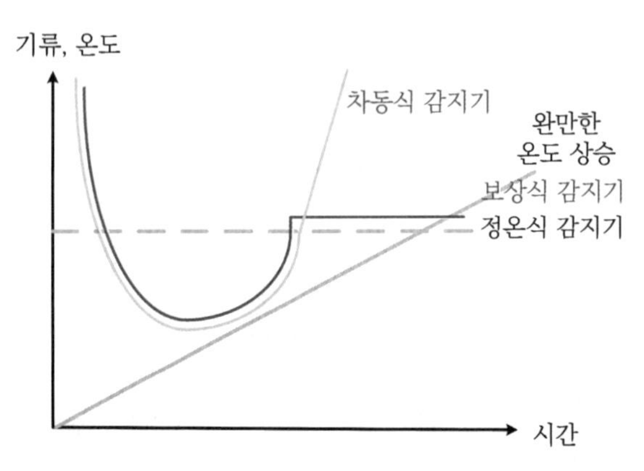

▌훈소화재와 같이 무염에 완만한 온도상승 시 감지기의 동작특성▐

1) 정온식과 보상식은 동작하며, 차동식은 동작하지 않는다(보상식 = 정온식).
2) 실내 온도는 급격히 상승하지 않고 서서히 상승하므로, 일정한 정온점을 가지지 않는 차동식 감지기는 동작하지 않는다.

(3) 일시적 순간 온도 상승에 대한 비화재보

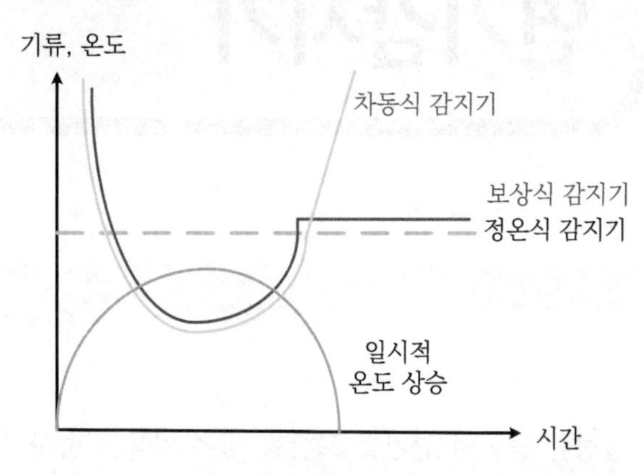

▌일시적 순간 온도 상승하는 비화재보에 대한 감지기의 동작특성▐

1) 차동식과 보상식은 일정한 온도상승률을 초과하면 비화재보를 발생시킨다.

2) 정온식은 일정 온도인 정온점에 도달하지 않으면 동작하지 않는다.

3) 차동식, 정온식, 보상식 비교표

구분	차동식	정온식	보상식
동작 빠르기	빠르다.	느리다.	빠르다.
동작특성	온도상승률	일정 온도	온도상승률 + 일정 온도
훈소화재 적응성	없다.	있다.	있다.
불꽃화재 적응성	있다.	없다.	있다.
일시적인 온도상승	비화재보	△ (정온점 이하 × 정온점 초과 ○)	비화재보

(4) 설치기준

1) 정온점의 기준 : 정온식 감지기의 공칭작동온도 기준과 동일하다.

2) 설치기준 : 차동식 스포트형의 기준과 동일하다.

SECTION 014

연기감지기

01 개요

(1) 정의

주위의 공기가 일정한 농도의 연기를 포함할 경우 이를 검출하여 수신기로 전기적 신호로 발송하는 감지기

(2) 종류

1) 이온화식(ionization) : 스포트형(spot type)
2) 광전식(photoelectric)
   ① 스포트형(spot type)
   ② 분포형 : 분리형(beam), 공기흡입형(ASD)
3) VSD(Video-based Smoke Detection) : 분포형

(3) 설치 시 고려사항

1) 가연물의 조성
2) 연소상태
3) 입자 크기 및 분포
4) 입자 수량 및 밀도
5) 색상 및 굴절률

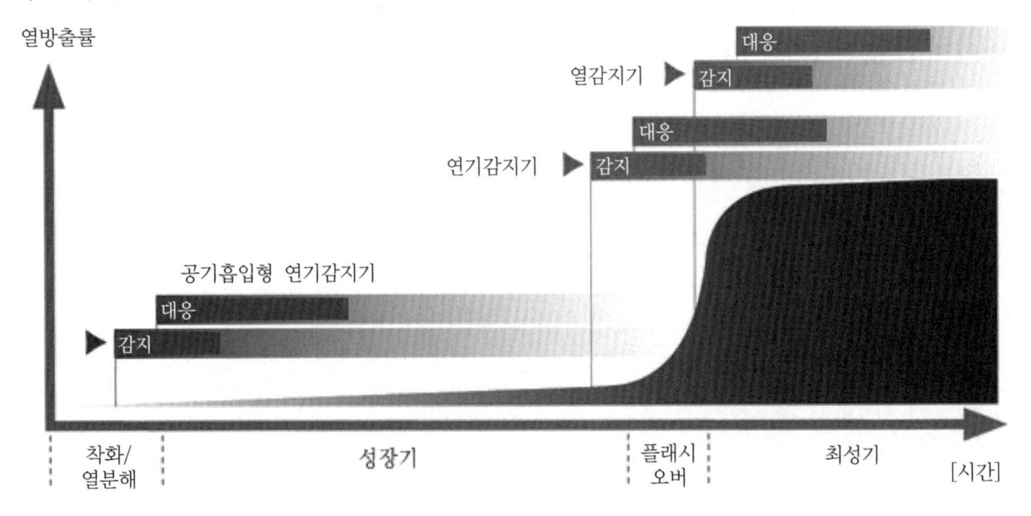

▌시간에 따른 화재감지기 감지▐

02 설치장소

(1) 계단 및 경사로

1. 수직으로 개방되어 있어 열기류가 부력에 의해서 상승하면서 온도가 저하되는 특성이 있어서 높은 높이를 가지는 계단 및 경사로는 열감지기로는 감지가 곤란하다.
2. **경사로(ramp)** : 상하층 사이를 이동하는 통로로서, 계단이 아닌 경사진 통로

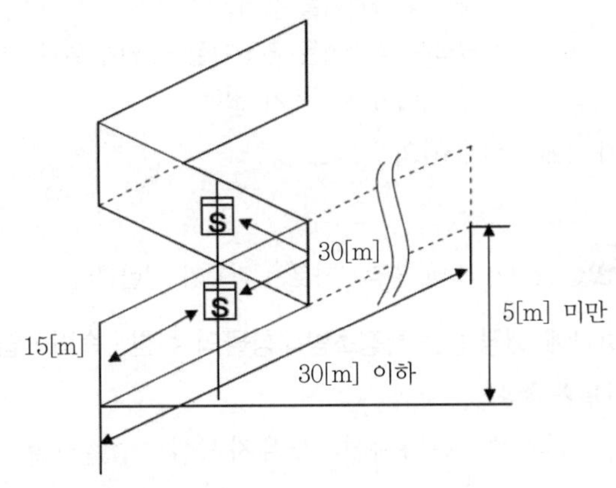

▌경사로에 연기감지기 설치 예(일본)▐

(2) 복도(30[m] 미만 제외)

1. 피난 시 통로로 이용되는 부분으로 화재 시 연기가 유입되면 화재경보를 발할 수 있도록 연기감지기를 설치한다.
2. **일본의 소방법** : 10[m] 이하인 경우 복도의 연기감지기 설치 제외
3. 30[m] 미만의 복도에 연기감지기 설치가 제외된다면 차동식 감지기의 설치대상이 되어 적응성이 저하되므로 30[m] 미만인 장소라도 연기감지기 설치가 필요하다.

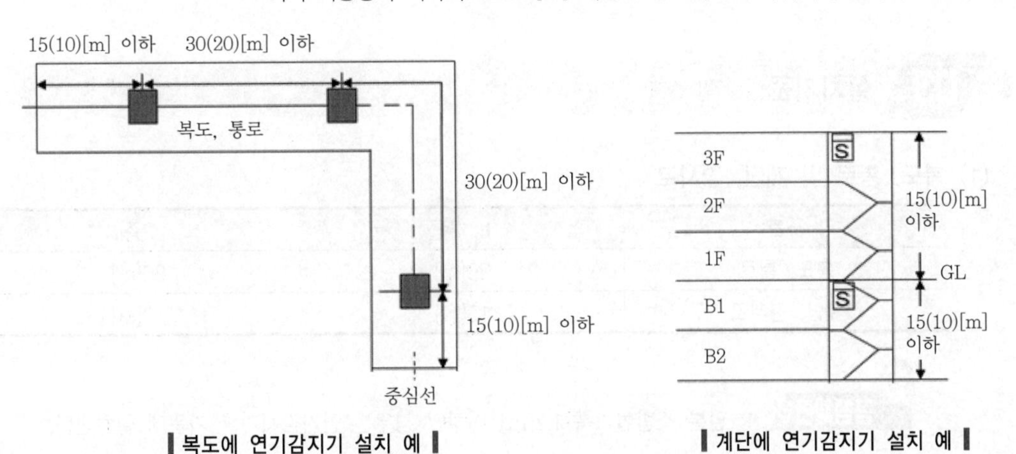

▌복도에 연기감지기 설치 예▐

▌계단에 연기감지기 설치 예▐

(3) E/V 권상기실, 파이프덕트, 기타 이와 유사한 장소

1. 수직으로 개방되어 있어 열감지기로는 감지가 곤란하다.
2. **권상기(券上機)실** : 위로 감아올리는 기계가 있는 실이란 의미로, 승강기 기계실
3. **기계실 없는 승강기** : MRL(machine roomless)
4. **승강로의 경우 감지기 설치**
   ① 권상기실 상부와 승강기 기계실 사이에 개구부가 있는 경우에는 기계실 최상부에 감지기를 설치한다.
   ② 유압식 승강기는 권상기실 상부에 설치 : 유압식은 권상기실과 승강기 기계실 사이에 개구부가 없다.

(4) 천장의 높이가 15 ~ 20[m]의 장소

층고가 높아 열감지기로는 감지가 곤란하다.

(5) 다음의 어느 하나에 해당하는 특정소방대상물의 취침 · 숙박 · 입원 등 이와 유사한 용도로 사용되는 거실 114회 출제

1) 공동주택 · 오피스텔 · 숙박시설 · 노유자시설 · 수련시설

공동주택의 침실과 거실에만 연기감지기를 설치한다. 실외기실, 발코니 등은 온도변화와 외부먼지 유입 등으로 인한 비화재보가 자주 발생하는 장소이므로 열감지기 설치를 고려한다.

2) 교육연구시설 중 합숙소
3) 의료시설, 근린생활시설 중 입원실이 있는 의원 · 조산원
4) 교정 및 군사시설
5) 근린생활시설 중 고시원

03 설치기준 132회 출제

(1) 복도, 통로 및 계단, 경사로

구분	1 · 2종	3종
복도, 통로	30[m]	20[m]
계단, 경사로	15[m]	10[m]

1. **일본 소방법** : 폭 1.2[m] 이하인 경우는 연기감지기를 가운데 설치한다.

2. **보행거리 30[m] 미만마다 1개 이상 설치하는 이유** 132회 출제 : 화재 시 연소생성물 이동속도를 0.5 ~ 1[m/sec]로 가정하면 약 15초에서 30초 사이에 화재가 감지되어 재실자의 피난이 조기에 가능하기 때문이라고 해설서에는 기술되어 있으나 등록간격의 장변의 거리가 최대 13.5[m]로 15[m] 간격으로 설치하는 것이 타당하다고 볼 수 있다.

(2) 천장, 반자 부근에 배기구가 있는 경우 그 부분에 설치한다.

1. 배기구 방향으로 천장 열기류가 흐르기 때문에 그 부근에 설치해야 감지가 용이하다.
2. **일본 소방법** : 열감지기가 0.3[m] 기준으로 설치하는 것을, 연기감지기는 0.6[m]로 적용한다.

(3) 천장, 반자가 낮은 실내 또는 좁은 실내에 있어서는 출입구의 가까운 부분에 설치한다.

1. 조그만 실내에는 천장 열기류의 구동력에 의해 출입구 방향으로 연기가 흐르기 때문에 출입구 부근에 설치한다.
2. 일본 기준으로 낮은 실내는 2.3[m] 미만이고 좁은 실내는 40[m^2] 미만을 의미한다.

(4) 급기구 : 1.5[m] 이상 이격

급기구로 신선한 공기가 급기되면 천장 열기류가 왜곡될 수 있으므로 일정 거리 이상의 이격이 필요하다.

(5) 벽 또는 보 : 0.6[m] 이상 이격

벽이나 보 부근에는 천장 열기류에 의해서 밀린 공기층이 열류의 흐름을 방지하기 때문에 일정 거리 이상의 이격이 필요하다.

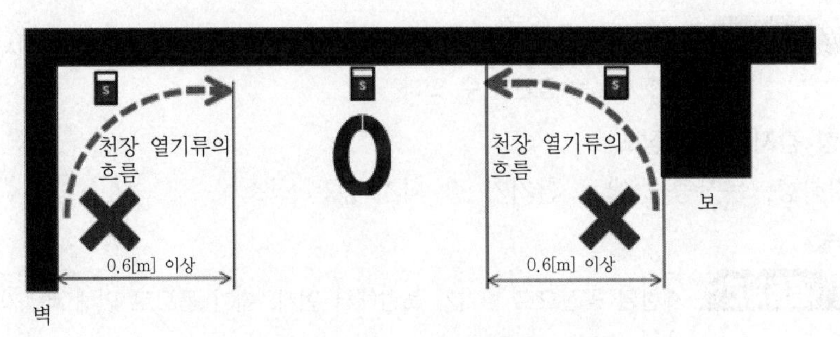

▎벽이나 보에 설치 시 천장 열기류의 흐름 ▎

(6) 부착높이에 따른 바닥면적

부착높이	감지기 종류	
	1 · 2종	3종
4[m] 미만	150[m^2]	50[m^2]
4 ~ 20[m]	75[m^2]	–

04 연기감지기의 축적기능

(1) 축적시간 : 5 ~ 60[sec](5초 단위)

연기감지기의 경우 바람, 담배연기, 먼지, 유증기 등을 구분하지 못하므로 오동작이 발생할 우려가 있다. 따라서, 다른 감지기에는 없는 축적기능을 이용하여 비화재보를 최소화할 수 있다.

(2) 공칭축적시간 : 5 ~ 60[sec](10초 단위)

(3) 축적기능이 없는 감지기를 설치하는 경우

1) 교차회로 방식

1. 감지기와 감지기 2중 축적을 하게 되어 화재감지가 지연될 우려가 있다.
2. 미국의 경우 교차회로 방식으로 구성하면 하나는 이온화식, 다른 하나는 광전식으로 구성한다.
3. 일본의 경우 1개 회로는 자동화재탐지설비에, 나머지 하나는 소화설비 제어반에 접속한 후 수신기와 제어반의 연동에 의하여 소화약제를 방출하도록 한다.

2) 축적형 수신기 사용

3) 급속한 연소확대 우려가 있는 장소

초기 소화 실패 시 급격히 확대되므로 신속한 화재진압을 위해서는 어느 정도의 비화재보는 용인할 수 있다.

(4) 축적형 감지기 설치장소

1) 지하층, 무창층 등으로 환기가 잘 되지 않는 장소

제한된 공간으로 환기가 불량해서 먼지, 습기 등으로 인해 비화재보 발생 우려가 있다.

2) 높이 2.3[m] 이하

높이가 너무 낮아 먼지 등으로 인한 비화재보 발생 우려가 있다.

3) 면적 40[m^2] 미만

바닥면적이 좁아 조금의 요인으로도 먼지 등이 비산될 우려가 있어 비화재보 발생 가능성이 있다.

05 결론

(1) 연기는 가연물 종류나 양에 따라서 연소 양상이 달라지므로 가연물을 저장 · 취급하는 방호공간에 적합한 연기감지기를 선정하여야 한다.

(2) 연기감지기는 화재 플럼(plume), 천장기류의 흐름, 연기발생률 및 감지기의 작동특성을 고려하여 설치하여야 한다.

연기확산 제어용 연기감지기

① 개요 : 건축물 내 연기확산을 방지하기 위한 팬, 댐퍼, 문 등을 제어하고 기동하는 데 사용하는 연기감지기

② 목적
  ㉠ 건축물 내 연기순환 방지
  ㉡ 연기를 제어하기 위한 장비의 선택적 작동
  ㉢ 방연구획을 가압하기 위한 문과 댐퍼의 작동

③ 연기확산 제어용 연기감지기의 종류
  ㉠ 방연구역 내 감지기
  ㉡ 공기덕트 설비를 위한 연기감지기
  ㉢ 도어 릴리즈를 위한 연기감지기
  ㉣ 제연경계벽을 위한 연기감지기

SECTION 015

이온화식 & 광전식 연기감지기

85 · 84회 출제

01 이온화식 연기감지기 80회 출제

(1) 동작원리

1) 내 · 외부 이온실에 아메리슘(Am) 241을 설치한다.

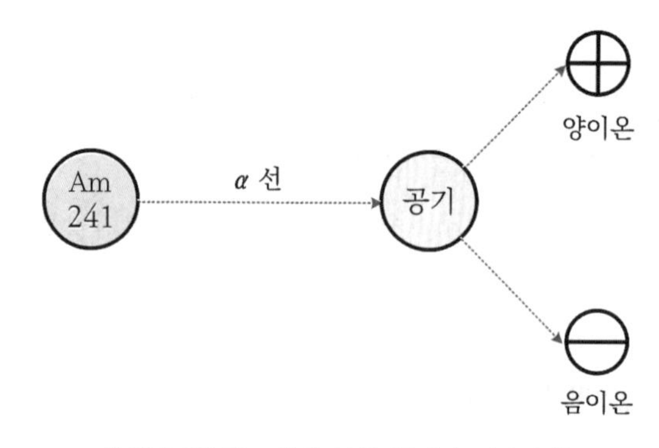

▌아메리슘의 α선에 의한 공기의 이온화 ▌

2) 아메리슘(Am) 241에 의해서 공기가 이온화한다.

3) 전위차를 가하면 양이온(+), 음이온(−)은 공간 사이를 이동하고 이때 전류의 합이 이온전류이다.

① 평상시 : 내부 이온화실(+)과 외부 이온화실(−)은 전압이 평형을 이룬다.

이온화 현상 : 공기가 방사선에 노출되면 전리현상에 의해 공기가 양이온(+), 음이온(-)으로 분리되는 현상

② 화재 시

㉠ 외부 이온화실에 연기가 유입되면 연기입자가 이온에 흡착(내부 이온화실은 연기 유입이 어렵고 외부 이온화실은 연기 유입이 쉬움)된다.

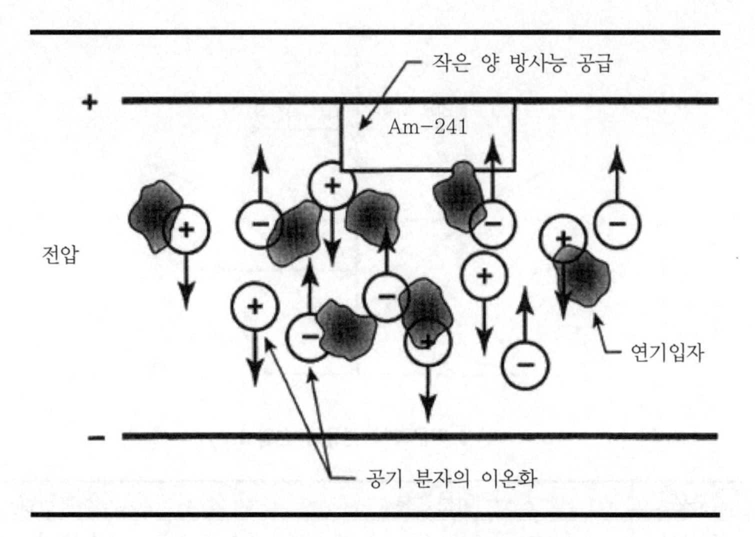

▌방사능에 의해 이온화된 전자와 연기의 결합[14] ▌

㉡ 이온에 연기가 흡작되어 외부 이온화실에 저항이 증가하게 되어 전류는 감소하고 전압은 증가한다.

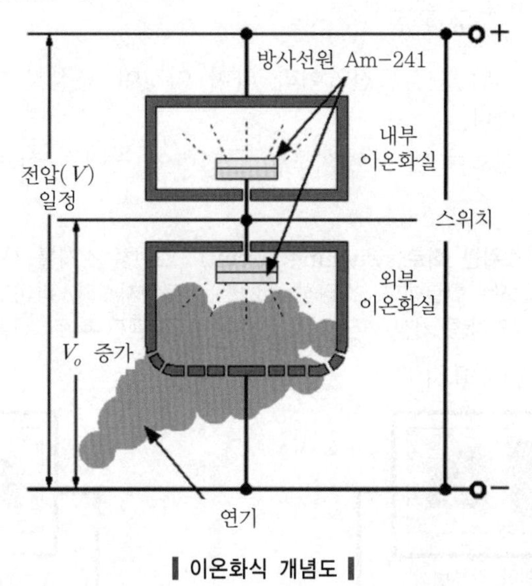

▌이온화식 개념도 ▌

14) 2010 National Fire Alarm and signal Code Handbook Chapter 3 Definitions 62

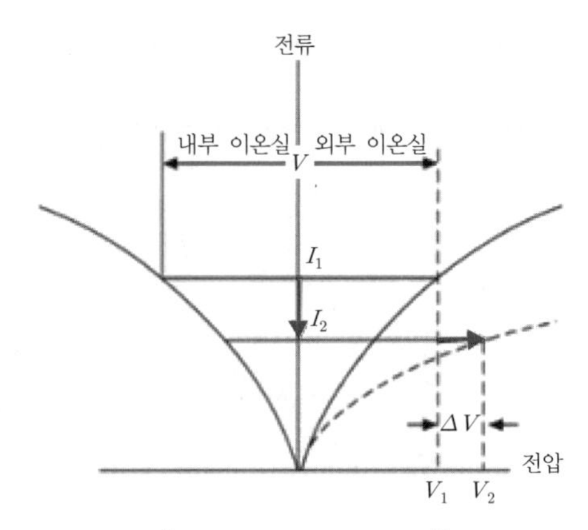

▌이온화식 전류와 전압▐

구분	이온전류	전압
평상시	I	$V = V_i + V_o$
화재 시	$I_1 \rightarrow I_2$(감소 R_o의 증가)	$V_o = V_1 \rightarrow V_2$(증가)

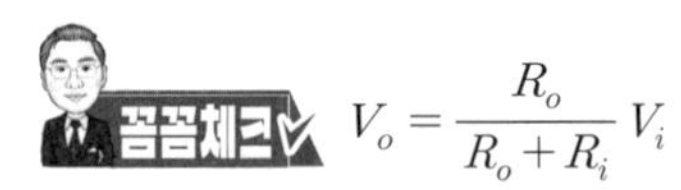

꼼꼼체크 $V_o = \dfrac{R_o}{R_o + R_i} V_i$

㉢ 증가된 전압을 감도전압이라 하며 이것이 규정치 이상일 경우 스위칭 회로로 증폭한다.

㉣ 증폭된 신호를 받아 폐회로를 구성하여 전기적 신호(화재신호)가 발생한다.

꼼꼼체크 **스위칭 회로(switching circuit)** : 스위칭 소자를 사용하여 선택 또는 전환기능을 하는 회로이다. 스위칭 소자로는 트랜지스터, 다이오드가 쓰인다. 디지털 회로에서 각종 켜짐/꺼짐 회로, 영상신호 클램핑 회로, 샘플링 회로 등

4) 감지기의 동작상태 표시

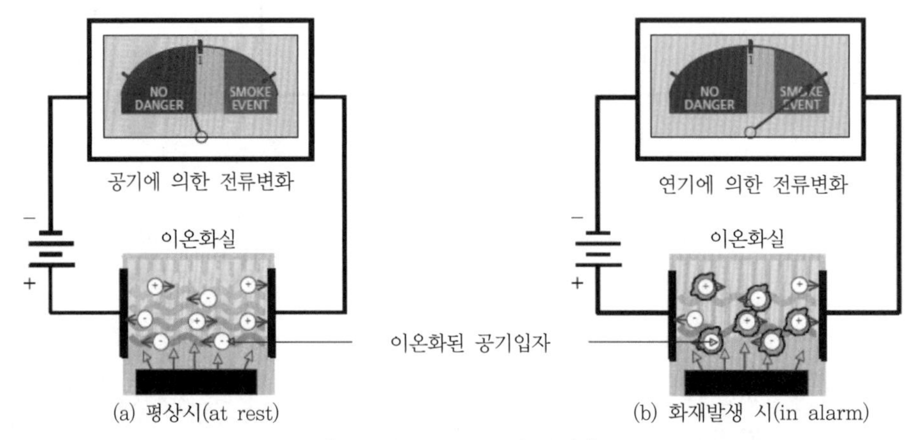

▌이온화 감지기 동작원리[15]▐

15) Ionization Smoke Alarms. Ionization and Photoelectric Smoke Alarms What Both Contribute to Full Fire. Protection www.kidde.com

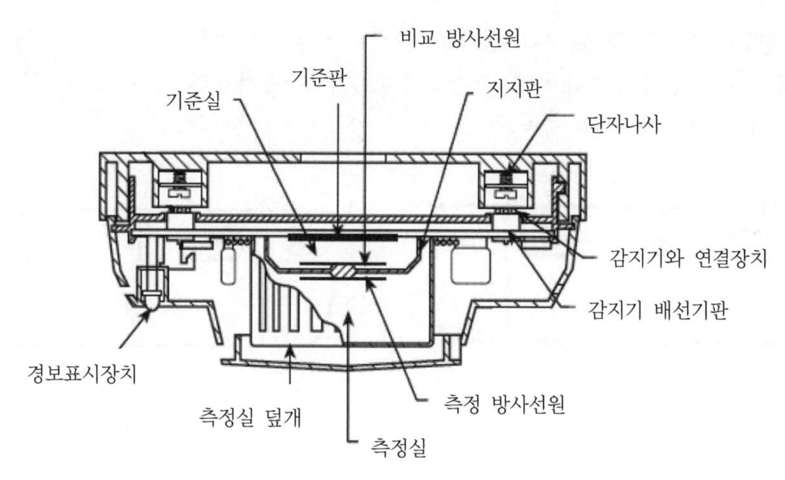

▌이온화 감지기 구조도[16] ▌

(2) 이온화 감지기(스위칭 시간)

1) 지연시간 : 입력신호가 주어졌을 때 출력파형 최대 진폭의 10[%]까지 상승할 때의 시간
2) 상승시간 : 출력파형이 최대 10 ~ 90[%]까지 도달할 때까지의 시간
3) 축적시간 : 입력펄스가 없어져 출력파형이 90[%]까지 감소하는 시간
4) 하강시간 : 출력파형이 90 ~ 10[%]까지 감소하는 시간

02 광전식 스포트형(spot) 115 · 101 · 97 · 94 · 92 · 77회 출제

(1) 동작

1) 송광부 : 적외선 LED(0.95[μm])로 광선을 방사하는 부분
2) 수광부
   ① 산란광을 받아 광전효과에 의해 전기적 신호를 발생하는 부분
   ② 수광부로 포토셀(photocell)을 사용한다.

1. **포토셀(photocell)** : 광(빛)을 받으면 물질의 전기저항이 변화하는 재료를 이용하는 현상을 광도전 효과라 하며, 광센서로 쓰일 때는 광도전체를 포토셀(photocell)이라 한다.
2. **감도** : 1종 연기농도 5[%], 2종 10[%], 3종 15[%]에서 동작

3) 차광판 : 평상시 산란하지 않은 광이 수광부로 들어가지 못하게 차광하여 오동작 방지기능이 있다.

16) FPH 14 Detection and Alarm CHAPTER 2 ■ Automatic Fire Detectors 14-20

4) 진행과정 : 연기가 감지기 창으로 유입 → 송광부에서 방사하는 빛이 연기와 부딪혀 산란 → 수광부에서의 수광량이 증가 → 광전효과(기전력) → 신호증폭회로 → 스위칭 회로(전기적 신호) → 수신기 경보

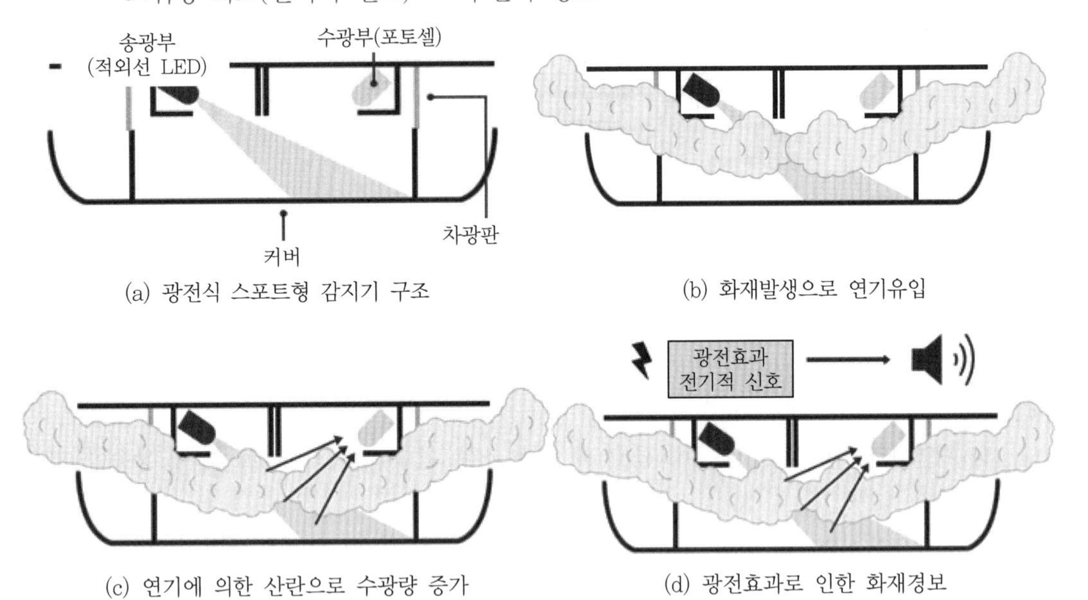

(a) 광전식 스포트형 감지기 구조

(b) 화재발생으로 연기유입

(c) 연기에 의한 산란으로 수광량 증가

(d) 광전효과로 인한 화재경보

(2) 이온화식과 광전식의 비교

구분		이온화식	광전식
작동원리		내 · 외부에 연기에 의한 이온전류 감소에 따른 감도전압의 증가	빛의 산란에 의한 수광량이 증가에 의해 광전효과
경년변화		방사선 물질의 경년변화로 방사량이 감소함으로써 감도가 저하(오보 우려)	송광부의 광량감소로 실보 우려
오동작	연기색상	무관	옅은 회색 연기
	온도, 습도, 바람	큼	작음
	전자파	작음	큼
	다른 빛	작음	증폭률이 이온화식에 비해 커서 큼
신뢰도		낮음	낮음
적응화재		B급 화재 등 불꽃화재	A급 화재 등 훈소화재
사용장소		① 환경이 깨끗한 장소 ② 연기가 발생하지 않는 알코올 저장장소 ③ 외기에 영향을 받지 않는 장소	목재나 일반가연물 저장장소

구분	이온화식	광전식
구성요소	방사선원(Am 241), 이온챔버, 신호증폭회로, 스위칭 회로, 표시장치	광원, 광수신부, 차광판, 신호증폭회로, 스위칭 회로, 표시장치
연기입자 크기	작은 연기(0.01 ~ 0.3[μm])	큰 연기(0.3 ~ 1.0[μm]) ※ 광원이 0.95[μm]이므로 미산란을 하는 1.0[μm] 크기의 연기와 산란을 잘 일으킨다.
이론	① 평상시 : 내부 이온화실 전압 = 외부 이온화실 전압 ② 화재 시 : 이온전류 감소 → 저항(R) 증가 → 감도전압 증가 → 신호증폭 → 스위칭 회로	미(MIE) 산란

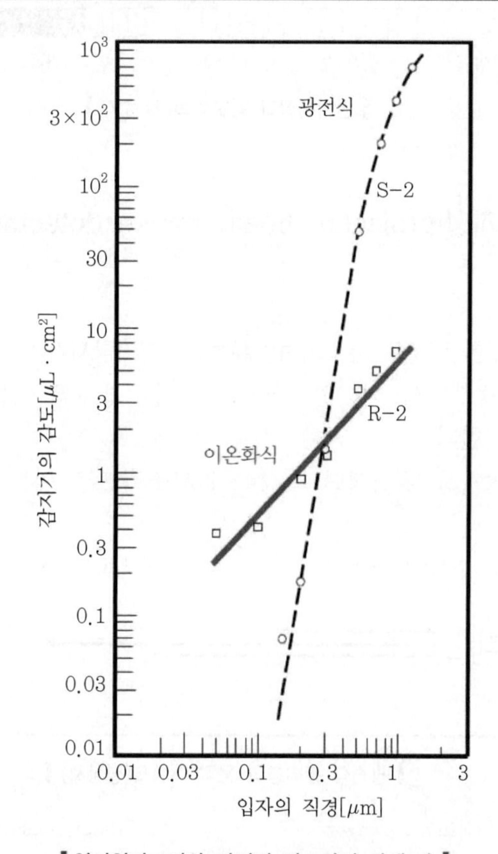

▌연기입자크기와 감지기 감도와의 관계[17] ▌

17) Figure 4.2. Detector Sensitivity Versus Particle Size for a Light-Scattering Type Detector (S-2) and for an Ionization Type Detector (R-2). Environmental Assessment of Ionization Chamber Smoke Detectors Containing Am-241. Prepared by R. Belanger, D. W. Buckley and J. B. Swensen. Science Applications, Inc.

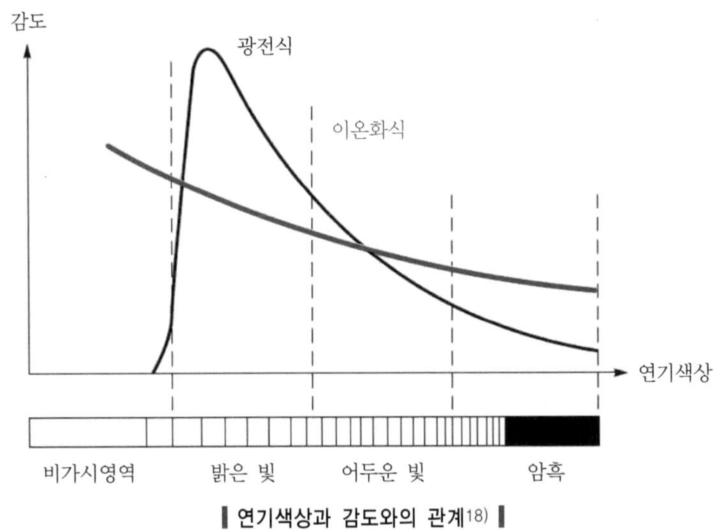

▌연기색상과 감도와의 관계18)▐

03 광전식 분리형(projected beam smoke detector)

(1) 동작

1) 송광부와 수광부를 별도로 분리하여 설치하는 연기감지기

① 평상시 : 송광부에서 적외선 파장(pulse)을 보내고 이를 수광부에서 받아서 수광량을 분석한다.

② 화재 시 : 연기가 유입되면 수광량이 감소하므로 이를 검출하는 감광식 동작방식이다.

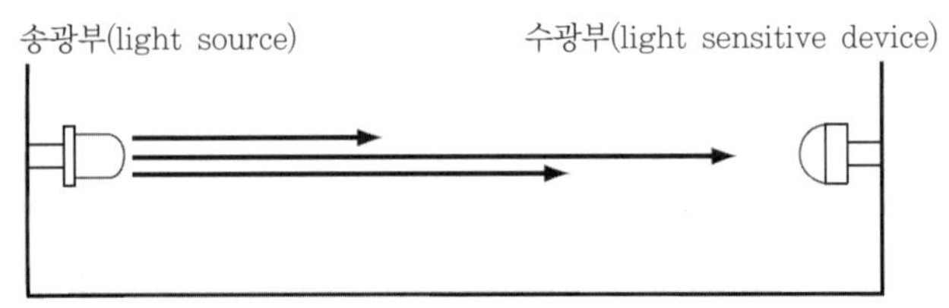

▌광전식 분리형의 동작 개념도(평상시)▐

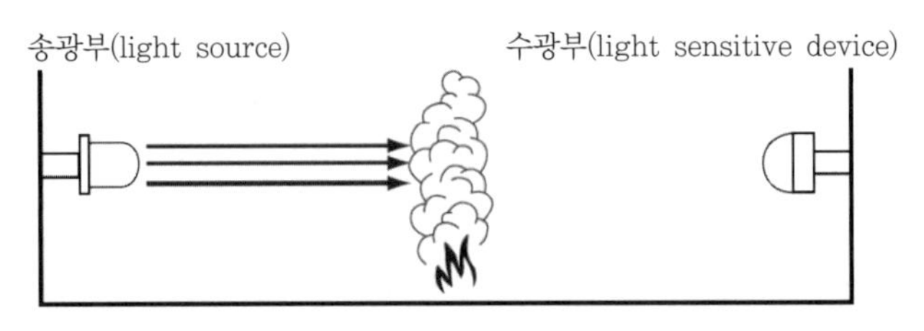

▌광전식 분리형의 동작 개념도(화재 시)19)▐

18) Bertschinger, Susan, "Smoke Detectors and Unwanted Alarms", Fire Journal(Jan/Feb, 1988), pp. 43-53.

19) Figure 9 : Light Obscuration Detector with Smoke, System Smoke Detectors, APPLICATIONS GUIDE, ©2012 System Sensor.

2) 송광부와 수광부가 함께 설치되고 반사판이 설치된 연기감지기

① 송광부와 수광부가 하나의 기기에 들어있어 설치비용, 설치시간이 감소한다.

② 감지장치와 반사판 사이에 어떠한 전기적 접속이 없으므로 배선비용이 감소한다.

(2) 구조

1) 구조도

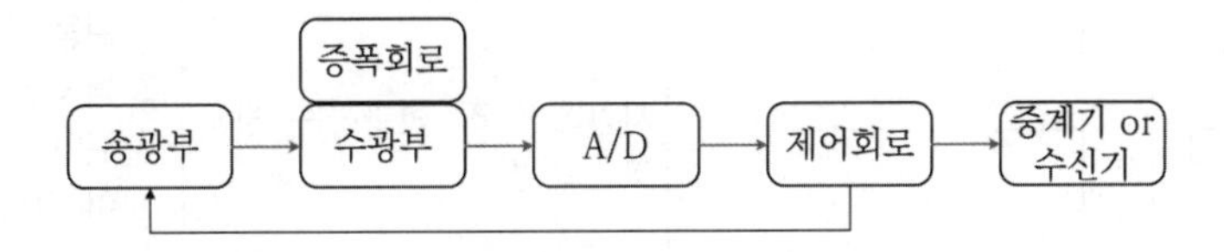

2) 검출형태에 따른 분류

구분	개요	특징
분리형	송광부와 수광부의 광축을 검출물체가 차단하면 검출하는 감광식	① 검출거리가 길음 ② 검출 정밀도가 높음 ③ 수광부가 오염에 강함
미러 반사형 (일체형)	반사 미러에 빛을 조사해 반사 미러보다 반사율이 낮은 물체가 광축을 차단하면 검출하는 감광식	① 광축을 맞춤이 쉬움 ② 분리형에 비해 설치공간이 작음 ③ 배선이 한쪽에서 끝나 시공이 용이함

3) **광전소자** : 광전소자에 빛을 조사하면, 조사된 부분과 조사되지 않은 부분 사이에 전위차(광기전력)가 발생하는 소자 106회 출제

구분	반도체	응답특성	광전효과 (효율)	비용	특정방향 입사광	저항변화	최대 저항
포토다이오드	PN 접합 다이오드	빠름	낮음	비쌈	없음	없음	• 어둠 : 낮음 • 밝음 : 높음
포토트랜지스터	NPN 트랜지스터	느림	우수	저렴	있음	전압에 변동	• 어둠 : 높음 • 밝음 : 낮음

4) 광원에 사용되는 빛의 종류 106회 출제

구분	개념도	개념	특징
직류광	방사조도, 0, 시간	방사조도의 변화가 없는 빛	① 고속 응답특성이 우수함 ② 검출거리가 짧음 ③ 외란광에 약함
변조광	센서 출력 (입광 시 ON), ON, OFF, 디지털화	태양광이나 백열등 등 외란광에 영향을 받지 않게 변조 폭의 빛	외란광의 영향을 받지 않음
맥류광	방사속(광속), 0, 시간	시간에 따라 변화하는 방사조도의 빛	① 다른 외란광과 구별하기 쉬움 ② 방사조도가 높고 분해능이 뛰어나 고성능, 고속응답이 가능함

(3) 설치기준 132회 출제

1) 수광면은 햇빛을 직접 받지 않도록 설치한다.

수광량에 의해 화재를 인식하는 시스템으로 외부광에 의해 변화가 주어지면 이를 화재로 인식할 수 있는 오동작이 발생하는 등 성능이 크게 저하되기 때문이다.

2) 광축은 나란한 벽으로부터 0.6[m] 이상 이격한다.

1. 벽 또는 보는 연기의 흐름을 방해하므로 0.6[m] 이격하여 설치한다.
2. 일본의 설치기준은 7[m] 이하로 설치하도록 되어 있다.

3) 송광부와 수광부는 뒷벽으로부터 1[m] 이내에 설치한다.
4) 광축의 높이 : 천장 높이의 80[%] 이상
5) 광축의 길이 : 공칭감시거리 범위 이내

꼼꼼체크 검정기술기준에 의하면 연기감지기의 공칭감시거리는 5 ~ 100[m]이고 5[m] 간격으로 한다.

6) 그 밖의 사항은 형식승인, 제조사의 시방에 따라 설치한다.

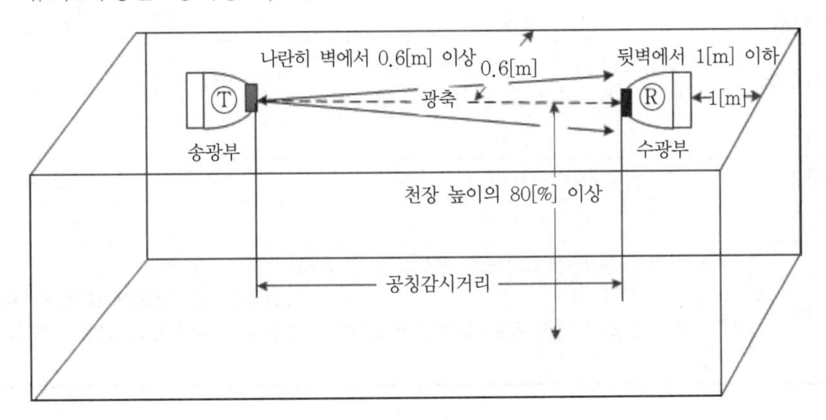

▌광전식 분리형 설치기준▐

(4) 특징

1) 층고가 높고 개방된 공간이 넓은 구조에 적응성이 있다.
2) 광범위한 연기의 누적을 감지한다.
   ① 스포트형보다 오보 가능성이 작다.
   ② 스포트형보다 빠른 감지가 된다.

천장이 높은 곳에 설치할 경우 느리게 진행되는 화재를 스포트형보다 더 빠르게 감지하는데 이는 분리형이 연기층 전체를 가로질러 감시하기 때문이다.

3) 스포트형보다 적은 수의 기기를 설치하는 것이 가능하므로 넓은 공간이나 긴 구역의 경우는 경제적이다.
4) 감시거리가 길어서 공기가 빠른 장소에서도 적응성이 있다.
5) 감지기를 하우징(깨끗한 유리) 안에 설치할 경우 먼지, 습도, 부식성 가스 등에도 적응성이 있다.
6) 비가시성 연기는 감도가 떨어진다.
7) 일반적으로 20 ~ 70[%]의 차단율 사이에서 감도조절이 가능하다. 만약 빛이 갑자기 차단되면 장치는 경보를 발하지 않고 시간이 약간 경과한 후 고장신호를 보낼 수 있다.

(5) 광전식 분리형과 광전식 스포트형의 비교

구분	광전식 분리형	광전식 스포트형
비화재보	담배, 조리 등 국소적으로 체류하는 연기에 감응하지 않아 비화재보에 효과적	① 다른 파장인 빛에 의해 작동 ② 증폭도 커서 전자파에 의한 오동작 우려
신뢰도	높음	낮음
사용장소	① 천장이 높고 수평공간이 넓은 건물 ② 체육관, 강당, 공장, 창고, 전기실 등	일반적인 건물의 거실, 계단, 복도
가격	고가	저가
구조	송광부와 수광부를 분리 · 설치	송광부와 수광부를 함께 설치
작동원리	미의 산란법칙에 의한 수광량 감소	미의 산란법칙에 의한 수광량 증가
관리	① 높은 천장 등에 설치되므로 장소에 따른 유지관리가 곤란 ② 수광부 오염에 의한 감도 저하로 비화재보 가능성	광원이 경년변화에 따라서 시간이 갈수록 광량이 감소하여 실보 가능성

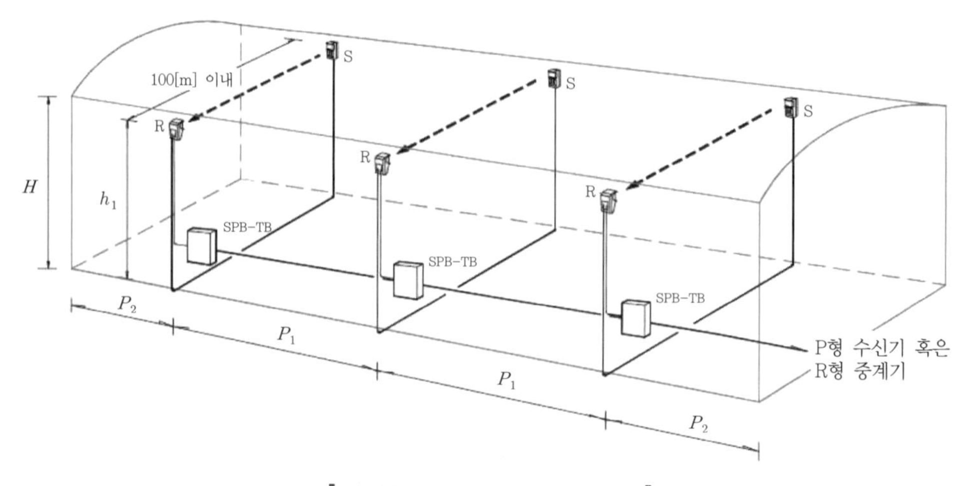

▌광전식 분리형 감지기 설치 예[20] ▌

(6) 설치 시 주의사항

1) 감지기 수광부 정면이 태양빛을 받는 장소
2) 광축에 장애물이 있는 장소
3) 점검이 불가능한 장소
4) 물, 습기, 이슬 등이 맺히는 장소
5) 가스발생장소

20) 지멘스 특수감지기 광전식 분리형 카탈로그에서 발췌 Catalog No.0702 Rev.1

04 연기감지기 응답 모델링

(1) 화재발생 초기 시점

1) 열유동 < 연기유동

2) 연기감지기가 열감지기에 비해서 화재의 조기 감지능력이 우수하다.

(2) 광전식 분리형

흡광도(광학밀도)에 따라서 수광량의 부족을 화재로 인식한다.

(3) 산란광식

흡광도(광학밀도)에 따라서 수광량의 증가를 화재로 인식한다.

(4) 이온화식

내 · 외부의 이온화실의 이온전류의 차를 이용해서 화재를 감지하므로 화재신호는 연기 입자 직경과 입자수의 곱에 비례한다.

(5) 연기를 챔버 안에 들여보내는 기능도 연기감지기의 응답에 영향을 미친다. 연기유동이 임계속도인 0.15[m/sec](UL의 경우 0.16[m/sec])에서 응답하여야 한다.

연기는 브라운 운동으로 점점 커지고 1[μm] 이상이 되면 자중 때문에 낙하한다.

SECTION 016

공기흡입형 감지기(air sampling detector or aspirating smoke detector)

130 · 121회 출제

01 개요

(1) 일반적으로 화재 시 가장 먼저 발생하는 연소생성물은 연기에 부유하는 초미립자이다.

(2) 초기 단계의 연기는 충분한 부력이 없어 공조 및 순환되는 공기에 의해 이동하는데, 이런 연기를 일반 감지기로 초기에 감지하는 것은 거의 불가능하다.

(3) 배관 네트워크(pipe network)에 의해 적극적으로 공기를 채취하여 연기를 감지하는 감지기를 개발하게 되었는데 이것이 공기흡입형 감지기(aspirating smoke detector)이다.

(4) 일반 연기감지기는 연기 등이 상승할 때까지 기다리는 수동형인데 반해 공기흡입형은 능동적 감지기이다. 즉, 일반 감지기는 연기를 기다리지만 공기흡입형 감지기는 공기를 빨아들여서 감지한다.

(5) **비교표**

구분	연기감지기	아날로그 연기감지기	공기흡입형 연기감지기
민감도[%/m]	4 ~ 10[%/m]	3 ~ 8[%/m]	0.005 ~ 20[%/m]
미세연기 감지	×	×	○
경보구분	접점경보	다단계 경보	다단계 경보
데이터 관리	×	○	○
고장 여부 표시	×	○	○
화재경보시점	화재진행단계	화재진행단계	화재 초기 단계
환경보정	×	△	○
감도조정	×	△	○

단위길이당 감광률[%/m] 또는 민감도=$\left\{1-\left(\frac{I}{I_0}\right)^{\frac{1}{L}}\right\}\times 100[\%/m]$

02 작동원리

(1) 공기는 배관 등의 구멍에서 수집되어 흡입기관으로 이송한다.

(2) 흡입된 공기는 흡입기를 거쳐 레이저 챔버로 이송한다.

(3) 2단계 필터로 흡입된 공기의 먼지를 제거한다.

(4) 흡입공기는 레이저 챔버에서 3.5[mm] 직경의 레이저광선 광원에 노출한다.

(5) 연기입자는 광원을 산란시키고, 센서는 이러한 산란광의 수광량 증가를 감지(광전효과)한다.

(6) 감지기의 광량신호를 전기적 신호로 변환하고 이를 다시 연기량으로 표현한다.

03 구성

(1) **배관 네트워크 or 공기흡입부(piping or tube network or inlet manifold)**
화재 감지구역의 공기를 배관구멍(pipe hole)을 통하여 감지기 내부로 공기흡입을 한다.

(2) **흡입 팬(aspiration fan)**
1) 팬의 동작 때문에 배관 내 부압이 형성되어 흡입된 공기 중 90[%]는 배출한다.
2) 7[%]는 표본용도로 이용하여 이를 통해서 화재의 발생 여부를 판단한다.
3) 3[%]는 수광부를 청소하는 데 사용한다.

(3) **여과기(filter)**
1) 20[μm]의 필터 : 7[%] 공기로 광원을 통하여 연기(화재)감지에 사용된다.
2) 0.3[μm]의 필터 : 3[%] 공기로 수광부(receiver) 표면 청소용으로 사용된다.
3) 주기적인 필터 교체 및 청소가 필요하다.

(4) **레이저 챔버**
감광장치(highly sensitive centralized detector or photoelectric light scatter)

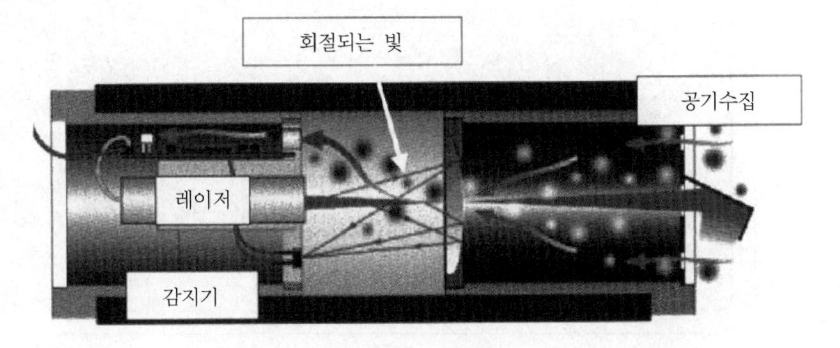

▌레이저 챔버[21]▐

21) Fig 12. Laser smoke detector. FM Global Property Loss Prevention Data Sheets. January 2011

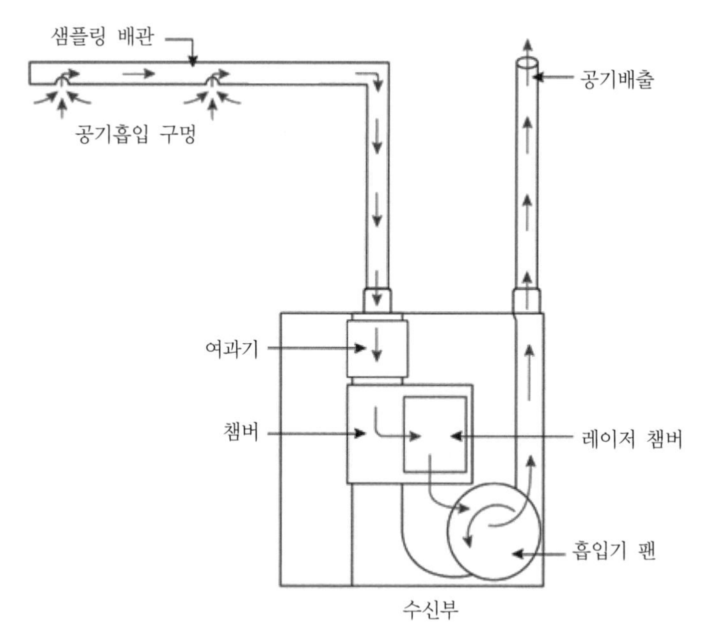

▌공기흡입식 감지기 개념도▐

(5) 표시장치

1) 연기농도에 따라 구분 : 경계(alert), 경보(action), Fire 1, Fire 2의 4단계
2) 0.005 ~ 20[%/m](민감도)까지의 연기농도를 측정(0.005 ~ 0.02[μm])한다.
3) 연기의 양을 막대그래프와 수치로 나타내기 위해 빛 신호가 중앙처리장치로 보내져서 프로그래밍에 의해 시각화로 표현한다.

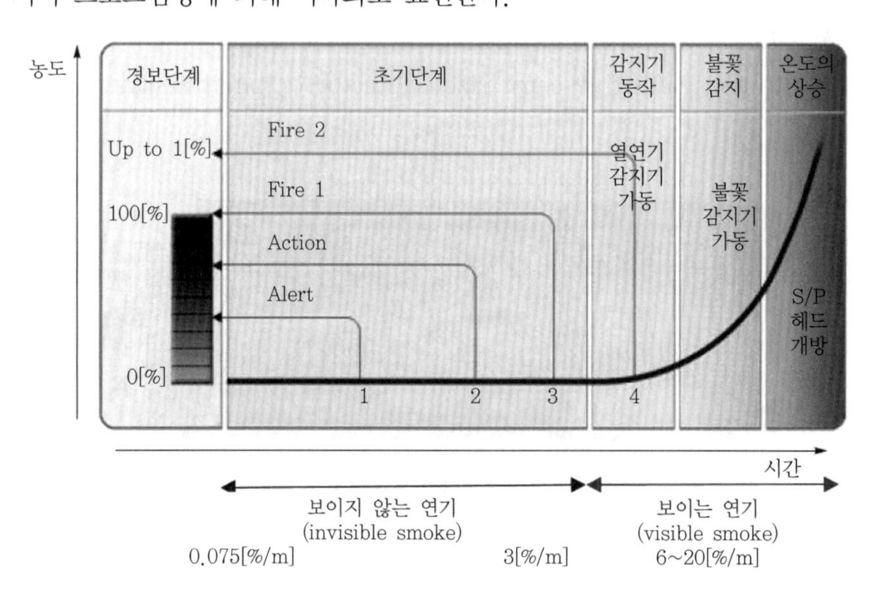

▌공기흡입형 감지기의 표시장치▐

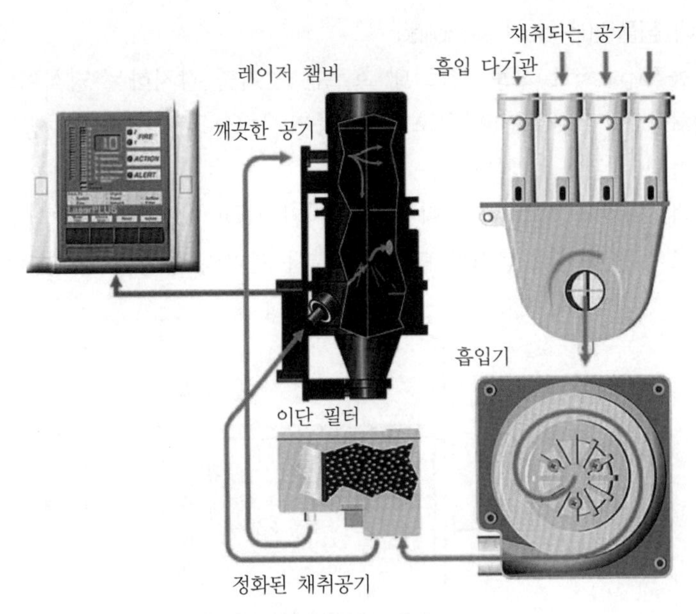

▍공기흡입형 감지기 구성도[22] ▍

04 공기흡입형 감지기의 종류(type)

(1) 샘플링(sampling) 방법

1) 기본 샘플링(primary sampling)

① 기본 탐지시스템이 아닌 보조시스템이다.

② 설치장소 : 데이터 센터 또는 클린룸과 같이 기류가 높은 지역의 경우 기본 샘플링 위치는 환기 그릴, 공기 처리 장치(AHU) 또는 리턴 에어 덕트에 한다.

③ 목적 : 특정 위치 또는 공기가 이동할 가능성이 가장 높은 곳에서 공기를 샘플링하도록 구성하여 화재를 조기에 감지할 수 있다.

2) 2차 샘플링(secondary sampling)

① 표준 배관에 의한 샘플링 방법이다.

② 설치장소 : 스포트형 연기 감지기와 유사한 위치에 천장 높이에 설치한다.

3) 캐비닛 내 샘플링(in-cabinet sampling)

① 캐비닛과 같이 닫힌 공간에서 일정한 거리를 두고 공기를 샘플링하는 방식이다.

② 목적 : 일반적으로 화재로 손상될 경우 치명적인 결과를 초래할 수 있는 중요한 장비에 설치한다.

22) 2010 National Fire Alarm and signal Code Handbook Section 17.7 Requirements for Smoke and Heat Detectors 299

4) 덕트 내 샘플링(in-duct sampling)

① 수동적(passive)으로 덕트 내 흐르는 연기를 감지하는 방식이다.

② 설치장소 : 실내로부터 공조기, 송풍기 등으로 되돌아오는 공기인 리턴 에어에 샘플링 배관을 설치한다.

③ 목적 : 기존의 덕트 장착형 연기감지기 대신 ASD를 사용하여 관련 HVAC 장치를 차단하거나 댐퍼를 닫아 화재 시 연기의 확산을 방지한다.

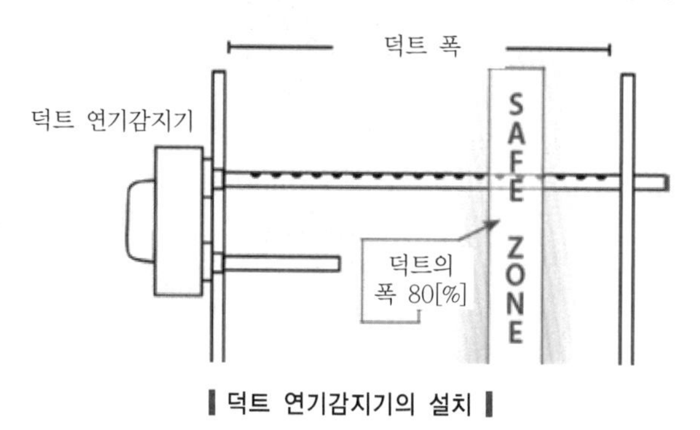

▌덕트 연기감지기의 설치▐

(2) 연기감지방법

1) 클라우드 챔버형(cloud chamber systems)

① 연기미립자를 응결핵으로 하여 수증기의 응결로 크기를 증대시켜 수증기 구름을 형성하고 광전식으로 화재를 검출한다.

② 응결된 입자크기 : 약 20[μm]로 일정(미 산란법칙을 이용하여 파장 검출)

③ 장단점

장점	단점
기존의 광전식 감지기 수광소자로도 충분히 화재감지가 가능함	가습기 사용으로 유지관리가 불편하고 레이저 챔버형에 비해 많은 부품이 들어가 고장의 우려가 큼

2) 필터링이 된 레이저 시스템(filtered laser systems)

① 흡입된 공기 중 25[μm] 이상의 큰 먼지와 입자를 이중 필터를 통해 제거하여 레이저 챔버로 보낸다. 레이저로 인한 연기의 빛 산란은 광수집기(photo collector)에 의해 수집되어 챔버 내 연기의 입자량을 측정한다.

② 장단점

장점	단점
㉠ 클라우드 챔버형과는 달리 고감도 수광소자를 이용하여 수증기의 응결을 하지 않아도 산란광의 감지가 가능함 ㉡ 입자의 수와 크기를 모두 감지하여 기존의 스포트형 감지기의 먼지 및 기타 공기 중 오염물질의 오동작과 연소 입자를 구별할 수 있음	필터의 주기적인 청소 또는 교체가 필요함

3) 입자 계수 레이저 시스템 또는 비필터링 시스템(particle counting laser systems)

① 시스템에 들어갈 때 공기가 필터를 통과하지 않고 레이저 챔버로 들어가서 연기의 빛 산란을 광수집기가 지정된 입자의 크기와 수를 계산하는 방식

② 특징 : 입자 크기를 구별할 수 있으므로 먼지와 같은 더 큰 입자는 연기 측정에서 계산되지 않아 오동작을 줄일 수 있다.

4) 이중 소스 센서(dual source sensor)

① 파란색 LED를 사용하여 극도로 낮은 농도의 연기를 감지하고 적외선 레이저를 사용하여 오동작을 유발할 수 있는 먼지와 같은 성가신 요소를 식별하는 방식이다.

② 특징 : 두 개 센서의 신호를 해석하여 챔버 내 공기 중에 부유하는 것이 연기인지 먼지인지 구분한다.

(3) 광원에 따른 구분

1) 제논 램프형(xenon lamp type) – 구형

① 공기를 흡입하여 제논 램프를 광원으로 산란광식에 의하여 화재를 감지한다.

② 제논 램프 : 수명이 보통 2 ~ 4년으로 짧고, 상대적으로 큰 전원이 필요하다.

2) 레이저 빔형(laser beam type) – 신형

① 광원은 레이저를 이용한다.

② 레이저 : 수명연장(이론적으로는 1,000년 이상)이 가능하다.

③ 먼지 등에 의한 반응문제 해결(paired pulse amplitude)

㉠ 순간적으로 2개의 빛을 발광하여 산란되는 신호(signal)의 차이를 감지하는 방식이다.

㉡ 연기와 먼지에 반응하는 산란신호를 장파와 단파로 구분하여 먼지에서 발생되는 장파를 배제한 단파의 신호를 계산하여 경보함으로써 오동작을 최소화할 수 있는 방식이다.

(4) 설치방식에 따른 구분

1) **단일배관** : 하나의 감지기에 하나의 흡입배관이 연결되어 있는 형태로, 배관이 길어지면 공기흡입이 지연될 수 있다.

2) **다중배관** : 하나의 감지기에 2개 이상의 흡입배관이 연결되어 있는 형태이다.

① 단일배관(single–pipe)에 비해서 길이가 같다고 가정하면 이송시간이 짧다.

② 각 배관의 공기흡입률은 균등하다.

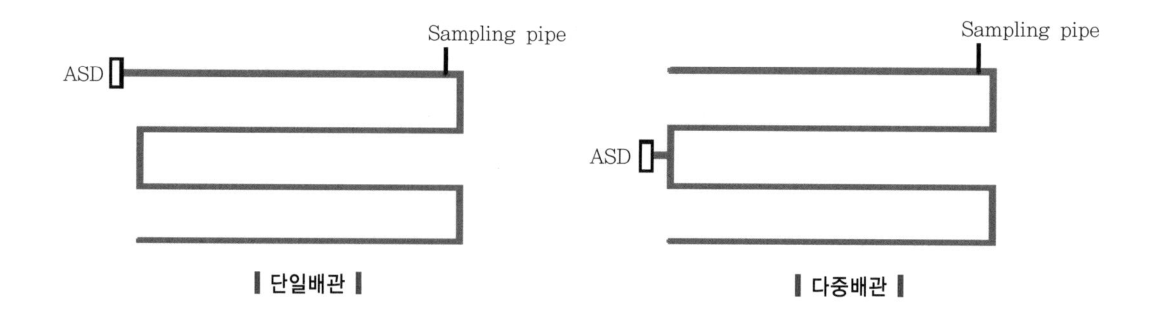

▌단일배관▐ ▌다중배관▐

05 특징

(1) 풍속, 분진, 습기, 온도 등의 오동작의 우려가 작다.

꼼꼼체크 연기와 먼지 등에 산란하는 장파와 단파를 구분하여 오동작을 최소화한다.

(2) 기류에 의해 연기가 축적되지 않는 장소에도 적응성이 있다.

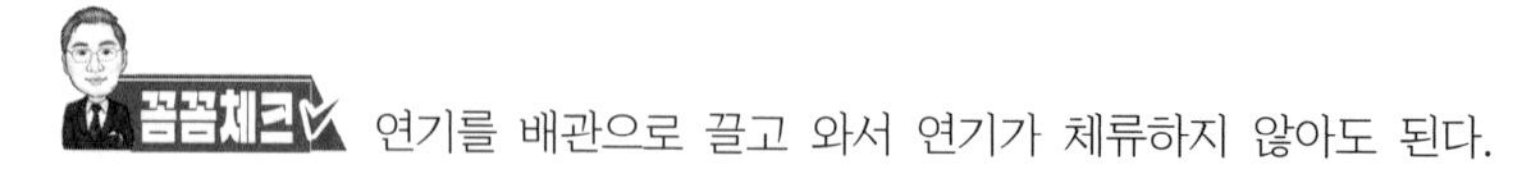

연기를 배관으로 끌고 와서 연기가 체류하지 않아도 된다.

(3) 설비가 복잡하고 고가이다.

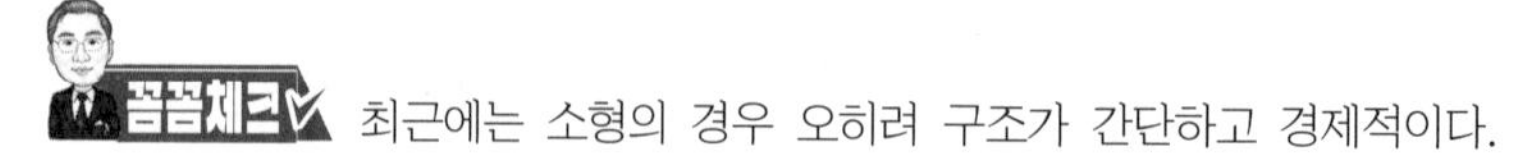

최근에는 소형의 경우 오히려 구조가 간단하고 경제적이다.

(4) 능동적인 공기채취로 누적효과에 의한 화재의 조기감지가 가능하다.

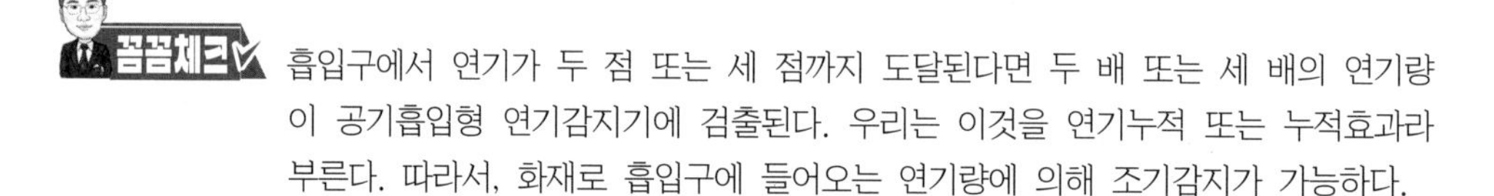

흡입구에서 연기가 두 점 또는 세 점까지 도달된다면 두 배 또는 세 배의 연기량이 공기흡입형 연기감지기에 검출된다. 우리는 이것을 연기누적 또는 누적효과라 부른다. 따라서, 화재로 흡입구에 들어오는 연기량에 의해 조기감지가 가능하다.

(5) 오동작이 상대적으로 작다.

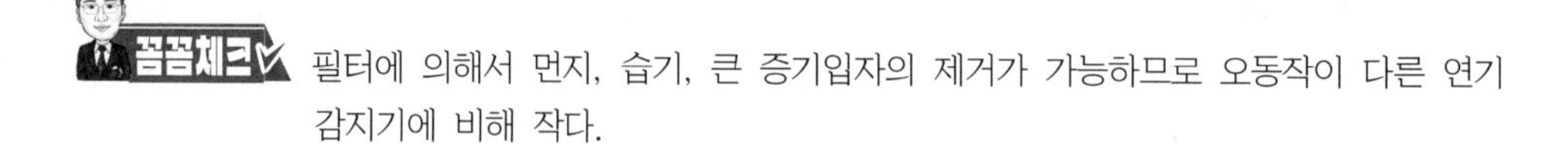

필터에 의해서 먼지, 습기, 큰 증기입자의 제거가 가능하므로 오동작이 다른 연기감지기에 비해 작다.

06 적응장소

(1) 박물관, 미술관 등 고가의 장비가 있는 장소

(2) 통신시설, 중앙통제실 등 장애 발생 시 심각한 문제가 있는 장소

(3) 클린룸, 의약품 제조소와 같이 빠른 환기를 요구하여 연기감지가 어려운 장소

고속의 기류가 흐르는 장소는 연기가 희석되어 일반 연기감지기로 감지가 곤란하다. 하지만 공기흡입형의 경우는 여러 개의 흡입구를 가지고 저농도의 연기흡입으로도 화재검출이 가능하다.

(4) 냉동창고

냉동창고는 화재하중이 크고 화재성장속도가 빠르기 때문에 조기감지가 중요하므로 공기흡입형 연기감지기 설치가 필요하다.

(5) **피난에 시간이 걸리거나 어려운 시설**
   1) 많은 사람들이 한정된 공간에 모여 있는 장소
   2) 비상대피 경로가 협소하거나 제한적인 공간
   3) 대피에 도움이 필요한 재실자 거주시설

(6) **자동소화설비가 있는 시설**
   1) 자동소화설비가 동작할 경우 고가의 소화약제가 방출되는 장소
   2) 수손 피해가 우려되는 장소

07 설계 시 주의사항

(1) 각각의 흡입구간 공기흡입량의 균형이 있어야 한다.
동일배관의 첫 번째 구멍(hole)과 마지막 구멍(hole)의 공기흡입량(balance)의 비율을 1 : 1에 가깝게 유지하여야만 공간의 균형있는 감시가 가능하다.

(2) 이송시간(transport time)의 제한
   1) NFPA 72와 국내 기술기준 이송시간 : 120초 이내

공기흡입형의 주목적이 화재 조기감지이므로 가장 멀리 있는 구멍에서의 공기이송시간을 제한하여 경보지연을 방지하기 위함이다.

   2) 이송시간의 영향요소 : 공기흡입 팬(fan) 용량, 배관길이

3) 가장 먼 흡입구에서 흡입기까지의 거리를 제한한다.

4) 흡입구 수가 증가하면 이송시간도 증가한다.

(3) 배관과 부속은 기밀성 있게 연결한다.

(4) 파이프에 6[m]마다 공기흡입형 감지기(ASD)임을 알리는 표지를 설치한다.

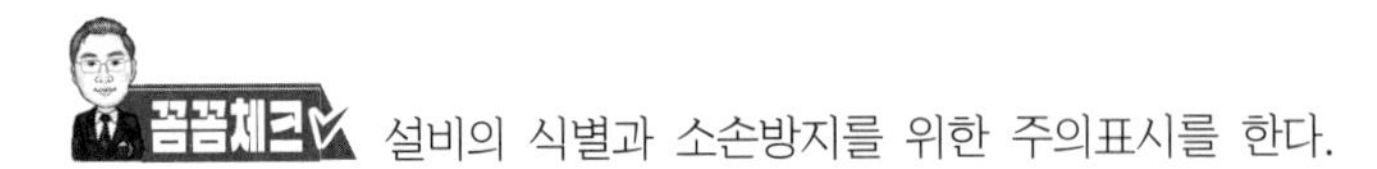

설비의 식별과 소손방지를 위한 주의표시를 한다.

(5) 배관 말단부 구멍(end cap hole)

1) 배관 내부의 공기 이동속도 등에 큰 영향

① 작은 경우 : 공기흡입의 균형에 영향을 미치며 이동속도 지연을 유발한다.

② 큰 경우 : 공기흡입률의 저하

③ 설계에 적용 시 경험식 : End cap hole의 직경 = (샘플홀의 직경 × 샘플홀의 수)$^{0.5}$

2) 접근하기가 곤란한 배관(pipe) 말단에 설치한 캡(cap)에 가공된 구멍(hole) : 원격으로 시험목적

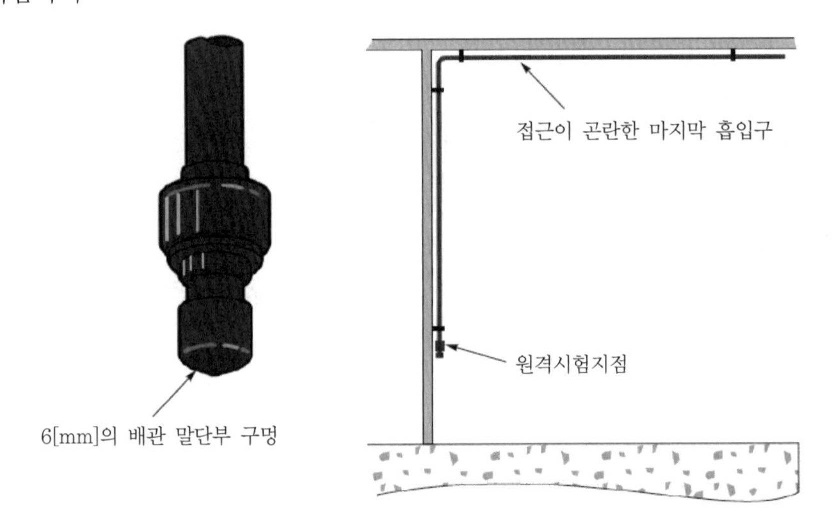

▎배관 말단부 구멍[23] ▎

(6) 흡입구(sampling hole)의 크기

컴퓨터 프로그램에 의하여 계산한다.

NFPA 72에서는 흡입구는 스포트형 연기감지기의 설치와 같이 취급하고 있어 흡입구가 설치되지 않거나 응답특성이 늦은 경우는 감지기가 설치되지 않거나 적절하게 설치되지 않은 것으로 간주한다.

---

23) Fig. 5 Illustration of a remote test point. GUIDELINES FOR SAMPLING NETWORK. World Patents Pending ©AirSense Technology Ltd. 2000 CHAPTER 1 · Page 4

(7) 제조사마다의 제한

배관의 최대 길이, 전체길이, 개수, T형 교차제한

(8) 일반적인 배관경 : 20 ~ 25[mm]

(9) 공기흡입식 연기감지기의 응답특성에 영향을 주는 요인

1) 흡입구(sampling hole)

① 직경

② 흡입구 수 : 증가할수록 감지시간도 증대된다.

③ 흡입구의 위치

㉠ 가능한 천장면 부근(천장 열기류)

㉡ 층고가 높은 건축물 : 수직(단층화)

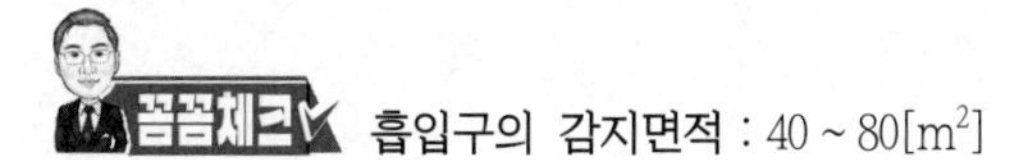

흡입구의 감지면적 : 40 ~ 80[m^2]

2) 배관(sampling pipe)

① 총 길이

② 내경

3) 흡입구 사이 배관의 길이

4) 감지기 홀 막힘 : 홀 막힘 방지 캡(샘플링 배관 상부에 실리콘 재질의 캡을 장착하여 홀 막힘이 발생하면 강한 압력으로 빨아드려 실리콘 부위에 이물질을 분리시킴)

(10) 공기흡입형 연기감지기의 감도 계산식

$$SASD = \frac{SDP}{NDP} \times NDPS$$ 132회 출제

여기서, $SASD$: 공기흡입형 연기감지기 센서의 감도

SDP : 감지흡입 지점에서의 감도

NDP : 설치된 공기흡입식 연기감지기 배관 중 선택된 감지흡입구의 개수

$NDPS$: 인정된 연기확산 · 유동상태에서의 감지흡입구 개수

연기감지기 감도

① 흡입구에서의 화재감도 : 3[%/m]

② 10개의 흡입구를 갖고 있는 공기흡입식 배관망이 800[m^2]의 감시면적을 가지고 있다.

③ 3개의 흡입구에서 천장부 연기가 도달되었을 때 화재경보는 발하여야 한다.

④ $SASD = \frac{SDP}{NDP} \times NDPS = \frac{3}{10} \times 3 = 0.9[\%/m]$

08 결론

(1) 공기흡입형 감지기는 화재를 초기에 감지하여 큰 화재로의 진전을 막거나 화재예방 능력이 있는 감지시스템으로 반도체 및 통신산업 등과 같은 중요시설 뿐만 아니라 일반적인 장소에서도 사용이 점점 증가할 것이다.

(2) 우수한 성능을 가지고 있다고 해서 무조건적으로 아무런 장소에나 다 적합한 것은 아니다. 화재를 감시하는 장소의 특성과 환경에 따라 그에 적합한 화재감지시스템의 선택이 무엇보다 중요하다.

SECTION 017

Video-based detector

96 · 85회 출제

01 개요

(1) 화재감지시스템은 화재를 조기에 감지하여 인명의 보호 및 재산피해를 최소화하는데 목적이 있다. 기존 감지기는 열 · 연기가 발생하여 감지기에 유입되어야만 감지가 되는 반면에, 디지털 비디오 감지기는 인간의 시각인식과 유사하게 비디오 화면(CCTV)을 인식하여 분석하고 이에 따라 경보를 발하는 시스템(이미지 정보 → 컴퓨터 처리 → 판단 → 경보)이다.

(2) 비디오의 영상을 분석하여 화재를 감지하는 최신 감지기로 기존 감지기가 열 및 연기가 감지기에 도달하여야 감지하는 수동적인 감지방식인데 반하여 VSD는 인간의 눈처럼 감시지역을 감시하는 능동적인 감지기이자 화재를 확인할 수 있는 방식이다.

(3) 종류는 크게 연기감지센서와 불꽃감지센서 두 종류가 있다.

(4) 현재 기술기준의 용어정의에 불꽃 영상분석식이라고 해서 불꽃의 실시간 영상이미지를 자동 분석하여 화재신호를 발신하는 것으로 규정하고 있다.

02 기본원리

(1) 감시지역을 렌즈 감시각으로 감시하고, 감시각 범위에 있는 어떤 이미지를 전자신호로 송출한다.

1) 카메라 렌즈에 들어온 빛 → CCD를 통해 신호로 전달 → 포토다이오드의 화소에 각각 구분한다.

2) 포토다이오드의 아날로그신호 또는 디지털신호를 저장장치에 기록한다.

(2) 수신한 전자신호를 중앙연산장치에서 처리하여 데이터가 화재 데이터와 일치하면 화재신호로 인식하는 시스템이다.

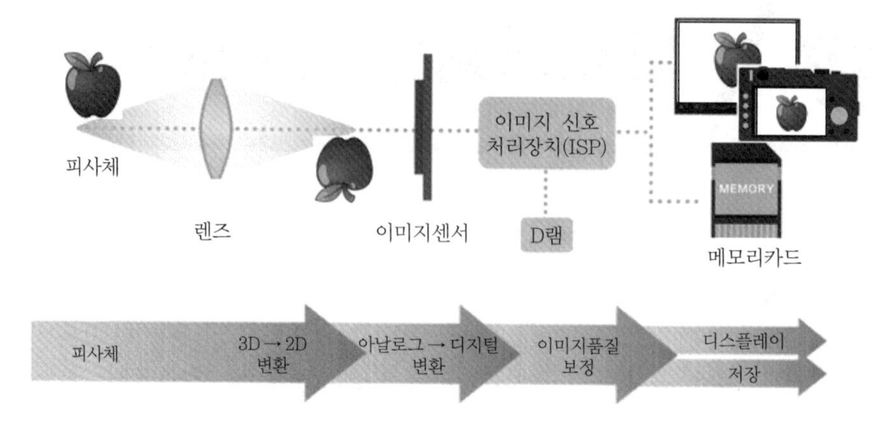

▌VSD의 기본원리▐

1) 중앙처리장치(CPU)는 디지털신호를 해석하여 화상 데이터화(모니터에 구현)한다.
2) 화상 데이터를 분석하여 화재현상 데이터와 동일한 데이터값이면 화재신호로 인식하여 경보를 한다.

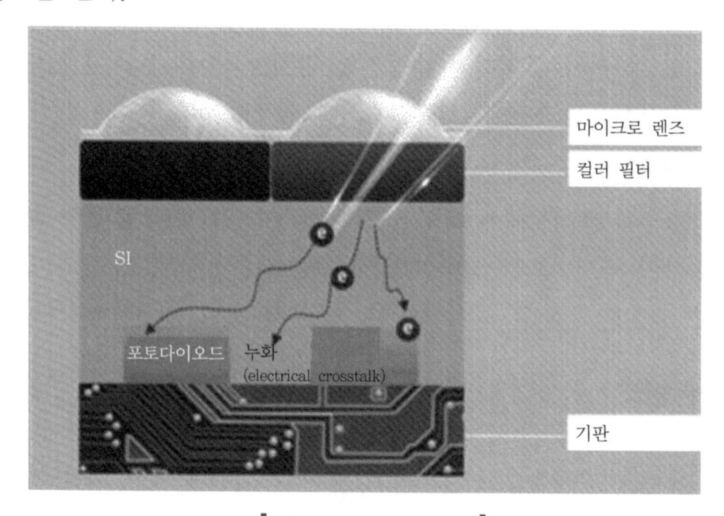

▌빛이 정보화하는 과정▐

(3) 구성

1) 카메라(일반적으로 CCTV)
2) 촬영된 영상을 분석하기 위한 컴퓨터와 소프트웨어
3) 시각화를 위한 모니터

(4) 감지순서

1) 카메라의 방호구역 영상을 컴퓨터로 전송한다.
2) 컴퓨터는 평상시의 방호구역 영상과 비교한다.
3) 연기 및 불꽃에 의한 영상의 변화를 감지하면 이를 모니터에 표출하고 화재로 인식하여 경보를 한다.

최근 화재 영상 감지시스템은 모니터 화면을 분석하는 것이 아니라 카메라에 알고리즘을 넣어 카메라가 독자적으로 감지하는 시스템도 있다.

① 불꽃감지기 : 주파수 영역에서 통계적 분석을 통한 불꽃 픽셀검출 등(예 : 불꽃은 화면의 1[%] 이상)
② 연기감지기 : 시공간 영역에서 움직임 추적을 통한 연기 픽셀검출 등(예 : 연기는 화면의 10[%] 이상)
③ 일반 네트워크 CCTV의 모든 보안기능 가능

(5) 설치방식

1) 기존 CCTV의 정보를 이용하여 컴퓨터 프로그램으로 분석하는 방법이다.
2) 중앙 분석 컴퓨터 또는 내부 처리 및 릴레이가 있는 독립 실행형 카메라를 이용하는 방법이다.

03 NFPA 72

(1) 설치기준

1) 성능위주의 설계로 설계(사양적 설계기준이 아직 미제정)한다.
2) 감지기의 위치와 간격은 감지기의 일반 간격 및 위치규정을 따라야 한다.
3) 특별히 제공되는 출력접속을 통해서만 다른 설비에 전송되어야 한다.
4) 구성품 제어와 소프트웨어는 무단변경으로부터 보호되어야 한다.

(2) 종류 및 특징

구분	Video Image Smoke Detection (VISD)	Video Image Flame Detection (VIFD)[24]
공통특성	① 감지영역 : 보이는 영역만 감시가 가능함(visible light range) ② 감지원리 : 디지털 비디오 영상의 변화를 감지함	
특징	① 밝은 장소(illuminated space)와 개방된 넓은 장소에 적응성이 있음 ② 적외선 카메라를 이용하면 어두운 장소에도 적응성이 있음	① 어두운 장소에 적응성이 있음 ② 부식 우려가 있는 해변가 등의 넓은 개방된 장소에 적응성 : 감지영역이 UV or IR이 아닌 가시광선이므로 유리 등의 하우징을 사용하더라도 감도 저하가 없음
적응성	① 대공간 ② 높은 천장 ③ 실외의 장소 ④ 기존 CCTV 설치장소	① 대공간 ② 부식 우려가 있는 장소 : 해안가의 플랜트, 석유시추선 등 ③ 어두운 장소

24) 2016 National Fire Alarm and signal Code Handbook Section 17.8 Radiant Energy-Sensing Fire Detectors 339

▌VISD 감지기와 감지영상[25)]▌

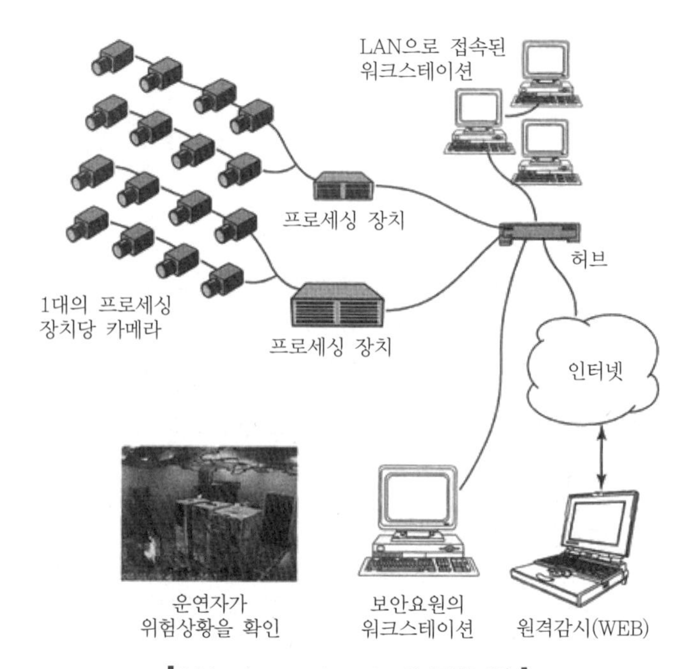

▌Video image detection의 구성도[26)]▌

---

25) Figure 11. SigniFire VID System. History of Smoke Detection : A Profile of How the Technology and Role of Smoke Detection Has Changed. By : James A. Milke, Ph.D., P.E. Department of Fire Protection Engineering University of maryland September 8, 2016

26) 2016 National Fire Alarm and signal Code Handbook Section 17.7 Requirements for Smoke and Heat Detectors 323

04 장단점

장점	단점
① 높고 넓은 감시구역을 가지므로 고층 대형건축물에 적합함 ② 경보 즉시 현장확인이 가능하고 화재 초기에 조기에 감지가 가능하여 신속한 조치가 가능함 ③ 화재 진행방향의 관찰이 가능 : 피난 시 적절한 안내가 가능하고 소화활동 시 적절한 대응이 가능함 ④ 타 시스템(보안) 등과 통합운영이 가능함 ⑤ 연기, 불꽃을 개별 또는 동시에 감시하는 것이 가능함 ⑥ 기존의 감시방식으로는 감시할 수 없는 용도, 환경에서 감시가 가능함 ⑦ 보호장치 설치 시 옥외, 분진, 부식 장소와 같은 열악한 환경에서도 적응성을 갖음 ⑧ 기존 CCTV에 프로그래밍으로도 구현이 가능함 ⑨ 감지기를 은폐된 곳에 설치할 수 있어 미학적으로 민감한 건축물에 적용이 가능함	① 모니터상에 보이는 화면만 감시가 가능함 ② 화재가 성장함에 따라서 감시의 간섭이 발생할 우려가 있음 ③ 화재분석 프로그램의 신뢰성에 성능이 크게 좌우됨

05 향후 전망

(1) 평소에는 보안용 CCTV로 활용하다가 화재 시에는 감지기로 사용할 수 있으므로 다중작업도구로 활용할 수 있고 화재에 대한 적절한 대응능력을 향상시킬 수 있다.

(2) 아직 가격이 고가이고 소방설비의 감지기로 불꽃만 인정받는 등의 문제점이 있다.

(3) 현재 국내의 제품은 불꽃이 화면상 45[px](NTSC 기준), 24프레임 이상이면 20초 이내로, 연기는 전체 화면의 10[%]에 도달하면 30초 이내에 감지할 수 있고 최대 20[m]까지 감지할 수 있고 휴대폰 애플리케이션을 통해 원격 영상 모니터링과 화재경보 수신이 가능하다. 현장에 따라 민감도 조절과 오동작 우려 지역을 제외할 수 있어 오동작을 현저히 줄일 수 있다.

SECTION

018 불꽃감지기

127 · 103 · 84 · 82 · 75 · 69회 출제

01 개요

(1) 정의

연소 시 불꽃에서 방사되는 일국소의 복사에너지(UV, IR)의 특정파장을 검출하여 이를 전기적 에너지로 변환하여 화재신호를 발생하는 감지기

(2) 화재 시 연소반응의 결과 열, 연기, 화염, 연소가스 등이 발생한다. 대부분의 화재의 경우(93[%]) 화재 시 화염이 발생하는 것을 아래의 조사결과표를 보면 알 수 있다.

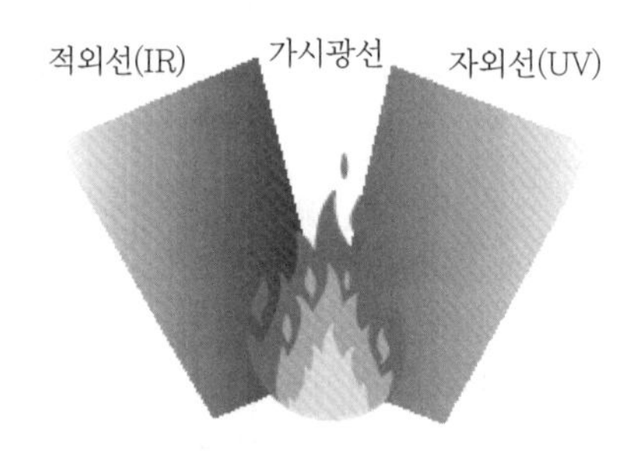

▌불꽃감지기의 감지원리▐

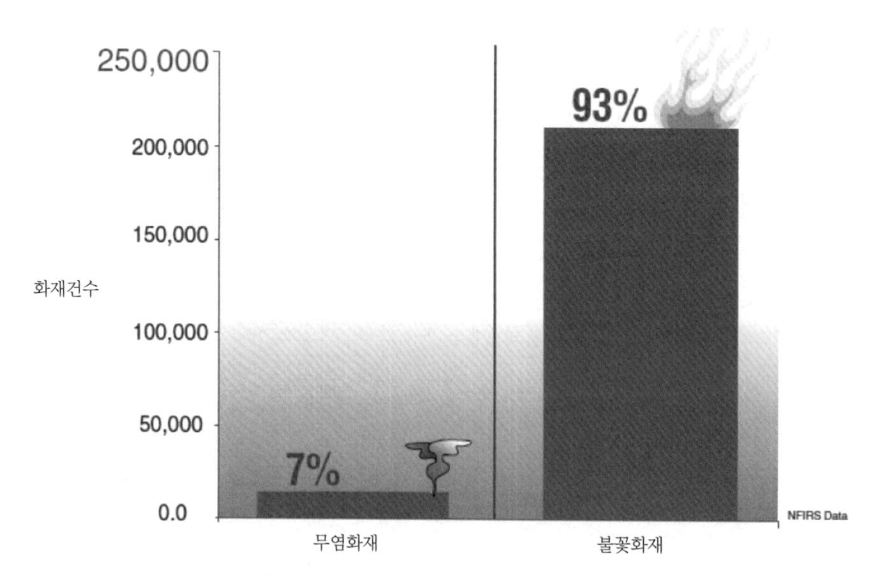

▌무염화재와 불꽃화재의 발생건수27)▐

27) Dr. John R. Hall, Jr. National Fire Protection Association July 2005 Based on NFIRS 5.0 Data

(3) 복사에너지를 감지하는 감지기의 맵핑

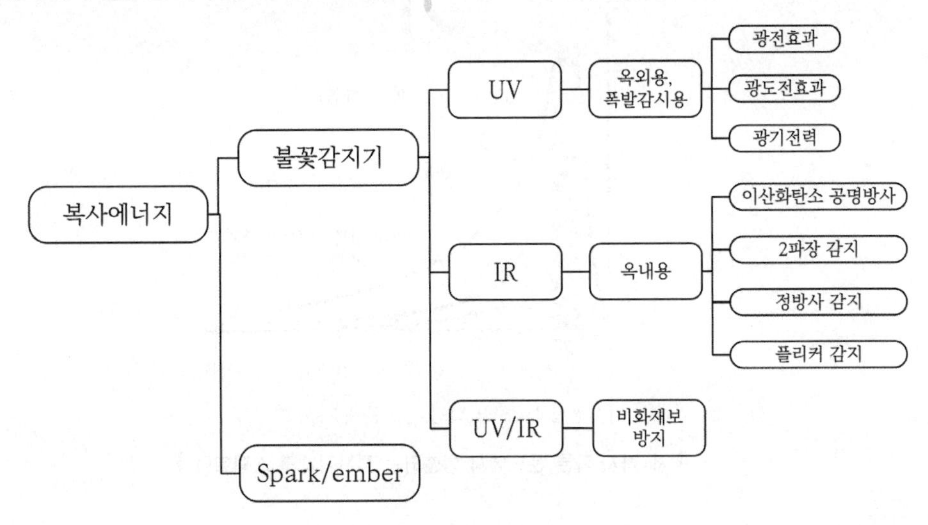

(4) 감지원리

1) 탄소를 함유한 가연물이 연소할 경우 자외선은 약 0.2[μm] 부근의 파장에서, 적외선은 약 2.7[μm]와 약 4.4[μm] 부근의 파장에서 최대 방사강도를 나타낸다.
2) 불꽃감지기 내부의 센서는 최대 방사강도에 해당하는 불꽃의 파장을 감지할 수 있게 설계되었다.

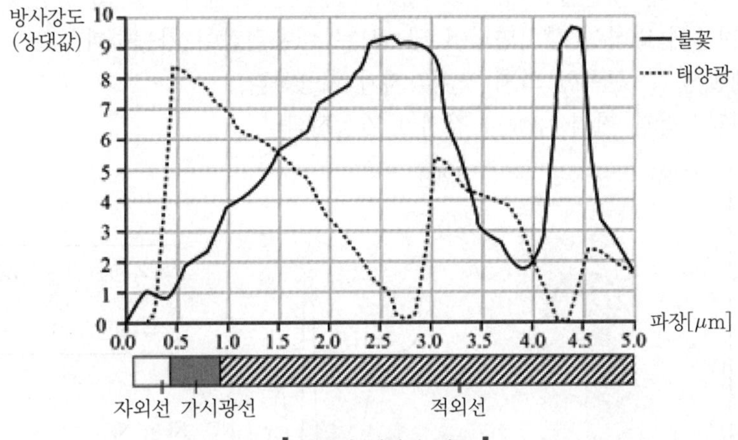

▌불꽃과 태양광 비교▐

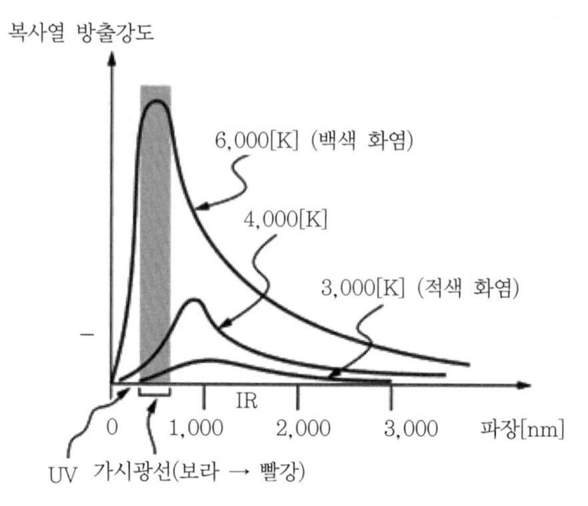

▌세 가지 다른 온도에서 방출되는 전자기파의 스펙트럼▐

(5) 특징

1) 층고가 높은 장소에 적응성이 있다.
2) 유류화재처럼 연기발생이 적고 육안으로 불꽃을 확인할 수 없는 경우에 적응성이 있다.
3) 공조설비가 작동하거나 옥외 혹은 반옥외 지역인 관계로 바람이 불고 기류가 형성되어 화재연소가 스스로 감지기까지 도달하기 어려운 경우에 적응성이 있다.
4) 현재 새로운 기술을 바탕으로 성능이 개선된 감지기가 계속 생산되고 있다.
5) 타 기종에 비하여 감시면적이 넓으므로 비용절감이 가능하다.
6) 화재발생 시 신속한 화재 조기감지가 가능하다.
7) 공칭감시각과 거리 내에서 감시가 가능하다.

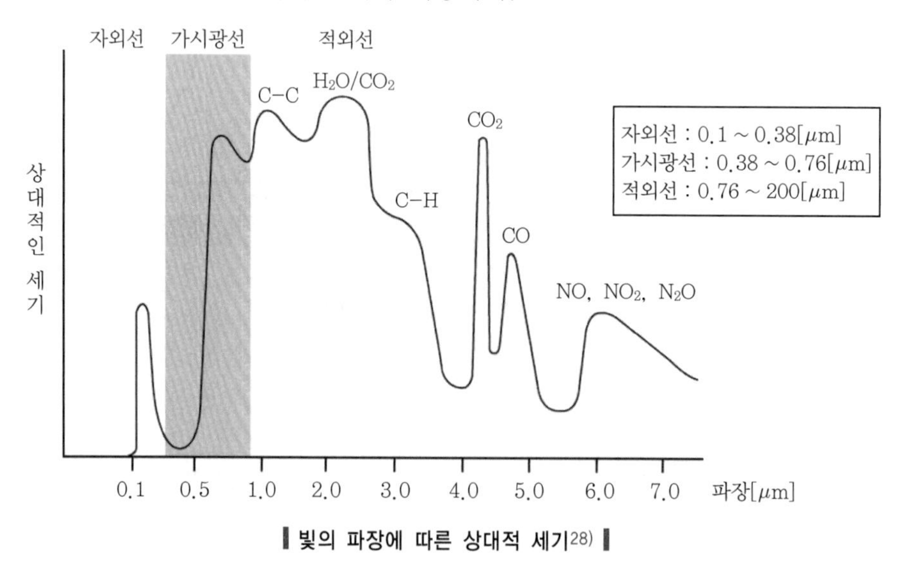

▌빛의 파장에 따른 상대적 세기[28]▐

28) 2010 National Fire Alarm and signal Code Handbook Section 17.8 Radiant Energy-Sensing Fire Detectors 328

02 종류 125회 출제

(1) 자외선식(UV : Ultra Violet Detector)

1) 자외선(0.1 ~ 0.38[μm])에 의한 수광량의 변화로서 화재를 감지한다.

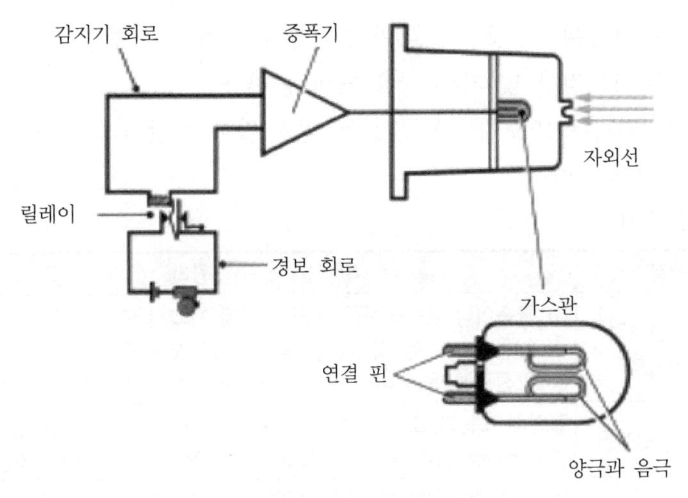

▌자외선식 개념도▐

2) 동작 메커니즘

① 자외선이 가스관에 부딪치면서 가스관의 가스가 이온화(0.2[μm] UV-C)된다.

② 이온화된 가스가 양극과 음극으로 이동하게 되면서 두 전극 사이에 작은 전류가 발생한다.

③ 발생된 전류는 증폭기를 거쳐 감지기회로와 경보회로로 전달되어 경보가 발생한다.

3) 사용처

① 깨끗한 불꽃(예 금속, 탄화수소 및 수소 화재) → 일반적인 화재에는 부적합(연기에 자외선이 차단)

② 화염에서 방출되는 UV 복사를 감지하여 작동하며 탄화수소, 황, 히드라진 및 암모니아를 포함한 광범위한 가연성 연료

4) 기본센서 : UV Tron, G-M관

5) 응답특성이 우수(10[msec]) : 신속한 기동이 필요한 폭발 감시용으로도 사용한다.

6) 저가로 널리 사용되지만 연기나 액체, 기체, 고체의 부유물에 의해 자외선(UV)이 흡수되므로 감도에 대한 신뢰성이 낮고 노이즈에 의해 오보가 많다.

적외선 불꽃감지기는 열 방출의 직사 복사선이 차단된다 하더라도 금속표면에서 반사되어 감지하는 성능을 유지하기가 가능하다. 하지만 자외선 불꽃감지기는 자외선 특성상 반사되지 않기 때문에 차단되는 경우에는 효과가 없다. 따라서, 설치 시 차단되지 않도록 하여야 한다.

7) 유지보수에 어려움 : 투광창에 유막이나 먼지가 쌓이면 화염 반응감도가 크게 떨어지므로 수시로 검사 및 자주 창을 닦아야 한다.

8) 설치위치 : 연기는 IR보다 UV 광선을 훨씬 많이 산란시키기 때문에 산란이 잘되는 천장부근에 설치한다.

9) 종류 및 원리

구분		원리
외부광전효과(광전자형)		① 금속이나 금속산화물 등의 표면에 자외선 또는 적외선의 빛이 조사되었을 때 일함수보다 큰 에너지를 얻게 되어, 외부에 광전자를 방출하는 현상 ② 광전관에 응용되며, 빛의 검출 및 측정과 자외선 센서에 응용
내부광전효과	광도전형	절연체 또는 반도체에 빛을 조사하면 가전도대 또는 불순물 레벨에 있는 전자가 광에너지를 흡수하여 전도대로 여자되어 도전성을 나타내는 현상
	광기전력형	① 특정 반도체에 빛을 조사하면, 조사된 부분과 조사되지 않은 부분 사이에 전위차(광기전력)가 발생하는 현상 ② PN 다이오드의 반도체에 빛을 조사하면, PN 반도체에서 만들어진 전자와 정공이 접촉전위차 때문에 분리되어 PN의 양쪽으로 기전력에 의해 전류가 발생하는 현상 ③ 포토 다이오드나 광전지에 응용

10) 동작원리에 따른 광센서와 특징

동작원리	광센서		특징
외부광전효과(광전자형)	광전관(Geiger – Muller tube)		① 응답속도가 빠름 ② 대형 ③ 초고감도 ④ 소비전력이 큼
	광전자 증배관(UV 트론)		
내부광전효과	광도전형	광전도센서(CdS)	① 응답속도가 느림 ② 소형 ③ 고감도 ④ 저가
	광기전력형	PN 포토다이오드	① 응답속도가 빠름 ② 소형 ③ 저가 ④ 전원 불필요 ⑤ 파장대역이 좁음
		PIN 다이오드	
		어밸런치 포토다이오드	
		포토트랜지스터	
		PSD(위치감지센서)	

UV 트론 : 자외선이 'UV 트론'의 유리관을 통과하여 음극에 도달하면 광전효과에 의해 전자가 방출된다. 전자가 양극에 도달할 때까지 유리관 속을 채운 가스 분자들과 끊임없이 충돌하며 2차 전자를 다량으로 발생시킨다. 이러한 현상의 반복으로 음극과 양극 사이에는 큰 전류가 급속도로 발생한다. 소량의 광전자만 음극에서 방출되더라도 전자증배과정을 통해 큰 전류를 발생시킬 수 있다.

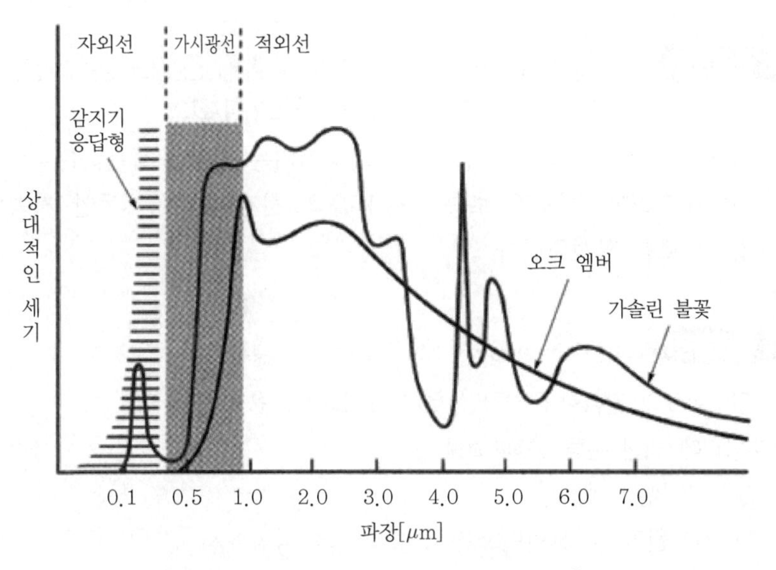

▌파장에 따른 불꽃감지기(UV)의 감지영역[29] ▌

(2) 적외선식(IR : Infrared Radiation Detector)

1) 화재 시 발생하는 탄화수소 또는 수소 불꽃 파장대의 적외선을 검출하여 화재신호로 발신(자외선에 비해 연기를 더 잘 통과하여 화재감지기로 선호)하는 방식이다.

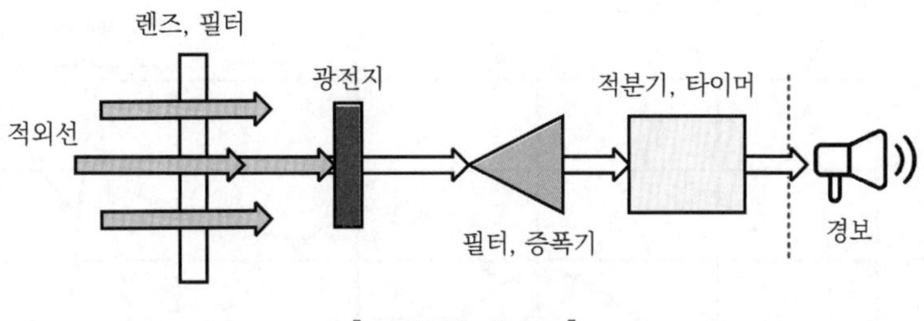

▌적외선식 개념도 ▌

29) 2010 National Fire Alarm and signal Code Handbook Section 17.8 Radiant Energy-Sensing Fire Detectors 327

2) 동작 메커니즘

① 렌즈와 광학필터를 통과한 적외선이 광전지에 도달한다.

꼼꼼체크 **광학필터** : 특정 적외선 파장대의 빛 에너지를 선택적으로 수용한다.

② 광전지 : 적외선을 전기적 신호로 발신한다.

꼼꼼체크 광전지 표면의 열 흡수막인 흑화막에 의해 초전체의 온도를 상승 → 자발분극 크기 감소 → 부유전하 → 기전력 → 전기적 신호

③ 필터/증폭기 : 필터는 신호를 거르고, 증폭기는 신호를 증폭하는 기능을 담당한다.

④ 적분기/타이머 : 신호가 보통 2 ~ 15초의 사전설정기간 동안 지속되는 경우에만 경보회로를 활성화한다.

꼼꼼체크 **적분기(integrator)** : 외부의 적외선으로부터 오동작 방지

⑤ 경보회로의 활성화(전기적 신호) : 화재표시, 음향경보 등

3) 감지방식에 의한 분류 115회 출제

① CO_2 공명방사 방식

㉠ 감지원리 : 이산화탄소는 4.4[μm]의 파장에서 공명방사를 하며 이것을 검출할 경우 화재로 인식하는 방식

㉡ 공명방사(resonsnce structure) : 외부에서 빛, 열 등을 흡수하여 여기상태가 된 후 다시 원래의 에너지 수준으로 복귀할 때 특정 파장(4.3 ~ 4.4[μm])을 가진 적외선을 집중적으로 방사한다.

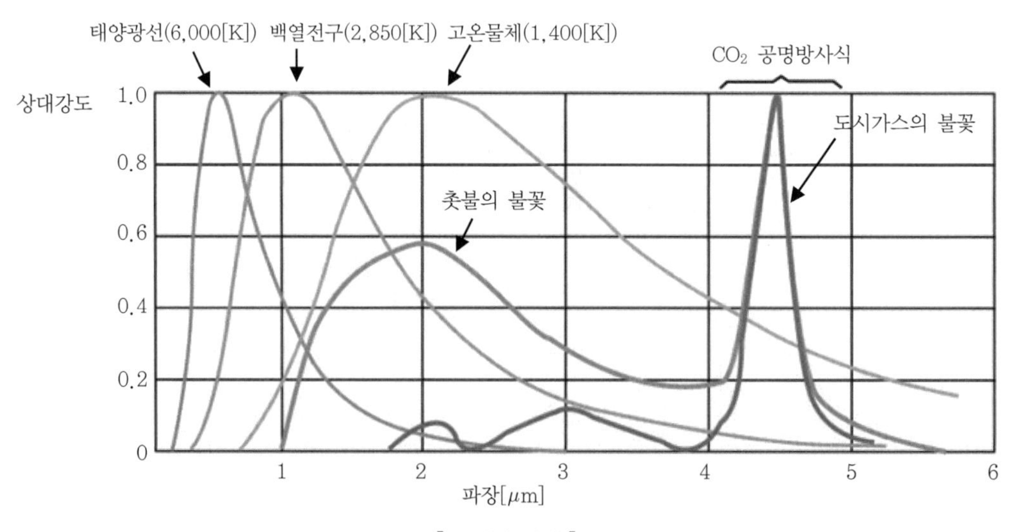

▌물질의 파장▐

② 다파장 감지방식(다중 적외선 감지기)

㉠ 감지원리 : 화염에서 방사되는 적외선 영역에서 2 이상의 적외선 파장을 검출하는 방식

㉡ 기능 : 용접, 태양광, 할로젠등 등에 의한 비화재보를 방지하기 위함이다.

물체가 연소하는 화염의 온도는 대략 1,100 ~ 1,600[℃] 정도가 된다. 이때, 일반 조명광이나 태양광은 이 온도보다 높게 되며, 백열전구의 경우 약 2,800[℃] 정도가 되어 화재와 구별된다.

㉢ 검출소자와 광학필터를 조합하여 가시광선 등은 필터링하고 화재 시 발생하는 2개 이상의 적외선 파장 간의 에너지비를 검출하여 화재와 비화재를 구별한다.

㉣ 특징

- 다수의 스펙트럼 영역을 감지한다.

IR, IR3, IR5, IR6 등은 적외선 센서의 수량(1개, 3개, 5개, 6개 등)으로, 각각의 센서마다 측정하는 주파수 범위를 다르게 하여 화재감시의 신뢰도를 높인 것이다.

- CO_2 공명반사를 이용한 IR은 수소와 같은 비 탄소 기반 연료계 화재에 부적응이 있기 때문에 이를 보완하기 위한 감지기로 4.4[μm]대와 4.4[μm]의 위 또는 아래의 영역대를 감지한다.
- 비 화염 IR 방사선의 변화하는 패턴에 노출되면 IR 및 UV/IR 감지기는 오동작이 되는 반면, 다파장 감지방식은 민감도는 떨어지지만 오동작은 감소한다.

㉤ 적응성 : 연기가 농후한 장소, 오동작 우려가 큰 장소

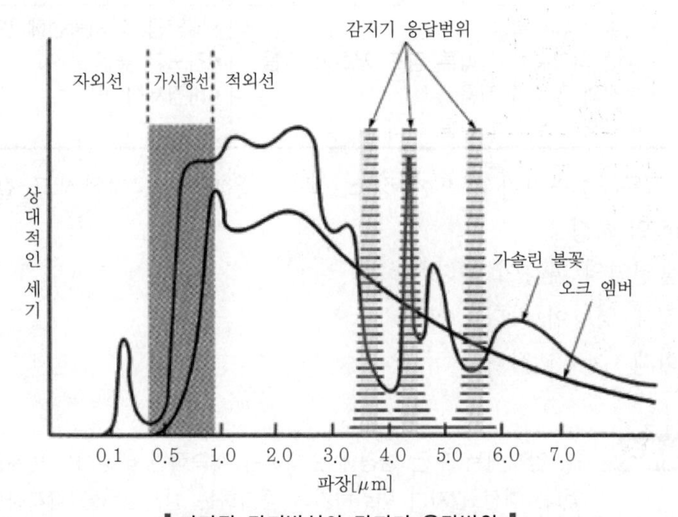

▌다파장 감지방식의 감지기 응답범위▐

③ 정방사 감지방식

㉠ 감지원리 : 화염에서 방사되는 적외선 영역의 일정 방사량을 감지하는 방식

㉡ 검출소자 : 실리콘 포토 다이오드(silicon photo diode) 또는 포토 트랜지스터(photo transistor) 등

㉢ 일반적으로 조명 등의 오동작 방지를 위해 적외선 필터에 의해 0.72[μm] 이하의 가시광선은 차단시키고 이 범위 이외의 파장을 검출한다. 하지만 적외선 필터를 사용하기 곤란한 태양광이나 일반 조명이 완전히 꺼지지 않는 밝은 장소에서의 사용이 곤란하다.

㉣ 적응성 : 가솔린 연소 시 불꽃화재 등

④ 플리커(flicker) 감지방식

㉠ 감지원리 : 연소하는 화염의 산란, 반짝임을 검출한다. 가솔린 연소 시 발생하는 화염의 경우 정방사량의 약 6.5[%]의 플리커(flicker) 성분을 포함하고 있다. 이때, 이 플리커의 성분을 검출하는 방식

㉡ 플리커(flicker)의 정의 : 광원에서 나오는 빛의 세기가 일정하지 않고 시간에 따라 주기적으로 변해 사용자에게 빛의 깜빡거림이 느껴지게 하는 현상

㉢ 플럼의 간헐화염 영역에서 와류에 의해서 화염이 깜박이는 맥동이 발생하는데, 이때 주파수가 10[Hz] 이상으로 이를 이용하는 감지기가 플리커 감지기이다.

$$f = \frac{1.5}{D}$$

여기서, f : 화염의 맥동 주파수[Hz]

D : 화원의 지름[m]

㉣ 장단점

장점	단점
• 검출영역이 넓음 • 창이 더러워짐에 따른 감도 저하가 작음 • 분진의 영향이 작음 • 비화재보 우려가 낮음	• 태양광, 가시광선에 반응 • 감도가 늦음 • 비경제적

㉤ 적응성 : 연기가 농후한 장소, 옥내, 은폐창고, 지하창고 같이 폐쇄된 공간

4) 적외선식의 특징

① 검출영역의 파장이 높다.

② 분진에 영향이 작다.

③ 비화재 우려가 작다.

IR 감지기는 모든 환경에 존재하는 지속적인 배경 IR 방사를 무시하도록 설계되었다. 대신 갑자기 변화하거나 증가하는 방사선원을 감지하도록 설계되어 오동작을 방지하도록 되어 있다.

④ 창의 더러워짐에 따른 감도 저항이 작다.

⑤ 이슬 등 수증기에 의한 4.4[μm]대의 에너지가 흡수 및 태양광에 반응하므로 옥외형으로 적합하지 않다.

⑥ 응답시간이 늦어 폭발감시용으로는 적합하지 않다.

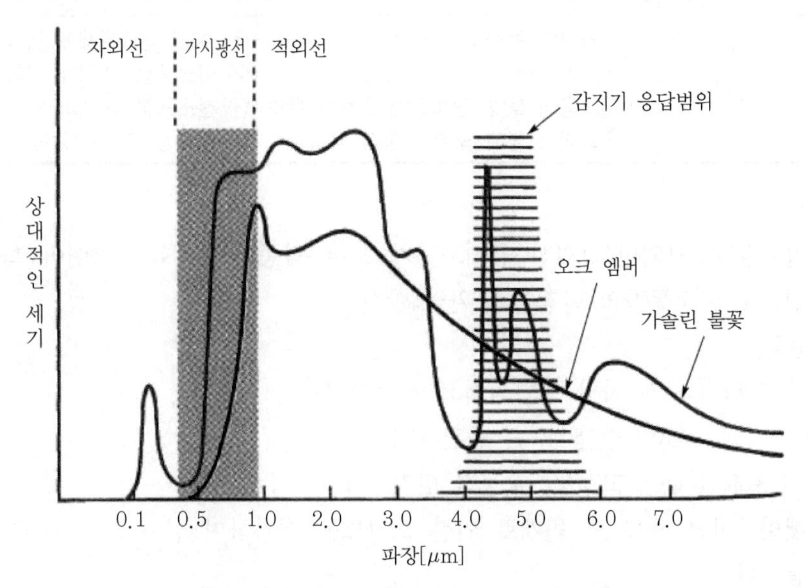

▌파장에 따른 불꽃감지기(IR)의 감지영역[30] ▌

5) 자외선(UV)과 적외선(IR)의 비교

구분	자외선(UV)	적외선(IR)
비화재보	① 연기에 오동작 ② 아크용접 불꽃에 오동작 ③ 번개와 같은 단파장에 오동작 ④ 엑스레이(X rays)와 방사성 물질에 오동작	① 수증기, 서리에 오동작 ② 산소용접 불꽃에 의한 오동작 ③ 태양광에 오동작
신뢰도	① 낮음 ② 수광부에 오염이 있으면 고주파의 직선성 때문에 감지를 못할 수 있음	① 높음 ② 연기 등 수광부 오염에 있어도 장파장으로 연기를 뚫고 갈 수 있음
사용장소	① 실외형 ② 폭발감시용	① 실내형 ② 상시 기류가 이동하는 장소 ③ 연기가 많이 발생하는 장소
가격	저가	고가
조기경보	OH, 라디칼, 파장을 검출하여 감지속도가 빠름	연소생성물 검출을 검지해 감지속도는 느림
검출파장	자외선(0.18 ~ 0.26[μm])	적외선(4.4[μm]) 파장

30) 2010 National Fire Alarm and signal Code Handbook Section 17.8 Radiant Energy-Sensing Fire Detectors 326

구분	자외선(UV)	적외선(IR)
응답파장	185 ~ 260[nm]	4.35[μm] ± 0.2[μm]
응답거리[m]	20, 40, 80, 100	20, 40, 50(주문 시 100[m]까지 가능)
응답시간[sec]	0.1	3 ~ 5
관리	① 태양광에 동작하지 않음 ② 연기에 오동작 우려가 있음 ③ 아크용접 불빛, 단파장에 오동작 우려 ④ 투과창 오염에 의한 오동작 우려	① 수소, 금속화재에 동작하지 않음 ② 아크용접, 연기에 영향 없음 ③ 산소용접 등 장파장에 오동작 우려 ④ 투과창 오염에 강함

(3) UV/IR 방식

1) **감지원리** : 자외선/적외선 감지소자가 모두 작동(AND 회로)하여야 화재신호가 발생하도록 오동작의 단점을 보완한 방식

2) 종류

① 1 IR + UV : 가장 일반적이고 저렴한 형

② 2 IR + UV : 중간 성능, 중간 비용

③ 3 IR + UV : 고성능, 오동작 방지, 고가

3) 햇빛, 아크 용접 및 번개로 인한 오경보를 제거하며 실내 또는 실외에 적용이 가능하다.

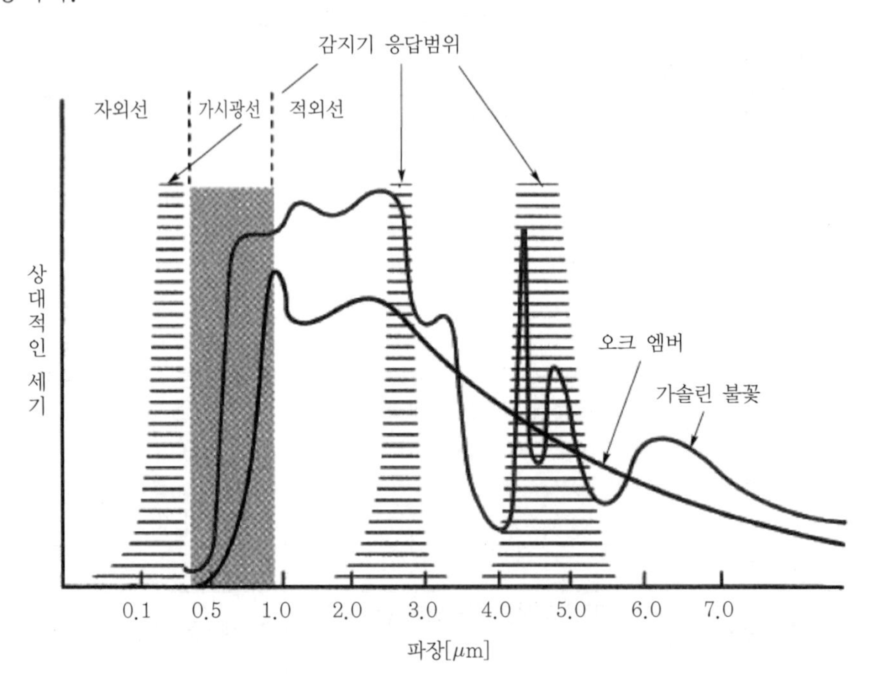

▌파장에 따른 불꽃감지기(UV/IR)의 감지영역[31] ▌

31) 2010 National Fire Alarm and signal Code Handbook Section 17.8 Radiant Energy-Sensing Fire Detectors 327

(4) **복합형** : OR, AND

(5) 스파크(spark)/엠버(ember)(적외선 복사 에너지 감지)

(6) 불꽃감지기의 비교

종류	장점	단점	사용대상	설치장소
IR	① 오동작 방지 ② 짙은 연기에도 화재감시	① 가시광선 영역대의 감시가 곤란함 ② 유사 적외선이 있을 때 감시 범위 감소함 ③ 열, 가스의 배출, 유동 등의 복합적인 작용하에서 오동작을 발생함	탄소가 포함된 액체 또는 가스	실내
UV	① 태양광선의 가시광선에 반응하지 않으므로 옥외에서 사용이 가능함 ② 감도가 높음 ③ 경제적임 ④ 대량제작이 가능함 ⑤ 적용범위가 넓음	① 검출영역이 협소 ② 분진에 취약 ③ 오보가 많음 ④ 유지 · 보수에 공간이 필요(투과창 오염 제거, 정전기 제거 공간이 필요)함	① 화염이 농후한 액체, 기체 ② 옥외 ③ 빠른 응답을 요구하는 경우(폭발감시)	실외
UV/IR	① 매우 빠른 응답 속도(500[msec]) ② 용접, 햇빛, 스파크, 번개, 코로나 및 아크에 민감하지 않음 ③ 오동작 방지(AND)	① 일부 증기 및 가스는 성능을 저하시킴 ② 탄소가 아닌 화재감지에는 적합하지 않음	깨끗한 불꽃연료(천연가스)	실내, 실외
VIFD	① 운영자가 화재위험의 확인이 가능함 ② 다른 감지기가 감지하지 못하는 범위까지 응용프로그램으로 감지가 가능함	보이지 않는 불꽃을 감시할 수 없음	탄화수소 액체 또는 가스	사람이 거주하지 않는 장소

SECTION

019 불꽃감지기 설치 시 고려사항

01 개요

(1) 불꽃감지기는 특정물질에서 방사되는 적외선, 자외선을 감지하는 감지기이므로 화재 시 생성된 연소생성물에 의해 방사된 적외선, 자외선이 직접 도달할 수 있는 위치에 설치하여야 한다.

(2) 감지범위인 공칭감시거리와 공칭감시각에서만 감지가 가능하다.

02 고려사항

(1) **주위공기에 의한 복사에너지 흡수**
수증기 등에 의한 실보 우려가 있다.

(2) **화재와 무관한 복사에너지원의 존재 유무**
비화재보 방지

(3) 가연물의 종류

(4) **감지기 위치**
  1) 시정장치(line of sight)이어서 반드시 발화원을 '바라보고' 있어야 한다.
  2) 역제곱 법칙(inverse square law) : 감지기에 도달하는 복사에너지는 거리의 제곱에 반비례한다.

(5) 감지센서의 특성

(6) **설치기준(NFTC 203 2.4.3.13)** 127 · 125회 출제
  1) 불꽃감지기의 성능은 공칭감시거리, 공칭시야각으로 표현한다.
  2) 공칭감시거리와 공칭시야각을 기준으로 감시구역이 모두 포용될 수 있도록 설치한다.
  3) 화재를 유효하게 감지할 수 있는 모서리 또는 벽 등에 설치한다.
    ① 높은 천장 : 천장면에 설치하여 바닥을 향할 것
    ② 낮은 천장 : 하나의 감지기로 가능한 넓은 공간을 감지하기 위해 모서리에 설치한다.

③ 역삼각형 형태의 감시거리는 거리에 따라 바닥감지면적이 증가하지만 끝부분은 아래와 같이 휘어서 오히려 감소한다.

4) 수분이 많이 발생하는 장소에는 방수형을 설치한다.

5) 그 밖의 것은 제조사의 시방에 따라 설치한다.

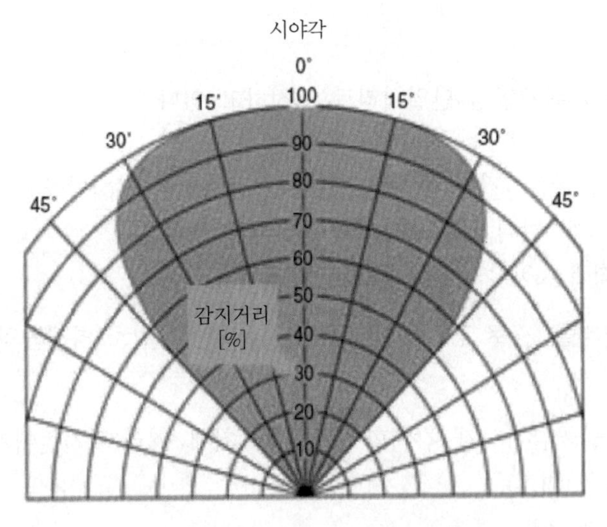

▌불꽃감지기의 감지범위 표시[32] ▌

03 설치장소

(1) 중요 물품보관소

데이터 자료실, 전산실, 수장고실 등

(2) 층고가 높은 장소(high-ceiling)

국내는 20[m] 이상의 높이를 가지는 장소

(3) 불꽃화재발생이 용이한 장소

위험물 창고, 인쇄, 공장

(4) 외부 또는 외부와 접한 공간으로 상시기류가 이동하는 장소

(5) 넓은 공간

개방된 장소(open spaced), 창고(warehouse), 항공기 격납고(aircraft hangers)

(6) 화재가 빠르게 성장할 우려가 있는 공간

항공기 격납고(aircraft hangars), 석유화학단지(petrochemical production areas), 제련소(smeltery)

32) FPH 14 Detection and Alarm CHAPTER 2 Automatic Fire Detectors 14~23

(7) 다른 종류의 감지기를 설치하기 부적절한 공간

04 시야각과 감시거리

(1) 국내

가연물(연료)과 관계없이 단일거리로 규정하고 있다.

1) 시야각

① 정의 : 불꽃감지기가 감시할 수 있는 원추형의 감시각도

② 시야각 : 5° 간격으로 표시(보통 시야각 100°)

③ 도로 최대 시야각의 경우 : 180° 이상

④ 감시거리를 $\frac{1}{2}$로 감소하면 감지면적은 $\frac{1}{4}$로 감소(역제곱의 법칙)한다.

2) 감시거리

① 정의 : 불꽃감지기가 감시할 수 있는 최대 거리(설치높이가 증가하면 증가 → 역제곱의 법칙)

② 공칭 감시거리

㉠ 20[m] 미만 : 1[m] 간격

㉡ 20[m] 이상 : 5[m] 간격

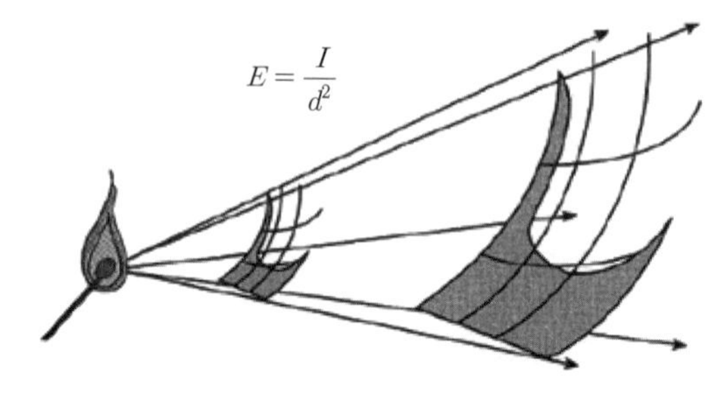

▍감시거리의 역제곱의 법칙[33] ▍

(2) 시야각 및 감시거리 계산 107회 출제

1) 천장에서 감시공간 바닥까지의 높이

$$H = R\cos\alpha = R \cdot \frac{H}{R}$$

여기서, H : 천장높이

R : 공칭 감시거리[m]

α : 각도

33) 2010 National Fire Alarm and signal Code Handbook Section 18.5 · Visible Characteristics – Public Mode 389

2) H에서 실제 감시공간 높이 보정

$$h = H - 1.2 = R\cos\alpha - 1.2$$

여기서, h : 보정 높이(천장 높이 – 감시공간 높이)

3) 실제 감시공간의 반지름(r)

$\tan\alpha = \dfrac{r}{h}$

$r = h \times \tan\alpha$에서 h는 $(R\cos\alpha - 1.2)$이므로

$r = \tan\alpha \times (R\cos\alpha - 1.2)$

4) 감지면적

$$S = \pi r^2 = \pi \times (\tan\alpha)^2 \times (R\cos\alpha - 1.2)^2$$

5) 실제 감시면적

① 실내 감시면적을 다음처럼 원뿔의 바닥면적인 원으로 계산하는 경우는 계산 시에 어려움이 있어 바닥면의 원에 내접한 정사각형을 적용한다.

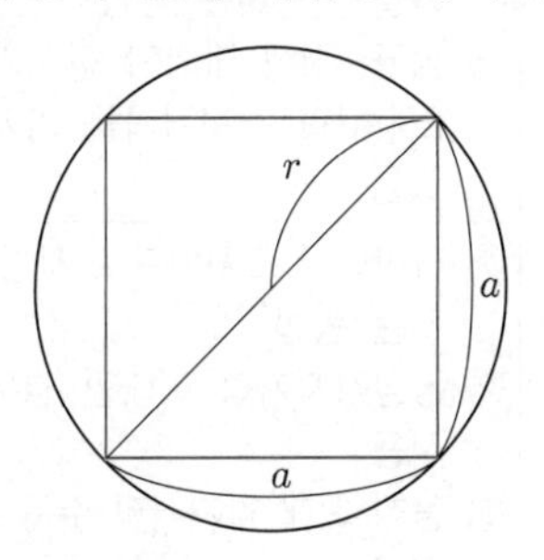

▌원에 내접한 사각형(감시면적)▐

② 피타고라스의 정리 : $(2r)^2 = a^2 + a^2 \rightarrow a = \sqrt{2r^2}$

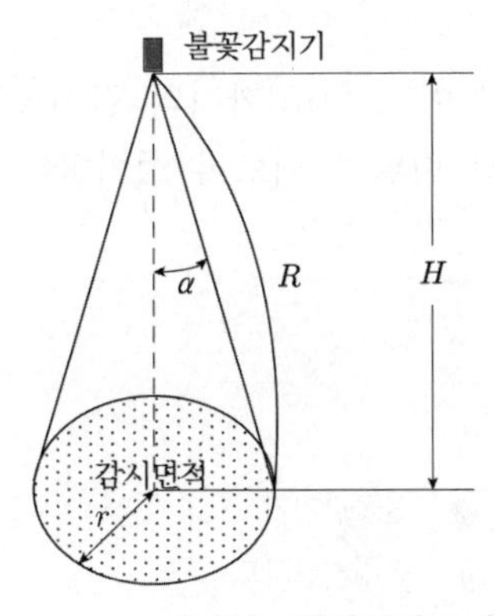

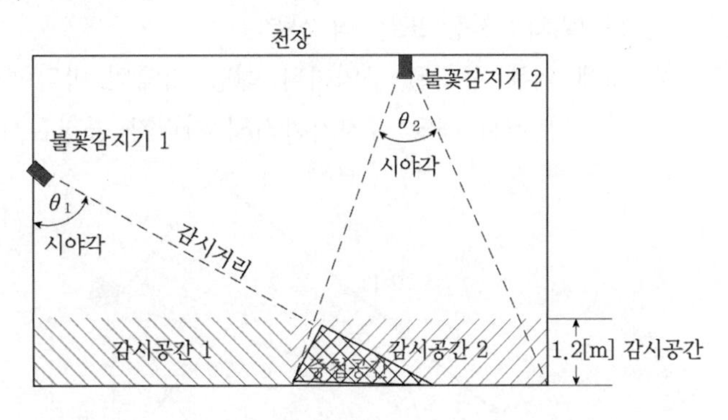

여기서, 감시공간 : 바닥면으로부터 높이 1.2[m]까지의 공간

감시거리 : 감시공간 각 부분으로부터 감지기까지의 거리

감지면적 : 감지기 1개가 감시할 수 있는 원의 면적

시야각 : 감지기가 감지할 수 있는 각도

6) 경계구역

① 불꽃감지기의 형식승인상 감지면적(600[m^2]를 초과하는 경우 포함)을 1경계구역으로 설정한다.

② 불꽃감지기 2개 이상을 묶어서 1경계구역으로 할 경우 감지면적이 1경계구역 면적(600[m^2] 또는 1,000[m^2]) 기준을 초과해서는 안 된다.

7) 불꽃감지기 동작 시험방법 127회 출제

시험방법	내용
라이터 이용방법	감지기 단거리(1 ~ 3[m])에서 라이터의 불꽃을 최대한 크게 하고 황색 불꽃을 발생시켜 간단히 작동 여부를 판단하는 방법
토치램프 이용방법	① 감지기 중거리(5 ~ 10[m])에서 토치램프를 거꾸로 하여 황색 불꽃을 발생시켜 작동 여부를 판단하는 방법 ② 정정 수준 이상의 화염을 만들어야 감지가 가능하고, 가장 일반적인 시험방법
전용의 테스터기 이용방법	① 불꽃감지기의 동작시험을 할 수 있는 휴대용 테스터기로 실질적인 불을 사용할 수 없는 장소에서 중장거리에서 실화재와 비슷한 파장대의 UV와 IR을 방사해 불꽃감지기의 불꽃을 감지시험할 수 있는 제품을 사용하는 방법 ② 평균 7[m] 내외의 감지거리를 가지는 휴대용 제품에서부터 최대 20[m]의 감지거리를 가지는 고정용 제품까지 다양하게 출시되고 있음
불을 피우는 방법	① 라이터나 토치램프로 시험을 하기에 부적합한 장거리의 경우에 사용하는 방법 ② 공칭감지거리 이내인 경우 : 33[cm]×33[cm]×5[cm] 정도의 불판 사용 ③ 공칭 최대 감지거리 수준 : 70[cm]×70[cm]×5[cm] 정도의 큰 불판 사용

(3) 일본 소방법

1) 설치위치 : 천장 또는 벽 상부

2) 벽에 의해 구획된 구역마다 해당 지역의 바닥에서 높이 1.2[m]까지의 감시공간의 각 부분에서 해당 감지기까지의 거리가 공칭감시거리 범위가 되도록 설치한다.

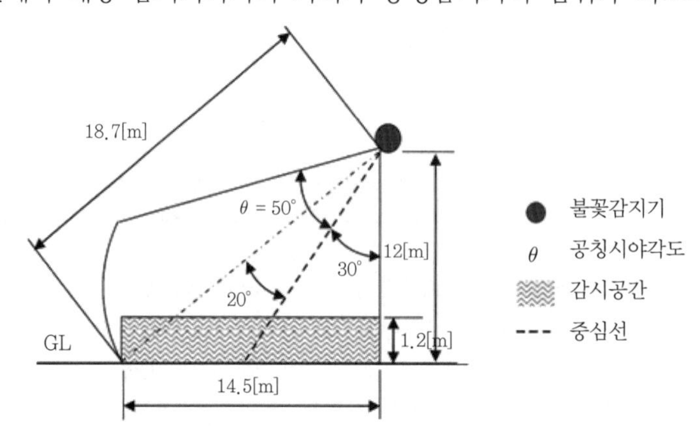

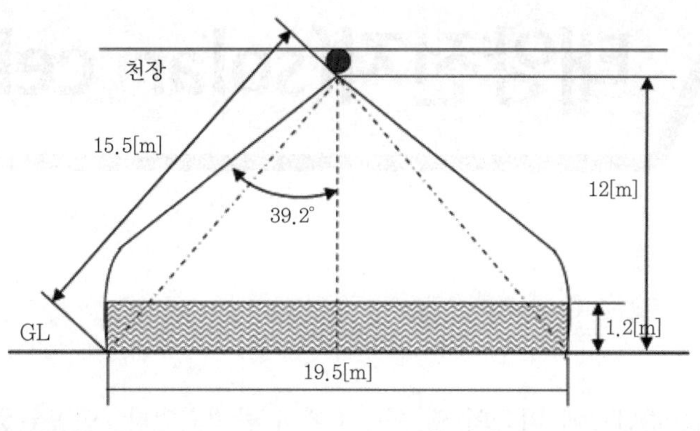

공칭시야각[°]	0	5	10	15	20	25	30	35	40	45	50
공칭감시거리[m]	20	20	20	20	19	19	18	17	16	15	13

3) 감지기는 장해물이 있더라도 화재 발생을 감지할 수 있도록 설치한다.

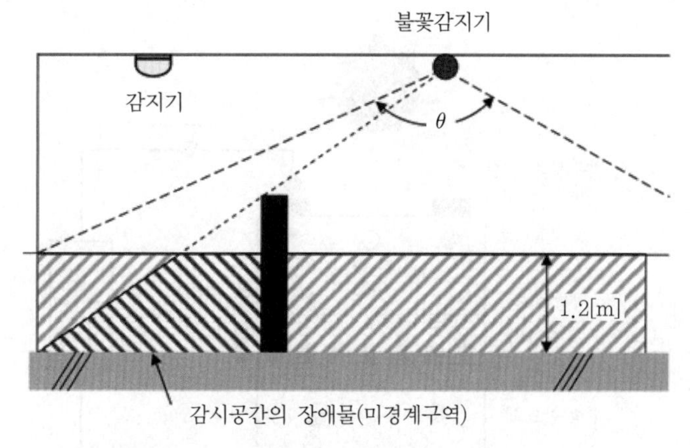

4) 수증기가 다량 체류하는 장소나 결로 우려가 있는 장소는 설치 제외한다. 수증기가 불꽃의 파동을 흡수하여 감지성능이 저하되기 때문으로 국내의 소방규정이 일본 규정을 인용한 것인데 인용 시 적절하지 못해서 방수형으로 설치하라는 규정이다.
5) 감지기는 햇빛을 받지 않는 위치에 설치한다. 단, 감지장애가 일어나지 않도록 차광판 등을 설치한 경우에는 지장이 없다.

SECTION 020 태양전지(solar cell)

01 개요

(1) 태양전지는 1953년도에 미국의 벨 연구소에서 발명되었다. 인공위성용의 전원으로 연구개발이 진행되었지만 오일쇼크를 계기로 대체 에너지 개발이 필요하게 되어 이슈화되었다.

(2) **작동원리**

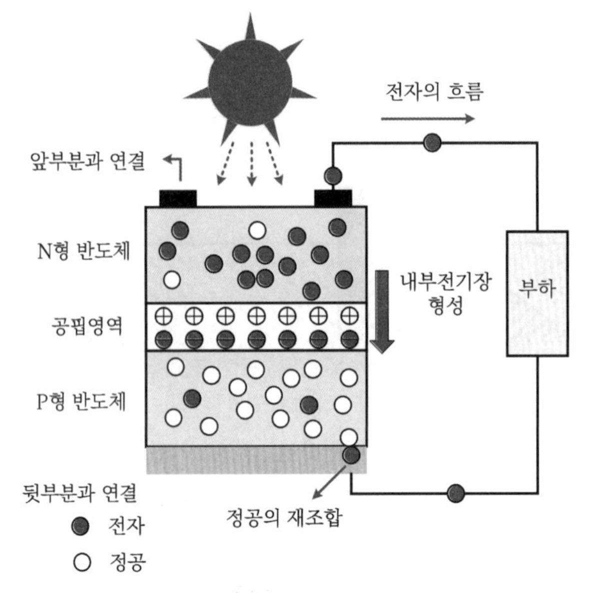

▎태양전지 ▎

1) **P형 반도체와 N형 반도체의 물리적 접촉** : N형 반도체는 전자(electron)가, P형 반도체는 정공(hole)이 전달체(carrier) 기능을 한다.

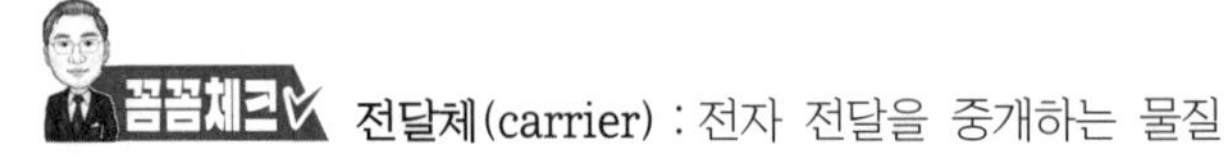
전달체(carrier) : 전자 전달을 중개하는 물질

2) P형과 N형 접합부 사이에 좁은 영역인 공핍영역이 발생한다.

3) 공핍영역의 한쪽에 있는 원자는 전자(양전하 이온)가 고갈되고 다른쪽에는 정공(음전하 이온)이 고갈되어 내부 전기장이 발생한다.

꼼꼼체크 정공(electron hole) : 전자가 있어야 할 자리를 정공이라 한다. 전자가 흐르는 방향과 정공이 가는 방향은 반대이므로 전류의 흐름방향과 같다.

4) 대전된 입자가 공핍영역에 배치되면 영역의 한쪽에서 다른쪽으로 이동(전류발생)한다.

(3) 관련 이론

태양전지는 그 표면에 조사된 입사광을 광전효과에 의해서 전기에너지로 변환하는 것이다.

(4) 태양전지의 이용

ESS를 통해 에너지를 저장한다.

02 종류

(1) 무기물 태양전지

1) 실리콘 계열 태양전지

① 구조 : PN 접합으로 된 다이오드

② 광전변환 효율을 높이기 위하여 P-N 접합의 깊이는 0.5 ~ 1[μm] 정도로 아주 얇다.

③ 재질 : Si

2) 반도체 태양전지

① 반도체 태양전지는 N형 반도체 물질과 P형 반도체 물질을 접합하여 태양전지를 제조한다.

② 재질 : 카드뮴 텔루라이드(CdTe), 갈륨비소(GaAs), CIGS

CIGS : 구리(Copper), 인듐(Indium), 갈륨(Gallium), 셀레늄(Selenium) 등 4가지 원소 화합물이 붙어 있는 기판을 이용하는 태양전지

(2) 염료감응 태양전지

1) 표면에 염료분자가 화학적으로 흡착된 N형 나노입자 반도체 산화물 전극이 빛을 흡수하면 염료분자는 전자-정공쌍(electron-hole pairs/EHPs)을 생성하고, 전자는 반도체 산화물의 전도띠로 이동하며, 반도체 산화물 전극으로 주입된 전자는 나노 입자 간 계면을 통하여 투명전도성 막으로 전달되어 전류를 발생한다.

2) 염료분자에 생성된 정공은 산화-환원 전해질에 의해 전자를 받아 다시 환원한다.

(3) 유기물 태양전지

1) 전자 주개 특성과 전자 받개 특성을 갖는 유기물로 구성된다.
2) 빛을 흡수하면 전자-정공쌍을 생성하고 전자-정공쌍은 주개와 받개의 계면으로 이동하여 전하가 분리되고 전자는 전자 받개로, 정공은 전자 주개로 이동하여 전류를 발생한다.

SECTION
021 BIPV(건물일체형 태양광 모듈)

01 개요 132회 출제

(1) BIPV(건물일체형 태양광 모듈)의 정의

1) BIPV(Building Integrated Photovoltaic)는 전력을 발생시키기 위해 지붕이나 건물 외벽에 설치되는 태양광 모듈 통합시스템으로 건물과 일체화된 방식
2) BAPV(Building Attached Photovoltaic)는 건물이 건설된 후 설치되는 태양광 모듈 통합시스템 방식

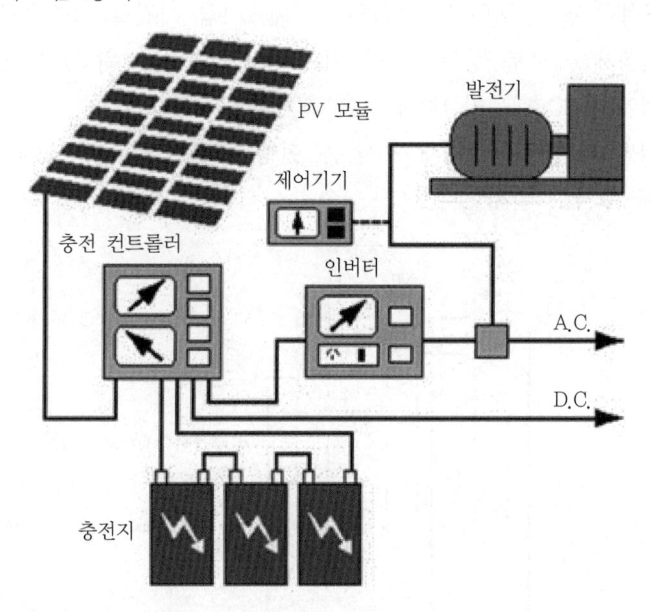

(2) BAPV와 BIPV 비교

구분	장점	단점
BAPV	① 손쉬운 개조 ② 낮은 투자비용 ③ 낮은 건설요구 사항	① 시각적 단점 ② 실내 환경에 부정적인 영향
BIPV	① 발전 및 건축구조의 기능 ② 건축 미학적	① 설계 및 시공 요구사항이 높음 ② 기술연구 및 개발이 어려움

02 필요성과 문제점

(1) 필요성

1) 선진국은 제로에너지건물(zero energy buildings) 의무화를 추진 중이며 국내에서는 30[MW](2021년 기준) 수준이지만 향후 점차 확대될 수밖에 없는 실정이다.
2) BIPV는 태양광 모듈과 단열, 내풍압, 방수 등의 건축적인 기능을 담당하기 때문에 건축물의 화재 안전성을 개선하기 위해서 외벽 복합 마감재료의 내화성능을 평가하기 위한 시험방법인 실대형 성능시험방법이 「건축자재 등 품질인정 및 관리기준」의 제27조(외벽 복합 마감재료의 실물모형시험)로 개정되었다(2023.1.9.).
   ① 외부화재 확산성능평가 : 시험체 온도는 시작 시간을 기준으로 15분 이내에 레벨 2(시험체 개구부 상부로부터 위로 5[m] 떨어진 위치)의 외부 열전대 어느 한 지점에서 30초 동안 600[℃]를 초과하지 않을 것
   ② 내부화재 확산성능평가 : 시험체 온도는 시작 시간을 기준으로 15분 이내에 레벨 2(시험체 개구부 상부로부터 위로 5[m] 떨어진 위치)의 내부 열전대 어느 한 지점에서 30초 동안 600[℃]를 초과하지 않을 것
3) 복합 외벽 마감재료(단열재 포함)는 현행 난연성능시험방법에 실물모형시험(KS F 8414)을 추가로 실시한다.

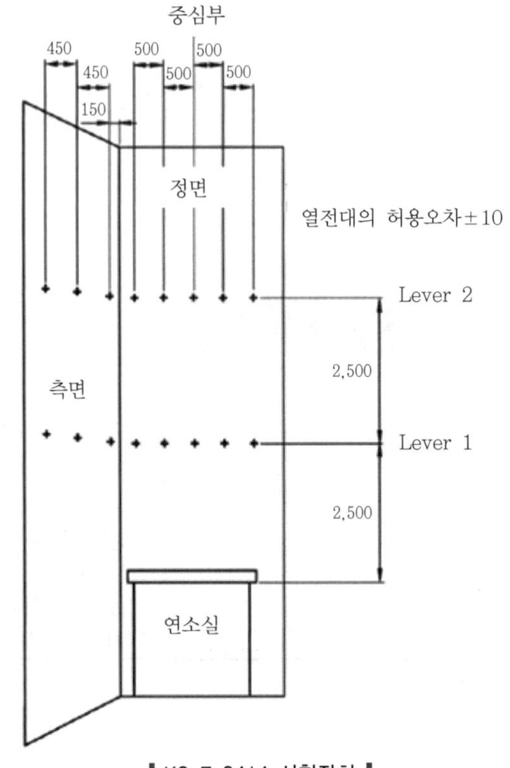

▌KS F 8414 시험장치▐

(2) **문제점과 국내외 시험방법**

1) 문제점 : KS F 8414는 외벽 마감 시스템의 수직 · 수평 · 내부 화염확산에 대해 열전대로부터 계측된 온도 데이터만을 활용하여 화재안전성을 판정하는 것으로, 화염확산에 다양한 경우의 수를 가진 외벽 마감 시스템에 대한 종합적인 화재안전성 판정에는 한계가 있을 수 있다.

2) 외벽 마감재에 대한 국내외 시험방법 비교

국가	수평 화염 확산	수직 화염 확산	내부 화염 확산	바닥과 외벽면의 접합부	연기	훈소	낙하물	열	개구부 등
대한민국	적용	적용	적용	–	–	–	–	적용	–
프랑스	적용	적용	적용	적용	–	적용	–	–	적용
영국	적용	적용	적용	–	–	–	–	적용	–

03 기술적 유의사항

(1) **온도**

1) 모듈의 온도 상승 → 전력생산 기능 저하 → 출력 감소

2) 최대효율을 내기 위하여 온도 상승은 70[℃] 이하로 설정

3) 모듈과 외피 사이의 공기층

① 공기층 15[cm] 정도 확보 시 온도에 의한 에너지 손실률 최소화 가능

② 화재 시 화염의 수직 확산 통로

(2) **일사량**

1) 일사량 감소 → 단락전류 감소 및 개방전압 감소 → 출력 감소

2) 지리적, 공간적 특성 및 기상조건 등에 영향

3) 경사각에 의한 일사량으로 발전효율에 큰 영향. 국내의 경우 적절 경사각은 30~35° 정도

(3) **음영** : 음영 발생 → 일사량 감소 → 발전량 감소

04 화재위험성

(1) **BIPV 광패널의 화재발생 위험성** : 복사열 또는 다양한 전기적 결함으로 인해 PV 패널 자체에서 점화가 발생

(2) 수직방향 화염확산속도 증가

1) 에너지 효율을 높이기 위해 존재하는 공기층

① 가연물에 공기를 공급

② 연돌효과

2) 상향확산(풍조확산)으로 고온가스의 방향과 화염확산 방향이 같다.

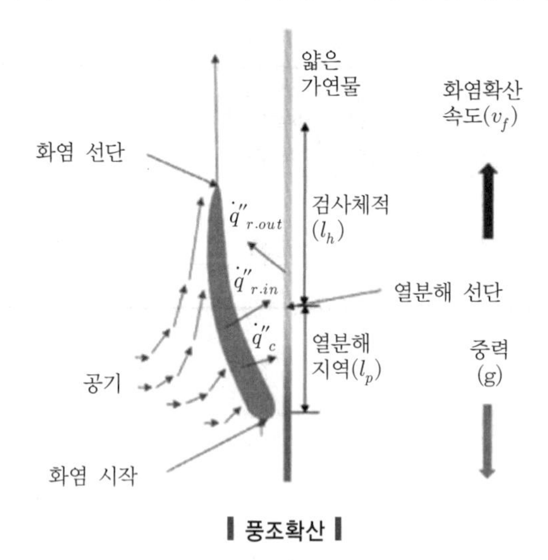

▌풍조확산▐

3) 화재 시 안접 건물로의 열복사에 의한 화재확산 위험

(3) 소화활동의 위험

1) 화재발생 시 BIPV 시스템을 건물의 전기회로에서 분리하더라도 BIPV 시스템의 전기 작동을 완전히 비활성화할 수 없기 때문에 감전될 수 있다.

2) PV 패널을 건설하거나 용해하여 발생하는 독성가스 배출 및 PV 패널이 타거나 녹아서 떨어지는 파편으로 인한 위험이 발생할 수 있다.

05 결론

(1) G2B(Glass-To-Backsheet) 모듈이나 플렉서블 모듈은 국내 신축건물용 외벽일체형 태양광 모듈 제품(시스템)에 적용되기 어려워 전 · 후면 외장재로 강화유리(tempered glass)를 사용하는 G2G(Glass-To-Glass) 구조가 기본 구조로 사용될 수밖에 없고 EVA(Ethylene Vinyl Acetate)나 POE(Poly-Olefin Elastomer)와 같은 폴리머(polymer) 기반 봉지재의 경우, 실물모형시험 도중 화재 전파가 불가피하다. 따라서 이와 같은 다양한 제품에 대한 개발이 필요하다.

(2) 국내 외벽 마감재 제조사별 다양한 조건에서의 실물모형시험을 통해 국내 산업계 시험 데이터베이스를 구축하고 이를 통한 외벽 마감 시스템의 다양한 화재확산 시나리오를 설정하여 보다 면밀한 판정기준으로 개선이 필요하다.

SECTION 022

스파크 또는 엠버 감지기(spark or ember detector)

01 개요

(1) 고체 가연물 연소나 분진폭발에서 발생하는 적외선을 감지하는 일종의 불꽃감지기이다.

1) 엠버(ember) : 고체물질 입자의 표면연소과정이나 고체물질의 고온에 의해 방사되는 복사에너지를 말한다.

2) 스파크(spark) : 유동장을 갖는 엠버로, 움직이는 엠버(moving ember)를 말한다.

(2) **설치장소** : 밀폐된 환경 또는 어두운 장소

1) 공기압 컨베이어(pneumatic-conveying system duck)

2) 밀폐된 컨베이어 벨트

3) 고체 가연물 입자가 통과하는 장소(duct)

4) 폐기물 처리시설, 석탄 처리시설, 넝마시설, MDF 공장

(3) **감지영역**

1) 적외선(infra red) 영역

2) 일부 가시광선 영역

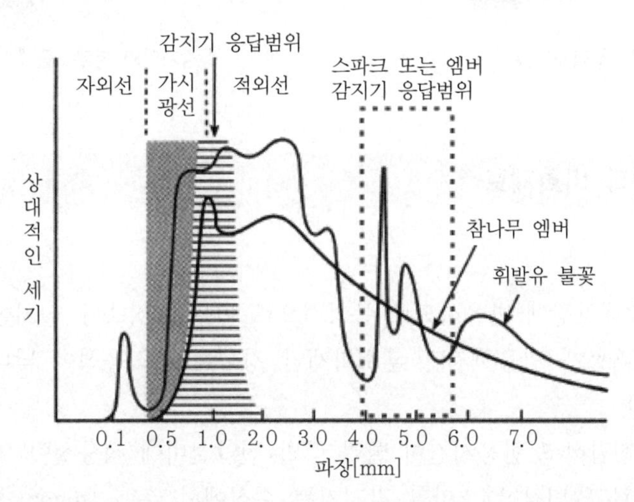

▌파장에 따른 불꽃감지기[스파크(spark)나 엠버(ember)]의 감지영역[34] ▌

34) 2010 National Fire Alarm and signal Code Handbook Section 17.8 Radiant Energy-Sensing Fire Detectors 327

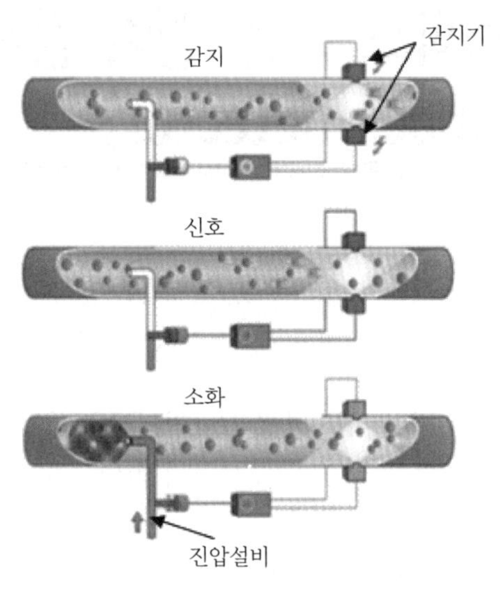

▌스파크나 엠버감지기 설치 예▐

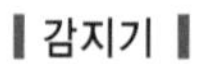
▌감지기▐

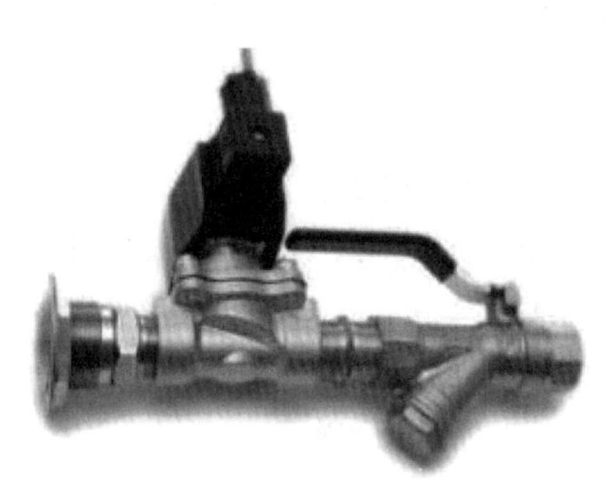

▌감지기와 분무노즐▐

02 특징과 비화재보

(1) 특징

1) 조명 및 태양광에 반응하므로 통상적으로 어두운 장소에 설치한다.
2) 불꽃에 빠르게 반응하지만 훈소화재인 경우에는 적응성이 낮다(파장이 작아 감지가 곤란).
3) 감도가 민감하고 반응시간이 빨라 폭발 진압설비에 적응성이 있다.
4) 매우 빠르고 민감한 스파크 감지기는 수십에서 수백 [msec] 내에 점화원을 감지하고 물, CO_2, 기타 소화약제를 이용하여 소화를 시작한다.

(2) **비화재보**

1) 조명 및 태양광

2) 정전기

3) 전자파 장애(Electromagnetic interference ; EMI)

1. **루미네선스(luminescence)** : 고체 내의 여기에 의한 발광현상과 같이 열을 병행하지 않는 발광현상
2. **전자발광(EL : Electro - Luminescence)** : 반도체 성질을 가지고 있는 물체에 전기장을 가하면 빛이 발생하는 현상

SECTION 023

IoT 무선통신 화재감지시스템

123 · 115회 출제

01 개요

(1) 과거 무선의 경우는 유선보다 신뢰성이 많이 떨어져 소방설비에 이용이 제한적이었던 것에 반해 최근 5G의 경우 다양한 정보를 끊김없이 신뢰성 있게 제공하고 사물인터넷이 발전함에 따라 소방도 관련 법규가 개정되고 있으며 무선을 이용한 각종 설비가 개발되고 있다.

(2) **무선통신 제품의 요구조건**

1) 배터리 용량의 극대화와 교체 주기의 알림이 있어야 한다.

2) 저전력의 장거리 통신을 가능하게 하는 낮은 주파수 대역 통신 기능을 구현(국내 소방 주파수 447[MHz])할 수 있어야 한다.

3) 음영지역이나 통신장애가 없어야 한다.

(3) NFPA 72에서는 무선(wireless)이라는 용어를 '저출력 무선(low power radio)'이란 용어로 사용한다.

(4) **자동화재탐지설비 및 시각경보장치의 화재안전기술기준(NFTC 203) 무선식의 정의**
전파에 의해 신호를 송 · 수신하는 방식을 말한다.

02 IoT 개념

(1) **기본 개념**

1) **사물인터넷(IoT : Internet of Things) :** 모든 사물이 인터넷에 연결되어 정보를 주고 받는 서비스

① 감지기술(센서)

② 유무선 네트워크

③ 빅데이터(정보를 수집, 분석)

2) **인공지능 :** 사고나 학습 등 인간이 가진 지적 능력을 컴퓨터를 통해 구현하는 기술

(2) **소방적용**
소방시설의 각종 정보를 인터넷으로 연결하여 내외부에서 확인하고 제어할 수 있고 자체적으로 학습을 통해 능동적인 대응도 가능하다.

03 무선통신 화재감지시스템 적용

(1) 문화재, 재래시장 등

소방시설 설치 시 시설물을 훼손시킬 우려가 있는 경우

(2) 배관배선 설치가 곤란한 경우

1) 장거리에 있는 대상물과 연계

2) 부식성 가스 등이 체류하는 장소로 배관 배선의 안전성을 훼손하는 경우

3) 시장 등 기존 건축물에 추가 설치하는 경우

(3) 비용 절감

소규모 시설

(4) 관리 수준의 향상

사물인터넷과 인공지능의 활용

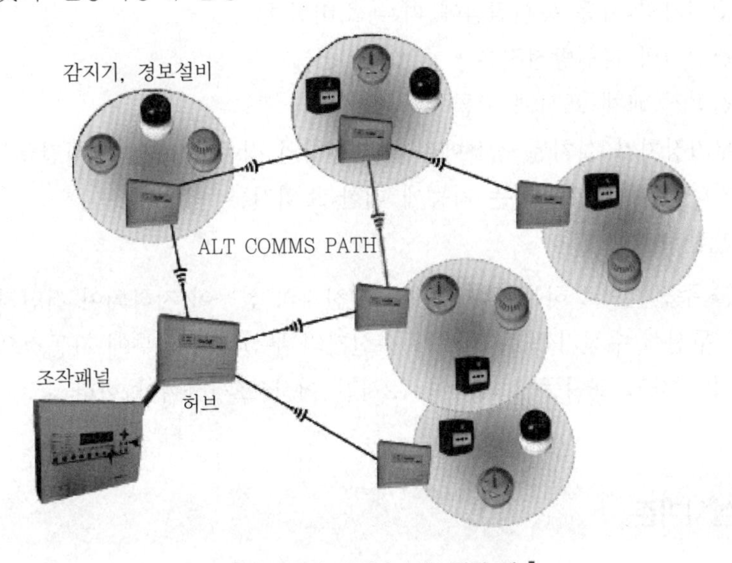

▌무선통신 화재감지시스템의 예▐

04 기술기준

(1) 무선식 감지기의 구조 및 기능

1) 전파에 의한 연동식 감지기 또는 감지기 · 중계기 · 수신기 간의 화재신호 · 화재정보신호는 「신고하지 아니하고 개설할 수 있는 무선국용 무선설비의 기술기준」 제7조(특정 소출력 무선국용 무선설비) 제3항의 도난, 화재경보장치 등의 안전시스템용 주파수를 적용하여야 한다.

2) 「전파법」 제58조의2(방송통신 기자재 등의 적합성 평가)에 적합하여야 한다.

(2) 화재신호

1) 감지기의 신호발생 주기 : 60초 이내마다 발신

2) 수동 복귀스위치에 의해 작동한 감지기는 정상상태로 복귀되어야 한다.

(3) 무선통신 점검신호를 수신하는 경우

무선식 수신기, 무선식 중계기, 간이형 수신기의 무선식 수신부 또는 무선식 중계부에 자동으로 확인신호를 발신하여야 한다.

(4) 건전지를 주전원으로 하는 감지기

1) 건전지 : 리튬전지 또는 이와 동등 이상의 지속적인 사용이 가능한 성능의 것

2) 건전지의 용량산정 시 고려사항

① 감시상태의 소비전류

② 수신기의 수동 통신점검에 따른 소비전류

③ 수신기의 자동 통신점검에 따른 소비전류

④ 건전지의 자연방전전류

⑤ 건전지 교체 표시에 따른 소비전류

⑥ 부가장치가 설치된 경우에는 부가장치의 작동에 따른 소비전류

⑦ 기타 전류를 소모하는 기능에 대한 소비전류

⑧ 안전 여유율

(5) 건전지를 주전원으로 하는 감지기에서 건전지의 성능이 저하되어 건전지의 교체가 필요한 경우 무선식 수신기 또는 간이형 수신기의 무선식 수신부에 자동적으로 해당 신호를 발신하여야 하고 표시등에 의하여 72시간 이상 표시하여야 한다.

05 설치기준

(1) 송신기는 수신기와 개별적으로 식별할 수 있어야 한다.

(2) 축전지

1) 사용기간 : 1년 이상

2) 추가적으로 7일 동안 비경보 작동 후 축전지 방전신호가 전송되어야 한다.

3) 방전신호

① 다른 신호와 구별되어야 하며 시각적으로 식별할 수 있어야 한다.

② 정지되는 경우 최소 4시간마다 자동으로 다시 경보를 해야 한다.

(3) 중대 고장(개방, 단락)

1) 수신기에 해당 무선 감지기를 식별하는 장애신호가 생성된다.

2) 정지되는 경우 최소 4시간마다 자동으로 다시 경보를 한다.

(4) 무선 송신기의 축전지 고장이 다른 무선 송신기에 영향을 미치지 않아야 한다.

(5) **경보신호**

1) 각 무선 송신기는 작동 시 경보신호를 자동으로 전송한다.

2) 각 무선 송신기의 기동장치가 비경보 상태로 복귀시간이 60초 이내 주기로 경보 전송을 자동반복한다.

3) 화재경보 신호의 우선성 : 기타 모든 신호에 우선한다.

4) 기동장치의 작동에서부터 수신기에 수신 및 표시 허용시간 : 10초

5) 무선 감지기에서 발신된 화재신호는 수동으로 재설정될 때까지 수신기에 시각적으로 기록(latch)되어야 하며 경보상태를 식별할 수 있어야 한다.

06 건전성 감시(NFPA 72 23.16.4 monitoring for integrity)

(1) **무선 송신기**

동시 전송의 오역 및 간섭에 대한 저항성이 큰 전송방식을 사용한다.

(2) **무선 송신기와 수신기, 감시제어반 간 단일고장 시 장애신호 생성시간** : 200초 이내

(3) **신호채널의 단일고장**

경보실호를 유발하지 않아야 한다.

(4) 무선 송신기 제거 시 영향을 받은 장치의 식별 감시신호를 즉각 전송해야 한다.

(5) **20초 이상 연속적으로 원치 않은 (간섭)전송이 수신되는 경우**

수신기 · 제어반에 음향 및 시각장애 지시가 생성되어야 한다.

(6) **수신기 · 제어반의 출력신호, 수신기 · 제어반이 무선수단을 통한 통보장치와 계전기와 같은 원격장치를 작동하는 데 사용되는 경우 원격장치의 충족요건**

1) 전원은 무선 송신기와 수신기, 감시제어반 간 단일고장 시 장애신호 생성시간 : 200초 이내

2) 건전성 감시요건을 적용한다.

3) 기동장치의 작동에서부터 요구 경보기능의 작동까지 허용되는 반응지연 : 10초 이내

4) 각 수신기 · 제어반은 60초 이내의 주기로 또는 출력장치가 경보신호를 수신하였음이 확인될 때까지 경보전송을 자동반복한다.

5) 장치는 수신기 · 제어반에서 수동으로 재설정될 때까지 계속해서 작동상태를 시각적으로 표현한다.

07 무선통신 화재감지시스템의 과제

(1) 예비전원의 효율적 사용

1) 감지방식 : 60초 이내(10초 이내 권장)
2) MCU(microcontroller unit) 전원의 최소화 : 감지시스템과 동일한 기준으로 Sleep모드와 Wake모드로 전환하여 에너지 소모를 최소화한다.

MCU(microcontroller unit) : 기기 등의 조작이나 프로세스를 제어하는 역할을 수행하는 집적회로(IC)

(2) 비화재보의 저감기술

1) 비화재보를 줄이기 위한 이중 격벽 암실구조 설계 : 연기와 먼지가 구분되어 암실 내부로는 연기만 쉽게 들어가고 먼지는 아래로 가라앉으며 암실 내부로 들어간 먼지도 침착이 되지 않는 적절한 유속을 유지시키므로 비화재보가 감소된다.
2) 환경오염 자동보정 알고리즘 구현을 통한 비화재보 저감기술 : 피드백을 이용한다.
3) 나선형 안테나(helical antenna) 설계 기술 : 임피던스를 매칭시켜 원하는 주파수에서 최적의 공진이 될 수 있는 설계와 설계툴을 이용한다.
   ① 감지기 안테나가 외부 노출 시 디자인의 제약, 제조원가 상승, 관리상의 문제가 발생한다.
   ② PCB 패턴으로 안테나를 설계한다.

PCB(Printed Circuit Board) : 인쇄회로기판으로 구리배선이 가늘게 인쇄된 판으로 반도체, 콘덴서, 저항기 등 각종 부품을 끼울 수 있도록 되어 있어 부품 상호 간을 연결시키는 구실을 하는 전자부품이다.

   ③ 설계된 안테나의 성능 시뮬레이션 및 디버깅 수행, 시제품 제작 및 측정을 한다.

(3) 시스템 통합

1) 통신 프로토콜, API 및 애플리케이션 어댑터와 같은 소프트웨어, 도구 및 기술 등의 통합이 필요하다.
2) 데이터, 프로세서, 엔터프라이즈 애플리케이션 및 IoT 시스템 통합이 요구된다.

(4) 데이터 분석

1) 센서로부터 들어오는 상황별 데이터의 스트리밍 처리가 필요하다.

스트리밍(streaming) : 네트워크를 통해 데이터, 특히 오디오나 비디오 같은 미디어를 실시간으로 받아오는 기법

2) 데이터의 모니터링, 지표 파악, 패턴 추적 및 자산 사용 최적화 등에 대한 분석이 필요하다.
3) 룰 엔진, 이벤트 스트리밍 처리, 데이터 시각화 및 기계학습 등 다양한 기술의 적용이 필요하다.

룰 엔진(rule engine) : 룰(rule : 규칙, 즉 로직)을 별도로 저장해두고 프로그램에서 룰을 가져다 쓸 수 있도록 해 주는 기능을 제공한다. 로직이 변경되는 경우에는 프로그램을 변경할 필요 없이 룰 엔진을 통해서 룰만 변경해주면 된다.

(5) 보안

1) IoT 솔루션 데이터의 프라이버시 및 보안 위해 예방, 탐색 및 수정 제어와 조치의 설정 및 실행이 필요하다.
2) 핵심 보안기술 개발이 필요하다.

(6) 머신러닝, 딥러닝을 통한 오동작 방지

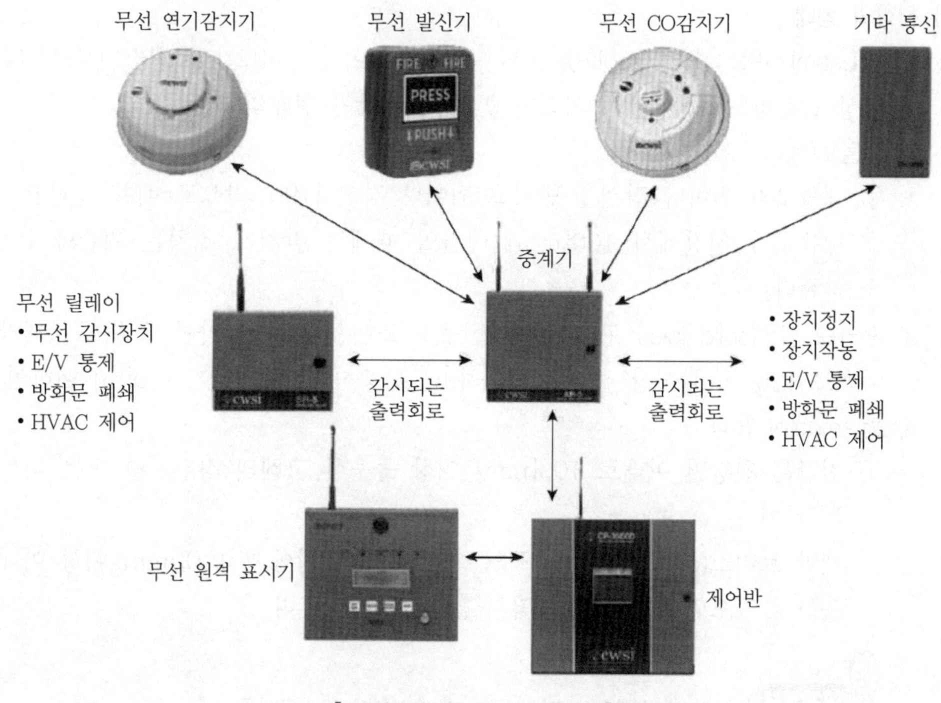

▌무선통신 화재감지시스템[35] ▌

35) 2016 National Fire Alarm and Signaling Code Handbook

SECTION 024

NFPA 72 감지기 설치기준

01 개요

(1) 국내의 화재감지기 설치기준은 바닥면적당으로 설치하므로 감지기의 설치위치가 설치의 용이성에 따라 편측에 치우쳐서 설치되는 경우가 있다.

(2) 편측으로 치우치는 경우 화재감지에 영향을 미쳐 효율적인 감시가 곤란하다.

(3) NFPA 72의 경우는 스프링클러와 유사하게 설치간격별로 설치하고 살수반경과 유사한 감지반경을 두어 설치하므로 보다 효율적으로 감시할 수 있게 규정하고 있다.

(4) **천장의 형태**

1) **빔(beam) 구조** : 솔리드(solid) 구조나 구조체가 아닌 솔리드가 천장면 하부로 100[mm] 이상 돌출하고 중심 간의 거리가 0.9[m] 이상인 형태의 천장

2) 대들보(girder)

① 대들보가 빔이나 장선을 받치고 빔이나 장선과 90° 각으로 배치한 천장

② 대들보가 천장에서 100[mm] 미만일 때에는 감지기 위치는 기준에서 변하지 않는다.

3) **솔리드 장선(solid joist) 구조** : 솔리드 구조 또는 구조체가 아닌 솔리드 부재가 천장 아래로 100[mm] 이상 하부로 돌출하고 그 중심 간의 거리가 0.9[m] 이하인 천장

4) **평(smooth) 천장**

① 천장은 천장면 아래로 100[mm] 이상 돌출한 고체의 장선, 빔 또는 덕트가 없는 것이다.

② 개방 트러스(open truss) 구조는 상현재가 천장에서 100[mm] 이상 아래로 돌출하지 않으면 화재기류를 막지 않는 것으로 본다.

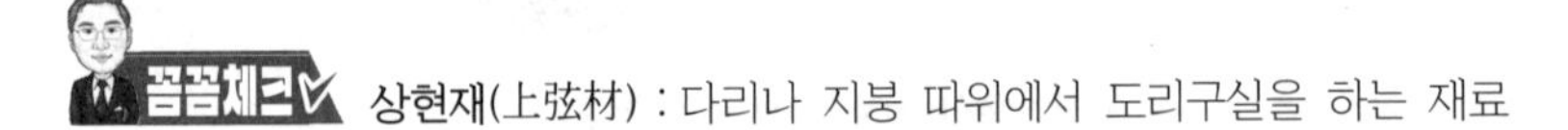

상현재(上弦材) : 다리나 지붕 따위에서 도리구실을 하는 재료

02 NFPA 72의 열감지기 설치규정

(1) 열감지기의 배치방법

1) 칸막이 공간에 감지기(연기감지기와 공통)(17.6.3.1.1*)

구분	배치방법	의미
칸막이가 천장높이의 15[%] 이하에 위치하는 경우(칸막이가 높게 설치된 경우)	천장높이의 상부 15[%] 이하에 이르는 모든 벽이나 칸막이로부터 직각으로 측정된 등록간격(listed spacing)의 $\frac{1}{2}$ 거리 내에 감지기가 위치함(플럼의 높이 10[%] 이내 + 5[%] 안전계수)	칸막이가 실의 85[%] 이상의 높이로 확장된 경우는 화재 시 발생하는 천장 열기류의 흐름을 방해할 수 있으므로 별도의 경계구역이 됨
칸막이가 천장높이의 15[%] 초과에 위치하는 경우(칸막이가 낮게 설치된 경우)	칸막이로 분리된 각 지역 : 칸막이는 무시하고 감지기를 배치함	화재 시 발생하는 천장 열기류에 의해 감지기의 감지장애가 없으므로 칸막이로 분리된 공간들을 동일한 경계구역으로 간주함

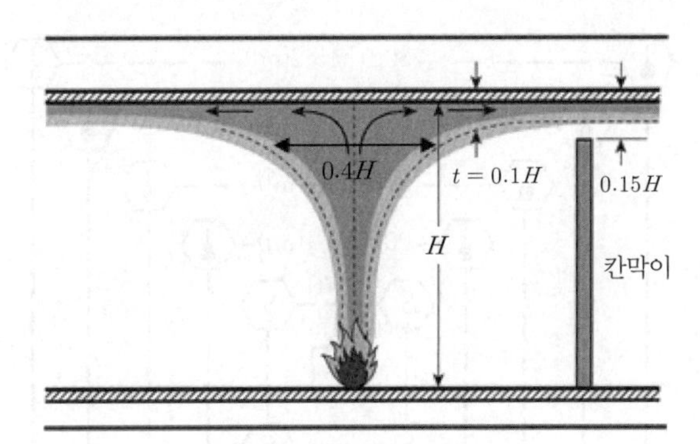

▌칸막이와 열기류의 흐름▐

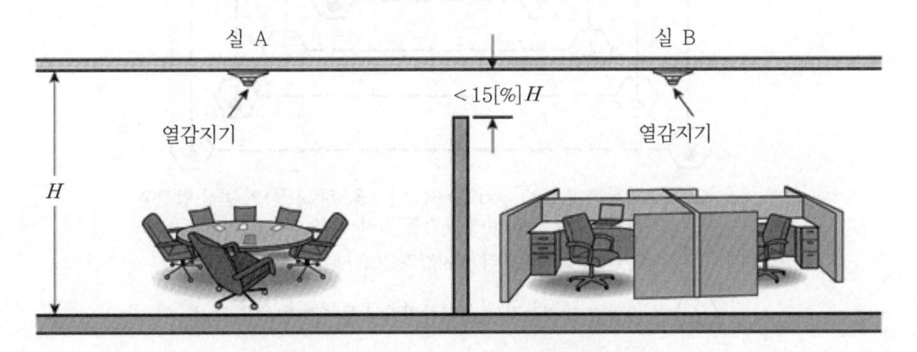

▌칸막이가 설치된 경우의 감지기 설치 예[36]▐

36) National Fire Alarm and Signaling Code Handbook 2019 EXHIBIT 17.25 p.392

2) **등록간격(S)** : 2분±10초 내에 시험용 스프링클러헤드를 작동시킨 동일한 화재를 감지할 수 있는 거리(A.17.6.3.1.1 ; Annex A, B는 NFPA 문서의 요건들이 아니라 참고 목적)

① 71.1[℃](160[℉])의 스프링클러헤드를 설치한다.

② 층고가 4.8[m]이고 3.1[m] × 3.1[m]의 정방형으로 배열된 스프링클러헤드 중앙에 시험화재를 설치한다.

③ 시험화재의 중심선을 스프링클러헤드로부터 2.2[m]의 거리에 둔다.

④ 감지기는 시험화재 둘레를 중심으로 한 정방형 배열로 장착한다.

⑤ 시험화재는 바닥으로부터 0.9[m]에 위치시키고 1,200[kW]를 생성할 수 있는 190시험(변성알코올 시험)을 준비한다.

⑥ 시험화재 온도곡선 상에 2분 ± 10초에 스프링클러가 동작될 수 있도록 조정한다.

예 15.2[m] × 15.2[m] 배열로 설치된 열감지기는 스프링클러가 작동하기 직전에 시험화재에 반응하는 경우 15.2[m]의 등록간격(S)을 얻게 된다.

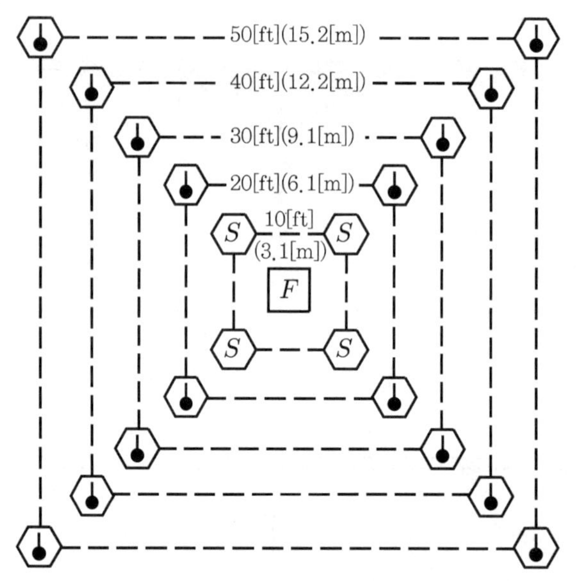

F = 시험화재, 190proof(95[%] 알코올, 5[%] 물)의 변성 알코올 바닥 위 약 0.9[m]에 용기를 위치

(S) = 3.1[m] 스프링클러 설치간격을 표시

= 다양한 일정간격에서 열감지기의 등록간격(S)을 표시

▌시험화재에 의한 감지기 배열[37] ▌

37) National Fire Alarm and Signaling Code Handbook 2019 FIGURE A.17.6.3.1.1(c) p.394

▌스포트형 열감지기의 시험간격[38] ▌

등록간격 S[m]	화재로부터 감지기 간 최대 등록간격 $0.7S$[m]
15.2×15.2	10.7
12.2×12.2	8.5
9.1×9.1	6.4
7.6×7.6	5.3
6.1×6.1	4.3
4.6×4.6	3.2

3) 천장의 모든 지점은 등록간격의 0.7배($0.7S$) 이하인 거리 내에 감지기를 설치한다(17.6.3.1.1*).

등록간격의 0.7배인 이유 : 평평한 천장의 경우 열기류는 지속적으로 원의 형태로 확산한다. 따라서, 감지기의 감지범위는 실제로는 정방향이 아니라 원형이면 원의 반지름(r)은 등록간격×0.7이 된다.

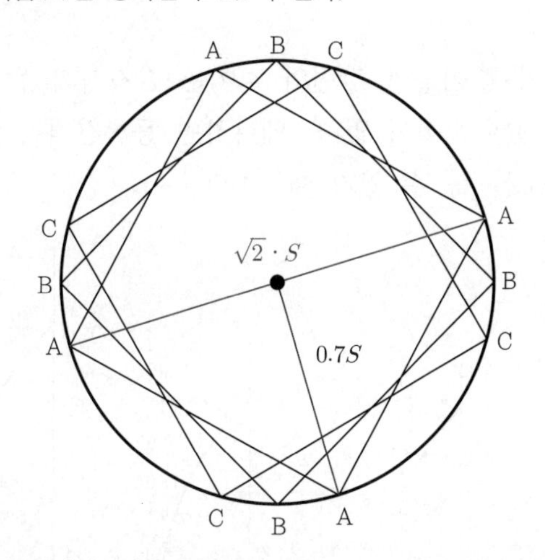

▌반경이 0.7×등록간격(S)인 원의 경계에 그려진 모든 정사각형을 포용하는 감지기[39] ▌

38) National Fire Alarm and Signaling Code Handbook 2019 TABLE A.17.6.3.1.1 p.393
39) National Fire Alarm and Signaling Code Handbook 2019 FIGURE A.17.6.3.1.1(d) p.394

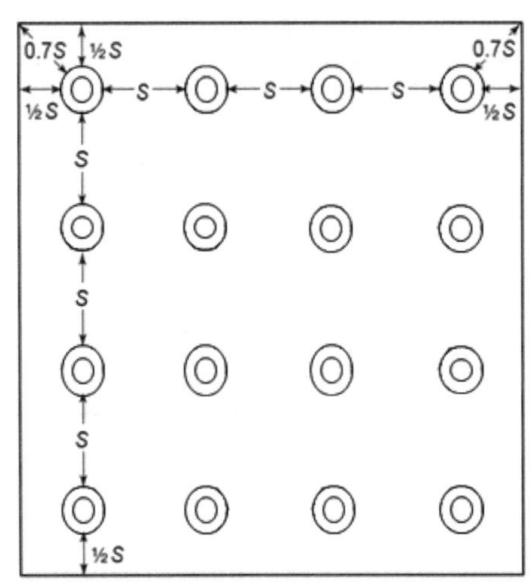

▌열감지기 스포트형 설치 예▐

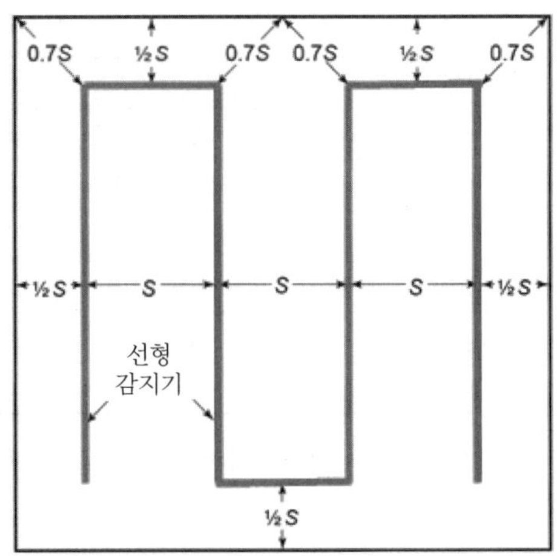

S : 감지선형 감지기 간격

▌감지선형 감지기 설치 예▐

4) 설치원칙

① 단변의 길이가 줄어들면 장변의 길이는 감지기의 등록간격을 넘어서 설치하여도 감지효율에는 손실이 없다. 왜냐하면 등록간격이 줄어든다고 해서 감지면적이 줄어든다고는 볼 수 없기 때문이다.

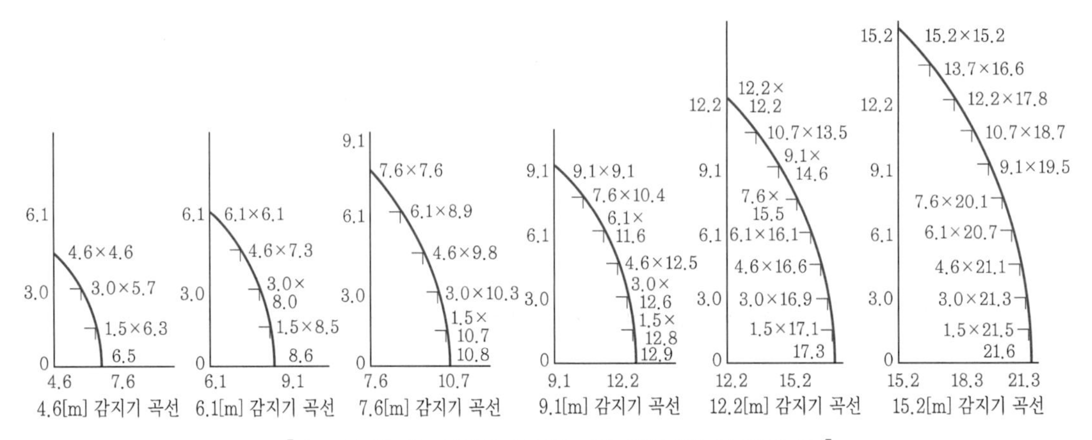

▌6 ~ 15.2[m]의 감지기 곡선에 대한 일반적인 직사각형[40]▐

40) National Fire Alarm and Signaling Code Handbook 2019 FIGURE A.17.6.3.1.1(f) p.395

② 단일 감지기가 원 내에 해당되는 모든 지역을 감지할 수 있다. 직사각형의 경우 대각선이 원의 직경을 초과하지 않은 한, 1개의 적정한 감지기의 설치위치로 허용된다. 따라서, 좁은 방이나 복도의 경우는 설치 시 편익을 보게 된다.

의미

① 포용면적 84[m^2] 미만이기 때문에 감지효율성에는 손실이 없다.

② 주어진 직사각형의 치수를 초과하는 지역은 감지기를 추가해야 한다.

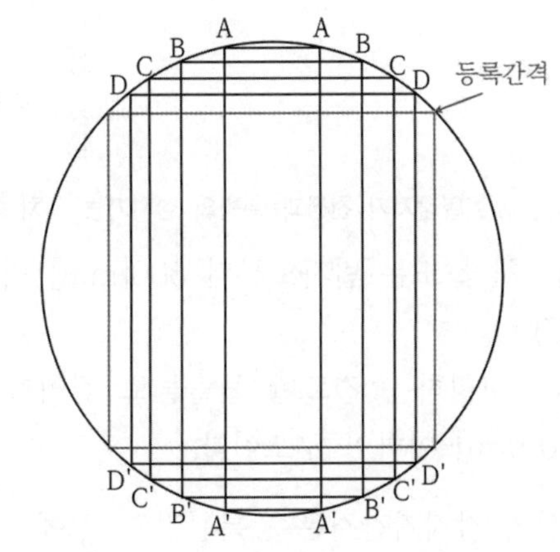

직사각형

A = 10[ft]×41[ft] = 410[ft^2](3.1[m]×12.5[m] = 38[m^2])

B = 15[ft]×39[ft] = 585[ft^2](4.6[m]×11.9[m] = 54[m^2])

C = 20[ft]×37[ft] = 740[ft^2](5.1[m]×11.3[m] = 69[m^2])

D = 25[ft]×34[ft] = 850[ft^2](7.6[m]×10.4[m] = 79[m^2])

열감지기 등록간격 = 30[ft]×30[ft] = 900[ft^2](9.1[m]× 9.1[m] = 84[m^2])

▎열감지기 등록간격[41] ▎

연기감지기는 등록간격이 없다. 제조자의 사양과 이 그림을 이용하여 배치한다.

5) 측벽에서 거리

① 스포트형(17.6.3.1.3)

㉠ 화재감지기는 측벽으로부터 100[mm] 이상 이격(연기감지기는 제외하고, CFD 등의 결과에 영향을 미치지 않는다고 판단)한다.

㉡ 천장으로부터 100 ~ 300[mm] 사이의 측벽에 위치한다.

41) National Fire Alarm and Signaling Code Handbook 2019 FIGURE A.17.6.3.1.1(g) p.396

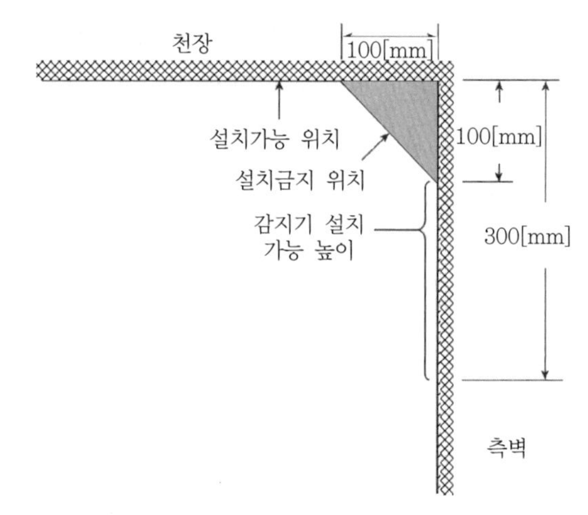

▌열감지기 천장과 측벽의 설치가능 위치▐

② 선형 열감지기 : 천장 또는 반자로부터 500[mm] 미만인 측벽에 위치한다.

6) 장선구조(17.6.3.2*)

① 정의 : 천장에서 하향하는 견고한 돌출물로 깊이가 100[mm] 이상이고 중심에서의 간격은 0.9[m] 이하인 구조이다.

② 설치기준 : 장선의 감지기간격은 등록간격의 $\frac{1}{2}$에 위치하도록 설치한다.

③ 설치위치 : 감지기는 장선의 아래에 설치(장선은 깊이가 0.1[m]로 얇아 아래에 설치할 때도 천장 열기류 내에 위치하기 때문의 아래에 배치하고 빔은 천장 열기류를 벗어날 수 있어서 내부에 주로 설치함)한다.

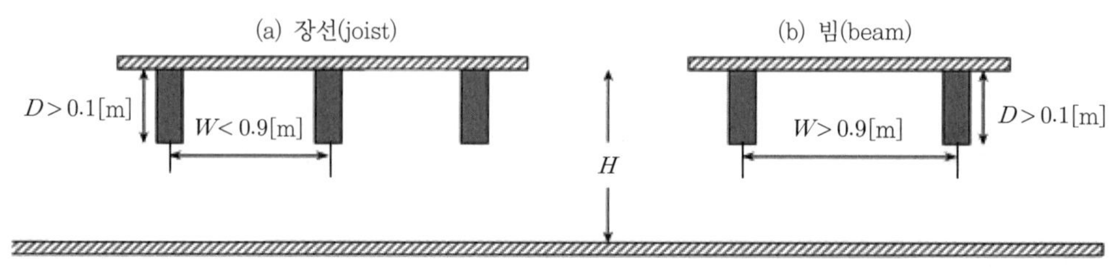

▌장선과 빔의 비교▐

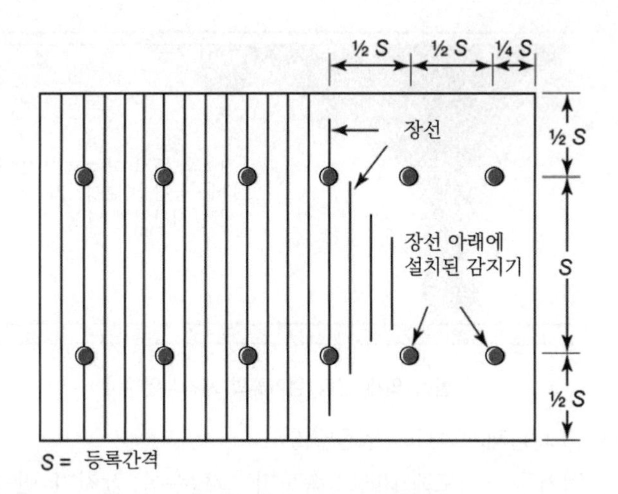

▌장선에서 열감지기 설치▐

④ 장선 · 빔의 감지기 간격 비교표

감지기	구조	감지기 간격
열감지기	장선	$\frac{1}{2}S$
	빔	$\frac{2}{3}S$
연기감지기	장선	$\frac{1}{2}S(W < 0.4H)$
	빔	

7) 빔 구조(beam construction)(17.6.3.3*)

① 정의 : 천장에서 하향하는 견고한 돌출물로 깊이가 0.1[m] 이상이고 중심에서 간격은 0.9[m] 초과하는 구조이다.

② 빔이 있는 지역에서 감지기의 위치는 빔의 깊이와 중심 간 간격에 따라 감지기 설치가 달라진다.

③ 빔은 천장 열기류의 흐름을 방해하는 채우고 넘기(fill-and-spill)가 발생한다.

㉠ 채우고 넘기(fill-and-spill)가 발생할 수 있는 빔은 별도의 공간으로 취급한다.

㉡ 빔과 빔의 중심거리 2.4[m] 이상, 깊이 460[mm] 이상인 공간이 별도의 공간이다.

꼼꼼체크 Fill-and-spill : 천장 열기류가 빔으로 둘러쌓인 공간에 채우고 흘러가기 때문에 일반 평천장에 비해 감지시간 지연이 발생한다.

▎빔에 의해 천장 열기류의 시간지연[42] ▎

④ 플럼에서부터 감지기까지의 열전달률

㉠ 천장 열기류의 속도에 비례 : 속도가 느릴수록 감지기 반응도 감소한다.

㉡ 성능확보를 위해서는 빔에 수직인 방향의 감지기 수평간격을 축소하여 줄어든 천장 열기류의 느려진 속도를 보상하여야 한다.

⑤ 설치기준(17.6.3.3.1)

빔의 길이	설치기준
100[mm] 이하	일반적인 평평한 천장으로 취급하여 설치한다.
100[mm] 초과	등록간격의 $\frac{2}{3}$의 이내의 거리에 감지기를 설치한다.
460[mm] 초과 + 빔의 중심 간 거리 2.4[m] 초과	빔에 의해 형성된 구역이 독립된 구역을 취급한다.

⑥ 참고기준(A.17.6.3.3)

㉠ $D>0.1H$ and $W>0.4H$: 열감지기는 빔과 빔의 사이 공간에 설치한다.

㉡ $D<0.1H$ or $W<0.4H$: 열감지기는 빔의 하단에 설치가 가능하다.

여기서, D : 빔의 깊이
H : 천장높이
W : 빔의 간격

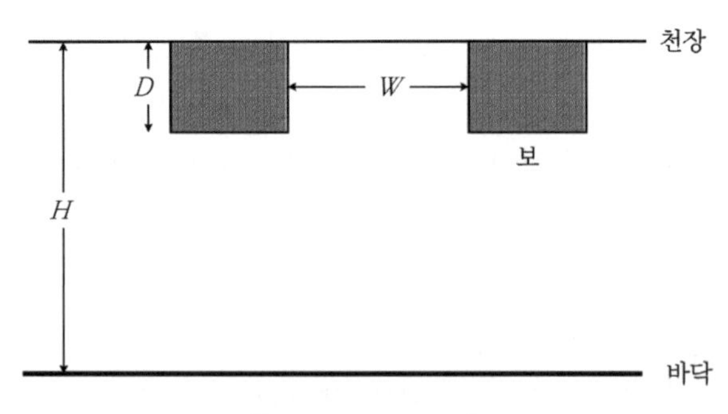

▎구획실의 빔배치 ▎

42) National Fire Alarm and Signaling Code Handbook 2019 EXHIBIT 17.28 p.402

⑦ 설치위치

㉠ 빔의 깊이가 300[mm] 미만이고 중심 간 거리가 2.4[m] 미만인 경우에 빔의 하단에 감지기 설치가 가능하다.

㉡ 그 외에는 빔과 빔의 사이 공간에 설치한다.

8) 경사천장(17.6.3.4*)

① 정의 : 경사도가 $\frac{1}{8}$을 초과하는 천장

② 위험성 : 천장 열기류가 부력으로 인해 천장면을 따라 이동이 가속되기 때문에 경사에 따라 설치하는 감지기 간격은 늘어날 수 있다. 천장에서 아래로 수평투영면적을 바탕으로 하는 간격은 평평한 천장과 동일하다.

③ 간격

㉠ 경사도가 30도 미만인 경우 : 모든 감지기 간격의 결정은 최고 높이를 사용한다.

㉡ 경사도가 30도 이상인 경우 : 최고 높이에 있는 감지기를 제외한 모든 감지기의 간격은 평균경사 높이나 최고의 높이를 사용한다.

㉢ 간격 : 천장의 수평투영면이 기준이다.

예 설계간격이 9.1[m]이고 경사도가 30인 경우의 간격= $\frac{9.1}{\cos 30°}$ =10.5[m]

④ 배치

㉠ 천장의 최고 높이 또는 천장 최고 높이의 910[mm] 내에 일렬의 감지기를 설치한다.

㉡ 그다음 수평투영면을 기준으로 감지기를 설치한다.

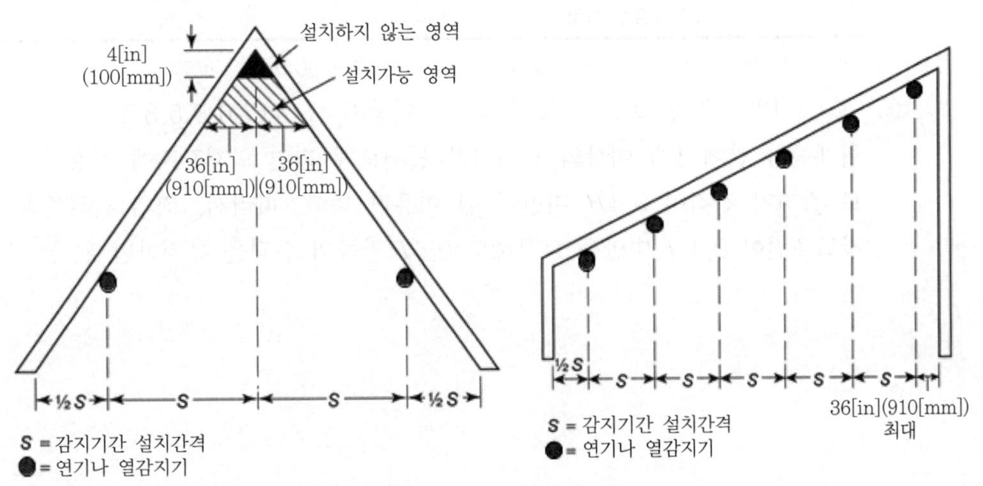

▌경사천장에 연기나 열감지기의 배치기준[43]▐

43) National Fire Alarm and Signaling Code Handbook 2019 FIGURE A.17.6.3.4(a), FIGURE A.17.6.3.4(b) p.403

9) 높은 천장(17.6.3.5)

① 개념

㉠ 열감지기의 반응속도

- 천장 열기류의 온도와 이동속도에 의해 결정된다.
- 온도와 이동속도가 높으면 높을수록 감지기의 반응속도는 증가한다.

㉡ 화재플럼은 상승할수록 신선한 공기의 유입으로 인해 체적팽창과 냉각을 하게 된다.

㉢ 천장이 높을수록 열감지기의 반응속도가 감소하므로 설치간격이 축소한다.

② 천장높이가 10 ~ 30[ft](3.0 ~ 9.1[m])인 경우 열감지기 설치간격은 장선, 빔 또는 경사를 감안한 간격 축소 전에 아래의 표에 따라 간격이 축소되어야 한다.

▌천장높이에 따른 열감지기 간격축소▐

천장의 높이[m]	설치간격의 감소율(등록간격×감소율)
0 ~ 3 이하	1
3 ~ 3.7 이하	0.91
3.7 ~ 4.3 이하	0.84
4.3 ~ 4.9 이하	0.77
4.9 ~ 5.5 이하	0.71
5.5 ~ 6.1 이하	0.64
6.1 ~ 6.7 이하	0.58
6.7 ~ 7.3 이하	0.52
7.3 ~ 7.9 이하	0.46
7.9 ~ 8.5 이하	0.40
8.5 ~ 9.1 이하	0.34

[비고] 감지선형 감지기, 차동식 분포형 감지기는 제조자의 설계지침을 따른다.

③ 열감지기의 최소 간격 : 천장높이 × 0.4 이상($0.4H$)(17.6.3.5.3*)

화재플럼 안에 1개 이상의 감지기가 들어오게 되면 화재감지에 지장이 없으므로 감지기 간격이 $0.4H$ 미만이 될 이유가 없다. 따라서, 위의 간격축소 등의 강화조건이 $0.4H$ 미만을 요구해도 $0.4H$만큼의 간격을 유지하면 된다.

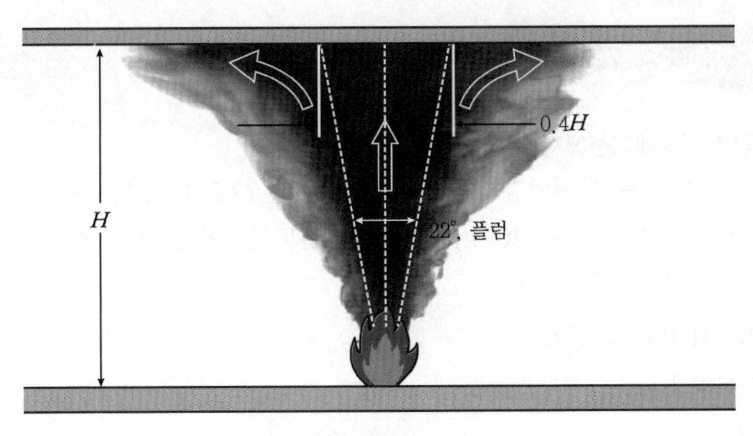

▌화재 시 플럼44) ▌

10) 복합 열감지기
① 연기감지기 센서가 포함된 감지기는 50[ft](15.2[m]) 이상인 등록간격만 인정한다.
② 일반적인 연기감지기의 간격이 30[ft](9.1[m])이므로 화재조기감지를 위해서 열감지기의 능력도 등록간격이 50[ft](15.2[m]) 이상인 감지기만 인정한다.

(2) 등록간격의 결정요소

1) 화재규모
2) 화재성장속도
3) 주위온도
4) 천장높이
5) 반응시간지수(RTI)

(3) 표시사항

1) 열감지기는 등록작동온도를 표시한다(17.6.2.2.2.1).
2) 작동온도를 현장에서 조정할 수 있는 열감지기는 정격온도를 표시한다(17.6.2.2.2.2).
3) 스포트형 열감지기는 RTI를 표시한다(17.6.2.2.2.3).

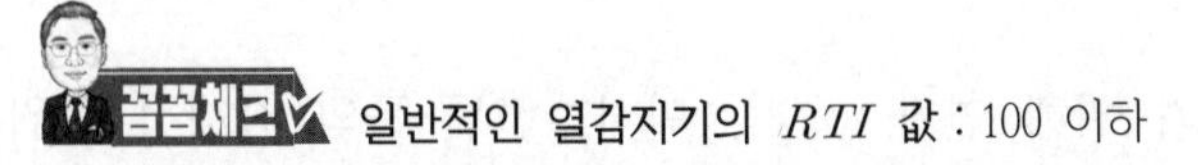

일반적인 열감지기의 RTI 값 : 100 이하

4) 정온식 또는 보상식 스포트형 열감지기는 규정에 따른 색상코드를 표시한다.

(4) 정온식 또는 보상식 감지기의 정격온도

최소 천장의 예상 최대 온도보다 20[℉](11[℃]) 이상이다(17.6.2.3.2).

44) National Fire Alarm and Signaling Code Handbook 2019 EXHIBIT 17.29 p.407

03 NFPA 72의 연기감지기 설치규정 115회 출제

(1) 컴퓨터 시뮬레이션에서 연기감지기 가정

1) 컴퓨터 모델은 연기감지기를 아주 민감한(RTI=1) 열감지기로서 모델화하고 있다.
2) 모델은 일반적으로 20[℉](13[℃])의 온도상승이 발생할 때 연기감지기가 작동한다는 가정을 하고 있다.

(2) 연기감지기의 설치간격

30[ft](9.1[m])

연기감지기의 설치간격은 시험실의 크기와 오랜 경험에 의해 도출된 결과이다.

(3) 적용 대상

일반 실내장소(ordinary indoor locations)

(4) 연기감지기 설치 제외 대상

1) 온도가 32[℉](0[℃]) 미만인 장소
2) 온도가 100[℉](38[℃]) 초과하는 장소
3) 상대습도를 93[%] 초과하는 장소
4) 풍속이 300[ft/min](1.5[m/sec])를 초과하는 장소

(5) 연기감지기 작동에 영향을 미치는 조건

감지기의 종류	풍속 >300[ft/min] (>91.44[m/min])	고도 >300[ft] (>91.44[m])	습도 >93[%] RH	온도 37[℉]< >100[℉] (0[℃]< >37.8[℃])	연기색상
이온화식	○	○	○	○	×
광전식	×	×	○	○	○
광전식 분리형	×	×	○	○	×
공기흡입형	×	×	○	○	×

[비고] × : 영향을 미치지 않음, ○ : 영향을 미칠 수도 있음

(6) 연기감지기의 위치

1) 비화재경보를 최소화하기 위해 연기, 습기, 먼지, 연무 등의 잠재적 주위 발생원에 대한 평가를 바탕으로 해야 한다.
2) 전기적 및 기계적 영향과 방호공간에서 발견되는 에어로졸 및 입자상 물질에 의해 영향을 받을 수 있으므로 영향이 최소화될 수 있도록 해야 한다.

(7) 훈소화재, 소형 화재, 단층화의 기능성이 존재하는 경우

1) 천장 아래에 감지기의 일부를 설치하는 것을 고려한다.

2) 단층화 발생원인

① 화재가 아주 소형(<10[kW], 소형 휴지통 화재)

② 바닥-천장 온도 차이가 상대적으로 클 때

③ HVAC 설비(온도구배)

(8) 천장이 높은 지역의 경우

광전식 분리형 또는 공기흡입형 감지기를 각기 다른 높이에 설치하는 것을 고려한다.

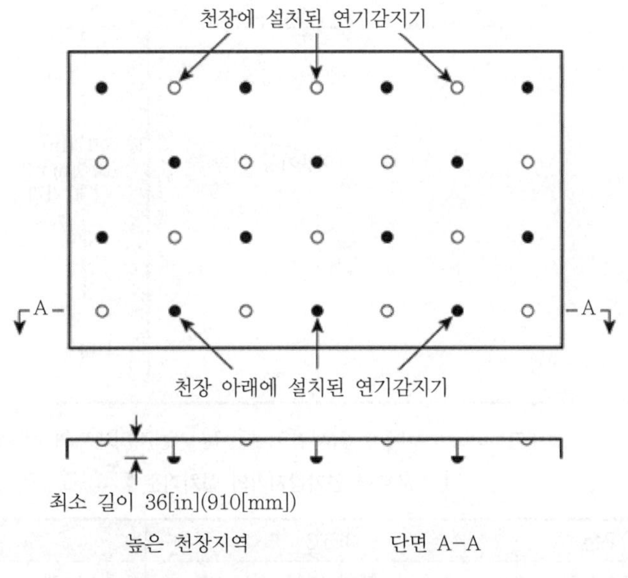

▌높은 천장지역의 연기감지기 2중 설치의 예▐

(9) 공사 중 연기감지기 설치금지

1) 청소작업이 완료 후에 설치한다.

2) 부득이한 경우는 보호커버를 설치한다.

(10) 감도

1) 연기감지기 등록 : 공칭 제작 감도 및 피트당 불투명도율을 표시한다.

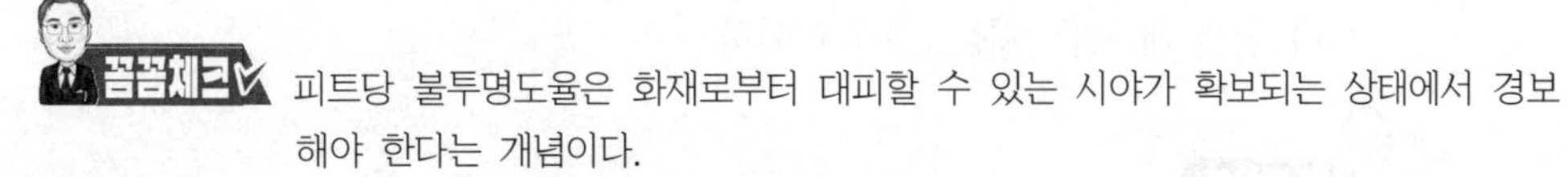

꼼꼼체크 피트당 불투명도율은 화재로부터 대피할 수 있는 시야가 확보되는 상태에서 경보해야 한다는 개념이다.

2) 감도를 현장에서 조정할 수 있는 연기감지기의 조정범위 : 피트당 0.6[%] 이상의 불투명도율

3) 감도조정기능이 있는 연기감지기 : 복구기능을 보유해야 한다.

4) 프로그램 감도조정 기능이 있는 감지기 : 감도조정 범위를 표시한다.

(11) **위치와 간격**

1) 스포트형 감지기

① 정비나 점검이 가능하지 않은 높은 천장이나 아트리움의 경우 : 광전식 분리형이나 공기흡입형 감지기는 접근이 허용될 수 있는 경우 설치를 고려한다.

② 설치높이 : 천장과 천장 아래 감지기 상단까지 12[in](300[mm]) 사이에 설치한다.

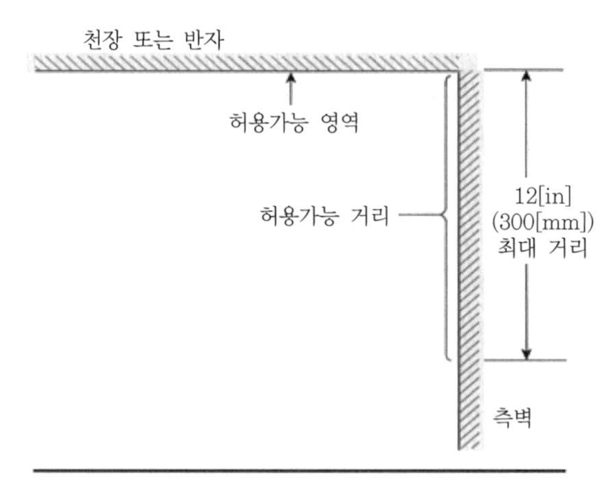

[비고] 나타난 치수는 감지기의 최근접 가장자리까지의 치수이다.

▎스포트형 연기감지기의 설치기준 ▎

구분	NFTC	NFPA
열감지기	제한 없음	벽에서 10[cm] 이상 이격
연기감지기	벽 또는 보에서 60[cm] 이상 이격	제한 없음

③ 반자 내에 설치된 감지기 : 먼지의 유입을 방지하기 위해 등록된 방향으로 설치한다.

④ 평평한 천장

㉠ 설치간격(S) : 30[ft](9.1[m]) 이하

㉡ 천장높이(H)의 15[%] 이내에 설치된 벽이나 칸막이 : $\frac{1}{2}S$ 이하

㉢ 천장 내 모든 지점 : $0.7S$ 이하

꼼꼼체크 **설치간격 오차규정** : 2 ~ 3[ft](0.61 ~ 0.91[m]) 정도의 연기감지기 간격의 차이는 영향을 주지 않으니 오차를 인정한다.

⑤ 평평한 천장에 빔이 설치된 경우

㉠ 빔의 깊이가 천장높이의 10[%](0.1H) 미만인 경우(천장 열기류 10[%])

- 설치간격 : 평평한 천장의 기준을 적용한다.
- 설치위치 : 천장이나 빔 아래에 설치한다.

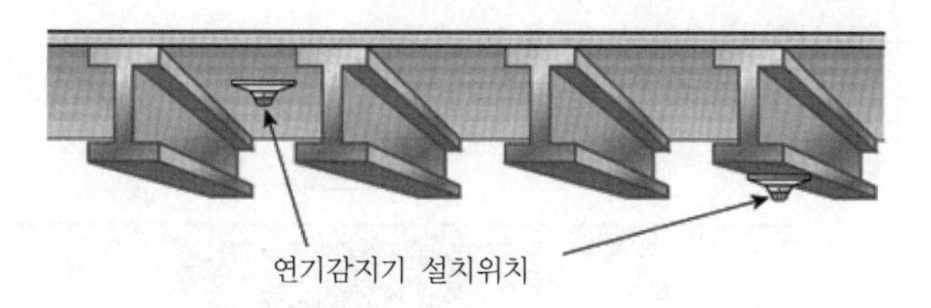

㉡ 빔의 깊이가 천장높이의 10[%](0.1H) 이상인 경우

- 빔 간격이 천장높이의 40[%](0.4H) 이상인 경우 : 감지기는 각각의 빔으로 구획된 공간 천장에 위치한다.

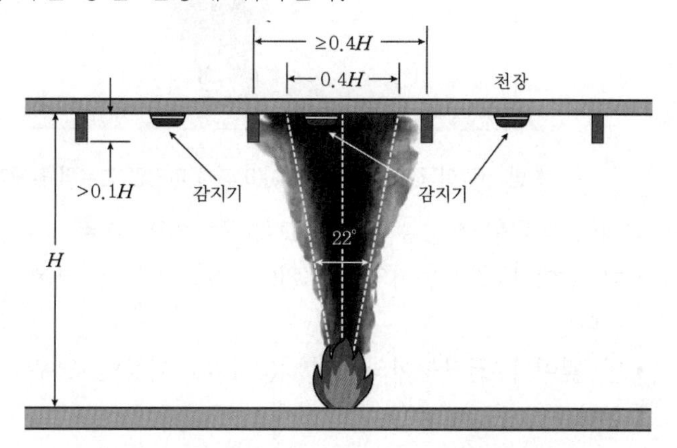

▎빔 간격이 천장높이의 40[%](0.4H) 이상인 경우의 감지기 설치▎

빔의 깊이가 천장높이의 10[%](0.1H) 이상이고 빔 간격이 천장높이의 40[%](0.4H) 이상인 경우 : 연기가 빔과 빔 사이의 공간을 채우고 흘러가는(fill-and-spill) 현상이 일어나므로 빔과 빔 사이에 감지기를 설치해야 한다.

- 빔 간격이 천장높이의 40[%](0.4H) 미만인 경우
  - 설치간격

구분	감지기 설치간격
방향이 빔과 평행인 경우	평평한 천장간격(S)
방향이 빔과 수직인 경우	평평한 천장간격의 $\frac{1}{2}S$

– 설치위치 : 천장 또는 빔의 하단

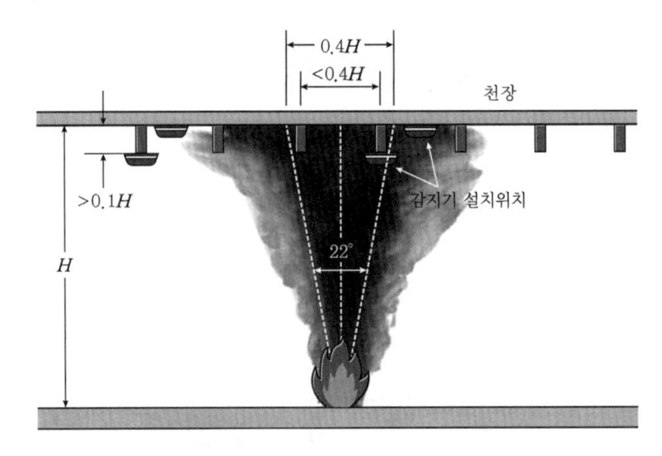

▌빔 간격이 천장높이의 40[%](0.4H) 미만인 경우의 감지기 설치 ▌

ⓒ 격자형, 우물형 천장을 포함한 교차하는 빔의 경우
- 빔 깊이가 천장높이의 10[%](0.1H) 미만인 경우 : 상기 '㉠'에 따라 설치한다.
- 빔 깊이가 천장높이의 10[%](0.1H) 이상인 경우 : 상기 '㉡'에 따라 설치한다.

ⓓ 폭이 15[ft](4.6[m]) 이하인 복도에 빔이나 장선이 있는 경우
- 설치간격 : 평평한 천장간격(S)
- 설치위치 : 천장, 측벽, 빔이나 장선 하단에 설치한다.

ⓔ 설치면적이 900[ft^2](84[m^2]) 이하인 방의 경우
- 설치간격 : 평평한 천장간격(S)
- 설치위치 : 천장, 빔 하단에 설치한다.

⑥ 경사천장에 빔이 평행하게 설치된 경우

㉠ 설치위치 : 천장의 빔으로 구획된 공간 내에 설치한다.

㉡ 천장높이 : 경사변의 평균높이

㉢ 설치간격 : 천장의 수평투영면을 기준으로 한다.

㉣ 빔으로 구획된 공간의 설치간격 : 평평한 천장간격(S)

㉤ 천장높이(H)와 빔 깊이에 따른 설치기준

천장높이(H)와 빔 깊이	설치기준
10[%](0.1H) 이하	감지기는 빔과 수직인 평평한 천장간격(S)
10[%](0.1H) 초과	빔으로 구획된 공간에 설치
	감지기 간격은 $\frac{1}{2}S$로 설치

⑦ 경사천장에 빔이 수직으로 설치된 경우와 교차하는 빔이 있는 경우
㉠ 설치위치 : 빔의 하단
㉡ 천장높이 : 경사변의 평균높이
㉢ 설치간격 : 천장의 수평투영면을 기준으로 한다.
㉣ 빔으로 구획된 공간의 설치간격 : 평평한 천장간격(S)
㉤ 천장높이(H)와 빔 깊이에 따른 설치기준

천장높이(H)와 빔 깊이	설치기준
10[%](0.1H) 이하	감지기는 빔과 수직인 평평한 천장간격(S)
10[%](0.1H) 초과	감지기 간격은 (0.4H) 미만이 될 필요는 없음
	감지기 간격은 $\frac{1}{2}S$로 설치

⑧ 경사천장에 장선이 있는 경우 : 장선하단에 설치
⑨ 경사천장에 감지기 배치 : 열감지기와 동일하게 적용한다.

2) 공기흡입형 감지기
① 공기흡입형 감지기 관의 흡입구는 위치와 간격을 위해 스포트형 감지기로 취급한다.
② 가장 멀리 떨어진 흡입구에서 감지기까지 공기샘플 최대 전달시간 : 120초 이내
③ 다중 관망 설비에서 배관의 길이는 거의 동일해야 한다. 그렇지 않은 경우 달리 수단을 강구하여 공기작용에 의해 균형을 맞추어야 한다.
④ 흡입관망 설계시방서 : 관망과 각 흡입구의 유동특성을 보여주는 계산을 포함한다.
⑤ 기류가 제조자의 지정범위를 벗어나는 경우 : 장애신호
⑥ 흡입 설비배관은 아래의 지점에 표시 : 연기감지기 흡입관에 '절대 손대지 마시오.' 표시
㉠ 방향의 변경점이나 분기관
㉡ 벽, 바닥 또는 기타 벽 관통부의 각 측면
㉢ 직관길이 : 20[ft](6.1[m]) 이하

3) 광전식 분리형 감지기
① 평평한 천장
㉠ 방출빔 사이의 길이(S) : 60[ft](18.3[m]) 이하
㉡ 방출빔과 측벽과의 길이$\left(\frac{1}{2}S\right)$: 30[ft](9.2[m]) 이하
㉢ 발광부와 수광부와 벽과의 길이$\left(\frac{1}{4}S\right)$: 15[ft](4.6[m]) 이하

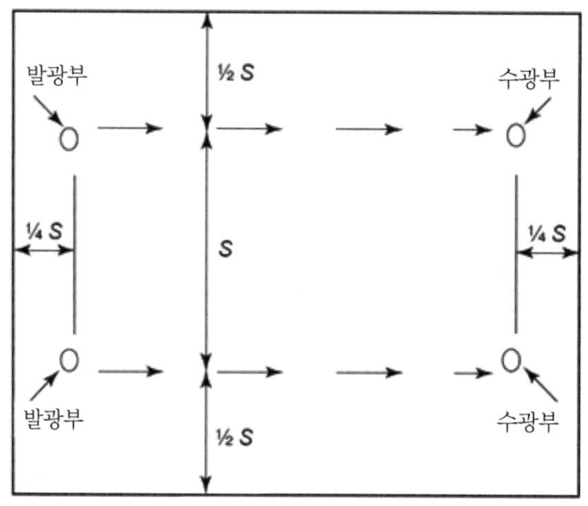

S = 감지기 설치간격

② 방출빔

㉠ 불투명한 장애물을 설치하지 않는다.

㉡ 차단되거나 흐려질 때 경보가 발생하여야 한다.

㉢ 장애신호가 발생하여야 한다.

4) 공조설비

① 감지기의 감지에 장애가 발생하는 기류가 생성되는 곳에는 감지기를 설치하지 않아야 한다.

② 감지기는 급 · 배기구로부터 이격거리가 36[in](910[mm]) 이상이어야 한다.

③ 위험한 수준의 연기가 재순환하는 것을 방지하기 위해 공기덕트 사용이 승인된 감지기를 공조설비의 급기부에 설치해야 한다(17.7.6.3.1 NFPA 72, 2022).

SECTION

025 일본 소방법의 감지기 설치기준

01 감지기 설치 제외

감지기는 다음 부분 이외의 부분에서 점검하고 그 외의 유지관리가 가능한 장소에 설치한다.

(1) 감지기(불꽃 감지기 제외, 이하 동일) 설치면의 높이가 20[m] 이상인 장소

(2) 외부의 기류가 유통되는 장소로 감지기에 의해서는 해당 장소에서 화재의 발생을 유효하게 감지할 수 없는 경우

(3) 천장 뒤에서 천장과 상층의 바닥 사이의 거리가 0.5[m] 미만인 장소

(4) **연기감지기 및 열연 복합식 스포트형 감지기에 있어서는 위 '(1)'부터 '(3)'까지의 장소 외 다음의 장소**

1) 간섭, 미분 또는 수증기가 다량으로 체류하는 장소
2) 부식성 가스가 발생할 우려가 있는 장소
3) 기타 정상 시 연기가 체류하는 장소
4) 현저하게 고온이 되는 장소
5) 배기 가스가 다량으로 체류하는 장소
6) 연기가 다량으로 유입될 우려가 있는 장소
7) 결로가 발생하는 장소
8) 상기 장소 외에 감지기의 기능에 지장을 줄 우려가 있는 장소

(5) **불꽃감지기는 위 '(3)'의 장소 외 다음의 장소**

1) '(4)'의 '2)'부터 '4)'까지, '6)' 및 '7)'의 장소
2) 수증기가 다량으로 체류하는 장소
3) 불을 사용하는 설비로 화염이 노출되는 것이 설치되어 있는 장소
4) 상기 장소 외에 감지기의 기능에 지장을 줄 우려가 있는 장소

02 감지기 설치기준

(1) 차동식 스포트형, 정온식 스포트형 또는 보상식 스포트형 그 외의 열복합식 스포트형의 감지기의 설치기준

1) 감지기의 하단은 설치면의 하방 0.3[m] 이내의 위치에 설치할 것
2) 감지기는 감지구역[각각 벽 또는 설치면으로부터 0.4[m](차동식 분포형 감지기 또는 연기감지기를 설치하는 경우에는 0.6[m]) 이상 돌출한 곳 등에 따라 구획된 부분을 말함]마다 센서의 종별 및 설치면의 높이에 따라 표(표는 국내 기준과 동일)로 정하는 바닥면적에 대해 1개 이상을 화재를 유효하게 감지할 수 있게 중앙에 설치하도록 되어 있다.

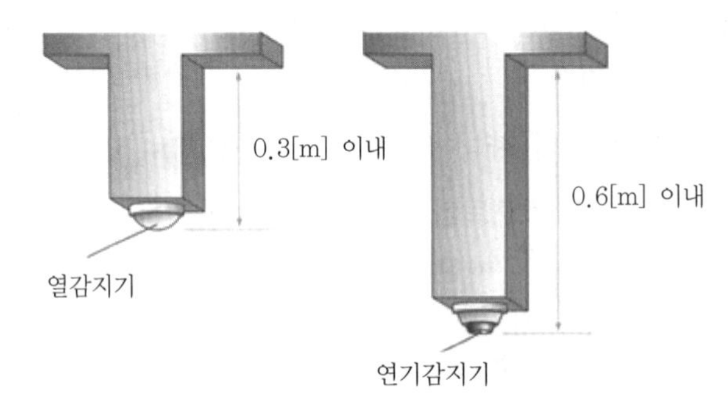

▌일본의 열감지기와 연기감지기 설치기준▐

(2) 차동식 분포형 감지기, 정온식 감지선형 감지기의 설치기준

1) 감지기의 하단은 설치면의 하방 0.3[m] 이내의 위치에 설치할 것
2) 그외 기준은 국내 기준과 동일하다.

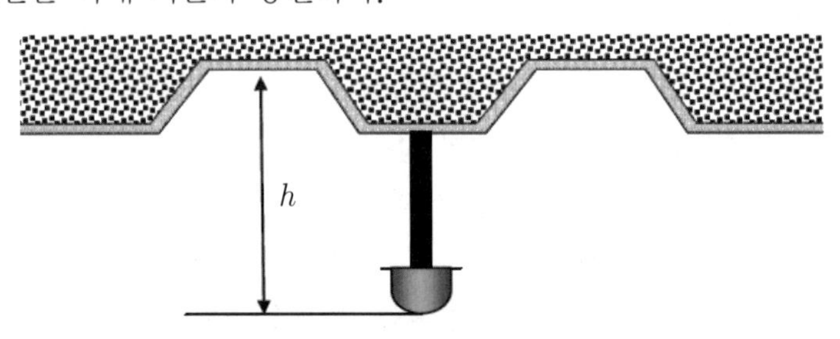

▌감지기의 설치면에서 하방까지의 거리(h)▐

(3) 연기감지기의 설치기준

1) 감지기의 하단은 설치면의 하방 0.6[m] 이내의 위치에 설치할 것
2) 그외 기준은 국내 기준과 동일하다.

(4) 광전식 분리형 감지기의 설치기준

1) 감지기를 설치하는 구역의 천장 등의 높이가 20[m] 이상의 장소 이외의 장소에 설치할 것. 이 경우 천장 등의 높이가 15[m] 이상인 장소에 설치하는 센서에 대해서는 1종의 것으로 한다.
2) 감지기는 벽에 의해 구획된 각 구역에 대해 해당 구역의 각 부분에서 하나의 광축까지의 수평거리가 7[m] 이하가 되도록 설치하여야 한다.
3) 그외 기준은 국내 기준과 동일하다.

(5) 불꽃감지기의 설치기준(도로형 제외)

1) 감지기는 벽에 의해 구획된 구역마다 해당 구역의 바닥면으로부터 높이 1.2[m]까지의 공간(감시공간)의 각 부분으로부터 해당 감지기까지의 거리가 공칭감시거리의 범위 내가 되도록 설치할 것
2) 감지기는 햇빛을 받지 않는 위치에 설치할 것. 단, 감지장해가 발생하지 않도록 차광판 등을 설치한 경우에는 그러하지 아니하다.
3) 그외 기준은 국내 기준과 동일하다.

(6) 불꽃감지기의 설치기준(도로형)

1) 감지기는 도로의 측벽부 또는 노단 위쪽에 설치할 것
2) 감지기는 도로면으로부터의 높이가 1.0[m] 이상 1.5[m] 이하의 부분에 설치할 것

(7) 감지기는 차동식 분포형 및 광전식 분리형의 것 및 불꽃감지기를 제외하고, 환기구 등의 공기유입구로부터 1.5[m] 이상 떨어진 위치에 설치할 것(지방의 소방규정에서는 유입구가 천장 표면에서 1[m] 이상 떨어진 벽체에 설치되어 있는 경우는 1.5[m] 이내로 할 수도 있다는 완화규정이 있음)

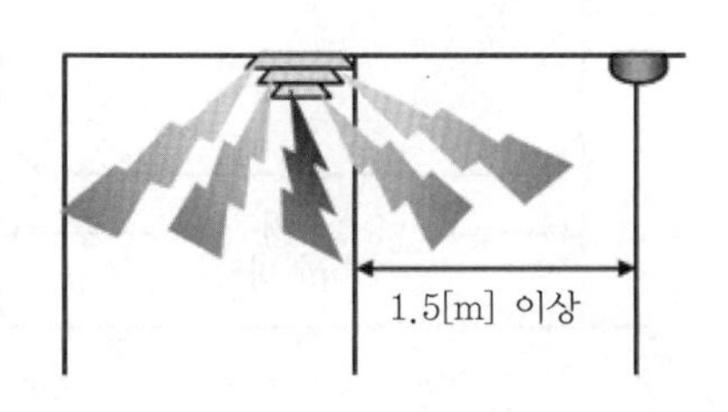

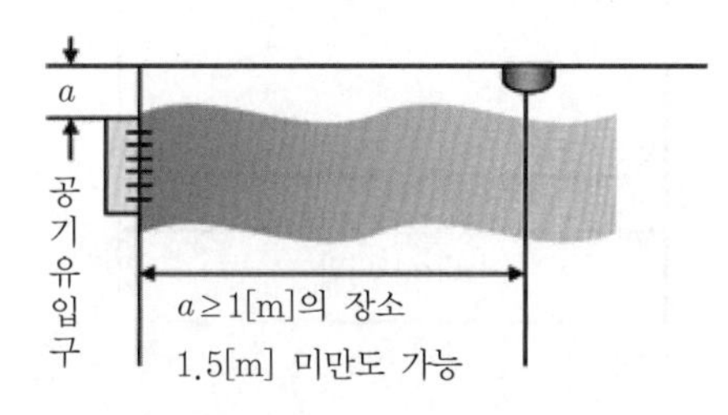

(8) 지방 현의 기준

1) 열감지기 설치간격 : 단변거리 3[m] 미만의 긴 거실의 보행거리(복도, 통로에 준하여 설치)

감지기의 종별(L) / 사용장소의 구조	차동식 스포트형		정온식 스포트형		열아날로그 스포트형
	1종	2종	특종	1종	
내화구조	15	13	13	10	13
기타 구조	10	8	8	6	8

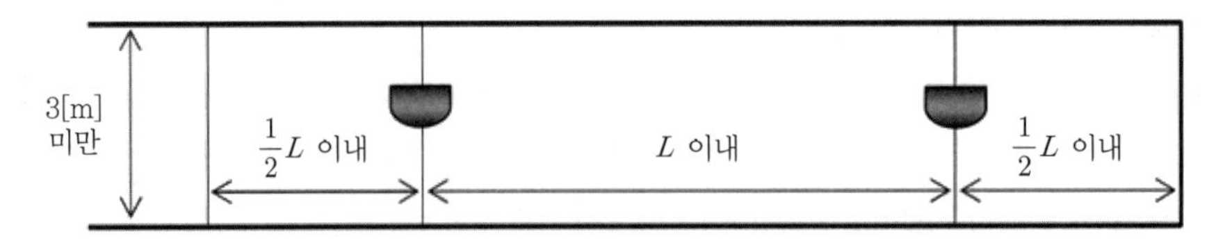

▌열감지기 설치간격(L값은 상기 표의 값 이내)▐

2) 계단형 천장

① 단 깊이 0.4[m] 미만인 경우 : 평면 천장으로 간주해 동일한 감지구역으로 설정한다.

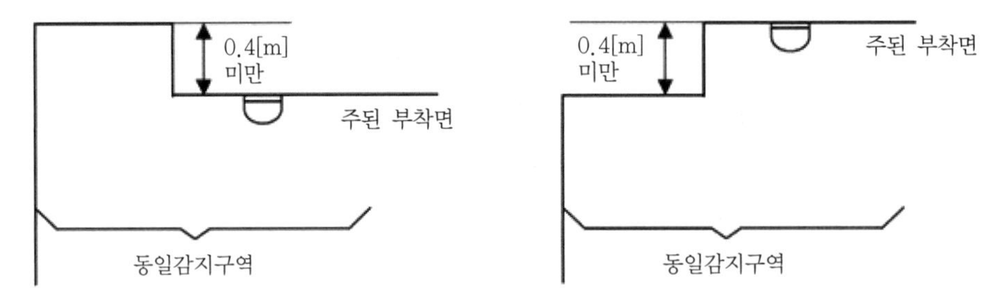

② 단 깊이 0.4[m] 이상인 경우

㉠ 해당 거실 등 폭이 6[m] 미만인 경우에는 해당 거실 등을 동일감지구역으로 설정한다.

㉡ 단의 높은 부분의 폭이 1.5[m] 이상인 경우 높은 천장면에 설치한다.

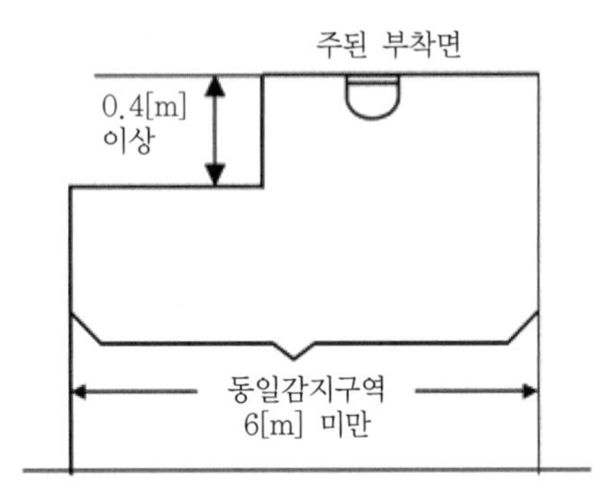

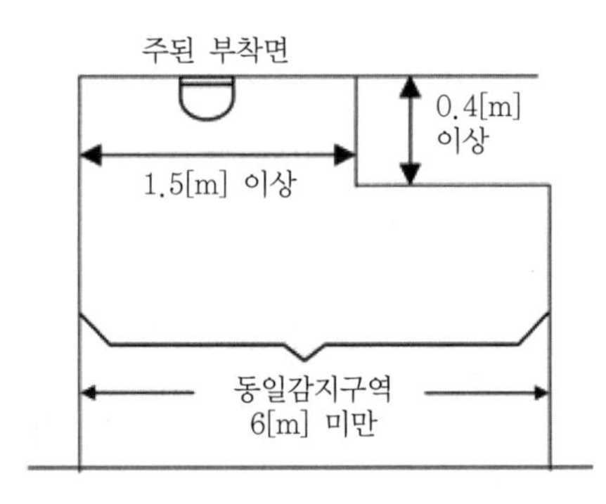

SECTION 026

가스경보기

127회 출제

01 개요

(1) 가스누설경보기는 가연성 가스 또는 불완전 연소가스가 누설되는 것을 탐지하고 이를 경보하여 가스누출로 인한 피해를 예방하기 위한 설비이다. 가스누설을 감지하기 위해서는 센서라는 인간의 감각기관을 대행하거나 보완하여 대상물이 어떤 정보를 갖고 있는지를 감지하는 장치가 필요하다.

(2) 센서는 계외로부터 신호를 감지하여 측정가능한 양(주로 전기적 신호)으로 변환시켜 주는 소자로 이 센서에 따라서 다양한 가스경보기가 분류된다.

02 설치대상

관련 법규	대상	비고
「소방시설법 시행령」 제11조 [별표 4]	① 판매시설, 운수시설, 노유자시설, 숙박시설, 창고시설 중 물류터미널 ② 문화 및 집회시설, 종교시설, 의료시설, 수련시설, 운동시설, 장례식장	가스시설이 설치된 경우
「다중이용업소 안전관리에 의한 특별법 시행령」 제9조 [별표 1의2] 가스누설경보기	주방용 자동소화장치(NFTC 101)	-

03 가스누설경보기의 종류

(1) 검지부와 경보부의 분리 여부에 따른 구분

1) 단독형 : 하나의 본체에 검지기와 경보부가 같이 구성된 것으로, 설치하고자 하는 곳에 간편하게 설치할 수 있다.

2) 분리형 : 검지기와 경보부가 분리되어 있는 것으로, 검지기는 가스 저장실에, 경보부는 경비실과 같이 항상 사람이 상주하는 장소에 설치하여 원거리에서도 저장실의 가스누설상태를 쉽게 감지할 수 있다.

(2) 방식에 따른 구분

1) 광학식 : 가스분자의 화학반응이 일어나지 않는 비접촉식

2) 접촉식 : 가스분자와 반응물질 간에 직접 접촉되어 화학반응이 일어나는 방식

3) 복합식 : 광과 화학반응이 발생하는 방식

(3) 센서의 종류에 따른 분류

센서의 종류	대상 가스	검지범위	정밀도	수명	가격	특징
접촉연소 방식	가연성	0 ~ 100[%] LEL	좋다.	2 ~ 4년	저가	안전성 양호
반도체 방식	가연성 독성	0 ~ 100[%] LEL 0 ~ 1,000[ppm]	나쁘다.	5 ~ 6년	보통	신뢰성 낮음
열전도도 방식	가연성	0 ~ 100[vol%]	양호하다.	2 ~ 3년	고가	① 분석계로 많이 사용하고 가스에 대한 선택성이 없음 ② 고농도에 적합 ③ 열전도 특징인 촉매의 노화, 독성피해 없음
적외선 방식	가연성 H_2S	0 ~ 100[%] LEL 0 ~ 1,000[ppm]	양호하다.	2 ~ 3년	고가	① 신뢰성 높음 ② 가격이 고가

04 가스누설경보기의 탐지방식

가스누설경보기 센서로 가장 많이 사용되는 것은 반도체식과 접촉연소식으로, 반도체식 센서가 기체와 고체 간의 흡착·탈착으로 인한 전기전도도의 변화를 이용하는 것과 달리 접촉연소식 센서는 가연성 가스와 산소와의 반응열(연소열)을 전기신호로 변환하는 방식으로 수증기나, 온도, 습도 및 다른 가스의 영향을 작게 받기 때문에 가연성 가스경보기에 가장 많이 사용된다.

(1) 접촉연소방식(catalytic combustion)

1) 센서 : 촉매[백금, 팔라듐(palladium) 등]

2) 구조 : 고순도의 백금(99.999[%]) 코일을 감싼 알루미나 화합물로 된 표면 위를 특수 촉매로 코팅, 열처리한 측정센서와 온도보상소자로 구성된다.

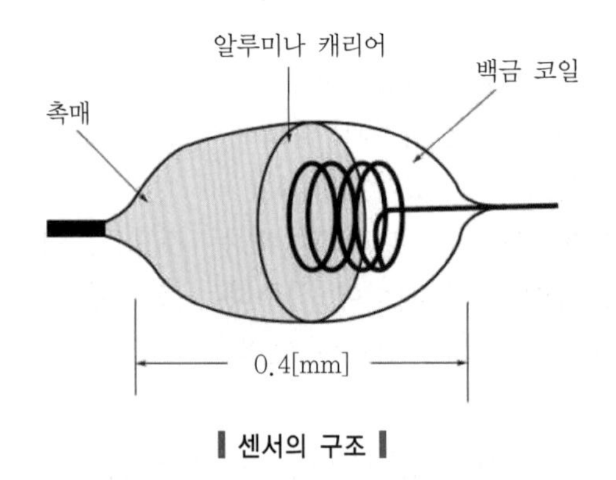

▌센서의 구조▐

3) 가연성 가스에 대해 반응하는 검지편(P)과 반응하지 않는 보상편(X)의 2개의 소자로 구성되어 있다. 가연성 가스가 존재하면 검지편만으로 연소하기 때문에 검지편 온도가 상승하고, 검지편의 저항이 증가한다. 보상편에서는 연소하지 않기 때문에 저항의 변화는 없다. 이러한 소자로 휘트스톤 브리지 회로를 조합하고, 가연성 가스가 존재하지 않는 분위기에서 브리지 회로가 평형상태가 되도록 가변저항을 조정해 둔다.

4) 검지편만이 저항 상승하기 때문에 브리지 회로의 균형이 무너져 이 변화를 불균형 전압(V_{out})으로서 검출할 수 있다. 이 불균형 전압과 가스 농도 사이는 비례 관계이므로 전압을 통해 누설 가스량을 알 수 있다.

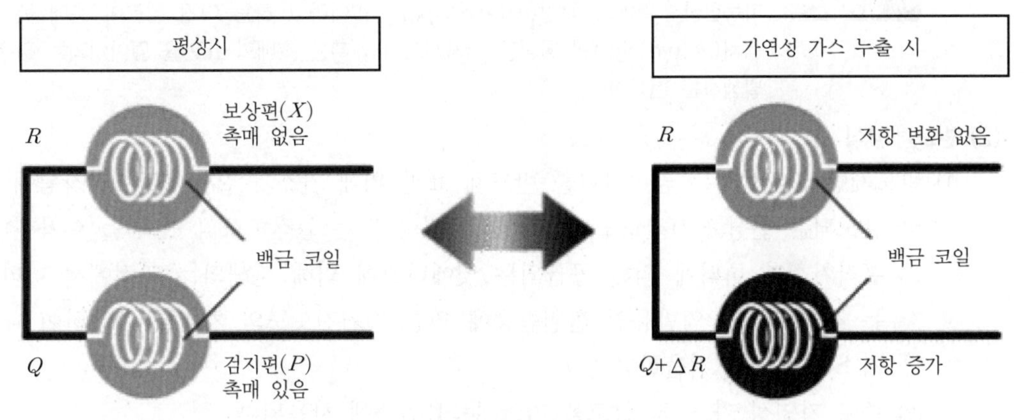

측정회로

5) **측정원리** : 발생한 가연성 가스가 촉매의 표면과 접촉하면 폭발하한계 이하의 농도에서도 연소 → 열이 발생하며 백금 코일의 온도 증가(가스농도에 비례) → 저항값 증가 → 브리지 회로(가스센서장치와 온도보상장치 간의 전위차)

① 평상시 : 평형상태($P \times R = Q \times X$)

② 화재 시 : 가연성 가스 연소 시 온도증가에 의한 저항(P)이 변화로 불평형상태 ($P \times R \neq Q \times X$)

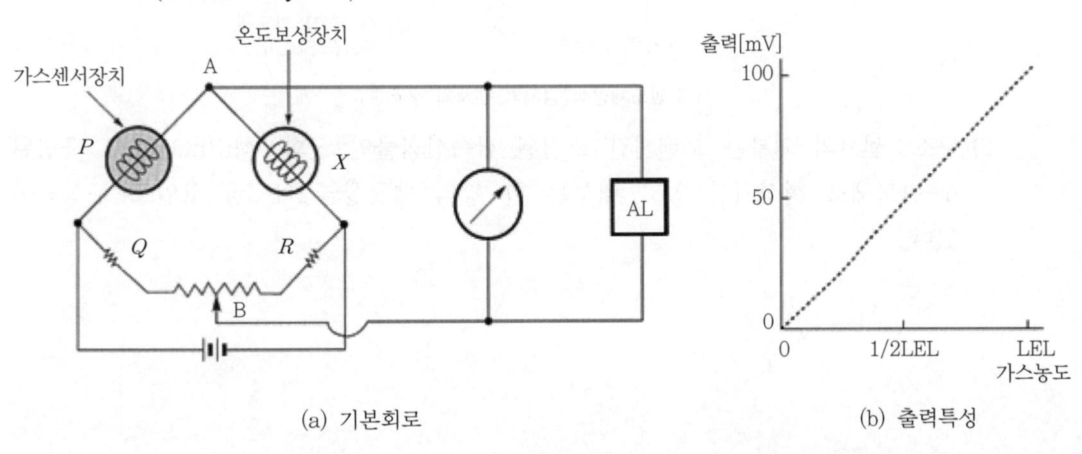

(a) 기본회로 (b) 출력특성

6) 장단점

장점	단점
① 간단히 측정 가능함 ② 가스의 종류에 따라 발열량이 다르므로 측정되는 열량에 따라 가스 종류와 양을 식별가능한 선택성이 우수 ③ 저가의 입증된 기술 ④ 정밀도 및 재현성이 우수 ⑤ 장기안정성에 우수하며 출력특성, 정도, 응답특성이 좋아 소자의 수명이 긺	① 촉매는 실리콘 화합물, 황화합물, 염소화합물 등에 피독 현상이 있음 ② 작동을 위해 공기가 필요함 ③ 소비전력이 큼 ④ 주위 온도변화 및 습도변화에 영향이 많음

피독현상 : '촉매의 독성(catalyst poison)'이라고 하는 어떤 성분이 촉매활성 반응처(active site)의 활성을 저하시키거나 혹은 촉매의 표면을 덮어버리는 경우에 발생하는 현상이다.

(2) 반도체방식

1) 반도체방식의 센서는 금속산화물 반도체 표면 위에 가스가 흡착 또는 탈착됨에 따라 유도되는 현상(전기전도도, 즉 저항의 변화 또는 열전도도의 변화)을 이용한다.

① 흡착가스가 히터에 의해 공급되는 열에너지에 의해 분해되는 과정에서 나타나는 산화 및 그 역반응인 환원반응에 의한 전기전도도의 차이를 이용하여 대상가스의 농도를 검출한다.

② 주로 가연성 가스 및 알코올 가스 등의 검출에 사용된다.

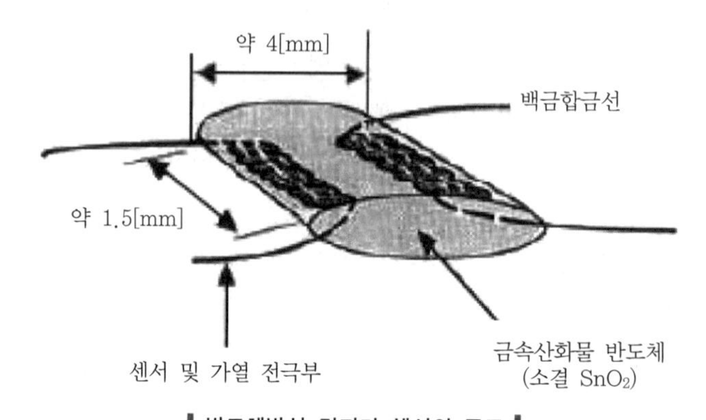

▌반도체방식 검지기 센서의 구조▐

2) **구조** : 센서의 외부는 오랜시간 소결된 금속산화물인 산화주석(SnO_2)으로 구성된 n-반도체로 형성되어 있고 내부는 한 쌍의 백금합금(Pd-Ir) 코일로 구성되어 있다.

3) 측정원리 : 반도체에 흡착한 가스가 오래 남아있으면 연속측정이 불가능하므로 가열[줄(Joule)열에 의해 350[℃] 정도 가열]하여 계속 흡착하지 않고 동작하도록 한다.

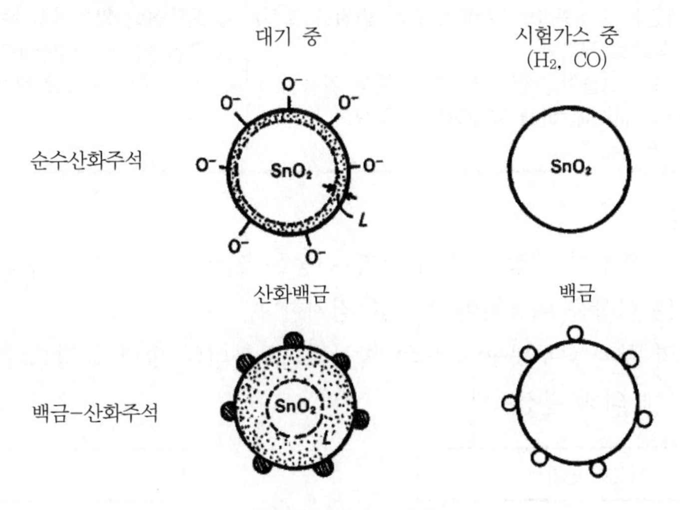

▌측정원리 개념도▐

① 깨끗한 공기 중에서는 표면의 산소 원자(또는 산소 분자)가 산화주석(SnO_2) 중의 전자를 포획하고 있기 때문에 전기가 흐르지 않는다.

② 유출되어 온 가스(환원성 가스) 중에서는 표면의 산소가 환원 가스와 반응하여 제거되어 산화주석 중의 전자가 자유롭게 된다. 그 영향으로 전기가 흐르기 쉬워진다.

가연성가스 + 산소 → 산화주석(SnO_2) 저항 감소 → 전기가 흐른다.

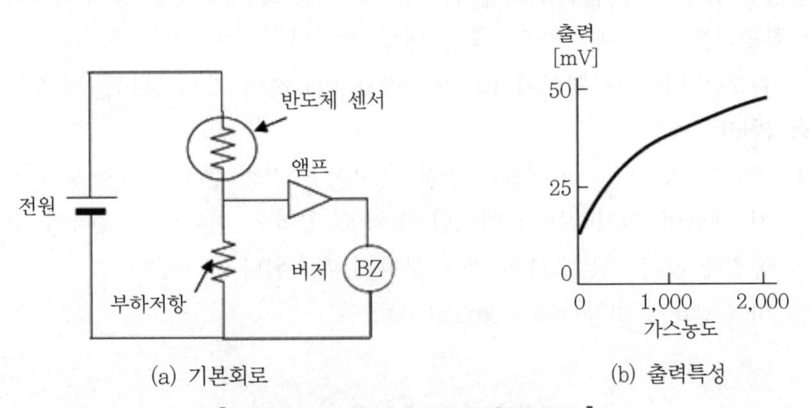

▌반도체 방식 검지기 센서의 출력 특성▐

4) 장단점

장점	단점
① 소형이고 낮은 농도에서 민감하게 반응(저농도용)함(가연성 가스를 0 ~ 2,000[ppm] 범위로 측정) ② 기계적으로 견고함 ③ 지속적인 고습환경에도 정상적 작동이 가능함 ④ 접촉연소방식에 비해 촉매피독 위험성이 낮음 ⑤ 빠른 응답속도	① 주위 조건에 따른 보상능력이 미비함 ② 선택성이 양호하지 못함 ③ 오염물질과 환경변화에 따른 영향이 큼 ④ 비선형적 반응으로 복잡성을 초래할 수 있음

(3) 적외선방식

1) 방사된 적외선이 대상 가스의 분자 진동을 일으키는 것으로 특정 파장의 적외선이 흡수되는 현상을 이용하여 가스를 검지한다.

2) 적외선의 투과율(투과광 강도와 방사원으로부터의 방사광 강도의 비)은 대상 가스의 농도에 의해 결정된다.

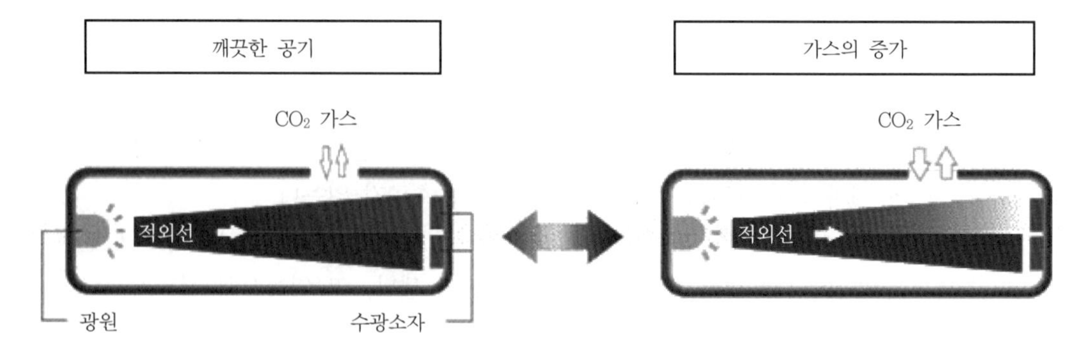

3) 센서의 구성 : 적외선 방사원, 수광소자, 광학 필터, 측정 셀, 신호처리회로

4) 단광원 2파장 방식의 센서에서는 2개의 수광소자의 전단에 투과파장영역이 다른 광학필터를 각각 배치하고, 측정 대상 가스의 흡수를 갖는 흡수파장영역과 흡수를 갖지 않는 비교파장영역에서의 투과량을 비교하여 가스 농도를 측정한다.

5) 측정원리

① 중적외 영역의 적외선을 가스에 조사하면 가스 분자의 진동수와 적외선의 에너지 레벨이 일치하는 스펙트럼 영역에 있어서 적외선은 분자의 고유 진동수로 공진해 분자 진동으로서 가스 분자에 흡수된다.

② 비어-램버트 법칙(Beer-Lambert law)

$$\tau = \frac{I}{I_0} = e^{-K_s c L}$$

여기서, τ : 투과율

I_0 : 초기 복사강도

I : 흡수된 후 복사강도

K_s : 감광계수(흡광도)

c : 가스농도

L : 광로길이

③ 적외선식 가스 센서에 있어서 대상 가스의 감광계수 ε와 광로길이 L은 불변이다. 대상이 되는 가스의 흡수 에너지(파장)와 일치하는 스펙트럼 영역에서 적외선의 투과율 τ를 측정함으로써 대상 가스의 농도 c를 구할 수 있다.

6) 장단점

장점	단점
① 신속한 반응(보통 10초 이내)속도 ② 적은 정비, 손쉬운 점검 ③ 마이크로 프로세서로 작동되는 자기진단 기능 ④ 대규모 개방공간의 측정용으로 적합함 ⑤ 수명이 길 ⑥ 가스 선택성이 매우 높음(가스에 따라 흡수되는 파장이 다름)	① 이원자 가스 분자만 검지 가능(수소 등 단원자는 부적합) ② 고가의 초기 구입비용 발생함 ③ 크기가 큼(최근 비분산형으로 크기 축소)

비분산(nondispersive) : 빛이 프리즘이나 회절격자와 같은 분산소자에 의해 분산되지 않는 것

(4) 열전도도 방식

1) 하나의 검출소자는 밀봉, 다른 하나의 검출소자는 노출되어 두 개의 검출소자(백금선 코일)의 온도변화량의 차이를 이용해서 검출(브리지 회로)한다.

2) 구조 : 밀봉된 검출소자와 노출된 검출소자 두 개로 구성되어 있다.

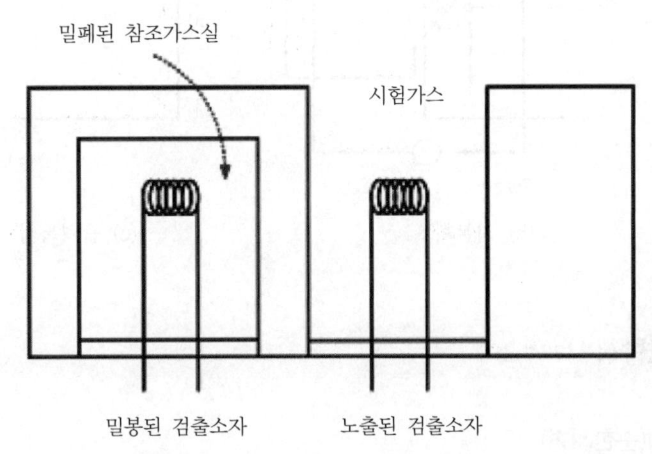

3) 측정원리 : 가열된 검지소자는 시료에 노출되어 있고, 기준소자는 밀봉된 공간에 들어있다.

① 시료가스의 열전도율이 기준소자보다 높은 경우 : 검지소자의 온도는 상대적으로 떨어진다.

② 시료가스의 열전도율이 기준소자보다 낮은 경우 : 검지소자의 온도가 상대적으로 높아진다.

4) 장단점

장점	단점
① 메탄(CH_4)이나 수소(H_2)와 같이 대기보다 열전도율이 높은 가스를 검지하는 데 적합함 ② 산소 없이도 측정 가능함 ③ 가스농도에 따라 출력이 선형적임 ④ 센서가 안정적이고 오래 사용이 가능함	① 가스농도가 높은 한정된 종류의 가스만 측정함 ② 대기와 비슷하거나 높은 열전도율을 가진 가스는 검지가 곤란함 ③ 많은 유지관리가 필요함

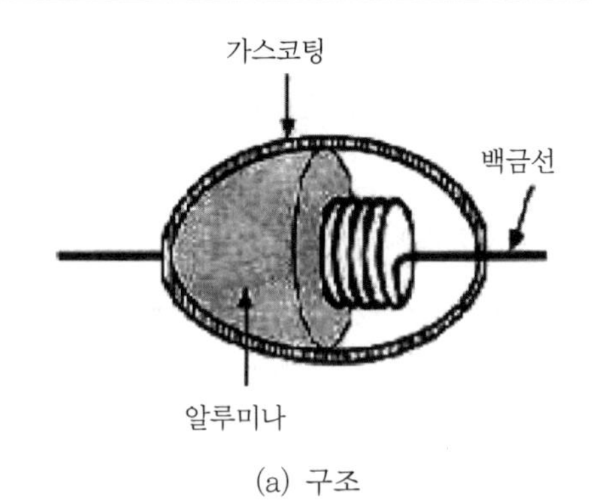

(a) 구조

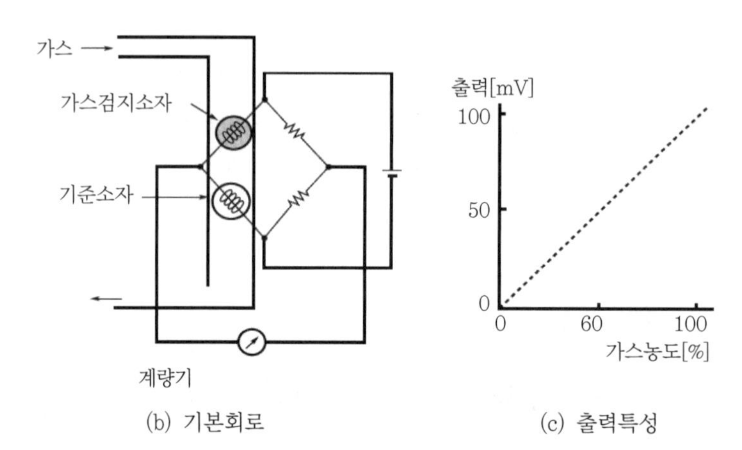

(b) 기본회로 (c) 출력특성

05 경보방식 132회 출제

(1) 즉시 경보형(순한시형)

가스농도가 설정치에 이르면 즉시 경보하는 방식

(2) 경보지연형(정한시형)

가스농도가 설정치에 도달한 후 그 농도 이상으로 계속해서 일정시간(약 20 ~ 60초) 정도 지속되는 경우에 경보하는 방식

(3) 반즉시 경보형(반한시형)

가스농도가 높을수록 경보지연시간을 짧게 한 경보지연형의 보완방식

(4) 반즉시 경보지연형(반한시성 정한시형)

앞의 '(2)'와 '(3)'의 특성을 조합한 것으로, 어느 농도까지는 가스농도에 따라 경보지연시간이 반비례하지만 그 이상이 되면 경보지연형이 되는 방식

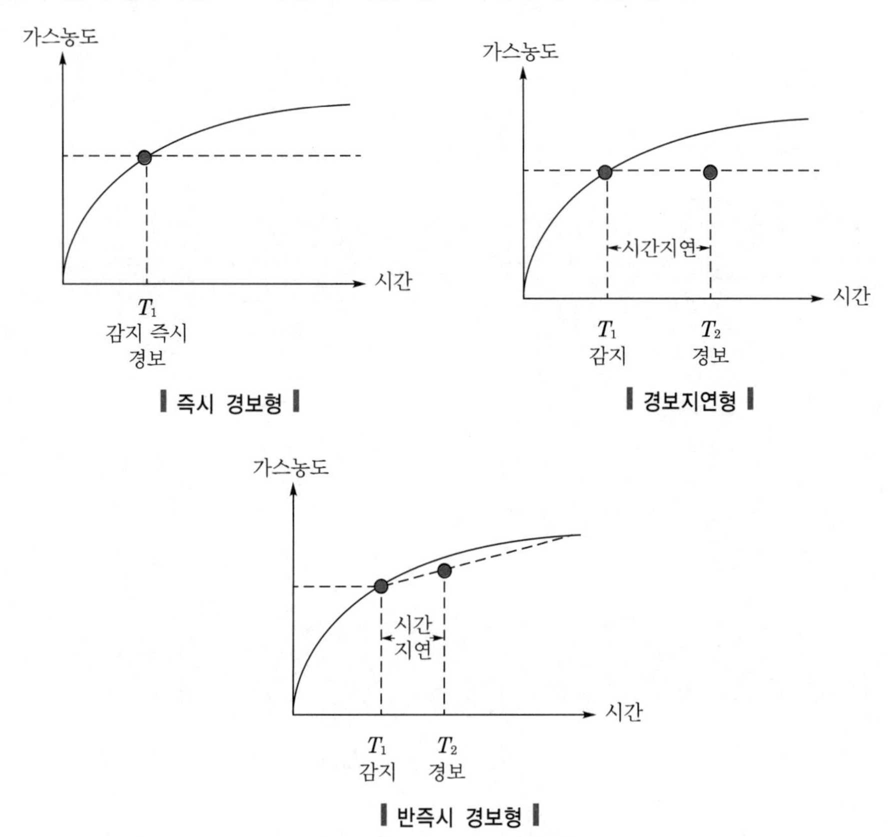

| 즉시 경보형 |

| 경보지연형 |

| 반즉시 경보형 |

06 검출방식

(1) 확산식

가스검지부는 가스의 누설이나 체류하기 쉬운 장소에 가스검지부를 설치해 두고, 누설가스가 확산에 의해 가스검지부에 도달함으로써 가스를 검지한다.

(2) 흡입식

가스검지부는 본체에 내장된 펌프 또는 외부 펌프에 의해 센서에 일정 유량으로 가스를 유입시키는 검출방식이다. 누설 장소가 특정되어 있거나 가스검지부를 직접 검지 포인트에 설치할 수 없는 경우에 적합하다.

(3) 아스피레이터(aspirator) 흡입식

가스검지부는 아스피레이터 유니트(흡인기)에 의해 일정 유량으로 가스를 유입시키는 검출방식이다. 펌프 등의 전원을 필요로 하는 구동부가 없기 때문에 경제성이 우수하다.

SECTION 027

가스누설경보기의 화재안전기술기준(NFTC 206)

01 개요

(1) 용어의 정의

1) 경보기

경보기 구분	정의	제외 대상
가연성 가스	보일러 등 가스연소기에서 액화석유가스(LPG), 액화천연가스(LNG) 등의 가연성 가스가 새는 것을 탐지하여 관계자나 이용자에게 경보하여 주는 것	① 탐지소자 외의 방법에 의하여 가스가 새는 것을 탐지하는 것 ② 점검용으로 만들어진 휴대용 탐지기에 의하여 경보를 발하는 것 ③ 연동기기에 의하여 경보를 발하는 것
일산화탄소	일산화탄소가 새는 것을 탐지하여 관계자나 이용자에게 경보하여 주는 것	

2) 탐지부 : 가스누설경보기 중 가스누설을 탐지하여 중계기 또는 수신부에 가스누설의 신호를 발신하는 부분 또는 가스누설을 탐지하여 수신부 등에 가스누설의 신호를 발신하는 부분

3) 수신부 : 경보기 중 탐지부에서 발하여진 가스누설신호를 직접 또는 중계기를 통하여 수신하고 이를 관계자에게 음향으로서 경보하여 주는 부분

4) 분리형 : 탐지부와 수신부가 분리되어 있는 형태

5) 단독형 : 탐지부와 수신부가 일체로 되어 있는 형태

(2) 설치대상

「소방시설 설치 및 관리에 관한 법률 시행령」 [별표 4](가스시설이 설치된 경우만 해당)

1) 판매시설, 운수시설, 노유자시설, 숙박시설, 창고시설 중 물류터미널

2) 문화 및 집회시설, 종교시설, 의료시설, 수련시설, 운동시설, 장례시설

02 가연성 가스 경보기

(1) 설치기준

1) 가스연소기가 있는 경우 : 가연성 가스의 종류에 적합한 경보기를 가스연소기 주변에 설치한다.

2) 분리형 경보기의 수신부

① 가스연소기 주위의 경보기의 상태 확인 및 유지관리에 용이한 위치에 설치한다.

② 음량, 음색 : 음색이 다른 기기의 소음 등과 명확히 구별될 것

③ 가스누설 음향 : 수신부로부터 1[m] 떨어진 위치에서 70[dB] 이상

④ 수신부의 조작 스위치 : 0.8[m] 이상 1.5[m] 이하

⑤ 수신부가 설치된 장소 : 비상연락 번호를 기재한 표를 비치한다.

3) 분리형 경보기의 탐지부

구분	가스의 종류	설치기준
설치거리	공기보다 가벼운 가스	가스연소기의 중심으로부터 직선거리 8[m] 이내에 1개 이상
	공기보다 무거운 가스	가스연소기의 중심으로부터 직선거리 4[m] 이내에 1개 이상
설치높이	공기보다 가벼운 가스	천장으로부터 탐지부 하단까지의 거리가 0.3[m] 이하
	공기보다 무거운 가스	바닥면으로부터 탐지부 상단까지의 거리는 0.3[m] 이하

4) 단독형 경보기

① 가스연소기 주위의 경보기의 상태 확인 및 유지 관리에 용이한 위치에 설치할 것

② 가스누설 음향의 음량과 음색이 다른 기기의 소음 등과 명확히 구별될 것

③ 가스누설 음향장치 : 수신부로부터 1[m] 떨어진 위치에서 70[dB] 이상

④ 단독형 경보기의 탐지부는 분리형과 동일하다.

03 일산화탄소 경보기 110회 출제

(1) 설치위치

일산화탄소 경보기를 설치하는 경우에는 가스연소기 주변에 설치한다.

(2) 설치기준

1) 분리형 경보기의 수신부

① 가스누설 음향의 음량과 음색이 다른 기기의 소음 등과 명확히 구별될 것

② 가스누설 음향 : 수신부로부터 1[m] 떨어진 위치에서 70[dB] 이상

③ 수신부의 조작 스위치 : 0.8[m] 이상 1.5[m] 이하

④ 수신부가 설치된 장소 : 비상연락 번호를 기재한 표를 비치한다.

2) 분리형 경보기의 탐지부 : 천장으로부터 탐지부 하단까지의 거리가 0.3[m] 이하

3) 단독형 경보기

① 음량과 음색 : 다른 기기의 소음 등과 명확히 구별될 것

② 가스누설 음향장치 : 수신부로부터 1[m] 떨어진 위치에서 70[dB] 이상

③ 단독형 경보기 : 천장으로부터 탐지부 하단까지의 거리가 0.3[m] 이하

④ 경보기가 설치된 장소 : 비상연락 번호를 기재한 표를 비치한다.

04 설치제외

(1) 대상

분리형 경보기의 탐지부, 단독형 경보기

(2) 장소

1) 출입구 부근 등으로서 외부의 기류가 통하는 곳
2) 환기구 등 공기가 들어오는 곳으로부터 1.5[m] 이내인 곳
3) 연소기의 폐가스에 접촉하기 쉬운 곳
4) 가구 · 보 · 설비 등에 가려져 누설가스의 유통이 원활하지 못한 곳
5) 수증기, 기름 섞인 연기 등이 직접 접촉될 우려가 있는 곳

05 전원

(1) 종류

1) 건전지
2) 교류전압의 옥내간선

(2) 상시 전원이 공급되도록 설치한다.

SECTION 028

CO 감지기

110 · 75회 출제

01 개요

(1) 일반 주택화재 사상자의 대부분은 질식성 연소생성물(대표적으로 CO)에 의해서 무력화된 후 열적 피해를 입는다.

(2) **위험성**

일산화탄소를 '침묵 킬러(silent killer)'라고 부르는 것은 일산화탄소가 유독한 무색 · 무취의 가스로, 감지가 어렵고 가연물 연소 시 가장 많이 발생하는 물질로 사람의 사망에 가장 큰 영향을 미치기 때문이다. 이러한 연소특성으로 인해, CO 감지기는 CO의 발생을 조기에 감지하여 CO 중독에 의한 인명피해를 최소화하기 위한 중요 인명안전대책이다.

(3) **주택화재 주요 사망 시나리오**

1) **담배로 인해 시작되는 장식용 덮개류 및 침대보 화재** : 저온무염의 훈소화재가 발생함에 따라 다량의 불완전 연소생성물인 일산화탄소가 다량 발생한다.
2) 열원의 강도는 부력에 의한 플럼(plume)의 이동에 영향을 미치는데 훈소의 경우에는 저온으로 인한 에너지 부족으로 부력이 낮아 플럼이 천장에 도달하지 못하고 확산하게 된다.
3) 플럼에 의해 동작하는 일반적인 화재감지기가 감지하지 못하게 되는 문제점이 발생한다.

(4) **일산화탄소**

1) 모든 탄화수소계의 연소에서 발생하는 불완전 연소생성물인 질식성 · 가연성 가스이다.
2) 저온 무염연소나 환기가 부족한 경우와 같이 불완전한 상태에서 다량 발생한다.
3) 헤모글로빈과의 결합력이 산소의 200배로, 혈액 내 산소 공급을 방해한다.
4) **연소범위** : 12.5 ~ 74[%]

02 장단점

장점	단점
① 일산화탄소(CO)는 공기보다 밀도가 낮기 때문에 부력에 의하여 감지기에 신속하게 도달하므로 빠른 감시가 가능하다. ② 화재 초기에 발생되는 훈소의 CO를 감지하여 조기통보가 가능하다. ③ 연기감지기와 일산화탄소 복합센서로 모두 감시가 가능하여 비화재보 방지가 가능(복합형 감지기에 한함)하다. ④ 감시농도를 연속적(아날로그형에 한함)으로 수신기에 통보하여 조기감지대응이 가능하다. ⑤ 고유 어드레스 보유로 감지기가 동작한 위치확인이 가능하여 신속한 조치가 가능(어드레스형에 한함)하다. ⑥ 수신기에서 설치환경에 맞게 경보레벨을 조정하여 최적의 환경구현이 가능(아날로그형에 한함)하다. ⑦ 긴 수명(비분산형에 한함, 광학식은 수명이 짧음)	담배연기, 먼지, 수증기에 의한 비화재보 발생 우려가 있다.

03 종류

(1) 광학식

적외선 흡수법이 있는데 빛의 일정 파장만을 검출해서 화재를 감지하는 방식이다.

1) **대표적 방법** : 비분산 적외선(NDIR : Non Dispersive Infrared)

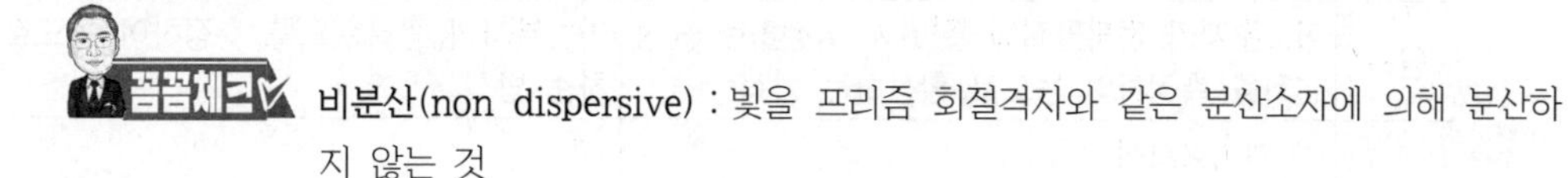

비분산(non dispersive) : 빛을 프리즘 회절격자와 같은 분산소자에 의해 분산하지 않는 것

2) **원리** : 다원자 분자 기체는 일산화탄소가 존재할 때 특정 파장의 적외선을 흡수하는 특성을 이용하여 적외선 감소율로 감지한다(타 가스에 영향을 받지 않음).

3) **종류** : 분리형, 스포트(spot)형

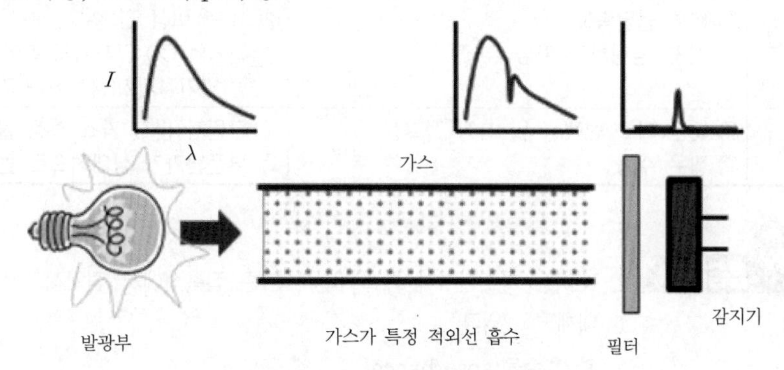

▌NDIR의 감지경로 및 원리[45] ▌

45) Figure 8. Schematic of an NDIR sensor. Part of the light at an analyte-specific wavelength, λ, is absorbed and detected. Home Smoke Alarms. A Technology Roadmap. march 2012.

광 흡수율이 낮은 CO(4.64[μm])를 검지하기 위해 광 경로를 길게, 광 흡수율이 높은 CO_2(4.4[μm])를 위해 광 경로를 짧게 광 도파관을 설계한다.

(2) 접촉식

구분	반도체식	접촉연소식	전기화학식
정의	측정대상 가스가 금속 산화물 반도체(SnO_2) 표면에 화학적으로 흡착될 때 저항의 변화로 인한 전기전도도 변화를 감지하여 경보	가스의 가연성이나 비열, 열전도의 차이에 따라 검출소자의 온도변화를 감지하여 경보	측정대상 가스의 산화환원반응 시에 발생하는 전자의 양을 감지하여 경보
특징	① 구조가 간단함 ② 대량생산 가능함 ③ 경제적임 ④ 측정 원리상 모든 환원성 가스에 반응하므로 인명보호를 위한 기기의 적합성이 낮음 ⑤ 낮은 농도에서 민감하게 반응하므로 저농도용으로 사용 가능함	① 구조가 간단함 ② 경제적임 ③ 다른 가스에 의한 감지 오류가 있음 ④ 환경에 따른 불안정성 ⑤ 특정 가스의 선택적 측정이 곤란함	① 센서의 개별편차가 작음 ② 환경 안정성 ③ 유독성 가스의 농도를 감시하는 용도로 사용

(3) 접촉식과 광학식의 비교

구분	접촉식	광학식(적외선 흡수법)
원리	가스분자가 검지물질에 흡착 시 발생하는 물성 변화를 측정하여 농도로 환산하는 방식	가스분자의 광흡수도를 측정하여 농도로 환산하는 방식
종류	① 전기화학식 ② 고체전해질 방식 ③ 접촉연소식 ④ 반도체 방식	비분산 적외선 방식(NDIR : Non-Dispersive Infrared)
장점	① 다양한 가스 측정 가능 ② 빠른 응답속도 ③ 저가, 경량화가 가능	① 높은 측정 정확성 및 가스 선택성 ② 10년 이상 긴 수명 ③ 연기와 CO 감지기의 복합형태로 사용이 가능(연기감지기(광학식) + 가스센서(광학식))
단점	① 낮은 가스 선택성 및 측정 정확성 ② 짧은 수명	① 단원자 분자 가스 측정 불가 ② 부품원가가 상대적으로 높음

1. NDIR 가스센서가 개발되면서 기존 접촉식에서 점차적으로 NDIR 방식으로 대체되고 있다.
2. **광 흡수율**(absorbance)
   ① CO : 0.3
   ② CO_2 : 0.95 이상

04 설치기준(미국)

(1) 화학적 기반의 CO 감지기는 벽에 접착제로 붙여서 설치한다.

(2) **전기식의 감지기**

1) 전원콘센트에 연결하여 벽이나 천장 등에 설치한다.

2) 전원장애의 경우는 배터리를 설치하여 비상전원을 공급하도록 규정하고 있다.

(3) 일부 주에서는 기숙사에 CO 감지기의 설치를 강제하고 특히 콜로라도의 경우는 주택뿐 아니라 모든 임대아파트의 침실 주변에 설치하도록 강제한다.

05 실용화를 위한 해결과제

(1) 자동화재탐지설비 및 시각경보장치의 화재안전기술기준(NFTC 203)에 일산화탄소 적용 복합형 감지기 수용이 필요하며 이를 위한 추가적인 연구가 필요하다.

(2) 검정기술기준에 화재감지를 위한 시험기준 설정 및 화재감지로서 일산화탄소, 이산화탄소 가스센서에 대한 감도시험기준 연구가 필요하다.

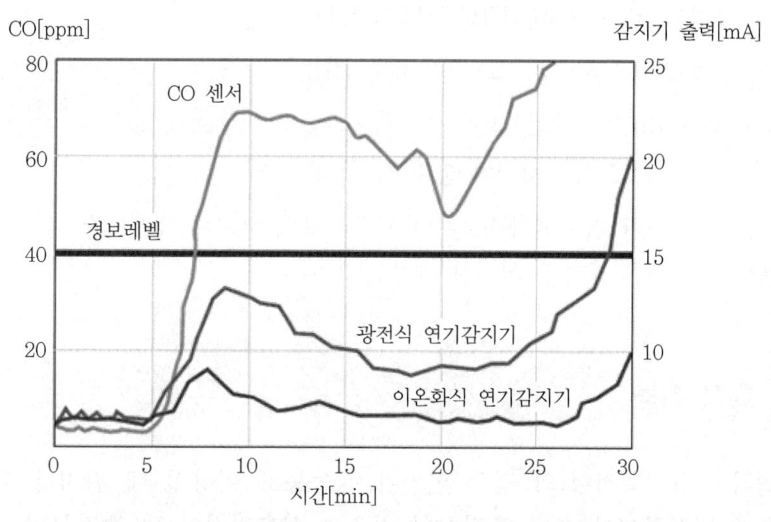

▌감지기의 감지성능(메트리스 위에 담배로 인한 훈소화재 시)▐

(3) 일부 제품에는 연기감지기에 CO 감지센서가 추가된 복합형 감지기가 있다.

SECTION 029

축적형 감지기

118회 출제

01 개요

(1) 최초의 화재신호를 감지한 후 즉시 화재신호를 발하지 않고 공칭축적시간(10초 이상 60초 이내로 10초 단위로 분류) 이후 수신기에 신호를 전송하는 감지기이다.

(2) 연기감지기의 경우 연기축적에 따라 축적형 및 비축적형으로 구분하고 축적형이라 함은 일정농도 이상의 연기가 일정시간 지속(축적시간)될 경우에 작동하는 감지기로서, 비화재보를 방지하기 위한 목적의 감지기이다.

02 설치장소

비화재보 가능성이 있는 장소(NFTC 203 2.4.1)

(1) 지하층, 무창층으로 환기가 잘 되지 않는 장소

(2) 실내면적이 40[m^2] 미만인 장소

(3) 감지기 부착면과 바닥의 사이가 2.3[m] 이하

(4) 일시적으로 발생한 열·연기 또는 먼지 등으로 인하여 화재신호를 발신할 우려가 있는 장소(단, 축적형 수신기를 설치한 경우는 제외)

03 축적 기능

일반형 연감지기(비축적형)의 경우 연기가 작동농도 이상일 때 감지가 되면 5초 이내에 화재신호를 발신하여야 하나 축적형의 경우는 신호입력이 된 순간부터 축적을 개시하고 축적이 종료되는 시점에서 판단하여 화재신호가 계속 입력되고 있는 경우에 화재로 인식하여 동작신호가 발신되는 감지기이다.

(1) **축적시간**

5초 이상 60초 이내

(2) **공칭축적시간**

10초 이상 60초 이내(10초 간격)

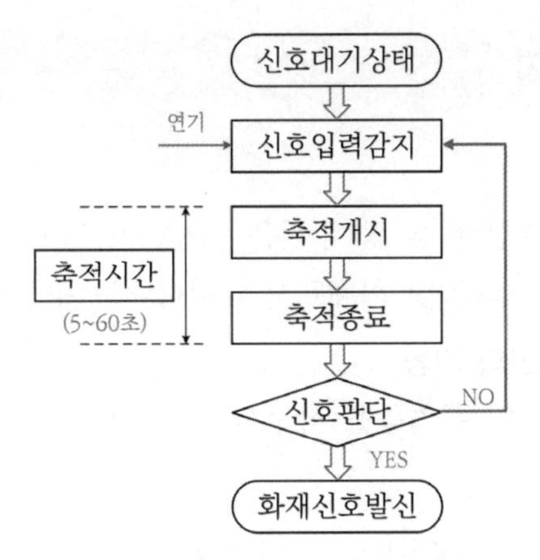

▌축적형 감지기의 동작 다이어그램▐

04 축적형 수신기를 설치할 필요 없는 감지기

(1) 불꽃감지기

(2) 정온식 감지선형 감지기

(3) 분포형 감지기

(4) 복합형 감지기

(5) 광전식 분리형 감지기

(6) 아날로그 방식 감지기

(7) 다신호방식 감지기

(8) 축적형 감지기

05 축적형 감지기를 사용할 수 없는 장소[자동화재탐지설비의 화재안전기술기준(NFTC 203) 7조]

구분	사용할 수 없는 이유
교차회로 방식이 사용되는 감지기	교차지연 + 축적지연 → 2중 지연으로 실보 우려
수신기에 축적 기능이 있는 경우	감지기 축적지연 + 수신기 축적지연 → 2중 지연으로 실보 우려
유류 취급장소와 같이 급격한 연소 확대 우려가 있는 장소	급격한 연소확대로 화재를 조기에 감지하여 진압해야 하므로 축적형을 통해 얻는 오보 방지기능 보다 조기진압이 더 중요한 목적이기 때문에 축적형 감지기의 사용을 제한함

06 축적형 수신기

(1) 정의

최초의 화재신호를 수신한 후 곧 수신을 개시하지 않고 축적시간 내 화재신호를 재차 받을 경우에 지구경종동작 및 화재표시를 나타내는 수신기

(2) 수신기의 축적시간 동안의 기능

지구표시장치의 점등 및 주경종을 작동시킬 수 있다.

(3) 화재신호 축적시간

5초 이상 60초 이내(5초 간격)

(4) 공칭축적시간

10초 이상 60초 이내(10초 간격)

(5) 축적기능의 수신기에는 축적형 감지기를 설치하지 않는 것이 원칙이다.

07 NFPA 72 경보검증시간

(1) 목적

연기감지기의 비화재보를 방지하는 것이다.

(2) time-line

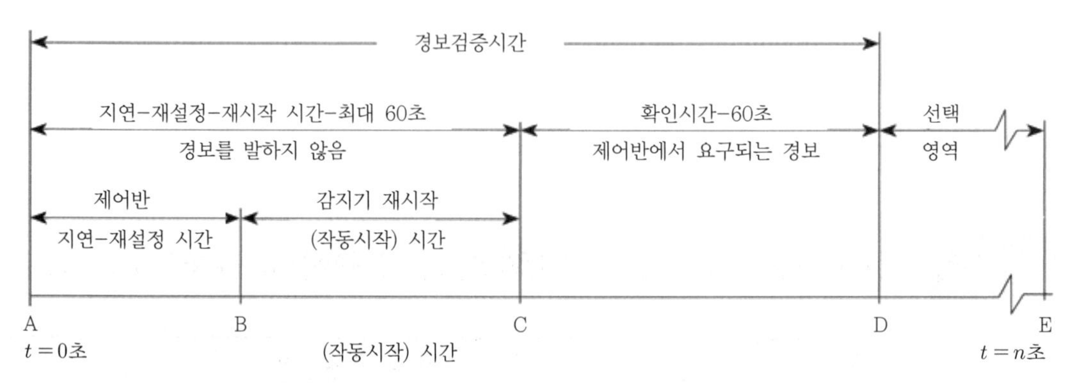

1) A ~ D(경보검증기간) : 지연-재설정-재시작-확인기간으로 구성한다.

2) A : 연기감지기 동작시간

3) A ~ B(지연-재설정 시간)

① 제어반은 경보 시 감지기를 감지하고 전원을 차단하여 경보신호를 지연한다.

② 지연시간의 길이는 설계에 따라 다르다.

4) B ~ C(감지기 전원켜짐 시간)

① 감지기 전원이 다시 공급되고 감지기가 경보를 위해 작동하기 위한 시간이 허용된다.

② 시간은 감지기 설계에 따라 다르다.

5) A ~ C(지연 재설정–재시작 시간)

① 제어반에 경보를 발하지 않는다.

② 최대 허용시간 : 60초

6) C ~ D(확인시간) : 감지기는 C점에서 경보에 대해 작동한다.

① 감지기가 C점에서 여전히 경보상태인 경우 제어반은 확인시간 경과 후 경보를 발신한다.

② 감지기가 경보상태가 아닌 경우 설비는 대기상태로 복귀한다.

③ 감지기가 확인기간 중 다시 경보신호가 들어오면 제어반은 경보를 발신한다.

7) D ~ E(선택영역) : 제어반에서 경보가 발생하거나 확인기간의 재시작이 될 수 있다.

08 결론

축적기능이란 연기감지기와 같이 오동작의 발생이 많은 감지기의 오동작을 방지하는 목적이 있으나 동작이 지연되는 문제점도 있다. 따라서, 축적기능이 불필요할 정도로 신뢰도가 높거나 축적이 중복될 경우에는 이를 제한하고 있다.

SECTION 030

비화재보

77회 출제

01 개요

(1) 화재로 인한 연소생성물 이외의 요인에 의해 자동화재탐지설비가 작동하여 화재신호를 발하는 것을 지칭한다.

(2) 감지기의 오동작은 화재를 감지하지 못하는 실보와 화재와 유사한 상황에서 작동되는 비화재보로 구분된다.

(3) 비화재보는 소방시설의 신뢰도를 떨어뜨려 사용자들의 자탐설비의 정상적인 작동에 대해서 대응을 지체하거나 장비를 정지시킴으로써 화재 시 작동되지 못하는 경우를 초래할 수 있다.

02 문제점 및 국내규정

(1) 문제점

1) 경보의 신뢰도가 저하된다.

2) 평상시 잦은 오동작 때문에 정상적으로 스위치를 켜고 운영할 수 없다. 따라서, 스위치를 정지하거나 선을 빼놓게 된다.

3) 감지기는 화재 시 정확히 화재를 감지할 수 없는 무용지물이 될 수 있다.

(2) 장소별 설치 감지기의 종류

장소에 따라 화재 위험성이 변화하므로 각 장소에 적합한 감지기를 설치하여야 비화재보를 최소화할 수 있다.

구분	장소	감지기
법적 규정	① 지하층 · 무창층 등으로서 환기가 잘 되지 않거나 실내면적이 40[m²] 미만인 장소 ② 감지기의 부착면과 실내바닥과의 사이가 2.3[m] 이하인 곳으로서, 일시적으로 발생한 열기 · 연기 또는 먼지 등으로 인하여 화재신호를 발신할 우려가 있는 장소(예외 : 자동화재탐지설비의 화재안전기술기준 2.4.1 단서에 따른 8종의 감지기를 설치한 경우)	불꽃감지기, 정온식 감지선형 감지기, 분포형 감지기, 복합형 감지기, 광전식 분리형 감지기, 아날로그방식의 감지기, 다신호방식의 감지기, 축적방식의 감지기

구분	장소	감지기
법적 규정	부착높이에 따라	적응성 있는 감지기
	① 계단 · 경사로 및 에스컬레이터 경사로 ② 복도(30[m] 미만의 것을 제외) ③ 엘리베이터 승강로(권상기실이 있는 경우 권상기실) · 린넨슈트 · 파이프 피트 및 덕트, 기타 이와 유사한 장소 ④ 천장 또는 반자의 높이가 15[m] 이상 20[m] 미만의 장소 ⑤ 다음에 해당하는 특정소방대상물의 취침 · 숙박 · 입원 등 이와 유사한 용도로 사용되는 거실 ㉠ 공동주택 · 오피스텔 · 숙박시설 · 노유자시설 · 수련시설 ㉡ 교육연구시설 중 합숙소 ㉢ 의료시설, 근린생활시설 중 입원실이 있는 의원 · 조산원 · 교정 및 군사시설 ㉣ 근린생활시설 중 고시원	연기감지기 (교차회로방식에 따른 감지기가 설치된 장소 또는 자동화재탐지설비의 화재안전기술기준 2.4.1 단서규정에 따른 감지기가 설치된 장소는 제외)
	주방 · 보일러실 등으로서, 다량의 화기를 취급하는 장소	정온식 감지기
	지하구	먼지 · 습기 등의 영향을 받지 않고 발화지점(1[m] 단위)과 온도를 확인할 수 있는 것을 설치
	① 일시적으로 발생한 열기 · 연기 또는 먼지 등으로 인하여 화재신호를 발신할 우려가 있는 장소 : 자동화재탐지설비의 화재안전기술기준 표 2.4.6.(1) 및 표 2.4.6.(2)에 의한 적응성 있는 감지기 설치 가능 ② 연기감지기를 설치할 수 없는 장소 : 표 2.4.6.(1)을 적용	
권장 사항	화학공장, 격납고, 제련소 등	광전식 분리형 감지기, 불꽃 감지기
	전산실, 반도체 공장 등	광전식 공기흡입형 감지기

(3) 비화재보방지시험(감지기의 형식승인 및 제품검사의 기술기준 제8조) 113회 출제

1) 공통시험

시험종류	시험방법	판정기준
상대습도	주위온도 (23±2)[℃]인 조건을 유지하며 상대습도 20±5[%] → 90±5[%] 급격하게 3회 변경 투입을 반복한다.	감지기가 작동하지 않아야 한다.
전원차단	분당 6회 비율로 감지기의 공급전원 차단을 반복한다.	

2) 감지기 종류별 비화재보방지시험

감지기의 종류	시험방법	판정기준
광전식	백열램프, 크세논램프에 노출되는 경우	감지기는 작동되지 않아야 한다.
광전식, 이온화식	기류를 가하는 경우, 온도변화 및 기압변화 10회	
불꽃식	형광램프, 할로겐램프, 직사 및 반사된 태양광, 아크용접 불꽃, 충격파전압, 그 밖의 외광에 노출 및 인가되는 경우	

03 요인별 원인

(1) 인위적인 요인(60[%])
   1) 대부분의 오동작의 원인
   2) 음식물 조리, 흡연, 공사 중의 분진
   3) 자동차의 배기가스

(2) 기능상의 원인(6[%])
   1) 경년변화에 따른 감도변화
      ① 이온화식 : 비화재보
      ② 광전식 : 실보
   2) 리크(leak) 구멍 폐쇄
   3) 감지기 접점의 부식
   4) 부품의 불량

(3) 환경적 요인(설치장소)
   1) 지하층, 무창층으로 환기가 잘 되지 않는 장소
   2) 실내면적이 40[m^2] 미만인 장소
   3) 감지기 부착면과 실내바닥의 사이가 2.3[m] 이하
   4) 습도, 빛, 온도, 풍압의 이상변화
   5) 결로

(4) 유지상의 원인(0.4[%])
   1) 청소불량 등 유지관리 불량
   2) 감지기 주변 부적절한 환경 방치
   3) 건물 틈새 방수처리 불량 및 균열

(5) 설치상의 원인(0.6[%])
   1) 감지기와 고압 선로와의 접근
   2) 수증기와 부식성 가스 발생 등 감지기의 설치 부적합한 장소에 설치된 경우
   3) 감지기 설치 후 시설이나 업종 변경에 따른 환경의 변화

(6) 기타(33[%])

04 NFPA의 분류(비화재보 unwanted alarm) 130회 출제

(1) **성가신 경보**(nuisance alarm)
   기능적, 환경적, 유지 · 관리, 설치상 요인에 의해 빈번하게 발생하는 비화재보

(2) **악의적인 허위경보(malicious false alarm)**
인위적인 요인 중에서도 고의적인 행위나 오동작에 의한 비화재보

(3) **고의가 아닌 경보(unintentional alarm)**
1) 악의가 아닌 비화재보로서, 악의가 없이 행동한 사람에 의해 화재경보가 작동하는 것
2) 우발경보의 한 예를 들어 소방점검 중에 발생하는 경보 등이 해당

(4) **미확인 경보(unknown alarm)**
기타 요인으로 인해 원인을 알 수 없는 비화재보

05 성가신 경보(nuisance alarm)에 대한 방지대책

(1) 감지기 수를 제한한다.

(2) 연기감지기의 사용을 제한한다.
1) **통계자료** : 연기감지기의 비화재보 발생률이 열감지기보다 10배 이상 크다.
2) 비화재보를 일으키는 원인이 연기 및 유사 연기(수증기, 에어로졸, 먼지 등)에 의한 것이 많기 때문이다.
3) 연기감지기의 사용보다는 열, 불꽃 등의 감지기를 선택하는 것이 비화재보를 줄이는 방법이다.

(3) 설치장소에 다음의 사항을 고려하여 적응성 있는 감지기를 선정한다.
1) 가연물
2) 화재 시나리오
3) 천장 높이 및 형태
4) 실내 환기 및 온도

(4) **복합형 감지기의 사용**
복합형 감지기의 AND 회로를 이용하여 두 개의 감지소자가 모두 동작할 경우 화재로 인식하도록 하여 비화재보를 줄이는 방법이다.

(5) **경년변화에 따른 유지 · 보수**
1) 외국의 경우에는 설치된 후 10년이 지난 감지기는 5년이 경과된 감지기보다 불량률이 25[%] 정도 높다고 보고되고 있다.
2) 모든 설비는 경년변화를 피할 수 없으므로 주기적인 점검, 청소 및 교체 등의 유지 · 보수를 철저히 함으로써 비화재보뿐만 아니라 실보도 방지할 수 있다.

(6) 오동작의 우려가 작은 감지기 및 수신기를 선정한다.
1) 스포트(spot)형보다는 분포형을 설치한다.
① 감지기 수가 많으면 그만큼 비화재보를 발하는 확률이 커지게 된다.

② 감지기의 설치가 제외될 수 있는 장소와 같이 감지기 적응성이 떨어지는 장소나 오동작 우려가 큰 장소에는 설치를 배제하고, 가능한 감시범위가 넓은 분포형 감지기를 사용하여 감지기의 수를 줄일 필요가 있다.

2) 축적기능의 감지기 또는 수신기를 설치한다.

3) 아날로그 감지기와 인텔리전트 수신기를 사용한다.

4) 고성능 감지기와 수신기를 사용한다.

(7) 설치 및 유지상의 대책

1) 감지기의 정기적인 청소 및 습기를 제거한다.

2) 오동작 원인을 제거(취사, 난방기구 사용 등)한다.

3) 공기유입구로부터 1.5[m] 이상 이격한다.

4) 고압 전로 등과 일정거리 이격한다.

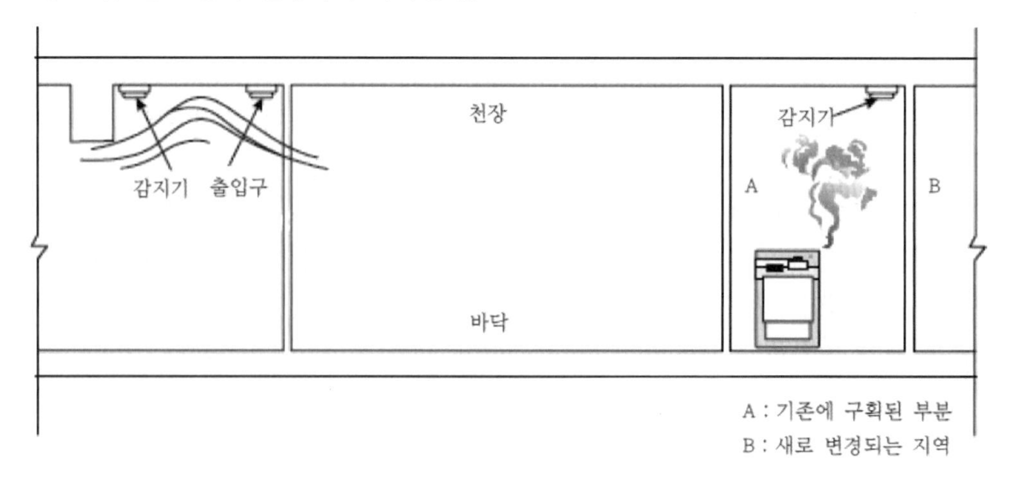

▌오동작 발생을 유발시키는 감지기 설치 예▐

(8) 제품 · 제도적 보완 요구를 통해 오동작을 방지한다.

(9) 정상 경보시퀀스(positive alarm sequence) NFPA 72[46] 134회 출제

1) 화재를 확인하기 위한 경보를 지연하는 시스템은 능동형 경보 시퀀스(PAS)와 사전 신호 시스템(presignal systems)이 있다.

① 사전 신호 시스템(presignal systems)

㉠ 초기 화재경보신호가 수신되면 항상 주의가 필요한 위치(방재실, 소방서 등)에서 경보신호가 발한다.

㉡ 지구경보가 울리기 위해서는 수동으로 관리자가 작동을 시켜야 한다. 이때 수신반이 신호를 받은 후 1분 이상 경보를 지연시킬 수 있는 기능도 허용된다.

46) NFPA 72H(2022) EXHIBIT 23.1

㉢ 사용처 : 구금시설(형무소, 정신병동 등)

② 능동형 경보 시퀀스(positive alarm sequence)

㉠ 정의 : 화재경보 확인을 위해 수동으로 지연시켜도 설비를 재설정하지 않으면 경보신호가 발생하는 자동 시퀀스(3.3.205)

㉡ 초기 화재경보신호가 수신되면 항상 주의가 필요한 위치(방재실, 소방서 등)에서 경보신호가 발한다.

㉢ 수신확인 : 감지기에서 발신된 신호는 신호표시 후 15초 이내

㉣ 신호 15초 이내에 수신확인이 되지 않는 경우 : 화재경보

㉤ 방재실 근무자는 최대 180초 시간 내에 화재사실 유무를 확인하고 수신기를 복구한다.

㉥ 수신기 복구가 되지 않은 경우 : 지구 화재경보

㉦ 다른 화재감지기가 180초 이내에 작동 : 지구 화재경보

㉧ 기타 다른 경보장치가 180초 이내 작동 : 지구 화재경보

2) 관리자가 15초 이내에 신호를 확인하여야 하며, 만약 신호가 확인되지 않으면 지구경보가 즉시 작동하여야 한다.

3) 신호가 확인되면 180초 동안 화재상황을 조사하고 시스템을 재설정한다.

4) 재설정을 하지 않으면 지구경보가 자동으로 작동한다. 만약 다른 감지기가 작동하거나 다른 경보설비가 작동하게 되면 지구경보가 작동한다.

5) 수동으로 즉시 지구경보를 발할 수도 있고 우회설비를 이용해서 PAS를 우회해서 지구경보를 발할 수도 있다. 우회 수단은 자동 또는 수동 주간, 야간 및 주말 작동을 가능하게 하여야 한다.

6) 사용처 : 호텔, 대형 쇼핑센터, 교육시설

7) 장단점

장점	단점
① 인력이 CCTV에서 의심스러운 활동을 확인할 수 있도록 하여 거짓 경보를 나타내거나 비상상황을 확인할 수 있다. ② 거짓 경보 발생 시 활동방해를 방지한다. ③ 발생하는 거짓 경보수를 줄인다. ④ 현장에 인력이 도착하기 전에 경찰 및 소방서에 전달할 수 있는 귀중한 정보를 제공하여 조정되고 정보에 입각한 대응을 촉진한다.	① 실제 화재발생 시 피난지연 우려가 있다. ② 숙련된 안전관리자가 근무하는 장소에서만 적용 가능하다.

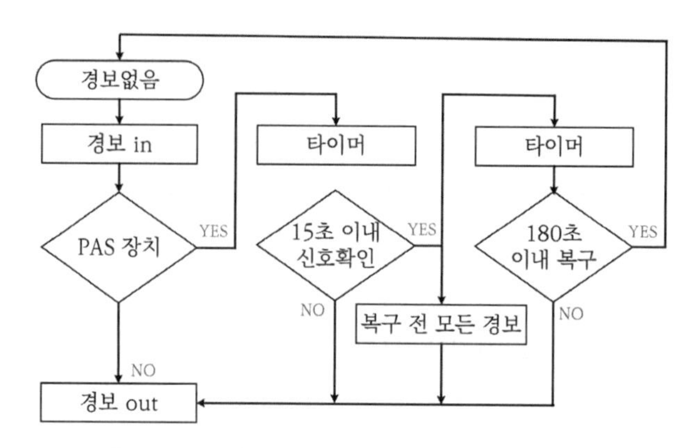

▍순서도(NFPA 72 handbook EXHIBIT 23.1)▍

(10) **미국 규정**

1) NFPA 72 : 사전 신호 시스템과 능동형 경보 시퀀스의 경우는 모두 AHJ 승인이 필요하다.

2) NFPA 101 : 능동형 경보 시퀀스의 경우는 모든 경우에 허용하지만 사전 신호 시스템은 기존 점유시설에만 허용하고 모두 AHJ 승인이 필요하다.

3) IBC : 능동형 경보 시퀀스는 다루고 있지 않고 사전 신호 시스템은 소방서 승인이 필요하다.

06 악의적인 허위경보(malicious false alarm)에 대한 대책

(1) 교육 및 홍보를 통한 계도(啓導)

(2) 교육 및 훈련을 통한 조작 및 대처능력 강화

(3) CCTV 설치를 통한 감시로 사전예방 효과

(4) 경비 · 순찰 강화를 통한 사전예방 효과

07 결론

(1) 화재를 조기에 감지하여 재실자에게 통보하는 자동화재탐지설비는 화재상황에서 그 기능이 얼마나 잘 작동하느냐 하는 것이 자동화재탐지설비의 신뢰도이며 생명이다.

(2) 자동화재탐지설비의 기능은 초기 화재감지 후 경보를 발하는 데 그치지 않고 2차적으로 스프링클러설비, 가스계 등의 소화설비와 제연, 피난유도설비 등과 연동되도록 설치되어 있다. 1차적인 자동화재탐지설비의 작동정지는 2차 설비의 정지까지 가지고 온다는 점에서 자동화재탐지설비의 신뢰도는 더욱 중요하다.

(3) 비화재보는 자동화재탐지설비의 신뢰도를 낮추며 심한 경우 기능을 정지시키는 사례까지 유발시킬 수 있다.

(4) 자동화재탐지설비 설계 시 설치장소의 가연물질, 주변환경, 온도, 내장재의 종류, 천장의 높이, 형태 및 화재 시나리오 등을 고려함은 물론 유지 · 관리를 철저히 하여 비화재보를 최소화하여야 한다.

(5) 오동작을 방지하기 위해서 축적형이나 교차회로 등의 장치를 강화하면 실보 가능성과 시간지연이 증가하는 상호관계상의 문제점이 있으므로 이에 대한 대응책을 항상 마련하여야 한다.

SECTION

031 단독경보형 감지기

01 개요

(1) 주택 등 소규모 건축물에 일반 자동화재탐지설비를 설치할 때 많은 비용이 소요되고 전문인력의 부재에 의한 유지 · 관리에 어려움이 있다.

(2) 감지기가 내장된 건전지에 의해 각 방호구역마다 단독으로 설치되고, 별도의 유선전원 없이 건전지에 의해서 전원을 공급받고, 음향경보까지 발할 수 있도록 한 감지기 단독 설비를 단독경보형 감지기라고 한다. 최근에는 무선으로 통신도 가능하게 제작된 제품도 있어 연동도 가능하다.

(3) **정의(「비상경보설비 및 단독경보형 감지기의 화재안전성능기준」 제3조)**

화재발생 상황을 단독으로 감지하여 자체에 내장된 음향장치로 경보하는 감지기

(4) **종류**

1) 감지센서에 의한 분류 : 연기(광전식), 열(차동식), 복합형(연기, 열, CO)

2) 연동 유무 : 연동형, 비연동형

02 구성 및 기능

(1) **구성**

1) 감지부

2) 자동복귀형 시험스위치

3) 음향장치

4) 작동표시등

5) 전원감시장치

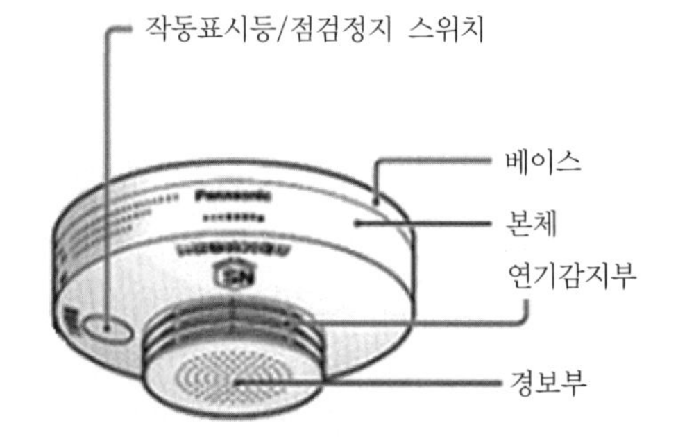

▌단독경보형 감지기 개념도▐

(2) 일반기능

1) **수동 작동시험 기능** : 자동복귀형 스위치에 의하여 수동으로 작동시험을 할 수 있는 기능
2) **화재 표시 및 경보 기능** : 작동되는 경우 작동표시등에 의하여 화재의 발생을 표시하고, 내장된 음향장치의 명동에 의하여 화재경보음을 발할 수 있는 기능
3) **전원표시등 기능**
   ① 주기적으로 섬광하는 전원표시등에 의하여 전원의 정상 여부를 감시할 수 있는 기능
   ② 전원의 정상상태를 표시하는 전원표시등의 섬광주기는 1초 이내의 점등과 30초에서 60초 이내의 소등
4) **화재경보음** : 1[m] 이격거리 85[dB] 이상(10분 이상)
5) **건전지 이상경보 기능** : 음향 및 표시등에 의하여 72시간 이상 경보. 음향경보는 1[m] 떨어진 거리에서 70[dB](음성안내는 60[dB]) 이상
6) **건전지** : 리튬전지 또는 이와 동등 이상
7) **화재경보정지 기능** : 단독경보형 감지기에는 스위치 조작에 의하여 화재경보를 정지시킬 수 있는 기능

03 설치기준

(1) 설치장소

1) 각 실마다 설치**한다.**

이웃하는 실내의 바닥면적이 각각 30[m^2] 미만이고 벽체 상부의 전부 또는 일부가 개방되어 이웃하는 실내와 공기가 상호유통되는 경우에는 이를 1개의 실로 본다.

2) 바닥면적이 150[m^2]를 초과하는 경우 : 150[m^2]마다 1개 이상 설치**한다.**
3) 최상층 계단실의 천장(예외 : 외기가 상통하는 계단실)에 설치**한다.**

(2) 건전지를 주전원으로 사용하는 경우 정상적인 작동상태를 유지할 수 있도록 건전지를 교환(건전지를 주기적으로 교체)한다.

(3) 상용전원을 주전원으로 사용하는 경우 2차 전지는 성능시험에 합격한 것을 사용**한다.**

04 미국의 단독경보형 감지기와의 비교표

구분	단독경보형 연기감지기(NFPA 72)	단독경보형 감지기(NFTC 201)
대상	아파트, 모텔, 호텔, 콘도미니엄(condominium), 단독주택	① 공동주택 중 연립주택 및 다세대주택(연동형) ② 교육연구시설 내 합숙소 또는 기숙사(연 2,000[m²] 미만) ③ 수련시설 내 합숙소 또는 기숙사(연 2,000[m²] 미만) ④ 유치원(연 400[m²] 미만) ⑤ 수용인원 100명 미만의 수련시설(숙박시설이 있는 경우)
설치장소	모든 침실 안, 침실 밖	① 각 실 150[m²]마다 1개 ② 최상층의 계단실 천장
타 설비와 연동 유무	① 최대 12개 ② 도난경보설비, 의료경보설비	연동하지 않는다(연립과 다세대주택은 연동).
감지방식	연기	연기, 열, 불꽃

미국에서는 인명 거주지역에 연기감지기의 설치를 원칙으로 한다.

SECTION 032

주소형 · 아날로그형 감지기

114 · 105 · 95 · 76 · 71회 출제

01 개요

(1) 화재신호의 발신방법에 따른 감지기 구분

1) **단신호식** : 보통 감지기의 대부분이 하나의 신호를 발하는 방식

2) **다신호식** : 1개의 감지기 내에 서로 다른 종별 또는 감도 등의 기능을 갖춘 것으로서, 일정시간 간격을 두고 각각 다른 2개 이상의 화재신호를 발하는 방식

3) **아날로그식** : 주위의 온도 또는 연기의 양의 변화에 따라 각각 다른 전류치 또는 전압치 등의 출력을 발하는 방식

아날로그[(analog) 문화어 : 상사, 상사형)]의 신호와 자료는 연속적인 물리량으로 나타낸 것이다. 디지털에 대비되어 쓰인다. 어원은 영어의 아날로지스(analogous, 비슷한)와 같다.

4) 복합형

① AND 회로(단신호) : 비화재보 방지

② OR 회로(다신호) : 실보방지

(2) 기존의 P, R형은 개별 감지기별로 감시하는 것이 아니고 회로(경계구역)를 감시하는 설비로서, 수신기에서는 어느 감지기가 작동하였는지 어느 감지기가 고장인지를 알 수 없다. 현장에서 감지기의 적색등이 점등되어 어느 감지기가 동작했는지를 육안으로 확인할 수밖에 없다.

(3) 아날로그, 주소형 설비는 현재의 R형 시스템의 문제점을 개선한 것이라 할 수 있다.

(4) 아날로그식의 구성

1) **구성요소** : 화재 검출부, A/D 변환부, 전송 제어부, 주소 설정부, 제어 출력부, 전송선 I/F

2) 아날로그 감지기 구조 개략도

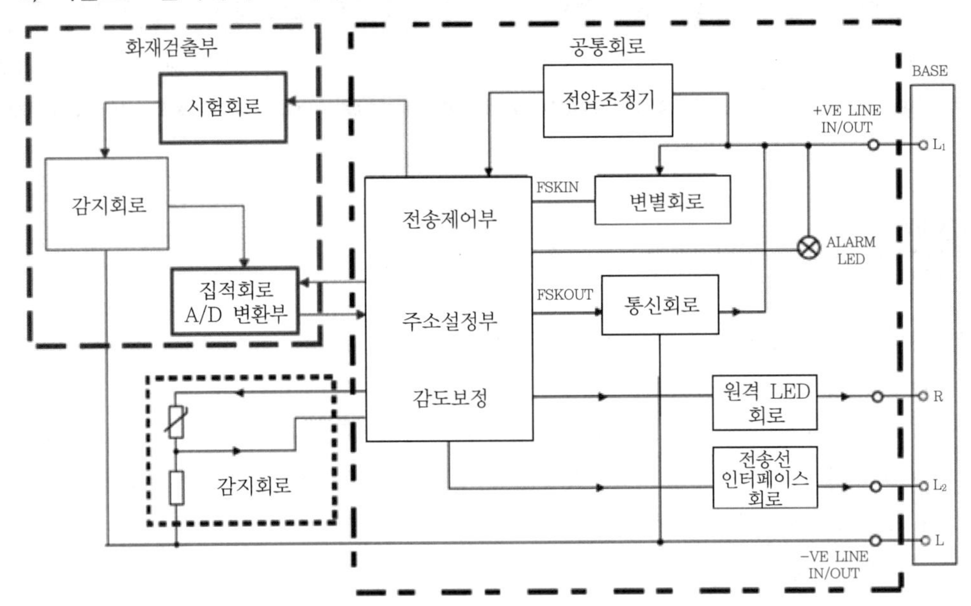

02 설치기준

(1) 설치의무 대상

1) 고층건축물(「건축법」 제2조 제1항 제19호) : 층수가 30층 이상이거나 높이가 120[m] 이상인 건축물

2) 아날로그 감지기 설치(「고층건축물의 화재안전기술기준」 2.4.1)

① 고층건축물 : 아날로그 방식의 감지기로서 감지기의 작동 및 설치지점을 수신기에서 확인할 수 있는 것으로 설치

② 아날로그식 외의 감지기(주소형 감지기) : 공동주택의 경우에는 감지기별로 작동 및 설치지점을 수신기에서 확인할 수 있는 아날로그 방식 외의 감지기로 설치

3) 부착높이 20[m] 이상인 장소(「자동화재탐지설비 및 시각경보장치의 화재안전기술기준」 표 2.4.1)

① 불꽃감지기

② 광전식(분리형 · 공기흡입형 감지기) 중 아날로그 방식

4) 공동주택(NFTC 608 2.7.1.1) 및 창고시설(NFTC 609 2.5.3.1) : 아날로그 방식의 감지기, 광전식 공기흡입형 감지기 또는 이와 동등 이상의 기능 · 성능이 인정되는 것으로 설치

(2) 설치선택 대상

1) 지하층, 무창층 등(NFTC 203 2.4.1)

① 환기가 잘 되지 않는 장소

② 실내면적이 40[m^2] 미만인 장소

③ 감지기의 부착면과 실내 바닥과의 거리가 2.3[m] 이하인 곳으로서, 일시적으로 발생한 열 · 연기 또는 먼지 등으로 인하여 화재신호가 발신할 우려가 있는 장소

2) 지하구(NFTC 605 2.2.1.1) : 감지기 중 먼지 · 습기 등의 영향을 받지 않고 발화지점(1[m] 단위)과 온도를 확인할 수 있는 것을 설치(광케이블식 감지선형 감지기)

3) 적응성 있는 감지기(NFTC 203 2.4.1) : 아날로그 방식의 감지기, 불꽃감지기, 복합형 감지기, 다신호방식의 감지기, 축적방식의 감지기, 광전식 분리형 감지기, 정온식 감지선형 감지기, 분포형 감지기

(3) 설치기준

1) 아날로그 방식 감지기의 설치기준(NFTC 203 2.4.3.14)

① 공칭감지온도범위 및 공칭감지농도범위에 적합한 장소에 설치한다.

② 설치방법 : 형식승인 사항이나 제조사의 시방서에 따라 설치한다.

2) 부착높이에 따른 설치기준

① 부착높이 20[m] 이상 : (광전식 분리형, 공기흡입형) 아날로그 방식을 적용한다.

② 아날로그식 스포트형 감지기는 부착높이 기준은 없다.

3) 아날로그식 스포트형 감지기의 부착높이 준용

① 정온식 아날로그 감지기는 8[m] 미만에 적용(특종 준용)한다.

② 광전식 아날로그 감지기는 15[m] 미만에 적용(1종 준용)한다.

③ 이온화식 아날로그 감지기는 20[m] 미만에 적용(1종 준용/생산되지 않음)한다.

4) 스프링클러설비 감지기의 설치기준(NFTC 103 2.6.1.2)

① 준비작동식, 일제개방밸브의 감지회로는 교차회로방식을 적용한다.

② 아날로그방식의 감지기 : 교차회로방식 적용 제외 대상이다.

(4) 설치면적

1) 정온식 아날로그 감지기의 감지면적(특종 준용)

부착높이	주요 구조부	감지면적[m^2]	감지기 간격[m]
4[m] 미만	내화구조	70	8.3
	비내화구조	40	6.3
8[m] 미만	내화구조	35	5.9
	비내화구조	25	5

2) 광전식 아날로그 감지기의 감지면적(1종 준용)

부착높이	감지면적[m^2]	감지기 간격[m]
4[m] 미만	150	12.2
4[m] 이상 15[m] 미만	75	8.6

이온화식 아날로그 감지기는 국내에 생산되고 있지 않다.

(5) 배선설치기준

1) 아날로그 신호선의 설치기준

① 아날로그식 감지기의 배선 130회 출제

㉠ 전자파 방해를 받지 아니하는 차폐배선(STP : Shielded Twisted Pair)을 사용한다.

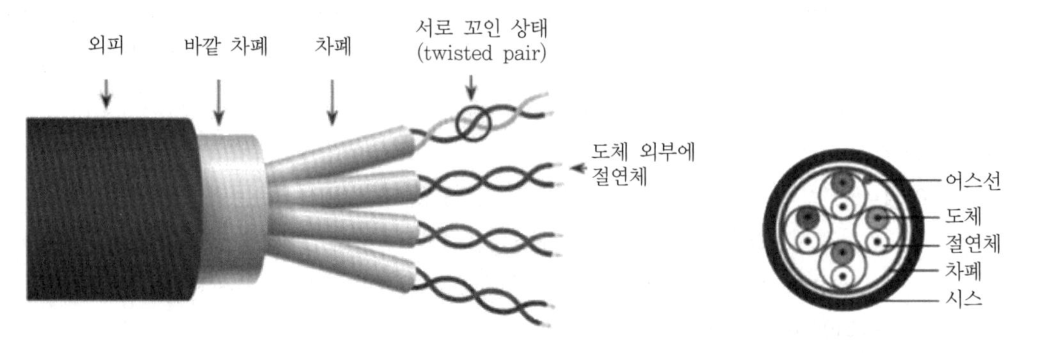

▌차폐배선의 예▐

㉡ 차폐처리된 케이블은 수신기 한 곳에서 접지하여야 차폐효과를 기대할 수 있다. 하지만, 접지를 않거나 2개소 이상 접지를 할 때는 접지를 한 것이 마치 안테나와 같은 역할을 하게 되어 더 많은 전자유도가 발생할 수도 있다.

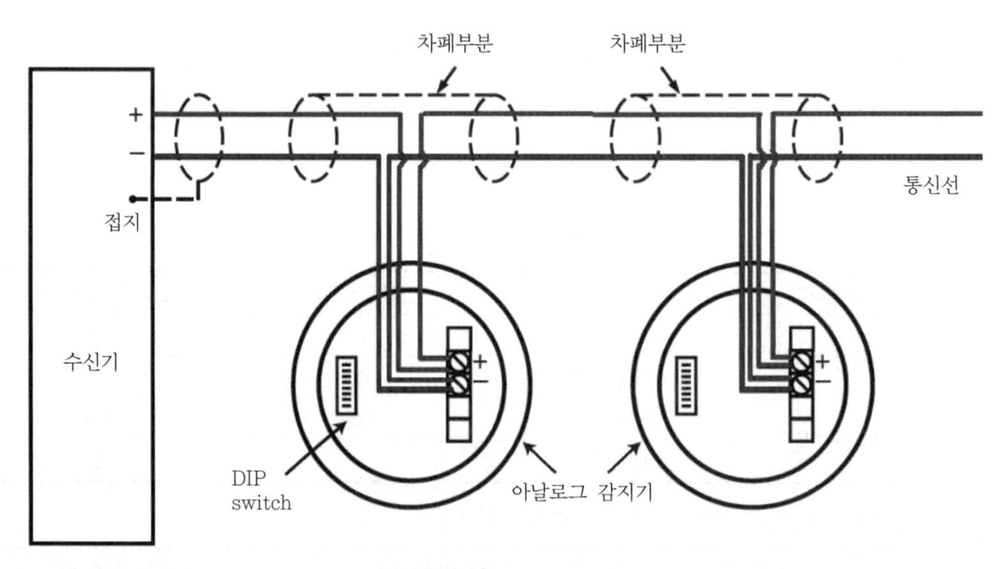

▌차폐케이블에 1점 접지▐

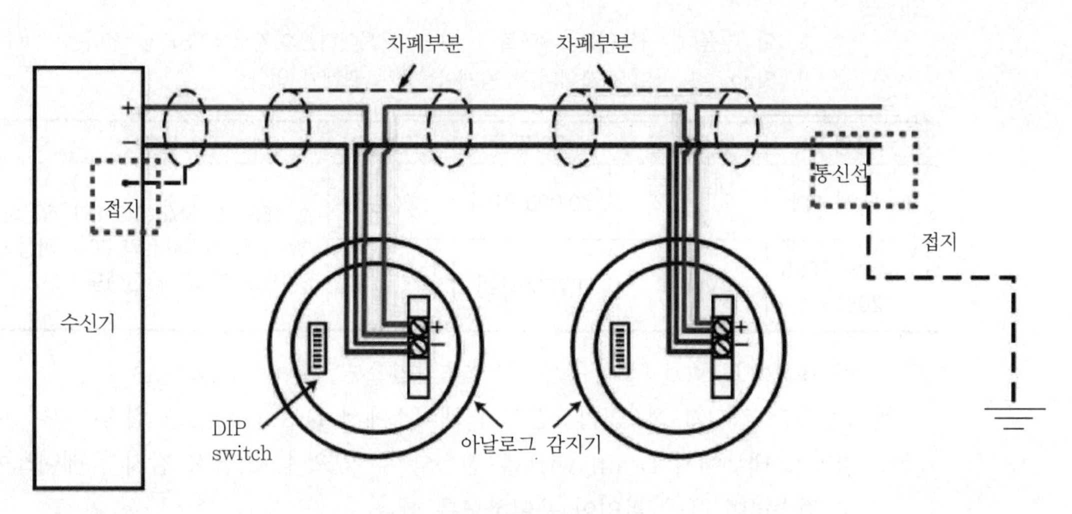

▌차폐케이블에 2점 접지 ▌

접지선 : 접지하여 1차적으로 유도되는 전압을 대지로 흘려보내 외부 노이즈로부터 보호한다.

② 전자파 방해를 받지 아니하는 내열성능이 있는 광케이블 배선(난연성)을 설치한다.

③ 전자파 방해를 받지 않는 형식승인을 받은 경우에는 비차폐선 설치가 가능하다.

새로운 기술의 R형 수신기가 전자파를 방지할 수 있는 기능을 부설한 경우에는 차폐선을 사용하지 아니할 수 있다는 의미이다.

④ STP(Shielded Twist Pair) 차폐전선 : 전선관에 배선한다.

⑤ 아날로그 방식의 감지기를 사용하는 경우

㉠ 송 · 배선식 배선방식으로 설치하지 않아도 된다.

㉡ 감지기의 배선 중에 분기가 가능하다.

⑥ 내열성능 확보 필요[UL 1424(허용온도 105[℃])]

UL 1424 POWER LIMITED FIRE ALARM CABLE

미국 NFPA or ANSI 국가 표준에 등록된 케이블로서, 미국에서는 현재 '전원 제한 화재경보 케이블' 용도로 사용되고 있다. UL vertical tray flame test를 승인받은 케이블로써 높은 난연성과 -20 ~ 105[℃]의 환경에서 사용이 가능한 것이 이 케이블의 특징이다. 최초 KDC에서 UL 1424 FPL을 승인받은 일자는 2007년 5월 14일이고 현재 SIMENS 및 많은 소방대상물 등에, 소방안전케이블로서 사용되고 있다. 현재 현장에서 UL 1424 FPL과 UL AWM 2095 TSP, UL 20811 TSP 케이블에 대해서 혼돈하여 사용되고 있다. UL 2095 및 20811 CABLE의 주체는 'Appliance wiring material'에 준한 케이블로서, 진자기기의 부품에 사용되는 케이블에 관한 규정이다. 여기서, TSP의 의미는 Twist Shield Pair의 약자이며, 소방케이블과는 관계가 없다.

품명	난연조건	인가열량	인가시간	비고
UL 1424 FPL	UL 1685 VTFT	70,000[BTU]	20분	UL 1685 FLAME TEST의 조건이, VW-1 TEST 대비 약 40배 이상의 조건으로 TEST가 진행됨
UL AWM 2095, 20811	VW-1	1,700[BTU]	15초×5회 반복	

⑦ STP(Shielded Twisted-Pair) 통신선의 접속방법(소방기술사회 기술지침)

㉠ 아날로그 감지기 접속방법 : 감지기 베이스에서 Drain wire를 접속하거나 매입박스 내부에서 Drain wire를 접속할 수 있으나, 가급적 감지기 베이스에서 접속하여 육안 확인이 용이하도록 한다.

㉡ 감지기회로 T/B 단자대 접속방법 : 조립식 단자대에서 Drain wire를 상호간 연결한다. Drain wire가 금속함과 접촉을 방지하기 위하여 열수축튜브로 보호하며 통신선과 구별하기 위하여 녹색 튜브를 적용한다.

㉢ 중계기 거치대 단자대 접속방법 : 중계기 거치대에서는 Drain wire 상호 간 접속을 위한 단자대가 없으므로 Drain wire 상호 간에 바로 접속한 후에 절연테이프로 마무리를 한다.

⑧ 통신선의 접속 시 주의사항(소방기술사회 기술지침)

㉠ 차폐선은 끊어짐이 없이 연결되어 수신기(또는 중계반)의 접지단자에 연결되어야 한다(시공완료 후에 Loop test를 실시해서 Drain wire의 전체 접속여부를 확인하여야 함).

㉡ 차폐선은 외함, 전선관 등 금속체에 접촉되지 않도록 설치하여야 한다.

㉢ 차폐선은 한 곳에서만 접지공사방법에 따라 대지에 접지시켜야 한다.

⑨ 옥내통신선의 이격거리 : 옥내통신선은 300[V] 초과 시 전선과의 이격거리는 15[cm] 이상, 300[V] 이하 시 전선과의 이격거리는 6[cm] 이상(애자사용 전기공사 시 전선과 이격거리는 10[cm] 이상)으로 하고 도시가스 배관과는 혼촉되지 않도록 한다(소방기술사회 기술지침).

2) 50층 이상인 건축물의 통신 · 신호 배선

① 이중 배선(class A)으로 설치한다.

② 단선 시에도 고장표시가 되며 정상 작동할 수 있는 성능

㉠ 수신기와 수신기 사이의 통신배선

㉡ 수신기와 중계기 사이의 신호배선

㉢ 수신기와 아날로그 감지기 사이의 신호배선

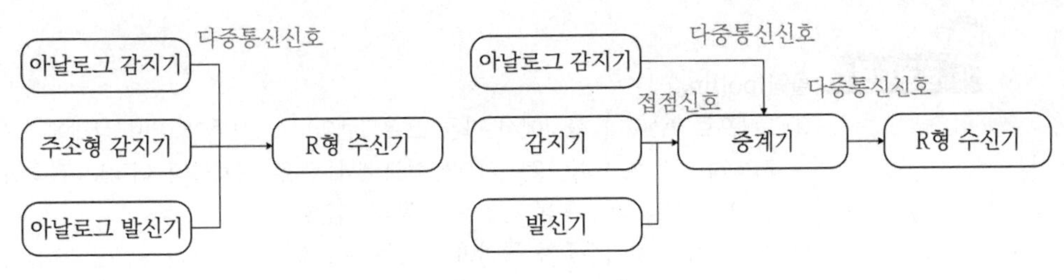

▌아날로그 배선▐

3) 아날로그 감지기 연결 : 전자유도를 최소화하기 위해서 신호선 2가닥을 서로 꼬아서 전자유도를 방해하는 자계를 서로 상쇄시킨다.

03 장단점

(1) **장점** 123회 출제

1) 유지보수 기능의 향상

① 기존 감지기가 자체점검 외에는 사람의 오감에 의존하여 상태를 확인할 수밖에 없기 때문에 점검 이후에 발생할 수 있는 고장정보에 취약하므로 실보의 위험이 크다.

② 아날로그식은 감지기의 고장 및 착탈감시 및 수신기에 표시가 가능해 유지 · 관리가 용이하다.

2) 화재정보의 신뢰성 향상

① 기존 감지기는 1개의 회로에 다수의 감지기가 접속되어 있다. 따라서, 하나의 감지기가 작동하면 그 회선에 접속되어 있는 다른 감지기의 신호를 받을 수 없으므로 화재정보의 단절과 비화재보의 문제가 발생한다.

② 아날로그 감지기는 회선에 감지기가 작동하여도 다른 감지기가 이에 지장 없이 검출정보를 지속해서 전송하므로 수신기의 화재 유무와 성장에 대한 정보의 신뢰성이 향상된다.

3) 온도나 연기농도의 정보제공 : 정보의 판단은 주로 수신기로 한다. 하지만 감지기에 중앙처리장치 내장형은 자체 판단이 가능한 형태도 있다. 이를 분석하여 사전예방 경보가 가능하다.

① 레벨판단 : 감지기에서 공급된 정보값의 크기를 평가하는 기능

② 순차판단 : 감지기의 주소라는 고유번호를 가지고 수신기에서 주소에 의해 순차적으로 검색하는 기능

폴링(polling)

① 한 프로그램이나 장치에서 다른 프로그램이나 장치들이 어떤 상태에 있는지를 지속적으로 체크하는 전송제어방식으로서, 주로 장치들이 아직도 접속되어 있는 지와 데이터 전송을 원하는지 등을 확인한다.
② 즉, 장치가 자기주소가 틀리면 정보를 통과시키고 주소가 맞으면 수신해서 처리하는 것이다.
③ 일반적으로 아날로그 감지기는 2가닥 선로에 통신신호를 송·수신하면서 전원도 공급하는 방식을 사용한다.
④ 수신기와 일정시간마다 폴링할 때 감지기나 중계기의 상태를 알려주고 수신기에서 전송할 정보가 있으면 폴링을 잠시 중지하고 우선적으로 전송정보부터 처리한다. 여기서, 전송정보는 감지기에 저장된 정보값을 읽어오거나 변수값을 변경하는 것이다.

③ 감도보상(drift compensation) : 연기 감지기의 노후화로 인하여 감도가 변하는 문제에 대응하기 위하여 주변환경에 맞추어 설정하는 기능(레벨 조정)
④ 경보결정
⑤ 일정시간(국내기준 30초) 이내에 일정한 횟수 동안 연속적으로 설정된 레벨을 초과하는 경우 : 경보발생
⑥ 시간 내 레벨이 한 번이라도 일정한 횟수를 초과하지 못하는 경우 : 처음부터 다시 경보대기 상태가 된다.

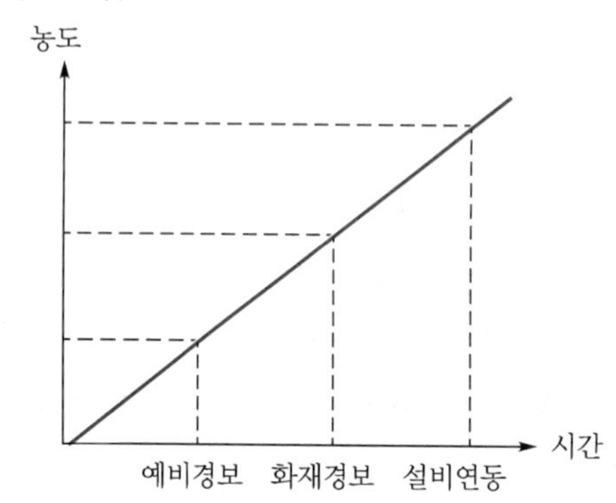

▌아날로그 감지기의 시간에 따른 다양한 정보활용 ▌

4) 비화재보 감소
① 회로전선 합선 시 합선으로 표시 : 기존 설비는 화재로 표시기능
② 연기감지기의 연기농도에 따른 먼지와 연기구분 기능
③ 감지기의 감지레벨(열이나 연기)을 수신기에서 조정기능

5) 공사 등에 의한 일부 감시구역의 기능정지 가능

6) 비용절감 : 회로의 전선이 2가닥이면 되기 때문에 설치공임 및 전선소요비용이 절감

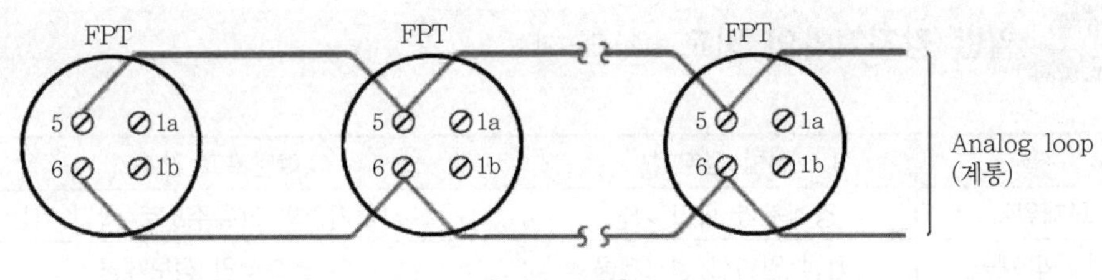

▌설치방법▐

7) 주소화 기능보유
   ① 화재위치를 신속하게 확인할 수 있다.
   ② 지속적으로 정보값을 보내는 아날로그식은 폴링 어드레서를 가질 수밖에 없다.

어드레스형 감지기(address)
① 감지기의 작동 시 통신기능을 부과시키는 감지기
② 수신기에 감지기의 고유번호(dip switch, 바코드, RFID)를 송신하는 감지기

8) 다중 통신의 디지털 신호
   ① 감지기 동작 시 신호는 전류신호가 아닌 다중 통신(multiplexing communication)에 의한 디지털 정보(digital data) 신호를 사용하여 더 많은 화재관련 정보를 제공할 수 있다.
   ② 감지기회로 말단의 종단저항이 불필요하다.
   ③ 원격정비 및 감시기능
9) 자기감도 보상기능
10) 자기진단기능
   ① 고장신호
   ② 탈락신호
   ③ 오염신호

(2) 단점
1) 가격이 고가이다.
2) 대부분 제품은 감지기 설정이나 입력 시 바코드나 RFID 등에 의해서 이루어지기 때문에 관리자가 이를 변경조정하기가 곤란하다.
3) 설치개수가 많은 경우 통신정보량이 증가한다.

04 일반 감지기와의 비교 123회 출제

구분	일반 감지기	아날로그 감지기
화재위치	경계구역 확인 가능	감지기만의 고유주소로 확인 가능
정보의 제공	접점 일회성 정보제공	연속적인 정보제공
기능	화재감지기능	① 화재예방 경보기능 ② 화재의 진행사항 파악 가능 ③ 자기진단기능(감지기의 고장 여부) ④ 오염도 경보기능(감지기실이 오염도가 설정값보다 높은 경우 그 신호를 수신기에 전송함) ⑤ 감지기 착 · 탈 감시 기능 ⑥ 중앙처리장치 부착형은 감지기 자체판단 기능
종류	① 열 ② 연기 ③ 불꽃 ④ 복합형	① 열 아날로그식(spot) ② 연기 아날로그식(이온화 spot, 광전식 spot, 광전식 분리형) ③ 복합형
동작특성	정해진 열, 연기, 불꽃에 따라 접점이 형성된다.	온도, 농도를 항상 검지하여 수신기로 신호를 지속적으로 발신하고 수신기의 설정값에 의해 다양한 정보로 활용함
회로구성	① 600[m^2]당(1회로) 면적당(일정면적) 수신기에 경계구역별 표시 ② 각 실별로 1회로 구성(회로별 대응)	① 감지기 하나가 1회로이며 고유번호가 부여됨 ② 각 감지기별 1회로(대용량 수신반 필요, 감지기별 대응)
비화재보	많음	적음
감지기 비용	저렴	고가
수신기 비용	저렴	고가
배관 · 배선 공사비	고가	저렴
중계기	① P형 : 불필요 ② R형 : 필요	필요한 타입과 불필요한 타입이 있음
방식	개루프(보내기 방식)	폐루프
입력	단일입력 → 단일출력	연속적인 자료입력 → 연속적인 자료출력
배선	신호선	통신선

05 결론

(1) 일반 감지기가 화재상태와 비화재상태의 디지털 신호를 전송하지만, 아날로그 감지기는 연속적으로 변화하는 물리량을 전송한다. 그로 인해 사전예방적 성격이 강하다.

(2) 아날로그 감지기는 그 특성과 기능에 의해 주소를 가지는 감지기이다. 따라서, 기존 감지기보다 고가이지만 사전예방적인 경보, 정확한 경보, 오동작의 감소 등으로 경보설비의 핵심인 신뢰성을 향상시켜 준다.

(3) 초고층 및 대규모 건축물의 경보설비 적용 시에는 아래와 같은 장점이 있어 피난이나 화재진압에 유용한 정보제공이 가능하다.

1) 피난개시시간 단축이 가능하다.

2) 화재발생위치 조기경보, 위치파악을 빠르게 할 수 있다.

(4) 다신호식 감지기와 다른 점은 다신호식 감지기는 열 또는 연기의 양적 증가가 설정값에 다다르면 순차적으로 신호를 발신하지만, 아날로그식 감지기는 신호를 발신하도록 설정된 값이 없으며 주기적으로 수신기에 온도 또는 연기의 양에 대한 정보를 송신하여 사전예방적 기능을 가지고 화재의 진행도 파악이 가능하다는 것이다.

SECTION

033 화재경보설비의 설계

01 개요

(1) 화재감지, 경보, 통보를 위한 설비를 통상 경보설비라 하며 화재의 감지, 발생장소의 표시, 건축물 내의 경보, 타 시설과의 연동 등의 기능을 가지고 있다.

(2) 건축물 개개의 입지조건, 사용상태와 위험전파의 상태가 다르기 때문에 각각 해당 건축물의 용도, 구조형태, 방화 또는 방재상의 시설, 설비 등의 실태에 적절하게 대응하여 설치하여야 한다.

02 자동화재탐지설비 설치대상(「소방시설법 시행령」 [별표 4])

<table>
<tr><th>경보설비</th><th>적용 대상</th><th>설치기준</th><th>비고</th></tr>
<tr><td rowspan="9">자동화재
탐지설비</td><td>근린생활(목욕장 제외)·의료(정신의료기관, 요양병원 제외)·위락·장례식장 및 복합건축물</td><td>600[m^2] 이상</td><td rowspan="3">연면적 기준</td></tr>
<tr><td>근린생활시설 중 목욕장, 문화 및 집회, 종교, 판매, 운수, 운동·업무, 공장, 창고, 위험물 저장 및 처리·항공기 및 자동차관련, 국방·군사, 방송통신, 발전, 관광휴게, 지하가(터널 제외)</td><td>1,000[m^2] 이상</td></tr>
<tr><td>① 교육연구(교육연구시설 내에 있는 기숙사 및 합숙소 포함)
② 수련시설(기숙사·합숙소 포함, 숙박시설이 있는 수련시설 제외)
③ 동물 및 식물관련 시설(외부기류가 통하는 장소 제외)
④ 분뇨 및 쓰레기 처리시설, 교정 및 군사 시설(국방·군사 시설 제외)
⑤ 묘지관련 시설로서 연면적</td><td>2,000[m^2] 이상</td></tr>
<tr><td>터널</td><td>1,000[m] 이상</td><td>길이</td></tr>
<tr><td>공동주택 중 아파트 등·기숙사 및 숙박시설
층수가 6층 이상인 건축물</td><td rowspan="2">모든 층</td><td rowspan="2">–</td></tr>
<tr><td>노유자 생활시설</td></tr>
<tr><td>노유자시설</td><td>400[m^2] 이상</td><td>바닥면적</td></tr>
<tr><td>숙박시설이 있는 수련시설</td><td>수용인원
100인 이상</td><td rowspan="2">–</td></tr>
<tr><td>공장 및 창고시설로서, 특수가연물을 저장 취급량</td><td>수량의 500배
이상</td></tr>
</table>

경보설비	적용 대상		설치기준	비고
자동화재 탐지설비	정신의료기관 또는 요양병원	요양병원	정신병원/의료재활시설 제외	–
		정신의료기관 또는 의료재활시설	300[m^2] 이상	바닥면적 합계
		정신의료기관 또는 의료재활시설(창살이 설치된 시설, 화재 시 자동으로 열리는 구조 제외)	300[m^2] 미만	바닥면적 합계
	지하구		전부	–
	전통시장			
	근린생활시설 중 조산원 및 산후조리원			
	발전시설 중 전기저장시설			

면제대상(시행령 [별표 6]) : 자동화재탐지설비의 기능과 성능을 가진 스프링클러설비 또는 물분무 등 소화설비를 설치한 경우 자동화재탐지설비의 설치를 면제

03 화재경보설비 설치목적

(1) 인명보호

1) 화재상황에 대한 경보를 초기에 제공한다.

2) 소화설비 및 제연설비와 같은 다른 소방시설을 동작시키는 입력신호를 제공한다.

3) 정보제공 : 화재의 위치 정도에 대한 정보를 제공[현장고수(stay-in-place), 현장방어전략이나 부분적 피난 또는 재배치전략에 이용 가능]한다.

(2) 재산보호

화재가 허용 가능한 손실수준을 초과하기 전에 수동 혹은 자동소화를 가능하게 할 수 있도록 정보를 제공한다.

(3) 임무 또는 업무 보호

(4) 환경보호

04 자동화재탐지설비의 구성요소

(1) 감지기(detector)

화재 시 발생하는 열, 연기, 불꽃 또는 연소생성물을 자동적으로 감지하여 수신기에 발신하는 장치(화재를 감지하는 센서)

(2) 발신기

화재를 보고 사람이 직접 눌러(수동으로) 화재신호를 발신하는 장치

(3) 경종

일종의 타종식 벨

(4) 중계기

감지기와 수신기의 신호전달 및 전력공급을 하는 중간기기

(5) 수신기

감지기에 전원을 공급하고, 감지기가 화재를 감지하면 수신기로 신호를 보내고 수신기는 화재가 난 지역을 시각적으로 표현하는 동시에 화재가 발생한 지역의 경종과 수신기가 설치된 지역의 경종을 울려 주변의 사람들이 화재로부터 대피하도록 알려주는 기능을 하는 기기

05 NFPA의 자동화재탐지설비의 구성요소

NFPA 72의 경우 국내와 같이 설비의 구성부품에 따라 적용하지 아니하며 입력장치, 통보장치, 신호선로장치를 사용하는 3가지의 회로형태로 구성한다.

(1) 입력장치회로(Initiating Device Circuit ; IDCs)

(2) 통보장치회로(Notification Appliance Circuits ; NACs)

(3) 신호선로회로(Signaling Line Circuit ; SLC)

06 자동화재탐지설비의 설계방법

(1) 규정에 의한 설계(prescriptive design)

1) 감지기의 감지속도 및 감지 시 화재규모를 고려하지 않고 정해진 설치기준에 준하여 설계하는 방법
2) **국내 규정** : NFPC 203 제7조 설치높이별 적응성과 감지기당 최대 방호면적을 규정
3) **UL** : 스포트형 감지기의 경우 감지기 간의 거리를 30[ft], 방호면적을 900[ft^2] 이내로 제한

(2) 성능위주의 설계(performance based design)

1) 구체적 허용손실(damage) 목표 정량화(연기층의 두께, 온도, 부식성 연소생성물의 농도)한다.

2) **설계화재결정(열방출률, 화재성장속도, 연소생성물의 비율)** : 허용가능 최대 손실화재에 해당하는 화재 규모

3) 화재안전설계 목표 = 임계화재(Q_{cr}) > 설계화재(Q_{do})

① 발화 가능성과 화재성장 시나리오를 바탕으로 설계화재를 결정하는 특성 : 열방출률, 성장속도, 연기입자 등과 같은 연소생성물 비율

② 화재안전설계 목표가 주어지면 에너지 및 생성물의 방출률이 해당 설계목표를 대표하는 상태가 발생하는 한 점 설계화재(Q_{do})가 설계화재곡선 상에 존재한다.

③ 설비목표 : 열방출률 혹은 감지기 응답 소요시간으로 표현

㉠ 적절한 피난시간 확보

㉡ 금전적 손실의 제한

㉢ 독성 가스의 생성 제한

4) **임계화재(Q_{cr})** : 성능 위주의 설계를 하기 위한 한계로 허용되는 화재의 크기

① 화재감지, 거주자 통보, 피난완료 혹은 화재진압 조치의 개시에 어느 정도 시간이 지연된다면 설계화재(Q_{do}) 이전의 적정 지점에 화재를 감지해야 한다.

② 지연시간의 구성요소

지연시간	정의	영향인자
가변	가변적인 변수에 의해 결정되는 지연시간	화재로부터 감지기까지의 방사상 거리, 천장 높이, 화재의 대류 열방출률
고정	고정된 요소에 의해 결정되는 지연시간	경보인식시간, 소화설비 작동 시 필요한 응답 지연시간

③ 주어진 간격 혹은 화재로부터 거리에 대해 설계목표를 충족시키기 위해 화재를 감지해야 하는 설계화재 곡선 상의 한 점을 의미한다. 그리고 그 점이 낮을수록 보다 효과적인 화재에 대한 대응이 가능하다.

5) **여러 개의 추정 화재 시나리오**

① 해당 건물의 용도 및 예상되는 가연물을 분석해 예상 화재 성장속도 및 최대 예상 열방출률을 결정한다.

② 여러 가지 시나리오를 평가함으로써 화재조건이 변화함에 따라 설비의 설계 혹은 응답이 변화하는 양상을 파악한다.

③ 가장 가능성 있는 화재 시나리오를 선정하여 설계한다.

㉠ 최선 및 최악의 시나리오를 포함한다.

㉡ 해당 건물의 특성 및 용도에 따라 예상할 수 있는 2가지 이상의 시나리오를 선택한다.

6) 시뮬레이션

7) 평가

07 설계 시 고려사항

(1) 재실자 특성

1) 수용인원
2) 거주특성 : 취침, 불특정 다수
3) 이동특성 : 재해약자(노유자)

(2) 연소특성

1) 가연물의 연소형태는 필요 감지기의 종류를 결정하는 주요 요소이다.
2) 화재 시나리오의 형태
   ① 가장 가능성 있는 시나리오를 설계기준으로 선정한다.
   ② 해당 건물의 특성 및 용도에 따라 예상할 수 있는 2가지 이상의 화재 시나리오를 고려(국내의 경우는 미세물 분무에서 일반 하나 이상, 특수 하나 이상의 화재 시나리오를 요구)한다.
3) 인명안전을 위해서는 CO 감지기 등 특수목적의 감지기 설치를 고려한다.

(3) 건축특성

1) 천장 높이
   ① 건축물 화재에 있어서 화재 초기에 발생하는 연소생성물은 상대적으로 소량이므로 천장 높이의 고려는 매우 중요하다. NFTC에서는 높이에 따라 설치면적의 변화가 있으므로 이를 고려한다.
   ② 천장이 높을수록 플럼이 상승 중에 주위공기를 더 많이 혼입하여 기체 냉각 및 연소 생성물 농도를 낮추고 연기의 양은 증가한다.
   ③ NFTC는 부착 높이에 따라 적응성 있는 감지기를 규정 : 20[m]가 넘는 경우 불꽃감지기와 광전식 중 아날로그 방식만 사용하도록 제한한다.
   ④ NFPA는 천장 높이와 감지공간에 대하여 공간비 적용 : 천장 높이가 9[m] 이상이 되면 스포트(spot)형 열감지기의 감지공간을 $\frac{2}{3}$로 감소(높이가 높아지면 감지성능이 저하)한다.
   ⑤ 고층의 경우는 단층 현상을 고려한다.
2) 천장의 형태
   ① NFPA의 경우 화재감지기 설치 시 천장의 기울기를 고려한다. 이는 천장 열기류에 의해서 감지기가 동작되고 천장 열기류의 흐름은 천장 형태에 의해 영향을 받기 때문이다.
   ② 천장과 벽이 만나서 생기는 구석(dead air pocket)이나 보 등이 공기의 천장 열기류의 이동을 막기 때문에 감지기를 설치하는 경우 실보에 주의한다.

③ 보, 장선, 경사 천장 등은 천장 열기류의 흐름에 변화를 준다.

3) 실내환기
① 공기의 유동이 큰 경우 : 감지공간 감소
② 공기 급기구와 이격 : 열이나 연기의 희석 방지
③ 배기구 근처에 설치 : 천장 열기류의 유동방향으로 조기감지

4) 실내 온도 : 공칭작동온도가 주위 최고 온도보다 20[℃] 이상 높은 것을 설치(정온식)한다.

(4) 설비특성

1) 경계구역 : 주소형(addressable), 광케이블형
2) 비화재보 문제
① 높이 2.3[m] 이하의 낮은 천장
② 실내면적 40[m^2] 이하의 작은 면적
③ 지하층, 무창층으로 환기가 안 되는 장소
3) 실보 우려
4) 시공 및 유지 · 보수의 용이성
5) 경제성

08 결론

(1) 화재를 초기에 감지하는 감지기는 피난뿐만 아니라 소방설비와 연동하기 때문에 감지기의 설계는 중요하다.

(2) 설치장소에 따라 비화재보의 방지와 화재 감지속도의 양면을 고려하여 선택하고 설치하여야 한다. 왜냐하면, 감지속도를 증가시키면 비화재보의 우려가 많이 증가하게 되고 비화재보를 감소하려고 하면 감지속도의 지연이 발생할 수밖에 없는 상호관계가 있기 때문이다.

(3) 건축물의 용도변경 또는 실내의 모양 변경, 혹은 근무체제 등에 변동이 있는 경우에는 그에 적합하도록 설비를 변경하고, 매뉴얼의 개정 및 인적 체제의 조직정비를 하는 등 실제상황에 따른 체제를 항상 유지하여야 한다.

(4) 화재경보를 비롯한 모든 소방시설이 법규의 요구 상황을 충족하는 수준에 그치고 있다. 물론 사회 · 경제적 여건상 생명안전에 대한 과감한 투자는 어려움이 있고 소방설비 자체는 운휴설비로, 평상시 쓰이지 않는 설비이기 때문에 등한시할 수 있다. 하지만 소방관련 종사자 모두는 법규의 요구사항을 충족하는 선에 머무르지 말고 진정한 안전관련 기술의 향상을 위하여 노력해야 할 것이다.

SECTION 034

경계구역

104 · 94회 출제

01 개요

(1) 정의

1) 자동화재탐지설비 1회선이 유효하게 화재의 발생을 감지할 수 있는 구역

2) 특정소방대상물 중 화재신호를 발신하고 그 신호를 수신 및 유효하게 제어할 수 있는 구역(NFTC 203 1.7.1.1)

(2) 형식승인 시 감지거리, 감지면적 등에 대한 성능을 별도로 인정받으면 그 성능인정 범위를 경계구역으로 할 수 있다.

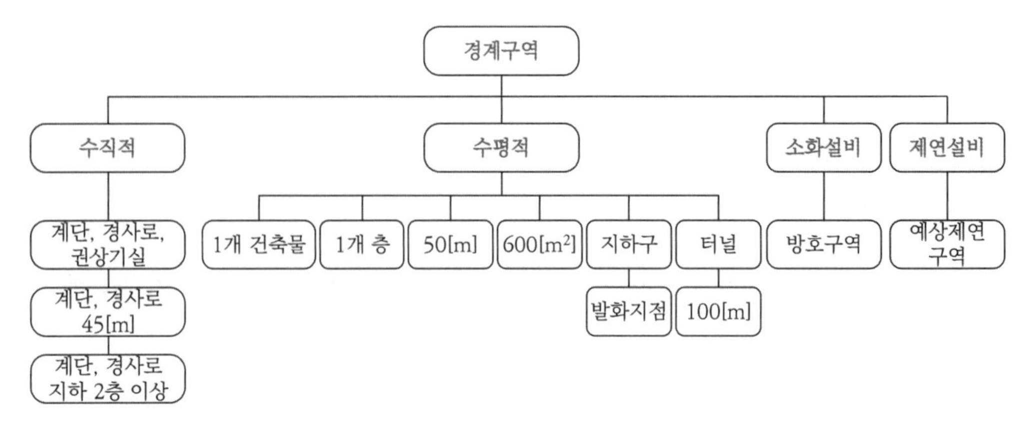

▌경계구역방식▐

02 경계구역의 수평적 기준

구분	기준	예외
건축물	건축물마다	–
층별	층마다	2개의 층이 500[m^2] 이하일 때는 하나의 경계구역
면적	600[m^2] 이하	주된 출입구에서 건물 내부 전체가 보일 때는 한 변의 길이가 50[m] 범위 내에서 1,000[m^2] 이하
길이	50[m] 이하	터널 100[m] 이하

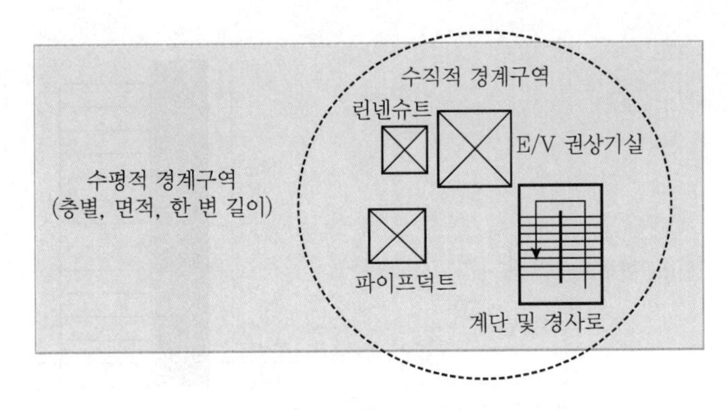

▌수평 · 수직적 경계구역▐

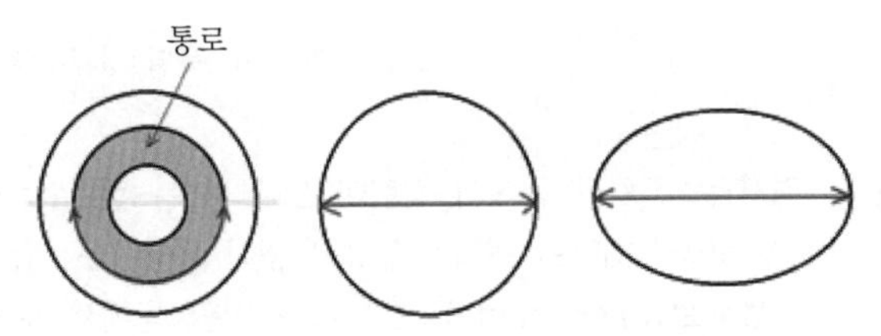

▌원형일 경우 경계구역 길이(일본 기준)▐

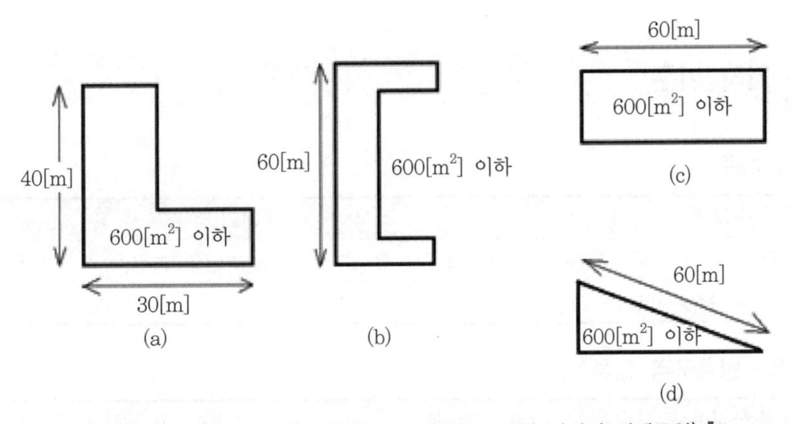

▌일본의 기준(a는 하나의 경계구역, 나머지는 2개 이상의 경계구역)▐

03 경계구역의 수직적 기준

구분	계단, 경사로	E/V 승강로(권상기실이 있는 경우에는 권상기실) · 린넨슈트 · 파이프 피트 및 덕트 · 기타
경계구역	별도의 경계구역(예외 : 구획되지 않은 5[m] 이내의 직통계단 외의 계단)	별도의 경계구역
높이	45[m] 이하	제한없음
지하층	별도의 하나의 경계구역(지하 1층만 있는 경우는 제외)	제한없음

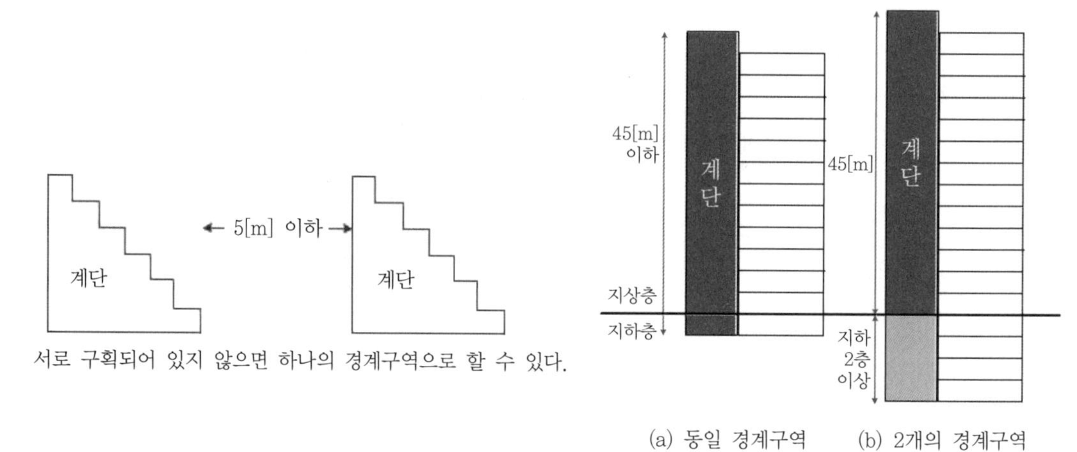

(a) 동일 경계구역 (b) 2개의 경계구역

1. **경사로** : 주차장 등에서 차량이 오르내리는 램프(ramp) 또는 병원이나 판매시설 등에서 계단의 형태가 단(段) 없이 장애인도 이용할 수 있도록 경사진 구조
2. **린넨슈트(linen chute)** : 호텔이나 병원 등에서 투숙객이나 환자의 세탁물 등을 지하 세탁실로 직접 투하하기 위한 세탁물 전용 덕트

04 기타 기준

(1) 면적의 기준

구분	예외
차고, 주차장, 창고 등	외기에 면하는 각 부분으로부터 5[m] 미만의 범위는 경계구역 면적에서 제외
소화설비의 방호구역	경계구역과 방호구역 일치 가능

(2) 소화설비 방호구역 설정기준

소화설비		구분	기준
스프링클러 설비	폐쇄형	바닥면적	3,000[m^2] 이하
			3,700[m^2] 이하(grid 배관방식)
		층별 기준	층마다
			1개 층에 헤드가 10개 이하일 경우 3개 층을 하나의 방호구역으로 가능
	개방형	층별 기준	층마다
		헤드 기준	50개 이하
물분무 등		방호구역	방호구역마다 설정
거실 제연설비		예상제연구역	제연구역마다 설정

성능을 별도로 인정받은 경우

① 광전식 분리형 감지기의 경우 공칭감시거리 : 최대 100[m] 경계구역의 1변으로 가능(50[m] 제외)

② 광센서형 감지기의 경우 : 6[km]까지도 가능

05 경계구역 설계 시 주의사항

(1) 경계구역 면적은 감지기의 설치가 필요하지 않은 부분도 포함하여 산출한다.

(2) **감지기 설치 면제장소**

목욕실 · 욕조나 샤워시설이 있는 화장실은 포함하여 산출한다.

(3) 개방된 복도, 발코니 등 바닥면적에 산입하지 않는 경우는 경계구역에서 제외한다.

(4) 용도상 관련 있는 장소는 동일 경계구역으로 설정(주방과 식당)한다.

(5) 경계구역은 가능한 동일 방화구획 내에 있도록 설정한다.

(6) 경계구역의 경계는 실 내부의 중앙을 경계로 나누는 것을 피하고 벽, 복도 등을 따라 설정한다.

(7) **경계구역의 표기방법**

1) 수신기에서 가까운 곳에서 먼 곳으로 표기

2) 하층에서 상층 순으로 번호를 순서대로 표기

(8) 대형건물은 각 동별, 각 층별로 번호를 부여한다.

(9) 광전식 분리형 감지기, 광전식 공기흡입형 감지기, 정온식 감지선형 감지기 및 불꽃감지기 등 특수감지기는 한국소방산업기술원에서 승인한 형식승인서에 명시된 감지기의 사양에 따라 경계구역을 설정할 수 있으므로 감시거리나 감지면적을 확인한 후 경계구역을 구분한다.

06 결론

(1) 경계구역이란 소방대상물의 평면, 수직부별로 미리 소정의 범위를 정하여 구분하여 놓고 그 장소에서 감지기가 작동했을 때 화재의 발생구역이 수신기에 표시등, 숫자, 문자나 기호로 표시되어 건물의 관계자가 화재의 발생위치를 쉽고 정확하게 확인하여 조기에 피난유도 및 초기 소화활동을 전개하여 인명피해나 물적 손해를 적게 하기 위한 것이다.

(2) 경계구역은 복잡하지 않고 경계면적이 정해진 범위보다 크지 않게 설정하여야 한다. 또한, 소화활동 등을 원활하게 하기 위해서는 방호구역이나 제연구역 등과도 일치시키는 것이 더욱 더 효율적이다.

SECTION

035 수신기

01 정의

감지기나 발신기에서 발하는 화재신호를 직접 수신하거나 중계기를 통하여 수신하여 화재의 발생을 표시 및 경보해주는 장치이다.

02 기능

(1) 전력공급 기능

AC 220[V]를 DC 24[V]로 전환시켜 수신기 내부의 전원으로 사용하고 감지기, 발신기, 중계기(분산형), 음향장치에 전원을 공급하는 기능

(2) 수신기능

감지기, 발신기, 중계기로부터 화재신호를 수신하는 기능

(3) 기동기능

화재신호 수신 후

1) 화재표시등 점등
2) 화재발생 위치 표시등 점등
3) 경보장치 작동
4) 자동화재탐지설비와 연동으로 구성된 소방시설에 화재신호 발신하는 기능

(4) P형 시험기능

1) 도통시험
   ① 수신기 단자와 감지기 회로의 접속상태를 점검하는 시험
   ② 감지기회로의 단선 유무를 점검하는 시험
2) 공통선 시험 : 공통선이 담당하는 경계구역수가 7개 이하 여부를 점검하는 시험

공통선이 담당하는 회선수가 증가하면 할수록 하나의 공통선이 고장났을 때 고장범위가 증가하게 된다. 단순히 1개의 경계구역을 600[m^2]라고 했을 때 하나의 공통선이 고장으로 4,200[m^2]의 면적을 감시할 수 없는 사항이 되므로 공통선은 최대한 적은 수량으로 산정하는 것이 바람직하다.

3) 화재표시 동작시험 : 수신기가 화재신호를 수신하면 화재표시등, 지구표시등, 경보장치가 작동되는지를 시험
4) 저전압 시험 : 전원전압이 저하된(80[%]) 경우에도 기능을 충분히 유지할 수 있는지를 시험
5) 동시작동시험 : 감지기가 동시에 수회선(5회선)을 동작하더라도 수신기의 기능에 이상이 없는지를 확인하는 시험
6) 지구음향장치의 작동시험 : 감지기의 작동과 연동하여 해당 지구음향장치가 정상적으로 작동하는지 확인하는 시험
7) 회로저항시험 : 하나의 감지기회로의 합성 저항값이 50[Ω] 이하인지 확인하는 시험
8) 예비전원시험
   ① 축전지 용량 적부 여부를 시험
   ② 상용전원 차단 시 바로 예비전원으로 자동전환되는지를 시험

(5) 복구기능

화재신호를 발신하는 원인을 제거한 후 정상상태 복구가 기능한지를 시험

03 설치기준

(1) 수위실 등 상시 사람이 근무하는 장소나 관계인 접근 · 관리가 용이한 장소에 설치한다.

(2) 경계구역 일람도를 비치(주수신기)한다.

(3) 하나의 대상물에 2 이상의 수신기를 설치하는 경우 수신기를 상호연동시켜 화재발생상황을 각 수신기마다 확인할 수 있도록 설치한다.

1) **국내기준** : 각 수신기에서도 지구음향장치와 시각경보장치를 동작시킬 수 있도록 설치한다.
2) **일본기준** : 어느 수신기에서나 지구음향장치를 작동시키는 기능과 각 수신기 간 상호 전화통화를 할 수 있도록 설치한다.

(4) 경계구역을 각각 표시할 수 있는 회선수 이상의 수신기를 설치한다.

(5) 음향기구는 그 음량 및 음색이 다른 기기의 소음 등과 명확히 구별되도록 설치한다.

(6) 감지기, 중계기, 발신기가 작동하는 경계구역을 표시한다.

(7) 조작 스위치

0.8[m] 이상 1.5[m] 이하

(8) 종합방재반의 설치

조작반에 수신기의 작동과 연동하여 감지기, 중계기, 발신기가 작동하는 경계구역을 표시한다.

(9) 하나의 경계구역

하나의 표시등 또는 하나의 문자로 표시한다.

(10) 화재로 인하여 하나의 층의 지구음향장치 배선이 단락되어도 다른 층의 화재통보에 지장이 없도록 각 층 배선 상에 유효한 조치를 한다.

04 제어기능

(1) 스프링클러설비

1) 각 펌프의 작동확인 표시등 및 음향경보 기능
2) 각 펌프를 수동 · 자동으로 작동하는 기능
3) 비상전원 설치 시 공급 여부 확인 및 상용 · 비상전원을 수동 · 자동으로 전환하는 기능
4) 수조 또는 물올림 탱크의 저수위 표시등 및 음향경보 기능
5) 각 유수검지장치 또는 일제개방밸브의 작동확인표시등 및 경보 기능
6) 일제개방밸브를 개방시킬 수 있는 수동조작 스위치 설치
7) 일제개방밸브 화재감지는 각 경계회로별로 화재표시 기능
8) 급수개폐밸브가 잠길 경우 탬퍼 스위치에 의한 표시 및 경보 기능
9) 도통 · 작동 시험 기능
① 기동용 수압개폐장치의 압력 스위치 회로
② 수조 또는 물올림 탱크의 저수위 감시회로
③ 유수검지장치 및 일제개방밸브의 압력 스위치 회로
④ 일제개방밸브의 화재감지기 회로
⑤ 탬퍼 스위치 폐쇄상태 확인 회로
⑥ 그 밖에 이와 비슷한 회로

(2) 가스계

1) 기동장치 또는 감지기의 신호 수신
① 음향경보장치의 작동
② 소화약제의 방출 또는 지연 기능
③ 자동폐쇄장치 작동
④ 방출표시등 작동
⑤ 수동기동장치 작동 표시등
2) 자동식 기동장치의 자동 · 수동 절환을 명시하는 표시등 설치

(3) **부속실 제연**

1) 급기용 댐퍼의 개폐에 대한 감시 및 원격조정 기능
2) 배출 댐퍼 및 개폐기의 작동 여부에 대한 감시 및 원격조정 기능
3) 급기 송풍기와 유입공기 배출용 송풍기의 작동에 대한 감시 및 원격조정 기능
4) 출입문의 일시적인 고정개방 및 해정에 대한 감시 및 원격조작 기능

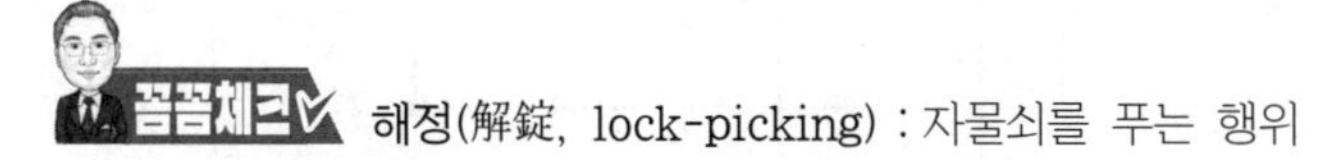

해정(解錠, lock-picking) : 자물쇠를 푸는 행위

5) 수동기동장치의 작동 여부에 대한 감시 기능
6) 급기구 개구율의 자동조절장치의 작동 여부에 대한 감시 기능
7) 감시선로의 단선에 대한 감시 기능

05 수신기의 종류

(1) **종류에 따른 구분**

1) P형 수신기 : 감지기 또는 발신기(M형 발신기 제외)로부터 발하여지는 공통신호(접점)를 직접 또는 중계기를 통하여 공통신호로서 수신하여 화재의 발생을 해당 소방대상물의 관계자에게 경보하여 주는 수신기

1. **공통신호** : ON, OFF 접점에 의한 신호로, 이 신호를 받기 위해서는 각 감지기마다 개별신호선을 설치한다.
2. **P형 수신기** : Proprietary로 점유, 소유의 뜻으로 개인적인 소유나 점유공간의 재산과 생명을 보호하기 위한 형이라는 의미이다.

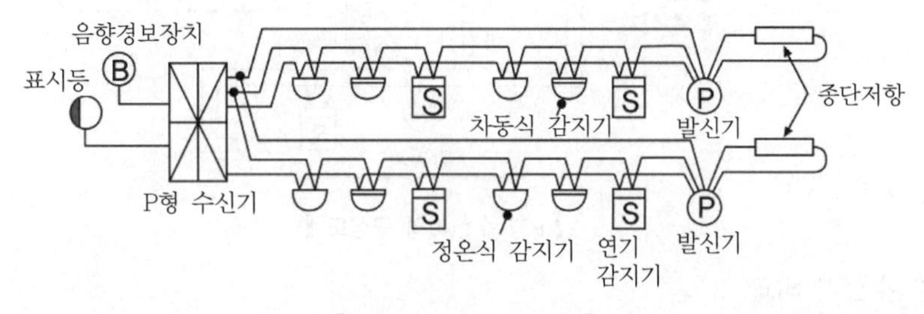

▌P형 수신기의 구성도▐

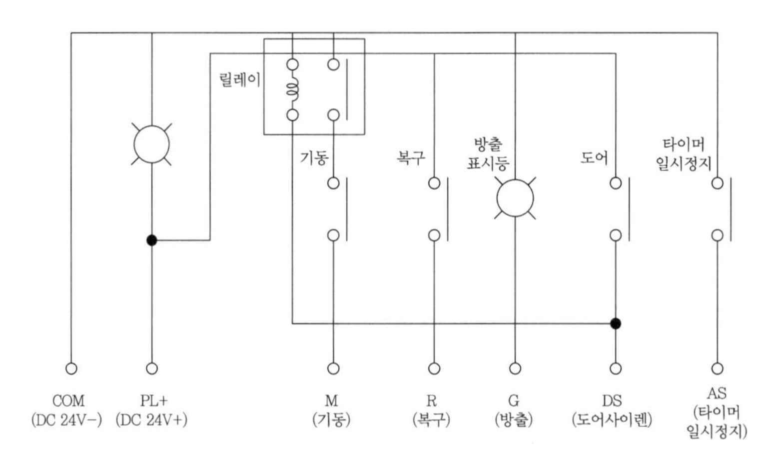

▌회로도▐

2) R형 수신기 78 · 75회 출제

① 정의 : 감지기 또는 발신기(M형 발신기 제외)로부터 발하여지는 신호를 직접 또는 중계기를 통한 다중 통신선에 의한 고유신호(통신)로서 수신하여 화재의 발생을 해당 소방대상물의 관계자에게 숫자 등의 기록장치와 음향장치로 경보하여 주는 수신기

1. **R형** : Record의 기록이라는 의미 또는 Repeater의 중계기의 의미이다.
2. **고유신호** : 하나의 신호선에 각 감지기별 고유한 신호(주파수 등 전기적 신호의 차이를 줌)를 주고 받아 시스템을 구성하는 방식으로, 두 개 이상의 선로로 구성이 가능하다.

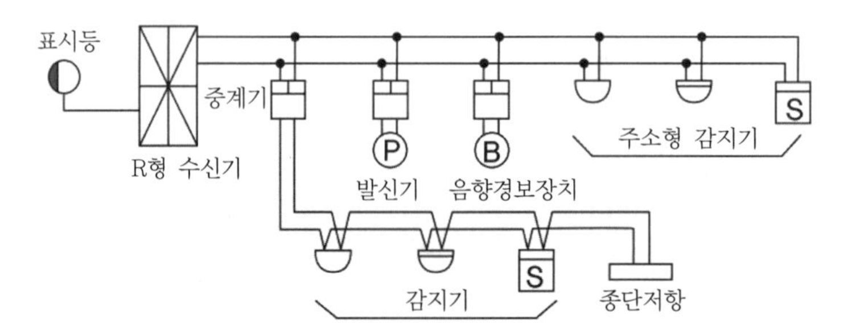

▌R형 수신기의 구성도▐

② 수신기 비교

구분	P형 1급	P형 2급	R형
접속 회선수	제한은 없으나 직접 접속해야 하므로 설치상 제약이 있다.	5회선 이하	제한 없음
발신기 응답기능	가능	없음	가능
신호전달방식	개별신호	개별신호	다중 통신

3) M형 수신기 : M형 발신기로부터 발하여지는 신호를 수신하여 화재의 발생을 소방관서에 통보하는 자동화재속보설비를 겸용하는 개별신호의 수신기

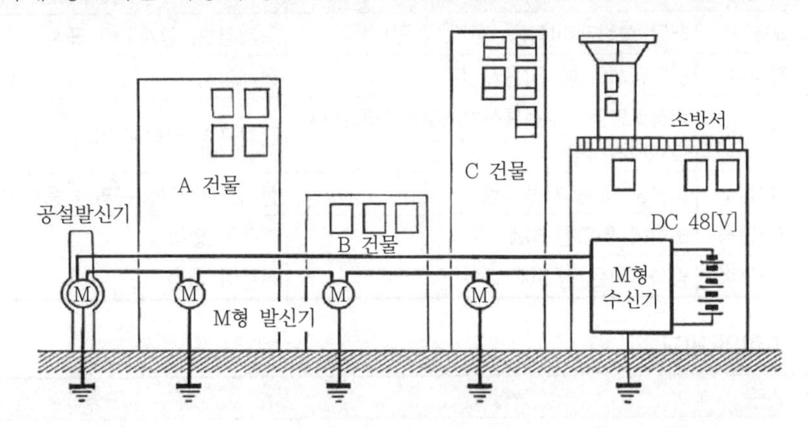

▎M형 발신기와 M형 수신기 ▎

4) GP형 수신기 : P형 수신기의 기능과 가스누설경보기의 수신부 기능을 겸한 것이다.

해당 특정소방대상물에 가스누설탐지설비가 설치된 경우에는 가스누설탐지설비로부터 가스누설신호를 수신하여 가스누설경보를 할 수 있는 수신기를 설치하도록 되어 있다.

5) GR형 수신기 : R형 수신기의 기능과 가스누설경보기의 수신부 기능을 겸한 것이다.

6) 복합형 수신기 : 화재경보를 수신하고 경보장치를 제어하는 기능뿐 아니라 복합적인 제어기능을 가진 수신기(수신기 + 감시제어반) 122 · 113회 출제

① P형 복합식 수신기 : P형 발신기로부터 발하여지는 신호를 직접 또는 중계기를 통하여 공통신호로서 수신하여 화재의 발생을 해당 소방대상물의 관계자에게 경보하여 주고 자동 또는 수동으로 옥내 · 외 소화전설비, 스프링클러설비, 물분무소화설비, 포소화설비, 이산화탄소 소화설비, 할로겐화합물 소화설비, 분말소화설비, 배연설비 등의 가압송수장치 또는 기동장치 등을 제어하는(이하 '제어기능'이라 함) 것을 말한다.

② R형 복합식 수신기 : 감지기 또는 P형 발신기로부터 발하여지는 신호를 직접 또는 중계기를 통하여 고유신호로서 수신하여 화재 발생을 해당 소방대상물의 관계자에게 경보하여 주고 제어기능을 수행하는 것을 말한다.

③ GP형 복합식 수신기 : P형 복합식 수신기와 가스누설경보기의 수신부 기능을 겸한 것을 말한다.

④ GR형 복합식 수신기 : R형 복합식 수신기와 가스누설경보기의 수신부 기능을 겸한 것을 말한다.

7) 감시제어반과 수신기 비교 122회 출제

구분	감시제어반	자탐 수신기
화재 시	해당 설비제어(작동, 정지, 확인)	화재경보, 경계구역 표시
평상시	설비감시(도통, 작동시험)	화재감시
필요설비	비상조명등, 무선통신보조설비 접속단자, 급·배기시설	경계구역 일람도 비치
설치장소	피난층 또는 지하 1층	상시근무 또는 관리가 용이한 장소
설치면적	조작에 필요한 최소 면적	기준이 없음
방화구획	방화구획된 장소에 설치	기준이 없음

(2) P형과 R형의 비교

구분		P형	R형
구성		수신기, 감지기, 발신기	감지기, 발신기 등의 각종 현장장치, 수신기, 중계기
신호종류		전 회선 공통회로	회선마다 고유신호
신호전달방식		개별신호	다중 통신방식
회선수		많다.	적다.
중계기		불필요하지만 설치할 수 있다.	필요하다. 접점신호 → 통신신호로 전환
통신방식		Star bus	Ring bus, 공용 Bus
외함의 크기		대형	소형
화재표시판		창구식의 점등방식으로 1회로당 1개의 표시창을 사용(창구식, 지도식)	문자나 숫자로 표시(창구식, 지도식, 모니터식, 디지털식)
시스템 작동		감지기, 발신기 등 현장기기의 신호를 수신하여 화재 표시·경보	현장기기가 동작 시 이를 중계기에서 고유 신호로 변환하여 수신기에 통보하며, 수신기는 화재표시 및 경보를 발하고, 수신기에서는 이에 대응하는 출력신호를 중계기를 통하여 송신
도통시험		수동시험	자동시험
회로수의 추가		감지기에서 수신기까지 추가선로 설치가 필요	감지기에서 중계기까지만 추가선로 설치가 필요
시공배선방법		각 층의 현장기기는 수신기까지 직접 실선으로 연결	각 층의 현장기기는 중계기까지만 연결하고 중계기에서 수신기까지는 신호선만으로 연결
설치대상		소형 건축물	대형 건축물
신뢰성		낮다.	높다.
경제성	저층	경제적	비경제적
	고층	비경제적	경제적
이상상태 확인		수동으로만 확인	자동으로 표시
수신기 고장 시		작동 불능	집합형은 독자적으로 업무수행 가능

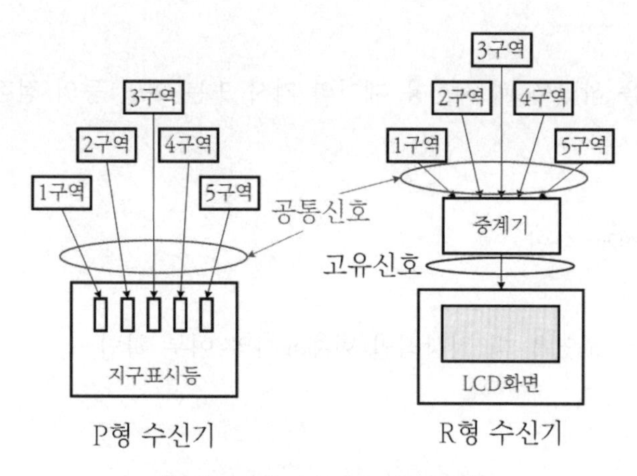

▌P형과 R형 수신기의 신호방식▐

06 자동화재탐지설비 수신기 점검항목

(1) 스위치류

단자의 풀림 등이 없고 개폐 기능의 정상 여부 확인

(2) 퓨즈류

적정의 종류 및 용량 사용 여부 확인

퓨즈 : 전류 또는 열 한계 이내까지 회로를 이어주고 그 이상이 되면 회로를 끊어 버리는 방어점 기능을 한다.

(3) 통화장치

수신기 상호 간 또는 발신기 등과의 통화가 명료하게 이루어지는지 확인

(4) 표시등

정상적인 점등 여부 확인

(5) 결선 접속

단선 · 단자의 풀림 · 탈락 손상 등의 유무 확인

(6) 예비품 등

퓨즈, 전구 등의 예비품 및 회로도 등의 비치 여부 확인

(7) 경계구역 표시장치

손상, 불선명한 부분 등의 유무 확인

(8) 회로도통

회로도통시험을 하였을 때 시험용 계기의 지시 또는 확인 등의 점검에 의한 도통의 여부 확인

(9) 계전기

기능의 정상 여부 확인

(10) 화재표시

화재표시시험을 하였을 때 정상적인 화재표시의 여부 확인

SECTION

036 통신

01 용어의 정의

(1) **전자기파** : 데이터(data)를 실어 나르는 것

1) **발진** : 전자기파를 만드는 것

2) **변조** : 전자기파에 정보를 싣는 것으로, 변조는 주파수가 높은 전파로 바꾸어 주는 것으로 이를 통해 전파에 데이터를 싣는 것

3) **증폭** : 멀리보내기 위해 힘을 주는 것

4) **복조** : 전자기파가 도달하면 이를 다시 정보화하는 것

(2) **반송파**

음성신호 등을 싣기 위한 전파

(3) **패킷(packe)**

1) **정의** : 원래 우체국에서 취급하는 '소포'를 말하는데, 화물을 적당한 크기로 분할해서 행선지를 표시하는 꼬리표를 붙인 형태를 의미한다.

2) **데이터 통신망의 패킷** : 데이터와 제어신호가 포함된 2진수, 즉 비트그룹을 말하는데, 특히 패킷교환방식에서 데이터를 전송할 때에는 패킷이라는 기본 전송단위로 데이터를 분해하여 전송한 후 다시 원래의 데이터로 재조립하여 처리한다. 따라서, 데이터(data)를 적당한 크기의 덩어리로 나눈 단위라고 할 수 있다.

(4) **네트워크(network)** :

1) **정의** : 서로 연결하여 하나를 이루는 것

2) **종류**

① 근거리 LAN

② 광역 WAN

(5) **터미널(terminal)** : 입 · 출력장치

1) **입력장치** : 컴퓨터가 사용자가 입력한 정보를 전달하는 장치

2) **출력장치** : 컴퓨터가 처리한 결과값을 사용자에게 보여주는 역할을 하는 장치

(6) **비트(bit)**

컴퓨터가 사용하는 이진수 0이나 1이 하나의 비트임

(7) 바이트(bite)

8개의 비트(bit)를 묶어서 처리하는 데이터 단위

(8) 그리드 컴퓨팅(grid computing)

수많은 컴퓨터를 네트워크로 묶어서 하나의 거대한 슈퍼 컴퓨터처럼 사용하는 기술

(9) 클라우드 컴퓨팅(cloud computing)

인터넷이라는 네트워크에 있는 서버들로부터 소프트웨어를 가져와서 사용하는 기술

(10) Inter(사람이나 물체 사이)net(네트워크) 프로토콜(protocol)

1) 네트워크 구조에서는 표준화된 통신규약으로서, 네트워크 기능을 효율적으로 발휘하기 위한 협정이다.
2) 통신을 원하는 두 개체 간에 무엇을, 어떻게, 언제 통신할 것인가를 서로 약속한 규약이다.
3) 티시피아이피(TCP/IP, Transmission Control Protocol/Internet Protocol) : 인터넷의 기본적인 통신 프로토콜

(11) RFID(Radio Frequency Identification)

전파를 이용해서 무선으로 고유한 정보나 데이터를 확인하는 기술

(12) 유비쿼터스(ubiquitous)

언제, 어디서나 네트워크에 접속하여 원하는 일을 처리할 수 있는 환경

(13) USN(Ubiquitous Sensor Network)

RFID와 Networking sensing 기술이 유비쿼터스의 개념으로 합쳐진 네트워크이며, 센서를 네트워크로 구성한 것을 말하고 그 센서는 언제, 어디서나 원하는 일을 처리할 수 있는 환경

02 통신오류 제거방법

에러검출(detection), 교정,(correction) 기법

(1) 패리티 검사(parity check)

에러검출에 패리티 비트를 각 단의 끝에 첨가하는 기술

1) 패리티 비트를 프레임 각 단의 끝에 첨가한다.
2) 패리티 비트값은 단어의 1의 개수가 짝수(even parity)이거나 홀수(odd parity)가 되도록 선정한다.
   ① 원래 코드 : 011010101
   ② 짝수 패리티 : 0110101011
   ③ 홀수 패리티 : 0110101010

3) 단점 : 혹시나 두 개의 비트가 오류가 난다면 에러를 검출하지 못한다.

(2) 순환중복검사(CRC : Cyclic Redundancy Check)

에러검출에 주로 사용되며 매우 강력하면서도 쉽게 구현할 수 있는 기술

1) 데이터를 전송하기 전에 주어진 데이터의 값에 따라 CRC값을 계산하여 데이터에 붙여 전송한다.
2) 데이터 전송이 끝난 후 받은 데이터의 값으로 다시 CRC값을 계산한다.
3) 두 값을 비교하고, 이 두 값이 다르면 데이터 전송과정에서 잡음 등에 의해 오류가 덧붙여 전송된 것을 확인한다.
4) 장단점

장점	단점
① 이진법 기반의 하드웨어에서 구현하기 쉬움 ② 데이터 전송과정에서 발생하는 흔한 오류들의 검출이 용이함	CRC의 구조 때문에 의도적으로 주어진 CRC값을 갖는 다른 데이터를 만들기가 쉽고, 따라서 데이터의 무결성을 검사하기 곤란(MD5 등의 함수를 사용)함

1. MD5(Message-Digest algorithm 5) : 128비트 암호화 해시함수이다. RFC 1321로 지정되어 있으며, 주로 프로그램이나 파일이 원본 그대로인지 확인하는 무결점 검사 등에 사용한다.
2. **해시함수**(hash function) : 임의의 길이의 문자열을 고정된 길이의 이진 문자열로 매핑하여 주는 함수
3. **FCS** : Frame Check Sum의 약자로, 전송되는 프레임 안에 있는 체크섬과 받고 난 후의 체크섬을 비교해서 문제가 있는지를 알아보는 것이다. 보내기 전 보내는 프레임을 수학적인 계산으로 정수를 만들어 포함하고 받은 후 다시 풀어서 같은 숫자가 나오는가를 확인하고 에러가 났는지 확인하는 것
4. **체크섬**(checksum) : 체크섬은 수신자가 같은 수의 비트가 도착했는지를 확인할 수 있도록 전송단위 내의 비트수를 세는 것

(3) 블록코드체크방식(block code check)

1) 각 문자에서 발생하는 수평 패리티 체크방식과 모든 문자에서 생성되는 수직 패리티 체크방식을 통해 수평 · 수직으로 블록 합계체크(block sum check)가 가능하다.
2) 특징 : 한 문자에서 2개의 비트 에러는 검출이 가능하나 2개 문자에서 2개의 비트 에러는 검출할 수 없다.

03 전송손상(transmission impairments)

(1) 감쇠현상

1) 신호가 전송선을 따라 전파되면서 그 진폭이 감소하는 현상
2) 길이에 비례하여 감소한다.
3) 감쇠를 고려하여 수신기가 신호를 검출하고 해석할 수 있는 범위 이내로 전송 케이블의 길이를 제한한다.

(2) 지연왜곡

1) 신호의 전파속도는 그 신호의 주파수에 따라 변화한다.
2) 여러 가지 주파수 성분을 갖는 신호의 전송 : 각 주파수 성분이 다른 지연시간을 가지고 도달하게 되어 지연왜곡이 발생한다.
3) 심벌 간 간섭현상(intersymbol interference)을 유발한다.

심벌 간 간섭현상(intersymbol interference) : 일련의 비트열을 전송하는 경우, 전송속도를 증가시킴에 따라 앞선 비트의 신호 구성성분이 다음 비트의 성분과 중복되는 현상

04 전송매체

(1) 정의

전송측과 수신측을 연결하는 물리적인 경로

(2) 종류

1) 유선매체 : 선을 이용하는 전송매체로, 트위스티드 페어, 동축케이블, 광섬유 등이 이용하는 전송매체
2) 무선매체 : 선을 이용하지 않고 위성 및 지상 마이크로파와 라디오파를 이용하는 전송매체

05 유선매체의 매개체

(1) 트위스트 페어선(twisted-pair line)

1) 근거리 통신망 등에서 사용되는 전송매체의 일종으로, 절연된 구리선을 서로 꼬아 만듦으로써 인접한 다른 쌍과의 전기적 간섭(전자파 장애 억제)현상을 감소시킨다.

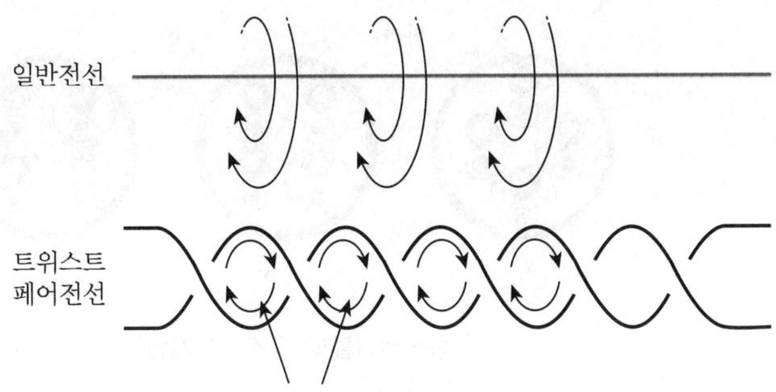

▌일반전선과 트위스트 페어전선과의 유도전류 영향▐

2) 용도

① 디지털과 아날로그 전송에 사용한다.

② 현재 전화선과 건물 내의 통신회선에 널리 사용한다.

3) 장단점

장점	단점
① 경제적임 ② 설치 용이	① 대역폭의 제한이 많음 ② 간섭 및 잡음이 많음 ③ 전송거리와 전송속도에 제한

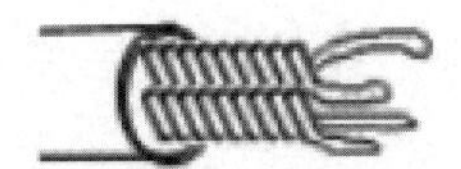

▌언실드 케이블▐

▌실드 케이블▐

(2) 차폐선(shielded twisted-pair) 130회 출제

1) 실드 : 케이블의 피복에 그물망처럼 가는 선으로 짜 엮어 놓은 케이블에 그물망을 기기나 접지회로에 연결시켜 접지를 해놓은 것

2) 목적 : 전자파 방해를 방지한다.

3) 소방용도 : 아날로그식, 다신호식 감지기나 R형 수신기용

4) 피복에 따른 구분

구분	목적	구성	사용처	전송거리
UTP (Unshielded Twist Pair)	두 선 간의 전자기 유도를 줄이기 위하여 서로 꼬여져 있는 케이블	제품 전선과 피복만으로 처리	가정용, 사무용	100[m]
FTP (Foil Screened Twist Pair Cable)	UTP에 비해 절연 기능이 좋다.	실드처리는 되어 있지 않고, 알루미늄 은박이 4가닥의 선으로 실드처리	혼선이 심한 환경 공장 배선용	150[m]
STP (Shielded Twist Pair Cable)	외부의 노이즈를 차단하거나 전기적 신호의 간섭을 대폭 줄여준다.	네 가닥의 트위스트 페어를 각각 알루미늄 실드로 처리	옥외, 고압 전류가 흐르는 곳 등 특수한 장소	200[m]

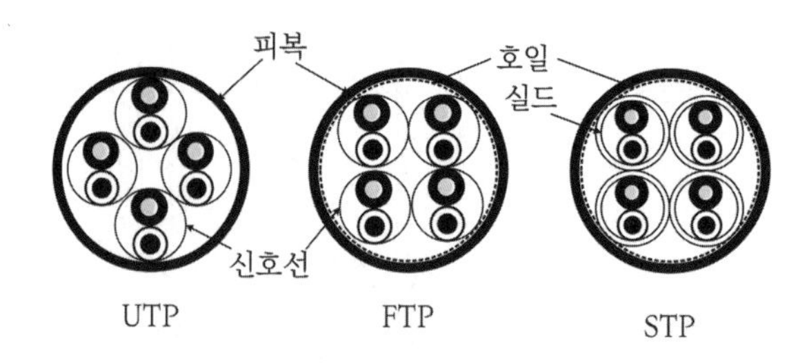

▍통신케이블의 구조 및 개념도▍

5) 케이블 성능 비교

구분	UTP	FTP	STP
노이즈 방지효과	낮음	중간	높음
직접제작 시 난이도	쉬움	중간	어려움
비용	저가	중가	고가
접지기능	없음	있음	있음

약어 : U=Unshielded, F=Foil shielding, S=braided shielding(outer layer only), TP=Twisted Pair

6) 유도현상으로 인한 문제점

① 오동작이나 통신선의 장애로 수신반이 주기적 또는 순간적으로 설비의 고장인식이 발생한다.

② 대전류에 의한 유도현상의 경우 중계기 및 수신반의 소손 우려가 있다

③ 부하설비에 의해 유도되거나 지락이 발생하면 수신반과 중계기 간에 통신장애가 발생한다.

④ 직류 약전(DC 60[V] 이하)과 교류 강전(AC 220[V])의 혼선의 경우 유도현상이 발생하여 기기 소손과 감전의 우려가 있다.

(3) 유 · 무선 통신매체의 장단점 비교

구분	장점	단점
트위스트 페어(twisted pair)	적은 비용 및 설치가 용이함	① 비교적 낮은 대역폭 ② 외부 충격에 취약함
동축케이블	① 케이블이 보호됨 ② 대역폭이 높음	취급이 곤란함
광케이블	① 잡음에 강함 ② 대역폭이 매우 높음	설치비 고가
마이크로파(micro-wave)	대역폭이 높음	초기 설치비 고가
인공위성	① 대역폭이 높음 ② 유선 필요 없음 ③ 광역성	① 초기 투자가 많음 ② 지연시간 있음

(4) 유선매체의 특징 비교

구분	특징	전송거리	전송속도	접지 유무
차폐선	혼선, 전자파, 정전유도, 자기유도에 의한 잡음을 방지하려 배선에 편조를 접지함	짧음	중간	○
트위스트 페어	외부자력선에 의한 유도를 방지하는 효과 자속에 위해서 생성되는 기전력 자속	중간	느림	×
광케이블	빛신호를 전달하기 때문에 저손실, 장거리 전송, 잡음이 작음	길	빠름	×

06 변조(modulation)

(1) 정의

데이터를 담은 신호를 채널에 알맞은 전송파형으로 변환하는 과정(주파수에 정보를 싣는 과정)

(2) 복조(demodulation)

변조된 신호를 원래의 데이터로 바꾸는 과정

(3) 반송 주파수(carrier frequency)

특정 주파수 대역을 차지하는 신호를 전송매체가 전송하기 쉬운 반송 주파수 대역으로 변조하는 경우 변조에 사용된 기준 주파수

(4) 목적

1) 장거리 전송이 가능하다.
2) 변조가 넓은 주파수대역에 걸치므로, 여러 채널을 그룹화할 수 있는 다중화가 가능하다.
3) 주파수를 높임에 따라 안테나 길이, 크기의 단축이 가능하다.
4) 필터링 또는 증폭과 같은 설계요구사항의 충족이 용이한 주파수대로 전환이 가능하다.
5) ISI 등이 존재하는 채널에서 신호대역폭을 늘려주어 잡음 및 간섭에 강하다.

ISI(심벌 간 간섭) : 전송되는 디지털 심벌신호가 다중 경로 페이딩(multipath fading), 대역 제한 채널(bandwidth-limited channel) 등을 겪으며 이웃하는 심벌들이 겹치며 비트 에러의 원천이 되는 디지털 심벌 간에 상호 간섭하는 현상

(5) 변조방식의 구분 – 파형 변환유형에 따른 분류

1) 아날로그 변조(analog modulation)

① 정의 : 데이터를 아날로그 신호로 변환하여 전송한다.

② 특징 : 신호의 감쇠현상이 발생하므로 증폭기를 이용하여 일정거리마다 복원된다.

③ 다중화 방식 : 주파수 분할 다중화(FDM)

2) 디지털 변조(digital modulation)

① 정의 : 데이터를 부호화(encoding)하여 전송한다.

② 특징 : 원거리 전송 시 리피터(repeater)를 사용하여 감쇠된 신호를 원래의 신호로 복원시킨다.

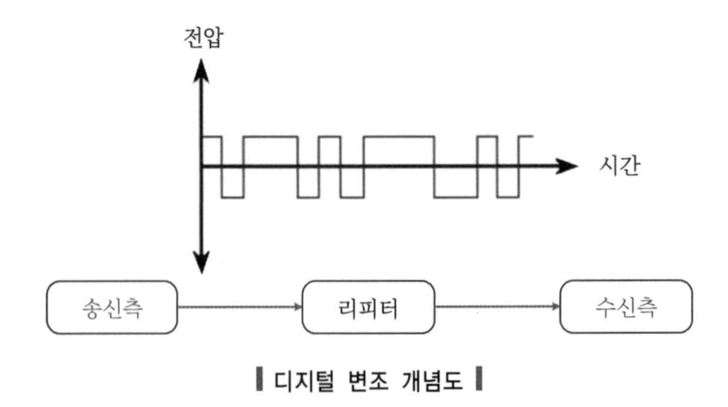

▌디지털 변조 개념도▐

③ 아날로그 변조와 비교

㉠ 스펙트럼을 효율적으로 사용하고 저전력이 소모된다.

㉡ 잡음환경에서 우수한 성능구현이 가능하다.

④ 다중화 방식 : 시분할 다중화(TDM)

⑤ 펄스부호 변조(PCM : Pulse Code Modulation) : 아날로그 데이터를 디지털 데이터로 변환해서 전송한다.

1. **펄스(pulse)** : 파형의 일종
2. **리피터(repeater)** : 디지털 통신선로에서 신호를 전송할 때, 거리가 멀어지면 신호가 감쇠하는 성질을 새롭게 재생하여 다시 전달하는 재생중계장치

SECTION 037 PCM

110회 출제

01 PCM(Pulse Code Modulation)

(1) PCM(펄스 부호변조)은 아날로그 데이터 전송을 위한 디지털 설계이다.

(2) PCM 내의 신호들은 바이너리(binary : 2진수), 즉 논리 1(높음)과 논리 0(낮음)으로 표현되는 오직 두 가지 상태만이 가능하다.

(3) 복잡한 아날로그 파형이 있다고 해도 이것은 변하지 않는다. PCM을 사용하여 동영상 비디오, 음성, 음악, 원격측정, 그리고 가상현실 등을 포함한 모든 형태의 아날로그 데이터를 디지털화하는 것이 가능하다.

02 PCM 단계의 구분

(1) 표본화(sampling)

1) 음성과 같은 아날로그 신호를 디지털화하기 위해서는 일정한 간격으로 표본화(sampling)해야 한다.

2) 펄스 진폭변조라고도 하고 PAM(Pulse Amplitude Modulation)이라고도 한다.

PAM(Pulse Amplitude Moduated) 신호 : 표본화된 신호는 시간축에서 불연속이고 진폭축에서 연속적인 신호이다.

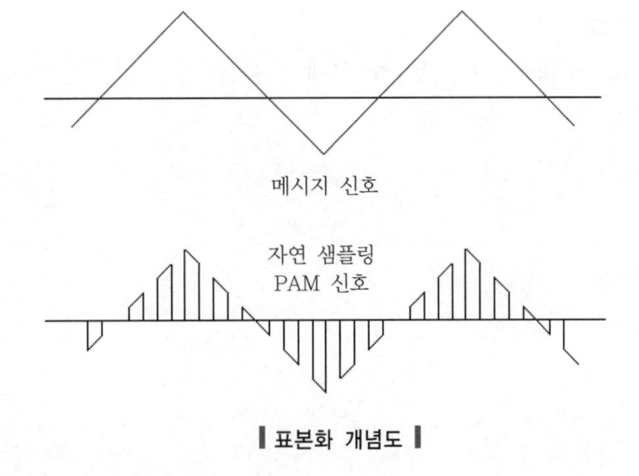

▌표본화 개념도▐

(2) 양자화(quantizing)

연속적으로 보이는 양을 자연수로 셀 수 있는 양으로 재해석하는 것이다.

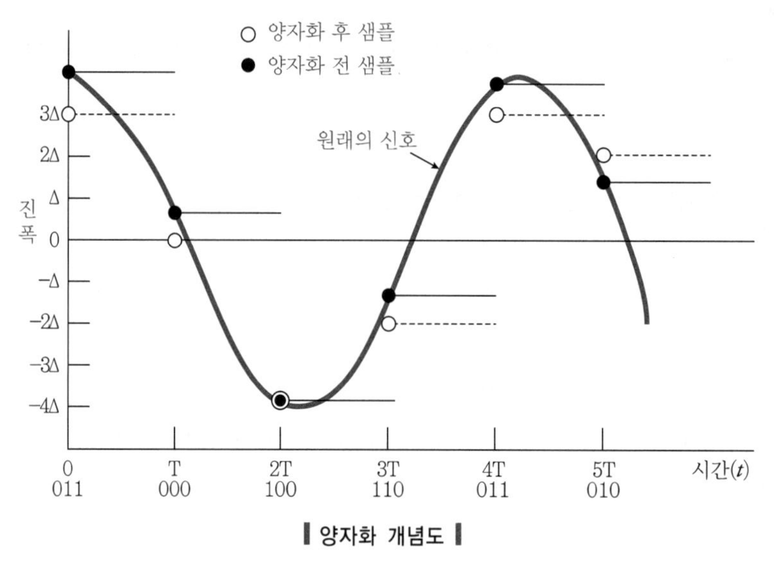

▌양자화 개념도▐

1) **균일 양자화** : 진폭범위를 균일한 구간으로 나누어 양자화를 하는 방식
2) **비균일 양자화** : 양자화 간격이 동일하지 않은, 두 가상 결정값 사이에 놓여 있는 양자화를 하는 방식
3) **압축 비균일 양자화**

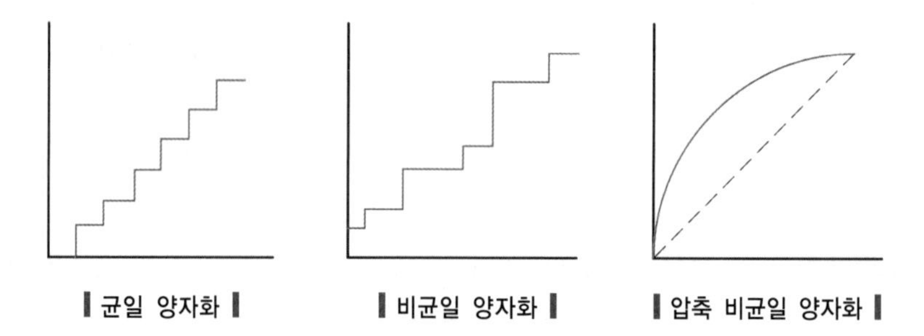

▌균일 양자화▐　▌비균일 양자화▐　▌압축 비균일 양자화▐

(3) 부호화(encoding)

양자화된 PCM 신호(2진 비트열)를 실제 전송을 위한 디지털 신호인 2진 데이터로 변환하는 것이다.

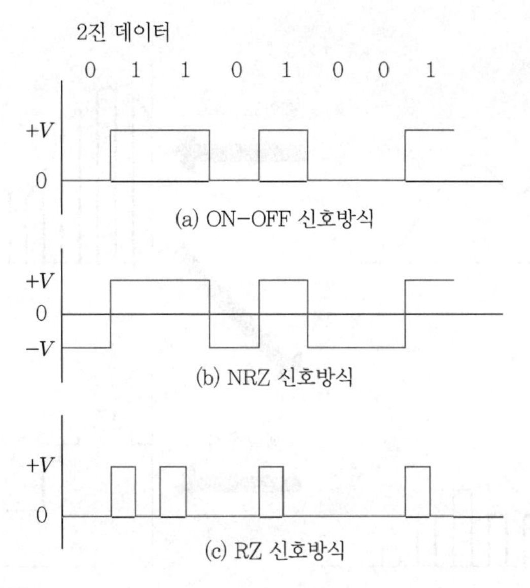

(a) ON−OFF 신호방식
(b) NRZ 신호방식
(c) RZ 신호방식

1) ON−OFF 신호방식

2) NRZ(Non−Return−to−Zero) 방식

① 1의 신호에서 0으로 돌아가지 않는 것을 의미한다.

② 1 또는 0을 나타내는 하나의 펄스파형 시간간격을 하나의 주기와 같게 만든 선로부호방식이다.

③ 신호가 특정한 폭을 가지고 신호형태를 유지하게 된다.

3) RZ(Return−to−Zero) 방식

① 디지털신호에 대한 선로부호화(인코딩) 방식의 한 형태이다.

② 신호 중 1(high) 신호가 들어왔을 경우 1비트 정도 후에 다시 0(low) 신호로 복귀하는 형태의 선로부호방식이다.

③ 비트 펄스 사이에서 반드시 일정시간 동안 0 전위를 유지한 후 다음 신호를 전송한다.

(4) 복호화(decodimg)

수신된 디지털 신호를 원래의 신호로 복원하는 단계이다.

(5) 여파화(filtering)

인접한 PAM 신호의 정점을 연결하여 계단모양의 파형으로 만들고 저역 필터기(low pass filter)를 통과시킨다.

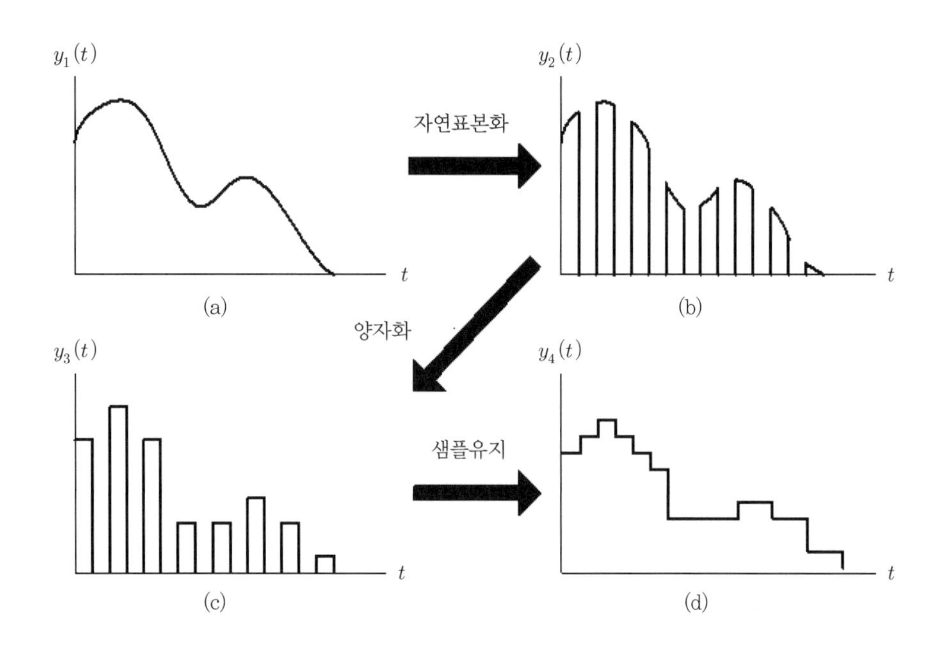

03 신호처리의 구성

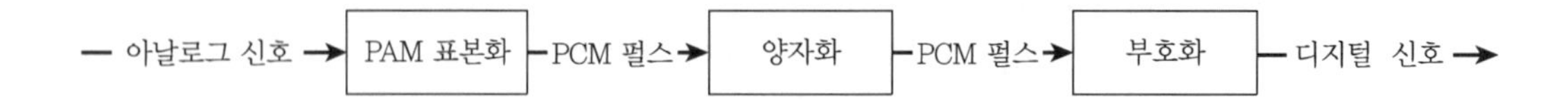

04 아날로그와 디지털 통신시스템의 비교

(1) 아날로그 통신시스템의 구성

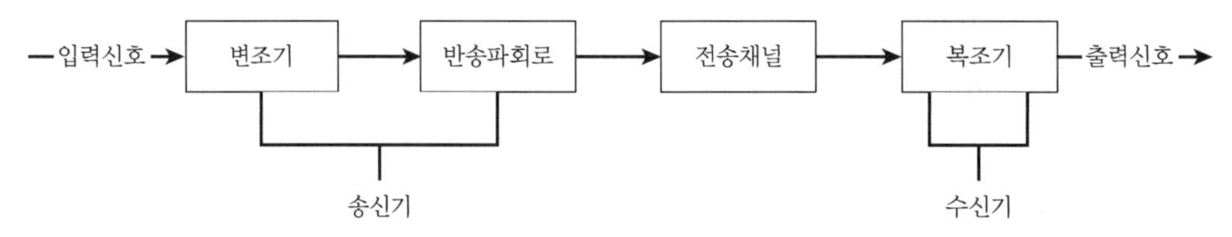

(2) 디지털 통신시스템의 구성

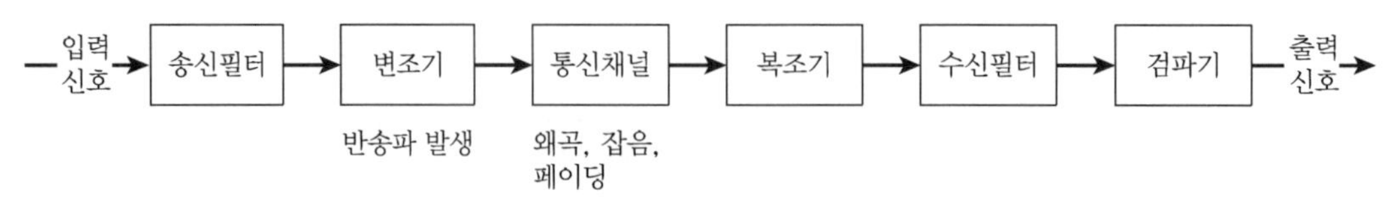

(3) 차이점

구분	아날로그 통신시스템	디지털 통신시스템
음질	수신거리와 환경에 따라 잡음발생	수신만 되면 거리에 관계없이 음질 동일
명료도	① 수신환경에 영향을 받음 ② 볼륨을 키우면 잡음증폭	① 수신만 되면 일정 ② 볼륨크기와 관계없이 일정
혼신방지	없음. 오류 발생 시 혼신 초래	송 · 수신 기간 디지털 코드 인증방식으로 오류가 없음
수신환경영향	있음	없음
확장성	어려움	용이함
시스템 구성의 차이	–	송신필터가 삽입되며 수신에 검파기(detector)가 별도로 설치

혼신[混信] : 전신이나 방송 따위를 수신할 때 다른 발신국의 송신신호가 섞여 수신되는 일

SECTION 038 다중화(multiplexing)

01 다중화(multiplexing)

(1) 전송기술로서의 다중화의 정의(CCITT)

CCITT[국제전신전화 자문위원회]는 통신장비 및 시스템의 협동조합표준을 육성하기 위한 최초의 세계기구이며, 지금은 이름이 ITU-T로 바뀌었다. 스위스의 제네바에 본부를 두고 있다.

1) 공통채널상에서 동일방향으로 신호를 전송하기 위해 개개의 채널 신호를 결합시키는 과정
2) 계층적인 관점에서 하위계층의 신호를 모아서 상위계층의 신호로 만들어가는 과정(동기식 다중화)
3) 여러 사용자, 노드가 공평하게 자원(주파수, 시간 등)을 공유(다원접속)

(2) 정의

효율적인 통신을 위해 하나의 전송링크를 통하여 여러 신호를 동시에 보내는 방법

(3) 다중 통신의 필요성

1) 한정된 통신선로를 최대한으로 이용하기 위하여 하나의 통신선에 여러 개의 통신을 동시에 송·수신하는 방식이 개발되었다.
2) 경제적이다.
3) 통신시스템을 단순화할 수 있다.

(4) 다중화 기술의 발전단계

SDM(공간 다중화) → FDM → TDM → WDM → OTDM

02 다중화 기술에 따른 분류 110회 출제

(1) 공간분할 다중화(SDM : Space Division Multiplexing, Spatial Division Multiplexing, Spatial Multiplexing)

1) **정의** : 공간적으로 분리된 다수의 물리적인 채널을 하나의 논리적인 채널로 다중화하는 기술

2) 예 : 교환기 등

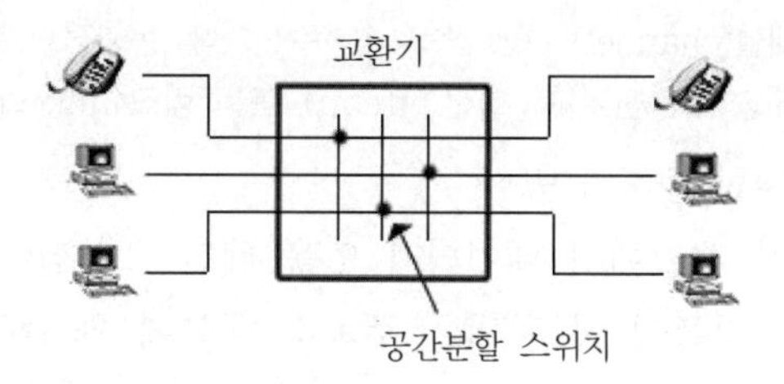

(2) **주파수분할 다중화(FDM : Frequency Division Multiplexing)**

소방에서 주로 사용하는 다중화 방식이다.

1) **정의** : 대역폭을 주파수 채널로 분할하고, 각 신호를 서로 다른 채널로 전송하는 방법

2) 채널 간의 상호간섭을 막기 위해 완충지역으로 보호밴드(guard band)가 필요하다.

3) 가장 고전적인 다중화 방식으로 아날로그 신호를 다중화하는 데 많이 사용(디지털 ×)한다.

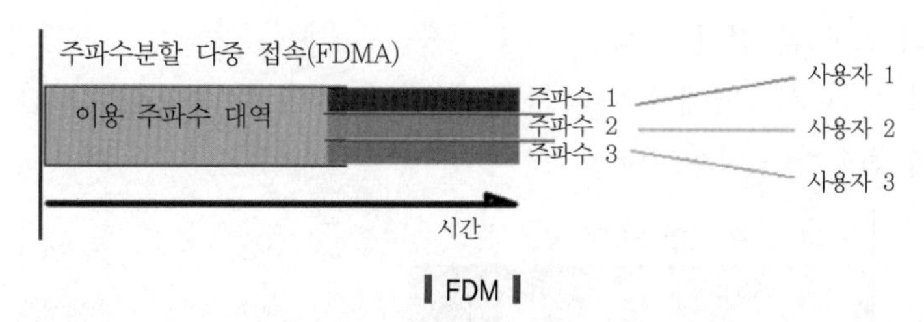

▌FDM▐

(3) **시분할 다중화(TDM : Time Division Multiplexing)**

현재 R형에서 사용하는 방식이다.

1) **정의** : 하나의 회선을 시간간격으로 분할하여 다중하는 방식

2) **방식** : 시간을 일정구간 나누어(타임슬롯) 가입자에게 할당하고, 가입자는 자신에게 할당된 시간에만 통신이 가능하다.

① 송신측 : 전송한 데이터를 버퍼에 저장해 두고, 순차적으로 할당된 타임슬롯에 맞게 전송한다.

② 수신측 : 수신된 신호의 타임슬롯을 추출하여 원래 데이터로 복원한다.

3) **구분**

① 동기식 시분할 다중화 방식

㉠ 각 사용자 타임슬롯에서 데이터가 있건 없건 간에 프레임 내 해당 사용자 채널이 항상 점유되는 방식

㉡ 디지털 데이터를 전송하는 데 적합한 방식이며 데이터를 순서대로 연속해서 송출하는 방식

채널(channel) : 한 쌍의 송·수신기에 논리적으로 형성되는 전송로이다. 실제의 전송로(통신로)를 회선(circuit) 또는 링크(link)라고 한다.

② 비동기식 시분할 다중화 방식

㉠ 각 사용자 채널에서 데이터가 있을 때만 프레임에 삽입된다.

㉡ 신호의 대역폭이 아주 넓은 주파수 대역에 확산하는 방식이다.

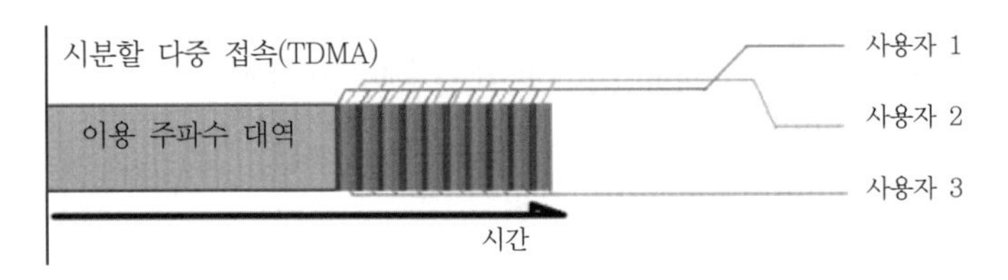

▌TDM▐

(4) 부호분할 다중화(CDM : Code Division Multiplexing)

1) 정의 : 특정한 부호(코드)를 이용하여 데이터를 구분하는 다중화방식

2) FDM과 TDM을 합한 방식

3) 디지털 통신 시스템에서 여러 신호에 각기 다른 채널로 분리시킨 후 하나로 다중화하여 전송하는 방식이다.

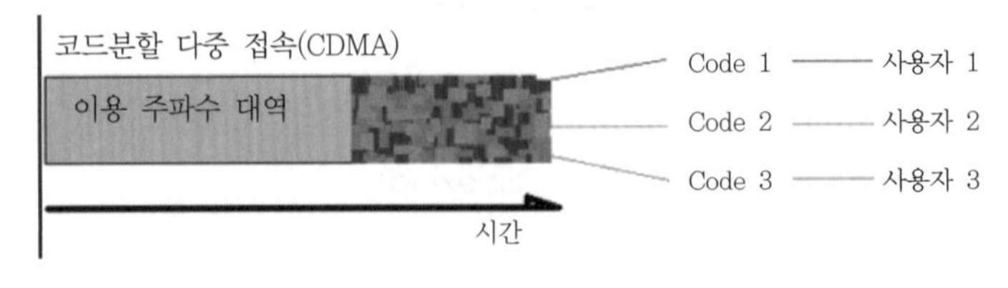

▌CDM▐

4) 비교

구분	특징	대상	장점	단점
FDM	① 사용자 신호는 주파수 영역에서 구분 ② 연속전송이 가능 ③ 주파수 대역의 일부를 이용 ④ 주파수 영역대가 겹치지 않음	주파수	① 수신기 구조가 간단 ② 할당된 주파수 대역의 일부를 이용하므로 대역폭 낭비가 없음 ③ 모든 신호들이 항상 최대 속도로 송·수신이 됨 ④ 연속전송이 가능 ⑤ 사용효율이 가장 낮음	① 용량이 작고 전송품질이 나쁨 ② 전력소모가 많음 ③ 주파수 계획이 필요 ④ 노이즈에 의한 통신장애가 발생 ⑤ 넓은 주파수 대역이 필요하며, 기술이 요구 ⑥ 아날로그 신호만 가능

구분	특징	대상	장점	단점
TDM	① 사용자 신호는 시간영역에서 구분 ② 전송을 해당 슬롯에서만 가능 ③ 전체 대역을 모두 사용	시간	① 전송품질이 비교적 우수 ② 용량이 비교적 큼 ③ 전력소모량이 적음 ④ 아날로그, 디지털 신호를 모두 사용 가능	① 수신기 구조가 비교적 복잡 ② 주파수 계획이 필요 ③ 사용자가 통신을 하지 않을 때는 그만큼의 타임슬롯이 낭비됨
CDM	① 사용자 신호는 코드영역에서 구분 ② 연속전송이 가능 ③ 전체 대역을 모두 사용	부호	① 전송품질이 가장 우수 ② 동일 시간, 동일 채널을 사용하므로 사용효율이 가장 우수 ③ 용량이 가장 큼 ④ 전력소모량이 적음 ⑤ 주파수 계획이 필요 없음 ⑥ 부호가 맞아야 해독이 가능하기 때문에 통신의 비밀보호가 우수 ⑦ 전파방해에 강함	① 수신기 구조가 매우 복잡 ② 전력제어가 필요 ③ 트래픽 제어 필요

(5) **파장분할 다중화(DWDM : Dense Wavelength Division Multiplexing)**

1) **정의 :** 다른 곳에서 온 여러 종류의 파장을 분할하여 하나의 광섬유에 함께 싣는 다중화 기술

2) DWDM은 때로 WDM(Wave Division Multiplexing)이라고도 한다.

3) 1코어의 광케이블을 이용해 여러 코어의 광케이블을 포설한 것과 같은 효과를 기대할 수 있다.

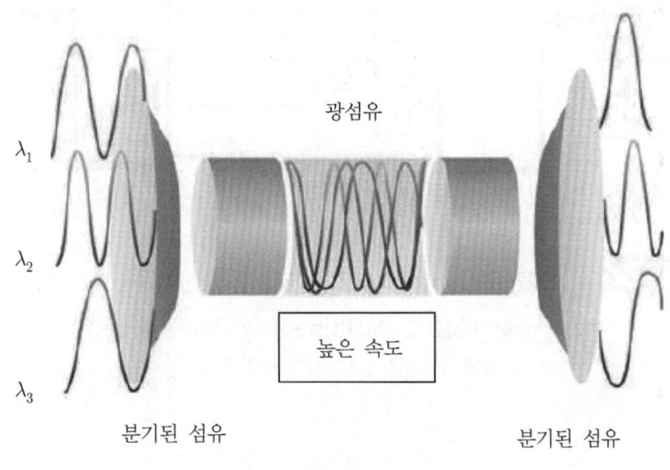

▌DWDM ▌

(6) 광시분할 다중화(OTDM : Optical Time Division Multiplexing)

1) 개요

① 기존의 TDM(Time-Division Multiplexing)방식이 전기적인 신호에 의한 다중화인 것과는 달리, OTDM은 순전히 광학적인 방법에 의해서만 신호를 시간축에서 다중화하는 방식이다.

② 여러 개의 전송채널을 다중화하여 하나의 광섬유로 전송하는 기술이다.

③ 전기가 아닌 광영역에서의 다중화를 통해 전기적 처리속도의 한계를 극복하고자 한 방식이다.

2) 작동원리

① 느린 속도로 작동하는 입력 광펄스를 각각 다른 지연을 갖는 여러 경로로 분할한다.

② 지연된 시간(ΔL)을 가지는 신호는 효과적으로 더 높은 데이터 속도로 하나의 출력(N의 배수)으로 재결합된다.

3) 광시분할 다중화(OTDM)의 예 : 5[Gbit/sec](왼쪽)에서 작동하는 짧은 광펄스를 가져와 원래 펄스를 N개의 개별 채널로 분할한 다음 비트 전송률 결정 지연 ΔL을 거친 후 다시 결합하여 $5N$(20)[Gbit/sec](오른쪽)로 다중화한다.

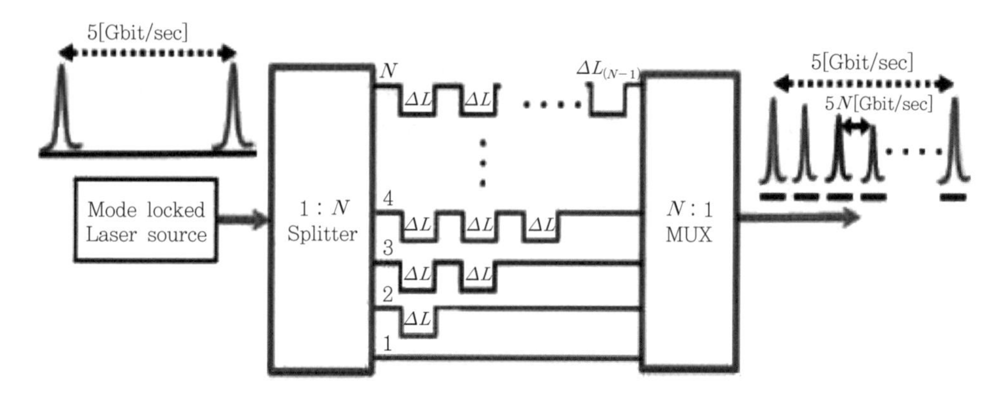

1. 스플리터(splitter) : 일반적으로 특정 신호들을 특성에 맞게 분리하여 주는 장치
2. 다중화기(MUX : MUltipleXer) : 멀티플렉서는 여러 개의 입력신호 중 원하는 신호를 선택해서 출력하는 회로

SECTION

039 통신망

01 용어의 정의

(1) 네트워크

서로 연결하여 하나를 이루는 것이다. 따라서, 이들 여러 요소가 서로 접속된 망상의 구조체이다.

(2) 노드(node)

네트워크를 구성하는 각각의 요소

(3) 링크(link)

노드 사이를 연결하는 선

(4) 통신 네트워크

다수의 가입자에게 정보를 분배하기 위한 네트워크

(5) LAN(Local Area Network)

비교적 가깝고 좁은 영역에서 고속통신이 가능하고 오류율이 낮은 통신망(telecom munication network)

02 네트워크의 종류 123 · 110 · 106 · 87 · 85 · 83 · 79회 출제

(1) 스타(star)형

1) **정의 :** 네트워크는 모든 기기가 중앙 연결점(point-to-point)을 향해 케이블이 연결되는 방식

2) TDM(시분할)형식으로 정보를 받아들이고 입력채널을 다중화 및 역다중화하여 정보를 공급하는 TDM 회선교환방식이다.

3) **장단점**

장점	단점
① 확장, 부수, 관리가 쉬움 ② 중앙의 허브(hub)는 신호의 증폭기능을 하기 때문에 별도의 중계기가 필요 없음 ③ 각 노드의 전송속도를 다르게 설정이 가능함	① 초기 투자비용이 고가임(주장치에서 모두 개별적으로 끌고 갔기 때문에 비용이 증가) ② 중앙집중제어방식으로 중앙처리장치가 고장나면 전체의 설비가 동작하지 않음

장점	단점
④ 하나의 노드가 고장나도 전체 통신망에 영향을 주지 않음 ⑤ 고장발견이 쉬움 ⑥ 중앙집중방식에 적합함	③ 입 · 출력장치의 증가에 따라 통신회선수도 증가함 ④ 통신망 전체가 복잡하여 병목현상 가능성이 큼 ⑤ 단선 시 시스템이 동작하지 않고 신뢰성이 낮음(style 4, class B)

(2) 링(loop, ring)형

1) 정의 : 각각의 노드는 양 옆의 두 노드와 연결하여 전체적으로 고리와 같이 하나의 연속된 길을 통해 통신을 하는 망 구성방식

2) 단말기의 접속권한은 토큰으로 정하는데, 토큰을 가진 단말기에서만 데이터 전송이 가능하다.

3) 장단점

장점	단점
① 전자기파의 유도 및 잡음에 강함 ② 전송속도가 비교적 빠름 ③ 방송모드로 정보의 전송이 쉬움 ④ 전송매체와 입 · 출력장치의 고장발견이 쉬움 ⑤ 분산 및 집중제어 중 어느 방식으로도 쉬움 ⑥ 서비스를 공평하게 받을 수 있고 병목현상이 드묾 ⑦ 거리 및 통신속도에 제한이 없음 ⑧ 한꺼번에 정보전달이 가능(과거 style 7이나 지금은 class X)함	① 노드의 변경 및 추가, 수리가 어려움 ② 노드에서 노드로 순차적으로 전송하게 되므로 각 터미널에 중계기능이 있음 ③ 하나의 노드에 문제발생 시 전체 네트워크에 영향을 줄 수 있음 ④ 전송지연이 발생할 수 있음 ⑤ 전체적인 통신처리량이 증가함

(3) 버스(bus)형

1) 정의 : 한 개의 Data선에 모든 노드가 연결된 비교적 단순한 연결방식

2) CSMA/CD 방식을 사용하고 있으며 IEEE 802.4에서 물리적으로는 버스구조이나 논리적으로는 링구조로 동작한다.

3) 장단점

장점	단점
① 통신회선이 1개이므로 구조가 간단함 ② 노드의 증가와 삭제가 용이함 ③ 노드의 고장이 통신망 전체에 영향을 주지 않으므로 통신망의 신뢰성이 향상됨 ④ 경로, 제어가 필요 없음 ⑤ 소규모 저가의 시스템에 적합한 경제적인 방법임	① 모든 노드가 통신회선상의 정보를 수신해 기밀보장이 어려움 ② 통신선 회선길이에 제한있음 ③ 분산제어형에서는 우선순위 제어가 어려움 ④ 하나의 선을 여러 노드가 사용해 충돌문제 및 병목현상의 발생 우려가 있음

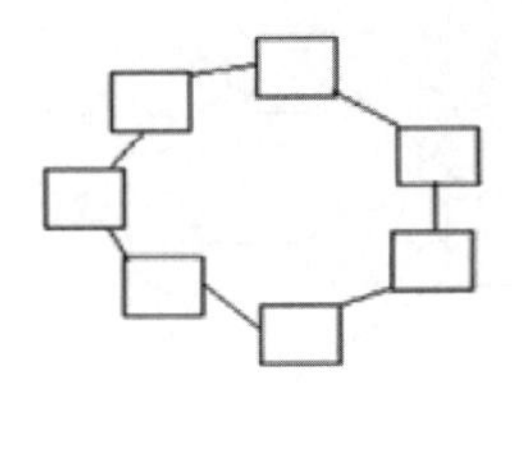

(a) Ring

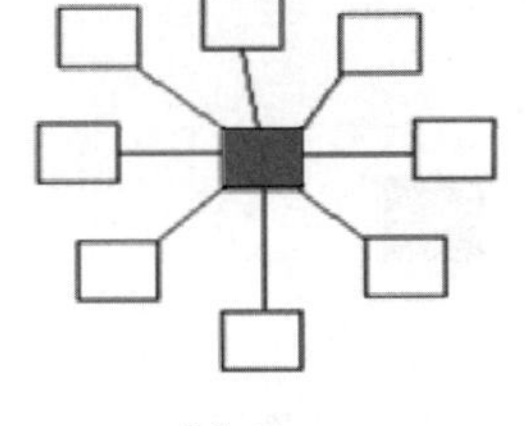

(b) Star

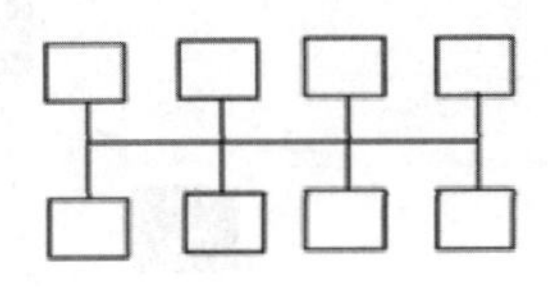

(c) Bus

▍기본 네트워크의 구성도▍

4) 네트워크 비교표

구분	Star형	Ring형	Bus형
연결형태	중앙집중형	직렬연결형	병렬연결형
통신방식	Point to point 방식	Token passing 방식	CSMA/CD, Token passing 방식
설치방식	설치 용이	노드증설 용이 Peer to peer & stand alone 기능 부여	노드추가 설치 용이, Peer to peer & stand alone 기능 부여
문제점	중앙제어장치 고장 시 신뢰도 저하	하나만 끊어져도 통신장애	Bus상 데이터 충돌 우려

(4) 트리형

1) 정의 : 스타형의 변형 형태로, 트리에 연결된 호스트는 허브에 연결되어 있지만 모든 장치가 중앙 전송제어 장치에 연결되어 있지 않은 형태

2) 장단점

장점	단점
① 계층적 구성형태로 확장 및 관리가 용이함 ② 스타형(star형)에 비해 선로가 짧아 회선수가 절약됨	① 스타형과 마찬가지로 중앙 허브에 병목현상 우려가 있음 ② 중앙허브나 케이블에 문제가 발생하면 전체가 마비됨

(5) 메시형

1) 정의 : 그물형이라고도 하며 중앙의 허브없이 각 노드들을 점대점 방식으로 직접 연결하는 방식

2) 장단점

장점	단점
특정 노드에 통신장애가 발생하더라도 다른 경로를 통하여 데이터를 전송할 수 있으므로 트래픽 관리가 용이하므로 신뢰도가 높음	① 설치관리가 어려움 ② 케이블이 많이 필요해 비용이 증대됨

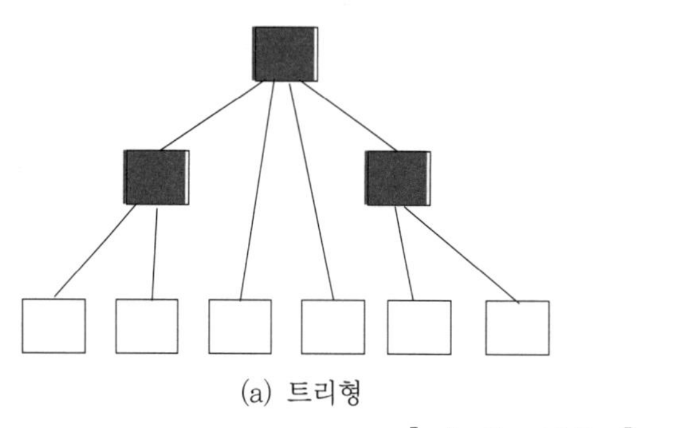
(a) 트리형 (b) 메시형

▌네트워크 구성도▐

(6) 혼합형

상기 형태가 다양하게 혼합된 형태이다.

SECTION 040 통신방식

01 매체접근제어(media access control)

(1) 정의

동일한 매체를 여러 단말들이 공유할 때 매체사용에 대한 단말 간 충돌, 경합발생을 제어하는 제어방식을 총칭한다.

(2) 기술 용어

다원접속(multiple access)

02 통신매체접근 제어의 종류

(1) 유선 LAN

1) CSMA/CD → 802.3
2) 토큰버스(token bus) → 802.4
3) 토큰링(token ring) → 802.5 등

(2) 무선 LAN

CSMA/CA → 802.11 MAC Sublayer

(3) MAN : IEEE 802.6

MAN(Metropolitan Area Network) : MAN은 LAN보다는 크지만, WAN에 의해 커버되는 지역보다는 지리적으로 작은 장소 내의 컴퓨터 자원들과 사용자들을 서로 연결하는 네트워크이다.

(4) FDDI : ISO 9314

FDDI(Fiber Distributed-Data Interface) : FDDI는 최장 200[km]까지 연장이 가능한 근거리 통신망의 광케이블 데이터 전송의 표준이다. FDDI 프로토콜은 토큰링에 기반을 두고 있다.

03 통신망의 구분 및 노드

(1) 통신망의 범위에 따른 비교

구분	LAN	MAN	WAN
지역적 범위	빌딩이나 캠퍼스	도시지역	전국적
토폴로지	공통버스 / 링크	공통버스나 Regular mesh	Irregular mesh
속도	매우 높음	높음	낮음
에러율	낮음	중간	높음
Flow control	간단	중간	복잡함
라우팅 알고리즘	간단	중간	복잡함
매체 접근	불규칙 스케줄	스케줄	없음
소유권	사적기관(private)	사적 또는 공공기관(private or public)	공공기관(public)

(2) LAN 등의 근거리 통신에서는 노드가 아주 간단한 대신에 매체접근제어방식이 필요하고, WAN에서는 노드에 교환기를 사용하기 때문에 매체접근제어방식을 사용하지 않아도 된다.

04 CSMA/CD(CA)

(1) 정의

전송선이 사용되고 있는지를 항상 감시하고 비어 있을 때 Data를 전송하는 방식(경쟁적 회선쟁탈방식)

(2) 용어의 분석

1) CS(Carrier Sence) : 네트워크가 사용 중인지 감시하는 것
2) MA(Multiple Access) : 네크워크가 비어 있으면 누구든지 사용이 가능한 것
3) CD(Collision Detection) : 플레임을 전송하면서 충돌 여부를 조사하는 것

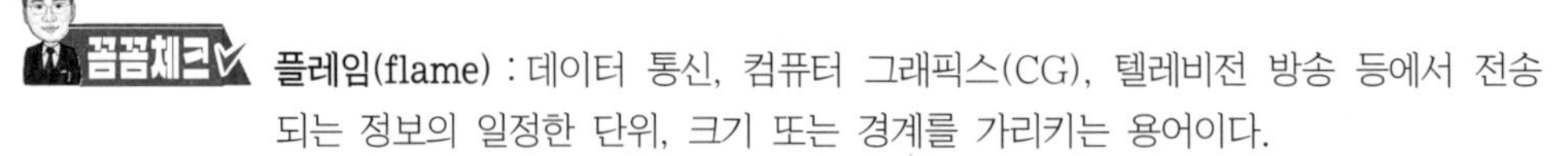

플레임(flame) : 데이터 통신, 컴퓨터 그래픽스(CG), 텔레비전 방송 등에서 전송되는 정보의 일정한 단위, 크기 또는 경계를 가리키는 용어이다.

4) CA(Collision Avoidance) : 무선 랜(WLAN)에서 노드가 무선매체를 통해 데이터를 전송하려고 할 때, 매체에 있는 반송파를 감지하여 매체가 비어있음을 확인한 뒤 충돌을 회피하기 위하여 임의의 시간을 기다렸다가 데이터를 전송하는 방법

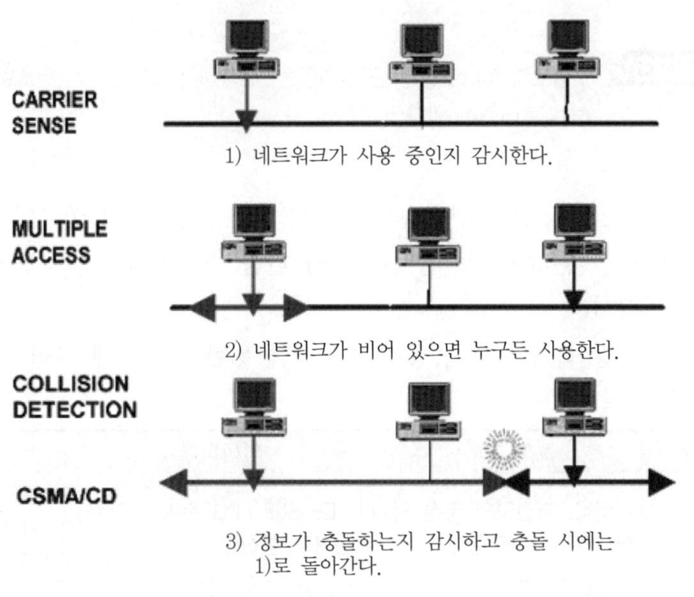

▌개념도▐

(3) 동작방식

공유버스에 데이터가 흐르지 않을 때까지 기다리다가 흐르지 않으면 데이터를 전송한다.

(4) 주요 사용처

컴퓨터 통신, 버스형, 저속 · 저부하

05 토큰패싱(token passing)

(1) 토큰(token)이라고 하는 특전송할 수 있는 권리를 획득한 노드가 송신하도록 하는 통신 방식

(2) 버스형, 링형에 사용한다.

(3) 고속, 고밀도의 전송이 가능하다.

06 토큰버스(token bus)

(1) 정의

버스형의 토폴로지(topology)에다가 토큰제어(token-passing) 방식의 매체제어(medium access) 방법이 결합된 형태로, 물리적 결합은 버스방식이고 실제 작동은 링방식이다.

토폴로지(topology) : 근거리망을 나타내는 요소로서, 버스형, 링형, 별(star)형, 허브/트리형이 있다.

(2) 동작방식

1) 각 스테이션(station)의 전송순서는 논리적인 링순서로서 이루어진다.
2) 토큰(token)을 논리적으로 순서에 따라 다음 스테이션에 넘겨주어 매체 접근을 제어하는 방식이다.
3) 버스형태의 망 특성이 있는 공장 자동화를 위한 시스템에 많이 사용한다.
4) 동작방식 비교표

구분	지그비	와이파이	블루투스
정의	저비용, 저전력의 무선 망사형 네트워크 표준	IEEE 802.11 표준에 근거한 근거리 통신망	저비용 트랜스시버 마이크로칩 기반의 짧은 거리와 저전력으로 설계된 통신표준
특성	저전력 특성으로 작은 배터리로 장치를 오래 사용하는 것이 가능하고 망사형 네트워크로 넓은 통신범위와 안전성을 제공	Wi-Fi는 케이블 가설없이, 클라이언트 장치가 근거리 통신망에 접속하도록 해주므로 네트워크 설치비용을 줄여줌	각각의 블루투스 디바이스가 통신거리 내에 있을 경우 서로 간에 통신을 가능하게 해줌(낮은 대역대의 정보교환)
통신거리	10 ~ 100[m]	50 ~ 100[m]	10 ~ 100[m]
주파수	868[MHz](유럽), 915[MHz](미국), 2.4[GHz](기타)	2.4[GHz], 5[GHz]	2.4[GHz]
전력소비	소	대	중
적용분야	산업제어 및 모니터링, 센서 네트워크, 빌딩 자동화, 홈 오토메이션	무선 LAN 연결, 광대역 인터넷 연결	기기 간 무선연결(전화기, 노트북, 헤드셋)

5) 장단점

장점	단점
① 적은 비용으로도 구성할 수 있고 설치가 쉬운 편임 ② 토큰링처럼 토큰 회전시간을 예측할 수 있어 실시간 처리가 가능함	노드를 추가로 설치하거나 삭제하고, 오류를 처리하는 과정이 복잡함

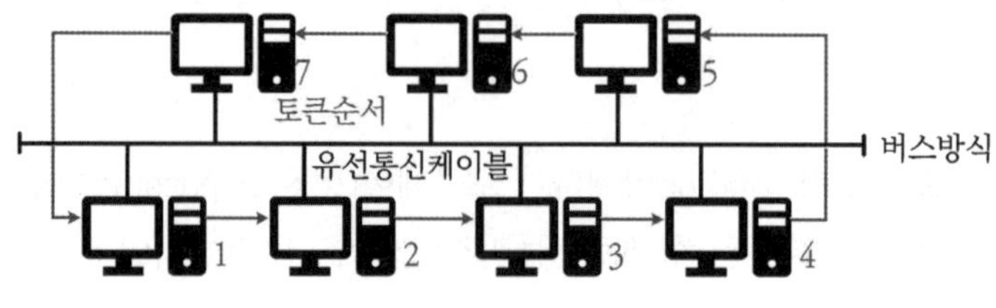

▌토큰버스 방식▐

07 토큰링(token ring)

(1) 개요

1) 정의 : 네트워크 장비(PC 등)들을 둥근 형태로 통신선로에 연결한다.

2) 토큰을 가진 PC만이 네트워크(통신선로)에 정보를 실어 보낼 수 있다. 정보를 다 보내고 나면 바로 옆 PC에게 토큰을 건네주게 되고, 만약 전송할 데이터가 없다면 토큰을 다시 옆 PC에게 전달한다.

3) 토큰을 전달하는 방향 : 한 방향으로만 전송한다.

(2) 특징

1) 전송속도 및 전송매체

① 16[Mbps], 이더넷(ethernet)에 비해 충돌에 의한 시간낭비나 지체가 없어 비교적 높은 속도를 유지한다.

이더넷(ethernet) : 근거리통신망(local area networks/LANs)에서 사용되는 컴퓨터 네트워크 기술

② 노드 간 다른 전송매체(구리, 광 등)를 사용할 수 있다.

2) 순서 및 주소 정보 : 순서대로 전달되기 때문에 토큰에 대한 주소정보는 불필요하다.

3) 통신회선의 사용권한 : 통신회선에 흐르는 제어신호(토큰, token)에 의해 부여한다.

4) 차례대로 정보를 송신하여 충돌방지 : CSMA/CD에 비해 높은 부하에도 안정적으로 동작한다.

5) 일부회선의 로드 및 통신회선의 장애가 전체 네트워크에 영향을 준다.

(3) 개념도

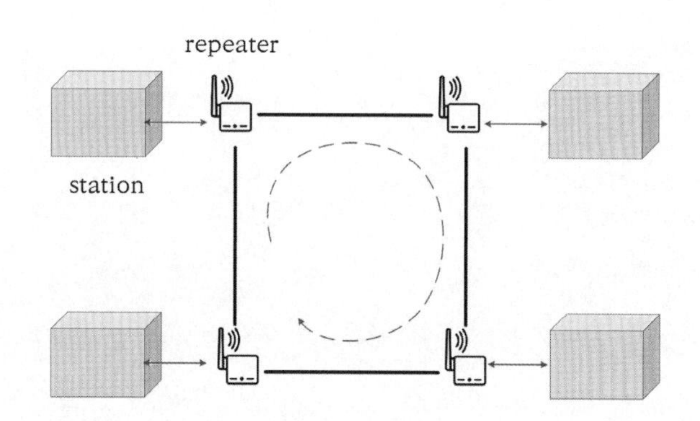

1. **리피터(repeater)** : 통신 네트워크에서 리피터는 전자기 또는 광학 전송매체 상에서 신호를 수신하고, 증폭하며, 매체의 다음 구간으로 재전송시키는 장치이다.
2. **스테이션(station)** : 통신을 하는 대상으로, 보통의 경우 PC나 단말기와 유사한 장치를 말한다.

(4) 비교표

구분	CSMA/CD	토큰링(token ring)
단말통신의 시간이 적을 때 효율	높음	낮음
단말통신 증가 시 충돌증가	발생	없음
실시간으로 처리가 요구되는 정보값	미흡	우수
토큰을 분실, 파괴, 여러 개의 토큰이 발생하는 경우 대책	–	복잡
전송속도	수 ~ 수십[Mbps]	수십[Mbps]
경제성	저렴	비쌈
확장성	간단	복잡

SECTION 041 R형 수신기의 통신방식

01 개요

(1) 최근 건축물은 초고층화로 배선의 길이가 길어져 전압강하가 일어나는 문제로 인하여 통신배선을 이용하고 있다.

꼼꼼체크 전압강하는 송·배전 선로에 전류가 흐르면서 저항(R)과 유도성 리액턴스(X)에서 전압의 저하가 발생하지만, 출력이 4~20[mA]와 같이 작은 전류의 경우 전송거리가 길더라도 전압강하가 없어 항상 같은 전류값을 유지할 수 있다. 하지만 통신선의 경우는 상호 인덕턴스에 의해 통신선의 전자 유도전압이 발생하여 유도장해가 발생한다.

(2) R형은 로컬(local) 기기에서 중계기까지는 P형과 동일한 배선방식이나 중계기에서 수신기까지는 2선의 신호선만을 이용하여 수많은 입·출력신호를 주고받는다. 즉, 중계기는 접점신호를 통신신호로, 통신신호를 접점신호로 변환시켜 주는 신호변환장치의 기능을 한다.

(3) 통신배선 및 다중 전송방식은 전송 중 노이즈 발생의 우려가 있어 차폐 케이블 등을 통해 노이즈를 방지하고 있다.

(4) **다중 통신의 필요성**
   1) 서로 다른 여러 정보를 하나의 전송로로 전송할 수 있다.
   2) 동일한 여러 정보를 하나의 전송로로 전송할 수 있다.
   3) 전파공간이 넓은 주파수 대역을 공유하여 효율성을 강화한다.
   4) 통신시스템을 단순화할 수 있다.
   5) 경제적인 정보의 전송을 할 수 있다.

02 다중 통신(multiflexing communication) 106회 출제

(1) **정의**

R형 수신기에서 사용하는 개념으로, 신호선(실드배선) 2선을 이용하여 다중 통신으로 수많은 입·출력신호를 전송하는 방식이다.

(2) 변조방식

1) 노이즈(noise)를 최소로 줄이고 경제성을 위하여 PCM 방식을 사용한다.
2) 모든 정보를 0과 1의 디지털 신호로 변환하여 7 ~ 8비트(bit)의 펄스(pulse)로 변환시켜 송 · 수신을 한다.

(3) 다중화 전송방식

1) 시분할 다중 방식(TDM : Time Division Multiplex)
2) 주파수 분할 다중 방식(FDM : Frequency Division Multiplex)
3) 펄스 부호 변조 방식(PCM : Pulse Code Modulation)

(4) 신호처리 방식(폴링 어드레스 ; polling address)

1) 목적 : 수신기와의 통신에서 호출신호에 따라 데이터의 중복을 피하는 방법
2) 자기주소가 아니면 통과시키고 동일 주소일 때에만 수신하는 방식이다. 즉, 특정 단말을 설정하고 그곳으로 송신하는 방법이다.

(5) 특징 및 기능

1) 2가닥 신호선을 사용하기 때문에 P형의 구역별 선로 설치에 비해 선로수가 적게 들어 경제적이다.
2) 통신선로로 전압강하가 작다. 따라서, 선로길이를 길게 할 수 있다.
3) 통신선으로 정보값을 보낼 수 있어 증설 또는 이설이 용이하다.
4) 계기판에 쉽게 인식이 가능한 숫자나 문자로 표현할 수 있어 신호전달이 명확하다.
5) 과거의 동작이력 기록장치가 부착되어 있어 유지 · 관리가 쉽다.

(6) 적용장소

1) 대규모 시설로 간선수가 크게 증가하는 장소의 경우 경제적이다.
2) 수신기와 발신기 세트(set) 등의 거리가 멀어 전압강하 등이 발생할 우려가 있는 지역에 적합하다.

(7) P형 수신기와 R형 수신기의 특성 비교

* SECTION 035 수신기를 참조한다.

03 네트워크 방식

구분	피어 투 피어(peer to peer)	마스터-슬레이브(master-slave)
관계	수평관계	주종관계
정의	각각 수신기를 독립적인 기능을 갖는 대등한 관계의 대칭 통신 및 제어모델	메인 수신기(마스터)가 하나 이상의 수신기(슬레이브)를 통제하고 통신허브 역할을 하는 비대칭 통신 및 제어모델

구분	피어 투 피어(peer to peer)	마스터-슬레이브(master-slave)
장점	① 마스터가 없고, 각 수신기들이 부하를 분산시킴 ② 높은 확장성을 가짐 ③ 일부 수신기 장애에도 다른 수신기는 독립적으로 기능을 함	마스터가 집중적으로 관리를 하기 때문에 시스템의 유지 · 관리가 편리함
단점	새로운 기능 추가나 업데이트 등 관리가 어려움	① 마스터의 문제가 생기면 전체가 중단됨 ② 확장성에 제한이 있음
구성도	The Peer-to-Peer Model	The Client-Server Model Client Client Client Server Client Client Client

04 독립적(stand alone) 구성

(1) 정의

다른 어떤 장치의 도움도 필요 없이 그것만으로 완비된 장치이다.

(2) 소방에서의 의미

1) 지역수신기가 주수신기 고장 또는 통신선로의 이상전원 공급차단 등에 의해 수신기의 감시제어를 받지 못할 경우 지역수신기 자체에 중앙처리장치(CPU)와 전원공급장치를 갖고 있어 독립적으로 관할지역의 감시제어를 계속 수행할 수 있는 기능을 갖춘 장치
2) 독립적인(stand-alone) 장치라고 하면, 네트워크를 통해 클라이언트/서버모델로 동작하는 것이 아닌, 피어 투 피어(peer to peer) 방식으로 서로 독립적으로 운영되는 장치

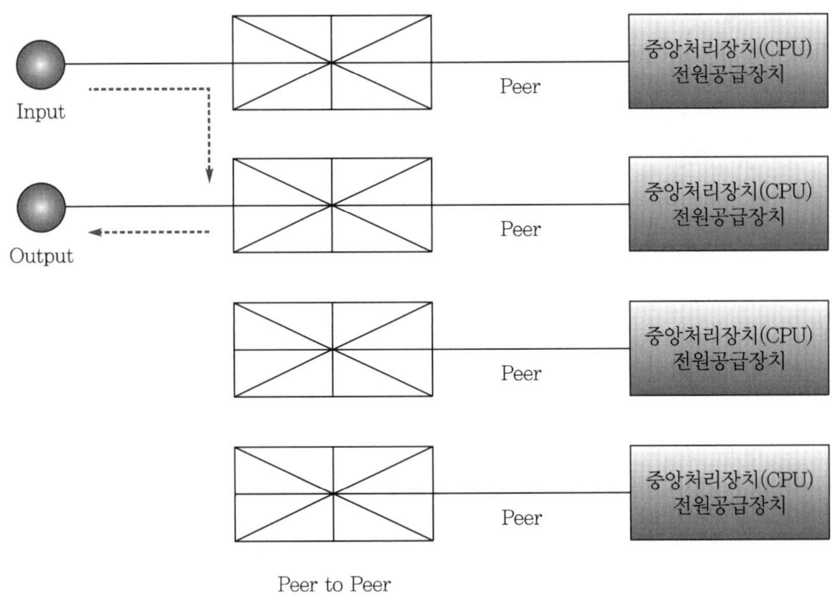

‖ 독립적(stand alone) 구성 ‖

SECTION 042

NFPA의 자탐방식

01 개요

NFPA에서는 국내와 달리 시스템의 구성을 IDC, NAC, SLC로 구분하고 있다.

02 설비의 구성

(1) IDCs(Initiating Device Circuits : 입력장치회로)

1) 개요

① 자동화재탐지설비의 수신기나 중계기에 화재발생을 신호(signal)로 통보하는 장치에 사용되는 회로

② NFPA의 정의 : 연기감지기, 수동발신기, 감시스위치 등과 같이 자동 또는 수동 기동장치가 연결되는 회로

③ 수신기나 중계기에 화재발생을 통보하는 장치에 사용되는 회로로 ON/OFF의 일반 접점 신호기기 회로에만 적용하며, 아날로그형은 SLC로 구분한다.

2) 신호의 종류(NFPA 72 3.3.240)

① 경보신호(alarm signal) : 위급상황을 통보하거나 신속한 조치를 요하는 신호

② 화재경보신호(fire alarm signal) : 화재감지기, 수동발신기, 유수검지장치 등이 작동해서 발생한 화재신호

③ 범죄신호(deliquency signal) : 범죄와 관련된 조치가 필요함을 나타내는 신호

④ 피난신호(evacuation signal) : 건물 내의 점유자에게 피난이 요구됨을 인지시키기 위한 신호

⑤ 경비순찰신호(guad's tour supervisory signal) : 경비순찰 실시를 확인할 수 있는 감시신호

⑥ 감시신호(supervisory signal) : 유지 · 관리, 경비순찰, 화재 등 상태감시가 필요한 신호

⑦ 고장신호(trouble signal) : 장비나 장치의 고장을 관계자에게 통보하는 신호

3) 입력장치의 종류(IDC : Initiating Device Circuit)

① 아날로그형 : 주소기능이 없는 타입에 한한다.

② 자동식 소화설비용

③ 비재용형

④ 재용형

⑤ 감시용 신호(발신기, pressure SW, tamper SW 등)

(2) NACs(Notification Appliance Circuits : **통보장치회로**)

1) 입력장치에 의한 화재발생신호에 대응하여 수신반에서 관계자에게 화재의 발생을 통보하고 대피와 소화활동에 필요한 신호를 발생시키는 장치에 사용되는 회로

2) **통보장치의 종류**

① 청각용 : 벨, 스피커, 혼, 버저, 안내방송(문자형 청각 통보장치)

② 시각용 : 시각경보장치, 모니터, 프린터, 전광판(문자형 시각통보장치)

③ 촉각용 : 진동이나 접촉에 의한 출력을 하는 장치로, 시각용, 청각용과 병행하여 사용되며 주로 장애인용으로 사용되는 장치

(3) SLC(Signaling Line Circuits : **신호선로회로**)

1) 개요

① R-Type 자동화재탐지설비에 있어서 주소형(addressable) 기기와 아날로그식 주소형(analogue type addressable) 기기 혹은 주소형(addressable) 기기(analogue type addressable 기기 포함)와 수신반, 수신반과 수신반, 수신반과 중계기 간의 정보통신에 사용되는 선로로 단일선로를 통해 자동화재탐지설비에 필요한 다수 신호의 송·수신이 일시에 대량으로 이루어지는 선로회로

② NFPA : 입력신호, 출력신호 또는 두 신호 모두가 송신되는 다중 설비를 통과하는 공통회로제어 유닛 또는 송신기의 조합 사이의 경로 또는 회로

2) 적용기기 : R-Type 자동화재탐지설비 기기들 간의 정보통신용으로 사용

① 아날로그 타입의 어드레스(analogue type addressable) 감지기

② 중계기 : 주소형(addressable) 기기가 아닌 입·출력 기기에 주소형(addressable) 기능을 부여하기 위하여 사용되는 장치

③ R형 수신기

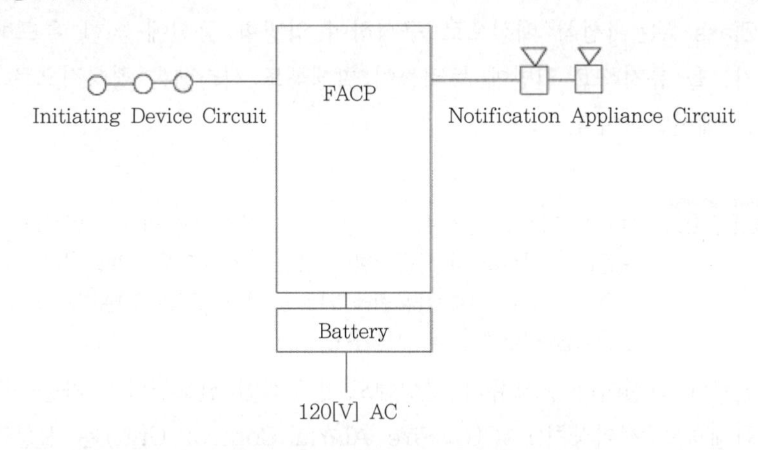

▌미국의 자동화재탐지설비 개념도[47] ▌

03 Class 113회 출제

(1) 개념

1) 입력장치회로, 통보장치회로, 신호선로회로는 선로의 비정상 상태에서도 그 기능을 계속할 수 있는지의 여부에 따라 이를 Class로 구분한다.
2) 기존 NFPA 72(2007 edition)에서는 Class와 Style의 2가지로 구분하였으나, 2010년부터는 Style을 삭제하고 Class로만 규정하도록 개정되었다.
3) Style 삭제 이유 : 과거의 '구리' 배선방법의 Class와 Style 범주가 현재의 이더넷 등 새롭고 다양한 통신기술, 광섬유 케이블 및 무선통신에는 적합하지 않기 때문이다.
4) Class로 구분 의도 : 각 층의 우선순위를 나타내는 것이 아니라 각 회로의 성능수준에 대한 지침을 제공한다.

(2) Class A 128회 출제

1) 정의 : 지락, 단선 시에도 신호를 송신할 수 있는 루프(loop)형 배선
2) 적용
   ① 이중화 경로(redundant pathway)가 필요하다.
   ② 신호선로회로(SLC)와 같이 주요한 선로의 경우에는 Class A를 적용하여 신뢰성이 향상된다.

47) The ABC's of Fire Alarm Systems – Section I Page 42 By Anthony J. Shalna

3) 설치방식

① Class A는 4선식 배선으로 구성하여 양방향 통신에 의한 루프백(loop back) 기능을 유지하고 일방에 트러블이 발생해도 시스템은 정상적으로 동작할 수 있는 배선방식이다.

루프백 장치 : 통신에서 시그널이나 데이터 스트림들을 변형없이 발생한 소스로 되돌리는 가상의 장치를 말한다. 네트워크 목적지로 보내어지는 시험신호로서, 그 신호는 수신된 신호처럼 원래 신호를 보낸 곳으로 되돌아온다. 돌아온 신호는 통신문제를 진단하는 데 이용된다.

② 선로에 단선이라는 오류가 발생해도 정상적인 신호전달이 가능하다.

③ 화재경보 제어장치(FACU : Fire Alarm Control Unit)는 정상적인 신호전달에 영향을 미칠 조건에 대해서 통보한다.

4) 장단점

장점	단점
① 고장 시 수신기에 전기적 신호를 발생시켜 경보 및 메시지 표시가 가능함 ② 단선 이후에도 작동성능이 지속됨 ③ 시스템 안전성이 우수함	① 배선비용이 큼 ② 지락, 단선에 단락이 생기면 정상작동이 되지 않음

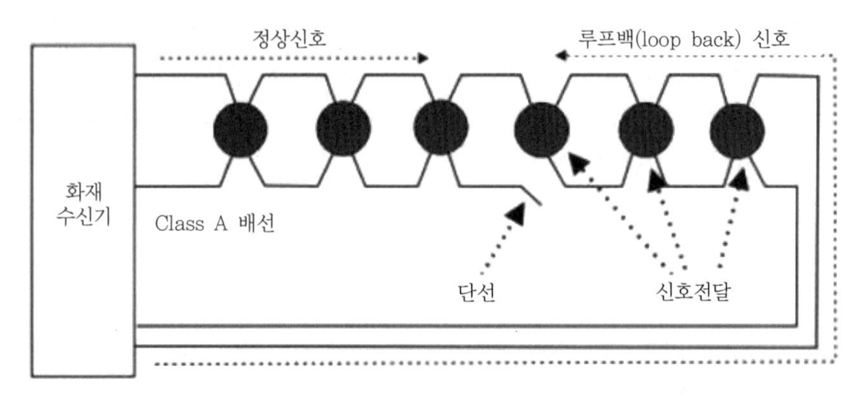

▌IDCs Class A ▌

(3) Class B 128회 출제

1) 정의 : 일반배선방식

2) 적용 : 이중화 경로(redundant pathway)는 적용하지 않는다.

3) 설치방식

① Class B는 2선식 배선으로 구성하여 일방향 통신방식이다.

② 화재경보제어장치(FACU : Fire Alarm Control Unit)는 정상적인 신호전달에 영향을 미칠 조건에 대해서는 통보한다.

4) **특징** : 단선 시에는 신호를 송신할 수 없는 단일배선이다.

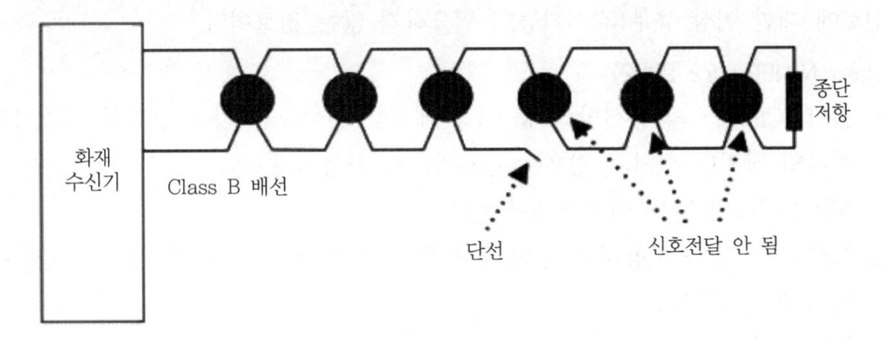

▌IDCs Class B ▌

(4) Class C

1) **정의** : 통신배선방식

2) **적용** : LAN, WAN, 인터넷, 무선통신망 등을 사용하는 경보설비를 위한 하나 또는 그 이상의 양단 간 통신(end to end communication)의 경로

3) **특징**

① 화재경보 제어장치(FACU : Fire Alarm Control Unit)의 개별 경로에 대한 감시기능은 없으나 양단 간 통신에서 발생하는 손실표시를 한다.

② 폴링(polling)이나 연속통신인 핸드셰이킹(handshaking)에 의한 통신에 대해 선로를 감시하기 위하여 제정한다.

㉠ LAN, WAN 또는 인터넷 등 유선 및 무선으로 연결되어 있는 화재제어장치 또는 감시장치

㉡ 공공전화에 연결된 소방제어장치의 디지털 알람 통신송신기 또는 디지털 알람 통신수신기

핸드셰이킹(handshaking) : 주고받기
통신에서 핸드셰이킹은 각 전화 연결에 앞서, 사용할 프로토콜의 종류에 관한 합의를 이끌어내기 위해 두 모뎀 사이에서 일어나는 정보의 교환이다.

(5) Class D

1) **정의** : 화재경보 제어장치(FACU : Fire Alarm Control Unit)에 경로 고장상태가 통보되지는 않지만, 고장이 발생해도 안전하게 동작하는(fail safe operation) 기능이 있어, 회로 고장이 발생하면 사전에 지정된 기능을 대신 수행할 수 있는 것

2) **적용** : 고장이나 사고 시에도 최소한의 정보전달이 필요한 선로

① 전원이 차단되어도 문이 폐쇄되는 도어클로저의 전원

② 전원차단 또는 화재경보 작동 시 해제되는 잠금장치 전원

3) **특징** : 고장 시에도 지정된 기능이 수행 가능하다.

(6) Class E

선로에 대한 이상 유무 감시기능이 필요하지 않는 경로이다.

(7) Class N(NFPA 72 2022)

1) **정의** : Class C의 통신방식 중 이중 배선을 통한 신뢰성을 강화시킨 방식이다. 단, 하나의 장치만 설치된 경우는 단독경로로 가능하다.

2) **적용** : 이더넷 망을 이용한 통신선로

3) **특징** : 이더넷을 이용하고 장치의 고장이 발생하더라도 다른 경로는 손실이 없도록 한 중복경로이다.

4) 주요 내용

① 각 장비들이 자체 IP로 식별이 가능해야 한다.

② 이더넷 케이블은 IEEE 요구사항을 충족하는 네트워크 커넥터가 케이블에서 전기적으로 절연되어 있기 때문에 일반적인 화재경보회로와 같은 단일 접지 오류의 영향을 받지 않는다.

③ 모든 화재경보 회로 및 경로는 무결성을 위해 모니터링되어야 한다.

④ 결함의 영향을 받을 수 있는 장치가 두 개 이상이면 중복경로가 필요하다(단, 단일장치 제외).

⑤ 모든 네트워크 구성요소에 백업 전원을 제공해야 한다. NFPA 72는 위험분석이 수행되고 관할 당국에서 허용하는 경우 공유경로에 대해 8시간의 백업전원을 허용하지만 대부분의 경우 24시간 이상이다.

⑥ 접근성에서는 클래스 N 경로는 분석 · 유지 관리 및 배포 계획에 지정된 것 이외의 목적으로 일반 대중이나 건물 거주자가 접근할 수 없어야 한다.

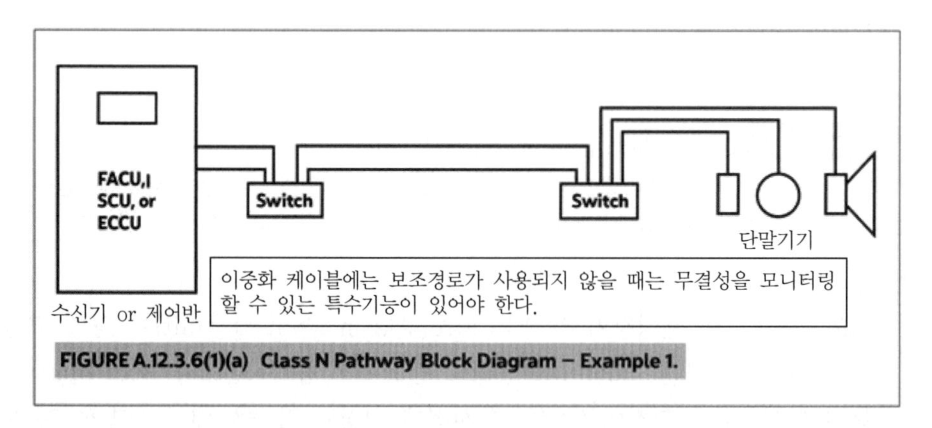

FIGURE A.12.3.6(1)(a) Class N Pathway Block Diagram – Example 1.

(8) Class X

1) **정의** : SLC에 있어서 구 Class A, Style 7인 경로

2) **기능** : 연결된 Style 6에 회로분리기(isolator) 부착형 감지기 또는 회로분리기 모듈(isolator module)을 배선 중간에 일정 간격으로 설치하면 통신선이 합선되었다

하더라도 회로분리기(isolator)가 있는 부분만 통신이 두절되고 나머지 부분은 정상유지가 가능하다.

3) 적용 : 네트워크 배선방식

4) 특징

① 단락, 단선 및 지락된 지점 이후에서도 정상적인 작동이 가능하다.

② 고장이 발생한 경우 해당 사항에 대해 표시한다.

③ 이중화 경로(redundant pathway, Class A와 같이 루프로 구성)로 구성된다.

④ Class A와 Class X는 물리적 손상에 대비하여 분리하여 설치하여야 한다(12.3.8*).

㉠ 수직분리 최소거리 : 30[cm]

㉡ 수평분리 최소거리 : 1.22[m]

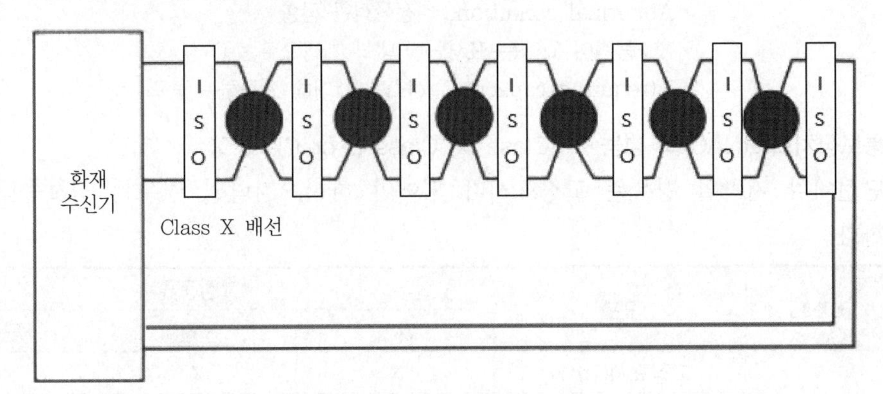

▌Class X ＊ISO : isolator ▌

04 Class의 회로별 성능

(1) 용어의 정의

1) 고장표시(trouble) : 단선이나 지락에 대한 표시기능

2) 고장 중 경보능력(ARC : Alarm Receipt Capability during abnormal condition) : 시스템 고장상태 하에서의 경보능력

3) R : 요구되는 능력(required capacity)

(2) 입력장치회로(IDC)의 성능[48] : Class A, Class B

단선이나 지락일 경우에는 고장표시가 되어야 하며, 지락일 경우는 경보능력을 가지고 있어야 한다.

48) Report on Comments A2013 Copyright, NFPA 72, 72-196

Class	구분	고장종류	
		단선	지락
A	고장표시(Trb1)	X	X
	고장 중 경보능력(ARC)	R	R
B	고장표시(Trb1)	X	X
	고장 중 경보능력(ARC)	–	R

- Trb1(trouble) : 단선(single open) 또는 지락(single ground) 고장표시
- ARC(Alarm Receipt Capability during abnormal condition) : 고장 중 경보능력
- Alm(Alarm) : 경보
- Abnormal condition : 비정상적인 상황
- X : 능력이 있다는 표시임(국내의 개념으로는 O)
- R(required capacity) : 시스템에 대해 요구하는 능력

(3) 통보장치회로(NAC)의 성능[49] : Class A, Class B or Class X

단선이나 지락일 경우는 고장표시가 되어야 하며, 지락일 경우는 경보능력을 보유한다.

Class	구분	고장종류		
		단선	지락	단락
A	고장표시(Trb1)	X	X	X
	고장 중 경보능력(ARC)	R	R	–
B	고장표시(Trb1)	X	X	X
	고장 중 경보능력(ARC)	–	R	–

- Wire to wire short : 배선의 단락
- Trouble indications at protective premise : 보호를 전제로 한 문제의 표시
- Alarm capability during abnormal condition : 고장 중 경보능력

(4) 신호선로회로(SLC)의 성능[50] : Class A, Class B, Class N or Class X

Class	구분	고장종류					
		단선	지락	단락	단선과 단락	단락과 지락	단선과 지락
B	고장표시(Trb1)	X	X	X	X	X	X
	고장 중 경보능력(ARC)	–	R	–	–	–	–

49) Report on Comments A2013 Copyright, NFPA 72, 72-197
50) Report on Comments A2013 Copyright, NFPA 72, 72-196

Class	구분	고장종류					
		단선	지락	단락	단선과 단락	단락과 지락	단선과 지락
A	고장표시(Trb1)	X	X	X	X	X	X
	고장 중 경보능력(ARC)	R	R	–	–	–	R
X	고장표시(Trb1)	X	X	X	X	X	X
	고장 중 경보능력(ARC)	R	R	R	–	–	R

1. Signal-to-noise ratio(신호대 잡음비, SN비) : 잡음의 크기에 대한 신호 크기의 비로, 보통 데시벨(dB)로 표시한다.
2. Loss of carrier(if used)/Channel interface : 만약 사용 중에 이동하다 손실이 발생 / 채널을 이용한 접속방법
3. 상기 내용 중 (2), (3), (4)는 2016년판부터 삭제되었다.

(5) 경로의 분리(pathway separation)

1) 대상 : Class A, Class N and Class X
2) 입 · 출력 및 귀환(별도의 경로)회로에 대하여 각 별도 경로로 구성되도록 설치하여야 한다.
3) 예외 : 동일한 케이블, 함, 전선관이 허용되는 경우
   ① 인입, 인출, 연결부위 거리가 3.0[m](10[ft]) 이하
   ② 개별장치 또는 기기의 전선로로 설치된 단일 기기
   ③ 면적이 93[m^2](1,000[ft^2]) 이하의 단일구역 내에 장치 및 기기의 배전로(단, 비상제어 기능이 없는 경우)

(6) 경로의 생존등급(pathway survivability) 121회 출제

1) 정의 : 화재 시 열로 인한 피해를 보지 않고 경보설비가 정상적인 기능을 수행하는데 필요한 성능을 표시하는 방식
2) 생존등급 구분

Level	내용
0	경로에 대한 생존능력이 필요하지 않은 경우로 다양한 LAN 및 WAN 네트워크를 통한 통신 중복성을 확보하는 경로
1	자동식 스프링클러에 의해 완벽하게 방호되는 건축물에 설치된 금속용 덕트에 의해 보호된 경로

Level	내용
2	Level 2 : 다음 중 하나로 구성된 경로 ① 2시간 내화 케이블 또는 CI 케이블 ② 2시간 내화 케이블(전기회로 보호설비) ③ 2시간 내화 방호구역이나 방화구획 ④ 관계기관이 인정한 2시간 내화성능
3	스프링클러에 의해 방호되는 건축물에 설치된 경로로서, 나머지는 Level 2와 동일하다.
4	Level 4 : 다음 중 하나로 구성된 경로 ① 1시간 내화 케이블 또는 CI 케이블 ② 1시간 내화 케이블(전기회로 보호설비) ③ 1시간 내화 방호구역이나 방화구획 ④ 관계기관이 인정한 1시간 내화성능

Circuit Integrity Cable(CIC) : 2시간 이상의 내화성능을 가지는 케이블로, 소방전원, 통신, 감지기 등에 사용된다(UL 2196). MI 케이블의 대체 케이블로 할로겐 원소가 사용되지 않고 유연성이 우수한 케이블이다.

(7) 공유경로 명칭(shared pathway designations)

1) 신호의 처리원칙

① 우선순위(prioritize) : 인명안전데이터는 높은 우선순위가 부여되고 비 인명안전데이터에 앞서서 처리

② 분리(segregate) : 인명안전데이터와 비 인명안전데이터가 섞이지 않도록 분리

③ 전용(dedicated) : 인명안전데이터는 비 인명안전데이터를 별도의 전용으로 처리

2) 등급

구분	우선순위	분리	전용	특성
Level 0	–	–	–	비 인명안전데이터에 대한 인명안전데이터의 우선순위나 분리가 요구되지 않음
Level 1	X	–	–	인명안전데이터와 비 인명안전데이터를 분리할 필요는 없지만 모든 인명안전데이터가 비 인명안전데이터에 우선해야 함
Level 2	–	X	–	모든 인명안전데이터를 비 인명안전데이터와 분리해야 함
Level 3	–	–	X	인명안전설비 전용장치를 사용해야 함

(8) 예비전원의 용량(10.6.7.2*)

대기모드로 24시간을 지속하고, 최소 5분에서 15분까지 작동할 수 있는 용량 이상이어야 한다.

05 수신기 구분

(1) NFPA 72

1) 주거용

2) 구내용(local protective signaling system) : 화재경보를 건물 자체의 시설로 한정하여 처리하는 건축물 내의 설비

3) 구외 화재경보설비

구분	내용
중앙감시실 서비스 경보설비 (central station service alarm systems)	① 여러 방호대상물에서 발생한 화재, 감시, 고장신호를 사설 중앙통제소(관리업체)에 통신선으로 연결한 경보설비 ② 화재신호가 접수되면 중앙통제소의 24시간 근무하는 요원은 소방서에 신고하거나 경찰서에 출동요청 등의 필요한 조치가 필요함
사설감시실 경보설비 (proprietary supervising station alarm systems)	① 방호대상물의 방재센터와 소유권이 같은 인접 또는 동일대상물에 연결되는 경보설비 ② 24시간 방호대상물을 방재센터에서 감시함
원격감시실 경보설비 (remote supervising station alarm systems)	① 중앙감시실 서비스가 필요하지도, 선정되지도 않는 경우에 적용함 ② 방호대상물에서 멀리 떨어진 감시전담 방재센터와 방호대상물을 전화선으로 연결하는 경보설비 ③ 방호대상물 내에 별도의 수신기와 전용 전화선이 필요함

4) 공공비상경보설비(public emergency alarm reporting systems) : 자체 중앙감시실 없이 M형 발신기와 연결된 설비

경보의 종단 간 통신시간 : 방호구역에서 경보신호의 발신, 선호의 전송 그리고 감시실에서 경보신호 디스플레이 및 기록까지 걸리는 최대시간이 90초 이내 [NFPA 72(2022) 26.6.3.8]

(2) 한국과 일본의 분류기준

1) 신호의 송신방법에 따른 분류(6개 설비로 분류) : P, R, M, G, GP, GR형

2) 한국과 일본은 화재발견과 경보를 방호대상물에서 시작하여 그 대상물에서 끝나는 것으로 정하여 경계구역과 수신반의 표시장치를 1 : 1로 연결하는 P형과 경계구역마다 고유신호로 부여하는 동일 배선에 여러 경계구역을 수용하는 R형 등의 통신방법으로 분류한다.

SECTION 043 인텔리전트 시스템(Intelligent system)[51]

01 개요

(1) 건축물의 대형화, 고층화 및 특수 용도화에 따른 화재안전대책으로서 자동화재탐지설비는 고도의 신뢰성을 기본으로 한 다양한 지적 기능을 갖춘 시스템(system)이어야 한다.

(2) 기존 P, R형 수신기는 감지기가 화재 감지 및 판단을 동시에 하나, 인텔리전트 수신기는 감지기가 감지하고, 수신기가 화재를 판단하는 시스템이다.

(3) 하나의 통신회선으로 동시에 많은 회선접속이 가능하다.

(4) 아날로그 감지기로부터 수신한 환경을 컴퓨터로 분석하여 실제 화재를 판단하므로 비화재보를 줄일 수 있다.

(5) 화재로 인하여 변화하는 물리 · 화학적 변화량 중 2 ~ 3가지 이상의 변화량, 변화율을 종합적으로 분석하여 화재를 판단하므로 기존 R형에 비해 신뢰도가 우수하다.

(6) 자동화재탐지설비의 신뢰도 향상을 위해서 수신기는 인텔리전트 수신기를 통해 화재 여부를 판단하고, 배선은 일반 배선에서 루프(loop) 또는 네트워크 배선으로 발전시켜야 한다.

02 정보 전송방법

(1) 토큰패스(token passing)

(2) CSMA/CD(Carrier Sense Multiple Access/Collision Detect)

03 네트워크(network) 구성방법

(1) 버스(bus) 배선방식

1) Class B : 선로고장이 발생하면 통신단절

2) Class A : 선로고장발생 시 다른 방향의 통신으로 정상적인 네트워크 통신 지속 가능

---

51) 지멘스사의 카탈로그에서 주요 내용을 발췌 정리한 것임

(2) **루프(loop) 배선방식** : Class A

(3) **스타(star) 배선방식** : 중앙집중방식

04 구성요소

수신기(R형 복합형), 중계기, 감지기, 모니터, 부표시반, 발신기함 등

05 인텔리전트 수신기의 특징 123 · 79회 출제

(1) **호출, 수집, 판단**

센서를 개별적으로 호출 및 데이터를 수집하고, 수신기에 내장된 중앙처리장치에 의해 연산하여 화재 여부를 판단한다. 최근에는 감지기에 중앙처리장치가 설치되는 경우도 있다.

(2) **비화재보 대폭감소**

아날로그 감지기로 수신한 환경상황을 중앙처리장치로 과거 사례나 자료를 통해 분석하므로 비화재보가 감소한다.

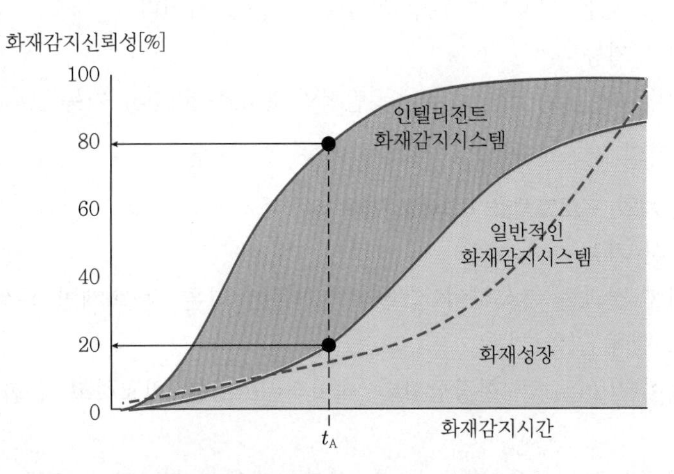

▌일반수신기와 인텔리전트 수신기의 신뢰도▐

(3) 온도, 연기, 불꽃 등 2 또는 3가지 이상 측정할 수 있는 복합형 감지기를 이용해서 신뢰도를 향상시키고 사전예방경보 기능을 가지고 있다.

1) 다종의(2 또는 3가지) 변화량을 측정한다.

2) 변화량, 변화율을 분석하고 주변 센서(sensor) 간의 상태를 검토하여 화재를 판단한다.

(4) 적용장소

대형 건물, 국제공항, 원자력 발전소 등 시설물의 중요도가 높은 장소에 사용한다.

(5) 재해 취약시설의 피해 감소

기존 시스템(system)보다 신호나 장비의 신뢰도가 높아 비화재보를 낮추고 재해 취약 시설의 피해가 확실히 감소된다.

(6) 전송에 의한 주소형(addressing) 방식을 채용한 수신기

화재발생지점이나 위치를 모니터에 표시함으로써 정확하게 화재발생지점을 인지할 수 있고 화재의 진행방향도 예측할 수 있어 효과적인 피난 및 소화활동의 지휘가 가능하다.

06 주요 기능

(1) 아날로그 감지기에 의한 사전예비경보 기능을 한다.

(2) 자동환경보정 기능

인공지능형 감지기는 설치현장의 먼지나 습도, 기류 등으로 인하여 감지기의 정상적인 작동에 영향을 미치게 되는 경우 스스로 환경요소에 의한 영향을 보정하고 운영자에게 정보를 제공한다.

(3) R형 통신시스템을 이용하여 다음과 같은 기능을 가진다.

1) 네트워크 기능
2) 피어 투 피어(peer to peer), 독립적인(stand-alone) 기능

(4) R형 수신기의 자기진단 및 선로감시 기능

(5) 중앙처리장치와 프로그램을 이용한 기능

1) 집중감시 기능
2) 화재시험 결과를 분석하여 장소와 가연물에 따른 각 화재별 특성과 성향을 분류하여 시스템에 입력 기능
3) 입력데이터(data)와 현장상황의 데이터(data)를 비교하고 실화재와 비화재 구별 기능
4) 감지기, 중계기 등을 전자식으로 프로그램하고 검사하여 오류를 제거하고 신뢰성 향상 기능
5) 현장에서 쉽게 정보값을 올릴 수 있어 유지 · 관리가 용이해지는 기능

(6) 복합기능

자동 연동/수동 제어 기능

(7) 인공지능형 아날로그 감지기(detection)를 이용한 신뢰도 향상 기능

(8) 1인 Walk test 기능

일반적인 화재감시 시스템에서 운영자가 시스템을 테스트하기 위해서는 최소한 2명 이상이 필요하나, MXL 수신기의 Walk test mode를 이용하면 운영자 1인이 현장에 설치된 감지기나 발신기 등의 정상작동 여부 테스트가 가능하다.

(9) 주소기능

다중 전송에 의한 주소(addressing)방식으로, 감지기 설치위치를 모니터에 표시하는 기능

(10) 배선시공비의 절감

2가닥 꼬인 차폐 케이블(STP 케이블)이 아닌 일반 전선(twisted or non-shielded) 케이블을 사용하기 때문에 배선 자재비 대폭 절감 가능

(11) 전송거리

일반전선을 기준으로 1.2[km]까지 가능하고 광케이블을 사용하면 12[km]까지 신호전송이 가능

07 결론

(1) 네트워크(network) 통신망을 통하여 적게는 수백 개의 회로에서 최대 수십만 회로의 용량으로 아날로그 감지기, Class X의 다중화된(redundancy) 기능 배선이 가능하다.

(2) 첨단의 하드웨어기술과 인공지능의 소프트웨어(software)를 결합한 R형 복합형 수신기는 최상의 기능과 완벽한 신뢰도를 기본으로 하여, 중요 소형 건물 또는 고층 건축물, 대규모 산업시설 등에 적합한 인공지능 자동화재탐지설비이다.

SECTION 044

종단저항(terminating resistance)

01 개요

(1) 소방에서 일반적인 감지기 선로는 +, −(공통선)의 두 가닥이 설치된다.

(2) 화재 등으로 인해 감지기가 동작하여 두 선이 붙어 폐회로를 구성하여 화재신호를 발한다.

(3) 말단에 종단저항을 선로의 중간에 설치할 때는 저항 이후에 중간부터 끝까지 결선되었는지 알 수 없다. 그래서 선의 말단부에 저항을 설치하며 두 선을 이어주는 역할을 해서 폐회로(닫힌 회로)를 구성한다.

02 설치목적

(1) **배선의 단선 유무 확인** 125회 출제

1) 평상시에는 전류가 약하게 흐르는데 이때의 전류를 감시전류라고 한다. 수신부에서는 이를 감지하여 선로의 단선 유무를 확인한다. 만약 선로의 일부가 끊기게 되면 약한 전류조차 흐르지 않게 되고 그로 인해 수신기에는 단선으로 표시된다.

2) 감지기 미동작 시 전류(감시전류)

$$I = \frac{24[\mathrm{V}]}{10,000(\text{종단저항})[\Omega] + 50(\text{선로저항})[\Omega] + x(\text{기타 저항})[\Omega]}$$

3) 감지기 동작 시 전류

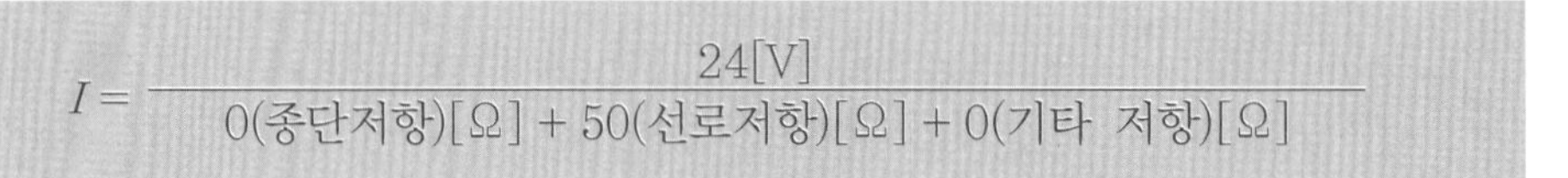

$$I = \frac{24[\mathrm{V}]}{0(\text{종단저항})[\Omega] + 50(\text{선로저항})[\Omega] + 0(\text{기타 저항})[\Omega]}$$

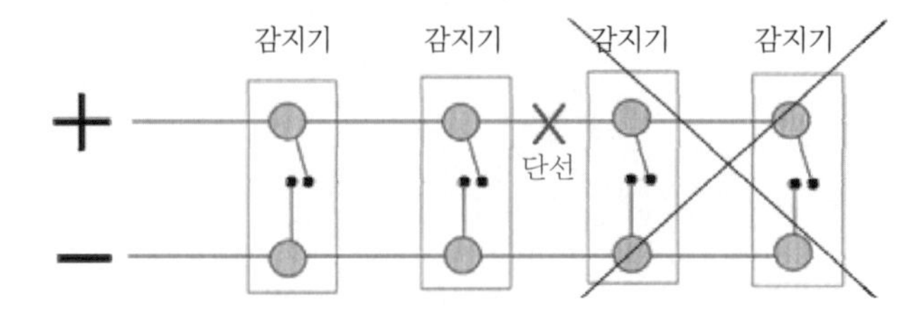

단선된 장소 이후에 설치된 감지기에 전기가 보내지지 않아 작동이 되지 않음

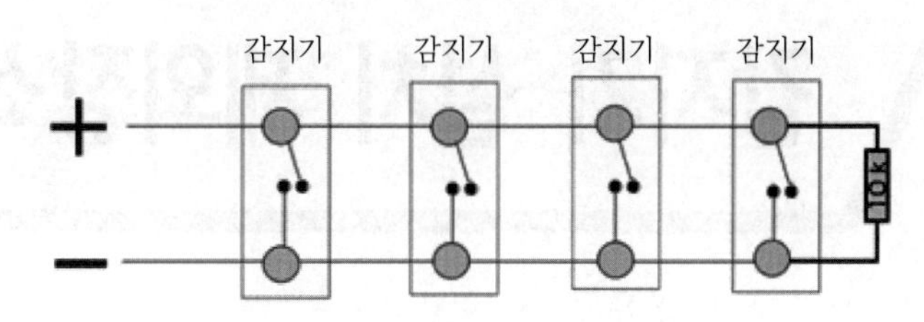

종단저항을 통하여 단선 여부를 확인

(2) 도통시험을 용이하게 하기 위함

1) P형 수신기

① 수신기의 각종 연동스위치를 정지상태로 전환(주경종, 지구경종, 사이렌, 펌프, 방화셔터, 배연창, 가스계 소화설비, 수계 소화설비, 비상방송 등)된다.

② 도통시험 버튼을 누른다(수신기에 따라 전환스위치가 있는 경우 도통시험 위치로 스위치를 전환).

③ 회로선택 스위치를 차례로 돌린다.

④ 시험회로의 전압계 지시값

㉠ 정상 : 2 ~ 6[V](녹색띠 범위)

㉡ 단선 : 0[V]

㉢ 단락 : 24 ± 3[V](적색띠 범위)

전압계가 없고 도통시험 확인 등이 있는 경우에는 정상 또는 단선위치의 램프점등을 확인한다.

⑤ 회로가 단선으로 나타난 경우 회로결선, 종단저항 등의 접속상태를 확인한다.

2) R형 수신기

① 별도의 시험 없이도 상시 감시하여 표시창에 표출한다.

② 단선이나 단락 시에는 해당 회선의 식별표시가 표출되어 그 내용을 보고 상황파악 및 현장대응이 가능하다.

03 종단저항 설치기준

(1) 점검 및 관리가 쉬운 장소에 설치할 것

(2) 전용함을 설치하는 경우 그 설치높이는 바닥으로부터 1.5[m] 이내로 할 것

(3) 감지기 회로의 끝부분에 설치하며, 종단감지기에 설치할 경우에는 구별이 쉽도록 해당 감지기의 기판 등에 별도의 표시를 할 것(보통 10[kΩ]을 사용)

SECTION 045

감지기 설치 제외장소

104회 출제

01 개요

(1) 감지기 설치 시 비화재보 우려가 있거나 화재위험이 없는 장소 또는 적응성이 없는 경우 감지기 설치가 제외된다.

(2) 감지기의 설치 제외는 피난지연시간의 증가 등 여러 가지 문제점이 발생하지만 설치 제외를 하는 것은 설치 시 오히려 오동작의 우려가 있어서 신뢰도의 저하를 가져오기 때문에 불가피한 것이다.

02 비화재보 우려 장소

(1) 부식성 가스 체류장소

부식성 가스에 의해서 감지기의 기능이 저하되어 유명무실해질 수 있으므로 감지기 설치 제외를 인정한다.

부식성 가스(「전기설비기술기준」 제62조 부식성 가스 등이 있는 장소) : 부식성 가스 또는 용액이 발산되는 장소(산류, 알카리류, 염소산카리, 표백분, 염료 혹은 인조비료의 제조공장, 동·아연 등의 제련소, 전기분동소, 전기도금공장, 개방형 축전지를 설치한 축전지실 또는 이에 준하는 장소를 말함)

(2) 먼지, 가루 또는 수증기 체류 및 주방(연기감지기)

먼지·가루 또는 수증기에 의한 오동작 발생 우려가 있는 장소와 주방은 연기감지기 설치 제외를 인정한다.

'실내 용적이 20[m^3] 이하인 장소'를 감지기 설치 제외장소에서 삭제한 이유
화재감지의 사각지대 해소를 위한 것으로, 실내의 용적이 작은 장소에도 감지기를 설치하여야 한다. 단, 구획된 실의 1면 이상이 개방(상부가 1면의 $\frac{1}{2}$ 이상 개방된 경우 포함)되어 상시기류가 통하거나, 공동주택 등의 붙박이장과 같은 가구류에 속하는 부분에는 감지기를 설치하지 않을 수 있다.

(3) 목욕실, 욕조나 샤워시설이 있는 화장실

항상 습도가 높은 장소로 수분에 의한 감지기 기능 저하 및 오동작 우려가 있는 장소이기 때문에 감지기 설치 제외를 인정한다.

(4) 앞의 내용에도 불구하고 일시적으로 발생한 열·연기 또는 먼지 등으로 인하여 화재신호를 발신할 우려가 있는 장소에는 표 2.4.6(1) 및 표 2.4.6(2)에 따라 그 장소에 적응성 있는 감지기를 설치할 수 있으며, 연기감지기를 설치할 수 없는 장소에는 표 2.4.6(1)을 적용하여 설치할 수 있다.

「자동화재탐지설비 및 시각경보장치의 화재안전기술기준」 2.4.1에서 비화재보의 우려가 있는 경우에는 성능이 우수한 8가지의 특수형 감지기를 설치하도록 하고, 그럼에도 불구하고 비화재보의 우려가 있는 경우 표 2.4.6(1)이나 표 2.4.6(2)의 장소에 대해서는 표의 기준을 적용하라는 의미이다. 따라서, 이는 반드시 '비화재보 우려가 있는 장소'라는 전제하에 환경장소 및 적응장소에 해당하는 용도에 국한하여 표 2.4.6(1)과 표 2.4.6(2)를 적용해야지 그 외의 장소를 표 2.4.6(1)과 표 2.4.6(2)의 기준대로 적용해서는 안 된다.

1. 표 2.4.6(1)은 연기감지기를 설치할 수 없는 경우에 적응성 있는 감지기를 예시한 것
2. 표 2.4.6(2)는 연기감지기를 설치할 수 있는 경우 적응성 있는 감지기 및 장소를 예시한 것

03 화재위험성이 낮은 장소

(1) 파이프덕트 등

1) 2개 층마다 방화구획할 것

2) 5[m^2] 이하

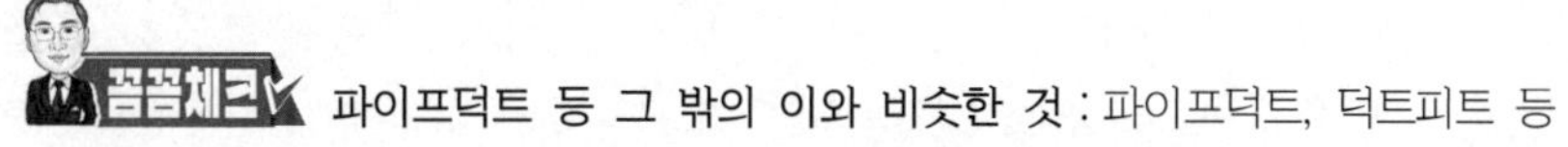

파이프덕트 등 그 밖의 이와 비슷한 것 : 파이프덕트, 덕트피트 등

3) 유로점검을 위한 점검구(1개소에 한함)를 만든 경우 그 크기가 1[m^2] 이하이고, 두께는 1.5[mm] 이상의 철판 또는 60분 방화문 이상의 성능이 있는 재질로 4곳 이상 볼트 조임한 유로일 것

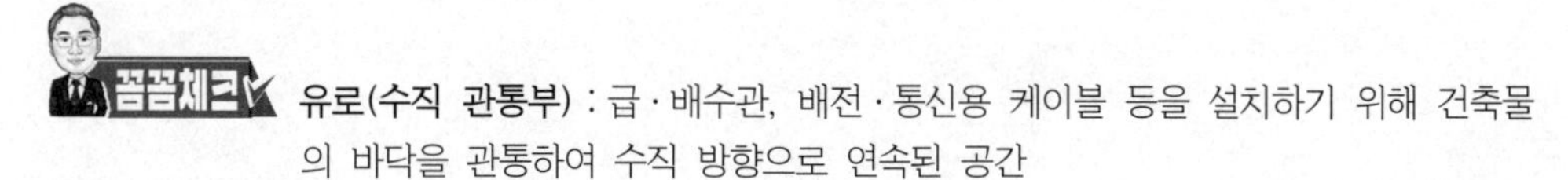

유로(수직 관통부) : 급·배수관, 배전·통신용 케이블 등을 설치하기 위해 건축물의 바닥을 관통하여 수직 방향으로 연속된 공간

4) 피트공간이 배관 등 시설물을 제외한 공간의 크기가 가로, 세로 높이 중 하나라도 그 크기가 1.2[m] 미만인 경우

(2) 프레스 공장, 주조 공장과 같이 화재위험이 낮고 유지관리가 곤란한 장소
항상 먼지나 분진 및 고온도가 발생할 우려가 높은 장소이고 화재위험이 낮은 장소이기 때문에 감지기 설치 제외를 인정한다.

04 적응성이 낮은 장소

(1) 천장 20[m] 이상
천장이 높으면 플럼의 단층화 등으로 감지가 어렵고 감지능력이 저하되므로 감지기 설치 제외를 인정한다.

(2) 고온도, 저온도
감지기 설치의 적정온도를 벗어난 장소에서는 감지기의 오동작 및 동작불량이 발생할 우려가 있기 때문에 감지기 설치 제외를 인정한다.

꼼꼼체크 **감지기의 형식승인 및 제품검사의 기술기준** : 저온도(-10 ± 2)[℃]에서 고온도(50 ± 2)[℃]

(3) 헛간 등 외기와 기류가 통하는 장소
외부의 기류에 의해서 온도나 연기가 희석되므로 감지기에 따라 유효감지가 곤란한 장소이기 때문에 감지기 설치 제외를 인정한다.

SECTION

046 교차회로

01 개요

(1) 정의

하나의 방호구역 내에 2개 이상의 감지기 회로를 설치하고 인접한 2개 이상의 감지기가 동시에 감지되는 때에 화재로 인식하여 소화설비를 작동시켜 약제를 방출하는 방식의 회로

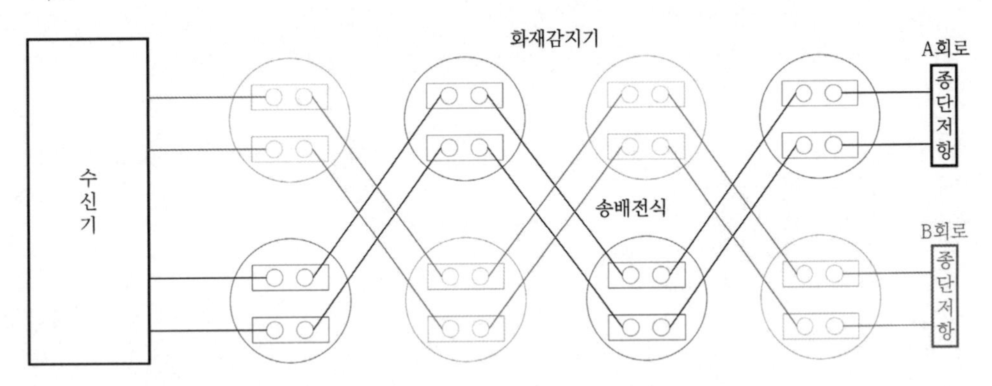

▌교차회로 ▌

(2) 목적

감지기의 오동작으로 소화설비가 작동하면 약제방출 시 대단히 위험하며, 경제적 손실도 가져올 수 있으므로 교차회로로 설치하도록 하여 오동작으로 인한 피해를 최소화하기 위함이다.

(3) 교차회로 방식의 적용대상과 적용하지 않는 경우

구분	내용
교차회로 방식을 적용하는 경우	① 준비작동식 스프링클러 ② 일제살수식 스프링클러 ③ 가스계 소화설비(이산화탄소, 할론, 할로겐 및 불활성 기체, 분말)
교차회로 방식을 적용하지 않는 경우	① 8개의 오동작 발생 우려가 작은 감지기(분포형, 불꽃, 다신호, 복합형, 정온식 감지선형, 광전식 분리형, 축적형) ② 스프링클러 배관 또는 헤드에 누설경보용 물 또는 압축공기가 채워진 경우 ③ 축적형 수신기 ④ 급격한 연소확대 우려가 있는 장소

02 SFPE의 교차회로 설치이유

(1) 감지설비의 속도와 신뢰성을 최적화하기 위해서이다.

(2) 화재위험장소 내에 존재하는 2개의 독립된 감지회로에 대해서는 서로 다른 2가지 종류의 감지기를 사용하는 것이 중요하기 때문이다. 예를 들어 연기감지기를 사용할 때에도 광전식과 이온화식을 사용한다.

(3) 독립적인 기능을 통해 신뢰성이 향상된다.

(4) 안심할 수 있는 수준의 중복성 보장이 가능하다.

SECTION 047

중계기(transponders) 110회 출제

01 개요

(1) 정의

감지기 · 발신기 또는 전기적 접점 등의 작동에 따른 신호를 받아 이를 수신기의 제어반에 전송하는 장치

(2) 중계기의 종류

1) 분산형 중계기
2) 집합형 중계기(일반형 감지기 및 단말기기 수용)
3) 집합형 중계반(아날로그 감지기 및 분산형 중계기 수용)

(3) 기능

접점신호를 통신신호로, 통신신호를 접점신호로 변환시켜 주는 신호변환장치의 기능을 한다.

02 중계기 설치기준

(1) 수신기에서 직접 감지기 회로의 도통시험을 행하지 아니하는 것에 있어서는 수신기와 감지기 사이에 설치한다.

(2) 조작 및 점검에 편리하고 화재 및 침수 등의 재해로 인한 피해를 받을 우려가 없는 장소에 설치한다.

(3) 수신기에 따라 감시되지 아니하는 배선을 통하여 전력을 공급받는 것에 있어서는 전원입력측의 배선에 과전류차단기를 설치하고 해당 전원의 정전이 즉시 수신기에 표시되는 것으로 하며, 상용전원 및 예비전원의 시험을 할 수 있도록 할 것

03 중계기 비교

구분	집합형	분산형
외함의 크기	크다.	작다.

구분	집합형	분산형
입력전원	교류 220[V](외부 전원)	직류 24[V](수신기 전원)
비상전원	내장	수신기에서 공급
전원공급 사고 시	내장된 비상전원에 의해 정상적인 동작이 가능	중계기 전원선로의 사고 시 해당 계통전체 시스템 마비
입 · 출력 포인트	입력, 출력 포인트가 다수(32개 이상)	입력, 출력 포인트가 소수(2~3)
독립제어	가능	곤란
설치방식	① 전기피트(pit) 등에 설치 ② 1~3개 층당 1개씩 설치 ③ 별도의 격납함에 설치	① 발신기함 또는 별도 격납함에 설치 ② 각 현장기기별 1개씩 설치
경제성	고가	저가
적용장소	① 전압강하가 우려되는 장소 ② 수신기와 이격거리가 먼 건축물	① 전압강하의 우려가 작은 소규모 건축물 ② 아날로그 감지기 설치장소
구성도	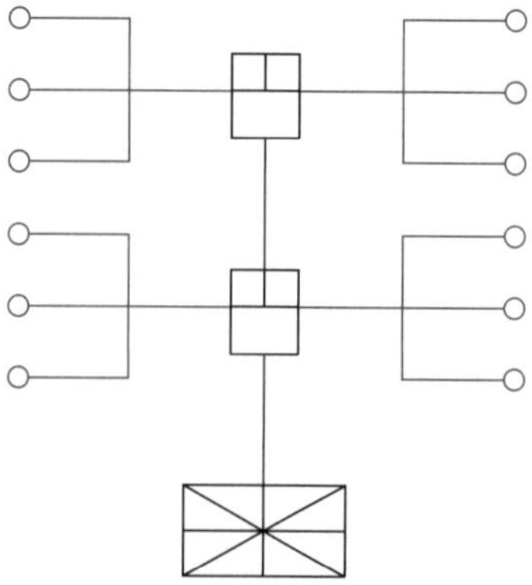	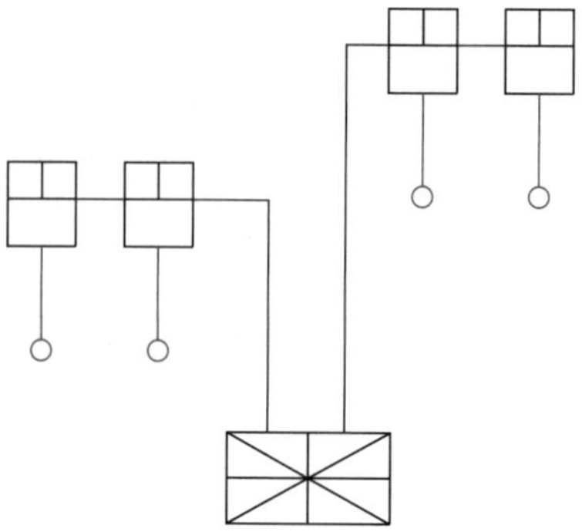

SECTION

048 발신기(manual fire alarm box)

01 발신기 설치기준(NFTC 203 2.6)

(1) 설치장소

1) 조작이 쉬운 장소

2) 스위치는 바닥으로부터 0.8[m] 이상 1.5[m] 이하

(2) 설치위치

1) 층마다 설치

2) 거리기준

① 원칙 : 수평거리 25[m] 이하(일본은 보행거리 50[m])

② 예외 : 복도 또는 별도로 구획된 실로서, 보행거리가 40[m] 이상일 경우에는 추가로 설치한다.

(3) 거리기준을 초과하는 경우로서 기둥 또는 벽이 설치되지 아니한 대형 공간의 경우 발신기는 설치장소의 가장 가까운 장소의 벽 또는 기둥 등에 설치한다.

(4) 위치 표시등

1) 함의 상부에 설치한다.

2) 불빛은 부착면으로부터 15° 이상의 범위 안에서 10[m] 이내의 어느 곳에서도 쉽게 식별이 가능하도록 한다.

3) 적색등

02 음향장치 및 시각경보장치 설치기준(NFTC 203 2.5)

(1) 주음향장치는 수신기의 내부 또는 그 직근에 설치한다.

(2) 우선경보방식

구분	층수가 10층 (공동주택 15층) 이하	층수가 11층(공동주택 16층) 이상
2층 이상의 층에서 발화한 때 경보층	전층 일제경보	발화층
		직상 4개층
1층에서 발화한 때 경보층		발화층
		직상 4개층
		지하 전층
지하층에서 발화한 때 경보층		발화층
		직상층
		지하 전층

왜 우선 경보방식을 사용하는가?

① 아래의 그림을 보면 총피난시간은 우선 경보방식이 피난시간보다 더 소요되지만 화재층을 10층으로 가정해보면 전층 피난방식은 7분 내외로 우선 경보방식의 경우는 5분 10초 내외가 소요되는 것을 알 수 있다.

② 화재 시 대피가 급한 화재의 접점에 있는 피난자의 우선적인 피난을 위해서는 우선 경보방식이 유용하다.

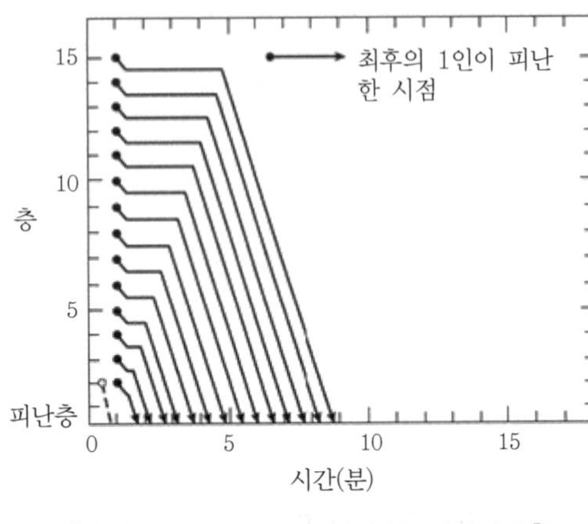

▎전층에 경보를 모두 발한 경우 피난시간▎

▎화재층 우선발화 경보방식의 경우 피난시간▎

(3) 지구음향장치

1) 설치기준

① 층마다 설치한다.

② 특정소방대상물의 각 부분으로부터 하나의 음향장치까지의 수평거리가 25[m] 이하로 한다.

③ 해당 층의 각 부분에 유효하게 경보를 발할 수 있도록 설치한다.

④ 예외 : 비상방송설비의 화재안전기술기준(NFTC 202)에 적합한 방송설비를 자동화재탐지설비의 감지기와 연동하여 작동하도록 설치한 경우에는 지구음향장치를 설치하지 아니할 수 있다.

⑤ 기준을 초과하는 경우로서 기둥 또는 벽이 설치되지 아니한 대형 공간의 경우 설치대상장소의 가장 가까운 장소의 벽 또는 기둥 등에 설치한다.

2) 음향장치 구조 및 성능

① 정격전압의 80[%] 전압에서 음향을 발할 수 있는 것으로 할 것(제외 : 건전지가 주전원)

② 음량 : 1[m] 떨어진 위치에서 90[dB] 이상

③ 감지기 및 발신기의 작동과 연동하여 작동할 것

3) 하나의 특정소방대상물에 2 이상의 수신기가 설치된 경우 : 어느 수신기에서도 지구음향장치 및 시각경보장치를 작동할 수 있도록 할 것

03 P형에서 발신기와 수신기의 전선 가닥수 산정

수신기-발신기(P형)	준비작동식 밸브	가스계 소화설비
회로선(+)	전원선(+)	전원선(+)
공통선(-)	전원선(-)	전원선(-)
응답선	감지기 A선	감지기 A선
경종선	감지기 B선	감지기 B선
경종 · 표시등 공통선	SVP 기동 스위치	비상 정지스위치
표시등	S(사이렌)	사이렌
-	PS(압력스위치)	기동스위치
-	TS(탬퍼스위치)	방출표시등
-	감지기 공통선	감지기 공통선

1. **SVP와 가스계의 차이점** : 전화선이 없고(선택사항) 비상스위치가 있다.
2. **비상정지스위치**
   ① 수동기동장치 부근에 설치하며 소화약제의 방출을 지연시킬 수 있는 스위치
   ② 복귀형으로 수동기동장치의 타이머(20 ~ 30초)를 순간 지연시키는 기능

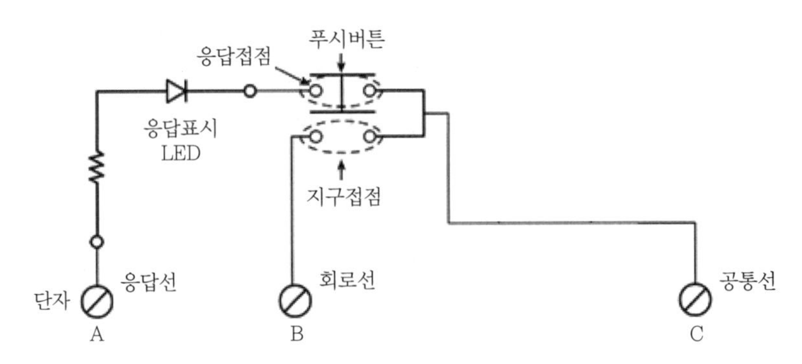

▌1급 발신기 내부결선도 125회 출제 ▌

04 NFPA 72 발신기 설치기준(17.14.8) 115회 출제

(1) 목적

화재경보의 발신 목적으로만 사용한다.

(2) 설치기준

1) 눈에 잘 띄고 장애물이 없으며 접근할 수 있도록 설치한다.
2) 설치위치 : 각 층의 각 비상구의 5[ft](1.5[m]) 이내
3) 설치간격 : 보행거리가 200[ft](61[m]) 이내
4) 폭이 40[ft](12.2[m])를 초과하는 큰 출입구의 경우 양쪽에 설치하되 그 양쪽 면 5[ft](1.5[m]) 내에 설치한다.
5) 설치높이 : 바닥으로부터 42[in](1.07[m]) 이상 48[in](1.22[m]) 이하
6) 색상 : 주변과 대비되는 붉은 페인트나 붉은 플라스틱 사용(적합하지 않은 장소는 대체 소재 사용 가능)

SECTION 049

방재센터

01 개요

(1) 건축기술의 발달로 건물이 고층화, 대형화 되어감에 따른 화재위험성의 증가로 인명 손실 및 재산피해 가능성이 커지고 있다.

(2) 이와 같은 피해를 최소화하기 위하여 방재설비 및 건축설비, 전기설비를 최적으로 관리 및 동작하도록 하기 위한 방재센터의 설치가 필요하다.

(3) **방재센터 설치목적**

1) 건물 내의 인명보호
2) 건축물에 수용되어 있는 재산이나 정보의 보전
3) 설비의 관리 및 운용의 효율화

02 설치대상(초고층 및 지하연계 복합건축물 재난관리에 관한 특별법)

(1) **초고층 건축물**

층수가 50층 이상 또는 높이가 200[m] 이상인 건축물

(2) **종합방재실의 설치 · 운영(제16조)**

1) 초고층 건축물 등의 관리주체는 그 건축물 등의 건축 · 소방 · 전기 · 가스 등 안전관리 및 방범 · 보안 · 테러 등을 포함한 통합적 재난관리를 효율적으로 시행하기 위하여 종합방재실을 설치 · 운영하여야 하며, 관리주체 간 종합방재실을 통합하여 운영할 수 있다.
2) 종합방재실은 종합상황실과 연계한다.
3) 관계지역 내 관리주체는 종합방재실 간 재난 및 안전정보 등을 공유할 수 있는 정보망을 구축하여야 하며, 유사 시 서로 긴급연락이 가능한 경보 및 통신설비를 설치한다.
4) 종합방재실의 설치기준 등 필요한 사항은 행정안전부령으로 정한다.

(3) **일본**

1) 건축물 높이 31[m] 이상이고, 비상 E/V 설치대상인 고층 건축물

2) 바닥면적이 1,000[m²]를 초과하는 지하가
3) 기타 중앙감시센터가 필요한 건축물

03 설치개수 및 위치(「초고층 및 지하연계 복합건축물 재난관리에 관한 특별법 시행규칙」 제7조 종합방재실의 설치기준)

초고층 건축물 등의 관리주체는 종합방재실을 설치 · 운영해야 한다.

(1) 종합방재실의 개수
1) 원칙 : 1개
2) 100층 이상 : 추가로 설치하거나 관계지역 내 다른 종합방재실에 보조종합재난관리 체제를 구축한다.

(2) 종합방재실의 위치
1) **원칙** : 1층 또는 피난층
2) **초고층 건축물 등에 특별피난계단 출입구로부터 5[m] 이내** : 2층 또는 지하 1층
3) **공동주택의 경우** : 관리사무소 내 설치
4) 비상용 승강장, 피난 전용 승강장 및 특별피난계단으로 이동하기 쉬운 곳
5) 재난정보 수집 및 제공, 방재활동의 거점(據點) 역할을 할 수 있는 곳
6) 소방대(消防隊)가 쉽게 도달할 수 있는 곳
7) 화재 및 침수 등으로 인하여 피해를 입을 우려가 작은 곳

04 설치기준(「초고층 및 지하연계 복합건축물 재난관리에 관한 특별법 시행규칙」 제7조 종합방재실의 설치기준)

(1) 종합방재실의 구조 및 면적
1) **원칙** : 다른 부분과 방화구획
2) **예외** : 다른 제어실 등의 감시를 위하여 두께 7[mm] 이상의 망입(網入)유리(두께 16.3[mm] 이상의 접합유리 또는 두께 28[mm] 이상의 복층유리를 포함함)로 된 4[m²] 미만의 붙박이창을 설치한다.
3) 인력의 대기 및 휴식 등을 위하여 종합방재실과 방화구획된 부속실(附屬室)을 설치한다.

4) 면적

① $20[m^2]$ 이상

② 시설 · 장비의 설치와 근무인력의 재난 및 안전관리 활동, 재난발생 시 소방대원의 지휘활동에 지장이 없도록 설치한다.

5) **출입문** : 출입제한 및 통제장치

(2) 종합방재실의 설비 등

1) 조명설비(예비전원을 포함) 및 급 · 배수설비
2) 상용전원(常用電源)과 예비전원의 공급을 자동 또는 수동으로 전환하는 설비
3) 급기(給氣) · 배기(排氣)설비 및 냉 · 난방설비
4) 전력공급상황 확인 시스템
5) 공기조화 · 냉난방 · 소방 · 승강기설비의 감시 및 제어 시스템
6) 자료저장 시스템
7) 지진계 및 풍향 · 풍속계
8) 소화장비 보관함 및 무정전(無停電) 전원공급장치
9) 피난안전구역, 피난용 승강기 승강장 및 테러 등의 감시와 방범 · 보안을 위한 폐쇄회로텔레비전(CCTV)

(3) 화재안전기술기준의 감시제어반 설치기준

구분	내용
전용실	① 화재 및 침수 등의 재해로 인한 피해를 받을 우려가 없는 곳에 설치할 것 ② 방화구획 ③ 기계실 등의 감시를 위하여 7[mm] 이상의 망입유리로 된 $4[m^2]$ 미만의 붙박이창을 설치할 수 있음
전용실의 위치	① 피난층 또는 지하 1층에 설치할 것 ② 지상 2층, 지하층에 설치할 수 있는 조건(or) ㉠ 특별피난계단 출입구에서 5[m] 이내 출입구 ㉡ 아파트 관리동(경비실)
부대설비	① 비상조명등 ② 급 · 배기설비 ③ 무선통신보조설비의 유효한 통신
바닥면적	감시제어반 설치면적 + 조작면적

05 방재실 관리 및 기능(「초고층 및 지하연계 복합건축물 재난관리에 관한 특별법 시행규칙」 제7조 종합방재실의 설치기준)

(1) **상주인력** : 3명 이상

(2) 종합방재실의 시설 및 장비 등을 수시로 점검하고, 그 결과를 보관한다.

(3) **기능**

평상시	비상시(화재 시)
① 방재시설, 기타 설비의 감시함 ② 방재시설, 기타 설비의 동작 및 종합관리함	① 소방활동의 거점확보와 정보제공함 ② 방재의 중추기능을 담당하는 것으로 화재 시 최후까지 남아서 진압작업을 진두지휘함 ㉠ 화재탐지 : 자동화재탐지설비, 스프링클러설비 ㉡ 확인, 판단, 지령통보 : 비상경보설비, 비상방송설비, 자동화재속보설비 ㉢ 초기 소화 : 소화설비 ㉣ 연기제어설비 : 제연설비 ㉤ 기타 : 비상전원, 엘리베이터(E/V), 누설가스 탐지, 누전 감지 및 차단

SECTION

050 배선

01 소화설비배선

(1) 소방용 배선의 종류로는 내화배선, 내열배선, 차폐배선, 일반배선으로 구분할 수 있다.

(2) 시설물의 용도와 면적에 따라 소방시설 설치대상이 다르고 이에 따라 설치방법이 다르다.

02 배선별 적용장소

내화배선	내열배선	차폐전선
① 비상전원설비로부터 가압송수장치 및 동력제어반 간의 전원회로배선 ② 수신기 및 소화설비 제어반에 인입하는 전원회로배선 ③ 중계기 전원공급회로 ㉠ 대상 : 분산형 중계기가 아닌 집합형 중계기가 설치된 경우 ㉡ 수신기를 경유하지 않고 중계기에 전원을 각 층의 소방 분전반으로부터 공급 ㉢ 소방부하용 차단기 2차측으로부터 중계기까지의 회로로서 내화배선 ④ 비상콘센트설비, 비상방송설비의 전원회로배선	① 상용전원으로부터 동력제어반, 감시조작 또는 표시등 회로의 배선 ② 수신기에서 감지기 등의 기기 ③ 경보발신장치(수동발신기, 압력스위치) ④ 통보장치(경종, 사이렌, 시각경보장치) ⑤ 기동장치(도어릴리즈, 각종 솔레노이드)에서 수신기 및 제어반에 이르는 배선 ⑥ 유도등, 비상조명등 배선	① R형 설비의 통신배선 ② 아날로그 감지기 배선 ③ 기타 소방용 통신배선

03 전선의 종류 123 · 113 · 99 · 94 · 92 · 85 · 81 · 79회 출제

(1) **내화** : 내화전선

1. **내화전선** : 내화성을 가진 소방용 전선을 말한다.
2. **내열전선** : 내열성을 가진 소방용 전선을 말한다.

3. 해외의 내화전선 기준

구분	내화온도[℃]	내화시간[분]	분무/타격	관련 규격	비고
호주/뉴질랜드	1,050	120	분무 3분	AS/NZS 3013	-
미국	1,010	120	분무 3분	UL 2196	NFPA 70
유럽	1,000	Max. 120	-	EN 50577	유럽건자재규정
일본	840	30	-	JIS A1304	-
한국	750	90	-	IEC 60331-11	소방청 고시

(2) **내화 · 내열** : 내화전선

(3) **기타 전선**

1) 450/750[V] 저독성 난연 가교 폴리올레핀 절연 전선(HFIX) : 내열전선(내열성)이자 난연전선(난연성)으로 일반용 및 비상용 전기배선 모두에 사용 가능하다.
2) 0.6/1[kV] 가교 폴리에틸렌 절연 저독성 난연 폴리올레핀 시스 전력 케이블
3) 6/10[kV] 가교 폴리에틸렌 절연 저독성 난연 폴리올레핀 시스 전력 케이블
4) 가교 폴리에틸렌 절연 비닐시스 트레이용 난연 전력 케이블
5) 0.6/1[kV] EP 고무 절연 클로로프렌 시스 케이블
6) 300/500[V] 내열성 실리콘 고무 절연 전선(180[℃])
7) 내열성 에틸렌-비닐 아세테이트 고무 절연 케이블
8) 버스 덕트(bus duct)
9) 기타 「전기용품 및 생활용품 안전관리법」 및 「전기설비기술기준」에 따라 동등 이상의 내화성능이 있다고 주무부장관이 인정하는 것

1. **배선** : 전력을 쓰기 위하여 전선을 끌어 장치하거나 여러 가지 전기장치를 전선으로 연결하는 것
2. **전선** : 전류가 흐르도록 하는 도체로서 쓰는 선

04 내화배선(FP : Fire Proof) 공사방법 127 · 123 · 121 · 113 · 99 · 94 · 92 · 85 · 81 · 79회 출제

(1) **내화전선** : 케이블 공사법

케이블 공사 : 케이블을 관로 내에 배선하지 아니하고 케이블 트레이, 건축물의 지붕, 벽, 기둥의 아랫면 또는 옆면을 따라 붙이는 방법으로 공사하는 것

(2) 기타 전선

사용전선관	금속관, 제2종 가요전선관, 합성수지관	
	매립할 경우	매립하지 않을 경우
공사방법	내화구조로 된 벽 또는 바닥으로부터 25[mm] 이상의 깊이로 매설	① 내화성능을 갖는 배선전용실 또는 배선용 샤프트, 피트 등에 설치 ② 다른 설비배선과 15[cm] 이상 이격 또는 배선지름의 1.5배 이상의 불연성 격벽 설치
공사방법	내화구조 25[mm] 깊이로 매설	15[cm] 이상 이격 소방배관 기타배관 배선지름의 1.5배 불연성 격벽 설치 격벽 소방배관 기타배관

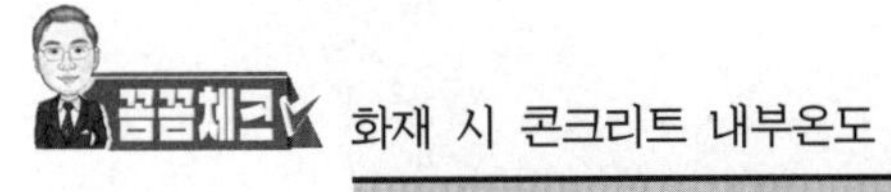
꼼꼼체크 화재 시 콘크리트 내부온도

콘크리트 화염 노출시간	1[hr]	2[hr]	4[hr]
내부온도 350[℃] 되는 깊이[cm]	4	6	10
내부온도 600[℃] 되는 깊이[cm]	2	3	5

(3) 내화전선 기준 개정 123회 출제

1) 기존 소방용 내화전선 국내기준은 '99년도 국제규격'('03년도 KS기준으로 도입)이다.

구분	국내기준		국제규격(IEC)
시험 온도/시간	성능인증기준	화재안전기술기준	950[℃] / 180분 (15분 동안 30초마다 충격)
	750[℃] / 90분	750±5[℃] / 180분	

2) 개정내용 : 국제규격과 동일한 한국산업표준(KS C IEC 60331-1, 2) 도입(고내화전선)

구분	한국산업표준(KS C IEC 60331-1, 2)
시험 온도/시간	830[℃] / 120분 (매 5분마다 충격 후 20초 이내 사다리 올림)
합격기준	① 전압이 유지된다. 즉 퓨즈가 끊어지거나 또는 차단기의 차단이 없다. ② 도체가 과열되지 않는다. 즉 램프가 꺼지지 않는다.

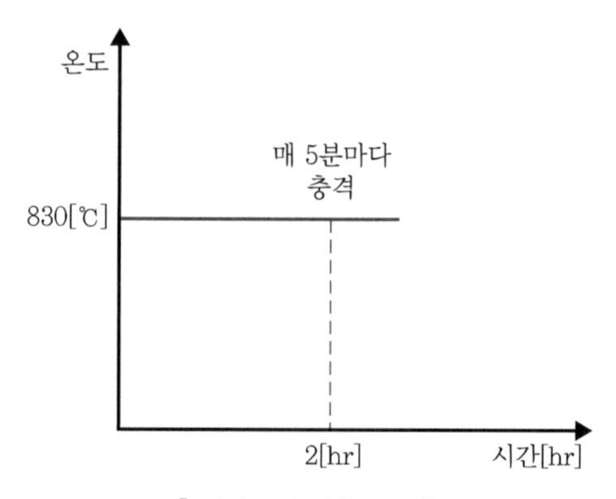

▌내화전선 시험성능▐

3) 정격전압이 최대 0.6/1.0[kV]인 저전압 전력 케이블이고 외경 20[mm]를 초과하는 케이블에 대한 830[℃]에서 충격, 화재 시험방법(KS C IEC 60331-1) = FR-8

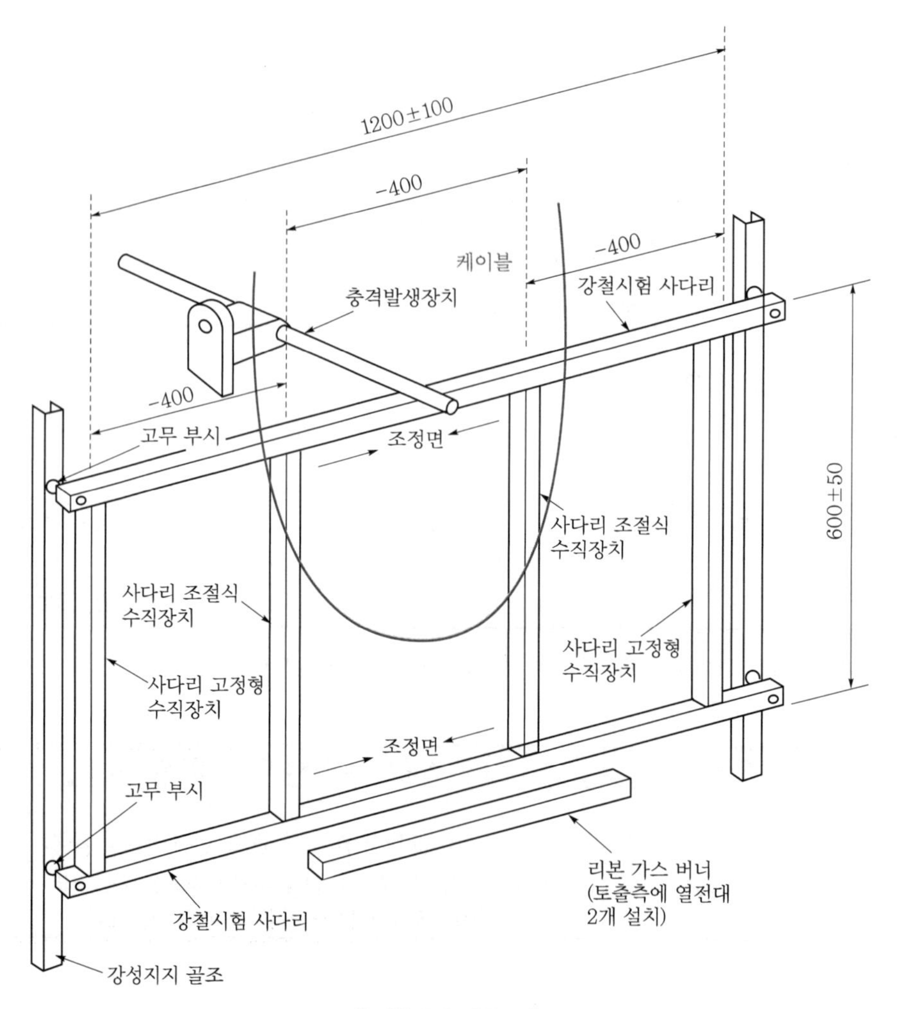

▌시험배치 계통도▐

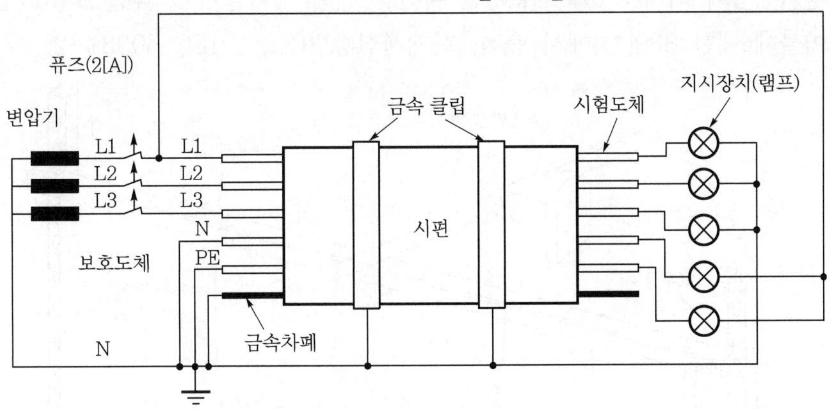

▌기초 회로도▐

4) KS C IEC 60331-11(화재조건에서의 전기케이블 시험)

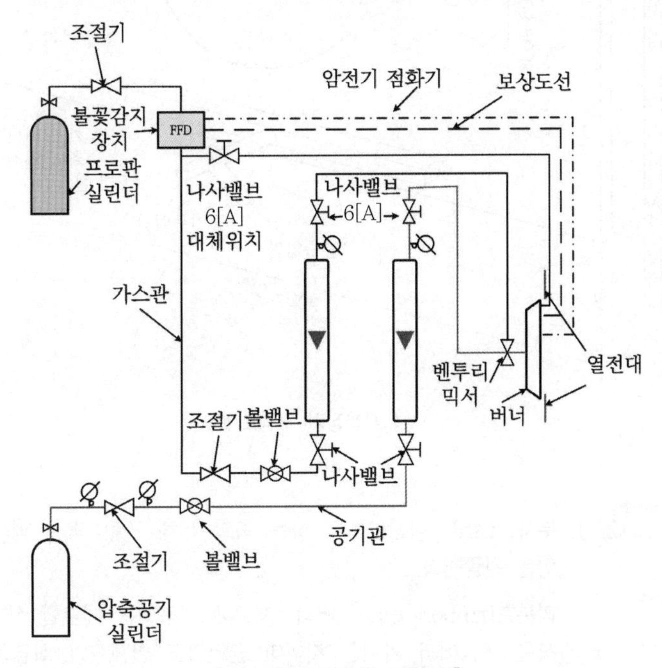

▌버너제어 시스템 구성도▐

5) 정격전압이 최대 0.6/1.0[kV]인 저전압 전력 케이블이고 외경 20[mm] 이하인 케이블에 대한 830[℃]에서 충격, 화재시험방법(KS C IEC 60331-2)

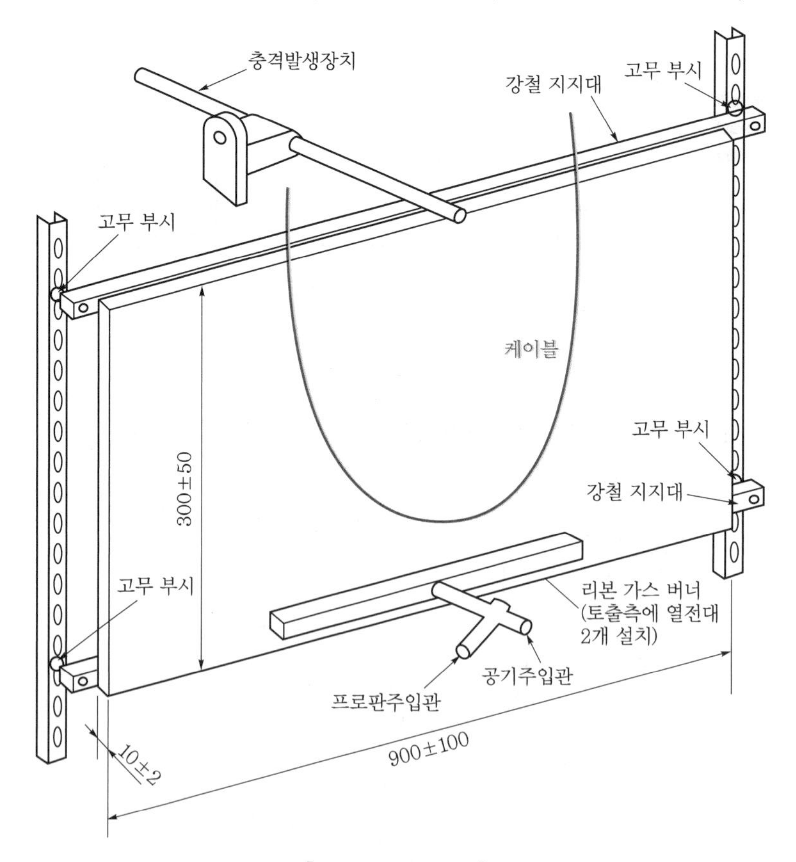

▌시험장치 구성도▐

1. **부시(bush)** : 회전운동을 하는 축과 본체 또는 축과 베어링 사이에 끼워넣는 얇은 원통이다.
2. **리본형(ribbon type) 버너** : 저온에 사용되는 예혼합 직화 버너로 리본모양의 작은 구멍에서 가져온 것이며 균일하고 안정적인 화염을 형성한다는 장점이 있다.

6) KS C IEC 60332-3-24(난연성능 확보)

<table>
<tr><th colspan="2">항목 및 용도</th><th colspan="2">구분</th></tr>
<tr><td colspan="2">도체의 단면적[mm²]</td><td>> 35[mm²]</td><td>≤ 35[mm²]</td></tr>
<tr><td colspan="2">시험편의 미터당 비금속재료의 체적(L)</td><td colspan="2">1.5</td></tr>
<tr><td rowspan="2">표준 사다리 사용 시,
시험인의 최대 폭 : 300[mm]</td><td>계층 개수</td><td>1</td><td>≥ 1</td></tr>
<tr><td>버너 개수</td><td colspan="2">1</td></tr>
</table>

항목 및 용도	구분	
시험편의 위치	공간식	접촉식
불꽃 인가 시간[min]	20	
시료의 최소 길이[m]	3.5	
성능기준	탄화 비율이 버너의 바닥 모서리 부분으로부터 높이 2.5[m] 이하	

7) 기대효과 : 화재 시 안정적 전원공급을 통해 소방시설의 신속한 동작과 초기 화재 진화로 대형 인명피해 방지가 가능하다.

05 내열배선공사방법

(1) 내화전선

케이블공사법

내화배선 또는 내열배선에서 내화전선을 관로 내 배선 시 문제점

① 내화전선은 노출공사에 적합하도록 제조된 것이며, 온도가 상승할수록 절연내력은 저하되고 저항은 증가한다.

② 관로 내부는 환기가 불량하고 화재 시 관로 내부의 가열된 공기가 전선을 가열하여 절연성능과 저항을 증가시켜 전선으로서 기능이 저하된다.

③ 케이블은 전선보다 유연성이 작기 때문에 전선관에 매입 시 손상 우려가 된다.

(2) 기타 전선

전선관 공사	노출공사
금속관, 금속제 가요전선관, 금속덕트케이블공사(불연성 덕트 내 설치에 한함)	① 내화성능을 갖는 배선전용실 또는 배선용 샤프트, 피트 등에 설치한다. ② 다른 설비배선과 15[cm] 이상 이격 또는 배선지름의 1.5배 이상의 불연성 격벽을 설치한다. ③ 합성수지관공사는 사용이 불가하다.

1. **금속덕트공사**

① 폭이 40[mm]를 초과하고 두께 1.2[mm] 이상인 철판 또는 동등 이상의 강도를 가지는 금속재 덕트에 다량의 전선을 수납할 수 있는 공사방법

② 덕트의 내면 및 외면에는 아연도금 등으로 피복하여 부식을 방지하고 금속덕트에 넣는 전선 단면적의 합계는 덕트 내부 단면적의 20[%] 이하(동일 덕트 내에 넣는 전선은 30본 이하)

2. **가요전선관공사** 121 · 115회 출제

① 종류(KS C-8422)

㉠ 1종 금속제 가요전선관

㉡ 비닐피복 1종 금속제 가요전선관
㉢ 2종 금속제 가요전선관
㉣ 비닐피복 2종 금속제 가요전선관

② 1종 : 아연도금한 세로방향의 파상으로 성형하고 나선형으로 감은 것으로 개방된 장소, 건조한 장소, 은폐되었지만 점검이 가능한 장소에 사용할 수 있고 보통 플렉시블이라고 부른다. 1종은 콘크리트타설 시나 매입 시에 내부 전선이 손상되므로 매입할 수 없어 내화배선용으로 사용할 수 없다.

③ 2종 : 관벽에 절연 파이버(fiber) 종이나 섬유 등으로 겹치고 강압해서 만든 프리카 튜브로 되어 있어 기계적 강도가 1종보다 우수하다. (방수구조의 것) 2종은 내화 배선용으로 사용할 수 있고 프리카 튜브라고 부른다.

3. **버스덕트** : 알루미늄이나 구리 도체를 절연물로 피복하거나 지지하여 강판이나 갈바늄 강판의 케이스 내에 수납한 것

4. **버스덕트와 케이블 트레이 비교**

구분	버스덕트	케이블 트레이
바닥	폐쇄된 형태	개방된 형태
도체	절연되어 있지 않은 동 부스바	전력케이블
목적	동 부스바를 절연, 지지 및 보호	전력케이블을 얹어 놓아 지지

5. **금속관공사**(KEC 232.12)

① 시설조건
㉠ 전선은 절연전선(옥외용 비닐절연전선을 제외함)일 것
㉡ 전선은 연선일 것. 다만, 단면적 10[mm^2](알루미늄선은 단면적 16[mm^2]) 이하의 것은 적용하지 않는다.
㉢ 전선은 금속관 안에서 접속점이 없도록 할 것
㉣ 전선의 절연체 및 피복을 포함한 단면적이 관 내부 단면적의 1/3 이하가 되도록 한다.

② 금속관의 종류
㉠ 후강전선관은 관의 두께가 2.3[mm] 이상의 두꺼운 전선관이다(KS 기준).
㉡ 박강전선관은 관의 두께가 1.6[mm] 이상의 얇은 전선관이다(KS 기준).
㉢ 나사 없는 전선관은 두께 1.2 / 1.4 / 1.6 / 1.8[mm]이다.

(3) 배선공사방식의 장단점

배선공사방식		장점	단점
전선관	합성수지	① 경제성이 우수 ② 절연성과 내전압 우수 ③ 산, 알칼리, 유류 등 내약품성 ④ 가공성 우수 ⑤ 습기에 강함	① 강도가 약함 ② 열에 취약
	금속	① 내열성 우수 ② 기계적 강도가 우수	① 내약품성이 약함 ② 접지필요 ③ 시공성이 낮음

배선공사방식	장점	단점
케이블배선 (트레이 사용)	① 허용전류가 크고, 방열 특성이 우수, 부하증가 시 대응이 용이 ② 부하증설이 용이 ③ 보수관리가 용이	① 케이블이 굵어 굴곡반경이 큼 ② 전선은 난연성 케이블(F-CV, FR-CV, TFR-CV, FR-8, FR-3)을 사용해야 함
버스덕트	① 열발산이 좋아 더 많은 전류를 흘릴 수 있음 ② 조립식으로 공정에 맞추어 배선이 가능하고 증설이 용이	① 접속부가 많음 ② 내구성, 절연성 및 밀폐성 확보가 필요 ③ 경제성이 낮음

(4) 감지기 내열배선 공사방법

콘크리트 천장의 매입박스에서 이중 천장의 하부면에 설치되는 감지기 등의 전기기구는 내열배선(금속제 가요전선관에 의한 배관배선)을 하여야 하며 이때 전선의 노출이 발생하지 않아야 한다(소방기술사회 기술지침).

06 차폐배선

(1) 배선의 종류 및 공사방법

사용전선의 종류	공사방법
제어용 가교폴리에틸렌 절연비닐 시스 케이블(CCV) 소방신호 제어용 비닐 절연비닐 시스 차폐 케이블(CVV)	① 내화전선공사 방법 동일함 ② 차폐배선을 끊어짐 없이 연결하여 수신기 접지단자와 연결함 ③ 차폐선은 외함, 전선관 등 금속체에 접속되지 아니하게 설치함
난연성 비닐절연 시스 케이블(FR-CVV-SB) 내열성 비닐 시스 제어용 케이블(H-CVV-SR)	① 케이블 공사방법에 의해 설치(사용온도 60[℃])함 ② 차폐배선을 끊어짐 없이 연결하여 수신기 접지단자와 연결함 ③ 차폐선은 외함, 전선관 등 금속체에 접속되지 아니하게 설치함
UL 2095 TSP AWG 14(번호가 클수록 지름이 작음)	① 정격 300[V] 온도 : 80[℃] ② 유연성이 우수함 ③ 적용규격 : UL subject 758 ④ 난연성능 : VW-1을 만족하는 낮은 난연성 ⑤ 전자기기의 부품에 사용되는 케이블로 소방용 케이블이 아님
UL 1424 FPL 105[℃](AWG 18 ~ 12)	① 미국 화재경보 케이블 전용 규격 ② 정격 600[V] 온도 : 105[℃] ③ 차폐 : 알루미늄 태핑 ④ 피복 : PVC

(2) 차폐방식의 구조 및 특징

구분	테이프 차폐(-S)	편조 차폐(-SB)
구조	동 또는 알루미늄호일 등을 피차폐체 위에 감는 방식	가느다란 동선 여러 가닥을 직조한 방식
특징	① 가격 저렴 ② 유연성, 굴곡성이 없음 ③ 접지가 용이함	① 구조적 매우 안정적 ② 굴곡성이 뛰어남 ③ 실드효과가 우수함
개념도	개재물, 절연체, 도체, 시스체, 바인더, 동테이프 차폐, 바인더	개재물, 절연체, 도체, 시스체, 바인더, 동선편조 차폐, 바인더

07 케이블의 난연

(1) 일반케이블과 난연케이블의 비교

구분	일반 PVC 케이블	LSZH(Low Smoke Zero Halogen) 케이블	플레넘(plenum) 케이블	라이저(riser)케이블
특징	① PVC 케이블은 화학 성분으로 인해 본질적으로 내염성 및 내열성이 있음 ② 피복이 견고하지만 연성이 적어서 구부러질 경우 균열이 생길 수 있고 저온에서는 사용이 곤란 ③ 난연성능이 부족하고 200[℃]를 넘으면 분해가 되어 독성가스인 염화수소, 일산화탄소 가스를 발생시킴	① PVC 또는 FEP(불소화 에틸렌 프로필렌)와 같은 저가의 재킷 소재에 비해 현저히 적은 연기발생과 할로겐이라고 하는 맹독성 가스를 거의 배출하지 않음 ② 대피가 제한적이고, 통풍이 좋지 않으며 고전압이 존재하는 지역에서 사용함 ③ 유럽에서 주로 사용함	① 난방 및 공조 시스템의 공기 순환에 사용되는 플레넘 영역에 설치(천장 또는 이중 바닥에 설치)함 ② 난연성으로 코팅된 케이블 ③ 비싸고 경화되어 작업의 어려움	① 하나 이상의 층을 통해 수직으로 이어지는 바닥 개구, 샤프트 또는 덕트 등 수직 통신 인프라에 사용함 ② 난연성능의 엄격성이 플레넘에 비해 낮아 라이저를 플레넘이 대체할 수는 있지만 플레넘을 라이저가 대체할 수는 없음
가연성	높음	중간	낮음	낮음
	빠르게 확산 스스로 소화 불가능	화염 제거 시 자체 소화가 가능	손상은 입지만 화염이 제거되면 자체 소화 가능	손상은 입지만 화염이 제거되면 자체 소화 가능

구분	일반 PVC 케이블	LSZH(Low Smoke Zero Halogen) 케이블	플레넘(plenum) 케이블	라이저(riser)케이블
독성	높음	낮음	높음	높음
연소 시 독성, 부식성	○	△ (일산화탄소 배출)	○	○
사용처	사무실과 가정에서 대부분의 통신케이블로 사용	선박, 잠수함, 전산실, 데이터센터, 항공기 등과 같은 밀폐된 영역에서 사용	사무실 또는 개인건물의 벽, 천장 및 플레넘 공간 내부에서 사용	플레넘 케이블과 동일

General purpose : 플레넘 또는 라이저가 아닌 다른 모든 구역, 동일 층에 사용

(2) 미국(북미) 난연 기준

1) 모든 통신 케이블이 4등급의 내화성 요구사항 중 하나 이상을 충족해야 하며 필요한 마크를 부착하여야 한다.
2) 표지 부착 시 케이블의 안전성능수준을 쉽게 파악할 수 있고, 건물 심사와 위험평가 측면에서도 매우 중요하기 때문에 화재나 보건 및 안전 검사요원, 보험 조사관 등이 유용하게 사용할 수 있어야 한다.
3) 주로 화염확산, 화재 전파 및 연기 발생을 줄이는 데 중점을 두고 있다.
4) NFPA가 재정한 미국 전기 규정(NEC : National Electrical Code) 제70조와 제800조에 규정하고 있다.

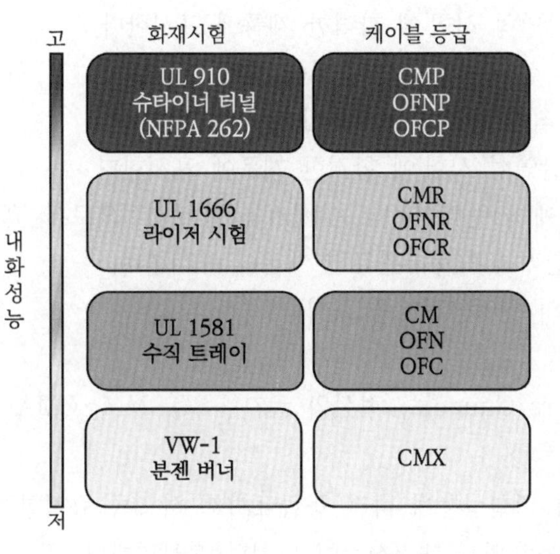

케이블 등급설명

C : Communication
M : Media
OF : Optical Fiber
N : Non-Conductive
C : Conductive
P : Pleum
R : RIser
CMP : 수평 구간에 필히 설치해야 하며, 화재 발생 시 불에 번지지 않으며, 유독가스를 방출하지 않음. 자기 소화능력을 가지고 있음
CMR : 수직 구간에 필히 설치해야 하며, 화재 발생 시 수직으로 불이 번지지 않아야 하지만, 유독가스는 방출함. 자기 소화능력을 가지고 있음
CM : 난연성 배관으로 보호되었을 때만 건물 내에 사용 가능
CMX : 아파트형이 아닌 일반주택에서만 사용 가능

명칭	요구시험	난연성	사용처
CMX	ULVW · 1 Vertical Flame	낮음	옥내외 수평배선, 주거용
CM/MP/OFC/OFN	UL 1581 Vertical Tray Flame Test IEEE-383 Vertical Tray Flame Test	보통	라이저 및 플레넘을 제외한 다목적용
CMR/MPR/OFCR/OFNR	UL 1666 Simulated Riser Shaft Test	높음	다목적용 및 라이저(층간 수직배선)
CMP/MPP/OFCP/OFNP	UL 910 Steiner Tunnel Test NFPA 262	아주 높음	덕트 내 설치, 다목적용, 라이저, 플레넘

5) UL, CSA 전선의 표기방법

① UL 규격상의 기기 배선재료 : AWM은 Appliance Wiring Material의 약자로서, UL에서 요구되는 'L' Type 전선으로 일반 소비자가 직접 시장에서 구입하여 사용할 수 없는 전기 및 전자 기기에 사용되는 일반전선을 뜻한다.

② CSA 규격상의 기기 배선재료 : Type No 또는 AWM

③ UL Style No로 전선의 종류를 의미한다. 단심(1,000대 또는 10,000대), 2심(2,000대 또는 20,000대), 특수절연전선(3,000대)

예 1007

④ 제조자명

예 E97577

⑤ UL, CSA 규격상의 정격온도, 정격전압(AC)

예 80[℃] 300[V](단, UL, CSA 규격상 표시를 요구하지 않는 제품에 대해서는 생략하는 경우도 있음)

⑥ 난연성 : VW-1, VW-1SC, FT1, FT2, FT3, FT4, -F-

㉠ VW-1 : UL 규격의 '수직 난연성 시험'에 합격한 제품에 표시한다.

㉡ VW-1SC : 실드전선 또는 다심 케이블로서 완제품, 전연선심 모두 UL 규격의 '수직 난연성 시험'에 합격한 제품에 표시한다.

㉢ FT-1 : CSA 규격의 '수직 난연성 시험'에 합격한 제품에 표시한다.

㉣ -F- : 일본전기용품 취급법에 기준해서 TV 수신기용 내부배선으로서 요구되고 있는 난연성 시험에 합격하고 등록완료된 제품에 표시한다.

⑦ UL 규격의 파일번호(UL 규격의 인정공장임을 표시)

예 E 65859

⑧ 도체규격 : AWG(American Wire Gauge로, 전선의 굵기), SQ, MM, CMA

(3) 유럽 및 아시아 난연기준

1) 유럽과 아시아 지역에는 케이블의 내화성능에 따라 등급표시를 하도록 규정한 요구사항이 없는 관계로 일부 케이블의 경우 내화성능이 낮거나 불분명하다.

2) 유럽과 아시아의 경우 통신 케이블에 관한 화재법규나 규정이 제대로 제정되어 있지 않다(벽 패널, 천장 타일, 바닥재 등과 같은 기타 건축자재에 관한 법규는 있음).
3) 일부 유럽 국가에서는 고객들이 LSZH 표준제정에 영향을 받아 연기와 독성 가스 발생 감소를 제한하고 있다.
4) 유럽건축자재지침의 분류체계는 A1등급에서 F등급으로 구분된 유로 클래스와 바닥재를 제외한 건축자재의 화재반응등급을 매기기 위한 다양한 시험 및 성능기준으로 구성되어 있다.
5) 일본에서는 PVC 전선은 일반적으로 60[℃]를 허용값으로 하고 있으며, 그 이상은 내열 PVC 또는 다른 절연체 재질을 사용하고 있다. 그러나 유럽의 EN 60204-1은 PVC의 허용온도를 70[℃](통상 상태에서의 최고 도선온도)를 기준으로 하고 있으며, 이것이 전류산정방법의 전제로 되어 있다.

(4) 난연성에 관한 국제표준

항목	국제표준
내화성	IEC 60331 EN 50200
화염확산 및 화재 지연성	ULVW-1 분젠 버너 UL 1581 수직 트레이 또는 IEEE-383 수직 트레이 CSAFT-4/1EEE-1202 UL 1666 UL 910 / NFPA 262 / CSA FT-6 EN 50289-4-11 IEC 60332-1 시리즈 또는 EN 50265 시리즈 IEC 60332-3 시리즈 또는 EN 50266 시리즈 FIPEC 시나리오 1, 2
열방출률 및 총발열량	EN 50289-4-11 FIPEC 시나리오 1, 2
연기발생	UL 1685 UL 910 EN 50289-4-11 EN 13823(5B1) IEC 61034 또는 EN 50268
산성도 및 연기 부식성	IEC 60751-1 (EN 50267-2-1) : HCL 가스 배출 IEC 60754-2 (EN 50267-2-2 & EN 50267-2-3) : pH 및 전도율

08 감지기 회로의 배선

(1) 배선

배선		배선의 종류	비고
전원회로		내화배선	-
감지기 회로	아날로그식, 다신호식 감지기 R형 수신기와 연결	실드케이블(차폐배선)	전자파에 의해 방해를 받지 않는 방식은 제외할 수 있다.
	감지기 상호 간 연결	내화배선 또는 내열배선	-
	기타	내화배선 또는 내열배선	-
기타 회로		내화배선 또는 내열배선	-

(2) 감지기 상호 간 또는 감지기로부터 수신기에 이르는 감지기 회로의 배선 설치기준

1) 아날로그식, 다신호식 감지기, R형 수신기 : 전자파 방해를 방지하기 위하여 실드선 등을 사용(예외 : 전자파 방해를 받지 아니하는 방식)

2) 일반 배선을 사용할 경우 : 내화배선 또는 내열배선

(3) 감지기 회로의 배선 130회 출제

1) 송 · 배선방식 : 도통시험을 하기 위한 도중에 분기하지 않는 병렬배선방식으로, 일명 보내기 배선방식이다.

2) 감지기 배선회로가 발신기함을 출발한 배선의 단선 유 · 무를 확인하기 위해 회로 종단을 다시 발신기함으로 들어오게 하여 회로 끝에 종단저항을 설치하여 저항이 회로를 구성하여 단선유무검사를 할 수 있도록 한 배선방식이다.

3) 병렬배선방식

① 발전기, 축전지 등을 같은 극끼리 연결한다.

② 두 개 이상의 기기, 임피던스를 단자가 공동으로 되도록 연결한다.

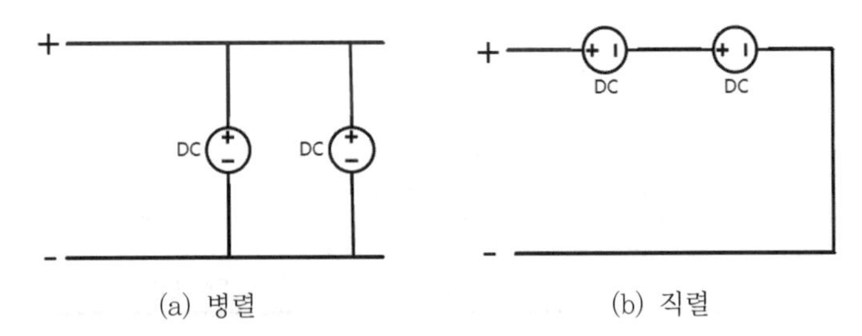

(a) 병렬 (b) 직렬

(4) 절연저항 134 · 120 · 115회 출제

1) 전기사용 장소의 사용전압이 저압인 전로의 전선 상호 간 및 전로와 대지 사이의 절연저항은 개폐기 또는 과전류차단기로 구분할 수 있는 전로마다 다음 표에서 정한 값 이상(「전기설비기술기준」 제52조 저압 전로의 절연성능)이어야 한다.

전로의 사용전압[V]	DC 시험전압	절연저항[MΩ]
SELV 및 PELV	250	0.5
FELV, 500[V] 이하	500	1.0
500[V] 초과	1,000	1.0

[비고] 특별저압(extra low voltage : 2차 전압이 AC 50[V], DC 120[V] 이하)으로 SELV(비접지회로 구성) 및 PELV(접지회로 구성)은 1차와 2차가 전기적으로 절연된 회로, FELV는 1차와 2차가 전기적으로 절연되지 않는 회로

2) 예외

① 전선 상호 간의 절연저항은 기계기구를 쉽게 분리하기 곤란한 분기회로의 경우 기기 접속 전에 측정한다.

② 측정 시 영향을 주거나 손상을 받을 수 있는 SPD 또는 기타 기기 등 : 측정 전에 분리한다.

③ 부득이하게 분리가 어려운 경우 : 시험전압을 250[V] DC로 낮추어 측정하지만 절연저항값은 1[MΩ] 이상이다.

④ 저압 전로에서 정전이 어려운 경우 : 절연저항 측정이 곤란한 경우 저항성분의 누설전류가 1[mA] 이하이면 그 전로의 절연성능은 적합한 것으로 본다.

3) ELV(Extra Low Voltage)의 3가지 분류 : 2차 전압이 교류(AC) 50[V], 직류(DC) 120[V] 이하인 최저전압

구분	의미	대지와 관계	전원	회로
SELV	안전	① 비접지회로 ② 노출도전부는 접지하지 않음	① 안전절연변압기 ② 위 '①'과 동등한 전원 ③ 축전지 ④ 독립전원	구조적 분리
PELV	보호	① 접지회로 ② 노출도전부 접지 ③ 회로의 접지는 1차측 보호도체에 접속을 허용함		
FELV	기능성	① 접지회로 ② 노출도전부 1차 회로의 보호도체에 접속(1차와 2차가 전기적으로 절연되지 않은 회로로 불안전한 전원)	① 단순분리형 변압기 ② SELV, PELV용 전원 ③ 단권변압기	구조적 분리 없음

4) 측정원리 : 측정대상의 절연저항(R_x)은 측정대상에 전압을 인가하여 이때 측정대상에 흐르는 누설전류(I)와 인가전압(V)을 측정한 후 $R_x = \frac{V}{I}$로 구한다.

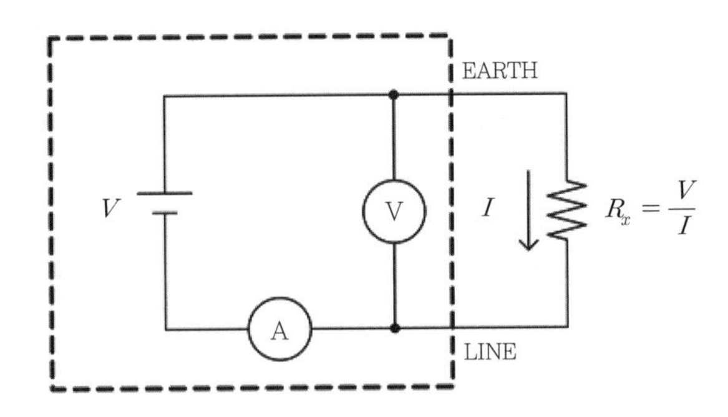

5) 절연저항계를 이용하여 측정하는 방법 : 로터리 스위치를 전압(V) 위치로 설정 → 검정색 테스터 리드를 접지측에 연결 → 빨강색 테스터 리드를 차단기의 부하측(2차측)에 연결 → 표시값을 읽음

6) 화재안전기술기준(NFTC)의 절연내력과 절연저항

구분	절연저항	절연내력
비상벨설비 자동식 사이렌설비	• 전원회로와 대지 사이 절연저항은 전기기술기준에 따름 • 부속회로와 대지 사이 절연저항은 1경계구역마다 직류 250[V]의 절연저항측정기를 사용하여 측정한 절연저항이 0.1[MΩ] 이상	–
비상방송설비		
자동화재탐지설비		
비상콘센트설비	절연저항은 전원부와 외함 사이를 500[V] 절연저항계로 측정할 때 20[MΩ] 이상일 것	• 절연내력은 전원부와 외함 사이에 정격전압이 150[V] 이하인 경우에는 1,000[V]의 실효전압을 가하는 시험에서 1분 이상 견디는 것으로 할 것 • 정격전압이 150[V] 이상인 경우에는 그 정격전압에 2를 곱하여 1,000을 더한 실효전압을 가하는 시험에서 1분 이상 견디는 것으로 할 것

7) SELV와 PELV를 적용한 특별저압에 의한 보호

① 충전부와 다른 SELV와 PELV 회로 사이에는 기본절연

② 이중절연 또는 강화절연 또는 최고전압에 대한 기본절연 및 보호차폐에 의한 SELV 또는 PELV 이외의 회로들의 충전부로부터 보호분리

③ SELV 회로는 충전부와 대지 사이에 기본절연

④ PELV 회로 및 PELV 회로에 의해 공급되는 기기의 노출도전부는 접지

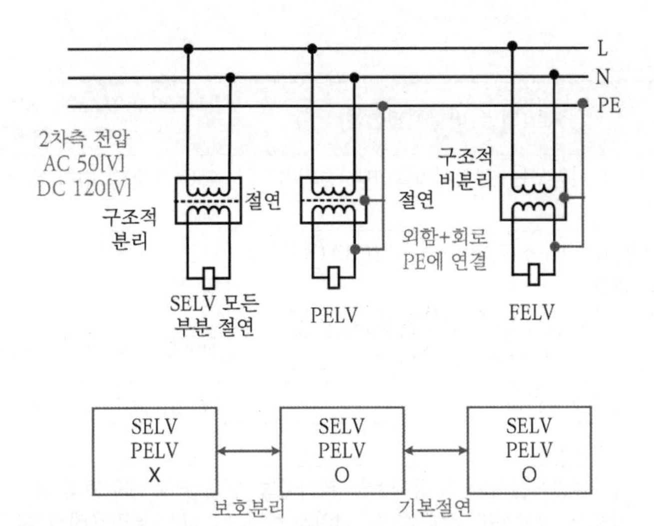

▌ELV의 개념도▐

⑤ 플러그, 콘센트

㉠ 전용 플러그, 콘센트 사용

㉡ SELV 계통 플러그 및 콘센트는 보호도체에 접속하지 않아야 한다.

⑥ 건조한 경우 기본보호를 하지 않아도 되는 경우 : AC 25[V], DC 60[V] 이하는 SELV는 비접지, PELV는 접지인 경우

⑦ 건조하지 않은 경우 기본보호를 하지 않아도 되는 경우 : AC 12[V], DC 30[V] 이하

(5) 자동화재탐지설비 배선은 별도의 몰드 또는 풀박스 등에 설치(60[V] 이하 예외)한다.

▌풀박스▐

▌몰드▐

(6) P형 또는 GP형 수신기 감지기 하나의 공통선에 접속할 수 있는 경계구역의 수 : 7개 이하

(7) 감지기 회로 전로저항 : 50[Ω] 이하

(8) 회로별 종단에 설치되는 감지기 전압 : 정격전압의 80[%] 이상

(9) 일반전선

구분	HIV(내열 비닐절연전선)	HFIX(450/750V 저독성 난연 폴리올레핀 절연전선)
용도	옥내에 사용되는 전기시설물이나 전기기기의 배선	450/750[V] 이하 일반 전기배선에 사용(옥내 배선용)
사용기준 근거	판단기준 제4조(절연전선), 제168조(옥내배선의 전선)	판단기준 제4조(절연전선), 제168조(옥내배선의 전선)
절연체	내열(heat-resistant), 내흡습성(moistyre-resistant), 무연(lead-free) PVC	저독성, 가교폴리올레핀
도체	1등급(단선) 연선	1등급(단선) 또는 2등급(연선)의 원형 압축연선
내열온도	90[℃]	90[℃]
특징	① 비닐절연전선이다 보니 다른 케이블들에 비해서 가요성(flexibility, 잘 휘어지는 특성)이 뛰어나 어디서든 쉽게 사용 가능 ② 전선으로서 시스(sheath)가 없어 별도의 보호용 전선관이 필요	① HIV 케이블과 같은 용도로 사용이 가능하며, 폴리올레핀 절연의 친환경 제품 ② 난연성이 뛰어나고, 화재 시 유독한 가스 및 연기발생이 적은 케이블(저독성, 저연성) ③ 전선으로서 시스(sheath)가 없어 별도의 보호용 전선관이 필요(수분 침투 등이 일어나기 쉬운 구조)
용어해설	Heat-resistant PVC insulated wire	HF → 할로겐 프리, I → 절연전선, X → 가교폴리올레핀

1. 가교(cross linked) : 강도 상승, 내열성 상승 등을 목적으로 고분자 사슬들을 화학적으로 결합시켜, 변형을 억제하는 공법
2. HFIX는 주로 소방용 배선으로 사용하는 전선이다. 과거에는 IV, HIV를 사용했으나, 현재는 IEC 규격에 맞추어 HFIX를 사용한다.

(10) MI(Mineral Insulation) 케이블[52)]

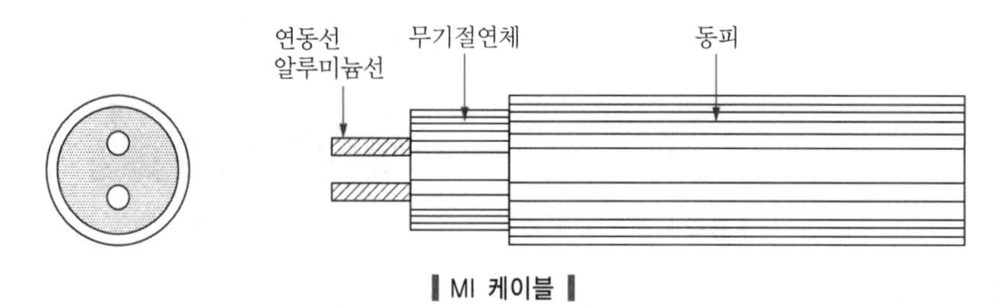

▌MI 케이블 ▌

1) 정의 : 구조는 도체의 동선에 분말상의 절연성이 있는 무기물(산화마그네슘)을 충전하고 이를 눌러 금속 외피로 둘러싼 케이블

52) FIG. 10-186 Mineral Insulated cable(MI cable). PROCESS PLANT PIPING 10-139 Perry's chemical engineer's hand book 8th edition

2) 특징

① 동과 산화마그네슘으로 만들어져서 연소되지 않는 케이블 : 250[℃]의 온도에서는 영구사용이 가능하며 화재 시 700 ~ 800[℃]의 경우에도 단기간 사용이 가능하다.

② 기계적 강도가 크고 충격과 변형에 강하다.

③ 장기 사용이 가능하고 방사능에 강하여 원자력 등 장치에 사용된다,

④ 단점 : 진동에 취약, 인건비가 많이 듦, 전압등급 낮음(최대 1,000[V]), 수분흡수(절연파괴), 부식

09 FR(Fire Proof) 배선

구분	FR-8		FR-3	
내화시험	840[℃], 30분간 시험		380[℃], 15분간 시험	
용도	비상전원, 동력배선에 사용되는 케이블		제어, 신호용 케이블	
절연체	75[℃] PE(폴리에틸렌)		90[℃] XLPE(가교 폴리에틸렌)	
도체	전기용 연동연선		전기용 연동연선	
내화층	도체와 절연체 사이에 내화층을 형성(마이카 테이프)		코어 연합 후 유리섬유 등의 내화층을 형성	
연합	코어를 연합 후 내화층을 둔다.		코어를 원형으로 연합	
내열온도	90[℃]		90[℃]	
피복	PVC(폴리염화비닐)		난연 PVC(폴리염화비닐)	
케이블 단면	1 2 3 4 5 1 : 도체 2 : 내화층 3 : 절연체 4 : 내화층 5 : 시스		1 2 3 4 1 : 도체 2 : 절연체 3 : 내화층 4 : 시스	
용어해설	Flame retardant power cable			

10 배선 Block diagram

(1) 옥내소화전설비

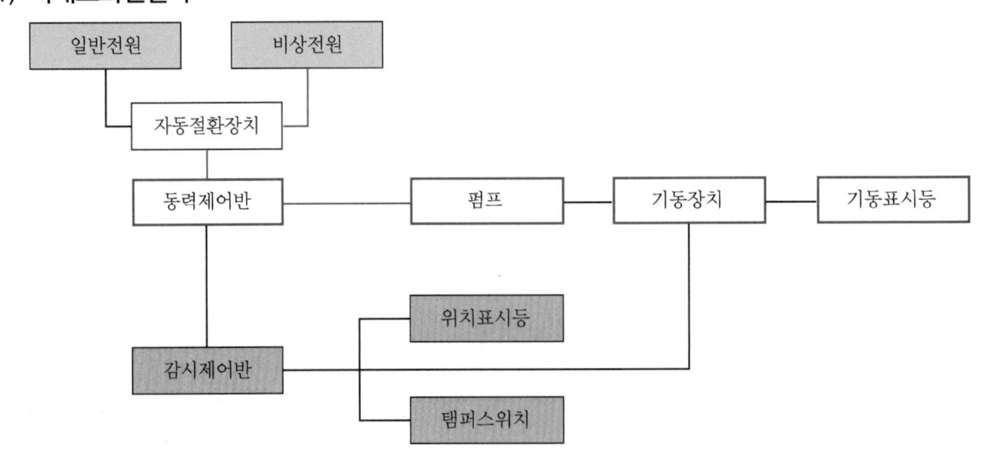

(2) 스프링클러설비

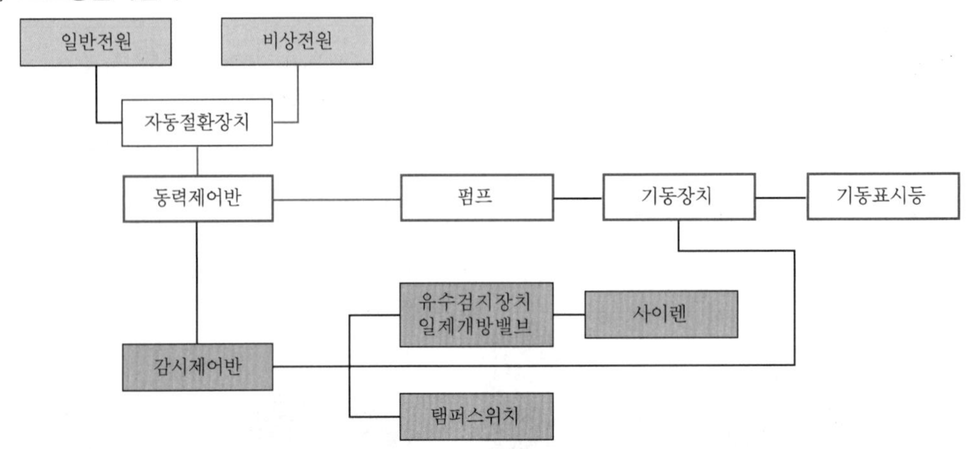

(3) 가스소화설비 및 분말소화설비

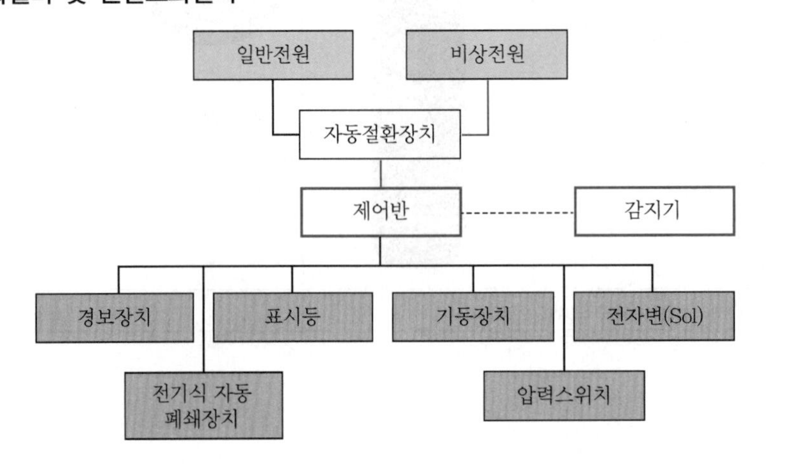

(4) 자동화재탐지설비

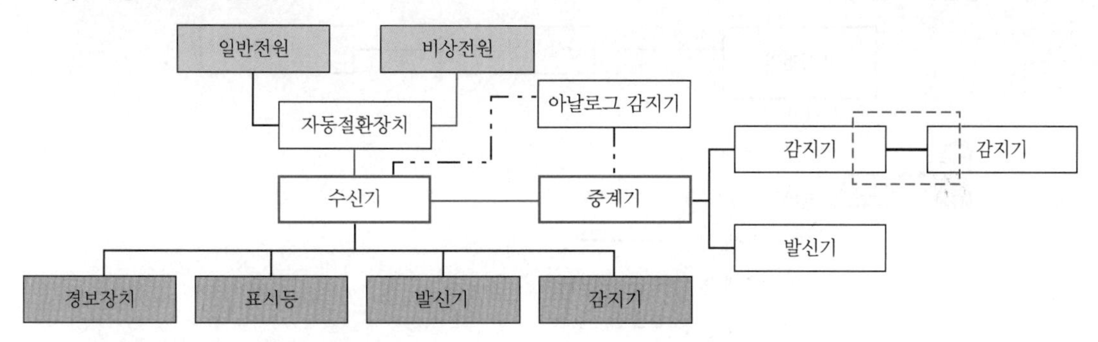

(5) 비상벨 및 자동식사이렌설비

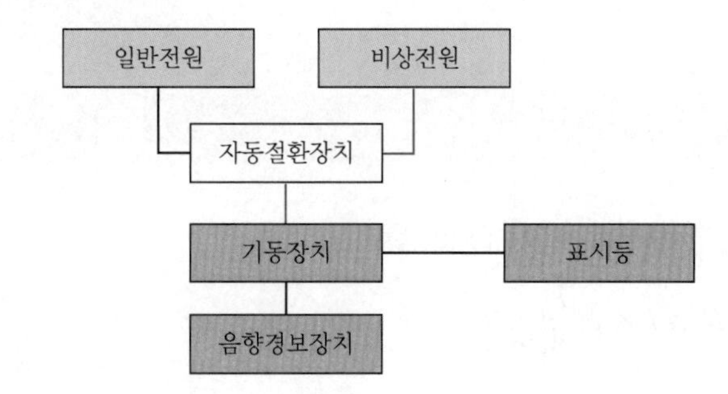

(6) 비상방송설비

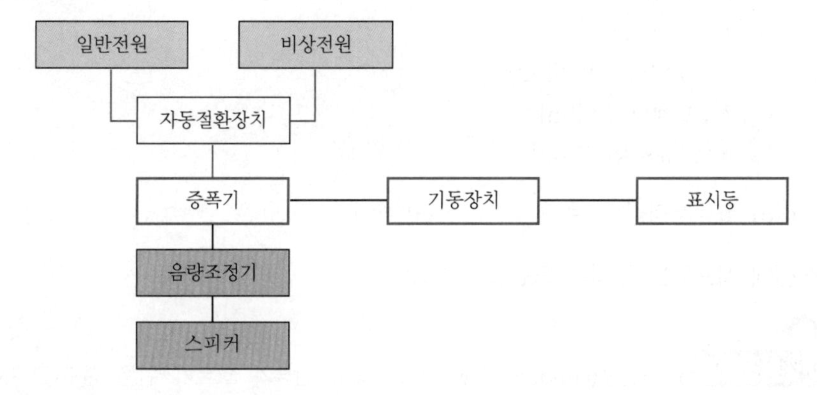

(7) 유도등설비

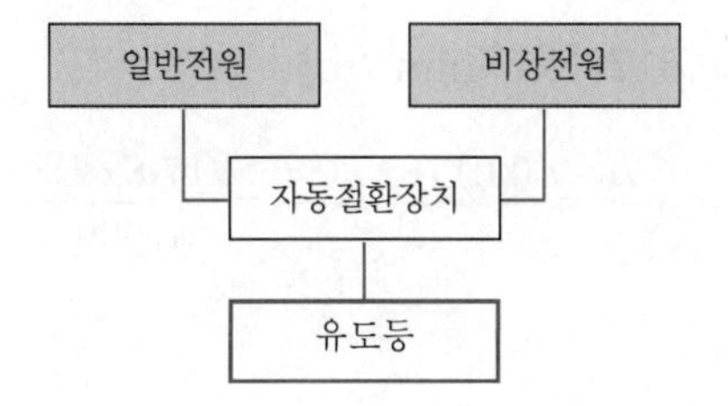

(8) 비상콘센트설비

범례

① 내화배선 : ────────

② 내열배선 : ━━━━━━━━

③ 일반배선 : - - - - - - - -

④ 차폐배선 : ─ - - ─ - - ─ - -

11 전압강하 133회 출제

(1) 전압강하식 유도 125 · 121 · 107 · 104회 출제

1) $e[\mathrm{V}]=I\times R=I\times\rho\dfrac{L}{A}$

여기서, e : 전압[V]

I : 전류[A]

R : 저항[Ω]

A : 도체의 단면적[m²]

L : 도체의 길이[m]

ρ : 고유저항[Ω · m]

2) 구리의 고유저항값 : $\rho=\dfrac{1}{58}[\Omega\cdot\mathrm{mm}^2/\mathrm{m}]$

3) 전선에 사용되는 구리의 도전율 : 97[%]

도전율(conductivity) : 물질 내의 전류가 흐르기 쉬운 정도(고유저항의 역수로 표시)

4) $\rho=\dfrac{1}{58}\times\dfrac{1}{0.97}=0.0178[\Omega\cdot\mathrm{mm}^2/\mathrm{m}]$

5) $e[\mathrm{V}]=I\times R=I\times\rho\dfrac{L}{A}=\dfrac{0.0178\cdot L\cdot I}{A}=\dfrac{17.8\cdot L\cdot I}{1{,}000\,A}$

(2) **전압의 전압강하를 고려한 전선의 단면적** 108회 출제

전기방식	전압강하	전선단면적
단상 2선식 직류 2선식	$e = \dfrac{(17.8\times 2)LI}{1{,}000A}$	$A = \dfrac{(17.8\times 2)LI}{1{,}000e}$
3상 3선식	$e = \dfrac{(17.8\times \sqrt{3})LI}{1{,}000A}$	$A = \dfrac{(17.8\times \sqrt{3})LI}{1{,}000e}$
단상 3선식 직류 3선식 3상 4선식	$e' = \dfrac{17.8LI}{1{,}000A}$	$A = \dfrac{17.8LI}{1{,}000e'}$

여기서, e : 각 선 간의 전압강하[V]

e' : 외측선 또는 각 상의 1선과 중심선 사이의 전압강하[V]

A : 전선의 단면적[m^2]

L : 전선 1본의 길이[m]

I : 부하기기의 정격전류[A]

(3) **전압강하 결정 시 고려사항** 104회 출제

1) 부하단에서의 전압변동률은 가능한 작을 것(감지기는 20[%] 이하, 전동기는 15[%] 이하)
2) 부하의 단자전압은 가능한 균일할 것
3) 부하기기를 훼손하지 않는 범위 내일 것
4) 배선에서의 전력손실이 작을 것
5) 부하의 중심에서 가능한 한 공급하도록 할 것
6) 전압강하를 고려한 전선의 굵기를 산정할 것
7) 경제적일 것

12 시험방법 123회 출제

(1) KS C IEC 60331

화재조건에서 케이블시험(최소 830[℃]에서 충격화재시험)

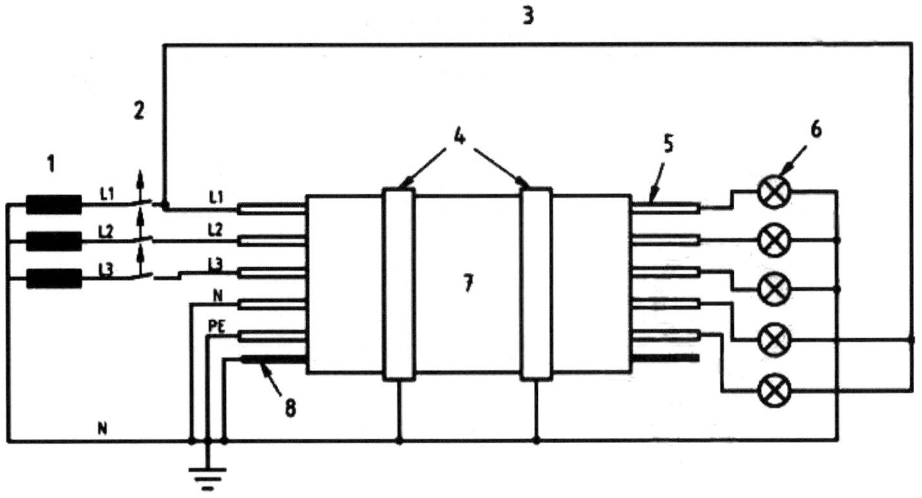

L1, L2, L3	상도체(존재할 경우, L2, L3)	4	금속 클립
N	중선선(있을 경우)	5	시험 도체 또는 그룹
PE	보호도체(있을 경우)	6	부하 및 지시 장치
1	변압기	7	시편
2	퓨즈, 2[A]	8	금속 차폐(있을 경우)
3	L1 또는 L2 또는 L3		

▌기초 회로도▐

1) 버너를 점화하고 즉시 충격 발생장치를 작동하여 시험기간 타이머 작동을 시작한다.
2) 충격발생장치는 작동 후 5분 ± 10초 간격으로 계속 주어야 한다.
3) 시험시간 타이머 작동 시작 후 즉시 전기공급을 하고 케이블 정격전압으로 조정한다.
4) 시험은 화염적용시간 동안 지속되어야 하고 시험 후 화염은 소멸되어야 한다.
5) 화염적용시간은 케이블 표준에 규정된 시간과 같게 하며, 표준이 없을 시 30분, 60분, 90분 또는 120분 중 화염 및 충격 적용시간을 선택한다.
6) **합격의 기준** : 시험과정 동안 다음 사항을 만족할 시 회로보존성을 유지한다고 본다.
   ① 전압이 유지된다. 즉, 퓨즈가 끊어지거나 차단기의 차단이 없다.
   ② 도체가 파열되지 않는다. 즉, 램프가 꺼지지 않는다.

(2) KS C IEC 60332-3-24

화재조건에서 전기 및 광섬유 케이블 시험(수직 배치된 전선의 불꽃 전파시험)

1) 시료는 각각 3.5[m] 최소 길이를 갖고 같은 길이로 제작된 다수의 케이블 시험편으로 구성한다.
2) 제작된 시험편은 시험 전 20 ± 10[℃]에서 16시간 이상 방치한 후 건조한다.

3) 35[mm^2]를 초과하는 도체를 1개 이상 가진 케이블에 대해 시험편들을 금속선에 의해 사다리의 각 단에 '표준 사다리의 전면 부위에 장착된 이격 케이블'처럼 부착시킨다.
4) 배열은 시료가 어느 정도 중앙에 오도록 정렬한다.

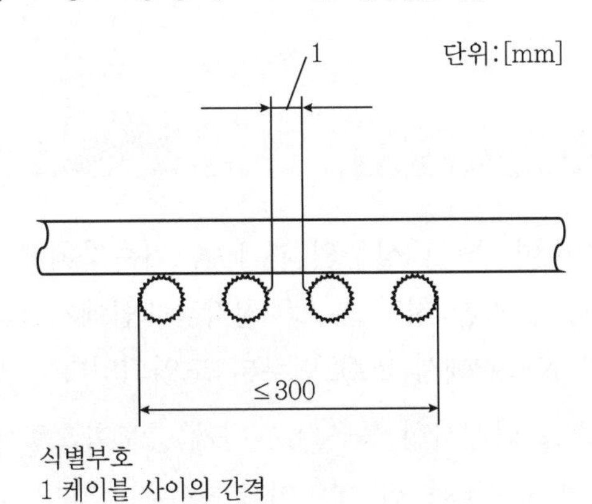

▌표준 사다리의 전면부위에 장착된 이격 케이블▐

5) 35[mm^2] 이하의 도체와 광학 케이블로 이루어진 케이블에 대해 시험편은 금속선에 의해 사다리의 각 가로단에 배열 부착한다.
6) 시험편을 장착할 때 사다리의 중앙에 위치하도록 정렬한다.

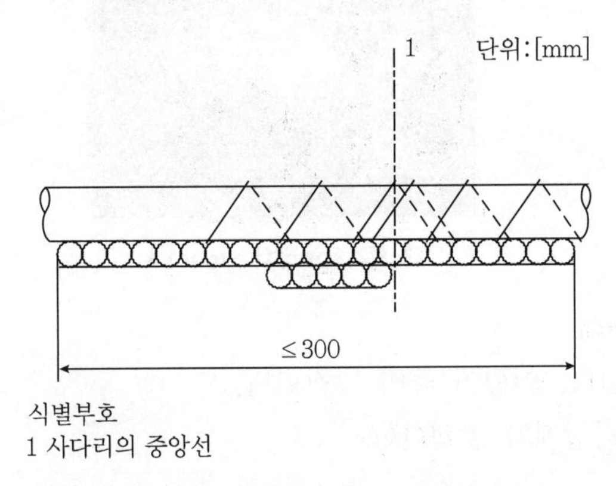

▌표준 사다리의 전면부위에 장착된 접촉 케이블(접촉 케이블의 배열)▐

7) 불꽃인가시간
   ① 시험용 불꽃은 20분간을 인가한 후 끈다. 공기의 유량은 케이블의 연소나 발화가 중지되거나 최대 지속시간이 1시간이 될 때까지 유지한다.
   ② 1시간 후에는 케이블의 연소나 발화상태가 계속되어도 끈다.
8) **성능요구사항** : 시료에 측정된 탄화비율은 최대 정도가 버너의 바닥 모서리 부분으로부터 높이 2.5[m]를 초과하지 않도록 한다.

SECTION

051 시각경보장치(strobe)

111 · 107회 출제

01 개요

(1) 화재를 초기에 탐지하여 소방대상물의 관계자, 거주자에게 통보하는 경보설비로 기존 통보방식은 지구경종에 의한 청각신호로 청각장애인에게 화재발생을 유효하게 통보하지 못하는 단점으로 NFSC에서 2002년부터 도입되었다.

(2) 시각적인 점멸자극으로 화재사실 등을 유효하게 통보함으로써 청각약자 또는 소음이 큰 시설의 화재사실을 인지하도록 한 설비이다.

▌시각경보장치(strobe)▐

(3) **시각경보장치의 피해**

1) **광발작** : 간질환자, 어린이 등이 발작한다.

2) 빛에 의해 시각장애가 발생한다.

02 설치대상(장애인 · 노인 · 임산부 등의 편의증진 보장에 관한 법률 시행령 [별표 2])

(1) **공공건물 및 공중이용시설(시각 및 청각장애인 경보 · 피난설비)**

시각 및 청각장애인 등이 위급한 상황에 대피할 수 있도록 청각장애인용 피난구유도등 · 통로유도등 및 시각장애인용 경보설비 등을 설치하여야 한다.

(2) 자동화재탐지설비가 설치된 다중이용시설

1) 근린생활시설, 문화 및 집회시설, 종교시설, 판매시설, 운수시설, 의료시설, 노유자시설
2) 운동시설, 업무시설, 숙박시설, 위락시설, 창고시설 중 물류터미널, 발전시설 및 장례시설
3) 교육연구시설 중 도서관, 방송통신시설 중 방송국
4) 지하가 중 지하상가

(3) 주변소음이 너무 커서 귀마개를 착용하여 경종 등으로 화재통보가 불가능한 제조공정 장소(NFPA 72)

03 설치장소 및 설치기준

(1) 설치장소

1) 복도 · 통로 · 청각장애인용 객실 및 공용으로 사용하는 거실에 설치하며, 각 부분으로부터 유효하게 경보를 발할 수 있는 위치에 설치한다.
2) 공연장 · 집회장 · 관람장 또는 이와 유사한 장소에 설치하는 경우에는 시선이 집중되는 무대부 부분 등에 설치한다.

(2) 설치높이

1) 2[m] 이상 2.5[m] 이하 : NFPA의 연구결과 가장 먼 위치에서 식별이 가능한 높이
2) 2[m] 이하인 경우에는 천장에서 15[cm] 이내 : 천장 열기류층 아래로 위치하도록 하여 식별효과를 최대한으로 얻기 위해서이다.

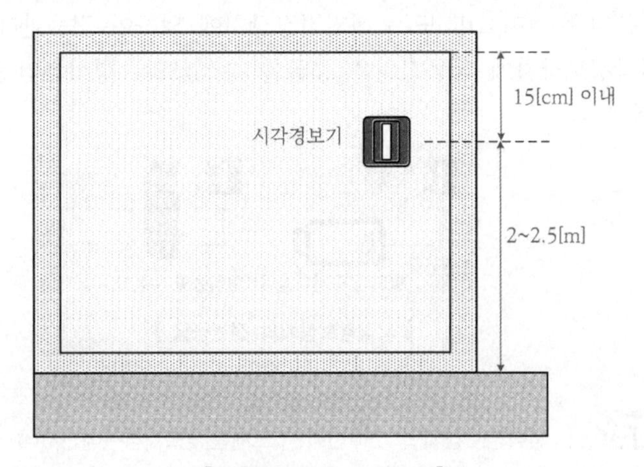

▌시각경보장치 설치기준▐

(3) 도로터널의 화재안전기술기준(NFTC 603)

1) 시각경보장치는 주행차로 한쪽 측벽에 50[m] 이내의 간격으로 비상경보설비 상부 직근에 설치한다.
2) 전체 시각경보장치 : 동기방식에 의해 작동한다.

(4) 비동조방식과 동조방식

1) 비동조방식

① 시각경보장치가 작동하면 방전(섬광)하고 재충전하여 일정한(약 1[Hz]) 간격으로 방전과 충전을 반복한다.

② 화재 발생 시 충전하는 시간차에 따라 여러 개의 시각경보장치가 불규칙하게 섬광되어 피난자의 시야가 혼란하거나 광 발작을 일으킬 수 있다.

2) 동조방식

① 동조기를 사용하여 여러 개의 시각경보장치를 동시에 방전과 충전을 반복한다.

② 노유자나 빛에 민감한 사람들은 6[Hz]를 초과하는 섬광에 발작을 할 수 있어 한 공간에 6[Hz]를 초과하지 않도록 권장한다.

③ 대공간에 한 시야에 시각경보장치가 6개를 초과하여 보이는 장소에는 동기식을 권장한다.

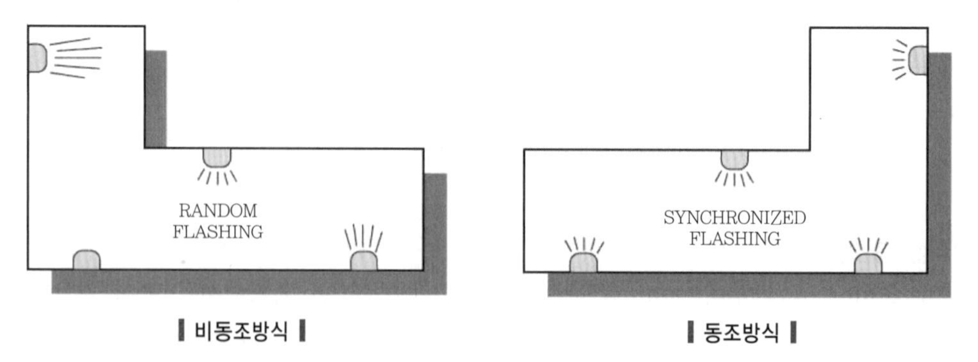

‖ 비동조방식 ‖　　　‖ 동조방식 ‖

(5) 전원

1) 원칙 : 전용의 축전지설비 또는 전기저장장치에 의하여 점등한다.

2) 예외 : 시각경보장치에 작동전원을 공급할 수 있도록 형식승인을 얻은 수신기를 설치한 경우

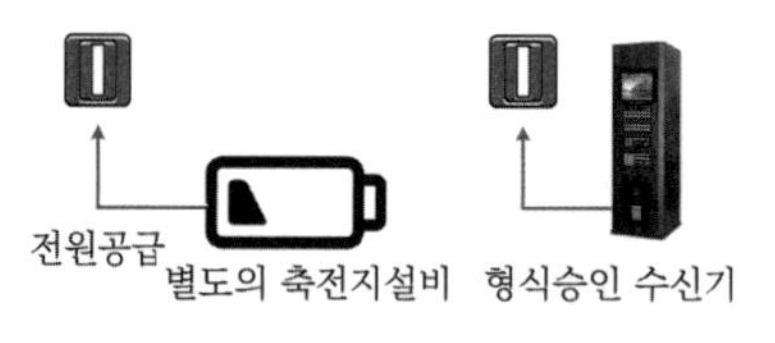

‖ 시각경보장치의 전원공급 ‖

1. 시각경보장치의 소비전력은 크세논 등의 경우에는 100~300[mAh] 정도가 사용되고, LED의 경우는 70[mAh] 정도가 소요된다.
2. 시각경보장치는 동작신호를 받은 3초 이내 경보, 정지신호를 받았을 경우에는 3초 이내 정지해야 한다.

(6) 하나의 특정소방대상물에 2 이상의 수신기가 설치된 경우

어느 수신기에서도 지구음향장치 및 시각경보장치를 작동할 수 있도록 한다.

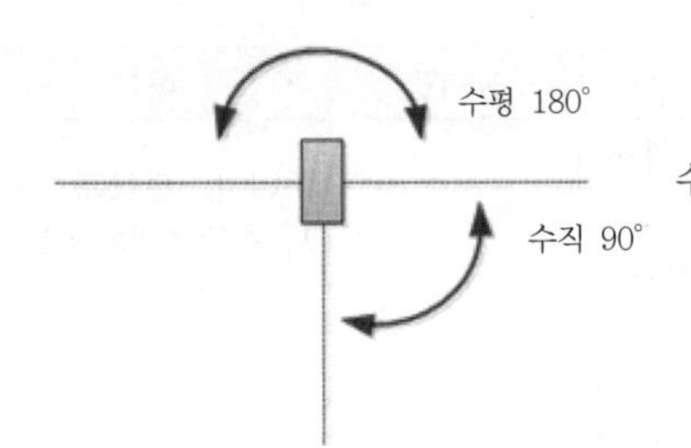

수직, 수평 각도 내에서 어느 지점에서도 빛이 보일 수 있도록 설치

(7) 검정기준

1) 점멸주기 : 1 ~ 3[Hz]

2) 유효광도 : 광원에서 수평거리 6[m]에서 측정

광도 측정위치	광도 기준
전면	15[cd] 이상
45°	11.25[cd] 이상
90°	3.75[cd] 이상

3) 광원 종류 : 투명 또는 백색으로 1,000[cd] 이하

4) 성능기준
① 작동 : 신호 입력 후 3초 이내
② 정지 : 정지신호를 받았을 때는 3초 이내

5) 식별범위 : 광원 중심에서 12.5[m] 떨어진 임의지점에서 점멸상태를 확인하는 경우 수평 180°, 수직 90° 내의 지점에서 빛이 보일 것

04 NFPA 72와 NFTC [53)]

구분		NFPA 72	NFTC	ADA[54)]
Code No.		6.4 Visible characteristics	NFTC 203	Current ADA guideline(미국의 장애인법 기준)
기구사양	섬광률	1 ~ 2[Hz] 이하	1 ~ 3[Hz]	1 ~ 3[Hz]
	섬광광도	15 ~ 1,000[cd] 이하	15 ~ 1,000[cd] 이하	75[cd] 이상(최대 50[feet])
	광원색상	투명, 백색	투명, 백색	투명, 백색
설치높이		바닥에서 80[in](2[m]) 이상, 96[in](2.4[m]) 이하	2 ~ 2.5[m]	바닥에서 80[in](2[m]) 이상 천장에서 6[in](15[cm]) 이하

53) Summary of Standards : Public Mode Strobe Application. Handbook of Visual Notification Appliances for Fire Alarm Applications A practical guide to regulatory compliance. 16page에서 발췌
54) Americans with Disabilities Act

구분		NFPA 72	NFTC	ADA
기구배치	거실	① 벽에 설치 시 바닥면적에 따라 개수나 휘도가 아래의 표와 같이 결정됨 ② 천장에 설치 시 천장높이와 면적에 따라서 휘도가 아래의 표와 같이 결정됨	–	벽이나 천장에 설치 시 최대 50[feet]를 넘지 않아야 함
	복도, 통로	① 복도길이가 6.1[m] 이하인 경우는 거실기준을 따르거나 6.1[m] 이상의 기준을 따름 ② 복도길이가 6.1[m] 이상인 경우는 거실기준을 따르거나 30[m]마다 설치하고 끝에서 4.6[m] 이내에 설치함	–	최소 거리 50[feet] 최대 거리 100[feet]
	수면지역	① 천장으로부터 610[mm] 이내에 설치할 때는 110[cd] ② 천장으로부터 610[mm] 이상에 설치할 때는 177[cd]	–	바닥에서 80[in] (2[m]) 이상 천장에서 6[in](15[cm]) 이하

Table 7.5.4.3.1(a) Room spacing for wall-mounted visible appliances

Maximum room size		Mimimum required light output (effective intensity, cd)		
[m]	[ft]	One light per room	Two lights per room (located on opposite walls)	Four lights per room(one light per wall)
6.10×6.10	20×20	15	NA	NA
8.53×8.53	28×28	30	Unknown	NA
9.14×9.14	30×30	34	15	NA
12.2×12.2	40×40	60	30	15
13.7×13.7	45×45	75	Unknown	19
15.2×15.2	50×50	94	60	30
16.5×16.5	54×54	110	Unknown	30
16.8×16.8	55×55	115	Unknown	28
18.3×18.3	60×60	135	95	30
19.2×19.2	63×63	150	Unknown	37
20.7×20.7	68×68	177	Unknown	43
21.3×21.3	70×70	184	95	60
24.4×24.4	80×80	240	135	60
27.4×27.4	90×90	304	185	95
30.5×30.5	100×100	375	240	95
33.5×33.5	110×110	455	240	135
36.6×36.6	120×120	540	305	135
39.6×39.6	130×130	635	375	185

NA : Not Allowable

▌거실에서 벽에 부착 시 시각경보장치 설치기준[55] ▌

55) NFPA 72, 72-64 NATIONAL FIRE ALARM CODE(2007 Edition)

Table 7.5.4.3.1(b) Room spacing for ceiling-mounted visible appliances

Maximum room size		Maximum ceiling height		Mimimum required light output (effective intensity); One light(cd)
[m]	[ft]	[m]	[ft]	
6.1×6.1	20×20	3.0	10	15
9.1×9.1	30×30	3.0	10	30
12.2×12.2	40×40	3.0	10	60
13.4×13.4	44×44	3.0	10	75
15.2×15.2	50×50	3.0	10	95
16.2×16.2	53×53	3.0	10	110
16.8×16.8	55×55	3.0	10	115
18.0×18.0	59×59	3.0	10	135
19.2×19.2	63×63	3.0	10	150
20.7×20.7	68×68	3.0	10	177
21.3×21.3	70×70	3.0	10	185
6.1×6.1	20×20	6.1	20	30
9.1×9.1	30×30	6.1	20	45
13.4×13.4	44×44	6.1	20	75
14.0×14.0	46×46	6.1	20	80
15.2×15.2	50×50	6.1	20	95
16.2×16.2	53×53	6.1	20	110
16.8×16.8	55×55	6.1	20	115
18.0×18.0	59×59	6.1	20	135
19.2×19.2	63×63	6.1	20	150
20.7×20.7	68×68	6.1	20	177
21.3×21.3	70×70	6.1	20	185
6.1×6.1	20×20	9.1	30	55
9.1×9.1	30×30	9.1	30	75
15.2×15.2	50×50	9.1	30	95
16.2×16.2	53×53	9.1	30	110
16.8×16.8	55×55	9.1	30	115
18.0×18.0	59×59	9.1	30	135
19.2×19.2	63×63	9.1	30	150
20.7×20.7	68×68	9.1	30	177
21.3×21.3	70×70	9.1	30	185

▌거실에서 천장에 부착 시 시각경보장치 설치기준[56] ▌

56) NFPA 72, 72-64 NATIONAL FIRE ALARM CODE(2007 Edition)

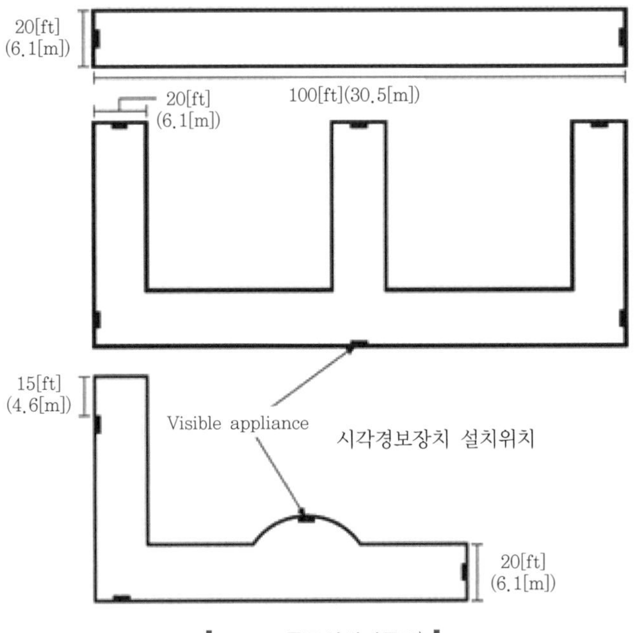

| NFPA 통로설치기준57) |

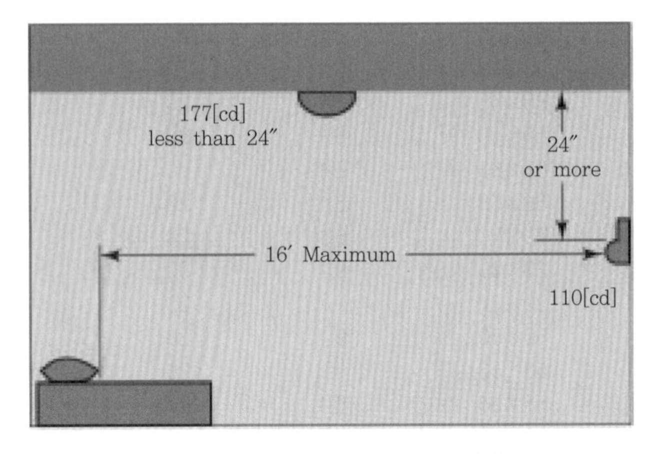

| 수면지역에 설치되는 시각경보장치58) |

05 시각경보장치 설계방법(NFPA와 ADA의 기준을 중심)

(1) 시각경보장치 기구선정방법

1) 시각경보장치의 사양(NFPA, ADA 기준을 모두를 만족시키는 제품선정)

① 섬광광도 : 75[cd]

57) Figure A.18.5.4.4 Corridor Spacing for Visible Appliances. NFPA 72, 72-400 NATIONAL FIRE ALARM CODE(2010 Edition)

58) Figure 4. Audible/Visible Appliance Reference Guide. ©2007 System Sensor

② 섬광률 : 1[Hz]

2) 수면지역(장애자 전용객실 등)에 설치되는 시각경보장치

① 천장으로부터 610[mm] 이상에 설치 : 섬광광도 110[cd] 이상

② 천장으로부터 610[mm] 이하에 설치 : 섬광광도 177[cd] 이상

3) 하나의 거실에 섬광률이 5[Hz]를 초과하는 경우 : 동조기형(synchronizes type)을 사용하여 섬광횟수를 5[Hz] 이하로 한다.

4) 동조기형 시각경보장치 : 동조기(synchronized control unit)에 의하여 제어한다.

5) 거실에 설치 시 설치장소가 천장인지 벽인지에 따라서 설치개수와 섬광광도가 변경된다.

(2) 시각경보장치의 설치방법

1) 설치높이(바닥에서 시각경보장치 하단까지) : 80[in](2[m]) 이상 96[in](2.4[m]) 이하

2) 화재 시 천장 열기류층 아래가 되도록 가장 낮은 천장에서 6[in](15[cm]) 아래에 설치한다.

3) 공급전압 : DC 24[V]로 전압강하율이 20[%](4.8[V])를 넘지 않도록 한다.

(3) 복도 및 통로의 시각경보장치 배치방법

1) 거실과 같은 기준을 적용하거나 30.4[m]마다 하나씩 설치하고 복도 끝에서 4.57[m]에 해당되는 위치에 추가 설치한다.

2) 굴곡 부위의 경우 : 추가 배치

SECTION 052

비상경보설비

01 개요

비상경보설비에서 비상벨설비와 자동식 사이렌설비는 수동으로만 동작하는 설비인데 반해 단독경보형 감지기는 감지기에 경보기능이 추가된 경보설비로 자동으로 화재를 감지하고 이를 소방관계인에게 통보하는 설비이다.

02 용어의 정의

(1) **비상벨설비**
화재발생 상황을 경종으로 경보하는 설비

(2) **자동식 사이렌설비**
화재발생 상황을 사이렌으로 경보하는 설비

(3) **단독경보형 감지기**
화재발생 상황을 단독으로 감지하여 자체에 내장된 음향장치로 경보하는 감지기

(4) **신호처리방식**

1) 정의 : 화재신호 및 상태신호 등을 송 · 수신하는 방식

2) 종류

① 유선식 : 화재신호 등을 배선으로 송 · 수신하는 방식

② 무선식 : 화재신호 등을 전파에 의해 송 · 수신하는 방식

③ 유 · 무선식 : 유선식과 무선식을 겸용으로 사용하는 방식

03 비상벨 · 자동식 사이렌

(1) 설치대상

적용 대상	설치기준	비고
연면적	400[m^2] 이상	① 지하가 중 터널 제외 ② 벽이 없는 축사 제외

적용 대상	설치기준	비고
지하층 · 무창층	150[m^2] (공연장 100[m^2]) 이상	바닥면적
지하가 중 터널	500[m] 이상	길이
50인 이상의 근로자가 작업하는 옥내 작업장	전부	-

위험물 저장 및 처리시설 중 가스시설 또는 지하구는 제외

(2) 면제대상

설비	면제대상
자동화재탐지설비 또는 화재알림설비	비상경보설비 또는 단독경보형 감지기
2개 이상의 단독경보형 감지기와 연동하여 설치	비상경보설비

(3) 전원설비

1) 수신기 전원으로부터 전원을 공급받는 방식
2) 별도의 비상경보용 전원을 설치하여 전원을 공급하는 방식

(4) 설치기준

1) 부식성 가스 또는 습기 등으로 인하여 부식의 우려가 없는 장소에 설치한다.
2) 지구음향장치
   ① 소방대상물의 층마다 설치한다.
   ② 소방대상물의 각 부분으로부터 하나의 음향장치까지의 수평거리가 25[m] 이하(보행거리 40[m] 이하)
   ③ 해당 층의 각 부분에 유효하게 경보를 발할 수 있도록 설치한다.
   ④ 예외 : 「비상방송설비의 화재안전기술기준」(NFTC 202)에 적합한 방송설비를 비상벨설비 또는 자동식 사이렌설비와 연동하여 작동하도록 설치하면 지구음향장치를 설치하지 아니할 수 있다.
3) 정격전압 80[%] 전압 : 음향을 발할 수 있는 구조
4) 음향장치의 음량 : 1[m] 떨어진 위치에서 90[dB] 이상
5) 발신기 설치기준
   * SECTION 048 발신기를 참조한다.
6) 상용전원
   ① 전원 : 전기가 정상적으로 공급되는 축전지, 전기저장장치 또는 교류전압의 옥내간선
   ② 전원까지 배선 : 전용
   ③ 개폐기 : '비상벨설비 또는 자동식 사이렌설비용'이라고 표시한 표지를 설치한다.

7) 비상전원
   ① 감시상태를 60분간 지속한 후 유효하게 10분 이상 경보할 수 있는 축전지설비(수신기에 내장하는 경우를 포함)를 설치한다.
   ② 예외 : 상용전원이 축전지설비인 경우 또는 건전지를 주전원으로 사용하는 무선식 설비인 경우

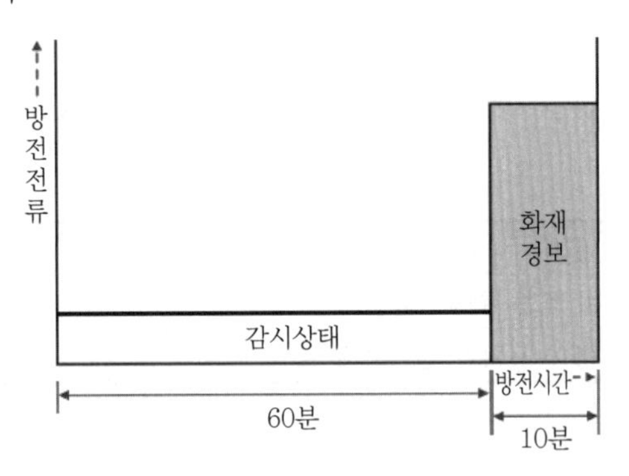

8) 배선
   ① 원칙 : 기술기준을 따른다.
   ② 전원회로 배선 : 내화배선
   ③ 그 밖의 배선 : 내화배선 또는 내열배선
   ④ 절연저항
      ㉠ 전원회로의 전로와 대지 사이 및 배선 상호 간 : 기술기준
      ㉡ 부속회로의 전로와 대지 사이 및 배선 상호 간 : 1경계구역마다 0.1[MΩ] 이상(직류 250[V]의 절연저항 측정기로 측정)
   ⑤ 배선은 다른 전선과 별도의 관·덕트·몰드 또는 풀박스 등에 설치(예외 : 60[V] 미만의 약전류회로)한다.
   ⑥ 강전 및 약전류전선 분리 : 소화전함의 발신기세트와 비상콘센트 분리

04 NFPA 72 기준 114회 출제

(1) 일반요건
   1) 평균 주변 소음레벨 105[dBA] 이상 : 공용 모드와 전용 모드는 시각경보장치를 사용한다.
   2) 주변 음압레벨과 작동 중인 모든 음향통보장치를 결합하여 생성된 총음압레벨 : 최소 가청거리에서 110[dBA] 이하
   3) 음압레벨 측정거리 : 5[ft](1.5[m])

(2) 음향조건

구분	음향조건			선택기준
	평균주변 소음레벨보다 높은 정도	최소 60초간 지속되는 최대 소음레벨보다 높은 정도	최소 소음레벨	
공공모드 (public mode)	15[dB] 이상	5[dB] 이상	없음	음량 중 높은 것을 적용
사설모드 (private mode)	10[dB] 이상		없음	
수면지역 (sleeping area)	15[dB] 이상		75[dB] 이상	

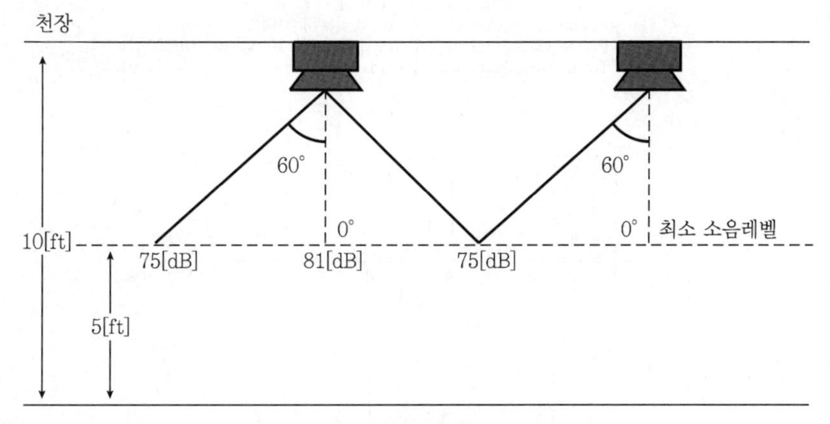

▌경보장치의 각도와 높이에 따른 음압▐

1. **공용 모드** : 일반적인 공공의 거주자를 대상
2. **전용 모드** : 화재 시 대응의 책임이 있는 점유자에게 경보를 하기 위한 모드 (관리자, 간호원 등)
3. BSI British Standard BS 5839 Part 1
   ① 수면 중인 재실자에게 경보음을 인지시키기 위해서 75[dBA]의 소음레벨을 수면장소에서 유지
   ② 신호와 소음비(S/N ratio) : 5[dBA]
   ③ 경보음 최대 주파수 : 1,000[Hz](흡음은 주파수가 높을수록 높아짐)
4. 침실의 경우 주변 소음치보다 15[dB] 높은 화재경보음을 내도록 하고 있고, 이는 스피커와 침실 사이의 물체(커텐, 문)가 가로막고 있는 상황에서 만족해야 한다.

(3) 평균 주변소음레벨[dBA]

구분	업무시설	교육시설	산업시설	상업시설	지하구조물/무창건물	주거시설	차량/선박
평균 주변 소음레벨[dBA]	55	45	80	40	40	35	50

(4) **특유의 피난신호(distinctive evacuation signal)**

1) **방식** : 음향장치의 경보가 2초에 세 번 반복하고 2초 쉬고, 다시 세 번 반복하고 2초 쉬고 하는 것을 지속해 경보한다.

2) **목적** : 연속적으로 경보를 하는 것보다 더 효과적이다(실험).

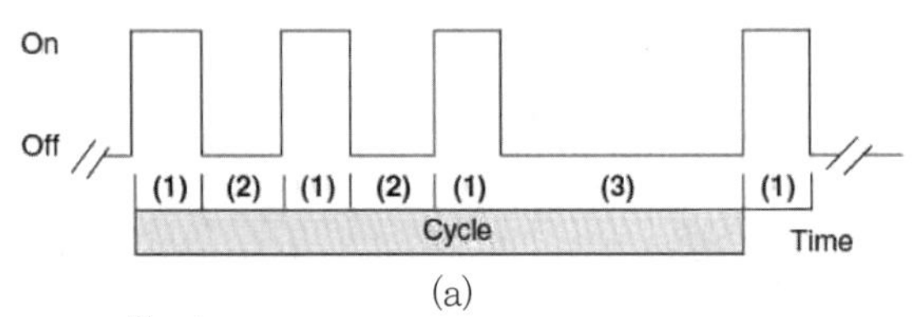

(a)

Key :
Phase (1) signal is 'on' for 0.5[sec]±10[%]
Phase (2) signal is 'off' for 0.5[sec]±10[%]
Phase (3) signal is 'off' for 1.5[sec]±10[%][(c)=(a)+2(b)]
Total cycle lasts for 4[sec]±10[%]

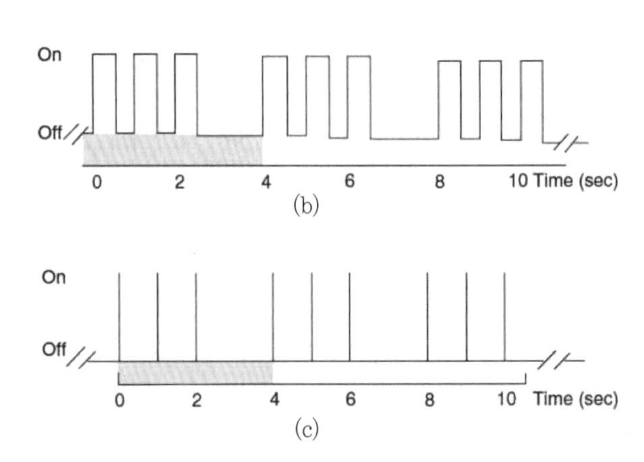

▍ 일시적인 세 번 경보(temporal-three evacuation signal)의 예[59] ▍

3) **경보 지속시간** : 최소 180초 이상

4) **동일한 경보구역에서의 경보신호의 동기화** : 혼란방지(아트리움)

(5) **6[dBA] Rule**

1) **정의** : 음향장치에서 최초 10[ft]에서의 음압인 90[dBA]를 기준으로, 다음 10[ft]에서는 최초의 음압에서 6[dBA] 이하로 감압된 84[dBA]이어야 한다는 규칙

2) 국내에서는 음향장치 음압의 기준은 해당 기구의 1[m] 전방을 기준으로만 국한되지만, NFPA에서는 거리별 음압의 기준을 정해서 규정화하여 장비의 신뢰성을 향상하고 있다. 즉, 단순히 근거리에서의 능력만 보는 것이 아니라 원거리의 경우에 장비의 신뢰도까지 요구하고 있다.

59) Life Safety Code Handbook, National Fire Protection Association, Quincy, mA, 2006, p.340

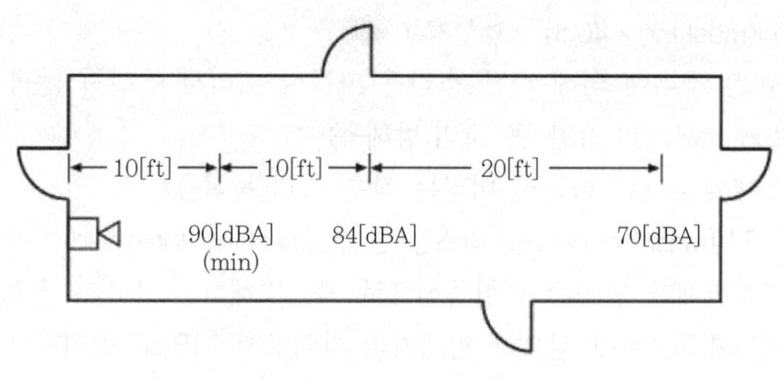

▌6[dBA] Rule의 예[60]▐

(6) 피난계단실(enclosure), 피난통로 및 승강기 승강실의 피난신호 통보장치[NFPA 72(2016) 23.8.6.2*]

1) 피난계단실, 피난통로 및 엘리베이터 승강실에는 피난신호 통보장치가 요구되지 않는다.

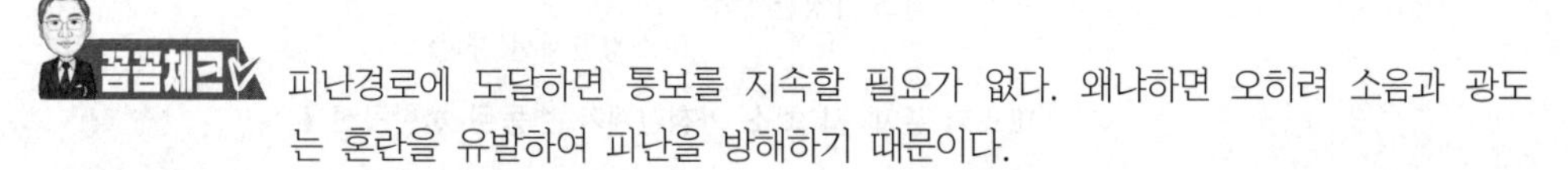

피난경로에 도달하면 통보를 지속할 필요가 없다. 왜냐하면 오히려 소음과 광도는 혼란을 유발하여 피난을 방해하기 때문이다.

2) NFPA 101 : 피난계단실과 승강기 승강실에 일반 피난경보의 배제를 허용한다.

(7) NFPA 72(2019) 17.15

1) 발신기는 단단히 고정되어야 한다.
2) 발신기는 배경과 대비되는 색상으로 설치해야 한다.
3) 발신기 설치높이 : 1.07 ~ 1.22[m] 이하
4) 발신기는 화재경보의 발신목적으로만 사용되어야 한다.
5) 발신기는 한꺼번에 또는 두 번에 걸쳐서 작동되어야 하고 그 위에 보호커버가 설치되어야 한다.
6) 발신기는 적색으로 해야 한다(예외 : 주변이 적색인 장소).
7) 설치위치
   ① 발신기는 눈에 잘 띄고 장애물에 방해받지 않고 접근할 수 있도록 설치되어야 한다.
   ② 발신기는 각 층의 각 비상출입구(exit doorway)에서 1.5[m] 이내에 위치하여야 한다.
   ③ 보행거리가 61[m]를 초과하면 추가 발신기를 설치하여야 한다.
   ④ 폭이 12.2[m]를 초과하는 개방된 공간의 경우 양쪽에 설치하되 그 양쪽 면 1.5[m] 이내에 설치하여야 한다.

60) FIGURE 14.3.1 Example of 6[dBA] Rule(1[ft] = 0.305[m]) Fire protection Handbook 2008 14-30 SECTION 14 ▪ Detection and Alarm 14-30

(8) 마스킹 효과(masking effect) 133 · 127회 출제

1) 정의 : 어떤 소리에 의해 다른 소리가 파묻혀 버려서 들리지 않게 되는 현상

① 마스커(masker) : 강한 큰 소리(방해음)

② 마스키(maskee) : 파묻혀 버리는 작은 소리(목적음)

2) 마스킹 곡선(masking curve), 마스킹 한계선(masking threshold) : 마스커가 존재할 때 최소 가청한계가 변동된 하한곡선으로 즉, 방해하는 소리가 있을 때 원하는 소리가 들리도록 하는 데 필요한 임계치의 차이로서 [dB]로 정의한다.

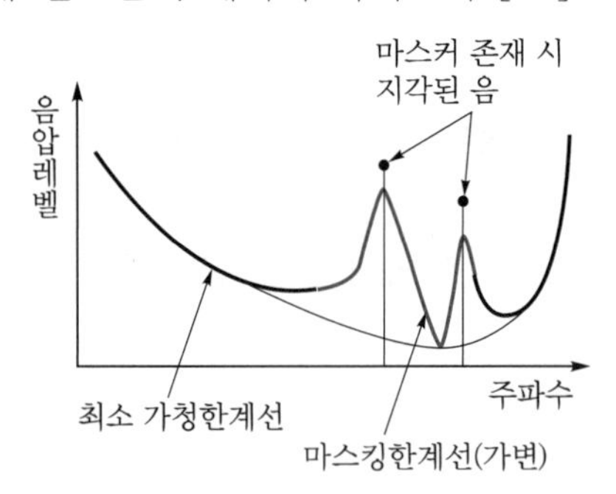

▌마스커 존재 시 최소 가청한계가 변동된 하한곡선▐

3) 소방과 마스킹 효과

① 화재발생 시 비상경보설비의 경종과 비상방송설비의 확성기에서 동시에 작동하는 경우 비상방송설비의 소리 인지능력의 급격한 저하가 발생한다. 확성기의 소리크기를 경종과 비교하면 정격입력 1[W]는 경종보다 소리가 작으며 정격입력 3[W]는 경종과 소리가 같다.

② 비상방송설비와 음성점멸유도등의 소리 감쇄간섭으로 인하여 비상방송이 마스킹 효과로 소리 인지능력이 급격히 저하된다.

4) 개선대책

① 마스킹 효과를 고려한 음압기준 마련이 필요하다.

② NFPA 72의 음향장치 기준의 도입이 필요하다.

5) 구분

① 동시 마스킹(simultaneous masking) : 동시에 두 소리가 들릴 때 한 소리가 묻히는 것

② 경시 마스킹(temporal masking) : 두 소리가 순차적으로 들릴 때 큰 소리가 들린 직후의 작은 소리가 잘 들리지 않는 경우

SECTION

053 비상방송설비

110 · 104 · 101 · 95 · 88 · 80 · 76회 출제

01 개요

(1) 비상방송설비의 정의

감지기 등이 수신기에 화재신호를 보낼 때 자동으로 증폭기가 작동하여 음성이나 비상경보의 방송을 스피커를 통해 거주자에게 통보하는 설비

(2) 음성으로 안내하므로 비상경보의 사이렌이나 경종보다 신속하고, 효율적인 피난을 도와주는 설비이다.

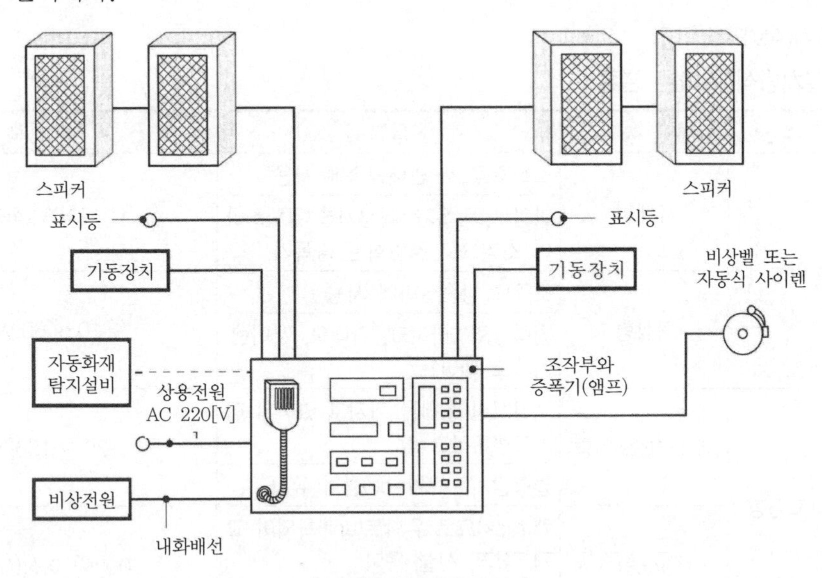

▌비상방송설비의 구성▐

(3) 설치 및 제외 대상

대상	기준
연면적	3,500[m^2] 이상
지하층을 제외한 11층 이상	전부
지하층의 층수가 3층 이상	전부

대상		기준
제외 대상	① 가스시설 ② 지하가 중 터널, 축사 및 지하구 ③ 사람이 거주하지 않는 동식물 관련 시설	전부
	청사 및 차고	소방대가 조직되어 24시간 근무
	자동화재탐지설비 또는 비상경보설비	화재안전기술기준에 적합하게 설치한 경우 설비의 유효범위에서 설치가 면제

02 구성요소

(1) 기동장치

1) 자동식 기동장치 : 감지기와 자동으로 연동

2) 수동식 기동장치 : 비상전화, 발신기, 누름 스위치와 연동

(2) 증폭기(AMP)

1) 설치방식에 따른 분류

종류		특징	정격출력
이동형	휴대형	소화활동 시 안내방송에 사용	5 ~ 15[W](소용량)
		마이크, 증폭기, 확성기를 일체화하여 소형으로 경량화된 증폭기	
	탁상형	소규모 방송설비에 사용	10 ~ 60[W]
		입력장치 : 마이크, 라디오, 사이렌, 카세트 테이프	
고정형	데스크(desk)형	책상식의 형태를 가지고 있어서 데스크형이라고 함	30 ~ 180[W]
		입력장치는 랙(rack)형과 유사	
	랙(rack)형	랙(rack)으로 유니트(unit)화되어 교체, 철거, 신설 용이	200[W] 이상(대용량)
		용량은 랙을 증설하는 만큼 가능	

2) 구동방식에 따른 분류

구분	메커니즘	장점	단점
정저항방식	증폭기의 출력단자 저항을 정저항값으로 고정하여 확성기를 직접 증폭기에 접속시킬 수 있는 방식	① 확성기에 출력변압기를 설치할 필요가 없음 ② 소규모의 설비, 증폭기와 확성기 간의 거리가 가까운 경우에 사용함	확성기 접속수량이 많을 경우는 저항이 증가해 사용이 곤란함

구분	메커니즘	장점	단점
정전압방식	증폭기의 출력단자 전압을 정전압으로 고정하는 방식	다량의 확성기 접속이 가능함	증폭기와 확성기의 임피던스가 달라 임피던스 정합(변압기)이 필요함

증폭기(amplifier) : 전압, 전류의 진폭을 늘려서 감도를 개선하고 미약한 전류를 커다란 음성전류로 변환시켜 소리를 크게 하는 장치

(3) 음량조정기(ATT) 99회 출제

1) 기능 : 가변저항을 이용하여 저항을 증감시키고 전류를 변화시켜 음량을 조정하는 기능

2) 음량조정기는 반드시 '3선식 배선방식(비상선－공통선－일반선)'으로 적용하여야 한다. 왜냐하면 3선식의 경우 평상시에는 일반방송용으로 사용하기 때문에 공통선과 일반선에 음량조정기를 설치하여 음량을 조정하지만, 비상시에는 항상 일정음 이상으로 방송해야 하므로 공통선과 비상선으로 구성되어야 하므로 3선이 필요하기 때문이다.

3) 3선식과 2선식의 비교

구분	2선식	3선식
사용성	평상시 사용 곤란함	평상시 일반방송용으로 사용할 수 있음
설치비용	별도 설치로 비용이 증가함	겸용 설치로 경제적임
유지관리	평상시 사용하지 않아 주기적으로 점검이 필요함	평상시 늘 사용하여 고장이나 이상의 확인이 가능함
정비비용	작음	큼

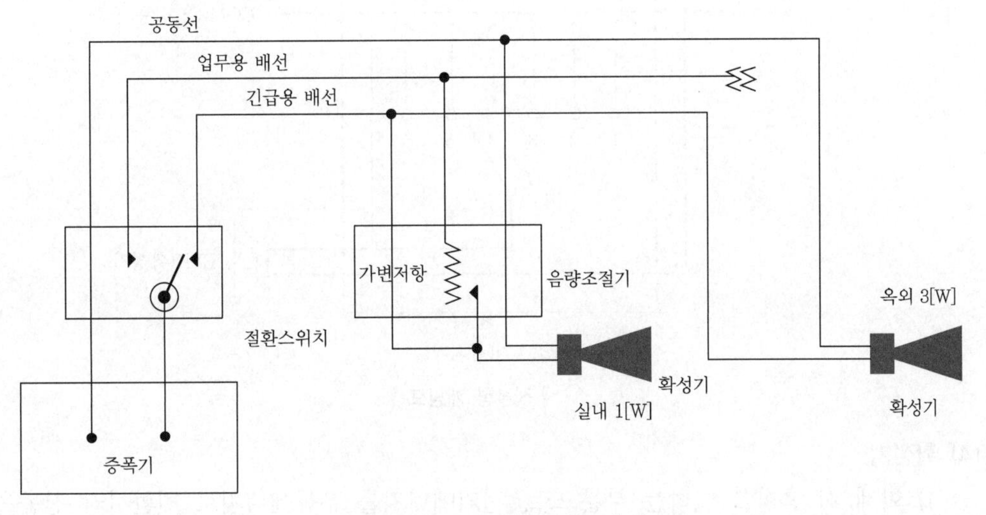

▌2선식과 3선식의 개념도▐

4) 음량조정기(감쇠기, ATT)를 이용한 음량조정방법

구분	작동원리	장점	단점
선간형 (로터리 가변형)	회전식 로터리 스위치를 전환함에 따라 음량(감쇠량)이 조절되는 방식	개별적 동작으로 삽입손실이 작음	개별적인 저항으로 감쇠량을 구하므로 감쇠기가 없는 경우에는 감쇠량을 구할 수 없음
직렬형	저항기를 직렬로 복수접속하면, 연결되는 부위에 따라 필요한 감쇠량을 결정하는 방식	감쇠기의 조합이 가능해 다양한 감쇠값을 얻을 수 있음	직렬 섹션(section)의 수가 늘어남에 따라 삽입손실이 증가함

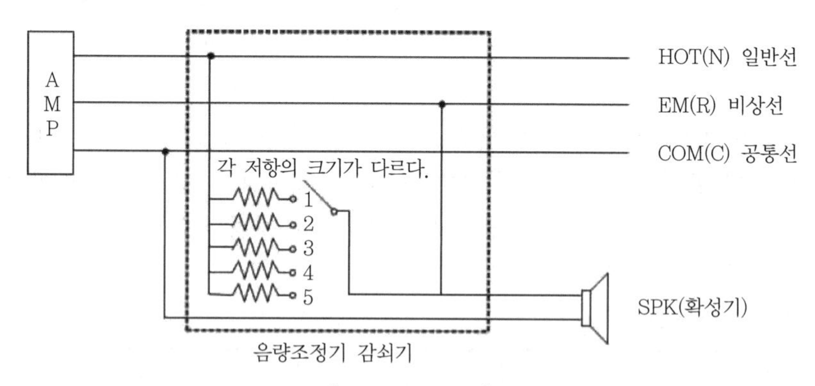

▌선간형 개념도▐

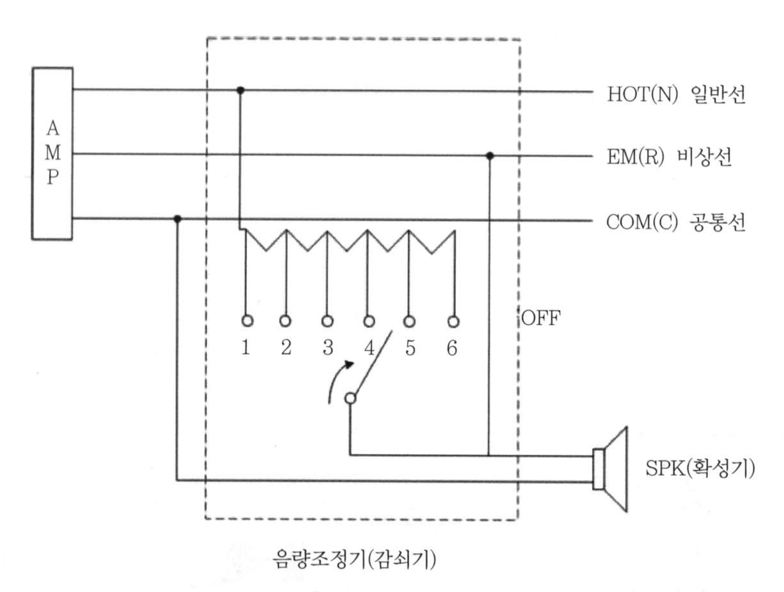

▌직렬형 개념도▐

(4) 확성기

1) 화재 시 음향을 발하는 부분으로, 전기에너지를 운동에너지로 변환시켜 진동을 만들고 이것을 다시 소리로 증폭시켜 내보내는 기기

2) 확성기의 종류

① 형태에 따른 구분

구분	설치장소	설치위치	출력
원추(cone)형	옥내용	사무실 등의 천장매입형으로 설치	3[W]
나팔(horn)형	옥외형	지하주차장 등의 벽이나 기둥에 설치	5[W]

② 임피던스에 따른 구분

구분	임피던스	사용처	매칭트랜스
하이 임피던스	2 ~ 100[KΩ]	전관방송용	내장형
로우 임피던스	4[Ω], 8[Ω], 16[Ω]	가정용	별도 부착형

3) 매칭트랜스 128회 출제

① 정의 : 앰프의 임피던스와 확성기(스피커)의 임피던스를 맞춰주는 역할을 하는 트랜스(변압기)

② 목적 : 전력을 송신부에서 수신부까지 최대로 전달하기 위해서는 임피던스 정합이 되어야 정상적으로 확성기에서 출력을 활용할 수 있다. 왜냐하면 확성기 저항이 낮아서 중간에 연결된 전선에서 손실이 커지기 때문이다. 따라서, 앰프 쪽에는 출력을 높인 하이 임피던스이므로 확성기 쪽을 로우 임피던스로 만들어주어 매칭시켜 주는 것이 매칭트랜스이다. 직접 연결해 사용하면 스피커가 과전압으로 파손된다. 따라서, 매칭트랜스는 앰프쪽의 높은 전압을 받아들이고 2차 측에서 낮은 전압으로 만들어 스피커에 전달하여 스피커를 보호하는 역할을 한다.

임피던스		관계	내용
앰프	스피커		
8[Ω]	8[Ω]	앰프=스피커	앰프에 설계된 출력을 정상적으로 사용할 수 있음
8[Ω]	4[Ω]	앰프>스피커	앰프의 출력이 커지며 앰프 출력단에 과부하가 걸려 앰프가 손상될 수 있음
4[Ω]	8[Ω]	앰프<스피커	앰프는 안정적으로 작동하나 출력이 저하됨

③ 정상적인 확성기 연결수보다 과도하게 병렬로 연결한 경우 : 합성 임피던스↓, 출력↑, 앰프 과부하(over load)가 발생한다.

④ 정상적인 확성기 연결수보다 적게 병렬로 연결한 경우 : 합성 임피던스↑, 출력↓, 정상적인 확성기 출력을 활용하기 곤란해진다.

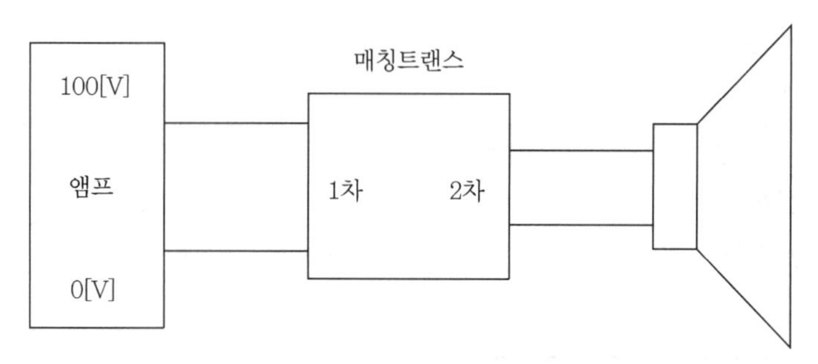

▌앰프, 매칭트랜스, 스피커의 연결▐

4) 일본의 확성기 종별 구분[1[m] 떨어진 위치에서 측정한 음압(A특성)]
   ① L급 : 92[dB] 이상(100[m^2] 초과, 계단 및 경사로)
   ② M급 : 87[dB] 이상 92[dB] 미만(50[m^2] 초과 100[m^2] 이하)
   ③ S급 : 84[dB] 이상 87[dB] 미만(50[m^2] 이하)

(5) 표시등

비상방송설비의 동작을 표시한다.

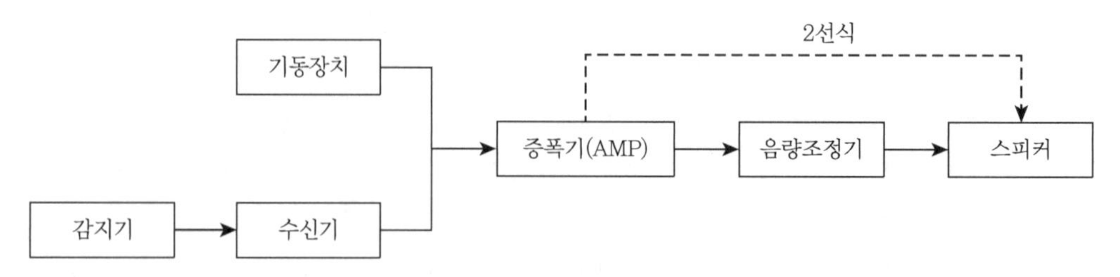

▌비상방송설비의 흐름도▐

(6) 마이크로폰(microphone) 또는 마이크(mic) 104회 출제

1) 정의 : 음파를 전기적인 에너지 변환기나 센서로 전달하여 소리(음향 에너지)를 같은 파형의 전기신호로 변환해 주는 장치

2) 종류

구분	작동원리	감도	장점	단점
콘덴서형	진동판과 고정판으로 콘덴서를 형성시켜 전기용량의 변화를 전기에너지로 변환하는 방식	−45 ~ −65[dB]	① 주파수 특성이 우수 ② 고유잡음이 작음	① 외부 충격과 습기에 약함 ② 별도의 전원이 필요함
다이나믹형	음압에 의해 진동판이 진동하면, 그 움직이는 속도에 비례하는 전류의 출력이 발생하는 방식	−45[dB]	① 가격이 저렴 ② 동작 안전성이 우수 ③ 사용이 간단하여 보편적으로 사용 ④ 별도의 전원이 필요없음	① 감도가 낮음 ② 주파수 특성이 떨어짐

구분	작동원리	감도	장점	단점
리본형	영구자석의 자계 중에서 음압으로 진동판을 진동하여 전자유도작용으로 전압출력을 하는 방식	−75[dB]	① 출력전압은 진동판의 속도에 비례 ② 진동판이 금속의 리본이므로 감도가 좋음	① 구조가 섬세함 ② 취급에 주의를 요함

03 설치기준

구분	설치기준
확성기	① 음성입력 : 3[W] 이상(실내 1[W]) ② 각 층마다 설치함 ③ 수평거리 : 25[m] 이하(일본의 경우 10[m], 계단, 경사로는 수직거리 15[m]) ④ 해당 층의 각 부분을 유효하게 경보할 것
음량조정기 설치하는 경우	3선식 배선
조작부	① 조작 스위치 설치높이 : 0.8 ~ 1.5[m] ② 표시 : 해당 기동장치가 작동한 층 또는 구역을 표시함 ③ 설치장소 ㉠ 수위실 등 상시 사람이 근무하는 장소 ㉡ 점검이 편리하고 방화상 유효한 곳 ④ 하나의 소방대상물에 2개 이상 설치 ㉠ 상호 간에 동시 통화가 가능한 설비 ㉡ 어느 조작부에서도 전 구역에 방송이 가능
증폭기	수위실 등 상시 사람이 근무하는 장소로서, 점검이 편리하고 방화상 유효한 곳에 설치함
경보방식	발화층, 직상 4개층 우선 경보방식(11층 이상, 공동주택 16층 이상)
다른 방송설비와 공용 시	화재 시 비상경보 외의 방송을 차단할 수 있는 구조
다른 전기회로	유도장애가 생기지 않도록 할 것
기동장치에 따른 신호를 수신한 후 유효한 방송 시작시간	10초 이하
음향장치 구조/성능	① 정격전압의 80[%]에서 음향을 발할 수 있을 것 ② 자동화재탐지설비와 연동될 수 있는 구조
전원	① 상용전원 ㉠ 축전지, 전기저장장치 또는 교류전원의 옥내간선 ㉡ 전원의 배선 : 전용 ② 비상전원 ㉠ 축전지 또는 전기저장장치 ㉡ 30층 미만 : 60분간 감시하고 10분 이상 유효하게 경보 ㉢ 30층 이상 : 60분간 감시하고 30분 이상 유효하게 경보 ③ 표지 : 개폐기에 '비상방송설비'라는 표지를 설치할 것

04 배선 119회 출제

(1) 성능기준과 개선안

1) 화재로 인하여 하나의 층의 확성기 또는 배선이 단락 또는 단선되는 경우 : 다른 층의 화재통보에 지장이 없도록 할 것(NFTC 202 2.2.1.1)

2) 유형별 성능개선안 비교표

구분	각 층 배선상에 배선용 차단기(퓨즈) 설치	각 층마다 증폭기(앰프) 또는 다채널 앰프 설치	특허제품(단락신호 검출장치) 설치	라인체커, RX방식 리시버 이상부하 컨트롤러
설치 방법	각 층 중계기함, 스피커 단자대, 출력전압에 맞는 퓨즈 설치	방재실(관리실)에 증폭기 설치	각 층 소방중계기함에 설치	소방중계기함 또는 통신단자함에 설치
장점	저렴한 시공비, 단순 기술로 개선 가능, 쉽게 부품구입 가능	층별 단락에 따른 다른 층의 영향이 없음, 일부 앰프 또는 일부 채널이 고장나도 다른 앰프나 층에는 이상없음	정상, 방송, 단락, 단선 상태를 표시등으로 확인	관리실에 실시간 작동 상황파악이 가능
단점	① 퓨즈 이상 발생 시 각 층 중계기함 전수확인 필요 ② 단선확인 LED가 없는 경우 단선확인 곤란 ③ 유지관리가 어려움(실험과 동시에 부품교체)	증폭기 추가설치에 따른 가장 큰 경제적 비용 증가	추가 설치해야 하므로 비용 상승, 앰프가 고장일 경우 방송 곤란	추가 설치해야 하므로 비용 상승, 앰프가 고장일 경우 방송 곤란
설치 장소	공동주택 등	상가 및 업무시설 등의 대규모 시설에 적합	공동주택 등	공동주택 등
개념도	3F 2F 1F 증폭기	3F 증폭기 2F 증폭기 1F 증폭기	3F 특허 2F 특허 1F 증폭기 특허	3F 2F 1F 증폭기 라인체커

(2) 확성기 단락시험방법

1) 조치 : 수신기에서 자동복구 기능을 설정한다.

2) 검사자 : 3인 이상(증폭기 확인 1인, 확성기 단락 1인, 상층 방송확인 1인)

3) 시험방법

① 천장 또는 벽면에 부착된 확성기(스피커)를 탈착 후 방재실에 연락한다.

② 방재실에서 검사층 확인 후 해당 층의 증폭기 앞에 대기한다.

③ 검사층에서 발신기를 누른다.

④ 검사층에서 화재방송을 확인하고 단락자는 확성기를 약 5초 정도 단락한다.

⑤ 단락을 해제한다.

⑥ 단락과 해제를 몇 회 반복 실시한다.

⑦ 방재실 증폭기 확인자는 출력레벨을 확인, 상층부 방송확인자는 비상방송 상태를 확인한다.

(3) 배선의 종류

1) 전원회로의 배선 : 내화배선

2) 그 밖의 배선 : 내화배선 또는 내열배선

(4) 절연저항 : 0.1[MΩ] 이상

(5) 배선의 설치

1) **원칙** : 다른 전선과 별도의 관 · 덕트 · 몰드 또는 풀박스 등에 설치한다.

2) **예외** : 60[V] 미만의 약전류회로에 사용하는 전선으로서 각각의 전압이 같은 경우

05 결론

비상방송설비는 피난의 유도, 초기 소화지시가 가능하므로 다중이용시설물 등에 유용한 피난구조설비이다. 기능상으로는 경보설비이지만 목적상으로는 피난을 유도하는 설비이다. 특히 비상경보설비가 잦은 오동작으로 점유자에게 확실한 피난정보를 제공하지 못하지만, 비상방송설비는 신속하고 정확하게 화재사실을 인지시키는 장점이 있으므로 대형이나 불특정 다수가 있는 건축물에 꼭 필요한 설비라 할 수 있다.

SECTION 054

누전경보기(ELD : Earth Leakage Detector)

111 · 99 · 86 · 77회 출제

01 개요

(1) 사용전압 1,000[V] 이하의 저압 경계전로의 누전을 검출하여 해당 소방대상물의 관계자에게 통보하는 것으로서, 전기배선과 전기기기의 부하측(2차측)에 사고로부터 누전되면 누설전류가 흐른다.

누전경보기 기준

① 1,000[V] 이하 : 소방관련 법규

② 1,000[V] 초과 : 전기관련 법규

(2) 누설전류가 여러 가지의 누전재해(감전, 화재)를 발생시키기 때문에 부하측에 누설전류를 검출하여 줄열($H[J]=I^2RT$)에 의한 발화 등 재해를 미연에 방지하기 위한 예방설비가 누전경보기이다.

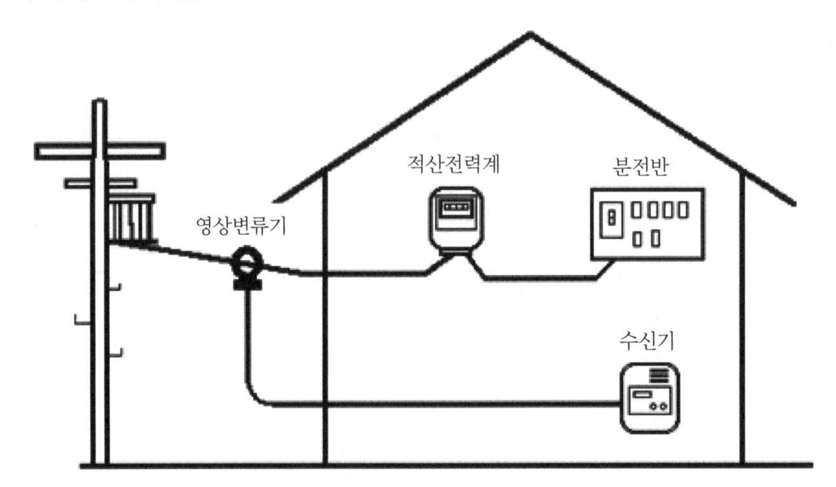

▌전신주에서 옥내로 인입하는 경우 ▌

(3) 설치대상

1) 계약전류용량이 100[A]를 초과하는 내화구조가 아닌 특정소방대상물

2) 화재가 발생하면 급격하게 성장할 수 있는 건축구조를 사용한 대상물

3) 상기 대상에 누전경보기를 설치하도록 하고 있으나 현실적으로 거의 모든 건축구조가 내화구조이므로 소방법에 따른 적용 대상은 거의 없다.

(4) 구성요소

1) 수신부 : 변류기로부터 검출된 신호를 수신하여 누전의 발생을 해당 특정소방대상물의 관계인에게 경보하여 주는 것(차단기구를 갖는 것을 포함함)

2) 변류기 : 경계전로의 누설전류를 자동적으로 검출하여 이를 누전경보기의 수신부에 송신하는 장치

3) 경계전로 : 누전경보기가 누설전류를 검출하는 대상 전선로

4) 과전류차단기 : 한국전기설비규정 341.10에 따른 것

고압 및 특고압 전로 중의 과전류차단기의 시설(한국전기설비규정 341.10)

1. 과전류차단기로 시설하는 퓨즈 중 고압전로에 사용하는 포장퓨즈(퓨즈 이외의 과전류차단기와 조합하여 하나의 과전류차단기로 사용하는 것을 제외함)는 정격전류의 1.3배의 전류에 견디고 또한 2배의 전류로 120분 안에 용단되는 것 또는 다음에 적합한 고압전류 제한퓨즈이어야 한다.
   ① 구조는 KS C 4612(2011) 고압전류 제한퓨즈의 "7. 구조"에 적합한 것일 것
   ② 완성품은 KS C 4612(2011) 고압전류 제한퓨즈의 "8. 시험방법"에 의해서 시험하였을 때 "6. 성능"에 적합한 것일 것
2. 과전류차단기로 시설하는 퓨즈 중 고압전로에 사용하는 비포장퓨즈는 정격전류의 1.25배의 전류에 견디고 또한 2배의 전류로 2분 안에 용단되는 것이어야 한다.
3. 고압 또는 특고압의 전로에 단락이 생긴 경우에 동작하는 과전류차단기는 이것을 시설하는 곳을 통과하는 단락전류를 차단하는 능력을 가지는 것이어야 한다.

02 구조 및 원리

(1) 변류기(영상변류기)

1) 정의 : 누설전류를 검출하는 장치로서, 환상형 철심에 검출용 2차 코일을 감은 것

영상변류기(ZCT : Zero-phase Current Transformer)와 변류기(CT)는 그 구조가 서로 같지만 하는 역할이 다르다. 변류기(CT)는 부하전류를 측정하는 역할을 하기 때문에 한 선만 변류기에 통과시키고, 영상변류기(ZCT)는 누설전류를 측정하는 역할을 하기 때문에 모든 전선을 통과시킨다.

2) 감지원리

① 영상변류기 1차측에 전류가 흐르면 그에 비례하여 2차측에도 전류가 흐른다.

② 영상변류기는 지락전류를 측정하기 위해 단상 회로라면 2개, 삼상 회로라면 3개의 전선을 관통시킨다.

③ 전류는 들어가고 나가는 크기가 같다. 그러나 지락이 발생하면 전류가 정상적인 회로를 통하지 않고 대지를 통해서 돌아간다. 이것을 누전이라고 한다.

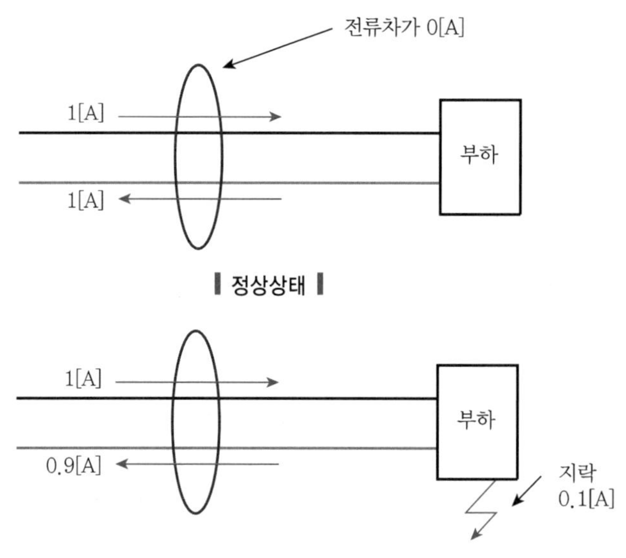

▌정상상태▌

▌누설전류가 발생한 경우▌

3) 공식

$$E[\mathrm{V}] = 4.44fN\phi_g$$

여기서, E : 유기전압[V]

f : 주파수

N : 2차 변류기 권선수

ϕ_g : 누설전류에 의한 자속[Wb]

꼼꼼체크 변류기 2차측에 유기되는 기전력

$$e(t) = -N\frac{d\phi}{dt} = -N\frac{d\phi_g \sin(\omega t)}{dt} = -N\frac{d\phi_g \sin(2\pi ft)}{dt}$$

$$= -2\pi fN\phi_g \cos(2\pi ft) = -2\pi fN\phi_g \sin\left(2\pi ft - \frac{\pi}{2}\right)$$

이를 실효값으로 나타내면 $E = \frac{2\pi}{\sqrt{2}} fN\phi_g = 4.44fN\phi_g$

① 누설전류가 없는 경우에는 아래 그림과 같이 회로에 흐르는 전류는 왕복전류 i_1과 i_2는 같고, 왕로전류 i_1에 의한 자속 ϕ_1과 귀로전류 i_2에 의한 자속 ϕ_2는 $\phi_1 = \phi_2$와 같이 서로 상쇄하고 있다.

② 누전이 발생하면 누설전류(i_g)가 흐르게 되어 왕로전류는 $i_1 + i_2$가 되고, 귀로전류는 왕로전류보다 작아져서 누설전류(i_g)에 의한 자속이 생기게 되어 영상변류기에 유기전압을 유도시킨다.

③ 유기전압을 증폭해서 입력신호로 하여 릴레이를 구동시켜, 경보 또는 차단한다.

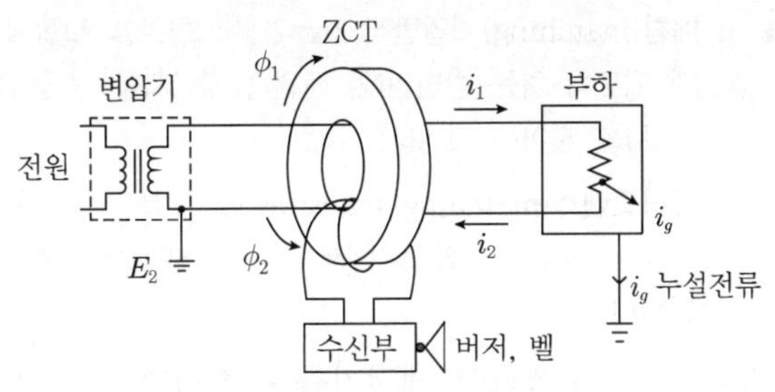

▌단상 누전경보기▐

4) 3상식 누전경보기의 작동원리

① 평상시 $i_1 + i_a = i_b$, $i_2 + i_b = i_c$, $i_3 + i_c = i_a$이므로, $i_1 + i_2 + i_3 = 0$이 되어 자속(ϕ)은 모두 상쇄된다.

② 누설전류 시(i_g) $i_1 = i_b - i_a$, $i_2 = i_c - i_b$, $i_3 = i_a - i_c + i_g$, $i_1 + i_2 + i_3 = i_g$가 되어, 누설전류(i_g)에 의한 누설자속(ϕ_g)을 검출한다.

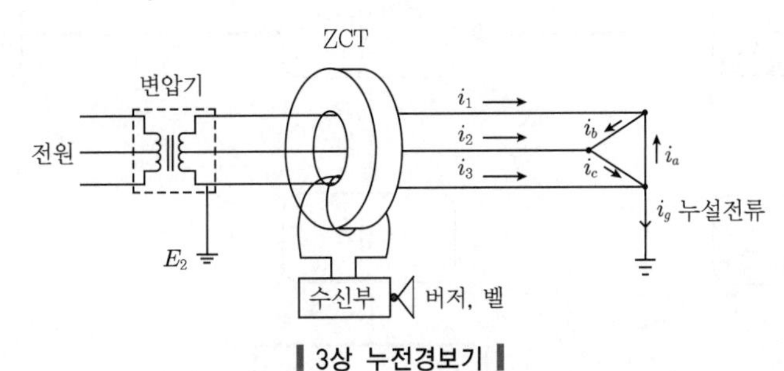

▌3상 누전경보기▐

5) 공칭작동전류값 : 200[mA] 이하

6) 종류

구분	구조	특징
권선형	철심에 전용 1 · 2차 권선을 감아놓은 구조	필요에 따라 1차 권선수를 2회 이상 할 수 있어 저전류 특성이 좋음
관통형	2차 권선이 감겨진 철심 중심부를 케이블, 모선 등이 관통하는 구조	1차 권수는 1로 제한되어 1차 전류가 작은 범위에서 좋은 특성을 얻기가 힘듦

(2) 수신기

1) 기능 : 누설전류에 의한 유기된 전압을 수신하여 계전기를 동작시켜 음향장치의 경보를 발할 수 있도록 증폭시켜 주는 기능

2) 수신기의 입력신호를 증폭하는 방법

① 트랜지스터나 매칭트랜스를 조합하여 계전기를 동작시키는 방식

1. **매칭(matching)** : 일반적으로 2개의 회로를 결합할 때 전력의 손실이 가장 작게 되도록 하는 방법인데, 전원측(에너지를 공급하는 쪽)과 부하측과의 임피던스 차를 줄이는 것이다.
2. **매칭트랜스(matching transformer)** : 특성 임피던스가 다른 2개의 선로를 접속하는 경우 그 접속점에서 반사가 생기지 않게 할 경우 사용되는 트랜스를 말한다.

② 트랜지스터나 IC로 증폭하여 계전기를 동작시키는 방식

IC(Integrated Circuit) : 집적회로라고 한다. 하나 이상의 트랜지스터와 다른 전자 요소들을 포함하는 반도체 회로를 지칭한다.

③ 트랜지스터 또는 IC나 미터릴레이를 증폭하여 계전기를 동작시키는 방식

3) 수신기 내부구조의 블록도

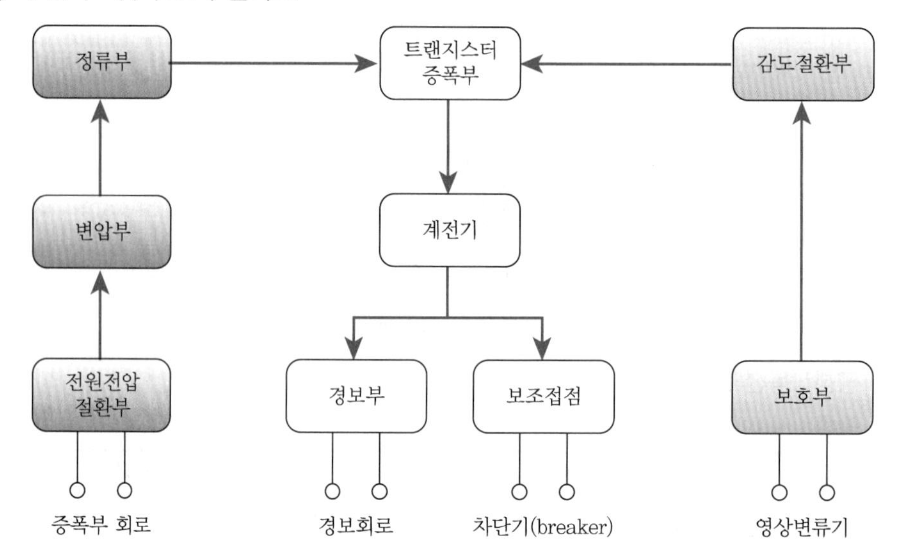

집합형 수신기 : 하나의 수신기에 여러 개의 변류기 회로가 연결된 것
① 누전이 발생한 전로를 명확히 표시할 수 있어야 한다.
② 누전된 전로를 차단하면서도 누설된 전로의 표시는 지속될 수 있어야 한다.
③ 2개의 전로에 동시 누전이 발생하면서도 수신기의 기능에 이상이 없어야 한다.
④ 2개 이상의 전로에 동시에 누전이 발생하면서도 최대 부하에 견디는 용량 이상을 가진 것이어야 한다.

(3) 시험장치

1) 도통시험 : 수신부와 영상변류기 사이의 외부 배선 단선 유무 시험

2) 동작시험 : 누설전류 검출시험

(4) 음향장치

음향장치는 수신기에 내장시키는 것과 별도로 설치한다.

1) 사용전압 80[%] : 정상적으로 경보음을 발할 수 있어야 한다.

2) 음량 : 1[m] 떨어진 곳에서 70[dB] 이상

(5) 누전차단기 104 · 98 · 90 · 72회 출제

1) 작동방식의 분류

① 전류동작형

㉠ 작동원리 : 누전에 따라 누설전류가 흐르면 선로전류의 불평형이 발생하게 된다. 이 불평형 전류에 의한 영상전류를 영상변류기(ZCT)로 검출하여 누전차단기를 동작시키는 방법이다.

㉡ 특징 : 기기의 외함접지가 병행되어야 동작이 확실하다.

㉢ 사용처 : 인체의 감전사고 방지를 위한 누전차단기로 사용한다.

㉣ 구분

구분	작동원리	장점	단점
전자식	영상변류기(ZCT)의 2차 출력을 반도체에 의해 증폭하여 전원측 차단장치의 트립(trip)코일을 여자시키는 방식	• 감도가 우수하고 정밀한 조정이 가능함 • 고속도 차단 가능 • 다양한 부가기능이 가능함	• 서지에 취약함 • 전자파 및 고조파에 취약함 • 절연측정 시 회로에서 분리하여 측정(고전압에 의한 소손)함
기계식	영상변류기(ZCT)에서 검출된 출력전류가 영구자석의 자력을 감소시켜 트립(trip) 스프링과 연결된 가동철편을 기계적으로 차단시키는 방식	• 동작전원이 필요없음 • 서지에 강함 • 전자파 및 고조파에 강함	• 감도가 상대적으로 낮고 정밀한 조정이 곤란함 • 상대적으로 저속 차단 • 기능이 제한적임

② 전압동작형

㉠ 작동방식 : 기기 외함접지와 별도로 누전차단기와 외함 간에 전압검출용 보조접지를 설치하여 정해진 감도전압으로 동작하는 방식

㉡ 접지선정이 곤란하여 사용하지 않는다.

2) 동작시간에 따른 분류

① 고속형 : 빠른 감전방지가 목적이다.

② 시연형 : 동작시간을 임의 조정할 수 있으며, 보안상 즉시 차단해서는 안 되는 시설물이나 모선에 주로 사용한다.

③ 반한시형 : 지락전류에 반비례하여 동작하며, 접촉전압의 상승 억제가 목적이다.

3) 감도에 따른 분류

① 고감도형(30[mA] 이하) : 인체의 감전보호를 목적으로, 동작시간은 0.03초 이내이다.

② 중감도형(50 ~ 1,000[mA]) : 누전 화재를 감지하는 것이 목적이다.

③ 저감도형(3,000[mA] 이상) : 사용을 거의 안 한다.

4) 누전차단기의 성능

① 누전차단기는 설치된 해당 전로의 최대 단락전류를 차단할 수 있어야 한다.

② 정격 감도전류와 동작시간

구분	정격 감도전류	동작시간
기타 전기기기	30[mA] 이하	0.03초 이내
정격 전부하 전류가 50[A] 이상인 전기기기(오작동 방지)	200[mA] 이하	0.1초 이내

③ 정격 부동작전류 : 정격감도 전류의 50[%] 이상, 전류값은 가능한 한 작게 한다.

④ 절연저항 : 500[V] 절연저항계로 5[MΩ] 이상

5) 누전차단기의 설치장소(「산업안전보건기준에 관한 규칙」 제304조)

① 대지전압 150[V]를 초과하는 이동형 또는 휴대형 전기기계 · 기구

② 물 등 도전성이 높은 액체가 있는 습윤장소에서 사용하는 저압용 전기기계 · 기구

③ 철판 · 철골 위 등 도전성이 높은 장소에서 사용하는 이동형 또는 휴대형 전기기계 · 기구

④ 임시배선의 전로가 설치되는 장소에서 사용하는 이동형 또는 휴대형 전기기계 · 기구

6) 누전차단기 설치 제외 대상

① 「전기용품 및 생활용품 안전관리법」이 적용되는 이중절연 또는 이와 같은 수준 이상으로 보호되는 구조로 된 전기기계 · 기구

② 절연대 위 등과 같이 감전위험이 없는 장소에서 사용하는 전기기계 · 기구

③ 비접지방식의 전로

7) 누전차단기의 설치방법

① 전기기기의 금속제 외함, 금속제 외피 등 금속부분은 누전차단기를 접속한 경우에도 접지한다.

② 누전차단기는 분기회로 또는 전기기기마다 설치하는 것을 원칙으로 한다. 단, 정상운전 시 누설전류가 작은 소용량 부하의 전로에는 분기회로에 일괄하여 설치할 수 있다.

③ 누전차단기는 배전반이나 분전반 등에 설치하는 것을 원칙으로 한다. 단, 꽂음 접속기형 누전차단기는 콘센트에 연결하거나 부착하여 사용할 수 있다.

④ 지락보호 전용 누전차단기는 과전류를 차단할 수 있는 퓨즈 또는 차단기 등을 조합하여 설치한다.

⑤ 누전차단기의 영상변류기에 다른 배선이나 접지선이 통과되지 않도록 설치한다.

⑥ 서로 다른 중성선이 누전차단기 부하측에서 공유되지 않도록 설치한다.

⑦ 중성선은 누전차단기의 전원측에 접지시키고, 부하측에는 접지되지 않도록 한다.

⑧ 누전차단기의 부하측 단자는 연결되는 전기기기의 부하측 전로에 연결하고, 누전차단기의 전원측 단자는 전원이 공급되는 인입측 전로에 연결한다.

⑨ 단상용 누전차단기는 3상 회로에 설치하지 말아야 한다.

⑩ 누전차단기는 설치 전에 반드시 개로시키고, 설치 후에 폐로시켜 작동시킨다.

⑪ 누전차단기의 설치가 완료되면 회로와 대지 간의 절연저항을 측정한다.

8) 아크차단기(AFCI : Arc Fault Circuit Interrupters) 130회 출제

① 기능 : 누전차단기(누전, 과부하) + 아크(스파크)차단

② 아크의 종류

구분	정의	예	문제점
직렬아크	부하와 직렬로 연결된 상태에서 발생하는 아크	전선 등의 접속부에서 발생하는 접촉 불량, 마모 등	회로전류가 보호장치(배선용 또는 누전차단기)의 정격 전류용량보다 작아서 직렬아크가 발생하더라도 감지하지 못해 사고가 발생함
병렬아크	부하와 병렬로 연결된 상태에서 발생하는 아크(누설→트래킹→아크)	선간 단락 또는 지락	① 병렬아크가 계속 발생하더라도 고장 임피던스가 커서 작은 전류가 흐르면 차단기가 트립(회로를 차단함)되지 않는 경우가 많음 ② 병렬아크 사고에 의한 에너지가 직렬아크 사고에 의한 것보다 더 크기 때문에 일반적으로 병렬아크 사고가 더욱 위험함

③ 필요성

㉠ 현 과전류차단기는 일반적으로 열식과 자기식의 두 가지 차단기능을 가지며 열식은 과전류에 의해서 발생하는 열량에 의해서 바이메탈이 굽어져서 접점을 개폐하여 회로를 차단하는 방식이고, 다른 하나는 단락전류에 의해서 회로에 정격전류의 보통 10배 정도의 고장전류가 흐를 때 발생하는 전자기력에 의해서 회로를 차단하는 방식이다.

㉡ 이러한 차단방식으로는 정격전류 이하의 전류로 발생하는 아크는 감지할 수가 없기 때문에 이러한 아크를 감지해서 회로를 차단하는 아크차단기가 필요하게 된다.

④ 목적 : 전기 스파크(아크) 사고가 발생할 시 이를 감지하고 전원을 차단하여 전기화재의 30[%]를 예방함으로써 재산 및 인명 보호가 가능하다.

⑤ 아크차단기로 차단이 곤란한 경우 : 트래킹, 과부하, 미확인 단락, 크기와 범위를 벗어난 경우

⑥ 규정

㉠ KEC 214.2.1 전기기기에 의한 화재방지
화재의 위험성이 높은 20[A] 이하의 분기회로에는 전기아크로 인한 우려가 없도록 KS C IEC 62606에 적합한 장치를 각각 시설할 수 있다.

㉡ 미국은 1999년 2월 'UL 1699 AFCI(Arc-Fault Circuit Interrupters)'를 제정하고 2002년 1월 1일부터 아크차단기를 주택에 의무 적용했다. 2013년 7월에는 국제표준인 'IEC 62606 AFDD(Arc Fault Detection Devices)'가 제정되었다.

㉢ NFPA 통계에 의하면 아크차단기 설치 후 화재건수가 65[%] 이상 감소되었다.

⑦ 구성 및 회로

㉠ 작동원리 : 아크전류의 크기를 근거로 하여 아크신호필터에서 부하전류센서로 정보를 보내게 된다. 정상적일 때(아크가 없을 때)는 전류를 보낸다. 정상적인 전류파형과 위험한 아크파형을 구별하여 전자회로를 통하여 트립하게 된다.

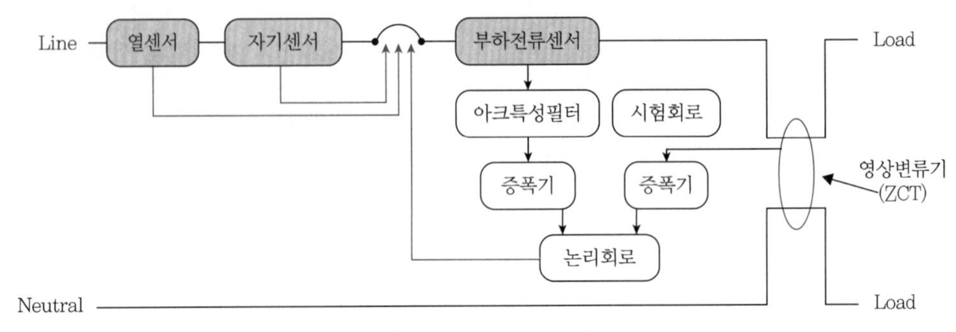

▌아크차단기 구성도▐

㉡ 구성요소

- 열센서(thermal sensor)와 자기센서(magnetic sensor) : 재래식 차단기와 동일한 것이고 영상변류기(ZCT)는 지락전류를 감지하여 차단하기 위한 것으로, 누전차단기(ELCB : Earth Leakage Circuit Breaker)에 내장된 것과 동일한 기능을 가지고 있다.
- 부하전류센서(load current sensor) : 아크파형의 주파수만을 통과시키는 아크필터로 보내지고, 아크필터의 출력은 증폭기를 거쳐 논리회로(logic circuit)로 보내진다.
- 논리회로 : 불안정한 파형의 존재 여부를 판단하여 회로를 차단해야 한다고 판단되면 차단기 접점을 개방하기 위한 솔레노이드를 여자시킨다.

⑧ 아크차단기의 특징

㉠ 아크는 모두 일반 전류파형과 같은 정현파가 아닌 독특한 전류특성과 파형을 가진다.

㉡ 아크차단기의 내부회로는 전류 흐름을 연속적으로 감시하여, 정상전류와 아크를 구별하는 탐지회로가 내장되어 있다.

⑨ 아크차단기의 문제점 : 무해아크와 유해아크를 구별하지 못함으로 잦은 오동작

⑩ 아크차단기 성능검증방법 : 아크차단기는 전압 · 전류 신호를 분석해 발생한 유해아크를 차단하고, 정상아크는 차단하지 않아야 한다. 유해아크는 전기화재를 유발할 수 있는 아크를, 정상아크는 스위치 개폐와 전기 드릴 브러시(brush) 등에서 정상적으로 발생하는 아크를 말한다.

03 설치기준

(1) 경계전로의 정격전류

1) 정격전류에 따른 경보기의 종류

정격전류	60[A] 초과	60[A] 이하
경보기의 종류	1급	1, 2급

2) **예외** : 정격전류가 60[A]를 초과하는 전로가 분기되어 각 분기회로의 정격전류가 60[A] 이하로 되는 경우 해당 분기회로마다 2급 누전경보기를 설치하였을 때는 해당 경계전로에 1급 누전경보기를 설치한 것으로 본다.

(2) 변류기

1) 소방대상물의 형태, 인입선의 시설방법 등에 따른 설치장소

① 옥외 인입선의 제1지점(어느 지점이나 한 지점)의 부하측

② 제2종 접지선측의 점검이 쉬운 위치에 설치(예외 : 인입선의 형태 또는 구조상 부득이한 경우에는 인입구에 근접한 옥내에 설치 가능)

2) 변류기를 옥외의 전로에 설치하는 경우 : 옥외형

(3) 누전경보기의 수신기

1) 설치장소 : 옥내의 점검이 편리한 장소

2) 가연성의 증기나 먼지 등이 체류할 우려가 있는 장소 : 전기회로를 차단할 수 있는 차단기구를 가진 수신기를 설치한다.

(4) 수신기 설치 제외장소

1) 화약류를 제조하거나 저장, 취급하는 장소

2) 가연성 증기, 먼지, 가스 등이나 부식성 가스 등이 다량 체류하는 장소

3) 온도변화가 급격한 장소

4) 습도가 높은 곳

5) 대전류회로, 고주파 발생회로 등에 의한 영향을 받을 우려가 있는 장소

(5) 누전경보기의 전원

1) 분전반으로부터 전용 회로

2) 각 극에 개폐기 및 차단기 설치

차단기의 종류	용량	차단기의 종류	용량
과전류차단기	15[A] 이하	배선용 차단기	20[A] 이하

3) 전원을 분기할 경우 다른 차단기에 의하여 전원이 차단되지 않도록 할 것

4) **전원개폐기** : 누전경보기용 표시

5) **기타 배선에 관한 사항** : 한국전기설비규정을 준용한다.

SECTION

055 유도등(exit sign)

85 · 74회 출제

01 개요

(1) 비상구의 위치 및 방향을 알려주고 피난자를 안전한 장소로 신속하게 유도하는 유도등은 화재 및 기타 긴급 상황 발생 시 중요한 역할을 한다.

(2) **피난유도설비의 구분**

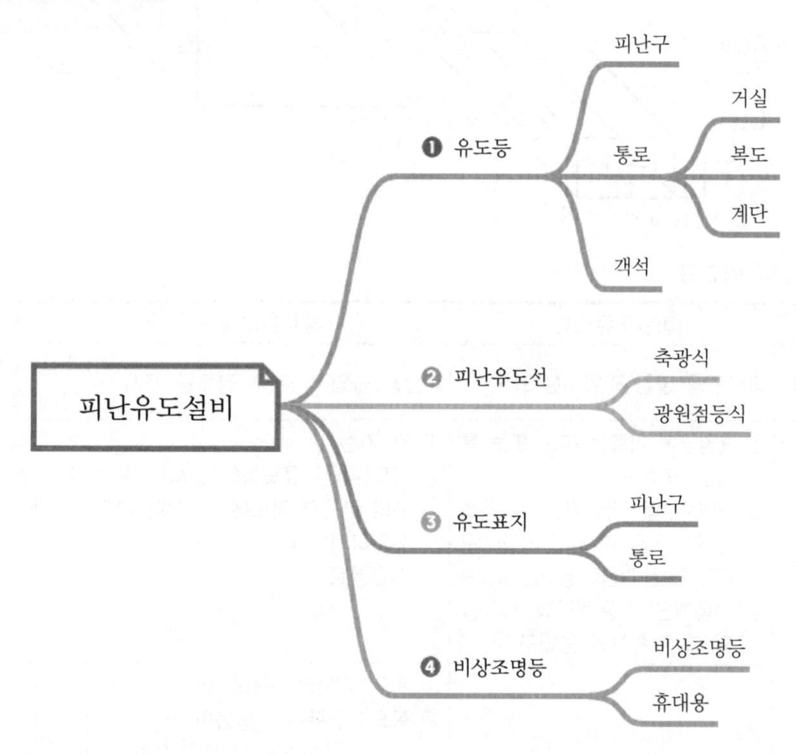

(3) **정의**

1) **유도등** : 화재 발생 시 또는 정전 시 신속한 피난을 할 수 있도록 피난구 및 통로 등에 설치하는 전등으로, 비상전원용 축전지가 내장되어 있어 상용전원이 차단될 때는 비상전원으로 자동 전환되게 되어 있는 등

2) **유도표지** : 화재 시 신속한 피난을 할 수 있도록 피난구 및 통로 등에 설치하는 표지이다. 외부로부터 전원을 공급받지 않고 전등이나 태양빛 등과 같은 광원으로부터 빛에너지를 흡수하고 축적한 상태에서 빛에너지가 제거되어 어두워지면 자체 발광을 통하여 일정 시간 동안 문자 등을 식별할 수 있는 표지이다.

3) 피난유도선 : 화재 발생 시 또는 정전 때 신속한 피난을 유도할 수 있도록 연속된 띠 형태로 피난통로 등에 설치하는 선 형태의 표시장치이다. 화재신호를 수신하거나 정전 때 자동으로 광원을 점등하는 방식과 외부로부터 전원을 공급받지 않고 전등이나 태양 빛 등과 같은 광원으로부터 빛에너지를 축광하여 자체 발광하는 방식이 있다.

(4) 피난유도등 설치 예시

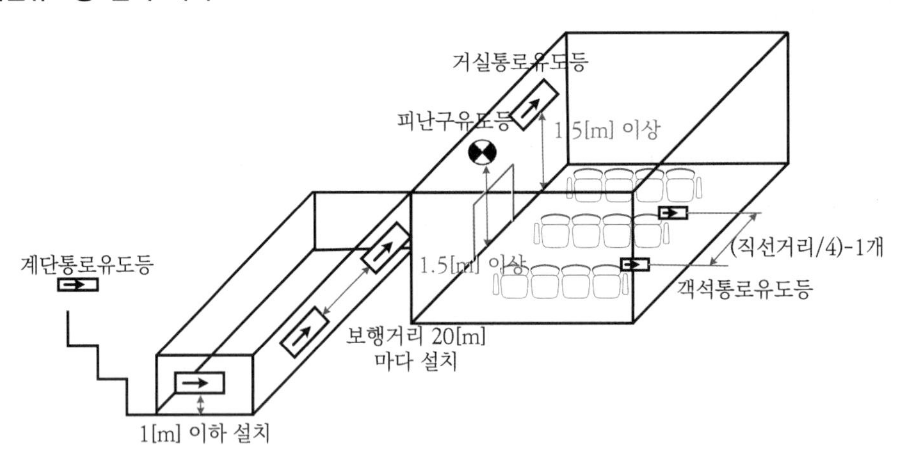

(5) 유도등의 비교표

구분	피난구유도등	통로유도등	객석유도등
목적	피난구용 출입구 위치를 표시	피난용 출입구까지의 경로를 표시	객석 내에서 출구까지의 경로 표시
설치 장소	① 출입구에 이르는 복도 또는 통하는 출입구 ② 옥내로부터 직접 지상으로 통하는 출입구 및 그 부속실의 출입구 ③ 안전구획된 거실로 통하는 출입구 ④ 직통계단, 직통계단의 계단실 및 그 부속실의 출입구	① 각 거실 ② 복도(피난구유도등이 설치된 출입구의 맞은편 복도에는 입체형으로 설치하거나 바닥에 설치) ③ 계단통로	① 객석의 통로 ② 객석의 바닥 ③ 객석의 벽
설치 수량	해당 출입구마다 설치	① 계단 : 계단참, 경사로 참마다 설치 ② 복도 : 구부러진 모퉁이 + $\frac{\text{직선부분의 보행거리}}{20}-1$ ③ 거실 : 구부러진 모퉁이 + $\frac{\text{직선부분의 보행거리}}{20}-1$	$\frac{\text{통로의 직선길이}}{4}-1$
바탕색	녹색	백색	백색
문자색	백색	녹색	녹색

구분	피난구유도등	통로유도등	객석유도등
설치 위치	① 설치높이 : 1.5[m] 이상 ② 피난층으로 향하는 피난구의 위치를 안내할 수 있도록 상기 설치장소 ①, ②의 출입구 인근 천장에 설치된 피난구유도등의 면과 수직이 되도록 피난구유도등을 추가로 설치(예외 : 입체형)	① 계단 : 바닥에서 1[m] 이하 ② 복도 ㉠ 바닥에서 1[m] 이하 ㉡ 복도 · 통로 중앙부분의 바닥에 설치(지하층, 무창층으로 용도가 지하철 역사, 도매시장, 지하상가, 여객자동차터미널 경우) ③ 거실 : 바닥에서 높이 1.5[m] 이상	① 객석의 통로 ② 객석의 바닥 ③ 객석의 벽

02 피난구유도등

(1) 정의

직통계단과 옥내로부터 직접 지상으로 통하는 출입구 및 부속실의 출입구와 이와 연결되어 피난경로로 사용되는 복도 또는 통로로 통하는 출입구 등의 직상부 또는 가장 가까운 거리에 설치되어 있는 유도전등

상기의 부속실은 특별피난계단의 부속실만 지칭하는 것이 아니라 부속된 개념의 모든 실을 말한다.

(2) 설치장소

1) 옥내로부터 직접 지상으로 통하는 출입구 · 부속실 출입구

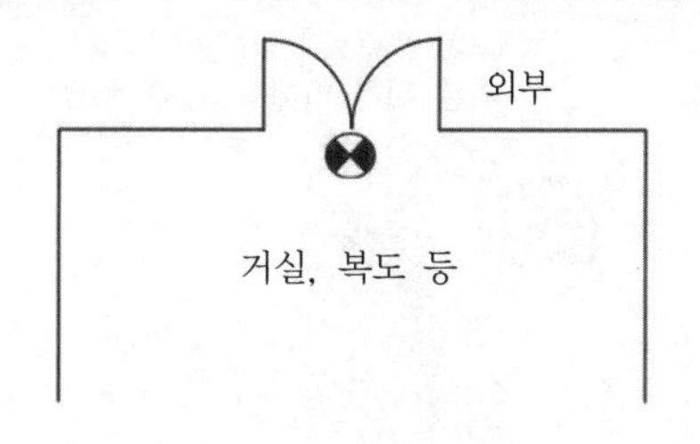

▎부속실이 없는 경우 ▎

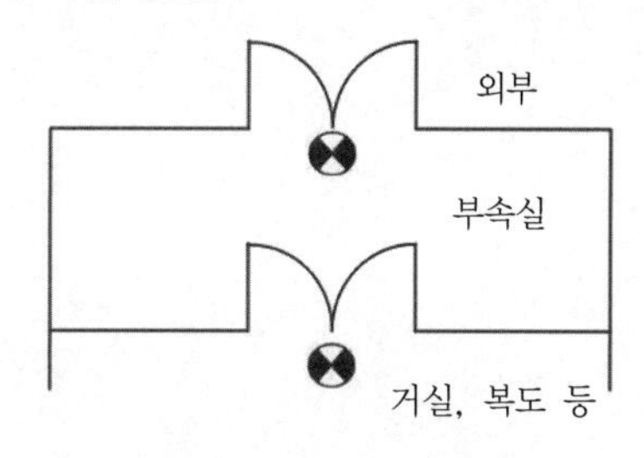

▎부속실이 있는 경우 ▎

2) 직통계단, 직통계단의 계단실 · 부속실의 출입구

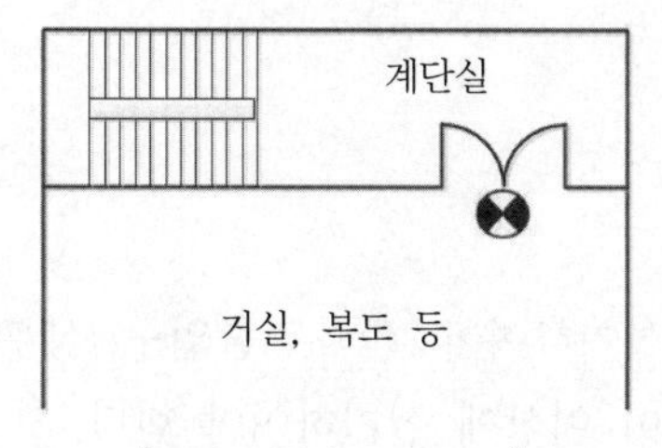

▎부속실이 없는 경우 ▎

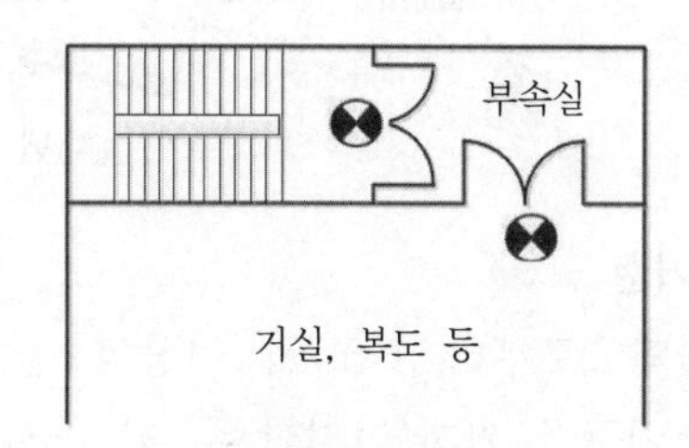

▎부속실이 있는 경우 ▎

3) '1)', '2)'에서 정한 출입구에 이르는 복도로 통하는 출입구

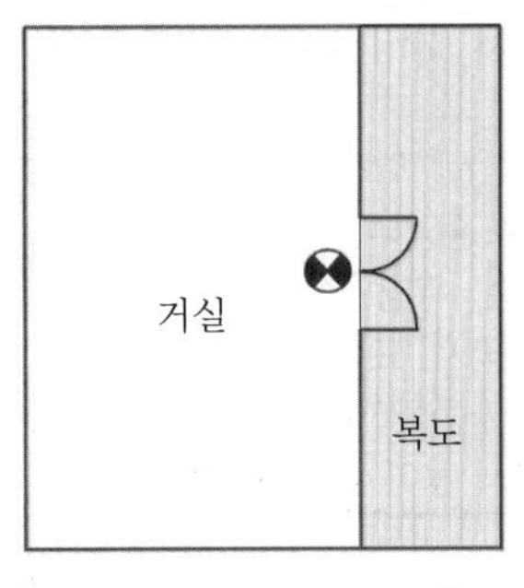

▎부속실이 없는 경우 ▎

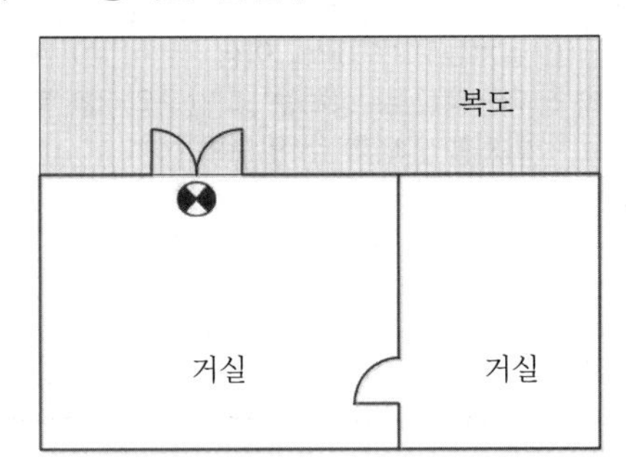

▎경유거실이 있는 경우 ▎

4) 안전구획된 거실로 통하는 출입구

▎부속실이 없는 경우 ▎

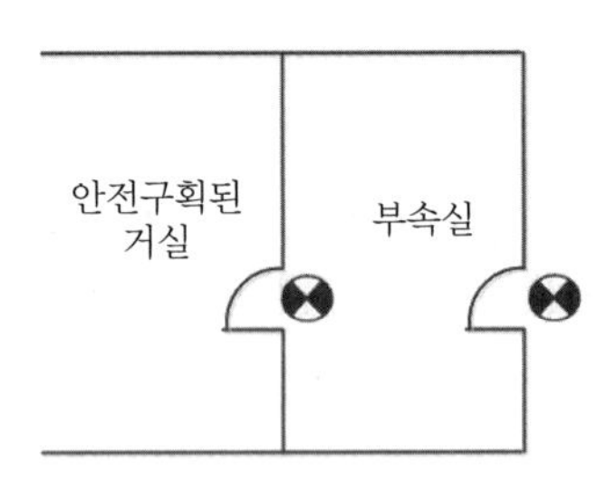

▎부속실이 있는 경우 ▎

5) 피난층으로 향하는 피난구의 위치를 안내할 수 있도록 '1)' 또는 '2)'에 따라 설치된 피난구유도등의 면과 수직이 되도록 피난구유도등을 추가로 설치(단, 피난구유도등이 입체형인 경우에는 제외)한다.

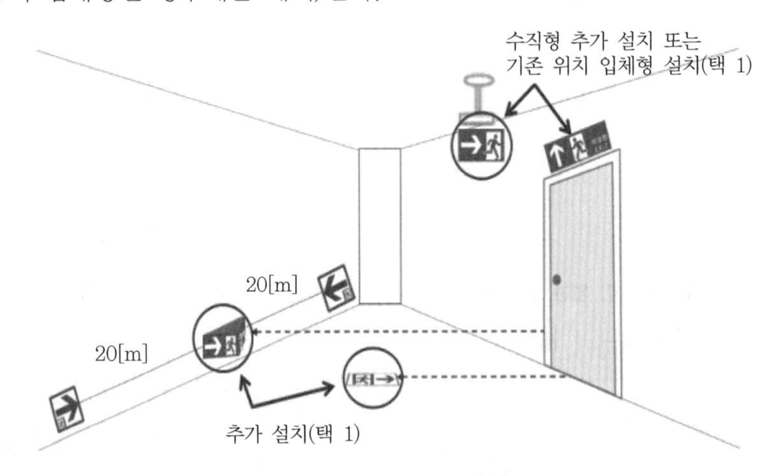

(3) 설치기준

1) 바닥으로부터 1.5[m] 이상의 높이에 설치하여야 한다. 출입구 상부에 설치되어 출입구를 쉽게 인지할 수 있는 시야 높이 이상에 설치하여야 한다.

1. 외국의 사례

구분	일본 소방법	NFPA 101
기준	① 설치높이 : 1.5[m] 이상 2.5[m] 이하 ② 예외 : 건축물의 구조상 이 부분에 설치할 수 없는 경우 또는 위치를 변경하여 쉽게 볼 수 있는 경우	출입구 상단으로부터 6[ft] 80[in](약 2[m]) 이하(최고 높이의 제한이 있음)
배치도	제연경계벽 1.5[m] 이상 2.5[m] 이하 FL	EXIT ≤6[ft] 8[in] (≤20, 30[mm]) ≤x x ≤x 출입구 폭

2. NFPA 101의 유도등 설치

① 설치위치

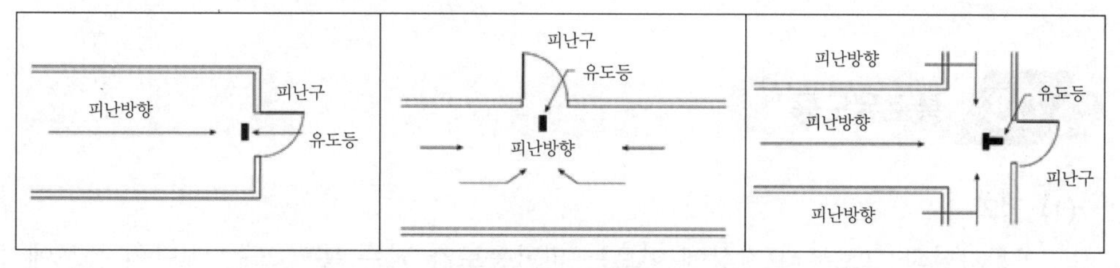

② 비상구, 주옥외 비상구 문 이외의 비상구로써 분명하고 확실하게 알아볼 수 있는 비상구는 어떤 방향의 비상구 접근로에서도 쉽게 알아볼 수 있는 승인된 표지판으로 표시되어야 한다.

2) 피난층으로 향하는 피난구의 위치를 안내할 수 있도록 상기 설치장소의 '1)', '2)'의 출입구 인근 천장에 설치된 피난구유도등의 면과 수직이 되도록 피난구유도등을 추가로 설치(예외 : 입체형)한다.

꼼꼼체크 **입체형** : 유도등 표시면을 2면 이상으로 하고 각 면마다 피난유도표시가 있는 것

3) 피난구유도등은 피난구의 식별이 용이하도록 피난구 방향의 화살표가 함께 표시된 것으로 설치해야 한다.

(4) 식별도

구분	상용전원(10 ~ 30[lx])	비상전원(0 ~ 1[lx])
피난구유도등 거실통로유도등	직선거리 30[m]의 위치	직선거리 20[m]의 위치
	피난유도표시에 대한 식별이 가능	
복도통로유도등	직선거리 20[m]의 위치	직선거리 15[m]의 위치
	표시면의 화살표가 쉽게 식별	

(5) 유도등의 크기 및 평균휘도 119회 출제

종별		1 대 1 표시면[mm]	기타 표시면		평균휘도[cd/m^2]	
			짧은 변[mm]	최소 면적[m^2]	상용점등 시	비상점등 시
피난구	대형	250 이상	200 이상	0.10	320 ~ 800	100 이상
	중형	200 이상	140 이상	0.07	250 ~ 800	
	소형	100 이상	110 이상	0.036	150 ~ 800	
통로	대형	400 이상	200 이상	0.16	500 ~ 1,000	150 이상
	중형	200 이상	110 이상	0.036	350 ~ 1,000	
	소형	130 이상	85 이상	0.022	300 ~ 1,000	

03 통로유도등

(1) 정의

각 거실과 그로부터 지상에 이르는 피난통로가 되는 복도 또는 계단의 통로에 설치되는 전등

(2) 설치장소

각 거실과 그로부터 지상에 이르는 복도 또는 계단의 통로

(3) 개념

구분	설치장소	목적
복도통로유도등	각 거실과 그로부터 지상에 이르는 피난통로에 있는 복도에 설치	피난화살표를 병기하여 피난구의 방향을 알려주는 전등
거실통로유도등	거실, 주차장 등 개방된 공간의 피난통로 상에 설치	화살표를 병기하여 피난구의 방향을 명시하고 있는 전등
계단통로유도등	각 거실과 그로부터 지상에 이르는 피난통로에 있는 계단이나 경사로에 설치	피난상 필요한 바닥면 및 디딤 바닥면의 조도확보

(4) 설치기준

1) 복도통로유도등

① 복도통로용

㉠ 설치장소 : 복도

㉡ 설치기준

- 복도에 설치하되 옥내로부터 직접 지상으로 통하는 출입구·부속실 출입구, 직통계단, 직통계단의 계단실·부속실의 출입구에 피난구유도등이 설치된 출입구 맞은 편 복도에는 입체형으로 설치하거나 바닥에 설치할 것
- 구부러진 모퉁이 및 상기 통로유도등을 기점으로 보행거리 20[m]마다 설치할 것
- 높이 : 1[m] 이하
- 표시면과 조사면의 구조 : 바닥면과 피난방향을 비출 수 있는 것

1. **표시면** : 유도등에 있어서 피난구나 피난방향을 안내하기 위한 문자 또는 부호등이 표시된 면

표시면의 종류	내용
단일표시형	한 가지 형상의 표시만으로 피난유도표시를 구현하는 방식
동영상 표시형	동영상 형태로 피난유도표시를 구현하는 방식
단일·동영상 연계표시형	단일표시형과 동영상 표시형의 두 가지 방식을 연계하여 피난유도표시를 구현하는 방식
투광식	광원의 빛이 통과하는 투과면에 피난유도표시 형상을 인쇄하는 방식
패널식	영상표시소자(LED, LCD, OLED 등)를 이용하여 피난유도표시 형상을 영상으로 구현하는 방식

2. **조사면** : 유도등에 있어서 표시면 외 조명에 사용되는 면

- 표시면 : 옆방향에서도 그 일부가 보일 수 있도록 외함에서 10[mm] 이상 돌출한다.

표시면을 돌출시키는 이유 : 통로유도등은 설치위치가 복도 또는 통로로서 전면에서 바라보는 경우보다는 측면에서 바라보는 경우가 많아 표시면이 곡면형태로 돌출될 경우 시인성이 더 좋아져 피난에 더 유리해지기 때문이다.

② 바닥통로유도등

㉠ 설치장소 : 지하층 또는 무창층의 용도가 지하철역사, 도매시장, 지하상가, 여객자동차터미널인 경우 복도통로 중앙부분의 바닥에 매설하여 설치한다.

㉡ 설치기준

- 직상으로 1[m] 높이에서 조도가 1[lx] 이상
- 하중에 파괴되지 않는 구조
- 바닥에 매립하는 구조의 통로유도등은 방수형(형식승인)
- 표시면은 바닥면과 동일하게 설치한다.
- 예비전원 점검용 자동복귀형 점멸기를 설치하지 않을 수 있다.

2) 거실통로유도등

① 설치장소 : 거실통로(예외 : 거실의 통로가 벽체 등으로 구획된 경우에는 복도통로유도등을 설치)

② 설치기준

㉠ 구부러진 모퉁이 및 보행거리 20[m]마다 설치한다.

㉡ 높이 : 1.5[m] 이상

1. 공장이나 주차장과 같은 곳의 복도통로유도등은 장애물에 의해 가려져서 제 역할을 할 수 없으므로 거실통로유도등을 높이 1.5[m] 이상에 설치한다.
2. **거실통로에 기둥이 설치된 경우** : 거실통로유도등을 기둥부분의 바닥으로부터 높이 1.5[m] 이하의 위치에 설치할 수 있다.

㉢ 표시면과 조사면의 구조 : 바닥면과 피난방향을 비출 수 있을 것

㉣ 표시면 : 옆방향에서도 일부가 보일 수 있도록 돌출된 구조

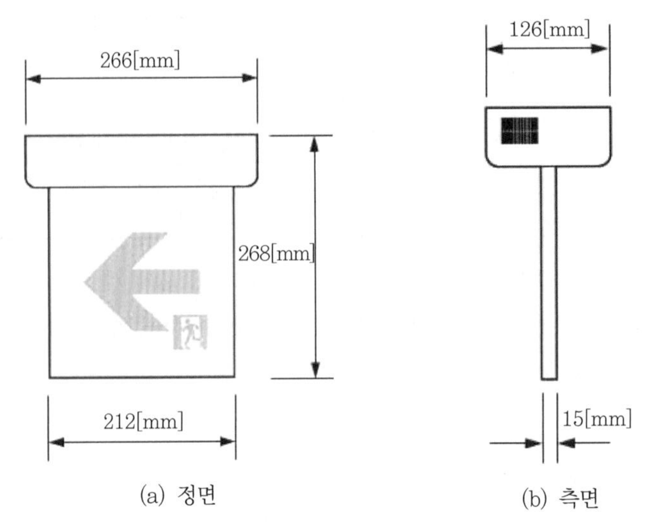

▌거실통로 유도등61) ▌

3) 계단통로유도등

① 설치장소 : 계단 및 경사로

② 설치기준

㉠ 각 층의 경사로 참 또는 계단참마다 설치(예외 : 1개층에 경사로와 계단이 2개 이상 있는 경우 2개마다 설치)

㉡ 높이 : 1[m] 이하

61) 지멘스의 카탈로그에서 발췌

꼼꼼체크 계단통로유도등의 목적은 계단 바닥을 비춰서 조도를 확보하는 것이므로 바닥에 가깝게 설치하는 것이 요구된다.

㉢ 동일 현장이라도 건물구조에 따라 오른쪽 회전 상향계단과 왼쪽 회전 상향계단이 동시 존재한다. 계단의 구조에 따른 유도등 화살표는 달리 표시가 필요하다(소방기술사회 기술지침).

(5) 통행에 지장이 없을 것

(6) 주위에 이와 비슷한 등화 광고물, 게시물 설치를 금지한다.

(7) 조도(유도등의 형식승인 및 제품검사의 기술기준)

구분	측정위치	조도
복도통로용	바닥면으로부터 높이 1[m]로 0.5[m] 떨어진 위치	1[lx] 이상
거실통로용	바닥면으로부터 높이 2[m]로 0.5[m] 떨어진 위치 유도등의 전면 중앙으로부터 0.5[m] 떨어진 위치	1[lx] 이상
바닥매립용	유도등의 바로 윗부분 1[m] 높이	1[lx] 이상
계단통로용	바닥면으로부터 높이 2.5[m]로 수평거리 10[m]	0.5[lx] 이상

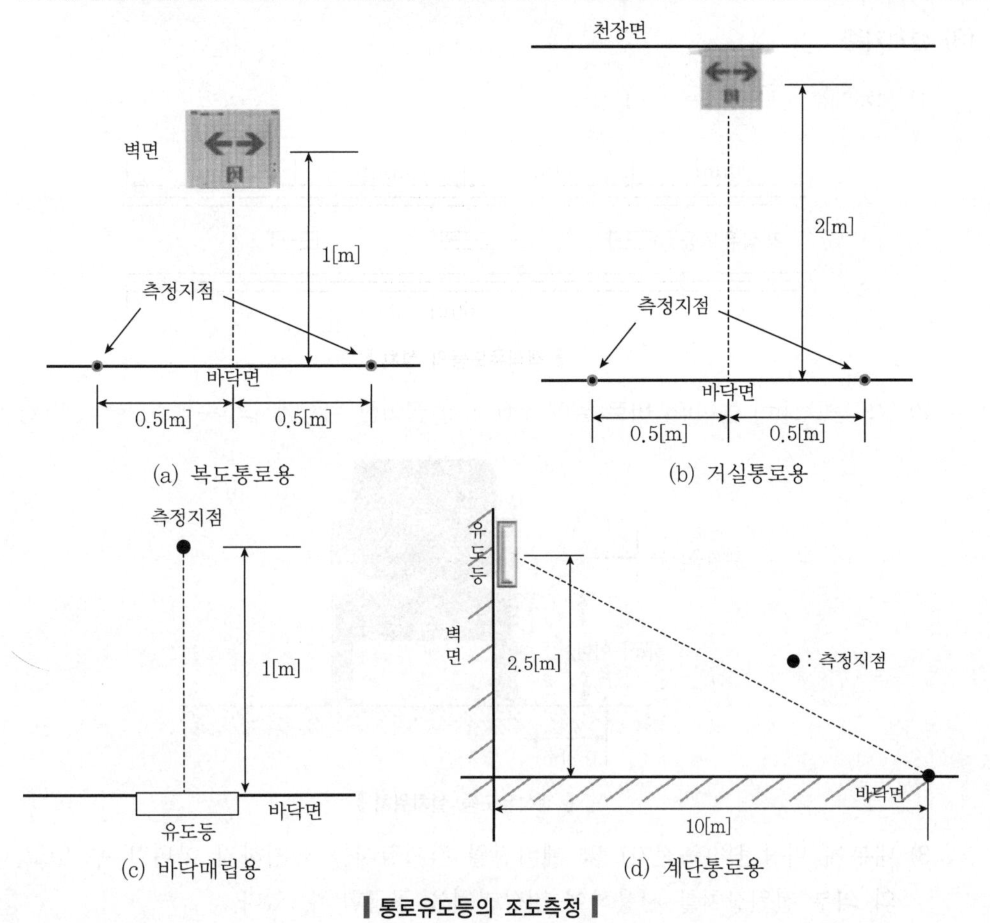

▌통로유도등의 조도측정▐

일본의 소방법 : 계단 또는 경사로의 통로유도등은 통로면 또는 밟는 면 및 계단참의 중심선에서 조도가 1[lx] 이상(비상조명등이 설치되고 피난방향을 확인할 수 있는 경우 면제)

(8) 백색 바탕에 녹색으로 피난방향을 표시한 등(계단층 표시가능). 멀리서 식별을 쉽게 하기 위함이고, 피난구유도등과 혼동되지 않게 하려면 피난구유도등과 색을 구분해야 한다.

04 객석유도등

(1) **정의**

객석의 통로, 바닥 등에 설치하고 화살표를 병기하여 피난구의 방향을 명시하고 있는 전등이다.

(2) **설치장소**

객석의 통로, 바닥, 벽에 설치한다.

(3) **설치기준**

1) 설치개수 : $\frac{직선길이}{4}-1$

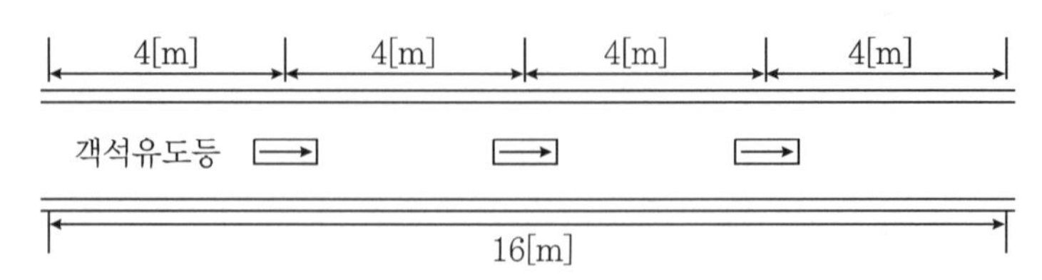

▎객석유도등의 설치▎

2) 유도등(0.5[m] 높이)의 바로 밑에서 0.3[m] 떨어진 위치에서의 수평조도 : 0.2[lx] 이상

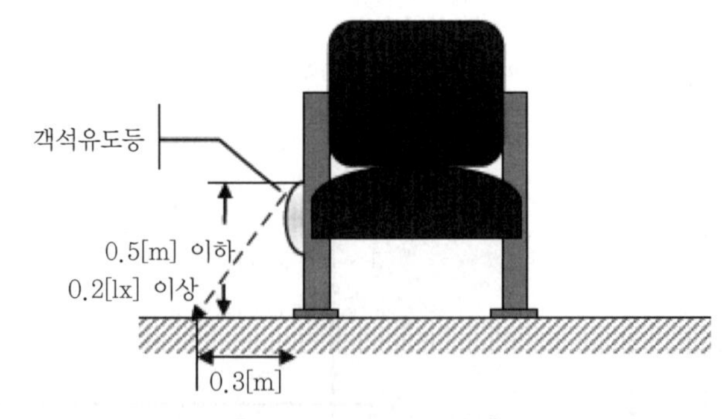

▎객석유도등 설치위치▎

3) 내부에 비상전원(축전지) 및 예비전원 감지장치를 설치하지 아니할 수 있고, 별도의 외부 전원장치를 사용하여 비상전원을 공급할 수 있다.

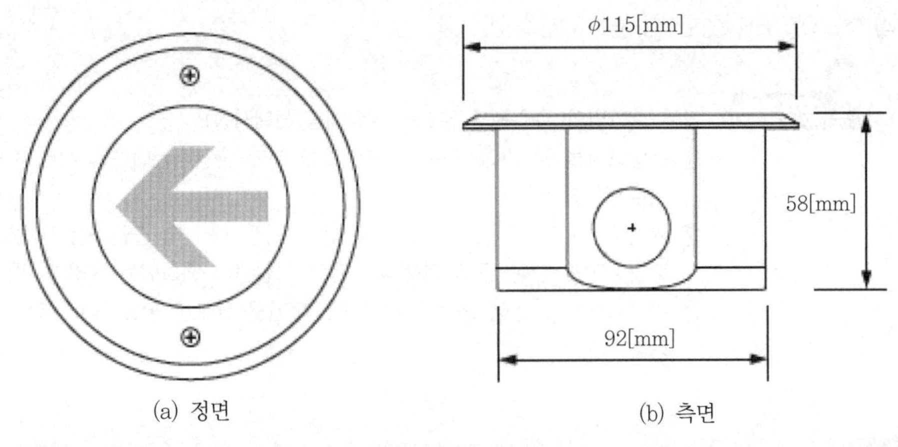

▌객석유도등의 예[62]▐

05 특수유도등

(1) 설치목적

소방대상물 중 재해약자(시청각 약자)가 다수 출입하거나 혼잡성에 의하여 유도등 시인성의 저하가 우려되는 장소에는 점멸, 음성 또는 이와 유사한 방식 등에 의한 유도장치를 설치할 수 있으며, 피난구유도등의 표시면과 피난목적이 아닌 안내표시면이 구분되어 함께 설치할 수 있는 복합표시형 유도등을 설치할 필요가 있다.

(2) 구조 및 기능

1) **기동 및 정지** : 수신기나 감지기 등으로부터 화재신호를 수신하고 3초 이내에 자동으로 기동하여야 하며 화재복귀신호를 수신 후에도 3초 이내에 정지한다.
2) **점멸장치 섬광** : 광원은 투명색으로 60 ~ 180[회/분] 점멸한다.
3) **음향유도장치**
   ① 음량 : 전면 1[m] 거리에서 최소 70[dB] 이상
   ② 음압조정 : 90[dB] 이상
4) **경보음과 음성** : 2회 이상 반복한다.
5) 피난목적이 아닌 안내표시면은 구분하여 설치한다.

(3) 종류

1) 스트로보, 점멸유도등
2) 음향장치 부착 유도등

62) 지멘스의 카탈로그에서 발췌

3) 광점멸 주행에 의한 피난유도시스템
4) 허스효과에 의한 음성유도시스템

일본 소방법의 특수목적 유도등 설치대상(선택사항)

① 소방대상물 중 시력 또는 청력이 약한 자가 출입하는데 있어서 약자의 피난경로로 된 장소
② 백화점, 여관, 병원, 지하도, 그 외 불특정 다수가 출입하는 방화대상물에서 혼잡, 조명·간판 등에 의해 유도등의 시인성이 저하되는 우려가 있는 장소
③ 그 외 이런 기능에 의해 적극적으로 피난을 유도할 필요성이 높다고 인정되는 장소

06 유도등과 유도표지의 종류

설치장소	종류
공연장·집회장(종교집회장 포함)·관람장·운동시설	• 대형 피난구유도등 • 통로유도등 • 객석유도등
유흥주점 영업시설(유흥주점 영업 중 손님이 춤을 출 수 있는 무대가 설치된 영업시설)	
위락시설·판매시설 및 영업시설·관광숙박시설·의료시설·통신촬영시설·전시장·지하상가·지하철 역사	• 대형 피난구유도등 • 통로유도등
일반숙박시설·오피스텔	• 중형 피난구유도등 • 통로유도등
지하층·무창층 및 11층 이상의 부분	
근린생활시설 · 노유자시설 · 업무시설 · 종교시설(종교집회장 제외) · 교육연구시설 · 수련시설 · 공장 · 창고시설 · 교정 및 군사시설(국방 · 군사시설 제외) · 기숙사 · 자동차정비공장 · 운전학원 및 정비학원 · 다중이용업소 · 복합건축물 · 아파트	• 소형피난구유도등 • 통로유도등
그 밖의 것	• 피난구유도표지 • 통로유도표지

[비고] 1. 소방서장은 특정소방대상물의 위치 · 구조 및 설비의 상황을 판단하여 대형 피난구유도등을 설치하여야 할 장소에 중형 피난구유도등 또는 소형 피난구유도등을, 중형 피난구유도등을 설치하여야 할 장소에 소형 피난구유도등을 설치하게 할 수 있다.
2. 복합건축물과 아파트의 경우 주택의 세대 내에는 유도등을 설치하지 아니할 수 있다.

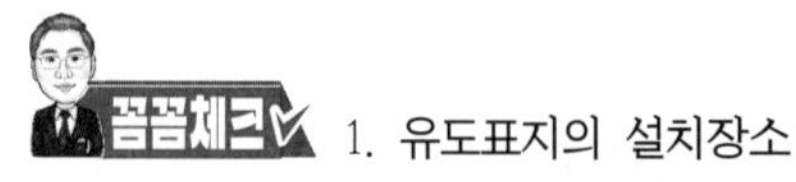

1. **유도표지의 설치장소**
   ① 외부광 : 유도표지 표시면에 도달하는 광량이 200[lx] 이상(기술기준)으로 확보할 수 있는 장소
   ② 채광이 충분하지 않은 장소나 야간에 사용이 되는 장소 등에는 조명등을 설치하여 조도를 확보한다.
2. 지상과 면하는 지하의 출입구는 지하층으로 간주하여 중형 피난구유도등을 설치한다.

07 유도등 설치 제외

(1) 피난구유도등

1) 바닥면적이 1,000[m^2] 미만인 층으로서, 옥내로부터 직접 지상으로 통하는 출입구(외부의 식별이 용이한 경우에 한함)

꼼꼼체크 근린생활시설 등의 소방대상물 1층에 설치된 소규모 영업장이라도 그 영업장의 출입구가 옥내로부터 직접 지상으로 통하는 출입구에 해당하면 피난구유도등을 설치해야 한다. 단, 바닥면적이 1,000[m^2] 미만인 층으로서, 옥내로부터 직접 지상으로 통하는 출입구(외부의 식별이 용이한 경우에 한함)는 그러하지 아니하다.

2) 대각선 길이가 15[m] 이내인 구획된 실의 출입구

3) 거실 각 부분으로부터 하나의 출입구에 이르는 보행거리가 20[m] 이하이고 비상조명등과 유도표지가 설치된 거실의 출입구

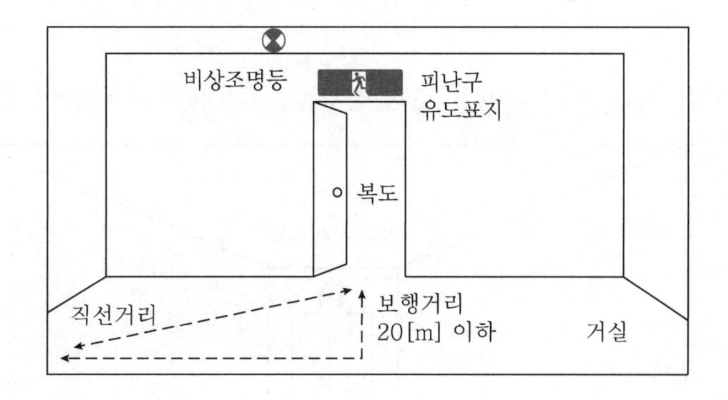

4) 출입구가 3 이상 있는 거실

① 설치 제외 대상 : 그 거실 각 부분으로부터 하나의 출입구에 이르는 보행거리가 30[m] 이하인 경우에는 주된 출입구 2개소 외의 출입구(유도표지가 부착된 출입구)

꼼꼼체크 피난할 보행거리가 짧고, 다른 피난구에 유도등이 설치되어 있어 피난에 지장이 없을 것으로 판단되어 면제된다.

② 예외 : 공연장 · 집회장 · 관람장 · 전시장 · 판매시설 및 영업시설 · 숙박시설 · 노유자시설 · 의료시설의 경우

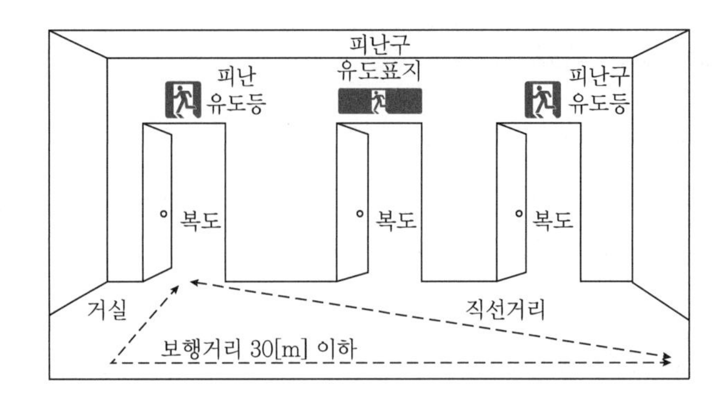

1. **경유거실** : 경유거실의 출입구에 피난구유도등을 설치하는 것이 바람직하나 거실의 규모가 출입구에서 거실의 각 부분에서 보행거리 10[m] 이하이고, 어느 위치에서 출입구를 볼 수 있는 구조라면 제외가 가능하다.
2. **헬리포트, 구조공간, 대피공간이 설치되지 않은 건축물의 옥상출입구** : 유도등 미설치 가능(옥상광장이 피난의 공간이 되지 못하는 이유)

(2) 통로유도등

1) 구부러지지 아니한 복도 또는 통로로서 길이가 30[m] 미만인 복도 또는 통로

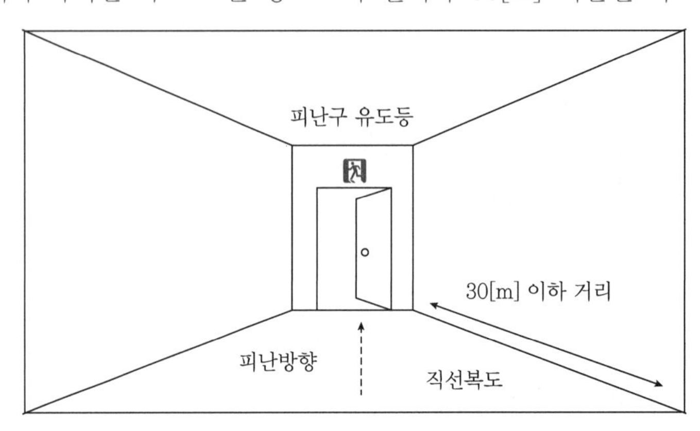

2) 복도 또는 통로로서 보행거리가 20[m] 미만이고 그 복도 또는 통로와 연결된 출입구 또는 그 부속실의 출입구에 피난구유도등이 설치된 복도 또는 통로

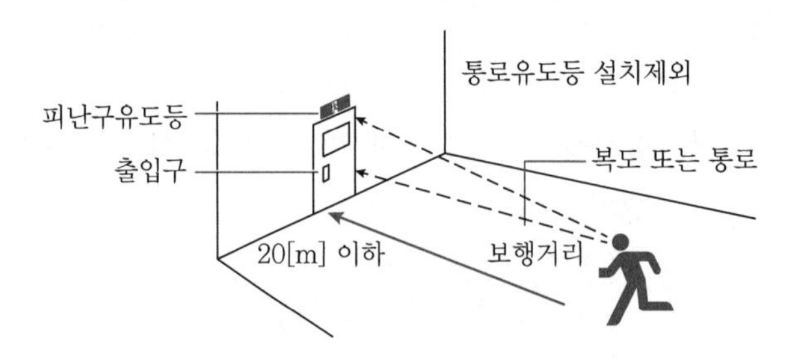

(3) 객석유도등

1) 주간에만 사용하는 장소로서 채광이 충분한 객석 : 주간의 태양광으로 출입구와 통로의 인지가 가능하므로 면제된다.

2) 거실 등의 각 부분으로부터 하나의 거실출입구에 이르는 보행거리가 20[m] 이하인 객석의 통로로서 그 통로에 통로유도등이 설치된 객석 : 피난할 보행거리가 짧고, 일정 조도나 피난방향을 안내해주는 유도등이 설치되어 있으므로 면제된다.

08 유도등의 전원 100회 출제

(1) 상용전원

1) 축전지, 전기저장장치 또는 교류전압의 옥내간선

2) 전원까지의 배선 : 전용

(2) 비상전원

1) 축전지

비상발전기에 비해 즉시 작동하는 신속성이 우수해 피난 시 거주자의 패닉이나 혼란을 방지하기 위해 신속하게 동작해야 할 필요성이 크므로 비상전원을 축전지로 제한한다.

2) 정전용량

① 원칙 : 20분 이상 유효하게 작동시킬 수 있는 용량

② 다음의 경우 : 60분 이상

㉠ 지하층을 제외한 층수가 11층 이상의 층

㉡ 지하층 또는 무창층으로서 용도가 지하철역사, 도매시장, 지하상가, 여객자동차터미널

3) 배선 119회 출제

① 원칙 : 「전기사업법」 제67조에서 정한 것을 따라야 한다.

② 유도등 인입선과 옥내배선은 직접 연결(도중에 개폐기 설치하지 않을 것)할 것 : 선로의 고장으로 인한 피해를 최소화하기 위함이다.

③ 유도등 회로 : 점멸기 설치금지 및 상시 점등을 유지하여야 한다. 인위적으로 끄지 못하게 하고 상시 24시간 점등하여 거주자가 늘 유도등을 인지할 수 있도록 하여야 하며 유도등의 동작상태를 상시 확인하는 2선식이다.

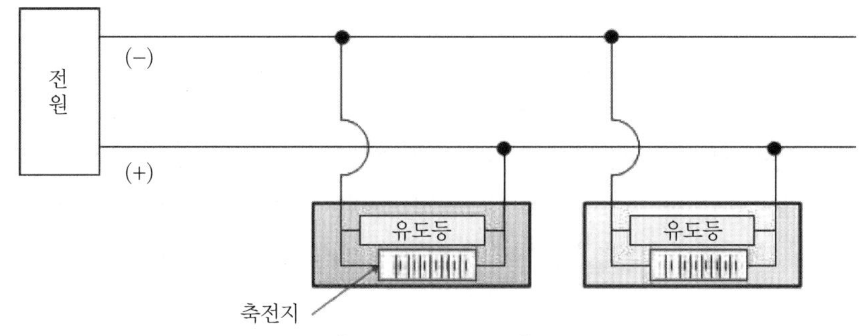

▌2선식의 설치 예▌

④ 2선식의 예외
   ㉠ 소방대상물 또는 그 부분에 사람이 없는 경우
   ㉡ 다음 중 어느 하나에 해당하는 장소로서, 3선식 배선에 따라 상시 충전되는 구조인 경우
      • 외부광(光)에 따라 피난구 또는 피난방향을 쉽게 식별할 수 있는 장소
      • 공연장, 암실(暗室) 등으로서 어두어야 할 필요가 있는 장소
      • 소방대상물의 관계인 또는 종사원이 주로 사용하는 장소

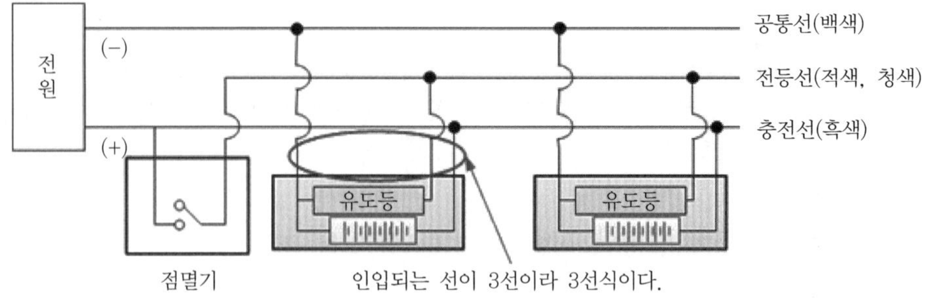

▌3선식의 설치 예▌

4) 3선식 배선에서 상시 점등되어야 하는 경우
   ① 자동화재탐지설비의 감지기 또는 발신기가 작동되는 경우
   ② 비상경보설비의 발신기가 작동되는 경우
   ③ 상용전원이 정전되거나 전원선이 단선되는 경우
   ④ 자동소화설비가 작동되는 경우
   ⑤ 방재업무를 통제하는 곳 또는 전기실의 배전반에서 수동으로 점등하는 경우
5) 3선식의 배선 : 내화배선 또는 내열배선
6) 3선식의 장단점

장점	단점
① 주간에도 유도등을 상시 점등시켜야 하는 불합리한 점을 개선 ② 유도등을 소등시켜 에너지 절감 ③ 등기구 수명연장	① 유도등에 이상이 있는 경우 평상시 외관상태로는 불량확인 곤란(시험스위치를 통해 확인 가능) ② 관리가 부실한 경우 화재 시 점등 및 피난유도에 문제가 발생

09 유도등의 SMPS 128회 출제

(1) 개요

1) Switching Mod Power Supply의 약자이다. 파워 서플라이의 일종으로 스위칭 회로를 이용하는 것이다.
2) 교류전원을 입력으로 받아서 스위칭 회로를 거쳐 직류전원이 된다.

공급전원(AC)	→	SMPS	→	유도등(DC)

▌개념도▐

SMPS : 스위칭 소자(FET, IGBT 등)를 이용해서 코일에 공급하는 전원을 끊었다 연결했다가를 반복하면서 원하는 전압을 만들어내는 것이다. 간단하게 ON 시간이 길어지면 출력되는 DC 전압이 높아지고 ON 시간이 짧아지면 DC 전압이 낮아지게 된다. 이것을 정류하여 직류전원을 출력할 수 있도록 한 것이다.

3) 종류

구분	트랜스포머	종류
절연형	유	Flyback 방식(소용량, 간단), Forward 방식(중 · 대용량), Full-bridge 방식(출력용량 증대), Half-bridge 방식(대용량)
비절연형	무	Buck 방식, Boost 방식, Buck-boost 방식, Cuk 방식

(2) 구조와 동작원리

1) SMPS 구조
   ① 노이즈 필터 : 노이즈를 제거하는 장치
   ② 돌입전류 방지회로 : 돌입전류를 방지하는 장치

돌입전류 : SMPS를 켜는 순간 입력단에 큰 펄스의 전류가 흐른 뒤 정상으로 돌아오는 전류

   ③ 입력정류 평활회로 : 정류회로를 통과한 맥류 파형을 평활한 직류로 만드는 회로
   ④ DC-DC 컨버터 : 입력정류 평활회로를 통해 얻은 직류 입력전압을 직류 출력전압으로 변환하는 장치
   ⑤ 궤환제어회로 : 출력전압을 안정화 시켜주는 회로
   ⑥ 보호회로 : 과전압 · 과전류로부터 보호하는 회로

2) SMPS 동작원리

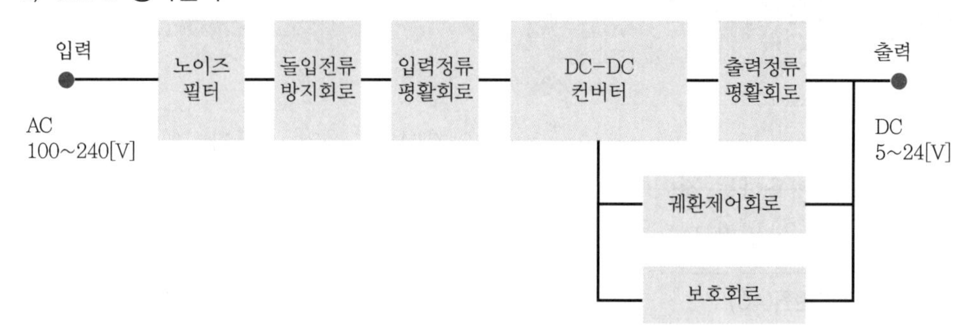

▌동작 시퀀스▐

(3) 소손패턴

구분	내용
전기적 과부하에 의한 소손	① 스위칭 소자(MOSFET)의 열화 ② 커패시터의 누설전류 증가 ③ 전해부식 통한 전기적 특성 변화 ④ 입력과전압은 PCB 내부회로 소손
기계적 균열에 의한 소손	① 열화에 의한 내구성 저하로 바리스터 고장 ② 금속 간 화합물 석출에 의한 PCB 고장
기타 전기적 원인에 의한 소손	① 낙뢰, Surge에 따른 소손 ② 부적절한 Fuse나 스위치 선정에 따른 소손 ③ LED와 SMPS의 결선 불량

(4) SMPS 소손 예방대책

1) **머신러닝 통한 소손 예방** : 외부에서 주어진 고장 데이터를 통해 컴퓨터가 스스로 학습하여 고장시기를 예측하여 사용자에게 통보해 사전대응하도록 한다.

머신러닝(machine learning) : 기계(machine)가 사람처럼 학습(learning)하는 것을 말한다. 인공지능(AI : Artificial Intelligence)의 한 갈래로, 빅 데이터에서 한 단계 발전한 기술로 평가받는다. 한국어로 기계학습이라 한다.

2) **전장부 과부하 감지장치 설치** : SMPS의 출력 DC단에 장착된 전장 계통의 과부하 상태를 SMPS의 출력전압 변동을 이용하여 감지하고, 이 감지결과에 따라 전압변동을 보상하거나 개별적으로 부하의 과부하 여부를 파악하여 과부하 방지를 위한 제어동작을 하는 장치와 방법을 제공한다.

3) 실제 필요한 와트보다 약 30[%] 높은 와트의 SMPS를 선택하여 시스템에 신뢰성을 높일 수 있다.

10 LED 유도등 126회 출제

(1) 개요

1) Light Emitting Diode의 약자이며, 흔히 발광다이오드라고 부른다. LED는 화합물 반도체 특성을 이용해서 전기신호를 적외선 또는 빛으로 변환시켜 신호를 보내고 받는 데 사용하는 반도체의 일종이다.

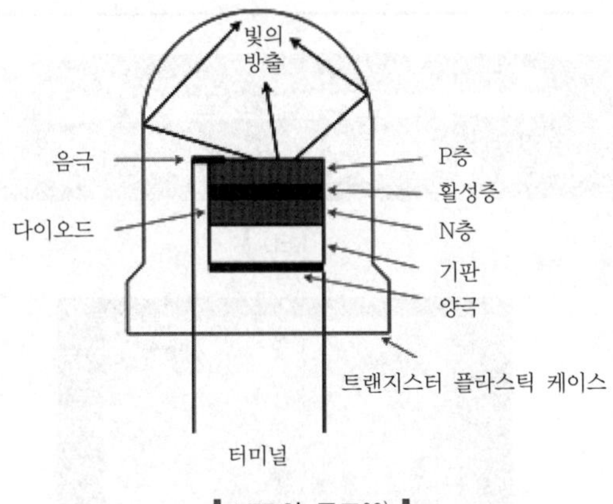

▎LED의 구조[63] ▎

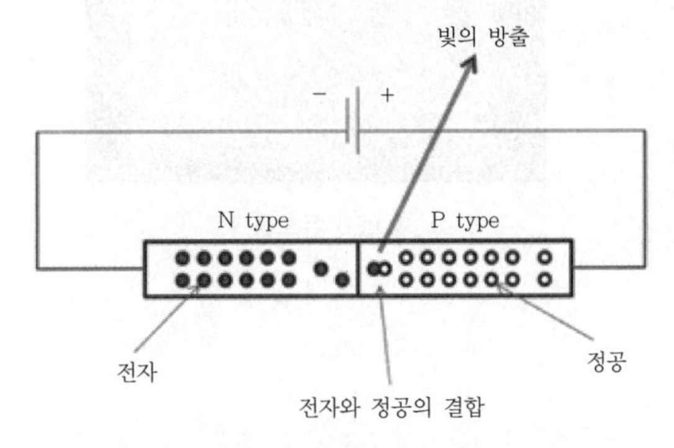

▎LED의 동작원리[64] ▎

2) LED의 동작원리 : 순방향 전압 인가 시 N층의 전자와 P층의 정공(hole)이 결합하면서 전도대(conduction band)와 원자가 전자대(valance band)의 높이 차이(에너지 갭)에 해당하는 만큼의 에너지를 발산하는데, 이 에너지는 주로 열이나 빛의 형태로 방출되며, 빛의 형태로 발산되는 것을 LED라고 한다.

63) http://www.myledlightingguide.com/Article.aspx?ArticleID=41에서 발췌
64) http://www.myledlightingguide.com/Article.aspx?ArticleID=41에서 발췌

(2) 장단점

장점	단점
① 소형경량화 및 슬림화 ② CCFL 대비 수명은 1.5배 이상이며 LED의 동작전압 및 온도 특성이 맞으면 수명은 더욱 더 증가함(30,000시간 이상) ③ 점등용 인버터(inverter)회로가 필요없음 ④ 저전압으로 동작하여 소비전력이 작아짐(소형 유도등 기준 : 구형 형광등식 17[W], CCFL 4.4[W], LED 2[W])	① LED 소재가 열에 약해서 화재 시 동작하지 못할 수 있음 ② 형광램프에 비해 광도가 낮음 ③ 저전력으로 구동되므로 SMPS가 필수적임

▌LED ▌

▌LED 유도등 ▌

SECTION

056 광점멸에 의한 피난유도시스템

01 개요

(1) 재해약자(시청각 약자)가 많은 장소, 심도가 깊은 지하공간, 대규모 건축물, 대규모 지하상가에 화재가 발생했을 때는 공간에 대한 부적응과 경쟁적 피난으로 심리적 동요인 공황(panic)에 빠져서 피난에 장애를 일으키기도 하고 피난약자의 경우는 기존의 유도등 시인성의 저하로 피난의 어려움에 부닥칠 수 있다. 따라서, 「장애인 등 편의법 시행규칙」 [별표 1]의 18에 의해서 음성점멸유도등을 설치하여야 한다.

1. 「장애인 등 편의법 시행령」 제2조와 제4조에 의거하여 제1종 근린생활시설 및 제2종 근린생활시설, 문화 및 집회시설, 종교시설, 판매시설, 의료시설, 교육연구시설(유치원 제외), 노유자시설(아동 관련 시설, 노인복지시설 제외), 수련시설, 운동시설, 업무시설, 숙박시설, 공장, 자동차 관련 시설, 교정시설, 방송통신시설, 묘지 관련 시설, 관광 휴게시설 및 장례식장에는 음성점멸유도등을 설치하여야 한다.
2. **「장애인 등 편의법 시행규칙」 [별표 1]의 18. 시각 및 청각 장애인 경보·피난설비** : 시각 및 청각 장애인 경보·피난 설비는 「소방시설 설치 및 관리에 관한 법률」에 따른다. 이 경우 청각장애인을 위하여 비상벨설비 주변에는 점멸형태의 비상경보등을 함께 설치하고, 시각 및 청각 장애인용 피난구유도등은 화재 발생 시 점멸과 동시에 음성으로 출력될 수 있도록 설치하여야 한다.

(2) 피난유도를 위해 동적인 빛과 음향을 사용한 강력한 피난 유도시스템을 이용하면, 피난자에게 피난에 유용한 정보를 제공할 수 있으므로 보다 더 효율적으로 피난을 진행할 수 있다.

(3) 지하공간이나 무창의 공간에 화재 발생 시 시야장애로 피난구 인지가 곤란함에 따라 피난을 안내할 피난 유도시스템을 제공할 목적으로 개발되었다.

02 설치방법 및 영향요소

(1) 설치방법

바닥면에 일정 간격으로 매립시켜 놓은 녹색광원을 피난방향을 향해 순차적으로 점멸시켜 피난자를 비상구까지 유도하는 것이다. 아래의 그림에서 순서대로 점등이 되면서 마치 점등이 이동하는 것처럼 설치한다.

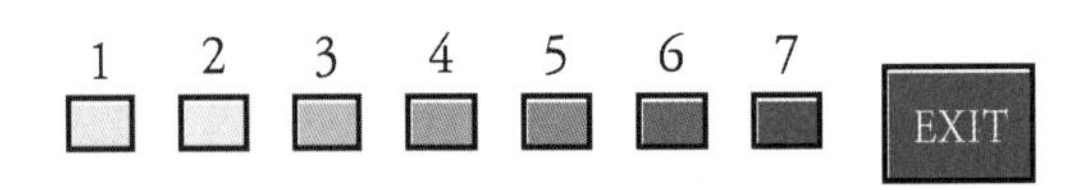

시간차를 두어 점멸하여 마치 점등이 이동하는 것처럼 보이는 현상

▌광점멸 유도등▐

(2) 영향요소

1) 광원의 간격
   ① 광간격이 좁을수록 효과가 우수하므로 근접하여 설치한다.
   ② 간격이 1[m] 이상이 되면 유도효과가 급격이 저하되기 때문에 1[m] 이하의 간격이 유지되도록 설치한다.

2) 광원의 크기
   ① 광원이 클수록 효과가 증대되는데 5[cm]×5[cm](가로×세로) 광원의 크기까지는 유도효과가 많이 증가한다.
   ② 5[cm]×5[cm](가로×세로) 이상의 크기에는 더 이상 유도효과의 증대에 변화가 없다. 따라서, 5[cm]×5[cm](가로×세로)의 크기를 유지하는 것이 바람직하다.

3) 휘도 : 피난유도효과를 증대시키기 위해서 광원이 피난자의 10[m] 전방에서 인지되어야 한다.

4) 점멸주행속도
   ① 광원의 점멸주행속도에 따른 유도효과는 광원의 간격 및 1세트(조)의 광원수에 의해 좌우된다.
   ② 광원의 간격이 1[m] 이내이고 1세트(조)의 광원의 수가 4 ~ 5개의 경우

점멸주행속도	피난자 보행속도와 점멸주행속도의 관계	유도효과
2[m/sec] 이하	피난자 보행속도 ≥ 점멸주행속도	급격히 저하
2 ~ 3[m/sec]	피난자 보행속도 = 점멸주행속도	최대
3[m/sec] 초과	피난자 보행속도 < 점멸주행속도	저하

5) 조명기구 : 기구축의 10° 전후의 배광곡선을 가질 것

배광곡선 : 빛이 나오는 모양을 곡선으로 나타낸 것

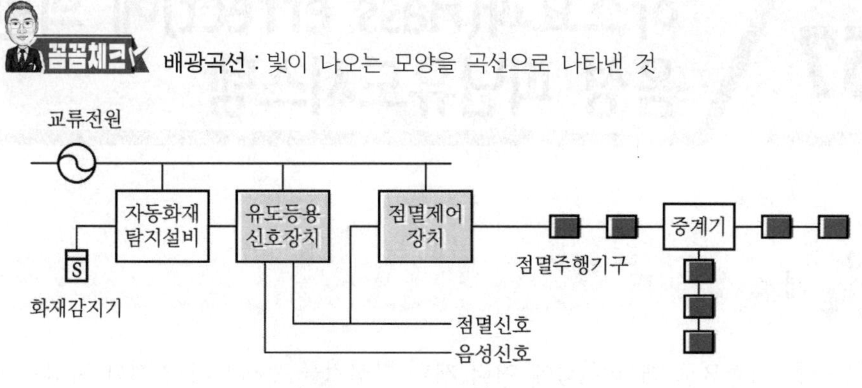

▌광점멸유도등 시스템의 기본구성도 ▌

SECTION 057

하스효과(Hass effect)에 의한 음성 피난유도시스템

01 개요

(1) 비상구를 기점으로 해서 천장에 여러 개의 확성기를 부착시켜 인접한 확성기 사이에 정기적으로 시간차를 두어 음성을 발하여 마치 음성이 비상구로부터 들려오는 것과 같은 효과를 하스효과(Hass effect)라고 한다.

하스효과(Hass effect)를 선행효과(precedence effect) 또는 Law of the first wave front라고도 한다.

(2) 특정 지점(출입구)을 지향해서 부르는 것처럼 들린다고 해서 지향성 음향을 이용한 피난시스템이라고 한다.

02 하스효과(Hass effect)

(1) 폐쇄된 공간에서 우리가 소리를 들을 때 처음에는 직접음을 듣고 이어서 직접음에 따라오는 반사음을 듣게 된다. 직접음이 도달된 시점에서 50[ms] 이내에 도달되는 반사음을 초기 반사음이라 한다.

(2) **직접음과 반사음이 청취자에게 도달되는 시간의 차이**

시간의 차이	내용	하스효과
5[ms] 미만	음이 분리되는 것처럼 들림	×
5 ~ 35[ms] 이하	소리의 위치는 먼저 도달한 음의 방향으로 인식	○
50[ms] 초과	음이 분리되는 것처럼 들림	×

(3) 효과적인 하스효과를 나타내기 위해서는 20 ~ 35[ms] 이내의 차이를 두고 음이 피난구 방향으로 들리도록 음성을 확성해야 한다.

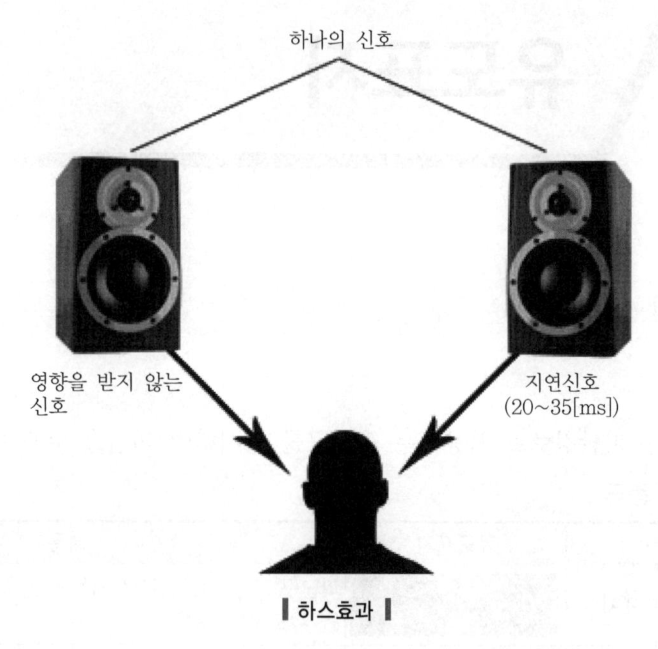

▍하스효과▍

(4) 일본 소방법에 의하면 음성경보기능이 있는 유도등을 비상방송설비와 함께 사용할 때의 유도음 장치 부착 유도등의 음압 레벨은 해당 장치의 중심으로부터 1[m] 떨어진 위치에서 70[dB]로 조정되어 있는 것

SECTION

058 유도표지

01 정의

(1) 정의

피난구 또는 피난경로로 사용되는 출입구를 표시하여 피난을 유도하는 표지

(2) 유도표지의 종류

구분	유도표지	내용
피난구유도표지		피난구 또는 피난경로로 사용되는 출입구를 표시하여 피난을 유도하는 표지
통로유도표지		피난통로가 되는 복도, 계단 등에 설치하는 것으로서, 피난구의 방향을 표시하는 유도표지
보조표지		피난방향 또는 피난구조설비 등의 위치를 알려주는 보조역할을 하는 표지

02 피난 유도표지의 설치기준

(1) 설치위치

1) **피난구유도표지** : 출입구 상단에 설치

2) **통로유도표지** : 높이 1[m] 이하의 위치에 설치

1[m] 이하에 설치하는 이유 : 피난 시 연기가 상부를 덮고 있어 고개를 아래로 숙이고 피난해서 바닥 부근에 설치해야 식별이 쉽기 때문이다.

(2) 유도표지 설치간격(예외 : 계단에 설치하는 것)

1) 보행거리가 15[m] 이하가 되는 곳

2) 구부러진 모퉁이의 벽에 설치할 것

(3) 주위에 이와 유사한 등화 · 광고물 · 게시물 등을 설치하지 아니할 것

(4) 유도표지는 부착판 등을 사용하여 쉽게 떨어지지 아니하도록 설치할 것

(5) 축광방식의 유도표지

1) 외광 또는 조명장치에 의하여 상시조명이 제공된다.

2) 비상조명등에 의한 조명이 제공된다.

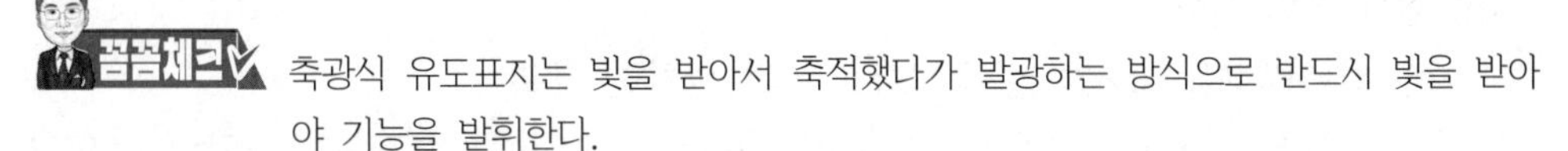

축광식 유도표지는 빛을 받아서 축적했다가 발광하는 방식으로 반드시 빛을 받아야 기능을 발휘한다.

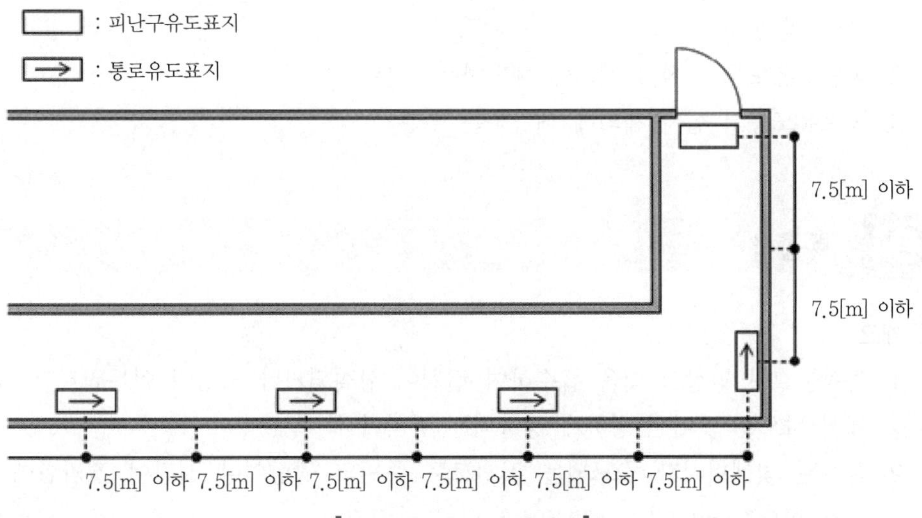

| 피난구유도표지 설치기준 |

03 유도표지의 기준

(1) 방사성 물질을 사용하는 유도표지는 쉽게 파괴되지 않는 재질로 처리해야 한다. 이는 파괴되어 방사성 물질이 유출될 것을 방지하기 위함이다.

(2) 식별도

1) 주위 조도 0[lx]에서 60분간 발광 후 직선거리 20[m] 떨어진 위치에서 보통시력으로 유도표지가 있다는 것을 식별한다.

2) 3[m] 거리에서 표시면의 문자 또는 화살표 등을 쉽게 식별한다.

(3) 유도표지의 표시면

1) 쉽게 변형 · 변질 또는 변색되지 아니할 것

2) 휘도 : 주위 조도 0[lx]에서 60분간 발광 후 7[mcd/m^2] 이상

(4) 유도표지의 크기

종류	가로길이[mm]	세로길이[mm]
피난구유도표지	360 이상	120 이상
복도 · 통로유도표지	250 이상	85 이상

(5) 설치 제외 대상

1) 피난방향을 표시하는 통로유도등을 설치한 부분
2) 유도등이 피난구유도등 및 통로유도등의 규정에 적합하게 설치된 출입구 · 복도 · 계단 및 통로
3) 피난구유도등의 설치 제외에 해당하는 부분
4) 통로유도등의 설치 제외에 해당하는 부분

04 축광식

(1) 개요

1) 축광물질이 평상시 빛을 흡수하여 전원이 상실되거나 조명이 어두워지면 축광물질에서 나오는 빛이 선명하게 방출되는 방식이다.
2) 흡수된 빛에너지가 소모되는 것이므로 주변의 광량이나 시간이 경과함에 따라서 점차 휘도가 낮아진다.

(2) 축광피난표지의 장단점

장점	단점
① 빛이 축적되면 주위환경에 상관없이 작동됨 ② 전기적 요소가 없어 신뢰도가 높음 ③ 유지관리가 쉬움 ④ 전력을 소비하지 않음	① 조명도가 낮음 ② 주위에 축적할 수 있는 빛이 필요함

1. **발광(發光, luminescence)** : 물질이 전자파나 열, 마찰에 의하여 에너지를 받아 여기(들뜸상태)되어, 그 받은 에너지로 특정 파장의 빛을 방출하는 현상
   ① 형광 : 여기되어 에너지의 공급을 끊자마자 발광도 바로 멈추는 현상
   ② 인광 : 인원자 속의 전자가 빛과 열을 받아 여기된 후(에너지 과잉상태) 매우 천천히 원래의 궤도인 바닥상태로 되돌아오면서 장시간의 발광(잔상)이 남는 현상
      ㉠ 야광
      ㉡ 축광 : 잔상현상이 긴 물질
2. **광 루미네선스(photo-luminescence)** : 가시광선 또는 비가시광선에 의해 여자된 후 광선을 제거해도 얼마동안 스스로 발광하는 물질

SECTION 059

피난유도선

109회 출제

01 개요

(1) 정의

재실자의 안전한 피난을 위해 다중이용업소 중 고시원 등과 같이 화재 시 피난장애가 우려되는 장소에 설치하여 피난방향을 연속적으로 표시해주는 선

(2) 종류

1) 축광식 : 동력이 필요하지 않고 인광효과에 의존하는 방식
2) 광원점등식 : 동력을 이용하여 시현성 및 일정시간 이상의 작동성을 확보할 수 있는 방식

(3) 표시면 규격

1) 연속된 띠 형태로 설치
2) 크기 : 짧은 변의 길이가 20[mm] 이상
3) 면적 : 20,000[mm^2] 이상

▌표시면 표준단위길이▐

(4) 설치대상

1) 관련 법 : 「다중이용업소의 안전관리에 관한 특별법 시행령」 [별표 1의2] 제1호 다목 2)
2) 도입사유 : 화재 등 재해발생 시 이용자의 신속대피를 도모하기 위함이다.
3) 설치대상 : 다중이용업소 중 숙박업 형태로 운영되는 고시원 및 산후조리원

02 설치기준

(1) 피난유도선 방식별 비교표

구분	축광식 피난유도선	광원점등방식 피난유도선
목적	재실자의 안전한 피난을 위해 다중이용업소 중 고시원 등과 같이 화재 시 피난장애가 우려되는 장소에 설치하여 피난방향을 연속적으로 표시해주는 선	

구분	축광식 피난유도선	광원점등방식 피난유도선
설치장소	구획된 각 실로부터 주출입구 또는 비상구까지 설치할 것	
설치수량	피난유도 표시부는 50[cm] 이내의 간격으로 연속되도록 설치할 것	피난유도 표시부는 50[cm] 이내의 간격으로 연속되도록 설치하되 실내장식물 등으로 설치가 곤란할 경우 1[m] 이내로 설치할 것
설치위치	① 높이 50[cm] 이하의 위치 ② 바닥면에 설치할 것	① 높이 50[cm] 이하의 위치 ② 바닥면에 설치할 것
부착방법	부착대에 의하여 견고하게 설치	바닥에 설치되는 피난유도 표시부는 매립하는 방식을 사용
작동	소등되면 축광으로 표시할 것	수신기로부터의 화재신호 및 수동조작에 의하여 광원이 점등되도록 설치할 것
광원 및 전원	① 외광 또는 조명장치에 의하여 상시 조명을 제공할 것 ② 비상조명등에 의한 조명을 제공할 것	① 비상전원이 상시 충전상태를 유지하도록 설치할 것 ② 피난유도 제어부는 조작 및 관리가 용이하도록 바닥으로부터 0.8[m] 이상 1.5[m] 이하의 높이에 설치할 것

(2) 광원점등방식 피난유도선

1) 성능기준

① 수신기의 화재신호 또는 수동조작신호를 수신하거나 정전 시 즉시 점등되어야 하며, 인위적 조작이 없는 한 점등상태를 유지한다.

② 주기적으로 점멸하는 경우 단위 소등시간은 2초 이하로 한다.

③ 전원

㉠ 비상전원을 내장하고 상용전원이 투입되는 경우에는 상시 충전상태를 유지한다.

㉡ 비상전원의 용량 : 60분 이상

④ 휘도시험

㉠ 방향표시 부분 20[cd/m^2] 이상

㉡ 주위조도 0[lx]에서 표시부 전면 1[m]에서 측정

⑤ 식별도 : 표시면의 방향표시가 명확히 식별 여부 시험

㉠ 상용전원 : 직선거리 20[m]

㉡ 비상전원 : 직선거리 15[m]

㉢ 주위조도 : 0 ~ 1[lx]

㉣ 측정시력 : 1.0 ~ 1.2

2) **구성** : 제어부, 표시부, 수동점등 스위치, 표시면

① 표시부 : 제어부로부터 전원을 공급받아 광원을 점등하여 피난방향을 안내하기 위한 화살표 등을 표시하는 부분으로 광원, 표시면 및 표시면 이외의 조명에 사용되는 조사면과 부착대 등이 포함된 부분

② 제어부 : 비상전원을 내장하고 표시부에 전원을 공급하며 표시부의 점등을 제어하는 부분

③ 수동점등 스위치 : 광원점등식 피난유도선 중 수동으로 표시부의 광원을 수동으로 점등시키는 기능의 스위치

④ 표시면 : 피난방향을 안내하기 위한 방향표시 등이 표시된 부분

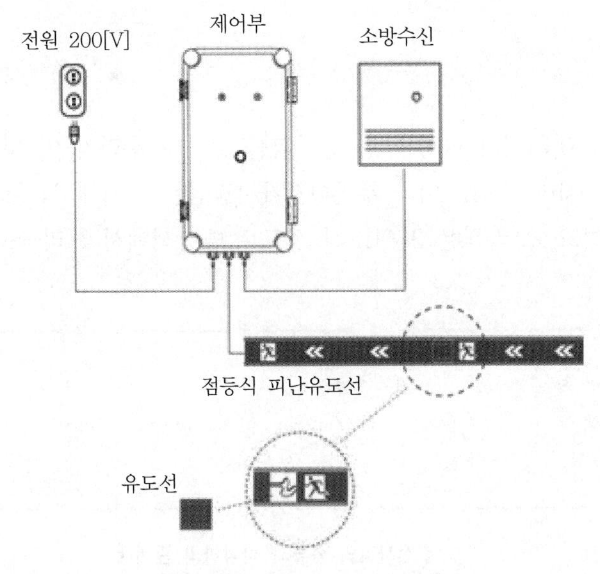

▎광원점등방식 피난유도선[65] ▎

(3) 피난유도선은 소방청장이 고시한 「피난유도선의 성능인증 및 제품검사의 기술기준」에 적합한 것으로 설치하여야 한다.

65) 한국소방공사 홈페이지 내용 참조

SECTION 060

푸르키네 현상(Purkinje effect)

119 · 91회 출제

01 개요

(1) 빛은 380 ~ 760[nm]의 파장을 띤 전자파를 말하며 우리가 이 빛을 볼 수 있으므로 이를 가시광선(visible light)이라 부른다. 가시광선은 무지개 색깔로 빨강색의 빛은 파장이 760[nm]이고, 보라색은 380[nm] 정도로 빨강색에서 보라색으로 갈수록 파장이 짧아진다.

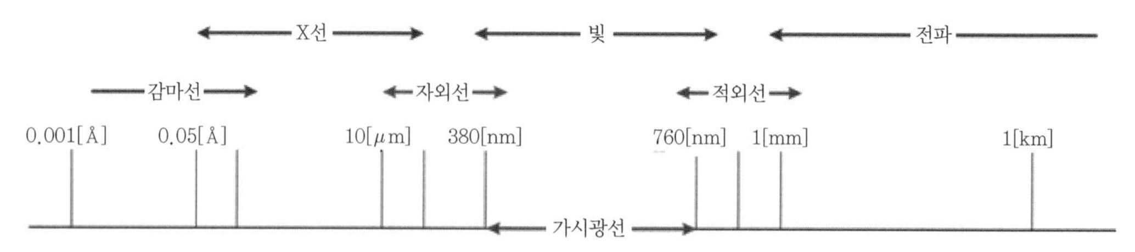

| 전자파의 종류와 파장과의 관계 |

(2) 가시광선보다 파장이 길면 적외선이라 하고 가시광선보다 파장이 짧은 것을 자외선이라 한다. 가시광선을 이루는 포톤(photon, 광양자, 빛의 입자)은 빨강에서 보라까지 일곱 종류로 구분할 수 있다.

02 눈의 구조

(1) 눈의 구조

1) 다음의 그림은 사람의 눈의 구조를 나타낸 그림이다. 이 가운데서 망막(retina)은 디지털카메라의 촬상소자(CCD, CMOS)에 해당하는 것으로, 빛에 반응하는 세포인 수용체(receptor)를 둘러싸고 있는 원형의 세포막이다.

촬상소자 비교

구분	CMOS Sensor	CCD Sensor
전원	단일 전원(0 ~ 3.3[V]) 저전력	복합전원(0.33 ~ 7.12[V]) 고전력
장점	주변회로 집적성 우수	화질이 우수
가격	저렴	고가

구분	CMOS Sensor	CCD Sensor
생산성	대량생산	소량생산
생산공정	일반공정	전용공정

2) 수용체에는 간상체(rod)와 추상체(cone)라는 두 세포가 있는데, 인간이 빛을 수용하여 색을 인지하는 데는 이 두 종류의 세포가 존재하기 때문이다.

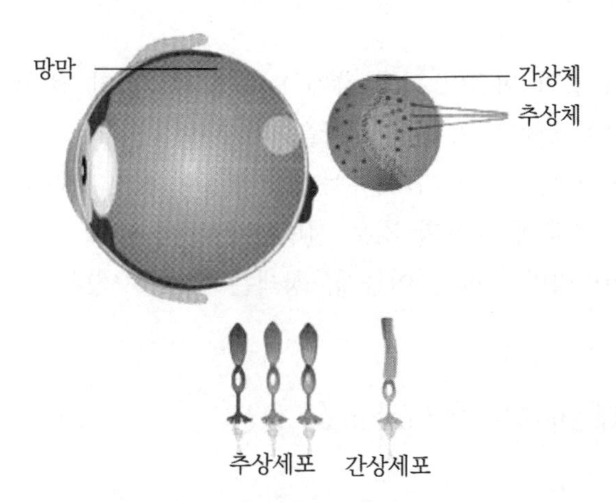

❙ 눈의 구조 ❙

구분	간상체(rod)	추상체(cone)
분포	망막 표면에 널리 분포	망막의 중심부인 황반에 밀집 분포
세포수	1.1 ~ 1.25억 개의 세포	5 ~ 7백만 개의 세포
형태	막대 모양	원뿔 모양
빛에 대한 민감도 (sensitivity)	매우 높아서 약한 빛도 감지 가능	빛의 양이 현저히 감소하면 뇌로 보내는 신호발송을 중지하다가 빛의 양이 증가하면 반응
시감도	어두운 곳의 시감도(암순응)	밝은 곳의 시감도(명순응)
시감도의 정의	밝은 곳에서 어두운 곳으로 갑자기 들어갈 때 한동안 아무것도 보이지 않고, 짧은 순간이지만 일정한 시간이 지나면 점차 보이는 현상	어두운 곳에서 밝은 곳으로 나올 때 한동안 아무것도 보이지 않다가 점차 보이는 현상
최대 비시감도	510[nm]	555[nm]
순응시간	30[min]	1 ~ 2[sec]
주요 기능	명암을 감지	색을 감지
특징	① 한 가지 색소만으로 구성되어 있어 회색조(gray scale)만을 감지 ② 작은 빛에서도 사물을 분간	① 가시광선의 다양한 파장에 각각 달리 반응하는 3종류의 추상체로 색을 감지 ② 자극을 받은 추상체는 서로 다른 색신호를 뇌로 전송

1. 시감도(visibility)
   ① 가시광선의 파장에 따라 사람의 눈이 느끼는 밝음의 정도
   ② 파장이 555[nm]에서 최대 시감도를 가진다.
2. 비시감도(relative visibility) = $\frac{\text{임의 파장의 시감도}}{\text{최대 시감도}}$

(2) 눈과 색체

1) 빛은 파장이 길면 회절이 작고 감쇄가 작아 멀리까지 전달이 가능하다.
2) 적색은 파장이 길어서 뚜렷한 윤곽을 나타낸다.
3) 청색은 파장이 짧아 멀리가지는 못하나 회절이나 산란을 하지 않아 윤곽선이 뚜렷하여 글씨나 그림에 사용할 경우 선명하게 눈에 띈다.
4) 조도를 떨어뜨리면 적색은 어둡게, 청색은 밝게 보인다.

03 푸르키네 or 퍼킨제(Purkinje) 현상

(1) 정의

1) 빛이 약할 경우에 눈은 장파장(長波長)보다 단파장의 빛에 대해 민감해져 밝은 곳에서는 노랑, 어두운 곳에서는 청록색을 가장 밝게 느끼는 현상
2) 주위 밝기 변화에 따라 물체색의 밝기가 변화되어 보이는 현상
3) 최대 비시감도가 555[nm]에서 510[nm]로 이동하는 현상

(2) 주변이 어두워지면 반응은 최대 비시감도가 짧은 파장으로 아래의 그림과 같이 이동하고 세포도 추상체에서 간상체로 이동하게 되며 600[nm] 이상의 긴 파장은 볼 수가 없게 된다.

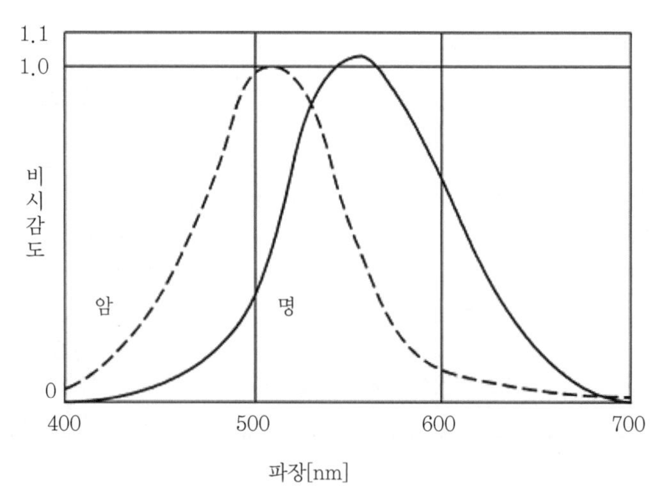

▌명과 암의 파장에 따른 비시감도▐

(3) 화재 등에 의한 정전 또는 암흑의 공간에서는 색을 구분하는 추상체는 도움이 되지 않고 명암을 구분하는 간상체가 중요한 역할을 하게 된다.

(4) 간상체는 녹색광은 잘 흡수하지만 적색광은 흡수하지 못하는 관계로 어두운 곳에서는 녹색광이 눈에 가장 밝게 보이게 된다. 따라서, 유도등은 어두워졌을 때 가장 잘 보이는 녹색광이다.

04 유도등에서의 적용 123회 출제

구분	내용
피난구유도등에 녹색 바탕과 백색문자를 적용하는 이유	① 피난구 위치확인이 주목적이고 문자확인은 부차적인 것이기 때문임 ② **녹색바탕이 멀리서 가장 밝게 잘 보이기 때문에 암순응에서 인지가 용이함**
통로유도등에 백색 바탕과 녹색문자를 적용하는 이유	① 피난구의 방향을 표시하는 문자식별이 주목적이기 때문임 ② **피난방향이 녹색으로 암순응에서 멀리서 보고 피난방향을 인지하는 것이 용이함**

일부 나라에서 유도등이 적색광인 이유 : 유도등은 화재 초기에 피난자의 피난을 유도하기 위한 설비로, 화재 초기에는 조도도 유지되고 연기확산도 적어 오히려 적색이 눈에 띄기가 쉬운 점을 고려한 것이다.

SECTION 061

비상조명등

107회 출제

01 개요

(1) 화재발생 등에 의한 정전 시에 안전하고 원활한 피난활동을 할 수 있도록 거실 또는 피난통로 등에 설치하는 피난구조설비이다.

(2) 피난 시 조도가 1[lx] 이하가 되면 피난속도가 $\frac{1}{2}$ 이하로 급격하게 줄고, 피난자가 공포에 따른 패닉에 빠져 인명피해를 크게 유발하게 된다.

(3) **설치목적**

1) 피난자의 심리적 안정유지
2) 피난자의 패닉방지
3) 피난통로 안내
4) 안전대피 유도

02 설치 및 면제대상

(1) **설치대상**

피난구조설비	적용 대상	설치기준	비고
비상조명등 (가스시설, 창고시설 중 창고 및 하역장 제외)	지하층을 포함하는 층수가 5층 이상	3,000[m^2] 이상	연면적
	지하층 또는 무창층	450[m^2] 이상	바닥면적
	지하가 중 터널길이	500[m] 이상	길이

(2) **면제대상**

법규	기준
「소방시설법 시행령」 제16조 [별표 6]	피난구유도등 또는 통로유도등을 화재안전기술기준에 적합하게 설치한 경우에는 그 유도등의 유효범위(유도등의 조도가 바닥에서 1[lx] 이상 되는 부분) 안의 부분에는 설치가 면제
「비상조명등의 화재안전기술기준」 2.2	거실의 각 부분으로부터 하나의 출입구까지 보행거리 : 15[m] 이내
	의원 · 경기장 · 공동주택 · 의료시설 · 학교의 거실

03 피난계획 시 고려사항

(1) 건축물의 규모, 형태, 용도

(2) 피난유도설비, 피난경보설비, 비상방송설비와의 조합

(3) 거주자의 수, 분포, 특성

(4) **조명설비의 설계 시 고려사항**

1) 배선방식 : 내화배선 또는 매립할 것인지 결정한다.

2) 전원

① 상용, 예비전원이 겸용이나 예비전원 전용으로 할 것인지 결정한다.

② 예비전원을 내장할 것인지 별도로 예비전원설비를 두고 배선을 할 것인지 결정한다.

3) 등기구

① 피난동선을 고려하여 최적의 위치 및 장소를 결정한다.

② 설치장소, 사용목적을 감안하여 등기구의 형상, 광속, 광원의 종류 등을 결정한다.

4) 조도 : 경년변화에 따른 광속의 감소를 고려하여 최저 1[lx] 이상 유지한다.

04 설치기준

(1) 설치장소

거실로부터 지상에 이르는 복도, 계단 및 그 밖의 통로

(2) 조도 130 · 124회 출제

1) 화재안전기술기준의 비상조명등 조도기준

화재안전기술기준	설치장소와 조도기준
비상조명등 (NFTC 304)	① 설치장소 : 거실과 피난 경로 ② 조도 : 각 부분의 바닥에서 1[lx] 이상
도로터널 (NFTC 603)	① 터널 안의 차도, 보도 : 10[lx] 이상 ② 그 외 모든 부분 : 1[lx] 이상
고층건축물 (NFTC 604)	① 설치장소 : 피난안전구역 ② 조도 : 각 부분의 바닥에서 10[lx] 이상

2) 표준조도 및 조도범위(KS A 3011)

활동유형	조도 분류	조도범위[lx]	작업면 조명방법
어두운 분위기 중의 시식별 작업장	A	3-4-6	공간의 전반조명
어두운 분위기의 이용이 빈번하지 않은 장소	B	6-10-15	
어두운 분위기 공공장소	C	15-20-30	
잠시동안의 단순 작업장	D	30-40-60	
시작업이 빈번하지 않는 작업장	E	60-100-150	
고휘도 대비 혹은 큰 물체 대상 시작업 수행	F	150-200-300	작업면 조명
일반 휘도 대비 혹은 작은 물체 대상 시작업 수행	G	300-400-600	
저휘도 대비 혹은 매우 작은 물체 대상 시작업 수행	H	600-1,000-1,500	
비교적 장시간 저휘도 대비 혹은 매우 작은 물체 대상 시작업 수행	I	1,500-2,000-3,000	전반조명과 국부조명을 병행한 작업면 조명
장시간 동안 힘든 시작업 수행	J	3,000-4,000-6,000	
휘도대비가 거의 안 되며 작은 물체의 매우 특별한 시작업 수행	K	6,000-10,000-15,000	

[범례] 조도범위에서 왼쪽은 최저, 가운데는 표준, 오른쪽은 최고 조도를 나타냄

3) **조도[lx]** : $\frac{\text{광속}[\text{lm}]}{\text{조사면적}[\text{m}^2]} = \frac{\text{광도}[\text{cd}]}{\text{거리}[\text{m}]}$로 역제곱의 법칙에 의해서 거리가 늘어나면 조사면적이 제곱으로 증가하여 조도는 $\frac{1}{4}$, $\frac{1}{9}$로 줄어든다.

4) **배광곡선** : 각 방향으로 나가는 빛의 세기를 나타내주는 것으로, 즉 3D로 보이는 것처럼 나오는 빛의 영역을 2D 평면 곡선화한 것이다.

(3) 예비전원 내장하는 경우

1) 점등 여부를 확인할 수 있는 점등스위치 설치
2) 축전지와 예비전원 충전장치를 내장

(4) 예비전원을 내장하지 않은 경우

1) 설치방식 : 자가발전설비, 축전지설비, 전기저장장치
2) 설치장소 : 점검에 편리하고 화재 및 침수 등의 재해로 인한 피해 우려가 없는 곳
3) 상용전원 차단 시 자동으로 비상전원 전환
4) 비상전원의 설치장소와 다른 구역 : 방화구획
5) 실내 설치 시 비상조명등

(5) 비상전원 용량

1) 20분 이상

2) 60분 이상

① 지하층을 제외한 층수가 11층 이상

② 지하층, 무창층 : 지하철역사, 도 · 소매시장, 지하상가, 여객자동차터미널

(6) 성능기준

1) **광학적 성능** : 화재 시 최소한의 1[lx] 조도를 유지할 수 있는 광속

2) **점등성능** : 화재 시 즉시 점등할 수 있는 백열전등을 사용하거나 형광등을 사용할 때는 속동형(rapid start)으로 설치

3) **내열성능** : 화재 시 기능을 유지하기 위해 배선을 내열배선으로 하고 등기구는 내열성 재료로 제작

4) **자동절환** : 정전 시 예비전원으로 자동절환되고 상용전원이 공급되면 자동으로 복구되는 기능

05 휴대용 비상조명등 107 · 84 · 83회 출제

(1) 설치기준 및 개수

대상	설치기준	설치개수
숙박시설	객실 또는 영업장 안의 구획된 실 잘 보이는 곳(외부 설치 시 출입문 손잡이 1[m] 이내)	1개 이상
대규모점포, 영화상영관 (수용인원 100인 이상)	보행거리 50[m] 이내	3개 이상
지하상가 및 지하역사(수용인원 100인 이상)	보행거리 25[m] 이내	

(2) 설치기준

1) **설치높이** : 바닥에서 0.8 ~ 1.5[m]

2) **구조** : 어둠속에서 위치를 확인할 수 있을 것

3) **용량** : 20분 이상

4) 건전지 사용 시

① 방전 · 방지 조치

② 충전식 배터리의 경우 상시 충전되는 구조

5) 사용 시 자동으로 점등되는 구조

6) **외함** : 난연성능

(3) 설치 제외

1) 지상 1층 또는 피난층으로서 피난이 용이한 경우

2) 숙박시설로서 복도에 비상조명등을 설치한 경우

06 NFPA 101 기준

(1) 비상전원

1) 발전기 : 자동기동
2) 10초 이내에 비상조명 정격부하에 도달(도달할 수 없는 경우 : 축전지의 예비전원 설치)
3) 용량 : 90분 이상

(2) 조도(7.2.2.5.5.10) 124회 출제

1) 초기 : 평균 10.8[lx] 이상, 최소 1.1[lx] 이상
2) 90분 후 : 평균 6.5[lx] 이상, 최소 0.65[lx] 이상
3) 조도균제도 : 40 : 1 이하

1. **균제도** : 일정 공간에서 빛의 균일한 분포 정도를 말하며 조도균제도와 휘도균제도가 있다. 조도균제도가 1에 가까울수록 눈에 피로가 작고 조명환경이 쾌적한 상태를 나타낸다. 아무리 조도가 높아도 공간에 따른 편차가 크면 피난에는 악영향을 미치기 때문에 균일한 것이 중요하다.
2. **조도균제도**
   ① 정의 : $\frac{\text{최소 조도}}{\text{최대 조도}}$
   ② 일반적으로 균제도라고 하면 조도균제도를 의미한다.
3. **휘도균제도** : $\frac{\text{최소 휘도}}{\text{평균 휘도}}$

(3) 정기시험

30일마다 30초 이상 기능시험을 한다.

07 결론

비상조명설비는 점유자가 피난 시 보행속도를 단축시키고 피난방향을 인지하도록 해주는 중요 설비이므로 피난경로에 적합한 설치와 상시 적절한 기능을 위한 유지관리가 중요하다. 국내의 경우는 NFPA에 비해서 평균조도의 규정이 없이 최소 조도에 국한되고 조도균제도에 관한 규정이 없어서 이에 대한 적용을 적극 검토하여 피난시간을 단축할 필요성이 있다.

SECTION 062

무선통신보조설비

109 · 96 · 93 · 90 · 85 · 83 · 82 · 80 · 74회 출제

01 개요

(1) 지하층, 지하가, 준고층, 초고층 건축물의 화재 시 화재지휘소와 현장 진압대원 간의 연락체계는 무선통신이 가장 효율적이다.

(2) 지하층이나 지하가, 초고층의 경우는 그 구조상 전파의 반송특성이 나빠서 무선통신이 원활하지 못하므로 이를 보완하기 위해 옥외 안테나, 증폭기, 누설 동축케이블, 안테나를 설치하여 무선통신을 할 수 있도록 도와주는 소화활동설비를 무선통신보조설비라고 한다.

02 설치 및 면제대상

(1) **설치대상**

적용 대상		설치기준	비고
지하가(터널 제외)		1,000[m^2] 이상	연면적
지하가 중 터널		500[m] 이상	–
지하층	바닥면적의 합계	3,000[m^2] 이상	지하층 전층
	지하층 층수 3개 층 이상이고 지하층의 바닥면적의 합계	1,000[m^2] 이상	
공동구		전부	「국토의 계획 및 이용에 관한 법률」 제2조 제9호 규정
층수 30층 이상		16층 이상 모든 층	–

(2) 면제대상

관련 법	기준
「소방시설법 시행령」 [별표 5]	무선통신보조설비를 설치하여야 할 특정소방대상물에 이동통신 구내 중계기 선로설비 또는 무선이동중계기 등을 화재안전기술기준의 무선통신보조설비기준에 적합하게 설치한 경우
「무선통신보조설비의 화재안전기술기준」(NFTC 505) 2.1 설치 · 제외	① 지하층으로서 특정소방대상물의 바닥부분 2면 이상이 지표면과 동일한 경우 ② 지표면으로부터의 깊이가 1[m] 이하인 경우에는 해당 층

03 종류

구분	누설동축케이블방식	안테나방식	혼합방식
설치 방식	난연성 케이블을 천장 또는 반자에 노출하여 설치하는 방식	케이블을 반자 내에 설치하고 안테나는 반자 외로 노출 설치하여 안테나를 통해 전파를 송 · 수신하도록 설치한 방식	일부 구간은 누설동축케이블, 일부 구간은 안테나방식으로 설치한 방식
설치 장소	터널, 지하구 같이 폭이 좁고 길이가 긴 건축물 내부 등	장애물이 작은 극장, 대강당 등	장소에 따라 병행하여 설치
장점	① 전파를 균일하고 광범위하게 방사가 가능함 ② 케이블이 외부에 노출되므로 유지 · 보수가 용이함	① 누설동축케이블보다 케이블이 경제적임 ② 케이블을 반자 내 은폐가 가능(미관상 우수)함	① 장소와 환경에 따라서 적합한 방식의 병용설치가 가능함 ② 누설동축케이블방식과 안테나방식의 장점을 가짐
단점	① 케이블 가격이 고가 ② 케이블 노출에 의해 외관상 불량 및 소손 우려	안테나 설치위치에 따라 통신 사각지대가 발생(기둥 등 장애물)함	누설동축케이블방식과 안테나방식의 단점을 가짐

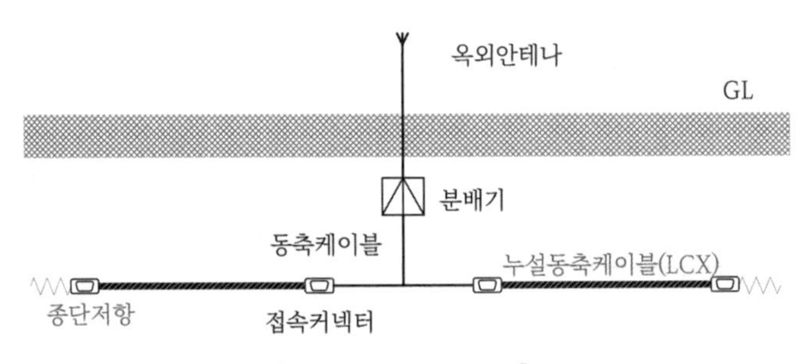

▌누설동축케이블방식▐

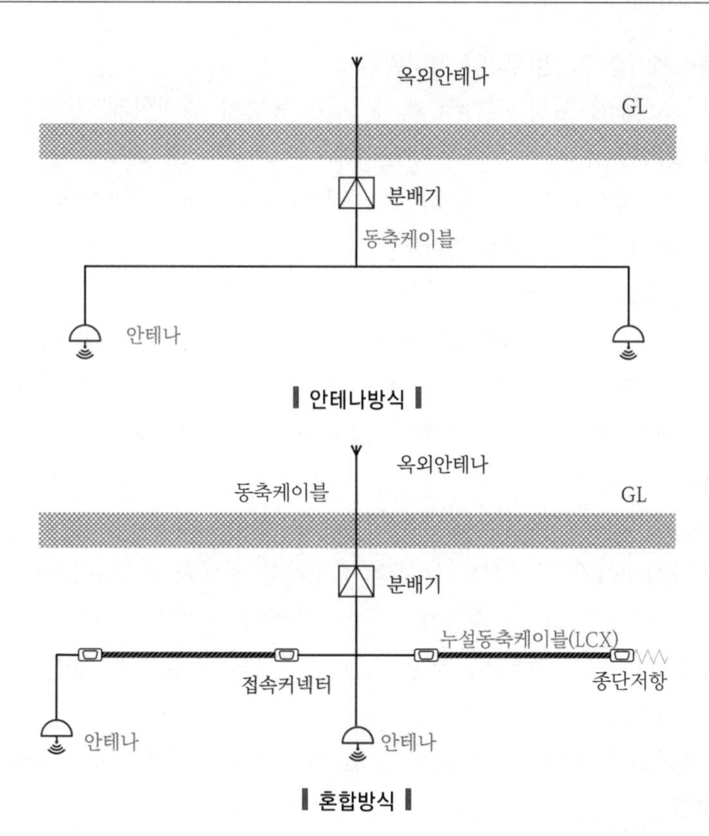

▌안테나방식▌

▌혼합방식▌

04 무선통신보조설비의 구성

(1) 누설동축케이블 등 설치기준

1) 소방전용 주파수대에 전파의 전송 또는 복사에 적합한 것으로서, 소방 전용의 것으로 할 것(소방대 상호 간의 무선연락에 지장이 없는 다른 용도와 겸용이 가능)

2) 구성(or)

① 누설동축케이블과 이에 접속하는 안테나

② 동축케이블과 이에 접속하는 안테나

3) 누설동축케이블과 동축케이블

① 불연 또는 난연성 + 습기에 따라 전기의 특성이 변질되지 아니하는 것

② 노출하여 설치한 경우 : 피난 및 통행에 지장이 없도록 설치한다.

③ 4[m] 이내마다 금속제 또는 자기제 등의 지지금구로서 벽, 천장, 기둥 등에 견고하게 고정(예외 : 불연재료로 구획된 반자 안에 설치하는 경우)한다.

④ 누설 임피던스 : 50[Ω] 이하(안테나, 분배기 등도 기타 임피던스에 적합하여야 함)

⑤ 접속하는 안테나가 설치된 층은 모든 부분(계단실, 승강기, 별도 구획된 실 포함)에서 유효하게 통신이 가능할 것

4) 누설동축케이블 및 안테나의 설치위치
① 금속판 등에 따라 전파의 복사 또는 특성이 현저하게 저하하지 아니하는 위치에 설치한다.
② 고압의 전로로부터 1.5[m] 이상 떨어진 위치에 설치(예외 : 정전기 차폐장치를 유효하게 설치한 경우)한다.
5) 누설동축케이블의 끝부분 : 무반사 종단저항을 설치한다.
6) 기능 : 옥외 안테나와 연결된 무전기와 건축물 내부에 존재하는 무전기 간의 상호통신, 건축물 내부에 존재하는 무전기 간의 상호통신, 옥외 안테나와 연결된 무전기와 방재실 또는 건축물 내부에 존재하는 무전기와 방재실 간의 상호통신이 가능할 것

(2) 옥외 안테나
1) 정의 : 감시제어반 등에 설치된 무선중계기의 입력과 출력포트에 연결되어 송·수신 신호를 원활하게 방사·수신하기 위해 옥외에 설치하는 장치
2) 설치장소 : 건축물, 지하가, 터널 또는 공동구의 출입구 및 출입구 인근에서 통신이 가능한 장소
3) 다른 용도로 사용되는 안테나로 인한 통신장애가 발생하지 않도록 설치한다.
4) 설치방법
① 견고하게 설치한다.
② 파손의 우려가 없는 곳에 설치한다.
③ 가까운 곳의 보기 쉬운 곳에 '무선통신보조설비 안테나'라는 표시와 함께 통신 가능거리를 표시한 표지를 설치한다.
5) 옥외 안테나 위치표시도 비치 : 수신기가 설치된 장소 등 사람이 상시 근무하는 장소에는 옥외 안테나의 위치가 모두 표시된 것으로 한다.

(3) 분배기, 분파기, 혼합기

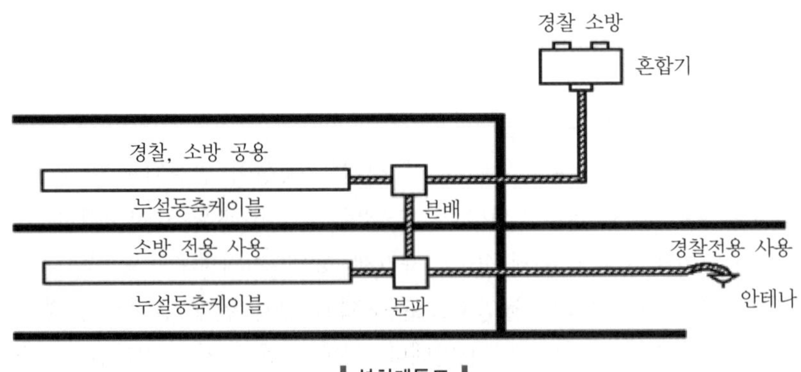

▌설치계통도▐

1) 설치기준

① 성능 : 먼지, 습기 및 부식 등에 의한 기능 저하가 없는 것

② 임피던스 : 50[Ω]

③ 설치장소 : 점검이 편리하고 화재 등의 재해로 인한 피해 우려가 없는 장소

2) 분배기(distributor)

① 정의

㉠ NFTC 505 : 신호의 전송로가 분기되는 장소에 설치하는 것으로, 임피던스 매칭(impedance matching)과 신호 균등분배를 위해 사용하는 장치

㉡ 공용기를 통하여 들어오는 입력신호를 누설동축케이블 방향의 양쪽으로 각 주파수 대역의 신호를 분배해주는 장비이다.

② 외형

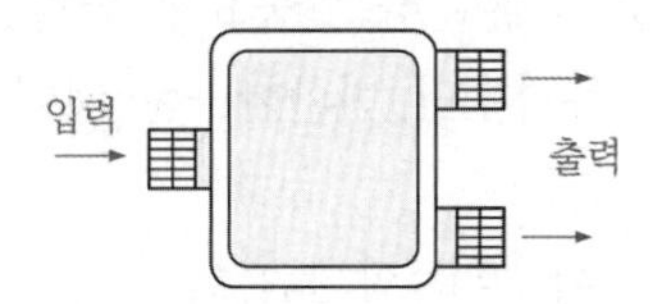

3) 혼합기(mixer)

① 정의

㉠ NFTC 505 : 두 개 이상의 입력신호를 원하는 비율로 조합한 출력이 발생하도록 하는 장치

㉡ 주파수를 변환해주는 역할을 하는 장치이다.

② 외형

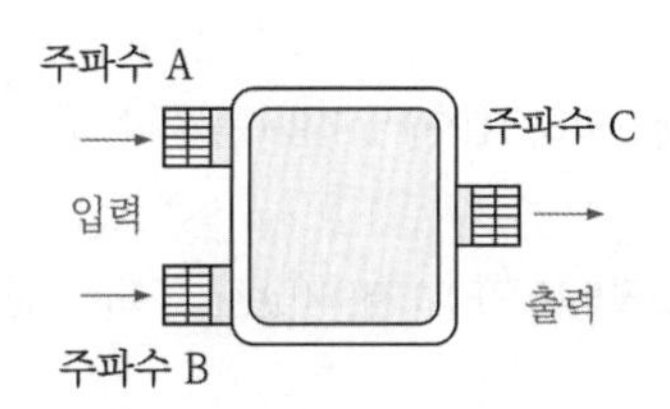

③ 기능

㉠ 혼합기를 통과하면 신호의 중심주파수가 입력주파수와 다른 주파수로 바뀐다.

㉡ 혼합기는 저주파와 고주파를 서로 변환해주는 역할을 담당한다.

- 우리가 실제로 많이 사용하는 의미있는 신호는 대부분이 저주파이다. 음성은 수 [kHz] 정도, 영상이나 데이터 같은 경우는 수 ~ 수십 [MHz] 정도의 주파수를 가진 신호이다. 하지만 모든 사람이 이런 똑같은 주파수 대역의 정보를 각자 교환하려면 그대로는 교환이 안 된다.

- 모두 주파수가 같아서 혼선이 발생한다. 그래서 이 똑같은 대역의 의미 있는 신호 주파수를 서로 다른 높은 주파수로 변환해서 송·수신해야 한다.
- 주파수 변환은 주파수에 따른 신호구분 말고도 신호의 품질, 안테나 크기 문제 등과 전송거리를 늘리기 위한 이유도 있지만, 유선이건 무선이건 모든 통신에서 실제 사용하는 원천 주파수를 전송용 주파수(소위 말하는 반송파=carrier)로 바꾸는 과정은 상기 이유에 따라서 반드시 변환이라는 과정이 필요하다.

㉢ 두 개의 주파수를 섞어서 그 합 또는 차에 해당하는 주파수를 출력한다.

- 혼합기(mixer)는 마치 우리가 가정에서 사용하는 믹서와 마찬가지로 두 가지 이상의 과일을 섞어 혼합주스를 만들듯이 두 주파수를 섞어서 새로운 주파수를 만들어 주는 역할을 한다.
- 혼합기(mixer)가 해야 하는 중요한 역할은 신호가 담고 있는 정보는 그대로 유지한 채, 주파수만 변환한다는 것이다.

4) 분파기(branching filter)

① 정의 : 서로 다른 주파수의 합성된 신호를 분리하기 위해서 사용하는 장치(NFTC 505)

② 구성

㉠ 1개의 입력과 2개의 출력을 지닌 로패스필터(LPF)와 하이패스필터(HPF)의 조합

㉡ 차단주파수 이하 신호 : 로패스필터를 통과시킨 한쪽의 출력

㉢ 차단주파수 이상 신호 : 하이패스필터를 통과시킨 다른 쪽의 출력

1. **하이패스필터(HPF)** : 고역(높은 주파수)만 통과시키고 낮은 주파수는 차단하는 필터
2. **로패스필터(LPF)** : 저역(낮은 주파수)만 통과시키고 높은 주파수는 차단하는 필터

5) 증폭기(amplifier), 무선중계기

① 증폭기

㉠ NFTC 505 : 전압·전류의 진폭을 늘려 감도 등을 개선하는 장치

㉡ 증폭기라면 당연히 말 그대로 신호를 증폭시켜주기 위한 기능을 하는 것이다. 신호의 크기를 적당히 키워야 할 경우가 있을 때마다 앰프(amp)를 갖다 쓴다.

꼼꼼체크 일반적인 경우 소방대의 휴대용 무전기는 4[W] 내외의 출력을 가진다. 따라서, 가장 최적의 조건에서 최대 통화거리는 3~5[km] 정도이다. 그 이상 통화거리를 늘리려면 저손실 동축케이블을 이용하거나 증폭기를 설치해야 한다.

② 무선중계기 : 안테나를 통하여 수신된 무전기 신호를 증폭한 후 음영지역에 재방사하여 무전기 상호 간 송·수신이 가능하도록 하는 장치(NFTC 505)

③ 사용목적

㉠ 앰프(amp)를 써야 하는 이유

- 원래 신호가 작기 때문이다. 무선통신이란 말 그대로 선이 없이 공중에다 전파를 쏘고 받는 것이기 때문에 유선선로에 비해 감쇠나 잡음이 매우 심할 수밖에 없다.
- 전파를 내보낼 때는 강한 전력으로 증폭시켜 내보내야 하고, 받을 때는 신호크기가 굉장히 작아져서 그걸 또다시 증폭시켜야 하는 일이 발생하게 된다.

㉡ 송신단과 수신단의 앰프(amp) 사용 이유

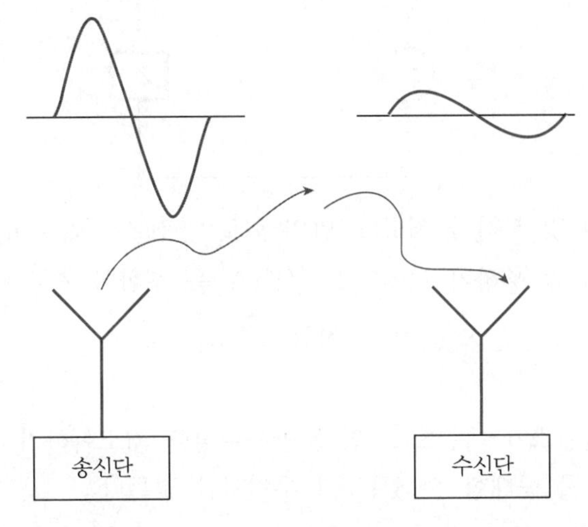

- 송신단 : 안테나에서 적절한 최대 전력으로 신호를 방출해야 원하는 곳까지 전자파가 도달할 수 있으므로 최종적으로 얼마만 한 전력으로 증폭시켜야(power amplification) 수신단이 받을 수가 있을 것인가가 중요한 관건이다.
- 수신단 : 외부에서 수신된 신호는 송신단의 신호에서 감쇄되고, 덩달아 매우 지저분한 잡음들을 포함하고 있어서 잡음을 최소화하면서 증폭하는(low noise amplification) 것이 중요한 관건이 된다.

④ 무선통신의 수신회로에서 수신 안테나에 유기된 신호전력이 거리가 길어질수록 감도가 떨어져 매우 미약하고 그 상태에서 음성송출이 곤란함에 따라 안테나에서 수신된 신호를 증폭하여야 하고, 이때 안테나에 유기된 신호전력을 최대한 수신부쪽으로 보내주어야 한다.

⑤ 임피던스 매칭($Z_0 = Z_L$) 127 · 126 · 106회 출제

㉠ 목적 : 신호를 받는 부하에 가장 큰 전력($V \times I$, 전압과 전류의 벡터량)을 공급하기 위해서이다.

㉡ 필요성 : 가장 최적의 부하 임피던스는 전원의 내부저항에 강하되는 전압과 부하에 강하되는 전압이 같을 때의 임피던스이다. 즉, 전원의 임피던스(Z_0)와 부하저항(Z_L)이 같을 때 최대의 전력이 공급되기 때문에 임피던스 매칭(정합)이 필요한 것이다.

㉢ 일반적 의미로 해석하면 어떤 하나의 출력단과 입력단을 연결할 때 서로 다른 두 연결단의 임피던스 차에 의한 반사를 줄이려는 모든 방법을 임피던스 매칭이라 한다.

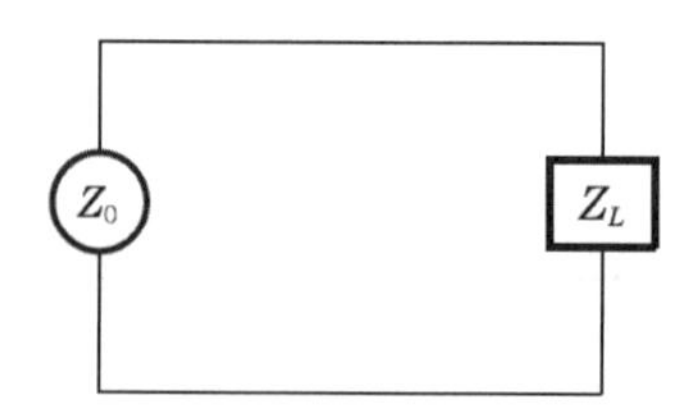

- 전원 및 부하가 저항(R)만의 회로인 경우 : $R_0 = R_L$
- 전원 및 부하가 리액턴스 성분(X)을 포함한 경우 : $Z_0 = R_0 + jX_0$, $Z_L = R_L - jX_L$(무반사 정합)($\therefore Z_0 = \overline{Z_L}$)

㉣ 방법

- 임피던스가 다름으로 인한 반사손실을 최소화하기 위해 중간에 다른 임피던스를 중재할 수 있는 그 무언가를 넣는다.
- $\frac{1}{4}$ 파장 변환기(quarterwave transformer)와 싱글 스터브(single stub) 넣는 방법으로 구분한다.

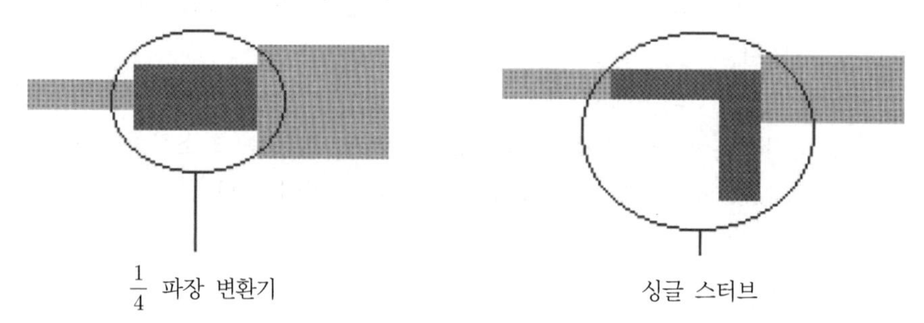

$\frac{1}{4}$ 파장 변환기　　싱글 스터브

구분	$\frac{1}{4}$ 파장 변환기	싱글 스터브
설치방법	두 개의 임피던스단 사이에 $\frac{1}{4}$ 파장 길이의 중간적 임피던스를 삽입함	두 개의 임피던스단 사이에 스터브라는 회로 옆에 수직으로 길게 나온 짧은 선로를 삽입함
특징	① 구현이 아주 간단함 ② 대역폭을 늘리기 위해 단수를 증가시키면 됨	스미스 차트를 이용해서 스터브의 길이와 위치를 결정할 수 있음
사용처	일부 배열 안테나 및 RF(무선회로)	대부분의 임피던스 매칭에 적용

1. **스터브(stub)** : 마이크로파 이상의 높은 주파수를 지닌 전기신호나 전기 에너지를 전하는 데 쓰는 가운데가 빈 금속관이다. 그 단면과 같은 정도의 파장을 가진 것만 통과시킨다.
2. **스미스 차트** : 1939년 Philip F. Smith가 송전선(transmission line)의 편리한 계산을 위해 만들어낸 차트이다.

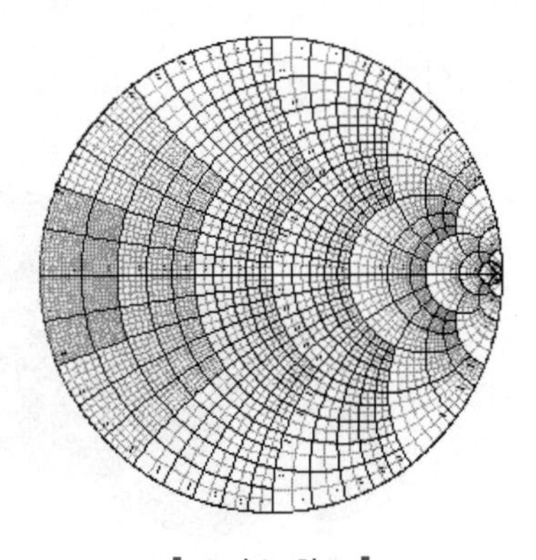

| 스미스 차트 |

⑥ 설치기준

㉠ 배선 : 전용

㉡ 전원 : 전기가 정상적으로 공급되는 축전지, 전기저장장치 또는 교류전압 옥내간선

㉢ 전면 : 표시등 및 전압계 설치(주회로의 전원이 정상 여부 확인)

㉣ 비상전원 부착, 용량 30분 이상

㉤ 증폭기 및 무선중계기를 설치하는 경우 :「전파법」에 따른 적합성 평가를 받은 제품으로 설치하고, 임의로 변경을 금지한다.

㉥ 디지털 방식의 무전기를 사용하는데 지장이 없도록 설치한다.

⑦ S/N비(Signal to Noise Ratio ; 평균신호전력 / 평균잡음전력)

S/N비	통화	[dB]
1 : 1	불능	0
10^3 : 1	가능	30
10^6 : 1	양호	60

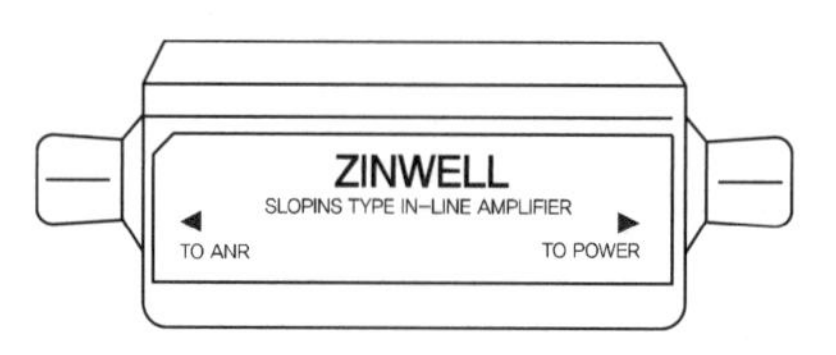

▌증폭기(amplifier)▌

(4) 무반사 종단저항(dummy load)

1) 위치 : 누설동축케이블의 말단에 설치한다.

2) 목적 : 누설동축케이블로 전송된 전자파는 케이블 끝에서 반사되어 교신을 방해하게 된다. 따라서, 송신부로 되돌아오는 전자파의 반사를 방지하기 위하여 케이블 끝부분에 설치한다.

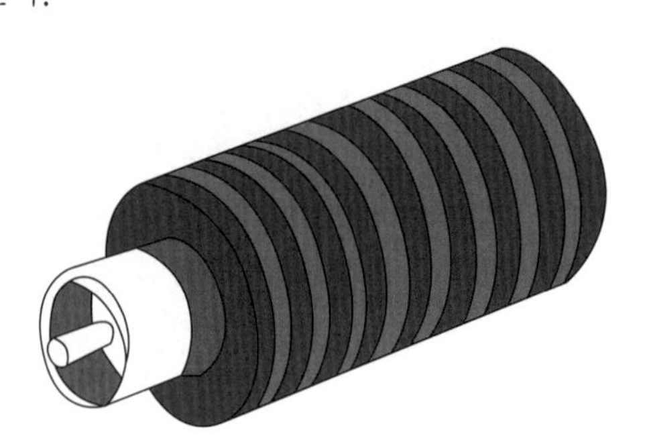

▌무반사 종단저항▌

3) 원리

① 전송계 및 전송기기는 여러 설계기준에 의한 임피던스를 가지고 있어서 단말 또는 분단점에서 반사현상이 발생된다. 그 이유는 전파가 이동하는 매질이 달라지기 때문이다.

② 선로의 양 끝단에 저항을 연결하여 선로 전체에 일정전류가 순환하도록 함으로써 선로 상의 임피던스를 조정하여 반사현상을 줄이고 노이즈에 강하도록 설치하는 저항이 종단저항(terminating resistance)이다.

③ 아래 그림과 같이 특성 임피던스가 Z_1인 케이블에 전압의 입사파 V_i가 진행되다가 임피던스가 Z_2인 점에 도달하면 반사파 V_r은 다음 식으로 계산된다.

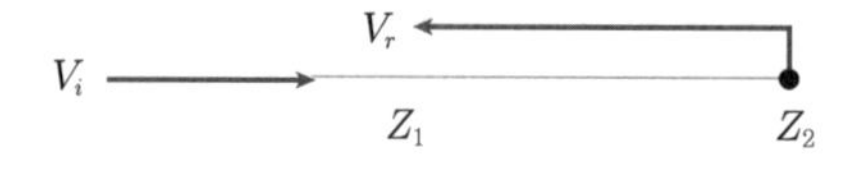

$$V_r = \frac{Z_2 - Z_1}{Z_2 + Z_1} \cdot V_i$$

상기 식에서 $Z_1 = Z_2$이면 반사파(V_r)의 크기는 0이 되는데, 이와 같이 반사파를 0으로 하기 위해서 케이블의 끝에 연결하여 모든 에너지를 소모하는 임피던스이다.

④ 특성

㉠ 임피던스 : 50[Ω]

㉡ 전압 정재파비 : 1.5 이하

⑤ 선로의 양 끝단 외 여러 중간선로에 저항을 설치할 경우 전체적인 저항값이 작아져서 신호레벨이 작아지므로 선로의 양 끝단 이외의 장소에는 설치하지 말아야 한다.

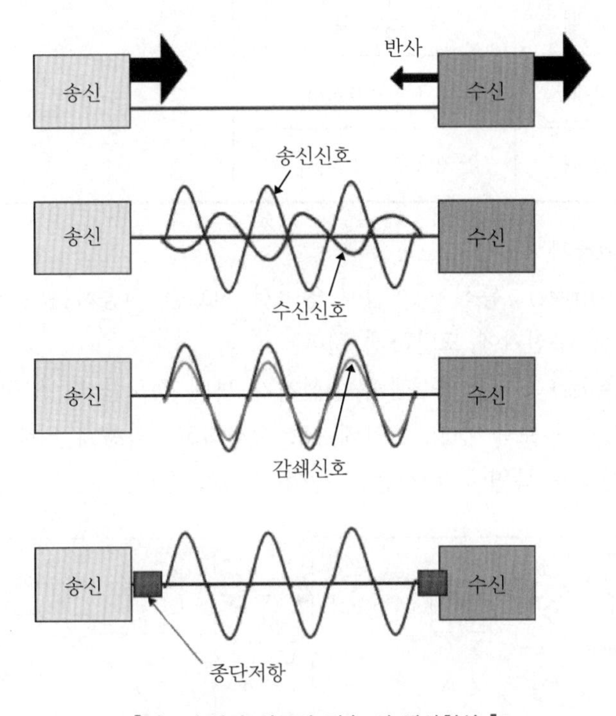

▌송·수신기 선로의 전송 시 반사현상▐

(5) 안테나(antenna)

1) **목적** : 전파를 효율적으로 송신하거나 수신하기 위하여 사용하는 공중도체로서 안테나의 길이는 주파수에 따라 무지향성과 지향성으로 구분한다.

구분	무지향성	지향성
개요	파장이 원형으로 퍼져 나가거나 발생하거나 수신함	특정 방향으로만 전파가 퍼져 나가거나 발생하거나 수신함

구분	무지향성	지향성
장점	어느 방향에서나 수신과 송신이 가능함	지향성에 비해서 특정 방향에서는 최소 2배에서 200배 정도 수신율을 가짐
단점	송·수신 거리가 좁고 잡음의 우려가 있음	특정 방향 외에는 수신이나 송신이 급격한 저하를 함

2) 안테나의 길이

① 안테나의 길이 $= \frac{\text{빛의 속도[Hz]}}{\text{사용하고자 하는 주파수[Hz]}}$

② 안테나의 길이는 파장의 $\frac{1}{2}$, $\frac{1}{4}$, $\frac{3}{4}$인 길이를 일반적으로 사용한다.

③ 주파수가 높아질수록 안테나의 길이는 짧아진다.

파장	안테나의 길이	파장계산(λ)
$\frac{1}{2}$일 때	$2 \times \frac{1}{2} = 1[\text{m}]$	$\lambda = \frac{3 \times 10^8}{145 \times 10^6} = 2[\text{m}]$
$\frac{1}{4}$일 때	$2 \times \frac{1}{4} = 0.5[\text{m}]$	
$\frac{3}{4}$일 때	$2 \times \frac{3}{4} = 1.5[\text{m}]$	

(6) 송수신기 132회 출제

1) 송신기(transmitter) : 통신 시스템에 있어서 신호를 전송하는 장치이다. 송신기가 전송한 신호는 수신기에 도달하게 된다.

2) 수신기(receiver) : 통신 시스템의 송신기가 보낸 정보를 받아 정보를 해석하는 장치이다. 송신기가 보낸 신호를 안테나로 수신하고, 믹서에 의해 보통 주파수로 변조하며 원 신호를 복원(복조)하는 기능이 있어야 한다.

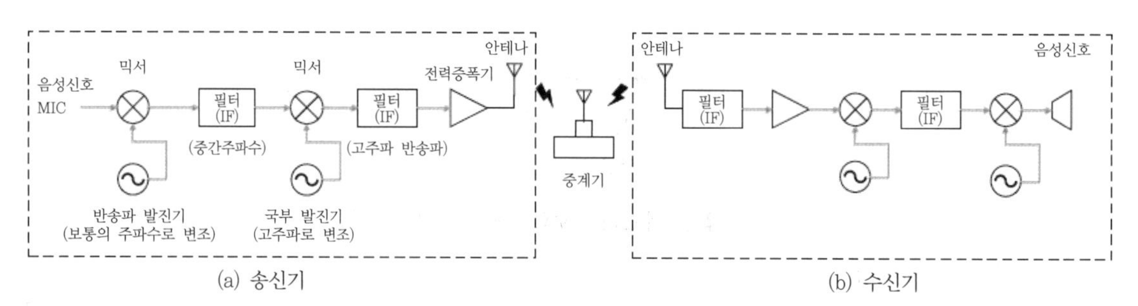

(a) 송신기 (b) 수신기

▌송수신기 구조도▐

SECTION

063 누설동축케이블의 손실

01 누설동축케이블 LCX(Leakage Co-Axial Cable) 132회 출제

(1) 정의

1) 동축케이블 : 일반 케이블과 달리 도체의 두 동심원상에서 내부도체와 외부도체를 동일한 축상에 배열한 것

2) 누설동축케이블 : 동축케이블 외부도체에 신호누설용 슬롯(slot)이 형성되도록 가공하여 케이블 자체가 안테나 역할을 수행하도록 한 것

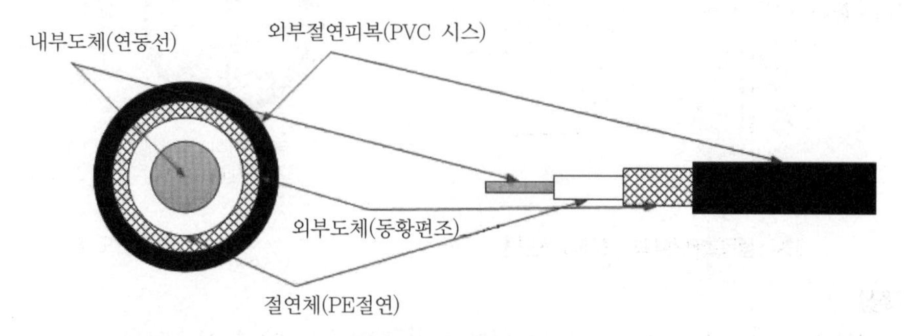

▌동축케이블의 구조▐

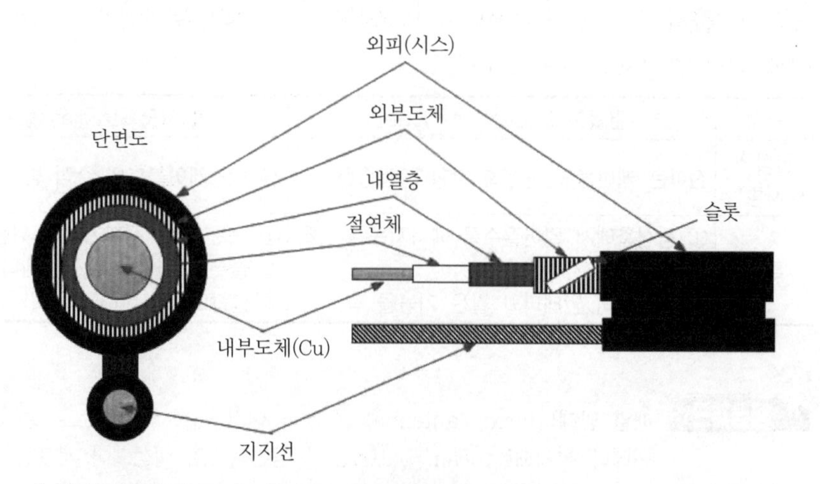

▌내열누설동축케이블의 구조(외부에 내열층을 두고 난연성 2차 시스로 감은 것)▐

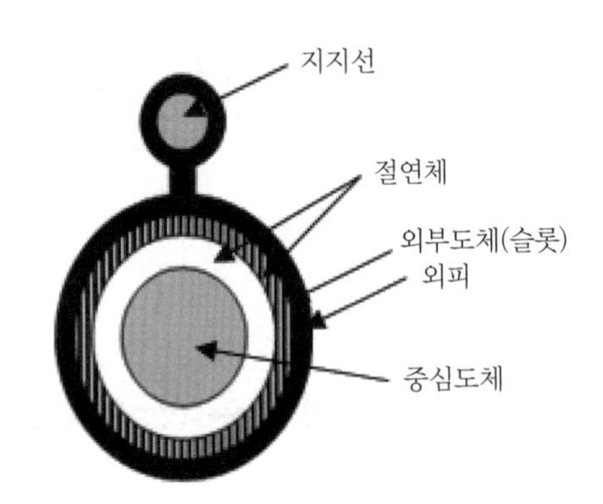

▌누설동축케이블의 단면도▐

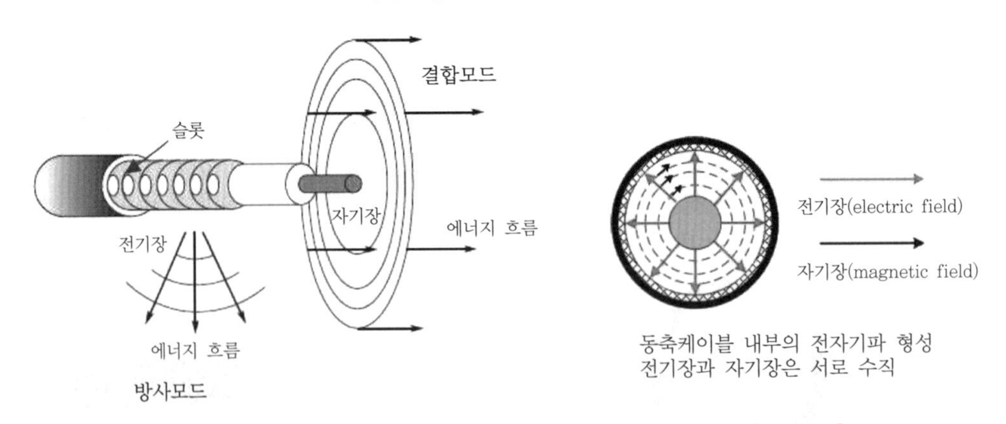

▌누설동축케이블의 전파 전송▐

▌단면도▐

(2) 특징

1) 외부잡음에 영향을 받지 않고 고주파 전송회로로 많이 사용한다.
2) 동축케이블의 신호는 전송되면서 약해지고 외부로의 누설전계에 따라 약해지는데 이에 대한 손실보상이 필요하다.

구분	결합모드(coupling mode)	방사모드(radiating mode)
전파의 방사방향	전파는 케이블의 중심축 방향에 집중됨	전파는 케이블축의 수직 방향으로 흐름
특징	① 중심축에서 멀어질수록 에너지는 급속히 감소함 ② 케이블이 안테나와 같은 기능을 함	① 모든 슬롯 전자기파의 위상 일치 ② 슬롯이 배열(array) 안테나 역할을 함 ③ 결합모드에 비해 효율이나 성능이 우수함

배열 안테나(array antenna) : 안테나 여러 개를 배열구조로 늘어놓으면 각각의 안테나 복사패턴(beam pattern)이 공간적으로 합성되어 샤프한 전파가 만들어진다. 복사패턴(beam pattern)은 결국 특정 방향과 위치로 전자기파를 사용한다는 뜻이다.

02 시스템 손실(system loss) 132 · 127회 출제

(1) 시스템 손실(system loss) = 전송손실(longitudinal loss) + 결합손실(coupling loss)

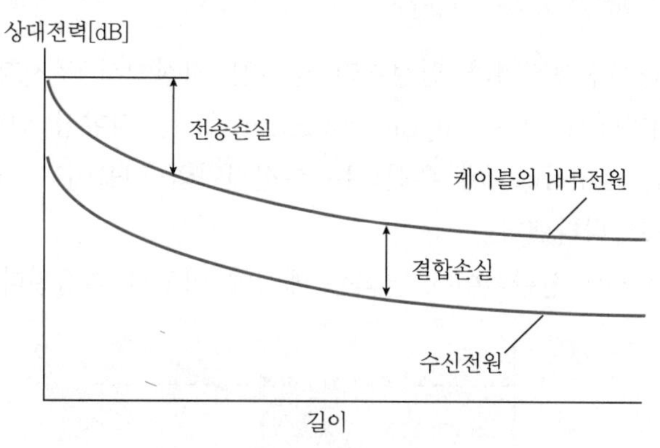

▌케이블 길이에 따른 상대전력▐

(2) 전송손실(longitudinal loss)

1) 정의 : 도체에 전류가 흐르게 되면 그 도체의 임피던스에 의해 도체 내에 발생하는 전력손실[dB]

2) 구분 : 전송손실 = 절연체 손실 + 복사손실 + 도체손실

① 절연체 손실 : 절연체에서 발생하는 손실

② 복사손실 : 에너지 복사를 통해서 발생하는 손실

③ 도체손실 : 도체에서 발생하는 손실

3) 전송손실은 회로에서 취급하는 주파수가 커질수록 커진다.

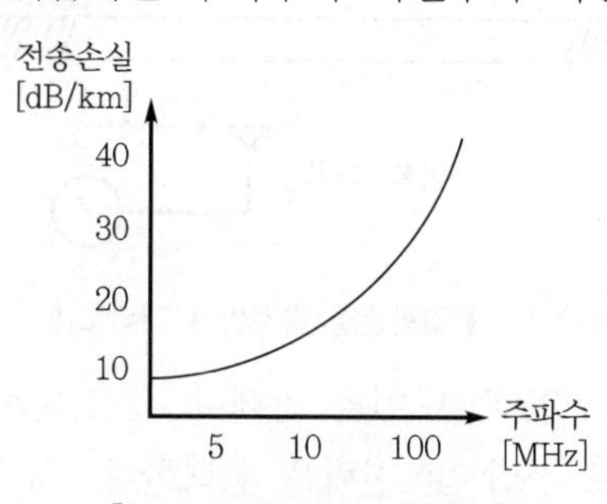

▌주파수에 따른 전송손실▐

4) 전송손실량[감쇠량, attenuation(insertion loss)]

$$\alpha = 10\log\frac{P_1}{P_2}$$

여기서, α : 전송손실량[dB]

P_1 : 입력값

P_2 : 출력값(케이블의 반대쪽 끝부분)

5) 케이블 길이가 증가할수록 전송손실이 증가한다.

(3) 결합손실(coupling loss)

1) 정의 : 에너지가 한 회로나 회로소자 또는 매질에서 다른 쪽으로 전달되었을 때 발생하는 손실

2) 케이블의 내부전송전력과 일정거리 떨어진 지점에서 무지향성 안테나(일반적으로 1[GHz] 미만에서 사용 : dipole antenna) 또는 지향성 안테나(1[GHz] 이상에서 사용 : home antenna)에 수신되는 수신전력의 비율이고 케이블이 긴 쪽 방향의 누적백분율로 나타낸다.

3) 케이블 길이와는 상관없이 전달되는 매질에 의해서 결정된다.

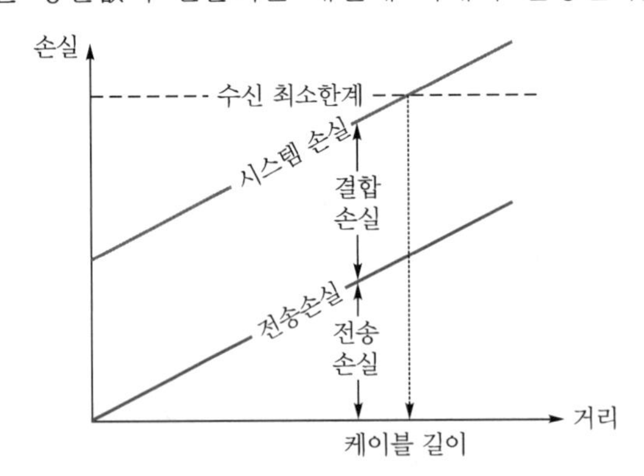

▌케이블 길이에 따른 결합손실▐

4) 다이폴 안테나를 이용한 결합손실 측정방법

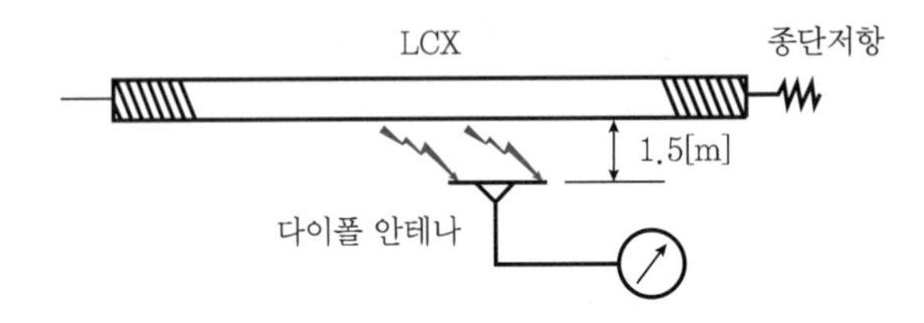

▌결합손실 측정방법 개념도▐

① 누설동축케이블(LCX)과 다이폴 안테나 간 1.5[m] 간격을 유지한다.

② 누설동축케이블로 전압 및 전력을 입력한다.

③ 다이폴 안테나에서 수신되는 전압 및 전력을 확인한다.

구분	전압비로 나타내는 경우	전력비로 나타내는 경우
공식	$L_c = -20\log\frac{V_R}{V_T}$ 여기서, V_R : 입력전압 V_T : 수신전압	$L_c = -10\log\frac{P_R}{P_T}$ 여기서, P_R : 입력전압 P_T : 수신전압

03 그레이딩(grading) 127 · 126 · 106회 출제

(1) 누설동축케이블의 가장 큰 특징은 그레이딩(grading)을 할 수 있다는 점인데, 케이블을 포설하게 되면 시스템 손실(system loss, 전송손실 + 결합손실)이 발생하므로 이를 보상하기 위해서 결합손실을 줄여줌으로써 시스템 구성에 있어 다이나믹 레인지(dynamic range)에는 영향을 미치지만 유효서비스 거리는 상당히 늘릴 수 있다.

다이나믹 레인지(dynamic range) : 수신기에서 왜곡 없이 깨끗하게 검파할 수 있는 입력신호 전력레벨의 범위

(2) 그레이딩(grading)

1) 정의 : 케이블의 전송 시 수신레벨의 저하폭을 줄이기 위해 서로 다른 케이블을 단계적으로 접속하여 결합손실을 줄이는 것

2) 원리

① 신호레벨은 케이블을 따라 전파되어 가면서 길이가 길어짐에 따라 점점 감쇠되어 약해지게 된다.

② 전파를 평준화시키기 위해서 신호레벨이 높은 곳에는 결합손실이 큰 케이블을 사용하고 신호레벨이 낮은 곳에는 결합손실이 작은 케이블을 사용하여 아래 그림과 같이 계단처럼 평준화시켜 주는 방법이다.

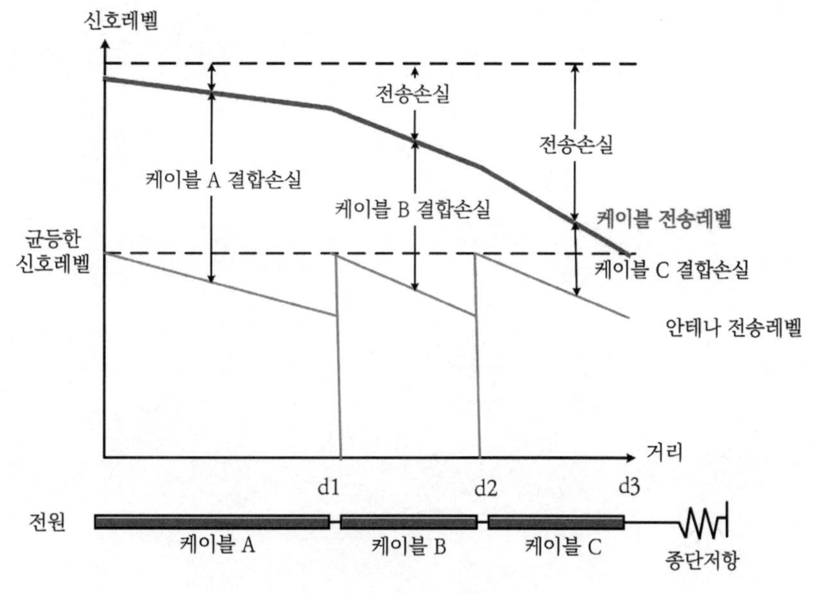

▌거리에 따른 신호레벨▐

구간	A구간	B구간	C구간
전송손실	작다.	중간	크다.
결합손실	크다.	중간	작다.
손실합계	중간	중간	중간

3) **효과** : 증폭기를 사용하지 않고 그레이딩을 통한 전송거리를 늘릴 수 있다.

누설동축케이블의 표시 : 예를 들어 LCX-FR-SS-20D-146라고 표시되어 있으면 그것은 아래와 같은 의미이다.

- LCX : 누설동축케이블(leakage coaxial cable)
- FR(Flame Retardant) : 난연성
- SS(Self Support) : 자기지지
- 20 : 절연체의 외경
- D : 특성 임피던스 50[Ω]
- 1 : 150[MHz]대 전용
- 4 : 450[MHz]대 전용
- 6 : 결합손실표시(60[dB])

SECTION 064

50[Ω] 특성 임피던스를 사용하는 이유

01 개요

(1) 원래 초고주파공학(microwave engineering)에서 전자파 에너지의 전력전송(power transfer) 특성이 가장 좋은 임피던스는 33[Ω], 신호파형의 왜곡(distortion)이 가장 작은 임피던스는 75[Ω]이다.

(2) 중간 정도인 49[Ω] 정도이면 특성이 좋고 왜곡이 작은 임피던스인데, 계산의 편의성을 위해 50[Ω]을 사용하게 되었다.

02 특성 임피던스(charaterictic impedance)

(1) 정의

무한히 긴 전송선로의 전압 V와 전류 I의 크기는 송전단에서 멀어질수록 감쇠하지만 전압과 전류의 비는 선로상 어느 점에 있어서도 일정하므로 이 비를 특성 임피던스라고 하며 기호는 Z_0 단위는 [Ω]을 사용한다. 전류파, 전압파 파동이 겪는 저항성 성질이라고도 할 수 있다.

(2) 회로 임피던스와는 다른 개념

회로 임피던스는 일반 저주파 회로에서 공간적인 이동, 방향 등의 개념이 없이 오로지 시간적인 정현파 페이저인 전압, 전류의 진폭비를 의미한다. 즉, 특성 임피던스는 공간적인 개념도 포함시키고 있는 것이다.

페이저(phasor) : 정현파적 주기성(반복성)을 갖는 시간신호를, 단순하게(진폭, 위상만으로) 나타낸 복소수 표현

(3) 동축케이블 공식

▌동축케이블▐

1) $Z_0 = \frac{138}{\sqrt{k}} \log \frac{d_1}{d_2}$

여기서, Z_0 : 특성 임피던스
d_1 : 외부도체의 직경
d_2 : 내부도체의 직경
k : 도체 사이의 절연체의 비유전율

2) 손실 있는 전송선로의 특성 임피던스 : 주파수에 의존

$$Z_0 = \frac{V}{I} = \sqrt{\frac{Z}{Y}} = \frac{\sqrt{R + j\omega L}}{\sqrt{G + j\omega C}}$$

3) 손실 없는 전송선로의 특성 임피던스(무손실, $R=0$, $G=0$)

$$Z_0 = \sqrt{\frac{L}{C}}$$

여기서, L : 길이당 인덕턴스
C : 길이당 커패시터

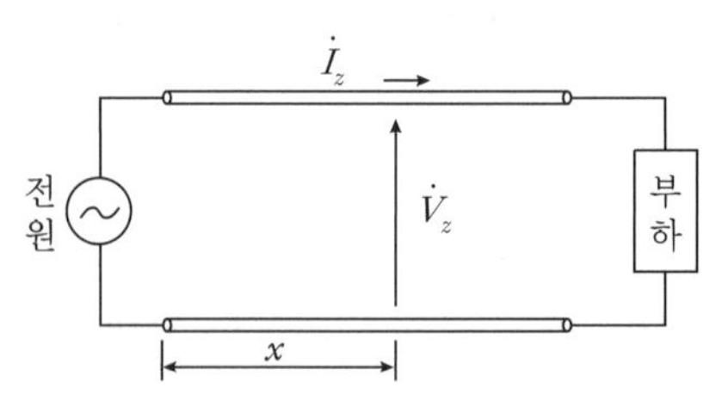

(4) 필요성

1) 만약 다음 구간에서도 임피던스가 이전 구간과 같다면, 계속 같은 진행을 하는 신호를 가질 수 있다.
2) 임피던스가 달라진다면 약간의 에너지가 반사되어 돌아가고 남아서 진행하는 신호는 왜곡되게 된다.
3) 임피던스가 같아지도록 매칭을 하기 위해서는 기준점이 필요하고 이를 50[Ω]으로 정하여 회로연결 때마다 임피던스를 매칭할 필요가 없어진 것이다.

자동화재탐지설비의 종단저항이 50[Ω] 이상되었을 때의 현상 : 회로의 합성저항치가 50[Ω] 이상이 되면 작동 시에 전압강하가 발생하여 수신기가 유효하게 작동하지 않을 우려가 있다.

SECTION 065

전압정재파비

01 정재파(standing wave)

(1) 정의

어떤 파동이 진행되하다가 다른 매질을 만나서 반사되어 나온 파동과 합쳐지면서 생기는 고정된 파형

(2) 개념

1) 소리는 공기 속에서 파동(wave)에 의해 우리의 귀로 전달된다.
2) 위상(phase)이 같은 2개의 파동이 서로 마주 보고 있는 벽면과 벽면 또는 바닥과 천장 사이에서 마주치게 되면 시차에 의해서 서로 결합하여 보강간섭 때문에 원래의 파동보다 큰 진폭을 가진 정재파가 된다.
3) 정재파에 의해서, 마주 보고 있는 양 벽면 사이의 공기는 공진(resonance)하게 된다.

(3) 소방의 무선통신에서는 임피던스 정합(matching)이 되지 않는 전송선로에서 입사파와 반사파의 합에 의해 같은 위상을 이루는 파를 말한다.

02 전압정재파비(VSWR : Voltage Standing Wave Ratio) 126회 출제

(1) 진행파와 정재파의 비교

구분	진행파	정재파
방향	단방향	진행파 + 반사파
원인	진행하는 진동파	임피던스 매칭이 되지 않았을 때
전송손실	작음	큼

(2) 반사계수(γ, gamma, reflection coefficient)

1) 정의 : 어떤 연결단에서 임피던스 차에 의해 발생하는 반사량을 단순히 입력전압 대 반사전압비로 계산한 지표이다.
2) 의미 : 입력량에 대한 반사량이 어느 정도인가를 나타내는 수치이다. 따라서, 반사계수가 작을수록 반사량이 적다는 것이다.

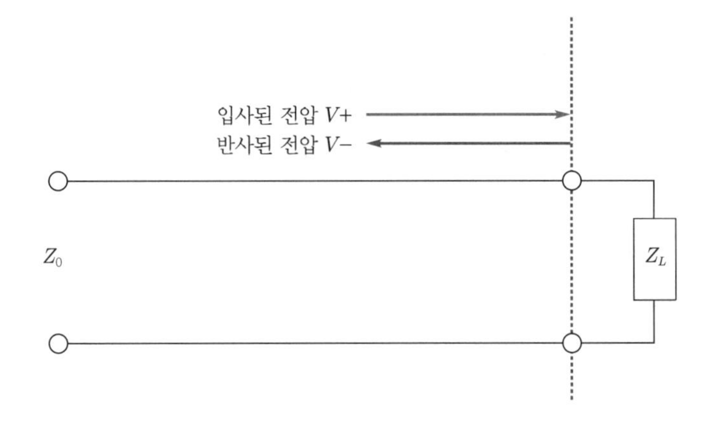

3) 공식

$$\gamma = \frac{\text{반사된 전압}(V-)}{\text{입사된 전압}(V+)} = \frac{Z_L - Z_0}{Z_L + Z_0}$$

여기서, γ : 반사계수

Z_L : 선로 임피던스

Z_0 : 특성 임피던스

(3) 반사손실(R_L : Return loss)

1) **정의** : 반사계수를 전력의 로그 스케일(log scale, dB)로 변환한 값

2) **공식** : $R_L = -20\log\gamma$

3) 상기 공식에서 [dB]을 취할 때 10이 아닌 20을 곱하는 이유는 반사계수값 자체가 전압의 비이기 때문이다. 전력기준의 [dB]을 계산하기 위해선 전압의 제곱을 고려해야 해서 10이 아닌 20을 곱하게 된다.

4) 반사에 의한 손실(loss)이란 개념을 산정할 때 부호 없이 그 양으로 평가하는 게 더 편하여서 반사손실(return loss)이라는 개념에서는 읽기 편하도록 마이너스 부호를 붙여서 그 값을 양의 값으로 만들게 된다.

5) 반사손실값은 음의 값이므로 클수록 반사가 작다는 뜻이며 전송효율과 매칭이 잘 되었다는 의미가 된다.

반사손실값	전달되는 입력률	반사손실률
3[dB]	50[%]	50[%]
10[dB]	90[%]	10[%]
20[dB]	99[%]	1[%]

(4) 전압정재파비(VSWR : Voltage Standing Wave Ratio)

1) **정의** : 전송선로를 따라 형성된 정재파의 최대 전압 대 최소 전압의 비

2) 공식

$$전압정재파비(VSWR) = \frac{1+\gamma}{1-\gamma}$$

3) 의미 : 반사 때문에 생성되는 정재파(standing wave)의 높이 비이고 전압정재파비(VSWR)가 1에 가까울수록, 반사손실이 클수록 반사가 작다는 의미가 된다.

전압정재파비(VSWR)	내용	반사손실[dB]
1	반사가 없는 경우	∞
1.5 : 1	입력매칭이 거의 완전한 경우	14
2 : 1	입력매칭이 잘된 경우	10
3.5 : 1	입력매칭의 한계점	5

꼼꼼체크 반사손실(reflective loss) : 반사된 신호의 정도[dB]를 나타내는 매개변수

4) 무선통신보조설비에 이용되는 누설동축케이블의 송신단에서 신호를 보내면 수신단에서 반사가 일어나고 되돌아온 파가 간섭하여 전압파에 산의 부분과 골의 부분이 생긴다. 이것은 이 전압의 최대치와 최소치의 진폭비를 말하며, 누설동축케이블의 전압정재파비는 1.5 이하이어야 한다. 이는 임피던스를 매칭 성능이 좋아서 안테나에서의 출력이 더 높을 수 있다는 것이다.

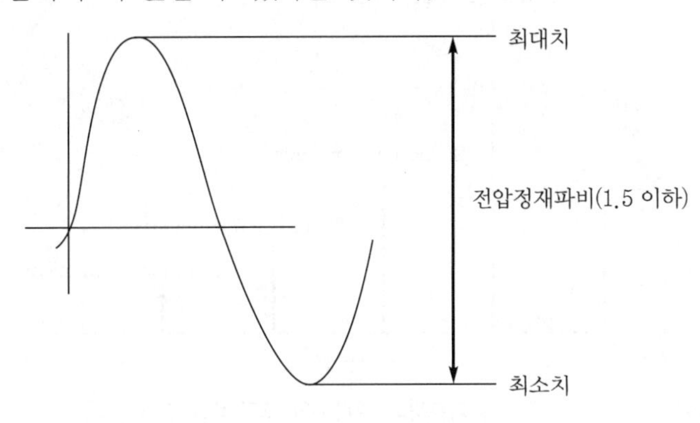

SECTION 066

고조파(higher harmonics)

126 · 89회 출제

01 고조파의 정의

(1) 기본파(fundamental frequency)

정현파 중 주파수가 가장 낮은 파동이고 기본이 되는 파동

(2) 고조파

1) 정의 : 정수배의 기본파

2) 문제점 : 고조파가 함유되어 있으면 파형이 찌그러진다.

(3) 푸리에 분석(fourier analysis)

고조파(高調波 ; higher harmonics)의 주기적인 파형은 비정현파 전류를 다른 여러 개의 정현파로 분석한다.

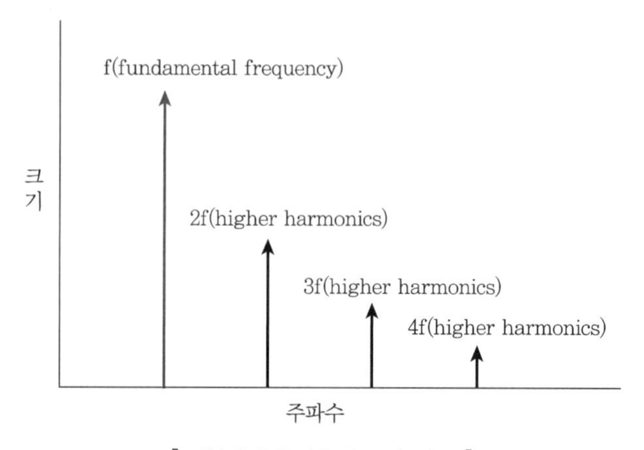

▍기본파와 주파수의 크기 비교▍

기본파	제2고조파	제3고조파	제4고조파	제5고조파	제6고조파	제7고조파	연속증가
50[Hz]	100[Hz]	150[Hz]	200[Hz]	250[Hz]	300[Hz]	350[Hz]	500[Hz]
60[Hz]	120[Hz]	180[Hz]	240[Hz]	300[Hz]	360[Hz]	420[Hz]	600[Hz]

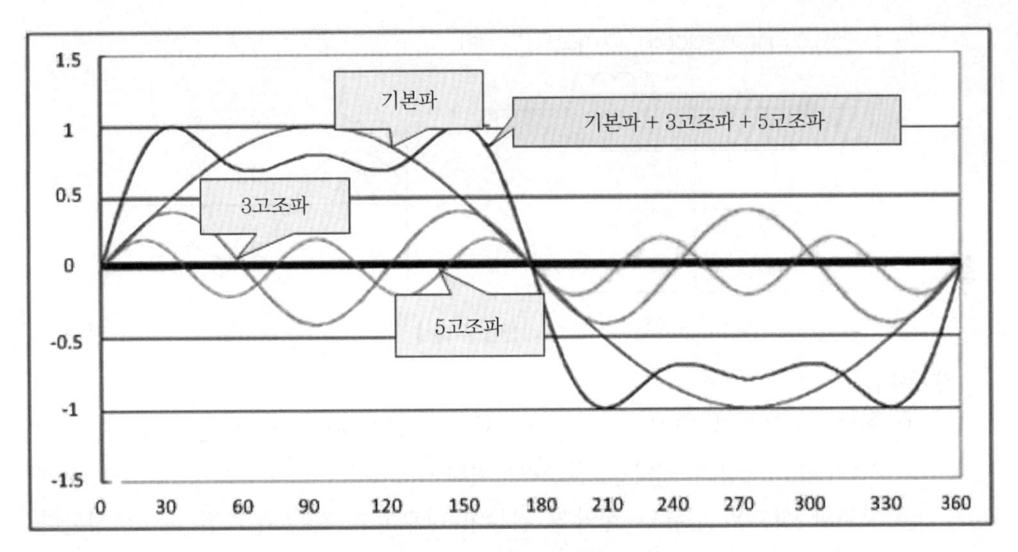

▍기본파와 고조파의 파형분석▍

(4) 주파수가 기본파의 2배, 3배, 4배의 정수배가 되는 지점에서 뭔가 유사한 특성을 가지게 된다. 그리고 그 유사한 특성은 주파수의 배수가 높아질수록 약해진다.

02 고조파의 발생

(1) 선형 부하(linear load)

1) 정의 : 전원이 공급되었을 때 사인(sine) 파형과 유사한 파형의 전류가 흐르는 부하

2) 선형 부하의 예 : 히터(heater), 백열등, 모터(motor), 에어컨, 형광등 등

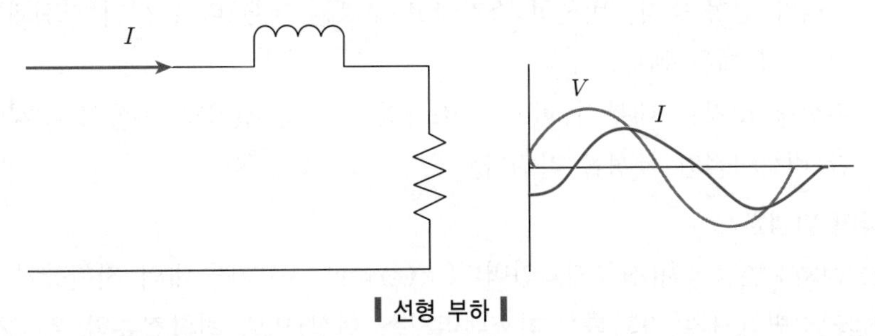

▍선형 부하▍

(2) 비선형 부하(non-linear load)

1) 정의 : 사인(sine)파형과 다른 파형의 전류가 흐르는 부하

2) 비선형 부하의 예

① 컴퓨터(computer) 전원장치와 같은 전원장치(SMPS : Switching Mode Power Supply)

② 트랜지스터(transistor)와 다이오드(diode)

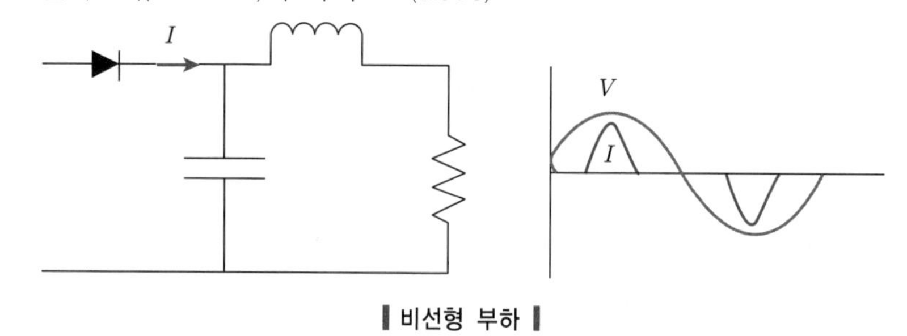

▌비선형 부하▐

3) 문제점

① 전력회사로부터 전력을 공급받을 때 비선형 부하는 더 높은 고조파를 발생시켜 사인(sine)파형의 전압을 일그러트린다.

② 고조파 성분은 전류와 전압의 위상이 다르고 이것은 무효전력을 생성한다.

4) 비선형 소자라고 부르는 이유 : 입·출력 전류, 전압특성이 비선형적이기 때문이다. 이것을 그래프로 나타내자면 아래의 그림과 같이 나타낼 수 있다.

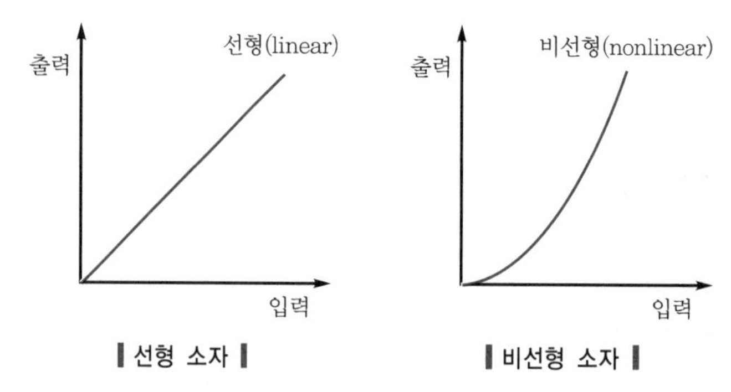

▌선형 소자▐ ▌비선형 소자▐

① 우리가 선형 소자, 비선형 소자라고 부르는 것은 바로 상기 그림과 같은 입·출력 특성 때문이다.

② 비선형 소자는 내부의 반도체 소자의 물리적 성질과 접합의 문제로 인해 이러한 비선형적인 특성을 가진다.

(3) 고조파의 발생원

1) 변환장치 : 변환장치[정류기, 인버터(inverter), VVVF] 내의 전원장치

2) 변압기 : 변압기의 자화특성(히스테리시스 현상)으로 변환전류의 위상차로 인한 여자전류 내 고조파가 발생한다.

3) 회전기기 : 회전기 내의 슬롯에 의한 슬롯(slot) 고조파가 발생한다.

4) 아크 : 3상 단락 또는 2상 단락, 아크 끊김과 같은 극단적인 변동으로 아크가 발생하여 고조파가 발생한다.

5) 과도현상 : 전압의 순시동요, 계통서지, 개폐기의 개폐 등의 일시적인 현상으로 발생한다.

6) 송전선의 코로나 : 30[kV/cm] 초과 시에 고조파 전압, 전류가 발생한다.

7) 전력용 콘덴서와 전원측 유도 리액턴스의 공진으로 인해 발생한다.

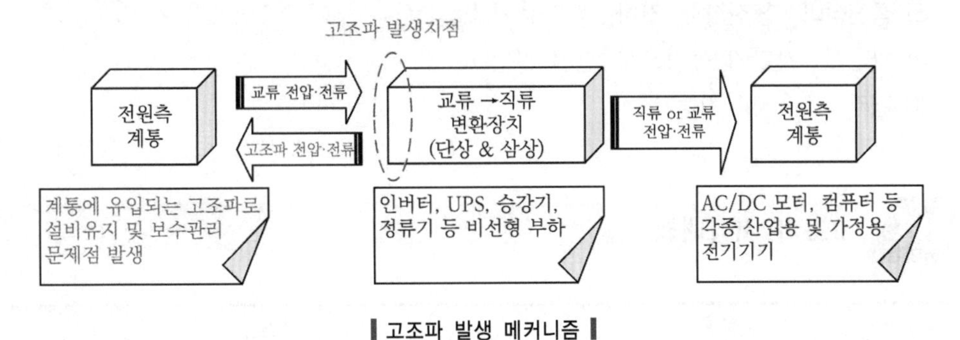

▌고조파 발생 메커니즘▐

03 규제기준 및 문제점

(1) 고조파의 규제기준

1) 전압 총합 왜형률(VTHD : Voltage Total Harmonic Distortion) : $VTHD = \frac{\text{고조파 전압}}{\text{기본파 전압}}$

2) 전류 총합 왜형률(ITHD : Current Total Harmonic Distortion) : $ITHD = \frac{\text{고조파 전류}}{\text{기본파 전류}}$

3) 전류 총수요 왜형률(ITDD : Current Total Demand Distortion : $ITDD = \frac{\text{고조파 전류}}{\text{최대 부하 전류}}$

(2) $VTHD$나 $ITDD$가 규제치를 초과하였을 때 나타나는 문제점

1) 전동기와 발전기 : 기기의 과열, 효율의 저하, 토크 저하 및 맥동의 발생, 기기의 수명단축

2) 변압기 : 철손 및 동손의 증가, 변압기의 발열, 소음증가, 변압기 용량 감소

3) 전력 케이블 : 케이블의 과열, 코로나 발생, 케이블의 용량 감소, 절연파괴

4) 전력용 콘덴서 : 계통과의 공진, 과열로 절연물 소손, 콘덴서의 수명감소

5) 전자 장비 : 장비의 오동작, 전압 나칭(notching)현상 발생, 신호수신 불량

나칭(notching)현상 : 높은 주파수를 가진 고조파와 비정수 고조파를 만들어 높은 주파수에 민감한 장비에 악영향을 미치게 한다. 뿐만 아니라 종종 EMI 필터나 이와 유사한 높은 주파수에 민감한 용량성 회로에도 피해를 준다.

6) 지시계기 : 기기의 오동작, 측정값의 오차

7) 개폐기와 계전기 : 개폐장치에 열과 손실의 발생, 국부적인 절연화 손상, 퓨즈의 용량 감소, 개폐장치의 고장
8) 통신장비 : 통신상태 저하, 유도장애 발생
9) 차단기 : 차단기 동작으로 전원 차단
10) 기타 : 소음 및 진동 발생

04 고조파 저감대책

대분류	소분류	내용
계통 측면에서의 대책	계통의 단락용량 증대	배전선의 저항과 리액턴스를 낮추어 공급점의 단락용량을 크게 함
	공급 배전선의 전용선화	배전선의 단락용량을 증대하는 것은 한계가 있어 용량이 큰 고조파 발생기기의 전원공급 배전선을 전용선화함
	배전선의 선간전압의 평형화	반도체 정류기 공급전원이 불평형 시 특히 제3고조파 발생이 크므로 각 상의 부하의 밸런스를 유지하여 발생을 억제함
	계통절체	고조파의 원인과 발생을 정확히 알 수 있을 때 고압 배전계통 수용가 공급분의 계통절체 또는 변전소 뱅크의 변경으로 선로정수를 변경하여 공진상태를 회피시킴
수용가 측의 대책	수동필터(passive filter)	① 차단필터 : 특정 고조파 전류를 차단하지만 더 높은 고조파를 유발할 수 있고 비용이 증대 ② 흡입필터 : 특정 고조파를 흡입하는 방법이지만 이웃되는 고조파 전류도 흡입할 수 있음 ③ 부하의 용량이 변동되면 설계에서 정확히 고조파 성분을 제거하지 못함 ④ 저렴해서 경제적임
	능동필터(active filter)	① 부하에서 발생하는 고조파의 고조파 전류의 크기 및 차수를 검출하여 역고조파를 발생시켜 상호상쇄시켜 제거함 ② 변동하는 고조파에 대응할 수 있고, 전압변동, 전압 플리커의 저감에도 효과적임 ③ 모든 고조파에 대해 효과가 있지만, 비교적 고차 고조파의 개선 효과는 낮음 ④ 상당히 고가의 필터
	하이브리드 파워필터	① 수동필터와 능동필터의 각각의 특성을 모두 가진 장치임 ② 수동필터가 흡수하는 고조파 전류를 인버터로 제어하기 때문에 높은 필터효과를 얻을 수 있음 ③ 설치비가 수동필터와 능동필터의 중간 정도
	직렬 리액터(reactor)의 설치	직렬 리액터를 통해 고조파 제거

SECTION

067 유도장해

01 개요

(1) 정의

전력선과 통신선이 병행하여 설치된 구간에 전력선의 유도로 인하여 통신선 측에 이상 전압 또는 전류유도가 발생하여 통신장해 및 고장을 유발하거나 작업자의 감전사고를 유발하는 현상이다.

(2) 원인

1) **정전유도장해** : 전력선로에 통신선 근접 시 통신선과 전력선 사이, 통신선과 대지 사이 간 정전용량에 의해 통신선에 전압이 유기되는 장해현상
2) **전자유도장해** : 지락사고 시 발생되는 영상전류가 발생하면 통신선과 전자적인 결합에 의한 상호 인덕턴스가 발생해 통신선에 큰 전압 및 전류가 유도되어 통신기기나 통신 종사자에게 손상을 입히거나 통신을 불가능하게 하는 장해현상
3) **고조파 유도** : 양자의 영향에 의하지만, 상용주파수보다 고조파의 유도에 의한 장해현상

02 정전유도와 전자유도 비교표

구분	정전유도(electrostatic induction)	전자유도(electrmagnetic induction)
유도전압	$E_s = \frac{C}{C_i + C} E$ 여기서, E_s : 유도되는 전압 E : 전력선의 전압 C : 전력선과 통신선 간 정전용량 C_i : 통신선 대지의 정전용량	$E_m = -j\omega \cdot M \cdot l \cdot (3I_0)$ 여기서, E_m : 유도되는 전압 M : 전력선과 통신선의 상호 인덕턴스 I_0 : 영상전류(지락전류) l : 전력선과 통신선의 병행길이[km]
장해원인	전력선, 전기철도, 고주파 발생	중성전 접지방식(전력선), 교류 전기철도
장해현상	① 통신잡음 및 기기 오동작 발생 ② 통신선의 절연파괴 ③ 통신선측 피뢰기 동작	① 통신기기 오동작 ② 통신선의 절연파괴 ③ 감전사고 발생 우려 ④ 통화품질 저하

구분	정전유도(electrostatic induction)	전자유도(electrmagnetic induction)
경감대책	① 접지 ② 차폐설비 설치 ③ 전력선 역상배열(정전용량 평형) ④ 전력선과 이격	① 근본대책 ㉠ 상호 인덕턴스(M) 크기를 줄임 ㉡ 전력선과 통신선의 병행길이(l)를 줄임 ② 전력선측 ㉠ 중성점 접지선에 고저항을 설치(지락전류 감소) ㉡ 고속도 지락보호계전기 설치(신속차단) ㉢ 전력선을 통신선으로부터 최대 이격 ㉣ 전력선과 통신선 사이에 차폐선 설치(30 ~ 50[%] 절감) ③ 통신선측 ㉠ 피뢰기(전압을 대지로 방전) 설치 ㉡ 차폐 케이블을 사용 ㉢ 통신선 도중에 중계코일(절연변압기)를 설치하여 구간을 분할(병행길이 감소) ㉣ 배류코일, 중화코일을 통해 통신선을 접지하여 유도전압을 대지로 방류
특성	① 유도원이 전압이므로 전압이 높을수록 유도현상이 심해짐 ② 피유도체 간 이격거리가 멀어짐에 따라 급격히 감소(최대 100[m])함 $C[\mathrm{F}] = \varepsilon\left(\frac{A}{d}\right)$ 여기서, C : 정전용량[F] A : 극판의 면적[m^2] ε : 극판 간 물질의 유전율[F/m] d : 극판 ③ 상시 운전 시 주로 장해	① 지락사고 시 큰 장해 ② 전자유도장해 전압 : 650[V] 이하 ③ 고조파 유도 : 잡음장해
개념도	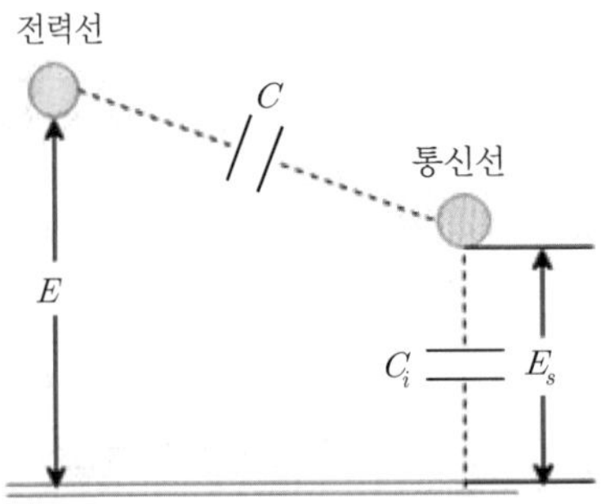 전력선 C 통신선 E C_i E_s	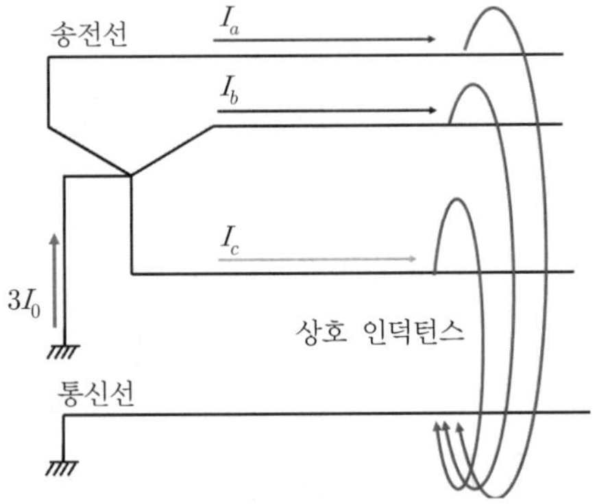 송전선 I_a I_b I_c $3I_0$ 상호 인덕턴스 통신선

SECTION

068 비상콘센트

01 개요

(1) 화재발생 시 화재로 인하여 건물 내부의 상용전원은 전선의 연소, 개폐기의 단락 또는 파괴로 인하여 정전의 우려가 있다.

(2) 고층 건축물이나 지하가 등 대규모 건축물에서 화재가 발생하였을 때 화재의 소화, 인명구조 등의 소방활동을 원활하게 행할 수 있도록 소방대가 사용하는 장비에 전기를 공급하는 소화활동설비를 말한다.

(3) **설치대상**

설치기준	설치대상
지상층	층수가 11층 이상인 특정소방대상물의 경우에는 11층 이상의 층
지하층	지하층의 층수가 3층 이상 + 지하층의 바닥면적의 합계 1,000[m^2] 이상인 것은 지하층의 모든 층
지하가 중 터널	길이가 500[m] 이상인 것

[비고] 가스시설 또는 지하구의 경우 제외

02 설치기준

(1) **상용전원과 비상전원**

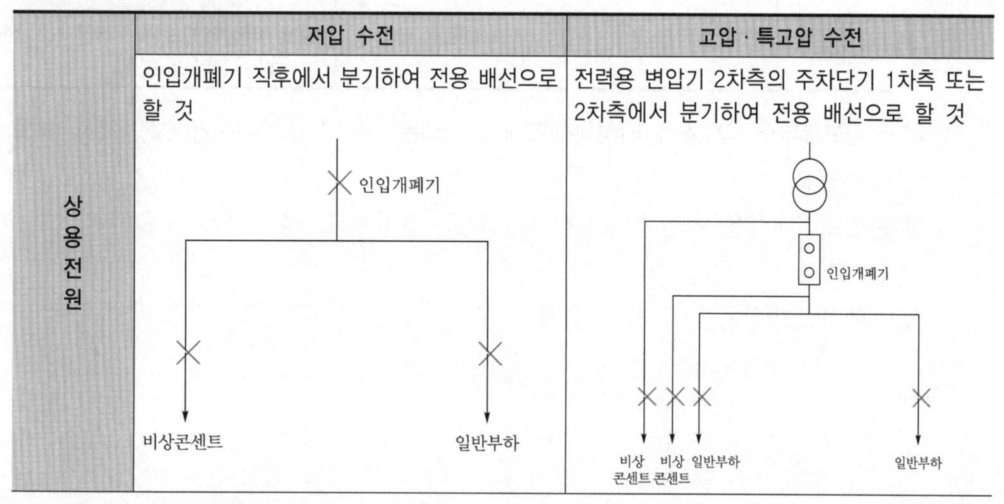

	저압 수전	고압 · 특고압 수전
상용전원	인입개폐기 직후에서 분기하여 전용 배선으로 할 것	전력용 변압기 2차측의 주차단기 1차측 또는 2차측에서 분기하여 전용 배선으로 할 것

비상전원	① 지상 7층 이상 + 연면적 2,000[m^2] 이상 ② 지하층 바닥면적 합계 : 3,000[m^2] 이상 ③ 비상전원 면제 ㉠ 2 이상의 변전소에서 전력을 동시에 공급받을 수 있는 경우 ㉡ 하나의 변전소로부터 전력의 공급이 중단되었을 때에는 자동으로 다른 변전소로부터 전력을 공급받을 수 있도록 상용전원을 설치한 경우

(2) 비상전원

1) 종류

① 자가발전기설비

② 비상전원수전설비

③ 전기저장장치

2) 설치기준

① 설치장소

㉠ 점검에 편리하고 화재 및 침수 등의 재해로 인한 피해를 받을 우려가 없는 곳

㉡ 다른 장소와 방화구획

㉢ 설치장소에는 비상전원의 공급에 필요한 기구나 설비 외의 것(열병합 발전설비에 필요한 기구나 설비는 제외함)을 두어서는 안 된다.

② 용량 : 비상콘센트설비를 유효하게 20분 이상 작동

③ 자동절환장치 : 상용전원으로부터 전력의 공급이 중단된 때에는 자동으로 비상전원으로부터 전력을 공급받을 수 있도록 할 것

④ 비상전원 실내 설치 시 : 비상조명등 설치

(3) 전원회로 설치기준

1) 전원회로

종류	전압[V]	공급용량	플러그 접속기	설치개수	전원회로
단상 교류	220	1.5[kVA] 이상	접지형 2극	각 층에 2 이상 (층의 비상콘센트가 1개인 때는 하나의 회로)	전용

2) 전원으로부터 각 층의 비상콘센트에 분기되는 경우 : 분기배선용 차단기를 보호함 안에 설치

3) 콘센트 : 배선용 차단기(KS C 8321)를 설치하고, 충전부가 노출되지 아니하도록 할 것

4) 개폐기 : '비상콘센트' 표지 설치

(4) 비상콘센트와 플러그 접속기 설치기준

1) 배치

대상	배치	설치대상 계단수
아파트(APT)	계단의 출입구에서 5[m] 이내	2개 이상 중 1개에 설치
바닥면적 1,000[m^2] 미만인 층		
바닥면적 1,000[m^2] 이상(APT 제외)	계단의 출입구에서 5[m] 이내	3개 이상 있을 경우 그중 2개의 계단에 설치

2) 수평거리 : 초과 시 추가로 설치

대상	수평거리
지하상가	25[m] 이내
지하층 바닥면적의 합계가 3,000[m^2] 이상	
터널	차량 주행방향 측벽길이 50[m] 이내
기타 소방대상물	50[m] 이내

3) 높이 : 0.8 ~ 1.5[m]

▌플러그와 콘센트의 종류▐

(KOEMA 0401 : 2005에서 발췌)

종류		극수	극배치		정격
명칭	형별		칼받이	칼	
플러그, 콘센트, 코드 일체형 플러그	보통형	2			15[A] 250[A]
다중 콘센트, 코드일체형 다중 콘센트	보통형	2			15[A] 250[A]

4) 풀박스 등 : 방청도장, 두께 1.6[mm] 이상 철판

5) 플러그 접속기

① 단상 : 접지형 2극 플러그 접속기

② 플러그 접속기 칼받이의 접지극 : 접지공사

6) 하나의 전용 회로에 설치하는 비상콘센트수 : 10개 이하

7) 전선의 용량

비상콘센트수	비상콘센트의 공급용량[kVA]
1	1.5
2	3
3 ~ 10	4.5(max 3)

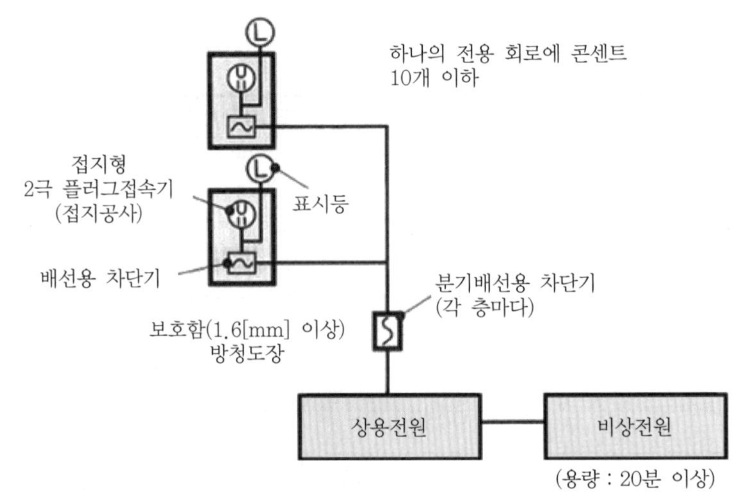

▌비상콘센트 개념도▐

(5) 비상콘센트 보호함의 설치기준

1) 쉽게 개폐할 수 있는 문을 설치할 것
2) 표면에 '비상콘센트'라는 표지를 설치할 것
3) 상부에 적색 표시등(예외 : 발신기 내부에 설치시는 표지만 설치가능)을 설치할 것

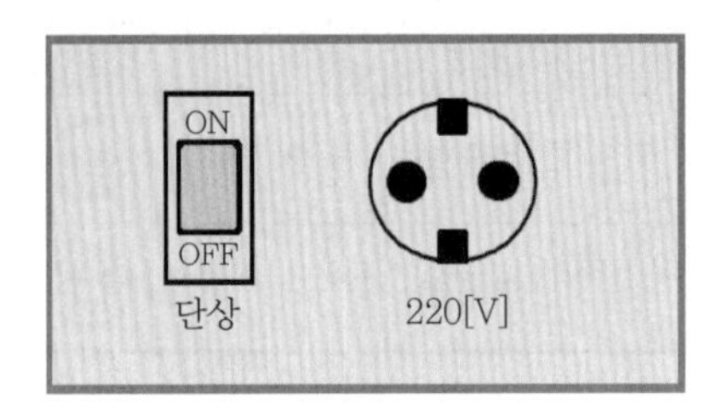

▌비상콘센트함▐

(6) 절연저항 및 절연내력기준 120회 출제

1) 절연저항

측정장소	절연저항계	절연저항
전원부와 외함 사이	500[V]	20[MΩ] 이상

비상경보설비, 비상방송설비, 자동화재탐지설비의 절연저항 : 0.1[MΩ] 이상

2) 절연내력기준
① 절연물이 어느 정도의 전압에 견딜 수 있는지를 확인하는 시험
② 절연파괴시험 : 어떤 전압을 가한 다음 점점 증가시켜 실제로 파괴하는 전압을 구하는 시험

③ 내전압시험 : 어떤 일정한 전압을 규정한 시간 동안 가하여 이상이 있는지를 확인하는 시험

시험위치	정격전압	실효전압	시험시간
전원부와 외함 사이	150[V] 이하	1,000[V]	1분 이상
	150[V] 이상	정격전압×2+1,000[V]	

SECTION 069

소방시설의 전원

101 · 100 · 98회 출제

01 개요

(1) 일반전원이 차단되더라도 소방시설에 공급되는 전원이 차단되지 않도록 분기하여야 한다.

(2) 상용전원 차단 시 자동으로 전환되는 비상전원을 설치하여야 한다.

(3) 소방시설에 공급되는 전원의 배선은 화염과 열기에 견딜 수 있는 내화 · 내열 배선을 설치하여야 한다.

02 전원

(1) **상용전원**

(2) **비상전원(emergency power)** 129회 출제

1) **정의** : 정전이나 단선, 단락 등의 전기적 사고 등으로 인하여 상용전원의 공급이 중단되었을 경우 외부전원의 공급 없이 소방대상물에서 소방시설을 일정시간 사용하기 위한 별도의 전원공급장치

2) 종류 및 사용처

구분	사용처	비고
자가발전설비	옥내소화전, 스프링클러등, 물분무등	대용량 설비
축전지설비	자동화재탐지설비, 유도등	소용량 설비, 신속대응설비
비상전원수전설비	스프링클러설비대상 중 일부와 비상콘센트	소용량 설비
전기저장장치	모든 설비	대용량 설비, 신속대응설비

(3) **비상전원 면제**

1) 2 이상의 변전소에서 전력을 동시에 공급받을 수 있는 경우

2) 하나의 변전소로부터 전력공급이 중단되는 때는 자동으로 다른 변전소로부터 전력을 받을 수 있는 경우

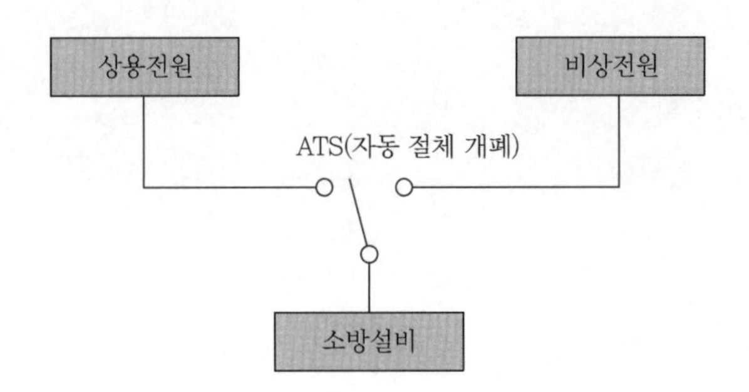

ATS(Auto Transfer Switch) : 자동 절체 개폐기로 상용전원과 비상전원을 자동으로 절체하는 스위치이다. 상용전원 입전될 때는 상용전원을 전원으로, 정전될 때는 비상전원으로 절체가 된다.

(4) 비상전원과 예비전원

1) **국내기준** : 국내의 소방법에서는 비상전원설비, 건축법에서는 예비전원설비, 전기사업법에서는 비상용 예비전원설비라는 용어로 혼용되고 있으며 정전 시 최소한의 설비운용을 위한 보완적인 측면에서의 예비전원설비와 공용화되어 사용되고 있다.
2) **국제기준** : IEC, ANSI/IEEE, NEC, KS C IEC 60364-1 규격에서는 비상전원설비가 인명의 안전 및 재산 보호의 방재개념인 것에 비해 예비전원설비는 인명과는 직접 관련되지 않는 주거 및 활동상의 쾌적성, 생산작업상의 장애나 손실 등의 보완개념으로 비상전원설비에 비해 예비전원설비의 중요성이 한 등급 아래로 표현되고 있다.

03 비상전원설비의 구비조건

(1) 용량

소화설비에 따라 10 ~ 60분 이상 전원공급이 가능할 것

(2) 기능

상용전원 정전 시 비상전원으로 자동절환될 것

(3) 이격

축전지설비 설치 시 벽과 0.1[m] 이상

(4) 장소

점검이 편리하고 화재침수의 우려가 없을 것

(5) 조명

점검 및 조작을 위한 조명등을 설치할 것

(6) **구획**

타 구획과 방화구획

(7) **배선**

내화배선

(8) **환기**

옥내에 설치하는 비상전원실에는 옥외로 직접 통하는 충분한 용량의 급 · 배기설비를 설치할 것

(9) **출력**

비상전원설비에 설치되어 동시에 운전될 수 있는 모든 부하의 합계 입력용량을 기준으로 정격출력을 선정할 것

(10) **표지판**

비상전원실의 출입구 외부에는 실의 위치와 비상전원의 종류를 식별할 수 있도록 표지판을 부착할 것

04 소방용 비상전원 설치대상 및 용량

(1) **소방법령에 의해 요구되는 비상전원** 129회 출제

설비	소방시설	비상전원 설치대상	비상전원의 종류				작동시간 (이상)
			발전	전기 저장 장치	축전	수전	
경보설비	자동화재탐지, 비상경보, 비상방송	대상 건물 전체(예외 : 상용전원이 축전지설비인 경우 또는 건전지를 주전원으로 사용하는 무선식 설비)	×	○	○	×	감시 60분 후 10분 경보
소화설비	옥내소화전	① 7층 이상으로 연면적 2,000[m^2] 이상 ② 지하층 바닥면적의 합계 3,000[m^2] 이상	○	○	○	×	20분
	스프링클러 · 미분무	① 차고, 주차장으로 스프링클러를 설치한 부분의 바닥면적의 합계 1,000[m^2] 미만	○	○	○	○	
		② 기타 대상인 경우	○	○	○	×	
	옥외소화전	(기준 없으나)비상전원 연결 펌프 설치 시	○	○	○	○	
	포소화	① Foam head 또는 고정포 방출설비가 설치된 부분의 바닥면적의 합계가 1,000[m^2] 미만 ② 호스릴포 또는 포소화전만 설치한 차고, 주차장	○	○	○	○	
		③ 기타 대상인 경우	○	○	○	×	

설비	소방시설	비상전원 설치대상	비상전원의 종류				작동시간(이상)
			발전	전기 저장 장치	축전	수전	
소화 설비	물분무	대상 건물 전체	○	○	○	×	20분
	가스계 · 분말	대상 건물 전체(호스릴설비는 비상전원 해당 없음)	○	○	○	×	
	화재 조기 진압용 S/P	대상 건물 전체	○	○	○	×	
	간이 S/P	대상 건물 전체(단, 전원이 필요한 경우)	○	○	○	○	10분 (근생 20분)
피난 설비	유도등	① 11층 이상의 층 ② 지하층 또는 무창층 용도 : 지하역사, 도소매시장, 지하상가, 여객자동차터미널	×	○	○	×	60분
		③ 기타 대상인 경우	×	○	○	×	20분
	비상조명등	예비전원 내장형	×	○	○	×	20분 60분(11층 이상, 지하층, 무창층(지하역사와 도소매시장, 터미널, 지하상가)
		예비전원 비내장형	○	○	○	×	
소화 활동 설비	제연	대상 건물 전체	○	○	○	×	20분 부속실 준초고층(40분) 초고층(60분)
	연결송수관	높이 70[m] 이상 건물(승압펌프)	○	○	○	×	20분
	비상콘센트	① 7층 이상으로 연면적 2,000[m^2] 이상 ② 지하층 바닥면적의 합계 3,000[m^2] 이상	○	○	×	○	20분
	무선통신보조	증폭기를 설치한 경우	○	○	○	×	30분
기타	도로터널	옥내소화전, 물분무, 자동화재탐지, 비상조명등, 제연	○	○	○	×	40/60분
	고층 건축물	옥내소화전, 스프링클러설비	○	○	×	×	준초고층 (40분) 초고층 (60분)
		제연, 연결송수관	○	○	○	×	

(2) 건축법령에 의해 요구되는 예비전원(비상전원)

방재설비	자가발전 설비	전기저장 장치	축전지 설비	자가발전설비와 축전지설비 병용	작동시간 (이상)
비상조명설비(계단실 등)	○	○	○	○	30분
피난구 조명장치	○	○	○	○	30분
피난용 승강기	○	○	×	×	120분
전기적 비상운전발전기	○	○	○	×	1회 운영시간
비상용 배수설비	○	○	×	×	30분
배연설비	○	○	×	×	배연설비
방화셔터 · 자동방화문	○	○	○	○	30분 (축전지필수)
방화댐퍼 · 가동방연벽	○	○	○	○	

1. 옥외소화전은 비상전원이 없다.
2. 옥내소화전, 스프링클러설비, 물분무등, 연결송수관, 제연설비의 경우 층수에 따른 구분

층수	작동시간
30층 미만	20분 이상
30층 이상에서 49층까지	40분 이상
50층 이상	60분 이상

(3) NFPA 110 비상전원 구분

1) 비상전원의 구분

① 비상전원 공급(EPS : Emergency Power Supply) : 비상 발전기, 축전지설비

② 비상전원 공급시스템(EPSS : Emergency Power Supply System) : EPS + 자동절체장비

2) Class : 비상전원(EPSS)이 충전 또는 재충전하지 않고 정격부하에서 작동할 수 있게 설계된 최소 시간

구분	최소 시간
Class 0.083	0.083[hr](5분)
Class 0.25	0.25[hr](15분)
Class 2	2[hr]
Class 6	6[hr]
Class 48	48[hr]
Class X	사용자, 코드, 응용프로그램 등이 요구하는 기타 시간

3) Level : 비상전원(EPSS)의 중단을 허용하는 최대 시간(초)

① level 1 : 비상전원의 고장으로 인명손실이나 심각한 부상을 초래할 수 있는 경우

② level 2 : 비상전원 고장으로 인명손실이나 부상을 초래할 우려가 작은 경우

4) 비상전원의 절체시간에 따른 종류

구분	절체시간
Type U	기본적으로 무정전장치(UPS)
Type 10	10초
Type 60	60초
Type 120	120초
Type M	수동 또는 비자동(시간제한 없음)

SECTION 070

비상전원수전설비

120회 출제

01 개요

(1) 일반 상용전원 이상 시 소방용 설비 등이 정상적으로 작동할 수 있도록 설치하는 비상전원에는 자가발전설비, 축전지, 비상전원수전설비 3가지가 있다.

(2) 비상전원수전설비는 비상전원을 별도로 설치하는 것이 아니라, 소방시설에 공급되는 상용전원으로서 화재 시에 화재에 의해 소손되거나 선로가 차단되지 않도록 일반부하를 거치지 않고 직접 주전원 공급 선로에서 일반부하 선로와 별도로 분기하여 시설하는 설비이다.

(3) 비상전원수전설비는 화재 시의 전원공급 안전성에 한계가 있어 소규모 특정소방대상물로서 비상전원 설치대상에 미치지 못하는 소규모 대상과 비상콘센트설비에서만 극히 제한적으로 사용이 허용되는 설비이다.

(4) **비상전원수전설비**

1) 전력회사가 공급하는 상용전원을 이용하는 것
2) 소방설비 전용의 변압기에 의해 수전 또는 주변압기의 2차측에서 직접 전용의 개폐기에 의해 수전하는 것
3) 옥내화재에 의한 전기회로의 단락, 과부하에 견딜 수 있는 구조로 할 것

02 설치대상

구분	설치대상
스프링클러	차고, 주차장으로 스프링클러가 설치된 바닥면적 합계가 1,000[m^2] 이하
포소화설비	호스릴 또는 포소화전만을 설치한 차고, 주차장
	포헤드 또는 고정포 방출구설비가 설치된 연면적 합계가 1,000[m^2] 미만
간이 스프링클러	전원이 있는 경우(예외 : 무전원 작동설비)
비상콘센트	지하층을 제외한 7층 이상으로 연면적 2,000[m^2] 이상
	지하층 연면적(차고, 주차장, 기계실 제외) 3,000[m^2] 이상

03 수전설비 구분

<table>
<tr><th>전압</th><th colspan="2">종류</th><th>내용</th></tr>
<tr><td rowspan="4">고압 이상</td><td colspan="2">방화구획형</td><td>전용의 방화구획 내에 설치</td></tr>
<tr><td colspan="2">옥외개방형</td><td>건축물 또는 인접건축물에 화재발생 시 화재로 인한 영향을 받지 않도록 건축물의 옥상 및 공지에 설치</td></tr>
<tr><td rowspan="2">큐비클형</td><td>전용</td><td>소방회로용의 것으로 수전설비, 변전설비, 그 밖의 기기 및 배선을 금속제 외함에 수납한 것</td></tr>
<tr><td>공용</td><td>소방회로 및 일반회로 겸용의 것으로 수전설비, 변전설비, 그 밖의 기기 및 배선을 금속제 외함에 수납한 것</td></tr>
<tr><td rowspan="4">저압</td><td colspan="2">전용 분전반
(1 · 2종)</td><td>소방회로 전용의 것으로 분기 개폐기, 분기 과전류차단기, 그 밖의 배선용 기기 및 배선을 금속제 외함에 수납한 것</td></tr>
<tr><td colspan="2">공용 분전반
(1 · 2종)</td><td>소방회로 및 일반회로 겸용의 것으로서, 분기 개폐기, 분기 과전류차단기, 그 밖의 배선용 기기 및 배선을 금속제 외함에 수납한 것</td></tr>
<tr><td colspan="2">전용 배전반
(1 · 2종)</td><td>소방회로 전용의 것으로서, 개폐기, 과전류차단기, 계기, 그 밖의 배선용 기기 및 배선을 금속제 외함에 수납한 것</td></tr>
<tr><td colspan="2">공용 배전반</td><td>소방회로 및 일반회로 겸용의 것으로서, 개폐기, 과전류차단기, 계기, 그 밖의 배선용 기기 및 배선을 금속제 외함에 수납한 것</td></tr>
</table>

1. **큐비클식 설비** : 수전설비, 변전설비와 기타의 기기 및 배선을 하나의 금속제 상자에 수납한 것
2. **배전반** : 건물의 인입점 이후에 설치된 전원회로를 배전(配電)하기 위한 주전원패널
3. **분전반** : 배전반 이후 전원회로를 각 분기회로별로 공급하기 위해 설치된 분기용 전원패널
4. **전압의 구분**

<table>
<tr><th>구분</th><th>과거(2020년까지)</th><th>현행(2021년부터)</th></tr>
<tr><td rowspan="2">저압</td><td>DC 750[V] 이하</td><td>DC 1.5[kV] 이하</td></tr>
<tr><td>AC 600[V] 이하</td><td>AC 1[kV] 이하</td></tr>
<tr><td rowspan="2">고압</td><td>DC 750[V] 초과 7,000[V] 이하</td><td>DC 1.5[kV] 초과 7[kV] 이하</td></tr>
<tr><td>AC 600[V] 초과 7,000[V] 이하</td><td>AC 1[kV] 초과 7[kV] 이하</td></tr>
<tr><td>특고압</td><td>7,000[V] 초과</td><td>7[kV] 초과</td></tr>
</table>

04 설치기준

(1) 특고압 또는 고압으로 수전하는 경우

1) 설치장소 : 전용의 방화구획 내에 설치한다.

2) 배선분리

① 소방회로배선은 일반회로배선과 불연성 벽으로 구획한다.

② 예외 : 소방회로배선과 일반회로배선을 15[cm] 이상 떨어져 설치한 경우

3) **회로의 안전성** : 일반회로에서 과부하, 지락사고 또는 단락사고가 발생한 경우에도 이에 영향을 받지 아니하고 계속하여 소방회로에 전원을 공급시켜 줄 수 있어야 한다.

4) **표시** : 소방회로용 개폐기 및 과전류차단기에 '소방시설용'이라 표시한다.

5) 옥외개방형

① 건축물의 옥상에 설치하는 경우 : 화재가 발생할 경우에도 화재로 인한 손상을 받지 않도록 설치한다.

② 공지에 설치하는 경우 : 인접 건축물에 화재가 발생한 경우에도 화재로 인한 손상을 받지 않도록 설치한다.

6) 큐비클형

① 구분 : 전용 큐비클, 공용 큐비클식

② 외함

㉠ 재질 : 두께 2.3[mm] 이상의 강판과 이와 동등 이상의 강도와 내화성능이 있는 것으로 제작한다.

㉡ 건축물의 바닥 등에 견고하게 고정한다.

③ 개구부 : 60분 방화문 또는 30분 방화문을 설치한다.

④ 외함에 노출하여 설치할 수 있는 대상

㉠ 표시등(불연성 또는 난연성 재료로 덮개를 설치한 것) : 옥외형도 설치한다.

㉡ 전선의 인입구 및 인출구 : 옥외형도 설치한다.

㉢ 환기장치 : 옥외형도 설치한다.

㉣ 전압계(퓨즈 등으로 보호한 것)

㉤ 전류계(변류기의 2차측에 접속된 것)

㉥ 계기용 전환스위치(불연성 또는 난연성 재료로 제작된 것)

⑤ 외함에 수납하는 시설 설치기준

㉠ 외함 또는 프레임(frame) 등에 견고하게 고정한다.

㉡ 외함의 바닥에서 10[cm](시험단자, 단자대 등의 충전부는 15[cm]) 이상의 높이에 설치한다.

⑥ 전선 인입구 및 인출구 : 금속관 또는 금속제 가요전선관을 쉽게 접속할 수 있도록 한다.

⑦ 환기장치 설치기준

㉠ 내부의 온도가 상승하지 않도록 환기장치를 설치한다.

㉡ 자연환기구의 개부구 면적의 합계 : 외함의 한 면의 3분의 1 이하(크기는 직경 10[mm] 이상의 둥근 막대가 들어가서는 안 됨)

㉢ 자연환기구에 따라 충분히 환기할 수 없는 경우 : 환기설비를 설치한다.

㉣ 방화조치 : 금속망, 방화댐퍼 등

㉤ 옥외에 설치하는 것 : 빗물 등이 들어가지 않도록 한다.

⑧ 공용 큐비클식 : 소방회로와 일반회로에 사용되는 배선 및 배선용 기기는 불연재료로 구획한다.

(2) 저압으로 수전하는 경우

1) 비교

구분	제1종 배전반(분전반)	제2종 배전반(분전반)
외함재질	두께 1.6[mm](전면판 및 문은 2.3[mm]) 이상 강판 또는 동등 이상	두께 1[mm] 이상의 강판 또는 동등 이상
단열	외함 내부는 내열성 및 단열성이 있는 재료를 사용한다.	배선용 불연전용실 내에 설치한다.
외함에 노출하는 장치	① 표시등(불연성 또는 난연성 재료로 덮개를 설치한 것) ② 전선의 인입구 및 출구	① 표시등(불연성 또는 난연성 재료로 덮개를 설치한 것) ② 전선의 인입구 및 출구 ③ 120[℃]의 온도를 가했을 때 이상이 없는 전압계 및 전류계
접속부분	① 금속관 또는 금속제 가요전선관을 쉽게 접속할 수 있는 구조를 할 것 ② 접속부분 단열조치를 할 것	
공용	소방회로와 일반회로에 사용하는 배선 및 배선용 기기는 불연재료로 구획할 것	

2) 그 밖의 배전반 및 분전반의 설치기준

① 일반회로에서 과부하 · 지락사고 또는 단락사고가 발생한 경우 : 영향을 받지 아니하고 계속하여 소방회로에 전원을 공급시켜 줄 수 있어야 할 것

② 표시 : 소방회로용 개폐기 및 과전류차단기에는 '소방시설용'이라는 표시를 할 것

05 문제점과 제정 배경

(1) 문제점

1) 초기 화재 발생 시에만 활용할 수 있다.

2) 정전 시에는 비상전원으로 기능을 상실한다.

3) 적용 대상이 일부 시설로 한정된다.

(2) 제정 배경

1) 소규모 건물의 경우 발전기 설비 완화를 목적으로 제정한 것이다.

2) 화재 초기에는 정전이 없으므로 실용상 문제가 없다고 판단한 것이다.
3) 전문적인 기술인력 없이도 비상전원에 대한 유지 · 관리가 가능하도록 완화한 것이다.

(3) 설치방법

1) 고압 또는 특고압 수전의 경우

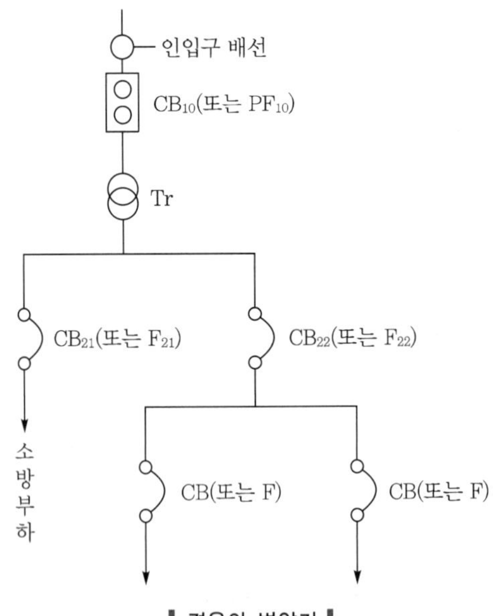

▌겸용의 변압기▐

주) 1. 일반회로의 과부하 또는 단락사고 시에 CB_{10}(또는 F_{10})이 CB_{22}(또는 F_{22}) 및 CB(또는 F)보다 먼저 차단되어서는 안 된다.
2. CB_{21}(또는 F_{21})은 CB_{22}(또는 F_{22})와 동등 이상의 차단용량일 것

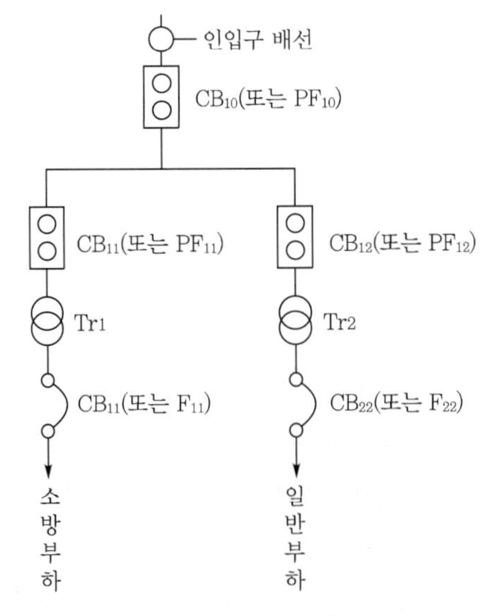

▌전용의 변압기▐

주) 1. 일반회로의 과부하 또는 단락사고 시에 CB_{10}(또는 PF_{10})이 CB_{12}(또는 PF_{12}) 및 CB_{22}(또는 F_{22})보다 먼저 차단되어서는 안 된다.

2. CB_{11}(또는 PF_{11})은 CB_{12}(또는 PF_{12})와 동등 이상의 차단용량일 것

2) 저압 수전의 경우

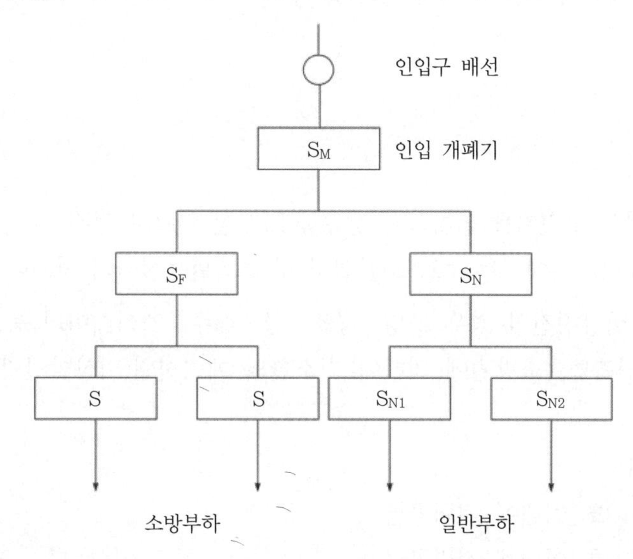

주) 1. 일반회로의 과부하 또는 단락사고 시 S_M이 S_N, S_{N1} 및 S_{N2}보다 먼저 차단되어서는 안 된다.

2. S_F는 S_N과 동등 이상의 차단용량일 것

약호	명칭
CB	전력차단기
PF	전력퓨즈(고압 또는 특고압용)
F	퓨즈(저압용)
Tr	전력용 변압기
S	저압용 개폐기 및 과전류차단기

SECTION 071

자가발전설비

01 개요

(1) 건물 내 자가용 발전기를 설치하여 경유나 LPG를 연료로 정전 시 설비에 전원을 공급하는 것으로 소방분야에서는 주로 소화설비 및 소화활동설비의 펌프나 송풍기에 적용된다.

(2) 상용전원이 비상정전의 경우 조명, 공조, 급 · 배수, 엘리베이터 등으로 인한 재해방지를 위하여 건축법, 소방법에 의하여 최소한의 예비전원(비상발전기, 축전지)을 설치하여야 한다.

(3) **자가발전설비**

1) **소방용** : 40초 이내에 전력공급

2) **의료용** : 10초 이내에 전력공급

3) **구동방식** : 디젤, 가솔린, 가스터빈 구동(디젤기관에 의한 3상 교류발전기를 많이 사용)

4) **자가발전설비의 구성** : 디젤엔진, 교류발전기, 배전반, 엔진기동설비, 부속장치설비, 기타 설비

(4) 정전 시에는 비상전원으로 자동절환 및 급전 시 상용 전원으로 복구되는 기능을 하고 있어야 하므로 자동절환장치(ATS : Auto Transfer Switch)를 설치하고, 상용전원회로와 비상발전회로의 개폐기는 상호 인터록(interlock)이 되어 있어야 한다.

(5) **소방부하와 비상부하의 구분** 112회 출제

구분	개념	종류	
소방부하	소방법에 의한 소방시설 및 건축법에 의한 방재시설을 포함한 전력부하	소방	소화펌프, 제연설비, 비상방송설비, 비상콘센트설비 등
		방재	비상용 승강기, 피난용 승강기, 방화문, 방화셔터, 종합방재실, 배연설비 등
비상부하	소방부하 이외의 급 · 배수, 공조, 통신, 전기 등 건축물의 기능을 유지 및 안전성 등을 위해 사용하는 비상용 부하설비	동력	급 · 배수 펌프, 기계식 주차장, 승용 승강기, 급탕 순환펌프 등
		냉장 · 냉동	냉 · 난방시설, 냉장 · 냉동시설, 항온 · 항습시설 등
		전등 · 전열 · 보안	공용 전등, 전열 · 동파 방지시설, 출입문 도어락, 보안시설
		OA	자료 서버, 중앙전산시설

02 자가발전설비의 특징

구성요소	장점	단점	구비조건
① 디젤엔진 ② 교류발전기 ③ 배전반 ④ 엔진기동설비 ⑤ 부속장치설비 ⑥ 기타 설비	① 자동운전이 쉬움(ATS 설치) ② 동작이 확실하고 신뢰성이 높음 ③ 시동이 빠름 ④ 효율이 좋음 ⑤ 취급 및 보수가 쉬움 ⑥ 대용량 부하에 적합함	① 설비비와 부대공사비가 발생함 ② 운전과 관리에 전문기술 필요함 ③ 배기가스 문제가 있음	① 비상용 부하의 사용목적에 적합한 방식의 전원설비일 것 ② 신뢰도가 높을 것 ③ 취급, 조작 및 운전이 쉬울 것 ④ 경제적일 것 ⑤ 기동시간이 짧을 것(일본 : 40초 이내)

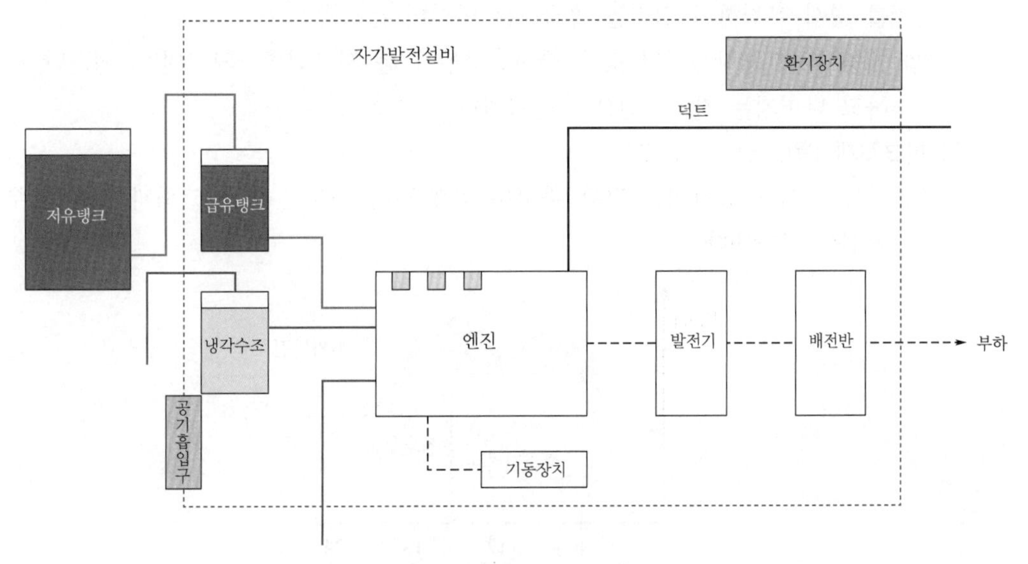

▌자가발전설비 개념도▐

03 발전기의 분류

(1) 부하기능에 따른 분류

1) 비상용 발전기(디젤, 가스터빈) 124회 출제

구분	소방부하 전용 발전기	소방전원 보존형 발전기	소방부하와 비상부하 합산용량 발전기
대상부하	소방부하=전용 발전기	소방 > 비상 = 소방전용	소방부하 + 비상부하
	비상부하=별도 발전기	소방 < 비상 = 비상, 소방겸용	
부하계산 (수용률)	소방부하 100[%] 이상	소방부하 100[%] + 비상부하 (수용률 최댓값 이상)	소방부하 100[%] 이상

구분	소방부하 전용 발전기	소방전원 보존형 발전기	소방부하와 비상부하 합산용량 발전기
비상발전기	별도 설치	겸용	겸용
문제점	비상부하 별도 설치로 고비용	과부하 시 비상부하 차단 특정회사 제품	용량 증가로 고비용
용량	저용량	저용량	고용량
신뢰성	큼	중간	큼
설치비	고비용	저비용	고비용

2) 상용 발전기(디젤, 가스터빈)

① 전력회사로부터는 전력공급을 받지 않거나 또는 일부만을 수전하고 자가발전기를 상시 운전하여 전력을 공급하는 방식이다.

② 예를 들어 포항제철의 경우 한전으로부터 총 사용전력량의 10[%] 정도만 수전하고 나머지는 자가발전으로 충당한다.

3) 피크치제어용(peck-cut) 발전기

① 어느 전기 수용가이든 각각 차이는 있겠으나, 대부분 아래 그림과 같은 일부하 곡선을 나타낸다.

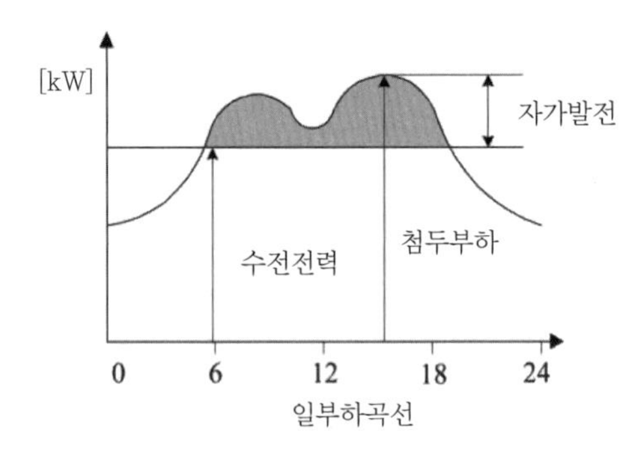

일부하곡선

② 사용전력량의 변동이 심하면 설비의 이용률이 떨어지고 최대 수요가 커서 계약용량이 커지면 전기요금도 많이 내야 하므로 자가발전기를 설치하여 첨두부하(피크치) 시에만 운전하기 위한 목적으로 설치하는 발전기이다.

4) 열병합 발전용(CHP : Combined Heat and Power Plant) 발전기

① 토핑 사이클(topping cycle) : 연료연소로 생산된 증기를 전력생산에 먼저 사용하고 배출하는 열이나 잉여열을 열에너지로 이용하는 방식

② 보터밍 사이클(bottoming cycle) : 증기를 열에너지로 먼저 사용하고 잉여열이나 산업체의 산업공정에서 나오는 폐열을 이용하여 전기를 생산하는 방식

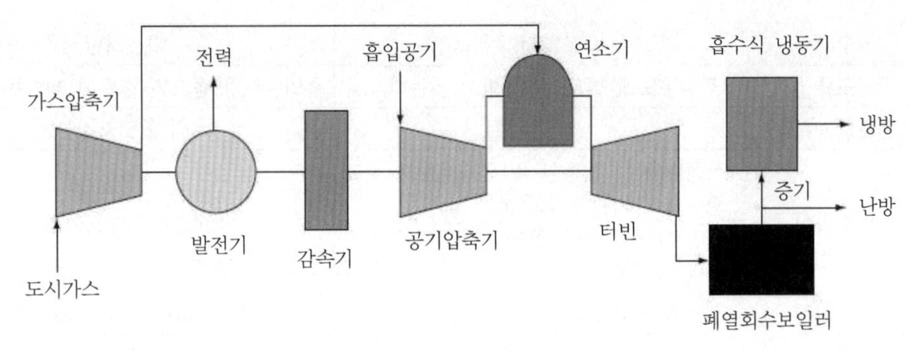

▌열병합 발전용 발전기[66] ▌

(2) 설치방법에 따른 분류

1) 고정거치형 : 200[kVA] 이상
2) 이동형 : 200[kVA] 미만

(3) 시동방법에 따른 분류

구분	전기식	공기식
용량	중 · 소형	대형
시동방식	축전지로 기동	공기를 1 ~ 3[MPa]의 압력으로 탱크에 압축시켜 두었다가 이 에너지를 이용하여 기동
특징	① 운용이 용이함 ② 비상전원의 경우는 대부분 전기식을 사용함	① 비용이 비싸 방폭지역이나 중 · 저속의 직접분사형 디젤엔진에 적용함 ② 상용전원으로 사용 시에는 공기식을 많이 사용함

(4) 냉각방식에 따른 분류

1) 공랭식 : 소용량(500[kVA] 미만의 소용량에 적합)에 적용한다.

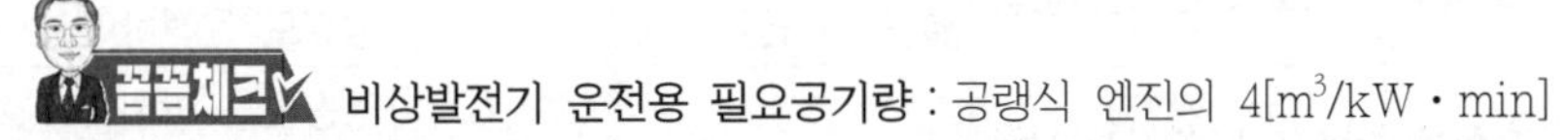

비상발전기 운전용 필요공기량 : 공랭식 엔진의 4[m^3/kW · min]

2) 수랭식 : 500[kVA] 이상에 적용하며, 1차 냉각방식(방류식, 수조식), 2차 냉각방식(쿨링타워), 라디에이터방식이 있다.

(5) 구동방법에 따른 분류 108회 출제

구분	디젤발전기	가스터빈
용량	중 · 소용량	대용량
행정	흡입 - 압축 - 폭발 - 배기	흡입 - 압축 - 연소 - 팽창 - 배기
회전속도	맥동적(단속적)	연속적
연료소비량	적음(150 ~ 230[g/PS · hr])	많음(190 ~ 500[g/PS · hr])

66) 그림 Ⅱ-1 열병합 발전시스템 개요(가스터빈 열병합 발전시스템). 에너지관리공단

구분	디젤발전기	가스터빈
온도특성	주위온도에 별로 영향 받지 않는다.	흡입온도가 높으면 출력에 제한을 받는다.
연소용공기량	1	약 2.5 ~ 4배
연소방식	① 직접분사식 : 기동성 및 연소효율이 좋고 중 · 저속 기관에 적용함 ② 예열분사식 : 소음, 진동이 작으며 고속기관에 적용함	완전연소 회전운동을 함
기동시간	5 ~ 40초(대개 10초 정도)	20 ~ 40초(대개 40초 정도)
가격	비교적 저렴	비교적 비쌈
진동	심함, 대책 필요	비교적 없음
소음	105 ~ 110[dB]	80 ~ 95[dB]
전기적 특성	비교적 나쁨	비교적 좋음
냉각수	필요	불필요(공랭식)
리턴 배관	있음	없음
온실가스 배기량 (NO_x, SO_x)	비교적 많음 (300 ~ 1,000[ppm], 150 ~ 200[ppm])	비교적 적음 (20 ~ 150[ppm], 약 100[ppm])
사용연료	중유, 경유, 등유 등	등유, 경유, 천연가스, LNG
특징	① 가장 보편적인 방식 ② 부품수가 많고 중량이 무거움 ③ 설치면적이 크게 필요하고 기초도 필요함	① 주파수 변동이나 저부하 운전에 대한 대응성이 좋음 ② 확장성이 우수[하이브리드 가스터빈(ESS 결합)이나 수소 가스터빈 등]함

(6) 운전방식에 따른 분류

구분	단독운전방식	병렬운전방식	한전 병렬운전방식
내용	발전기 한 대로 모든 전원공급	여러 대를 이용하여 각각 부하별 전원공급	한전의 전원공급과 발전기를 병렬로 운전하여 전원공급
필수요소	수전용 차단기, 발전기용 차단기, 인터록장치	동기(synchro)장치	역송전을 방지하기 위한 계전기와 동기(synchro)장치 필요, 한전과의 협의
특징	① 신뢰도가 낮음 ② 발전기가 대용량화	① 유지관리가 어려움 ② 부하별 분할하여 발전기 설치가 가능함	① 피크부하를 낮출 수 있음 ② 가장 보편적 방식

(7) 발전기 병렬운전조건

운전조건	조건을 만족시키지 못할 경우	
기전력의 크기가 같을 것	크기가 다르면 두 발전기 사이에 무효순환전류가 흘러 발전기 온도가 상승한다.	
기전력의 위상이 같을 것	위상차가 생기면서 순시치에서 전압차로 동기화전류가 흐른다.	
	위상이 늦은 발전기	부하의 감소 → 속도 증가
	위상이 빠른 발전기	부하의 증가 → 과부하 초래

운전조건	조건을 만족시키지 못할 경우
기전력 주파수가 같을 것	주파수가 다르면 순시파형에서 전압차로 인한 무효횡류가 흐르고 이로 인해 난조가 발생하고 심하면 발전기 계통으로부터 탈조한다.
기전력의 파형이 같을 것	파형이 다르면 전기자 동손이 증가되고 이는 과열의 원인이 된다.
상회전 방향이 같을 것	방향이 다르면 어느 순간 단락상태가 되어 사고가 유발된다.

탈조(脫調) : 송전(送電) 선로에서 안전하게 송전할 수 있는 최대 전력 이상의 전력을 보내거나, 고장이 일어나거나 급격한 부하(負荷) 변동이 있을 경우에 전력 계통의 동기(同期)가 깨지는 일

04 보존형 발전기67)

(1) 도입배경

보통의 경우 소방부하나 비상부하 중 큰 쪽의 부하(주로 비상부하)를 기준으로 하여 출력을 결정한다. 따라서, 화재로 인한 정전이 동시에 발생한다면 화재진전에 따라 점차 소방부하의 출력이 증가하게 되고, 과부하로 인한 발전기의 용량초과로 소방시설이 작동되지 않는 상황이 발생할 수 있다.

(2) 소방전원 보존형 발전기[스프링클러설비의 화재안전기술기준(NFTC 103) 1.7.1.33]

소방부하 및 소방부하 이외의 부하(비상부하라 함)겸용의 비상발전기로서 상용전원 중단 시에는 소방부하 및 비상부하에 비상전원이 동시에 공급되고, 화재 시 과부하에 접근될 경우 비상부하의 일부 또는 전부를 자동적으로 차단하는 제어장치를 구비하여, 소방부하에 비상전원을 연속 공급하는 자가발전설비를 말한다.

(3) 특징

1) 보존형 발전기는 정전 시 소방부하 및 비상부하에 전력을 동시에 공급하는 겸용의 발전기이다.
2) 두 부하(소방부하 및 비상부하) 중 어느 한쪽 부하를 기준으로 발전기용량이 산정된 경우 용량부족방지를 위해 개발된 발전기이다.
3) 화재 시 정전이 발생할 때 발전기의 부하용량을 감시하여 과부하에 접근되는 경우에는 비상부하의 일부 또는 전부를 제어장치(controller)에서 자동적으로 차단시켜 주는 발전기이다.
4) 화재 시에는 소방부하에 대해서 과부하로 인한 발전기의 전력이 중단되지 않고 연속하여 공급할 수 있는 기능을 가지고 있는 발전기이다.

67) 파워맥스 카탈로그에서 일부내용 발췌

5) 정전부하(소방부하 및 비상부하를 합산한 용량) 대비 보존형 발전기는 약 40[%] 이상 발전기용량을 감소시킬 수 있어 경제적이다.
6) 특정회사(파워맥스)의 특허권이 있어 보편적 사용이 곤란하다.
7) 소방부하와 비상부하 합산용량 발전기보다 신뢰성은 떨어진다.

(4) 제어방식

1) 일괄제어방식
① 화재와 정전이 발생하여 소방부하와 일반 비상부하에 발전기의 전원이 동시에 투입된다.
② 발전기에 과부하 상태가 발생한다.
③ 소방전원 보존용 제어장치에서 신호가 발생하여 비상부하용 주차단기를 일괄차단하고 발전기에는 소방부하만 비상전원을 공급한다.

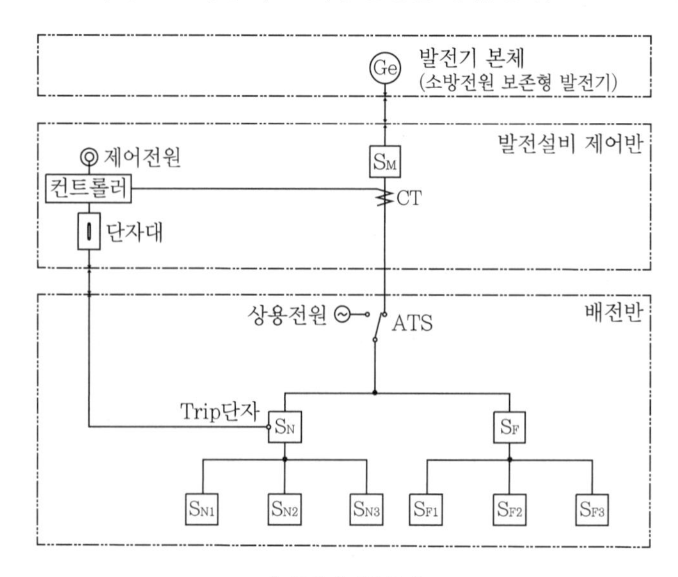

▌일괄제어방식▐

2) 순차제어방식
① 화재와 정전이 발생하여 소방부하와 일반 비상부하에 발전기의 전원이 동시에 투입된다.
② 발전기에 과부하 상태가 발생한다.
③ 소방전원 보존용 제어장치에서 1차 신호가 발생하여 선정된 비상부하의 1단계 부하(일반 비상부하 중에 시급성이 가장 작은 부하)를 차단한다.
④ 지속적인 감시상태에서 소방부하가 증가하여 발전기가 다시 과부하가 되면 제어장치에서 2차 신호가 발생하여 비상부하의 2단계 부하를 차단한다.

⑤ 이런 방법으로 소방부하가 증가됨에 따라 단계별로 중요도가 낮은 순서부터 비상부하를 순차차단하여(제어단계수는 8단계씩 추가 가능) 발전기가 과부하로 정지되는 것을 방지하고 소방부하에 비상전원공급을 유지한다.

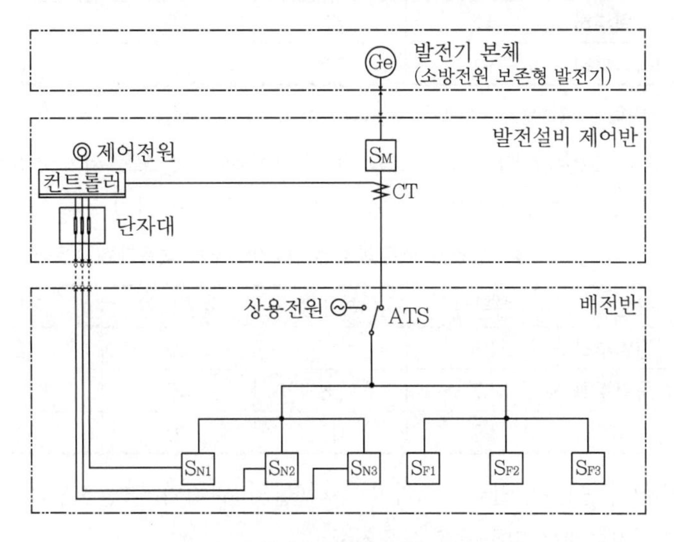

▌순차제어방식▐

(5) 전원 설치기준[NFPC 103 제12조(전원)]

1) 비상전원의 출력용량의 기준 131 · 130회 출제

① 정격출력

㉠ 원칙 : 동시에 운전될 수 있는 모든 부하의 합계입력용량을 기준으로 한다.

㉡ 예외 : 소방전원 보존형 발전기

② 성능기준 : 기동전류가 가장 큰 부하가 기동될 때에도 부하의 허용 최저 입력전압 이상의 출력전압을 유지할 것

③ 단시간 과전류에 견디는 내력 : 입력용량이 가장 큰 부하가 최종 기동할 경우에도 견딜 수 있을 것

2) 자가발전설비는 부하의 용도와 조건에 따라 다음의 하나를 설치하고 그 부하용도별 표지를 부착하여야 한다. 자가발전설비의 정격출력용량은 하나의 건축물에 있어서 소방부하의 설비용량을 기준으로 하고, 소방부하 겸용 발전기의 경우 비상부하는 국토교통부장관이 정한 「건축전기설비 설계기준」의 수용률 범위 중 최댓값 이상을 적용한다.

① 소방전용 발전기 : 소방부하용량을 기준으로 정격출력용량을 산정하여 사용하는 발전기

② 소방부하 겸용 발전기 : 소방 및 비상부하 겸용으로서, 소방부하와 비상부하의 전원용량을 합하여 정격출력용량을 산정하여 사용하는 발전기

▌소방부하 겸용 발전기의 비상부하 적용기준 수용률[%]▐

구분	사무실	백화점	종합병원	호텔	기타 건축물
전등전열부하	83	92	75	71	92
일반동력부하	72	83	70	68	83
냉방동력부하	91	95	100	96	100

[비고] 이외 건축물은 부하종류별로 100 또는 상기 값 이상으로 적용한다.

③ 소방전원 보존형 발전기 : 소방 및 비상부하 겸용으로서, 소방부하의 전원용량을 기준으로 정격출력용량을 산정하여 사용하는 발전기

▌소방전원 보존형 발전기의 비상부하 적용기준 수용률[%]▐

구분	사무실	백화점	종합병원	호텔	기타 건축물
전등전열부하	38	47	40	42	47
일반동력부하	57	58	45	49	58
냉방동력부하	59	65	70	64	70

3) 비상전원실의 출입구 외부 : 표지판 부착(실의 위치와 비상전원의 종류)

4) 특정소방대상물에서 부하용량 산정기준

구분	부하용량 산정기준
여러 동으로 구성된 특정소방대상물	① 소방시설 및 비상전원이 공용으로 시설된 경우 ② 가장 큰 동의 소방부하 및 비상부하의 합계 ③ 기준수용률을 적용하여 비상발전기 정격출력용량 산정
여러 동의 공동주택	피난용 승강기, 비상용 승강기와 승용 승강기 전체 대수의 합계 부하용량을 기준으로 기준수용률을 적용하여 산정
제연송풍기	① 부하가 가장 큰 동의 전체 제연송풍기의 합계 부하용량을 기준으로 정격출력용량 산정 ② 지하층의 주차장 등으로 여러 동이 연결된 경우 부하용량이 가장 큰 하나의 방화구획 또는 스프링클러설비의 방호구역 내 모든 동의 제연송풍기 합산부하용량으로 산출

(6) 자가발전설비 제어반의 제어장치[NFPC 103 제13조(제어반)]

1) **원칙** : 비영리 공인기관의 시험을 필한 것으로 설치

2) **예외** : 소방전원 보존형 발전기의 제어장치에 포함되어야 하는 표시

① 소방전원 보존형 발전기임을 식별할 수 있는 표시

② 발전기 운전 시 소방부하 및 비상부하에 전원이 동시 공급되고, 그 상태를 확인할 수 있는 표시

③ 발전기가 정격용량을 초과할 경우 비상부하는 자동적으로 차단되고, 소방부하만 공급되는 상태를 확인할 수 있는 표시

1. **소방용 자가발전설비 제어장치**(GCF : Generator's Controller for Fire-fighting) : 소방용 비상발전기 컨트롤러로 적용되는 공인제어장치
2. **소방전원 보존 제어장치**(CFS : Controller for Firefighting-power Save) : 병렬운전용 또는 기존 소방용 비상발전기에 부가 적용하는 소방전원 보존 성능의 공인제어장치

(7) 소방용 자가발전설비 공인제어장치 설계 기술지침

1) 공인제어장치와 정전 시 부하 차단기와의 연결방법 : 제어장치의 소방전원 보존 제어 단자와 설계 시 지정한 정전 시 부하 주차단기 트립 단자(또는 병렬로 연결한 복수 개의 분기 차단기 트립 단자들) 사이를 제어선로로 연결(정전 시 부하 차단기 지정이 없을 경우 향후 설계 또는 용도변경 대비 예비용으로 구비)

2) 설계반영여부 및 현장식별방법 : GCF, CFS 도면 표기와 명판의 '형식시험번호' 확인 및 별첨 '형식/검수 시험성적서'로 확인(건축허가동의, 착공신고, 제작승인 견본, 완공시 사본 제출)

05 발전기 용량산정68) 124 · 114 · 109 · 96 · 95회 출제

(1) 예비전원설비(KDS 31 60 20 : 2021) : 최근 비상전원설계방식

1) $GP \geq [\Sigma P + (\Sigma P_m - PL) \times a + (PL \times a \times c)] \times k$

여기서, GP : 발전기 용량[kVA]

ΣP : 전동기 이외 부하의 입력용량 합계[kVA]

ΣP_m : 전동기 부하용량 합계[kW]

PL : 전동기 부하 중 기동용량이 가장 큰 전동기 부하용량[kW](단, 동시에 기동될 경우에는 이들을 더한 용량으로 함)

a : 전동기의 [kW]당 입력용량계수(※ a의 추천값은 고효율 1.38, 표준형 1.45이다. 단, 전동기 입력용량은 각 전동기별 효율, 역률을 적용하여 입력용량을 환산할 수 있음)

c : 전동기의 기동계수

k : 발전기 허용전압강하계수는 다음 '4)'의 표를 참조한다. 단, 명확하지 않은 경우 1.07 ~1.13으로 할 수 있다.

2) 입력용량

① 입력용량(고조파 발생부하 제외)

$$P = \frac{\text{부하용량[kW]}}{\text{부하효율} \times \text{역률}}$$

68) 비상발전기 용량산정방식에 관한 연구, 1995. 12. 대한주택공사 주택연구소의 일부내용을 발췌

② 고조파 발생부하의 입력용량 합계[kVA]

㉠ UPS의 입력용량$(P) = \left(\dfrac{\text{UPS 출력[kVA]}}{\text{UPS 효율}} \times \lambda\right) +$ 축전지 충전용량

여기서, 축전지 충전용량은 UPS 용량의 6 ~ 10[%] 적용

㉡ 입력용량(UPS 제외)$(P) = \dfrac{\text{부하용량[kW]}}{\text{효율} \times \text{역률}} \times \lambda$

여기서, λ(THD 가중치)는 KS C IEC 61000-3-6의 [표 6]을 참고한다. 단, 고조파 저감장치를 설치할 경우에는 가중치 1.25를 적용할 수 있다.

3) 전동기의 기동계수(c)

① 직입 기동 : 추천값 6(범위 5 ~ 7)

② Y-Δ 기동 : 추천값 2(범위 2 ~ 3)

③ VVVF(인버터) 기동 : 추천값 1.5(범위 1 ~ 1.5)

④ 리액터 기동방식의 추천값

구분	탭(tap)		
	50[%]	65[%]	80[%]
기동계수(c)	3	3.9	4.8

4) 발전기 허용전압강하계수(k)

구분		발전기 정수 x_d'' [%]					
		20	21	22	23	24	25
발전기 허용 전압 강하율[%]	15	1.13	1.19	1.25	1.30	1.36	1.42
	16	1.05	1.10	1.16	1.20	1.26	1.31
	17	0.98	1.03	1.07	1.12	1.17	1.22
	18	0.91	0.96	1.00	1.05	1.09	1.14
	19	0.85	0.90	0.94	0.98	1.02	1.07
	20	0.80	0.84	0.88	0.92	0.96	1.00

(2) NFPA 110

1) P_{GP1} : 전동기 및 일반부하 전류를 합산하여 용량산정

2) P_{GP2}

① 전동기 기동 시 전부하전류와 일반부하전류를 구분하여 전동기 부하에만 적용하는 상수 k값 125[%]를 가산하여 적용하는 방식

② P_{GP1}과 P_{GP2} 중 가장 큰 값을 적용하는 데 대부분 P_{GP2}를 적용한다.

3) 국내 기준과 차이점

① 소방용, 비상용의 발전기를 구분하지 않는다.

② 고조파 성분을 고려하지 않는다(별도의 변압기와 콘센트를 적용하여 고조파 문제 해결).

4) 비상발전기의 주요 실패이유
   ① 자동절환스위치(ATS)가 정상적으로 작동하지 못함
   ② 발전기에 부적절한 환기 또는 냉각
   ③ 부적절한 연료압력(천연가스 한정)
   ④ EPSS 과전류 보호장치가 트립되거나 오작동
   ⑤ 부적절한 발전기의 용량이나 부하변동
5) 가솔린 엔진사용을 금하고 4시간 이상의 연료를 저장(5.1[L/kW])

06 비상발전기 선정 시 공해대책

(1) 소음대책

1) 기관음은 방음벽, 저속기를 이용한다.
2) 배기음은 소음기를 사용한다.

(2) 진동대책

방진고무, 방진스프링을 사용하여 진동을 흡수한다.

(3) 대기오염방지 대책

탈황장치를 설치하거나 황성분이 적은 연료를 사용한다.

(4) 수질오염방지 대책

유출방지설비를 설치한다.

07 발전기용 원동기와 차단기 용량산출

(1) PG 계산방식에 의한 원동기 출력

$$P_e = \frac{PG \times \cos\theta_g}{\eta_g} \times \frac{1}{0.736}$$

여기서, P_e : 발전기 원동기 출력값[PS]
PG : PG 방식에 의한 발전기 용량[kVA]
$\cos\theta_g$: 발전기 역률(불분명 시 0.8 적용)
η_g : 발전기 효율

(2) 발전기용 차단기용량

$$P_s \geq \frac{P_n}{X_d'} \times 1.25(\text{여유율})$$

여기서, P_s : 발전기용 차단기의 용량[kVA]

$X_d{}'$: 발전기 과도 리액턴스

P_n : 발전기 용량

08 비상발전기 기동신호 127 · 112회 출제

(1) 비상발전기 기동신호는 비상 및 소방부하 변압기 2차측 주차단기(ACB) 후단에서 신호를 받아 기동되도록 하여야 한다.

(2) **UVR 감지 및 동작 위치(결선) 권고**

1) 메인차단기 (기존) → 공용설비 전원공급 변압기 2차(ABC 2차)측 (변경)

2) 다음 그림 ①의 위치에 UVR 설치 : 부하측에서 고장이 발생하여 저압 차단기가 개방되더라도 UVR이 동작되지 않으므로 상용전원이 상실되었음에도 비상발전기가 기동신호 미발생, 엘리베이터 갇힘 사고 및 화재발생 시 소방설비 미동작 사고 발생 가능성이 있다.

3) 다음 그림 ②의 위치에 UVR 설치 : 저압측에 설치할 경우 저압 차단기가 개방되면 UVR 정전인지 및 비상발전기 기동신호 발생으로 엘리베이터, 소방설비 등 공용설비 정상 전원공급이 가능하다.

4) 일본 사례 및 한전지침 : 발전기 기동용 저전압 계전기(UVR)를 변압기 2차측부터 자동절환스위치(ATS)까지의 사이에 설치할 것으로 규정하고 있다.

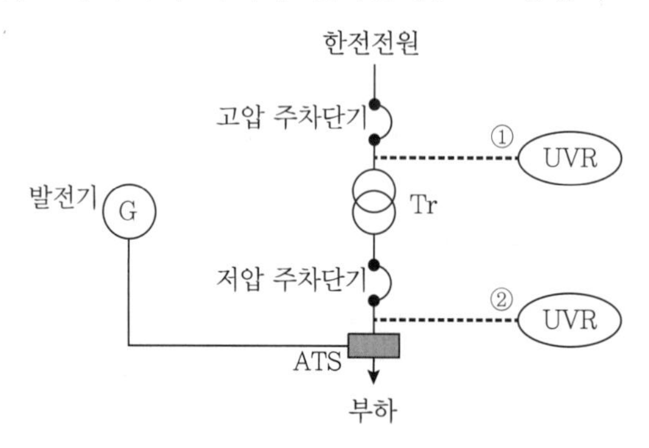

▌비상발전기 UVR 설치위치▐

SECTION

072 축전지설비

01 개요

(1) 축전지는 직류전원이며, 경제적이고, 신속한 전원공급이 가능하고, 보수가 용이하다는 등의 장점이 있어서 비상용 전원으로서는 가장 적합한 독립전원이라고 할 수 있다. 축전지 속에서 화학반응이 일어나 전자를 주고 받으며 전기를 발생시킨다.

(2) 평상시는 항상 충전상태를 유지하다가 정전이나 화재 시 신속하게 자동으로 전환하여 일정시간 작동하는 역할을 한다. 그러나 비상용 발전기보다는 그 용량의 한계가 있고 유지 · 관리에 단점이 있다.

(3) 전원의 차단시간이 최소화가 요구되는 경보설비나 피난구조설비 등에 이용되고 구조상 용량이 작은 설비에 적용되거나 상용전원이 정전되었을 때 비사용 발전기가 기동하여 정격전압을 확립할 때까지의 중간전원으로 사용되는 경우가 많다.

(4) **구성**

축전지, 충전장치, 제어장치

02 전지의 정의 및 종류

(1) **전지의 정의**

화학반응에 의해서 화학에너지를 전기에너지로 변환하는 장치

(2) **전지의 필요반응**

1) 전자를 제조하는 반응

2) 전자를 소비하는 반응

(3) **전지의 종류**

1) 반복사용 여부에 따른 분류

구분	1차 전지	2차 전지
개념	한번 방전된 후 재사용이 불가능한 전지	방전된 후 재충전 및 반복사용이 가능한 전지
종류	망가니즈(MnO_2)전지, 수은(HgO)전지	연축전지와 알칼리 축전지

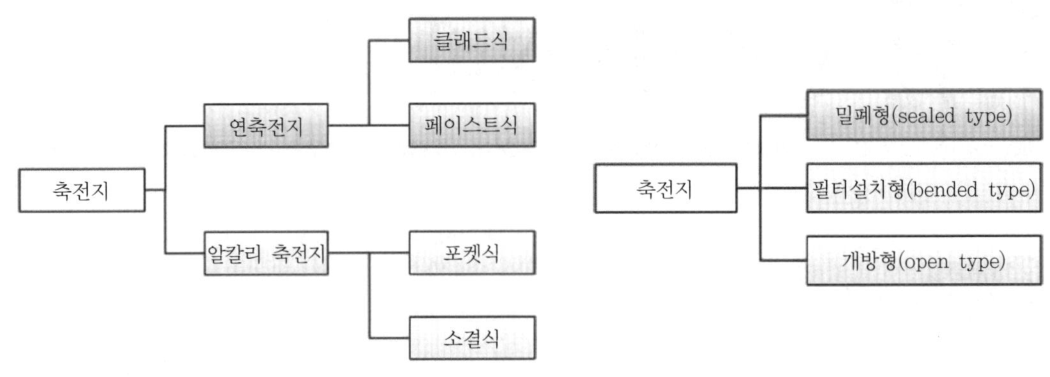

▎극판의 형식에 따른 분류▎ ▎외부구조에 따른 분류▎

2) **연료전지** : 연료를 계속해서 공급함으로써 연속적으로 전기를 생산하는 일종의 발전기

03 연축전지와 알칼리 축전지 119 · 117 · 107 · 104 · 98 · 71회 출제

(1) 연축전지

1) 연축전지의 양극판(lead storage battery anode plate) : 플랜테식(튜더식, 맨체스터식), 클래드식(피복식)

2) 연축전지의 음극판(lead storage battery negative plate) : 페이스트(paste)식

페이스트(paste)식 : 연합금제 기판에 작용물질(연분에 첨가제를 첨가하여 묽은 황산으로 반죽한 것)을 도장한 것

3) 내부구조상 분류

구분	클래드식	페이스트식	고율방전용 페이스트식
구조	납합금의 극판에 미세한 튜브를 삽입하고 그 속에 양극작용 물질을 충전한 것으로 튜브로 인해 활성물질의 탈락을 방지할 수 있는 구조	납합금의 격자체에 양극작용 물질을 충진한 구조	일반용에 비해 얇은 극판을 다수 사용하는 구조
특징	① 수명이 길고 값이 싸서 일반적으로 많이 사용된다. ② 전해액 비중의 측정으로 충방전 상태를 쉽게 확인할 수 있다.	① 클래드식에 비해 효율이 좋다. ② 클래드식과 같이 전해액의 비중 측정으로 쉽게 충방전 상태를 파악할 수 있다. ③ 설치면적이 작으며 값이 싸고, 고율방전에 우수하다.	작은 용적에서도 우수한 급방전 성능을 얻을 수 있다.
종류	CS, EF형	PS, EP형	HS

4) 외부 구조상 분류 : 필터 설치형, 밀폐형

5) **구조** : 납합금의 극판이나 격자체에 양극 작용물질을 충진한 것

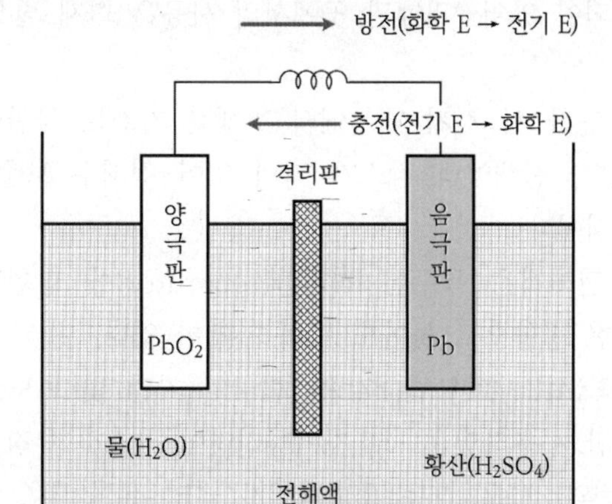

6) **화학식** : PbO_2(양극) + $2H_2SO_4$ + Pb(음극) $\underset{충전}{\overset{방전}{\rightleftarrows}}$ $PbSO_4$(양극) + $2H_2O$ + $PbSO_4$(음극)

7) 설페이션(sulfation)현상

① 정의 : 연축전지를 오래두면 극판이 황산화로 인하여 백색(황산납)으로 되거나 표면에 백색반점이 생기는 현상

② 연축전지를 방전된 상태로 장기간 방치하면 방전 중 생성된 미세한 황산화납의 결정이 크게 성장하게 된다.

③ 원인

㉠ 방전상태에서 장시간 방치하는 경우

㉡ 방전전류가 대단히 큰 경우

㉢ 불충분한 충전을 반복하는 경우

④ 문제점

㉠ 백색 피복물(황산화 현상)은 부도체이므로 작용물질의 면적이 감소하게 되어 전지의 용량이 감소

㉡ 작용물질을 탈락시켜 전지의 수명이 단축

㉢ 충전 시 전압상승이 빠르고 전해액의 온도상승이 큼

㉣ 가연성 가스(수소) 발생

㉤ 완충되어도 용량이 회복되지 않음

⑤ 대책

㉠ 가벼운 증세 : 20시간 과충전 시행

㉡ 심한 경우 : 묽은 황산 또는 황산염 중에서 장시간 충전하여 제거

8) 충전식 무보수(maintenance free) 밀폐형 연축전지의 특성

① 안정성 : 밀폐전지로서 과대한 충전전류 발생 시 안전변이 작동하여 수소가스를 방출하게 되어 있어, 밀폐된 곳에서의 사용은 화재 발생의 위험이 있다(환기설비 필요).

② 무보수성 : 충전 시 전지 내부에서 발생한 가스는 극판에 재흡수되어 전해액으로 환원된다. 전해액의 감소가 거의 없어 정제수 보충이나 점검이 필요 없는 무보수 전지이다.

③ 무누액성 : 전해액은 특수한 격리판(separator)에 함침되어 있어 액의 유동이 없어 어떠한 방향으로 놓아도 액의 누액이 없다.

④ 자기방전 극소 : 특수한 납, 칼슘, 합금의 기판 및 고도로 정제된 전해액 등 정선된 자재만 사용하였으므로 자기방전량이 극소하고 장기보관이 가능하다.

⑤ 넓은 온도범위 : 사용 가능 온도범위가 -15 ~ 40[℃]로 넓은 온도범위에서 사용할 수 있다. 하지만 가능한 한 5 ~ 30[℃]로 사용하는 것이 좋으며, 축전지 운용 시 45[℃]를 초과 안 하도록 주의한다.

⑥ 긴 수명과 경제성 : 특수한 연-칼슘의 기판을 사용하여 내부식성을 향상시키고 긴 수명을 보장한다.

⑦ 장기간 방전 후 회복성이 우수 : 장기간 방전 후 회복충전을 하면 회복이 우수하다.

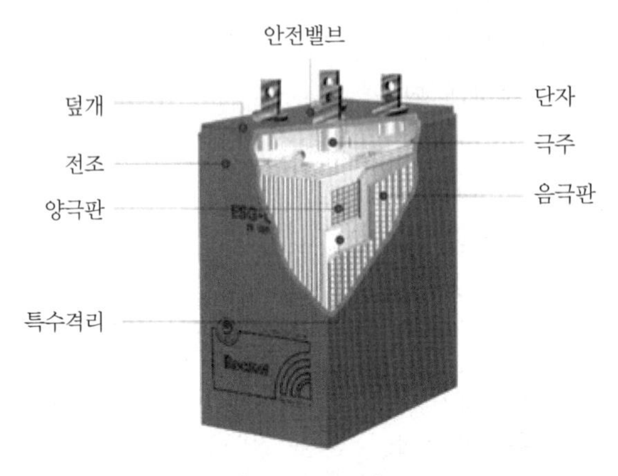

▎무보수형69) ▎

9) 납축전지의 화재와 폭발위험

① 전해액에서 발생한 수소폭발

㉠ 납축전지가 충전되면 산소(음극)와 수소(양극) 발생 → 배터리 외부로 방출

69) 로켓트배터리 카탈로그서 발췌

ⓛ 수소가스 발생 등은 전해액의 수위를 감소시키는 원인 → 보호받지 못한 극판 상단에서 아크 발생(점화원)

② 전해액의 내부 열로 인한 증기 폭발

(2) 알칼리 축전지

1) 내부 구조상 분류

① 포켓식 : 니켈도금강판에 구멍을 뚫어 포켓을 만들고 속에 양극 작용물질을 넣은 구조

② 소결식 : 니켈을 주성분으로 한 금속분말을 다공성으로 소결하여 가는 구멍 속에 양극 물질을 채운 구조

꼼꼼체크 **소결(燒結)** : 가루나 또는 가루를 어떤 형상으로 압축한 것을 녹는점 이하의 온도로 가열하였을 때, 가루가 녹으면서 서로 밀착하여 고결(固結)하거나 또는 그런 현상

2) 외부 구조상 분류 : 필터 설치형, 밀폐형 1 · 2종

3) 재질상 분류

<table>
<tr><th>구분</th><th>니켈카드뮴</th><th>니켈수소</th><th>리튬이온</th><th>리튬이온 폴리머</th></tr>
<tr><td>양극</td><td>수산화니켈(2NiOOH)</td><td>수산화니켈(2NiOOH)</td><td colspan="2">리튬, 니켈, 코발트, 망가니즈 등</td></tr>
<tr><td>음극</td><td>카드뮴(Cd)</td><td>수산화칼륨(KOH)</td><td colspan="2">흑연</td></tr>
<tr><td>전압</td><td>1.2[V]</td><td>1.5[V]</td><td colspan="2">3.7[V]</td></tr>
<tr><td>전해액</td><td>알칼리 수용액</td><td>알칼리 수용액</td><td>액체 유기질</td><td>젤 타입 고분자</td></tr>
<tr><td rowspan="4">특징</td><td rowspan="4">메모리 효과</td><td rowspan="4">① 전압변화 없음
② 메모리 효과 없음</td><td>안전성 나쁨</td><td>안전성 우수</td></tr>
<tr><td>온도특성 우수</td><td>저온에 약함</td></tr>
<tr><td>셀 디자인 특성이 나쁨</td><td>셀 디자인 특성이 우수</td></tr>
<tr><td colspan="2">① 에너지 밀도를 극대화할 수 있어 소형화 가능
② 충 · 방전 증가 시 전지 내부가 손상, 폭발의 우려가 있음</td></tr>
</table>

4) $2NiOOH$(양극) + $2H_2O$ + Cd(음극) ↔ $Ni(OH)_2$(양극판) + $Cd(OH)_2$(음극판)

1. **메모리 효과** : 충전지를 완전 방전되기 이전에 재충전하면 전기량이 남아 있음에도 충전기가 완전 방전으로 기억(memory)하는 효과를 가지게 되어, 최초에 가지고 있는 충전용량보다 줄어들면서 충전지의 수명이 감소하는 현상
2. **리튬이온** : 액체 상태의 전해액을 포함하므로 전지 내의 가연성 물질을 안전하게 유지하기 위해 대부분 알루미늄 캔(aluminum can)을 사용한다. 따라서, 형태가 건전지 형태인 원통형이다.

3. **리튬폴리머** : 전해액 상태보다 안전한 Polymer 상태의 전해질이 상용되어 적층 필름(laminated film)으로 외장을 감싸는 것이 일반적이다. 따라서, 다양한 형태를 가질 수 있다.

5) 알칼리 전해액인 알칼리 수용액은 연축전지와 같이 직접 충전과 방전에 관여하지 않고 전기를 전달하는 역할만 한다. 따라서, 전해액량은 축전지의 용량에 관계되지 않기 때문에 감소하지 않아서 보충할 필요가 없다.

(3) 연축전지와 알칼리 축전지의 비교

<table>
<tr><th rowspan="2">구분</th><th colspan="2">연</th><th colspan="4">알칼리</th></tr>
<tr><th>클래드식 CS형</th><th>페이스트식 HS형</th><th colspan="2">포켓식 AL, AM, AH형</th><th colspan="2">소결식 AH, AHH형</th></tr>
<tr><td>수명</td><td>중간(10 ~ 15년)</td><td>짧음(5 ~ 7년)</td><td colspan="4">길(20 ~ 30년)</td></tr>
<tr><td>방전특성</td><td>보통</td><td>고율방전이 우수하다.</td><td colspan="4">고율방전이 우수하다.</td></tr>
<tr><td rowspan="4">목적</td><td rowspan="4">보통 방전형</td><td rowspan="4">급속 방전형</td><td>AL</td><td>보통 방전형</td><td rowspan="2">AH</td><td rowspan="2">초급속 방전형</td></tr>
<tr><td>AM</td><td>표준형</td></tr>
<tr><td>AMH</td><td>급속 방전형</td><td rowspan="2">AHH</td><td rowspan="2">초초급속 방전형</td></tr>
<tr><td>AH</td><td>초급속 방전형</td></tr>
<tr><td>최대 방전전류</td><td colspan="2">1.5[C]</td><td colspan="2">2[C]</td><td colspan="2">10[C]</td></tr>
<tr><td>양극</td><td colspan="2">과산화납(PbO_2)</td><td colspan="4">수산화니켈(2NiOOH)</td></tr>
<tr><td>음극</td><td colspan="2">납(Pb)</td><td colspan="4">수산화칼륨(KOH)</td></tr>
<tr><td>공칭전압</td><td colspan="2">2[V/cell]</td><td colspan="4">1.2[V/cell]</td></tr>
<tr><td>공칭용량</td><td colspan="2">10[Ah]</td><td colspan="4">5[Ah](AHH형 1[Ah])</td></tr>
<tr><td>용도</td><td colspan="2">장시간 일정전류 부하</td><td colspan="4">단시간 대전류 부하</td></tr>
<tr><td>전기적 강도</td><td colspan="2">과충전 · 과방전에 약함</td><td colspan="4">과충전 · 과방전에 강함</td></tr>
<tr><td>기계적 강도</td><td colspan="2">약함</td><td colspan="4">강함</td></tr>
<tr><td>기전력</td><td colspan="2">2.05[V]</td><td colspan="4">1.32[V]</td></tr>
<tr><td>온도특성</td><td colspan="2">나쁨</td><td colspan="4">우수함</td></tr>
<tr><td>충전시간</td><td colspan="2">길</td><td colspan="4">짧음</td></tr>
<tr><td>자기방전</td><td colspan="2">보통</td><td colspan="4">약간 적음</td></tr>
<tr><td>가격</td><td colspan="2">저가(Ah당 단가가 쌈)</td><td colspan="4">고가</td></tr>
<tr><td>설치면적</td><td colspan="2">큼</td><td colspan="4">작음</td></tr>
<tr><td>부식</td><td colspan="2">–</td><td colspan="4">알칼리용액으로 철강재 등에 부식이 적음</td></tr>
<tr><td>전압변동</td><td colspan="2">약함</td><td colspan="4">강함</td></tr>
</table>

<table>
<tr><th rowspan="2">구분</th><th colspan="2">연</th><th colspan="2">알칼리</th></tr>
<tr><th>클래드식 CS형</th><th>페이스트식 HS형</th><th>포켓식 AL, AM, AH형</th><th>소결식 AH, AHH형</th></tr>
<tr><td>사용처</td><td colspan="2">① 대용량의 것이 필요한 경우
② 고전압이 필요한 경우
③ 안정된 성능이 필요한 경우
④ [Ah]당 비용이 경제적이어야 하는 경우
⑤ 장시간 일정전류 부하</td><td colspan="2">① 무인변전소 등에서 유지 · 보수의 용이성이 요구되는 경우
② 설치장소의 특수성 때문에 소형 경량을 우선으로 하는 경우
③ 고율방전에 의한 용량 감소를 줄이고자 하는 경우
④ 단시간 대전류 부하</td></tr>
<tr><td rowspan="2">특징</td><td>수명이 긺</td><td>고율방전이 우수함</td><td>① 수명이 긺
② 견고함
③ 과방전특성이 우수함
④ 설치면적 큼
⑤ 충 · 방전상태 확인 곤란</td><td>① 고율방전이 우수함
② 소형
③ 방전상태 확인 곤란
④ 가격 고가</td></tr>
<tr><td colspan="2">① 축전지의 필요셀수가 적음
② 충방전 전압의 차이가 작음
③ 전해액의 비중에 의해 충전상태 측정이 가능함
④ 부식성, 가연성 가스(H_2)를 발생시킴
⑤ 연축전지의 방전율은 일반적으로 10시간 방전율로 하고 장시간 방전에 적합함</td><td colspan="2">① 극판의 기계적 강도가 강함
② 과방전, 과전류에 잘 견딤
③ 저온특성이 좋음
④ 부식성, 가연성 가스가 발생하지 않음
⑤ 보존이 용이함
⑥ 장기간 무보수화가 가능함</td></tr>
</table>

(4) 축전지의 자기방전(self-discharge)

1) 정의 : 온도의 영향과 여러 가지 내부의 구성물질에 따라 부하가 없는 상태에서 전기에너지가 소모되어 전체용량이 서서히 줄어드는 현상

2) 자기방전의 원인

① 온도 : 축전지는 온도가 높을수록 자기방전량은 증가하고 이 증가의 비율은 25[℃]까지는 대략 비례적으로 증가하며 그 이상의 온도에서는 지수적으로 증가한다. 온도가 10[℃] 상승하면 자기방전율은 2배 정도 상승한다.

② 불순물 : 바륨, 백금, 은, 동, 니켈, 안티몬 및 염산, 질산, 유기산 등의 불순물이 양극 · 음극 표면에 접착되면 현저하게 자기방전을 일으킨다.

③ 경년변화 : 낡은 축전지는 신품에 비해 자기방전량이 증가한다.

④ 연축전지

㉠ 전해액 비중이 높으면 자기방전량이 증가한다.

㉡ 알칼리 축전지에 비해 자기방전량이 크다.

⑤ 형식, 구성, 방치조건에 따라 다르나, 평균적인 값은 1개당 20[%] 전후이다.

3) 자기방전량 계산

$$\text{자기방전량} = \frac{C_1 + C_3 - 2C_2}{t \cdot (C_1 + C_3)} \times 100[\%]$$

여기서, C_1 : 방치 전 만충전 용량[Ah]

C_2 : t기간 방치 후 충전없이 방전한 용량[Ah]

C_3 : C_2 방전 후 만충전하여 방전한 용량[Ah]

t : 기간(일)

4) 문제점 : 용량의 감소, 수명단축

5) 국내기준 : 충전완료 후 25 ± 4[℃]에서 4시간 방치 후 8시간율로 충전 시 용량 감소가 그 축전지 용량의 25[%] 이내일 것

(5) 축전지(battery)의 특징

장점	단점
① 즉시 전원공급 가능 ② 순수한 직류전원으로 교류전원을 포함하는 리플전류 또는 펄스전류를 피해야 하는 통신용, 제어용 전원에 최적임 ③ 조용하며 안전하고, 보수가 용이함 ④ 경보설비에서는 축전지설비만 인정하므로 비상전원으로서 매우 중요함(시간지연 최소) ⑤ 필요 시마다 수시로 전원공급이 가능하여 순간정전도 허용될 수 없는 중요시설의 상용 무정전 전원으로 사용할 수 있음 ⑥ 재충전이 가능하여 장기간 사용할 수 있으므로 경제적임	① 용량의 한계성 때문에 담당할 수 있는 부하의 종류가 적은 전등용, 제어용, 통신용으로 사용의 제한 ② 상용전원의 정전 시 자가발전설비가 가동되어 정격전압을 확보할 때까지 중간전원으로 사용되는 경우가 많음 ③ 자가발전설비에 비하여 축전지는 담당하는 부하의 종류가 적은데, 그 이유는 발전기는 대부분 교류전원이므로 변압기를 사용할 수 있고 교류전동기에 대해서도 같은 조건으로 전력을 공급할 수 있어서 이용도가 높지만, 축전지는 직류전원임

1. **리플(ripple) 전류** : 맥동전류, 맥동류
2. **펄스(pulse) 전류** : 아주 짧은 주기로 흐르다 말다 하는 파형(波形)의 전류

04 충전방식

(1) 초기 충전

축전지에 아직 전해액을 넣지 않은 미충전 상태에서 전해액을 주입하여 처음으로 행하는 충전이다.

(2) 사용 중 충전방식 83회 출제

1) 보통충전 : 표준시간율의 충전방식(기본충전방법)

2) 급속충전(quick charge)

① 정의 : 단시간에 보통 충전전류 2 ~ 3배 충전방식

② 목적 : 급히 용량을 약간 회복시키기 위하여 고전류로 단시간에 충전하는 방법

③ 문제점 : 충전 시 과전압, 과전류가 발생하고 전지에 열이 발생하여 전지가 부풀어 오른다.

3) 부동충전방식(floating charge)

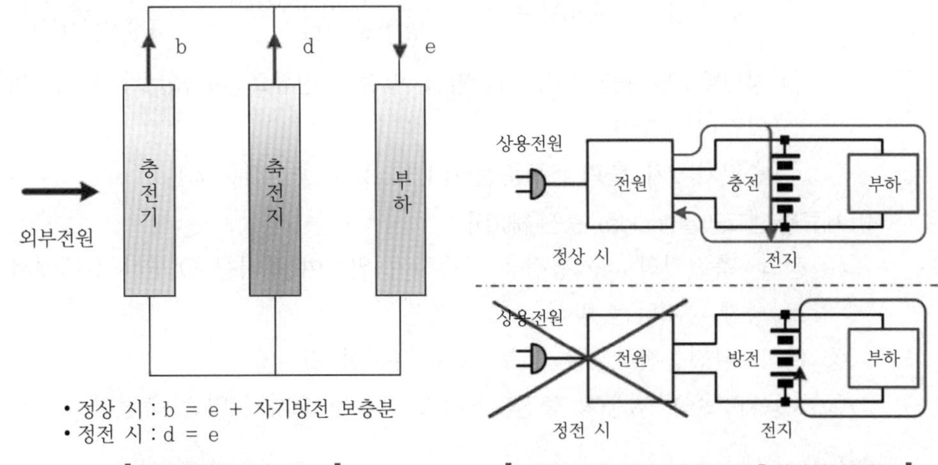

▌부동충전방식 구성도 ▌ ▌정상 시와 정전 시의 부동충전방식 개념도 ▌

① 정의 : 충전기와 축전지를 부하에 병렬로 접속하고 축전지의 방전을 계속 보충하면서 부하에 전력을 공급하는 방식

② 부동방법

㉠ 단순 부동 : 충전기의 전압을 어떤 값에 미리 설정해 놓고 부하전류가 증가하면 축전지로부터 방전하고, 부하전류가 감소하면 축전지에 충전전류가 흘러서 방전을 보상하는 방식

㉡ 정밀 부동 : 축전지에 항상 적은 양의 전류(보통 10시간율로 충전전류의 0.3 ~ 1[%])가 흐른 상태에서 부하에 충전기로부터 전력이 공급되는 방식 (축전지 수명은 길어지지만, 3 ~ 4개월마다 균등충전이 필요)

③ 축전지와 충전지의 기능

㉠ 축전지 : 충전지가 부담하기 곤란한 일시적 대전류의 부하담당

㉡ 충전지 : 상용적 부하를 담당

④ 특징

㉠ 축전지와 충전기 용량이 작아도 된다.

㉡ 축전지는 과충전이나 부족충전 없이 상시 최적 전압을 유지(축전지 수명연장)한다.

㉢ 방전전압이 일정(축전지 완전충전상태)하고 안정된 전력공급이 가능하다.

㉣ 무정전 전원장치(UPS)로서 사용이 가능하다.

꼼꼼체크 UPS : Uninterruptible Power Supply

⑤ 부동충전방식의 2차 충전전류 및 출력

㉠ $2\text{차 충전전류}(I_2)[\text{A}] = \dfrac{\text{축전지의 정격용량[Ah]}}{\text{방전율[hr]}} + \dfrac{\text{상시부하[VA]}}{\text{표준전압[V]}}$

㉡ 방전율 : 방전을 일정 시간만큼 일정한 전류로 지속할 때의 비율(연 10[hr], 알칼리 5[hr])

㉢ 충전기 2차 출력 = 표준전압(V) × 2차 충전전류(I_2)

4) 세류충전[트리클(trickle) 충전(細流)]

① 정의 : 축전지의 자기방전을 보충하기 위하여 부하를 OFF한 상태에서 미소전류로 항상 충전하는 방식

② 목적 : 완전충전상태를 지속적으로 유지할 것

③ 사용처 : 소형 밀봉형 충전지, 지속 방전을 요하지 않는 축전지

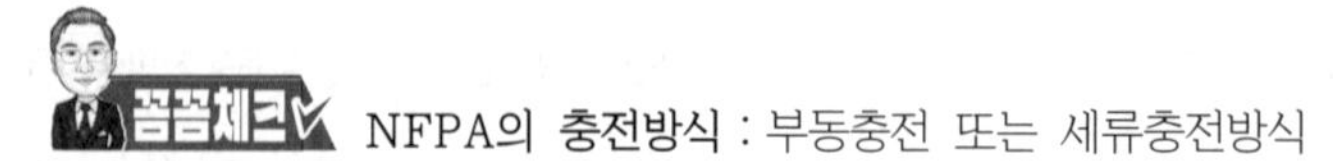
꼼꼼체크 NFPA의 **충전방식** : 부동충전 또는 세류충전방식

5) 균등충전

① 정의 : 각 전해조에서 일어나는 전위차를 보정하기 위하여 1 ~ 3개월마다 1회, 정전압 충전하여 각 전해조의 용량을 균일화하기 위하여 행하는 충전방식

② 목적 : 축전지를 장시간 사용하게 되는 경우 전해액 비중과 단자전압이 서로 다르게 되므로 전압의 불균형을 보정하기 위한 충전방식

6) 회복충전

① 정의 : 방전상태로 오랫동안 방치되었던 축전지의 극판을 원상태로 회복시키기 위하여 실시하는 충전방법

② 방법 : 정전류 충전 때문에 약한 전류로 40 ~ 50시간 충전시킨 다음 방전시키고 다시 충전을 반복함

05 축전지의 소요용량 계산 119 · 92 · 88 · 77 · 75회 출제

(1) 부하종류의 결정

1) 정상부하(연속부하) : 표시등, 유도등, 통신전원

2) 변동부하(단시간부하) : 화재경보 후 사용하는 소방부하(모터, 작동신호 등)

(2) 방전전류(I)의 결정

$$\text{방전전류[A]} = \frac{\text{최대 부하용량[VA]}}{\text{정격전압[V]}}$$

(3) 방전시간(t)의 산출

1) 부하의 종류에 따른 비상전원 공급시간이 결정되며, 예상되는 최대 부하시간이다.
2) 소방의 예
   ① 수신기
      ㉠ 일반건축물 60분 감시 10분 경보, 고층 건축물 60분 감시 30분 경보
      ㉡ NFPA 72 24시간 감시 5분 경보
   ② 비상방송설비 : 일반건축물 60분 감시 10분 경보, 고층 건축물 60분 감시 30분 경보

(4) 방전시간(t) – 방전전류(I)의 부하특성곡선 작성

1) 가급적 최악의 경우를 고려하여 방전의 말기에 큰 방전전류가 사용되도록 작성한다.
2) 방전전류(I) – 방전시간(t)의 부하특성곡선(예)

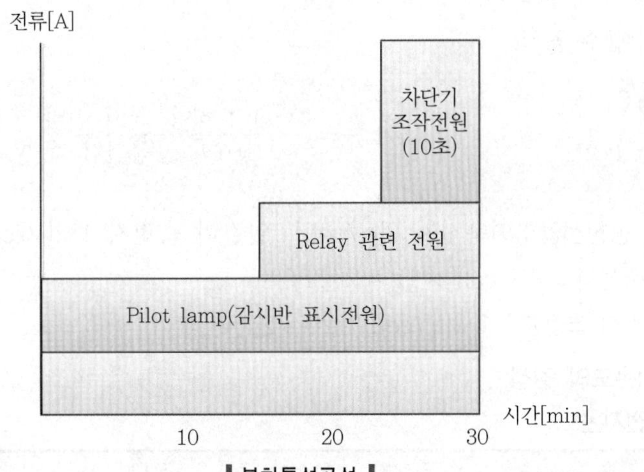

▍부하특성곡선▍

(5) 축전지 종류의 결정

1) 가격 또는 용량면 : HS형(납축전지 급방전형)이 가장 우수하다.
2) 성능 및 유지보수면 : AMH형(알칼리 급방전형)이 가장 우수하다.

(6) 허용 최저 전압의 결정

1) 허용 최저 전압
   ① 정의 : 축전지를 일정 전압 이하로 방전하면 극판의 열화 등이 발생되므로 방전을 정지시켜야 할 전압(방전종지전압이라고도 함)

② $V[\mathrm{V}] = \dfrac{V_a + V_c}{n}$

여기서, V : 축전지 허용 최저 전압

V_a : 부하 허용 최저 전압(부하의 최저 허용전압 중 가장 높은 값)

V_c : 축전지와 부하 간 총방전전압(즉, 전압강하)

n : 셀수

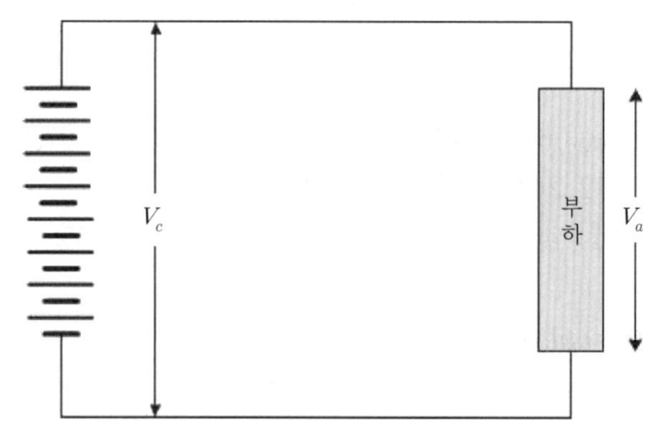

❙ 1셀당 허용량 저전압 ❙

(7) 축전지 Cell수의 결정

1) 축전지 셀수 공식

$$\text{Cell수} = \frac{\text{축전지 허용 최저 전압}}{\text{Cell의 공칭전압}}$$

2) Cell의 공칭전압 : 연축전지 2[V/cell], 알칼리 축전지 1.2[V/cell]

① 납축전지 : 2[V/cell]×12 = 24[V]

② 알칼리 축전지 : 1.2[V/cell]×20 = 24[V]

(8) 최저 전지온도의 결정

1) 최저 전지온도

구분	한랭지	옥내	옥외 큐비클(cubicle)
최저 전지온도	-5[℃]	5[℃]	5 ~ 10[℃]

2) 축전지는 온도가 낮아지면 방전특성이 낮으며, 온도가 높아지면 방전특성이 양호해지나 35 ~ 45[℃] 부근에서 가장 좋은 상태가 되고 45[℃] 이상이 되면 다시 저하한다.

(9) 용량환산시간 'K'값의 결정 117회 출제

1) 축전지 표준특성곡선이나 용량환산시간표에 의해 'K'값을 결정한다.

2) 지금까지 결정된 요소(축전지 종류, 방전시간, 셀당 허용 최저 전압 등)에 최저 축전지온도(보통 5[℃] 기준)를 고려하여 용량환산시간을 구한다.

▌알칼리 축전지 용량환산시간 K ▌

형식	온도[℃]	10[min]			30[min]		
		1.00[V]	1.06[V]	1.10[V]	1.00[V]	1.06[V]	1.10[V]
AL	25	1.43	1.7	2.5	1.76	2.16	2.5
	5	1.8	2.16	2.6	2.3	2.7	3.16
	-5	2.25	2.85	3.4	2.95	3.7	4.3
AM	25	0.95 0.94	1.19 1.15	1.4 1.36	1.22	1.5	1.74
	5	1.10 1.03	1.30 1.23	1.77 1.68	1.39	1.60	2.10
	-5	1.5 1.40	1.9 1.7	2.34 2.2	1.79	2.20	2.72

(10) 보수율(L)

1) 정의 : 축전지를 장기간 사용하거나 사용조건 등의 변경으로 인한 용량의 변화를 보상하는 보정치

2) 일반적인 값 : $L = 0.8$

(11) 용량환산공식에 적용하여 용량산출 107회 출제

1) 공식

$$C = \frac{1}{L}[K_1 I_1 + K_2(I_2 - I_1) + \cdots\cdots + K_N(I_N - I_{N-1})]$$

여기서, C : 10시간 기준의 정격 방전율 용량[Ah/10hr]

L : 보수율(보통 0.8)

K_1, K_2 : 최저 전압에 의한 용량환산시간[hr]

I_1, I_2 : 부하특성별 방전전류[A]

2) 정전류부하(일정부하)

$$C = \frac{1}{L}KI$$

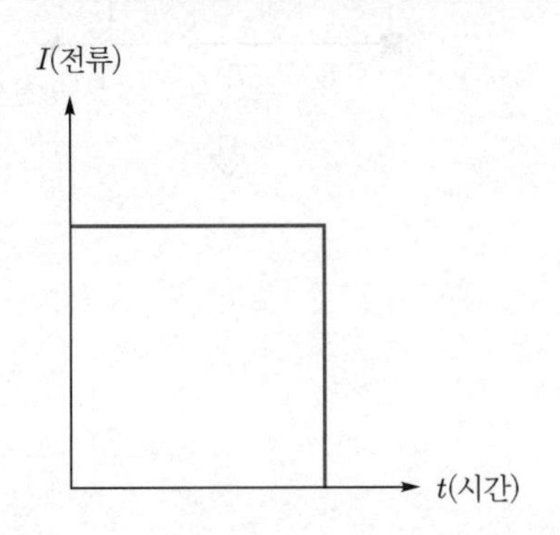

3) 증가부하 : 분해해서 계산

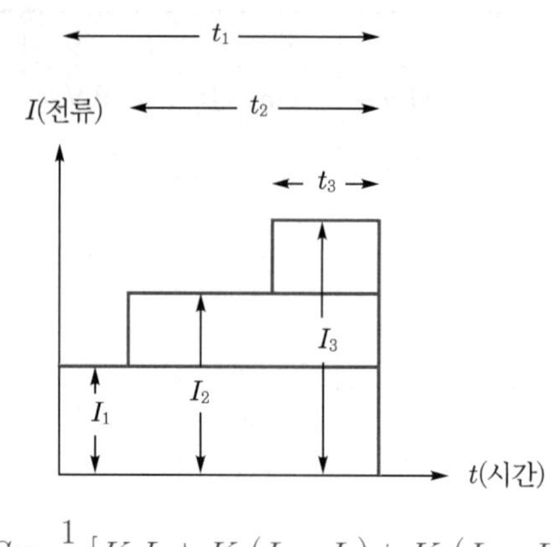

$$C=\frac{1}{L}[K_1I_1+K_2(I_2-I_1)+K_3(I_3-I_2)]$$

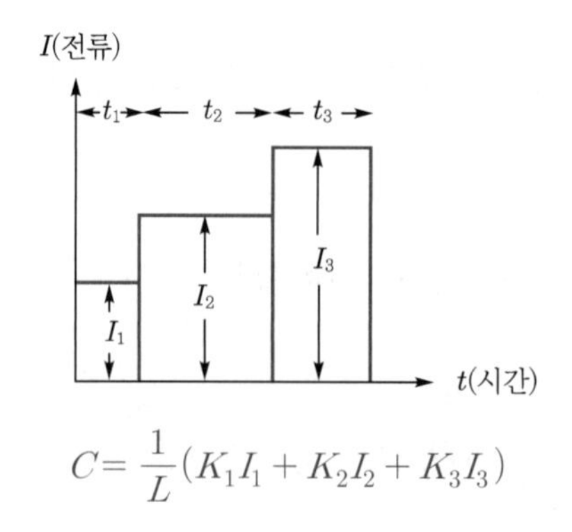

$$C=\frac{1}{L}(K_1I_1+K_2I_2+K_3I_3)$$

4) 감소부하 : 다음 그림과 같이 ①, ②, ③으로 분해해서 가장 큰 용량을 선정한다. 보통 ①이 가장 크다.

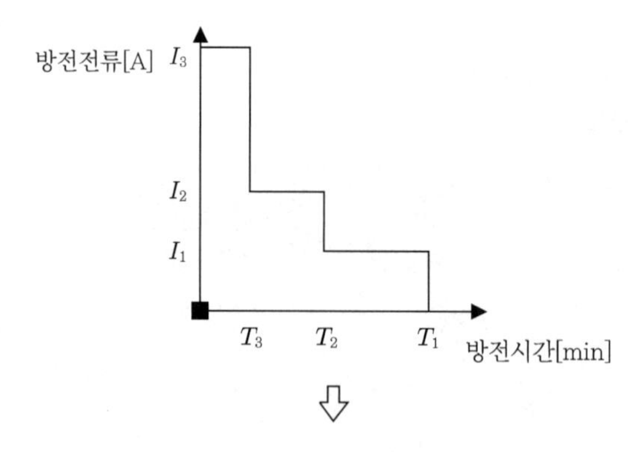

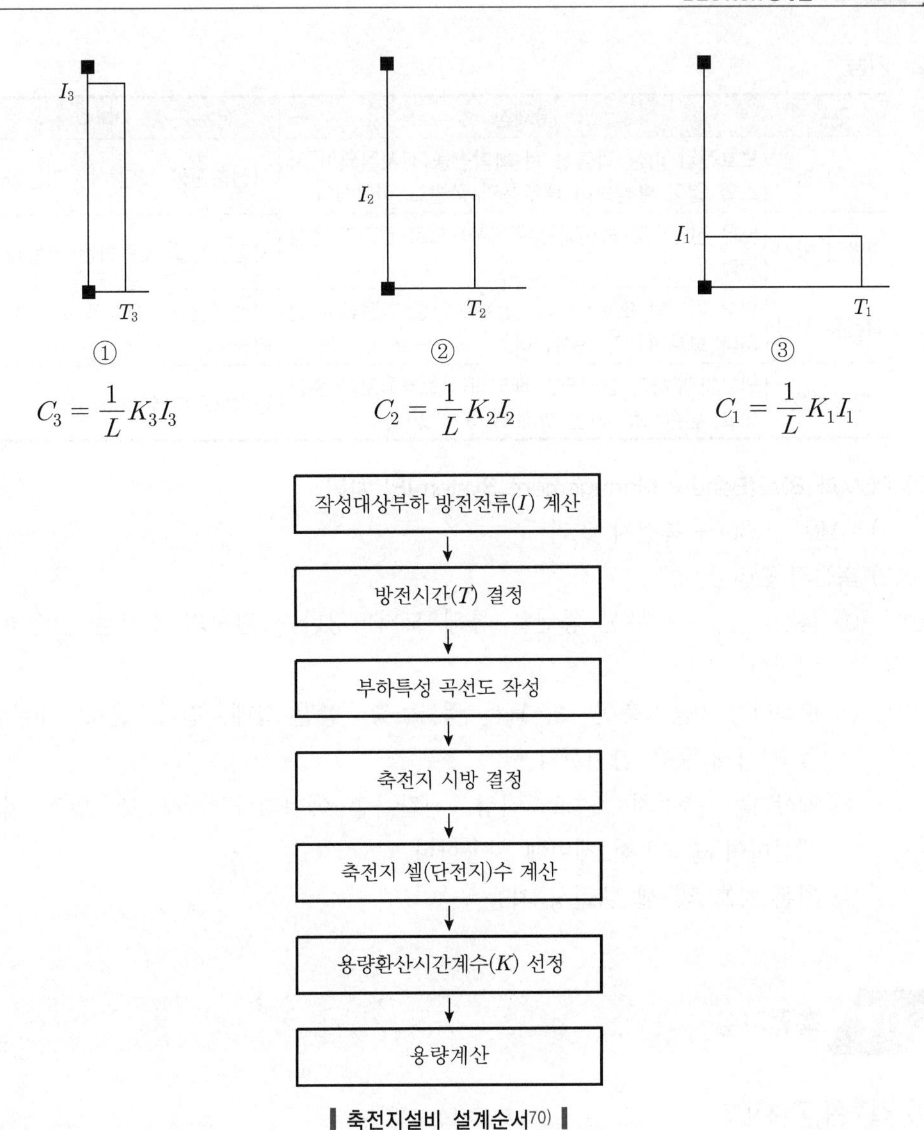

▌축전지설비 설계순서[70] ▌

06 PCM(Protection Circuit Module)

(1) 정의

축전지를 안전하고 효율적으로 에너지를 사용하기 위해 보호하고 관리하는 장치

70) 건축전기설비설계기준. 국토해양부. 2011판

(2) 기능

구분	문제점	대책
과충전 방지	보호전압 이상 과충전 시 화학반응이 시작되어 가스와 열이 발생하여 배부름과 폭발로 이어진다.	사전충전을 차단하는 기능과 전압
과방전 방지	낮은 전압으로 방전되면 회복불능으로 전지가 손상된다.	사전방전을 차단하는 기능과 전압
과전류 차단	외부 기기의 오동작이나 실수로 인한 과전류로 전지나 보호회로가 손상된다.	일정 이상의 전류가 흐르면 차단되는 기능
단락보호	외부의 부하가 단락되면 배터리나 보호회로가 손상되고, 단락으로 인한 화재 우려가 있다.	단락으로부터 보호기능

(3) PCM과 BMS(Battery Management System)의 차이

1) BMS = PCM + 축전지 관리

2) 축전지 관리

① 통신기능 : 유·무선 통신을 통해 모니터링한 축전지의 정보를 전송하거나 제어한다.

② 모니터링 기능 : 축전지의 모든 정보, 충·방전 상태, 전압, 온도, 내부압력, 입출력 상태 등을 감시한다.

③ 계산기능 : 축전지 스스로 잔량, 시간, 총 에너지량, 사용 충·방전 이력 등을 계산하여 충·방전 제어에 사용한다.

④ 기본 보호 및 셀 밸런싱 기능

07 축전지실

(1) 건축적 고려사항

1) 대용량 축전지를 설치하는 축전지실 또는 무정전 전원장치실의 경우는 장비(축전지)의 집중하중에 견디는 바닥구조로 한다.

2) 충전 및 방전 시 가스가 발생할 우려가 있는 종류의 축전지를 설치하는 실의 경우는 가스의 종류에 따라 내산성 또는 내알칼리성 도장을 시행하여야 한다.

3) 축전지는 넘어질 우려가 없도록 견고하게 바닥 또는 벽에 지지하고 내진대책을 강구한다.

(2) 환경적 고려사항

1) 충전 시 가스발생이 우려되는 종류의 축전지 설치 시에는 가스가 부식을 유발하거나 폭발의 농도에 이르지 않도록 유효한 환기설비를 설치한다.

2) 물의 침입이나 침투가 될 수 없는 장소에 설치한다.

(3) 전기적 고려사항

1) 축전지를 별도의 장소에 설치하는 경우 수 · 변전실과 인접하여 설치한다.

2) 축전지의 충전 및 방전 상태를 쉽게 모니터링할 수 있도록 한다.

(4) 법률로 정한 장소

1) 건축법 : 내화 구획실에 설치한다.

2) 소방법 : 전용의 불연구획실에 설치한다.

(5) 유지 · 보수 측면의 장소

1) 큐비클에 설치한 것은 옥외, 옥상, 기계실 등에도 설치할 수 있다.

2) 수 · 변전실 등의 관련 실 인근에 설치하고 보수점검이 편리한 장소에 설치한다.

3) 비상전원실의 출입구 외부에는 실의 위치와 비상전원의 종류를 식별할 수 있도록 표지판을 부착한다.

4) 천장높이 : 2.6[m] 이상, 축전기기와 벽면 및 부속기기는 1[m] 이상 이격되어야 한다.

(6) 위치와 방호구역(location and occupancy separation) – NFPA 75(2020) 11.5.2.1

1) 축전지설비를 지원하는 장비와 같은 실에 설치할 수 있다(11.5.2.1.1).

2) 축전지설비는 권한이 있는 사람만 접근할 수 있는 별도의 장비실에 위치하여야 한다. 허가받지 않은 사람의 접근을 방지하기 위해 불연재료에 구획된 캐비닛 또는 기타 구획된 별도의 실에 보관하여야 한다(11.5.2.1.2).

3) 축전지설비는 건물의 다른 부분과 분리된 구획된 실에 최소 1시간의 비내력 방화벽이 있어야 한다(11.5.2.1.3).

4) 정보기기가 건물이나 건물에 위치하여 여러 임차인 또는 사업장, 산업, 상업 또는 보관을 포함하는 점유실에 위치한 경우 축전지설비는 건물의 다른 부분과 분리된 방에 최소 1시간의 비내력 방화벽이 있어야 한다(11.5.2.1.4).

(7) 납과 니켈카드뮴 축전지(lead-acid and nickel-cadmium batteries) – NFPA 75(2020) 11.5.2.1

1) 적용 대상 : 스프링클러가 설치된 건물에서 100[gal](378.5[L]) 이상 또는 스프링클러가 없는 건물에서 50[gal](189.3[L]) 이상의 전해액 용량을 가진 UPS 시스템은 다음의 요구 조건을 만족시켜야 한다(11.5.3.1).

2) 축전지의 요구조건(table 11.5.3.1)

구분	연축전지	무보수형 연축전지	니켈카드뮴
안전캡	환기캡	자체 밀봉 화염방지캡	환기캡
열폭주 관리	×	○	×
누액관리	○	×	○
중화	○	○	○

구분	연축전지	무보수형 연축전지	니켈카드뮴
환기	○	○	○
표지판	○	○	○
진동제어	○	○	○
화재감시	○	○	○

3) 환기장비는 모든 축전지가 급속충전의 경우 발생하는 수소의 농도를 1[%] 이하로 제한할 수 있어야 한다.
4) 연속적으로 환기하는 장비의 경우는 축전지실 또는 캐비닛의 바닥면적당 5.1 [L/sec/m^2](1[ft^3/min/ft^2])를 배출할 수 있어야 한다.

(8) 소화설비와 자동화재탐지설비(suppression and detection) – NFPA 75(2020) 52.3.2.7

1) 리튬이온 축전지 UPS가 있는 실은 스프링클러설비에 의해 보호되어야 한다(52.3.2.7.1).
2) NFPA 72에 따라 고정식 축전지설비가 설치된 실에 자동화재탐지설비의 연기감지가 설치되어야 한다(52.3.2.7.2).

SECTION

073 리튬이온 배터리

115회 출제

01 개요

(1) 주재료로 양극에 리튬 산화물질, 음극에 흑연을 사용하며 전해액은 유기 전해액을 사용한다.

(2) 요즘 대부분의 휴대기기와 ESS에 들어가는 배터리로, 가장 우수한 성능의 배터리이다.

(3) **리튬의 특성**

1) 상온 상태에서는 가장 가벼운 고체(밀도 : 0.534[g/cm^3])이다.

2) 리튬 이온은 −520[kJ/mol]로 알칼리 금속 중에서 가장 높은 수화 엔탈피를 가지고 있으며, 이에 따라 물속에선 완전히 수화물이 되어 물분자를 강하게 끌어들인다.

3) 리튬은 모든 금속 중 가장 높은 전기화학 포텐셜을 가지고 있다.

4) 큰 전기적 용량과 다른 음극 물질들과 결합하여 높은 셀 전압을 가지는 특성 때문에 리튬은 화학에너지 저장장치에서 이상적인 전극재료로 사용되고 있다.

(4) **장단점**

장점	단점
① 높은 에너지 저장밀도 : 같은 크기에 비해 더 큰 용량(납축전지의 1/10 크기) ② 높은 전압 : 4.3[V][니켈 카드뮴(1.2[V]), 니켈수소(1.5[V]) 등에 비해 3배] ③ 뛰어난 온도특성 : −55 ~ 85[℃] ④ 환경오염 : 수은과 같은 중금속 오염이 없음	① 전해액이 액체로 누액 가능성과 유기물질이라 폭발 위험성이 있음 $LiPF_6 + H_2O \rightarrow HF + PF_5 + LiOH$ ② 배터리 전해질($LiPF_6$)이 액체인 특성상 외부로 누출이 용이하며 약 70[℃]에서 가수분해하여 매우 유독한 불화수소(HF) 기체가 발생함

(5) **용도**

1) 전기저장장치로 활용(발전비용의 절감)한다.

2) 정전 시 비상전원(소방용도)을 사용한다.

3) 무정전 장치에 활용(제어, 자료보호)한다.

02 구성요소와 구조

(1) 리튬이온의 4대 구성요소

1) **양극** : 리튬을 많이 포함하면 용량이 커지고, 양극의 종류에 따라 전위차가 크기 때문에 전지의 전압과 배터리의 용량을 결정(리튬이 화학적으로 불안해서 리튬 산화물을 사용)한다. 가격의 40[%] 이상을 차지한다.

2) **음극**
   ① 양극에서 나온 리튬이온을 흡수했다가 방출하면서 외부회로를 통해 전류를 흐르게 하는 역할(구조적 안정성, 낮은 전자 화학 반응성을 고려하여 흑연을 주로 사용)을 한다.
   ② 배터리 충전 시 리튬이온은 양극이 아닌 음극 상태로 존재하고 있다가 양극과 음극이 도선으로 이어지면 리튬이온은 전해액을 통해 다시 양극으로 이동하게 된다.

3) **전해액** : 리튬이온이 전해액을 통해 양극에서 음극으로 이동하고, 이동한 리튬이온의 전자가 분리되어 도선을 이동하는 역할을 담당하는 유기용매
   ① 염 : 리튬이온이 지나갈 수 있는 이동통로
   ② 용매 : 염을 녹이기 위해 사용되는 유기액체로, 가연성을 가지고 있다.
   ③ 첨가제 : 양극용은 과충전을 방지하고 발열을 억제하고, 음극용은 음극만을 형성하여 배터리 수명 향상과 발열을 억제한다.
   ④ 구조 : 액체 전해질을 적용하는 리튬이온 배터리는 누설 방지와 강성 확보를 위해서 일반적으로 금속 캔에 포장한다.

4) **분리막(LIBS : Lithium-ion Battery Separator)** : 인화성 유기 전해질과 반응성 높은 전극을 분리하는 막으로, 안전성 유지 역할을 하고 PE, PP 등으로 만든 얇은 막으로 최근에는 세라믹코팅을 통해 높은 온도에서도 녹지 않도록 하고 있다.
   ① 물리적 : 양극과 음극이 서로 섞이지 않도록 막아주는 막
   ② 전기적 : 전자가 전해액을 통해 직접 흐르지 않도록 하고, 내부의 미세한 구멍을 통해 원하는 이온만 이동하는 막

5) **SEI(Solid Electrolyte Interphase)** : 충전을 하게 되면, 리튬이온이 양극에서 음극으로 이동하면서 전해질 내의 첨가제(additive)와 화학적 부반응을 하게 되어 음극의 계면 살짝 앞쪽에 형성되는 얇은 고체 보호막
   ① 전해질 화합물을 추가환원으로부터 보호한다.
   ② 충전된 전극을 부식으로부터 합리적으로 보호한다.

(2) 구조

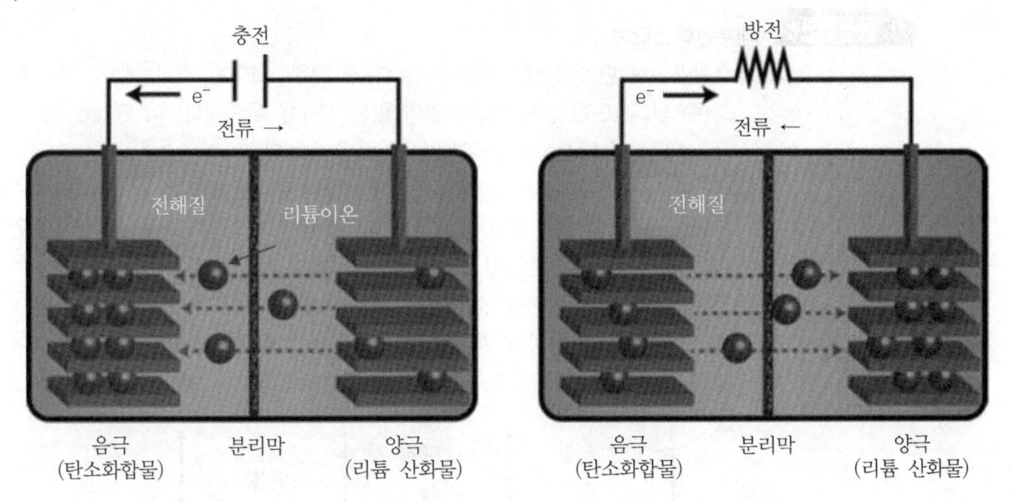

1) 양이온인 리튬이온이 분리막을 가로질러 이동하고 전자는 부하를 가로질러 외부로 이동한다.
2) 충전 : 리튬이온 + → −

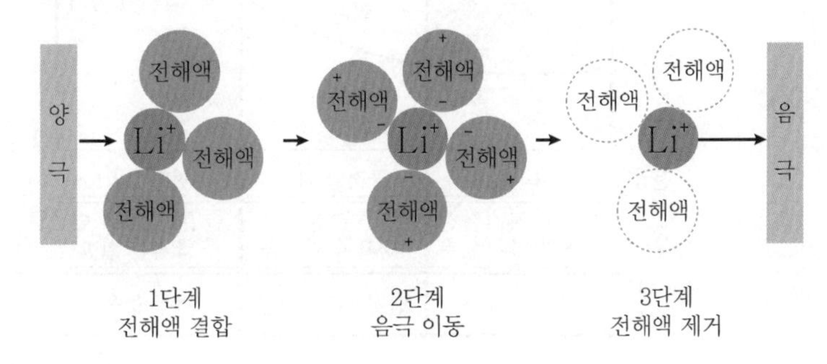

3) 방전 : 리튬이온 − → +

(3) 원리

리튬이온이 음극(흑연)과 양극(리튬 산화물), 두 극 사이를 이동하면서 그로 인해 전자가 이동하여 충전 및 방전되면서 충전지의 기능을 한다.

03 리튬이온 배터리의 화재위험성 134회 출제

(1) 열적 위험

1) 온도 60[℃] : 전해질과 첨가제가 분해를 시작한다.
2) 온도 100[℃] : 탄소 음극표면에 생성된 SEI(Solid Electrolyte Interphase) 막이 분해되면서 내부에서 발열이 시작되어, 분리막이 녹고 배터리의 내부단락이 발생한다.

내부단락 3단계

① 1단계 : 이 단계에서는 셀의 전압강하가 매우 느리며, 자기방전이 되는 정도가 아주 낮다. 또한 온도변화가 거의 없는 상태를 유지한다. 이 단계는 초기 단계로 배터리의 안전성에 큰 영향을 미치지 않는다.

② 2단계 : 이 단계에서는 전압강하가 매우 빠르며, 눈에 띄는 온도상승이 보인다. 이러한 온도상승은 열이 발생함을 나타낸다. 이 단계에서는 배터리의 안전성에 영향을 미치며 관리가 필요한 단계이다.

③ 3단계 : 이 단계는 가장 심각한 단계로, 배터리 전압은 0에 이르며 엄청난 양의 열이 발생한다. 이러한 상황은 즉각적인 열폭주로 이어진다. 이 단계에서는 배터리의 안전성이 크게 위협받으며, 즉각적인 대처가 필요하다.

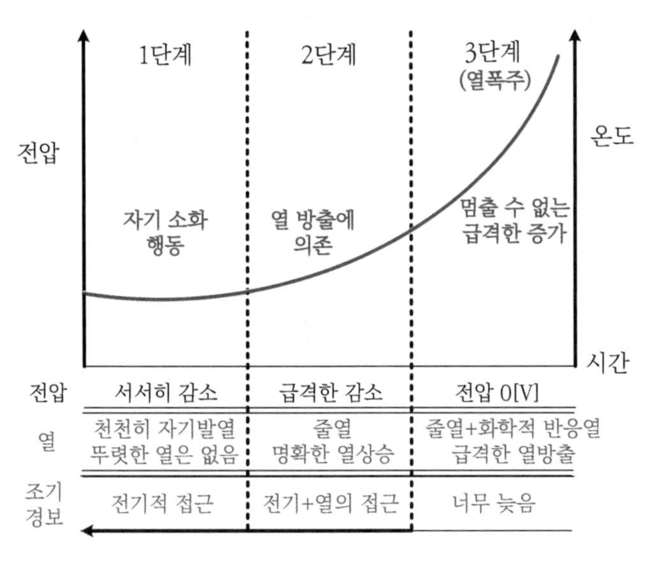

▍내부단락 3단계▍

3) **열폭주 전조현상** : 배터리에서 열폭주가 발생하기 전에 나타나는 온도 상승, 전압 감소, 오프가스 배출 등

오프가스(off-gas) : 배터리에서 열폭주가 일어나기 전에 방출되는 가스

4) 열폭주(thermal runaway) 129회 출제

① 정의 : 온도변화가 그 온도변화를 더욱 가속하는 방향으로 환경을 변화시키는 연쇄반응

② 발열이 촉매제 역할을 하게 되어 결국 양극에서의 열에 의한 붕괴가 일어나고 폭발적인 발열반응이 발생한다.

③ Heat–Temperature–Reaction(HTR) 루프 : 지속적인 온도상승

비정상적인 발열 → 부반응(리튬이온 배터리 온도상승 + SEI 분해) → 비정상적인 발열 → 부반응

④ HTR 루프 → 양극과 전해질의 반응 → 분리막 재료의 용융 → 내부 단락(급격한 온도상승) → 전해액의 분해 → 전해액이 연소할 수 있는 열폭주가 발생

⑤ 배터리의 음극 및 양극재로는 열폭주 시 전해액과 반응하며, 전해액은 열폭주 동안 분해될 수 있다.

⑥ 열폭주 발생요인

구분	내용
과충전	• 배터리 과충전 • BMS 오류로 인한 과충전
기계적 충격	• 배터리 충격에 따른 크랙 및 절연체 손상 • 외부 충격(교통사고 등)
과열	• 충 · 방전에 따른 과열 • 냉각장치 고장에 따른 과열
절연물 불량 및 파손	• 분리막 손상

⑦ 열폭주 발생단계

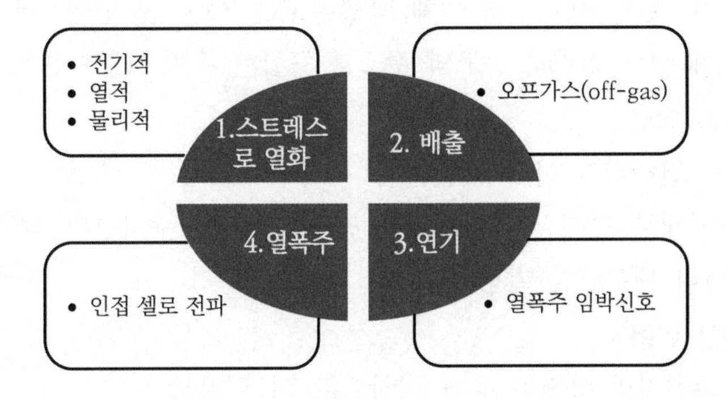

⑧ 시간에 따른 오프가스 구성성분 변화

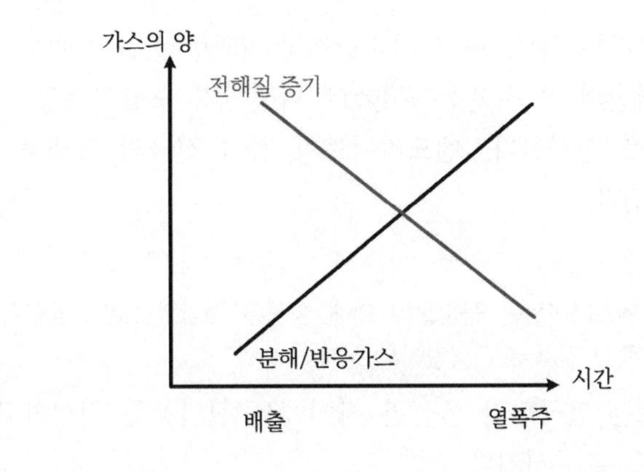

⑨ 열폭주 메커니즘

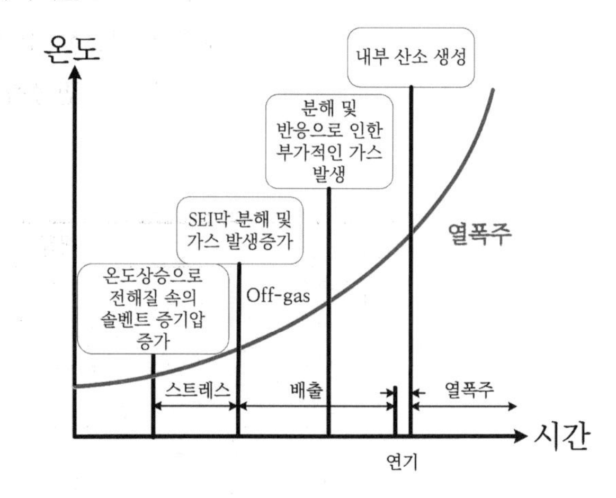

⑩ 열폭주 위험성 : 내부 에너지가 모두 소진될 때까지 끊임없이 열과 산소를 만들어내므로, 일반적인 소화장비로는 소화시킬 수 없다. 또한, 셀이 열폭주 상태에 있을 때, 단일 셀로부터 기체 발생은 CO, CO_2 및 인화 · 폭발성 탄화수소(HCs)에 더해 20 ~ 50[%] 농도의 수소를 포함한 수백 [L] 수준이 발생할 수 있다.

(2) 과충전에 의한 위험

1) 과충전 → 전해질의 산화 발열반응

2) 과충전 → 내부 전해질의 리튬이온 농도 증가 → 수지상의 석출 생성 → 분리막을 찢고 배터리 내부단락 발생

(3) 과방전에 의한 위험

1) 과방전 : 축전지의 방전이 용량 이상으로 되는 현상

2) 위험성

① 리튬이온전지는 0[V] 또는 가혹방전상태(과방전 보호전압보다 훨씬 낮은 상태)가 되면 극판의 표면 또는 Edge에 나뭇가지 모양의 덴드라이트(dendrite)라고 하는 물질을 형성한다. 덴드라이트가 점점 전극의 틈새를 넓히며 전지의 효율을 감소시킨다.

꼼꼼체크 덴드라이트는 불순물에 의해 형성된 침상형으로 리튬금속이 석출되는 것으로 뾰족한 도체로 음극판에서 성장

② 덴드라이트는 양극판과 음극판 사이에서 절연층을 형성하고 있는 PE/PP 계열의 분리막을 손상시킨다.

③ 덴드라이트에 의해 손상된 분리막은 충전량이 적을 때는 극판 간 절연상태를 유지하지만, 만충전되면 체적이 팽창한 상태에서 분리막을 뚫어 전극 극판을 단락시킨다.

④ 좁은 단락은 미열을 발생시키며 전압이 강하되겠지만, 넓거나 깊게 단락되면 열폭주(thermal runaway) 현상이 발생한다.

⑤ 열폭주로 전해액이 부글부글 끓어서 가스가 생기고 배터리가 팽창하면서 폭발하게 되며, 전해액이 흘러나와 화재로 발전한다.

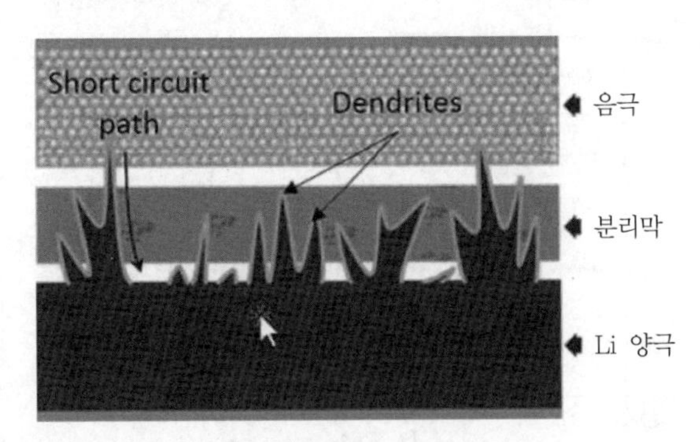

▌덴드라이트 현상▐

(4) 고전류 방전에 의한 위험

배터리 각 셀의 방열보다 발열이 증가하여 열적 위험이 발생한다.

(5) 물리적 손상으로 인한 위험

1) 배터리에 찍힘, 눌림, 꺾임 등의 물리적 손상 때문에 셀이 찢어지면 음극과 양극이 섞이면서 열폭주가 발생한다.
2) 전해질의 누출 시 화재 및 폭발 우려가 있다.

(6) 아킹(arching)

양극과 음극 사이에 이온화가 급격하게 일어나면서 순간적으로 무한대의 전류가 흐르며 불꽃 등이 발생하는 방전현상

(7) 가연성 액체 전해질

전해질 누출 시 화재 및 폭발의 우려가 있다.

(8) 물과의 접촉

1) 리튬이 물과 접촉 시 수소가스가 발생한다(단, 양극제로 가공처리된 리튬화합물은 물과의 반응성이 낮음).

$$Li + H_2O \rightarrow LiOH + \frac{1}{2}H_2$$

2) 수계소화설비 사용의 문제가 있다.

(9) 불화수소(HF)의 발생

1) 리튬이온 배터리 화재 발생 시 불화수소(HF) 발생과 관련해 공칭 배터리 용량 당 불화수소의 생성(배출량[mg/Wh]으로 약 20 ~ 200[mg/Wh] 범위에서 많은 양의 불화수소가 생성)될 수 있다.

2) 불화수소는 약 5 ~ 7분 사이에 급격하게 생성(배출)이 증가한 이후 약 16분에도 잠시 절정값을 보여주는 등 5 ~ 15분 사이에 집중적으로 발생함은 물론 계속해서 발생한다.

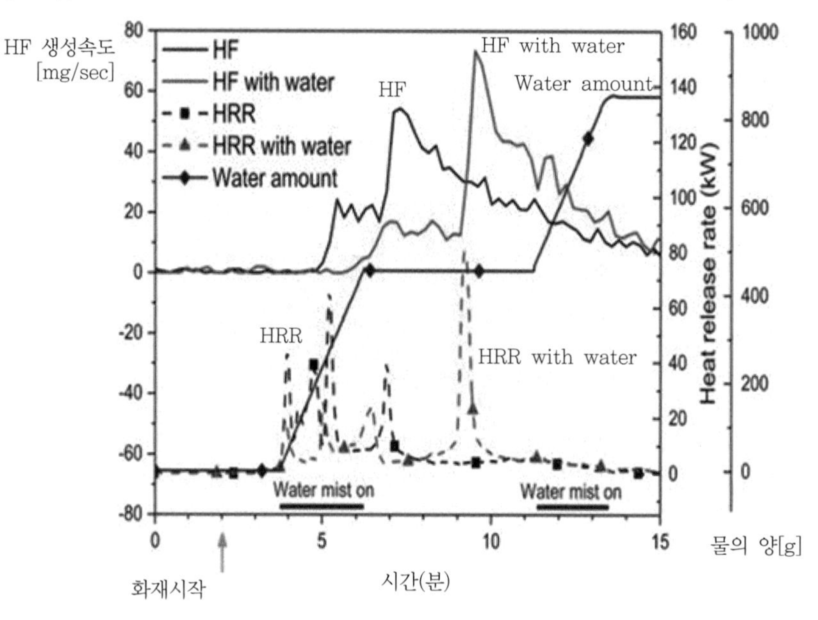

▌0[%] 충전상태의 배터리 실험 결과▐

3) 물분무를 했을 때 불화수소의 발생시간이 지연되지만, 생성률 자체는 물을 뿌리지 않았을 때와 비교해 약 35[%] 정도 상승하는 것을 통해 물이 불산의 생성을 가속한다는 것을 알 수 있다.

$LiPF_6 + H_2O \rightarrow HF + PF_5 + LiOH$

4) 물분무는 실질적으로 불화수소 등의 흄 입자(fume particle)를 수집해 공기를 정화(clean)할 수 있다. 따라서, 불화수소는 물 입자에 붙기 때문에 연기 내의 불화수소량을 낮출 수도 있다.

5) **대책** : 불화수소의 확산을 막기 위한 분무주수와 화재온도를 최대한 낮추기 위한 봉상주수가 동시에 이뤄져야 한다.

(10) **산소 발생**

양극 소재는 리튬층과 전이 금속층이 겹겹이 쌓인 층상 형태이다. 양극 소재 내 코발트가 전이 금속층에서 리튬층으로 이동하면서 스피넬 구조로 바뀌는 상 전이가 발생하고, 이때 전극에서 산소가 일부 발생한다. 온도가 더 높아지면서 스피넬 구조가 암염 구조로 바뀔 때 산소가 대량으로 발생한다.

(11) **제조과정 중 위험**

1) 제조공정 중 이물질이 배터리 내부로 침투한다.

2) 정상적인 수지상 석출물 발생으로 인한 내부 단락이 발생한다.

04 리튬이온전지의 안전대책

(1) 열적 안정

1) 고온으로 유지되는 장소에 보관하거나 방치하는 것을 금지한다.

2) 온도의 모니터링을 통해 적정온도를 유지한다.

(2) 충전 및 방전

1) 충전으로 인한 사고원인 : 충전기 자체의 고장 또는 보호회로의 불량 등

2) 충전 중에 사용자가 사고를 예측하기 매우 어렵다. 또한, 충전 중 방치하거나 부재 중인 경우 화재가 급격히 확대될 수가 있다. 따라서, 반드시 충전 중에는 자리를 지켜야 한다.

3) 과도하게 방전 중에는 열폭주가 일어날 수 있으므로 일정 전압이 유지되어 방전이 진행되도록 하여야 한다.

4) 충전 및 방전 중 배터리의 형태가 부풀어 오르는 경우 즉시 충 · 방전을 중지한다.

(3) 연소 확대 방지

1) 내화구조로 구획된 장소에 보관한다.

2) 다른 시설물 등과 안전거리가 확보된 장소에 별도 보관한다.

3) 일반적인 보관

① 불연재 용기(철제용기 등)에 보관한다.

② 가연물이 적은 장소에 보관한다.

4) 열폭주 진압 : 화재 진압을 포함하여 열폭주가 더 이상 진행되지 아니하는 상태가 되었을 경우

5) 감지장치 : 열폭주 전조현상 또는 열폭주 발생을 감지하는 장치

① 전지의 오프가스를 검출할 수 있는 센서를 선정하여 전지에 설치한다.

② 전지에서 발생하지 않은 유사 오프가스 성분으로 인해 오검출이 발생할 수 있으므로, 외기가 들어올 수 있는 위치에 오프가스 검출 센서를 설치한다.

③ 오프가스를 검출 시 제어기에서는 유사 오프가스 검출여부를 판단하고, 전지에서 발생한 오프가스로 판단 시 제어장치를 통해 리튬이온전지를 전기적으로 절연상태로 만든다.

④ 유사 오프가스 검출로 판단 시 오프가스 발생으로 판단하지 않는다.

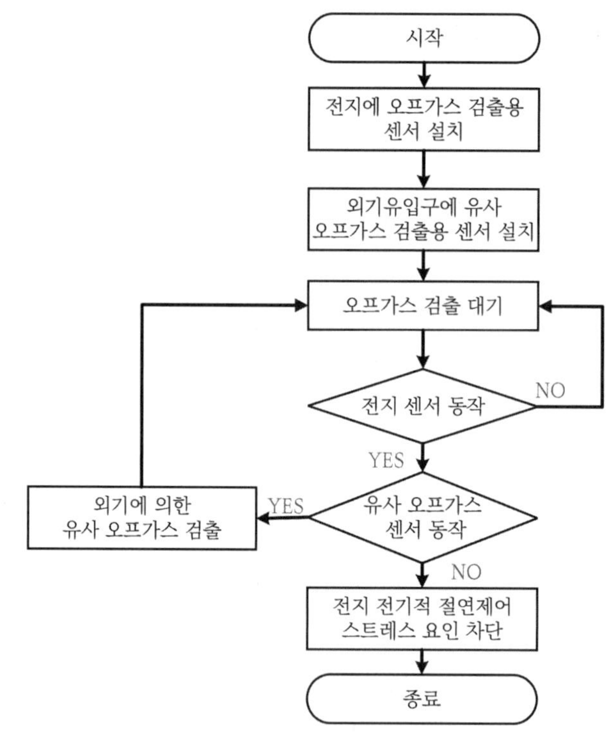

▎오프가스 검출을 통한 열폭주 방지 알고리즘 ▎

(4) 물리적 손상 방지

제조과정에서 리튬이온 배터리의 외함이 쉽게 손상되지 않도록 별도의 보호커버 등의 설치가 필요하다.

(5) 안전장치

1) 보호회로(protection circuit module) : 과충전 시 폭발로 이어지고, 과방전 시 발열로 인해 전극이 영구적으로 손상되어 재사용이 불가능해지게 되기 때문에 이를 사전에 방지하고 위험요소를 제거하기 위한 회로

2) 보호회로(PCM)의 기능

구분	기능
과충전 보호기능	보호전압 이상(4.25 ~ 4.35[V]) 과충전 시 화학반응이 시작되어 가스와 열이 발생 팽창(swelling)과 폭발로 이어지기 전 충전을 차단하는 기능
과방전 보호기능	배터리가 2[V] 이하로 방전되면 회복 불능으로 배터리가 손상되어 이를 방지하기 위하여 사전에 전압이 2.4 ~ 3.0[V] 이하로 떨어지면 차단하는 기능
과전류 차단기능	외부의 기기 오동작이나 실수로 인한 과전류로 배터리나 보호회로가 손상되는 것을 방지하기 위해 일정 이상의 전류가 흐르면 차단하는 기능
단락보호기능	단락사고로 인해 큰 전류가 흐르는 경우 전지나 보호회로가 손상되고, 화재가 일어날 수 있어 이를 방지하기 위해 전로를 차단하는 기능

(6) 위험성(NFPA 855 B.5.3)

구분	정상 상태	비정상 상태
화재위험	셀 내에 잠재적인 결함이 있거나 셀의 열폭주를 방지하는 제어장치에 설계 문제가 있는 경우 화재위험	비정상적인 조건에서 열폭주나 단락에 의한 화재위험
화학적 유해성	해당 없음	고장수준에 따라 위해증기 발생 우려
전기적 위험	배터리가 위험한 전압 및 에너지 수준에 있는 경우 일상적인 유지 관리와 관련된 전기적 위험이 있음	비정상적인 조건의 전기적 위험
에너지 저장소 위험	유지관리 또는 교체를 위해 배터리를 격리할 수 없는 경우 유지관리 중에 쓰러지거나 할 수 있음	쓰러지거나 폐기 시 위험에너지에 의한 위험 우려
물리적 위험성	해당 없음	부품의 과열, 움직이는 장치 등의 위험노출

(7) 소화대책

* SECTION 075 에너지 저장장치(ESS)를 참조한다.

SECTION 074

리튬 폴리머 배터리

01 개요

(1) 리튬이온 폴리머 배터리(리튬 폴리머 배터리라고도 함)는 리튬이온 배터리의 뛰어난 성능은 그대로 유지하면서 폭발 위험성이 있는 액체 전해질 대신 화학적으로 가장 안정적인 Polymer(고체 또는 젤 형태의 고분자 중합체) 상태의 전해질을 사용하는 배터리이다.

(2) 폴리머 전해질을 사용하고 있어 누액과 폭발의 위험성이 작을 뿐만 아니라, 3[mm] 정도의 얇은 두께나 소형으로 제작하는 것도 가능해 디자인 특성이 매우 뛰어나다.

02 구조 및 장단점

(1) 구조

1) 양극 : 전극전위가 높은 리튬-금속산화물

2) 음극 : 안전성이 확보된 탄소계 화합물

3) 전해질

① 고체 고분자 전해질 : 고분자와 염으로 구성

② 젤 고분자 전해질 : 고분자, 유기용매, 리튬 염으로 구성

4) 분리막 : 양극과 음극의 단락 방지

(2) 장단점

장점	단점
① 높은 에너지 저장밀도 : 같은 크기에 더 큰 용량 ② 높은 전압, 3.7[V] : Ni-Cd, Ni-MH 등에 비해 3배 ③ 수은과 같은 환경을 오염시키는 중금속을 사용하지 않음 ④ 폴리머 상태의 전해질 사용으로 높은 안정성 ⑤ 다양한 형상의 설계 가능 : 유연성, 얇은 판상 구조 ⑥ 전해액 누설 우려가 없어서 견고한 금속외장을 사용할 필요가 없음 ⑦ 내부저항이 작음 : 전극과 격리판이 일체형으로 되어 있어 표면에서의 저항이 그만큼 줄어들어 상대적으로 작은 내부저항을 갖음	① 제조공정이 복잡하여 가격이 고가 ② 폴리머 전해질로 액체 전해질보다 이온의 전도율이 낮음 ③ 저온에서의 사용 특성이 떨어짐 ④ 높은 에너지 저장밀도로 과충전, 외부 충격 등과 같은 사용상의 결함과 보호회로 불량과 같은 제조상의 결함에 의해 화재 및 폭발의 우려가 있음 ⑤ 충전, 방전을 반복할 시 배터리가 팽창함

(3) 비교

구분	리튬이온 배터리	리튬이온 폴리머 배터리
양극	리튬 산화물질	
음극	탄소(흑연)	
공칭전압	3.7[V]	
용량 밀집도	좋음	
에너지 밀도	높음	
전해질	액체	고체(폴리머)
이온전도율	100[%]	80[%]
안전성	나쁨(열폭주)	우수함
온도특성	매우 우수함	저온에서 취약함
셀 디자인 특성	나쁨(원통형)	매우 우수함(다양한 형태)

SECTION 075

에너지 저장장치(ESS)

118 · 100회 출제

01 개요

(1) ESS(Energy Storage System)의 정의

대용량의 과잉 생산된 전력을 배터리에 저장했다가 필요시 전력을 다시 끌어내 사용할 수 있도록 하는 장치

(2) ESS의 구성

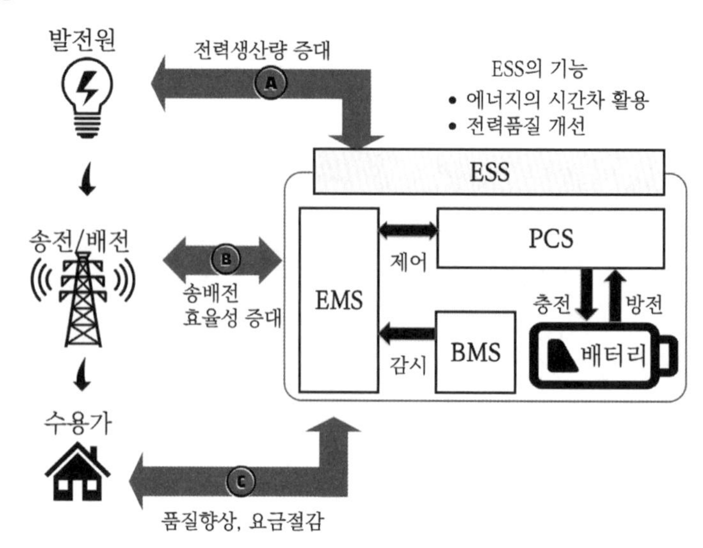

▎ESS의 구성도 ▎

1) PCS(Power Conditioning System) : 전력조절장치

교류전기를 직류전기로 전환하여 축전지에 저장하는 역할과 방전할 때 직류전기를 교류전기로 변환하는 양방향 인버터 역할을 한다.

2) EMS(Energy Management System) : 전력관리시스템

① 운전정보 수집 감시 및 전력저장시스템의 전체적인 제어역할을 하는 시스템

② 기능

㉠ 데이터처리 프로세스

㉡ 운영(operation)

㉢ 분석(analysis)

㉣ 건물 계측기 제어

㉤ 운영관리(ESS 상태정보, ESS 운영정보, 분석통계)

3) BMS(Battery Management System) : PCM + 축전지 관리
   ① 배터리의 상태를 제어, 감시하는 장치
   ② 기능 : 배터리의 전압, 충전상태 등을 모니터링하고 모듈 내 단위셀 간의 충·방전 정도가 같아지도록 조정하는 Cell balancing뿐만 아니라 배터리의 안전을 위한 과충전 방지 등의 보호기능을 수행하고 보호회로를 통해 과전류 및 단락 시 외부 스위치를 차단하는 기능 및 EMS와 통신하는 기능

4) 축전지(battery) : 전력을 저장하는 장치
   ① 종류 : 리튬이온전지(LIB), 나트륨황전지(NaS), 레독스흐름전지(RFB), 슈퍼 커패시터
   ② 비축전지 방식
      ㉠ 압축공기저장 시스템(CAES : Compressed Air Energy Storage) : 잉여전력으로 공기를 압축시켜 놓았다가 다시 압축공기를 활용해 터빈을 통해 전력을 생산하는 시스템
      ㉡ 플라이휠(fly wheel) 조정 : 전기에너지를 회전에너지로 저장 후 다시 전기에너지로 변환하는 방식

(3) 배터리의 구성

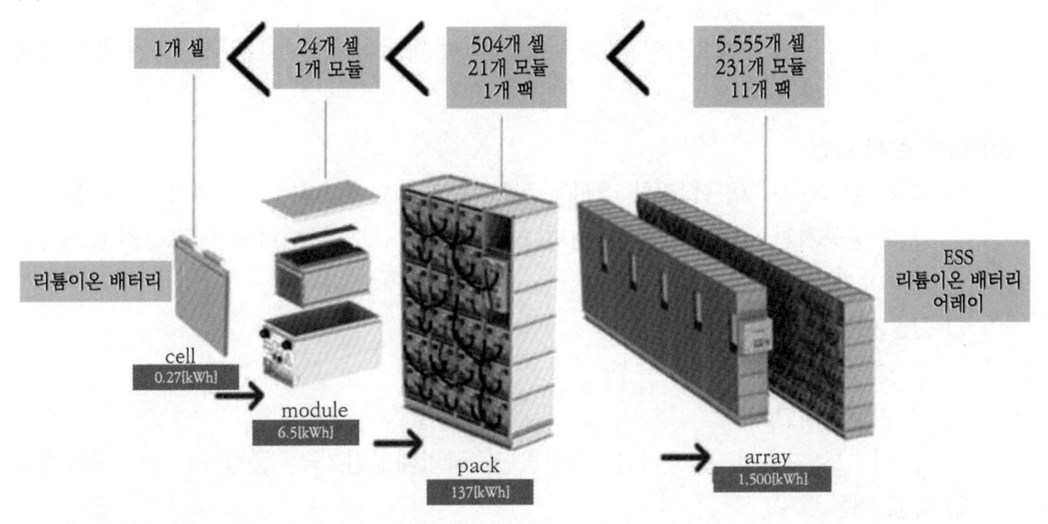

(4) 안전성 테스트(UL 9540A 4th edition)

1) 열방출률 및 가연성 가스 : 측정
2) 셀 단위 시험 횟수 : 1회
3) 모듈 단위 시험 : 단일 모듈 열폭주 유도하여 가연성 가스 방출 여부 등 확인하는 시험
4) 랙 단위 또는 설치 시험 : 설치장소에 따라 시험방법 상이

5) 시험 종료 요건 : 셀, 모듈, 랙(유닛) 단계별 요건 만족 시
6) 셀 단위 시험 > 모듈 단위 시험 > 랙 단위 시험 > 설치 시험

(5) 용도
1) 전력계통
① 유휴 전력에너지를 효율적으로 저장 · 관리함으로써 전력부하를 평준화한다.
② 전력계통 안정화(정전 방지) 및 능동적인 전력 수급 관리를 한다.

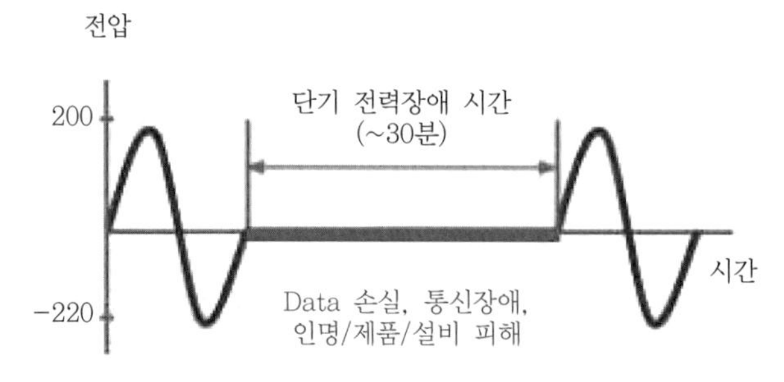

▌전력계통의 안정화▐

③ 신재생 발전기의 출력 안정화 용도(고품질의 전력공급, 전압의 평준화)
2) 수용가
① 피크전력을 저감하여 요금 절약 및 잉여전력을 판매로 수익을 창출한다.
② 비상전원으로 활용한다.
③ 신재생 연계 : 단속적인 풍력, 태양광 발전원의 출력 보정 및 급전지시 동작이 가능하다.

(6) ESS 설치 대상
1) 공공기관 에너지 이용합리화 추진에 관한 규정 제11조 5항 : 계약전력 1,000[kW] 이상의 공공기관 건축물에 계약전력 5[%] 이상 규모의 에너지 저장장치(ESS)를 설치해야 한다.
2) 공공기관
① 중앙행정기관
② 지방자치단체
③ 시 · 도 교육청, 공공기관, 지방공단, 국립대병원, 국 · 공립 초 · 중 · 고등학교
3) 제외 대상
① 임대건축물
② 발전시설(집단에너지 공급시설을 포함함), 전기공급시설, 가스공급시설, 석유비축시설, 상하수도시설 및 빗물 펌프장
③ 공항, 철도 및 지하철 시설
④ 기타 최대 피크전력이 계약전력의 100분의 30 미만이거나 전력피크 대응 건물 등으로서 산업통상자원부장관이 인정하는 시설

02 위험성

(1) 배터리의 위험성

열적 위험, 과충전, 과방전, 대전류 방전, 물리적 손상, 아킹(arching), 인화성 액체 전해질, 물과 접촉

(2) 저장소의 화재위험성

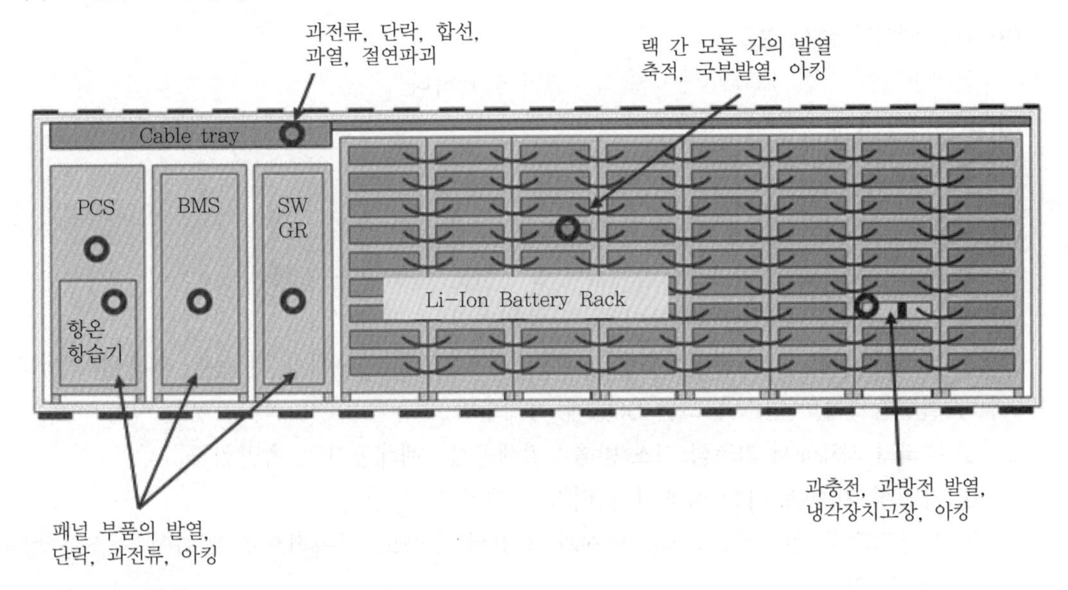

(3) 화재의 원인

1) 전기적 원인 : 과충전, 과방전, 분리막 파손
   ① 과충전 원인 : PCM(보호회로) 혹은 EMS 불량
      ㉠ 완충된 배터리에 계속 충전이 진행되면서 배터리 온도가 상승한다.
      ㉡ 초기에는 전해질이 끓기 시작하다가 두 극이 분해된다.
      ㉢ 극을 나누는 분리막까지 녹아서 화재로 발전한다.
   ② EMS : PCM의 사용 이력이나 모니터링 배터리 잔량 등의 기능을 추가한 것이다.
   ③ PCM과 EMS 기능 : 배터리 충전 상황을 모니터링하면서 가득 찬 배터리는 충전을 멈추고 충전이 필요한 배터리로 전력을 분배한다.
2) 기계적 원인 : 단락, 물리적 손상(충격 등), 제조결함(셀 속의 이물질)
   ① 셀 속의 이물질 : 덴드라이트
   ② 물리적 손상(외부 충격)
3) 열적 원인 : 과열, 내부 국부가열

(4) 열 안정성 한계

60[℃] 이상이 되면 배터리의 열적 분해가 발생한다.

(5) 임계온도

120[℃] 이상

(6) 배터리의 수명

내부의 미세한 부식이 증가하고 오래될수록 빠른 충전을 할 수 있고 열화가 쉽다.

(7) 트레이의 난연화

트레이가 녹아서 무너지거나 다른 전지로 확대되는 주요 요인이 된다.

(8) 최소 랙마다 설치 필요

인랙형과 유사한 소화약제 방출시스템이 필요하다.

(9) 주된 소화효과

냉각(다량의 주수)

(10) 특징

1) 온도상승으로 셀 온도가 임계값에 도달하면 열폭주가 발생한다.
2) 열폭주 이후에는 열방출률이 높게 증가한다.
3) 배터리는 더 높은 충전상태(SOC : State Of Charge)에서 더 높은 휘발성이 있다.
4) 질량감소속도(연소속도)는 SOC에 비례한다.
5) 배터리 자체에서 가연성 가스 방출 : 밀폐공간, 폐쇄공간의 폭발위험
6) 가연성 가스에 의한 플래시 오버가 발생한다.
7) 부분적으로 연소된 장치는 화재가 진압된 후에도 지속적으로 인화성 가스를 방출할 수 있다.

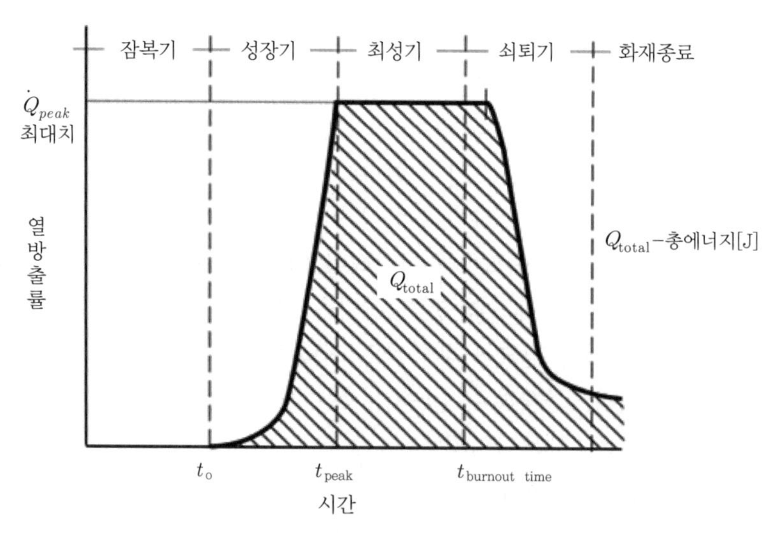

▎ESS 화재곡선▎

(11) **화재시험 결과**

1) 시간온도곡선

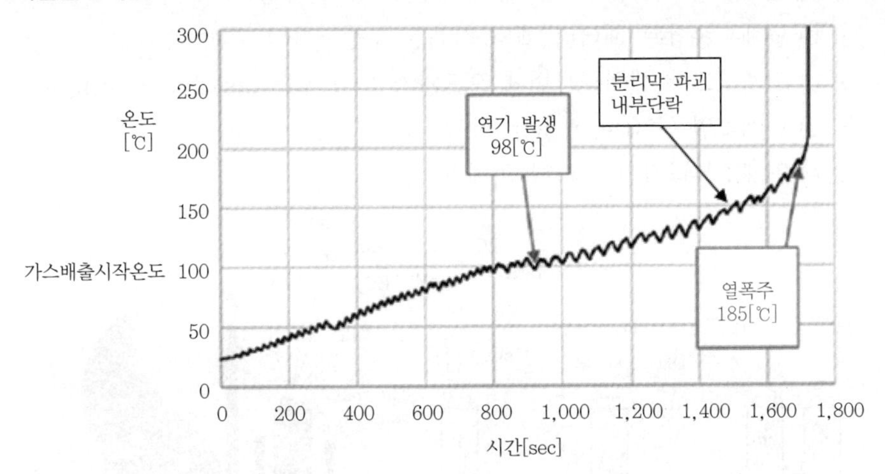

셀 표면온도 상승 곡선 및 가스배출 시작온도

2) 발생가스 134회 출제

발생가스	CO	CO_2	H_2	기타 탄화수소
부피비[vol%]	36.2	22.1	31.7	10

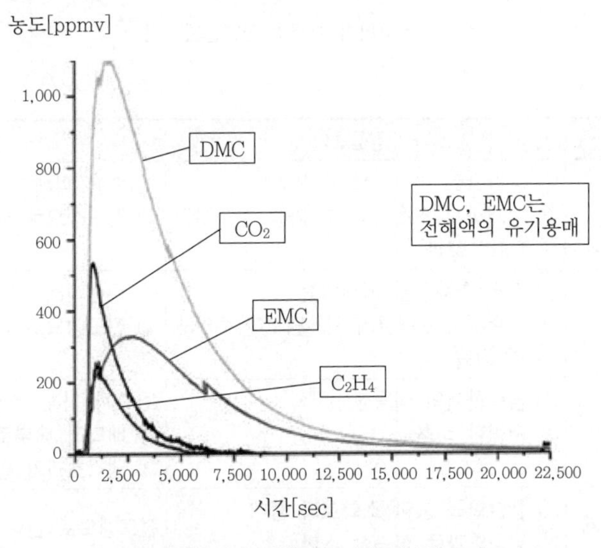

가스 분출 시 전해액 및 기타 가스량71)

71) Y. Fernandes, A. Bry & S. De Persis, "Identification and quantification of gases emitted during abuse tests by overcharge of a commercial Li-ion battery", Journal of Power Sources, Volume 389 (2018)

3) 배터리 화재의 진행단계
① a) 단계 : 예기치 않은 전기분해(수분과 먼지의 영향)
② b) 단계 : 손상된 배터리 셀의 전해질 누출
③ c) 단계 : 고장 셀의 첫 번째 오프가스 배출(off-gas-1st venting)
④ d) 단계 : 열폭주(thermal runaway)
⑤ e) 단계 : 본격적인 배터리 화재발생

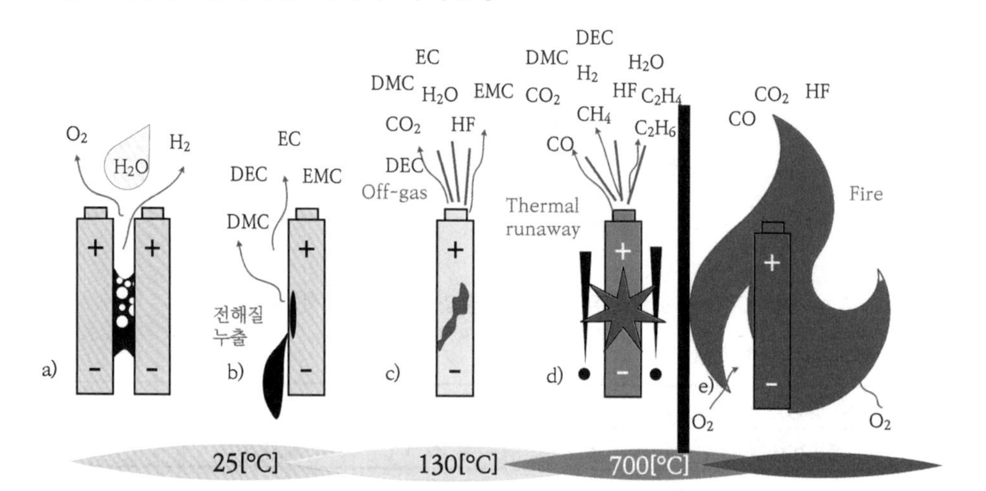

▌배터리 화재의 진행단계[72] ▌

(12) 소화설비

시스템	장점	단점
스프링클러	① 냉각으로 인한 열폭주 방지 ② 현재까지 소화약제 중 가장 효과적임(시험 결과)	① 수손 피해 ② 전도성으로 단락 등 유발
미분무수	① 다중 화재진압 메커니즘 ② 기존의 스프링클러 시스템보다 수피해가 작음	① 수손피해 ② 전도성으로 단락 등 유발
모래	① 금속화재의 적응성 ② 저렴한 비용	① 2차 피해 우려 ② 배터리 내부로 진입 곤란 ③ 냉각효과가 없어 재발화 위험
캡슐화 소화약제	① 캡슐화를 통한 소화효과 증대 ② 냉각효과로 신속한 소화	전도성으로 단락 유발
가스계 소화약제	① 소화 후 2차 피해 작음 ② 소화 후 청결	화재가 빠르게 진압되지 않음
포소화약제	① 물에 의한 약간의 손상 ② 용기화재에는 적응성이 우수	① 환경 유해성 ② 장비 손상

72) Early detection of failing automotive batteries using gas sensors, Christiane Essl, https://doi.org/10.3390/batteries7020025

시스템	장점	단점
분말소화약제	① 신속한 소화 ② 전기 절연성 ③ 다양한 화재의 적응성	① 내부 장비 손상뿐 아니라 외부 장비까지도 손상 ② 약제 발포 후 재사용 곤란
고체 에어로졸	① 신속한 소화 ② 전기 절연성 ③ 다양한 화재의 적응성	① 내부 장비 손상뿐 아니라 외부 장비까지도 손상 ② 약제 발포 후 재사용 곤란 ③ 가시성의 감소

03 화재안전

(1) 외국의 기준

구분	미국	유럽	일본	독일
ESS 시설 기준	IFC(미국화재기준) 2018 NFPA(미국방화협회) 8553 (가장 체계적)	IEC 기술위원회 검토 중	소방법 배터리 컨테이너 이격거리 기준	일부 화재보험사 이격거리 기준

(2) 저장장치의 기준(IFC 2018)

1) 리튬, 나트륨, 흐르는 전해질 이용 배터리 : 20[kWh] 이상

2) 납, 니켈 카드뮴을 이용한 배터리 : 70[kWh] 이상

(3) 온습도

1) 온도 : 23 ± 5[℃]

2) 습도 : 80[%] 이하

(4) 캐비닛(금속함) 지지(IFC 2018)

배터리가 캐비닛에 들어있는 경우 캐비닛을 지지하는 장치의 10[ft](3,048[mm]) 내에 위치(충격이나 지진 등 대비)한다.

(5) 설치위치(IFC 2018)

지상 22.8[m], 지하 9.1[m] 미만에 위치한다.

(6) 다른 구역과 분리하여 설치(IFC 2018)

배터리와 다른 실을 방화벽으로 분리한다.

1) 20[ft](6[m])의 ESS 격납장치 사이에 최소 공간분리를 한다.

2) 위 '1)'이 곤란한 경우 1시간 이상 방화벽을 설치한다.

(7) 자동차 충돌방지장치 설치(IFC 2018)

(8) 가연성 물질과 이격(IFC 2018)

배터리실에 가연성 물질의 보관을 금하고, 배터리 캐비닛으로부터 0.92[m] 이상 이격한다.

(9) 안내표지 설치(IFC 2018)

캐비닛에는 시스템의 제조업체와 배터리 시스템의 전기적 정격(전압 및 전류)을 표시한다.

(10) 개폐기와 비상정지장치(IFC 2018)

고정식 배터리 시스템 차단수단이 시야 내에 있지 않으면 경고표지 또는 안내표지를 시설하도록 규정한다.

(11) 지락차단장치

자동으로 차단하는 장치를 설치한다.

(12) 서지보호장치(SPD)를 설치한다.

(13) 급속 배기장치 설치

연기 발생 온도인 100[℃] 이전에 작동(가연성 가스 배출)하도록 한다.

(14) 계측장치(IFC 2018)

이상온도 또는 단락, 과전압(과충전) 또는 부족전압(과방전) 감지 시 승인된 위치로 경보 신호를 전송한다.

(15) 리튬이온배터리 전기저장장치

옥외 부속공간(사람이 거주하지 않는 공간)에 설치한다.

(16) 리튬이온 배터리의 설치장소(IFC 2018)

캐비닛 내(사람의 접근을 막기 위함)에 설치한다.

(17) 리튬이온 배터리 랙의 용량 제한(IFC 2018)

배터리 시스템은 50[kWh] 이하 단위로 분리하고, 전체 설치용량은 600[kWh] 이하 설치한다.

(18) 리튬이온 배터리실의 내장재

전용 건물, 컨테이너 등에 시설하는 경우 배터리실의 벽면 마감재료(단열재 등)는 불연재료로 한다.

(19) 이격거리

1) 랙과 벽의 이격거리 : 3[ft](0.9[m]) 이상

2) 기타 시설 : 5[ft](1.5[m]) 이상

기타 시설 : 주차선, 공용로, 건축물, 가연성 물질, 유해물질, 높이 쌓인 적재물, 기타 노출 위험

(20) 국내외 기준 비교

주요 내용	KFS 412	NFPA 855	한국전기설비규정	전기저장시설의 화재안전기술기준 (NFTC 607)
제·개정	2018년 11월	2019년 10월	2018년 3월	2022년 12월
의무 기준	×	△	○	○
기준 적용 대상	20[kWh] 이상	○	○	○
랙/그룹 용량 제한	25[kWh] 이하	50[kWh] 이하	50[kWh] 이하	–
최대 정격에너지 제한	600[kWh] 이하	○	○	–
랙 및 벽체 간 이격거리	0.9[m] 이상	○	1[m] 이상	–
자동소화장치	–	–	–	• 옥외 컨테이너 시 • 옥외 30[m] 이격 시
스프링클러	살수밀도 : 12.2 [LPM/m²] ↑	살수밀도 : 12.2 [LPM/m²] ↑, 방호면적 230[m²] ↓	–	○ (실대규모화재시험 시 면제 가능)
용량/이격거리/스프링클러 등 제한 완화 요건	실대규모 화재시험	실대규모화재시험 & 위험성 평가	전용 건물에 설치 시 제외, 실대규모화재시험 조항 없음	실대규모화재시험

※ 판정기준 ○ : KFS와 상당히 유사, – : 해당 내용 없음

1. KFS 412 : 리튬이온 배터리 에너지저장시스템(ESS)의 안전관리 가이드(한국화재보험협회)
2. NFPA 855 : 고정식 에너지 저장시스템 설치 표준

(21) ESS[NFPA 855(2023)]

1) 기술적 요구조건[NFPA 855(2023) Table 9.2 Electrochemical ESS Technology-Specific Requirements]

구분	납	니켈	리튬이온	흐름 전지	염화니켈 나트륨	기타	관련 규정
배출설비	○	○	×	○	×	○	Section 4.9
누액 관리	○	○	×	○	×	○	Section 4.14
중화	○	○	×	○	×	○	Section 4.15
안전캡	○	○	×	×	×	○	Section 9.4
열폭주 관리	○	○	○	×	○	○	Section 9.3
폭발제어	○	○	○	×	○	○	Section 4.12
크기와 구획	○	○	○	○	○	○	Section 4.6

2) 고려사항(4.1.2.1.1)

① ESS가 설치될 공간이나 면적의 위치 및 배치도

② ESS와 관련하여 제공 또는 의존하는 시간별 내화등급 조립품에 대한 내용

③ ESS 유닛의 수량 및 종류

④ ESS 제조사의 사양, 등급 및 목록

⑤ 에너지저장관리시스템 및 운영에 대한 설명

⑥ 필수 표지판의 위치 및 내용

⑦ 화재진압, 연기 또는 화재감지, 가스감지, 열 관리, 환기, 배기 및 폭연 환기 시스템(제공된 경우)에 대한 세부정보

⑧ 필요한 내진설치와 관련된 지원장치

3) 화재감지설비

① 모든 지역에 연기감지설비가 설치되어야 한다(단, 개방된 주차장과 같은 오작동 우려가 있는 경우는 불꽃감지기를 설치할 수 있음).

② 흡입식 연기감지기(ASD : Aspirating Smoke Detection)

㉠ 초기 단계에서 배터리 화재를 감지하여 연기와 부식성 기체(가스)들이 장비와 인력에 영향을 미치기 전에 탐색 및 조치(대응)하기 위한 조기 개입을 허용한다.

㉡ 초기 단계부터 완전히 진행된 (최종)단계까지 모든 화재 단계를 모니터링 가능하다.

㉢ 매우 민감한 감지실(sensing chamber)로 낮은 농도 및 누적 샘플링을 통한 희석된 높은 농도 모두 안정적으로 감지가 되도록 설계가 가능하다.

㉣ 온도와 습도가 극단적인 경우에도 수용이 가능하다.

㉤ 쉽게 접근할 수 있는 영역에 장착할 수 있다.

③ 고정식 열화상 카메라(추가 감시수단)

㉠ 배터리 장애 및 고장의 조기 감지

㉡ 현장대응에 임하는 소방관들에게 화재규모와 위치에 대한 상황 인식을 제공

㉢ 잠재적 위험으로부터 직접 화재로 인도해 위험에 노출되는 시간을 최소화

4) 스프링클러시스템 : 230[m^2]에 12.2[mm/min]

5) ESS 제조업체는 ESS를 납품할 때 안전보건자료[SDS, 국내는 옛 명칭인 물질보건안전자료(MSDS)로 사용 중] 또는 특정 LIB 및 열폭주 관련 제품과 관련된 위험을 설명하는 동등한 공개 정보를 제공해야 한다.

6) 화재예방설비 및 화재진압전략

① 진압설비는 화재를 진압할 수 있지만 일단 셀에서 시작된 열폭주나 손상된 셀의 오프가스화(off-gassing)를 멈추지 못하며, 이는 잠재적으로 폭발적인 환경을 만든다.

② 기체(가스)가 축적되면 더 위험한 상태가 발생할 수 있다.
③ 환기가 진압보다 더 중요한 경우가 있을 수 있다.
④ 수계 및 비수계 소화약제 둘 다 일단 열폭주가 시작되면 하나의 셀에서 또는 다른 셀로의 전파는 중지시키거나 또는 전파를 방지하는 데 필요한 냉각을 제공하지 않을 수 있다.
⑤ 화재가 진압되었더라도 이후 우발적인 재점화 시에도 화재감지시스템에 의해 모니터링될 수 있어야 한다.
⑥ 천장부 스프링클러는 화재가 본래의 ESS 랙을 넘어 확산되는 것을 방지하거나 지연시킬 수 있지만, ESS 시스템의 설계로 인한 장애물(예 배터리 모듈을 포함하는 고체 금속 캐비닛)은 본래의 랙 내에서 화재를 억제하거나 진화하는 능력을 제한한다.
⑦ 주변 ESS 랙을 포함한 추가 화재 확산 가능성을 제한하기 위해 ESS에서 주변 가연물로 최소 공간 분리가 필요하다.
⑧ 화재발생 후 리튬이온 배터리가 포함된 잠재적으로 손상된 모든 ESS 장비가 해당 지역에서 완전히 제거될 때까지 화재감시장치가 있어야 한다.
⑨ NFPA 68에 따른 폭발배기장치(explosion panel) : 파열판(rupture disk) 등

7) 건축물 안전기준
① 전용건물 : 500[ft^2](46.5[m^2])보다 큰 조립식 컨테이너 또는 외함은 건물로 인식
② 재질 : 불연성 재료
③ 방화구획
④ 방진구조물(DLC : Damage-Limiting Construction) : 폭발로 인한 붕괴방지

8) 안전점검 : 충전상태(SOC) 30[%] 이하에서 점검

04 리튬이온 배터리 ESS의 안전관리 가이드(KSF 412 화재보험협회) 129 · 127 · 123 · 118 · 117회 출제

(1) 방화구획
1) ESS가 설치된 공간의 바닥, 천장, 벽 등의 내화성능 : 1시간 이상
2) ESS가 설치된 공간을 관통하는 설비가 있는 경우 개구부 : 건축물의 방화구조와 동등 또는 1시간 중 높은 등급의 내화 충전재를 적용한다.

(2) 용량 및 이격거리
1) ESS 각 랙의 최대 에너지 용량 : 250[kWh] 이하
2) ESS 각 랙 및 벽체로부터 이격거리 : 0.9[m] 이상
3) 정격에너지 용량 : 600[kWh] 이하(단, 에너지 저장, 발전 및 전력망 운영을 위한 용도로 설치된 건물에서 사용하는 것을 제외)

4) ESS는 공정지역과 이격거리 : 15[m] 이상

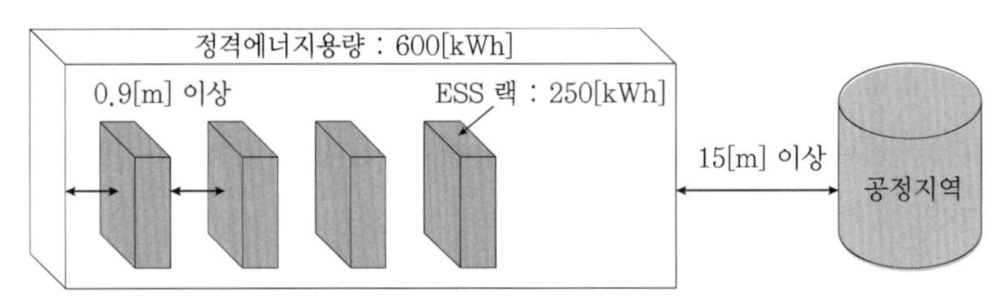

ESS 용량과 이격거리

(3) 환기설비

1) 설계능력 : 최악의 경우에도 구역 내 가연성 가스의 농도가 부피기준 LFL의 25[%]를 초과하지 않도록 설계

2) 기계적인 환기설비 : 5.1[L/sec/m^2] 이상

3) 작동장치 : 연속적으로 작동되거나 가스감지기로 작동한다.

4) 작동상태 감시 : 수신기

5) 가스감지설비

① 환기설비 기동 : 가연성 가스 농도가 LFL의 25[%]를 초과할 때

② 환기설비 연속작동 : 가연성 가스 농도가 LFL의 25[%] 이하로 떨어질 때

③ 예비전원 : 2시간 이상

④ 고장 또는 이상 신호 : 중앙감시실 또는 상주자가 있는 장소

(4) 적용 소방설비

1) 연기 및 화재감지설비

2) 수계 소화설비

① 스프링클러소화설비 : 최소 살수밀도 12.2[LPM/m^2] 이상

② 포소화설비 : 포소화약제는 ESS의 열폭주(thermal runaway)를 일으키는 온도와 가연물이 있는 경우 가연물의 자연발화온도보다 낮아지도록 할 것

3) 가스계 소화설비 : 전역방출방식의 가스계 소화설비는 가연물의 소화에 필요한 농도와 ESS의 배열 또는 배치 형태를 고려하여 설계한다.

(5) 유출 방지 조치

1) 설치기준 : ESS 유체 전해액의 합산 용량이 3,785[L]를 초과하는 경우

2) 수계 소화설비가 설치된 경우 : 10분 동안 방사될 양을 수용할 수 있을 것

(6) 옥외의 컨테이너 또는 이와 유사한 것 내부에 ESS를 설치한 경우의 고려사항

1) 외부 시설과 이격 : 생산설비, 공공도로, 건물, 가연물, 위험물 및 기타 이와 유사한 용도와는 3[m] 이상

2) 컨테이너 크기 제한 : 16.2[m]×2.4[m]×2.9[m](높이)를 초과하지 않을 것

3) 컨테이너 사이의 이격거리 : 6[m] 이상(6[m] 이내로 이격할 경우에는 1시간 이상의 내화성능을 갖는 벽체를 사이에 둘 것)
4) 재질 : 금속류의 불연성, 방수기능
5) 주변 화재 확대 방지 : 옥외에 ESS가 설치된 경우 3[m] 이내에는 초목이나 가연물 등으로 인해 화재가 확산되지 않도록 관리한다.
6) 옥외의 컨테이너 내부에 ESS를 설치한 경우 옥외의 컨테이너 또는 이와 유사한 것의 재질은 열을 쉽게 외부로 방출할 수 있도록 철이나 금속류의 불연성이어야 하고 방수기능이 있어야 한다.

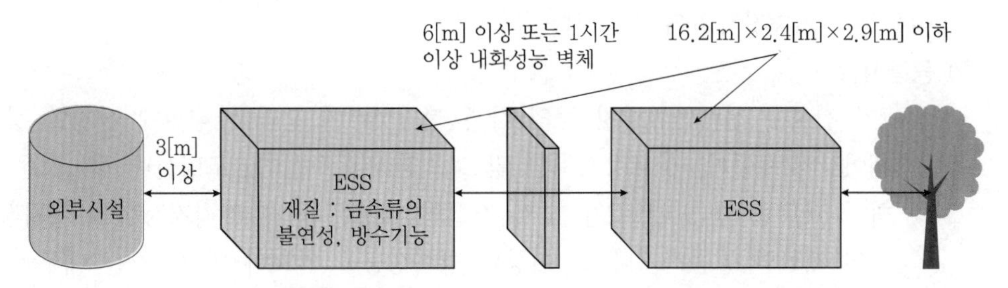

▌옥외의 컨테이너 또는 이와 유사한 것 내부에 ESS를 설치한 경우▐

(7) 비상계획 수립 및 훈련
1) 소유자 및 관계 직원은 비상계획을 수립하고 훈련을 할 것
2) 비상운전계획의 내용 : 안전정지 절차, 전원인출(de-energizing) 절차, 비상상태 시 화재, 감전 등의 위험을 줄이기 위한 장치 및 설비의 차단 절차와 비상상태의 종료 후 안전한 시동(start-up) 절차 등

(8) 설치 전 주의사항
ESS는 모든 소방설비가 정상적으로 작동되는 상태에서 반입하여 설치(예외 : 설치 중 ESS 화재에 대한 비상대응계획이 수립되어 효과적으로 화재를 진압할 수 있는 경우) 한다.

(9) 커미셔닝의 내용
1) 구체적인 인수 절차 개요 및 수행될 행동
2) 설비의 계획, 설계, 조립, 설치 또는 운영과 관련된 사람들의 역할과 책임
3) ESS의 설치 및 조작, 연관 제어장치 및 안전설비를 이해할 수 있는 사양서 및 도면 등

커미셔닝(commissioning) : 효율적인 시스템의 성능 확보를 위한 가장 중요한 요소로서, 설계단계부터 공사완료에 이르기까지 전 과정에 걸쳐 발주자의 요구에 부합되도록 모든 시스템의 계획, 설계, 시공, 성능시험 등을 확인하고 최종 유지관리자에게 제공하여 입주 후 발주자의 요구를 충족할 수 있도록 운전 성능 유지 여부를 검증하고 문서로 만드는 과정

(10) **운영 및 유지 관리**

1) 기준 : ESS는 제조사 지침 또는 운영 및 유지 관리 문서

2) 가연물 보관

① ESS가 설치된 공간에는 ESS와 관련되지 않은 가연물 보관 금지

② ESS와 관련된 가연물 이격거리 : ESS로부터 0.9[m] 이상

3) ESS 설비는 제조사 지침에 따라서 정비할 것

(11) **전기저장장치(ESS) 사용 전 검사 추가검사 항목**

1) 적용 대상 : 20[kWh]를 초과하는 리튬 · 나트륨 · 레독스 플로 계열의 2차 전지를 이용한 전기저장장치에 적용한다.

2) 공통사항

① 2차 전지는 전력변환장치 등의 다른 전기설비와 분리된 격실에 설치할 것. 단, 제어장치(제어기, 보호장치 등) 및 보조장치(공조설비, 조명설비 등) 등은 그러하지 아니한다. 또한, 2차 전지 격실의 벽면은 전체 전기저장장치 설치장소의 벽면 재료와 동등하거나 그 이상의 방화성능을 가져야 하고, 격실 내부에는 가연성 물질을 두지 말 것

② 전기저장장치 설치장소에는 제조사가 권장하는 온도 · 습도 · 수분(결로, 누수 등) · 분진 등 적정 운영환경을 상시 유지할 것

③ 전기적 충격으로부터 직류 전로를 보호하기 위해 적정 규격의 과전류 차단장치(차단기 또는 퓨즈) 및 지락차단장치(누전차단기 또는 절연감시장치)를 설치할 것

④ 낙뢰 및 고전압 노이즈(CMV) 등 이상전압으로부터 주요 설비를 보호하기 위해 직류 전로에 적정용량의 서지보호장치(SPD)를 설치할 것

⑤ 제조사가 정하는 규격 이상의 과전압, 과전류, 지락전류, 과충전, 과방전, 온도 상승, 냉각장치 고장, 통신불량 등 긴급상황이 발생한 경우에는 관리자에게 경보하고 전기저장장치를 정지시킬 수 있는 비상정지장치를 설치할 것. 이 경우 비상정지 및 재가동 과정에서 설비 간 위해가 발생하지 않도록 할 것

⑥ 전기저장장치가 설치되는 장소는 지표면을 기준으로 높이 22[m] 이내로 하고, 해당 건물의 출구가 있는 바닥면을 기준으로 깊이 9[m] 이내로 할 것

⑦ 전기저장장치의 운영 정보 및 위 '⑤'의 긴급상황 관련 계측 정보 등은 2차 전지실 외부의 안전한 장소에 전송되어 최소 1개월 이상 별도로 보관될 수 있도록 설치할 것

⑧ 2차 전지의 충전율(SOC : State Of Charge)은 제조사가 권장하는 범위로 설정하여 운용하고, 만(滿)충전 후 추가 충전은 금지할 것

3) 전기저장장치를 일반인이 출입하는 건물의 부속공간에 설치하는 경우
① 전기저장장치 설치장소는 「건축물의 피난·방화구조 등의 기준에 관한 규칙」 제3조에 따른 내화구조일 것
② 2차 전지 랙당 용량은 50[kWh] 이하로 하고, 건물 내 설치할 수 있는 2차 전지의 총용량은 600[kWh] 이하로 할 것
③ 2차 전지는 캐비닛 내에 설치하며, 2차 전지 랙 간 및 랙과 벽 사이는 1[m] 이상 이격하거나, 「건축물의 피난·방화구조 등의 기준에 관한 규칙」 제3조에 따른 내화구조의 벽을 삽입할 것
④ 전기저장장치시설은 다른 시설로부터 1.5[m] 이상 이격하고, 출입구나 피난계단 등 대피시설과 3[m] 이상 이격할 것

4) 전기저장장치를 전용 건물에 별도 설치하는 경우
① 전기저장장치를 전용 건물, 컨테이너 등에 설치하는 경우 전기저장장치 설치장소의 벽면재료(단열재 등)는 「건축물의 피난·방화구조 등의 기준에 관한 규칙」 제6조에 따른 불연재료일 것
② 2차 전지는 벽면으로부터 1[m] 이상 이격할 것. 단, 옥외의 위치한 전용의 컨테이너에 설치된 경우에는 규정에 따르지 아니할 수 있음
③ 전기저장장치 설치장소는 다른 건물이나 시설로부터 1.5[m] 이상 이격하고, 다른 건물의 출입구나 피난계단 등 대피시설과 3[m] 이상 이격할 것

현재 S사는 셀에 NOVEC 1230의 캡슐을 설치하여 열이 상승하면 약제가 방사되도록 하고 있고 L사는 모듈 내부에 물분무 헤드를 설치하여 열상승을 방지하고 있다.

05 전기저장시설의 화재안전기술기준(NFTC 607) 127회 출제

(1) 용어의 정의

1) 전기저장장치
① 생산된 전기를 전력계통에 저장했다가 전기가 가장 필요한 시기에 공급해 에너지 효율을 높이는 것으로, 발전·송배전·일반 건축물에서 목적에 따라 단계별 저장이 가능한 장치
② 구성 : 배터리, 배터리 관리시스템, 전력 변환 장치, 에너지 관리 시스템 등

2) 옥외형 전기저장장치 설비 : 컨테이너, 패널 등 전기저장장치 설비 전용 건축물의 형태로 옥외의 구획된 실에 설치된 전기저장장치

3) 옥내형 전기저장장치 설비 : 전기저장장치 설비 전용 건축물이 아닌 건축물의 내부에 설치되는 전기저장장치로, '옥외형 전기저장장치'가 아닌 설비

4) 배터리(2차 전지)실 : 전기저장장치 중 배터리를 보관하기 위해 별도로 구획된 실

(2) 소화설비

1) 소화기 : 구획된 실에 설치

2) 배터리용 소화장치 : 소방청장이 정한 시험으로 소화성능을 인정받은 장치에 한한다. 129회 출제

① 옥외형 전기저장장치 설비가 컨테이너 내부에 설치된 경우

② 옥외형 전기저장장치 설비가 건축물, 주차장, 공용도로, 적재된 가연물, 위험물 등으로부터 30[m] 이상 떨어진 지역에 설치된 경우

3) 스프링클러설비 132 · 123회 출제

① 습식 · 준비작동식(더블 인터락의 제외) 방식으로 설치할 것

② 12.2[L/min · m^2]×30[min](최소 바닥면적 230[m^2])

여러 업체 시험결과 K160 이상의 헤드 사용 시 화재가 진압되었다.

③ 헤드 최소 간격 : 1.8[m]

④ 준비작동식 : 감지기 설치할 것

㉠ 광전식 공기흡입형 감지기

㉡ 아날로그 방식의 광전식 감지기

㉢ 중앙소방기술심의위원회의 심의를 통해 적응성을 인정받은 감지기

⑤ 비상전원 : 30[min] 이상

⑥ 준비작동식 수동기동장치는 전기저장장치의 출입구 부근에 설치

⑦ 송수구 설치

⑧ 설치 예외 : 배터리실

(3) 경보설비

1) 자동화재탐지설비 설치 대상 감지기

① 광전식 공기흡입형 감지기(ASD)

② 아날로그 방식의 광전식 감지기

③ 중앙소방기술심의위원회의 심의를 통해 적응성을 인정받은 감지기

배터리 화재 시 오프가스로 CO_2나 CO가 다량으로 발생하므로 이를 감지하는 감지기가 적응성이 우수하다고 볼 수 있다.

2) 자동화재속보설비

① 자동화재속보설비의 화재안전기술기준에 따라 설치한다.

② 예외 : 옥외형 전기저장장치는 속보기에 감지기 직접 연결이 가능하다.

(4) 배출설비 123회 출제

1) 배풍기, 배출덕트, 후드 등을 이용하여 강제적으로 배출한다.

2) 배출용량 : 18[m^3/hr · m^2] 이상(NFPA 855 : 69에 따른 폭발방지시스템이나 68에 따른 폭연방출구 설치)

3) 감지기와 연동

4) 설치장소 : 옥외와 면하는 벽체

(5) 전기저장장치의 설치장소

1) 지상 22[m], 지하 9[m] 이내(NFPA 855 : 관할 소방관서의 사다리차가 도달할 수 있는 높이)

2) 목적 : 소방대의 원활한 소방활동

(6) 방화구획

1) 전기저장장치 설치장소의 벽체, 바닥, 천장은 다른 장소와 방화구획을 한다. (NFPA 855 : 2시간 방화구획)

2) 예외 : 배터리실 외의 장소, 옥외형 전기저장장치

06 전기저장시설에 설치되는 배터리용 소화장치의 성능평가기준(제2022-40호) 129회 출제

(1) 구조

1) 감지장치, 제어장치, 소화약제 저장용기, 작동장치 등으로 구성(예외 : 감지장치가 작동장치의 기능을 할 때는 작동장치 제외 가능)한다.

2) 예비전원은 성능인증 및 제품검사에 합격한 것을 사용한다.

3) 방출구는 금속재를 사용(예외 : 열감지튜브)한다.

4) 방출구 및 방출유도관은 「소화기의 형식승인 및 제품검사의 기술기준」의 내압시험에 의해 누설되거나 변형 등이 생기지 아니하여야 한다.

(2) 열폭주 진압 성능

1) 화재를 진압할 것

2) 이벤트 모듈에 인접한 모듈에서 열폭주가 발생하지 않을 것

3) 이벤트 모듈에 인접한 모듈 내부의 셀 표면온도는 셀 단위 열폭주 시험에서 측정한 가스 배출 시작온도를 1분 이상 초과하지 않을 것

4) 소화약제의 방출이 종료된 후 240분 이내에 열폭주가 재발생하지 않을 것

(3) 기타

1) **감지장치** :「감지기의 형식승인 및 제품검사의 기술기준」에 적합할 것
   ① 온도를 감지하는 감지장치의 성능 : 이용성 금속, 유리벌브, 온도센서, 열감지 튜브
   ② 가스 감지장치 : 오프가스 또는 열폭주 시 발생하는 가스를 유효하게 감지할 수 있어야 한다.
2) **제어장치** :「가스 · 분말자동소화장치의 형식승인 및 제품검사의 기술기준」에 적합할 것
3) **소화약제** :「소화약제의 형식승인 및 제품검사의 기술기준」에 적합할 것
4) **소화약제 저장용기** :「소화기 형식승인 및 제품검사의 기술기준」에 적합할 것
5) **작동장치** :「가스 · 분말자동소화장치의 형식승인 및 제품검사의 기술기준」에 적합할 것
6) 주위온도시험, 난연성 시험, 기밀시험, 내식시험, 합성수지노화시험, 전원전압 변동시의 기능시험, 절연저항시험, 절연내력시험, 충격전압시험, 전자파 내성시험 등에 만족할 것

SECTION 076

무정전 전원설비(UPS)

115 · 98회 출제

01 개요

(1) 전압 및 주파수를 안정시키는 장치를 정전압 정주파수장치(CVCF : Constant Voltage Constant Frequency)라 하며, CVCF에 축전지를 설치하여 정전 시에도 무순단으로 전력을 공급할 수 있는 장치를 무정전 전원장치(UPS : Uninterruptible Power Supply)라고 한다.

(2) 무정전 전원설비란 순시전압강하와 정전이 허용되지 않는 기기에 전원을 공급할 목적으로 시설한다.

02 무정전 전원설비의 구성

(1) **전원공급방식에 따른 동작방식** 116회 출제

구분	온라인(on-line)	오프라인(off-line)	라인 인터랙티브(line interactive)
정의	교류 입력전원을 공급받아 내장된 배터리 충전 및 인버터를 상시 동작시켜서 비상시에 무순단으로 전력을 공급하는 방식	정상 시 교류 입력전원을 사용하다가 정전되거나 입력전원이 허용치보다 낮은 경우에 인버터(UPS)를 사용하는 방식(소방의 UPS 방식)	입력되는 전원이 정상적일 때 출력전압을 일정하게 유지하도록 자동 전압조정기능을 내장한 방식(on-line과 off-line 방식의 중간기술)
사용처	대형 UPS(3[kVA] 이상)	소형 UPS	소형 UPS
장점	① 입력전원의 정전 시 무순단으로 입력과 관계없이 안정적인 전원공급 ② 양질의 전원공급 ③ 입력전압의 변동과 관계없이 일정한 출력전압 공급 ④ 입력의 서지, 노이즈 등 차단함 ⑤ 출력 단락, 과부하에 대한 보호회로를 내장함 ⑥ 출력전압의 일정 범위(±10[%]) 조정함	① 효율이 높음(전력 소모가 작음) ② 회로구성이 간단하여 내구성이 높음(고장이 적음) ③ On-line에 비해서 경제적임 ④ 소형화가 가능함 ⑤ 정상동작 시(상용 입력 시)에는 전자파(잡음 포함) 발생이 적음	① 효율이 높음(전력 소모가 작음) ② 회로구성이 On-line보다 더 간단함 ③ On-line에 비해서 경제적임 ④ 자동전압조정 기능

구분	온라인(on-line)	오프라인(off-line)	라인 인터랙티브(line interactive)
단점	① 회로구성이 복잡함 ② 효율이 Off-line보다 낮음 (전력 소모가 많음) ③ 외형 및 중량이 큼 ④ Off-line에 비해서 고가임	① 정전 시 순간적인 전원의 끊어짐 발생함 ② 압력의 변화에 출력이 변화(전압조정 곤란)함 ③ 입력전원과 동기가 되지 않아 정밀한 부하에 부적합함	① 내구성이 Off-line보다 떨어짐 ② 과충전 우려가 있으며 충전부의 고장 발생 빈도가 높음 (원인 : 입력전원의 약 5[%] 정도의 전압안정도로 충전)

무순단 : 정전 시 4[ms] 이내로 무정전 절체

(2) 기본구성

1) **필터(filter)** : 서지 보호, EMC 필터링, 전기적인 노이즈 필터링 기능의 장치
2) **동기 절제 스위치(static transfer switch)** : 부하에 공급하는 전원을 끊임없이 절제해 주는 장치
3) **충전기(charger)** : 전원장애 후 축전지를 재충전하고 사용되지 않는 동안 완전한 충전상태를 유지하는 기능의 장치
4) **축전지(battery)** : 상용전원의 정전 시 또는 입력전원이 낮을 때 UPS의 가동을 유지하기 위해 사용하는 장치
5) **인버터(inverter)** : 직류전원(DC)을 교류전원(AC)으로 변환하는 장치
6) **정류기(rectifier)** : 입력전원(AC)을 공급받아 직류전원(DC)으로 변환하는 동시에 축전지를 충전하는 장치

(3) 진행순서

정류기 → DC 필터 → 인버터 → AC 필터 및 축전지 등

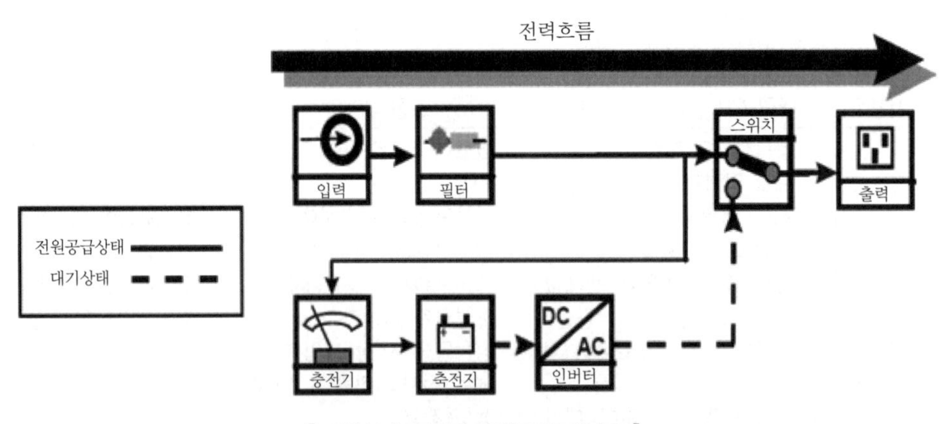

▌정상상태 무정전 전원장치 개념도▐

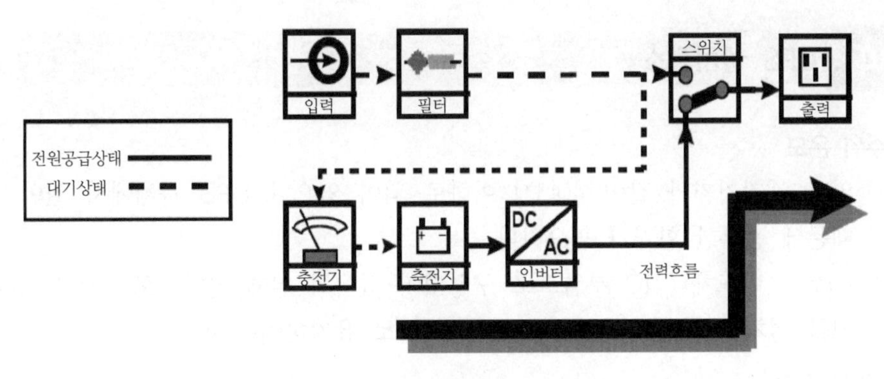

▌정전 시 무정전 전원장치 개념도▐

(4) Back-up 시간

1) 정전이 되어 배터리를 사용하여 정전보상을 하는 시간이다.

2) 일반적으로 10분, 30분, 1시간, 2시간, 5시간, 8시간 등이 있다.

03 UPS 구분 107회 출제

(1) 종류

구분	시장점유율	구조	특징
Static UPS	95.7[%]	일반적인 UPS	① 모듈형 구조로 병렬로 확장 시 매우 유용함 ② 신뢰성과 가용성 확보 ③ 경제성 우수 ④ 정숙성 ⑤ 온 · 습도 및 환경유지가 필요함
Dynamic UPS (rotary UPS)	4.3[%]	발전기+모터	① 고용량, 고전압 발전환경에 적합함 ② 높은 효율성과 전기적인 내구성 ③ 무축전지 방식 ④ 크기가 대형이고 고가 ⑤ 발열이 큼

(2) Dynamic UPS

1) 구성 : 발전기와 모터가 합쳐진 구조로, 1 · 2차 플라이휠, 클러치, 디젤엔진

2) 평상시 1차 플라이휠은 계통 전원을 수전하여 1,800[rpm]으로 회전하고 전자기력을 통하여 2차 플라이휠을 약 3,000[rpm]의 매우 빠른 속도로 올린다. 이때, 클러치와 엔진은 정지되어 있다.

3) 정전 시 빠르게 돌던 2차 플라이휠의 관성에 의해 정주파수로 전력이 무정전으로 공급되고, 클러치가 투입되며 디젤엔진이 가동된다.

04 UPS 설치장소

(1) 주위 온도

1) 일반 전기기기와 같이 40[℃] 이하로 되어 있으나 UPS 자체에서 열이 발생하기 때문에 충분한 환기가 필요하다.

2) UPS는 반도체나 IC 부품으로 구성되어 있어서 열에 약하므로 공조설비나 냉방장치를 설치하여 주위 온도를 30[℃] 이하로 유지하여야 한다.

(2) 설치장소별

1) 축전지를 가대에 설치할 경우 불연 전용실에 설치한다.

2) 축전지를 큐비클에 수납할 경우 별도의 축전지실에 설치를 할 필요는 없다.

(3) 환기

축전지에서 발생하는 폭발성 가스가 실내에 체류하지 못하도록 환기창이나 환기설비를 설치한다.

(4) 공간

장치의 주위에 유지보수를 위한 충분한 공간을 확보한다.

(5) 출력측 배선

주파수가 높은 경우 전압강하가 크므로 동축케이블 등을 사용하여 전압강하를 감소시킨다.

(6) 액세스 플로어 이용

배선방식으로 유연성, 바닥 방진, 항온 대책 등 실내 환경을 고려한다.

05 UPS 설계 시 고려사항

(1) 대용량 1대보다는 중용량 2대 이상을 설치하여야 한다(장비의 신뢰도 향상).

(2) UPS 입력에 ATS를 사용하는 경우

1) **UPS 내 ATS가 부착되는 경우** : 절체되는 순간에 UPS로 서지성 전압이 인가되어 스파크 등이 발생한다.

2) **UPS 외부에 ATS가 설치되는 경우** : 절체시간을 두고 UPS 입력측에 서지방지회로를 설치한다.

(3) 용량이 20[kVA] 이상이면 3상으로 설치한다.

(4) UPS의 출력상태가 좋지 않거나 접지 관련하여 UPS 출력에 복권 TR이 부착된 경우 TR 입 · 출력에 서지방지기를 설치한다.

(5) 입 · 출력 배선으로는 부드러운 배선을 사용한다.

(6) UPS 설치로 인한 고조파 대책을 수립한다.

1) 고조파로 인한 컴퓨터 자료의 소멸, 오동작 등이 심한 경우 시스템이 정지된다.

2) 자가발전기로 전원을 공급하는 경우 발전기 계통에 헌팅 현상이 발생하여 발전기에 국부적으로 온도가 상승하고 열이 발생한다.

(7) 생산현장의 주전원으로 사용하는 경우

1) 반도체 소자(main module)의 용량은 1.3배 이상을 유지할 수 있도록 하고, 과부하내량은 150[%] 이상 확보하는 것이 설비운용의 신뢰성을 높일 수 있다.

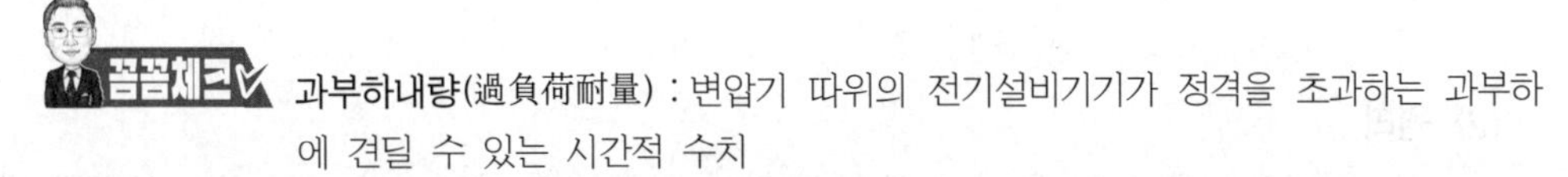

과부하내량(過負荷耐量) : 변압기 따위의 전기설비기기가 정격을 초과하는 과부하에 견딜 수 있는 시간적 수치

2) UPS의 설치는 생산현장 내에 설치함으로써 전력손실을 최소화할 수 있도록 한다.

3) 출력전압은 상(豕)과 관계없이 높을수록 시스템 운용이 유리하다.

4) 출력배선은 한 곳에서 분기하지 말고 분전함을 설치하여 분배하는 것이 좋다.

5) 근로자 또는 엔지니어 등의 접촉에 의한 안전사고에 각별한 주의가 요망된다.

06 UPS 화재위험

(1) 리튬의 BMS(Battery Mangement System) 오류

전위차 조정 시 전위가 높은 셀은 방전시켜 용량을 감소시키는데, 낮은 셀의 경우 과충전이 발생하여 이를 통한 화재의 위험이 있다.

(2) 상시 사용설비가 아님

UPS는 상시 사용하는 장비가 아니라, 주전원이 꺼졌을 때 한시적(약 30분 ~ 최대 1시간)으로 장비를 운용하는 전기를 공급하게 된다. 일시적으로 급하게 전기를 끌어다 쓰게 되면, 리튬이온방식에서 전기량이 셀에 균등하게 배분되지 못하고, 특정 셀에 과부하가 일어나고 이로 인한 열폭주가 발생하여 화재위험이 있다.

SECTION
077 연료전지

132 · 117회 출제

01 개요

(1) 정의

연료(LNG, 수소)와 산화제를 화학적으로 반응시켜 전기에너지로 바꾸는 에너지 전환장치

(2) 원리

수산화나트륨을 녹인 물에 전극을 끼워서 전류를 흘려보내면 양극에는 산소가 발생하고 음극에는 수소가 발생한다(물의 전기분해). 반대로 양극에 산소를 공급하고 음극에는 수소를 공급하면 물과 전기가 발생한다.

1) **전기분해** : 물 + 전기에너지 → 수소 + 산소
2) **연료전지** : 수소 + 산소 → 물 + 전기에너지
3) **화학반응**

① 양극반응 : $H_2 \rightarrow 2H + 2e$(산화)

② 음극반응 : $\frac{1}{2}O_2 + 2e \rightarrow$ (환원)O^{-2}

③ 전체 반응 : $H_2 + \frac{1}{2}O_2 + 2e \rightarrow 2H + O^{-2} + 2e \rightarrow H_2O + 286[kJ]$

(3) 연료전지는 높은 에너지 변환 효율과 환경 친화성이 있어 친환경 에너지로 주목받는 전지이다.

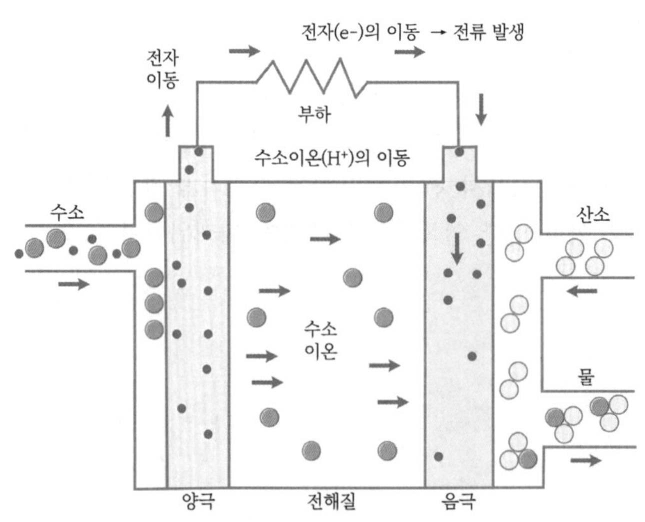

▌고분자 전해질형 연료전지의 원리▐

02 메커니즘

(1) 도시가스를 공급한다.

(2) 연료개질기(fuel reformer)

1) **정의 :** 화학적으로 수소를 함유하는 일반 연료(LPG, LNG, 메탄, 석탄가스 메탄올 등)로부터 연료전지가 요구하는 수소를 많이 포함하는 가스로 변환하는 장치

2) 연료개질기를 통하여 연료전지로 수소가 공급된다.

(3) 연료전지로 공급

1) 연료극(양극)에 수소(H_2)를 주입하면, 수소이온(H^+)과 전자(e^-)로 분리한다.

2) 수소이온(H^+)이 음극으로 이동한다.

3) 전자(e^-)가 전류를 발생시키고 음극으로 이동한다.

4) 음극(공기극)에 산소(O_2) 공급 → $O_2 + 2H_2 = 2H_2O$

(4) DC/AC 전력변환기(인버터)

직류를 교류로 변환해주는 장치이다.

(5) 전류가 만들어지면서 발생한 폐열은 회수하여 난방에 이용한다.

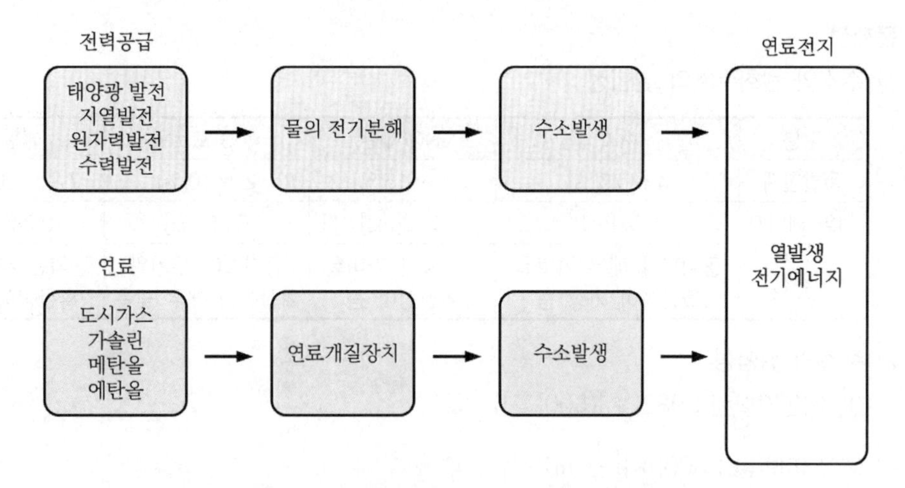

▌연료전지의 프로세스▐

03 연료전지의 종류와 문제점

(1) 연료전지의 종류

연료전지의 종류		발전온도	효율[%]	전해질	주연료	용량	기술 수준	적용 대상
저온형	고분자 전해질형 PEMFC DMFC	상온 ~ 100[℃]	75	이온(H^+) 전도성 고분자 막	수소 메탄올	1 ~ 10[kW]	개발 및 실증단계	소형 전원 자동차
	인산형 (PAFC)	150 ~ 200[℃]	70	인산(H_3PO_4)	천연가스 메탄올	200[kW]	상용화 단계	분산 전원
	알칼리형 (AFC)	상온 ~ 100[℃]	85	수산화칼륨 (액체)	수소	특수용	사용 중	특수목적
고온형	용융탄산염 (MCFC)	600 ~ 700[℃]	80	용융탄산염 (Li_2CO_3–K_2CO_3)	천연가스 석탄가스	100[kW] ~ 1[MW]	개발단계	복합발전 열병합발전
	고체산화물 (SOFC)	700 ~ 1,000[℃]	85	고체산화물	천연가스 석탄가스	1[kW] ~ 1[MW]	개발단계	복합발전 열병합발전

(2) 문제점

1) 수소와 탄화수소의 위험성

구분	수소	LNG(메탄)	LPG(프로판)	메탄올
폭발한계	4 ~ 75[%]	5 ~ 15[%]	2 ~ 10[%]	7.3 ~ 36.0[%]
점화 에너지	0.02[mJ]	0.28[mJ]	0.25[mJ]	0.24[mJ]
확산성	공기보다 매우 가벼워 확산성이 가장 큼	공기보다 가벼워 확산성이 큼	공기보다 무거워 확산성이 매우 낮음	약간 무거워 확산성이 낮음

2) 수소의 위험성

① 자연발화점 : 932[℉](500[℃])

② 대피반경 : 500[m]$\left(\frac{1}{3}[\text{mile}]\right)$

③ 심각한 화재 및 폭발 위험

㉠ 용기가 열에 노출되면 파열되거나 폭발할 수 있다.

㉡ 물질의 이송 또는 교반 작업 시 정전기가 발생하여 발화 또는 폭발 우려가 있다.

④ 높은 확산성 : 공기보다 매우 가벼운 가스

⑤ 빠른 연소속도 : 공기 중 2.65[m/sec](메탄 0.4[m/sec], 프로판 0.43[m/sec])

⑥ 저온저장 시

㉠ 높은 기화율[BOR(Boil Off Rate)은 LNG 대비 약 10배]로 인한 손실이 발생한다.

㉡ 누출되면 공기보다 무겁다(체류의 위험성).

04 특징

(1) 높은 에너지효율(전기효율 47[%], 열효율 포함 80[%])을 가지고 있어 현재까지의 대체 에너지 중 가장 우수하다고 할 수 있다.

(2) 환경 영향성 CO_2 발생량이 $\frac{1}{3}$ 이하로 환경친화적 설비이다.

(3) 장시간 운전(24시간 운전)이 가능하고 신속한 전원공급이 가능하므로, 비상전원설비로 매우 유용하다.

(4) 공간의 효율성이 좋아 도심 부근 설치가 가능하여 송 · 배전 시 설비 및 전력손실이 작다.

(5) 다양한 용량과 크기로 제작할 수 있어 응용범위가 넓다(가정용부터 산업용까지).

(6) 부하변동에 따라 신속히 반응하며 설치형태에 따라서 현지 설치용, 분산 배치형, 중앙 집중형 등의 다양한 용도로 사용할 수 있다.

(7) 설치비용이 고가이다.

(8) 연료전지는 일정 기간 이상 사용 시 그 효율이 점차로 저하되므로 주기적으로 설비를 교체하여야 한다(15년).

(9) 수소의 반응성으로 인해 장비의 노후화가 빠르게 진행된다.

(10) 수소의 산화 촉매로 수소가 양극에서 산화되어 전자가 발생해야 하는 데 현재까지는 그 효율이 낮다.

(11) 도시가스, LPG, 바이오가스 등 다양한 연료 사용이 가능하다.

(12) 발생하는 폐열을 활용하여 난방 및 온수 등 이차적으로 이용이 가능하다.

(13) 날씨와 계절에 상관없이 전기와 열을 생산할 수 있다.

(14) 전기사용량이 많은 주택일수록 절감효과가 크다.

05 소방에서의 응용

(1) 상용전원 및 비상전원으로 사용

1) 전력 사업자에 의해 공급되는 전원에 비해서 신뢰성은 떨어지지만, 에너지 절약 차원에서 상용부하로 사용할 수 있다.

2) 장단점

장점	단점
① 평상시에 사용하여 에너지 절감효과가 우수함 ② 전원이 차단되어도 지장을 받지 않아 별도의 비상전원이 필요 없음 ③ 비교적 소형으로 설치가 간편함	① 연료전지는 고가로 설치 시 비용 증가 ② 내구성과 신뢰성의 문제 등 상용화를 위해선 아직 기술적 난제가 존재함 ③ 연료전지에 공급할 원료(예 수소)의 대량생산과 저장, 운송, 공급 등의 기술적 해결이 시급하고 연료전지의 상용화를 위한 인프라 구축이 미비한 상황임 ④ 화석 연료 에너지 체제에 익숙해져 있어서 새로운 형태의 에너지 시스템에 대한 국민의 인식이 부족함

(2) 비상전원 전용으로 사용

1) 전용으로 사용 시 장비의 사용연수는 증가한다.

2) 운휴 설비로 설치비용 대비 경제성이 낮아 비상전원 전용으로는 사용되지 않는다.

(3) 소방차 등에 연료전지 이용을 연구 중이다(고압 수소저장시스템).

SECTION

078 접지(grounding)

122 · 89회 출제

01 개요

(1) 정의

감전 등의 전기사고 예방목적으로 전기기기와 대지(大地)를 도선으로 연결하여 기기의 전위를 0으로 유지하는 것이다.

(2) 접지를 유럽권에서는 'Earth(어스)', 미국에서는 'Grounding'이라고 한다.

02 접지의 이해

(1) 정상상태의 접지(저주파 상태에서의 접지)

1) **접지전극** : 각종의 전기, 전자, 통신설비를 대지와 전기적으로 접속하여 접지를 구성하기 위한 단자

2) **접지저항** : 접지전극과 대지 사이에 발생하는 접촉저항 115회 출제

$$R = \rho \times f$$

여기서, R : 접지저항[Ω]

ρ : 대지저항률[Ω · L]

f : 전극의 형상과 치수 때문에 결정되는 지수[1/L]

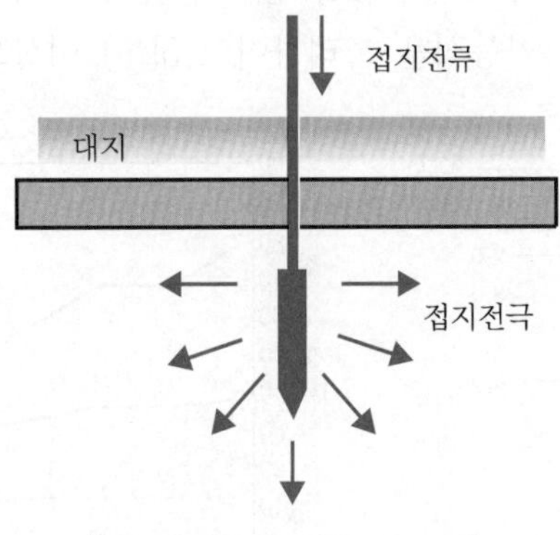

▎접지전극으로 전류의 흐름▎

(2) 과도상태의 접지(임펄스 상태에서의 접지)

1) 자연현상에서 발생한 낙뢰나 고장현상 시 서지전류 등에 의한 접지의 개념을 말한다.

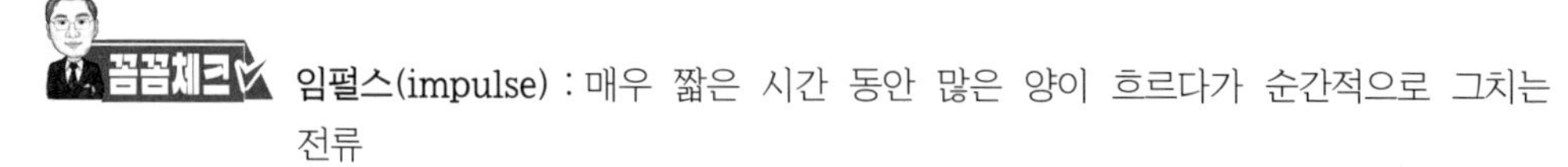

꼼꼼체크 **임펄스(impulse)** : 매우 짧은 시간 동안 많은 양이 흐르다가 순간적으로 그치는 전류

2) 낙뢰에 의한 전류는 위의 인위적인 전원에 의해서 흐르는 전류와는 다소 다른 관점에서 보아야 한다. 뇌운에 의한 전하는 정전기와 같이 대전된 현상으로 볼 수 있고, 이 대전된 전하는 거대한 용량을 갖는 콘덴서인 지구로 흡수되고자 할 것이다. 지구는 용량이 큰 콘덴서이므로 큰 뇌운이 갖는 전하는 충분히 흡수시킬 수 있고, 그 정도의 전하가 충전된다 해도 전위상승이 일어나지는 않는다.

(3) 접지저항 구성 3요소

1) 접지선과 접지전극의 도체저항

꼼꼼체크 **도체저항** : 고유저항과 길이에 비례하고, 단면적에 반비례한다. 115회 출제

$$R[\Omega] = \rho[\Omega \cdot \mathrm{m}] \times \frac{l[\mathrm{m}]}{A[\mathrm{m}^2]}$$

여기서, ρ : 고유저항으로 물질이 가지고 있는 고유한 저항특성[Ω · m]

2) 접지전극의 표면과 토양 사이의 접촉저항

3) 접지전극 주위의 토양 성분의 저항(대지저항률) → 가장 큰 영향을 준다.

(4) 대지저항률

1) 매설깊이에 따른 대지저항률의 차이

① 매설깊이가 깊을수록 온도 및 습도 등 여러 인자의 영향 및 경년변화에 의한 저항률 변동이 작아 유리하다.

② 통상 매설깊이는 0.5 ~ 1.0[m] 정도의 깊이로 매설되는 것이 보통이며, 지락 및 고장전류의 반발 가능성을 고려하여 1.5[m] 이상으로 매설하면 무난하다.

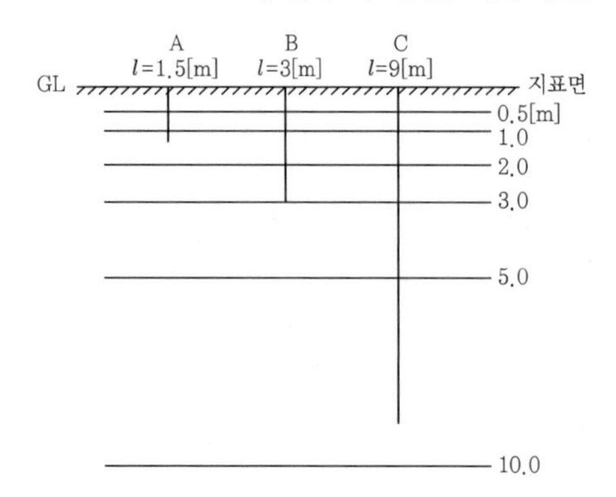

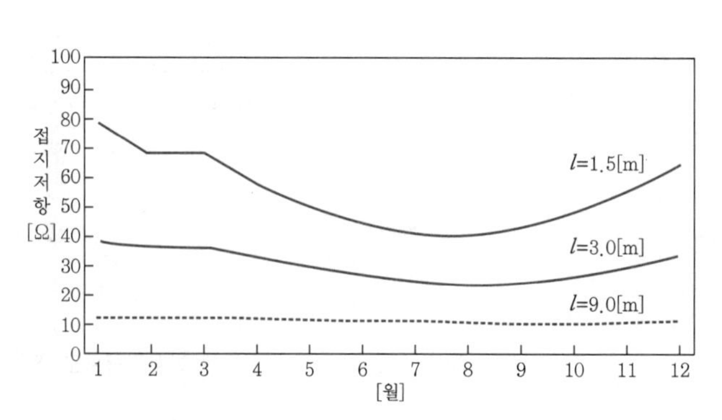

▌접지극의 깊이에 따른 접지저항의 변화▐

2) 지역별 차이

구분	대지저항률[Ω]
강, 바다 등의 물이 풍부한 지역	100
지하수가 풍부한 준평원 지역	100 ~ 1,000
자갈, 암반 빈도가 높은 지역	1,000 이상

3) 수분 함유율의 차이 : 0[%]일 때는 3,000[Ω] 이상이고 수분함유량이 증가할수록 저항률이 낮아진다.

4) 주변 온도의 차이 : 20[℃]에서 75[Ω]이고 온도가 낮아질수록 대지저항률이 증가한다.

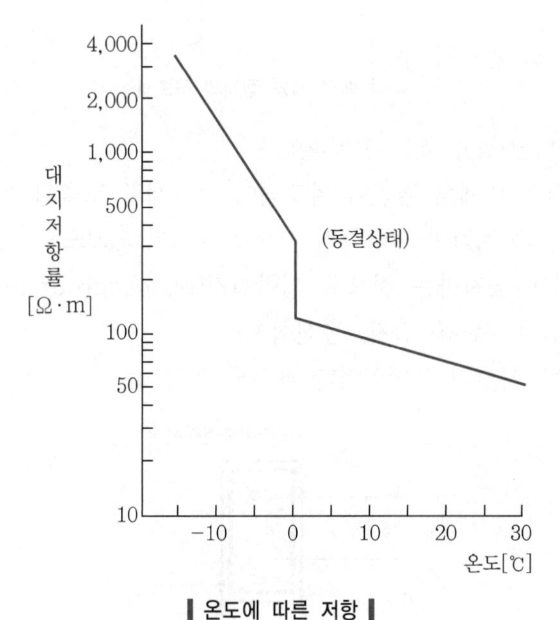

▌온도에 따른 저항▐

5) 계절별 차이 : 2월과 7월은 2배의 차이가 나지만 지표층 깊은 곳의 변동 폭이 상대적으로 작아 심굴접지로 경년변화에 대처할 수 있다.

6) 전해질 성분 차이

7) 토질에 따른 대지의 고유저항 차이

03 접지 목적에 따른 분류

(1) 계통 접지 131회 출제

1) 목적 : 전력 계통의 이상현상에 대비하여 대지와 계통을 접속하여 전력선의 재해방지 (구 2종 접지)

2) **설치장소** : 전력선의 재해를 예방하기 위해 변압기 2차측 계통의 가장 안전한 위치의 장소

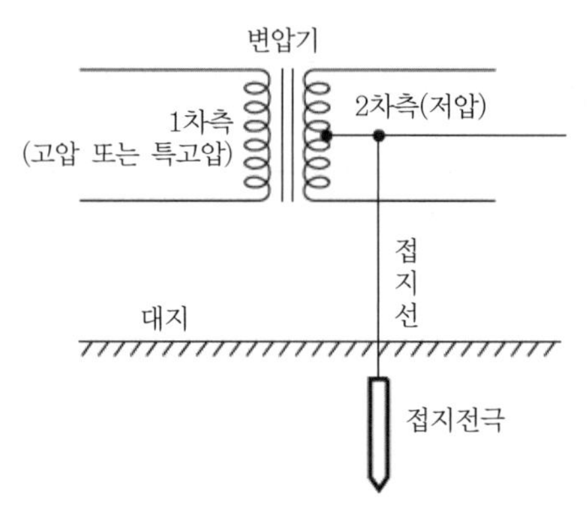

▌배전 계통 접지의 구조▐

(2) 보호접지(protective earthing) 131회 출제

1) **목적** : 전기기기 내에서 절연이 파괴되어 금속제로 노출된 부분(충전부분)에 전류가 흐르게 되면, 즉 지락이 발생하면 감전될 우려가 있으므로 이를 방지하기 위해 미리 기기를 대지에 접지하는 것으로 외함접지(frame grounding)라고도 한다(구 1종 접지, 3종 접지, 특3종 접지, 통신접지).

2) **설치장소** : 전기기기의 프레임이나 금속제 외함 등

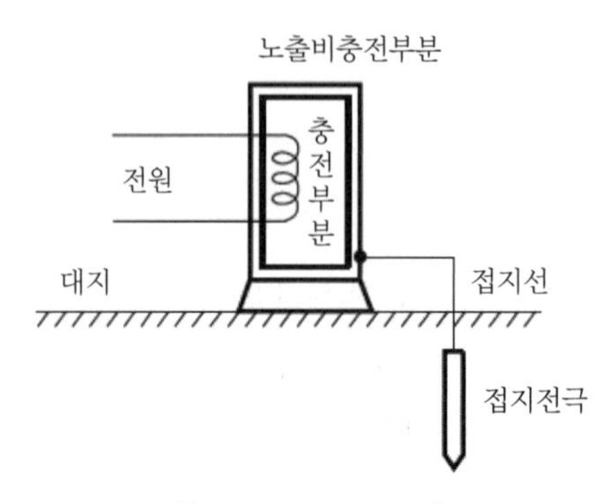

▌기기 접지의 구조▐

(3) 피뢰시스템 접지 131회 출제

1) **목적** : 낙뢰로 인한 피해방지(구 피뢰접지)

2) **설치장소** : 전력 계통의 안정적인 운영을 위하여 변압기 2차측 계통, 뇌해 우려가 있는 장소

(4) 정전기 방해용 접지

1) **목적** : 발생한 정전기를 효율적으로 대지에 방전시켜 장비 내에 부품을 보호하고 설비의 안정적 운용을 확보하기 위한 정전기 방지용 접지

2) **설치장소** : 장비나 설비 내에 정전기 발생 우려가 있는 장소

(5) 등전위 접지

1) 목적 : 각각의 장비 혹은 시스템 간의 전위차를 없애기 위한 접지

2) 설치장소 : 주로 병원이나 전산실과 같은 실내 장소의 전위차를 같게 하기 위한 시설의 장소

3) 종류

① 저압 회로 등전위본딩 : KS C IEC 60364

② 뇌보호 등전위본딩 : KS C IEC 62305

③ 정보통신 등전위본딩 : EMC 접지

(6) 노이즈방지 접지(noise suppression grounding)

1) 목적 : 외부 잡음으로 인한 장해를 방지하기 위한 접지

2) 설치장소 : 케이블, 장비, 혹은 실내를 차폐하여 접지함으로써 잡음 에너지를 대지로 방출

(7) 기능용 접지

전기 · 전자 · 통신설비 기기의 절연파괴를 방지하는 기기 보호 측면의 기여가 목적인 접지

(8) 지락방출용 접지

1) 목적 : 누전으로 인한 화재나 재해사고를 예방하기 위해 설치하는 접지

2) 설치장소 : 지락전류를 검출하기 위해 전원변압기의 2차측

(9) 보안용 접지

화재 및 감전 사고를 예방하기 위한 접지

04 접지분류

(1) 접지형태에 따른 분류 112회 출제

구분	단독접지 (isolation grounding)	공통접지 (common grounding)	통합접지
개요	고압 · 특고압 계통의 접지극과 저압계통의 접지극을 달리하여 각각 분리된 접지 시스템 간의 충분한 이격거리를 두고 독립적으로 연결하는 접지방식	특 · 고 · 저압의 전로에 시공한 접지극을 하나의 접지전극에 연결하여 등전위화하는 방식이며, 이때 저항값은 가장 낮은 것을 선정함	통합접지란 전기설비 접지 계통, 피뢰설비 및 전기통신설비 등의 접지극을 통합하여 접지시스템을 구성하는 것을 말하며, 설비 사이의 전위차를 해소하여 등전위를 형성하는 접지방식임. 단, 통신설비 통합접지 여부는 통신사업자의 결정에 의할 수 있음

구분	단독접지 (isolation grounding)	공통접지 (common grounding)	통합접지
선택기준	① 장비시방서에서 별도로 분리를 요구하는 경우 ② 장비 운용상 잡음(noise)의 발생에 민감하여 오동작 우려가 있는 경우	뇌전류 및 외부 서지전압에 의해서 발생하는 시스템 간의 전위차를 방지하여 안정된 기기의 운용을 요구하는 경우	건물 내에 사람이 접촉할 수 있는 모든 도전부가 항상 같은 대지전위를 유지할 수 있도록 등전위를 형성하여 안정된 기기의 운용
장점	① 각각 독립적으로 접지가 시공되므로 사고 시 장비나 기기가 개별적으로 영향을 받게 되어 전체적인 손상을 회피할 수 있음 ② 접지극 간 이격거리 및 절연 분리가 완벽할 시 최적의 접지 시스템임 ③ 선로 노이즈(noise) 최소화	① 독립접지에 비해서 경제적임 ② 여러 접지전극의 연결로 서지나 노이즈 전류 방전이 우수함 ③ 접지선이 짧아져 접지 배선, 구조가 단순해 보수점검이 편리함 ④ 경제적임	① 사고전류로 인한 각각의 장비 간 전위차 발생을 방지(등전위 구성)함 ② 사고전류를 여러 접지전극에서 동시에 대지에 방전 ③ KS 표준에 적합함 ④ 접지선이 짧아지고 구조가 단순하여 보수점검이 쉬움 ⑤ 접지전극이 병렬로 연결되어 합성저항을 낮추기가 쉽고 건축의 철골 구조체를 연결하여 접지성능이 향상됨
단점	① 각 시스템 간의 충분한 이격거리 확보의 어려움이 있음 ② 뇌전류 및 강한 서지전압 유입 시 시스템 간의 전위차 발생으로 기기 손상 우려가 있음 ③ 접지 공사비 상승	① 낙뢰 시 전위차로 인한 감전 발생 우려가 있음 ② 건물 내부에 등전위가 되어 있지 않음 ③ 통신기기에 서지로 인한 전위차가 발생	① 접지 시스템의 한계를 초과하는 문제 발생 시 연결된 모든 시스템에 손상을 가져올 수 있음 ② 약전, 통신용 기기는 지락이나 낙뢰 시 영향을 받을 수 있음
적용 대상	① 피뢰기, 피뢰침 설비 ② 통신기기의 접지	고압 및 특고압과 저압 전기설비의 접지극이 서로 근접하여 시설되어 있는 변전소 또는 이와 유사한 곳으로 다음과 같은 경우 ① 저압 접지극이 고압 및 특고압 접지극의 접지저항 형성영역에 완전히 포함되어 있다면 위험전압이 발생하지 않도록 이들 접지극을 상호 접속할 것	전기설비의 접지설비, 건축물의 피뢰설비 · 전자통신설비 등의 접지극을 공용하는 통합접지 시스템으로 다음과 같은 경우 ① 통합접지 시스템은 공통접지의 적용에 해당하는 경우 ② 낙뢰에 의한 과전압 등으로부터 전기전자기기 등을 보호하기 위해 KEC 153.1(전기전자설비 보호용 피뢰시스템)의 규정에 따라 서지보호장치를 설치할 것

구분	단독접지 (isolation grounding)	공통접지 (common grounding)	통합접지
적용 대상		② 접지 시스템에서 고압 및 특고압 계통의 지락사고 시 저압계통에 가해지는 상용주파 과전압은 표 142.5-1에서 정한 값을 초과해서는 안 됨 ③ 고압 및 특고압을 수전 받는 수용가의 접지계통은 수전전원의 다중접지된 중성선과 접속하면 위 '②'의 조건을 충족한 것으로 간주할 수 있음. 즉, 우리나라의 22.9[kV-Y] 수용가의 접지계통은 이 조건을 대부분 충족하는 것으로 간주할 수 있음	③ 저압수전설비 및 변압기 저압측 주배전반에는 I등급 또는 II등급 서지보호장치(SPD)를 시설할 것
특이사항	개별적인 접지공사로 다른 접지로부터 영향을 적게 받음	1·2·3·특3종 접지공사를 본딩, 스트레스 전압이 적합할 경우 할 수 있다.	전기, 피뢰, 구조체 등의 접지공사를 본딩, 스트레스 전압 및 서지보호기(SPD)를 설치할 경우 적합할 때 할 수 있다.
구성도	특고압 고압 저압 피뢰 통신 접지단자함 GL	특고압 고압 저압 피뢰 통신 접지단자함 GL	특고압 고압 저압 피뢰 통신 접지단자함 GL

1. KEC 접지저항값 선정기준
   ① 고압 이상 및 공통접지 : 접촉전압(보폭전압) ≤ 허용접촉전압
   ② 특고압과 고압의 혼촉방지시설 : 10[Ω] 이하
   ③ 피뢰기 : 10[Ω] 이하
   ④ 변압기 중성점접지 : $\frac{150(300, 600)}{I_g(\text{1선 지락전류})}$
   ⑤ 위 '②', '③', '④'의 규정은 공통접지 채용 시 적용할 필요 없음
   ⑥ 저압
      ㉠ 접촉전압 및 스트레스전압을 만족할 것
      ㉡ 저압계통 보호접지 개념으로 감전보호를 만족하여야 함
2. **스트레스전압(stress voltage)** : 지락고장 중에 접지부분 또는 기기나 장치의 외함과 기기나 장치의 다른 부분 사이에 나타나는 전압을 말한다.

3. KEC 표 142.5-1 특고압계통 지락 시 저압설비 상용주파 과전압

고압계통에서 지락고장시간	저압설비 허용상용주파 과전압[V]	비고
5초 초과	U_0 + 250	중성선 도체가 없는 계통에서 U_0는 선간전압을 말함
5초 이내	U_0 + 1,200	

(2) 접지공법에 따른 분류

분류		시공방법	대지저항률	시공면적	경년성	경제성
접지봉		접지봉을 지표면에 타입하는 공법	낮은 장소	작음	중간	중간
보링법		보링 후 전극과 도전성 물질을 충진하는 공법	높은 장소	작음	우수함	작음
접지판		금속판을 수평 또는 수직으로 매설하는 공법	높은 장소	중간	우수함	중간
매설지선		도선을 수평으로 포설(직선, 방사형)하는 공법	중간 장소	중간	중간	중간
매시접지		지선을 망목형상으로 수평매설	중간 장소	넓음	우수함	작음
저감법	도전성 콘크리트	접지전극 주위 도전성 콘크리트를 이용하는 공법	높은 장소	중간	우수함	중간
	전해질 저감법	접지극 주위에 전해질 가루나 액을 설치하는 공법	중간 장소	중간	나쁨	중간

05 접지시스템[한국전기설비규정(KEC 140)]

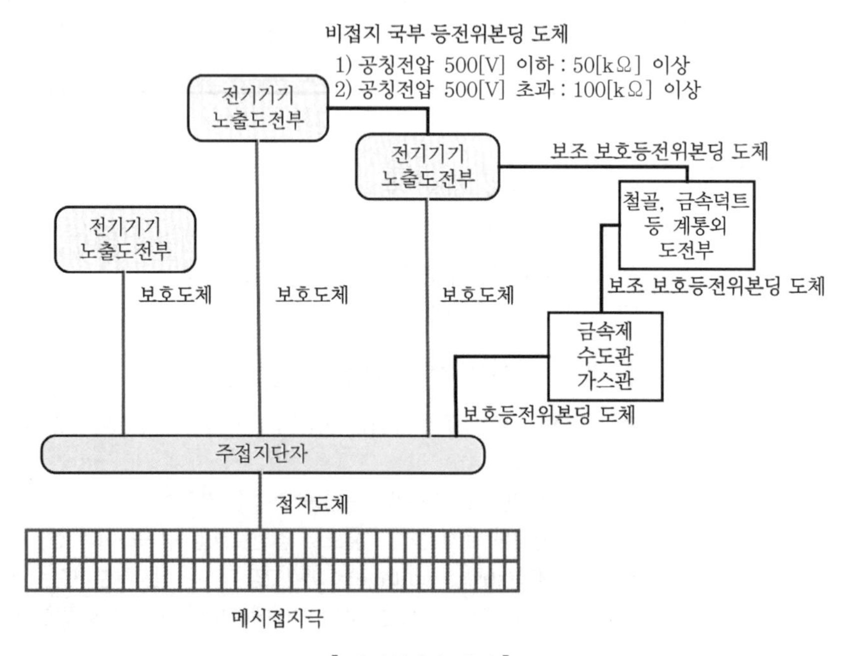

▌접지설비의 예시▐

(1) 용어 정의

1) 보호도체(PE : Protective Conductor) : 주접지단자와 노출도전부(기기 외함 등)의 접지점을 연결하는 도체로 안전을 목적(감전보호)으로 설치된 도체이다. 즉, 접지단자함에서 설비측의 선로와 같이 배선되는 기존의 접지선이다. 선도체와 같은 성능의 전선을 사용하면 된다.

① 일반배선의 PE도체 : 450/750[V] 비닐절연전선으로 녹색 바탕에 노란줄

② 내열배선(HFIX, CV케이블)의 PE도체 : HFIX로 녹색 바탕에 노란줄

2) 접지도체 : 계통, 설비 또는 기기의 1점과 접지극 간의 도전성 경로를 구성하는 도체이며 일반적으로 주접지단자과 접지극를 연결하는 접지도체는 GV를 적용하면 된다.

3) 본딩도체 : 접지단자와 금속제 창문 등 계통외도전부의 접지점을 연결하는 도체이다.

4) 계통외도전부

① 근본적으로 전기가 흐르는 것을 의도하지는 않는다.

② 고장이 발생했을 때 위험전압이 발생할 가능성이 있는 건축구조물의 금속제 부분, 가스, 수도, 난방 등의 금속배관, 절연되지 않은 바닥이나 벽 등을 말한다.

(2) 접지시스템의 구분 및 종류(KEC 141)

1) 접지시스템의 구분

① 계통접지(system earthing) : 전력계통에서 돌발적으로 발생하는 이상현상에 대비하여 대지와 계통을 연결하는 것으로 변압기의 중성선(저압측 1단자 시행 접지계통을 포함)을 대지에 접속하는 것을 말하며, 일반적으로 중성점 접지라고도 한다.

② 보호접지(protective earthing) : 고장 시 감전보호를 목적으로 기기의 한 점(또는 여러 점)을 접지하는 것을 말한다.

③ 피뢰시스템 접지 : 뇌격전류를 대지로 안전하게 방류하여 건축물 등을 보호한다.

2) 접지시스템의 시설 종류 : 단독접지, 공통접지, 통합접지

(3) 계통접지의 방식(KEC 203)

1) 구성요소 : 접지극, 접지도체, 보호도체, 기타 설비

2) 표시방식 설명

구분	관계	기호	의미	내용
제1문자	전원측 변압기의 접지상태	T(Terra)	대지	대지에 직접 접지한다.
		I(Isolater or Impedance)	절연	비접지 또는 임피던스 접지한다(TN-C).
제2문자	설비의 접지상태	T(Terra)	대지에 직접 접지	노출도전부(외함)를 직접 접지한다.
		N(Netural)	중성선 접지	전력계통의 중성점에 접속한다.
제3문자	중성선 및 보호도체의 연결상태	S(Separate)	개별도체	중성선과 보호도체를 분리한다.
		C(Combie)	단일도체	중성선과 보호도체를 겸용한다.
		PE(Protective Conductor)	보호도체	PEN은 PE와 N을 조합한 것을 말한다.

3) 각 계통에서 나타내는 그림의 기호

기호설명	
	중성선(N), 중간도체(M)
	보호도체(PE)
	중성선과 보호도체겸용(PEN)

4) 접지방식

① TN 방식(직접 접지방식)

㉠ 방법 : 전원의 한 점을 직접 접지(계통접지)하고, 설비의 노출도전부(기기 외함 등)를 보호도체(PE)로 그 점에 접속시키는 방식

㉡ 적용 국가 : 영국, 독일 등

㉢ 종류

구분	TN-S	TN-C	TN-C-S
내용	전원부는 대지와 접지(T)되어 있고 간선의 중성선(N)과 보호도체(PE)를 분리(S)하는 방식	전원부는 대지와 접지(T)되어 있고 간선은 중성선(N)과 보호도체(PE)가 결합(C)된 PEN선으로 병행 사용하는 방식	전원부는 TN-C로 되어 있고 간선부는 중성선(N)과 보호도체(PE)를 분리하여 TN-S 계통으로 하는 방식
특성	보호도체를 접지도체로 사용	① Noise에 취약함 ② 국내 배전선로에 사용	① TN-C와 TN-S의 사용 ② TN 계통에서의 지락고장은 과전류차단기로 보호
개념도	L1 L2 L3 N PE S T 계통접지(T) N 전기기기 노출 도전성 부분	L1 L2 L3 C PEN T 계통접지(T) N 보호도체 보호도체와 중성선의 결합 노출 도전성 부분	TN-C TN-S L1 L2 L3 PEN N PE 계통접지(T) TN-C TN-S 전기기기 전기기기 노출 도전성 부분

㉣ 공통접지방식(TN)에 있어 인체 안전에 영향을 미치지 않는 고장전압크기와 고장지속시간 기준에 적합한 접지저항값이어야 한다[IEC 60364-4-44(2007)].

- HV 계통(22.9[kV-Y]) 지락사고 시 저압 계통 노출도전부-대지 간 고장전압(U_f)과 고장지속시간은 다음 값 이하이어야 한다.

저압 계통 노출도전부와 대지 간 고장전압(U_f)	고장지속시간[sec]
560[V]	0.2초 이하

- 접지저항값 : $R = \dfrac{U_f}{I_m}$

여기서, U_f : 저압 계통 노출도전부와 대지 간 고장전압

I_m : 접지극을 통해 흐르는 22.9[kV-Y] 계통의 지락고장전류

② TT 방식(직접다중접지방식)

㉠ 방법 : 전원부의 중성점은 직접 대지접속(T)하고 설비도 대지와 직접 접지(T)하는 방식(보호도체를 전원으로부터 끌고 오지 않고 기기 자체에서 접지)

㉡ 적용 국가 : 일본, 프랑스, 북미, 한국

㉢ 특징 : 지락사고 시 프레임의 대지전위가 상승하는 문제점이 있어 별도 과전류차단기나 누전차단기가 필요하다.

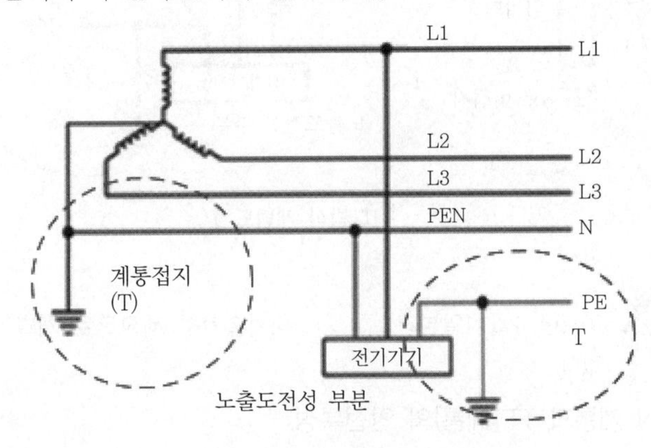

▌TT 방식 개념도▐

㉣ 접지방식(TT-a)에 있어 저압설비의 기기에 가해지는 스트레스 전압 크기와 지속시간 기준에 적합한 접지저항값이어야 한다[IEC 60364-4-44(2007)].

- 허용 교류 스트레스 전압

저압설비의 기기 허용 교류스트레스 전압(U_2)	특고압전로의 1선 지락 시 차단시간[sec]
U_0 + 250[V]	5초 초과
U_0 + 1,200[V]	5초 이내

여기서, U_0 : 저압 계통의 상전압

- 특고압 또는 고압 전로에서 1선 지락 시 대지전압 1,200[V] 이상($U_2 = U_0 + 1,200[V]$)으로 나타나면 5초 이내에 차단기를 차단할 것
- 접지저항값 : $R = \dfrac{U_2 - U_0}{I_m}$

여기서, U_2 : 저압설비의 기기 허용 교류스트레스 전압
U_0 : 저압 계통의 상전압
I_m : 접지극을 통해 흐르는 22.9[kV-Y] 계통의 지락고장전류

③ IT 방식(비접지방식)

㉠ 방법 : 전원부가 비접지 혹은 임피던스 접지(I) 방식으로 하고 설비는 대지와 직접 연결(T)되어 있는 방식

㉡ 적용 국가 : 대규모 전력계통에 채택되기 어려워 거의 사용되고 있지 않는다.

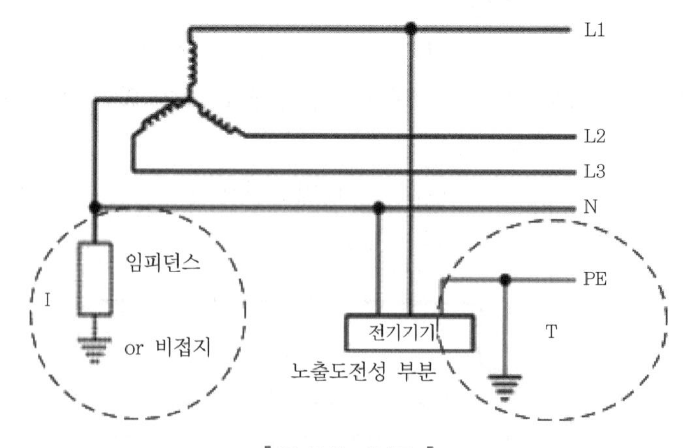

▌IT 방식 개념도▐

2021년 1월 1일부터는 전기설비기술기준 재정으로 개별접지를 통합접지로 할 수 있다.

5) 계통접지(TN 계통과 TT 계통)의 안전특성

① 누전 시 단락전류의 크기 : TN 계통은 누전 고장 시 단락상태가 되어 매우 큰 고장전류가 흘러 위험한 반면, TT 계통은 누전 시 고장전류는 R_3 → R_2를 통해 흐르므로 접지저항값에 의해 제한된다.

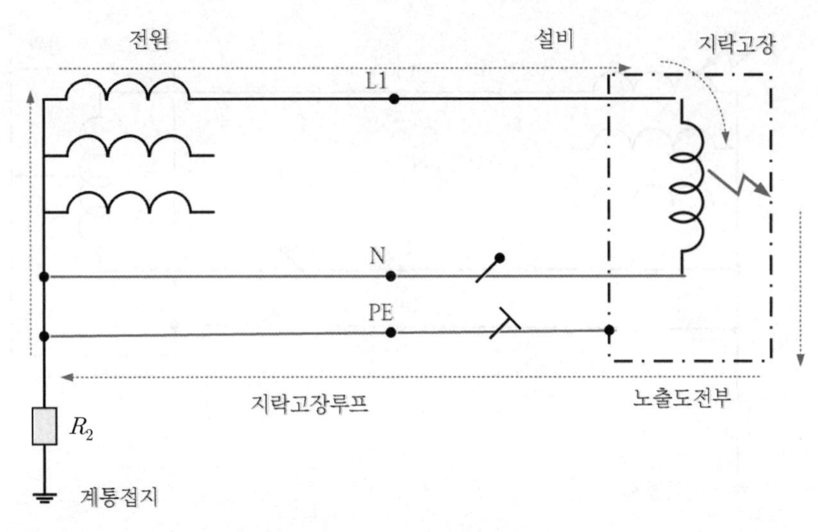

▌TN-S 계통 지락고장 루프▐

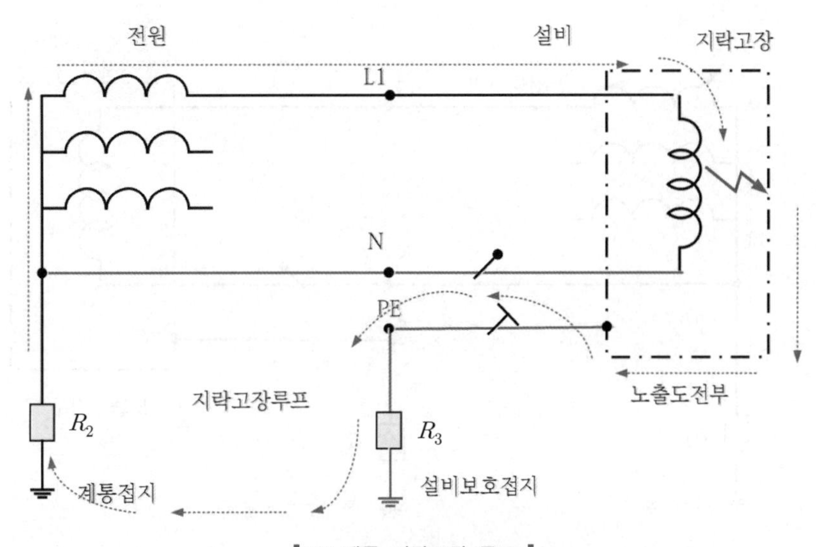

▌TT 계통 지락고장 루프▐

② 뇌서지의 영향 비교 : TN 계통은 전원계통에 서지전압이 침입하거나 또는 계통의 접지전압이 부근의 낙뢰에 의해 상승했을 경우라도 노출도전부 전위와 전원전위가 같게(등전위) 되어 설비기기 등의 손상이 없다. TT 계통은 전원계통에 서지전압의 침입이나 또는 계통의 접지전압이 부근의 낙뢰에 의해 상승하면 설비기기 접지와 전원계통 접지가 독립되어 있어 노출도전부와 전원의 전위차로 인해 설비기기 등에 손상을 줄 수 있다.

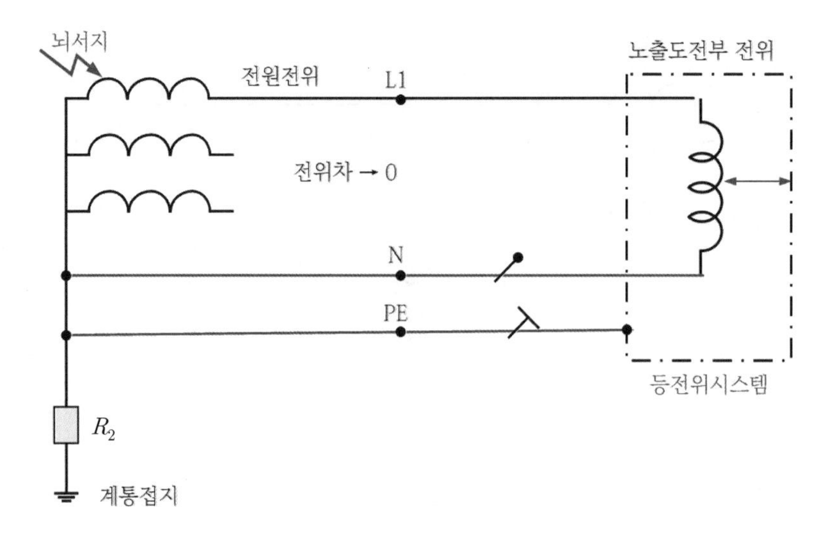

| TN-S 계통 뇌서지 전위 |

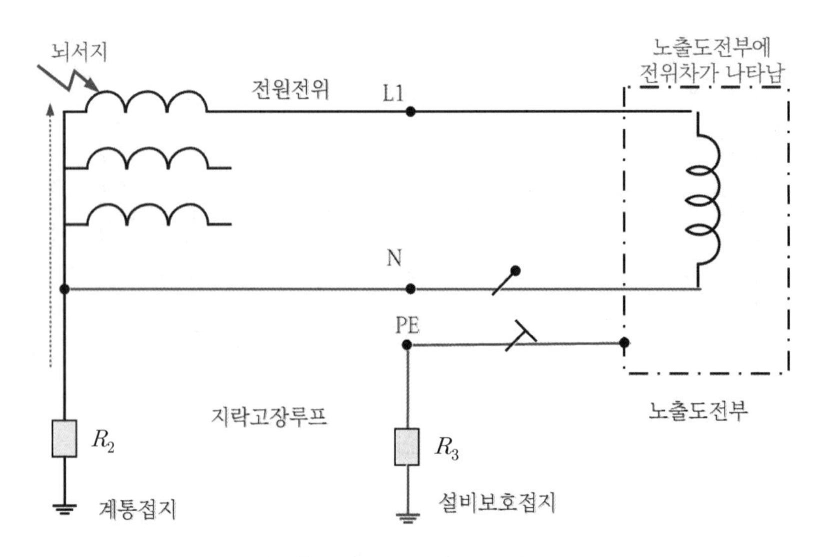

| TT 계통 뇌서지 전위 |

③ 감전에 대한 보호 : TN 방식은 설비기기가 지락되었다 해도 대지전위와 외함 전위가 같으므로 인체에 영향을 미치지 않는다. 반면, TT 방식의 경우는 설비기기가 지락되는 경우 대지전위는 0이지만 R_3의 값에 따라서는 외함의 전위가 커져 인체에 영향을 미치게 되어 위험할 수 있다. 따라서 지락된 기기의 전위 상승을 안전한 수준으로 억제하기 위한 R_3값이 필요하며, 누전차단기를 설치함으로써 그 안전성을 높일 수 있다.

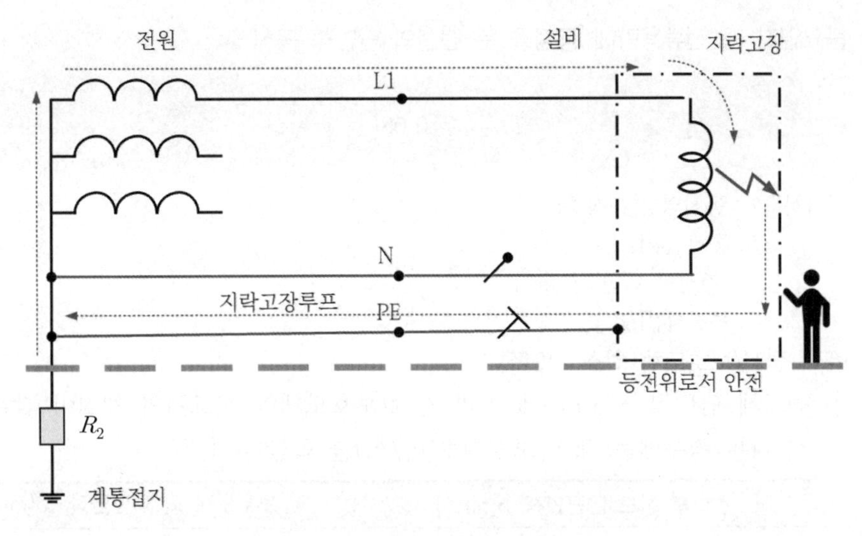

▌TN-S 계통 감전보호 특성▐

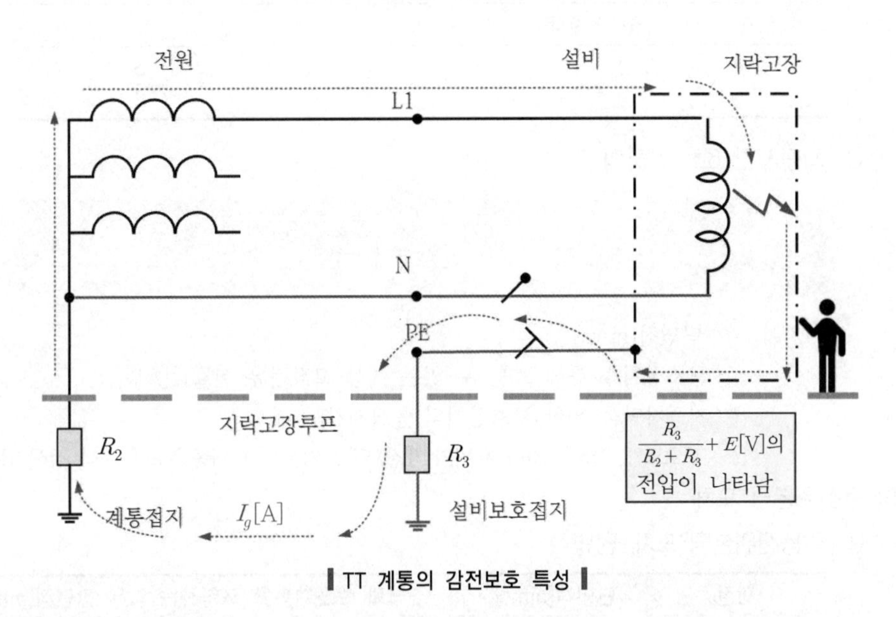

▌TT 계통의 감전보호 특성▐

(4) 접지선 굵기 선정

1) **필요성 :** 접지선은 지락전류나 뇌전류가 흘렀을 경우 용단되거나 피복이 소손되면 주위의 가연물 등에 발화원이 될 수 있으므로 이 온도에 견딜 수 있도록 굵기를 산정하여야 한다.

2) **내선규정에 의한 접지선의 굵기를 결정하는 중요인자**

① 기계적 강도

② 내식성

③ 전류용량

3) 중요인자 중 전류용량에 중점을 둔 전선의 단면적 공식

$$\theta = 0.08\left(\frac{I}{A}\right)^2 \times t$$

여기서, θ : 동선의 온도상승[℃]
I : 통전전류[A]
A : 전선의 단면적[mm^2]
t : 통전시간[sec]

4) KEC 접지/보호도체 최소 단면적

① 선도체 단면적 S[mm^2]에 따라 선정[보호도체와 선도체의 재질이 같은 경우로서 다른 경우에는 재질 보정계수(k_1/k_2)를 곱함]한다.

설비의 선도체 단면적 S[mm^2]	보호도체 최소 단면적 S_p[mm^2]
$S \leq 16$	S(상선과 동일 굵기 사용)
$16 < S \leq 35$	16
$35 < S$	$\frac{S}{2}$

② 차단시간 5초 이하의 경우

$$S = \sqrt{\frac{I^2 t}{k}}$$

여기서, S : 단면적[mm^2]
I : 보호장치를 통해 흐를 수 있는 예상 고장전류 실효값[A]
t : 자동차단을 위한 보호장치의 동작시간[sec]
k : 보호도체, 절연, 기타 부위의 재질 및 초기온도와 최종온도에 따라 정해지는 계수

5) 등전위본딩 도체

① 주등전위본딩 도체 단면적

재질	단면적[mm^2]	낙뢰 보호계통을 포함하는 경우 단면적[mm^2]
구리	6	16
알루미늄	16	25
강철	50	50

1. SPD Ⅰ등급의 접지선 굵기 : 구리 16[mm^2]
2. SPD Ⅰ등급 외 접지선 굵기 : 구리 4[mm^2]

② 보조 등전위본딩 도체 단면적

구분	기계적 보호 있음(pipe)	기계적 보호 없음(노출)
전원 케이블의 일부 또는 케이블 외함으로 구성되어 있지 않은 경우	2.5[mm^2]/Cu 16[mm^2]/Al	4[mm^2]/Cu 16[mm^2]/Fe

(5) 접지선의 설치기준

1) 매설깊이 : 지하 75[cm] 이상

2) 지지물이 금속체인 경우 : 1[m] 이상 이격

3) 재질 : 절연전선이나 케이블을 사용한다.

4) 시공방법 : 지하 75[cm], 지상 2[m]까지 두께 2[mm] 이상의 합성수지관에 넣어서 시공한다.

5) 접지선

① 접지극의 연결은 부식에 주의한다.

② 길이는 가능한 한 짧게 한다.

③ 접지전극 사이에는 시험단자를 설치한다.

(6) 접지극

1) 설치위치 : 가급적 물기가 있는 곳으로 가스, 산 등 접지극이 부식될 염려가 없는 장소

2) 접지극 선정 시 고려사항

① 부식되지 않는 재료

② 접지선과 접지극의 확실한 접속

③ 매설깊이 : 75[cm] 이상

3) 접지극 설치방법

① 동봉(A형 접지극) : 상단이 최소 0.5[m] 이상의 깊이에 묻히도록 매설, 지중에서 상호의 전기적 결합효과가 최소가 되도록 균등 배치한다.

② 망상접지극(B형 접지극) : 벽과 1[m] 이상 떨어져 최소 깊이 0.5[m]에 매설한다.

4) 접지극의 크기

① 동봉 : 직경 8[mm] 이상, 길이 0.9[m] 이상

② 동판 : 두께 0.2[mm] 이상, 면적 300[cm^2] 이상

5) 접지극의 설치기준

① 매설깊이 : 동결심도 이상

② 표지설치 : 접지극이 설치된 위치

③ 주전극 외에 보조전극을 설치하여 접지저항 측정이 용이하도록 한다.

④ 접지극의 종류 및 매설깊이 : 부식, 대지의 건조와 동결의 영향을 최소한으로 억제하여 접지저항을 안정시킬 수 있도록 설치한다.

⑤ 접지도체를 철주 기타의 금속체를 따라서 시설하는 경우에는 접지극을 철주의 밑면으로부터 0.3[m] 이상의 깊이에 매설하는 경우 이외에는 접지극을 지중에서 그 금속체로부터 1[m] 이상 떼어 매설할 것

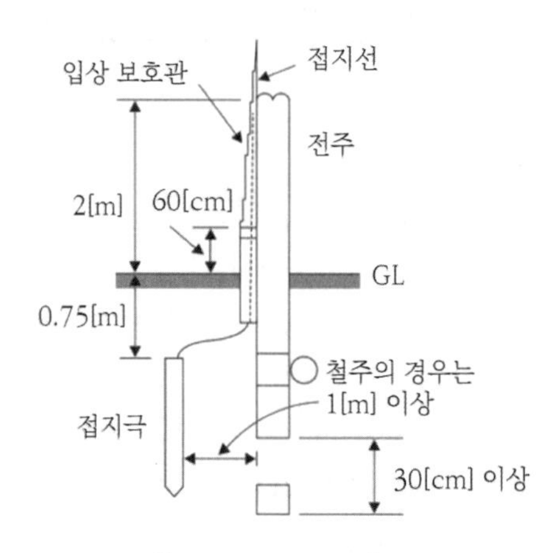

‖ 접지도체의 보호 ‖

(7) SPD 시설기준

1) 통합접지 계통의 건축물 내에 시설되는 저압 전기설비에는 과전압(낙뢰)으로 인한 전기설비 보호를 위해 다음과 같이 SPD를 시설할 것

① 22.9[kV-Y] 계통으로 수전하는 건축물의 저압 배전반에는 공칭방전전류(I_n) 5 ~ 20[kA] 용량의 Ⅱ등급 이상 SPD를 시설할 것

1. **Ⅰ등급 이상** : 임펄스 전류 20[kA] 이상 공칭방전전류 20[kA]
2. **Ⅱ등급 이상** : 최대 방전전류 40[kA]

② 분전반 등 기타 장소에는 그 장소에 적정한 SPD를 시설할 것(권장사항)

2) SPD 보호장치(MCCB, 누전차단기, 퓨즈 등) 시설기준

*** SECTION 086 서지보호장치(SPD)를 참조한다.**

3) SPD 연결 도체 길이 및 접지선 단면적

① SPD 연결 도체의 길이는 상전선에서 SPD와 SPD에서 주접지 단자(또는 보호성)까지 50[cm] 이하일 것(연결 도체의 길이가 길어지면 과전압 보호의 효율성이 감소함)

② Ⅰ등급 SPD는 접지선 단면적이 16[mm^2](구리) 이상이고, 기타 SPD는 접지선 단면적이 4[mm^2](구리) 이상의 것으로 시설할 것

4) SPD는 국내 · 외 표준에 따라 다음 중 어느 하나의 국내 공인시험기관의 인증제품을 사용(권장사항)한다.

① 「산업표준화법」에 따른 KS 표시제품

② 「전기용품 및 생활용품 안전관리법」에 따른 KC 마크 임의 인증제품
③ 「국가표준기본법」에 따른 KAS 인증(예 V-체크마크)제품

06 접지저항 측정방법 112회 출제

(1) 2극(pole) 방식(간이측정법)

1) 개념 : 도로포장이 된 장소에서는 3극 방식의 측정이 곤란하므로 한전의 전주 접지를 '0'점을 기준으로 해서 비교하여 접지저항을 구하는 간이측정방법이다.

2) 2극(pole) 방식에 의한 접지저항 측정 개념도

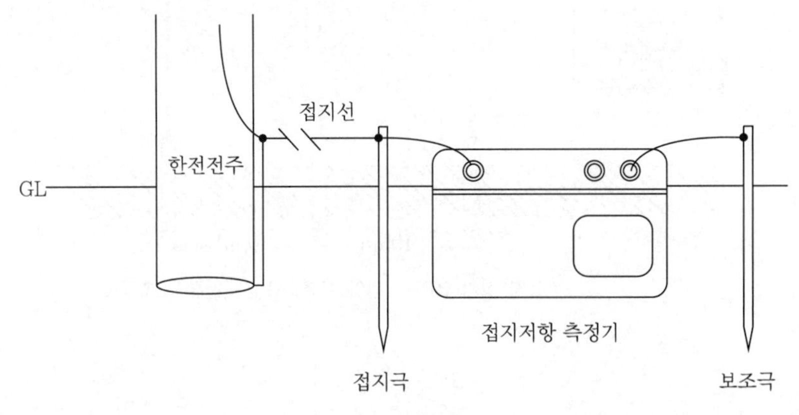

▌간이측정법▐

3) 접지극과 보조극 사이의 접지저항

$$R = \frac{V}{I} = \frac{\rho}{2\pi}\left(\frac{1}{a_0} + \frac{1}{a} - \frac{2}{x}\right)$$

여기서, R : 접지극과 보조극 사이의 접지저항[Ω]
V : 전압[V]
I : 전류[A]
ρ : 토양(혹은 대지) 비저항
a_0 : 접지극의 반경
a : 보조극의 반경
x : 두 전극 사이의 거리

4) 보조극의 반경을 매우 작게 하면, 접지저항을 다음과 같이 간단하게 나타낼 수 있다.

$$R = \frac{\rho}{2\pi a}$$

(2) 3극(pole) 방식(전위강하법) – 전기안전공사지침 공통접지 및 통합접지 측정법

1) 개념 : 유한구간의 보조 접지극을 설치하여 전위강하를 측정하여 옴의 법칙에 따라 접지저항을 산정하는 방식

2) 3극(pole) 방식에 의한 접지저항 측정 개념도 : 보통 E와 C 거리가 가까우면 간섭을 받기 때문에 일정 거리 이상 이격하여 설치한다.

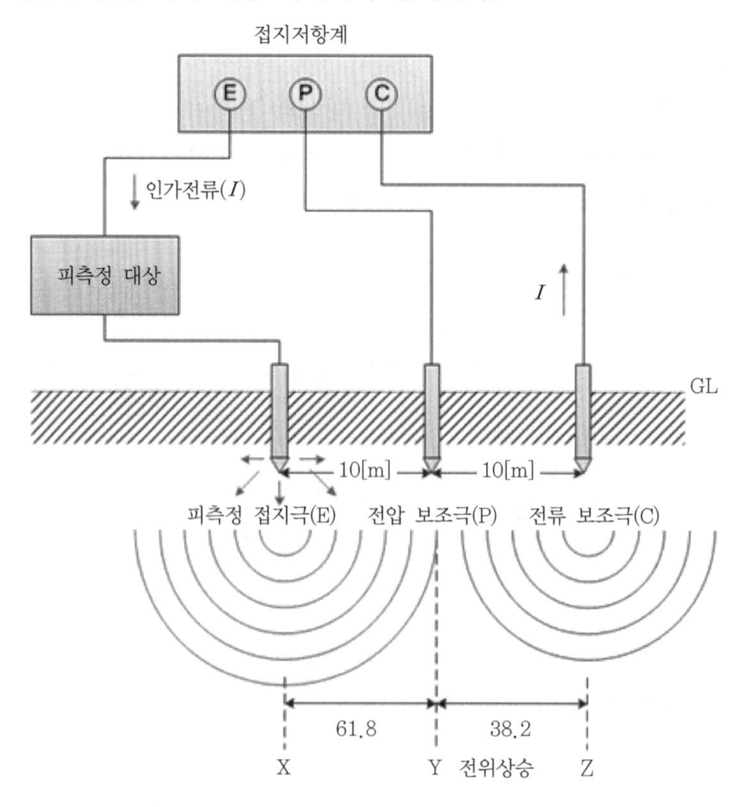

3) 측정방법

① 보조 접지봉 심기 : 접지저항을 측정하고자 하는 접지극(E)으로부터 거의 일직선인 10[m] 간격으로 전압 보조극(P), 전류 보조극(C)을 설치한다. 전위분포곡선의 중앙 부분에 수평 부분이 생기면, 주접지극과 전류극은 서로 관계가 없다. 고로, 수평 부분에 전압 보조극(P)을 설치하면 좋은 측정값을 얻을 수 있다.

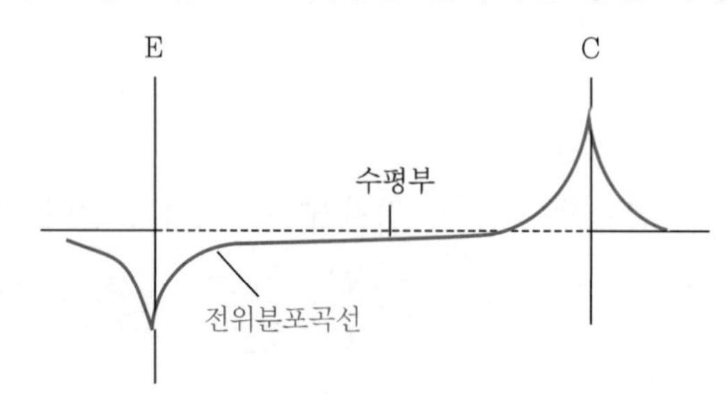

▌전위분포곡선▐

② 리드선 접속 : 접지저항계의 측정단자(E)와 접지극 전류 보조전극(C)을 리드선에 접속한다.

③ 대지에 교류전원의 전류를 흘린다. 직류를 쓰면 전기화학 작용이 생기기 때문에 교류전원을 사용해야만 한다.

④ 주파수는 1[kHz] 이하가 좋고, 전압 보조극(P)에 피측정 접지극(E)과 전압 보조극(P) 간의 전위강하를 측정하는 데 대지에 흘린 전류 I를 I, E, P 간의 전위차 V로 하여 다음의 공식에 넣어서 접지저항을 측정한다.

$$R(\text{접지저항}) = \frac{V}{I}$$

4) 특징

① 2개의 보조전극의 접지저항이 측정값에 영향을 미치지 않는다.

② 측정 시 10 ~ 30[m]의 공간이 필요하고, 상용 측정기의 정확도는 2[%] 이하여야 한다.

③ 보조전극의 매설깊이 : 20[cm] 이상

5) 61.8[%]법

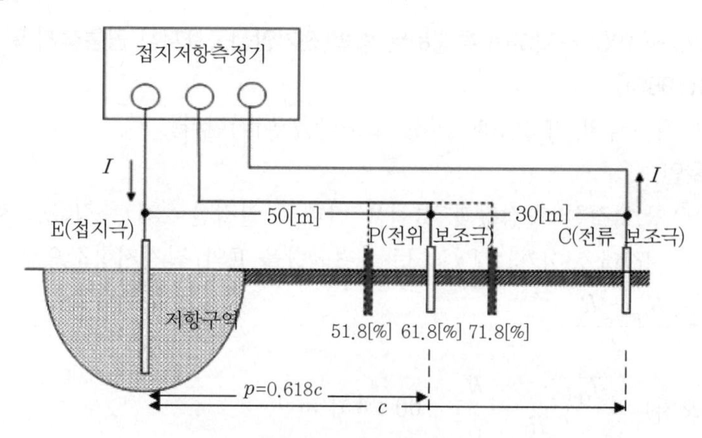

▌접지저항 측정방법(보조극 일직선 배치)▐

① 반경이 r인 반원형 접지전극(E)으로부터 전류 보조극(C)까지의 거리를 c, 전위 보조극(P)까지의 거리를 p라고 할 때, 전위 보조극(P)의 위치를 $p = 0.618c$로 할 때 무한원점을 기준으로 한 접지저항 측정방법이다.

② 설치장소 : 대지 비저항이 균일한 장소

③ 전위 보조극(P)에 의한 접지저항값은 좌우로 이동하더라도 접지저항값의 변화는 없게 된다. 그 변화가 없는 영역을 61.8[%] 영역이라고 하고, 모든 전극이 동일 직선상에 놓여 있고, 접지가 하나의 전극이나 파이프 혹은 판과 같은 형태이면, 가장 정확한 측정방법이 된다. 하지만 대지 비저항이 균일하지 않다면 측정치에 많은 오차가 발생할 수도 있다.

④ 공통 · 통합 접지저항 측정방법[KS C IEC 60364-6-61(2005) 부속서 C, 정밀접지저항측정기 C.A 6470, IEEE81(1983), IEEE81.2(1991)]

㉠ 보조극(P, C)은 저항구역이 중첩되지 않도록 접지극(접지극이 메시인 경우 메시망의 대각선 길이) 규모의 6.5배 이격하거나, 접지극과 전류 보조극 간 80[m] 이상 이격하여 측정한다.

㉡ P 위치는 전위변화가 작은 E, C 간 일직선상 61.8[%] 지점에 설치한다.

㉢ 접지극의 저항이 참값인가를 확인하기 위해서는 P를 C의 61.8[%] 지점, 71.8[%] 지점 및 51.8[%] 지점에 설치하여 세 측정값을 취한다.

㉣ 세 측정값의 오차가 ±5[%] 이하이면 세 측정값의 평균을 E의 접지저항값으로 한다.

㉤ 세 측정값의 오차가 ±5[%] 초과하면 E와 C 간의 거리를 늘려(멀리하여) 시험을 반복한다.

$$R = \frac{R_{51.8\%} + R_{61.8\%} + R_{71.8\%}}{3}$$

$$\varepsilon(\text{오차}) = \frac{R_{71.8\%} - R}{R} \times 100 \le 5[\%]$$

(3) 보조극을 90 ~ 180° 배치하여 측정하는 방법[전기안전공사지침 공통접지 및 통합접지 측정법, IEEE 141(1986)]

1) 대규모 접지극의 약 2.5배 이상 보조극을 이격한다.

2) 참값 확인

① P-C를 연결한 측정값과 결선을 반대로 연결한 2개 측정값을 취한다.

② 두 측정값의 차이가 15[%] 이하 : 평균값을 E의 접지저항값으로 한다.

$$R = \frac{R_{cp} + R_{pc}}{2}$$

$$\varepsilon(\text{오차}) = \frac{R_{cp(\text{or } pc)} - R}{R} \times 100 \le 15[\%]$$

③ 두 측정값의 차이가 15[%] 초과 : E와 C 간의 거리를 늘려 시험을 반복한다.

3) 접지저항값

① 특고압 계통의 지락사고 시 발생하는 고장전압이 저압 기기 인가 시 허용 인체 접촉전압 범위 내의 저항치

② 통합 접지방식의 모든 도전부가 등전위 형성 시 : 10[Ω] 이하

4) 기준 초과한 측정값 : 등전위본딩, 비도전성 장소에 의한 보호, 비접지 국부 등전위본딩에 의한 보호

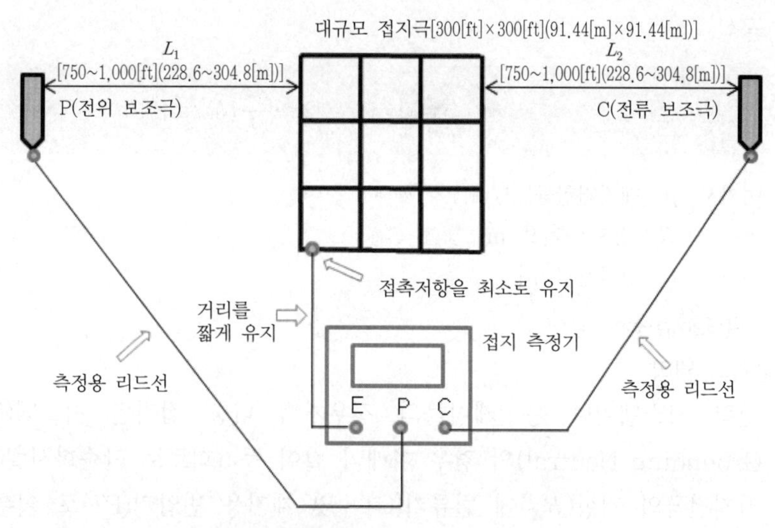

▎접지저항 측정방법(보조극 180° 배치) ▎

(4) 4극(pole) 방식(대지저항률 측정법)

1) 개념 : 대지에 일정 간격으로 탐침봉을 설치한 후 전류를 흘려보내 대지저항을 측정하는 방식

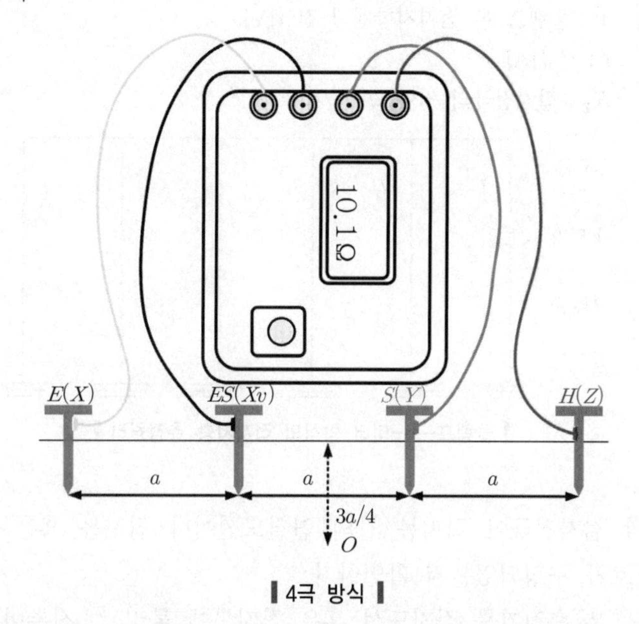

▎4극 방식 ▎

2) 원리

① 4개의 측정 탐침을 일직선상에 일정한 간격으로 설치한다.

② 탐침을 통해 대지에 전류를 흘려보내 대지저항률을 측정한다.

③ 공식

$$\rho = 2\pi a R = 2\pi a \frac{V}{I} [\Omega/\text{m}]$$

여기서, ρ : 대지저항률[Ω/m]

R : 접지저항[Ω/m]

a : 전극간격[m]

(5) 클램프 온(clamp-on) 방식

1) 측정기의 원리

① 전력 시스템이나 통신케이블의 경우처럼 다중 접지된 시스템(MGN : Multi Grounding Neutral)의 경우 아래와 같이 등가회로로 단순화시킬 수 있다.

② 접지전극의 저항(R_X)에 변류기(CT) 및 계기용 변압기(PT)로 이루어진 클램프 온(clamp-on) 접지저항계를 통하여 전압 V를 공급하면 I가 흐른다.

$$\frac{V}{I} = R_X$$

여기서, V : 클램프 온 접지저항계의 전압[V]

I : 전류[A]

R_X : 접지전극의 저항[Ω]

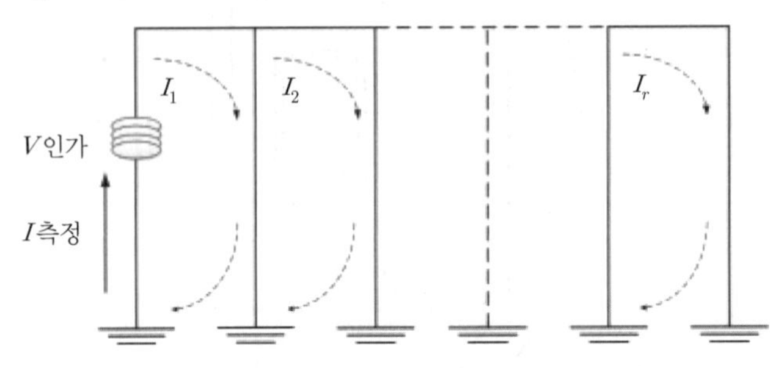

▎클램프-온-미터 방식의 접지저항 측정원리 ▎

2) 측정방법

① 측정할 접지전극이 접지봉 간의 연결도선이나 접지봉 혹은 중성선과 전기적으로 경로가 구성되었는지 확인한다.

② 클램프 온 측정기를 접지도선 혹은 접지봉에 물리고, 전류버튼 'A'를 누른다.

③ 접지전류를 측정하여 측정전류가 최대 범위 30[A]를 초과한다면 접지저항을 측정할 수 없다.

④ 30[A]를 초과하지 않을 때 접지저항 버튼 'Ω'을 눌러 측정한다.

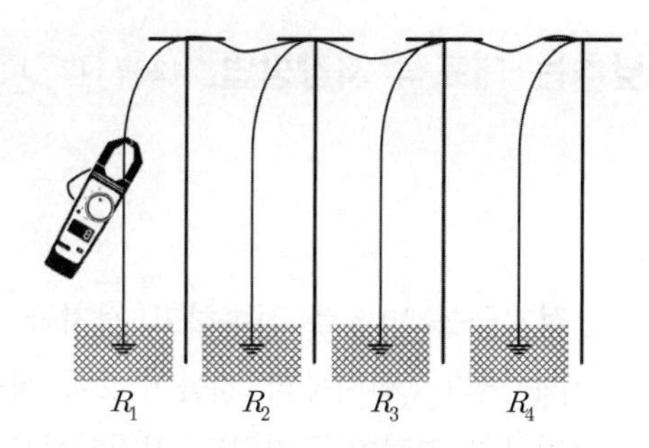

▌클램프 온 방식에 의한 측정[73] ▌

3) 특징

① 다중 접지된 통신선로에서만 적용할 수 있다.

② 접지체와 접지 대상을 분리하지 않아도 측정할 수 있고, 보조 접지극을 사용하지 않기 때문에 빠르고 간편한 측정이 가능하다.

③ 짧은 시간에 간단하게 측정이 되지만, 센서, 코일 권선, 서지, 노이즈 등의 이유로 상용 측정기의 정확도는 5 ~ 10[%] 정도이며, 폐회로가 반드시 이루어져야 한다.

④ 접지저항 측정을 하면, 접지저항뿐 아니라 전체 접지 연결상태도 동시에 확인할 수 있다.

⑤ 클램프만으로도 접지 루프저항의 측정이 가능하다.

(6) 등전위본딩 검사 및 전기적 연속성 측정

1) 공통 · 통합 접지공사를 하는 경우에는 사람이 접촉할 우려가 있는 범위(수평 방향 2.5[m], 높이 2.5[m])에 있는 모든 고정설비의 노출도전성 부분 및 계통 외도전성 부분은 등전위본딩을 하여야 한다.

2) 다음과 같은 등전위본딩의 전기적 연속성을 측정한 전기저항값 : 0.2[Ω] 이하

① 주접지 단자와 계통의 도전성 부분 간

② 노출도전성 부분 간, 노출도전성 부분과 계통의 도전성 부분 간

③ TN 계통의 경우 : 중성선과 노출도전성 부분 간

④ TT 계통의 경우 : 주접지 단자와 노출도전성 부분 간

3) **공통 · 통합 접지저항 설계값 미제시로 접지저항값 확인이 불가한 경우** : 공사계획신고를 보완하도록 통지하여야 한다.

73) ETCR 2100의 카탈로그에서 발췌

07 접지저항을 낮추는 대표적 저감방법 126 · 112 · 104 · 100 · 79 · 78회 출제

(1) 물리적 저감법

1) 수평공법

① 접지극 병렬접속 : 접지극을 병렬로 접속하고 접지극 간의 간격을 크게 한다.

② 접지극 치수를 크게 한다. 접지봉의 지름이 2배 상승할수록 접지저항은 10[%] 정도 감소한다. 접지극의 면적이 증가하면 접지저항은 감소하는 반비례 관계이다.

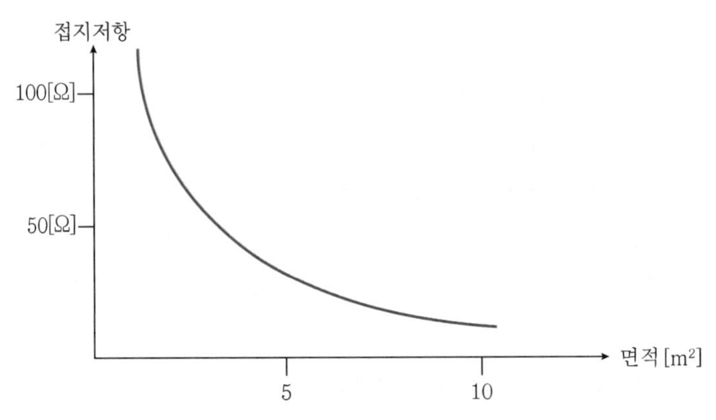

▌접지극의 면적에 따른 접지저항▐

③ 매설지선 및 평판 접지극 : 직렬로 시공 시 효과적이다.

④ 메시공법 : 고장전류가 큰 곳이나 대지가 넓은 신설 플랜트에 적용되는 공법으로 망상의 접지극을 통해 접지저항을 낮추는 방법이다.

⑤ 다중 접지 시트를 이용한다.

2) 수직공법

① 보링공법 : 지반에 천공하여 수직으로 접지전극을 매설하는 방법이다.

② 심타공법 : 접지극을 깊이 박는 방법이다.

(2) 화학적 저감법

1) 접지극 주변의 토양 개량

① 고유저항을 화학적으로 줄이는 방법이다.

② 개량방법 : 염, 황산암모니아, 탄산소다, 벤토나이트 등을 주변 토양에 혼합해 사용한다.

③ 특징 : 처음에는 저항값이 작으나 1 ~ 2년 후면 거의 효과가 없어 단기간만 사용할 수 있다.

2) 저감제 사용 : 화이트 아스론, 티코겔 등의 반응형을 사용한다.

3) 저감제 주입법 : 도랑 주입법, 흘림법, 압력 주입법

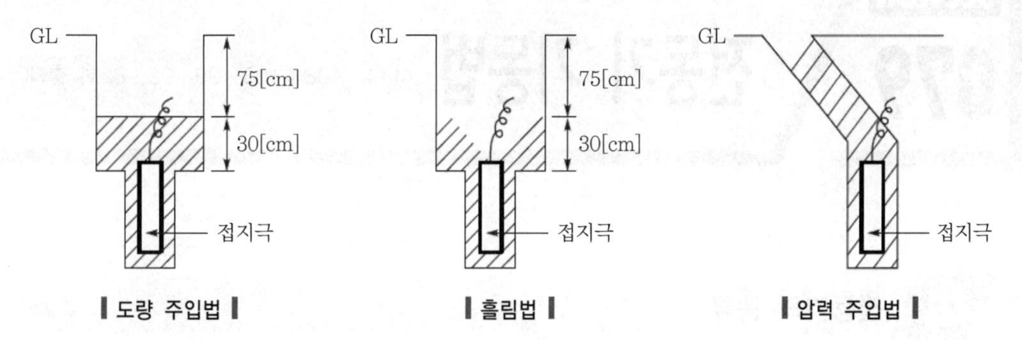

| 도량 주입법 | | 흘림법 | | 압력 주입법 |

4) 저감재의 조건
   ① 저감효과가 크고 지속적일 것
   ② 접지극의 부식이 안 될 것
   ③ 환경 관련 문제가 없을 것
   ④ 경제적이고 공법이 쉬울 것
   ⑤ 작업성이 좋을 것
   ⑥ 안전할 것
   ⑦ 전기적으로 양호한 도체일 것

정도의 차이는 있지만 저감재를 사용하지 않는 경우의 저항값에 비해 약 30[%] 정도의 값으로 저감된다.

08 소방설비 접지 103 · 97 · 81 · 69회 출제

구분	접지 대상
소방전기	① 수신기, 중계기 접지 ② 각종 외함 도체 접지 ③ 동력제어반(MCC) 접지 ④ 전동기(펌프, 송풍기) 외함 접지 ⑤ 아날로그 감지기 등의 통신용 실드선의 차폐선 접지 ⑥ 뇌서지의 침입 우려 부분 접지와 SPD 설치
소방기계	① 소방용 도전성 배관과 다른 도전성 배관과의 등전위 접지 ② 펌프와 펌프 배관의 등전위 접지 ③ 위험물 이송 배관 등의 접지 ④ 전기설비와 주변 설비의 철재 가대의 접지

SECTION 079

전동기 기동법

111 · 108 · 103 · 99 · 95 · 82회 출제

01 전동기의 종류

(1) 교류전동기 기동방식

(2) 전동기 토크 전류곡선

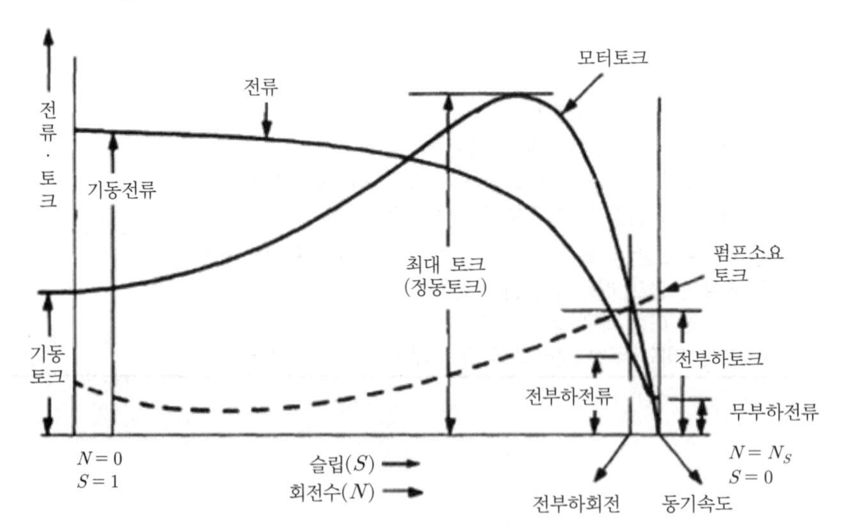

▎전동기의 회전수에 따른 전류와 토크▎

(3) 유도전동기 원리 125회 출제

1) 아라고 원판의 원리

① 자성체인 동 또는 알루미늄으로 만든 원판을 자유롭게 돌도록 지지하고 그 주변에 자석을 시계방향으로 빨리 움직이면, 원판은 자석보다 좀 더 늦은 속도로 움직인다.

② 자석의 N극을 시계방향으로 회전시키면 상대적으로 원판은 자기장 사이를 반시계 방향으로 움직이는 것과 같다[아래 그림 (a)].

③ 플레밍의 오른손법칙에 따라 원판의 중심으로 향하는 기전력이 유도된다[아래 그림 (b)].

④ 기전력에 의해 맴돌이 전류가 흐르고 이 전류에 의해 플레밍의 왼손법칙에 따라 원판은 자기력을 받아 시계방향으로 회전하게 된다[아래 그림 (c)].

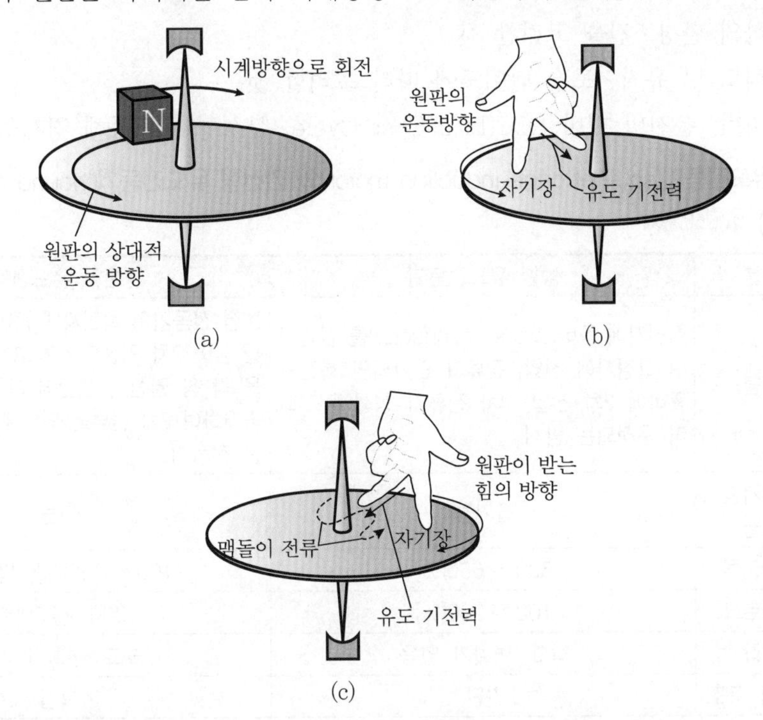

2) **플레밍의 왼손법칙** : 자기장 내에서 전류가 흐르는 도선이 받는 힘의 방향을 찾는 방법으로 전동기에 관한 법칙

3) **플레밍의 오른손법칙** : 발전기에서 도체 운동에 의한 유도 기전력의 방향을 결정하는 방법

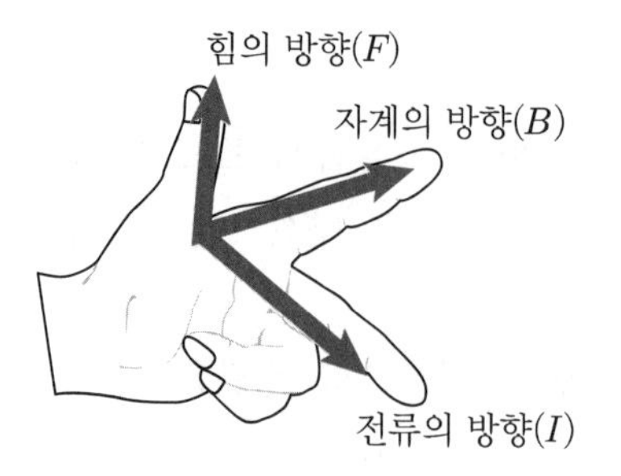

▎플레밍의 왼손법칙 ▎

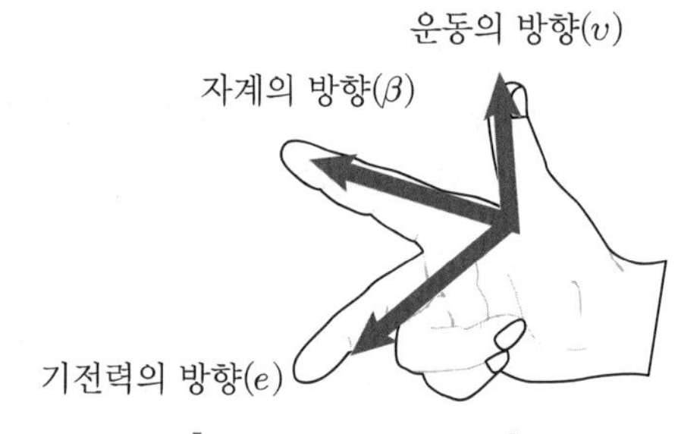

▎플레밍의 오른손법칙 ▎

(4) 전동기 선정 시 고려사항

1) 부하의 특성에 적합할 것
2) 부하의 사용조건을 고려할 것
3) 부하의 환경조건을 고려할 것
4) 신뢰도 및 유지 · 보수 난이도에 따라 고려할 것
5) 설비비, 운전비 대비 LCC(Life Cost Cycle) 분석평가를 통해 경제성을 고려할 것

(5) 농형 유도전동기(squirrel cage induction motor)와 권선형 유도전동기(wound rotor induction motor) 108회 출제

구분	농형 유도전동기	권선형 유도전동기
개념	회전자에 동바(copper conductor)를 삽입하며 고정자에 전압, 전류가 인가되면 회전자 동바에 2차 전압, 2차 전류가 형성(유도)되어 운전되는 방식	농형 전동기의 회전자에 동바 대신 3상 권선을 감아 2차 권선으로 하고 슬립링(slip ring)을 각 상 권선의 선단에 마련하여 브러시를 중개하여 2차 전류를 외부에 인도할 수 있게 한 전동기
외부저항 연결	불가능	가능
기동전류	500 ~ 650[%]	100 ~ 150[%](저항조정)
기동토크	100 ~ 200[%]	200 ~ 250[%]
저항	작고, 변화가 없음	크고, 변화가 가능
회전자 구조	간단	복잡
슬립링	없음	있음
속도제어	곤란함	용이함
운전 용이성	쉬움	어려움
효율과 역률	우수함	나쁨
경제성	저렴	고가(슬립링, 브러시 정비)
용량	소용량	대용량(관성이 큰 부하)

02 기동방법

(1) 전전압기동

전동기에 최초부터 전전압을 인가하여 기동하는 방식

(2) 감전압기동

1) 종류

① 와이-델타(Y-Δ) 기동

② 기동보상기 기동(콘돌퍼)

③ VVVF 기동(가변 저항 가변 주파수 기동)

④ 리액터 기동

⑤ 소프트 스타트(전자식) 기동

2) 목적 : 전압을 감소시켜 기동 후 다시 원래 전압으로 기동하는 방식으로 기동전류를 최소화한다.

3) 고려사항

고려사항	적합한 기동방식
설치공간 불충분	소프트 스타트(전자식)
부드러운 기동 필요	소프트 스타트(전자식)
큰 기동토크 필요	소프트 스타트(전자식), 리액터 기동방식
기동반과 전동기의 거리가 가까움	Y-Δ 기동방식
자동제어운전 필요	VVVF 기동 및 운전방식
운전시간이 길고 에너지절감 효과가 큼	VVVF 기동 및 운전방식

(3) 기동방식의 주요 특성 비교

1) 기동전류 비교

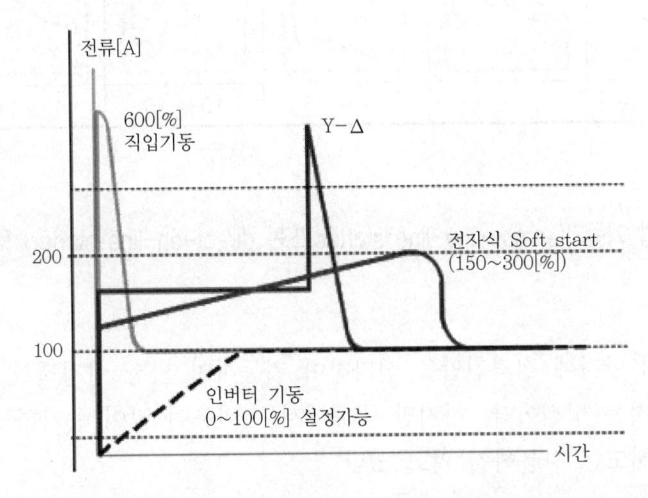

2) 기동방식 특성 비교

기동방식	기동특성	가속특성	적용부하
전전압	① 전전압 인가 ② 기동전류는 정격전류의 6배 ③ 기동시간 : 0[sec]	양호	5.5[kW] 이하
Y-Δ	① 전전압의 57.7[%] 인가 ② 기동전류는 정격전류의 2배 ③ 기동시간 : 10 ~ 15[sec]	기동시간이 김	5.5 ~ 15[kW]
리액터	① 전전압의 70[%] 인가 ② 기동전류는 정격전류의 3배 ③ 기동시간 : 3 ~ 6[sec]	① 기동특성이 Y-Δ 방식보다 양호하다. ② 제어반 크기가 크다.	37[kW] 이상
소프트 스타터	① 기동전류를 정격전류의 3배로 제한 ② 기동시간 : 2 ~ 30[sec]	양호	3.7[kW] 이상
인버터	① 기동전류를 정격전류 범위 내에서 제어가능 ② 기동시간 : 2 ~ 30[sec]	① 저속에서 토크가 크다. ② 속도제어가 요구되는 설비에 적용함	3.7[kW] 이상

3) 기동전류 · 토크 · 시간 비교

구분	전전압	단권변압기	Y-Δ	부분분권	VVVF
모터의 입력전압	100[%]	50/65/80[%]	100[%]	100[%]	시간에 따라 천천히 증가
기동전류	600[%] 	150/250/380[%] 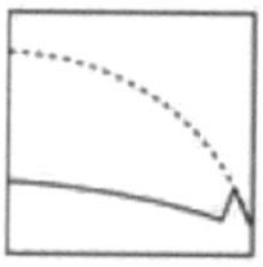	200[%] 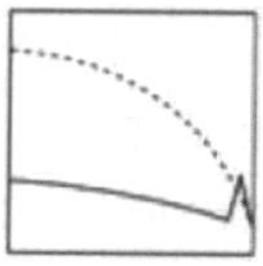	390[%] 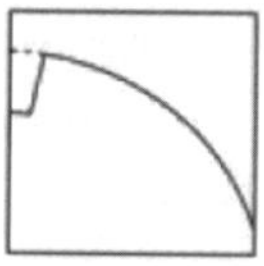	200 ~ 500[%] 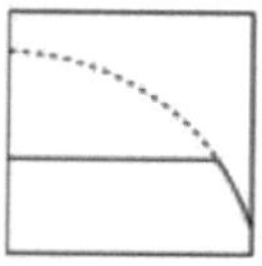
기동토크	150[%] 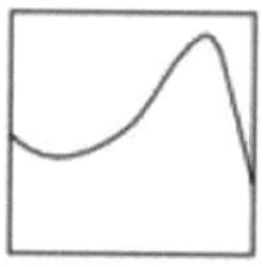	40/60/100[%] 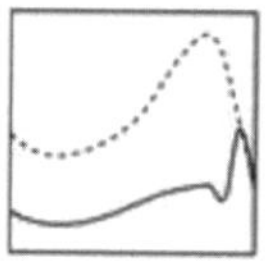	50[%] 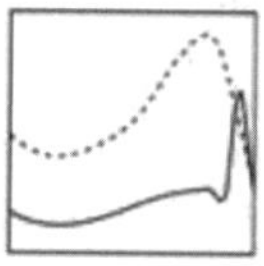	70[%] 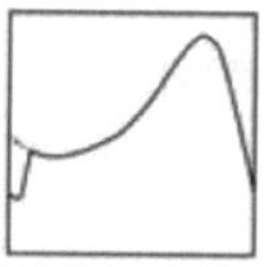	16 ~ 105[%] 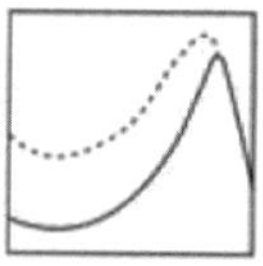
기동시간[sec]	-	6 ~ 7	10 ~ 15	1 ~ 1.5	2 ~ 30

03 전전압 기동기(across-the-line starter 또는 direct-on-line starter) 또는 직입기동방식

(1) 개요

1) 전동기의 단자에 정격전압을 인가하여 기동하며 가장 안정적인 방법으로 NFPA에서 권장하는 방식이다. 하지만 국내에서는 비용이 많이 증가하므로 대부분은 소형을 제외하고는 사용하지 않고 있다.

2) 사용대상 : 소용량(5.5[kW] 이하)
3) 기동전류 : 정격전류의 300 ~ 700[%]
4) 기동토크 : 정격토크의 100[%] 이상
5) 가속성 : 최대 기동토크, 기동 시 부하에 가해지는 충격이 크다.

(2) 특징

장점	단점
① 전동기 본래의 큰 가속토크가 얻어져 기동시간이 짧음. 따라서, 가장 신뢰도가 높은 방식 ② 부하를 연결한 채로 기동할 수 있음 ③ 전원용량이 허용되는 범위 내에서는 가장 일반적인 기동방법 ④ 단순한 구조	① 기동전류가 큼 ② 이상전압강하의 원인이 됨 ③ 잦은 기동으로 인한 기동전류로 코일이 과열될 우려가 있음 ④ 부하가 전체적으로 증가하기 때문에 전동기뿐만 아니라 설비 자체의 용량이 증가하게 되어 비용이 많이 증가함

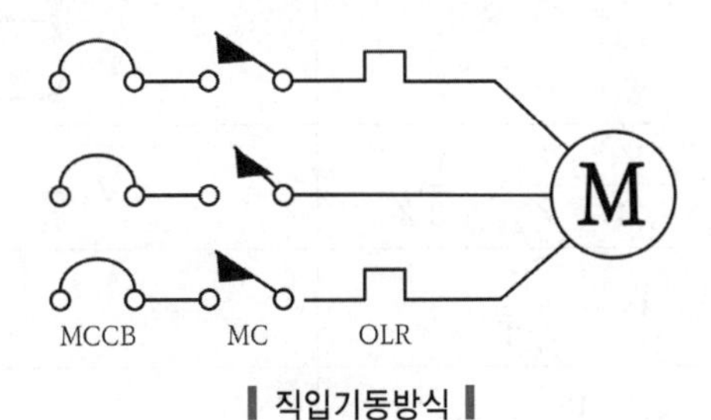

▎직입기동방식 ▎

1. MCCB(Molded Case Circuit Breaker) : 배선용 차단기
2. MC(Magnetic Contactor) : 전자접촉기
3. OLR(Over Load Relay) : 과부하계전기

04 와이-델타 기동기(star-delta starter 또는 wye-delta starter) 116 · 114회 출제

(1) 개요

1) 작동방식 : MC와 타이머의 시간지체(delay)를 이용하여 와이(Y) 결선으로 5 ~ 10초 정도 기동하여 기동전류를 직입기동 시의 $\frac{1}{3}$로 줄인 감전압으로 기동하였다가 델타(Δ) 결선인 전전압으로 절환하여 운전하는 기동방식
2) 사용대상 : 5.5 ~ 15[kW]의 전동기

3) 기동전류와 기동토크

구분	와이(Y)결선 기동 시	델타(△)결선 기동 시
개념도	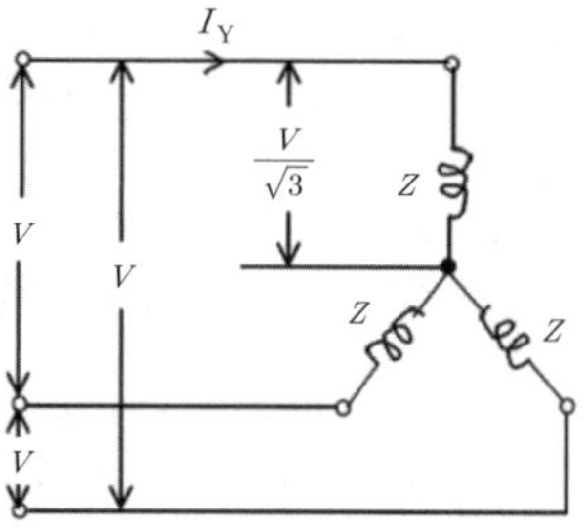	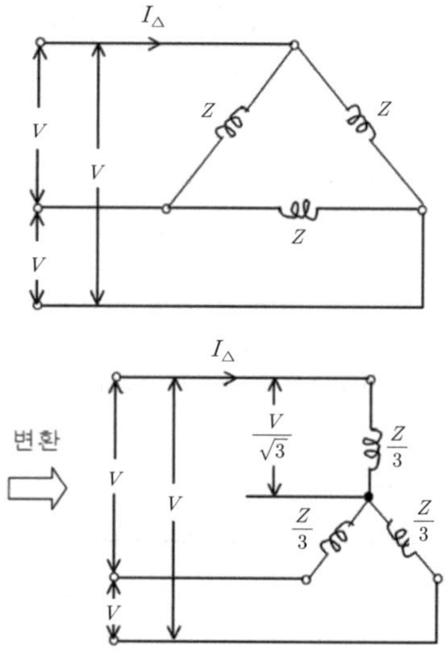 변환
기동전류	$I_Y = \frac{V}{\sqrt{3}} \times \frac{1}{Z} = \frac{V}{\sqrt{3}\,Z}$	$I_\triangle = \frac{V}{\sqrt{3}} \times \frac{3}{Z} = \frac{\sqrt{3}\,V}{Z}$
상전압	$V_Y = \frac{V}{\sqrt{3}}$	$V_\triangle = V$
기동토크	$T_Y = K\left(\frac{V}{\sqrt{3}}\right)^2 = K\frac{V^2}{3}$ (상전압의 2승에 비례)	$T_\triangle = KV^2$ (상전압의 2승에 비례)

4) 위의 Y결선과 Δ결선 시의 상전압, 기동전류 및 기동토크를 비교하면, Y−Δ 기동 시 전전압 기동에 비해 상전압은 $\frac{1}{\sqrt{3}}$로 감소하고, 기동전류 및 기동토크는 $\frac{1}{3}$로 감소한다.

$$\frac{V_Y}{V_\triangle} = \frac{1}{\sqrt{3}},\quad \frac{I_Y}{I_\triangle} = \frac{1}{3},\quad \frac{T_Y}{T_\triangle} = \frac{1}{3}$$

5) **가속성** : 기동토크의 증가가 매우 작고 최대 토크도 작다.

6) **전력**

$$P = P_1 + P_2 + P_3$$
$$= V_1 I_1 \cos\theta + V_2 I_2 \cos\theta + V_3 I_3 \cos\theta$$
$$= 3V_p \cdot I_p \cdot \cos\theta$$

① Y결선 : $3V_p \cdot I_p \cdot \cos\theta = 3\frac{V_L}{\sqrt{3}} \cdot I_L \cdot \cos\theta = \sqrt{3}\,V_L \cdot I_L \cdot \cos\theta$

② Δ결선 : $3V_p \cdot I_p \cdot \cos\theta = 3V_L \cdot \frac{I_L}{\sqrt{3}} \cdot \cos\theta = \sqrt{3}\,V_L \cdot I_L \cdot \cos\theta$

(2) 특징

장점	단점
① 기동전류 및 기동토크 $\frac{1}{3}$로 감소 ② 기동전류에 의한 전압강하 경감 ③ 감압기동방식 중에서 설치비용이 가장 저렴 ④ 쉽게 설치가 가능한 방식 ⑤ Y결선의 중성점 접지(변압기 보호) ⑥ Δ결선으로 제3고조파 통로가 있음	① 시끄러움 ② 유지보수가 빈번함 ③ 모터로부터의 선 가닥수가 6가닥이 필요 ④ Y-Δ가 바뀌는 시점에서 커다란 과도전류가 발생 ⑤ 주파수 동기가 제대로 맞지 않을 경우 기동 시 엄청난 돌입전류 발생 ⑥ 최소 기동가속토크가 작아서 부하를 연결한 채로 기동이 곤란함 ⑦ 기동한 후 운전으로 전환될 때 전전압이 인가되므로 전기 · 기계적 쇼크가 발생함 ⑧ 1상 고장 시 전원공급이 곤란함 ⑨ 1차와 2차 선간전압 사이에 위상차(30°)

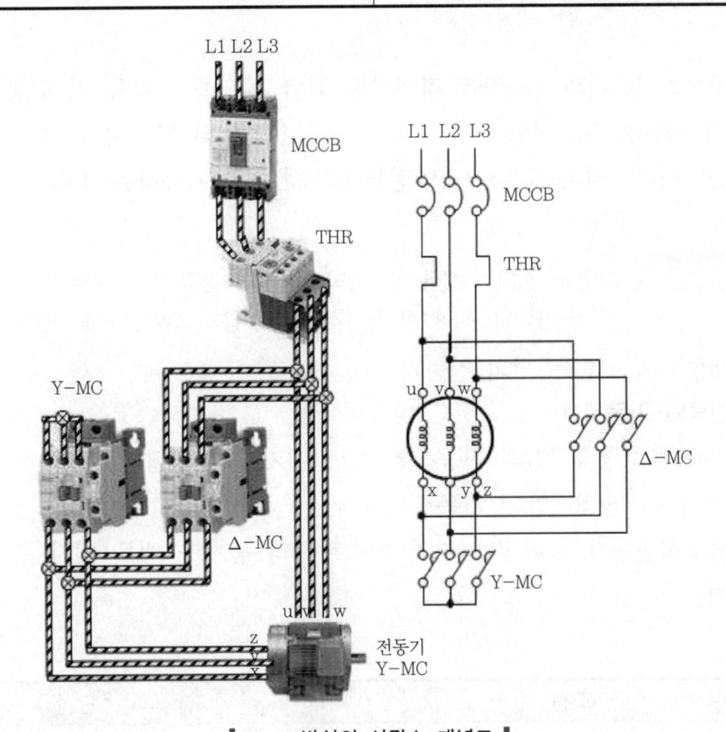

▌Y-Δ 방식의 시퀀스 개념도▐

1. MCCB(Molded Case Circuit Breaker) : 배선용 차단기로서, 저압(600[V] 이하)의 전기계통에서 이상전류(과전류 또는 단락 등의 사고전류)로부터 계통 및 전기설비를 보호하기 위한 장치
2. THR(Thermal Relay) : 열동계전기

3. 국제표준에 따른 전선의 식별규정(KEC 121)
KEC 적용 : KS C IEC 60445

상구분	색상
L1	갈색
L2	흑색
L3	회색
N	청색
보호도체(구 접지선)	녹색 바탕에 노란 줄

05 리액터(삽입) 기동기(primary reactor starter)

(1) 개요

1) **작동방식** : 전동기의 1차측에 리액터를 직렬 접속하여 기동 시 전동기의 전압을 리액터의 전압강하분 만큼 낮추어서 기동하고 리액터 타이머의 시간 지체에 따라 탭(tap)을 변환시켜서 전전압(직입전류 65[%])으로 기동하는 방식

리액터 : 전자기 에너지의 축적으로 교류 전류 또는 전류의 급격한 변화에 대해서 큰 저항을 나타나게 한 전기기기이다. 쉽게 말하면 유도 리액턴스, 코일이다.

2) **사용대상** : 37[kW] 이상의 전동기

3) **기동전류와 기동토크**

① 기동전류 : 정격전압의 기동전류 × a (여기서, a : 탭의 %/100)

② 기동토크 : 정격전압의 기동토크 × a^2

4) **가속성** : 회전수가 높아짐에 따라 가속토크의 증가가 매우 커서 원활한 가속이 가능하다.

(2) 특징

장점	단점
① 선전류를 감소시킴 ② 탭 절환에 따라 최대 기동전류, 최소 기동토크가 조정 가능함 ③ 전동기의 회전수가 높아져 가속토크의 증가를 신속히 조정함 ④ 설치 · 보수 · 점검이 쉬움 ⑤ 적절한 가격(기동보상기에 비해 저렴)	① 콘돌퍼기동보다 조금 싸고 느린 기동이 가능함 ② 빈번한 기동이 있어야 하는 장소에는 적용이 곤란함 ③ 넓은 설치공간이 필요함

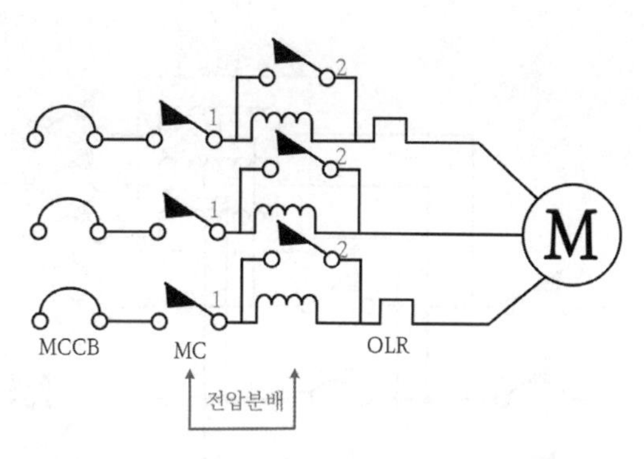

▌리액터 기동방식 개념도(1번 기동 후 일정 시간이 지나면 2번 기동)▌

06 기동보상 기동기(단권변압기식 기동기 : auto-transformer starter-compensator)

(1) 개요

1) 작동방식 : 리액터기동과 유사한 감전압방식으로 V결선의 기동용 단권변압기(auto-transformer)의 탭전압을 55, 65, 75[%]로 기동하고 일정 시간이 지난 후에 전전압(직입기동 44[%])으로 절환하는 방식

단권변압기 : 성층 철심상에 코일을 권선하고 여러 단의 전압을 얻기 위하여 2~3단의 탭(tap)을 설치한 것

2) 사용대상 : 22[kW] 이상의 전동기
3) 기동전류와 기동토크
   ① 기동전류 : 정격전압의 기동전류 × a^2 (여기서, a : 탭의 %/100)
   ② 기동토크 : 정격전압의 기동토크 × a^2
4) 기동전압을 $\frac{1}{a}$로 낮추면 기동전류는 $\frac{1}{a^2}$이 된다.

(2) 특징

장점	단점
① 선전류를 감소시킴 ② 탭 절환에 따라 최대 기동전류, 최소 기동토크 조정이 가능함 ③ 전동기의 회전수가 높아져 가속토크의 증가를 신속히 조정함 ④ 에너지를 열로 소비하는 저항 대신에 변압기를 사용하여 전압을 낮추기 때문에 저항기 기동형에 비해서 에너지의 활용성이 높음 ⑤ 부드러운 기동을 함	① 단권변압기를 설치해야 하므로 가격이 비쌈 ② 가속토크가 Y-Δ기동과 같이 작음

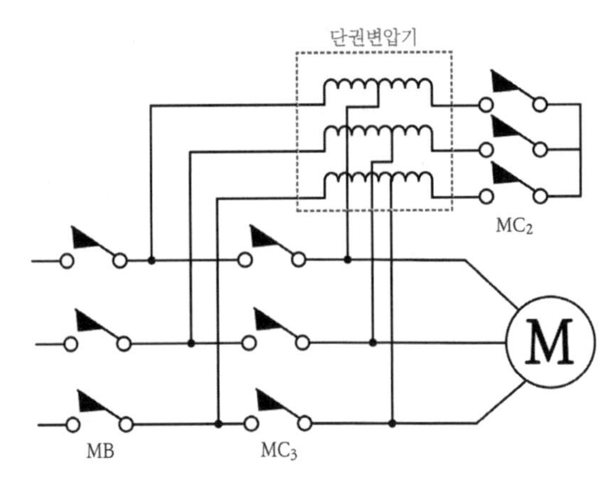

▌기동보상 기동기 개념도▐

(3) 기동방법

MB와 MC_2에 먼저 투입하여 단권변압기에 의해서 감전압으로 기동하고 다음에 MC_2를 개방하고 MC_3를 투입하여서 전전압으로 운전

구분	MB	MC_2	MC_3	운전종류
기동 시	ON	ON	OFF	기동보상기(감압기동)
운전 시	ON	OFF	ON	전전압 운전

(4) 콘돌퍼(kondorfer system) 기동

기동보상기 기동방법과 유사한 단권변압기를 이용하며 탭변환시간을 없애므로 과도충격을 부드럽게 해주기 위해서 만들어낸 기동방법

(5) 가속성

토크의 증가가 매우 커서 원활한 가속이 가능하다.

07 소프트 스타터(soft starter) 기동

(1) 개요

1) **작동방식** : 역병렬 구조로 된 6개의 사이리스터(thyristor)를 사용하며, 사이리스터(SCR)의 Turn-on time 가변을 통해 전동기에 가해지는 전압의 크기를 적절히 조절함(30 ~ 70[%])으로써 유도전동기의 기동 시 발생하는 기동전류와 토크를 증가시키는 방법

2) **목적** : 스위칭 과정에서 발생하는 충격을 줄이기 위해서는 전압조정이 두 단계(Y-Δ 등)가 아닌 여러 단계로 진행하게 되면 좀더 부드러운 기동과 정지를 할 수 있다.

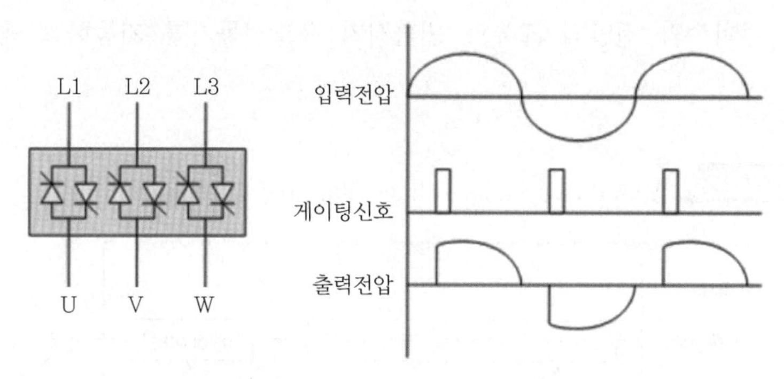

▌소프트 스타터 구성 및 원리▐

(2) 특징

장점	단점
① 다양한 기동과 정지를 할 수 있음 ② 장시간 수명을 보장함 ③ 구조가 간단하고 소형으로 설치가 간편함 ④ 인버터에 비해서 경제적임 ⑤ 편리한 모니터링(감시 및 조작 편리)이 가능함 ⑥ 각종 보호기능이 있음 ⑦ 기동과 정지 시 기계적 충격이 작음	비선형 특성인 사이리스터에 의해 기동 시 고조파가 발생함

(3) 인버터와 소프트 스타터의 비교

구분	인버터	소프트 스타터
소자	IGBT(절연 게이트 양극성 트랜지스터)	SCR(사이리스터)
기동전류 감소원리	Sine파를 정류하여 DC 전압을 만들고 이를 다시 PWM이라는 기술로 AC로 변환시키는데 전압과 주파수를 가변함으로써 모터의 속도를 변환(모터 속도는 주파수에 비례)함	전압을 저감한 상태에서 증가시킴. 전류는 전압에 비례하고 모터 토크는 전압의 제곱에 비례함으로써 모터의 기동전류를 줄여 주고 기동토크를 줄여서 기동 및 정지를 할 수 있음
경제성	미흡함	우수함
설치공간	큼	작음
효율성	95 ~ 98[%]	99.5 ~ 99.9[%]
전류	전류 제어기	전류 제한기
기동토크	전류를 제어해서 기동토크 제어	전류를 제한해서 기동토크를 줄여 주지만 제어하지는 못함

08 가변속 제어장치(VVVF, 인버터)에 의한 기동 98회 출제

(1) 개요

1) 작동방식 : 전동기에 공급하는 전압과 주파수를 반도체 회로로 변화시키는 방식으로, 인버터(inverter)에 의해 상용 교류전원을 직류전원으로 변환시킨 후, 다시 임

의의 주파수와 전압의 교류로 변환시켜 유도전동기를 기동하고 속도를 제어하는 방식

VVVF : Variable Voltage Variable Frequency

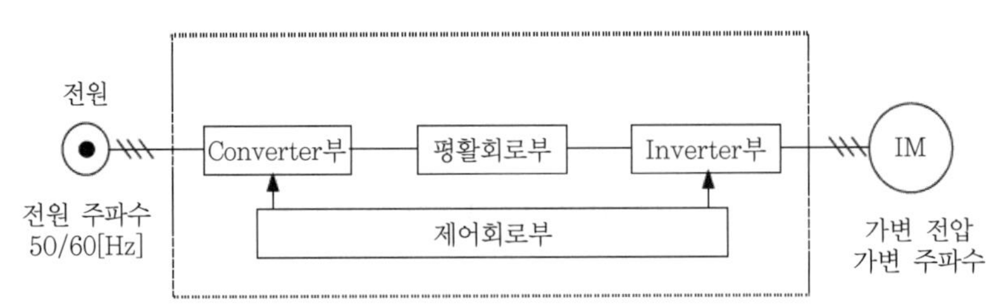

▌인버터 기동방식 개념도▐

2) 원리 : 전동기에 인가되는 전압이 변화하면 전류와 토크(torque)가 변하며, 전동기의 회전속도는 주파수에 비례한다는 원리를 이용하여 전동기를 제어한다.

(2) 장단점

장점	단점
① 110[%] 이하의 기동전류(팬, 펌프 등)가 발생함 ② 부드러운 가속 성능을 가짐 ③ 에너지가 절약됨 ④ 주파수 제어에 의해 회전수를 임의조정할 수 있음	① 고조파가 발생함 ② 정격부하 발생 시 시간이 소요됨. 따라서, 신속한 성능을 요구하는 소방설비에는 부합하지 않음 ③ 가격이 높음

SECTION 080

역률(power factor)

01 개요

(1) 역률

1) 정의 : 피상전력 중에서 유효전력으로 사용되는 비율

2) 의미 : 전기기기에 실제로 걸리는 전압과 전류가 얼마나 유효하게 일을 하는가 하는 비율

3) 역률의 표현

$$\cos\theta = \frac{VI\cos\theta}{VI} = \frac{P(\text{유효전력})}{P_0(\text{피상전력})} \times 100 = \frac{P}{\sqrt{P^2 + P_r^2}} \times 100 = \frac{\text{저항}}{\text{임피던스}} \times 100$$

(2) 유효 · 무효 · 피상전력 사이의 관계

$$P_0 = \sqrt{P^2 + P_r^2}\ [\text{W}]$$

여기서, P_0 : 피상전력

P : 유효전력

P_r : 무효전력

(3) 역률의 크기와 의미

1) 역률이 큰 경우

① 부하측(수용가측) : 같은 용량의 전기기기를 최대한 유효하게 이용하는 것을 의미(유효전력이 피상전력에 근접)한다.

② 전원측(공급자측) : 같은 부하에 대하여 작은 전류를 흘려보내도 되므로 전압강하가 작아지고 전원설비의 이용효과가 커진다.

2) 역률이 작은 경우 : 위와 반대되는 것으로 무효전력이 그만큼 증가한다.

(4) 역률 저하의 원인

1) 유도전동기 부하의 영향 : 경부하일 경우

2) 가정용 전기기기(단상 유도전동기)와 방전등(기동장치에 코일을 사용하기 때문)의 보급

3) 주상 변압기의 여자전류의 영향

02 전력

(1) 전력 비교

구분	피상전력	유효전력	무효전력
정의	교류의 부하 또는 전원의 용량을 표시하는 전력, 전원에서 공급되는 전력	전원에서 공급되어 부하에서 유효하게 이용되는 전력, 전원에서 부하로 실제 소비되는 전력	실제로는 아무런 일을 하지 않아 부하에서는 전력으로 이용될 수 없는 전력, 실제로 아무런 일도 할 수 없는 전력
단위	VA	W	Var
표현	$P_0 = VI = I^2 Z[\text{VA}]$	$P = VI\cos\theta = I^2 R[\text{W}]$	$P_r = VI\sin\theta = I^2 X[\text{Var}]$

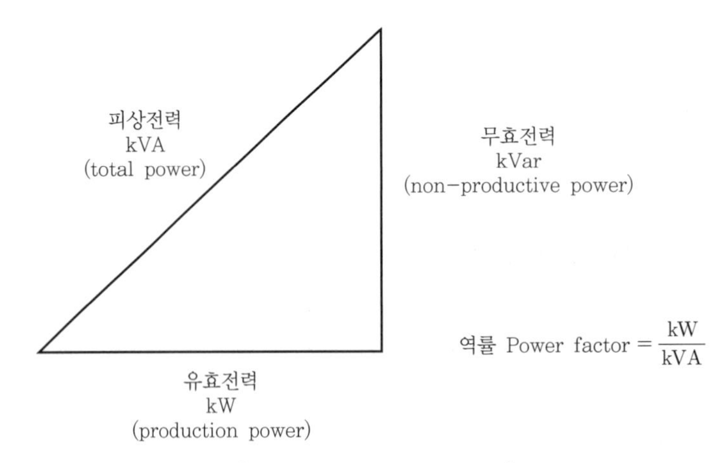

‖ 역률과 유효전력, 피상전력 ‖

1. 교류에서 회로 중 코일이나 콘덴서 성분에 의해 전압과 전류 사이에 위상차가 발생하므로 실제로 유효하게 일을 하는 전력(유효전력)은 전압×전류(=피상전력)가 아니고 전압과 동일 방향 성분만큼의 전류(=전류×$\cos\theta$)만이 유효하게 일을 하게 된다.
2. 전압과 90° 방향 성분만큼의 전류(전류×$\sin\theta$)와 전압의 곱으로서, 기기에서 실제로 아무 일도 하지 않으면서(전력소비는 없음) 기기의 용량 일부만을 점유하고 있는데 $\sin\theta$를 무효율이라 한다.

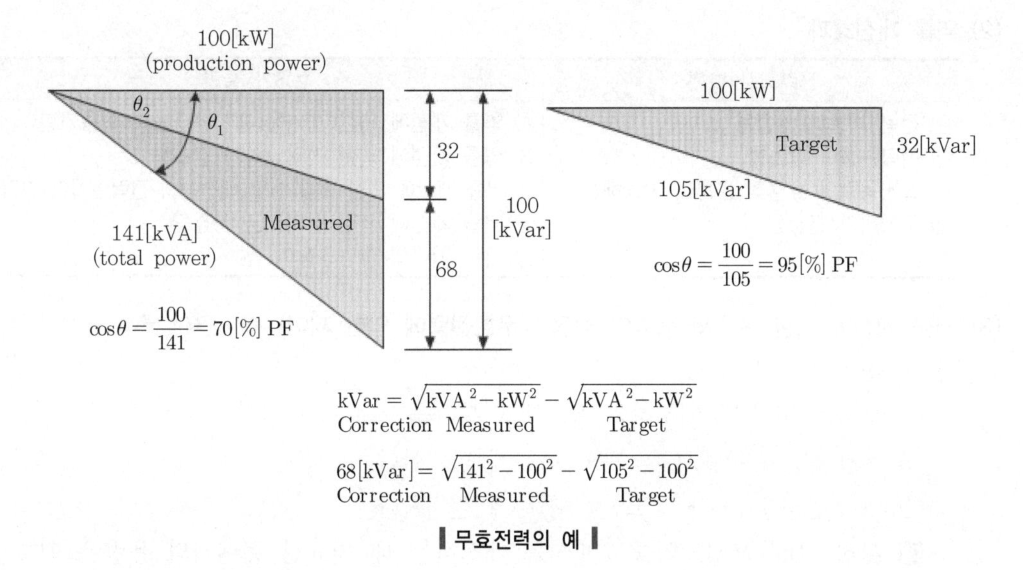

▌무효전력의 예▐

(2) 부하의 종류

1) 저항성 부하 : 백열전구, 히터 등
2) 유도성 부하 : 모터, 솔레노이드 등
3) 용량성 부하 : 거의 없다.

03 역률 개선방법

(1) 역률 개선

1) 정의 : 부하의 역률을 1에 가깝게 높이는 것
2) 방법 : 소자에 흐르는 전류의 위상이 소자에 걸리는 전압보다 앞서는 용량성 부하인 콘덴서를 부하에 첨가하는 방법

공장에는 대부분 모터 등 회전기기를 많이 사용하는데 그러다 보니 전류 위상이 조금씩 처져 역률이 낮아진다. 따라서, 이 유도성 부하와 반대로 작용하는 용량성 부하인 콘덴서를 병렬로 같이 붙여줌으로써 뒤처진 전류위상을 앞당겨 맞추어 주는 것이다. 즉, 서로 반대로 작용하는 부하를 적당히 배치해 전류위상을 전압위상에 맞추는 것이 역률 개선의 원리이다.

(2) 역률 개선효과

전력회사 측면	수용가 측면
① 전력 계통이 안정됨 ② 전력손실이 감소함 ③ 설비용량의 효율적 운용이 가능해짐 ④ 투자비가 경감됨	① 역률 개선에 의한 설비용량의 공급능력이 증가함 ② 역률 개선에 의한 전압강하가 감소함 ③ 역률 개선에 의한 변압기 및 배전선의 전력손실이 경감됨 ④ 역률 개선에 의한 전기요금 경감됨 ⑤ 각종 기기의 수명연장이 됨

(3) 역률 개선을 위한 콘덴서 용량의 결정법(무효전력에 의한 제어) 110 · 87회 출제

1) 테이블에 의한 방법

① 부하는 피상[kVA]부하와 유효[kW]부하를 기준으로 한다.

② 저압 진상용 콘덴서 : 각각의 부하에 설치한다.

③ 고압 진상용 콘덴서 : 고압 모선측에 설치한다.

예 부하 100[kVA], 역률 70[%]를 개선하는 데 필요한 콘덴서의 용량은 최초 역률 70[%]와 개선 후 역률 95[%]를 테이블 표에서 찾으면 49[%]가 선택된다. 이를 부하 100[kVA] × 0.49 = 49[kVA]의 콘덴서용량을 선정하는 데 콘덴서의 정격 50[kVA]을 선택한다.

2) 계산에 의한 방법 : 부하의 유효전력을 P, 역률을 $\cos\theta_1$이라 하고, 이 부하의 역률을 $\cos\theta_2$로 개선하는 데 필요한 콘덴서용량 Q는 다음 식으로 구한다.

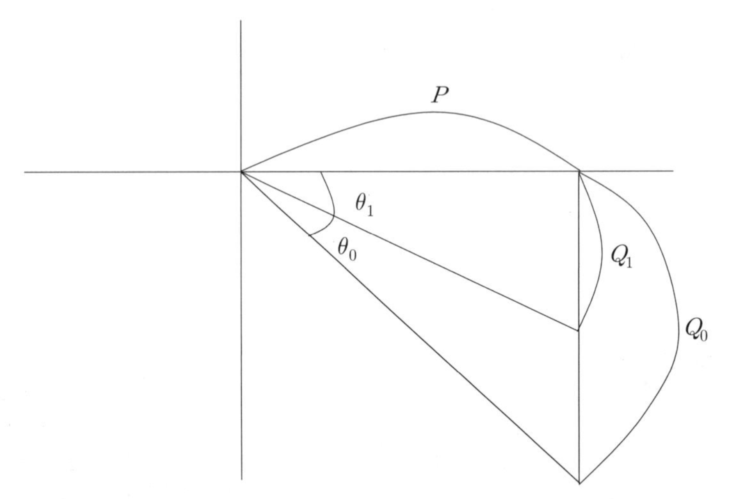

① $\tan\theta_0 = \dfrac{Q_0}{P}$

$$Q = P(\tan\theta_0 - \tan\theta_1)$$

여기서, Q : 콘덴서용량[kVar]

P : 부하 유효전력[kW]

$\tan\theta_0$: 개선 전 역률

$\tan\theta_1$: 개선 후 역률

② $\tan\theta_1 = \dfrac{Q_1}{P}$

③ $\Delta Q = Q_0 - Q_1$

3) 콘덴서 설치방법에 따른 장단점

구분	고압측에 설치	고압측과 부하에 분산 설치	부하 말단에 분산 설치
장점	① 관리 용이 ② 무효전력에 대한 신속 대응 가능 ③ 경제적	전원이나 부하측의 역률 개선 효과가 증대	역률 개선효과가 가장 큼
단점	콘덴서 설치점에서 전원측으로만 역률이 개선되기 때문에 선로 및 부하시기의 개선효과가 작음	설치비의 증가	경제적인 비용 최대

(4) 기타 제어방법

1) 전압에 의한 제어방법

2) 역률계전기에 의한 제어방법

3) 전류계전기에 의한 제어

4) 시간에 의한 제어

SECTION 081 전기화재의 원인
111 · 77 · 72회 출제

01 개요

(1) 전기적인 에너지(electrical source)에 의한 화재를 전기화재라고 한다.

(2) 화재를 발생 원인별로 분석하면 전기(30[%] 이상) – 담뱃불 – 방화 – 불장난으로 구분할 수 있고, 국내의 화재 원인 중 전기화재가 많은 이유는 대부분의 원인 미상을 전기화재로 취급하는 경우가 많기 때문이다. 이러한 화재의 원인이 되는 전기적 점화원은 크게 줄발열(energy source)과 스파크(heating source)로 나뉜다.

(3) 전기화재의 발생조건

1) 전기배선, 설비 또는 구성품이 건물의 전선, 비상 시스템, 배터리 또는 다른 에너지원(source)으로부터 에너지를 받고(통전) 있어야 한다.

2) 전기적 에너지원(electrical source)에 의해 발화지점에서 가까운 가연물을 발화시킬 수 있는 충분한 열과 온도가 발생하여야 한다.

3) 열이 가연성 증기를 생성시킬 수 있는 충분한 열(heating source)인지, 그 열이 가연성 가스를 발화시킬 수 있는 열(energy source)로 활용되는지는 그 연료의 모양(geometry)과 형태(type), 특성에 따라서 고려되어야 한다.

02 출화경과에 따른 전기화재 원인

(1) 줄열 115회 출제

1) 줄(Joule)열의 법칙

① $E[\mathrm{J}] = I^2 \times R \times t$ $(Q[\mathrm{cal}] = 0.24\,I^2 \times R \times t)$

② 전열량은 전류의 제곱과 시간에 비례한다. 방출열과 방열량이 평형되는 점에서 전선온도가 결정된다.

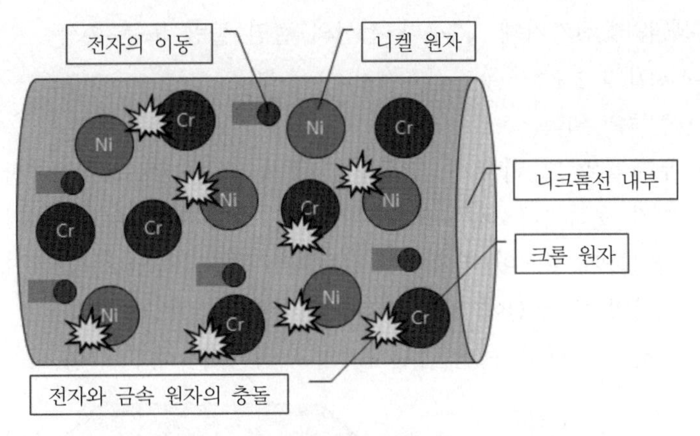

▌니켈크롬선의 발열▐

2) 과전류(over current) 108 · 96 · 87 · 80 · 69회 출제

① 정의 : 안전규격(safety standards)에서 허용하고 있는 전류보다 큰 전류

② 전선에 전류가 흐르면 줄의 법칙에 따라 열이 발생하는데, 과전류에 의하여 이 발열과 방열의 평형이 깨지면 발화의 원인이 된다.

③ 비닐절연전선의 경우

㉠ 200 ~ 300[%]의 과전류에서 피복이 변질, 변형된다.

㉡ 500 ~ 600[%]에서 붉은색 열이 난 적열 후 녹는다.

④ 발생원인 : 단락 또는 지락으로 발생한다.

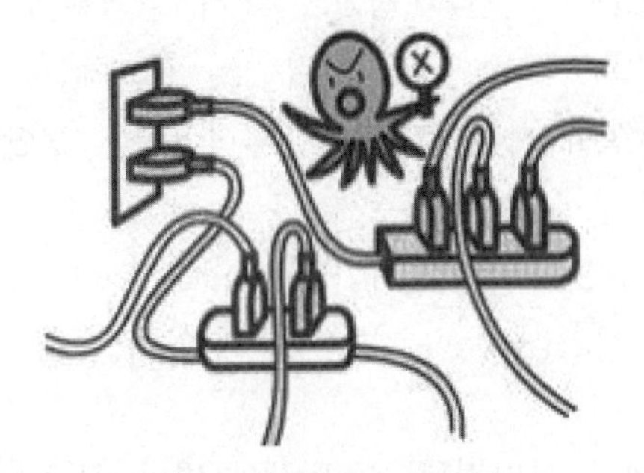

▌문어발에 의한 과전류▐

과부하(overload) : 전부하정격을 초과하는 비정상적인 장치 또는 정격 전류용량을 초과하는 전선을 사용하는 것을 말하며, 경과시간이 장기간이면 손상 또는 화재를 일으킬 수 있는 열을 발생시킨다. 단락이나 지락 등의 고장은 과부하가 아니다.

3) 누전(power leakage)

① 정의 : 누전은 전류가 흘러야 할 정상적인 도체(전선이나 기구) 등에서 전기가 새어 나와 가까이에 있는 금속 등 정상적인 통로 이외의 곳으로 전류가 흐르면서 스파크나 줄열이 축적된다.

② 발생원인 : 전기기계 · 기구나 전선의 절연 불량 또는 손상

③ 누전화재의 3요소 : 누전점, 접지점, 출화점

④ 누설전류의 위험

㉠ 누전열은 그 자체가 점화원이 되기 어려울 정도로 적지만 절연물질이 적당하지 못하거나 너무 얇은 절연체를 쓰게 되면 누설전류가 커져 절연물질을 가열하여 절연이 파괴되며 점화원이 될 수가 있다. 보통 누설전류 500[mA] 이상일 때 누전에 의한 화재위험이 있다고 보고 있다.

㉡ 안전 측면에서 보면 감전사고의 위험 또한 매우 크다.

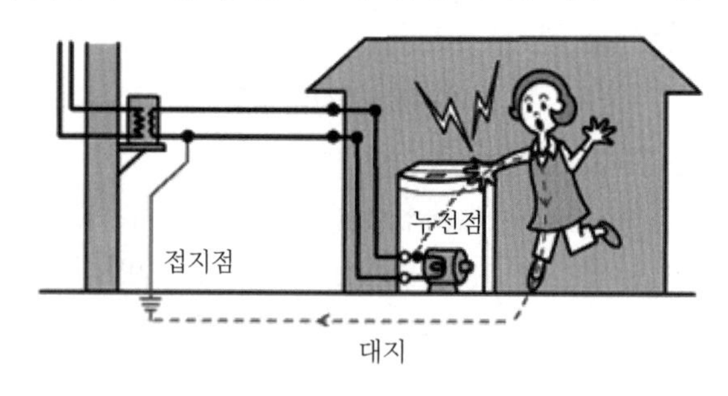

▌누전▐

4) 열적 경과 : 열발생 전기기기를 방열이 잘 되지 않는 장소 → 열의 축적 → 발화

5) 절연열화 또는 탄화

① 정의 : 절연체 등이 시간의 경과에 따라 절연체의 열화로 절연성이 저하하거나 미소전류에 의한 국부발열 또는 유기질 절연체는 고온 상태가 지속되면 서서히 탄화되어 도전성을 가지게 되어 발열현상이 발생한다.

② 종류

㉠ 트래킹 현상(tracking) : 전기기기에 의한 탄화

㉡ 가네하라 현상(graphite) : 전기기기 이외의 탄화

6) 접속부 가열

① 정의 : 접촉상태가 불안정할 때 발생(특별한 접촉저항이 발생하여 발화)하는 것으로 접촉저항, 아산화동 발열현상, 반단선으로 구분한다.

② 접촉저항 115회 출제

㉠ 금속제의 접촉저항은 통상 0.1[Ω] 이하이지만 시간이 지남에 따라 접촉면적의 감소, 접촉력의 저하, 부식 등으로 인한 산화피막의 형성 등 여러 가지 요인으로 인하여 접촉저항이 증가한다.

㉡ 접촉저항의 종류

• 집중저항 : 전류의 흐름이 접촉면에 한정되어 흐르므로 전류의 통로가 좁아지면서 발생하는 저항

- 경계저항 : 접촉되는 재료의 화합물이나 흡착가스의 피막을 통하여 발생하는 저항

㉢ 문제점 : 저항의 증가로 인한 국부적 발열 증가 → 산화피막 형성 → 저항 증가 → 국부적 발열 증가

㉣ 저감 방법

- 접촉하중(압력)이 증가한다.
- 접촉면적을 많이 증가시키면 전류용량이 크게 증대한다.
- 접촉재료의 경도를 감소한다.

꼼꼼체크 **경도(hardness)** : 국부 소성변형에 대한 재료의 저항력으로 단단한 정도

- 고유저항이 낮은 재료를 사용한다.
- 접촉면을 청결하게 유지하여 접촉면의 저항 발생을 최소화한다.

③ 아산화동 증식발열(resistance and temperature by heated up of cupric oxide)

㉠ 정의 : 고온을 받은 구리가 대기 중에 산소와 결합하여 아산화동(CuO_2)이 되어 부온도 특성으로 많은 전류가 흐르고 이에 따른 발열의 증가현상

㉡ 진행과정

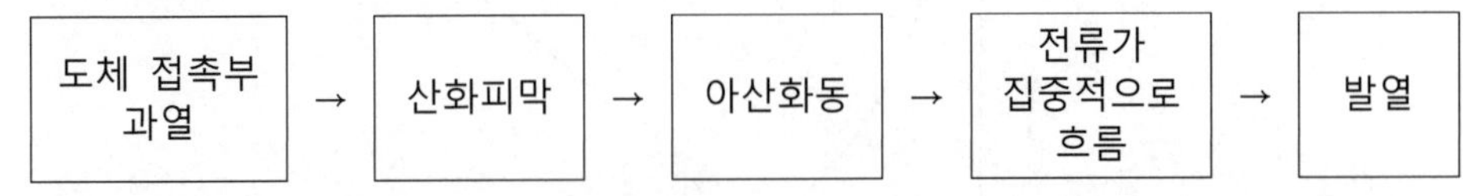

- 도체 접촉불량이나 전선단선에 의한 스위칭(switching) 작용으로 접촉부가 과열하면 접촉부 표면에 산화피막을 형성한다.

꼼꼼체크 **스위칭(switching) 작용** : 전류를 단속(ON, OFF)하는 작용

- 산화피막은 도체 표면을 따라 생성되는데 도체가 동합금의 경우 산화동(제1산화구리, CuO)이 생기며 때로는 아산화동(CuO_2)이 발생한다.

꼼꼼체크 **아산화동** : 상온에서 수십 [kΩ]의 전기저항이 있으나 온도상승과 함께 급격하게 전기저항이 저하되는 특성(즉, 반도체 특성을 가짐)이 있다.

- 아산화동에 고온부가 발생하면 아산화동의 반도체 특성(고온 시 저항의 감소)으로 고온부에만 전류가 집중적으로 흐르게 되어 온도가 더욱더 상승하게 되므로 열산화가 더욱 급격하게 진행된다.

㉢ 아산화동의 특성

- 고온을 받은 동이 대기 중의 산소와 결합하여 생성된다.
- 반도체의 특성을 가지므로 저항값은 부온도특성(온도에 반비례)을 갖는다.

온도	950[℃] 전후	1,050[℃]	1,232[℃]
저항값	저항 급격히 감소	저항의 최소	용융점

- 일반 금속의 저항 : 온도가 증가할수록 저항이 증가

$$R = R_0(1 + \alpha \Delta t)$$

여기서, R : 저항

R_0 : 기준온도의 저항

α : 저항의 온도계수

Δt : 온도차

- 용융점 : 건조한 공기 중에서는 물질이 안정적이지만 습한 공기 중에서는 산화되어 산화동을 형성
- 아산화동의 반도체적 특성으로 전류의 흐름이 아산화동에서 동의 순방향으로만 흘러가 불꽃방전과 유사현상이 발생하여 아산화동과 동 사이의 계면이 파괴되고 동이 녹는다.

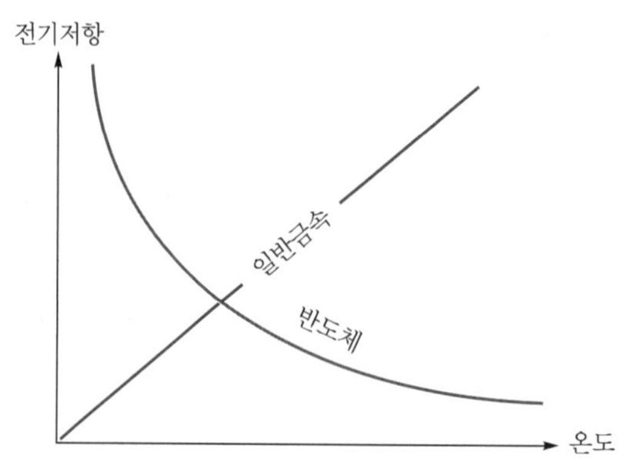

▌반도체와 도체의 온도 · 저항특성 ▌

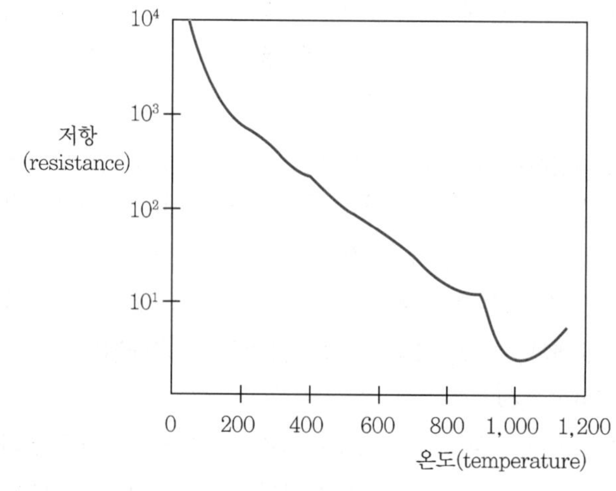

▌아산화동 온도특성 ▌

㉣ 아산화동 식별

- 띠형태의 붉은 아산화동층이 전류의 통로이고 양단의 전극을 연결한 형태로 발열한다.
- 아산화동은 물러서 송곳 등으로 가볍게 찌르면 쉽게 부서지고 분쇄물 표면은 광택이 있다.
- 확대하면 진홍색의 유리형 결정이 보이며 도체 접촉부에서 발생한다.
- 교류에서는 양쪽으로 아산화동이 증식되고, 직류에서는 양극 쪽에서 심하게 발열하며 아산화동이 증식한다.

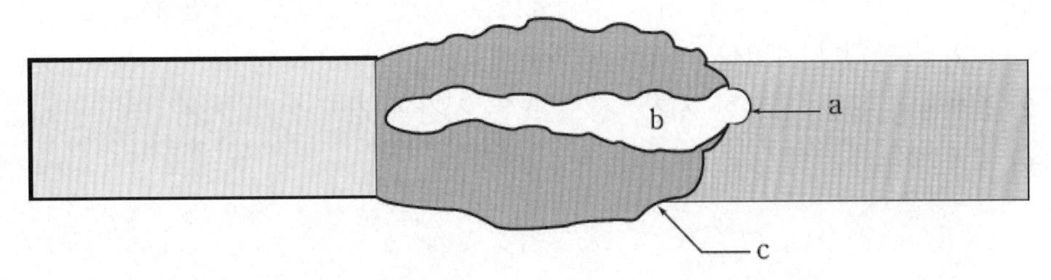

여기서, a : 응용부분, b : 적열부분, c : 붉어진 부분

‖ 아산화동 ‖

④ 반단선(통전로 단면적 감소 ; partial disconnection)

㉠ 정의 : 여러 개의 소선으로 구성된 전선이나 코드의 심선이 10[%] 이상 끊어졌거나 전체가 완전히 단선된 후에 일부가 접촉상태로 남아 있어 단선과 이어짐이 반복되는 상태이다.

㉡ 원인 : 반복적인 굽힘에 의해서 심선의 일부가 끊어지면서 반단선의 상태가 된다.

㉢ 문제점

- 점화원 : 반단선의 상태가 되면 전선이 끊어졌다 붙었다 하면서 불꽃이 발생한다.
- 단선의 원인 : 불꽃에 의해서 절연피복의 내부표면에 흑연이 생성되어 이 흑연에 미소전류가 흘러 흑연이 증식되고 점차로 선간의 절연성이 저하되어 단선이 발생한다.
- 발열 : 단선상태로 통전시키면 도체의 저항은 단면적에 비례하므로 반단선 개소에 저항이 커져서 국부적으로 발열량이 증가하여 전선피복 등 주위로 발화한다.

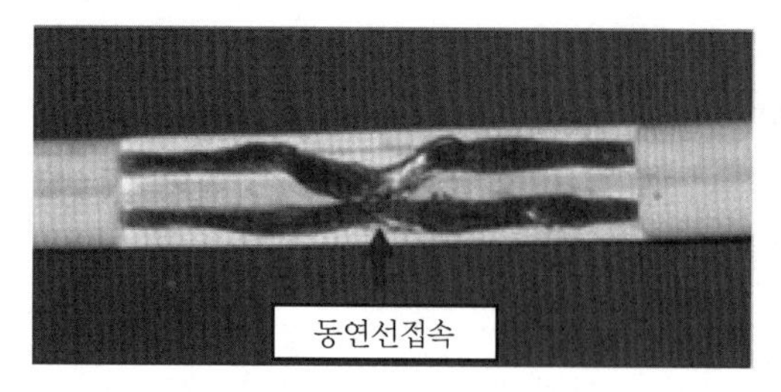

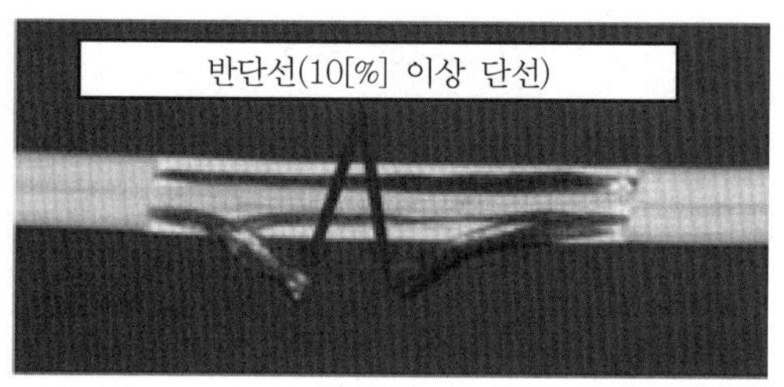

▌반단선▐

(2) 전기불꽃(electrical sparks) → (ignition source)

1) 전기 스파크의 크기가 최소 점화에너지(MIE) 이상이면 가연성 혼합기를 형성한 인화성 액체나 가연성 가스의 점화원이 된다.

2) 점화원의 조건 : 충분한 시간, 강도 또는 시간과 강도의 두 가지

3) 불꽃 에너지

$$E=\frac{1}{2}CV^2$$

여기서, E : 전기에너지[J]
C : 정전용량[F]
V : 전압[V]

4) 단락 또는 쇼트(short circuit)

① 정의 : 다양한 이유로 연결되지 않아야 하는 선이 연결된 것으로, 전선이 중간에 합선되어 회로구성이 매우 짧아진다고 해서 쇼트라고 한다.

② 문제점 : $I=\frac{V}{R}$에서 $R \fallingdotseq 0$이 되고 전압은 일정하다. 따라서, 단락전류(I)는 무한히 증가하여 열 또는 스파크가 발생한다.

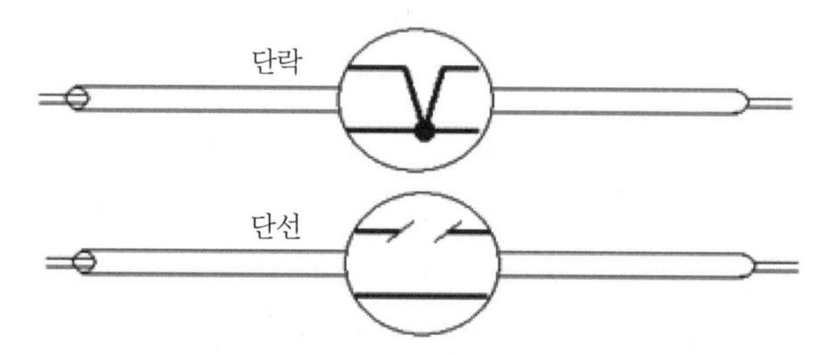

▌단락과 단선▐

③ 전기 · 기계적 원인에 의해서 두 선 간 도전로가 형성되었을 때 발생한다.

④ 단락점의 아크(arc, 떨어질 때 발생), 스파크(spark, 붙을 때 발생)에 의해 주변 가연물에 착화한다.

5) 지락(地絡 : grounding)

① 정의 : 대지로 누설전류가 흐르는 것

② 지락전류 : 선로가 대지에 닿았을 경우 대지의 전위는 0이기 때문에 대지로 전류가 흐르는 것

③ 지락의 원인(origin of ground faults)

㉠ 절연체의 경년열화(습기, 대기오염, 외부 물체 및 절연열화에 의해 약화된 절연)

㉡ 기계적 충격에 의한 물리적 손상

㉢ 극심한 과도전압 충격이나 정상 전압에 의한 열화

㉣ 단락사고의 확대로 인한 지락

④ 문제점

㉠ 감전, 점화원(지락으로 인한 아크와 스파크 발생)

㉡ 계통의 전압을 상승시켜 접속된 전력기기의 소손 우려가 있다.

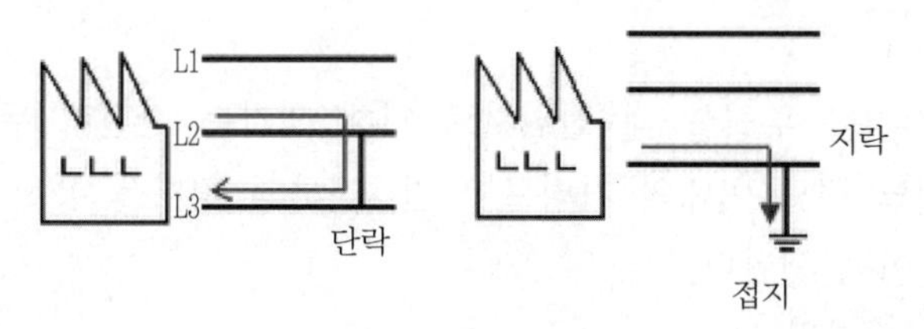

▌단락과 지락▐

6) 낙뢰(lightning)

① 정의 : 구름에 축적된 전하가 지상이나 구름과 반대 전하를 가지게 되므로 전위차에 의한 번개와 천둥을 동반하는 급격한 방전현상

② 문제점

㉠ 낙뢰가 구름이나 지상을 통과 중에 나무나 돌과 같이 저항이 큰 물질에서 저항에 관한 열이 대량으로 발생한다.

㉡ 직격뢰에 의한 대전류 발열(낙뢰는 이상전압의 수백 [kV], 전류값은 수만 [A])이 발생한다.

㉢ 기계적 손상이 발생한다.

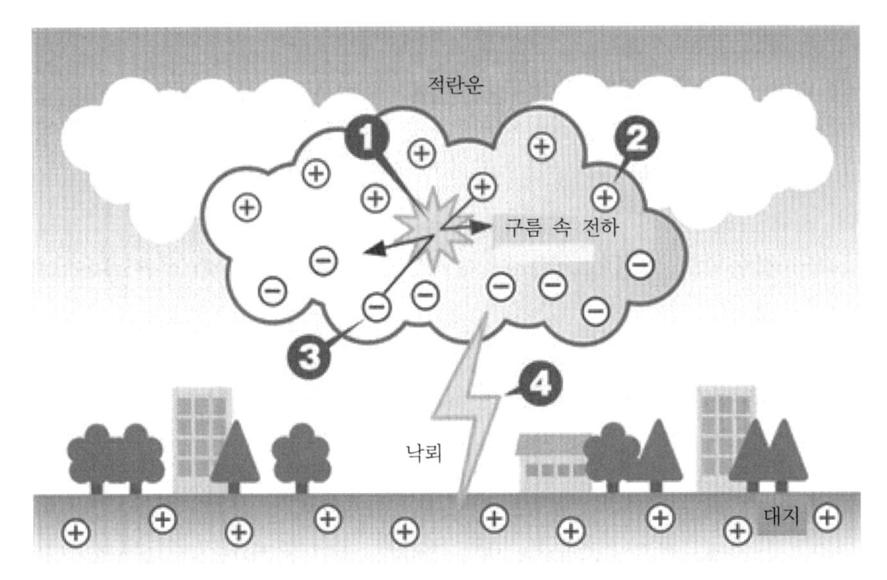

▌낙뢰의 발생원리▐

7) 스파크(spark)

① 정의 : 전기를 투입할 때 전위차로 인해 생기는 정전기 두 전하가 내버려 두지 않고 어느 정도 이내의 거리로 오면, 전하의 평형을 유지하려는 특성에 따라서 빛과 열이 발생한다.

② 문제점 : 점화원

③ 차단기나 코드를 뽑을 경우와 같이 회로를 끊는 순간에 불꽃이 발생하는 이유 : 전류가 급속하게 감소하여 접점부에 유도기전력이 발생하여 이것이 공기 중에 절연을 파괴하고 흐르면서 불꽃을 발생한다.

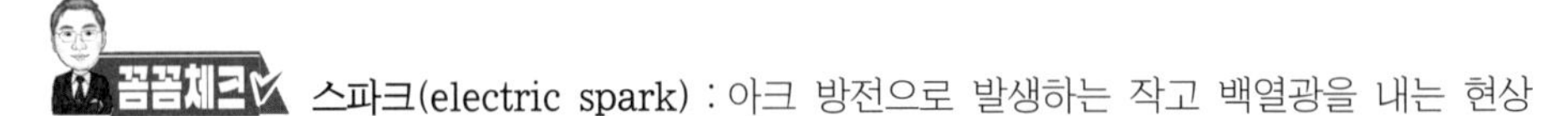
꼼꼼체크 **스파크(electric spark)** : 아크 방전으로 발생하는 작고 백열광을 내는 현상

8) 아크(arc) 130 · 115 · 108 · 107회 출제

① 정의 : 전기를 끊을 때 갑자기 절단시키면 흐르던 전류가 갑자기 큰 저항(공기)을 만나 계속 흐르려는 성질(관성의 법칙)에 의해 큰 저항이 걸려 빛과 열이 발생한다.

꼼꼼체크 **아크(arc)의 용어** : 아크가 발생할 때 불꽃의 모양이 반원을 그리기 때문에 반원인 아크로 부른다.

② 아크 방전(electric arc) : 전극에 전위차가 발생하여 전극 사이의 기체에 지속해서 발생하는 절연파괴의 일종으로, 열전자 방출을 중심으로 한 방전을 말한다. 방전 개시 후 전류를 늘려 가면, 글로 방전을 거쳐 아크 방전에 이른다. 글로 방전에 비해 아크 방전의 음극 강하는 작다는 특징이 있다.

③ 아크 방전의 발생 이유 : 공기는 절연체가 아니기 때문에 때때로 방전현상이 발생한다. 방전은 공기의 절연이 파괴되어 공기를 매개체로 전류가 흐르는 현상을 말한다. 공기 절연파괴는 거리 1[cm]를 기준으로, 교류 21[kV], 직류 30[kV]에서 파괴된다. 이렇게 높은 전압에 의해 공기의 절연이 파괴됨으로써 아크 방전이 발생한다.

④ 아크가 발생할 경우 정상상태와 다른 특징
  ㉠ 특정 대역 사이 주파수 성분이 수배 이상 증가한다(아크 차단기의 감지원리).
  ㉡ 지속적 아크가 발생할 경우 전류 실횻값이 감소한다.

⑤ 문제점 : 점화원

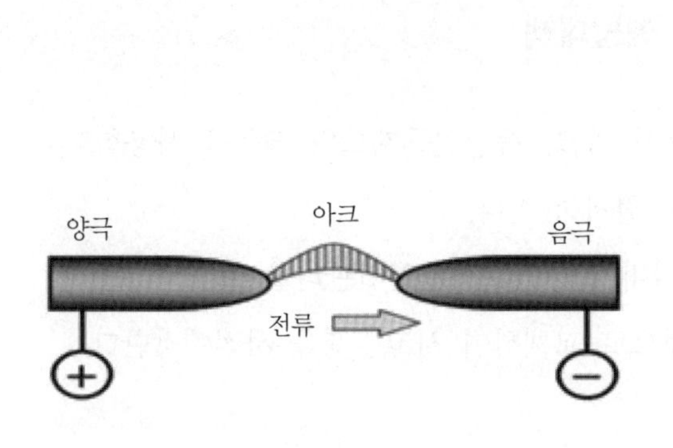

▌아크 전류▐

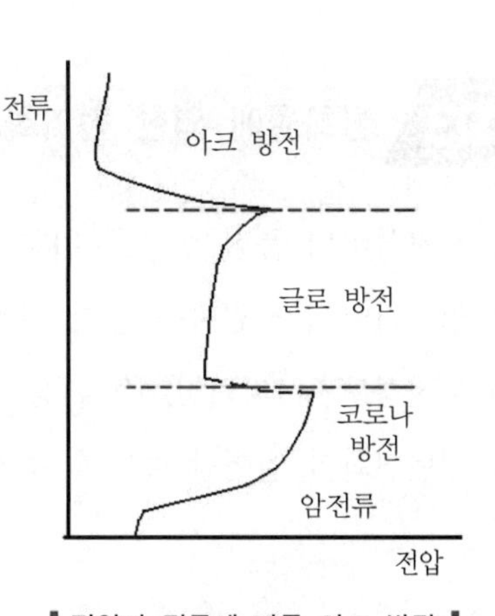

▌전압과 전류에 따른 아크 방전▐

⑥ 아크(arc)와 스파크의 비교

구분	원인	방전현상	전기적 화재조사
스파크	매질의 절연이 파괴되어 절연 매질을 통해서 전류가 흐른다.	순간적	아크에 의해 발생하는 입자
아크		지속적	틈새(gap)를 따라 발생하는 발광전기방전 (luminous electrical discharge)

9) 정전기(static electricity)

① 정의 : 대전된 전하가 축적(정지된 전하)되어 있다가 도전로가 형성되면 순간적으로 흐르면서 빛과 열이 발생하는 현상이다.

② 정전기 방전은 그 시간이 짧고 많은 열을 발생하지 않으므로 목재나 합성수지와 같이 열용량이 큰 가연물을 점화시키지는 못한다. 하지만 가연성 증기나 분진과 같이 열용량이 작은 물질은 발화할 수 있다.

③ 정전기는 전압은 높고(2,000 ~ 5,000[V]) 전류는 작아(수 [mJ]) 전격 시에도 큰 피해를 주지 않지만 사고나 점화원은 될 수 있다.
  예 아주 높은 곳에서 떨어지는 물방울

(3) 유전가열과 유도가열 108회 출제

구분	유전가열(誘電加熱 ; dielectric heating)	유도가열(誘導加熱 ; induction heating)
정의	유전체에 누설전류가 흐르고, 이 누설전류에 의해 분자 간의 극성이 바뀌거나 마찰이 발생하여 가열되는 방식	교류자기장 근처에 금속도체를 놓으면 자기장의 잦은 변화로 유도전류의 방향이 바뀌면서 발열하는 방식
예	전자레인지	인덕션 레인지

유전체(dielectric) : 전기장 안에서 극성을 지니게 되는 절연체

03 발화원에 의한 전기화재 예방대책

(1) 전기설비의 품질 향상을 위한 '전'자 마크, 품질인증제도의 제품을 사용한다.

(2) 정기적인 안전검사를 통한 관리를 철저히 한다.

(3) 누전경보기, 피뢰침, 접지 등의 설비 활용을 통한 안전관리를 한다.

(4) 경년변화가 일어난 설비를 주기적으로 교체하여 사고발생을 사전예방한다.

SECTION 082

탄화현상(트래킹 현상, 가네하라 현상)

122 · 119 · 117회 출제

01 트래킹(tracking) 현상

(1) 개요

1) 정의 : 전위차가 있는 도체 간의 절연체 표면에 탄화도전로(track)가 형성되어 절연이 파괴되는 현상
2) 문제점 : 다른 전기적 현상에 비해 전기적인 발열범위가 비교적 넓고 발열이 지속되어 점화원이 될 수 있다.
3) 트래킹 메커니즘 : 누설전류(습기, 먼지) → 건조대(탄소) → 방전 → 탄화물 → 방전 → 탄화물(누설전류)

(2) 트래킹의 진행절차

1) 1단계 : 절연재료 표면의 오염 등에 의한 탄화도전로 형성
   절연재료의 침식은 습기, 염분, 무기질, 섬유질 및 도전성 물질 등에 의해 표면이 오염되어 도전로를 형성한다.
2) 2단계 : 도전로의 분단과 미소발광방전(scintillation)의 발생
   ① 절연체에 형성된 도전로를 통하여 누설전류가 흐르고 이때 줄열로 인하여 표면을 건조하는 건조대가 생겨나 도전로가 분단된다.
   ② 건조대 부분에 국부적으로 높은 전계가 형성된다.
   ③ 분단된 도전로의 전위차로 인해 미소발광방전이 발생한다.
3) 3단계 : 방전에 의한 표면의 탄화
   미소발광방전에 의한 미소한 탄화로의 형성과 도전로의 분단점에서 미소발광방전이 반복적으로 계속되면 방전의 열에너지에 의해 재료표면이 탄화되거나 열화됨에 따라 도전성 통로(트랙)가 성장하여 단락 또는 지락의 원인이 된다.

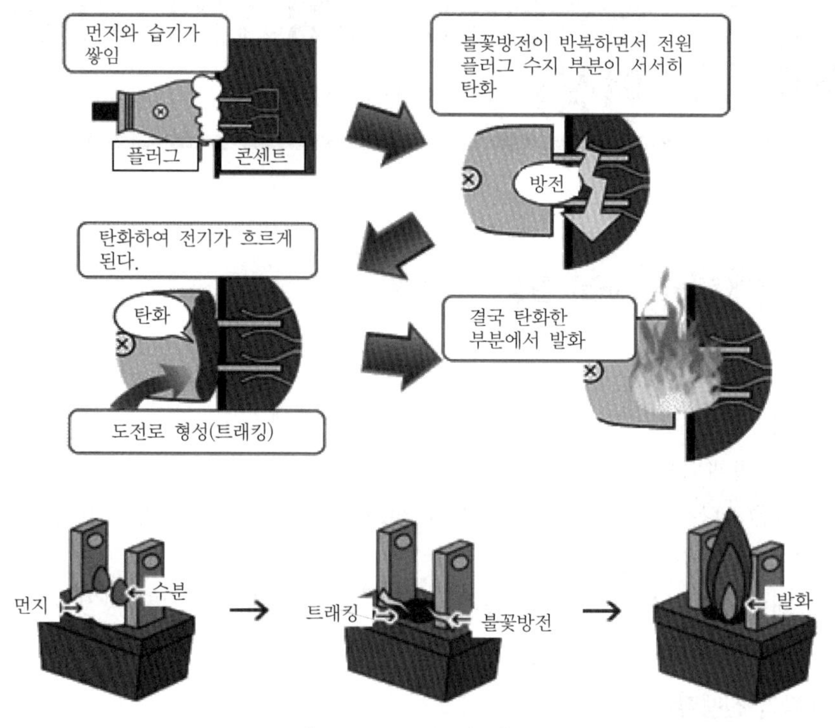

| 트래킹의 메커니즘 |

(3) 트래킹의 구분

1) 습식 트래킹 : 수분이나 먼지에 의해 발생하는 트래킹
2) 건식 트래킹 : 습식 트래킹 이외의 원인에 의해 발생하는 트래킹

(4) 트래킹의 원인

1) 스태플 등의 전선 지지금구에 의하여 절연피복이 손상된다.

스태플(staple) : ㄷ자 모양의 금속제 기구, 전주, 통나무, 건물 등에 철선이나 동선을 묶거나 포설할 때 헐거워지거나 떨어지지 않도록 박는 도구를 말한다.

2) 배선기구의 접점부 발열로 구조재가 탄화된다.
3) 트래킹 발생의 원인 물질
   ① 수분을 많이 함유한 먼지 등의 전해질 이물질
   ② 금속 가루 등 도체 성분의 이물질

(5) 트래킹 발생장소

1) 전압이 인가된 이득 도체(전선, 코드, 케이블, 배선기구 등의 전기제품) 간의 고체 절연물
2) 무기절연물은 도전성 물질의 생성이 적기 때문에 유기절연물에 비해 상대적으로

트래킹에 대한 문제는 작다. 따라서, 대부분의 트래킹 발생장소는 유기절연물의 표면이 된다.

(6) 방지대책

1) 내용연수에 따른 정기적 부품을 교체한다.
2) 전압이 인가된 이극도체(전선, 코드, 케이블, 배선기구 등의 전기제품) 간의 고체 절연물 표면의 청결을 유지한다.
3) 수분이 침투되지 않도록 케이블 단말처리를 한다.
4) **소규모 방전 방지** : 콘센트에 플러그를 정확히 접속한다.
5) 정격용량 이상의 충분한 여유를 가진 배선설계를 한다.
6) 케이블 포설할 때 기계적인 스트레스 및 손상에 주의한다.
7) **차단기 설치** : 아크차단기, 과전류차단기, 누전차단기
8) 열화 진단방법을 적절히 사용하여 사고를 예방한다.

(7) 고체 유전체의 트리잉(treeing)

1) **정의** : 고체절연물에서 나오는 나뭇가지 모양의 방전 흔적을 남기는 절연열화 현상
2) **종류**
   ① 수트리 : 절연체 내에 수분이 침투하면 수분은 이온화되고 이 이온에 교번자계가 가해져서 진동함으로써 절연체에 틈을 만든다.
   ② 전기적 트리 : 절연체 내부의 공극(void) 이물질, 반도전층의 돌기 등에 의해 발생, 절연체 내부에 공극이나 이물질, 돌기 등이 존재하면 부분방전에 의해 전기적 트리가 가속되어 절연파괴를 만든다.
   ③ 화학적 트리 : 케이블이 설치된 토양 등에 함유된 화학적 성분이 케이블 시스층 및 절연체를 투과하여 도체에 도달해 도체 재료와 반응하고 이때 생성된 반응물질이 절연체 내부에 나뭇가지 모양으로 진전되어 절연파괴가 된다.

02 가네하라 현상(Kanehara phenomenon) or 흑연화(graphite)

(1) 개요

1) **정의** : 누전회로에서 발생하는 스파크에 의해 목재 등이 흑연화(graphite)라는 탄화도전로가 생겨, 증식, 확대, 발열, 발화하는 현상
2) 흑연화의 특성
   ① 흑연은 비금속 중에서는 도전성이 좋다.
   ② 금속보다 도전율이 낮아서(저항이 큼) 작은 전류에 의해서도 발열되고 이 열로 인해 흑연화가 촉진된다.

(2) 메커니즘

1) 유기질 절연체의 흑연화 : 목재와 같은 유기질 절연체가 화염에 의해 탄화되면 무정형 탄소가 되어 절연성이 되지만 지속적인 스파크 및 아크에 노출을 받을 때는 무정형 탄소는 점차로 흑연화되어서 도전성을 갖게 된다.

무정형의 탄소 : 탄소의 동위원소 중에서 다이아몬드나 흑연 이외에 확실한 결정상태를 이루지 못한 탄소를 통틀어서 무정형의 탄소라고 한다.

2) 흑연화에 따른 절연체의 절연파괴 : 목재, 고무 등 유기질 절연체에서 전기불꽃이 발생하면 절연체는 탄화되면서 흑연화되지만, 이때 불꽃은 온도보다 열용량이 작아서 곧 냉각된다. 따라서, 초기에 생성된 흑연량은 미량으로 이때는 전극 간의 절연파괴가 발생하지는 않는다.
3) 흑연화 증식 및 발화 : 위 과정의 불꽃방전이 지속해서 반복되면 이에 따라 흑연이 축적된다. 또한, 절연체 표면이 흑연화되면 전류의 흐름량이 증가하고 줄열에 의해 서서히 흑연화가 입체적으로 증가하게 된다. 따라서, 전류량은 더욱 증가하게 되고 발열량도 증가하게 되어 결국은 발화에 이르게 된다.

(3) 트래킹과의 흑연화의 구분

탄화대상의 절연체로 구분을 하나 실질적으로 명확히 구분되지 않기 때문에 관례로 다음 사항으로 구분한다.

구분	트래킹	흑연화
발화	미포함	포함
발생 원인	표면 오염, 손상, 수분, 경년변화	전기불꽃
발생 장소	전기기계 · 기구 등	전기기계 · 기구 등을 제외한 유기질 절연체(플라스틱, 목재, 고무)
진행 순서	전기기계 · 기구 → 절연체 표면열화 → 누전회로 발생 → 미소불꽃 방전(장시간 반복) → 탄화도전로(track) 발생 → 발화	유기물의 절연체 → 절연체 표면열화 → 누전회로 발생 → 미소불꽃 방전(장시간 반복) → 탄화도전로 발생 → 줄발열 → 표면의 흑연화(탄화)

SECTION 083 은 이동현상(실버 마이그레이션 ; Ag migration) 118회 출제

01 개요

(1) 저전류에서 절연이 되지 않는 절연불량은 절연체 안으로 금속물질이 들어간다. 금속 원자나 이온이 전극과 절연 저항체 사이로 들어가면서 절연저항이 감소하고 통전이 발생한다. 이 중에 은이 이동하면서 발생하는 현상을 은 이동현상 또는 실버 마이그레이션이라고 한다. 이러한 이동현상으로 인해 절연성이 파괴되므로 이를 통해 제품의 품질 저하 및 화재 등의 원인이 된다.

(2) **영향인자**
   1) 절연물의 흡수성
   2) 고온다습한 사용 환경
   3) 산화 · 환원성 가스의 존재

02 발생조건

(1) **전기화학적인 경우** : 이온 마이그레이션(ion-migration)
   1) **정의** : 프린터 회로판 등의 전극 간에 흡습이나 결로(結露) 등 수분이 흡착한 상태에서 전계가 인가된 경우 한쪽의 금속 전극으로부터 다른 쪽의 금속 전극으로 금속이온이 이행하고 금속 또는 화합물이 석출되는 현상이다.
   2) 발생환경
      ① 주변 온도가 낮은 경우(일반적으로 100[℃] 이하)
      ② 낮은 전류에서 발생(1[mA/cm^2] 이하)
      ③ 반드시 수분이 필요함
      ④ 은, 구리 등의 일부 금속에서 관찰됨
      ⑤ 오염원의 존재
   3) 구분

구분	표면 수지상의 형성[덴드라이트(dendrite)]	전도성 양극 필라멘트의 형성(CAF)
발생 조건	프린트 배선판의 절연부 표면에 석출하는 금속 또는 그 산화물이 나뭇가지의 형태로 성장하여 이웃하는 금속 패턴과 단락되어 패턴과 패턴 사이의 절연성을 파괴하는 현상	프린트 배선판 내부의 글라스 섬유 계면을 따라 용해된 금속, 또는 그 산화물이 섬유상으로 성장하여 금속 패턴 간의 절연성을 파괴하는 현상

구분	표면 수지상의 형성[덴드라이트(dendrite)]	전도성 양극 필라멘트의 형성(CAF)
발생 금속	주석(Sn), 납(Pb)	구리(Cu)
특성	① 깨지기 쉬움 ② 산화 때문에 파괴됨 ③ 건조 시 표면장력 변화 및 전류가 충분한 경우 연소현상 발생함	① 절연저항 손실이 발생함 ② 단락이 발생함

CAF : Conductive Anodize Filaments

(2) **전기적인 경우** : 전기 마이그레이션(electro-migration)

1) 온도가 높다(150[℃] 이상).
2) 높은 전류에서 발생(10^4[A/cm^2])한다.
3) 다양한 금속에서 발견된다.

(3) **물리적인 경우** : 스트레스 마이그레이션(stress migration) 및 열적 마이그레이션(thermal migration)

1) 기계적인 스트레스에 의해 금속원자의 이동이 발생한다.
2) 열적 스트레스에 의해 금속원자의 이동이 발생한다.
3) 주로 반도체의 알루미늄 배선에서 잘 발생한다.

03 메커니즘

(1) **실버(Ag) 마이그레이션**

1) Ag는 H_2O에 의해 이온화되고(대부분의 수분은 대기 중에서 흡수) 전극 사이에 전압이 가해진다.

$Ag \rightarrow Ag^+$

$H_2O \rightarrow H^+ + OH^-$

2) Ag^+와 OH^-가 서로 결합하여 AgOH를 양극면에 증착시킨다.
3) AgOH로부터 산화은(Ag_2O)으로 분해된 후 양극면에 콜로이드 형태로 분산된다.

$2AgOH \rightarrow Ag_2O + H_2O$

4) 수화반응이 발생한다.

$Ag_2O + H_2O \rightarrow 2AgOH \rightarrow 2Ag^+ + 2OH^-$

수화반응 : 탄소 간의 이중결합에 히드록시기와 수소이온이 끼어서 들어가는 반응

5) 수화반응을 통해 은이온(Ag^+)이 음극면에 증착된다.

증착(evaporation) : 어떤 물질을 기판 표면에 박막으로 부착시키는 것을 말한다. 진공 공간 속에서 증착하려는 물질의 화합물을 가열 증발시키는 방법이다.

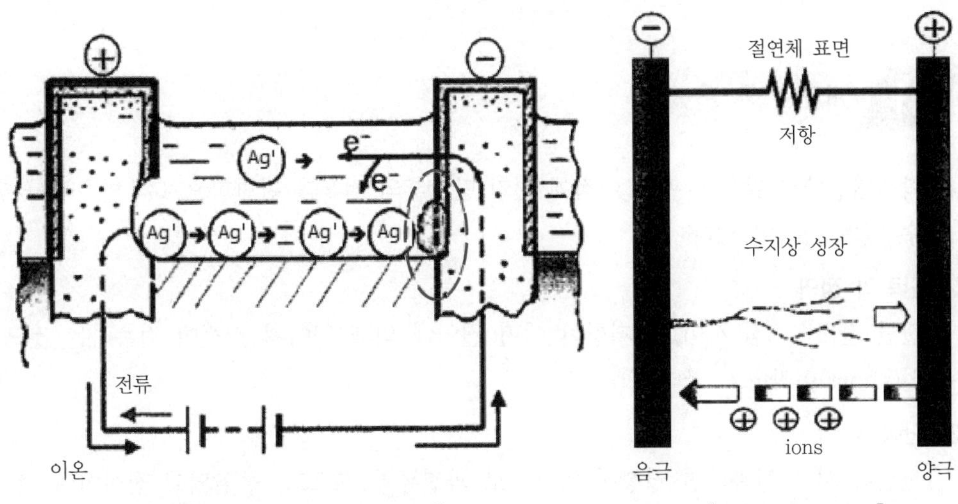

▌양극과 음극 사이의 화학반응 ▌ ▌이온이동 개략도 ▌

(2) 구리(Cu) 마이그레이션

1) 전기장 내에 수분이 존재하면, 다음의 반응이 양극에서 발생한다.

$Cu + 4H_2O \rightarrow Cu(OH)_2 + O_2\uparrow + 3H_2\uparrow$

2) 음극반응

$Cu(OH)_2 \rightarrow CuO\downarrow + H_2O$

3) 산화구리(CuO)가 음극에서 양극방향으로 증착하게 된다.

4) 특히, 염소(Cl)의 절대량은 아주 미량일지라도, 구리의 마이그레이션에는 큰 영향을 미친다.

(3) 다른 금속의 마이그레이션

금, 니켈, 주석, 납(접합용 납 포함)들도 보고되었다. 그러나 상세한 메커니즘은 잘 알려지지 않고 있다.

04 위험성과 대책

위험성	대책
① 점화원 : 줄열, 저항발열	① 고온다습한 환경을 만들지 않음
② 감전 : 도전로 형성	② 습도를 낮춤
③ 각종 기판의 오동작 또는 시스템 다운 : 절연파괴	③ 은 이온이 이동하지 못하도록 막을 형성함
	④ 항상 청결을 유지함

SECTION 084

단락흔

110회 출제

01 개요

(1) 화재현장에서 발화원 판단 이전에 전기 단락흔의 전후를 판단함으로써 발화부를 추정할 수 있는 특성이 있다.

(2) **단락의 정의**

전선 간(2 ~ 3점 사이)에 저항이 어떤 원인에 의해 없어져 전선이 접촉하는 것으로 합선(short)이라고도 한다.

(3) **단락흔**

전선이 서로 접촉되면 저항이 없으므로 과전류가 흐르고, 줄열되어 전선이 순간적으로 녹아 단락이 생기면서 발생한 흔적

02 단락흔

구분	1차 단락흔(합선흔)	2차 단락흔(용융흔)
정의	전선이 장기간 사용으로 노후나 기타 원인으로 절연체가 소실 또는 손상되면서 발열해서 출화하는 경우	화재발생으로 인해 절연피복이 녹아 전선이 단락되는 경우
단락	화재원인의 단락	화재로 인한 단락
형상과 광택	둥글고 광택이 있음	거칠고 광택이 없음
소선과 망울	경계면을 가지고 있음	경계면 없이 한 덩어리를 이룸
탄소의 검출	검출되지 않음	검출되는 경우가 많음

구분	1차 단락흔(합선흔)	2차 단락흔(용융흔)
형태		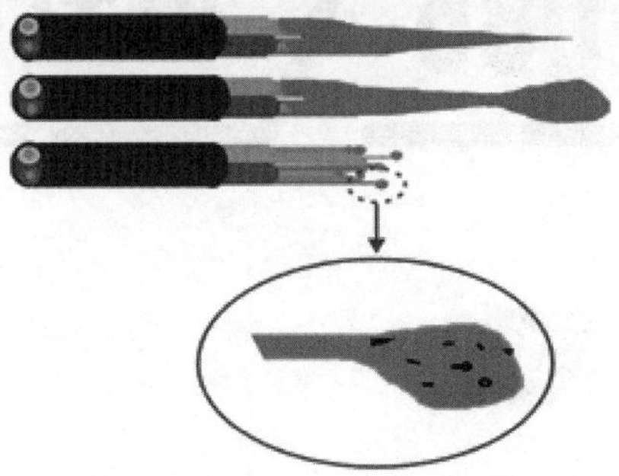
	소선과 망울의 경계가 식별되는 단락흔	전체적으로 화재에 의해 녹은 형태의 외부 화염으로 녹은 용융흔

SECTION 085 피뢰설비

01 개요

(1) 뇌운(lightning flash to earth)이 건물 등 자신이 방전할 수 있는 돌출구조물을 만나면 자신이 가지는 전하를 급격하게 방전시키는 데 이것을 낙뢰라고 한다. 아래 그림과 같이 2개 전극 사이의 전압을 점차 올리면, 어느 높은 전압에 이르러서는 2개 전극 사이의 공기절연이 부분적으로 파괴되고(절연 국부파괴/코로나 방전), 이보다 더 전압을 높이게 되면 2개 전극판 사이에 불꽃방전(flash over)이 일어남을 알 수 있다.

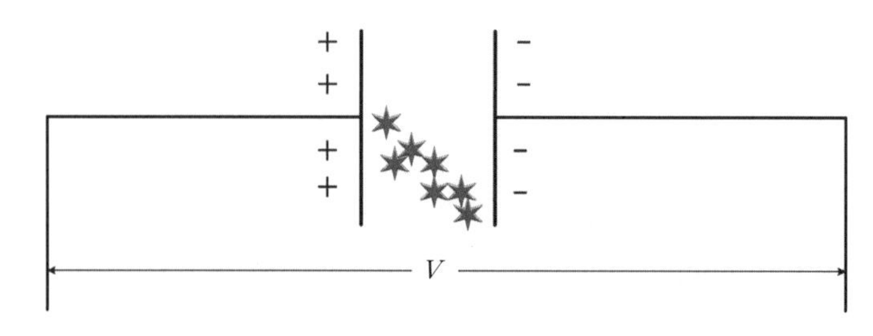

▌뇌의 개념도▐

(2) **피뢰침 설치규정** : KS C IEC 62305

(3) **한국산업규격(KS C IEC 62305)의 피뢰설비**

1) **정의** : 구조물에 입사하는 낙뢰로 인한 물리적 손상을 줄이기 위한 수단

2) **개념** : 직격뢰로부터 건물의 파손 및 인명을 보호하기 위한 수뢰부 시스템

3) **구분** : 피뢰침, 메시도체, 가공지선 등

(4) **피뢰설비 설치대상**

설치대상	관련 법규
낙뢰 우려가 있거나 높이 20[m] 이상의 건축물	「건축물의 설비기준 등에 관한 규칙」
지정수량 10배 이상의 위험물을 취급하는 제조소	「위험물안전관리법 시행규칙」

02 직격뢰에 의한 이상전압

(1) 정의

낙뢰가 떨어지는 직접적인 전기방전으로 이상전압이 형성되는 것

(2) 직격뢰(直擊雷, direct stroke)

1) **정의** : 낙뢰가 구조물 또는 시설물 등에 직접 뇌격하는 것
2) **발생현상** : 순간적인 고온(약 3,000[℃], 대기압 10 ~ 100기압)과 전자력(뇌격 전위 약 1억[V], 뇌격전류의 파고값은 약 50,000[A], 방전시간은 약 150[μs], 일종의 정전기 방전현상) 등에 의해 기계적 파괴, 목조 가옥 등의 착화, 전기기기 절연파괴, 가연성 기체, 액체 및 가연물 등을 인화시켜 재해의 발생원
3) 직격뢰가 전선로에 맞았다면 높은 전압파가 전선로를 따라 전파해 가게 된다.

(3) 일반적으로 뇌전압 또는 뇌전류 파형의 충격파(impulse wave)

1) 서지(surge)는 극히 짧은 시간에 파고값에 도달하고, 짧은 시간에 소멸하는 파형을 가진다.

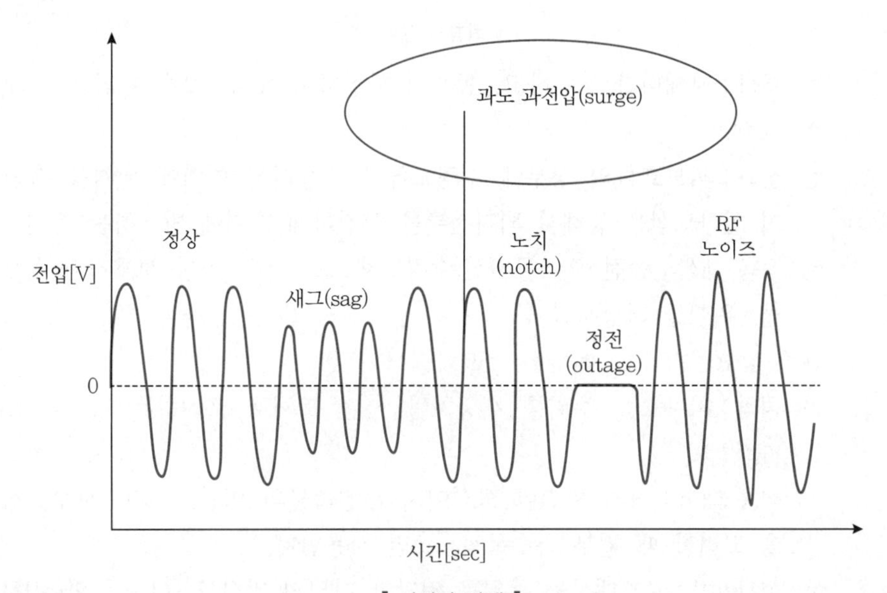

▌서지의 발생▐

2) 선로가 뇌격을 받으면 충격파를 발생시키고 이는 다시 진행파가 되어 정해진 전파속도로 선로상을 좌우로 진행해 나간다. 선로상을 진행하는 과정에서 코로나, 저항, 누설 등으로 에너지가 소모되어서 점차 파고가 저하되고, 파형도 일그러진다.

3) 직격뢰에 대한 건물의 피뢰설비 설치방식

① 피뢰침방식(iightning rod, franklin rod)

㉠ 정의 : 뇌격은 선단이 뾰족한 금속도체 부분에 잘 유인되기 때문에 건축물 근방에 접근한 뇌격을 흡인하여 선단과 대지 사이에 접속한 도체를 통해서 뇌격전류를 대지로 방류하는 방식

㉡ 적용 대상 : 건축물, 위험물제조소 등

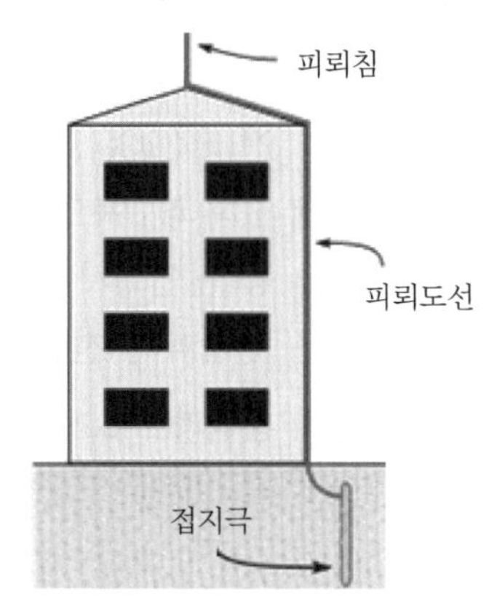

▌피뢰침의 설치 예▐

㉢ 특징 : 자재비가 저렴하고, 동작이 확실하며 유지 · 보수가 필요 없다.

② 수평도체방식

㉠ 정의 : 피보호물의 상부에 수평도체를 가설하고 여기에 뇌격을 흡인하게 하여 인하도선을 통해서 뇌격전류를 안전하게 대지에 방류하는 방식

㉡ 적용 대상 : 송전선 가공지선(수평도체 보호각은 돌침 보호각과 동일), 건축물, 위험물 저장시설 등

③ 케이지(cage)방식 or 메시(mesh)도체방식

㉠ 정의 : 피보호물 주위를 새장처럼 생긴 도체로 포위하는 방식으로, 완벽한 피뢰방법

㉡ 적용 대상 : 거의 완전한 방식이지만 건축물의 미관, 유지 · 보수, 경제성 등을 고려할 때 일부 특수목적으로만 사용한다.

㉢ 설치방법 : 보호대상물 주위를 적당한 간격의 망상도체(1.5 ~ 2[m])로 감싸는 방식

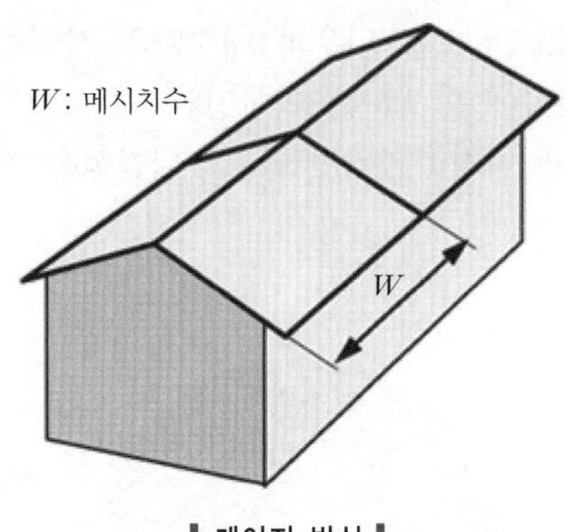

▌케이지 방식▐

4) 직격뢰에 대한 건물의 피뢰설비 보호등급
① 보호등급 : 피뢰설비가 낙뢰로부터 구조물을 보호할 수 있는 확률과 관련된 피뢰설비의 등급
② 등급

구분	완전보호	증강보호	보통보호	간이보호
정의	어떠한 뇌격에 대해서도 안전한 방식	피뢰설비의 보호범위를 증가시키는 방식	피뢰침으로 어느 정도의 보호각 이내로 보호하는 방식	보통 보호보다 간단한 것으로 건물을 가로질러서 가공지선 형태의 수평도체를 가설하는 방식
방식	케이지방식	피뢰침 + 수평도체방식(부차적)	피뢰침방식	수평도체방식

5) **피뢰시스템 등급선정** : 일반적으로 Ⅳ등급으로 시설하고 국가의 중요 시설물에는 Ⅲ등급으로 한다. 다만, 위험물의 제조소 등에 설치하는 피뢰시스템은 Ⅱ등급 이상으로 하여야 한다.

▌피뢰레벨과 해당 건축물의 예▐

피뢰레벨	낙뢰의 영향	해당 건축물의 예
Ⅰ	그 자체로 가장 큰 피해가 우려되는 건축물	화학, 원자력, 생화학건물
Ⅱ	건축물 주변에 피해(화재, 폭발)를 줄 우려가 있는 건축물	위험물 제조소 등
Ⅲ	공공 서비스 상실의 피해가 우려되는 건축물	전신전화국, 발전소
Ⅳ	일반 건축물	주택, 농장

03 유도뢰에 의한 이상전압

(1) 유도뢰

1) 정의 : 직격뢰 다음 발생하는 전자기장에 의해 발생하는 뇌

2) 이상전압 : 뇌운 상호 간 또는 뇌운과 대지와의 사이에서 방전이 일어났을 때 뇌운 밑에 있는 송전선로상에 발생하는 이상전압

3) 유도뢰는 발생횟수가 현저히 많았지만 그 위험성은 직격뢰에 비해 작은 편이다.

(2) 유도뢰의 발생과정

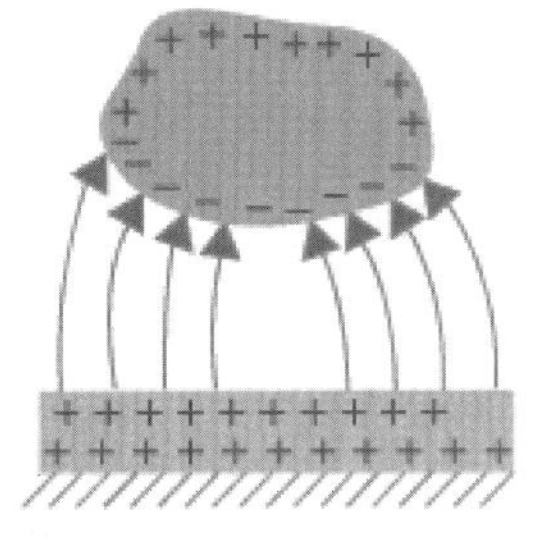

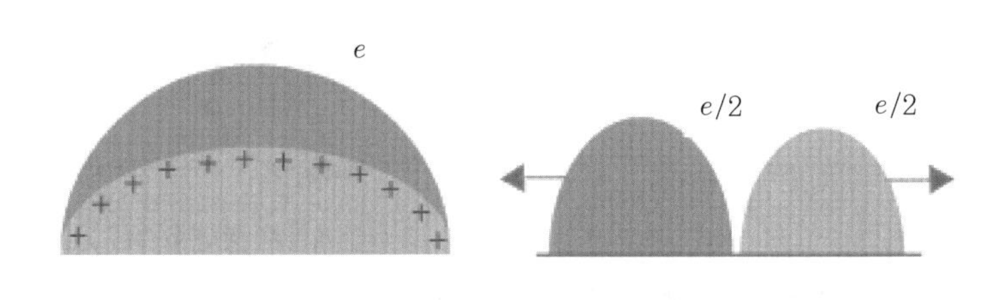

a) 뇌운이 송전선로에 접근 b) 송전선로에 구속전하만 남음 c) 진행파가 되어 양측으로 전파

(3) 특징

1) 유도뢰의 크기 : 뇌방전 직전의 구속전하가 클수록, 뇌운의 방전전류가 클수록 또한 방전시간이 짧을수록 커진다.

2) 유도뢰는 직격뢰에 비해서 그 발생빈도는 높지만 파고값이 그다지 높지 않기 때문에 154[kV] 이상의 송전선로에 대해서는 절연상별 문제가 되지 않는다. 하지만 유도뢰에 의한 고전압이 가정이나 건물의 전기기기까지 도달한다면 직격뢰의 경우와 같이 피해가 커지게 된다.

04 피뢰설비 설치 시 고려사항

(1) 안전성

1) 낙뢰사고의 사전예방 및 사고 시 설비 및 장비 파급구간을 최소화한다.
2) 인적 · 물적 피해가 발생하지 않도록 효과적이고 안정적인 설계를 한다.
3) 지역에 따라 상당한 차이, 건물이 위치한 지역의 낙뢰 빈도를 고려한다.

(2) 신뢰성

1) 견고하고 안전한 설비를 선정한다.
2) 국가기관인증 자재 및 검증 확인 시스템을 선정한다.
3) 국내 및 국제규격(KS C IEC 62305)에 적합한 시스템을 선정한다.

(3) 경제성

1) 낙뢰방지시스템에 적합한 피뢰자재 및 규격을 선정한다.
2) 최대한의 성능 발휘를 고려한 설비를 설계한다.

(4) 기능성

주위 환경 및 시설 운영에 적합한 시스템을 구축한다.

(5) 운용성

1) 효과적인 낙뢰방지시설 관리에 중점을 둔 자재를 선정한다.

2) 시설의 설치가 쉬운 자재를 선정한다.

3) 보수 및 유지 관리를 고려한 시스템으로서 종합계획이다.

05 피뢰침 설치규격(IEC 62305) 74)

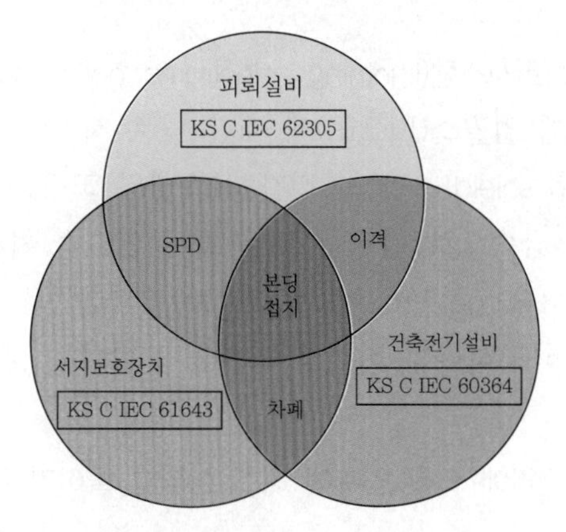

▍피뢰설비 관련 규격의 상관성 ▍

(1) 용어의 정의

1) 피뢰시스템(LPS : Lightning Protection System) : 구조물에 입사하는 낙뢰로 인한 물리적 손상을 줄이기 위해 사용되는 모든 시스템이다. 피뢰시스템은 외부 피뢰시스템과 내부 피뢰시스템으로 구성된다.

① 외부 피뢰시스템(external lightning protection system) : 수뢰부시스템, 인하도선시스템, 접지시스템으로 구성된 피뢰시스템의 일부이다.

② 내부 피뢰시스템(internal lightning protection system) : 뇌등전위본딩 및 외부 피뢰시스템의 전기적 절연으로 구성된 피뢰시스템의 일부이다.

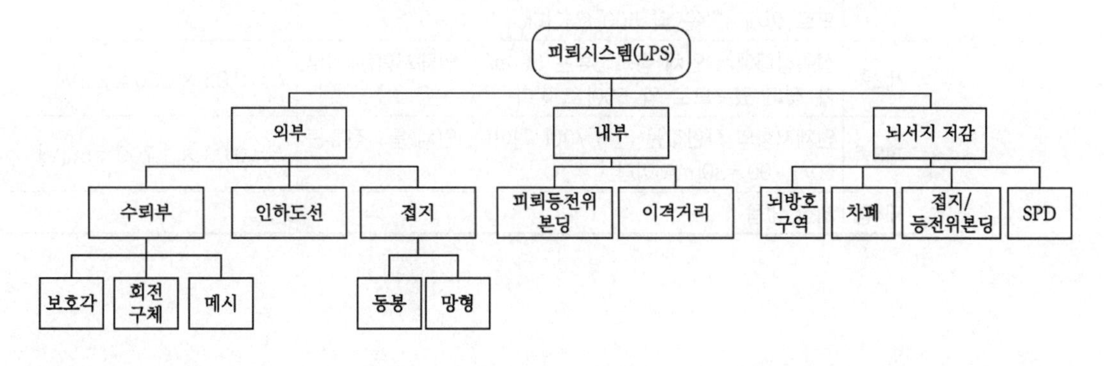

74) KS C IEC 62305에서 발췌

2) 수뢰부시스템(air-termination system) : 낙뢰를 받아들일 목적으로 피뢰침, 메시도체, 가공지선 등과 같은 금속물체를 이용한 외부 피뢰시스템의 일부이다.
3) 인하도선시스템(down-conductor system) : 뇌격전류를 수뢰부시스템에서 접지시스템으로 흘리기 위한 외부 피뢰시스템의 일부이다.
4) 접지시스템(earth-termination system) : 뇌격전류를 대지로 흘려 방출시키기 위한 외부 피뢰시스템의 일부이다.
5) 차폐선(shielding wire) : 인입설비에 입사하는 낙뢰로 인한 손상을 줄이기 위해 사용되는 금속선
6) LEMP에 대한 보호시스템(lightning electromagnetic pulses protection measures system) : 뇌전자계 임펄스(LEMP)에 대한 내부 시스템 보호를 위한 모든 시스템
7) 자기차폐(magnetic shield) : 전기 · 전자 시스템의 고장을 줄이기 위해 보호대상물을 감싸는 폐회로의 금속으로 된 격자모양 또는 연속적 차폐물 또는 그 일부분
8) 서지보호장치(SPD : Surge Protective Device) : 과전압을 제한하고 서지전류를 전류(轉流)시키는 적어도 하나의 비선형 소자를 포함하는 장치

(2) 보호대책

1) 접촉전압 및 보폭전압에 의한 인축에 대한 상해를 줄이기 위한 보호대책 112회 출제

① 정의

구분	정의
접촉전압 (touch voltage)	작업자가 대지에 접촉하고 있는 발과 다른 신체부분 사이에 인가되는 전압으로, 구조물과 대지면의 거리 1[m]에서 접촉 시 전위차를 말한다.
보폭전압 (step voltage)	고장전류가 흘렀을 때 접지전극 근처에 전위가 발생하고, 이때 사람의 두 다리에 인가되는 전압으로 두 다리 거리 1[m]의 전위차를 말한다.

② 허용접촉전압의 산출

종별	산출근거	허용접촉전압 계산식
제1종	접촉상태에서 인체의 허용전류를 이탈한계 전류의 최저값인 5[mA]로 하며, 이 상태에서 피부가 현저히 젖어 있으므로 인체저항은 약 500[Ω]이다.	$E = 0.005 \times 200 = 2.5$[V]
제2종	접촉상태에서 인체 통과전류는 50[mA], 인체저항은 피부가 젖어 있으므로 약 500[Ω]이다.	$E = 0.05 \times 200 = 25$[V]
제3종	인체저항의 하한값은 약 1,700[Ω]이다. 인체 통과전류는 50/1,700≒30[mA]이다.	$E = 0.03 \times 1{,}700 = 50$[V]
제4종	제한 없음	

③ 접촉상태별 접촉전압

종별	허용접촉전압	접촉상태
제1종	2.5[V] 이하	인체 대부분의 수중에 있는 상태
제2종	25[V] 이하	인체 젖어 있음, 금속물에 인체 일부 상시 접촉상태
제3종	50[V] 이하	1 · 2종 이외에 접촉전압 인가 시 위험성 높은 상태
제4종	제한 없음	1 · 2종 위험성 낮은 상태, 접촉전압의 인가 우려 없는 상태

④ 허용접촉전압과 위험접촉전압의 구분 : 독일 65[V], 스위스 50[V], 영국 40[V]

⑤ 저감 대책

구분	내용	방법
전위경도 감소	고장 시 접지를 통하여 흐르는 고장전류에 의한 지표면의 전위경도를 낮추는 방법	① 접지극을 깊게 매설 ② 망접지극인 경우 접지망의 밀도를 높게, 폭을 넓게 포설하여 등전위화
접촉저항 증가	손과 접지된 구조체의 접촉부분, 인체의 다리와 대지면의 접촉저항을 증가시키는 방법	① 작업자가 쉽게 접촉할 우려가 있는 설비의 표면을 절연 ② 대지면의 접촉저항을 증가시키기 위해 부지의 표면을 자갈로 포설하거나 아스팔트 포장 ③ 배수처리 강화를 통한 습기 감소
물리적 제한과 경고표시	물리적으로 접촉을 할 수 없도록 하거나 경고표시를 부착하는 방법	① 작업자가 접촉할 우려가 있는 부분을 이격 ② 위험사항에 대한 각종 경고표시 부착

전위경도 : 전선 주위에 작용하는 전계로서, 전계가 크면 전선 주위에 정전에너지의 분포가 많아져 공기에 작용하는 정전력이 증가하게 된다.

2) 물리적 손상을 줄이기 위한 보호대책

① 구조물의 경우 : 피뢰시스템(LPS : Lightning Protection System)

㉠ 피뢰시스템의 필요성 : 위험성(R) > 허용위험(R_T)

㉡ 외부 LPS의 기능

- 수뢰부 : 구조물 뇌격을 받아들인다.
- 인하도선 : 뇌격전류를 안전하게 대지로 보낸다.
- 접지 : 뇌격전류를 대지로 방류시킨다.

㉢ 내부 LPS의 기능

- 피뢰등전위본딩
- LPS 구성요소와 구조물 내부에 다른 전기적 도체 사이에 떨어진 거리(결과적으로 전기적 고립)를 사용함으로써 위험한 불꽃을 차단한다.

② 인입설비의 경우 : 차폐선

3) 전기 · 전자 시스템의 고장을 줄이기 위한 보호대책

① 구조물의 경우 : 단일 또는 조합으로 사용되는 다음 수단으로 구성된 뇌격에 의한 전자임펄스(LEMP) 보호대책시스템(LPMS)을 설치한다.

1. 보호대책시스템(LPMS) : Lightning Protection Measures System
2. 뇌격에 의한 전자임펄스(LEMP) : Lighting Electro Magnetic Pulse

㉠ 접지 및 본딩 대책 : 등전위화

㉡ 자기차폐

- 공간차폐물 : 구조물 또는 구조물 근처의 직격뢰에 의해 발생하는 피뢰구역(LPZ) 내부의 자계와 내부서지를 감소시킨다.
- 내부선로의 차폐 : 차폐 케이블이나 케이블덕트를 이용한 내부배선의 차폐는 내부 유도서지를 최소화시킨다.

㉢ 선로의 경로 : 유도루프를 최소화시킬 수 있으며 내부서지를 감소시킨다.

㉣ 협조된 SPD 보호 : 내부서지와 외부서지의 영향을 제한한다.

② 인입설비의 경우

㉠ 선로의 말단과 선로상의 여러 위치에 서지보호장치(SPD)를 설치한다.

㉡ 케이블의 자기차폐를 한다.

4) 피뢰구역(LPZ : Lightening Protection Zone)

① 정의 : 뇌격에 의한 전자임펄스(LEMP)의 위협으로부터 설비 및 기기를 보호하기 위해 보호공간의 경계점을 기준으로 나눈 것이다.

② 결정인자 : LPS, 차폐선, 자기차폐, SPD

③ 구분

피뢰구역	공간	대상설비
LPZ 0_A	직격뢰를 맞는 공간(낙뢰에 의한 전자계가 감소되지 않는 공간)	외등, 감시카메라
LPZ 0_B	직격뢰 보호공간(낙뢰에 의한 전자계가 감소되지 않는 공간)	안테나, 옥상큐비클
LPZ 1	건물의 내부구역으로 본딩 또는 SPD에 의해 서지전류가 제한되는 영역으로 에너지가 높은 과전압으로 인한 위험이 존재함	전기실, MDF실
LPZ 2	본딩 또는 SPD를 추가 설치하여 유입 가능한 서지전류가 더욱 제한되는 영역으로 에너지가 낮은 과전압으로 인한 위험이 존재함	중앙감시실, 전산실
LPZ 3	본딩 또는 SPD를 추가 설치하여 서지전류가 없거나 최소인 건물 내부구역으로 장치 및 케이블 자체에 의한 과전압 및 다른 영향으로 인한 위험이 존재함	내부기기

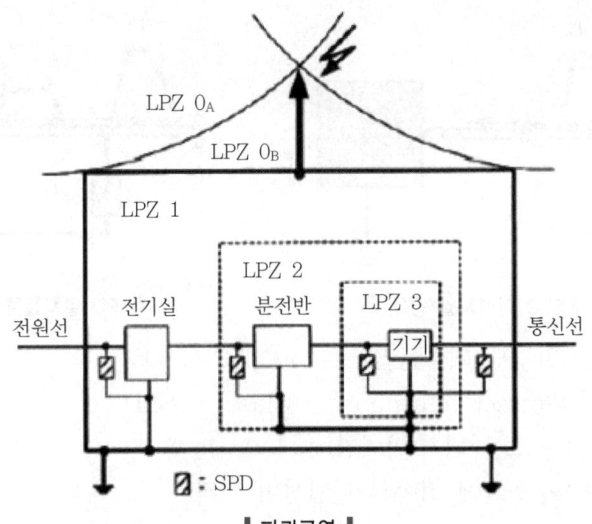

▌피뢰구역▐

5) 서지보호장치(SPD : Surge Protection Device) 113회 출제
   ① 구분 : 전원용과 통신용(신호, 데이터용 포함)
   ② SPD의 설치대상 건축물(KS C IEC 60364-4-44)
      ㉠ 연간 뇌우일수(IKL) 25[일/year] 초과하는 지역에서 전원이 가공선로로 공급되는 전기설비
      ㉡ 저압으로 인입되는 전기설비가 통합접지인 건물 안의 전기설비
      ㉢ 통합접지를 적용한 경우
   ③ 서지보호장치를 사용하여 등전위본딩을 한다.
   ④ 원리 : 정상전압에서는 전류를 거의 흘리지 않으나 전압이 높아지면 많은 전류를 흘리는 바리스터를 이용하여 이상전압이 침입 시 부하로 흐르지 않고 서지보호장치로 흐르게 한다.

꼼꼼체크 **바리스터(varistor)** : Variable(변하기 쉬운)과 Resistor(저항기)의 합성어로, 고전압이 걸리면 저항이 현저히 낮아지는 소자를 의미한다. 제너다이오드와 유사하나 바리스터는 좀 더 높은 전압에서 동작하며 양방향으로 동작한다.

   ⑤ 역할 : 과도과전압을 분류하고, 제한전압으로 억제한다.
   ⑥ 구성요소 : 열폭주 방지소자 + 전압 제한소자, 전압 억제소자(바리스터, 가스봉입방전관, 실리콘 억제소자) + 고장유무 표시장치

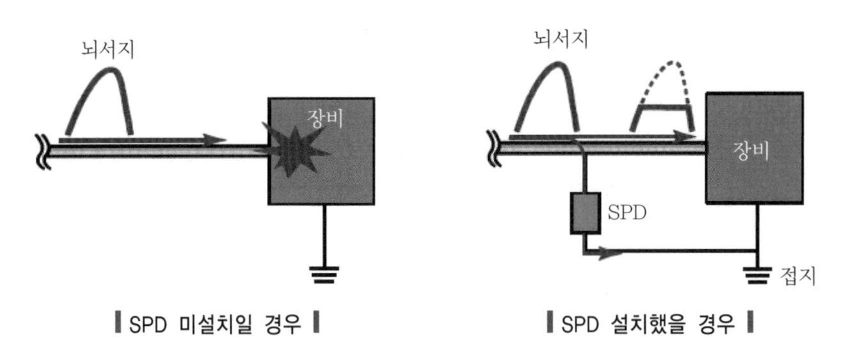

▎SPD 미설치일 경우 ▎ ▎SPD 설치했을 경우 ▎

⑦ SPD 설치위치에 따른 등급기준(KS C IEC 62305-4)

㉠ 직격뢰(direct lightning) - Class Ⅰ SPD

- S_1 : 구조물 뇌격(피뢰침)
- S_3 : 구조물에 접속된 인입설비 뇌격

㉡ 유도뢰(induced lightning) - Class Ⅱ, Ⅲ SPD

- S_2 : 구조물 근처 뇌격
- S_4 : 구조물에 접속된 인입설비 근처 뇌격

(3) 손상을 일으키는 뇌격전류의 영향

1) 열적 영향

① 저항성 발열 : 대전류가 발생하면서 발생하는 열(줄발열)

② 뇌격점의 열적 손상이 발생한다.

2) 기계적 영향

① 자기적 상호작용

② 전자기력

③ 충격음파에 의한 손상

④ 결합효과 : 실제적으로 열적이고 기계적인 2가지 영향이 동시에 일어난다.

3) 불꽃방전

(4) 수뢰부시스템 90회 출제

1) 설치장소 : 구조물의 모퉁이, 뾰족한 점, 모서리(특히 용마루)에 다음의 하나 이상의 방법으로 수뢰부시스템을 배치해야 한다.

2) 설치방법

① 보호각법

㉠ 정의 : 피뢰침의 보호각을 이용하여 건축물을 보호하는 방식

㉡ 피뢰시스템 보호레벨에 따라서 보호각이 다르다.

㉢ 건물의 높이에 따른 보호각 : 높을수록 보호각이 감소하고, 20[m] 높이마다 외벽의 측뢰에 대비하여 수평환도체를 설치한다.

㉣ 건축물의 보호레벨(LPL)과 높이에 따라서 보호각($\alpha°$)을 다르게 적용한다.

▌피뢰레벨과 수뢰부시스템의 높이에 따른 보호각▐

보호레벨	H(높이) / R(구체반경)[m]	20	30	45	60	망상(mesh)의 폭[m]	보호효율
		$\alpha°$	$\alpha°$	$\alpha°$	$\alpha°$		
Ⅰ	20	25	–	–	–	5	0.99
Ⅱ	30	35	25	–	–	10	0.97
Ⅲ	45	45	35	25	–	15	0.91
Ⅳ	60	55	45	35	25	20	0.84

㉤ 적용 대상

- 적용의 용이성으로 간단한 형상의 건물에 적용한다.
- 60[m] 이하 건축물에 적용한다.
- 측뢰에 보호받지 못한다.

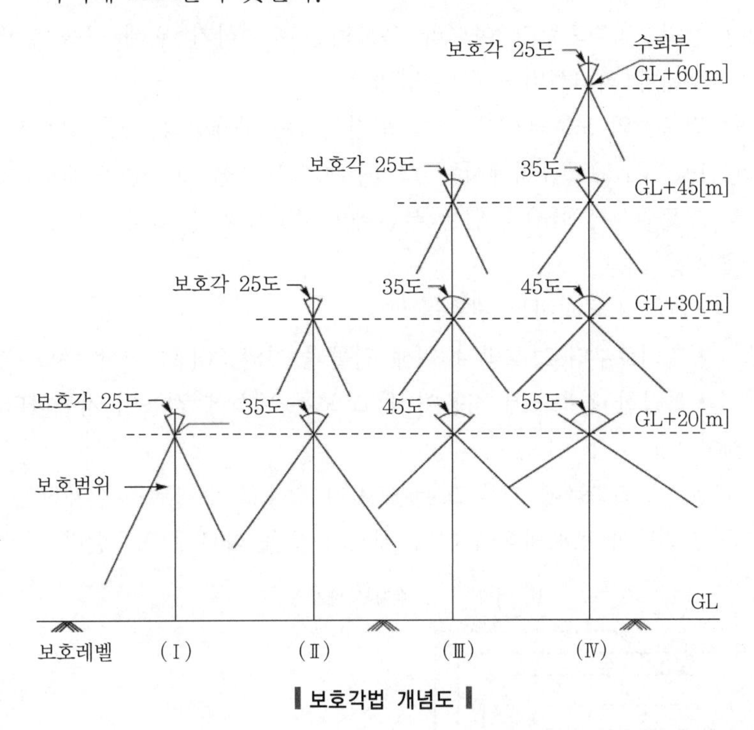

▌보호각법 개념도▐

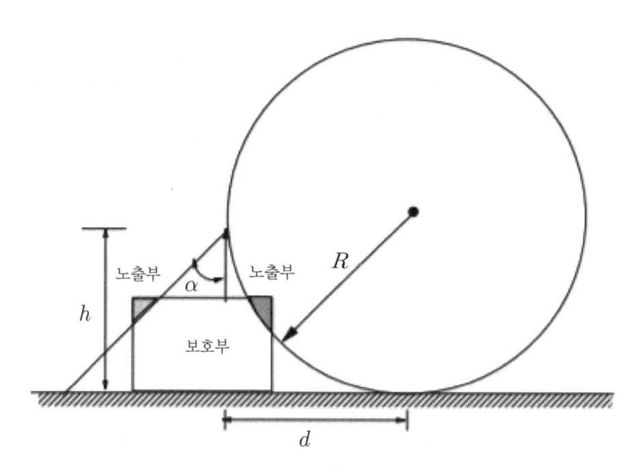

▌피뢰침과 회전구체법의 비보호영역▐

② 회전구체법(rolling sphere method)

㉠ 정의 : 직격뢰뿐만 아니라 유도뢰를 수뢰하기 위해 구를 굴렸을 때 만나는 부분에 피뢰설비를 하는 방법

㉡ 건축물의 보호레벨에 따라 회전시키는 구체반경(R)을 다르게 적용한다.

㉢ IEC 62305 규격에서는 회전구체의 반경을 60[m] 이내로 해야 하며, 건축기준법상 20[m]를 넘는 부분에만 수뢰장치를 설치하면 된다.

㉣ 적용 대상

- 60[m] 초과하는 건축물
- 측뢰로부터 보호받기 위해 건물 높이의 80[%] 이상 수뢰부를 설계한다.
- 복잡한 건축물에 적용이 쉽고 모든 대상에 적용이 가능하다.

③ 케이지(cage) or 메시(mesh)법

㉠ 정의 : 건축물에 그물 또는 케이지 형태로 수뢰부를 설계하는 방법

㉡ 건축물의 보호레벨에 따라 메시의 폭을 다르게 적용한다.

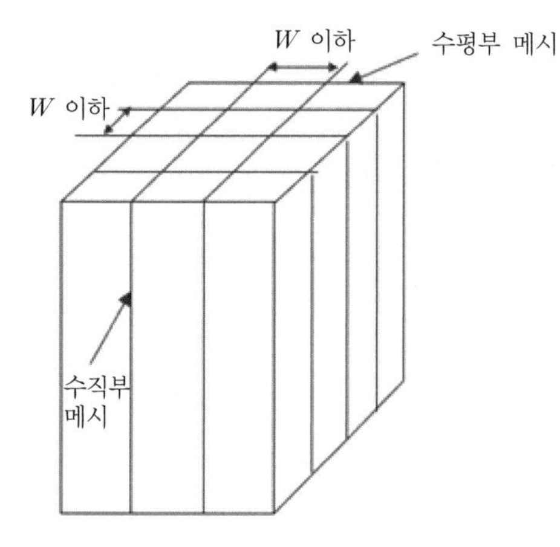

보호등급	Ⅰ	Ⅱ	Ⅲ	Ⅳ
메시폭(W) [m]	5	10	15	20

㉢ 지붕의 경사가 $\frac{1}{10}$을 넘으면 메시법 대신에 메시폭의 치수를 넘지 않는 간격의 평행수뢰도체를 설치할 수 있다.

㉣ 적용 대상

- 굴곡이 없는 수평이거나 경사진 지붕에 적당하다.
- 60[m]를 초과하는 건축물
- 측뢰로부터 보호한다.
- 간단한 형상의 건물에 적용한다.

3) 인하도선시스템

① 필요성 : 피뢰시스템에 흐르는 뇌격전류에 의한 손상확률을 감소시키기 위해서 뇌격점과 대지 사이에 인하도선을 설치한다.

② 설치방법

㉠ 2조 이상을 병렬로 설치한다.

㉡ 전류통로의 길이 : 최소로 유지할 것

㉢ 구조물의 도전성 부분 : 등전위본딩

㉣ 역할 : 피뢰침에 내습한 뇌격전류를 접지극으로 흘려보낼 것

③ 보호레벨에 따른 인하도선의 설치간격

피뢰시스템의 보호레벨	인하도선의 설치간격[m]
Ⅰ	10
Ⅱ	10
Ⅲ	15
Ⅳ	20

④ 인하도선의 재료 : 구리(Cu), 알루미늄(Al), 철(Fe)

⑤ 인하도선의 시공방식

㉠ 건물 외벽에 붙여서 설치하는 방식

㉡ 콘크리트 내에 관을 매입하고 그 배관 내에 인하도선을 배선하는 방식

- 인하도선에 배관을 사용하는 경우 배관의 재질은 도체가 아니어야 한다.
- 도체인 금속관을 배관으로 사용하면 낙뢰전류가 흐르면서 배관에 역기전력을 유기시켜 전류의 흐름을 방해하기 때문에 뇌격전류가 쉽게 접지극으로 흘러갈 수 없게 임피던스가 크게 증가한다.

⑥ 건축구조부재를 인하도선으로 사용하는 방식

㉠ 건물의 철골나 철근과 같은 구조부재를 인하도선으로 사용하는 방법이다.

㉡ 별도의 인하도선이 필요 없다는 장점이 있다.

㉢ 철근을 인하도선으로 사용할 때는 철근의 전기적인 연속성이 확인되어야 한다.

4) 일반조건에서의 접지극

① 접지극의 비교

구분	동봉(A형)접지극	망상(B형)접지극
내용	각 인하도선에 접속된 보호대상 구조물의 외부에 설치한 수평 또는 수직 접지극으로 분류함	보호대상 구조물의 외측에 전체 길이의 최소 80[%] 이상이 지중에 설치된 환상도체 또는 기초 접지극으로 이루어지며, 접지극은 메시형임
종류	방사형 접지전극, 판상 접지전극, 수직 접지전극(봉상전극)	환상 접지전극, 건물 접지전극(기초 접지전극), 망상 접지전극
접지극 수	2개 이상	2개 이상

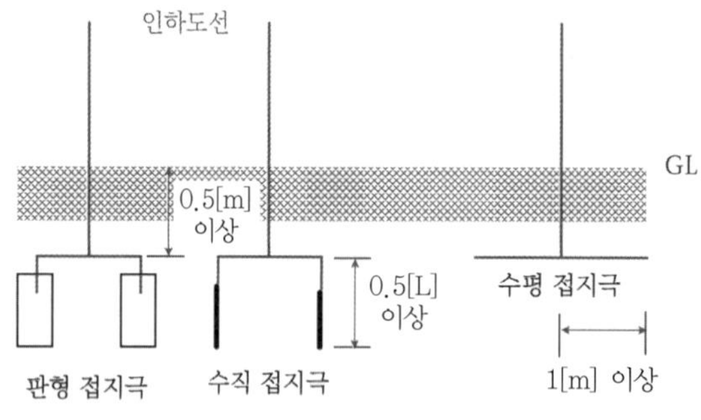

▌인하도선에 접속하는 A형 접지극의 도식적 설명▐

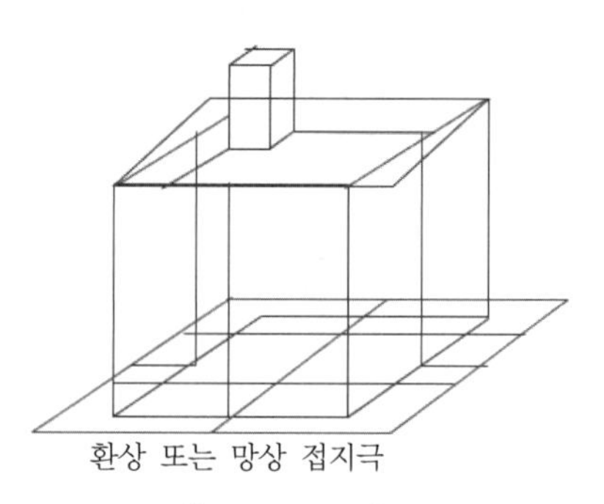

▌B형 접지극▐

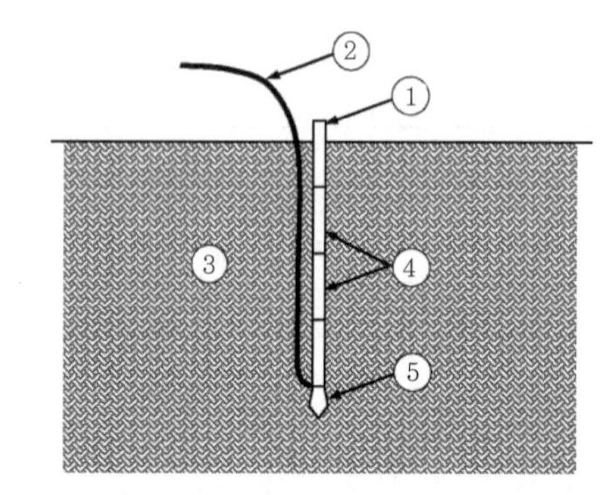

▌수직봉형 접지극▐

② 접지극의 설치

㉠ 외부 환상 접지극(B형 접지극)은 벽과 1[m] 이상 떨어져 최소 깊이 0.5[m]에 매설하여야 한다.

㉡ 접지극은 피보호범위의 외측에 깊이 75[cm] 이상으로 매설하고, 지중에서 상호의 전기적 결합효과가 최소가 되도록 균등하게 배치한다.

㉢ 매설접지극은 시공 중에 검사할 수 있도록 설치한다.

㉣ 접지극의 종류, 매설깊이는 접지극의 부식, 대지의 건조와 동결의 영향을 최소한으로 억제하여 등가 대지저항을 안정시켜야 한다. 단, 대지가 결빙 상태

로 있는 경우에 수직 전극이 1[m] 이상이면 그 효과를 무시할 수 있다.

㉤ 접지극 설치장소에 견고한 암반이 노출되면 B형 접지극으로 설치하고, 보조 접지극을 설치하여 접지저항을 감소시켜야 한다. 단, 영구 접지극(B형 접지극)의 보조접지 자재는 대지환경에 영향이 없어야 한다.

06 피뢰설비(「건축물의 설비기준 등에 관한 규칙」 제20조) 76회 출제

(1) 설치대상

높이 20[m] 이상의 건축물

(2) 피뢰설비

1) 한국산업표준이 정하는 피뢰레벨 등급에 적합한 피뢰설비일 것

2) 예외 : 위험물 저장 및 처리시설에는 피뢰시스템레벨 Ⅱ 이상

(3) 돌침

1) 건축물의 맨 윗부분으로부터 25[cm] 이상 돌출시켜 설치한다.

2) 설계하중에 견딜 수 있는 구조

(4) 피뢰설비의 재료

1) 최소 단면적이 피복 없는 동선 기준 : 수뢰부, 인하도선 및 접지극은 50[mm^2] 이상

2) 위 '1)'과 동등 이상의 성능이어야 한다.

(5) 피뢰설비의 인하도선을 대신하여 철골조의 철골구조물과 철근콘크리트조의 철근구조체 등을 사용하는 경우

1) 전기적 연속성이 보장될 것

2) 전기저항 : 0.2[Ω] 이하

(6) 측면 낙뢰방지

1) 높이가 60[m]를 초과하는 건축물 등에는 지면에서 건축물 높이의 5분의 4가 되는 지점부터 최상단 부분까지의 측면에 수뢰부를 설치한다.

2) 높이가 150[m]를 초과하는 건축물 : 120[m] 지점부터 최상단 부분까지의 측면에 수뢰부를 설치(예외 : 건축물의 외벽이 금속부재로 마감되고, 전기적 연속성이 보장되며 피뢰시스템레벨 등급에 적합하게 설치하여 인하도선에 연결한 경우에는 측면 수뢰부가 설치된 것으로 봄)한다.

(7) 접지

환경오염을 일으킬 수 있는 시공방법이나 화학 첨가물 등을 사용하지 아니할 것

(8) 금속배관 및 금속재설비

등전위로 전기적 접속

(9) **전기설비의 접지계통과 건축물의 피뢰설비 및 통신설비 등의 접지극을 공용하는** 통합접지공사**를 하는 경우**

서지보호장치(SPD)를 설치한다.

(10) **그 밖에 피뢰설비와 관련된 사항**

한국산업표준에 적합하게 설치한다.

SECTION 086

서지보호장치(SPD)

01 개요

(1) 서지(surge)란 도선 또는 회로를 따라 전달되며, 급속히 증가하고 서서히 감소하는 특성을 지닌 전기적 전류, 전압의 과도파형(IEC IEV 161-02-01)이다.

(2) 서지보호의 기본원리

1) 서지를 빛이나 열과 같은 에너지로 변환시켜 완전히 소멸시키는 방법이다. 하지만 서지를 에너지로 변환시키기도 어렵고 그 피해도 완전히 제거하기 어렵다.

2) 서지가 전원선으로 들어올 경우 서지를 접지선으로 흘려주고, 서지가 접지로 유입될 때는 반대로 전원선의 전압을 보상해줘서 억제 전압 이하로 유지시키는 방법으로 서지보호장치(SPD)는 이 방식을 사용하고 있다.

02 서지(surge)의 종류

(1) 자연현상에 의한 서지

구분	내용	특성
직격뢰	낙뢰가 구조물, 장비 또는 전력선에 직접 뇌격하는 서지	과전류를 접지를 통해 절반 정도는 흡수하지만 나머지는 전력선을 통해 인입선에 유입함
간접뢰	송전선로 또는 통신선로에 뇌격하여 선로를 통한 서지	발생빈도가 가장 많으며, 큰 에너지를 갖고 있어 피해가 큼
유도뢰	낙뢰지점의 부근에서 도체를 통해 유도되는 서지	낙뢰지점의 도체를 통한 고압 전류로 접지 전위가 급상승하고 서지가 발생됨
방전	지상과 구름, 구름 내, 구름과 구름 사이의 방전으로 인한 서지	자연적 요인에 의해 서지가 발생됨

(2) 개폐 및 기동에 의한 서지

서지의 75 ~ 90[%]

1) 개폐서지 : 유도성 부하, 전기기기의 개폐로 발생하는 서지

2) 기동서지 : 인버터 등 전력변환 시 발생하는 서지

(3) 정전기에 의한 서지

ESD(Electro-Shortic Discharge)

(4) 전이과정에 의한 분류

1) 전도성 서지 : 도체를 통하여 유입되는 서지
2) 유도성 서지 : 전류의 변화로 인하여 인접회로에 유도되는 서지
3) 전파성 서지 : 공중파의 형태로 회로에 유입되는 서지(RFI : Radio Frequency Interference)
4) 복합성 서지 : 상기 3가지가 복합적으로 전이되는 서지(대부분의 서지가 여기에 해당됨)

(5) 서지형태에 의한 분류

1) 전류성 서지 : 다량의 전류가 일시에 유입됨으로써 열이 발생하고, 이로 인한 부품이 과열 및 파괴된다.
2) 전압형 서지 : 반도체 소자의 절연내압보다 큰 서지전압이 침투하게 되면 절연파괴 때문에 기능을 상실하게 되며, 소자가 손상을 입기 쉽다.

03 서지보호장치(SPD : Surge Protection Device)

(1) 서지보호장치의 구분

1) 용도별 : 직격뢰용 SPD, 유도뢰용 SPD
2) 형식별

SPD의 종류	시험등급	용도별 보호뢰	피뢰구역(LPZ)
Ⅰ등급	Ⅰ등급시험	직격뢰	0등급
Ⅱ등급	Ⅱ등급시험	유도뢰	1등급
Ⅲ등급	Ⅲ등급시험	유도뢰	2등급

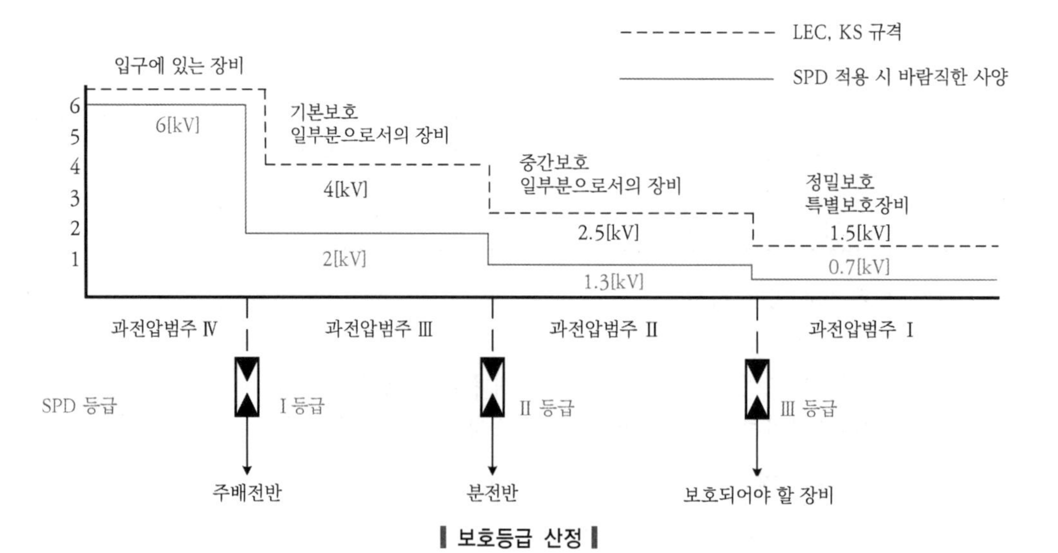

▌보호등급 산정▐

3) 동작원리별

구분	동작원리	소자의 구성	특성
방전형 (전압스위칭형)	서지가 유입되면 순간적으로 도통상태가 되어 전류가 서지보호기로 흘러 전압이 강하되며, 서지가 제거되면 다시 원래의 개방상태로 돌아가는 방식	Gas tube, Air gap 등	① 방전개시 전압의 드롭(drop) 현상이 발생함 ② 동작속도가 느림 ③ 정밀장비 보호용에 적합하지 않음
억제형 (전압제한형)	동작전압 이하일 경우에는 높은 임피던스를 초과하면 매우 낮은 임피던스를 가지는 전압을 제한하는 방식	반도체, 다이오드 등	① 반응속도가 빠름 ② 서지 흡수능력이 우수함 ③ 정밀장비 보호용으로 적합함 ④ 대부분 서지보호장치의 형태
조합형	방전형 + 억제형	Gas tube + 반도체	통신용으로 일부 제품에 사용함

4) 설치방법별 장단점

구분	장점	단점	사용처
직렬형	노이즈 필터링 기능이 있어 비선형 부하에서 발생하는 비정현파 전류가 기기가 흐르는 것을 방지함	① 중 · 대용량의 경우 전원의 연속성에 문제가 발생함 ② 설치 및 유지 · 보수가 어려움	소용량, 안정된 전원을 요하는 설비
병렬형	① 중 · 대용량의 경우 전원의 연속성을 가짐 ② 설치 및 유지 · 보수가 쉬움	선로가 길어지면 반응속도가 느림	대용량

(2) 서지보호장치의 선정과 설치

1) 용도에 따른 선정

구분		진행방향
전원용	AC	단상, 3상 확인 → 인가전압 → 부하전류
	DC	인가전압 → 부하전류
통신용		통신기기의 종류 → 사용전압 → 연결단자 확인

2) 서지내량(surge current capacity)

① 설치장소의 환경과 전류량에 따라 서지보호장치의 용량을 결정한다.

② 설치장소 : SPD 형식(Ⅰ, Ⅱ, Ⅲ 타입) 선정

③ 환경확인

위험도	환경	용량
특고	낙뢰 위험이 큰 곳에 철구조물이 있는 장소	260[kVA] 이상
고	낙뢰 위험이 큰 장소	160[kVA] 이상
중	낙뢰 위험이 크지 않은 장소	80[kVA] 이상
저	낙뢰 위험이 극히 작은 장소	80[kVA] 미만

3) 억제전압

① 억제전압은 낮을수록 좋지만 무리하게 낮추려면 보호소자에 과다한 부하가 가해져 열화로 인해 수명이 단축된다.

② 억제전압을 단계적으로 낮추는 것이 바람직한 방법이다.

4) 보호수명

5) **고장모드 추정** : SPD에 흐르는 최대 방전전류를 고려한다.

6) SPD와 다른 기기와의 상호관계를 고려한다.

7) SPD 적합한 제품을 선정한다.

(3) SPD의 설치기준

1) SPD 보호장치(MCCB, 누전차단기, 퓨즈 등) 선정방법(KS C IEC 60364-5-53)

① 상정한 뇌전류가 통과한 때 용단, 용착 또는 오동작하지 말아야 한다.

② SPD가 고장난 때 신속하게 회로로부터 분리시킬 수 있어야 한다.

③ SPD 보호장치로 퓨즈를 사용한 경우 상정한 통과 뇌전류에 대한 용단특성을 검토해야 한다.

④ 단락고장으로 상정되는 SPD에 흐르는 단락전류를 확실하게 차단할 수 있어야 한다.

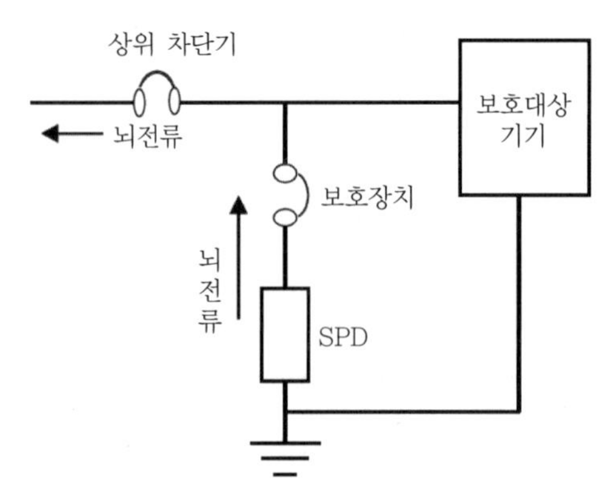

▎SPD 보호장치▐

⑤ 보호장치와 상위 차단기와의 동작협조

㉠ Ⅰ등급 SPD용 보호장치의 정격은 일반적으로 대용량이다.

㉡ 상위 차단기의 정격 및 특성이 보호장치와 동작협조를 이루어야 한다.

㉢ 보호대상 기기에 전원공급의 연속성을 우선하는 경우는 보호장치가 신속하게 회로만 분리해야 한다.

㉣ 뇌서지보호를 우선하는 경우는 상위 차단기가 차단동작을 해도 된다.

⑥ 상위 차단기는 통과하는 뇌전류에 의해서 용착 또는 동작하지 않아야 한다.

⑦ SPD를 누전차단기(RCD)의 부하측에 설치하는 경우

㉠ SPD에 흐르는 전류에 의해서 누전차단기가 동작할 수 있으므로 임펄스 부동작형 누전차단기를 사용해야 한다.

㉡ SPD가 열화된 경우 누전차단기가 동작하므로 SPD에 직렬로 접속하는 보호장치는 유지관리용으로 개폐기능만 있으면 된다.

⑧ SPD를 누전차단기의 전원측에 설치하는 경우

㉠ SPD가 고장을 일으킬 때 확실히 계통으로부터 분리할 수 있는 상용 주파수 전류의 차단능력을 가진 보호장치를 시설하여야 한다.

㉡ SPD 전원측의 전원회로에 배선용 차단기가 있는 경우 배선용 차단기의 동작전류가 보호장치의 동작전류보다 작으면 배선용 차단기가 먼저 동작되므로 보호장치는 유지관리용으로 개폐기능만 있으면 된다.

2) SPD 연결도체

① SPD 연결도체의 길이가 길어지면 과전압 보호의 효율성이 감소하므로 가능한 짧게 한다.

② 전체 길이가 0.5[m]를 넘지 않아야 한다.

3) SPD 접속도체의 최소 단면적

SPD 등급	Class Ⅰ	Class Ⅱ	Class Ⅲ
접속도체 굵기[mm^2](구리)	16	4	1

(4) SPD에 의한 서지 대책방식

1) 공통접지법 : 전원과 통신선을 공통 접지하여 과전압 방지

2) NCT(Noise Cutting Trans)를 이용한 서지 차단

3) 바이패스법 : 전원과 통신선 간 바이패스로 SPD 설치

(5) 전원의 연속성과 보호의 연속성의 우선순위 결정 112회 출제

SPD 고장의 경우 고장난 SPD를 전원계통에서 안전하게 분리하기 위해 사용되는 외부 분리기(보호장치)는 전원공급 또는 보호의 연속성 확보 중 어느 것을 우선순위로 할 것인가에 따라 설치위치가 결정된다.

우선순위	개념	특징	개념도
전원공급의 연속성	분리기를 SPD 회로에 설치	설비 또는 기기에서 발생 가능한 추가 과전압은 보호받지 못함	보호대상 기기 PD (SPD 분리기) SPD

우선순위	개념	특징	개념도
보호의 연속성	분리기를 SPD가 설치되어 있는 회로 상부 전원측 설비 내에 설치	SPD의 고장은 전원의 차단을 초래하고 회로 차단은 SPD가 교체될 때까지 지속됨	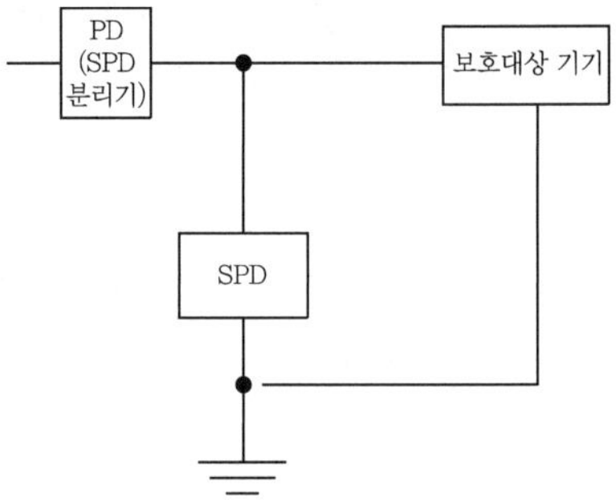 PD (SPD 분리기) / 보호대상 기기 / SPD
전원보호 및 보호의 연속성	SPD를 병렬로 설치하여 각각의 분리기를 설치	SPD마다 분리기가 연결됨. 하나의 SPD 고장은 다른 SPD에 영향을 미치지 않음	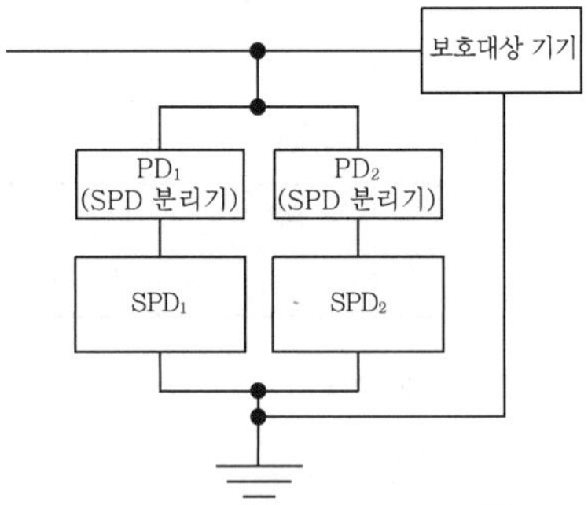 보호대상 기기 / PD_1 (SPD 분리기) / PD_2 (SPD 분리기) / SPD_1 / SPD_2

SECTION 087

정전기(static electricity)

126 · 120 · 109 · 106 · 103 · 99 · 91 · 84회 출제

01 개요

(1) 위험물 제조소 등과 같이 위험성이 있는 장소는 가연물을 제거할 수가 없어 화재 및 폭발 위험성이 상시 존재하기 때문에 점화원 관리가 중요하다.

(2) 정전기는 방전현상에 의해 중요 점화원으로서 정전기 예방대책은 중요한 화재, 폭발 예방대책이다.

(3) 최근 플라스틱 및 합성고무 등과 같이 절연성이 큰 물질은 정전기 발생이 용이하고 축적되기 쉬워 정전기에 의한 화재, 폭발이 증가하고 있다.

(4) **정의**

1) 전하의 흐름이 없는 전기로 도선을 따라 흐르는 전기가 아니라 한 곳에 정지된 전기

2) 이것은 정지된 전기가 아니라 실제적으로는 전하의 공간적 이동이 적어, 이 전류에 의한 자계효과가 전계의 효과에 비해 무시될 정도로 작은 전기이다. 왜냐하면 흐름이 없어도 전하는 있어서 전계는 존재하지만, 전계의 변화가 없어 자계효과는 작은 것이기 때문이다.

3) 두 물체를 마찰시키면 한 물체에서 다른 물체로 전자가 이동한다. 이렇게 발생한 전기를 정전기 혹은 마찰전기라고 한다.

(5) 정전계(靜電界)에 의한 제반현상을 정전현상이라고 한다.

(6) 정전기는 물체 표면의 접촉, 분리 또는 박리에 의한 운동작용으로 발생한다.

공기의 절연파괴전압 : DC 30[kV/cm], AC 21[kV/cm](대기온도 20도, 대기압 1기압 기준)

02 정전기 발생의 메커니즘(mechanism)

(1) 전자를 가지고 있는 물체가 접근한다(objects approach).

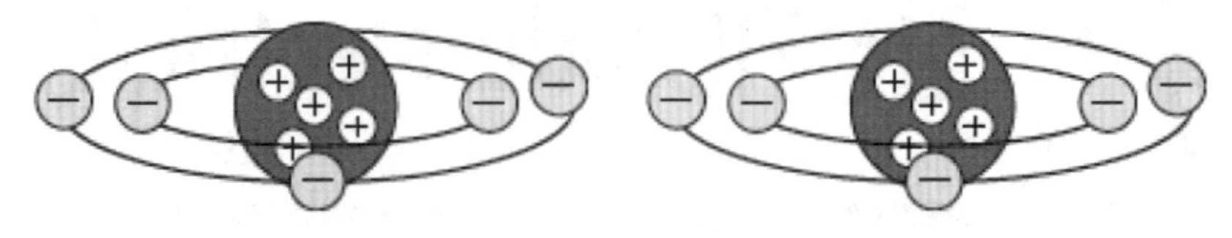

(a) m개의 전자　　　　(b) n개의 전자

▌전자를 가진 물체의 접근▐

(2) 다른 물체가 접촉하면 전하의 이동이 발생한다(objects touch).

1) 일함수(work function) : 물질 내부의 자유전자는 에너지를 가하면 자유전자가 외부로 방출되는데 이때 필요한 최소 에너지

2) 두 종류의 물체를 접속하면 접촉면에 낮은 일함수를 가지는 물체의 전자가 튀어나와 높은 일함수를 갖는 물체로 이동한다.

$$W = h\nu = \frac{hc}{\lambda_0}$$

여기서, W : 일함수
h : 프랑크 상수
ν : 진동수
c : 진공 속의 광속
λ_0 : 한계파장

(3) 전자의 이동으로 일함수가 높은 금속표면은 (−)로, 낮은 금속표면은 (+)로 대전하여 전기 2중층을 형성한다.

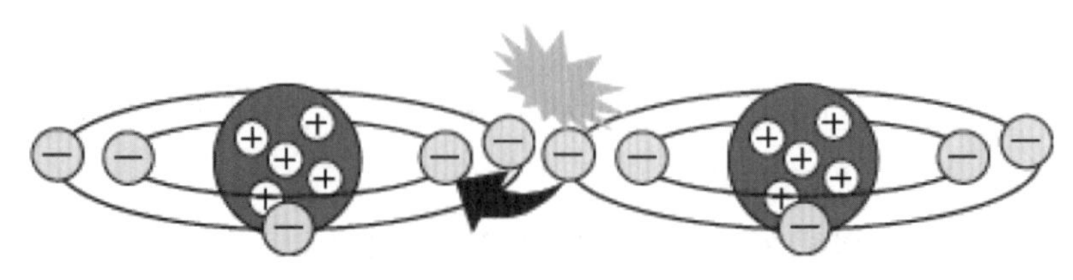

m개의 전자　　　　n개의 전자

▌접촉하여 전자를 주고받음▐

(4) 전할 분이(objects detach, 전위상승)

전기 2중층을 기계적으로 분리하면 한쪽은 양전하가, 다른 쪽은 음전하가 과잉되어 대전된다.

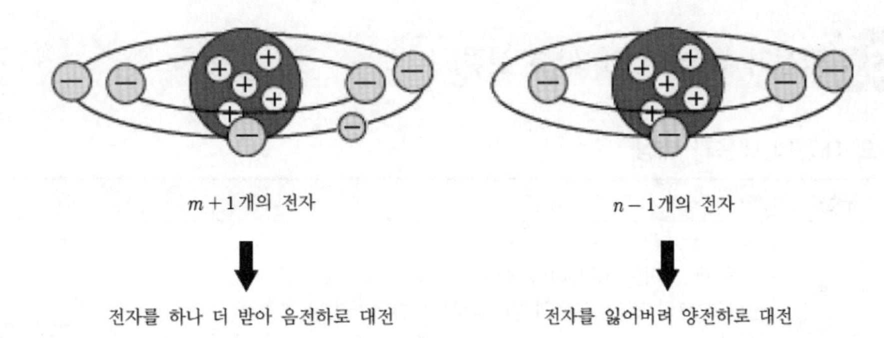

1) 공식

$$V = \frac{Q}{C}[\text{V}]$$

여기서, V : 전압
Q : 전하량
C : 정전용량

2) **전압상승** : 물체 분리 시 정전용량이 감소하면 접촉전위는 수 [mV]에서 수 [kV]로 상승한다.

(5) 물체 대전극성

1) 대전서열에 의해 극성이 결정된다.
2) 마이너스 측에 위치하면 음전하로, 플러스 측에 위치하면 양전하로 대전한다.

대전(electrification) : 충격 또는 마찰로 전자들이 이동하여 양전하와 음전하의 균형이 깨지면 다수의 전하가 겉으로 드러나게 되는 현상

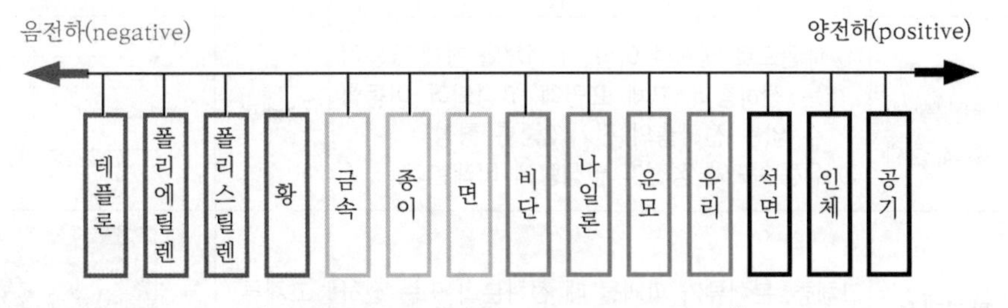

| 주요 물질별 대전서열(triboelectric series) |

(6) 방전현상

분리된 대전체가 전하를 잃는 현상

03 정전기 발생원인에 따른 분류

(1) 주요 대전의 내용과 대상

구분	내용	대상	예
마찰대전(摩擦帶電)	두 물체 사이의 마찰이나 접촉위치의 이동으로 전하의 분리 및 재배열이 일어나서 정전기가 발생하는 현상	고체류, 액체류, 분체류	롤러 필름·종이·천
박리대전(剝離帶電)	서로 밀착되어 있는 물체가 떨어질 때 전하의 분리가 일어나 정전기가 발생하는 현상	고체류	필름, 접착지
충돌대전	액체, 분체류가 충돌하면서 빠르게 접촉, 분리가 일어나면서 정전기가 발생하는 현상	액체류, 분체류	액체, 분체
분사대전(분출대전)	① 분출물질과 분출구의 마찰로 정전기가 발생하는 현상 ② 가스계 소화약제를 방출할 때 대전	액체류, 분체류, 기체류	
유동대전(流動帶電) 109회 출제	① 배관으로 액체류 이송 시 액체와 함께 유동하는 전하층과 고체 표면에 고정되어 이동할 수 없는 전하층의 전기 2중층 형성 ② 유동속도와 정전기 발생량에 비례한다.	액체류	배관, 액체, (유동 시)
파괴대전	고체류, 분체류가 파괴될 때 전하분리 또는 전하의 균형이 무너지며 정전기가 발생하는 현상	고체류, 분체류	
교반대전(진동대전)	액체가 교반될 때와 탱크의 수송 중에 정전기가 발생하는 현상으로 움직이는 진동폭이 클수록, 진동주기가 빠를수록 대전량이 크다.	액체류	

구분	내용	대상	예
적하대전	고체 표면에 부착된 액체류가 성장하여 액적 물방울이 되어 떨어질 때 정전기가 발생하여 대전	액체류	
유도대전	대전 물체 주변 절연체가 정전유도로 정전기가 발생하는 현상	고체류	대전 물체 / 절연된 도체 / 유도대전

(2) 기타 대전

1) 비말대전 : 공간에 분출된 액체류가 흩날려 분리되고 많은 물방울이 될 때 새로운 표면적을 형성하면서 정전기가 발생하는 현상
2) 부동대전 : 물체가 뜰 때 정전기가 발생하는 현상
3) 동결대전 : 물체가 얼 때 정전기가 발생하는 현상

04 정전기 발생에 영향을 주는 요소

(1) 대전 크기의 결정요소

1) 접촉면적 및 압력 : 접촉면적이 크고 접촉압력이 높을수록 정전기 발생이 쉽다.
2) 온도 : 온도가 낮을수록 정전기 발생이 쉽다.
3) 마찰빈도
4) 분리속도 : 물체의 분리속도가 빠를수록 정전기 발생이 쉽다.
5) 물체의 종류

(2) 대전 극성의 결정요소

1) 물체의 특성 : 대전서열이 가까우면 작고 멀수록 크다.
2) 물체의 표면상태
   ① 표면거칠기가 거칠면 거칠수록 정전기 발생이 쉽다.
   ② 수분, 먼지 등에 오염되면 발생이 쉽다.
3) 물체이력 : 처음 분리 시 정전기 발생이 크고 횟수가 반복될수록 감소한다.

05 정전기로 인한 발생현상

(1) 정전기 대전

1) 발생한 정전기가 물체 위에 축적되는 것

2) 대전된 전하량(대전량)이 정전기에 의한 문제를 발생시킨다.

(2) 역학현상(번스타인 효과 ; Bernstein effect)

1) 정전기의 역학현상 : 정전기는 전기적 작용인 쿨롱(coulomb)력에 대전물체 가까이 있는 물체를 흡인하거나 반발하게 하는 성질

2) 발생장소 : 대전물체의 표면저하에 의해 작용하기 때문에 무게에 비해 표면적이 큰 종이, 필름, 섬유, 분체, 미세입자 등에 많이 발생한다.

3) 문제점 : 생산장애 및 고장의 원인

4) 정전력이 같은 부호끼리는 반발력, 다른 부호끼리는 흡인력이 작용한다.

$$F = \frac{Q_1 Q_2}{4\pi\varepsilon r^2} = 9\times 10^9 \times \frac{Q_1 Q_2}{r^2}\,[\mathrm{N}]$$

여기서, F : 2개의 전하 간에 작용하는 정전력[N]

Q_1, Q_2 : 전하량[C]

ε : 유전율

r : 양전하 간의 거리[m]

(3) 정전유도현상

1) 대전물체 근처에 대전물체의 전하와 반대 극성의 전하가 나타나는 현상

2) 정전유도의 영향인자

① 크기는 전계에 비례한다.

② 대전체로부터의 거리에 반비례한다.

③ 도체의 형상에 의해서도 영향을 받는다.

(4) 방전현상(ESD : Electrostatic Discharge) : 점화원

06 정전기에 의한 재해

(1) 점화원으로 이용(가연성 물질에 착화폭발) : 화재, 폭발

1) 정적 아크점화의 필요조건(conditions necessary for static arc ignition) 5가지

① 정전기 충전발생의 충분한 수단이 있어야 한다.

② 방전하기에, 충분한 전위로 대전되어 있어야 한다.

③ 최소 점화에너지(MIE) 이상의 정전기 방전이 있어야 한다.

④ 적절한 혼합물에 연료의 원천이 있어야 한다(연소범위).

⑤ 정전아크(arc)와 연료원천은 동시에 그리고 같은 장소에서 함께 발생하여야 한다.

2) 대전물체가 도체인 경우의 발생한계

① 축적된 정전기에너지가 MIE 이상의 방전에너지로 방출된다.

$$W = \frac{1}{2}CV^2 = \frac{1}{2}QV = \frac{Q^2}{2C}[J]$$

② 방전에너지가 점화원이 되고 가연성 증기가 연소범위에 도달되면 폭발, 화재가 발생한다.

3) 대전물체가 부도체인 경우의 발생한계

① 물체의 정전계 공기 중의 절연파괴 전계강도 : AC 21[kV/cm], DC 30[kV/cm](표준온도, 표준습도, 표준압력)

② 방출에너지 : 1×10^{-4}[J]

(2) 생산장애

1) 방전현상에 의한 장애

① 방전전류 : 반도체 소자 등의 전자부품의 파괴, 오동작 등

② 전자파 : 전자기기, 장치 등의 오동작, 잡음의 발생

③ 발광 : 사진필름 등의 감광

2) 역학현상에 의한 장애

① 번스타인 효과(정전력) → 발데르발스의 힘(유발 쌍극자)

② 공식

$$F = k_e \frac{q_1 \cdot q_2}{r^2} = 9 \times 10^9 \times \frac{q_1 \cdot q_2}{r^2}[N]$$

여기서, F : 힘[N]

k_e : 쿨롱상수(9×10^9)

q_1, q_2 : 전하의 크기[C]

r : 두 전하 사이의 거리[m]

③ 장애현상 : 분진의 막힘, 실의 엉킴, 인쇄의 얼룩, 제품의 오염

(3) 전격(electric shock)

1) 정의 : 대전된 인체에서 도체로, 또는 대전물체에서 인체로 방전되는 현상에 의해 인체 내로 전류가 흘러 나타나는 인명피해

2) 전격피해(1차 재해 ≪ 2차 재해)

① 1차 재해 : 전격사

② 2차 재해 : 추락, 위험 기계 접촉, 오동작

인체의 정전용량은 90[PF]이고 인체의 심장에 해를 주는 전류는 30[mA] 정도이다. 높은 전압은 인체의 근육을 수축시켜 동작을 방해하여 감전된 상태를 유지하게 한다.

3) 사람 몸의 저항은 100,000[Ω] 정도로 저항이 커서 평상시에는 전류가 흐르지 않지만, 몸에 물이 묻으면 저항이 1,000[Ω] 정도로 작아진다. 이렇게 저항이 작을 때 높은 전압과 연결되면 센 전류가 흘러 심장 등에 충격을 줄 수 있다.

07 정전기 대책

(1) 정전기 방지대책 133회 출제

1) 정전기 발생 억제

① 마찰 감소 : 마찰 증가 → 온도 증가 → 일함수 감소 → 정전기 증가

② 유속의 제한

③ 도전성 기기, 기구 사용

④ 대전 방지제 첨가

2) 정전기 축적방지(대전방지)

① 접지 및 본딩(bonding)

㉠ 접지저항은 100[Ω] 이하

㉡ 배관류는 모두 접지하고, 비금속류나 등전위가 곤란한 곳은 본딩한다.

② 습도 : 실내습도를 상대습도 70[%] 이상으로 한다.

3) 대전된 전하 제거

① 공기 이온화

② 제전복, 제전화 착용

(2) 도체의 대책

1) 접지

① 목적 : 전하누설회로를 형성하여 대지와 도체의 등전위화를 이룰 때 전위차가 없어서 전류가 흐르지 못하게 하기 위함이다.

㉠ 정전기 축적방지

㉡ 정전유도 방지

㉢ 대전체의 전위상승 및 방전 억제

② 접지대상 : 고유저항이 10^8[Ω · m] 이하의 도체

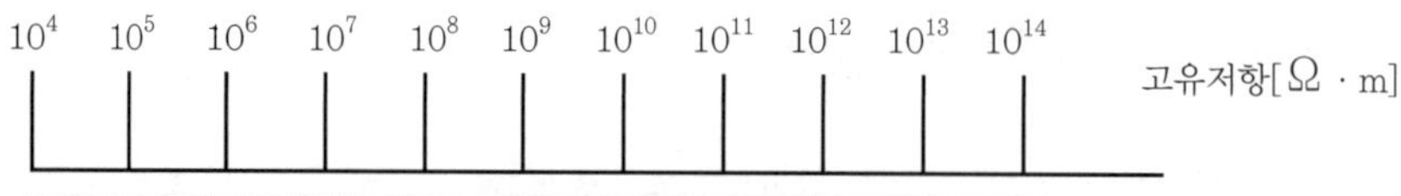

도체	중간영역	부도체
접지할 수 있는 물체	불완전하지만 접지할 수 있는 물체	접지할 수 없는 물체

③ 접지방법

㉠ 접지저항 : 실용상 $1\times10^3[\Omega]$ 이하(예외 : 타 접지와 공용 시 그 저항값)

㉡ 접지선 : $1.25[mm^2]$ 이상의 도체를 사용한다.

㉢ 접지단자 : 접속이 용이하고 접촉저항이 작아야 한다.

2) 본딩(bonding)

① 정의 : 부도체로 격리된 금속도체 상호 간을 전기적으로 접속하여 도전로를 형성하여 전위차를 억제하는 것

② 방법 : $1\times10^3[\Omega]$ 이하의 금속판, 편조동선, 볼트로 접속(bonding) 후 접지도체, 단자에 연결한다.

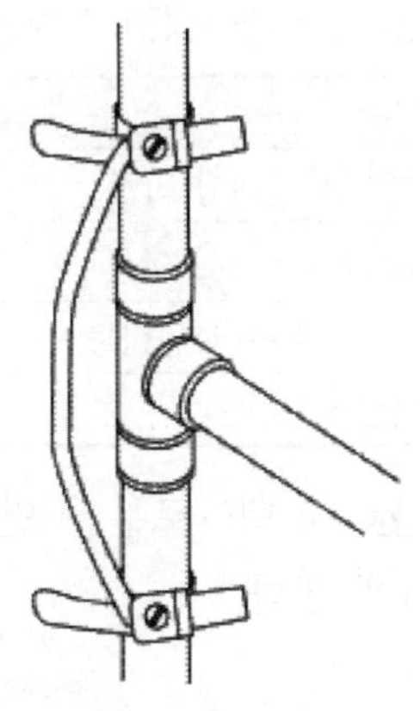

▎본딩(금속배관 중간에 절연체가 있는 경우 도체와 도체를 연결하여 등전위화함)▎

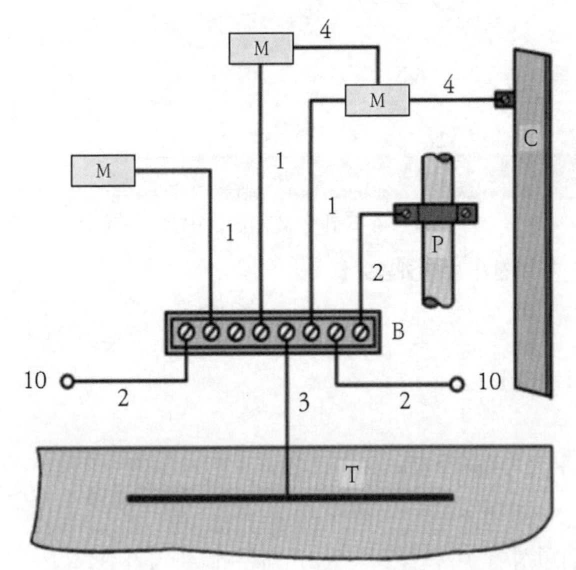

[범례] 1 : 보호도체(PE)
2 : 보호등전위본딩용 도체
3 : 접지도체
4 : 보조등전위본딩용 도체
B : 주 접지단자
M : 전기기기의 노출도전부
C : 철골, 금속덕트 등 계통외도전부
P : 수도관, 가스관 등 계통외도전부
10 : 기타 기기(정보통신, 피뢰시스템)
T : 접지극

▎접지본딩시스템의 구성▎

ESD Ground 규정
① Main ground(접지) : 10[Ω] 이하
② ESD Point ground(전극) : 25[Ω] 이하
③ Personal ground(인체) : 1[MΩ] 이하

3) 배관 내 액체의 유속제한 109회 출제

① 탄화수소의 절연성 액체 이송 시 정전기 대전량 : 유속의 1.75승에 비례

② 고무호스나 염화비닐호스 등의 절연물을 사용하여 위험물을 이송하는 경우는 정전기에 의한 발화의 위험이 있으므로 이를 제한하거나 접지하여야 한다.

③ 배관에서의 유속제한 기준에 따른 정전기 발생 억제

구분		유속
저항률	10^{10}[Ω · cm] 미만	7[m/sec] 이하
	10^{10}[Ω · cm] 이상	관경에 따라 1 ~ 5[m/sec] 이하
물이나 기체를 혼합한 비수용성 위험물		1[m/sec] 이하
이황화탄소		1[m/sec] 이하

④ 위험물의 펌프는 가능한 한 탱크로부터 먼 곳에 설치하고 배관은 난류가 일어나지 않도록 굴곡을 작게 한다.

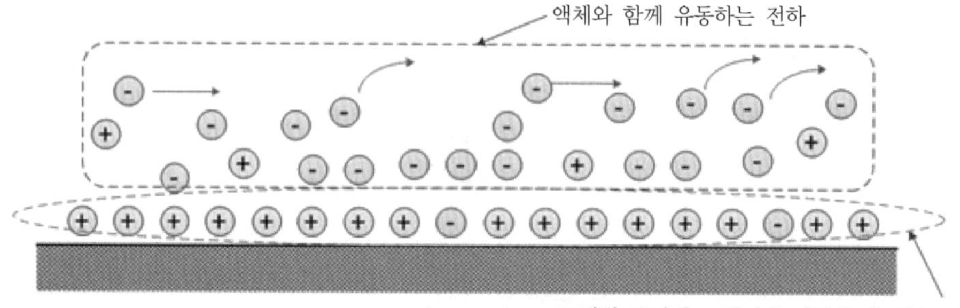

▌유동 시 정전기 발생 개념도▐

4) 정치시간

(3) 부도체의 대책(고유저항 10^{8}[Ω · m] 이상)

1) 부도체 사용금지 대상

① 정전기가 지속적으로 발생하는 부분(장치)

② 대전물질을 다량 취급하는 용기

③ 이동식 또는 휴대형 장치(위험성이 이동할 수 있기 때문에 관리가 필요)

2) 도전성 재료 사용

① 도전성 재료 : 도전율 10^{-12}[S/m] 이상(고유저항 10^{12}[Ω] 이하)의 재료를 사용해서 잔류전하를 방전한다.

꼼꼼체크 **도전율**(conductivity : σ) : 도체의 고유전기저항 역수로서 전류가 흐르는 정도를 나타낸다. 도전율이 높다고 흐르는 전자의 수가 많다고는 할 수 없지만 같은 전류에 대해 발생하는 손실은 작다고 할 수 있다.

② 종류 : 도전성 고무, 대전방지제 첨가 합성수지, 도전성 섬유

3) 대전방지제 사용

① 사용법 : 절연물 표면에 바르거나 혼입하여 부도체 표면의 도전율 10^{-12}[S/m] 이상으로 도전성이 향상된 후 부도체를 접지 또는 접지된 것과 본딩한다.

② 메커니즘

㉠ 물체 표면에 친수성을 부여하여 수분을 흡습함으로써 정전기를 제어하는 방법

㉡ 물체 표면에 도전성 물질을 발라 전기저항을 낮춤으로써 정전기를 제어하는 방법

㉢ 위 '㉠'과 '㉡'의 복합형 방법

③ 대전방지제의 종류

㉠ 저분자형 : 양이온계, 음이온계로 구분되며 습도의 의존성이 커서 상대습도를 50[%] 이상 유지해야 한다.

㉡ 고분자형 : 습도와는 무관하며 높은 가격을 가지고 있다.

4) 가습

① 효과 : 부도체 표면에 수막이 형성되어 도전로가 형성되어 정전기가 누설된다.

② 조건 : 부도체 주위, 작업장 또는 환경 전체의 상대습도를 70[%] 이상 유지한다.

③ 방법 : 물의 분무, 가습기 사용, 증발법

④ 문제점

㉠ 이슬이 맺히는 것에 의한 품질의 저하를 가지고 온다.

㉡ 흡습성이 없는 물체에는 효과가 없다.

㉢ 습기에 약한 물질에는 실시가 불가능하다.

5) 제전기

(4) 대전물의 정전차폐(electrostatic shield) 127회 출제

1) 정의 : 접지된 차폐용 도체를 써서 정전계를 가두어 버리는 것

2) **차폐방법**

① 접지방법

㉠ 외부 도체관의 외피는 '+'로, 내피는 '−'로 대전되어 있다.

㉡ 접지시키면 외피의 '+' 전하들은 모두 대지로 흡수되어 대지와 등전위가 되고 내피의 '−' 전하만 남는다.

② 정전유도 접지방법

㉠ 대전된 '-'를 도체 가까이 놓으면 정전유도현상이 일어나고 내피는 반대로 정전유도가 될 수 있다.

㉡ 접지시키면 외피의 '+' 전하들은 모두 대지로 흡수되어 대지와 등전위가 되고 내피의 '-' 전하만 남는다.

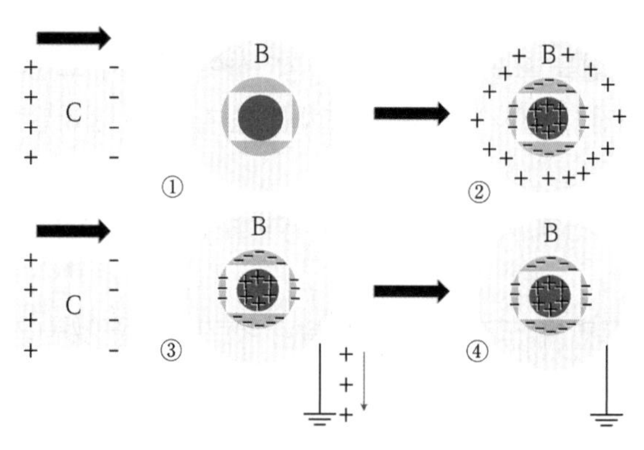

┃ 정전유도 접지방법 ┃

3) 효과

① 전기적 작용 억제에 의한 대전방지를 한다.

② 대전물체의 전위상승을 억제하여 방전을 어렵게 함으로써 주위 물체의 정전유도 방지를 한다.

③ 대전된 정전기에 의한 역학현상 및 방전 억제를 한다.

4) 재료(차폐재)

① 금속망, 도전성 테이프

② 도전성 필름이나 시트(sheet)

③ 섬유제품(금속선, 섬유 포함)

5) 문제점 : 도전성 정전차폐는 대전전하를 제거하는 것이 아니기 때문에 외부를 정전차폐해도 내면에서 정전기 발생이 심한 경우 연면방전의 발생을 방지하지 못하는 한계를 가지고 있다.

(5) 가연물질의 대책

1) 폭발범위 이하(LFL 이하)로 유지한다.

2) 불활성 가스를 첨가한다.

3) 국소배기장치를 이용하여 가연성 가스를 배출한다.

4) 정치시간(rest time) 127회 출제

① 정의 : 접지상태에서 정전기 발생이 종료된 후 다음 발생 때까지의 시간 또는 정전기 발생이 종료된 후 접지에 의해 대전된 정전기가 누설될 때까지의 시간

② 주의사항 : 검척, 검온, 샘플링(sampling) 등은 정치시간 이내에 하지 않는다.

③ 발생한 정전기는 영원히 물질에 대전되어 있는 것은 아니고 시간의 경과와 함께 서서히 전하량이 감소되는데 식으로는 아래와 같이 표시할 수 있다.

$$Q_t = Q_0 \exp\left\{-\frac{t}{RC}\right\}$$

여기서, Q_t : t초 경과 후의 잔류전하[C]

Q_0 : 초기에 대전된 전하[C]

R : 전하가 완화되는 경로의 저항[Ω]

C : 물질의 정전용량[F]

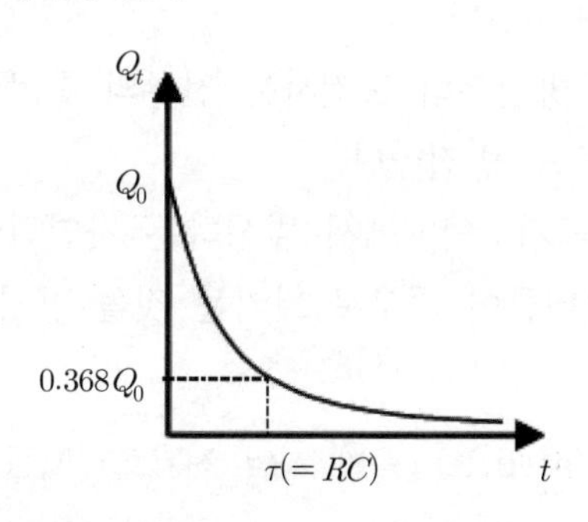

▌시간에 따른 잔류전하의 감소표▐

5) 탱크주입구 등의 유의사항

① 위쪽에서 위험물을 낙하시키는 구조로 하지 말 것(적하대전 방지)

② 주입구는 밑으로 하고 위험물이 수평방향으로 유입, 교반이 작도록 할 것(유동, 진동대전 방지)

③ 하부에 고이는 수분을 제거할 수 있도록 설계할 것

④ 탱크차 등은 주입구가 용기의 바닥에 이르도록 설치할 것(적하대전 방지)

⑤ 위험물의 펌프는 가능한 한 탱크로부터 먼 곳에 설치하고 배관은 난류가 일어나지 않도록 굴곡을 작게 할 것(유동, 진동대전 방지)

(6) 제전기에 의한 대전방지

* SECTION 089 제전기를 참조한다.

(7) 인체의 대책(인체로부터의 방전, static electric discharge from the human body)

1) 접지(팔 또는 다리에 인체접지용 리스트 스트랩 이용)

① 손목 접지대(wrist strap) : 앉아서 작업 시 손목에 가요성이 있는 밴드를 차고 그 밴드는 도선을 이용하여 접지선에 연결하여 인체를 접지하는 기구

② 발 접지대(heel strap)

㉠ 서서 일하는 작업자 또는 이동하면서 일하는 작업자에게 적합한 인체 대전 방지기구

㉡ 종류 : 끈 조절형(heels trap), 페달 고리형(toes trap), 신발의 윗부분 고리형(bootstrap)

㉢ 발 접지대는 양발 모두에 착용, 발목 위의 피부가 접지될 수 있도록 설치한다.

2) 도전성 섬유가 들어있는 정전기 대전방지 작업복, 장갑 등 사용

① 종류 : 대전방지용 작업복(제전복), 제전장갑

② 사용목적

㉠ 정전기 중화 : 방진 원단에 있는 도전사로 인해 코로나 방전을 일으켜 정전기 발생 시 중화한다.

㉡ 정전기 배출 : 방진복의 도전사는 전류의 통로역할을 담당하여 인체 내의 정전기를 바닥으로 방전한다.

㉢ 파티클 배출 금지 : 인체에서 발생하는 자연적인 파티클의 차단막 역할을 하여 내부의 파티클이 외부로 나가는 것을 방지한다.

꼼꼼체크 파티클(particle) : 폭발, 화염, 전기스파크 등 다양한 효과

3) 도전성 바닥에 동시에 정전기 대전방지용 작업화 착용

① 정전기 대전방지용 안전화

㉠ 일반적인 구두의 바닥 저항이 약 $10^{12}[\Omega]$ 정도로 정전기 대전이 잘 발생한다.

㉡ 대전방지용 안전화는 구두 바닥의 저항을 $10^5 \sim 10^8[\Omega]$으로 유지하여 도전성 바닥과 전기적으로 연결하게 함으로써, 정전기의 발생방지 및 대전방지의 기능이 있다.

② 도전성 바닥(conductive floor)

㉠ 바닥재의 표면저항(R_s), 접지저항(R_g)은 $2.5 \times 10^4 \sim 10^6[\Omega]$으로 시공 및 관리가 되어야 한다.

㉡ 접지 및 대전방지용 작업화 착용이 필요하다.

(8) 정전기 재해방지 5원칙(위험물 안전관리 모델 5가지 원칙을 기준)

1) 정전기의 제거(R1) : 정전기의 제거란 사고를 발생시킬 수 없도록 정전기 그 자체를 근원적으로 배제하는 원칙

2) 정전기의 격리(R2) : 정전기의 격리란 정전기를 가연물로부터 떼어놓는 원칙

3) 정전기의 방호(R3) : 차폐장치를 이용해서 위험원을 덮어씌우는 원칙

4) 위험에 대한 인간측면의 보강(R4)

① 위의 방지대책이 곤란하거나 불완전한 경우에는 위험에 대하여 사람 쪽을 보강함으로써 안전을 확보하는 원칙

② 방법

㉠ 국내 : 도구, 장비를 사용하고 보호구를 착용한다.

㉡ 미국 : ESD 방지재료의 사용(ESD Protective material), ESD 방지기기의 사용(ESD Protective equipment)

- ESD 방지재료의 세 가지 기본조건
  - 접촉성 대전(triboelectric charging)을 예방한다.
  - 전자기파를 차단(shielding 효과)한다.
  - 대전된 작업자나 물체와 접촉했을 때 직접적인 방전을 예방한다.
- 위 세 가지의 조건을 모두 만족시킬 수 있기에는 어려움이 많아 세 가지를 적당한 조합으로 섞어서 방전에 대해 제어하고 있다.
- ESD 방지기기의 사용
  - 제전기
  - 인체에 착용하는 방전기기 : 손목(리스트 스트랩 ; wrist strap)이나 발(힐 그라운더 ; heel grounder)에 착용하여 인체에서 발생되는 정전기를 방전시키며 인체를 작업대 표면과 같은 정전위로 유지시킨다(안전저항 1[MΩ]).
  - 방전감지기나 경보장치 : 주위의 정전위나 전기장이 규정치 이상이면 위험신호를 발하는 장치

5) 위험에 대한 인간측의 대응(R5)

① 상기의 방지대책으로 불만족스러울 경우 근로자 자신이 안전행동을 통하여 유해위험상황에 대응해 나가야 한다는 원칙

② 방법

㉠ 국내 : 안전한 위치, 자세확보와 안전행동의 기준제정 및 이행

㉡ 미국 : 정전기 방전(ESD : Electro Static Discharge), 정전기 주의 교육(ESD Awareness training)

- 정전기의 발생원인에 대한 교육
- ESD에 민감한 부품의 인식 교육
- ESD 제어방법 교육
- 각각의 분야에서 ESD 방지에 관한 책임 인지
- 교육 후에는 ESD의 발생 우려가 있는 장소에는 아래의 그림과 같은 주의표시

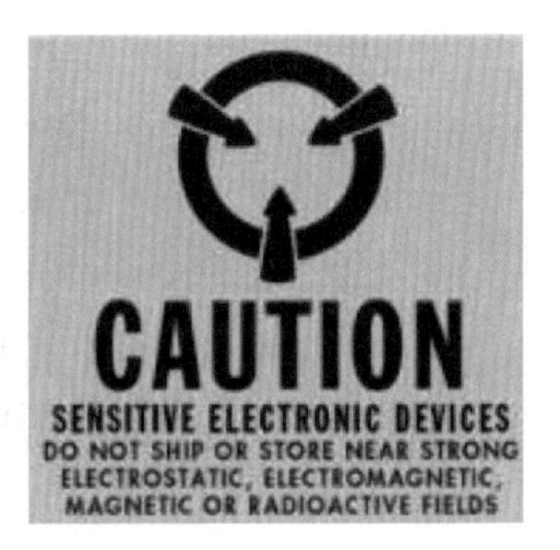

▌ESD 주의 심벌▐

(9) 정전기에 의한 화재 또는 폭발 등의 위험이 발생할 우려가 있는 설비(「산업안전보건기준에 관한 규칙」 제325조) 133회 출제

1) 위험물을 탱크로리 · 탱크차 및 드럼 등에 주입하는 설비
2) 탱크로리 · 탱크차 및 드럼 등 위험물저장설비
3) 인화성 액체를 함유하는 도료 및 접착제 등을 제조 · 저장 · 취급 또는 도포(塗布)하는 설비
4) 위험물 건조설비 또는 그 부속설비
5) 인화성 고체를 저장하거나 취급하는 설비
6) 드라이클리닝설비, 염색가공설비 또는 모피류 등을 씻는 설비 등 인화성 유기용제를 사용하는 설비
7) 유압, 압축공기 또는 고전위정전기 등을 이용하여 인화성 액체나 인화성 고체를 분무하거나 이송하는 설비
8) 고압가스를 이송하거나 저장 · 취급하는 설비
9) 화약류 제조설비
10) 발파공에 장전된 화약류를 점화시키는 경우에 사용하는 발파기(발파공을 막는 재료로 물을 사용하거나 갱도발파를 하는 경우는 제외)

08 결론

(1) 최근 절연성이 높은 고분자 재료의 사용이 증가함에 따라, 발생된 정전기가 누설되기 어렵게 되어 정전기에 의한 화재위험이 증가되고 있다.

(2) 정전기에 의한 불꽃은 그 에너지가 크지 않아서 제어가 어렵기 때문에 정전하의 발생과 축적을 방지하는 것이 유일한 대책이 된다.

(3) 정전기의 누설촉진에는 물체의 접지 및 환경을 다습하게 함으로써 개선되겠지만 물체의 도전율을 증대시키는 것이 가장 효과적이다.

(4) 최근에는 각종 센서 및 판단기능을 가진 인텔리전트 기기, 제어 기술 등의 우수한 소프트웨어가 개발되어 있기 때문에 이것들을 응용한 액티브한 정전기 안전기술의 도입도 적극적으로 검토할 필요가 있다.

SECTION 088 정전기 방전(ESD)

01 개요

(1) 정전기 방전(ESD : Electro Static Discharge)

1) 정의 : 전위가 다른 2가지 물체가 직접 접촉하지 않으면 발생하는 전하의 이동 또는 정전기 유도 때문에 다른 전위를 가진 물체 사이의 전하가 이동하는 것이다.

2) 대전 물체에 의한 정전계가 공기의 절연파괴강도에 달하면 일어나는 기체의 전리 작용이라고 할 수 있다.

(2) 방전이 일어나면 대전체에 축적된 정전에너지는 방전에너지로써 공간에 방출되어 열, 파괴음, 발광, 전자파 등으로 변환되어 소멸하는데, 이 에너지가 일정 이상이 되면 화재, 폭발 등의 점화원으로 작용을 일으켜 장해, 재해의 주원인이 된다.

(3) 정전용량은 모든 물체가 가진 고유용량이며 측정 시의 조건(마찰면적, 횟수, 압력 등)에 따라 바뀌는 것으로 이를 기준으로 하기가 곤란하다. 따라서, 전위로만 정전기 방전을 표시한다.

02 방전현상의 종류

대전물체에서의 방전은 대기 중에서 발생하는 기중방전과 대전체의 표면을 따라 발생하는 표면방전으로 크게 나뉘며, 기중방전에는 코로나 방전, 브러시 방전, 불꽃방전 등 3종류가 있다.

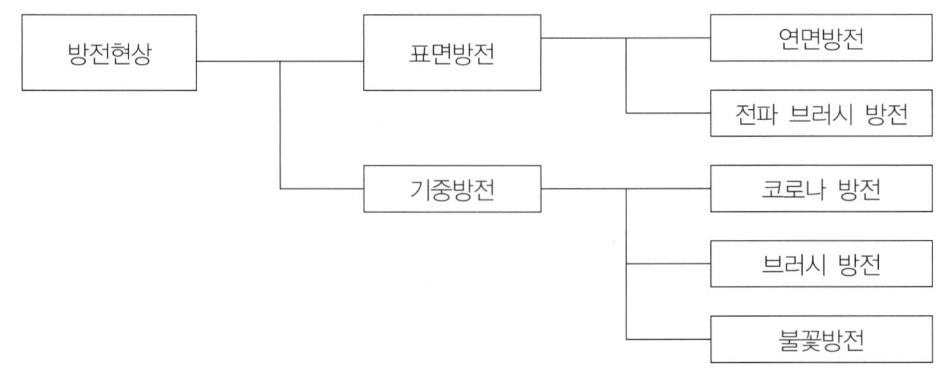

▌방전현상의 종류▐

(1) 연면방전(creeping discharge)

1) 정의 : 일반적으로 절연체의 표면상에 양전극이 있으면 방전을 공기 중에 직결하지 않고 유전체인 고체 표면을 따라서 진행하는 발광이 동반된 방전현상

2) 연면방전의 발생요건

① 코로나 방전 혹은 불꽃방전이 절연체면 위를 따라서 발생하는 현상인데 절연물의 표면을 따라 수지상(나뭇가지 모양)의 방전로가 형성된다.

② 부도체의 대전량이 극히 큰 경우와 면적이 큰 경우에 발생한다.

③ 대전된 부도체 표면 가까이 접지체가 있는 경우에 발생한다.

3) 문제점 : 재해나 장해의 원인

4) 연면방전에 의한 불꽃방전의 경우

① Flashover : 절연체 표면의 변질을 동반하지 않는 것

② 트래킹 : 절연체 표면의 변질을 수반하는 것

(2) 전파 브러시 방전(propagation brush discharge)

1) 정의 : 도체에 부착된 부도체에 대전량이 심하게 증가했을 때 표면에서의 방전

2) 방전에너지 : 수십 [mJ]

3) 위험성 : 가스, 증기 또는 민감한 분진에서 점화원

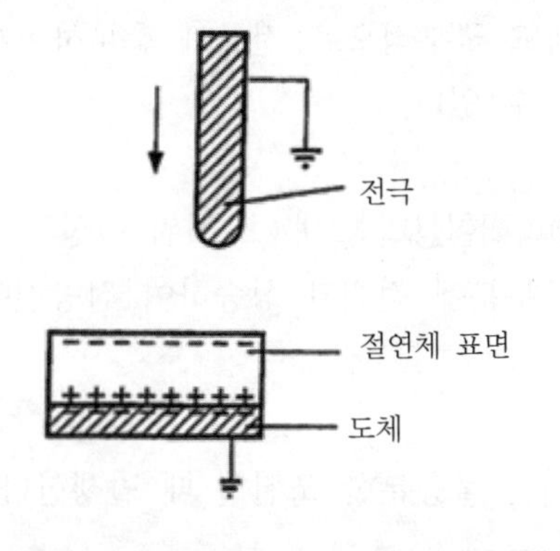

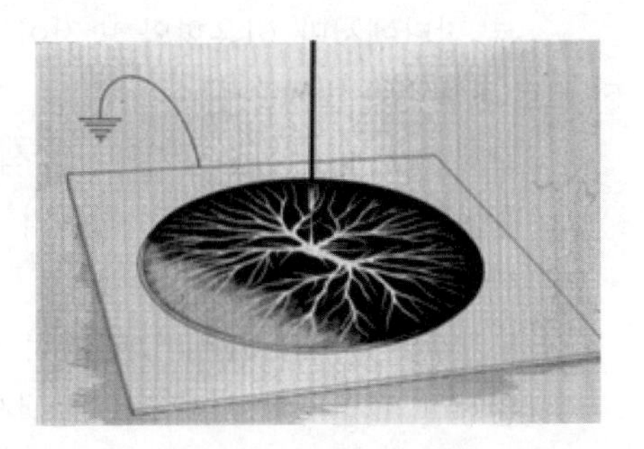

(3) 코로나 방전(corona discharge)

1) 정의 : 뾰족한 침전극(針電極)의 주위에 불균일한 전계가 생겨 전계강도가 임계치를 초과하여 주위의 공기가 전리함으로써 생기는 발광을 동반하는 방전

코로나 : 두 전극 사이에 높은 전압을 가하면 불꽃을 내기 전에 전기장의 강한 부분만이 발광하여 전도성을 갖는 현상

2) 특징

① 코로나 방전의 방전에너지 : 0.1[mJ]

② 응용분야 : 집진기 등

③ 방전로(放電路)의 발광 : 전계가 집중되는 침전극 주위에 한정하여 발생한다.

④ 위험성 : 기체방전의 한 형태로 불꽃방전이 일어나기 전에 국부적인 절연이 파

괴되어 방전하는 미약한 방전이며 빛이 매우 약하다. 점화원이 될 정도의 에너지를 가지지 못하는 방전이다.

3) 종류

① 정침(正針) 코로나(정극성 코로나 혹은 정성 코로나) : 양극측의 침전극에 발생하는 것

② 부침(負針) 코로나(부극성 코로나 혹은 부성 코로나) : 음극측의 침전극에 발생하는 것

4) 발생 메커니즘

① 전하가 일정한 공간에 돌출부가 생기면 돌출부 표면에 전하가 모이게 된다.

② 돌출부가 튀어나와 표면적이 증가해 아래 그림처럼 전하가 더 많이 모일 수 있다.

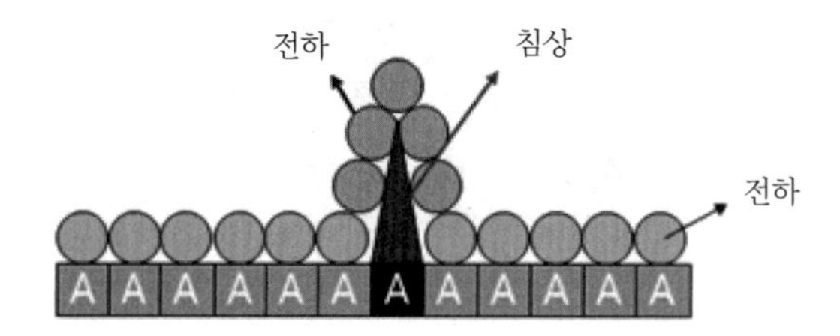

③ 위 그림과 같이 같은 표면적에 다섯 배 이상의 전하가 배치될 수 있다. 이로 인해 충분한 전류를 넣어주지 않았음에도 국부적으로 전류가 충분하여서 돌출부 말단에서만 이온화와 방전이 발생할 수 있다.

5) 코로나 방전의 발생요건

① 고체 표면에 접촉된 공기의 국부적인 절연파괴현상의 발생 : 고전위 형성

② 침상물체에 전하가 집중 : 침두의 집중된 부분에 전위가 상승하여 점방전이 발생한다.

③ 도체주위 유체의 이온화 : 전기적 방전

④ 완전한 절연파괴나 아크를 발생시키기에는 불충분한 조건일 때 발생한다.

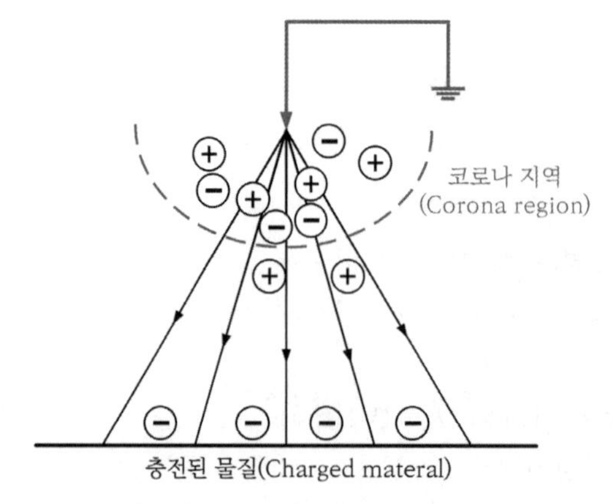

▌코로나 방전의 개념도[75] ▌

75) http://www.ce-mag.com/archive/1999/novdec/mrstatic.html에서 발췌

(4) 브러시 방전(brush discharge) or 스트리머 방전

1) **정의** : 기체방전에서 방전로가 긴 줄을 형성하면서 방전하는 현상으로, 수지상(dendritic pattern)의 발광과 펄스상의 파괴음을 수반하는 방전

수지상 : 나뭇가지처럼 여러 가닥으로 뻗은 모양으로, 마치 브러시와 같은 모양으로 브러시 방전이라고도 한다.

2) **브러시 방전의 발생요건**
   ① 곡률반경이 큰 접지도체(직경이 10[mm] 이상)가 10[cm] 정도까지 접근한 경우
   ② 절연물질(고체, 기체)이나 저전도율 액체 사이에서 대전량이 많을 경우
3) **일종의 코로나 방전이지만 방전에너지가 크므로 재해나 장해의 원인이 될 수 있다.**
4) **브러시 방전의 방전에너지** : 4[mJ]
5) **위험성** : 가스, 증기 또는 민감한 분진에서 점화원이 될 수 있다.
6) **위험도** : 불꽃과 코로나의 중간위치

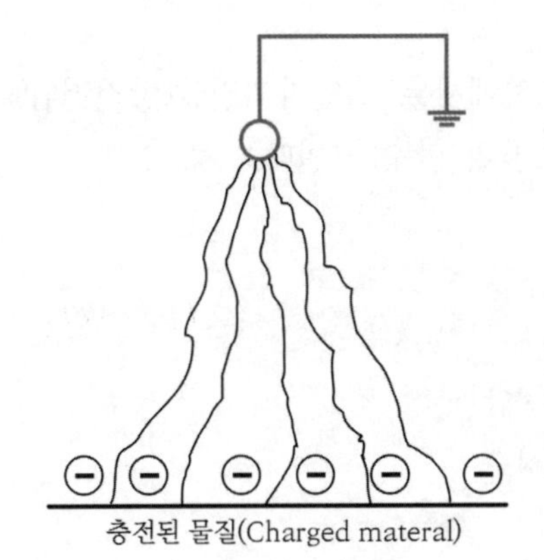

▌브러시 방전의 개념도[76] ▌

(5) 불꽃방전(spark discharge)

1) **정의** : 기체방전에서 전압이 어떤 한계(수 [kV])를 넘으면 전극 간 기체가 이온화되어 절연이 파괴되며 강한 불꽃을 내면서 방전하는 불연속적인 과도현상
2) **불꽃방전의 발생전압**
   ① 평등 전기장 : 약 30[kV/cm]
   ② 불평등 전기장 : 약 5[kV/cm]
3) **불꽃방전의 발생요건**
   ① 표면전하밀도가 아주 높게 축적되어 분극화된 절연판 표면
   ② 도체가 대전되었을 때 접지된 도체 사이에서 발생하는 강한 발광과 파괴음을 수반하는 방전

76) http://www.ce-mag.com/archive/1999/novdec/mrstatic.html에서 발췌

③ 대전체, 접지체 형태가 비교적 평활하고 그 간격이 작은 경우

4) 불꽃방전의 방전에너지 : 10,000[mJ]

5) 위험성 : 가스, 증기, 분진 등의 점화원

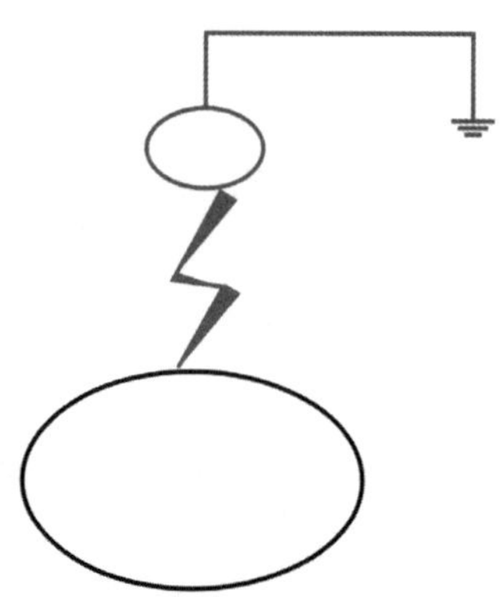

▌불꽃방전의 개념도[77] ▌

6) 파셴의 법칙

① 정의 : 일정 온도하에서는 절연파괴전압(방전전압)은 가스압(p)과 평행 평면전극 간 거리(d)와의 곱의 함수가 된다.

② 공식

$$V_0 = K_s \times pd$$

여기서, V_0 : 방전전압

K_s : 기체상수

p : 가스압

d : 전극 간 거리

③ 특징

㉠ 방전하는 기체에 따라서 특성이 다르다.

㉡ 방전에는 가장 적당한 거리와 압력 그리고 전압이 필요하다.

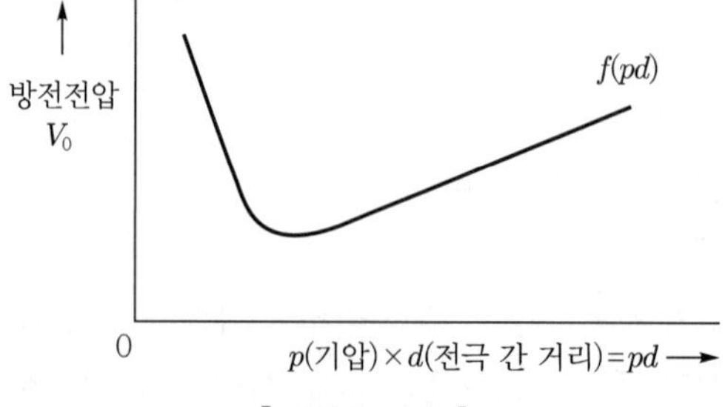

▌파셴의 법칙 ▌

77) http://www.ce-mag.com/archive/1999/novdec/mrstatic.html에서 발췌

03 폭발안전전압

(1) 폭발안전전압

점화원이 되지 않는 최소 전압을 구하는 공식

$$V_{ex} = \sqrt{\frac{2W_{\min}}{C}} \quad \left(W_{\min} = \frac{1}{2}CV_{ex}^{\ 2}\right)$$

여기서, V_{ex} : 폭발에 점화원이 되지 않는 최소 전압
C : 정전용량
$W_{\min}$: 전기적 방전이 점화원이 되지 않는 최소 에너지(~0.2[mJ])

(2) 폭발위험장소에서의 필드부스에 관한 기술지침(KOSHA guide)

최대 출력전압(U_0)는 KS C IEC 60079-11에서 규정한 고장상태에서 17.5[V] 이하이거나 정상상태에서 14[V] 이하이어야 한다.

SECTION

089 제전기(ionizer)

01 정의

(1) 제전장치의 기본적인 원리는 공기를 이온화시켜 제전하는 것이며, 이러한 특성 때문에 '이오나이저(ionizer)'라고도 한다. 제품 또는 원하지 않는 부분에 발생한 정전하를 강제적으로 제거하기 위하여 제전장치가 사용된다.

(2) 이오나이저(ionizer)는 대전체의 전하극성과 반대극성의 이온과의 중화작용을 이용하여 대전체의 정전하를 중화 · 제거한다. 하지만 제전장치가 물체의 정전기를 완전히 제거하는 것은 아니다. 즉, 산업재해 및 장해가 발생하지 않고 생산성 향상과 품질 고급화에 지장이 없는 정도까지 낮추어 주는 것이다.

(3) 제전기의 특징은 설치 시 도체, 절연체 모두에 정전기 제거가 가능하지만, 일정 기간마다 유지 · 보수가 필요한 기기이다.

02 제전기의 종류와 특징

(1) 전압인가식 제전기(active electric static neutralizer) 122회 출제

1) 제전원리 : 전압인가식 제전기는 고전압의 전기에너지로 제전에 필요한 이온을 발생시켜 중화시키는 기능

① AC 혹은 DC의 고전압을 뾰족한 전극침 끝에 인가하여 접지와 설계된 거리를 유지하면 접지측과 코로나 방전이 발생(코로나 방전식 제전기)

② 전극침 주변에 이온과 오존 생성

③ 생성된 이온은 양(+), 음(−) 극성을 가지며 매우 빠른 속도로 변환하여 상대물에 대전된 정전기와 중화 소멸된다.

2) 구성 : 제전전극, 고압전선, 고압전원

3) 종류 : 제전기에 사용하는 고압전원은 주로 교류방식이 많이 사용되고 있다.

① 전원에 따른 분류

구분	제전원리	장점	단점
AC Type	접지측과 코로나 방전을 일으켜서 이온과 오존을 생성함. 생성된 이온은 AC의 50 ~ 60[Hz] 주파수에 의해 +, - 극성을 가지며 매우 빠른 속도로 정전기와 중화됨	이온 발생이 안정적이고 이온 균형을 자체에서 조절할 수 있는 기능을 가지고 있음	① 극성 변환이 빨라 상대물에 도달하기 전에 중화량이 많아 먼 거리까지 제전하기가 곤란함 ② 전극의 오손으로 인한 과부하를 방지하기 위해 안전회로와 병행 사용하여야 함
DC Type	접지와의 방전이 아니라 대기 중의 산소분자를 전이시켜 이온화하여 중화시킴	① 오존의 발생이 AC에 비해 $\frac{1}{100}$로 감소 ② 이온 발생의 주기를 임의로 조절할 수 있고 제전거리가 1[m] 이상 가능함	이온 발생이 전극에서 이루어지므로 전극의 마모, 오손 등 이온 균형의 불균형 가능성이 커서 주기적인 관리가 필요함

② 설치장소에 따른 분류

㉠ 위험장소의 방폭형 제전기

위험장소 \ 각 부의 구조		방폭구조		
		제전전극	고압전선	고압전원
가스, 증기 위험장소	Division 1장소	내압방폭구조	특수 고압전선	본질안전구조 내압방폭구조
	Division 2장소	내압방폭구조	특수 고압전선	내압방폭구조
분진위험장소		분진방폭 특수구조	특수 고압전선	분진방폭구조

㉡ 비위험장소는 사용목적에 따라 비방폭형 제전기

③ 송풍형 제전기(blower type)

㉠ 원리 : 전압인가식 제전기에 강력한 송풍기를 내장, 이온을 바람에 실어 대전 물체에 보내 제전거리를 연장한 것

㉡ 장점 : 제전능력이 크고, 제전거리가 길다.

㉢ 단점 : 고압전원, 제전전극, 고압전선으로 되어 있어 설치가 복잡하고 Fan을 내장하여 방폭형을 만들지 못한다.

④ Air gun : Air gun에 전압인가식 제전기를 부착하여 Air 방출 시 정전기를 제거할 수 있다.

4) 장단점

장점	단점
① 전원을 넣는 것만으로 안정된 이온을 생성할 수 있음 ② 제전전극의 형상, 구조 등의 변형이 쉬워 다양한 기종을 가지고 있음 ③ 이온 발생이 안정적임 ④ 이온 균형이 일정량 이상 차이가 나면 회로 자체에서 조절할 수 있는 기능(self control)이 가능함 ⑤ 이동하는 대전 물체의 제전에도 유효함 ⑥ 붙이는데 손이 많이 필요하지 않음 ⑦ 높은 제전능력을 발휘하여 단시간에 제전이 가능함	① 직류(DC)는 접지와의 방전이 아니고 대기 중의 산소분자를 전이시켜 이온화하기 때문에 오존의 발생이 교류(AC)에 비해 $\frac{1}{100}$ 정도 줄어들어 직류(DC)에서 효과가 급격히 떨어짐 ② 양(+), 음(−) 이온 발생이 각각의 전극에서 발생하므로 전극의 마모, 오손 및 트랜스의 이상 등에 따른 이온 균형의 불균형 가능성이 있으므로 주기적인 관리가 필요함 ③ 별도 전원이 필요함 ④ 점화원으로 작용할 수 있기 때문에 과부하방지를 위해 안전회로와 함께 사용해야 하는 불편함이 있음 ⑤ 극성의 변환이 빨라 상대물까지 도달하기 전에 자체 중화량이 많아 먼 거리까지 제전할 수 없음 ⑥ 고전압을 사용하므로 그 취부나 취급이 다른 제전기에 비하여 상당히 까다로워 주의를 요구하며 사용자에 대한 교육이 필요함

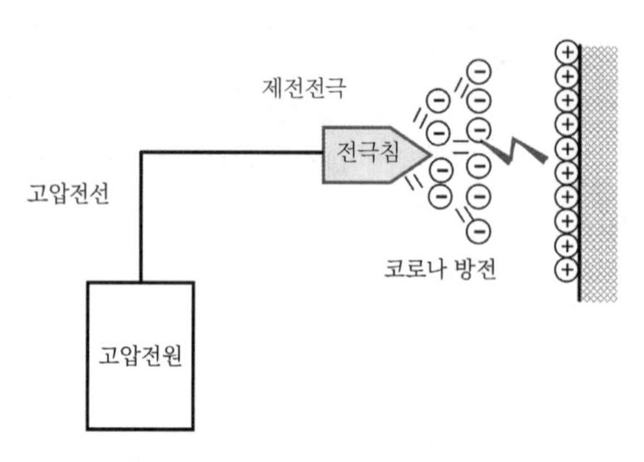

▌전압인가식 제전기의 작동 개념도▐

(2) 자기방전식 제전기(inductive neutralizer)

1) **제전원리** : 접지된 도전성의 침상 또는 세선상의 전극에 제전하고자 하는 대전물체가 발산하는 정전기를 모아 그 정전계에 의해 제전에 필요한 이온을 생성한다.

① 금속 프레임과 브러시(brush)상(狀)의 도전성 섬유를 조합하여 접지극과 연결되며, 통전이 쉬운 구조로 되어 있다.

② 대전된 물체가 제전기에 접근하면 정전유도가 일어나거나, 접지극을 통해서 도전성 섬유의 끝에 대전물과 반대되는 극성의 전하가 유도된다.

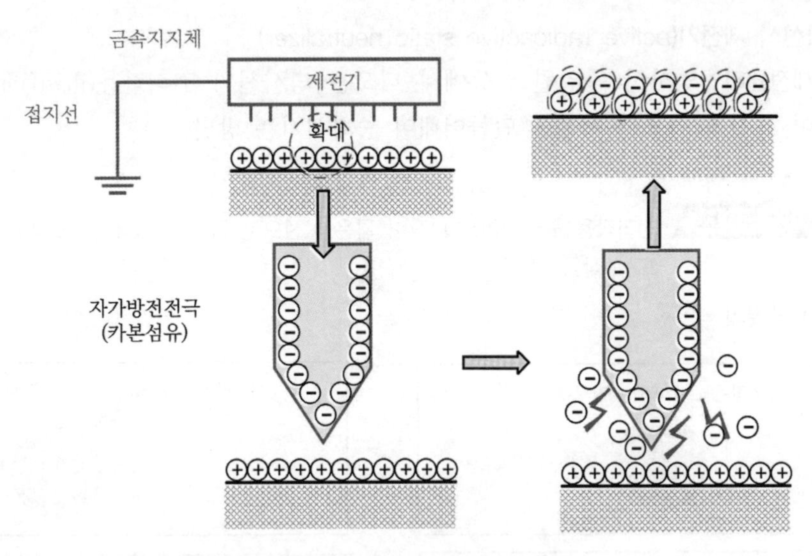

▌자가방전식 제전기의 작동 개념도▐

③ 발생한 반대 극성이온은 전위차에 의해 대전물의 전하와 결합하여, 전기적으로 중화상태가 되며 정전기가 제거된다.

2) 종류 : 이 제전기에 사용하는 고압전원은 주로 교류방식이 많이 사용되고 있다.

① Air injection type – ion bar

② Ion gun

③ Ion nozzle etc

④ Fan blowing type – ion blower

⑤ Over head ion blower etc

3) 장단점

장점	단점
① 고압전원이 필요하지 않고 간단한 구조의 제전전극만으로 구성되어 있어(구조 간단) 설치와 사용이 아주 편리함 ② 좁은 공간에도 설치가 가능하고, 부착이 용이함 ③ 점화원이 될 염려도 없어 안전성이 높음	① 자기방전식 제전기의 제전능력은 제전대상물의 대전량과 대전물과의 거리에 의존하고 있음. 대전물과 도전성 섬유의 거리가 너무 멀거나, 대전량이 지나치게 적거나 하면 코로나 방전이 일어나지 않음 ② 제전능력이 제전하고자 하는 대전물체의 대전전위에 크게 영향을 받으므로 대전전위가 낮으면(3[kV] 이하) 제전이 불가능한 경우도 있음 ③ 제전 후에도 수 [kV]는 잔류 정전기가 존재함

4) 제전범위 : 7,000 ~ 8,000[V]

5) 사용처

① 대전전위가 높지 않은 공정에서 사용하는 것이 효과적이다.

② 다른 제전기에 비해 교환의 빈도가 높아서 교환식으로 설치하고 설치가 쉬운 장소에 위치한다.

(3) 방사선식 제전기(active radioactive static neutralizer)

1) **제전원리** : 방사선 동위원소 등에서 나오는 방사선의 전리작용(電離作俑)을 이용하여 제전에 필요한 이온을 만들어내어 중화시키는 방법

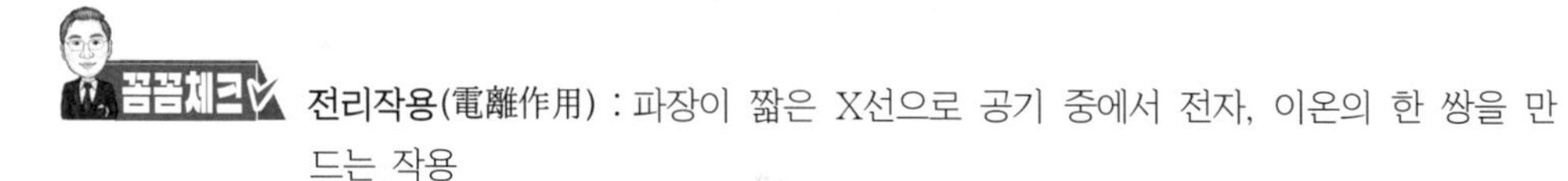

전리작용(電離作用) : 파장이 짧은 X선으로 공기 중에서 전자, 이온의 한 쌍을 만드는 작용

2) 동작원리

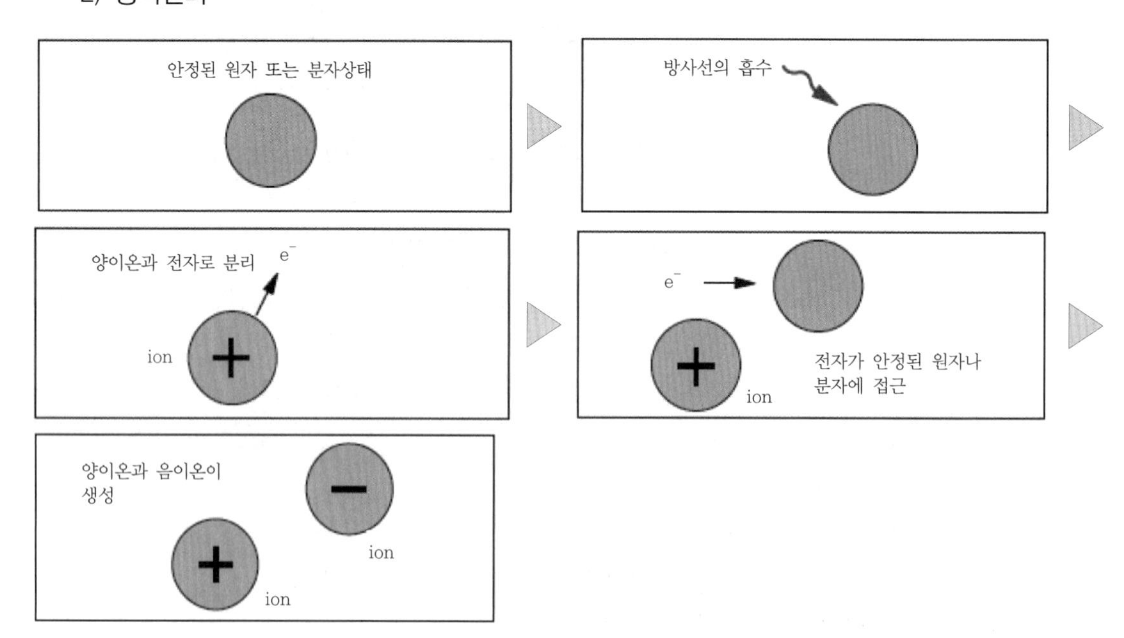

3) 작동 개념

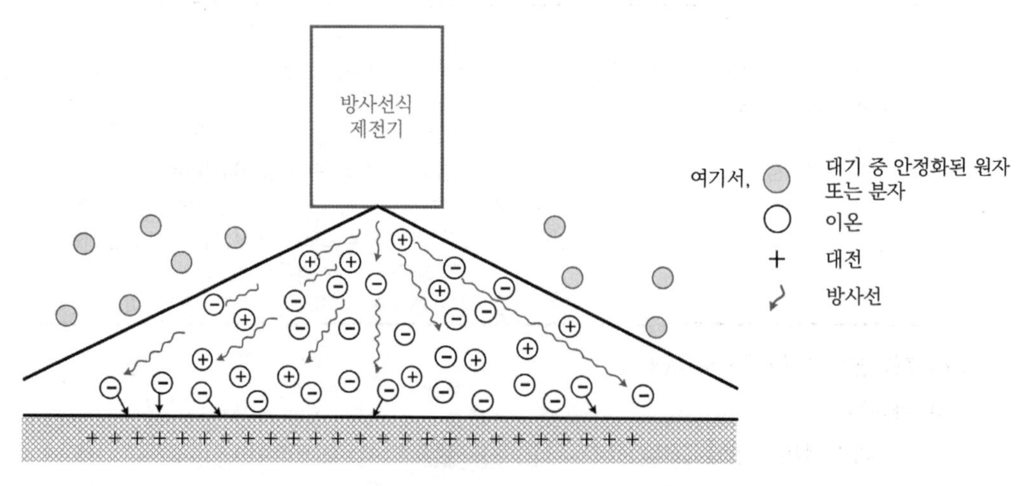

▌방사선식 제전기의 작동 개념도▐

4) 종류 : α선원, β선원

5) 장단점

장점	단점
① 점화원이 될 위험은 없음 ② Photo ionizer(SXN-10) : X선에 의해서 가스 원자 또는 분자를 직접 이온화해서 정전기의 대전을 방지하기 위해 개발된 신개념의 정전기 제거장치 ㉠ 고농도의 이온 및 전자를 생성할 수 있어서 상당히 단시간 내에 정전기 제전이 가능함 ㉡ 잔류전위를 거의 5[V] 이내로 저하할 수 있음 ㉢ 불활성 가스(N_2, Ar)의 분위기 중에서도 정전기 제거가 가능함	① 제전기 자체의 안전을 고려하여 대용량 선원 사용이 제한됨 ② 피대전물체가 방사선에 영향을 받을 우려(대전물체의 물성 변화, 작업자의 피폭)가 있어 세심한 주의를 요함 ③ 움직이는 대전물체에는 부적합함 ④ 제전능력이 작아서 제전에 많은 시간이 소요됨 ⑤ 일반적으로는 사용되지 않는 위험성 분위기가 높은 밀폐의 공간과 같이 특수한 경우에만 사용하는 제전기임

(4) **제전기 비교**

비교항목 \ 종류	전압인가식	자기방전식	방사선식
제전능력	상	중	하
구조	복잡	간단	간단
취급	복잡	간단	복잡
적용범위	넓음	협소	협소
기종	다양	적음	적음
제거원리	전위차를 크게	전극간격을 작게	방사선을 이용
제전전극 설치거리	2 ~ 10[cm](표준)	1 ~ 5[cm](표준)	① α선원 : 1 ~ 2[cm] ② β선원 : 2 ~ 5[cm]

03 제전기의 선정조건 122회 출제

(1) 대전물체의 형상, 물성, 대전상태

(2) 대전물체의 착화 위험성

(3) 제전기의 특징, 제전능력

(4) **설치장소의 조건**

1) 방폭지역에서는 방폭형을 사용한다.

2) 상대습도가 80[%] 이상인 곳에는 전압인가식이 적합하지 않으므로 자기방전식을 사용한다.

3) 대전물체와 설치장소에 따른 제전기를 선정한다.

대전물체 설치장소	대전물체의 예	사용가능한 제전기
표면 대전물체	필름(film), 종이, 면, 고무시트	전압인가식
		자기방전식
액체 대전물체	분, 액체, 수지	전압인가식
이동 대전물체	인체, 철기	전압인가식
고속이동 대전물체	인화필름(film), 유동분체	전압인가식
		자기방전식
가연성 물질 위험장소	가연성 액체, 분체	전압인가식
		자기방전식
		방사선식

(5) 설치위치의 선정

1) 제전효율이 90[%] 이상 되는 장소
2) 대전물체의 대전전위가 높은 장소
3) 정전기 발생원으로부터 가능한 한 가까운 위치
   ① 전압인가식 제전기 : 제전전극은 보통 정전기 발생원에서 2 ~ 10[cm] 이격된 위치에 설치한다.
   ② 자기방전식 제전기
      ㉠ 정전기 발생원에서 1 ~ 5[cm]에 설치가 표준이다.
      ㉡ 역대전이 일어날 우려가 있는 경우 5[cm] 이상 이격이 필요하다.
4) 타 제전기보다 제전기의 설치, 교환 등의 주기적인 유지관리가 있어야 해서 접근이 쉬운 장소에 설치한다.

(6) 설치 부적합 위치

1) 대전물의 뒷면에 접지체 또는 다른 제전기가 있는 장소
2) 정전기 발생원 부근
3) 오염되기 쉬운 장소
4) 온도 50[℃] 이상, 상대습도 80[%] 이상의 부적절한 환경의 장소

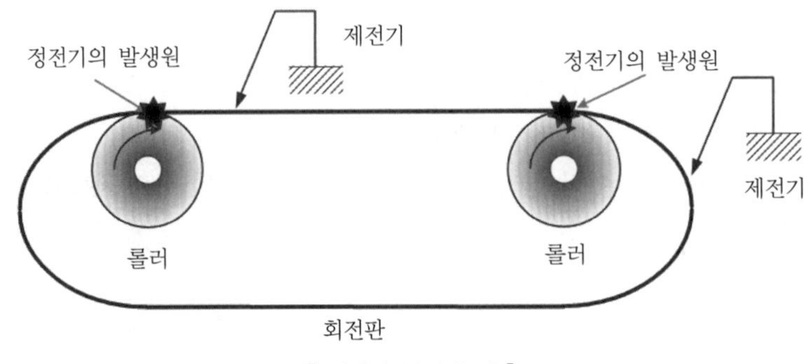

▍제전기 설치의 예▍

SECTION 090

케이블 화재

102 · 100 · 88 · 80회 출제

01 개요

(1) 컴퓨터 시스템 및 통신망의 확산 및 각종 전기기기의 사용으로 그룹 케이블의 증설이 증가하고 있다. 케이블 설치장소가 피트나 지하구 등으로 상시 감시가 곤란한 장소가 대부분이어서 화재발생 시 대응이 쉽지 않고 소방설비도 미흡해 대형화재로 발전할 가능성이 높다.

(2) 지하구의 경우 케이블 화재가 발생하게 되면 화재로 인한 재산피해인 1차 피해보다도 전력 또는 통신장애로 인한 2차 재산피해가 큰 상황이므로 이를 방지하기 위해 케이블의 출화방지, 소화 및 연소확대 방지대책이 필요하다.

02 케이블 화재의 연소특성

(1) 케이블의 연소성

1) **케이블의 종류에 따른 연소성** : 케이블의 종류에 따라 다르며, 주요 재료의 발화점, 연소 시의 발열량 및 산소지수 등에 따라 연소성이 결정된다.

2) **케이블 부설상황에 따른 연소성** : 맨홀 내, 밀폐덕트 내, 수직덕트, 샤프트 내 부설 케이블은 화재에 취약한 장소이다.

3) **케이블 연소 시에 발생하는 가스** : 염화수소 등의 할로겐은 강한 자극성 냄새를 수반하여 인체에 유해하며, 일산화탄소, 이산화탄소 등을 다량 발생하여 소화활동에 큰 영향을 준다.

(2) 케이블 트레이(cable tray)를 통한 화재전파

1) **개요** : 화재전파는 방향성에 따라서 수평적 전파와 수직적 전파로 구분된다. 화재크기는 수평적 전파와 수직적 전파에 의해 발생하는 연소면적의 확대로 결정되므로, 전파특성을 분석하여 화재크기를 산출할 수 있다.

2) 케이블의 수평화염전파속도

① 수평화염전파속도[78]

$$v = \frac{4(\dot{q}_f'')^2 \delta_f}{\pi(k\rho c)(T_{ig} - T_{amb})^2} = \frac{\delta_f}{t_{ig}}$$

여기서, $\dot{q}_f''$: 화염에서 가연물 표면에 미치는 복사열[kW/m^2]

δ_f : 가열된 연료까지의 거리[m]

kpc : 열관성[kW/m^2 · K^2 · sec]

T_{ig} : 점화온도[℃]

T_{amb} : 주위온도[℃]

t_{ig} : 발화시간[sec]

| Cable tray 화염전파 모델 특성값[79] |

항목	PVC	XLPE
전열계수(K)	0.000192[kW/m · K]	0.000235[kW/m · K]
밀도(ρ)	1,380[kg/m^3]	1,375[kg/m^3]
비열(C_p)	1.289[kJ/kg · K]	1.390[kJ/kg · K]
점화온도(T_{ig})	218[℃]	330[℃]

② 2[mm]의 거리에서 70[kW/m^2]의 열유속으로 가열한다고 가정했을 때 위 공식을 통해 산출된 PVC와 XLPE Cable tray의 화염전파속도는 다음과 같다.[80]

㉠ PVC : 0.9[mm/sec]

㉡ XLPE(가교 폴리에틸렌) : 0.3[mm/sec]

③ 시간에 따른 케이블 연소길이 변화 : 0.67[m]에서 시작한 PVC Cable tray의 연소길이는 2,000초에 약 2.5[m]가 되며, 상대적으로 연소속도가 느린 XLPE Cable tray는 약 1.3[m]가 되는 것으로 실험결과 나타나고 있다.

78) NUREG/CR-6850, Appendix R.4.1 Flame Spread, Page R-5
79) R.4.1.1 material Properties, NUREG/CR-6850, Appendix R.4.1 Flame Spread, Page R-6
80) R.4.1.2 Recommended Values for Flame Spread in Horizontal Cable Trays, NUREG/CR-6850, Appendix R.4.1 Flame Spread, Page R-7

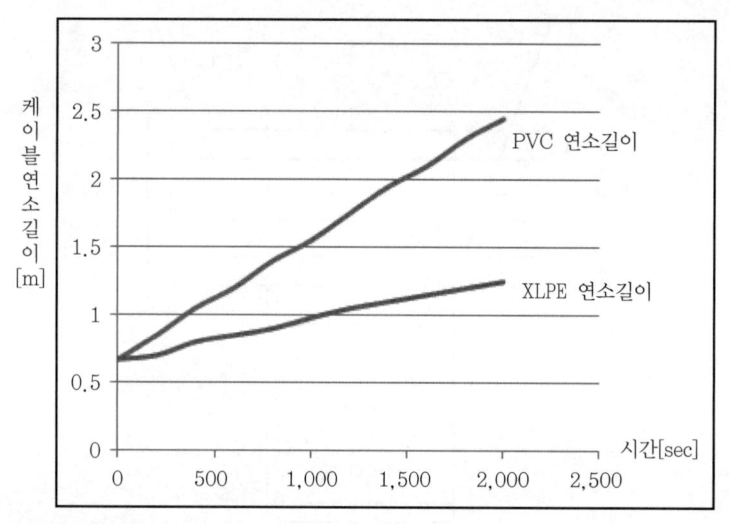

3) 케이블의 수직화염전파

① 공식

$$z_f = x_p(k_f \dot{Q}'' - 1)$$

여기서, k_f : 값이 0.01[m²/kW]인 상수

x_p : 재료의 연소영역 길이=화염높이[m]

$\dot{Q}''$: 60[kW/m²]의 열유속 하에서 다양한 케이블에 대한 HRR값[kW/m²](퀸티에르는 $x_p < 1.4$인 경우 $\dot{Q}''$을 25[kW/m²]로 제한함)

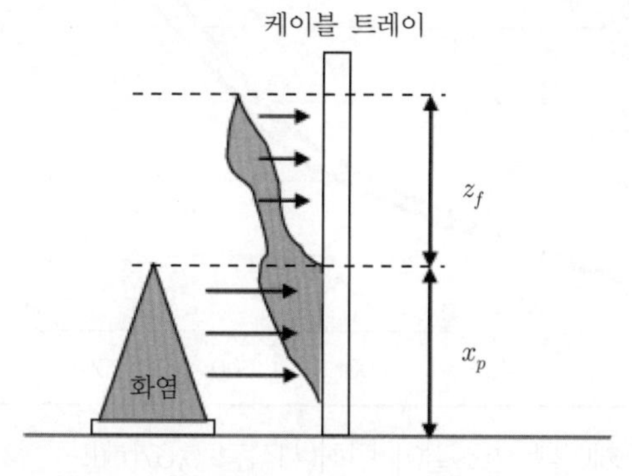

▌화염전파 과정의 시작▐

② 수직이격된 상부 케이블로의 화염전파길이[81]

$$L_{n+1} = L_n + 2[h_{n+1}\tan(35°)]$$

여기서, L : 연소길이

n : 케이블 트레이의 지수

h : 케이블 트레이 하단에서 다음 케이블 트레이 하단까지 거리

35° : 화염전파각도

81) NUREG/CR-6850, Appendix R.4.2 Fire Propagation. Page R-8

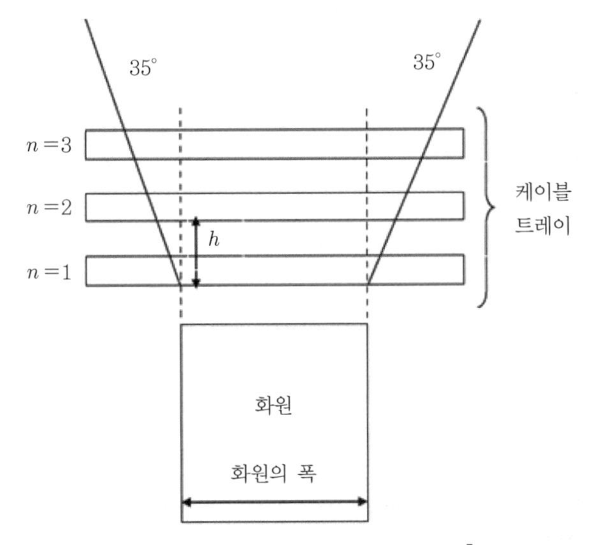

▌케이블 트레이 수직단 화재전파모델▐

③ 최하단 케이블 트레이에서 화재를 가정한다면, 케이블 트레이의 연소길이 및 전파시점은 아래의 그림과 같이 나타낼 수 있다.

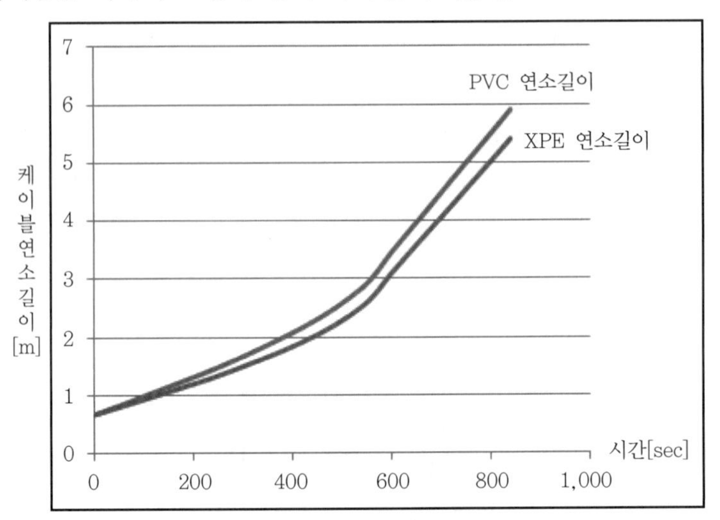

④ 시간에 따른 케이블 연소길이 변화(시작점 0.67[m])

㉠ PVC 케이블 트레이 : 840초에 약 5.9[m]

㉡ XPE 케이블 트레이 : 840초에 약 5.4[m]

㉢ 수평면과는 둘의 연소길이 경우는 차이가 없고 전파속도는 훨씬 빠르다.

4) 화재크기[82]

① Cable tray의 화재크기 계산식

$$\dot{Q}_{ct} = 0.45 \cdot \dot{q}_{bs} \cdot A$$

82) R.4.2.1 Heat Release Rate. NUREG/CR-6850, Appendix R.4.2 Fire Propagation. Page R-10

여기서, $\dot{Q}_{ct}$: 케이블 트레이의 화재크기[kW]

$\dot{q}_{bs}$: 실험조건의 HRR[kW/m²]

A : 트레이의 연소면적[m²]

② $\dot{q}_{bs}$는 다음 표와 같다.[83)]

절연체 재질	열유속 60[kW/m²]의 실험조건의 HRR[kW/m²]
XPE/FRXPE	475
PE/PVC	589

③ 연소면적을 산출하기 위해 화염전파면적을 시간대별로 적용하여 시간에 따른 화재크기를 산출할 수 있다. 즉, 시간에 따른 연소면적이 산출되면, 시간에 따른 화재크기도 산출된다.

(3) 은폐공간에 설치되는 설치특성

1) 화재감시설비 및 소화설비의 설치가 되지 않는 경우가 많다.
2) 지하구, 천장 또는 바닥 등의 은폐공간에서의 화재는 진화하기 어렵다.
3) 동일공간에 설치된 여러 난연등급의 케이블이 설치된 경우가 많다.
4) IEC 등의 시험을 통과한 케이블도 실제 화재 시에 급격히 연소가 일어난다.
5) 새로운 케이블의 추가설치 시 방화차단재(fire stop)를 손상시키는 경우가 많다.
6) 사용되지 않는 불필요한 케이블을 제거하지 않고 방치해 놓는 경우가 많다.

(4) 케이블 화재의 문제점

1) 농연, 부식성 가스, 유독가스가 발생한다.
   ① 공기량이 충분하지 않아서 불완전 연소의 우려가 크다.
   ② 절연체 대부분이 고분자 탄화수소로 발열량이 많고 다량의 검댕이 등이 발생한다.
2) 연소에너지가 높고 열기가 강하다.
3) 연소속도가 빠르다.
4) 설치장소는 은폐된 장소가 많아서 발화점의 식별이 곤란하다.
5) 연소에너지가 크고 연소속도가 빨라서 소화기로는 소화가 곤란하다.
6) 통전 중에 화재가 발생하므로 수계 소화설비의 사용이 곤란하고 소화가 어렵다.

83) Table R-1 Bench Scale HRR Values Under a Heat Flux of 60[kW/m²], qbs [R-4]. Appendix R.4.2 Fire Propagation. Page R-5

03 발생원인

(1) 외부발화원

1) 공사 중 발생하는 용접불꽃
2) 방화
3) 유류 등의 가연물이나 건축물의 연소에 의한 나화나 복사열
4) 건축물 화재의 화염확산
5) 케이블이 접속된 기기류의 사고(화재)로 인한 발열이나 나화

(2) 내부발화원

1) 절연열화
2) 단락
3) 과전류
4) 접속부 과열에 의한 발화 : 접촉저항, 아산화동발열, 반단선
5) 지락
6) 유기질 절연물의 탄화에 의한 발화
   ① 탄화로 인하여 고유저항이 감소되면 그 부분의 전류밀도가 감소하여 국부가열 현상이 일어난다.
   ② 발생열이 주위의 열보다 많으면 열이 누적되어 온도상승과 동시에 국부적인 탄화현상이 가속된다. 이러한 과정이 진전되면 단계적으로 과열파괴 현상이 일어난다.
7) 누전에 의한 발화
8) 다선접속 등으로 인한 과부하 전류에서의 발열

04 방호대책

(1) 기기의 적정화

1) 보호계통을 검토하여 화재가 발생하지 않도록 미연에 방지한다.
2) 지진, 수해 등 재해대책을 수립하여 재해로 인한 2차 화재발생을 방지한다.
3) 선로설계의 적정화
   ① 케이블 용량은 충분히 여유를 주어야 한다.
   ② 케이블이 관통하는 방화구획은 최소화하여야 하고 관통 시에는 적절한 방호조치를 하여야 한다.
4) 접지계통을 검토하여 신뢰성과 안전성이 높은 접지방법을 선정한다.

5) 케이블의 종류, 규격을 검토하여 해당 설비에 적정하고 안전성이 높은 케이블을 선정한다.

(2) 점검보수

1) OF 케이블이나 유압식 변압기의 경우는 주기적으로 유압, 온도감시를 하여 이상 유무를 점검하여야 한다.
2) 공사 중 부주의 방지 : 용접 부주의, 절단 시 불똥, 인화물 사용에 주의하여야 한다.
3) 정기적인 전기안전진단을 통한 안전관리를 강화한다.

(3) 난연화 · 불연화(불난방화 케이블)

1) 불연 케이블 채용 : MI 케이블
2) 난연 케이블 채용
   ① 주로 금속수산화물 사용 : $2Al(OH)_3 \rightarrow Al_2O_3 + 3H_2O - 470[kcal/kg]$
      ㉠ 불연층을 형성하여 가연성 혼합기체의 형성을 방해한다.
      ㉡ 흡열반응(열분해 속도 저하)
      ㉢ 난연제의 다량 배합으로 기계적 강도가 저하되어 그 배합비율에 따라 난연화에는 한계가 있다.
   ② 난연성 재료로 할로겐을 포함하는 물질을 사용하면 피복재료 연소 시 독성, 부식성 가스가 발생하여 2차 재해를 유발할 위험이 있으므로 할로겐을 포함하지 않는(halogen free) 난연성 케이블을 사용한다.

ANSI/FM의 기준

① FPI ≤ 6, SDI ≤ 0.4 [84)]

② FPI(Fire Propagation Index) = $\dfrac{750\dfrac{\dot{Q}_{ch}}{W}}{TRP}$

여기서, $\dot{Q}_{ch}$: 화학적 발열량[kW]

W : 케이블 도체의 원주[m]

TRP : 열응답 변수($[kW/m^2] \times [sec]^{1/2}$)

③ SDI(Smoke Damage Index) : FPI × 연기 생성률(smoke yield)

3) 화재차단재, 연소방지도료, 방화시트, 방화테이프
   ① 화재차단재 : 와이어, 케이블, 파이프 등의 화재확산을 방지하기 위한 자재(fire-stop)
   ② 연소방지도료
      ㉠ 기설치된 케이블의 이면 도색과 일정 도막 두께 형성이 곤란
      ㉡ 경화되어 케이블 성능 저하

84) ANSI/FM Approvals 3972 Test Standard for Cable Fire Propagation June 2009 6Page

㉢ 후처리 시 도색불량 부분이 발생

③ 방화시트나 방화테이프 : 기존의 케이블이 포설되어 있는 장소에는 설치 곤란

(4) **관통부의 방호조치**

1) 구획 관통부의 방화조치 : 구획부 틈새로 화염전파를 방지하기 위해 방화 실링제를 사용(내화채움구조)한다.

2) 통로 덕트(duct) 내의 격벽 : 화염전파를 방지한다.

(5) 수직부 굴뚝효과 방지 또는 최소화한다.

(6) **전로격리**

전력, 제어라인을 분리 설치한다.

(7) **화재감지**

케이블 설치장소에 화재경보시스템을 설치한다.

(8) **선로에 연소하기 쉬운 이물질 제거**

주기적인 점검과 미사용 케이블을 철거, 청소한다.

(9) **방화나 동물의 침입 방지**

1) **관계자외 출입통제** : CCTV를 설치하고 경비원을 배치한다.

2) **출입구 폐쇄** : 시건장치를 설치한다.

(10) 안전에 대한 교육 및 훈련을 강화한다.

05 결론

(1) 케이블 화재는 화재감지, 소화, 연소확대 방지 및 소방활동이 곤란하므로 화재 이후의 대응보다는 발생을 억제하는 화재 예방대책이 선행되어야 한다.

(2) 화재예방을 최우선으로 관리해야 하며, 부득이하게 화재발생 시 조기발견 및 초기 진화에 중점을 두어 피해발생을 최소화하여야 한다.

SECTION 091 유비쿼터스(ubiquitous)

115 · 92 · 86회 출제

01 개요

(1) 필요성

1) 현재 국내는 소방관리자의 형식적인 시스템 점검 및 관리로 인하여, 화재발생 시 건축물 화재 안전시스템의 본래 기능과 성능을 발휘하지 못함으로써 화재가 확산하여 인적 · 물적 피해가 증가하는 현상을 보인다.

2) 유지관리에 대한 부실을 해결하는 방안으로 정보통신기술의 진보로 구현된 새로운 기술인 유비쿼터스(ubiquitous)가 필요하게 되었다.

(2) 유비쿼터스

1) Ubique의 어원 : 영어의 형용사로 '동시의 어디에나 존재하는, 편재하는'이라는 사전적 의미를 지닌다.

2) 정의 : 시간과 장소에 구애받지 않고 언제나 정보통신망에 접속하여 다양한 정보통신서비스를 활용할 수 있는 환경을 의미한다.

3) 여러 기기나 사물에 컴퓨터와 정보통신기술을 통합하여 언제, 어디서나 사용자와 의사 전달할 수 있도록 해주는 환경으로써 유비쿼터스 네트워킹 기술을 전제로 구현된다.

02 유비쿼터스(ubiquitous) 기술

(1) USN(Ubiquitous Sensor Network)

1) 정의 : 각종 센서와 지능화된 네트워크를 이용하여 필요한 정보를 손쉽고 저렴하게 수집, 분석, 관리 및 제어할 수 있는 네트워크

2) 기능 : 사물(things)의 네트워크를 통해 통신하며 지능화 및 자율화되어 각종 경제활동 서비스와 복지, 환경, 안전 서비스 등 새로운 서비스를 창출하여 인류의 삶을 더욱 윤택하게 해주는 기술이다.

3) USN의 구성요소

① 정보제공 서버 : 다양한 분야에 각종 서비스 및 정보제공

② 게이트웨이 : 외부 네트워크와 통신하기 위한 중계노드 역할

③ 싱크노드 : 센서노드로부터 센싱정보 수집

④ 센서노드 : 센서, 컴퓨팅, 통신 모듈을 통해 정보를 인지하여 전송

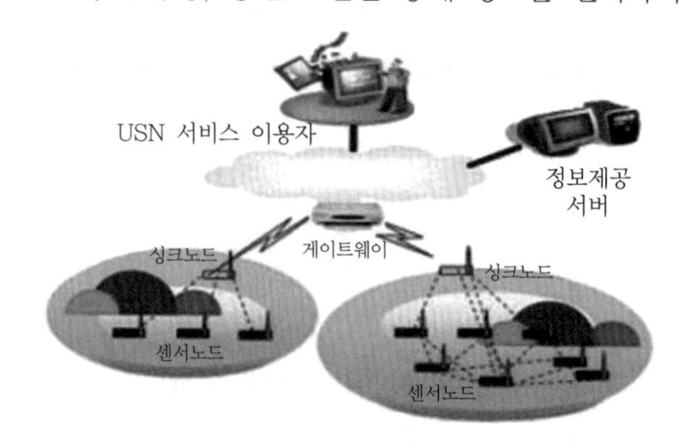

USN의 구성도[85]

(2) 스마트 도시

1) 정의

① 도로, 교량, 학교, 병원 등 도시기반시설에 첨단 정보통신기술을 융합하여 유비쿼터스 기반시설을 구축하여, 교통, 환경, 복지, 재난 등 각종 유비쿼터스 서비스를 언제, 어디서나 제공하는 도시

② 도시경쟁력과 주민 삶의 질 향상을 위하여 건설·정보통신기술 등을 융·복합하여 건설된 도시기반시설을 바탕으로 다양한 도시 서비스를 제공하는 지속 가능한 도시(스마트 도시 조성 및 산업진흥 등에 관한 법률 제2조)

2) 구성요소

① 정보생산 : RFID, 센서(sensor) 등의 정보를 RFID 리더를 통해서 읽음으로써 정보를 생산한다.

② 정보수집 : BcN, USN 등 통신인프라를 타고 생산된 정보가 도시통합센터로 수집된다.

③ 정보가공 : USN 미들웨어(middleware) 계층에서 수집된 정보를 가공하여 사용할 수 있는 정보로 만들어낸다.

④ 정보활용 : 만들어진 정보를 USN 응용서비스 계층에 제공하여 이를 활용할 수 있도록 한다.

3) U－119(행정안전부의 스마트 도시)

① 유비쿼터스 안심 콜시스템 : 기존 신고체계를 이용한 구호자 및 재난 취약 계층을 위한 서비스

② 119 자동 신고시스템 : 무선센서를 이용한 신고시스템

85) RFID/USN 확산방안 및 산업경쟁력 강화대책, 산자부, 2007

③ 텔레매틱스 센터 연계시스템 : 다양한 구조, 구급 신고 대응을 위한 서비스

④ Help me 119시스템 : 긴급한 상황에 부닥쳐 있는 외국인을 위한 서비스

4) U-119 서비스는 사건이 발생하면 디지털 다매체 신고시스템을 통해 가까운 각 지역의 소방본부 종합상황실로 신고가 접수된다. 종합상황실에서는 상기의 적정한 서비스를 제공하게 된다.

(3) 유비쿼터스(ubiquitous)와 건물화재안전관리

1) **소방에서 활용** : 소방의 취약부분인 인적 요소부분, 즉 소방시설관리, 소방교육 및 훈련부분 등을 기술적으로 보완하여 전체적인 화재안전의 수준을 향상시킬 수 있게 된다.

2) 인적 요소부분이란 사실 화재안전의 전 분야에 관계된 것으로, 인간의 오류와 실수를 방지하고 보완하는 것은 이전까지는 매우 힘든 일이었다.

3) 인적 오류 개선기술

① USN 기술

② 컴퓨터의 모바일화

③ 인공지능적 정보처리기술

④ 위치기반서비스(LBS)

4) 특징

① 실시간 모니터링 : 소방시설의 주요 관리부분을 센서 네트워크화하여 실시간 모니터링 및 고장 발생 시 신속한 대응이 가능

② 진단 및 대처에 관한 정보제공 : 대응 주체인 관리자의 전문성 부족을 관리전문가시스템 등에 의한 정보제공을 통해서 보완 가능

③ 소방시스템의 실보 및 기능 저하 방지 : 관리자나 건물주 등에 의한 작동정지 및 고장 은폐 등에 대한 정보제공을 통해 방지할 수 있다.

④ U-Learning을 통한 교육 강화

⑤ 훈련상황 모니터링 및 품질개선 : 훈련과 교육을 모니터링하여 효과 및 문제점을 파악하여 차후에 반영할 수 있는 이상적인 형태의 훈련을 수행할 수 있어 훈련의 품질을 개선할 수 있다.

⑥ 데이터 축적 : 각종 건축물과 관련된 정보를 수집한다.

⑦ 소화활동의 효율성 증대 : 화재발생 시 평소 수집된 정보들을 기반으로 그 진행상황을 예측하고, 화재진행 현상을 모니터링해서 피난인에게 최단거리, 정체구간 우회 등의 정보를 제공해 줄 수 있고, 진압을 위해 출동한 소방관들에게는

화재발생위치 및 확대정보를, 구조대에게는 요구조자 위치예상정보를 줄 수 있다.

⑧ 종합적 대책수립 : 건물, 지역, 광역단위로 수집되는 정보들, 예를 들면 대상물의 이력이나 소방시설의 작동 이상 부분과 같은 문제점들에 관한 통계 수집과 분석을 통해 현재로는 접근하기 힘든 영역까지 안전대책이 영향을 미치도록 할 수 있다.

⑨ 딥러닝을 통한 안전강화 : 딥러닝을 통해 시스템이 스스로 문제를 해결하고 성능을 향상시킬 수 있다.

03 유비쿼터스(ubiquitous) 기술의 발달로 변화하는 소방시설

(1) 건물 통합 소방안전관리 시스템 구축

1) 시설별 위치, 상태, 기능 정보 등 실시간 성능감시시스템 개발(hardware)
2) 정보의 이용범위 및 사용자 권한 인식 등 전문가 프로그램 개발(software)
3) 소방 · 방화시설을 원격조정할 수 있는 프로그램 개발(software)
4) 보안시설, 자동제어설비, CCTV의 네트워크를 통한 상호연계를 통해 제어 및 감시 기능을 강화

(2) 건물 재실자 소방안전정보 운용시스템 구축

1) 휴대폰 등에 실시간 소방안전 정보제공시스템 개발
2) 상황별 대응 매뉴얼 자동생성 및 검색 프로그램 개발
3) 건물 재실자의 위치정보(RFID : Radio Frequency Identification) 확인 시스템 개발

(3) 건물화재상황 대응시스템 구축

1) 실시간 화재감지 및 소방서 자동통보시스템 개발(USN : Ubiquitous Sensor Network)을 이용한 실시간 화재정보 전송 · 분석
2) 화재발생 시 상황 모니터링시스템 개발
3) 응급상황별 피난가이드시스템 개발

(4) 건물화재안전 교육훈련 프로그램 개발

1) 화재유형별 훈련 시나리오 및 영상자료(graphic DB) 구축
2) 훈련 시나리오별 실시간 영상생성 프로그램 개발

(5) 지역 · 광역별 통합 소방안전관리시스템 구축

1) 지역(소방서 관할)별 소방상황 모니터링 시스템 개발

2) 광역(소방본부 관할)별 소방상황 모니터링 시스템 개발

(6) 무선통신기술의 발달에 따른 소방시설의 무선화, 주소화

1) 무선화를 통해 시공과 추후에 증설이 용이하다.

2) 주소화를 통한 신속한 대응이 가능하다.

04 유비쿼터스(ubiquitous) 시대의 문제점

(1) 다양한 정보취득에 따른 사생활 침해의 문제가 발생할 수 있다.

(2) 빈부 간 정보격차가 커진다. 따라서, 정보의 빈부 차에 의한 대응능력에 큰 차이가 발생할 수 있다. 이를 해소하기 위해서는 공공분야의 서비스 강화가 필요하다.

(3) 시스템 자체의 취약성으로 인한 해킹, 시스템 다운 등의 보안문제가 발생할 수 있다.

(4) 센서비용, 네트워크, 프로그램 등 초기 투자비용이 과대하게 소요된다.

(5) 지나치게 빠른 기술의 발달로 인하여 제품의 LCC가 짧아져서 과다 투자요인을 가지고 있다.

(6) 자동화에 대한 의존도가 너무 커져서 여기에만 의지하게 되어 실제적인 행동의 대응력은 저하될 수 있다.

(7) 전문화, 고성능화로 인한 자체 정비가 곤란해져 제조사나 AS에 의존하게 된다.

05 결론

U-건물화재안전관리 표준시스템의 구축을 통해 좀 더 안전한 사회를 조기구현할 수 있으며 관련(방재, 소방, 건축물 관리) 산업분야에도 매우 긍정적인 파급효과를 일으켜 국민 삶의 질을 향상시킬 수 있다.

블루투스(bluetooth)

① 정의

㉠ 블루투스(bluetooth)는 1994년 에릭슨이 최초로 개발한 개인 근거리 무선통신(PANs)을 위한 산업표준이다.

㉡ IEEE 802.15.1 규격을 사용하는 블루투스는 PANs(Personal Area Networks)의 산업표준이다.

② 어원의 뜻 : 블루투스 SIG에는 소니 에릭슨, IBM, 노키아, 도시바가 참여하였다. 블루투스라는 이름은 블루베리를 즐겨 먹어 항상 치아가 파란색이었던 덴마크의 국왕 헤럴드 블라트란트의 애칭 블루투스에서 유래됐다. 블루투스가 스칸디나비아를 통일한 것처럼 무선통신도 블루투스로 통일하자는 의미인 것이다.

③ 개념 : 유선 USB를 대체하는 개념이며, 와이파이(Wi-fi)는 이더넷(ethernet)을 대체하는 개념이다.

④ 기능 : 비교적 낮은 속도로 디지털 정보를 무선통신을 통해 주고받는 용도로 사용되고 있다.

⑤ 버전별 성능 : ISM 대역인 2.45[GHz]를 사용한다. 버전 1.1과 1.2의 경우 속도가 723.1[kbps]에 달하며, 버전 2.0의 경우 EDR(Enhanced Data Rate)을 특징으로 하는데 이를 통해 2.1[Mbps]의 속도를 낼 수 있다. 현재 5.2버전까지 나왔다.

SECTION 092

자동화재속보설비

93회 출제

01 개요

(1) 자동화재속보설비는 화재가 발생하였을 때 사람이 조작하지 않고 자동으로 화재발생 장소를 신속하게 소방관서에 음성으로 통보하여 주는 설비이다.

(2) 자동화재속보설비는 감지된 화재신호를 수신기에서 수신하여 20초 이내에 오보 또는 화재인가를 판별한 후 자동화재속보설비에 접속된 상용 전화선로를 차단함과 동시에 소방관서에 자동으로 3회 이상 반복하여 신고하게 되어 있다.

(3) 최근에는 단순히 음성정보뿐 아니라 다양한 데이터를 담을 수 있어서 더 정확하고 신속한 화재정보를 제공할 수 있다.

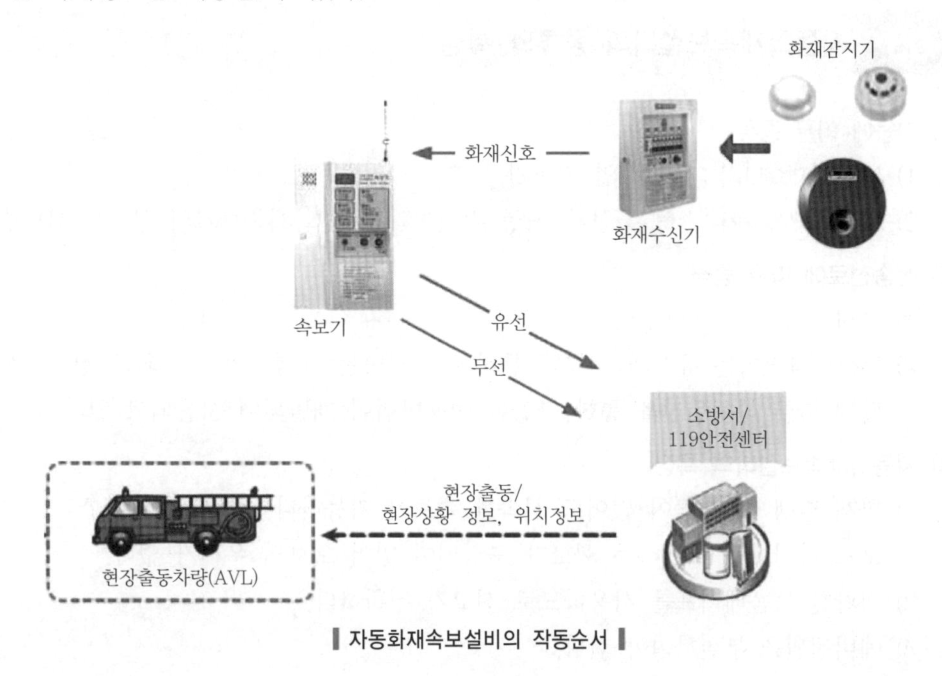

▌자동화재속보설비의 작동순서▐

02 적용범위

<table>
<tr><th colspan="2">설치대상</th><th>설치기준</th><th>비고</th></tr>
<tr><td colspan="2">노유자 생활시설</td><td>해당 시설</td><td rowspan="9">화재수신기가 설치된 장소에 사람이 24시간 상시 근무하고 있는 경우 제외</td></tr>
<tr><td colspan="2">노유자시설</td><td rowspan="2">바닥면적 500[m^2] 이상인 층</td></tr>
<tr><td colspan="2">수련시설(숙박시설이 있는 건축물만 해당)의 바닥면적</td></tr>
<tr><td colspan="2">보물 또는 국보로 지정된 목조건축물</td><td>해당 건축물</td></tr>
<tr><td rowspan="2">근린생활시설</td><td>의원, 치과의원 및 한의원으로서 입원실이 있는 시설</td><td rowspan="2">해당 시설</td></tr>
<tr><td>조산원 및 산후조리원</td></tr>
<tr><td rowspan="2">의료시설</td><td>종합병원, 병원, 치과병원, 한방병원 및 요양병원(의료재활시설 제외)</td><td>해당 병원</td></tr>
<tr><td>정신병원 또는 의료재활시설의 바닥면적 합계</td><td>500[m^2] 이상</td></tr>
<tr><td colspan="2">판매시설</td><td>전통시장</td></tr>
</table>

03 자동화재속보설비의 종류와 특징

(1) 기능에 따른 종류

1) A형 화재속보기 : 일반적인 속보기
2) B형 화재속보기 : P형 수신기, R형 수신기와 A형 화재속보기의 성능을 복합한 것

(2) 전송선로에 따른 종류

1) 유선
2) 무선 : 과거에는 유선의 전화를 통하여 통보하는 개념이었으나 최근 정보통신의 발달에 따른 무선통신을 통한 다양한 이용방법이 개발되어 사용되고 있다.

(3) 자동화재속보설비의 특징

1) 화재 발생 시 사람이 없어도 신속한 속보가 가능하다.
2) 오보의 신고를 제어하는 회로가 구성되어 있어 오보의 우려가 없다.
3) 정확한 녹음테이프를 사용하므로 신고가 정확하다.
4) 예비전원을 부설하여야 한다.
5) 일반전화에 쉽게 연결하여 설치할 수 있다.
6) 일반전화 사용 중 차단하고 자동으로 소방관서에 연결된다.
7) 대형건물이라도 1대의 자동화재속보설비로 대응할 수 있다.

04 설치기준

(1) 자동화재탐지설비와 연동

자동으로 화재 발생상황을 소방관서에 전달되는 것으로 할 것

(2) 스위치

1) 설치 위치 : 바닥으로부터 0.8[m] 이상 1.5[m] 이하

2) 표지 설치 : 보기 쉬운 곳에 스위치임을 표시한 표지

(3) 속보기의 기능

1) 소방관서에 통신망으로 통보

2) 데이터 또는 코드 전송방식을 부가적으로 설치할 수 있다. **단, 데이터 및 코드 전송방식의 기준은 소방청장이 정한다(자동화재속보설비의 속보기의 성능인증 및 제품검사의 기술기준 [별표 1]).** 120회 출제

구분	전송방식	패킷 크기	전송방식
Ethernet (인터넷)	공용 인터넷망을 통하여 소방청이 지정한 IP와 PORT로 TCP/UDP 접속(전송)한다.	제한은 없으나 1,400 [byte] 이내로 권장	TCP, UDP
CDMA (휴대전화)	① CDMA-DATA 모뎀을 이용하여 각 이동통신사에 PPP(통신 프로토콜) 접속을 하고, 접속완료 시 모뎀은 공용 IP로 할당받아야 함 ② 공용 인터넷망을 통하여 소방청이 지정한 IP와 PORT로 TCP/UDP 접속(전송)한다.	제한은 없으나 1,400 [byte] 이내로 권장	TCP, UDP
PSTN (유선전화)	PSTN-다이얼 모뎀을 이용하여 소방청이 지정한 번호로 비동기 접속(사전승인 필요)한다.	최대 255[byte]	9,600[bps] Serial 통신

1. **이더넷(ethernet)** : LAN(Local Area Network)을 위해 개발된 근거리 유선 네트워크 통신망 기술로 IEEE 802.3에 표준으로 정의한다. 대부분의 인터넷 방식이다.
2. **코드 분할 다중접속(CDMA : Code Division Multiple Access)** : 서로 다른 컴퓨터 간에 송신자가 코드를 부여한 특정 신호를 보내면 수신자는 많은 데이터 중에서 같은 코드가 있는 데이터만 골라 수신하는 방식이다. 하나의 채널로 다중이 통신을 할 수 있는 방식
3. **공중전화망(PSTN : Public Switched Telephone Network)** : 전화교환 설비에 전화 회선을 접속하여 가입자 간에 통화할 수 있도록 구성한 망
4. **시리얼 통신(직렬통신)** : 단일의 전송 선로상에서 모든 비트를 직렬로 송신하는 디바이스 간의 정보전송방법

(4) 문화재에 설치하는 자동화재속보설비

1) 속보기에 감지기를 직접 연결하는 방식으로 할 수 있다.

2) 조건 : 자동화재탐지설비 1개의 경계구역에 한한다.

(5) 속보기는 「자동화재속보설비의 속보기의 성능인증 및 제품검사의 기술기준」에 적합한 것으로 설치하여야 한다.

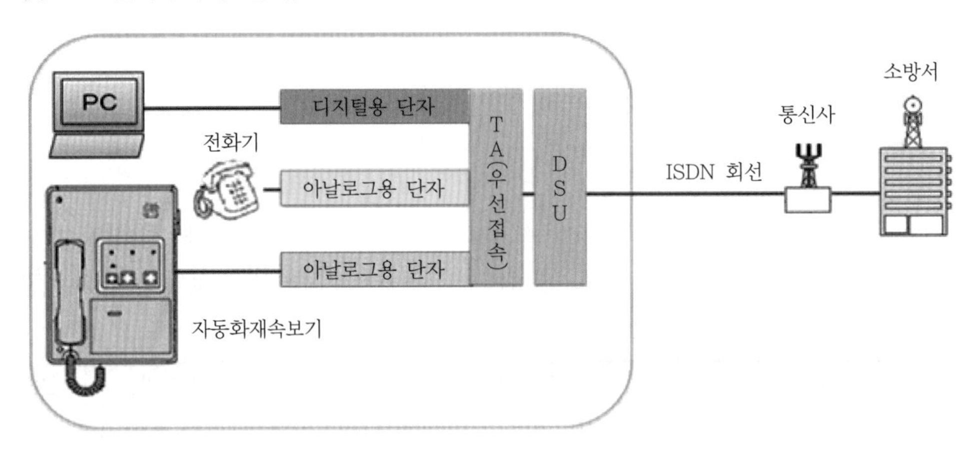

▌종합정보통신망(ISDN : Integrated Service Digital Network)에 의한 속보설비 구성 예▐

1. DSU(Digital Service Unit) : 디지털 데이터 전송회선 양끝에 설치되어 디지털 데이터를 디지털 데이터 전송로에 알맞은 형태로 변환하여 전송하고, 수신측에서는 반대의 과정을 거쳐 원래의 디지털 데이터 형태로 변환시켜 주는 장비로 베이스밴드 전송을 행하는 데이터 회선 종단 장치(DCE)의 일종이다.
2. TA(Terminal Adapter) : ISDN 망에서 일반전화나 팩스 등 일반 아날로그 통신기기를 쓸 수 있게 해주는 장비

SECTION 093

화재의 확산을 최소화하기 위한 배선설비의 선정과 공사(KEC 232.3.6)

01 개요

(1) 방재구획 내에서의 조치

화재의 확산을 최소화하기 적절한 재료를 선정 및 시공해야 하며 배선설비는 일반적인 건축구조의 성능과 화재안전성을 저해하지 않도록 설치해야 한다. 화염 확산에 관한 요구사항에 적합하지 않은 케이블을 사용한 경우는 기기와 영구적 배선설비의 접속에 짧은 길이만을 사용할 수 있으며, 어떠한 경우에도 이를 하나의 방화구획으로부터 다른 구획으로 통과시켜서는 안 된다.

(2) 배선설비 관통부의 밀봉처리

배선설비의 바닥, 벽, 지붕, 천장, 칸막이, 중공벽 등 건축구조부(방화구획)를 관통하는 경우 배선설비가 통과한 후에 남는 개구부는 내화성능이 규정된 건축구조부를 관통하는 전선관, 케이블덕팅, 케이블트렁킹, 버스바트렁킹(버스덕트공사), 케이블트레이공사 등의 배선설비는 외적 밀봉뿐만 아니라 관통 전에 각 부분의 내화등급에 따라 내부적으로도 밀봉해야 한다.

1) 케이블트렌치공사(KEC 232.24의3) : 케이블트렌치가 건축물의 방화구획을 관통하는 경우 관통부는 불연성의 물질로 충전할 것
2) 금속덕트공사(KEC 232.31.1의6) : 금속덕트에 의하여 저압옥내배선이 건축물의 방화구획을 관통하거나 인접 조형물로 연장되는 경우에는 그 방화벽 또는 조영물 벽면의 덕트 내부는 불연성의 물질로 차폐할 것
3) 케이블트레이공사(KEC 232.41.2의11) : 케이블트레이가 방화구획의 벽, 마루, 천장 등을 관통하는 경우에 관통부는 불연성의 물질로 충전할 것

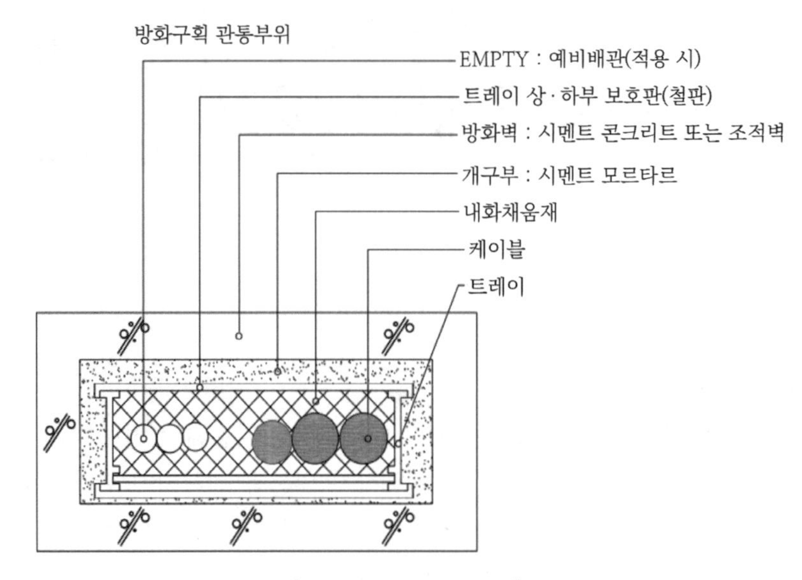

▎관통부위 밀봉 상세도▎

4) 내부 최대 단면적이 710[mm^2](지름 30[mm] 전선관 : 28C 이하 전선관) 이하이고 IP33 이상의 배선 시스템은 화재방호에 대해 내부적으로 밀봉할 필요가 없다.

02 케이블 자체의 대책

(1) 케이블을 불연, 난연 케이블로 사용한다.

(2) 케이블에 화재차단재, 난연테이프 또는 난연시트를 부착하여 사용한다.

(3) 케이블 표면에 연소방지도료를 바른다.

03 관통부의 밀폐방법

구분	금속관공사	금속덕트공사
방법	① 슬리브 내부에 암면으로 충전하고 표면을 모르타르로 미장하는 방법 ② 슬리브 내부에 암면으로 충전하고 표면에 철판으로 마감하는 방법	금속덕트와 관통부의 틈새를 모르타르 등으로 충전하고 방화구획을 관통하는 부분의 금속덕트 내부에 암면 또는 모래를 충전하고 내화채움재로 틈새를 마감하는 방법

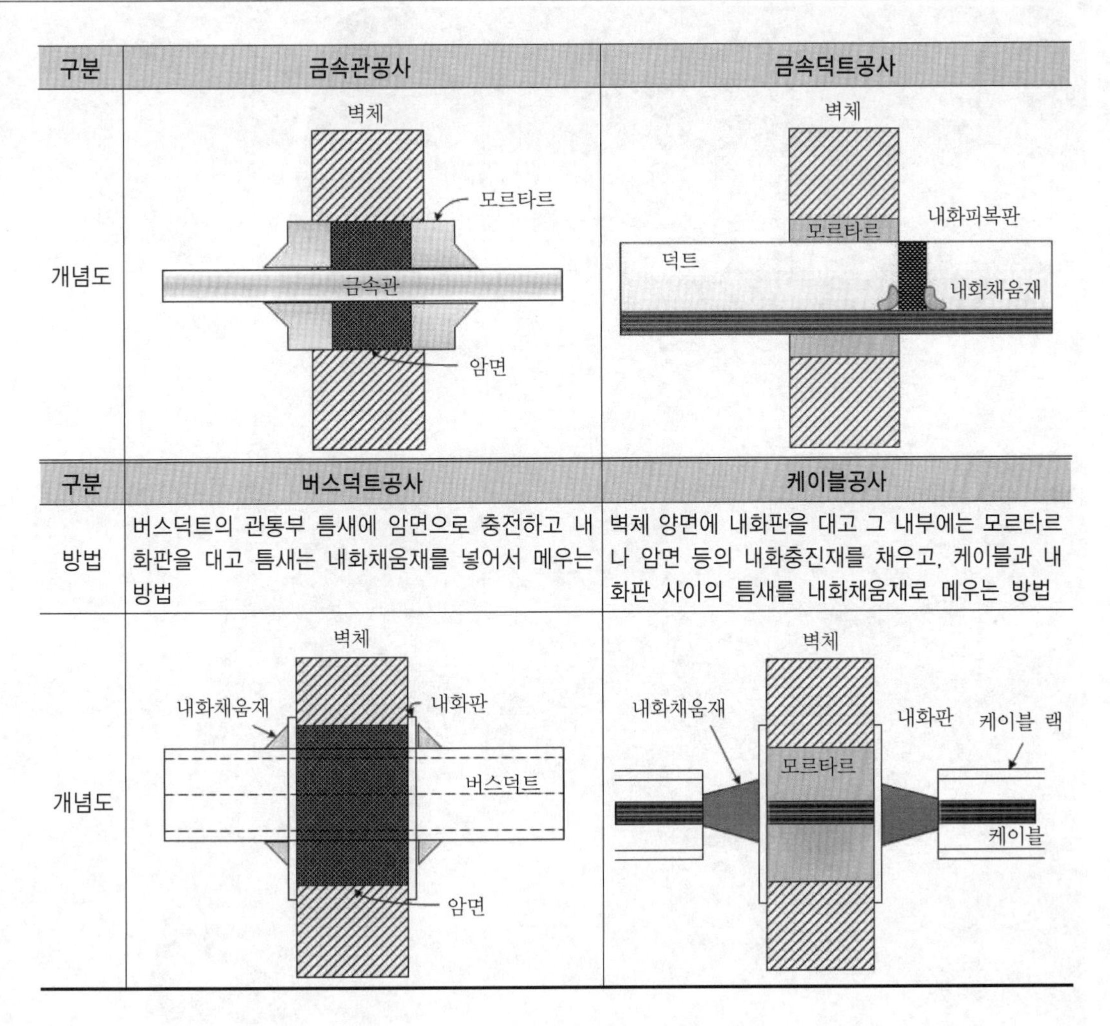

구분	금속관공사	금속덕트공사
개념도		

구분	버스덕트공사	케이블공사
방법	버스덕트의 관통부 틈새에 암면으로 충전하고 내화판을 대고 틈새는 내화채움재를 넣어서 메우는 방법	벽체 양면에 내화판을 대고 그 내부에는 모르타르나 암면 등의 내화충진재를 채우고, 케이블과 내화판 사이의 틈새를 내화채움재로 메우는 방법
개념도		

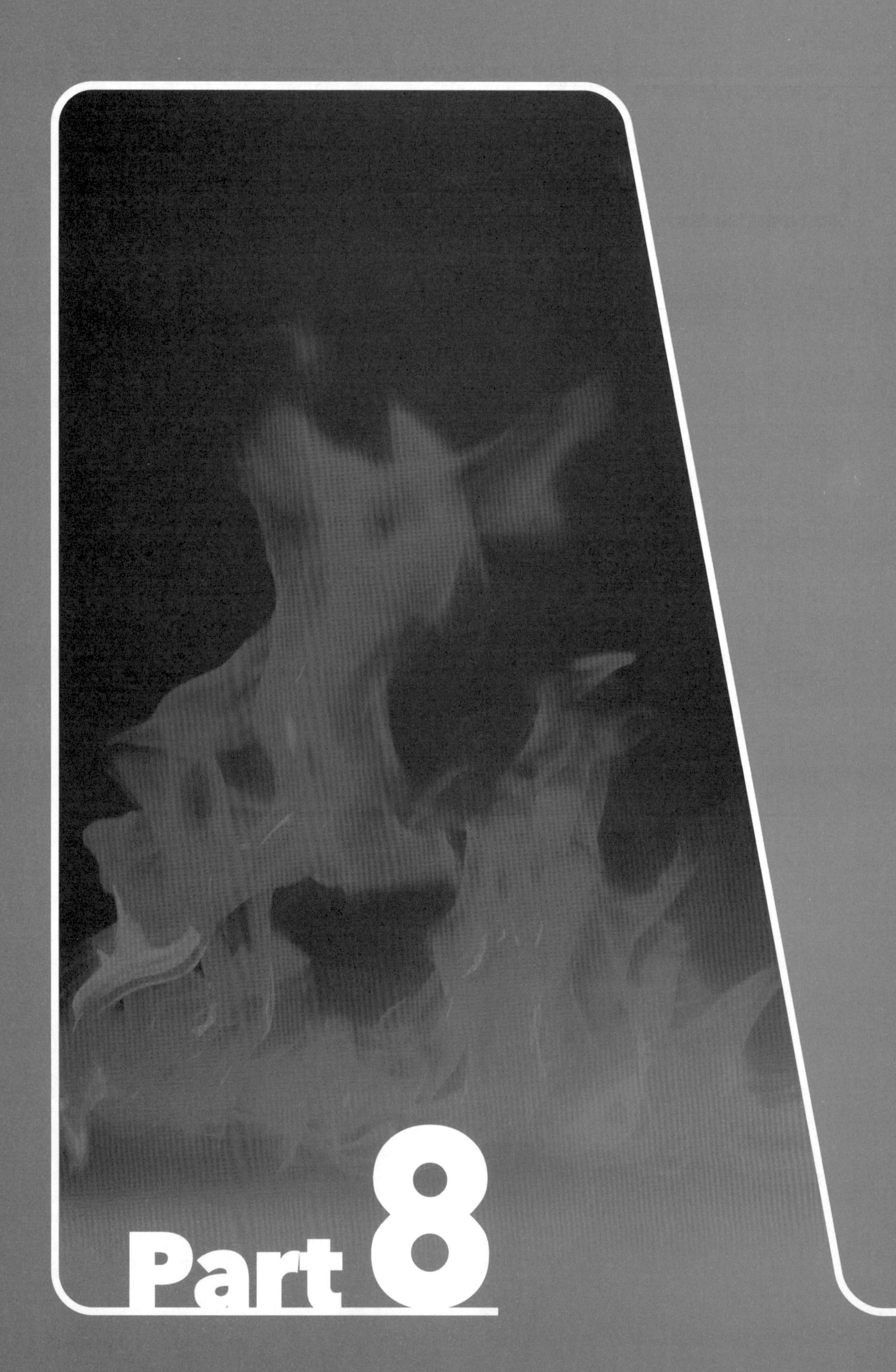

Part 8

소화활동설비

SECTION

SECTION

SECTION 001

화재 시 발생하는 연기의 유동

127 · 114 · 113회 출제

01 개요

(1) 화재 시 연기는 직접 재산을 훼손하고 인명의 안전을 위협하며 사망에까지 이르게 한다. 또한, 간접적으로는 정신적 동요를 주어 화재 시 인간의 행동을 공황(panic)상태로 빠지게 하여 피난행동을 방해하기도 하므로 소방설비에서의 제연설비는 소화설비 못지 않은 중요한 의미로 쓰이게 된다.

(2) 연기의 유동원인 6가지

1) 화재로부터 발생한 구동력(내부적 요인)

① 열에 의해 형성된 부력 : 온도차에 의한 압력차로 유동

② 팽창 : 보일-샤를의 법칙에 의해 온도에 의한 부피팽창

2) 외부적 요인

① 연돌효과(stack effect) : 건축물의 수직관통부와 외부와 온도차에 의한 유동

② 바람효과(wind effect)

③ HVAC : 공조설비에 의한 기계적 영향

④ 피스톤 효과 : 승강기, 열차, 차량 등에 의한 기계적 가압과 감압

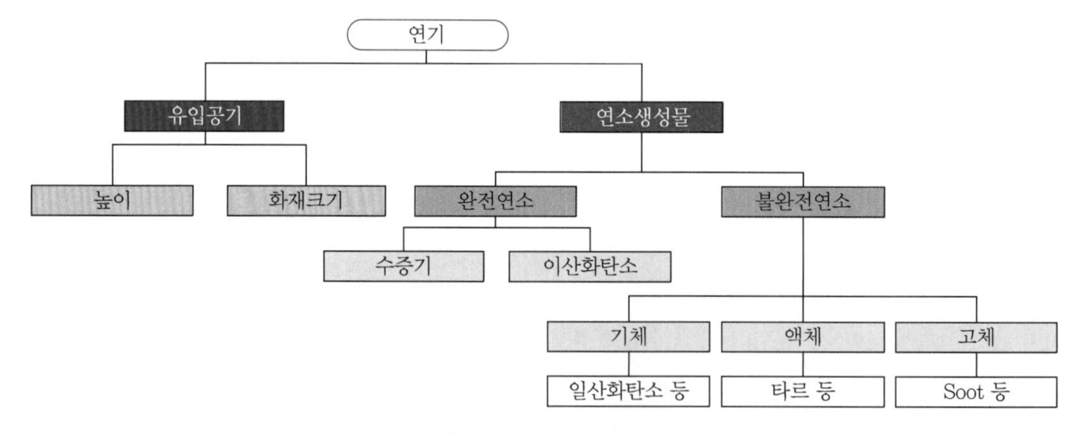

▌연기의 구성 맵핑▐

02 연기유동의 기본방정식

(1) 질량보존의 법칙

1) 개념 : 덕트 속의 질량은 질량보존의 법칙에 따라 각 지점의 질량유량[kg/sec]은 일정하다.

2) 연속방정식

$$M[\text{kg/sec}] = \rho \cdot v_1 \cdot A_1 = \rho \cdot v_2 \cdot A_2$$

여기서, ρ : 유체밀도[kg/m³]
v : 유체속도[m/sec]
A : 덕트단면적[m²]

3) 동일한 유체 : $\rho_1 = \rho_2$이면 $Q[\text{m}^3/\text{sec}] = v_1 \cdot A_1 = v_2 \cdot A_2$(체적 유량은 일정)

(2) 운동량 보존의 법칙

1) 개념 : 이상유체가 흐를 때 임의의 지점에서 축방향으로 작용하는 유체는 Newton의 제2운동법칙을 적용한다.

$\sum F = \sum ma = \sum \rho Q (v_1 - v_2)$

2) 적용 시 전제조건(오일러의 운동방정식)

① 유체는 유선을 따라 이동한다.
② 정상류 흐름
③ 이상유체(비압축성, 비점성)

(3) 에너지 보존법칙

1) 베르누이 방정식 : $\dfrac{P_1}{\gamma} + \dfrac{v_1^2}{2g} + Z_1 = \dfrac{P_2}{\gamma} + \dfrac{v_2^2}{2g} + Z_2$

2) 열역학 제1법칙 : 열에너지 보존의 법칙

(4) 개구부를 통과하는 연기유동

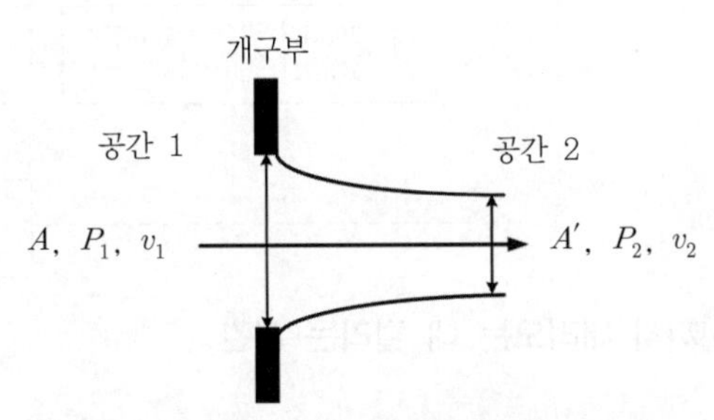

1) 압력차 : 1지점과 2지점의 온도차에 의해 압력차가 발생

$P_1 - P_2 = (\rho_2 - \rho_1) g h$

2) 유량 유도

① 체적 유량 : $\dfrac{P_1}{\gamma}+\dfrac{{v_1}^2}{2g}+z_1=\dfrac{P_2}{\gamma}+\dfrac{{v_2}^2}{2g}+z_2$

($z_1=z_2$(동일 위선상), $v_1=0$) 양변을 γ 로 곱하면

$$P_1=P_2+\frac{\rho\, {v_2}^2}{2}$$

$$v_2=\sqrt{\frac{2(P_1-P_2)}{\rho_2}}$$

연속방정식을 이용하면

$$Q=C\cdot A\cdot v=C\cdot A\cdot\sqrt{\frac{2(P_1-P_2)}{\rho_2}}=C\cdot A\cdot\sqrt{\frac{2(\rho_2-\rho_1)g\,h}{\rho_1}}$$

② 질량유량 : $M[\text{kg/sec}]=Q\cdot\rho=C\cdot A\cdot\rho_1\cdot\sqrt{\dfrac{2(\rho_2-\rho_1)g\,h}{\rho_1}}$

$$=C\cdot A\cdot\sqrt{2\rho_1(\rho_2-\rho_1)g\,h}$$

03 연기의 유동특성 126회 출제

(1) 연기발생량의 맵핑 119회 출제

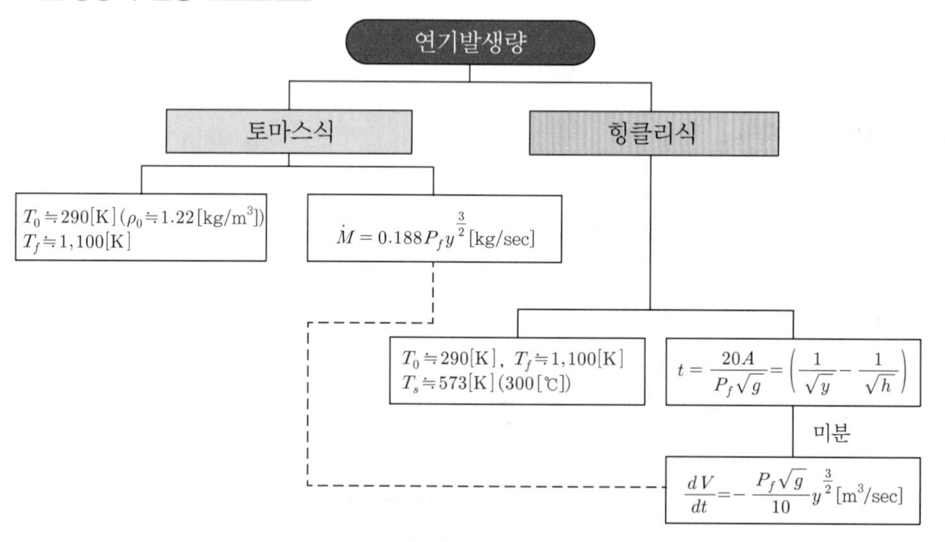

(2) 연기층이 지상 y[m]까지 내려오는 데 걸리는 시간

힝클리(Hinkley)의 연기하강시간 $t=\dfrac{20A}{P_f\sqrt{g}}\left(\dfrac{1}{\sqrt{y}}-\dfrac{1}{\sqrt{h}}\right)$

여기서, t : 연기층이 하강하는 데 걸리는 시간[sec]

P_f : 화원의 둘레[m]

A : 천장의 면적[m^2]

y : 바닥에서 청결층까지 높이[m]

h : 천장의 높이[m]

g : 중력가속도[m/sec^2]

(3) 발생되는 연기의 유동속도

1) **수평 방향** : 약 0.5 ~ 1.0[m/sec]
2) **수직 방향** : 약 2 ~ 3[m/sec]
3) 연기는 벽 및 천장을 따라서 유동하며, 계단이나 덕트 등의 수직 공간이 있는 경우에는 급속히 상층으로 이동하여 상층계를 오염시키고, 실내에서 연기농도는 상층으로부터 점차로 하층으로 확산된다.
4) **환기구가 있는 구획실에서의 유동과 압력과의 관계** [1)]

① A : 연기의 발생 및 상승(차가운 공기의 환기구로 방출) → 초기의 팽창에 의한 유동, 고온의 연기층은 거의 없다.

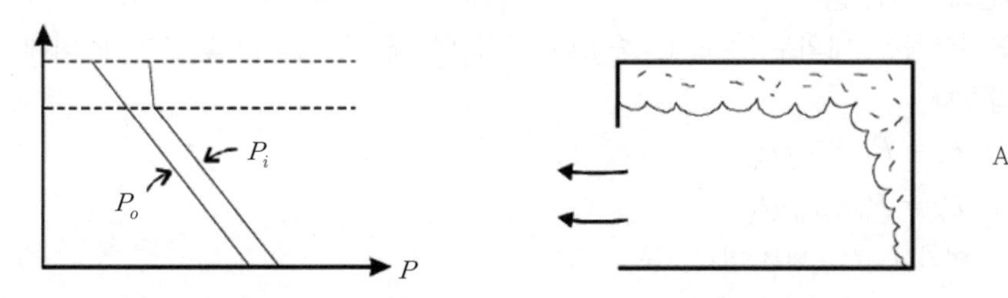

② B : 뜨거운 공기의 개구부로 방출 → 화재가 성장하면서 부력이 증가하여 팽창과 부력에 의한 유동이 발생

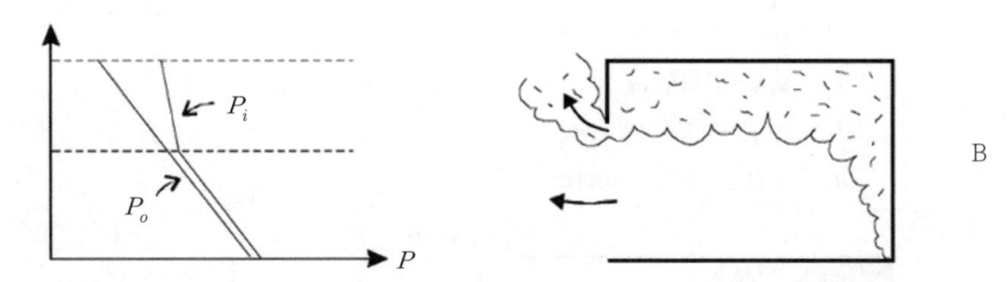

③ C : 개구부 아래에 중성대가 형성되고 중성대 하부에서 공기유입 → 화재가 성장하여 팽창보다 부력에 의해 유동, 화재실 하부는 외기와 온도가 같다.

1) FIGURE 2.6 Pressure profile across the opening as the fire develops. Enclosure Fire Dynamics. Bjorn Karlsson and James G. Quintiere(2000)

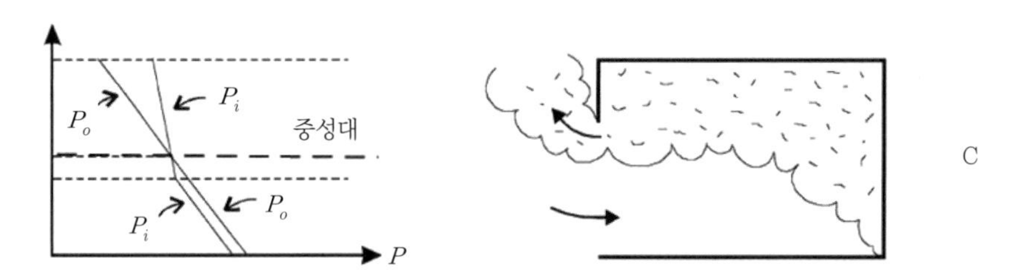

④ D : 연기층의 하강 → 중성대가 더 낮아진다. 화재실 외부에 연기가 충진되어 상부 내외부 온도(밀도)가 같다. 화재실 바닥부근은 대기압 이하, 외부에서 공기가 유입된다.

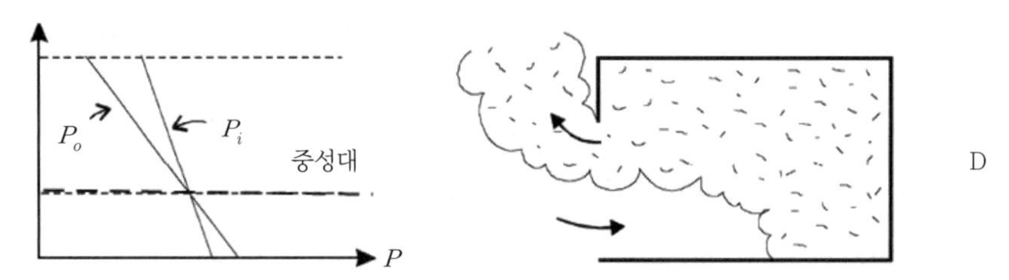

(4) 구획실의 연기유동

1) 연기유동은 내외부 온도차, 중성대 위치 및 개구부 위치 및 크기에 의해 결정된다.

2) 압력차

① $P_i = P_f - \rho_i gH$

② $P_o = P_a - \rho_o gH$

여기서, P_i : 내부 압력

P_o : 외부 압력

ρ_i : 내부 밀도

ρ_o : 외부 밀도

P_f : 내부 바닥압력

P_a : 외부 바닥압력

H : 바닥으로부터의 높이

h_v : 청결층 높이(interface layer)

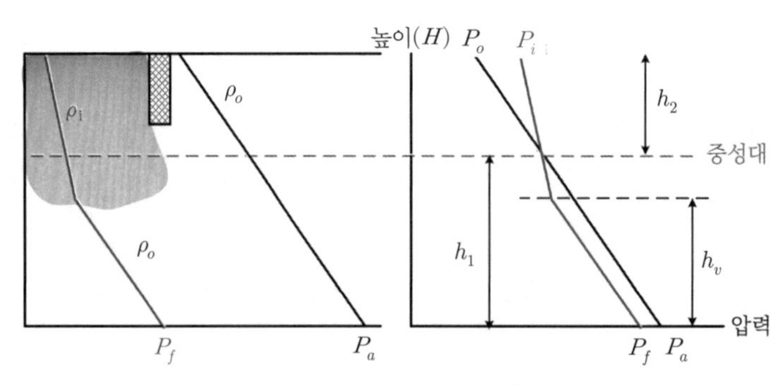

▌구획의 내외부 압력차▐

3) 중성대(h_1) 하부 : $\Delta P = P_o - P_i = P_a - P_f + (\rho_i - \rho_o) \cdot g \cdot H$

구분	압력차	비고
$H=0$(바닥)	$\Delta P = P_a - P_f$	P_a : 외부 바닥압력 P_f : 내부 바닥압력
$H < h_v$	$\Delta P = P_a - P_f$	$\rho_i = \rho_o$
$h_v < H < h_1$	H가 증가할수록 ΔP 감소	$\rho_i < \rho_o$
$H = h_1$(중성대)	$\Delta P = 0$	$P_o - P_i = 0$

4) 중성대(h_2) 상부 : $\Delta P = P_i - P_o = P_f - P_a + (\rho_o - \rho_i) \cdot g \cdot H$

화재로 인하여 외기의 밀도가 실내의 밀도보다 크므로($\rho_o > \rho_i$) 구획실의 높이(H)가 증가할수록 압력차(ΔP)가 증가한다.

5) 제연설비에서 급기량(급기면적)에 따른 배출량

① 급기구가 클수록 → 압력차 증가 → 배출속도 증가 → 배출량 증가(중성대가 하강)

② 급기구가 작을수록 → 압력차 감소 → 배출속도 감소 → 배출량 감소(중성대가 상승)

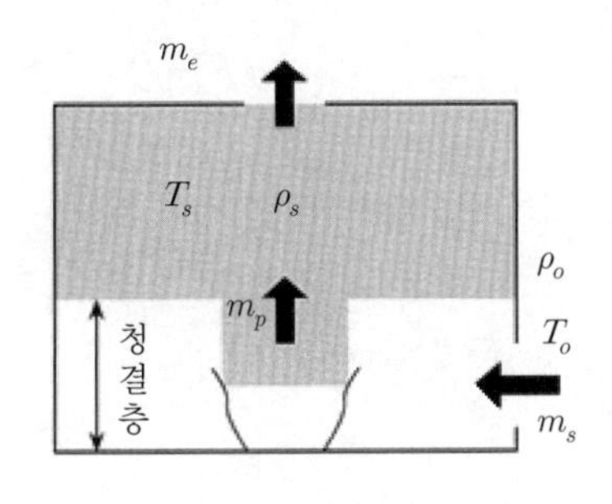

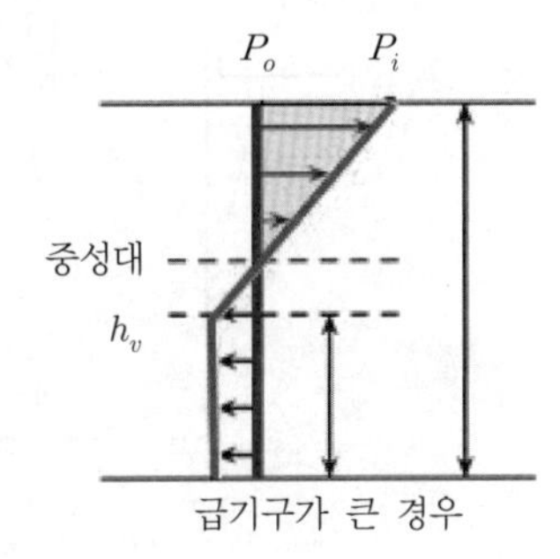

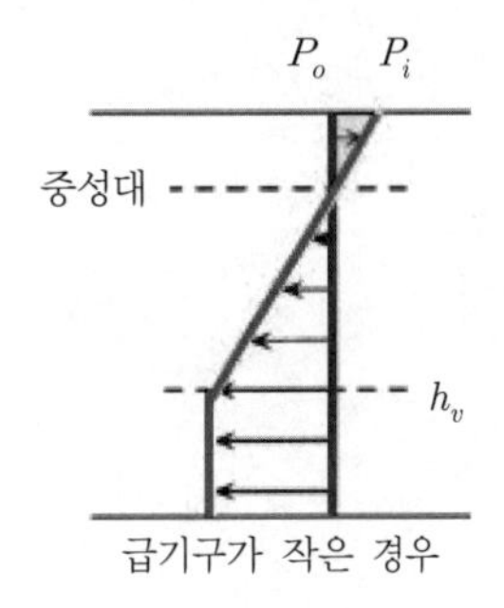

여기서, m_s : 급기량

m_p : 연기발생량

m_e : 배기량

T_o : 외부의 온도

T_s : 연기층의 온도

ρ_s : 연기층의 밀도

(5) 연기의 단층화(stratification)

* 소방기술사 중권 Part 4 연소공학을 참조한다.

(6) 개구부를 통한 연기의 유동

1) 개구부가 창문 등과 같이 수직벽에 설치된 경우의 오염발생 부분 : 개구부와 평행한 면과 직각인 방향에서 약 25° 범위에 해당되는 부분

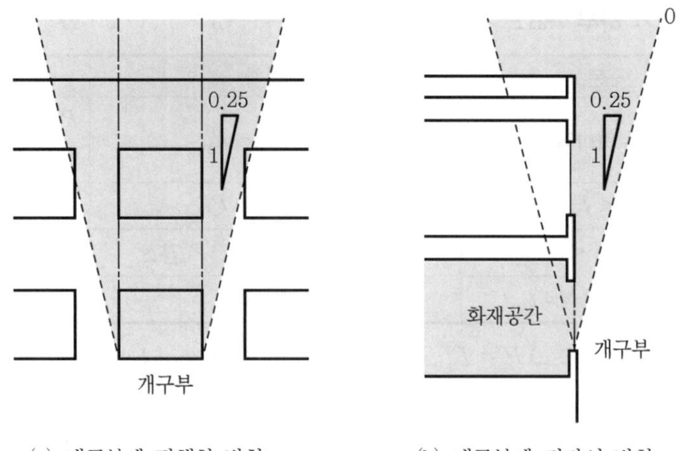

(a) 개구부에 평행한 방향 (b) 개구부에 직각인 방향

▌수직벽의 연기유동범위▐

2) 개구부가 천장에 설치된 디퓨저와 같이 수평면에 설치된 경우의 오염발생 부분 : 개구부가 천장과 같이 수평면상에 있는 경우에는 그 외측 가장자리로부터 연직선에 대해 약 25°의 선을 그은 부분

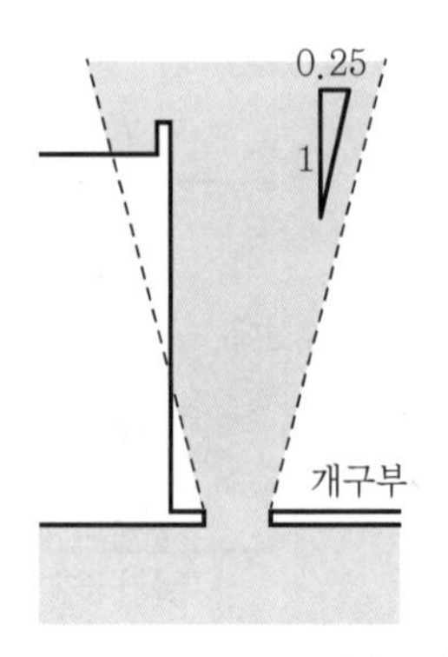

▌수평면의 연기유동범위(평면도)▐

(7) 수직관통부의 연기제어

1) 주요 연기의 확산경로

① 원인 : 부력, 굴뚝효과 등

② 대책 : 계단실의 방화문에 차연성 및 폐쇄(상시 폐쇄, 자동폐쇄장치)

2) 승강기 승강로

① 넓은 공간의 연기상승 경로

② 피스톤 효과에 의한 상승효과

③ 대책

㉠ 승강장을 차연성이 있는 문과 셔터로 구획

㉡ 승강로를 가압하여 연기침입을 방지

3) 에스컬레이터
   ① 대규모 수직관통부이고 평상시 개방된 공간
   ② 대책 : 셔터, 제연경계벽, 수막설비 등의 작동으로 구획화

04 연돌효과(stack effect)

건축물 내외부의 온도차에 의해 형성

* SECTION 002 연돌효과를 참조한다.

05 화재로부터 직접 생긴 부력(buoyancy)

방화구획과 그 주변 공간의 차압

* SECTION 003 화재 시 부력의 영향을 참조한다.

06 팽창(expansion) : 보일-샤를(Boyle-Charles)의 법칙

(1) 연기온도가 600[℃] 정도이면 부피가 3배 정도 팽창한다.

$$\frac{Q_{out}}{Q_{in}} = \frac{T_{out}}{T_{in}}$$

여기서, Q_{out} : 화재실로부터 유출되는 연기의 체적유량[m^3/sec]
Q_{in} : 화재실로부터 유입되는 공기의 체적유량[m^3/sec]
T_{out} : 화재실로부터 유출되는 연기의 절대온도[K]
T_{in} : 화재실로부터 유입되는 공기의 절대온도[K]

(2) 개구부
   1) 화재 초기 또는 문이나 창문이 열려 있는 방화구획실의 경우 : 팽창으로 인한 개구부 양단 간의 차압은 무시할 수 있는 정도로 작다.
   2) 개구부가 없거나 폐쇄된 방화구획실의 경우 팽창으로 인한 개구부 양단 간의 차압이 형성된다.
   3) Flash over 발생 시 급격한 팽창으로 인해 주변실로 넓게 확산된다.
   4) 하나의 개구부만 있는 건물의 화재구획에서 공기는 화재실의 하부로 유입되며 뜨거운 연기는 화재실의 상부로 배출된다.

07 바람의 효과(wind effect)

(1) 바람은 건물의 표면에 압력차를 발생시켜서 내부 연기이동에 영향을 준다.

(2) **영향인자**

1) 풍속 : 풍속의 제곱에 비례한다. 예를 들어 7[m/sec]의 바람이 불 경우 압력차는 약 20[Pa]로 이 압력차로 유체의 유동을 일으킨다.

$$P_w = C \times \rho \times \frac{v^2}{2}$$

여기서, P_w : 압력차[Pa]

C : 풍압계수(0.7로 가정(건물의 형상에 따라 다름))

ρ : 공기밀도(1.2[kg/m^3])

v : 풍속[m/sec]

20[℃] 공기밀도 $= \frac{353}{273+20} = 1.2$

외기풍속[m/sec]	0	3	5	7	10	15	20
압력[Pa]	0	3.8	10.5	20.6	42.0	94.5	168

2) 지표면의 특성(ground effect) : 지표면이 어떠한 형태이고 방향인지에 따라서 바람의 흐름과 영향이 변화한다.

3) 건물의 특성 : 건물의 형태와 방향에 따라서 바람의 흐름과 영향이 변화한다.

4) 건물의 높이 : 건물의 높이가 높은 도시지형이 풍속의 구배가 급경사를 이룬다. 즉, 높이에 따른 풍속의 차이가 크다.

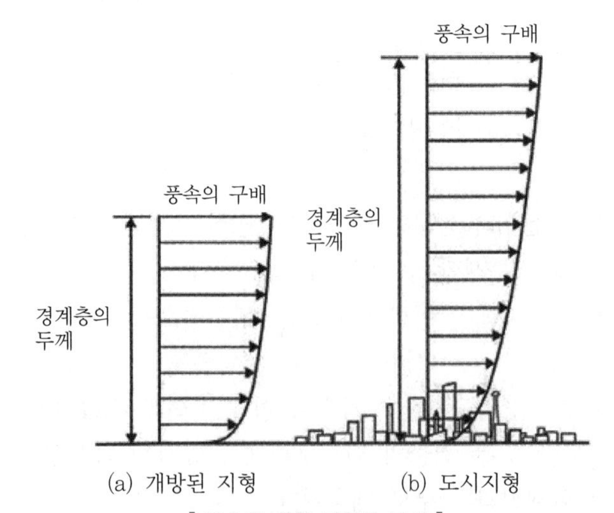

▍풍속에 대한 지형적 분석▍

(3) 개구부

1) 문과 창문이 닫혀 있고, 밀폐상태가 우수한 건축물의 바람영향은 미비하다.
2) 밀폐수준이 떨어지거나 문 또는 창문이 파손될 경우 바람의 영향은 증대된다.
3) 바람에 의해 연기이동이 감소할 수도 있지만 반대의 경우 더 악화될 수도 있다(배연창의 적합성).
4) 바람의 가변성 : 계절, 시간, 기류, 주변 건축물 등

(4) 건물이 받는 압력

1) 건물의 바람방향 표면 : 양압(+)
2) 지붕을 포함한 그 외의 표면 : 부압(−)

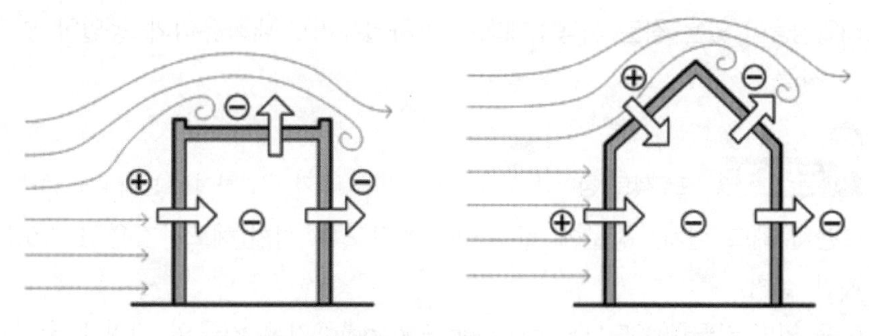

▌빌딩에 부는 바람에 따른 연기의 유동 ▌

(5) 건물과 건물의 간격에 따른 빌딩풍이 발생된다.

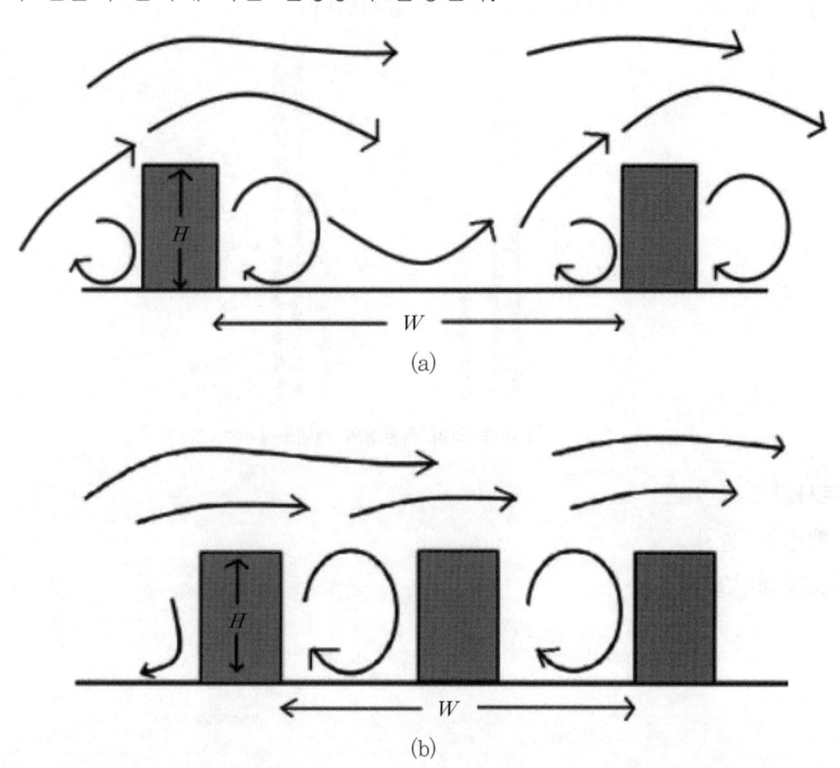

(6) 거실제연

1) 자연배기 : 바람이 배기의 주요 요소로 작용한다.

2) 부압형성 → 배출속도(exhaust rate) 증가 → 플러그 홀링(plug - holing)

(7) 부속실 제연

1) 기준 차압 : 평상시 옥내(화재실) 압력을 0으로 한 차압

2) 화재 시 바람으로 인한 압력증가의 문제점

① 화재실 압력 증가 : 화재실 압력 증가로 부속실로 연기가 유입된다.

② 부속실 압력 증가 : 과압으로 문의 개방력이 증가된다.

(8) 대책

1) 내화성능이 있는 창문 사용 : 내화유리(차열유리), 내화유리와 동일한 열팽창을 가지는 창틀

프로젝트 창이나 미서기창은 자동폐쇄가 곤란하여서 방화구획화하기가 곤란하다.

2) 드렌처 헤드 설치 : 창문에 살수되어 흐르도록 설치(헤드간격은 1.8[m] 이하로 차폐판 설치)

3) 이중 외피 커튼월(DSF : Double Skin Facade) : 기존 건물의 외피에 추가적인 외피를 적용함으로써 외피와 외피 사이에 중공층(0.3 ~ 0.5[m])을 두어 직접적인 열전달을 억제하여 상층부로의 연소확대를 방지한다.

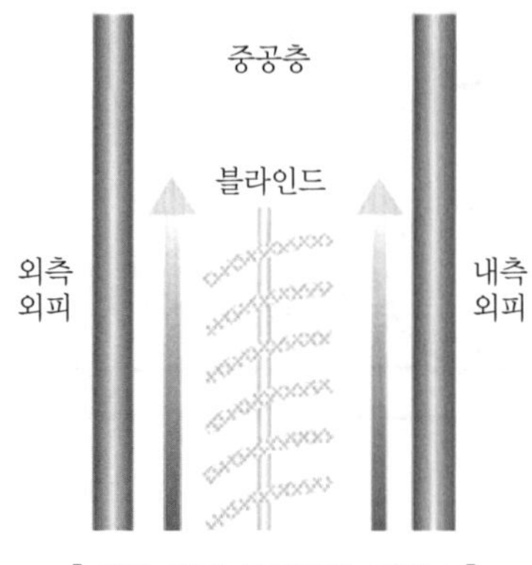

▌이중 외피 커튼월의 개념도▐

(9) 검토사항

1) 배연창 설치

2) 소방대진입창

08 HVAC(냉 · 난방 공조, Heating, Ventilation, Air Conditioning, 즉 난방, 통풍, 공기조화)

(1) 환기, 냉 · 난방용의 공조덕트

건물 내의 기류를 순환시켜 화재 시 건물 내의 연기를 타 구역으로 확산시킨다.

(2) 화재 시 확산경로

운전을 정지한다.

(3) 덕트를 통한 연기 및 화염의 확산 방지

방화댐퍼(fire damper) 등

09 피스톤 효과(piston effect) 131 · 100 · 75회 출제

(1) 엘리베이터가 샤프트 내부를 이동하는 동안 발생하는 압력은 연기제어에 영향을 미친다.

1) 엘리베이터가 공기를 밀어내는 부분에서는 양압(+)이 발생한다.

2) 그 외 부분에서는 부압(−)이 발생한다.

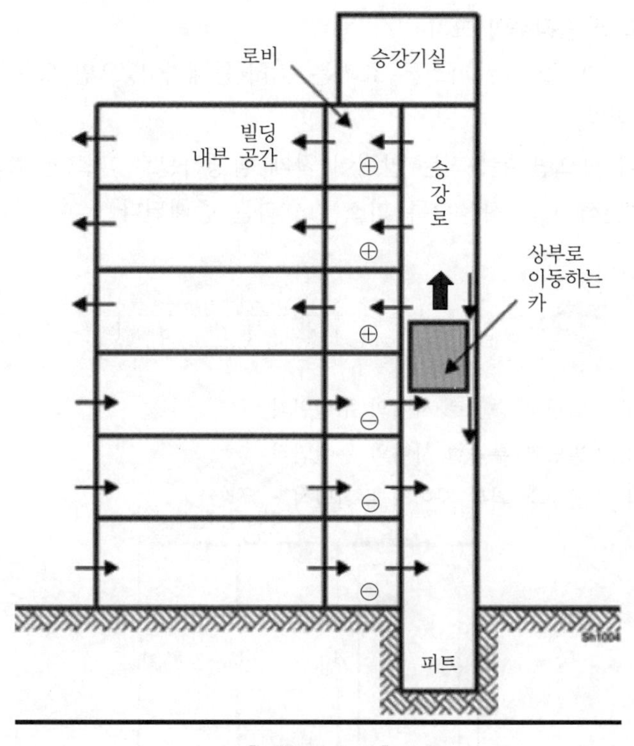

▌피스톤 효과▐

(2) 클로트(Klote)의 공식

1) 승강기 카의 운행으로 발생하는 차압이다.

2) 공식

$$\Delta P_{crit} = \frac{K_{pe}\rho}{2}\left(\frac{A_s A_e v}{A_a A_{si} C_c}\right)^2$$

여기서, ΔP_{crit} : 임계 압력차[Pa]

ρ : 승강로의 공기밀도[kg/m³]

A_s : 승강로의 단면적[cm²]

A_{si} : 건물과 로비 사이의 누설면적[m²]

A_a : 카와 승강로 사이의 면적[m²]

A_e : 승강로와 외부 사이의 직렬 누설면적[m²]

v : 승강기의 속도[m/sec]

C_c : 승강기 주변의 흐름 계수

K_{pe} : 계수(1.0)

(3) 영향인자

1) **승강기의 속도** : 빠를수록 피스톤 효과는 증대된다.

2) **승강기 수** : 2대 이상인 경우는 상쇄로 효과가 감소한다.

3) **엘리베이터와 승강로의 크기**

① 크기 차가 클수록 피스톤 효과는 저하(틈새가 많으면 압력이 누설되기 때문에 저하)된다.

② 빈틈이 작으면 누설되는 압력이 작게 발생하므로 피스톤 효과가 증대된다.

4) **직렬 누설면적(A_e)** : 작을수록 피스톤 효과는 증대된다.

$$A_e = \left(\frac{1}{{A_{si}}^2} + \frac{1}{{A_{ir}}^2} + \frac{1}{{A_{io}}^2}\right)^{-\frac{1}{2}}$$

여기서, A_{si} : 빌딩과 승강로 사이의 누설면적

A_{ir} : 빌딩과 부속실 사이의 누설면적

A_{io} : 빌딩과 외부 사이의 누설면적

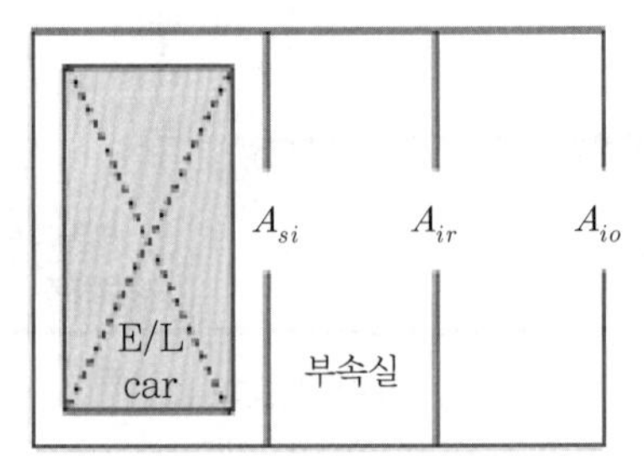

▌엘리베이터의 누설면적▐

(4) 문제점

1) 부압으로 연기를 끌어들여 화재층 이외의 장소에 양압으로 밀어 넣어 화재에 의한 부력보다 더 높은 상층부까지 연기확산이 빠르게 진행된다.

2) 승강기 문 개방을 방해한다.

(5) 피스톤 효과 발생방지방법

1) Handbook of smoke control engineering Chapter 11 pressurized elevators

① 승강로에 압력을 배출(벤팅)한다.

② 변풍량 방식으로 풍량을 감소시켜 차압을 감소시킨다.

③ 승강로 가압방식인 경우 : 차압을 감소시켜야 하므로 거실배연으로 화재실 압력을 낮춘다.

2) 승강기 운행속도의 제한

3) 승강로에 복수의 승강기 운행

4) 승강기의 부속실 직렬설치

5) 승강로의 가압

SECTION 002

연돌효과(stack effect)

122 · 114 · 99 · 93 · 80회 출제

01 개요

(1) 정의

계단, 샤프트 등의 수직 공간이 있는 고층 빌딩에서 내부와 외부의 온도차에 의한 압력차에 의해서 공기가 건물의 수직방향으로 이동하는 현상

(2) 메커니즘

1) 계절별로 실내외 온도차가 커지면 밀도차에 의해 두 개의 공기기둥에 압력차가 발생한다.
2) 저층부에서는 부압(−)이 작용하여 유입(infiltration)이, 고층부에서는 정압(+)으로 배출(exfiltration)이 발생한다.
3) 건물의 수직 구조(shaft/atrium)에서는 압력차에 의한 상승기류(draft)가 발생한다.
4) 압력차에 의한 공기의 흐름은 연돌(굴뚝)과 관련된 흐름과 유사하다고 해서 연돌효과라고 한다.

(3) 역연돌효과(reverse stack effect)

1) 여름철에 건축물 냉방을 할 때 상부로 외기가 유입되고 하부로 배출되는 현상
2) 연돌효과의 반대되는 유동이 발생하는 현상이다.

(4) 필요성

예측한 화재효과보다 더 높은 장소까지 더 빠른 연기의 상승을 할 수 있으므로 이에 관한 연구와 대비가 필요하다.

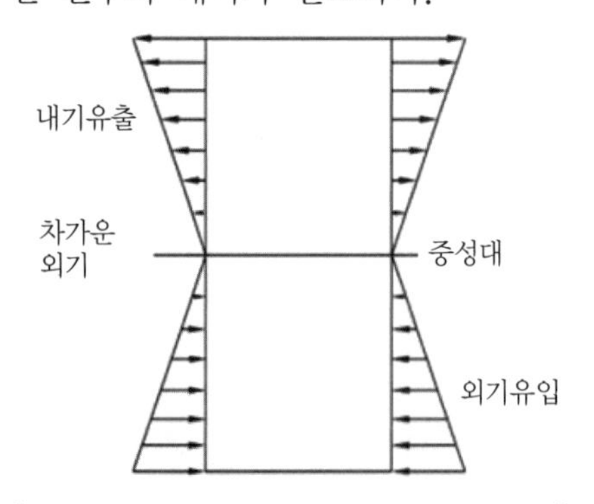

▌겨울철의 연돌효과(normal stack effect) [2] ▌

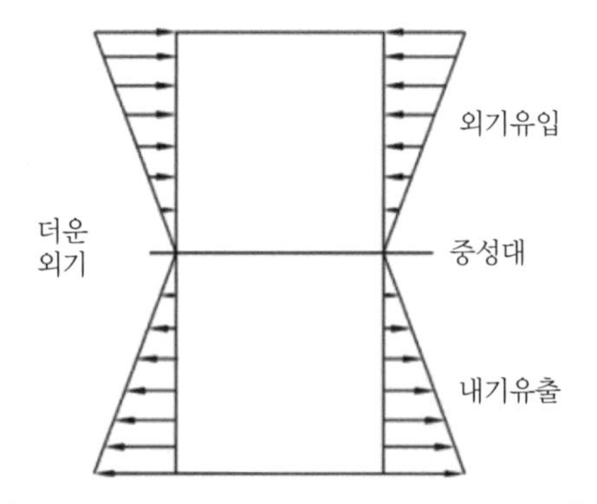

▌여름철의 역연돌효과(reverse stack effect) ▌

2) Designing High Performance MEP Systems for Supertall Buildings : A Review of Challenges and Opportunities, Craig Burton

02 기초이론

(1) 원인

건물 내외부 공기기둥의 밀도(density) 차이로 인해 발생한 압력차

(2) 바닥에서의 압력차

$P_a - P_f = (\rho_o - \rho_i) \cdot g \cdot H$ 식 유도는 다음과 같다.

$P_f = P_i + \rho_i \cdot g \cdot H$

$P_a = P_o + \rho_o \cdot g \cdot H$ (여기서, $P_i = P_o$)

$$P_a - P_f = (\rho_o - \rho_i) \cdot g \cdot H = \left(\frac{353}{T_o} - \frac{353}{T_i}\right) g \cdot H = 3,460\left(\frac{1}{T_o} - \frac{1}{T_i}\right) H$$

여기서, P_a : 외기의 바닥압력
P_f : 건축물 내의 바닥압력
P_o : 외기의 압력
P_i : 건축물 내의 압력
ρ_o : 외기의 밀도
ρ_i : 건축물 내의 밀도
3,460 : 353×9.8

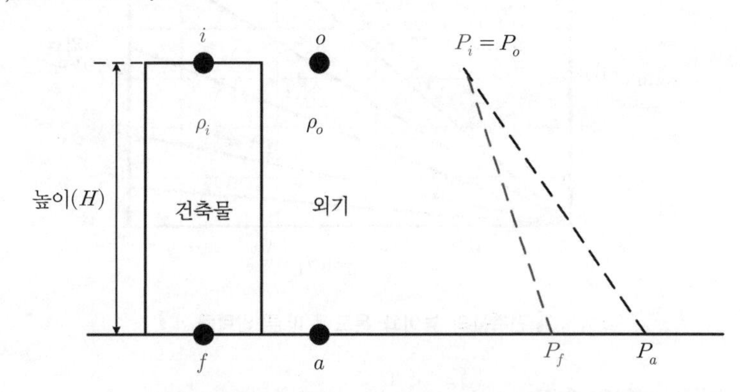

▌건축물과 외부와의 상부와 바닥에서의 압력차▐

(3) 임의의 높이(h)에서의 압력차

$P_i = P_f - \rho_i \cdot g \cdot h$

$P_o = P_a - \rho_o \cdot g \cdot h$

$$\begin{aligned} P_i - P_o &= P_f - P_a - (\rho_o - \rho_i) \cdot g \cdot h \\ &= (\rho_o - \rho_i) \cdot g \cdot H - (\rho_o - \rho_i) \cdot g \cdot h \\ &= (\rho_o - \rho_i) \cdot g \cdot (H - h) \end{aligned}$$

03 영향인자

(1) 건물의 높이(building height)

압력차 $\Delta P = (\rho_o - \rho_i) \cdot g \cdot h_2$

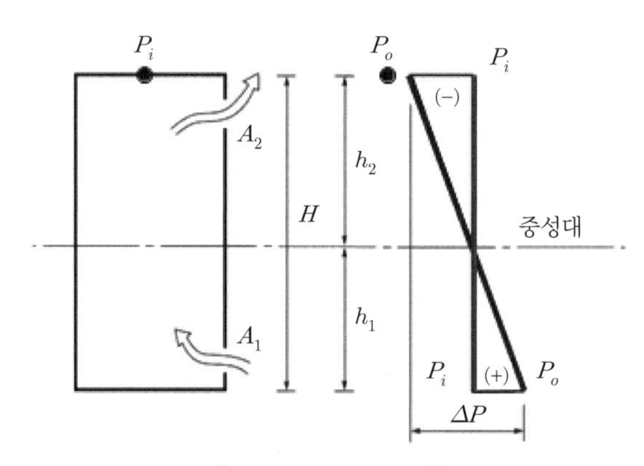

▌중성대와 압력형성▐

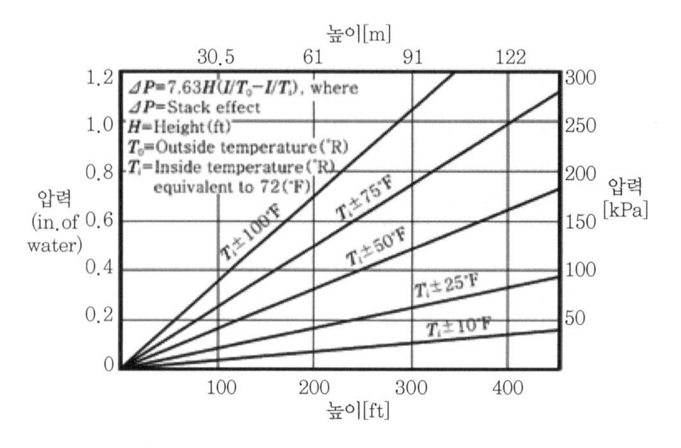

▌건축물의 높이와 온도에 따른 압력차 [3]▐

(2) 건물의 실내와 실외의 온도차 : $\frac{1}{T_o} - \frac{1}{T_i}$

1) 실내와 실외의 온도차가 클수록 밀도차가 커지고 압력차가 증대한다.

2) 연돌효과가 온도차에 따라 압력차가 커지다가 일정 온도차 이상이 되면 압력차가 서서히 증가한다.

---

3) FIGURE 18.3.6 Stack Effect Due to Height and Temperature Difference(℃ = [℉ − 32] × 5/9). FPH 18-3. Smoke Movement in Buildings. 18-48

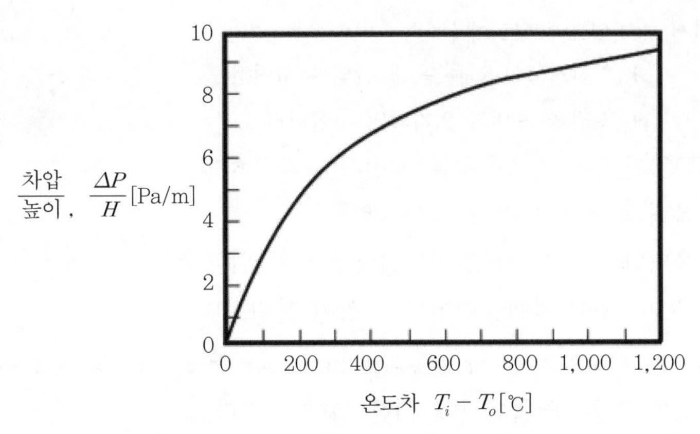

| 온도차에 의한 차압/높이의 비의 변화 4) |

3) 연기의 배출속도

$$v_2 = \sqrt{2gh_2\left(\frac{T_i - T_o}{T_o}\right)}$$

(3) 건물 외벽의 기밀도(airtightness of the exterior walls)

1) 건물 외부와 기밀성에 의해 연돌효과에 큰 영향 : 열드래프트 계수가 클수록 옥내와 외기의 압력차가 커지고 연돌효과가 커진다.

2) 열드래프트 계수(TDC : Thermal Draft Coefficient)5)

① 건물의 외벽과 내부 간벽 사이 압력손실 분산의 척도(기밀도)

② 샤프트와 외기와의 압력 차이

$$\Delta p_{so} = \Delta p_{sb} + \Delta p_{bo}$$

$$\Delta p_{so} = \frac{\Delta p_{bo}}{\gamma}$$

여기서, Δp_{so} : 샤프트와 외기와의 압력 차이

Δp_{sb} : 샤프트와 건물 옥내 간의 압력 차이

Δp_{bo} : 건물 옥내와 외기와의 압력 차이

γ : 열드래프트 계수

③ 건물 옥내와 외기와의 압력 차이

$$\gamma = \frac{\Delta p_{bo}}{\Delta p_{so}} = \frac{1}{1 + \left(\frac{A_{bo}}{A_{sb}}\right)^2}$$

4) FIGURE 2.5.6 Differential Pressure Due to Stack Effect(Courtesy Southwest Research Institute) FPH 02-05 Basics of Fire Containment 2-65

5) 한국화재소방학회논문지 제3권 제1호 통권 8호(2007년 8월) pp.14~20 초고층 건물에 나타나는 연돌효과 김진수 저에서 발췌

여기서, γ : 열드래프트 계수

A_{sb} : 샤프트와 건물 옥내 간의 누설면적

A_{bo} : 건물 옥내와 외기와의 누설면적

④ γ(TDC)가 1에 가까울수록 기밀성이 우수하다.

㉠ 옥내와 계단실 간의 차압 감소

㉡ 옥내와 계단실 간 연기누설(draft)의 위험감소

⑤ γ(TDC)가 0에 가까울수록 기밀성이 불량하다.

(4) 건물의 층과 층 사이의 누설(air leakage between floors of the building)

1) 누설이 없는 경우 : 연돌효과에 의한 영향이 작다.

2) 누설이 있는 경우 : 연돌효과에 영향이 크다.

3) 문제점 : 화재 시 층 사이의 누설로 인해 확대 및 피난에 장애가 된다.

(5) 중성대(NPL : Neutral Pressure Level) 132 · 116회 출제

1) 정의 : 부압도 양압도 발생하지 않는 압력 제로(0)의 지점 또는 건물 내부의 압력이 외부의 압력과 일치하는 수직적인 위치(압력평형의 지점)이다.

2) 중성대의 영향인자 관계식

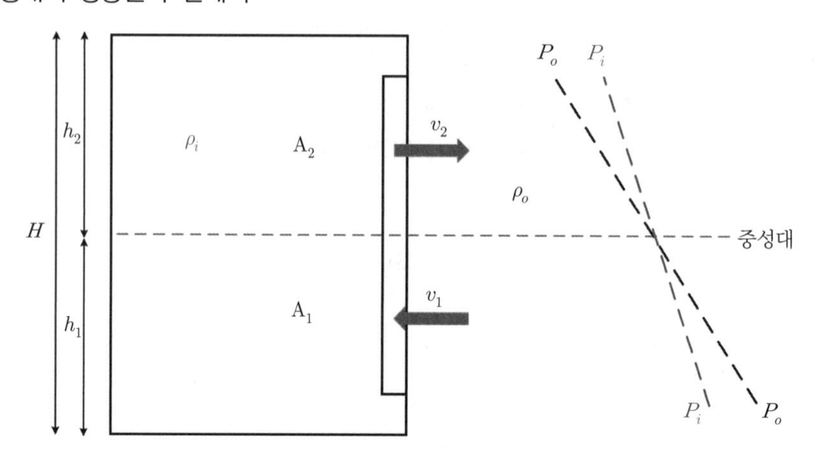

① $v_2 = \sqrt{2gh_2}$

$$= \sqrt{2g\frac{\Delta p}{\gamma}} \quad (\Delta p = (\rho_o - \rho_i)\,g\,h_2)$$

$$= \sqrt{2g\frac{\rho_o - \rho_i}{\rho_i}h_2}$$

② 밀도와 온도는 반비례

$$v_2 = \sqrt{2g\left(\frac{\rho_o}{\rho_i} - 1\right)h_2}$$

$$= \sqrt{2g\left(\frac{T_i}{T_o} - 1\right)h_2}$$

$$= \sqrt{2g\left(\frac{T_i - T_o}{T_o}\right)h_2}$$

③ 내부에서 외부로 유출량[kg/sec] = 면적 × 유출속도 × 내부 공기밀도

$$Q_o = A_2 \cdot \rho_i \cdot \sqrt{2g\left(\frac{\rho_o - \rho_i}{\rho_i}\right)h_2}$$

$$= A_2\sqrt{2g\rho_i(\rho_o - \rho_i)h_2}$$

④ 외부에서 내부로 유입량[kg/sec] = 면적 × 유입속도 × 외부 공기밀도

$$Q_i = A_1 \cdot \rho_o \cdot \sqrt{2g\frac{\rho_o - \rho_i}{\rho_o}h_1}\ [\text{kg/sec}]$$

$$= A_1\sqrt{2g\rho_o(\rho_o - \rho_i)h_1}$$

⑤ 유출량(Q_o) = 유입량(Q_i)

$$A_2\sqrt{2g\rho_i(\rho_o - \rho_i)h_2} = A_1\sqrt{2g\rho_o(\rho_o - \rho_i)h_1}$$

$$A_2^2 \cdot \rho_i \cdot h_2 = A_1^2 \cdot \rho_o \cdot h_1$$ (밀도와 온도 반비례)

$$A_2^2 \cdot T_o \cdot h_2 = A_1^2 \cdot T_i \cdot h_1$$

⑥ $\frac{h_2}{h_1} = \left(\frac{A_1}{A_2}\right)^2 \cdot \frac{T_i}{T_o}$

⑦ 중성대의 높이

$$\frac{h_2}{h_1} = \left(\frac{A_1}{A_2}\right)^2 \cdot \frac{T_i}{T_o}$$

$$\frac{H - h_1}{h_1} = \left(\frac{A_1}{A_2}\right)^2 \cdot \frac{T_i}{T_o}$$

$$\frac{H}{h_1} - 1 = \left(\frac{A_1}{A_2}\right)^2 \cdot \frac{T_i}{T_o}$$

$$h_1 = \frac{H}{1 + \left(\frac{A_1}{A_2}\right)^2 \cdot \frac{T_i}{T_o}}$$

3) 중성대의 이동

① 화재실 온도에 따른 중성대의 변화

화재실 온도	중성대 위치	외부로의 공기유입	연소	열방출속도
상승	낮아짐	감소	감소	감소
하강	높아짐	증가	증가	증가

② 위와 같은 현상이 반복되며 중성대가 변화한다.

③ 중성대는 상승하고 하강하지만, 일정한 위치에 놓이게 된다(구획화재에서 최성기의 온도가 일정).

④ 여러 개의 개구부가 개방되는 경우 : 중성대의 높이는 하나만 형성된다.

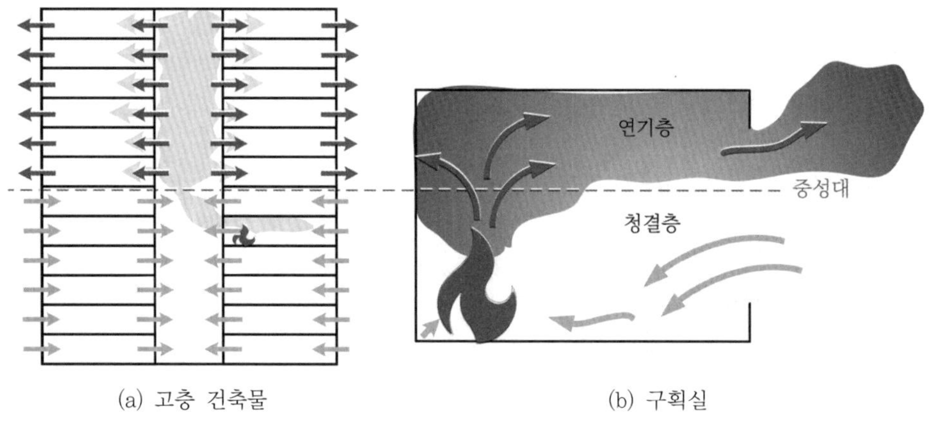

▌화재 시 중성대와 연기공기의 흐름▐

4) 주요 영향인자

① 건물의 높이

② 온도차

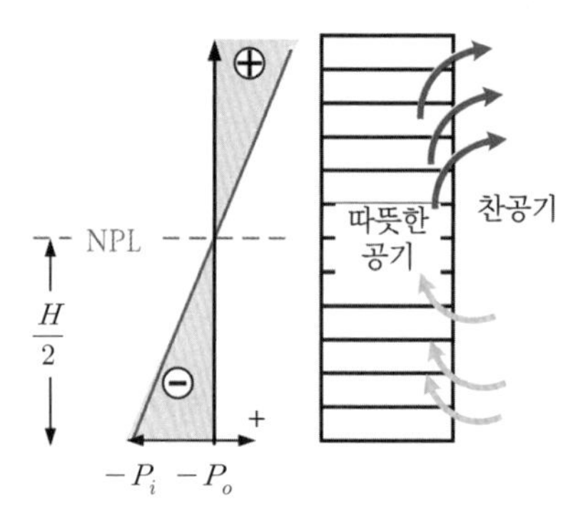

▌건물 상부가 개방되지 않은 경우▐

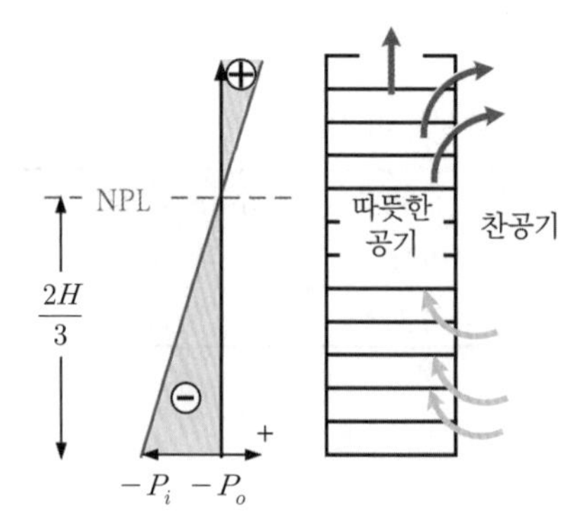

▌건물 상부가 개방된 경우▐

③ 급기량

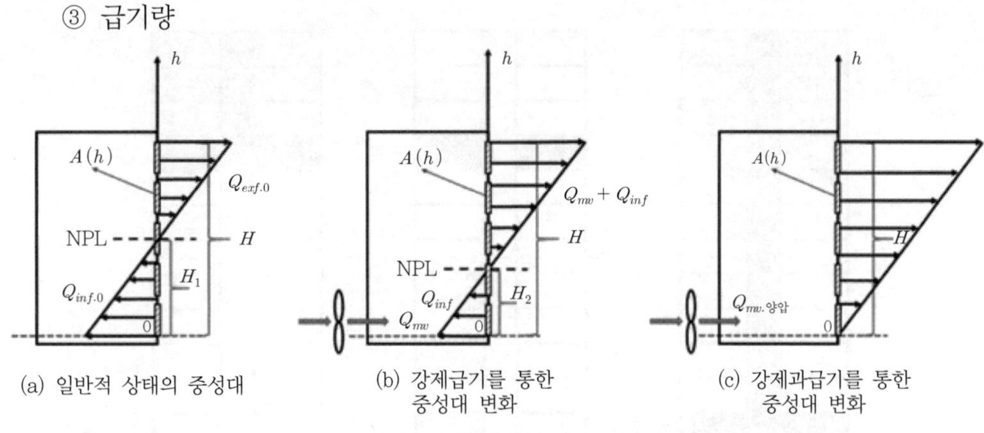

▌급기량에 따른 중성대의 변화6)▐

5) 연돌효과에 의한 영향 : 중성대 하부층에는 풍량을 보정해서 하부의 가압감소를 방지하여야 한다.

구분	중성대 상부	중성대 하부
부속실 압력	계단실과 부속실 간의 차압을 유지하기 위해서 부속실 압력 증가	계단실이 부압이 되므로 부속실의 압력 감소
부속실에서 화재실로의 이동하는 풍량	증가	–
연기유입 가능성	낮음	높음
문 개방력	증가	감소
방연풍속	증가	감소

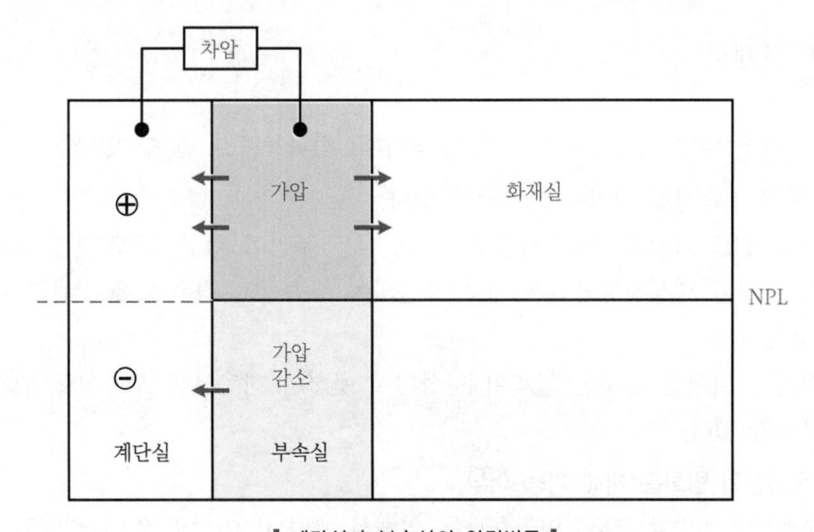

▌계단실과 부속실의 압력변동▐

6) Effect of mechanical ventilation on infiltration rate under stack effect in buildings with multilayer windows, Building and Environment Volume 170, March 2020

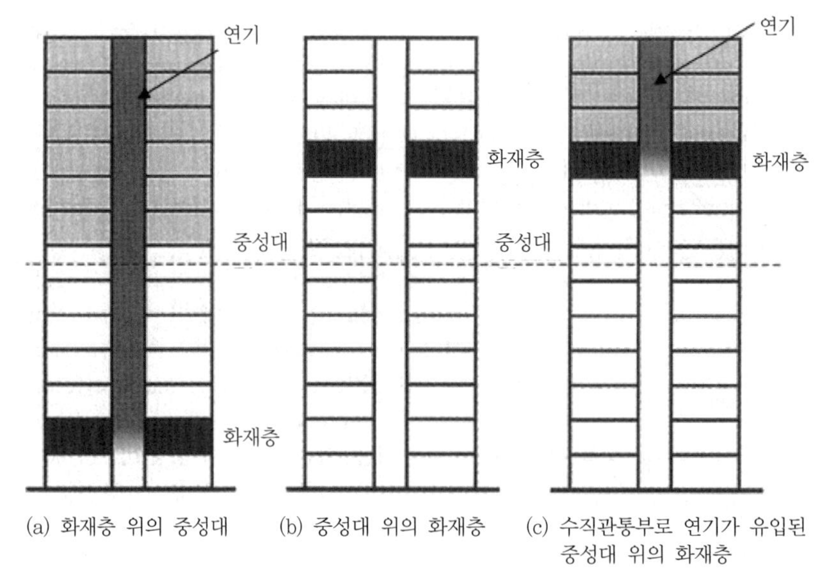

▌굴뚝효과로 인한 고층 건물의 연기 이동▐

꼼꼼체크 중성대 위의 화재 연기가 굴뚝효과를 극복할 만큼 충분한 부력을 갖고 있는 경우 연기는 위의 그림 (c)와 같이 수직관통부로 유입될 수 있다.

(6) 엘리베이터의 피스톤 효과(piston effect)

피스톤 효과로 인한 압력의 변화가 연돌효과에도 영향을 준다.

04 문제점

(1) 연돌효과에 의한 기류통로가 연기 및 화염의 전파통로가 될 수 있다.

(2) 하층부의 부속실로 연기유입 우려가 있다.

1) **부속실만을 가압할 경우** : 하층부의 계단실은 부압이 형성되므로 만일 -10[Pa] 정도의 부압이 형성된다면 계단실로 유출되어 부속실의 경우에 30[Pa]의 가압이 형성된다.

2) 연기를 밀어낼 충분한 압력이 형성되지 못하여 하층부의 부속실로 연기가 유입될 우려가 있다.

(3) 피난동선상의 방화문 개폐 가능 여부

1) **부속실만 가압할 경우** : 연돌효과에 의해서 20[Pa] 이상의 압이 형성된다면 부속실에는 60[Pa] 이상의 차압이 형성된다.

2) 과다한 차압으로 방화문 개방에는 110[N] 이상의 힘이 소요된다.

(4) 화재로 인한 열팽창 및 부력이 연돌효과와 중첩되면 연기확산의 시너지가 생긴다.

(5) 화재 이외의 문제점

1) 엘리베이터의 문 오동작 문제 : 엘리베이터의 문에 작용하는 과도한 압력차가 발생한다.

2) 에너지 손실

① 건물 상층부는 과열, 하층부는 난방불량으로 인한 불쾌감이 증대된다.

② 외벽을 통한 누기 : 건물에서의 에너지 낭비가 된다.

3) 틈새를 통한 기류흐름 : 고주파 소음

4) 연기 및 냄새 : 수직통로 내 상승기류에 의한 냄새 및 연기와 같은 오염물질의 확산경로가 된다.

05 방재상 연돌효과 극복대책

(1) 건축적 대책

1) 엘리베이터의 문 및 비상계단문 등 수직 샤프트의 기밀을 시공한다.

2) 1층 출입문에 방풍실, 회전문 설치, 이중문 등 기밀도를 향상한다.

3) 건물 외피에 대한 기밀 시공을 한다.

4) 건축물 층간을 구획하여 기밀도를 향상한다.

5) 수직 샤프트 길이를 제한한다.

(2) 설비적 대책

1) 엘리베이터 홀의 강제 환기방식에 의한 압력균형을 조정한다.

2) 수직 압력분포 분석에 의한 급배기 조절 : 압력보정

3) 1층 로비의 양압 유지 → $\frac{h_2}{h_1} = \left(\frac{A_1}{A_2}\right)^2 \frac{T_i}{T_o}$ 이므로 하부층 면적(A_1)이 감소하면 중성대 이후 높이(h_2)가 감소하여 압력차가 감소한다.

4) 수직 샤프트 내의 가압 : 압력차 감소, 내외부 온도차를 최소화할 수 있는 가장 효과적인 방안[7)]

(3) 소방적 대책

1) 연돌효과 감소방안

① h_2의 감소 : 하부층 면적(A_1)이 감소하면 중성대 이후 높이(h_2) 압력차가 감소
→ 하지만 화재 시 하부의 개구부의 잦은 개방으로 오히려 하부층 면적(A_1)이 증가한다.

7) Handbook of Smoke Control Engineering Chapter3 Flow of Air and Smoked의 내용 : The temperature of these shafts is often nearly the same as the outdoor temperature, and the impact of stack effect is significantly reduced as compared to shafts pressurized with air treated to the building temperature.

② 내외부 온도차($T_o - T_i$)의 감소 : 계단실과 외부 온도차를 줄이기 위해 겨울철 외기, 여름철 외기를 넣는 방법인 계단실 급기가압(NFPA 92에서는 급기가압을 하는 경우 연돌효과를 무시)을 한다.

$$\Delta P = 3{,}460\left(\frac{1}{T_o} - \frac{1}{T_i}\right) \times h_2 \fallingdotseq 0$$

2) 피난동선상의 출입문 개폐성능 확보

① 출입문의 도어클로저(door closer)의 장력을 상부로 올라갈수록 강화시키거나 유압이나 모터의 힘을 이용하에 폐쇄가 가능하도록 장비를 강화한다.

② 부속실 내 가압으로 인한 과압을 방지하는 장치를 설치(과압방지장치)한다.

3) 연돌 모델링을 통해 건물의 발생가능한 연돌을 예상해서 적정 대책을 수립한다.

06 연돌효과(stack effect) 모델링

(1) 네트워크 모델

1) 건물을 다중 존들과 외기 존이 모여진 절점(node)으로 이루어진 격자의 형태로 구현한다.

2) 절점들은 고유의 누기면적과 저항하는 공기유동경로(airflow path)로서 서로 연결한다.

3) 수직적 샤프트의 구현이 용이하고 고층 건물에서의 압력분포에 적합하다.

4) 종류 : CONTAM, COMIS, Passport-air, Breeze, ESP

CONTAM 120 · 114회 출제

① NIST(National Institute of Standards and Technology Institute)가 실내의 공기질 모델링 프로그램으로 개발하여 무료로 배포하고 있는 프로그램이다.

② 사용처

㉠ 실내 공기질 예측용 : 건물 난방과 환기와 냉방으로 인한 공기질의 영향 예측

㉡ 일반 공조 시스템을 사용하는 대형 오피스 건물의 공기질 예측

㉢ 대형 아파트와 사무실, 학교 빌딩 등의 라돈, 포름알데하이드 등과 같은 오염물질과 방사선 가스 등의 운송(이동)에 대한 예측

㉣ 연기관리 시스템의 설계 및 분석

③ 수행절차

㉠ 대상선정

㉡ 건물의 평면 · 단면도 작성

㉢ 데이터 입력 : 누설면적 및 위치, 열방출률, 연소생성물 온도 및 농도, 연돌효과, 바람효과
㉣ CONTAM 프로그램 실행
㉤ 출력값 : 흐름 경로, 압력차, 연기 · 공기 유동량, 연기 농도

(2) 존 모델

1) 실내 존을 여러 개의 작은 존으로 나누거나 밀도에 따라 한 개 이상의 층(layer)으로 나누어 해석한다.
2) 서브 존(subzone) 내부는 질량 및 에너지 방정식을 통해 해석한다.
3) 종류 : ASET, FAST, Harvard 5, CFAST

(3) 필드 모델

1) CFD를 통해 대규모 공간의 복잡한 기류를 분석한다.
2) 실내의 온 · 습도, 기류분포와 압력분포를 정상 및 비정상 상태로 해석할 수 있다.
3) 컴퓨터 성능향상으로 경제적인 해석이 가능하나, 경계조건의 정확도 및 모델링의 어려움이 존재한다.
4) 종류 : Fluent, STAR-CD, Phoenics, ANSYS

07 결론

(1) 고층 건물에서 화재가 발생했을 경우 연기는 부력플럼에 의해 상승하다가 주변공기의 유입 등으로 온도가 떨어지게 되고, 주변 온도와 차이가 없어지게 되면 결국 부력을 잃어버리고 정지하게 된다.

(2) 연돌효과는 온도가 주변과 같아 부력을 잃어버린 연기를 매우 효과적으로 이동하게 하여 일반적으로 예상되지 않는 곳으로 상승시킨다.

(3) 고층 건물에서의 낮은 부분에서의 화재는 매우 급속히 연기가 건물 상부까지 차게 된다. 이에 따라 화재 피해를 증가시킬 수 있으므로 급기가압을 통해 건축물 내외 온도차를 감소시켜 연돌효과를 방지하는 등의 대책이 있어야 한다.

예제

어떤 건축물의 외기 온도가 20[℃], 실내 온도가 30[℃]인 경우 건축물 상단의 압력차를 구하시오. (단, 건축물의 높이는 50[m], 누설면적은 일정하다고 가정하고 다른 조건은 무시한다.)

[풀이]

(1) 개요

이 문제를 풀기 위해서는 건축물 내의 온도분포를 예측하여야 하는데 예측방법은 Zone modelling으로 한다.

(2) Zone modeling의 종류

① Single zone modeling

㉠ 건축물 내부 온도는 일정

㉡ 건축물 실내 온도는 30[℃]로 가정

② Two zone modeling

㉠ 중성대를 중심으로 온도가 다르다.

㉡ 중성대 하부는 20[℃], 중성대 상부는 30[℃]로 가정한다.

$$\frac{h_1}{h_2} = \left(\frac{A_2}{A_1}\right)^2 \frac{T_o}{T_i}$$

(3) 예산

① Single zone modeling

$$\Delta P = 3{,}460\left(\frac{1}{293} - \frac{1}{303}\right) \times 50 = 19.49[\mathrm{Pa}]$$

② Two zone modeling

$$\frac{h}{50-h} = \left(\frac{A_2}{A_1}\right)^2 \times \frac{293}{303}$$

$$h = 24.58[\mathrm{m}]$$

$$\Delta P = 3{,}460\left(\frac{1}{293} - \frac{1}{303}\right) \times 24.58 = 9.58[\mathrm{Pa}]$$

(4) 결론

① 제연설비 설계 시 연돌효과(stack effect)는 많은 영향을 끼치므로 정확한 계산이 필요하다.

② 수(手) 계산 시에는 Two zone modeing 계산이 정확하지만 컴퓨터 시뮬레이션으로 계산할 때에는 Field modeling 방식으로 계산하는 것이 더 정확하다.

SECTION 003

화재 시 부력의 영향

109회 출제

01 개요

(1) 부력(buoyancy)은 고온의 연소생성물이 주위 공기와의 밀도차에 의해 수직 상승 및 수평 이동하게 하는 힘으로 건축물 내에서의 연기이동의 주요 인자이다.

(2) **정의**

어떤 물체나 유체의 체적(volume)에 작용하는 상승방향의 힘

$$F_b = \rho \cdot g \cdot V = \gamma \cdot V[\mathrm{N}]$$

여기서, F_b : 부력[N], γ : 물체가 잠긴 유체의 비중량[N/m³]

V : 잠긴 부피[m³]

ρ : 유체의 밀도[kg/m³], g : 중력가속도[m/sec²]

(3) **가스 부력의 영향인자**

1) 분자량(가스의 비중)과 온도에 의존한다.

2) 가스의 밀도는 온도상승에 따라 감소한다. 연소 시의 뜨거운 연소생성물은 화염 위로 부상한다.

3) LNG의 유출(spillage)

① 메테인가스의 비중이 1보다 작음에도 불구하고, 매우 낮은 온도 때문에 증기가 공기보다 무겁게 된다.

② 상온에서의 프로페인과 마찬가지로 LNG도 증기가 넓은 지역으로 확산하기 때문에 위험성이 증대된다.

02 화재실에서의 부력

(1) **상승기류의 형성**

부력을 갖는 화염기둥과 고온의 연소생성물이 화원 위로 상승한다.

(2) **와류의 형성**

1) 플럼이 상승할수록 더 차가운 가장자리의 속도가 느려지고 아래로 처진다. 와류(eddy)가 형성된다.

2) 와류 : 화염높이와 화재크기에 큰 영향을 준다.

(3) 유입(entrainment)

1) 와류의 영향 : 플럼 속으로 차가운 공기가 유입된다.

2) 공기의 유입속도 : 화염높이와 화재플럼의 특성에 의해 결정한다.

3) 연기의 대부분이 공기 : 유입되는 공기량 = 연기량

03 연기 등 연소생성물의 상승 및 이동

(1) 화재로 인해 직접 생성되는 부력

1) 상승 : 연소생성물은 온도차에 의한 밀도차에 의해 상승한다.

2) 수평이동 : 고온의 연소생성물이 천장에 의해 상승의 제한을 받아 굴절되어 수평으로 유동하는 천장 열기류(ceiling jet flow)

3) 연소생성물의 실 외부로 확산

① 실내에 축적되는 연기층 : 개구부의 윗부분 또는 다른 적절한 누설경로를 통해 유동한다.

② 압력차 공식

$$\Delta P = 3,460 \times h_2 \times \left(\frac{1}{T_o} - \frac{1}{T_i}\right)$$

126 · 110회 출제

③ 유동력을 결정하는 인자 : 압력차

(2) 정상상태(평상) 시 유동(stack effect)

1) 계단통로나 E/V 샤프트 등 수직 공간이 있는 경우 : 내부와 외부의 온도차에 의한 압력차로 공기가 유동한다.

2) 연돌효과는 고층 건물에서 차가운 연기를 매우 효과적으로 이동하게 하여 일반적으로 예상치 못한 높은 곳으로 이동한다.

04 결론

(1) 화재 시 발생하는 부력은 화재플럼의 상승기류를 형성시키고, 발생된 연소생성물을 인접지역으로 확산시킨다.

(2) 화재실의 연기가 타 부분으로 확대되는 경우 인명안전에 심각한 위험이 되므로 연기확산 방지에 노력이 필요하다.

SECTION 004

환기효과(draft effect)

01 개요

(1) 연기를 배출하는 제연방식

1) 자연력에 의한 제연방식 : 환기효과(draft effect)를 이용한 스모크 타워(smoke tower) 방식

2) 기계에 의한 방식 : 송풍기

(2) 환기효과(draft effect)

1) 연소열 → 기체온도 상승 → 체적은 증가하지만 단위체적당 질량은 오히려 감소(밀도감소)된다.

2) 하부층의 밀도는 외기가 더 높기 때문에 하부층으로 공기 유입 → 실내는 압력의 평형을 위해 밀도가 낮아진 공기는 상승 → 개구부를 통해 실외로 배출

3) 정의 : 압력의 평형을 이루기 위해서 실외 공기가 실내로 유입되는 공기의 순환효과

(3) 스모크 타워(smoke tower) 방식

연기의 온도차에 의한 부력과 샤프트 최상부에 작용하는 외부풍의 흡입력을 이용하여 배연하는 방식이다.

02 환기효과(draft effect)의 발생

(1) 원인

1) 출입구 또는 창의 격간으로(틈으로) 외기가 유입될 경우

2) 온도차에 의한 강한 기류의 흐름이 생기는 경우

(2) 문제점

1) 기류의 흐름으로 인해 찬 기운을 느끼며 온감의 저하(cold draft) : 난방문제

2) 환기효과 : 문을 열기가 어렵고, 문을 여닫고 할 때 소음발생

3) 엘리베이터의 고장원인

4) 공기유입으로 불쾌감

03 Draft effect의 대책

(1) 창측에 취출구 또는 방열기를 설치(기류에 의한 열확산)한다.

Cold draft

① 인체에 대하여 불쾌한 냉감을 주는 기류를 Cold draft 또는 생략해서 Draft 라고 하며, 신체의 열생산, 즉 신진대사보다 인체로부터 열손실이 클 때 생긴다.

② 겨울철 Cold draft 발생의 예

㉠ 창의 격간으로(틈으로) 외기가 유입될 경우

㉡ 외벽의 온도가 낮을 때 → 저온의 외벽 내면에서 냉각된 공기가 흘러 내림

㉢ 인체 주위의 기류속도가 클 때 → 기류속도 0.5[m/sec] 이하로 제한 (ASHRAE → 0.075 ~ 0.2[m/sec] 정도 추천)

③ 겨울철 Cold draft 대책

㉠ 취출구의 온풍을 바닥면까지 도달하도록 기류의 속도를 높여야 한다.

㉡ 창측에 취출구 또는 방열기를 설치하여 유리면의 Cold draft를 방지한다.

㉢ 이중창호를 사용(단열강화)한다.

㉣ 현관문은 회전문 또는 이중문으로 하여 격간풍 침입 방지

㉤ 바닥 복사난방 실시

④ 여름철 Cold draft 발생의 예 : 취출구의 취출 냉기에 의한 Cold draft

⑤ 여름철 Cold draft 대책은 취출 온도차나 취출 풍속을 적절히 조절하여 해결할 수 있다.

(2) 유리면의 환기효과의 방지를 위해서 이중유리를 사용(단열강화)한다.

(3) 현관문은 회전문 또는 이중문으로 하여 격간풍 침입을 방지(피난층, 1층)한다.

(4) 방풍실을 설치(외기와 단열)한다.

04 스모크 타워(smoke tower) 배연

(1) **특징**

1) 전기나 기계설비에 의해 이동하는 방식이 아니므로 고장의 우려가 작아 신뢰성이 높다.

2) 온도차가 높을수록, 굴뚝이 높을수록 효율이 증대된다.

3) 화재 시 고온이 발생해도 기능에 이상이 없고 오히려 배출량이 증대된다.

4) 단면적이 기계배연에 비해 커야 효과적이다.

(2) 스모크 타워에서 환기효과(draft effect)에 영향을 주는 요인

1) 샤프트 내외부의 온도차
2) **연돌 상부의 기류** : 외부 압력분포에 따라 내부 연기이동에 영향
3) **샤프트의 기밀성** : 누설에 의한 연돌효과의 영향
4) 샤프트의 단면적
5) **샤프트의 마찰손실** : 내부의 조도나 흐름에 대한 방해물이 흐름의 저항
6) **샤프트의 높이** : 높이가 클수록 압력 차이가 커진다.
7) **건물 내 Air Handling Unit system의 영향** : AHU에 의한 강제기류에 의해 연돌효과의 영향

SECTION 005

연기의 제어방법

120 · 74회 출제

01 개요

(1) 최근 건축물이 대형화, 고층화, 지하화하는 경향이며 또한 생활수준 향상에 따른 다양한 내장재, 사무기기 등의 사용이 증가함에 따라 화재 시 발생하는 연기에 의한 인명피해 위험이 점차 증가하고 있다.

(2) 화재 초기에 발생하는 연기를 효과적으로 제어하여 인명피해 위험을 최소화하는 제연설비의 중요성은 현재에 와서는 지속적으로 증가하고 있는 실태이다.

(3) 최적의 제연설비를 설계하기 위해서는 화재 시 발생하는 연기의 특성, 즉 연기발생량, 유동상태 등을 명확하게 규명하는 것이 필요하다.

(4) 연기를 제어하는 방법

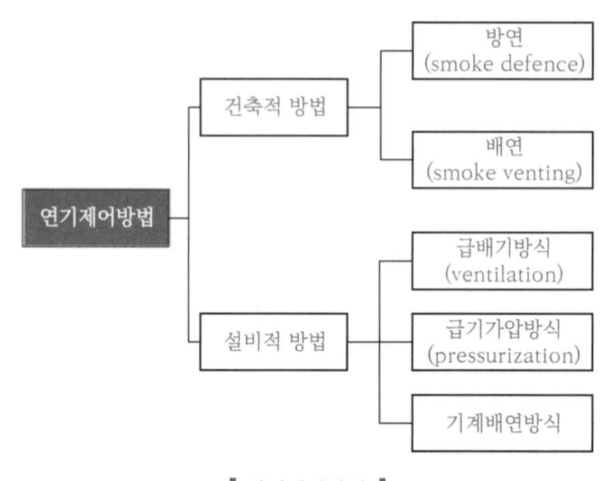

▍연기제어방법▍

(5) 연기제어의 목적

1) 연기를 배출시켜 화재실의 연기농도를 낮춘다(거실제연).
2) 소화활동 및 피난경로의 안전공간을 확보한다(부속실제연).
3) 인접구역으로의 연기확산을 제한한다.
4) 연기로 인한 질식을 방지하여 피난자 안전을 도모한다.

(6) 연기의 유동요인

1) 연돌효과(stack effect) : 건축물 내외부의 온도차에 의해 형성

2) 부력 : 화재로 인한 온도상상
3) 팽창 : 보일-샤를의 법칙
4) 바람 : 외기의 영향
5) 기계식 공조설비(HVAC) : 기계적 힘과 풍도를 통한 이동
6) 피스톤 효과 : 승강기

(7) 소방법에 따른 제연의 구분

1) 연기배출(smoke venting) : 화재실 인명보호(NFTC 501 → NFPA 204 smoke venting system)
① 연기발생량 이상 배출 → 청결층 유지(화재실 피난자의 인명보호)
② 원활한 배출을 위한 양압의 형성을 위한 급기공급

2) 연기제어(smoke control) : 소화활동 및 수직 피난경로 보호(NFTC 501A → NFPA 92 smoke control system)
① 급기가압 → 방호공간 폐쇄 시 연기유입 방지
② 방연풍속 → 방호공간 개방 시 연기유입 방지

(8) 소방대상물에 따른 연기제어 방법

소방대상물	급기가압	기류	배연
부속실 제연	○	○	×
선큰	×	○	○
지하주차장	×	○	○
지하철 승강장	×	○	○
아트리움	×	○	○
종류식 터널 제연	×	○	○
고층 건축물, 지하 대규모 공간	○	×	○

02 연기제어방법 134회 출제

(1) 구획화(compartmentation)

1) 정의 : 건물 내를 구획하여 연소의 확대를 방지하고 더불어 연기의 전파를 방지하는 방식(방연벽에 의한 밀폐배연방식)
2) 구성 : 벽, 칸막이, 바닥, 문, 댐퍼
3) 건물 구조체를 주로 이용하는 방식으로, 건물과 함께 항상 고정된 건축적 제어방법이다.

4) 장단점

장점	단점
① 한번 설치하면 특별한 관리가 필요 없음 ② 설비의 신뢰도가 높음	① 구획 구성상 제약이 많음 ② 문이나 셔터 등을 사용해야 하므로 구획만으로 연기를 완전하게 제어하기가 곤란함

5) 종류 : 면적구획, 피난구획, 용도구획, 수직통로 구획

6) 제연경계벽(draft curtain)

① 화재발생 시 수직으로 상승한 열과 연기가 지붕의 밑면이나 반자를 따라 이동한다.

② 제연경계벽을 설치하여 연기의 이동을 해당구획 내로 제한하고 축연 → 감지기, 소화설비의 작동을 유도

③ 연기저장공간의 크기 결정요소

㉠ 화재크기

㉡ 연기층의 깊이

㉢ 건물의 높이

④ 연기저장공간을 형성하는 제연경계벽에 대한 요구기준

㉠ 불연성

㉡ 가스누설이 되지 않는 구조(기밀성)

㉢ 천장고 20[%] 이상으로 수직으로 설치(NFTC 501 0.6[m] 이상)한다.

(2) 배연(venting) 122회 출제

1) 정의 : 발생한 연기를 밖으로 배출시켜 실내연기층의 하강을 방지하는 것을 목적으로 하는 방식

① 자연배연방식

㉠ 장단점 비교

장점	단점
• 화재크기에 비례하여 배출량도 증가함 • 유지관리가 용이함 • 운휴설비가 없음 • 전원 없이 이용 가능함 • 천장이 높은 경우 부력의 효과가 큼 • 창 또는 출입문 상부의 창 등 일상적으로 사용하고 있는 개구부를 그대로 이용할 수 있으므로 여러 층에서의 배연이 가능함	• 화재 초기에 열방출률이 낮은 경우 충분한 부력이 발생하지 않아 효율적인 배출이 되지 못함 • 연기를 강제적으로 모으고 누출을 방지하는 것은 곤란함 • 바람에 의한 영향이 있음 • 건축구조상 자연 환기구가 실질적으로 불가능한 경우에 사용이 곤란함 • 배연구를 통한 연소확대 우려가 있음 – 고층 건축물 – 천장 환기구의 사용을 제한하는 기타 건축물 • 청결층이 높아질수록 배출구의 면적이 증가함

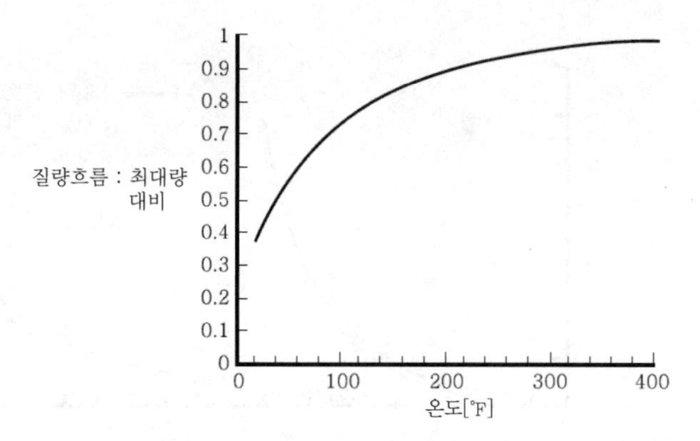

▌연기의 온도에 따른 흐름의 변화8) ▌

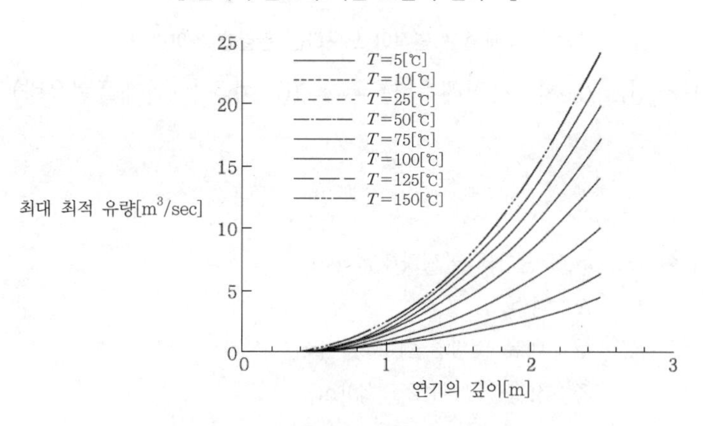

▌연기의 깊이에 따른 배출량의 변화9) ▌

▌창이나 개구부를 통한 자연 연기배출 ▌

8) NFPA 92B Guide for Smoke Management Systems in Malls, Atria, and Large Areas 2000 Edition 92B-7 FIGURE 2.3.3(a) Mass flow efficiency through a vent.

9) NFPA 92B Guide for Smoke Management Systems in Malls, Atria, and Large Areas 2000 Edition 92B-37 FIGURE A.3.9 Effect of smoke layer depth and temperature on venting rate.

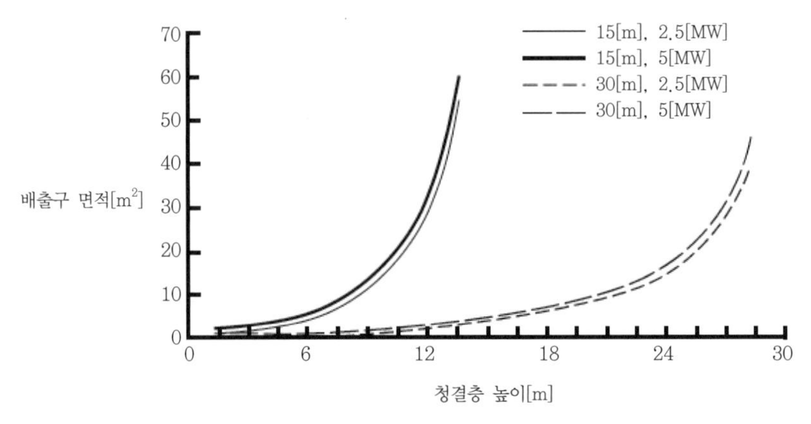

▌배출구 면적이 요구하는 청결층 높이[10] ▌

㉡ m_s([kg/sec], 자연배출량) = m_p([kg/sec], 화재플럼유량)

$$m_p = K Q_c^{\frac{1}{3}} Z_c^{\frac{5}{3}}$$

여기서, m_p : 연기의 발생량[kg/sec]

K : 계수

Q_c : 대류 열방출률[kW]

Z_c : 청결층 높이($Z - Z_0$)[m]

㉢ 주의사항

- 인접건물로 확대방지(or)
  - 배연구는 인접대지경계선 또는 외벽으로부터 25[cm] 이상 이격한다.
  - 인접대지경계선에 설치된 배연창의 면적이 1개 층의 배연창 합계면적 이상이어야 한다.

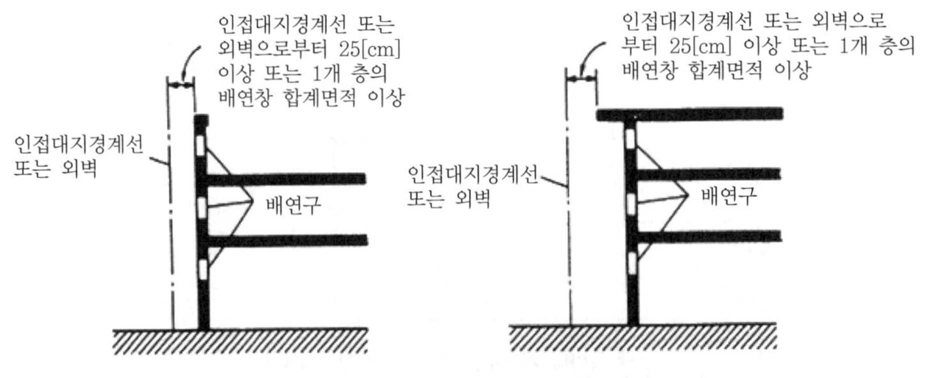

▌배연구와 인접대지경계선과 이격 ▌

10) NFPA 92B Guide for Smoke Management Systems in Malls, Atria, and Large Areas 2000 Edition 92B-7 FIGURE 2.3.3(b) Vent area required to maintain clear height.

- 배연구의 설치위치
  - 최상부에 설치하는 것이 연기배출에 가장 유리하다.
  - 벽면에 설치하는 경우 : 급 · 배기 균형을 유지되도록 되도록 마주 보는 2면에 설치한다.
- 거실의 배연구를 일상의 환기구와 병행설치 : 평상시도 이용하므로 취급과 조작에도 익숙하고 유지관리에도 유리하다.
- 고층 건축물에서 창을 배연구로 사용하는 경우 : 외기의 풍향, 풍속에 따라 배연효과가 다르므로 충분한 고려가 필요하다.

㉣ 연기와 주위 온도차가 110[℃] 이상에서 효과적이다.

② 강제 배연방식(NFPA 204 A.4.4.3)

㉠ 연기와 주위온도차가 110[℃] 이하에서는 자연배출력이 감소하므로 강제 배출방식을 설치한다.

㉡ 강제 배연방식은 자연 배연방식을 도와주는 보조적 설비(연기의 압력(ΔP)을 증가)이다.

㉢ 장단점

장점	단점
• 화재 초기에도 충분한 배출능력을 보유함 • 자연 배연방식에 비해 효율이 우수함	• 운휴설비 발생 • 화재가 성장할수록 배연효과가 감소(점성의 증가) • 유지관리에 많은 비용 소요됨 • 화재 초기에 작동으로 연기층 교란 우려가 있음

㉣ m_s([kg/sec], 배출량) = m_p([kg/sec], 화재플럼유량)

$$m_p = K_o A_a \sqrt{2\rho_a \Delta P}$$

③ 자연배연과 강제배연의 비교

구분	자연배연(배연)	기계배연(제연)
신뢰도	높음	낮음
방식	건축적(passive) 제연방식	설비적(active) 제연방식
동력	불필요	필요
유지관리	불필요	필요
배연효과	배연효과가 가변적이다. • 배연구가 높을수록 증대됨 • 배연면적이 클수록 증대됨 • 연기온도가 높을수록 증대됨	기계력을 이용하므로 배연효과가 일정함
배연량 제어	불가능	기계력을 조정하면 가능
풍도	풍도를 사용하지 않음	풍도를 사용하므로 탈락위험이 있고, 방화구획을 관통하며 상시 적절한 유지관리가 필요함
외부환경	온도, 압력 영향을 받음	온도, 압력 영향을 적게 받음

구분	자연배연(배연)	기계배연(제연)
특징	연돌효과에 의해 외기유입 상층으로 연기 확대됨	• 장치의 내열성 문제가 있음 • 급기 경로가 확보되지 않으면 효율적인 배출이 어려움
개념도	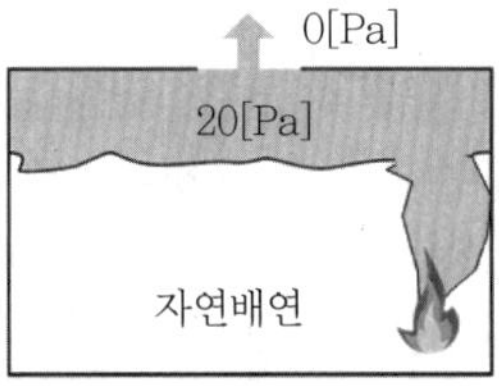 0[Pa] 20[Pa] 자연배연	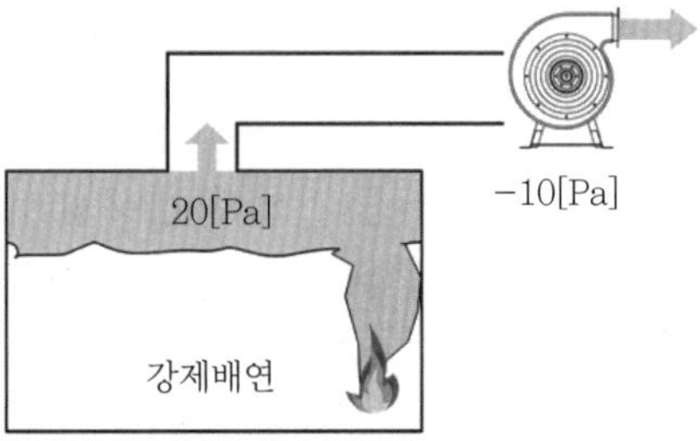 20[Pa] −10[Pa] 강제배연

2) 연기층(SL)과 청결층(CL)의 형성을 위하여 배출량 이상의 급기량이 필요하다.

3) 배연의 메커니즘

① 화재 시 발생한 연기는 부력으로 인해 연소구역에서 수직으로 상승한다.

② 일정한 범위로 구획된 공간(벽이나 제연경계로 구획된)에 의해 차단될 때까지 연기는 수평이동(ceiling jet flow)을 하면서 천장 밑에서 고온 가스층을 형성한다.

③ 천장에 축적된 고온 가스층은 두께가 점차 증가하면서 아래로 하강하고 온도는 상승(온도가 상승한 공기층은 주변 공기층보다 밀도가 낮아져 주변의 공기가 유입)한다.

④ 배기구 주변의 열, 연기 감지기가 동작하면서 배기구가 개방(배기구는 공간의 최상부에 설치하는 것이 원칙)된다.

⑤ 개방된 배기구에 의해서 연기와 열이 배출(외부로 온도차에 의한 압력차로 배출)된다.

⑥ 천장의 고온 가스층의 두께

㉠ 배출구 면적이 충분히 크거나 부력이 충분한 경우 가스층의 두께가 감소한다.

㉡ 배출구 면적이 충분하지 않을 경우 지속적으로 고온 가스층의 두께가 증가하면서 연기층이 하강한다.

4) 효과적인 배연을 위한 고려사항

① 화재크기

② 건물높이

③ 지붕형태

④ 지붕의 압력분포

(3) 가압(pressurization)

1) 정의 : 가압용 송풍기를 이용하여 방호를 요하는 장소의 압력을 연기의 유동하는 힘보다 크게 설정하여 연기의 유입을 방지하는 방식

2) 구성 : 송풍기(급기), 덕트, 댐퍼, 디퓨저

3) 가압유량

① 공식

$$Q = CA\sqrt{\frac{2\Delta P}{\rho}}$$

여기서, Q : 가압유량[m³/sec]

C : 유량계수(0.65)

A : 누설틈새면적[m²]

ΔP : 차압[Pa]

ρ : 공기밀도[kg/m³]

② 단순화한 공식

$$Q = K_f \cdot A\sqrt{\Delta P}$$

여기서, K_f : 상수로서, 경로의 기하학적 구조, 난류상태, 마찰에 의존

③ SI단위인 경우 : $Q = 0.827A\sqrt{\Delta P}$

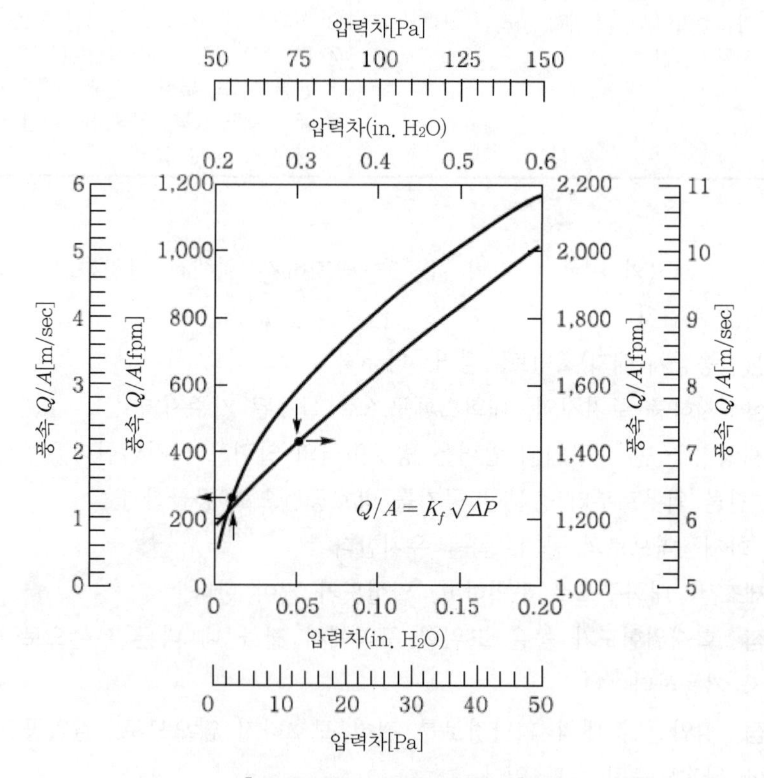

▌압력에 따른 풍속의 변화[11] ▌

11) SFPE 4-12 Smoke Control 4-280 Figure 4-12.9.

4) 국내 차압의 기준 : 40[Pa]

기준차압이 40[Pa]인 이유 : $\Delta P = 3{,}460 \times h_2 \times \left(\frac{1}{T_o} - \frac{1}{T_i} \right)$

여기서, 화재실의 온도(T_i)를 1,000[℃], 외기의 온도(T_o)를 20[℃]라고 하며 층고(h)를 3[m]라고 하고 차압을 산출하면

$\Delta P = 3{,}460 \times 3 \times \left(\frac{1}{293} - \frac{1}{1{,}273} \right) = 27.27[\text{Pa}] \times 1.5 \fallingdotseq 40[\text{Pa}]$

여기에 안전율(1.5)을 적용하면 대략 40[Pa]이 된다. 여기서, 차압은 화재 초기가 아닌 최성기가 기준으로 중성대 이후의 높이가 아닌 층고의 개념을 가지게 된다.

5) **사용처** : 국내에서는 부속실, 비상용 승강기, 피난용 승강기, 승강장에 설치되는 방식

6) 장단점

장점	단점
① 안전구획에 가압하므로 시스템이 안정적임 ② 실 간 차압을 이용하여 차연이 용이함 ③ 가압설비의 내열한계에 따라서 최성기까지 사용가능함	① 예비전원이 필요함 ② 밀폐가 되지 않으면 효과가 크게 감소함 ③ 기계용 배연설비의 신뢰성 확보가 필요함 ④ 덕트, 팬 용량이 충분하지 않으면 성능확보가 곤란함 ⑤ 관통부위의 누설로 인해 위험함 ⑥ 문의 폐쇄장애가 발생하여 피난 및 소화활동에 장애를 줄 수도 있음

(4) 감압

1) **정의** : 화재실의 경우 연기의 유출을 방지하기 위해서 감압하고 주변을 가압하는 방식(샌드위치)

2) **구성** : 송풍기(배기), 덕트, 댐퍼, 디퓨저

3) **대상** : 지하층 주거지역, 내화밀폐구조로 설계된 거주지역

4) 화재영향을 받는 구역의 압력을 방호구역의 압력보다 감압한다.
   ① 건물 외부로부터 충분한 공기를 방호공간으로 공급한다.
   ② 화재구역으로의 공기흐름을 유지한다.

5) **전제조건** : 내화구조로 구획하고, 밀실도가 커야 한다.

6) **장점** : 화재위험도가 높은 고위험 구역에서 건물 내 다른 부분으로 연기확산의 억제가 가능하다.

7) **단점** : 감압공간 내의 피난경로를 전혀 보호하지 않으므로, 감압공간이 연기와 화재에 완전노출될 수도 있다.

(5) 축연

1) 전제조건

① 방호공간의 용적이 대단히 크고 천장의 높이가 충분히 높은 경우

② 연기층이 명확하게 형성되는 경우

2) 정의 : 연기를 담아 둘 공간이 충분한 경우 강하 방지를 적극적으로 행하지 않고 내부에 연기를 모아서 축적하는 것만으로도 대피시간 동안 안전을 확보하는 방법

3) 사용처 : 천장이 높은 아트리움이나 대규모 체육관 등에 유효한 방식이다.

4) 화재가 지속되면 연기는 서서히 바닥면으로 강하하므로 피난시간과 연기의 강하 상황 등의 평가가 필요하다.

(6) 희석(purging)

1) 정의 : 연기를 퍼징, 추출, 배출, 제거 등의 방법에 의하여 연기의 농도를 안전한 단계까지 낮추는 방식으로 유입되는 연기의 양보다 희석시키는 공기의 양이 월등히 많을 경우에 유효한 방식

2) 구성 : 송풍기(급기), 덕트, 댐퍼, 디퓨저

3) t분 후 오염공기의 희석공식

$$\frac{C}{C_0} = e^{-at}$$

여기서, C_0 : 오염물질의 초기 농도

C : 시점 t분 후의 농도

a : 환기횟수[회/min]

t : 문 폐쇄 후 경과시간[min]

e : 상수로, 보통 2.718

4) 환기횟수의 공식(a)

$$a = \frac{1}{t}\log_e\frac{C_0}{C}$$

5) 효율성이 낮으므로 최근에는 거의 사용하지 않는 제연방식이다.

① 개념 : 연기가 어느 정도 존재해도 농도가 낮아 피난이나 소화활동에 지장이 없는 수준으로 유지된다면, 연기제어의 목적은 달성된다.

② 이론적으로나 경험에 의해서나 전혀 도움이 되지 못하는 연기제어방식이다. 왜냐하면 희석을 적용하려면 연기발생량 또는 침입하는 연기량에 대한 정확한 예측이 필요한데 사실상 이는 불가능하기 때문이다.

③ 화재의 성장이 제한될 수밖에 없는 특수한 형태의 공간(지하터널 또는 이와 비슷한 환경)에서는 공조덕트설비를 이용한 희석방법이 효과적일 수 있다. 왜냐

하면, 연기의 발생량이 적고 공간이 희석공기의 혼합이 쉬운 구조로 되어 있기 때문이다. 그러나 건물화재의 경우 화재실에서 연기의 발생량이 엄청나게 많으므로 희석에 의한 효과를 기대할 수 없다.

(7) 역기류(opposed airflow) 132회 출제

1) 정의 : 연기의 이동방향과 반대방향으로 강한 바람을 불어서 연기의 침입을 방지하는 방식(방연풍속)

2) 구성 : 송풍기(급기), 덕트, 댐퍼, 디퓨저

3) 토마스(Thomas)의 식

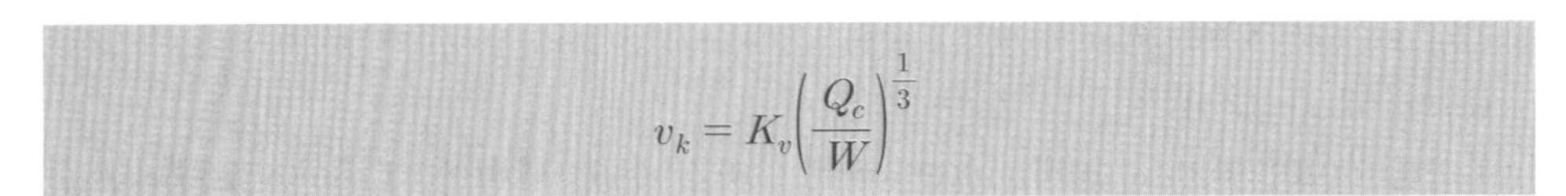

$$v_k = K_v\left(\frac{Q_c}{W}\right)^{\frac{1}{3}}$$

여기서, v_k : 기류[m/sec]

K_v : 계수(0.292)

Q_c : 복도의 대류 열방출률[kW]

W : 복도의 폭[m]

4) 개구부를 통과하는 연기 역류를 멈추는 데 필요한 기류

① 개방된 개구부 : 3 ~ 4[m/sec]

② 일시적 개방 : 0.5 ~ 1[m/sec]

5) 사용처

① 방연풍속으로 부속실 제연설비(NFTC 501A)

NFPA 92에서는 방연풍속 개념이 없다.

② 지하주차장 : 제트팬의 기류를 이용하여 연기확산 방지

③ 아트리움

㉠ 기류를 이용하여 연기확산 방지(중정이나 구획실로 국한)

㉡ 기류의 영향인자 : 설계화재, 개구부 높이, 연기온도

㉢ 기류는 개구부가 크거나 연기 온도가 높을수록 증가하지만 속도는 1[m/sec]을 초과할 수 없다. 따라서 이 방법은 창문과 같은 작은 개구부에 적합하다(IBC 909).

④ 종류식 터널

6) 문제점

① 기류형성으로 화재실에 신선한 산소의 공급으로 오히려 화재를 성장시킬 수 있다.

② 연기층의 교란 우려가 있다.

(8) 수계 시스템에 의한 연기제어

1) 수막설비에 의한 연기제어
   ① 수막설비(물커튼)를 이용하여 방사열, 가스의 확산을 억제하여 연기의 확산을 억제한다.
   ② 사용처 : 지하철 계단입구, 사찰이나 문화재 보호
   ③ 연기층의 교란 우려에 주의한다.
2) 스프링클러 설비에 의한 연기발생제어 : 연소하는 물질에 물을 살포하여 현열, 잠열을 이용하여 연소속도를 낮추어 연기의 발생량을 감소시킨다.

(9) 샌드위치 제연(NFPA 92의 제연방법(3.3.23.7) – Zoned smoke control system 110회 출제

1) **대상** : 고층 건축물, 대규모 지하 건축물
2) **방법** : 화재층은 배연을 통하여 감압하고 주변 층은 급기를 통해 가압(과거 92A)하여 화재실의 연기가 주변으로 퍼지지 못하게 한다.
3) **전제조건** : 내화구조로 구획되고 공간의 밀폐가 잘 되어야 한다.
4) **문제점** : 감압공간 내의 피난경로는 보호받지 못하며, 연기에 노출될 우려가 있다.
5) 아래의 그림에서 (–)는 배기(배기덕트는 내열조치)이고 (+)는 급기이다. 급배기 수직 샤프트는 내화구조로 구획하고 팬은 비상전원이 공급되어야 한다.

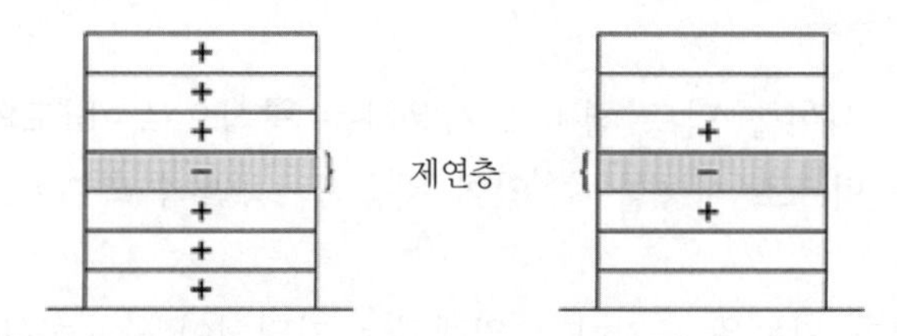

(a) 전층 제연방식(한개층 배기) (b) 일부층 제연방식(한개층 배기)

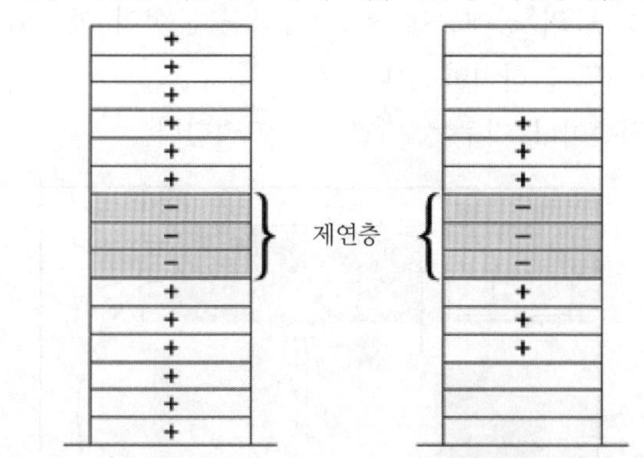

(c) 전층 제연방식(복수층 배기) (d) 일부층 제연방식(복수층 배기)

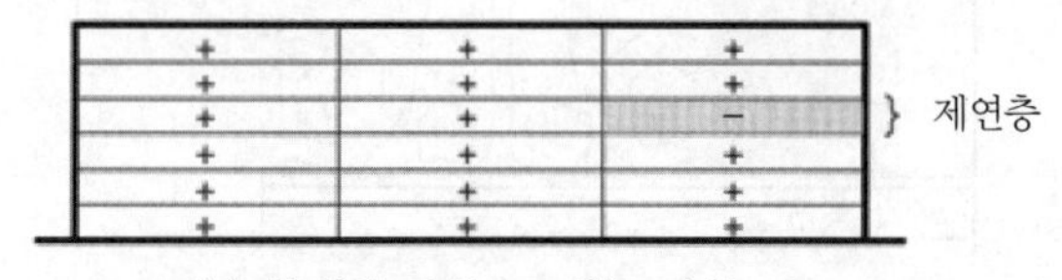

(e) 화재실 감압 그 외는 가압

▌제연층에 따른 가압과 감압 방식▐

6) EN 12106-6에서는 공조설비와 겸용하여 사용하는 것이 편리한 제연방법으로 기술하고 있다. 이때 4[회/h]의 이상일 경우 화재의 확산을 방지할 수 있는 샌드위치 가압 및 감압이 가능하다.

7) 장단점

장점	단점
① 외풍압 및 연돌효과에 관계없이 제연이 가능 ② 화재 시 광범위한 제연이 가능 ③ 배연창과 같은 자연제연에 비해 신뢰도가 높음 ④ 하나의 층이 하나의 제연구역이 되므로 제어가 단순함 ⑤ 층과 층 사이의 연소확대방지에 효과적임 ⑥ 건축물의 층고를 낮출 수 있음	① 배연창과 같은 자연제연에 비해 비용 증가 ② 공조 배기덕트에 내열성능이 요구됨 ③ 공조 수직 샤프트를 내화구조로 구획하여야 함

1. Sandwich pressure : 발화층을 배기시키고 주변 층을 급기가압하여 화재실의 연소생성물이 다른 층으로 이동하지 못하게 하는 방법
2. 일부 층 제연방식은 연기가 가압하지 않는 공간으로 흐를 수 있어서 전 층 제연방식이 더 효과적이다.

(10) **천장챔버방식**

1) 천장과 반자 사이를 덕트 챔버로 사용하는 방식으로, 별도의 덕트를 사용하지 않고 승강로를 덕트로 사용할 수 있어 비용적 · 공간적 측면에서 유리하다.

2) 특징

① 천장챔버가 기능을 유지하기 위해서는 기밀성이 중요하다.

② 챔버 내에 보 등의 장애물에 의한 압력 불균형이 예상되는 경우 각 구역의 유동량이 확보되도록 하여야 한다.

③ 천장 내의 전선이나 기구는 내열성을 고려한다.

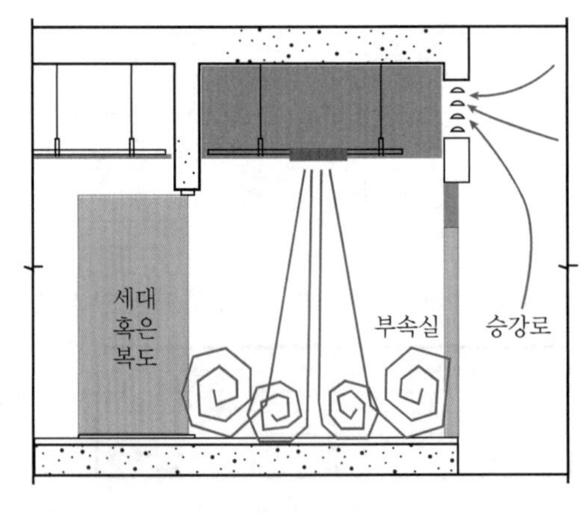

▌천장챔버방식▐

03 제연계획순서

(1) 거실을 용도, 면적 등에 따라 적절하게 예상제연구획을 설정한다.

(2) 제연방법을 결정한다.

1) 밀폐
2) 제연경계벽, 배연구 병용법
3) **외부 개구부에 의한 배연법(자연배연법)** : 외부의 풍향, 풍속의 영향을 고려하는 방법
4) **스모크 타워 배연법** : 풍력에 의한 흡입효과와 부력을 이용한 배연탑에 의한 배연법
5) **강제 배연법**
   ① 풍향, 풍속에 지배되지 않고 일정한 배연이 가능하다.
   ② 풍도, FAN의 구동장치 등 배연설비의 내열성 확보와 예비전원을 확보한다.
6) 차압과 방연풍속

(3) 거실과 복도 등을 각각 제연한다.

(4) 계단실을 방화 · 방연 구획하여 피난경로 안전성을 확보한다.

(5) 각각의 제연구역마다 배연 및 급기 계획을 수립한다.

(6) **유의사항**

1) 공간특성(가연물, 기밀성, 체적 등)을 고려한 제연방식 및 제연구역을 설정한다.
2) 피난계획과 소화활동을 고려한 제연계획을 수립한다.
3) 제연방식에 적합한 제연구역을 설정한다.

04 피난계획과의 관계

(1) **피난계획상 연기**

1) 연기입자는 인간의 가시거리를 감소시켜 피난행동 및 소화활동을 저하시킨다.
2) 연기성분 중의 일산화탄소, 사이안화수소, 포스겐 등의 유독가스는 산소결핍과 더불어 인간의 생명을 심각하게 위협하고 조금만 섭취하여도 무능화에 빠지게 만들어 피난불능 상태로 만든다.
3) 연기는 직접적인 저해요인 외에 연기를 시각적인 노출에 의해 정신적 패닉상태에 빠지게 되어 2차적인 재해를 발생시키는 원인이 되기도 한다.

(2) 피난계획에서는 우선 연기의 발생량을 최소한으로 억제하며, 제연설비를 통하여 피난로 또는 안전구획으로 연기가 유동확산되지 않도록 제어하는 것이 필요하다.

05 화재안전기술기준의 제연설비

(1) 정의

화재가 발생한 거실의 연기를 배출함과 동시에 옥외의 신선한 공기를 공급하여 거주자들이 안전하게 피난하고, 소방대가 원활한 소화활동을 할 수 있도록 연기를 제어하는 설비를 말한다.

(2) 종류

1) 거실제연설비

① 거실은 화재가 발생하는 공간이므로 해당 공간에서 연기와 열기를 직접 거실 밖으로 배출하는 것이 필요하므로 급기와 배기를 동시에 한다.

② 배출시킨 배기량 이상의 급기를 통해 청결층 유지 : 피난과 소방활동의 안전성을 확보한다.

2) 특별피난계단의 계단실 및 부속실 제연

① 공간의 성격 : 화재가 발생하는 공간이 아니며 거실에서 화재가 발생하면 거주자가 피난하거나 소방대가 소화활동을 하기 위한 공간

② 방호공간에는 급기를 통해 가압하여 거실보다 높은 압력을 유지하고 개구부 개방 시 일정 기류를 공급해 화재실 연기의 침투를 방지한다.

06 결론

(1) 화재실에서 발생한 연기를 화재실에 국한시키고 피난경로가 되는 복도, 계단 등으로 침입하는 것을 방지하여 인명, 재산 피해를 최소화하는 것이 제연의 주된 목적이다.

(2) 목적을 달성하기 위해서는 위에서 언급한 연기제어의 기본 개념 중 하나 또는 여러 가지 방법을 조합하여야 한다. 이때는 건축물 특성, 연소 특성 및 점유자의 특성을 고려하여 이에 적합한 제연계획을 세워야 한다.

SECTION 006 NFPA의 연기제어방법

01 화재지역에서의 연기제어(NFPA 204)

(1) 자연배연과 기계배연

1) 단층 또는 소규모 건축물 : 연기층의 뜨거운 가스를 배출하기 위해 자연배기구를 이용한다.

2) 다층 또는 대규모 건축물 : 자연배기를 이용하기에는 배기력에 한계가 있으므로 기계배연 시스템을 사용한다.

(2) 배연 시스템의 설계요소

1) 청결층(y)의 높이 : 연기발생량을 결정하는 가장 중요한 인자

2) 화재성장곡선의 결정 : 건축물의 용도에 따라서 설계자는 화재성장곡선상의 곡선을 선택한다.

3) 적절한 화재크기의 결정

① 감지기 등 화재감지설비에 의해서 화재임을 인지하고 제연설비가 동작할 때까지의 시간을 계산한다.

② 설계화재 : 제연설비가 동작할 때까지의 시간과 화재성장곡선상에 곡선과 만나는 지점

㉠ 정상화재 : 열방출률이 일정

$$\Delta t = \frac{mH_c}{Q}$$ [12)]

여기서, Δt : 화재지속시간[sec]

m : 소비된 총연료질량[kg]

H_c : 질량당 연소열[kJ/kg]

Q : 열방출률[kW]

㉡ 비정상화재 : 시간에 따라 열방출률이 변하는 화재

$$Q = \left(\frac{1,055}{{t_g}^2}\right)t^2$$

여기서, Q : 열량[kW]

12) NFPA 204 2018 Edition 5.2.3.2

t_g : 화재성장시간(열방출률이 1,055[kW]가 되는 시간[sec])

t : 화재가 개시되어 현재(예측) 시점까지의 시간[sec]

③ 제연에서 적용할 수 있는 최대 화재

$$Q_{\text{feasible}} = 12{,}000(Z_c)^{\frac{5}{2}}$$ [13)]

여기서, Q_{feasible} : 제연에서 적용할 수 있는 최대 화재[kW]

Z_c : 청결층 높이[m]

④ 설계화재로 화재크기를 제한하는 이유 : **화재의 크기가 어느 정도 이상이 되면 제연설비가 동작해도 기능을 발휘할 수 없는 한계가 있기 때문이다.**

꼼꼼체크 **과거 화재크기의 결정방법**(힝클리가 가정한 내용)

① 스프링클러 시스템이 설치된 경우 화재는 3[m]×3[m] 크기로 제한되는 것으로 가정(스프링클러 헤드 간격이 이와 크게 다른 경우는 제외)한다.

② 스프링클러가 설치되지는 않지만, 점포나 공장바닥의 가연물이 구획되어 있는 경우

㉠ 최소 화재크기 : 구획된 공간 중에서 가장 큰 적재 가연물보다 작아서는 안 된다.

㉡ 적재 가연물 : 포장상자의 더미, 사용물질이나 저장물의 더미, 가연성 액체 취급 기계나 탱크 등

③ 공간구획이 명확하게 구분되지 않는 경우 : 효과적인 진압행위가 이루어지기 전에 화재가 도달할 수 있는 크기로 산정한다.

④ 화재크기의 평가가 어려운 경우 : 청결층의 최소 허용높이를 결정하고 그 건물에서의 제안된 지붕환기시스템을 위해 고려될 수 있는 화재크기를 산출한다.

4) 연기발생량 계산 : **청결층의 높이와 화재의 크기를 알면 연기발생량을 계산할 수 있다.**

$$m_p = KQ_c^{\frac{1}{3}} Z_c^{\frac{5}{3}}$$

여기서, m_p : 연기발생량[kg/sec]

K : 계수

Q_c : 대류 열방출률 = $0.7Q$[kW]

Z_c : $Z - Z_0$[m]

Z : 청결층의 높이[m]

Z_0 : Virtual origin[m]

13) NFPA 204 2018 Edition 1.3.5

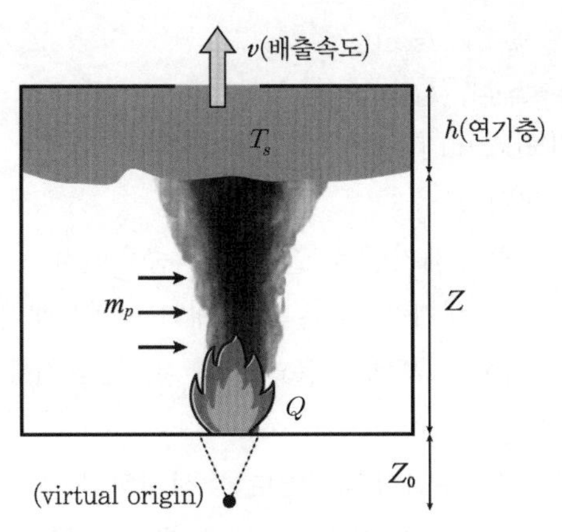

▌구획실의 연기발생량▐

5) 연기발생량을 통해 연기층 온도(T_s) 계산이 가능하다.

$$T_s = T_0 + \frac{KQ_c}{c_p m_p}$$

여기서, T_s : 연기층의 온도[K]
T_0 : 대기온도[K]
K : 0.5(상수)
Q_c : 대류 열에너지(Q의 0.7)[kW]
c_p : 비열[kJ/kg · K]
m_p : 연기발생량[kg/sec]

6) 연기층 온도를 통해 연기배출속도(v) 계산이 가능하다.

$$v = \sqrt{\frac{2(\rho_a - \rho_s)g \cdot h}{\rho_s}} = \sqrt{\frac{2(T_s - T_a)g \cdot h}{T_a}}$$

여기서, v : 배출속도[m/sec]
g : 중력가속도
h : 연기층의 높이[m]
ρ_a : 공기밀도
ρ_s : 연기밀도(온도와 밀도는 반비례 $\frac{T_s}{T_a} = \frac{\rho_a}{\rho_s}$)

7) 연기배출속도를 통해 총배기구(A_T)의 면적계산이 가능하다.

$$m_p = A_T \times v \times \rho_s, \ A_T = \frac{m_p}{v \times \rho_s}$$

여기서, A_T : 총배기구 면적[m^2]

m_p : 연기발생량[kg/sec]

v : 연기배출속도[m/sec]

ρ_s : 연기밀도[kg/m^3]

8) 각 지붕 배기구의 크기

① 배기구의 전체 면적 : 배기량을 결정하는 중요인자

② 배기는 하나의 큰 배기구보다는 몇 개의 작은 배기구들을 사용하여 구성한다. 큰 배기구만 설치한 경우에는 플러그 홀링(plug-holing)이 발생할 우려가 있다.

③ 배기구의 요구조건

㉠ 화재 시 정확히 동작할 수 있도록 설치한다.

㉡ 화재로부터 발생한 열 또는 연기에 의해서 자동으로 개방되는 구조이다.

㉢ 고장 시 개방된 상태가 유지되는 구조이다.

㉣ 배출구의 크기와 간격 : 플러그 홀링(plug-holing)이 발생하지 않도록 설치한다.

㉤ 하나의 배기구 면적 : $2h^2$ 이하(플러그 홀링 방지)

여기서, h : 연기층 높이[m]

㉥ 배출구 간 거리와 천장높이 : $S \le 4H$ (효과적 배연)

여기서, S : 배출구 간 거리[m]

H : 천장높이[m]

9) 급기구

① 급기가 원활하지 않는 경우 : ΔP의 감소

급기가 원활하지 않는 경우란 중성대 이전의 유입구 A_1이 작다는 의미로, h_2도 작아지므로 ΔP가 작아져서 배출이 원활하지 않게 된다.

② 연기의 배기효율이 작아도 계산값의 90[%]가 되기 위한 $\frac{\text{급기구 면적}}{\text{배기구 면적}}$

㉠ 천장 아래 연기층이 차가울 경우 : 2 이상

㉡ 연기층 온도가 대기온도보다 250[℃] 정도 높은 경우 : 1.5 이상

㉢ 연기층 온도가 대기온도보다 800[℃] 정도 높은 경우 : 1 이상

(3) 연기의 자연압을 통한 배출과 천장 아래 연기저장소를 만드는 제연경계벽과 조합의 연기배출 효율성

1) 천장이나 지붕 아래 공간을 제연경계벽을 설치하여 연기의 수평확산 제한

① 연기저장소의 기능 : 일정시간 동안 연기의 수평확산을 방지하고 저장한다.

② 큰 건축물에서 천장 아래 연기층의 수평확산을 제한하는 이유

㉠ 화재확산 제한 : 연기층의 온도가 높으면 확산되면서 천장재를 가열하여 손상을 입히거나 천장재나 바닥에 가연물이 발화할 우려가 있다.

ⓛ 독성물질확산 제한 : 온도가 높지 않으면 수평이동 중에 공기와의 혼합 때문에 연기층이 비교적 차갑고 엷게 되지만 독성성분을 가지고 있어서 인명안전을 위해서이다.

2) 배출 원활화 : 연기 일정량을 공간에 저장한다.

3) 감지기 및 스프링클러 헤드 조기기동

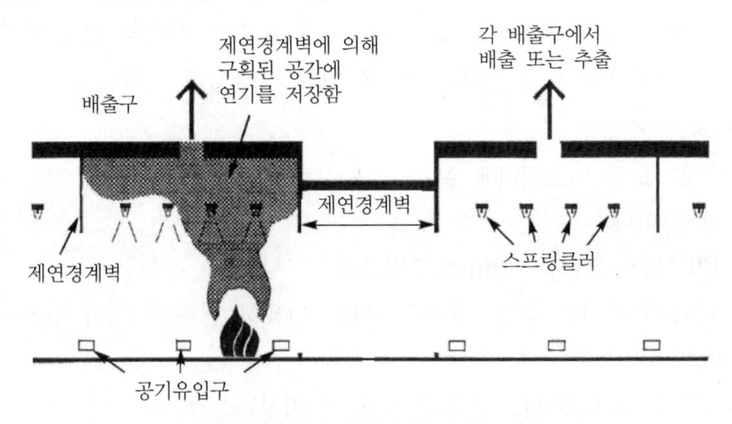

▌제연경계벽과 연기배기설비의 조합▐

(4) 연기의 효과적 배출을 위해 고려해야 할 요소

1) 연기층 온도

2) 급기구 위치, 크기

3) 배기구 위치, 크기

4) 제연경계벽에 의한 연기저장공간

5) 바람의 영향

① 지붕 배기구와 공기 인입구의 위치를 고려할 때 바람의 영향을 고려한다.

② 바람에 의한 양압 : 연기의 배출이 곤란하고 내부로 확산된다.

③ 바람에 의한 부압 : 연기를 효율적으로 배출(계절적, 시간적 변화로 예측의 어려움)한다.

④ 바람에 의한 지붕배기구에서의 압력 결정인자

㉠ 지붕배기구

- 지붕배기구에서 수직 또는 거의 수직으로 방출할 경우 : 지붕을 가로질러 부는 바람의 영향은 유동에 의한 부압으로 연기의 배출이 용이하다.
- 약 40도 이상 되는 경사의 지붕에서 방출평면이 지붕표면과 평행일 경우 : 배기구를 통한 뜨거운 가스의 흐름에 반대방향으로 바람의 양압이 형성되어 연기가 배출되지 못하고 오히려 역류한다.

㉡ 낮은 공기 인입구의 위치 : 낮은 위치개구부를 통해 부는 바람은 건물 내에서 양압을 발생시킬 것이며 이로 인해 연기가 지붕배기구를 통해 나가는 것을 돕는 역할을 한다.

6) 조기환기의 중요성

① 가연성 생성물의 축적 방지 : 환기가 되지 않은 건물에서의 화재가 성장하거나 오랫동안 연소되고 있을 경우 미연소의 가연성 가스의 천장 아래에 축적된다.

② 화재를 조기에 감지, 열의 방출로 인해 화재의 확산이 최소화

(5) 거실에 대한 제연설계

1) **제연설비는 모든 방호지역에 설치** : 피난로로 연기가 유입되지 않도록 한 설계(이상적인 방법)이다.

2) **화재크기 제한** : 3[m]×3[m](스프링클러)

3) 천장 아래의 공간은 천장 제연경계벽을 이용하여 여러 개의 연기저장공간으로 분할한다.

① 깊이 : 1[m] 이상(NFTC 501 0.6[m] 이상)

② 연기저장공간의 최대 면적 : 1,000[m^2] 이하

기계적 배연을 이용할 때는 1,000[m^2] 이하의 면적한계를 지키지 않아도 가능하나 효율적인 관리를 위해서는 1,300[m^2] 이하

③ 연기저장공간만으로는 장기간 제연의 목적을 달성할 수 없으므로 연기의 배기 시스템의 구축이 필요하다.

4) 적절한 연기배출을 위해서는 하단부에 공기유입구를 적절하게 분산배치 하는 것이 필요하다.

(6) NFPA의 개념비교

구분	NFPA 204 Smoke venting system	NFPA 92 Smoke control system
목표	화재실 거주자 안전(청결층 유지)	연기확산 방지
방법	배연	① 차압(화재실 부압, 주변은 가압) ② 배연(화재실의 압력을 감압) ③ 기류(방연풍속으로 연기확산 방지)
급배기량	급기량 > 배출량	급기량 < 배출량
화재실	양압유지	부압유지

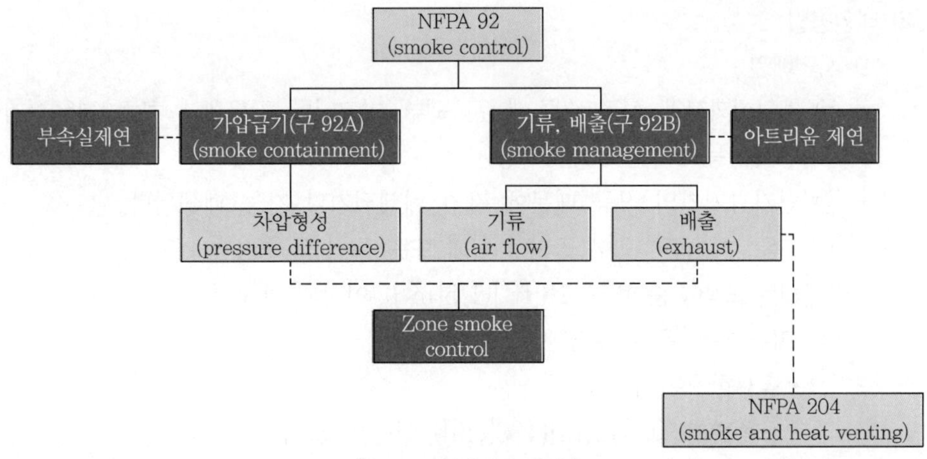

▌NFPA 연기제어 맵핑▐

02 NFPA 피난로 제연설계

(1) 불완전한 구조적 방호

1) 불완전한 구조적 방호로 피난로로 연기가 유입된다.

2) 피난로의 설계 : 연기가 청결층으로 하강하지 못하고 일정공간(연기층)에 머물도록 하는 방법

① 피난로에 가연물질이 있으면 스프링클러 설치 : 제연설계가 화재크기 $Q_{feasible}$를 기준으로 설계한다.

② 피난로의 천장에 연기저장공간 설치 : 길이는 수평면에서 최대 60[m]이어야 하며 최대 넓이는 상기의 방호공간의 경우와 마찬가지로 1,000[m^2] 이하, 제연경계벽의 설치기준은 거실과 동일하다.

③ 연기저장공간의 연기를 배출하는 배연설비 필요 : 연기층 강하 방지

(2) 방호된 피난로에서의 연기제어

1) 화재실과 방호된 피난로 사이의 연기제어 : 방화문 신뢰성

① 화재발생 순간에 문이 자동으로 폐쇄한다.

② 피난로로 들어가기 위해 그 문을 이용하는 사람은 장시간 문을 개방하고 있어서는 안 된다.

③ 피난로를 충분히 가압하여 최악의 상황에서도 피난로에서 주변으로의 압력이 형성되어 연기가 피난로로 들어가지 못하게 막아야 한다(차압).

2) 배연방법

① 자연배연

㉠ 계단실까지의 접근로가 개방된 외부 발코니를 경유해야 하는 경우 : 계단실문 방화성능 1시간 30분 이상

㉡ 연기감지기의 작동 때문에 자기 폐쇄되거나 자동 폐쇄된다.

㉢ 모든 부속실은 외부 뜰이나 구내 또는 폭이 2[ft](6.1[m]) 이상인 공공 공간에 접하는 외벽 : 순 면적 16[ft^2](1.5[m^2]) 이상의 개구부

㉣ 모든 부속실은 연결되는 복도
- 필요한 폭 이상의 폭
- 보행방향으로 72[in](183[cm]) 이상의 길이

② 기계배연 : 압력차를 주어 자연배기력을 보강한다.

㉠ 제1종 기계배연방식 : 급기와 배기가 동시에 이루어지므로 연기가 피난로로 인입될 우려가 있다.

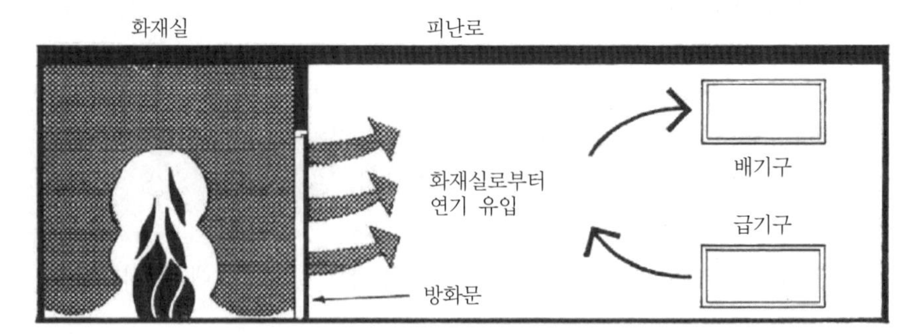

㉡ 제2종 기계배연방식 : 급기만 이루어지므로 피난로에 연기가 들어오지 못한다. 따라서, 피난로의 안전성을 위해서는 가장 적합한 방식이다.

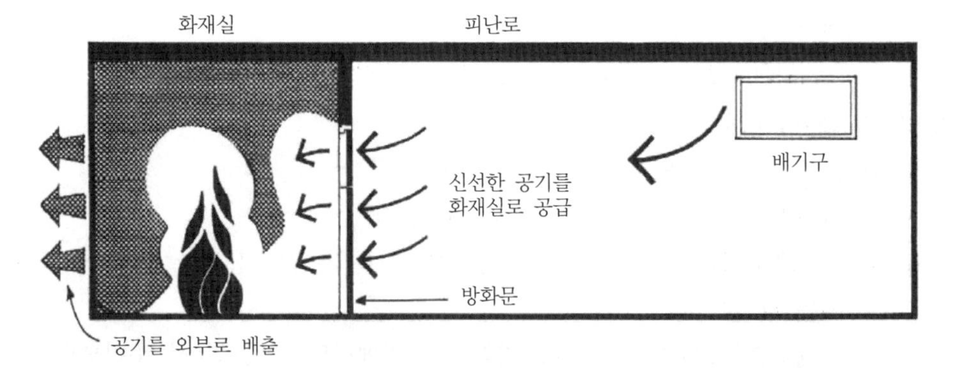

㉢ 제3종 기계배연방식 : 배기만 이루어지므로 부압으로 인해 연기가 피난로로 유입 우려가 있다.

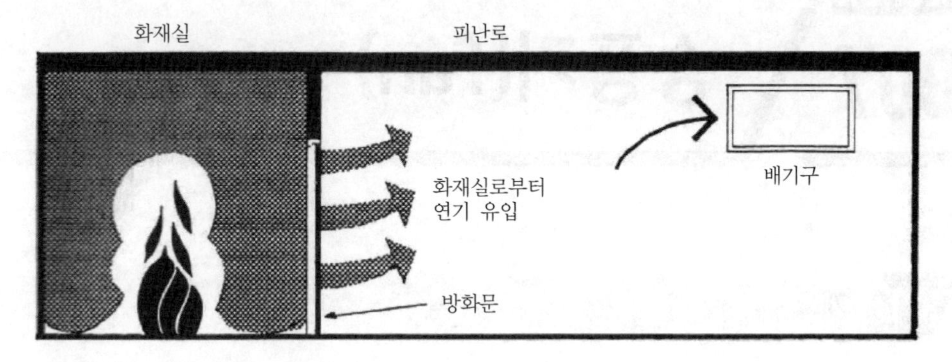

3) 기계식 급·배기 방식(1종)
   ① 부속실
      ㉠ 폭 : 44[in](112[cm]) 이상
      ㉡ 길이 : 보행방향으로 72[in](183[cm]) 이상
      ㉢ 환기 : 분당 1회 이상
      ㉣ 배기량 : 급기량의 150[%]
      ㉤ 부속실의 급기와 배기 : 기밀도가 높은 전용 덕트를 이용한다.
   ② 급기구 : 바닥 높이 6[in](15.2[cm]) 이내
   ③ 배기구의 상단 : 체류공간 상단에서 6[in](15.2[cm]) 이내
   ④ 배기구 전체 : 연기층 내에 위치
   ⑤ 문 개방 시 : 덕트 개구부를 막아서는 안 된다.
   ⑥ 덕트 개구부에 설계 요구사항을 만족시키기 위해 필요한 조절댐퍼를 허용한다.
   ⑦ 연기와 열의 체류지역을 제공하며, 공기의 상승을 돕기 위해서 부속실의 천장은 부속실 문이나 개구부보다 최소 20[in](50.8[cm]) 이상 높아야 한다. 이 높이를 엔지니어링 설계와 현장시험을 통해 감소시키는 방법이 허용되어야 한다.
   ⑧ 계단실의 상단에는 릴리프 댐퍼 개구부가 설치되어야 한다.
      ㉠ 계단과 부속실 사이의 모든 문이 닫힌 상태에서 계단실 내의 압력이 부속실보다 0.10[in] H_2O(25[Pa]) 높은 상태를 유지하여야 한다.
      ㉡ 릴리프 댐퍼 개구부를 통하여 최소 2,500[ft^3/min](70.8[m^3/min])의 공기를 배출하기에 충분한 공기를 기계적으로 공급한다.

4) 위의 방법으로만 국한시키지 않고 성능 요구사항을 만족시키며, 소방서장 또는 본부장의 승인을 받은 설계방법을 허용한다.

SECTION 007 송풍기(fan)

01 개요

(1) 정의

1) 공기를 수송하는 유체기계이다.
2) 국소배기장치의 저항을 극복하고 필요한 양의 공기를 이송시키는 역할을 한다.
3) 팬 또는 블로어 등의 총칭을 말한다.
4) 기계적인 에너지를 기체에 주어서 압력과 속도에너지로 변환시켜 주는 기계이다.

구분	송풍기		압축기
명칭	팬(fan)	블로어(blower)	압축기(compressor)
압력	1,000[mmAq] 미만 (0.1[kg/cm^2] 미만)	1,000 ~ 10,000[mmAq] 미만 (0.1 ~ 1[kg/cm^2] 미만)	10,000[mmAq] 이상 (1[kg/cm^2] 이상)

(2) 소방용 송풍기

높은 압력이 필요하지 않기 때문에 일반적으로 팬(fan)을 사용한다.

02 송풍기의 분류

(1) 송풍기는 공기흐름방향에 따라 크게 축류송풍기와 원심력 송풍기로 나누어 구분한다.

1) 송풍기 구분

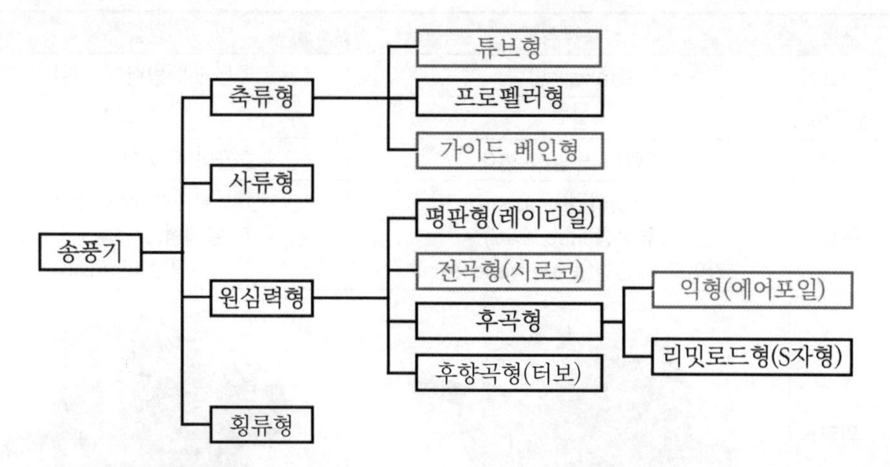

2) 송풍기 종류별 특징

대분류	중분류	공기흐름	개념도	특징	풍량	효율	소음	압력
축류식	프로펠러형	축방향		• 원심력식보다 풍량은 많고 정압은 낮음 • 터널, 지하구용	대	대	소	소
원심력식	다익형 (전곡형)	축방향과 직각		• 축류형보다는 정압은 높고 풍량은 낮음 • 소형 • 터보형에 비해 소음이 작음 • 정압은 80[mmAq] 이하 • 소방용 제연설비에서 가장 많이 사용	대	소	중	중
	터보형 (후향곡형)			• 안내깃이 있음 • 다익형에 비해 높은 정압 • 초고층 소방용	중	중	대	대
사류식	사류형	축과 대각선 방향		축류식과 원심력식의 중간	중	중	소	소

(2) 축류송풍기와 원심력 송풍기의 비교

구분	축류식	원심력식
공기흐름	축(axial) 방향	축(axial) 방향에 대한 수직
운동력	압력	원심력
역회전	바람의 방향이 반대	효율이 떨어지며 같은 방향
종류	프로펠러형(propeller) 튜브형(tube axial) 가이드 베인형(guide vane axial)	전향 날개형(forward curved) 후향 날개형(backward curved) 평판형(radial)
외형		

03 원심력 송풍기(centrifugal flow fan) 127회 출제

(1) 전향곡형(forward curved blade fan) – 다익형, 시로코 팬 112 · 89회 출제

1) 송풍기의 임펠러(회전날개)가 다람쥐 쳇바퀴 모양이며, 회전날개는 회전방향과 동일한 방향으로 설계한다.
2) 일명 시로코 팬(sirocco fan)이라고 하고 소방용 제연설비에서 가장 많이 사용하는 송풍기이다.
3) 날개(blade) : 길이가 짧고 넓은 것이 다수 부착(multi blade fan)되어 있다.

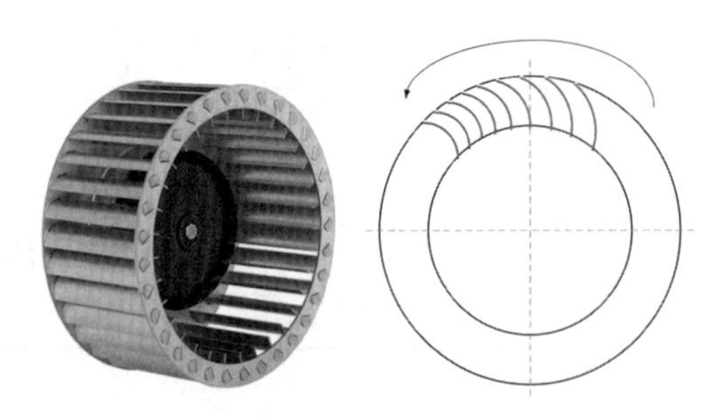

▌날개의 형태▐

4) 성능곡선

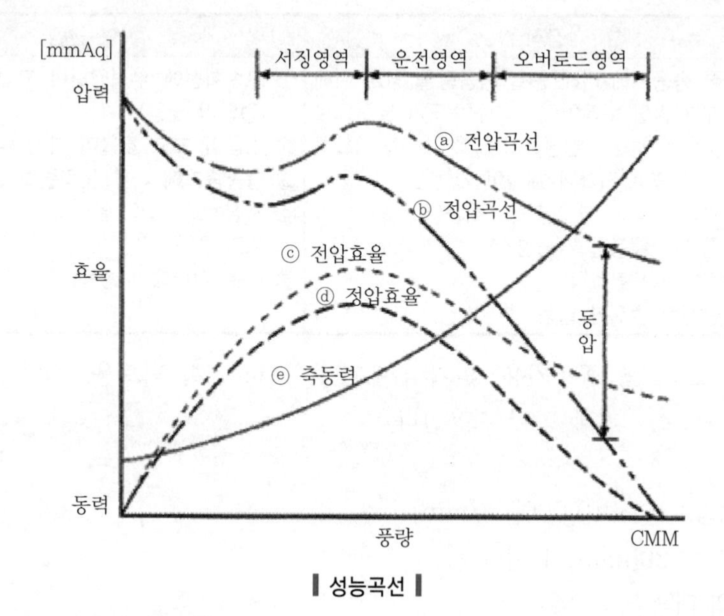

▌성능곡선▐

① 전압 − 정압 = 동압

② 효율은 전압을 기준으로 하는 전압효율(ⓒ)과 정압을 기준으로 하는 정압효율(ⓓ)이 있는데 포물선 형식으로 어느 한계까지 증가 후 감소한다.

③ 서징영역 : 정압곡선에서 고정압 지점은 송풍기 동작이 불안정한 서징(surging) 현상이 있는 영역에서의 운전은 좋지 않다.

㉠ 산고곡선의 우상향 구간

㉡ 풍량 증가 시 압력, 효율 및 축동력이 증가한다.

㉢ 방지대책

- 필요 풍량이 적은 경우 토출 풍량의 일부를 외부로 방출하여 운전영역에서 운전
- 바이패스로 풍량 증대
- 토출베인 조정하여 풍량조절
- 흡입댐퍼 조절, 회전수 감소 등으로 흡입풍량 감소

④ 운전영역

㉠ 서징영역 이후의 우하향 곡선구간

㉡ 송풍량 증가 : 압력(전압, 정압) 및 효율은 감소하고, 축동력은 점차 급상승한다.

⑤ 오버로드(과부하) 영역

㉠ 운전영역 이후 급격한 하강구간

㉡ 풍량이 어느 한계 이상이면 축동력이 급증하고 압력과 효율은 급격히 감소한다.

5) 장단점

장점	단점
① 다른 송풍기에 비해 동일 송풍량을 얻기 위해 날개가 많아 브레이드의 회전속도가 낮으므로 소음문제가 거의 발생하지 않고 강도가 중요하지 않으므로 저가에 제작이 가능함 ② 압력변동 대비 정압변동이 작음(일정한 정압) ③ 소형으로 대풍량 발생함 ④ 설치면적이 감소함 ⑤ 풍량선택 범위가 넓음	① 고속회전에 부적당하며 고압력을 낼 수 없음(정압이 낮음) ② 소음이 크고 효율이 가장 낮음(45 ~ 60[%]) ③ 풍량증가에 따른 동력변화 큼 ④ 서징(surging)이 없도록 운전할 수 있는 운전범위가 좁음 ⑤ 높은 압력에서 송풍량이 급격히 저하됨

6) 사용용도 : 각종 공조기용, 환기 급배기용, 특히 저속 덕트용, 소방의 배연 및 급기 가압용으로도 가장 많이 사용한다.

7) 성능

① 풍량 : 10 ~ 10,000[m^3/min]

② 정압 : 80[mmAq] 이하

8) 서징의 대책

① 송풍기 배출압력이 덕트 정압보다 낮아지지 않게 풍량을 줄이는 방법인 인버터를 사용하여 송풍기 회전수를 줄이는 방법

② 서징 한계 이상의 풍량을 공급할 수 있도록 하는 방법 : 덕트 계통의 어느 부분에 릴리프 댐퍼를 설치하여 공기의 일부를 덕트 외부로 배출하는 방법

(2) 후곡형

1) 날개가 뒤로 구부러져 있는 후곡형으로 다익형을 개량한 것이다.

2) 다익형은 풍량이 증가하면 축동력이 급격히 증가하여 과부하가 된다. 따라서, 이를 보완한 것이 후곡형이다.

3) 종류

① 익형(airfoil) 송풍기

㉠ 박판을 접어서 비행기 날개 모양의 유선형 브레이드를 형성한다.

㉡ 날개(blade) : 중심축에서 두껍고, 가장자리가 얇은 형태

㉢ 장단점

장점	단점
• 압력변동에 따른 풍량변화는 작고 서징영역이 좁아 가변유량운전에 유리함 • 고정압(2[kPa] 정도의 압력까지 별 문제없이 가능), 고효율(원심형 송풍기 중에서 가장 효율이 우수) • 날개가 고속회전이 가능하며 소음이 작음 • 고속회전이 가능하고, 브레이드의 직경도 작게 할 수 있어 소형 제작이 가능함(다익형보다는 큼)	• 비경제적(날개 등 제작이 어려움) • 입자상 물질이 퇴적하기 쉬우며 부식에 약함

㉣ 용도

- 운전특성은 터보형과 유사하나 효율이 높고, 소음이 낮은 특성이 있으며, 대풍량으로 압력이 높은 곳에 사용한다.
- 높은 정압을 필요로 하는 고층 건물에서는 제연설비에서 Airfoil fan을 사용한다.

㉤ 성능

- 풍량 : 20 ~ 1,500[m^3/min]
- 정압 : 40 ~ 250[mmAq]

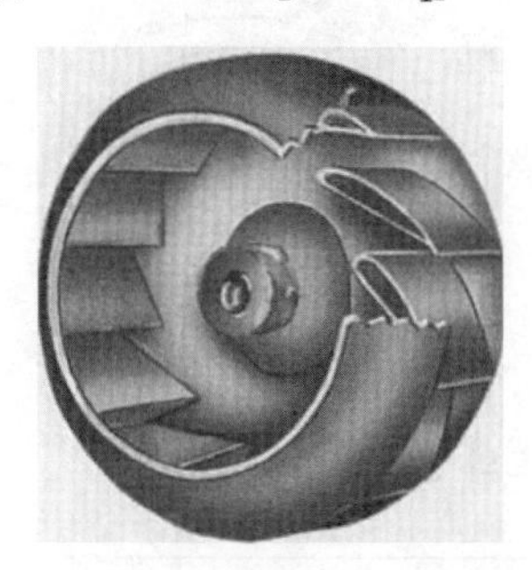
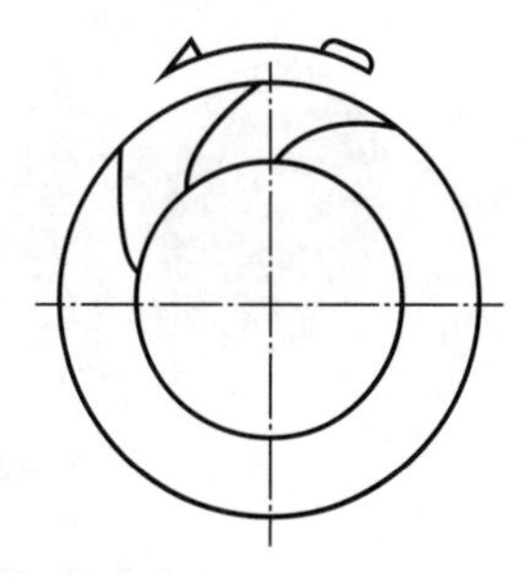

▌날개의 형태▐

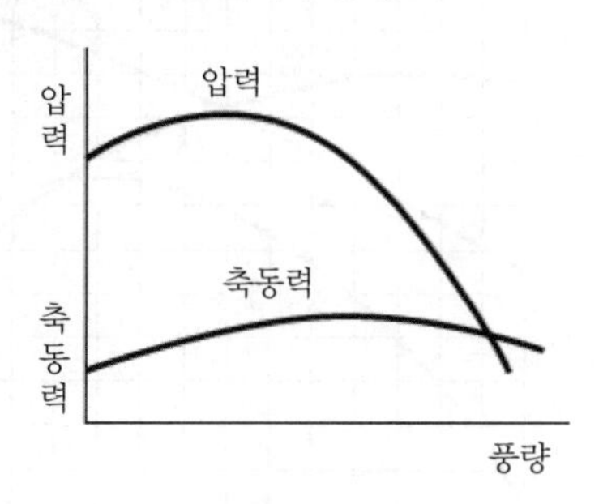

▌성능곡선▐

② 리밋로드 팬(limit load fan, 한정부하)

㉠ 날개를 S자 모양으로 구부린 것으로, 케이싱 흡입구에 프로펠러형 안내깃이 고정되어 있다.

㉡ 날개(blade) : 중심축에서 두껍고, 가장자리에 얇은 형태

㉢ 장단점

장점	단점
• 압력변동에 따른 풍량변화가 작고 동력변화도 최고 효율점 부근에서 작음 • 고정압, 고효율(에어포일보다는 낮고 다익형보다는 높음) • 고속회전이 가능하며 소음이 작음 • 풍압은 풍량의 증대와 함께 감소하여 구동 전동기기가 과부하가 되는 일이 없는 부하제한(limit load)특성	• 치수가 큼 • 비경제적

㉣ 용도 : 저속덕트 공조용(중규모 이상), 공장용 환기

㉤ 성능

- 풍량 : 20 ~ 5,000[m^3/min]
- 정압 : 40 ~ 250[mmAq]

(3) 후향곡형[backward curved blade = 터보송풍기(turbo fan)]

1) 회전날개가 회전방향과 반대편으로 경사지게 설계되어 있으며 방사형과 전향곡형에 비해 효율이 높다.

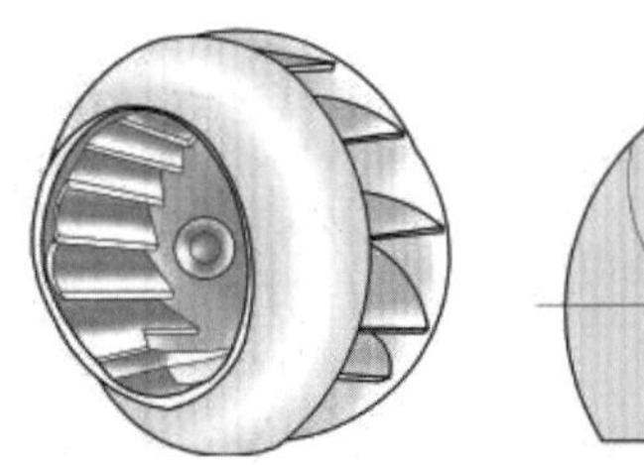

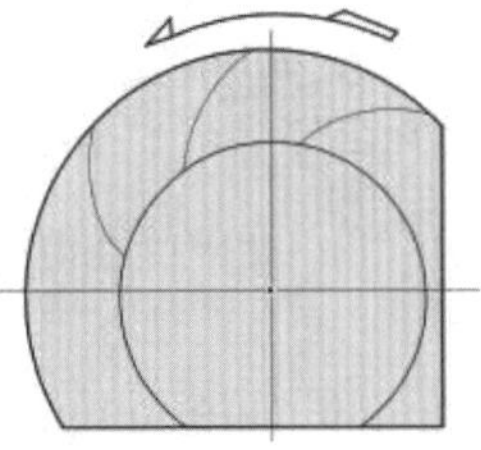

▌브레이드의 형태 ▌

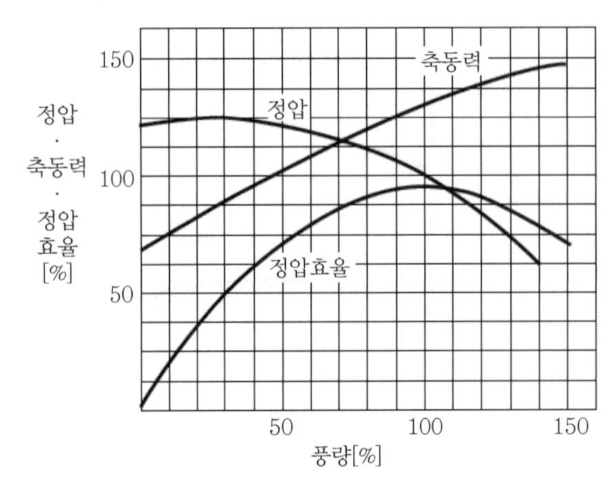

▌성능곡선 ▌

2) 장단점

장점	단점
① 익형에 비해 가격이 저렴 ② 고압도 적용이 가능함 ③ 송풍량이 증가해도 동력이 증가하지 않음. 따라서, 압력변동이 있는 경우 적합 ④ 시설저항 및 운전상태가 변하여도 과부하가 걸리지 않음	① 구조가 크며 날개가 구부러져 있으므로 분진퇴적이 용이 ② 익형 팬에 비해서 효율과 소음면에서 약간 뒤짐

3) 용도 : 고속 덕트용, 소방의 배연 및 급기가압용

4) 성능

① 풍량 : 10 ~ 600[m^3/min]

② 정압 : 50 ~ 2,000[mmAq]

(4) 평판형(plate fan, radial blade = 방사형)

1) 날개가 평판이고 길이가 길며, 강도가 높은 재질로 설계한다.

2) 공기량 변화에 대해 축동력이 선형적으로 증가한다.

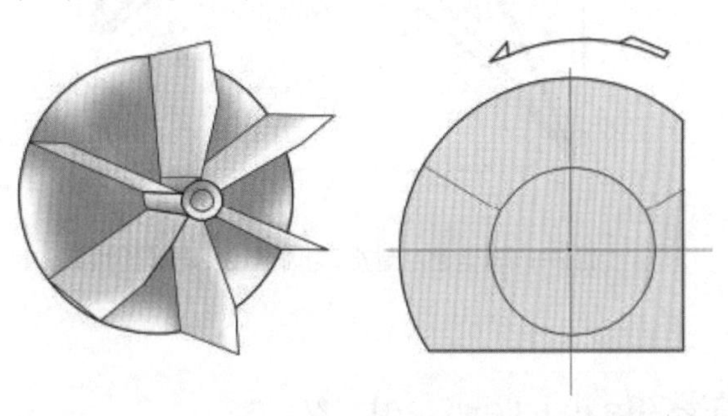

▍브레이드의 형태 ▍

3) 장단점

장점	단점
① 마모성이 강한 분진에 사용 가능 ② 높은 압력에서 적은 양의 공기를 이송시키거나 또는 물질운반에 적합 ③ 서징(surge)현상이 없음 ④ 구조가 간단함	① 견고한 재질이므로 가격이 비싸고 효율이 낮음 ② 고속회전 시 소음이 크게 증대

1. 평판형은 깃의 방향이 반경방향으로 되어 있는 것으로, 자기 청정작용이 있어서 먼지가 붙기 어려워지는 자기청소(self cleaning)의 특성이 있다. 따라서, 시멘트공장 등 분진의 누적이 심하고, 이로 인해 송풍기 날개의 손상이 우려되는 공장용 송풍기에 적합하다.
2. 다른 송풍기에 대해 임펠러 폭이 좁기 때문에 임펠러의 직경이 커지고 제작가격이 비싸다.

4) 용도

① 곡물 이송이나 공장의 배풍용, 분진이 다량으로 발생하는 장소의 분진 이송용

② 강도가 강하여 고농도 분진함유 공기나 부식성이 강한 공기 이송에 적합하다.

5) 성능

① 풍량 : 20 ~ 1,000[m^3/min]

② 정압 : 30 ~ 300[mmAq]

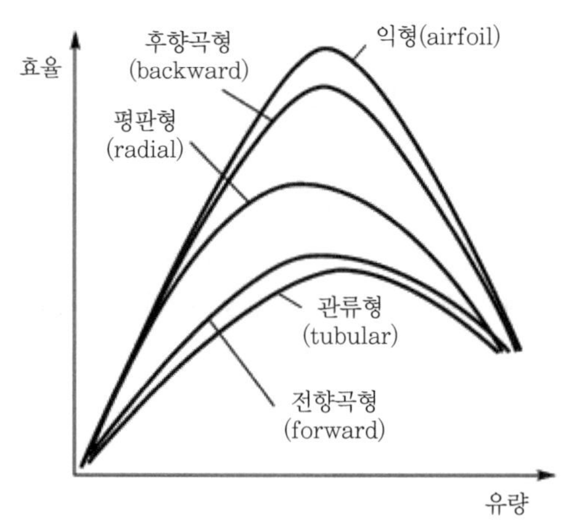

▍원심력식의 송풍기 날개모양에 따른 성능곡선 비교▍

04 축류형 송풍기(axial flow fan) 127회 출제

(1) 원래 저압으로서 다량의 풍량이 요구될 때 적합한 송풍기이지만 근래에는 고압용으로 효율이 좋은 것이 제작되어 적용범위는 점점 확대되어 가고 있다.

(2) 장단점

장점	단점
① 전동기와 직결할 수 있음 ② 흐름방향이 축방향으로 덕트 내부에 설치가 가능함 ③ 비교적 가볍고 재료비 및 설치비가 저렴함 ④ 효율이 높음(최고 80[%])	① 정압이 낮음 ② 원심력식 송풍기보다 회전속도가 빨라 소음이 큼 ③ 규정용량에서는 효율이 급격히 저하되어 뜨거운 공기나 오염된 공기배출용으로는 적합하지 않음

(3) 성능곡선

축동력은 풍량 0점에서 최고이며, 성능곡선은 비교적 평탄하고 저항변동에 따른 동력변동이 작다.

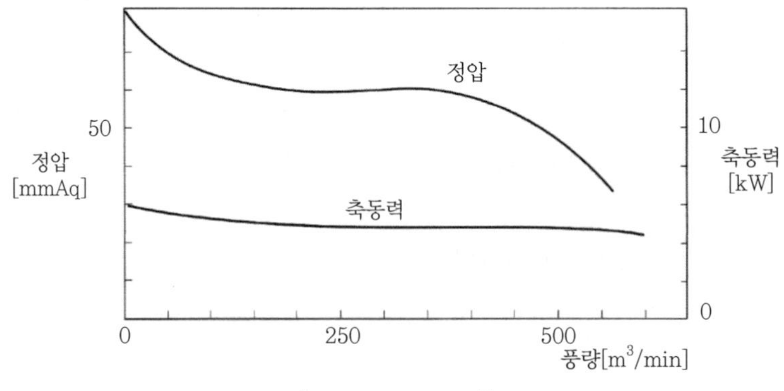

▍축류형 성능곡선▍

(4) 종류

구분	프로펠러형(propeller fan)	튜브형(tube axial fan)	가이드 베인형 (vane axial fan)
형태	송풍관이 없는 송풍기	프로펠러 송풍기를 덕트(송풍관)에 삽입할 수 있도록 개조한 송풍기	송풍관 내에 고정된 안내날개가 설치된 송풍기
특징	① 저압 대풍량에 적용이 가능함 ② 가장 간단한 구조의 송풍기 ③ 경제적 ④ 압력손실이 많이 걸리면 송풍량이 급격히 감소	① 중압, 대풍량에 적용이 가능함 ② 전날개와 케이싱의 간격을 좁게 하여 효율이 상승	① 송풍기에 의해 소용돌이친 기류가 안내날개에 의해 억제되어 동압이 정압으로 회복되므로 효율이 높아지고 높은 압력손실(250[mmH_2O])에 견딜 수 있음 ② 튜브형보다 효율 우수 ③ 고속회전이 가능하고 전동기와 직결되므로 관로의 도중에 간단히 설치가 능(인라인 fan)
용도	유닛 쿨러, 유닛 히터, 환기배기용, 냉각탑용	환기, 공조, 배연용	고속 덕트용, 터널 환기용, 냉각탑용, 급배기용
풍량[m^3/min]	10 ~ 400	10 ~ 10,000	30 ~ 7,000
정압[mmAq]	0 ~ 15	10 ~ 15	6.5 ~ 380
개념도			날개 베인

안내날개(guide vane, air-directing vane) : 속도압을 감소시켜 정압을 회복시키기 위해 설치된 공기의 흐름을 유도하기 위한 날개

05 사류형 송풍기

(1) 회전차 내의 유동이 원심형과 축류형의 중간에 해당하며 혼류형이라고도 한다.

(2) 덕트 사이에 삽입할 수 있는 축류형의 간결성과 소음이 작은 원심형의 장점을 함께 갖추고 있다.

(3) 원심형과 축류형 흐름을 통합한 날개구조

케이싱이 약 45 ~ 55°의 경사면을 형성한다.

(4) 용도

주차장 급 · 배기용

(5) 사용압력

10 ~ 100[mmAq](중풍량, 저정압)

06 구동방법에 따른 분류

(1) 직동식(direct driven type without coupling)

송풍기와 원동기(주로 전동기)가 단일축을 공유하고 있는 형식

(2) 직결식(direct driven type with coupling)

송풍기가 원동기(주로 전동기)와 축이음으로 직결된 형식(inlet box가 있을 때 기호는 F)

(3) V벨트 구동식(V belt driven type)

송풍기가 원동기(주로 전동기)에 의하여 V벨트로 구동되고 있는 형식

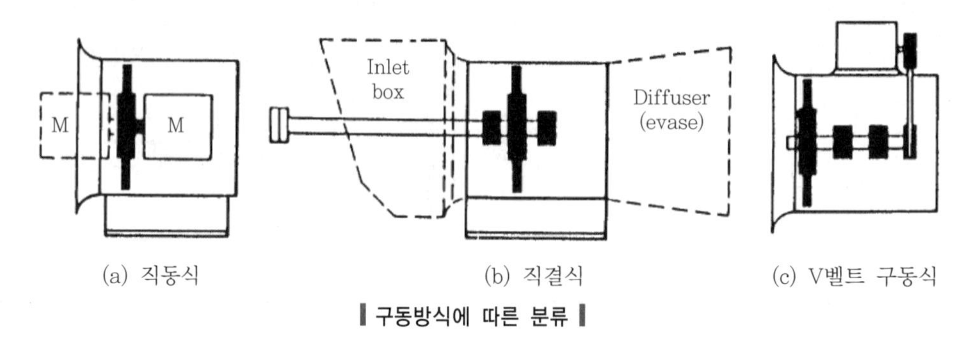

▎구동방식에 따른 분류 ▎

07 제연용 송풍기

(1) 제연용 송풍기의 사양

1) 체절운전 및 과부하 운전을 할 경우 : 소손되거나 정지하지 않는 구조
2) 급기송풍기는 내열성능이 필요없지만, 배기송풍기는 250[℃]에서 60분 이상 정상 운전을 할 수 있는 내열성능이 필요하다.
3) 배기송풍기 : 벨트나 베어링 등 고온에 취약한 부품이 열에 노출되지 않는 구조

(2) 설치

1) 원칙

① 각 수직풍도마다 별개의 송풍기를 설치한다.

② 인접한 두 개의 수직풍도가 동일한 방식의 급 · 배기 방식을 이용하는 경우는 겸용으로 설치 가능하다.

2) 설치장소(NFPA)

① 급기송풍기 : 지면 가까이 설치한다.

㉠ 불연재료로 밀폐된 덕트로서 계단실과 직접 연결되는 건물 외부에 설치한다.

㉡ 2시간 이상 내화성능을 가진 덕트와 연결되어 있고 계단실 내부에 설치한다.

㉢ 내화성능 2시간 구조로 구획된 실내에 설치한다.

㉣ 건물 전체가 스프링클러가 설치된 경우 1시간 내화성능을 가진 장소에 설치할 수 있다.

② 배기송풍기 : 옥상 등으로 높은 장소(연돌효과)에 설치한다.

08 송풍기 용량

(1) 송풍기 송풍량

1) 송풍량 : 송풍기를 통과하는 표준상태로 환산하지 않은 실제 풍량

2) 단위 : 보통 CMM(Cubic Meter per Minute)을 사용한다.

3) 송풍기 정압, 풍량 특성 비교 : 같은 크기와 구조 및 회전수가 동일한 경우
터보팬(turbo fan) < 방사형 팬(radial fan) < 시로코 팬(sirocco fan) < 축류형 팬

(2) 송풍기의 압력 113회 출제

1) 전압

① 정의 : 송풍기에 의해서 증가한 압력의 양으로 송풍기의 토출측과 흡입측의 압력차

$$P_T = P - P_{TI}$$

여기서, P_T : 전압
P : 토출측 전압
P_{TI} : 흡입측 전압

② 전압은 정압(P_s)과 동압(P_v)의 합이다.

$$P_T = P_s + P_v$$

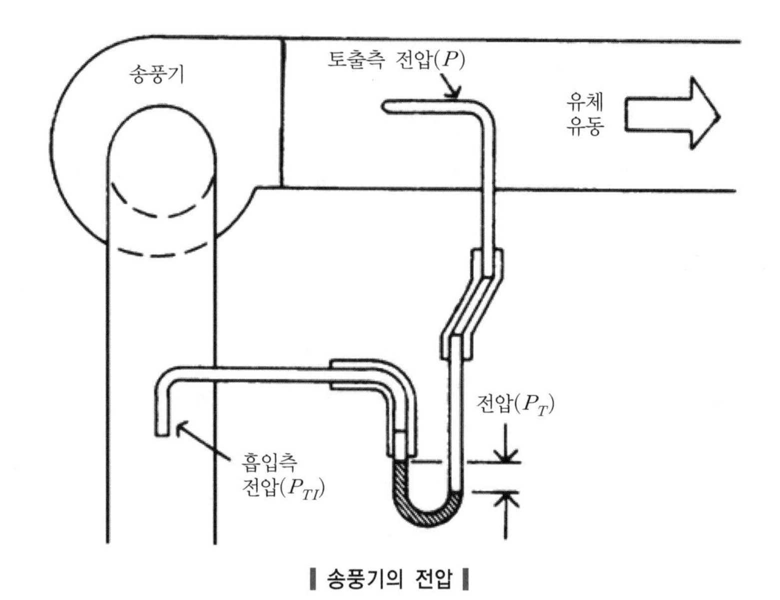

▌송풍기의 전압▐

2) 정압

① 정압은 공기의 흐름에 평행인 표면에 미치는 압력으로 그 표면에 수직인 구멍을 통해서 측정한다.

② 전압에서 동압을 뺀 값 : $P_S = P_T - P_v$

③ 디퓨저에서 필요한 유량만큼 유입시켜 덕트로 내보내는 데 필요한 힘이다. 따라서, 정압이 작으면 많은 양의 공기를 빨아들일 수가 없는 것이다.

④ 동일 유량을 배기시키더라도 시스템 상황에 따라 송풍기 정압은 달라진다.

송풍기의 정압은 빨대를 이용해 음료수 한 모금을 마시기 위해 필요한 힘으로 비유할 수 있다. 같은 힘을 가진 사람이 1[m] 거리의 콜라를 100만큼 마시게 된다면, 10[m] 떨어진 사람은 50 정도밖에 마실 수 없다. 거리가 멀어질수록 그만큼 송풍기 용량 또한 커져야 한다.

⑤ 송풍기에서 정압이 중요한 이유

㉠ 정압이 작으면 연기를 배출하기가 곤란하다.

㉡ 공조기의 각종 저항(압력손실)을 정압으로 계산하여 송풍기를 선정한다.

㉢ 실내 정압을 대기압보다 높게 유지해야 하는 이유 : 실내가 부압이 되면 천장이나 벽체를 통하여 연기침입 우려가 있다.

⑥ 정압과 풍량

㉠ 동일한 설비에서 풍량을 2배로 증가시키면 정압은 4배가 필요($Q = \sqrt{\Delta P}$)하다.

㉡ 정압선정에 따라 배출풍량이 변화한다. 정압과 풍량은 반비례한다.

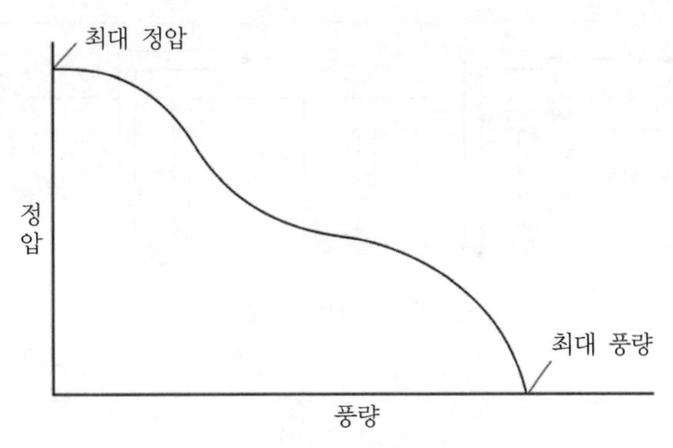

▌동력이 일정할 때 정압과 풍량의 관계▐

⑦ 정압과 개구부 : 동일한 설비에서 풍도와 연결된 개구부를 2배로 증가시키면 정압은 $\frac{1}{4}$배로 감소$\left(Q = 2A\sqrt{\frac{1}{4}\Delta P}\right)$한다.

예를 들어 풍도 정압이 800[Pa]에서 풍도와 연결된 개구부를 2배로 증가시키는 경우 풍도 정압은 200[Pa]로 감소한다.

⑧ 정압회복
　㉠ 유체는 흐름에 따라서 동압과 정압이 상호변환될 수 있다.
　㉡ 정압 회복 또는 정압 재취득 : 확대관과 같이 유체의 이동속도가 저하되는 부분의 전 · 후에 동압감소의 일부는 압력손실이 되고, 나머지는 정압으로 회복된다.

⑨ 정압감소 : 축소관과 같이 유체의 이동속도가 증가하는 부분의 전 · 후의 동압의 증가분만큼 여분으로 정압이 감소한다.

3) 동압

① 유체의 흐름에 따라 생기는 압력

$$P_v = \gamma \frac{v^2}{2g}$$

여기서, P_v : 동압
　　γ : 유체의 비중량
　　v : 유속
　　g : 9.8[m/sec²]

② 전압과 정압의 차

$$P_v = P_T - P_S$$

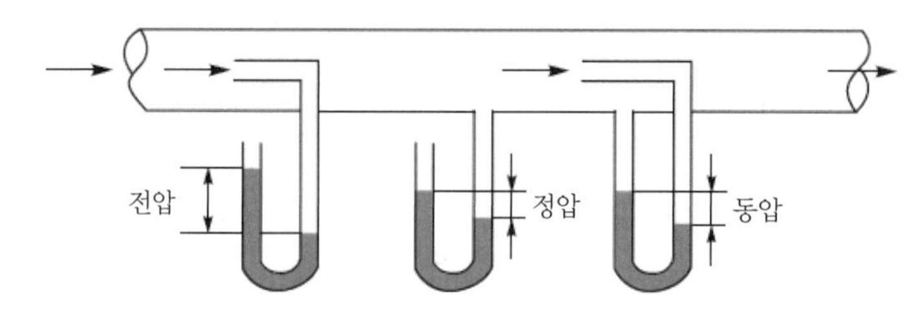

▌배관에서의 전압, 정압, 동압▐

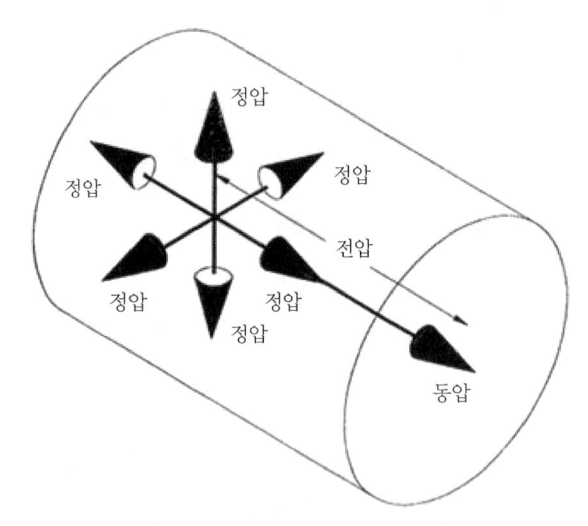

▌전압, 동압, 정압의 위치표시▐

4) 송풍기 효율 127회 출제

① 전압효율

㉠ 송풍기의 효율은 전압효율, 정압효율로 구분하고, 특별한 규정이 없는 한 전압효율을 말한다.

㉡ 전압효율은 축동력에 대한 이론공기동력의 비이다.

$$\eta = \frac{Q \times P_T}{6,120 \times L_p}$$

여기서, L_p : 송풍기 축동력[kW]

P_T : 전압[kgf/m^2=mmAq]

Q : 유량[m^3/min]

② 정압효율

㉠ 정압은 유체의 유동에 따른 압력손실을 감당하는 에너지

㉡ 정압을 기준으로 한 효율

③ 적용방법

㉠ 국내에서는 송풍기 제조사에서 효율을 별도로 구분하지 않고 사용하고 있으며 기종별 제조사마다 차이가 있다.

㉡ 송풍기별 효율범위

송풍기 종류	효율[%]
다익형	40 ~ 60
터보형	60 ~ 80
익형(에어포일)	70 ~ 85
축류형(튜브형)	55 ~ 65
축류형(베인형)	75 ~ 85

(3) 송풍기의 선정

1) 송풍기는 덕트와 조합시켜 사용하는 것으로, 덕트계의 전 저항손실에 상당하는 값에 적합한 전압의 송풍기를 선정한다. 저항손실과 전압의 큰 차이가 있으면 소정의 풍량이 흐르지 않거나 풍량이 과대해지는 문제점이 발생한다.
2) 다음의 그림과 같이 해당 용도의 특성과 유사한 송풍기를 선정한다.

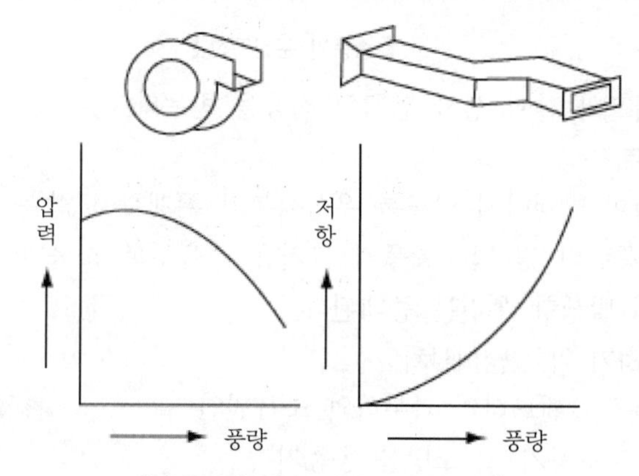

▌송풍기의 풍량, 압력, 저항 곡선▐

3) 덕트의 저항 : 공기가 흐르는 속도의 2승에 비례
   ① 공식

$$\Delta P_T = C_T \gamma \frac{v^2}{2g}$$

여기서, P_T : 덕트의 저항[mmAq]
C_T : 전압의 저항계수
γ : 비중량
v : 유속[m/sec]

   ② 단면이 정해진 덕트계에서 유속은 풍량에 비례($Q = Av$)하므로 결국 저항은 풍량 2승에 비례한다.
   ③ 송풍기는 펌프와 마찬가지로 송풍기의 성능곡선과 덕트계의 저항곡선과의 교점에서 운전한다.

④ 운전 시에는 공기가 좁은 덕트 내를 유동하므로 당초 교점인 P_1에서 운전하지 못하고 증가한 저항에 따른 교점인 P_2에서 운전한다.

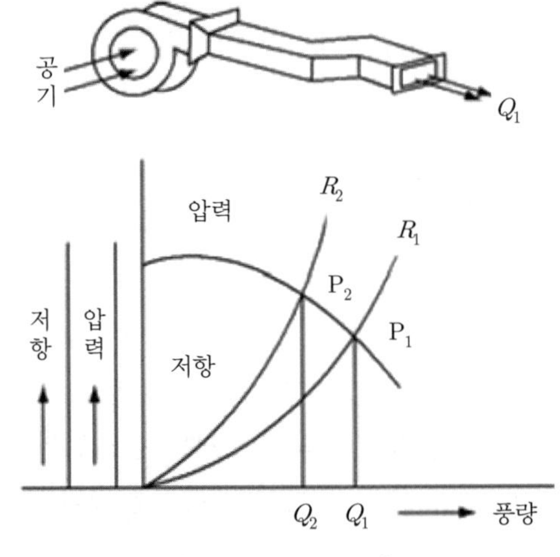

▎송풍기 운전곡선▎

4) 송풍기도 펌프와 같이 상사 법칙의 적용을 받는다.

5) 성능곡선 검토

① 맥동현상이 발생하지 않도록 우상향부가 존재하지 않는 성능곡선을 선택한다.

② 동일한 풍량의 경우는 송풍기 크기를 키울수록 소음과 효율은 향상하지만, 맥동현상이 발생할 우려는 증대된다.

6) 풍량을 조절하기 위한 댐퍼설치

① 과다한 풍량 : 팬모터의 과부하와 소음원인

② 풍량 : 공조송풍기 ≪ 소방용 송풍기

꼼꼼체크 일반운전 시 경용 송풍기는 풍량 과다로, 댐퍼로 풍량을 조절해서 운전을 한다.

③ 가변풍량 제어가 필요한 이유

㉠ 제연구역 출입문 폐쇄 시 풍량 일정

㉡ 출입문 개방 시 풍량 변화 : 보충량의 변화(20층 초과 시 K값 2 이상 적용, 방연풍속 발생)

④ 토출측 풍량조절 : 서징현상 우려(다익형의 경우 설계점 풍량의 70[%] 이하, 에어포일의 경우는 40[%] 이하로 내려가면 발생)가 있다.

⑤ 풍량제어방식 비교 131 · 114 · 113 · 100 · 85회 출제

종류	토출댐퍼	흡입댐퍼	흡인베인	변속전동기 (회전수 변화)	가변피치에 의한 제어(variable pitch control)
제어 방식	토출댐퍼의 개구조정	흡입댐퍼의 개구 조정	흡입측 방사형 가동날개 각도 조절	전동기의 회전수 제어	Fan speed는 고정된 상태에서 운전 중 Axial blade의 Pitch를 조정하는 방식
취급 유체의 영향	직접유체에 접촉되므로 영향 있음	직접유체에 접촉되므로 영향 있음 (구조가 간단해서 영향은 미미)	직접유체에 접촉하고 구조가 복잡해서 영향이 있음	취급유체에 무관함	–
시공 비용	하	하	중	상	중
제어 효율	하	하(토출댐퍼보다 우수)	상	중	상
제어 시 성능의 안정성	제어할수록 좋지 않음	제어할수록 양호해짐	제어할수록 양호해짐	제어 시와 제어 전과 같음	제어할수록 양호해짐
보수성	상	상	중	하	중
제어의 원리	토출측 저항을 증대하고 저항곡선을 바꿈	① 흡입측 저항을 증대 ② 토출측 압력 곡선을 바꿈	브레이드에 대한 유체유입 각도를 변화, 압력곡선도 변화	브레이드의 회전속도를 바꾸고 압력 곡선을 바꿈	브레이드에 대한 유체유입 각도를 변화, 압력곡선도 변화
장점	① 공사가 간단하고 투자비가 저렴함 ② 소형 설비에 적당함	① 비교적 동력 절약 ② 회전수 제어 방식에 비해 설비비 저렴 ③ 서징 방지	① 비교적 동력 절약 ② 회전수 제어 방식에 비해 설비비 저렴	① 소량에서 대용량까지 적용 ② 에너지 절약 효과가 높고, 자동화에 적합 ③ 송풍기 운전 안정	① 에너지 절약, 특성 우수 ② VVVF 방식에 비해 설비비가 적음 ③ 넓은 풍량범위 ④ 정압제어에 가장 유리함
단점	① Surging 가능성이 높음 ② 효율이 나쁨 ③ 댐퍼 조임은 손실이 발생함	–	① Vane 작동의 정밀성이 요구됨 ② 먼지를 포함하는 경우와 온도가 높은 경우는 구조적 대책이 필요함	① 설비비 고가 ② 고조파 발생	① 날개각 조종용 Actuator에 많은 동력이 필요하므로 가급적 공기식 제어방식 사용 ② 축류형 팬에만 적용 가능

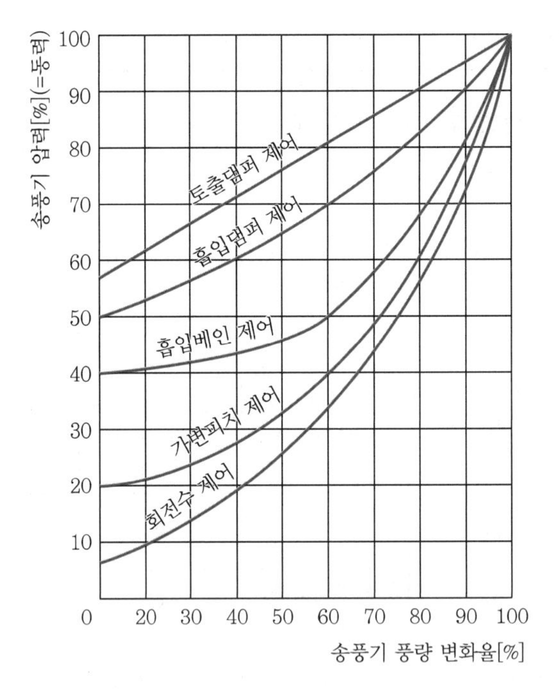

▌풍량 제어법에 따른 송풍기 압력 변화▐

7) 송풍기에는 풍량을 실측할 수 있는 유효한 조치를 하여야 한다.

8) **송풍기와 연결되는 캔버스** : 내열성(석면재료 제외)

1. **캔버스(canvas)** : 올이 굵고 튼튼한 직물이라는 뜻으로, 송풍기 진동이 덕트로 전달되는 것을 방지하기 위한 충격 흡수장치 직물
2. **캔버스의 내열성** : 불연, 준불연, 난연재료

9) **송풍기의 설치장소** : 방화구획이 되고 접근 및 점검이 용이한 곳

EN 12101-3 송풍기 온도등급

등급 구분	온도[℃]	시간[min]
F200	200	120
F300	300	60
F400	400	120
F600	600	60
F842	842	30

10) 송풍기 특성변화의 요인

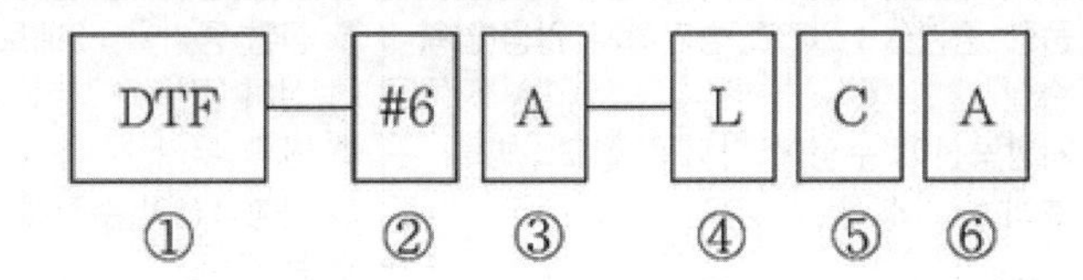

① Fan 기종(turbo fan : DTF, air foil fan : DAF 등)
② Fan 번수(impeller 외경/150[mm])
③ Series 구분(A, B, C, D type)
④ Air 또는 GAS 흡입형식 지지방법
⑤ 동력전달방법(coupling, V-belt, motor 직결구동)
⑥ Fan 토출구 방향(A, B, C, …… P)

(4) 직·병렬 운전 122회 출제

구분	병렬설치	직렬설치	직렬설치(공간)
개념도	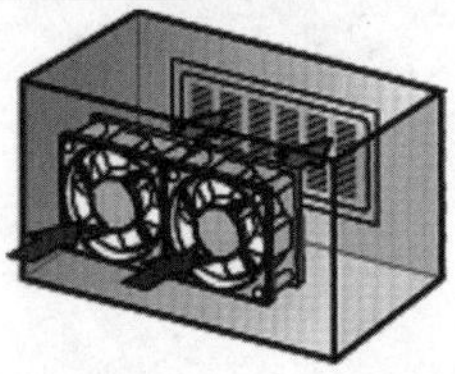	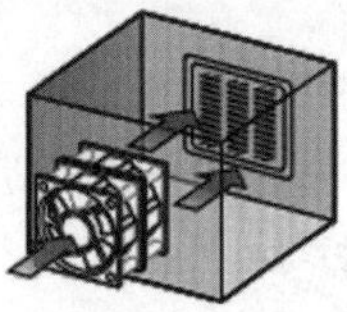	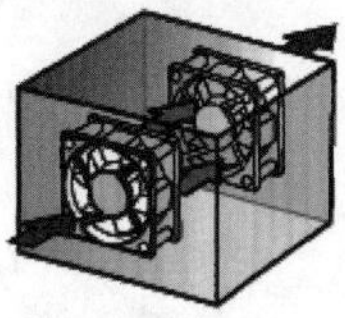
목적	장치의 압력손실이 낮고 풍량 증대	장치의 압력 손실이 높고 공기의 유로가 충분히 확보되지 않고 정압 증대	
성능곡선	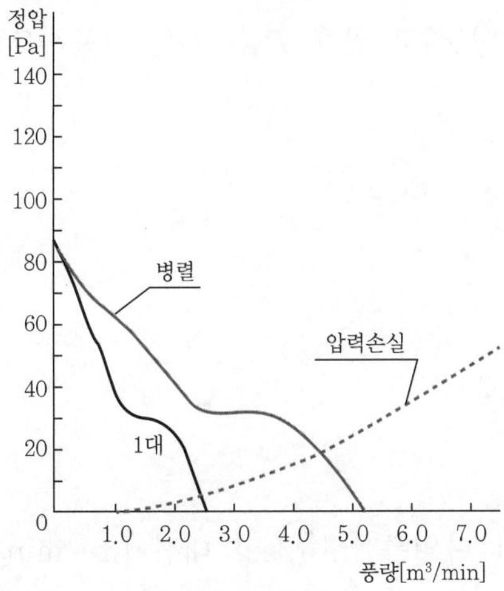	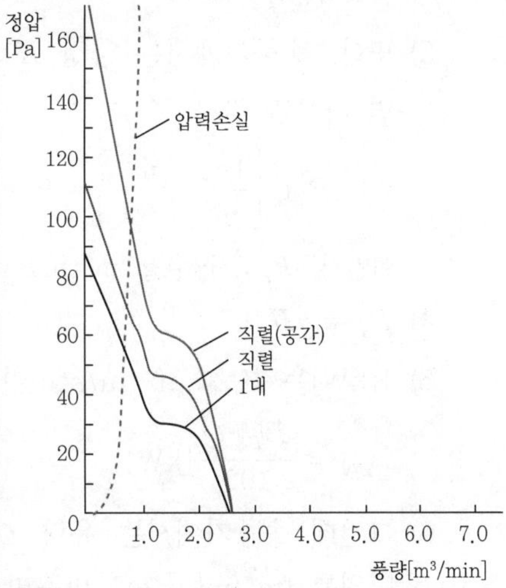	

구분	병렬설치	직렬설치	직렬설치(공간)
동일한 용량	① 풍량 증가율 : 2배로 증가하지 않음(압력손실) ② 저항곡선이 수평에 가까운 정도 : 병렬효과는 감소	① 정압 증가율 : 2배로 증가되지 않음(압력손실이 큼) ② 난류 우려 ③ 저항곡선이 수직에 가까운 정도 : 직렬효과는 감소	
용량이 다를 경우	① 소형 송풍기 풍압이 부족해서 역류 우려 ② 운전 자체가 불가능할 수도 있음	① 2대 송풍기가 근접 배치되면 1차측 송풍기 배출구의 난류가 2차측 송풍기 흡입구의 유입상태에 악영향을 미칠 수 있음 ② 1차측 송풍기가 용량이 크면 2차측에 압축열에 의한 기계적 손상 우려	

(5) 송풍기 동력계산

1) 펌프의 동력계산

$$P=\gamma QH\left[\frac{\text{kg}}{\text{m}^3}\cdot\frac{\text{m}^3}{\text{sec}}\cdot\text{m}\right]=\gamma QH[\text{kgf}\cdot\text{m/sec}]$$

여기서, P : 펌프의 동력

γ : 유체의 비중량[kgf/m^3]

Q : 유량[m^3/sec]

H : 양정[m]

2) 공기의 $\rho=\gamma$이다. 왜냐하면 중력의 영향이 미비하기 때문에 무시할 수 있다.

$P=\gamma QH$

3) 또한, 송풍기에서는 양정 H 대신 주로 압력 P_T[pH]를 사용하므로 위 식을 바꾸면 다음과 같다.

$$P=P_TQ\left[\frac{\text{kgf}}{\text{m}^2}\cdot\frac{\text{m}^3}{\text{sec}}\right]=P_TQ[\text{kgf}\cdot\text{m/sec}]$$

여기서, P_T : 전압[kgf/m^2=mmAq]

4) $P_T=\gamma H$

5) 1[kW]는 102[kgf · m/sec]이므로

$$P_{\text{kW}}=\frac{P_T\cdot Q}{102}[\text{kW}]$$

6) 그런데 송풍기에서는 유량 Q의 단위를 [m^3/sec] 대신 [m^3/min]을 많이 쓰므로 단위를 [m^3/min]으로 바꾸면

$1[\text{m}^3/\text{min}]=\frac{1}{60}[\text{m}^3/\text{sec}]$이므로

$$P_{\text{kW}}=\frac{P_T\cdot Q}{102\cdot 60}=\frac{P_T\cdot Q}{6{,}120}[\text{kW}]$$

7) 이 식에 송풍기 효율(η_f), 여유율 $\alpha(0.1 \sim 0.2)$, 동력전달효율(η_t)을 감안하면 거실제연에서 Fan 동력[kW]은 다음과 같다.

$$P_{\text{kW}} = \frac{P_T \cdot Q}{6,120} \times \frac{(1+\alpha)}{\eta}[\text{kW}]$$

8) 부속실제연에서 Fan 동력[kW] : 덕트의 누설 15[%]를 가산

$$P_{\text{kW}} = \frac{P_T \cdot Q}{6,120} \times \frac{(1+\alpha)}{\eta} \times 1.15[\text{kW}]$$

1. **송풍기 전압** : 송풍기 전압 P_T란 송풍기에 의해서 공여되는 전압의 증가량이므로 송풍기의 토출구와 흡입구에 있어서 전압의 차로 구한다.

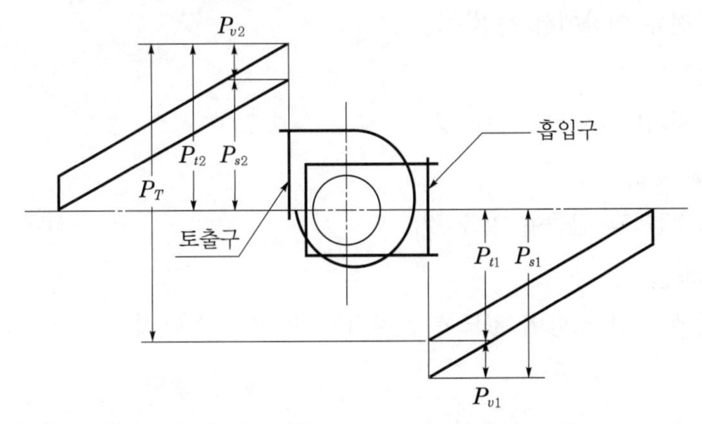

$$P_T = P_{t2} - P_{t1} = (P_{s2} + P_{v2}) + (-P_{s1} + P_{v1})$$

2. **송풍기 정압** : 송풍기 정압 P_s란 송풍기 전압에서 송풍기 토출구에 있어서의 동압을 뺀 것이다.

$$P_s = P_T - P_{v2} = P_{s2} - P_{s1} - P_{v1}$$

09 송풍기의 유지 · 관리 요령

(1) 인접장소의 화재로부터 영향을 받지 않도록 유지 · 관리할 것

(2) 송풍기는 옥내의 화재감지기의 동작에 따라 작동하도록 유지 · 관리할 것

(3) **송풍기와 연결되는 캔버스**

석면 등은 제외하고 내열성이 있는 것

(4) 빗물 등의 침입되지 않는 구조

(5) **구동부**

유효한 안전망 등으로 보호

(6) **송풍기 용량**

풍량과 정압을 고려하여 적정한 것으로 설치

(7) **송풍기의 배출측**

풍량 및 풍향을 측정할 수 있는 유효한 조치

(8) **송풍기 등이 외부에 노출된 곳**

부식이 발생하지 않도록 방식도장 등의 조치

(9) **구동부 베어링**

그리스가 상시 충분하게 충진

(10) **운전전류**

정격전류 이하에서 운전

(11) **벨트**

늘어지거나 손상이 없을 것

(12) **팬 및 모터**

이상소음 및 진동이 없을 것

(13) **전기배선**

빗물에 의한 영향이 없도록 조치되고 손상이 없을 것

10 송풍기의 성능곡선 122회 출제

(1) **댐퍼의 개방에 따른 풍량과 풍압 곡선**

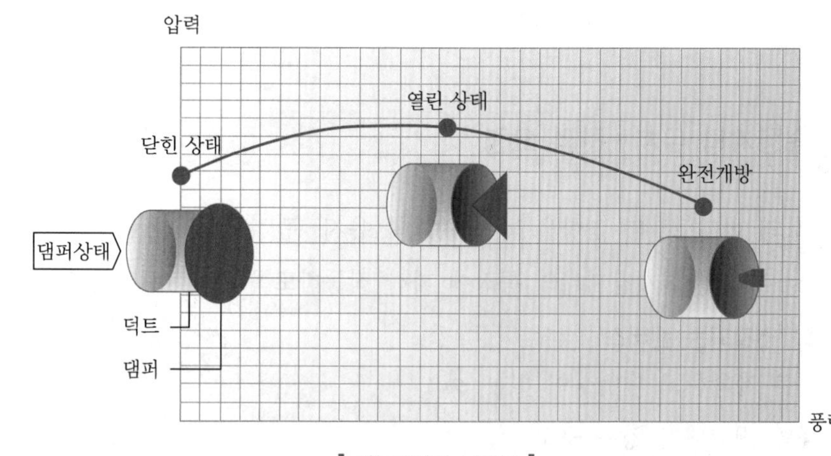

▎성능곡선의 개념도▎

(2) 성능곡선

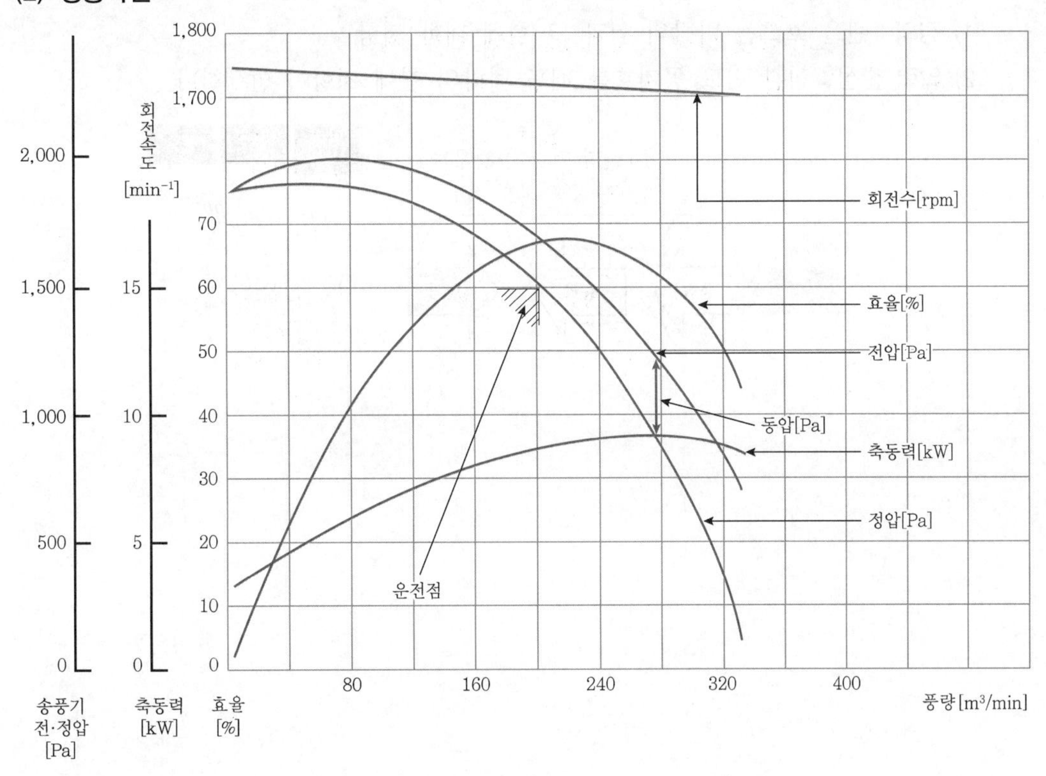

▌성능곡선도 예▐

(3) 풍량

1) 정의 : 관의 단면적과 관을 흐르는 바람의 풍속의 곱
2) 계산 : 덕트의 단면적 × 풍속
3) 단위 : [m^3/min]
4) 공식

$$Q = A \times V \times 60$$

여기서, Q : 풍량[m^3/min]
A : 덕트의 단면적[m^2]
V : 풍속[m/sec]

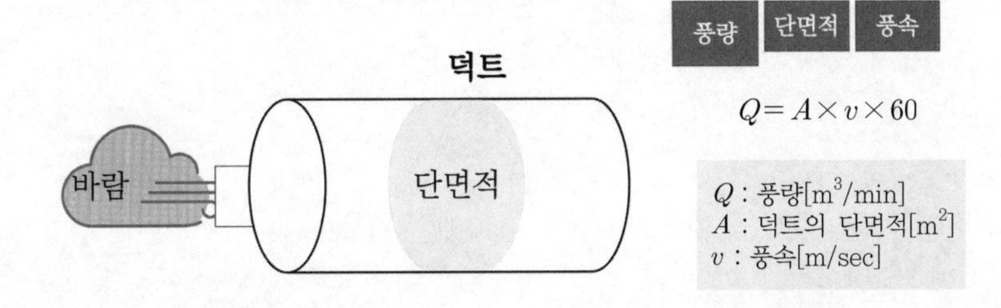

(4) 공기저항

1) 정의 : 관을 흐르는 바람의 힘과 그 힘에 대한 저항

2) 압력 손실 : 직관 덕트 공기흐름 때도 바람의 힘에 저항이 발생한다.

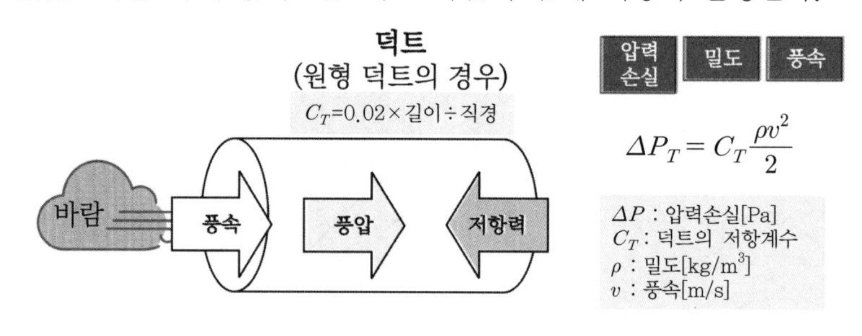

SECTION 008

송풍기의 System effect

117 · 106회 출제

01 개요

(1) 정의

송풍기와 연결된 덕트 등의 영향에 의해 발생되는 송풍기의 성능 감소 현상

(2) 송풍기의 System effect는 크게 흡입 System effect와 토출 System effect로 구분할 수 있다.

(3) 송풍기의 System effect의 원인을 파악하고 이를 제거하여 송풍기의 성능을 유지하여야 한다.

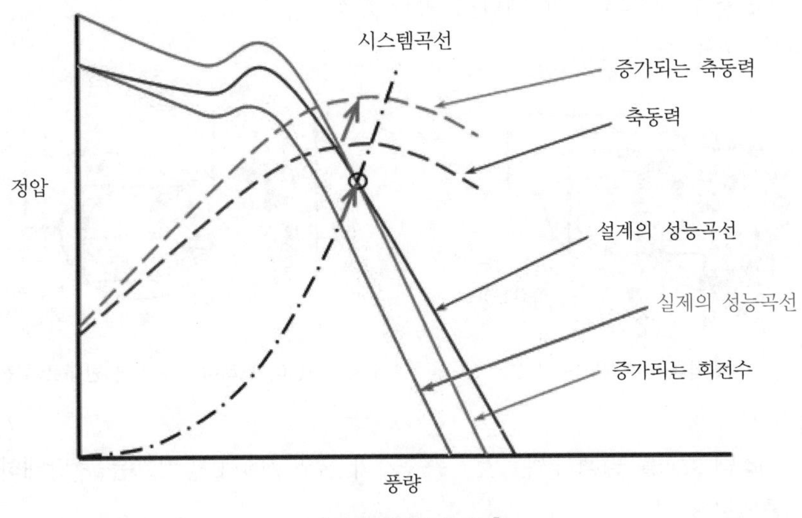

▌송풍기 성능곡선▐

02 원인과 문제점

(1) 흡입구의 원인

1) 송풍기 흡입구에서 고르지 않은 흐름

① 공기는 전체 흡입구 영역에서 균일한 속도로 송풍기 흡입구로 유입된다.

② 상기 조건에서 송풍기의 브레이드가 최대 공기량을 처리할 수 있다.

③ 흡입구의 불규칙한 공기의 흡입 팬에 난기류가 생기고 공기 흡입량이 감소한다.

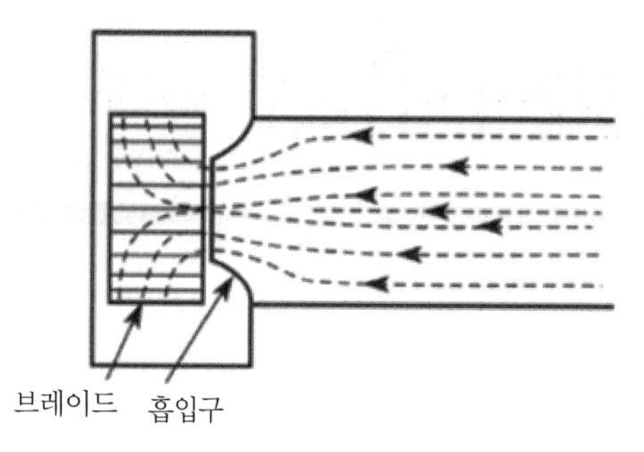

▌균일한 공기의 흡입▐

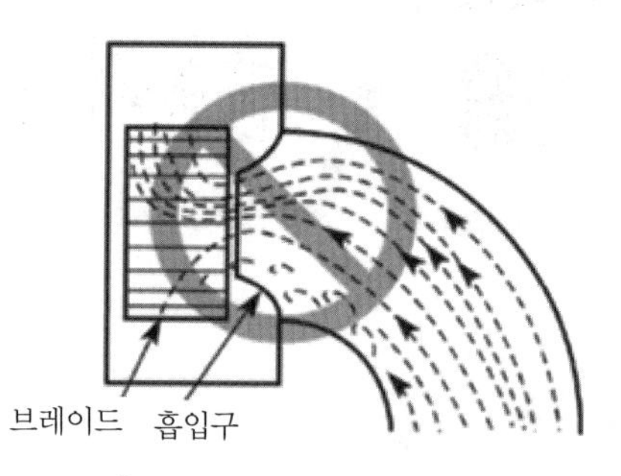

▌불규칙한 공기의 흡입▐

2) 송풍기 흡입구에서 공기의 회전

① 부적절한 송풍기 흡입구 연결 : 와류가 형성

② 유입되는 공기가 브레이드 회전방향으로 회전하는 경우 : 브레이드에 의해 생성되는 압력과 부피가 감소한다.

③ 회전이 브레이드 회전과 반대로 회전하는 경우

㉠ 공기량과 압력이 증가 → 동력 증가

㉡ 동력 증가로 인한 에너지 비용 증가

㉢ 소음 증가

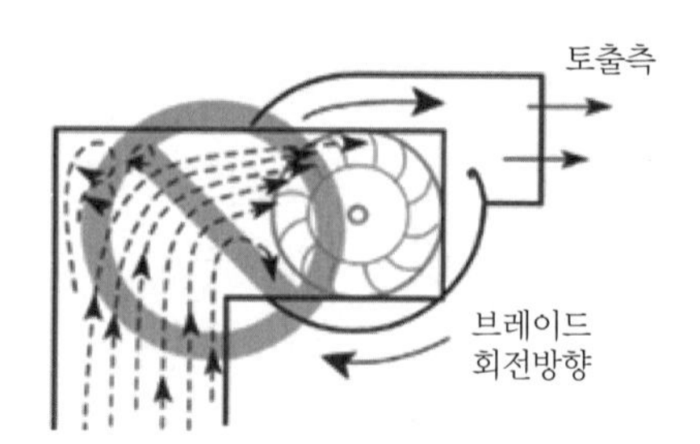

▌와류가 형성되는 예▐

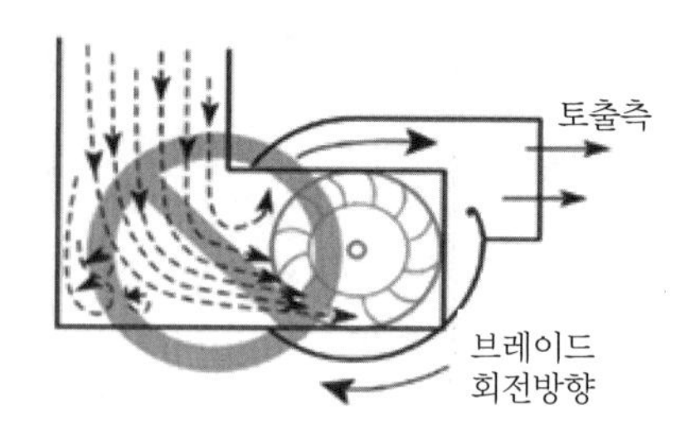

▌공기회전이 브레이드 회전과 반대로 회전하는 경우▐

3) 흡입구

① 시스템 효과를 발생시키는 것 : 송풍기의 흡입구에서 공기흐름을 방해하는 모든 것

② 흡입구 장애

㉠ 흡입구에 너무 근접한 엘보 설치

㉡ 급격한 덕트의 변화

㉢ 흡입구 주변의 댐퍼

㉣ 벽 또는 칸막이에 너무 근접한 흡입구

㉤ 잘못 설치된 흡입박스

(2) 토출구의 원인

1) **시스템 효과를 발생시키는 것** : 송풍기의 토출구에서 공기흐름을 방해하는 모든 것

2) 토출구 장애
① 댐퍼의 위치
② 토출측에 설치된 장애물(가이드, 소음기 등)
③ 벽 또는 칸막이에 너무 근접한 토출구
④ 토출 직관부 길이

(3) 문제점

1) 송풍기의 성능 저하
2) 과도한 진동 및 소음의 원인
3) 필요한 정격용량을 내기 위해서는 추가 동력이 필요

System effect 흡입 및 토출손실의 공식

$$\Delta P_{SE} = C_{SE} \times \left(\frac{v}{1.29}\right)^2$$

여기서, ΔP_{SE} : System Effect 손실[Pa]
C_{SE} : System Effect 손실계수
v : 속도[m/sec]

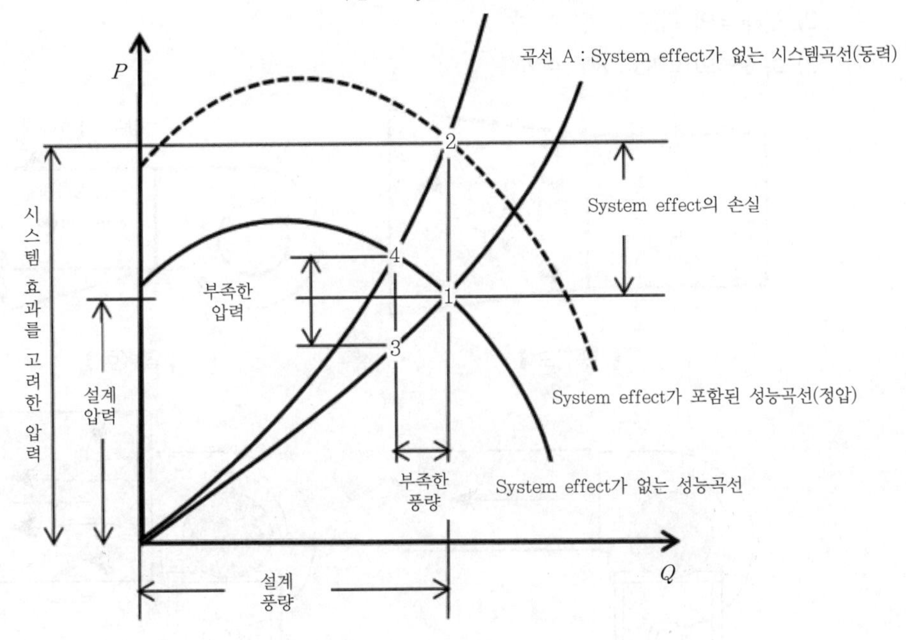

▌System effect를 고려한 송풍기 선택▐

03 대책

(1) 적절한 배출구 연결

1) 충분한 설치공간 : 100[%] 효과적인 덕트길이와 동일한 직선 덕트를 설치한다.

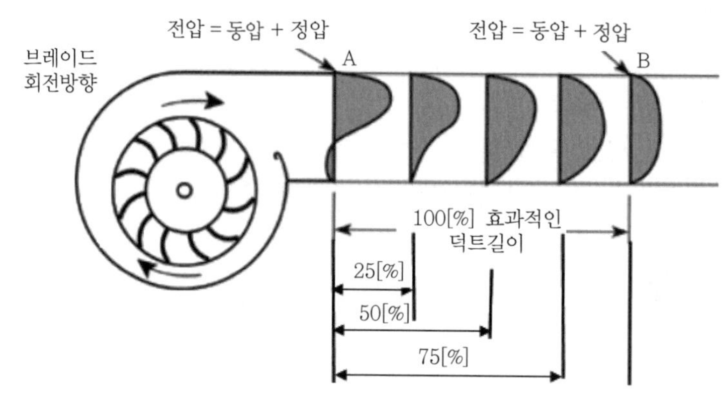

▎100[%] 효과적인 덕트길이▎

2) 덕트의 크기를 변경하는 경우 : 가능한 한 점진적인 기울기를 가지도록 한다.

(2) 서서히 증가되는 토출구

1) 토출측에서 공기가 배출될 경우 : 급격하게 확대되면 손실이 증대되기 때문에 완만하게 증가될 수 있도록 설치한다.

2) 확대부의 각도 : 15° 이하

3) 축소부의 각도 : 30° 이하

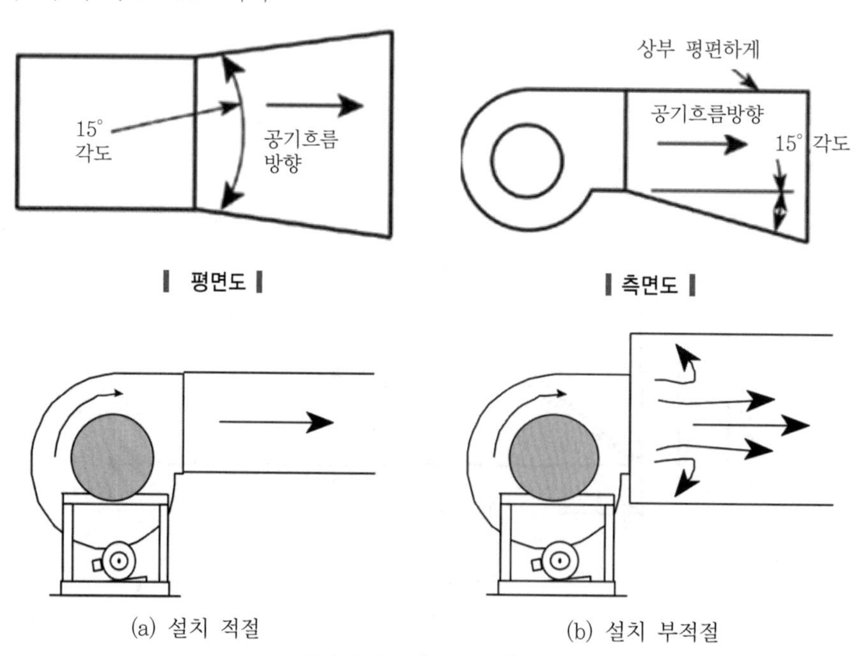

▎평면도▎ ▎측면도▎

(a) 설치 적절 (b) 설치 부적절

▎송풍기 토출구 설치▎

(3) 흡입구 연결부위

흡입구 지름의 4배 이상의 직선덕트

(4) 엘보가 필요한 흡입구와 엘보 사이

흡입구 지름의 2배 이상의 직선덕트를 필요로 한다.

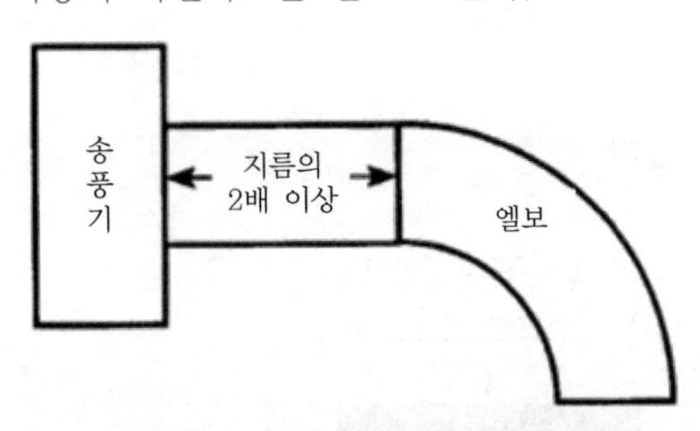

▌송풍기 흡입측의 엘보와 직선덕트▐

(5) 흡입구에 직선부분을 설치할 수 없는 경우

1) 사각덕트 : 공기회전을 줄이기 위해 터닝베인을 설치한다.

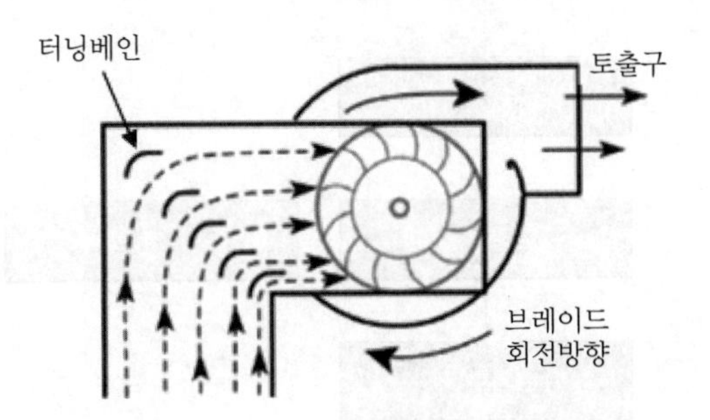

▌터닝베인이 설치되어 공기회전이 감소되는 예▐

2) 원형 엘보 : 공기의 회전반경을 덕트직경과 같게 설치한다.

SECTION 009 덕트 설계법

01 덕트 설계 절차

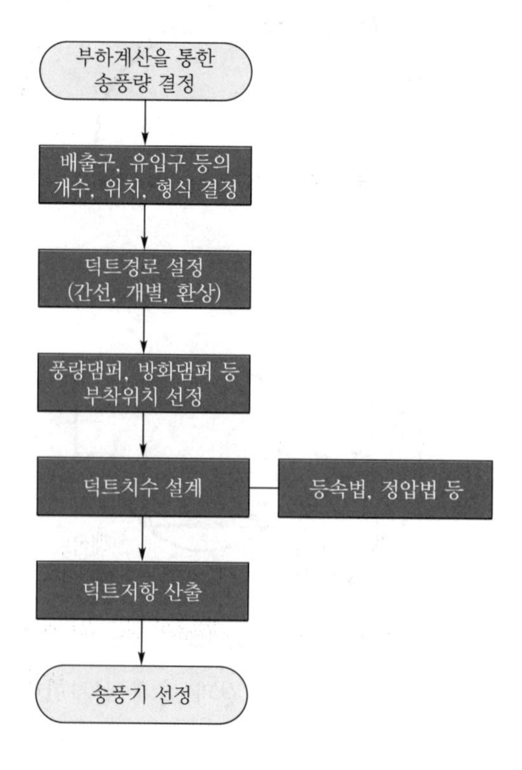

02 덕트 설계 시 주의사항

(1) 덕트의 분류

1) 저속 덕트 : 덕트 내 풍속 15[m/sec] 이하, 정압 50[mmAq] 이하
2) 고속 덕트 : 저속 덕트를 넘는 것으로, 덕트판 두께, 구조, 보강방법, 연결구 등도 각각 다르다.

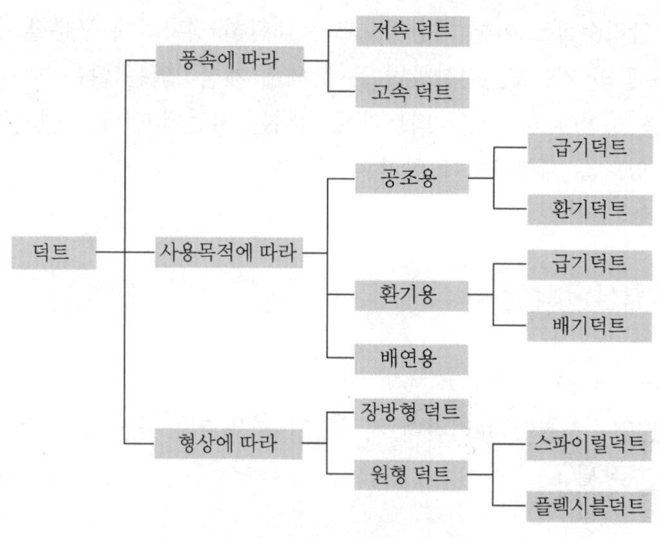

▌덕트의 종류▐

(2) 덕트 내 허용풍속

1) 저속 덕트

구분	추천 풍속			최대 풍속		
	주택	일반건물	공장	주택	일반건물	공장
주덕트	3.5 ~ 4.5	5 ~ 6.5	6 ~ 9	4 ~ 6	5.5 ~ 8	6.5 ~ 11
분기덕트	3.0	3 ~ 4.5	4 ~ 5	3.5 ~ 5	4 ~ 6.5	5 ~ 9
분기 수직 상향 덕트	2.5	3 ~ 3.5	4	3.25 ~ 4	4 ~ 6	5 ~ 8
외기 도입구	2.5	2.5	2.5	4	4.5	6
송풍기 토출구	5 ~ 8	6.5 ~ 10	6.5 ~ 10	8.5	7.5 ~ 11	8.5 ~ 14

2) 고속 덕트

통과풍량[m^3/hr]	최대 풍속[m/sec]
5,000 이상 10,000 미만	12.5
10,000 이상 17,000 미만	17.5
17,000 이상 25,000 미만	20
25,000 이상 40,000 미만	22.5
40,000 이상 70,000 미만	25
70,000 이상 100,000 미만	30

(3) 덕트재질

1) 가능하면 표면이 매끈한 아연도강판, 알루미늄 등을 사용한다.
2) 다른 재료를 사용할 경우 : 표면의 거칠기에 따라 마찰저항손실을 보정한다.

(4) 덕트 내의 압력손실을 이론 계산상으로는 대단히 정확하게 구분할 수 있지만 현장시공 시에는 덕트공의 기능도, 접합방법 등에 의해 계산치와는 많은 차이가 발생할 수 있으므로 주의를 하여야 하며, 각 덕트가 분기되는 지점에 댐퍼를 설치하여 압력의 평형을 유지할 수 있도록 계획하여야 한다.

03 단면형상 129회 출제

(1) 종횡비(aspect ratio) 124 · 119회 출제

1) 덕트의 단면 : 원형이 유리하며 사각형일 경우 가능하면 정방형이 되도록 구성한다.

2) 종횡비$\left(=\frac{장변}{단변}\right)$

① 표준 종횡비 : 4 : 1 이하

② 최대 종횡비 : 8 : 1 이하

3) 종횡비가 큰 장방향 덕트 적용 시

① 종횡비 증가 : 동압 증가(손실 증가) → 정압 감소 → 풍량 감소

㉠ Darcy-Weisbach 식

$$P_L = \gamma \cdot h_L = f\frac{L}{d_e} \cdot \frac{v^2}{2g} \cdot \gamma[\text{mmH}_2\text{O}]$$

여기서, γ : 비중량[kg/m³]

h_L : 손실수두[m]

f : 관마찰계수

L : 덕트의 길이[m]

d_e : 덕트의 내경[m]

v : 속도[m/sec]

g : 중력가속도[m/sec²]

㉡ d_e ↓(감소) → P_L ↑(증가)

② 필요 이상의 대용량 송풍기를 적용하게 되며 소음과 동력이 증대된다.

꼼꼼체크 종횡비가 크다는 것은 우리가 호스를 눌러 압을 높이는 것과 같으며, 유속과 손실이 증가하게 되어 풍량은 감소한다. 또한, 동압이 증가하므로 정압이 낮아져서 송풍기 선정 시 필요한 정압이 증가하게 된다.

③ 풍량의 분배가 고르지 못하게 된다.

4) 종횡비에 따른 원형 덕트 상당직경

① 공식

$$d_e = 1.3\left(\frac{(ab)^5}{(a+b)^2}\right)^{\frac{1}{8}}$$

여기서, d_e : 상당직경

a : 가로의 길이

b : 세로의 길이

② 상당직경이 작을수록 풍량에 대한 풍속이 증가하고 손실이 증가한다.

면적 : 0.4×0.4=0.16[m²] 둘레 : 1.6[m] 상당직경 : 440[mm]	면적 : 0.2×0.8=0.16[m²] 둘레 : 2[m] 상당직경 : 415[mm]	면적 : 0.1×1.6=0.16[m²] 둘레 : 3.4[m] 상당직경 : 362[mm]
40[cm] 40[cm]	80[cm] 20[cm]	160[cm] 10[cm]

5) 종횡비에 따른 압력손실 : 예 10,000CMH, 아연도강판

구분	0.4[m]×0.4[m]	0.2[m]×0.8[m]	0.1[m]×1.6[m]
유속	20[m/sec]	24[m/sec]	30[m/sec]
압력손실	0.816[mmH₂O/m]	1.2[mmH₂O/m]	2.35[mmH₂O/m]

원형 덕트의 사용

① 덕트 내 정압이 높아서 변형이나 진동이 작아야 하는 경우

② 작은 풍량 범위에서 덕트의 마찰손실이 작아야 할 경우

(2) 송풍기의 System effect

* SECTION 008 송풍기의 System effect를 참조한다.

04 덕트 설계법의 종류 110회 출제

(1) 등속법(constant velocity method)

1) 정의 : 덕트 주관이나 분기관의 풍속을 표에 표시한 추천 풍속 내 임의의 값으로 선정하며, 덕트치수를 결정하는 방법

2) 기준경로 : 각 덕트경로의 압력손실 중 가장 큰 값을 송풍기 선정용의 정압으로 설계한다.

3) 그 외의 경로 : 풍속을 재선정하여 기준경로와 동일 정도의 압력손실이 되도록 설계한다.

4) 특징

① 덕트 내부의 유속이 일정하도록 설계하는 방법이다.

② 덕트의 단위길이당 압력손실이 달라지므로 정확한 풍량분배가 되지 않아 일반 공조에는 잘 이용되지 않는다.

③ 등속을 요하는 주로 공장의 환기나 분체수송용 덕트 등에 이용한다.

5) 분진이 점착되어 경화되지 않고 이송될 수 있는 풍속

‖ 덕트 내 허용풍속 ‖

분진의 종류	항목	풍속
매우 가벼운 분진	가스, 증기, 연기, 차고 등의 배기가스	10
중 정도 비중의 건조 분진	목재, 섬유, 곡물 등의 취급 시 발생한 먼지 배출	15
일반 공업용 분진	연마, 연삭, 스프레이 도장, 분체작업장 등의 먼지 배출	20
무거운 분진	납, 주조작업, 절삭작업장 등에서 발생한 먼지 배출	25
기타	미분탄회 수송 및 시멘트 분말의 수송	20 ~ 35

6) 설계방법

① 주덕트 내 풍속을 표를 통해 선정(덕트 내 허용풍속의 표)

② 주덕트 이외의 경우에는 속도를 재산정(감속법인 경우 주덕트 속도보다 낮게)하여 성능곡선상에서 만나는 점으로 덕트 크기를 선정

③ 해당 배출구와 유입구의 풍량에 따라서 덕트 직경의 선택이 결정

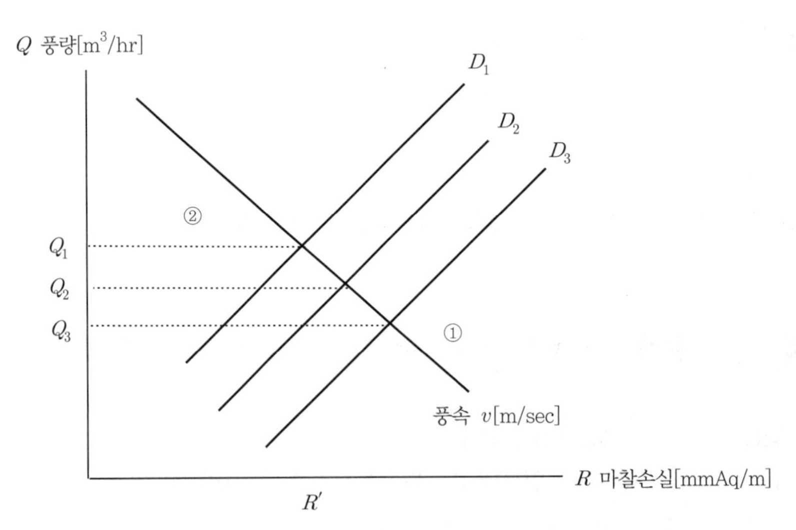

(2) 정압법(constant pressure method)

1) 등마찰손실법이라고도 하며 대부분의 공조덕트 설계가 이 방법에 의해 실시된다.

2) **정의** : 모든 덕트에 대해 1[m]당의 마찰손실을 동일 값으로 하여, 덕트치수를 결정하는 방법이다.

3) 설계방법

① 1[m]당 마찰손실 산정 : 가장 큰 압력손실을 주는 것에 대한 덕트 내 각 부의 풍속을 표를 참고로 하여 직관 덕트 1[m]당 마찰저항손실(단위마찰손실)을 선정(계산을 통해 산출가능)한다.

가장 큰 압력손실은 일반적으로 가장 긴 덕트경로이다.

㉠ 속도에 따른 분류
- 저속 덕트 : 0.1[mmAq/m]
- 고속 덕트 : 1[mmAq/m]

㉡ 용도에 따른 분류
- 음악 감상실, 소음제한이 엄격한 주택 : 0.07[mmAq/m]
- 일반 건축물 : 0.1[mmAq/m]
- 공장 : 0.15[mmAq/m]

산출방법은 마찰저항곡선을 이용하는 방법과 계산식 방법이 있다. 마찰저항곡선을 이용하는 방법이 더 간단하지만, 마찰저항곡선은 여유가 수치로 되어 있어 계산식보다 높게 나온다.

1. 마찰저항곡선을 이용한 방법

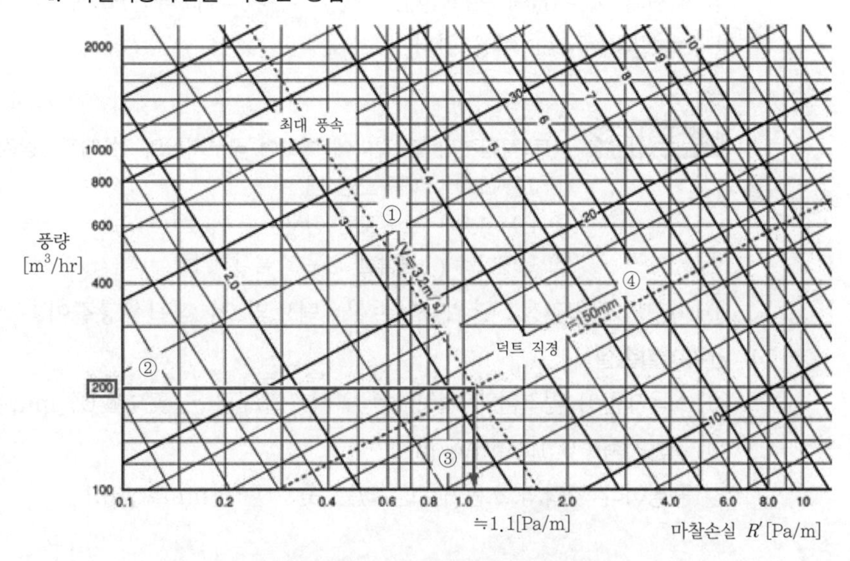

▌마찰저항곡선에 의한 단위마찰손실 산출▐

① 덕트의 최대 허용풍속 결정(3.2[m/sec])
② 최대 풍량(200[m^3/hr])과 최대 허용풍속의 교점에서 단위길이당 마찰손실을 R'(1.1[Pa/m])를 구한다.
③ R'(1.1[Pa/m])의 일정한 선상에서 덕트 각 구간의 소요풍량(200[m^3/hr])에 상당하는 덕트직경(150[mm])을 구하게 된다.

2. **계산식에 의한 방법**

① 원형 덕트 압력손실 계산식

$$\Delta P = \lambda \times \frac{l}{d} \times \rho \times \frac{v^2}{2} \text{[단위 : Pa]}$$

② 국부(유로 단면변화부) 계산식

$$\Delta P = \zeta \times \rho \times \frac{v^2}{2}$$

여기서, λ : 관 마찰계수
l: 덕트길이[m]
d : 덕트지름[m]
ρ : 공기밀도 ≒ 1.2[kg/m^3]
v : 덕트 내의 유속[m/sec]

$$v = \frac{Q}{d^2} \times \frac{4}{3{,}600\pi} \quad (Q : \text{풍량}[m^3/hr])$$

ζ : 국부손실계수

- 알루미늄 플렉시블 덕트 $\lambda = 0.03 \sim 0.04$
- 염화비닐 파이프 $\lambda = 0.01 \sim 0.02$
- 아연도금 강관 $\lambda = 0.016 \sim 0.025$

② 마찰손실의 일정한 선상에서 덕트 각 구간의 소요풍량에 상당하는 덕트직경을 산출(사각덕트인 경우 변환계수에 따라 변환)한다.
③ 직관과 국부 압력 손실(정압) 계산 : 국부(직각 곡관)를 동일 직경의 직관상당길이로 변환(sheet 이용)한다.

덕트 직관부의 전 길이에 대하여 국부저항의 전 직관상당길이
① 0.7 ~ 1.0배 : 대규모인 경우
② 1.0 ~ 1.5배 : 소규모인 경우
③ 1.5 ~ 2.5배 : 복잡한 경우(소음장치 등)

④ 송풍기 정압결정 : 단위마찰손실 × 덕트의 전 직관상당길이

4) **단위마찰손실**

① 소음제한이 엄격한 주택이나 음악감상실과 같은 곳 : 0.07[mmAq/m]
② 일반건축 : 0.1[mmAq/m]
③ 공장이나 기타의 소음제한이 없는 곳 : 0.15[mmAq/m]

5) 장단점

장점	단점
① 송풍기의 전압을 미리 결정할 수 있음 ② 덕트의 크기 결정 및 송풍기 정압 계산 방법이 간단하여서 가장 널리 이용되는 방법 ③ 주덕트 및 분기덕트의 압력이 균일하게 적용 ④ 마찰저항이 일정해 쾌적용 공조로 사용	① 정압법으로 덕트치수 결정 시 ㉠ 급기덕트에서는 말단에서 풍량이 너무 많음 ㉡ 환기 · 배기 덕트에서는 말단으로 갈수록 풍량이 작아짐 ② 급기구에서의 압력이 각각 다르므로 조정곤란 ③ 많은 풍량을 송풍 시 소음발생이나 덕트의 강도상에도 문제가 발생한다. 따라서, 10,000CMH 이상인 경우는 등속법을 사용함

1. 만일 송풍기의 전압을 20[mmAq]로 결정했다면, 단위길이당 압력손실값을 송풍기 전압에 근접하게 결정할 수 있다.
2. 급기덕트의 분기부분 이후부터는 동압의 감소분이 정압으로 변환하는 정압 재취득을 무시하므로 말단으로 갈수록 급기풍량이 증대하여 조정이 곤란해진다.
3. 송풍기의 부압에 의한 흡입을 통해 배기나 환기를 하므로 덕트의 말단으로 갈수록 동압의 손실이 커져서 풍량이 감소한다.
4. 덕트의 협축부나 굴곡부가 많으면 동압은 감소하지만 정압은 크게 변화하지 않는다.
5. 많은 풍량 시 소음이나 강도의 문제로 풍량이 10,000[m^3/hr] 이상이 되면 등속법을 이용한다.

6) 개량 등압법(improved equal friction loss method)

① 등압법의 경우 주덕트에서 분기된 분기덕트가 짧은 경우 분기덕트의 마찰저항이 작으므로 분기덕트로 필요 이상의 풍량이 공급된다.

② 주덕트는 등압법으로 덕트치수를 정하고 분기덕트의 경우 주덕트의 분기점에서 말단까지의 손실과 분기점에서 분기덕트 말단까지의 압력손실이 동일하도록 하며 덕트치수를 작게 하고 압력손실을 크게 하여 균형을 유지하는 방법이다.

③ 문제점 : 덕트 내 풍속이 너무 크게 되어 소음발생의 원인이 될 수 있다.

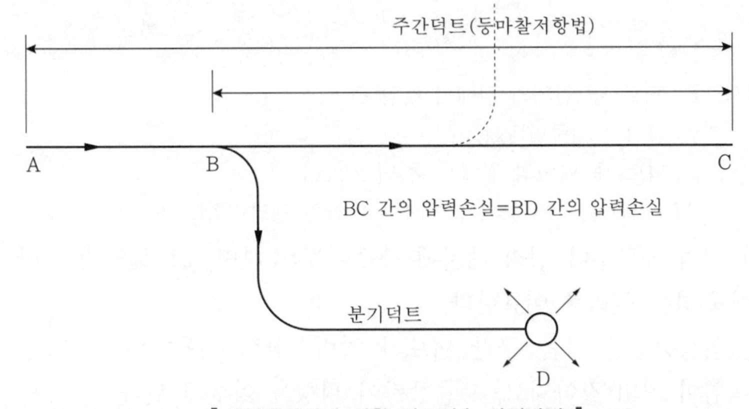

▌개량등압법에 의한 덕트치수 산정방법 ▌

7) 제연설비의 덕트에서는 동압은 무시해도 될 정도로 작아서 0으로 보고 정압=전압으로 본다. 따라서, 일반적으로 정압은 덕트의 맨 말단에서 필요로 하는 압력이라고 볼 수 있고, 동압은 덕트 내에서의 손실압력으로 볼 수 있다.
8) 예를 들어 말단에서 필요로 하는 압력 40[mmAq]이고 덕트길이 100[m], 덕트 1[m]당 손실압력 0.1[mmAq]일 때, 전압 = 정압 + 동압 = 40 + 10 = 50[mmAq]이고 이러한 경우에 송풍기의 최대 정압은 그보다 높은 60[mmAq]를 선정한다.

(3) 정압 재취득법(static pressure regain method)

1) **정의** : 풍속의 변화에 따른 정압의 증감을 반영한 것으로, 급기구 또는 분기 부분에서는 속도 감소로 정압이 증가하며 이 증가분을 다음의 급기구 또는 분기부까지의 직관 및 국부저항의 합계와 같게 하는 방법

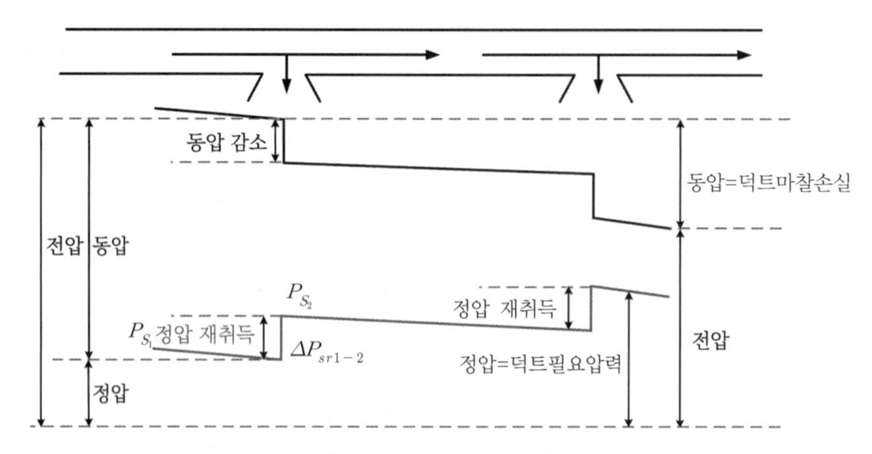

▍덕트에서 정압 재취득 ▍

2) 급기부의 정압분포가 양호하므로 주로 급기에만 적용한다.
3) 토출덕트에서는 일반적으로 주관과 연결된 분기부를 지나면 곧 덕트 내 풍속이 감소(동압감소)한다.

$$P_{S_1} + \frac{v_1^2}{2g}\gamma = P_{S_2} + \frac{v_2^2}{2g}\gamma + \Delta P_{sr1-2}$$

여기서, P : 덕트 내 임의의 점에서 정압[Pa]
γ : 공기의 비중량[kgf/m^3]
v : 덕트 내 임의의 점에서 유속[m/sec]
ΔP : 2점 사이를 공기가 흐르는 동안의 정압변화[Pa]

4) 상기 식의 베르누이 정리 때문에 풍속이 감소하면, 그 동압의 차만큼 정압이 상승(재취득)하는 원리를 이용한다.
① 정압상승분을 다음 구간 덕트의 압력손실로 이용하면, 덕트 각 분기부에서의 정압이 거의 같아지고, 토출풍량이 평형을 이루게 된다.

② 분기덕트 지점 이후의 주덕트 정압상승분을 여기에 이어지는 덕트의 압력손실에 이용하는 방법을 정압 재취득법이라 한다.

③ 정압 재취득(ΔP_{sr1-2})

$$\Delta P_{sr1-2} = R\left(\frac{v_1^2}{2g}\gamma - \frac{v_2^2}{2g}\gamma\right)$$

여기서, ΔP_{sr1-2} : 정압 재취득[kg/m²]

R : 정압 재취득계수라 하고 덕트 단면 내의 풍속분포가 일정하면 이론적으로는 1이지만 실험에 의하면 원형 덕트는 0.5, 정방형 덕트인 경우는 0.75~0.9 정도, 직관부 덕트에서 단면에 급격한 변화가 없는 경우에는 K값으로 0.8 정도를 사용하며 정압은 손실이 없으므로 $P_{S_1} - P_{S_2} = 0$이다.

④ 정압 재취득이 덕트의 국부저항계수가 전압기준으로 표시되어 있을 경우 저항계수 속에 정압 재취득분이 포함되어 있으므로 정압 재취득은 없게 된다.

5) 설계방법 – 덕트치수 결정방법

① 송풍기 출구에서 분기덕트가 있는 곳까지는 덕트 내의 허용풍속의 표를 이용하여 정압법으로 결정한다.

② 각 토출구와 접속되는 분기덕트의 치수결정(or)

㉠ '정압 재취득법에 의한 덕트 계산도 1'을 이용하여 각 토출구 사이의 덕트 상당길이와 구간풍량이 만나는 점의 K값을 결정한다.

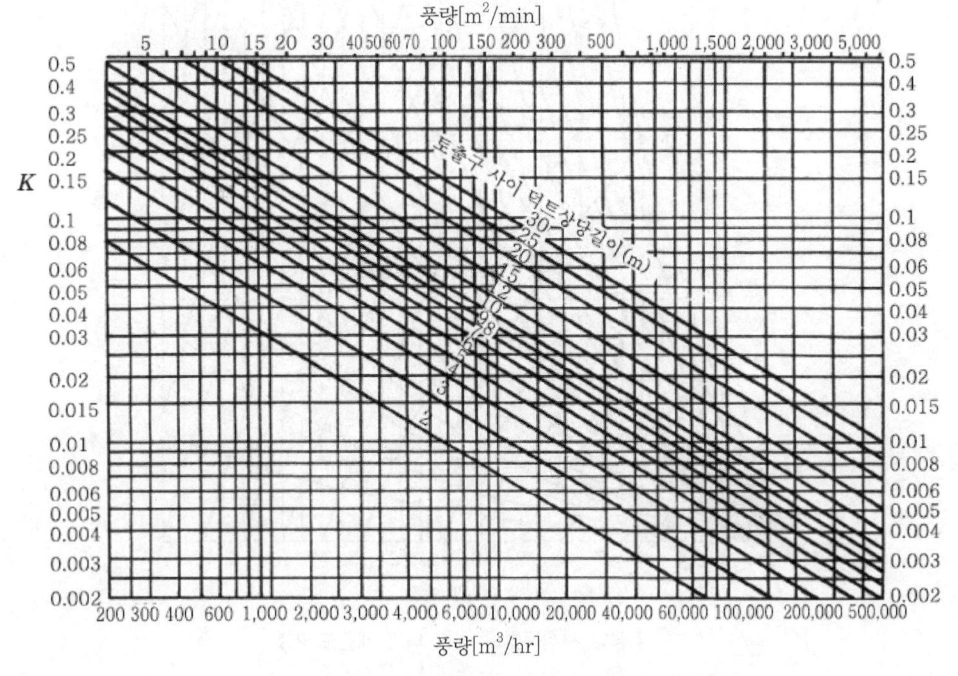

▌정압 재취득법에 의한 덕트 계산도 1▐

공식을 이용하면 다음과 같다.

$$K = \frac{l_e}{Q^{0.62}}$$

여기서, l_e : 각 토출구 사이의 덕트 상당길이[m]

$Q^{0.62}$: 구간풍량[m^3/hr]

㉡ 다음은 '정압 재취득법에 의한 덕트 계산도 2' 이용 : K와 구간풍속 v_1과의 교점에서 수직선을 아래로 긋고 구간풍속 v_2를 구한다.

다음 식으로 덕트 단면적을 산출한다.

$$A = \frac{Q}{v_2 \times 3,600} = a \times b$$

여기서, A : 덕트 단면적[m^2]

Q : 풍량[m^3/hr]

v_2 : 풍속[m/sec]

a, b : 덕트의 변길이[m](종횡비는 1 : 2.5 이하)

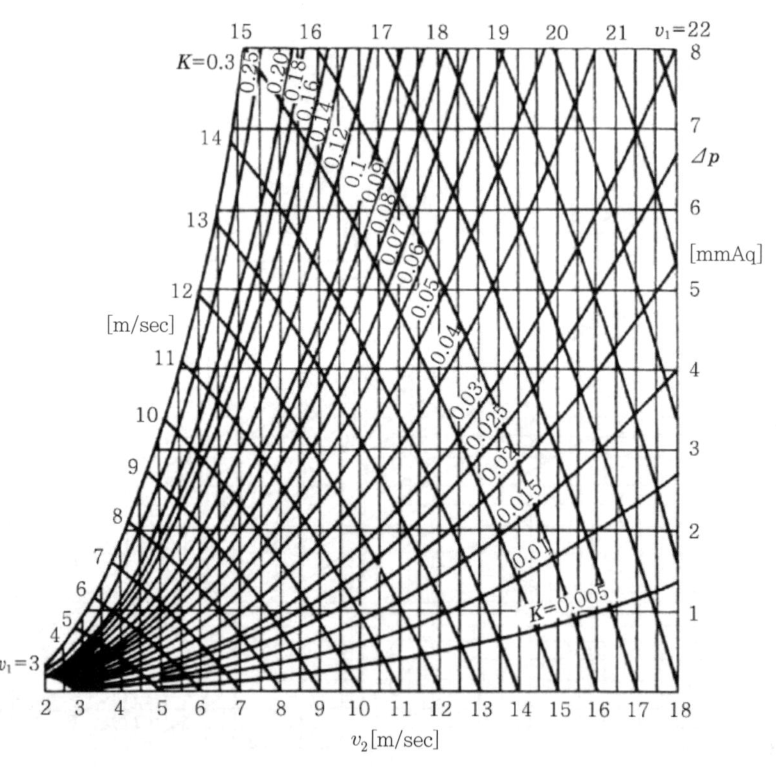

▌정압 재취득법에 의한 덕트 계산도 2▐

6) 장단점

장점	단점
① 풍속의 변화에 다른 정압의 증감을 반영(동압의 정압화)하여 각 분기지점에 정압을 동등하게 하여 덕트풍량의 균일화를 통해 급기구의 정압 분포가 일정함 ② 정압법에 비하여 동력이 절약되며 풍량조절이 쉬움	① 저속 덕트의 경우 이용할 수 있는 압력이 작기 때문에 정압법의 경우보다 덕트치수가 증대 ② 계산이 복잡하며 특별한 장점이 없어 사용 빈도가 낮음 ③ 수계산으로 적용하기에는 무리가 있음

저속 덕트의 경우에는 이용할 수 있는 압력이 작기 때문에 정압법의 경우보다 덕트치수를 크게 하여야 한다. 따라서, 이 방식은 고속 덕트에 적합하고 송풍기로부터 최초의 분기부까지 정압손실 및 토출구의 저항손실만을 계산하면 되므로 정압법에 비하여 동력이 절약되며 풍량조절이 쉽다.

(4) 전압법

1) 정의 : 덕트 각 부의 국부저항을 전압기준에 의해 저항계수를 사용하여 구하고 토출구에서의 전압이 같아지도록 설계하는 방법

2) 정압법에서는 덕트 내에서의 풍속변화를 동반하는 정압의 상승, 하강을 고려하지 않고 있으므로 급기덕트의 하류측에서 정압 재취득에 의한 정압이 상승하여, 상류측보다 하류측에서의 토출풍량이 설계치보다 커지는 경우가 있다. 이와 같은 불편함을 없애기 위해 각 토출구에서 전압이 동일해지도록 덕트를 설계하는 방법이 전압법이다.

3) 설계방법

① 기준경로 설정 : 흡입구에서 송풍기를 거쳐 토출구에 이르는 덕트경로 중에 최대 압력손실이 있는 덕트의 경로를 설정

② 풍속결정 : 송풍기 토출부에서의 주덕트 풍속을 '덕트 내 허용풍속 표'에서 나타낸 값을 참고로 하여 결정

③ 직관덕트 1[m]당 마찰저항손실 결정

㉠ 저속 덕트 : 0.08 ~ 0.2[mmAq]

㉡ 고속 덕트 : 1[mmAq]

④ 정압법에 의하여 기준경로의 각 부 덕트의 개략 치수를 결정한다.

⑤ 결정한 덕트 각 부의 마찰저항, 국부저항을 전압기준에 의하여 산정한다.

⑥ 송풍기 토출구에서 기준경로 토출구에 이르는 전압손실 계산 : 분기부 흐름의 방향전환부 등에서는 가능한 저항이 작은 형상의 것을 선정하여 기준경로의 전압손실이 작아지도록 한다.

⑦ 기준경로 이외의 토출구에 이르는 덕트경로에 대해서는 기준경로와 비슷한 전압손실이 되도록 덕트치수 또는 분기부 흐름의 방향변환의 형식을 선정

⑧ 기준경로의 전압손실과의 차 : 댐퍼, 오리피스 등을 사용하여 최종적으로 조정

4) 전압법은 가장 합리적인 덕트설계법이지만 일반적으로 정압법에 의하여 설계한 덕트계를 검토하는 데 이용되고 있으며, 전압법을 사용하게 되면 정압 재취득법은 필요가 없게 된다.

1. 공기와 물의 가장 큰 차이점은 밀도에 있다. 물에 비해 밀도가 대단히 작은 공기의 경우에는 유체의 이송에 필요한 소요압력이 매우 작기 때문에 전체 압력에너지에 동압이 차지하는 비중이 매우 크다. 따라서, 덕트 설계 시에는 반드시 동압을 고려해야 한다.
2. 덕트재질의 비교

구분	아연도강판덕트	알루미늄복합덕트	스테인리스덕트
단열성	별도의 보온필요	자체로 보온기능	별도의 보온필요
중량	0.8T : 7.4[kg/m^2] 1.0T : 9.0[kg/m^2] (G/W24K25T 보온 시)	1.38 ~ 1.44[kg/m^2]	0.6T : 6.5[kg/m^2] (G/W24K25T 보온 시)
결로현상	내외부 온도차에 의한 결로발생	결로없음	내외부 온도차에 의한 결로발생
차음성	신축, 공명에 따른 소음발생	차음효과 우수 (14.5[dB])	신축, 공명에 따른 소음발생
내항균성	공기 중 세균에 의한 오염	세균번식 억제기능	공기 중 세균에 의한 오염
내부식성	공기 중 습기에 의한 부식	부식 전혀 없음	부식에 강함
내약품성	공기 중 화학반응에 의해 급속히 부식	에폭시 코팅으로 내약품성 우수	염소, 질산, 염산, 황산에 취약
허용풍압	고압 사용 가능	최대 150[mmAq]	고압 사용 가능
허용풍속	고속 사용 가능	15[m/sec] 이하	고속 사용 가능
기밀성	약 10[%]의 누기	1[%] 이하의 누기	약 10[%]의 누기
시공성	① 절단, 절곡, 이음 등 가공이 복잡 ② 무거워서 제작설치의 어려움 ③ 별도 보온공사 필요	① 가공이 용이 ② 저중량 ③ 보온공사가 불필요	① 강도가 강하여 절단 절곡이 매우 곤란 ② 별도 보온공사 필요
외관	① 보온재로 표면이 고르지 못함 ② 주위 색채와 맞추려면 별도의 도장 필요	외관이 미려하고 원하는 컬러로 제작 가능	① 보온재로 표면이 고르지 못함 ② 주위 색채와 맞추려면 별도의 도장 필요
공사비	소	중	대

(5) 주덕트의 배치법

1) 간선덕트 방식 : 천장 취출, 벽 취출 방식 등

2) 환상덕트 방식 : VAV 유닛의 외주부 방식

3) 개별덕트 방식 : 소규모 건물

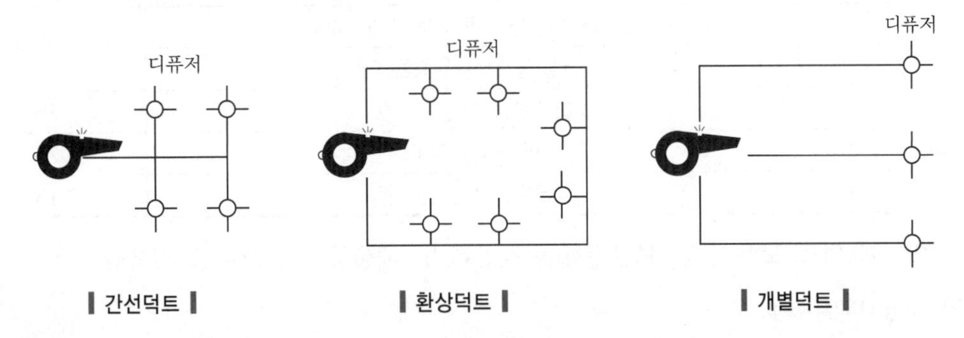

▎간선덕트 ▎ ▎환상덕트 ▎ ▎개별덕트 ▎

05 제연풍도(제연설비공사 표준시방서)

(1) 설치기준

1) 제연풍도는 제연 중에 변형, 탈락되지 않는 견고한 것으로 하여야 하고 유해가스, 유해물질 등을 발생시키지 않는 불연재료로 제작한다.

2) 풍도본체 110회 출제

① 재질 : 아연도금강판 또는 이와 동등 이상의 내식성, 내열성이 있는 것으로 한다.

② 배출풍도의 경우 내열성(석면재료 제외)의 단열재로 유효한 단열처리(배출용도만 해당)를 한다.

③ 예외 : 방화구획이 되는 전용실에 급기송풍기와 연결되는 풍도는 단열이 필요 없다.

④ 풍도 내의 풍속 : 15[m/sec] 이하

⑤ 강판의 두께에 따른 배출풍도 및 유입풍도의 크기

풍도단면의 긴변 또는 직경의 크기	450[mm] 이하	450[mm] 초과 750[mm] 이하	750[mm] 초과 1,500[mm] 이하	1,500[mm] 초과 2,250[mm] 이하	2,250[mm] 초과
강판두께	0.5[mm]	0.6[mm]	0.8[mm]	1.0[mm]	1.2[mm]

3) 풍도 부속품

부속품	재질	부속품	재질
강재	KS D 3503(일반 구조용 압연 강재)	리벳	리벳 및 동등 이상
볼트 및 너트	• KS B 1002(6각 볼트) • KS B 1012(6각 너트)	플랜지 패킹	불연재로 기밀이 유지되도록 한다.
플랙시블 조인트	내화성능이 있는 재료	–	–

(2) 제연풍도의 단열재

1) 제연덕트의 보온 두께

종별	보온재	보온두께[mm]
1	유리면 보온판 2호 24k, 32k, 40k	25
2	유리면 보온대 2호 24k, 32k, 40k	25
3	미네랄울 보온판 1호, 2호	25
4	미네랄울 보온대 1호	25
5	미네랄울 펠트	25
6	고무발포 보온판 1종	13

2) 제연덕트 보온재 및 보온두께를 적용하며, 배출풍도만 보온을 적용한다.

(3) 시공 129회 출제

1) 제연그릴

① 기밀이 유지되도록 접속하고 제연댐퍼의 작동부가 개방 시에 주변에 닿지 않도록한다.

② 점검구는 작동부가 보이는 위치에 설치한다.

③ 제연구 및 수동개방장치의 취급 시 충격 및 손상 등을 주지 않도록 충분히 유의하고 수동개방장치의 설치에 대하여는 다음 사항에 주의한다.

㉠ 장치의 손잡이 위치는 출입구의 부근 또는 피난 주통로에 보기 쉽고 작동이 쉬운 장소에 설치하고 그 조작방법을 명시한다.

㉡ 수동개방장치의 손잡이를 벽에 설치하는 경우는 바닥에서 0.8 ~ 1.5[m] 높이의 위치에, 천장으로부터 매달아 내리는 경우는 바닥에서 약 1.8[m] 높이로 설치한다.

㉢ 손잡이 조작은 단일조작으로 용이하게 될 수 있어야 하고, 시운전 검사 후 환원도 간단히 될 수 있도록 설치한다.

④ 수동개방장치와 제연 댐퍼에 연결하는 와이어 등의 거리는 가능한 한 짧아야 하고 굴곡부는 작으며, 굴곡이 있는 경우에는 곡률반경을 크게 하고 와이어 등의 마찰이 작게 되도록 시공한다.

2) 제연풍도

① 제연 개시 시에 급격한 온도상승 또는 진동 등에 의하여 풍도의 변형, 파손, 탈락 등이 생기지 않도록 보강, 지지를 충분하게 한다.

② 제연풍도는 가연물로부터 0.6[m] 이상 떨어지게 시공하는 외에 전선, 전선관 등에 접촉하지 않도록 주의한다.

③ 풍도의 행거 및 지지철물 KCS 31 20 20(3.2.1.(7))(덕트설비공사 시방서의 덕트의 행거 및 지지)에 따른다.

④ 풍도의 이음은 제연 시의 급격한 온도상승에 의해 변형되거나 진동에 의해 이음에서 누설이 없도록 한다.

⑤ 풍도가 열팽창에 의해 변형, 탈락, 파손되지 않도록 한다.

⑥ 제연풍도와 제연팬과의 접합부분은 내열성능 및 기밀성능이 있는 내화성 재료로 접합한다.

3) 제연풍도가 방화구획을 관통하는 경우 고려사항 127회 출제

① 수평 풍도가 방화구획을 관통하는 벽 및 바닥 부분은 강판제 등의 불연성 슬리브를 설치하며 풍도와의 틈새에는 내화채움구조로 하여 기밀이 유지되도록 한다.

② 풍도가 방화구획을 관통할 때는 방화 시에 쉽게 탈락되지 않게 하고 보존, 점검이 간단한 구조의 퓨즈 온도 280[℃]를 사용한 방화댐퍼를 견고히 설치하고, 점검구를 설치하여 날개 개폐 및 동작상태를 확인할 수 있도록 한다.

③ 향후 유지관리를 고려해 위치를 선정하고 점검이 가능한 구조로 설치한다.

④ 방화댐퍼 설치 시 벽체에 매립설치한다.

⑤ 제연풍도 내 스프링클러 설치를 검토한다.

4) 제연풍도의 단열

① 제연풍도는 난연성능을 확보한 단열재를 사용하여야 하며 가열재로부터 제연풍도 마감면까지 거리는 0.3[m] 이상 떨어지게 시공한다.

② 단열 시공순서는 풍도보온공사 시방에 따른다.

5) 풍량측정구 설치

① 흡입측 또는 토출측의 정상류가 형성되는 위치에 설치한다.

② 일반적 엘보 등 방향전환 지점 기준

㉠ 하류측 : 덕트직경의 7.5배 이상

㉡ 상류측 : 덕트직경의 2.5배 이상

SECTION 010

댐퍼(damper)

01 풍량조절댐퍼(volume damper)

(1) 설치위치

주(main)덕트로부터 구역별 분기점 또는 송풍기 출구측에 설치한다.

(2) 기능

날개의 열림 정도에 따라 풍량조절 및 폐쇄

(3) 날개의 작동

1) 댐퍼측과 연결된 레버 핸들이나 웜기어를 사용하여 수동으로 조절할 수 있다.

2) 전동모터와 연결하여 자동으로 제어한다.

(4) 정의

송풍기(또는 공기조화기) 토출측에 설치하여 유입풍도로 공급되는 공기의 유량을 조절하는 장치

02 방화댐퍼(fire damper) 123 · 116 · 115회 출제

(1) 화재 시 덕트를 통하여 다른 구역으로 화재가 전파되는 것을 방지하기 위하여 방화구역을 관통하는 덕트를 설치하는 차단장치로 개폐의 개념만 있지 풍량조절의 개념은 없다.

(2) 종류

1) 퓨즈링크 방화댐퍼

① 각 날개는 퓨즈 등으로 고정되어 있고 화재 시 높은 공기온도로 인해 퓨즈가 녹으면 날개가 회전하여 덕트를 폐쇄한다.

② 방화구획용으로 방화구획선상을 관통하는 덕트 관통부에 사용되는 퓨즈는 280[℃]가 사용된다.

③ 덕트가 제연용으로 사용될 때 초기에 댐퍼 폐쇄로 인해 제연의 효과를 저해할 수 있다. 제연덕트용 방화댐퍼는 120[℃](저온용), 280[℃](중온용), 540[℃](고온용) 퓨즈를 사용하며 퓨즈 선정 시 주의가 필요하다. 참고로 일본의 경우 중온용, NFPA의 경우는 저온용(74 ~ 141[℃], rated for 165[℉] up to 286[℉])을 사용한다.

④ 주기적 점검을 하지 않는 경우 링크와 축이 고착 우려가 있다(정기적으로 퓨즈를 제거해 폐쇄 유무 확인해야 함).

⑤ 「건축물방화구조규칙」에서 방화댐퍼는 연기 또는 불꽃을 감지하여 동작하도록 되어 있기 때문에 사용상 제한된다(2021년 8월 7일 이후).

2) 구동형 방화댐퍼

① 감지기가 감지하면 전기적 신호에 의해 구동기(actuator)가 댐퍼를 차단한다.

② 비상전원이 필요하다.

③ 개폐 여부를 확인할 수 있는 접점이 필요하다.

3) 연감지기 연동형 방화댐퍼 : 덕트 내 설치된 연기감지기의 신호를 받아 구동기가 댐퍼를 차단한다.

‖ 퓨즈링크 방화댐퍼 ‖

‖ 구동형 방화댐퍼 ‖

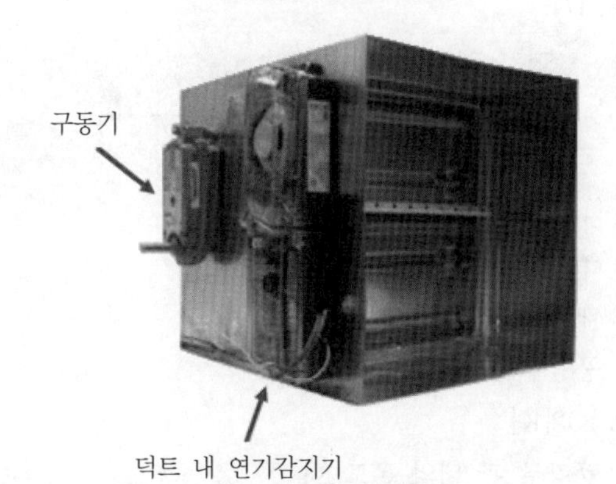

‖ 연감지기 연동형 방화댐퍼 ‖

(3) 방화댐퍼(「건축물방화구조규칙」 제14조)

1) 설치대상 : 환기 · 난방 또는 냉방시설의 풍도가 방화구획을 관통하는 경우에는 그 관통부분 또는 이에 근접한 부분에 다음의 기준에 적합한 댐퍼를 설치할 것

2) 예외 : 반도체 공장건축물로서 방화구획을 관통하는 풍도의 주위에 스프링클러 헤드를 설치하는 경우

3) 설치기준

① 화재로 인한 연기 또는 불꽃을 감지하여 자동적으로 닫히는 구조

꼼꼼체크 **개정내용** : 연기의 발생 또는 온도의 상승에서 → 연기 또는 불꽃을 감지하여

② 예외 : 주방 등 연기가 항상 발생하는 부분에는 온도를 감지하여 자동적으로 닫히는 구조

③ 국토교통부장관이 정하여 고시하는 비차열 성능 및 방연성능 등의 기준에 적합할 것 127 · 123회 출제

㉠ 내화시험 : 일부 차염성(면패드 제외)

㉡ 방연시험 : 20[℃], 20[Pa]에서 5[m³/min · m²](KS F 2822)

㉢ 감열체시험 : 최대 작동온도(일반용 105[℃], 고온용 140[℃]) 및 4분 이내 작동, 60±2[℃]에 1시간 동안 노출 시 부작동, 제조자가 제시하는 최대 설계 하중의 5배를 150시간 견디는 강도 이상(KS F 2847)

(4) 방화댐퍼 방연시험(KS F 2822)

1) 시험방법

① 시험체를 압력상자의 시험체에 부착한 후 시험체의 개폐상태를 확인하고, 연동폐쇄장치에 의해 폐쇄상태에서 시험한다.

② 압력조정기로 시험체 전후의 압력차를 10, 20, 30, 50[Pa]로 통기량을 측정한다.

③ 기류 방향을 앞뒤로 바꾸어 3회 실시한다.

2) 평가방법

① 통기량 산출(M)

$$M = \frac{Q}{A} \times \frac{P_1 \times T_0}{P_0 \times T_1}$$

여기서, Q : 전체 통기량[m^3/min]
A : 시험체 개구면적[m^2]
P_0 : 대기압[kPa]
P_1 : 풍량부 관 내의 압력[kPa]
T_0 : 293[K]
T_1 : 풍량부 관 내의 온도[K]

② 성능기준 : 20[℃], 20[Pa]에서 5[m^3/min]

(5) 설치기준(「건축자재 등 품질인정 및 관리기준」 제35조)

1) 미끄럼부는 열팽창, 녹, 먼지 등에 의해 작동이 저해받지 않는 구조일 것
2) 방화댐퍼의 주기적인 작동상태, 점검, 청소 및 수리 등 유지·관리를 위하여 점검구는 방화댐퍼에 인접하여 설치할 것
3) 부착방법은 구조체에 견고하게 부착시키는 공법으로 화재 시 덕트가 탈락, 낙하해도 손상되지 않을 것
4) 배연기의 압력에 의해 방재상 해로운 진동 및 간격이 생기지 않는 구조일 것

03 방연댐퍼(smoke damper)

(1) 연기감지기와 연동하여 작동되는 댐퍼로서, 실내의 연기를 감지하여 방연댐퍼가 덕트를 폐쇄시켜 다른 구역으로 연기의 침입을 방지하는 댐퍼이다.

(2) 기동방식에 따른 구분

1) 전기식 구동방식(electric actuator) : 전기적 신호에 의해서 구동하는 방식
2) 공기압식 구동방식(pneumatic actuator) : 공기압에 의해서 구동하는 방식

(3) 운영방식에 따른 구분(UL standard 555S, UL standard for safety for smoke dampers)

1) 수동적인 연기제어시스템(passive smoke control system) : 화재감지기나 발신기의 신호에 의해서 덕트를 폐쇄하여 공기와 연기의 순환을 방지하는 방식
2) 설계 연기제어시스템(engineered smoke control system) : 가압을 통하여 연기의 확산이나 이동을 방지하는 방식

▌방연댐퍼[14] ▌

14) Figure 3 : Example of a typical smoke damper. Photo courtesy of Ruskin. Photo courtesy of Ruskin. Fire Dampers and Smoke Dampers : The Difference is Important. By JOHN KNAPP

1. UL 555S의 댐퍼의 누기등급

누기등급(class)	누설량[L/sec/m²]		
	1.0[kPa]	2.0[kPa]	3.0[kPa]
Ⅰ	40.6	55.9	71.1
Ⅱ	102	142	178
Ⅲ	406	569	711

2. UL/AMCA 기준 : 댐퍼에 인증표시 부착
3. AMCA Standard 511 : 누설등급[cfm/ft²]

누설등급	1″ w.g. 0.25[kPa]	4″ w.g. 1.0[kPa]	6″ w.g. 1.5[kPa]	8″ w.g. 2.0[kPa]	12″ w.g. 3.0[kPa]
1A	3	N/A	N/A	N/A	N/A
1	4	5.6	8	9.8	13.8
2	10	14	20	24.5	34.6
3	40	56.5	80	98	138.5

* w.g.(inch of water gauge) : 수두의 계기압

04 방연방화댐퍼(smoke and fire damper)

방연댐퍼 날개에 퓨즈를 설치하여 방화댐퍼의 기능을 겸하는 댐퍼이다.

▌방연방화댐퍼15) ▌

15) Figure 4 : Example of a combination fire/smoke damper with electric heat release device. Photo courtesy of Ruskin. Photo courtesy of Ruskin. Fire Dampers and Smoke Dampers : The Difference is Important. By JOHN KNAPP

05 플랩댐퍼(flap damper) 123회 출제

(1) 정의

실 내부가 규정된 최대 압력에 도달되었을 때 댐퍼가 열리도록 설치된 댐퍼

(2) 기능

부속실 제연 시 과압방지

(3) 재질

1) 댐퍼날개 및 프레임은 두께 1.5[mm] 이상의 열간압연 연강판 및 강대(KS D 3501) 또는 이와 동등 이상의 강도 및 내식성이 있는 불연재료이어야 하며, 내열성이 있어야 한다.
2) 사용되는 재료는 부식방지 조치를 하여야 한다. 단, 내식성이 있는 재료는 그러하지 아니한다.

(4) 작동

부속실 과압이 발생하여 설정압력 이상 시 작동

(5) 성능기준

작동시험, 성능시험, 배출량시험, 내구성능, 온도환경시험, 염수분무시험, 내열성 시험, 내식시험, 전원전압 변동시험, 절연저항시험, 절연내력시험, 분진시험 및 전기자기 적합성 시험을 만족할 것

(6) 주의사항

댐퍼가 급기구에 너무 근접하여 설치된 경우 너무 빨리 작동할 우려가 있으므로 댐퍼 위치는 신중하게 고려하여야 한다.

(7) 설치대상

피압구, 부속실 제연설비 과압방지

06 복합댐퍼(multiplex damper)

(1) 정의

건물 내 덕트공사 시 송풍기 토출측에 설치하여 차압성능으로 개방, 폐쇄 기능과 함께 댐퍼의 수동개방이 가능하도록 핸들을 설치해놓은 구조이다.

(2) 원리

차압센서에 의해 풍량을 자동으로 제어하는 기존의 풍량조절댐퍼와 좌측의 수동조절핸들 사용을 같이 하는 방식으로 규정 풍량을 맞춰주는 원리이다.

(3) 설치위치

송풍기 토출측과 덕트의 캔버스 이음 사이, 자동 차압급기댐퍼

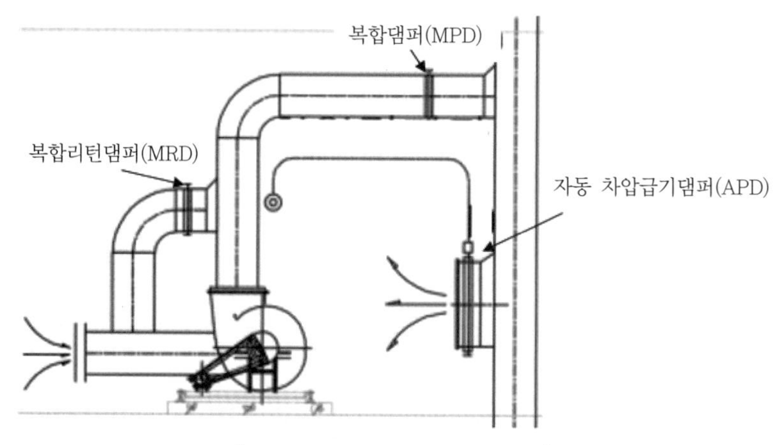

▌부속실 과압방지 대책(복합댐퍼)▐

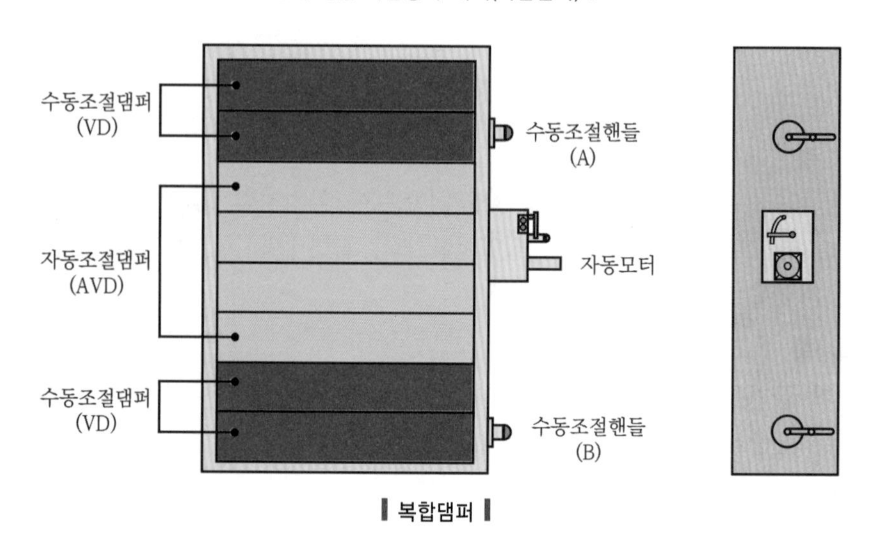

▌복합댐퍼▐

07 자동 차압급기댐퍼 123회 출제

(1) 설치목적

제연구역과 옥내와의 적정 차압을 유지하기 위한 복합댐퍼의 일종

(2) 재질

1) 환경변화에 따른 내구성이 있어야 한다.
2) 댐퍼날개 및 프레임은 두께 1.5[mm] 이상의 열간압연 연강판 및 강대(KS D 3501)이거나 알루미늄 및 알루미늄합금 압출형재 중 A6063S T6(KS D 6759) 또는 이와 동등 이상의 강도 및 내식성이 있는 불연재료이어야 하며, 내열성이 있어야 한다.

3) 댐퍼에 사용되는 재료는 부식방지 조치를 하여야 한다. 단, 내식성이 있는 재료는 그러하지 아니하다.

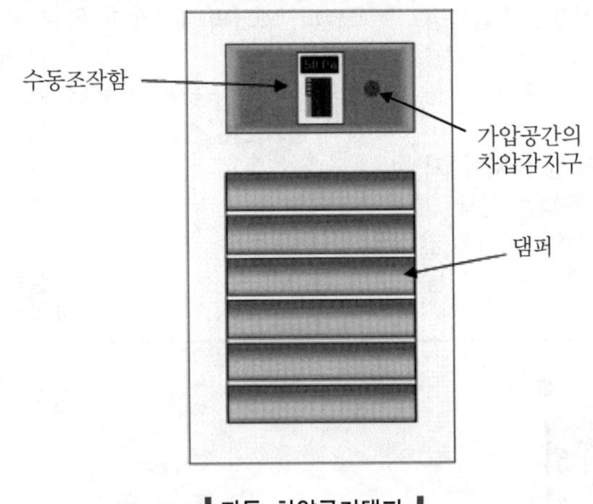

▌자동 차압급기댐퍼 ▌

(3) 작동

1) **원칙** : 옥내 화재감지기 또는 수동기동장치에 따라 모든 제연구역 댐퍼 개방

2) **예외** : 둘 이상의 특정소방대상물이 지하에 설치된 주차장으로 연결되어 있는 경우에는 특정소방대상물의 화재감지기 및 주차장에서 하나의 특정소방대상물의 제연구역으로 들어가는 입구에 설치된 제연용 연기감지기의 작동에 따라 해당 특정소방대상물의 수직풍도에 연결된 모든 제연구역의 댐퍼가 개방되도록 하거나 해당 특정소방대상물을 포함한 둘 이상의 특정소방대상물의 모든 제연구역의 댐퍼가 개방되도록 할 것

(4) 성능기준

1) 작동시험, 누설량시험, 개폐작동시험, 무전기 출력반응시험, 온도환경시험, 전자파 적합성, 개폐반복시험, 전원전압 변동시험, 절연저항시험, 진동시험, 염수분무시험, 분진시험, 내식시험, 내열성 시험을 만족할 것

2) **작동시험** : 부속실 모형의 출입문이 닫힌 시점부터 차압이 작동 차압범위 중 최댓값(max 40[Pa])으로 떨어질 때까지의 평균시간이 10초 미만, 출입문이 닫힌 시점부터 10초 이후에는 차압범위로 유지되어야 한다.

(5) 감지관

1) **목적** : 부속실(전실)의 압력과 이외 장소의 압력을 감지하여, 급기댐퍼로 풍량을 조절하여, 부속실에 일정량(40[Pa])의 차압을 유지하여야 한다.

2) 차압측정공

설치목적	설치장소	법적 기준
① 제연구역의 정확한 차압측정 ② 방화문을 열지 않고 차압을 측정하여 법적기준 차압 형성 여부 판단 ③ 노후된 댐퍼의 성능 저하, 자체결함 등의 문제점 검사 ④ 차압측정용 관의 찌그러짐, 누설 및 차압표시계 고장 등의 검사	① 특별피난계단의 부속실과 옥내 사이 ② 비상용 승강기 승강장과 옥내 사이 방화문에 적용	특별피난계단의 계단실 및 부속실 제연설비의 화재안전기술기준(NFTC 501A) 2.22.2.5.1에 따른 시험 등의 과정에서 출입문을 개방하지 않은 제연구역의 실제 차압이 2.3.3의 기준에 적합한지 여부를 출입문 등에 차압측정공을 설치하고 이를 통하여 차압측정기구로 실측하여 확인 · 조정할 것

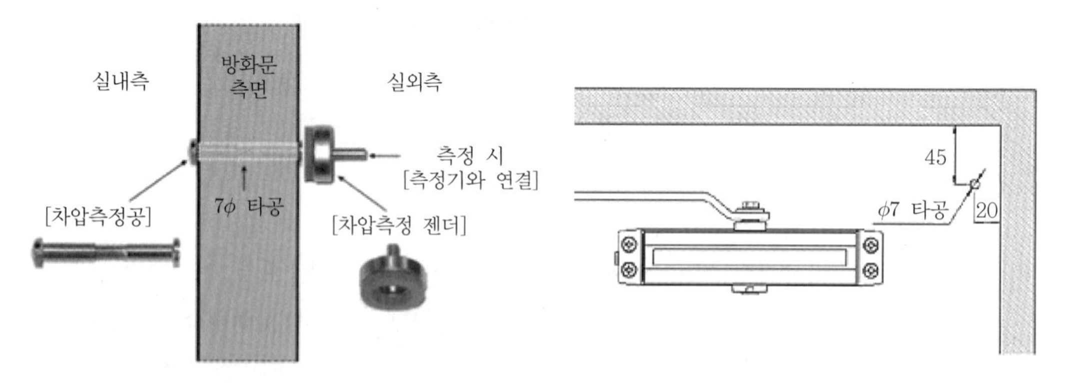

▌차압측정공의 설치도와 설치위치▐

3) 차압측정관의 설치위치

① 해당 층의 옥내와 동일한 높이를 가지는 실내(제3의 장소)에 설치하여야 한다.

② 차압감지관을 제3의 장소에 설치하는 데 있어 적용시점(건축허가 신청시기)

㉠ 2005.06.15. 이전 : 옥내 또는 제3의 장소(외기에 영향 없는 곳)에 설치

㉡ 2005.06.15. 이후 : 제3의 장소에 설치하여야 함

③ 예외 : 스프링클러가 설치된 아파트의 경우는 옥내에 설치할 수 있다.

④ 감지관이 설치된 장소와 감지관이 설치되지 않은 부속실과의 차압이 다르게 동작하여, 압력에 의해 작동되는 급기댐퍼의 오동작으로 피난로에 연기를 제어하지 못하게 되어, 심각한 인명 피해가 발생할 수 있다.

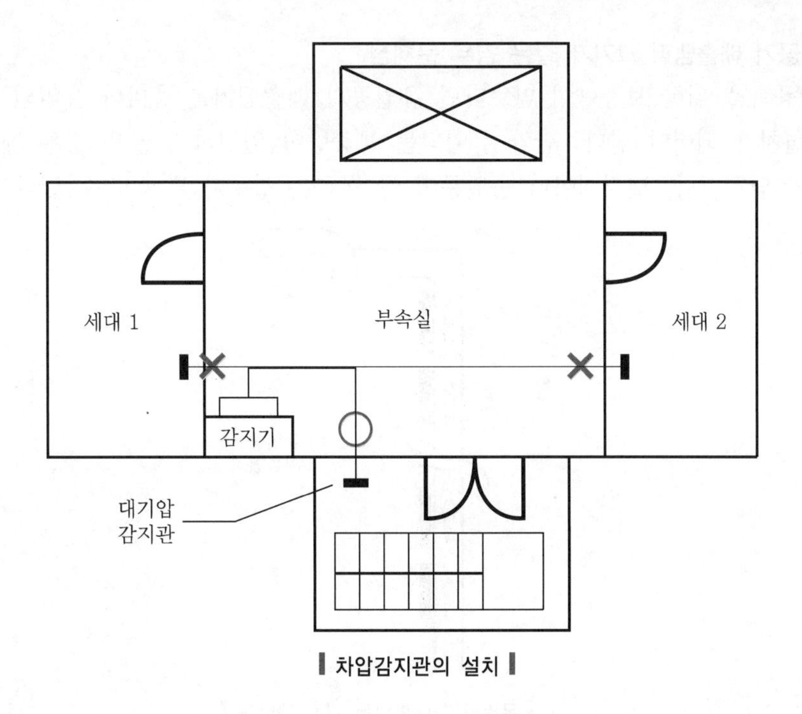

▌차압감지관의 설치▐

08 배출댐퍼 123회 출제

(1) 설치목적

옥내에 설치하여 제연구역으로부터 유입되는 유입공기를 배출하여 제연설비의 성능이 제 기능을 하기 위한 것이며, 유입공기를 배출하지 않으면 차압이 형성되지 못하고 동압(방연풍속)으로 차압을 유지할 수 없기 때문에 설치하는 댐퍼이다.

(2) 재질

1) 두께 1.5[mm] 이상의 강판 또는 이와 동등 이상의 성능
2) 부식방지조치

(3) 작동

옥내 화재감지기 또는 수동 기동장치에 따라 해당 층 댐퍼를 개방한다.

(4) 성능기준

1) 수직풍도 내부로 돌출되지 않도록 설치한다.
2) 평상시 닫힌 구조로 기밀상태를 유지한다.
3) 점검 및 정비가 가능한 이 · 탈착 구조
4) 개폐 여부를 해당 장치 및 제어반에서 확인할 수 있는 감지기능을 내장한다.
5) 구동부 작동상태 및 기밀상태를 수시로 점검할 수 있는 구조
6) 개방 시 실제 개구부(개구율을 감안한 것)의 크기는 수직풍도의 내부단면적 이상으로 할 것

(5) 유입공기 배출댐퍼 크기가 같은 경우 문제점

방연풍속을 위한 보충량이 다르다면 유입공기 배출댐퍼를 층마다 유입되는 풍량에 맞게 설치가 되어야 한다. 만약 유입되는 보충량이 일정하지 않을 경우 계단실 출입문이 안 닫히거나, 엘리베이터 출입문이 안 닫히는 경우가 발생할 수 있다.

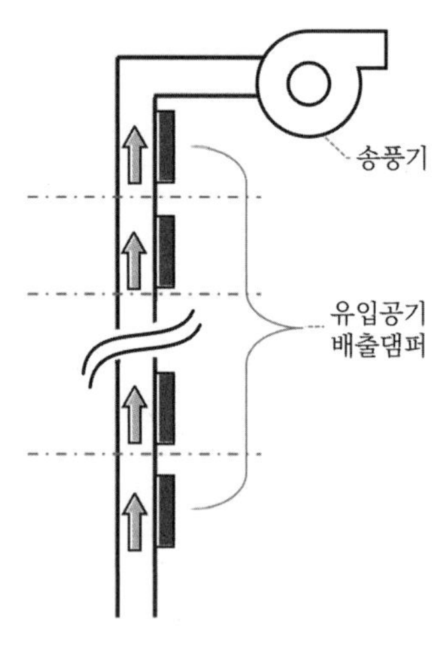

▌유입공기 배출댐퍼 설치 개념도▐

09 기타

(1) 액추에이터의 정격토크

1) 원형 댐퍼 : $T[\text{kg}\cdot\text{m}] = \dfrac{d^3 \times \Delta P}{12 \times n} \times 10^{-9} \times 1.8$

2) 사각댐퍼 : $T[\text{kg}\cdot\text{m}] = \dfrac{a^2 \times b \times \Delta P}{8 \times n} \times 10^{-9} \times 1.8$

여기서, T : 토크[kg · m]
a : 세로길이[m]
b : 가로길이[m]
d : 댐퍼의 직경[mm]
n : 날개의 개수
ΔP : 정압[mmAq]
1.8 : 계수로, 베어링에 따라 변경됨

(2) 제연댐퍼 128회 출제

1) 제연댐퍼의 기본가닥수 : 전원 2가닥(+, −) + (댐퍼기동 1가닥, 기동확인 1가닥) × 댐퍼수

2) 기동, 확인이 1가닥인 이유 : 전원선과 공통선을 겸용하기 때문이다.

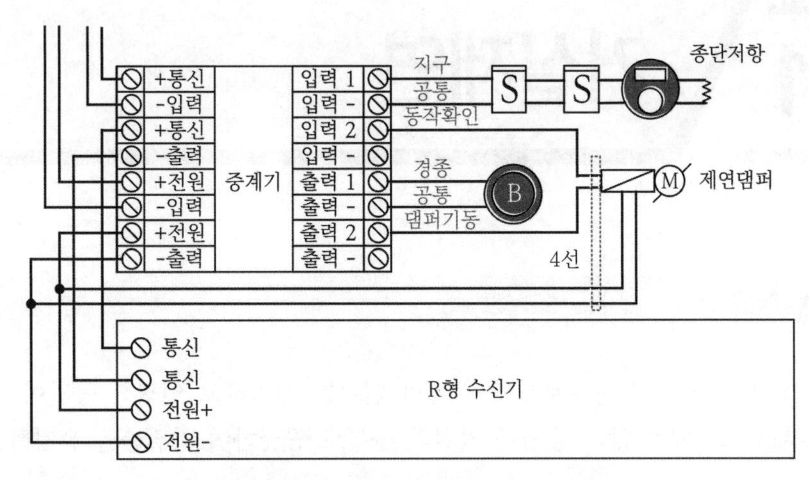

▌제연댐퍼와 중계기, 수신기와 구성도 ▌

3) 4선식의 문제점

① 전원선(−)을 공통선으로 사용하므로 단선 시 전체 계통의 기능이 불능이 된다.

② 화재로 인한 단락 시 차단기가 작동하여 제연댐퍼의 작동이 불능이 된다.

③ 댐퍼회로 공통선 가닥수의 제한 없음 : 연결된 댐퍼수 과다, 전선길이가 과다한 경우 전압강하로 댐퍼의 작동전압이 보다 낮게 되어 미작동이 발생할 수 있다.

④ 수동조작으로 댐퍼작동이 곤란하다. 자동고장 시에 대비한 Fail safe 대책이 미비하다.

⑤ 기동신호와 동시에 댐퍼 개방신호가 확인되어 댐퍼의 완전한 개방 여부의 확인은 곤란하다.

⑥ 댐퍼 과부하에 따른 이상신호 확인이 곤란하다.

4) 대책

① 공통선

구분	1안	2안	3안
내용	전원, 기동, 확인 공통선 분리	기존 4선식 + Loop 배선 적용	전원선 댐퍼수 제한
장점	1개소 단선 시에도 신뢰성 확보	• 단선 시에도 작동, Fail safe • NFPA 72 Class A와 동일한 개념	공통선 이상 시 문제구간 감소
단점	댐퍼수×2가닥 비용 상당 증가	• 전원 Loop 비용 증가 • 기술검증, 호환성, 신제품개발 필요	기준정립 필요

② 수동조작이 가능하도록 접점을 추가한다.

③ 리밋 스위치를 사용하여 개방과 폐쇄신호를 수신기에서 확인하도록 한다.

④ 댐퍼 과부하 등 이상신호 접점을 추가한다.

SECTION 011

거실제연

01 개요

(1) 화재가 발생한 구역 상부로부터 고온의 연기를 제거하고 인접한 공간이나 외부 환경으로부터 오염되지 않은 공기를 거실의 하부로 공급하여 청결층을 유지하는 제연방식이다.

(2) **거실제연의 주요 관심사항**

1) 배기구, 급기구

2) 제연용 팬

3) 예상제연구역 또는 제연방식

4) 제연설비와 소화설비 연계

(3) **거실제연과 부속실 제연 비교**

1) 비교표

구분	거실	부속실
제연방식	급 · 배기 방식	급기가압방식
제연목적	연기층과 청결층의 형성을 통해 피난가능시간 확보	안전구역 연기침입 방지
적용	거실, 통로	피난경로(부속실, 계단, 승강장)
제연댐퍼 개방	① 동일실 급 · 배기 : 소규모 거실 ② 인접구역 각각 제연 : 화재실 배기, 인접실 급기 ③ 통로배기방식	① 급기 : 전층 ② 배기 : 해당 층 ③ 과압형성방지 : 플랩댐퍼
급기댐퍼 재질	별도의 규제가 없음	「자동 차압급기댐퍼의 성능인증 및 제품검사의 기술기준」에 적합한 것
급기 풍도풍속	20[m/sec]	15[m/sec]
풍속	최대 풍속	방연풍속
보호대상	화재실과 안전구역으로 이동경로의 피난자의 안전확보	피난자의 안전구역 및 소방대의 안전확보
제어원리	배출	가압

2) 비교맵핑

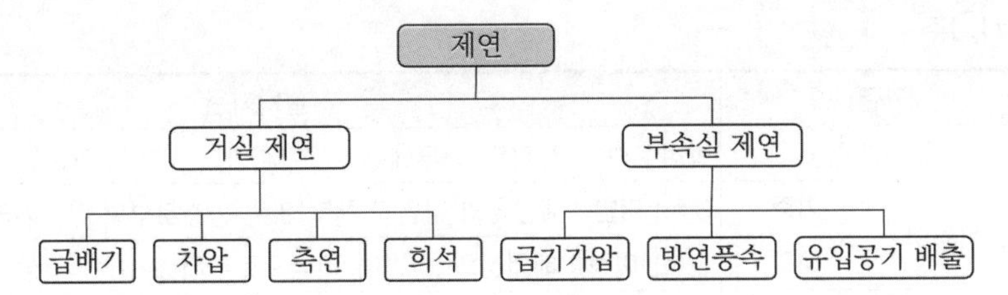

(4) 목적

1) 탈출 경로 및 인접 공간으로 유입되는 연기 및 고온 가스의 전파를 제한한다.
2) 소화활동의 편의를 도모한다.
3) 고온 가스에 대한 노출로 인한 재산 피해를 감소시킨다.

02 법적 설치 대상

(1) 거실의 채광 등(「건축법 시행령」 제51조 제2항)

1) 다음 건축물의 거실에는 국토교통부령으로 정하는 기준에 따라 배연설비(排煙設備)를 설치한다.

<table>
<tr><th>기준</th><th colspan="2">용도</th><th>비고</th></tr>
<tr><td rowspan="6">6층 이상</td><td rowspan="2">제2종 근린생활시설</td><td>공연장</td><td rowspan="3">바닥면적 300[m^2] 이상</td></tr>
<tr><td>종교집회장</td></tr>
<tr><td colspan="2">인터넷 컴퓨터 게임시설제공업소</td></tr>
<tr><td colspan="2">다중 생활시설, 문화 및 집회시설, 종교시설, 판매시설, 운수시설, 의료시설(요양병원 및 정신병원은 제외), 교육연구시설 중 연구소, 수련시설 중 유스호스텔, 운동시설, 업무시설, 숙박시설, 위락시설, 관광휴게시설, 장례시설</td><td rowspan="8">전부</td></tr>
<tr><td rowspan="2">노유자시설</td><td>아동관련 시설</td></tr>
<tr><td>노인복지시설(노인요양시설은 제외)</td></tr>
<tr><td rowspan="5">해당 용도</td><td rowspan="2">의료시설</td><td>요양병원</td></tr>
<tr><td>정신병원</td></tr>
<tr><td rowspan="3">노유자시설</td><td>노인요양시설</td></tr>
<tr><td>장애인 거주시설</td></tr>
<tr><td>장애인 의료재활시설</td></tr>
</table>

2) 예외 : 피난층

(2) 배연설비(「건축물의 설비기준 등에 관한 규칙」 제14조 제1항) 116 · 100 · 80 · 69회 출제

1) 설치기준

구분		설치기준
설치개수		방화구획이 설치된 경우에는 그 구획마다 1개소 이상의 배연창을 설치
설치높이	기준	3[m] 미만 : 배연창의 상변과 천장 또는 반자로부터 수직거리가 0.9[m] 이내
	예외	3[m] 이상 : 배연창의 하변이 바닥으로부터 2.1[m] 이상
배연창 유효면적	최소 기준	1[m^2] 이상
	일반기준	바닥면적의 100분의 1 이상
	바닥면적 산정 예외	바닥면적의 20분의 1 이상으로 환기창을 설치한 거실의 면적
배연창의 구조	자동기동	연기감지기 또는 열감지기에 의하여 자동으로 열 수 있는 구조
	수동병행	손으로도 여닫을 수 있도록 할 것
	예비전원	예비전원에 의하여 열 수 있도록 할 것
기계식 배연설비		소방관계법령의 규정에 적합하도록 할 것

2) 건축법상의 배연창 : 화재로 인한 부력을 이용한 자연배출 방식

3) 소방법상의 제연

① 배출기를 이용한 기계배출 방식

② 건축법상 배연창 대상이면서 소방법상 거실제연설비 대상인 경우 소방법상의 기준에 따라 설치하여야 한다.

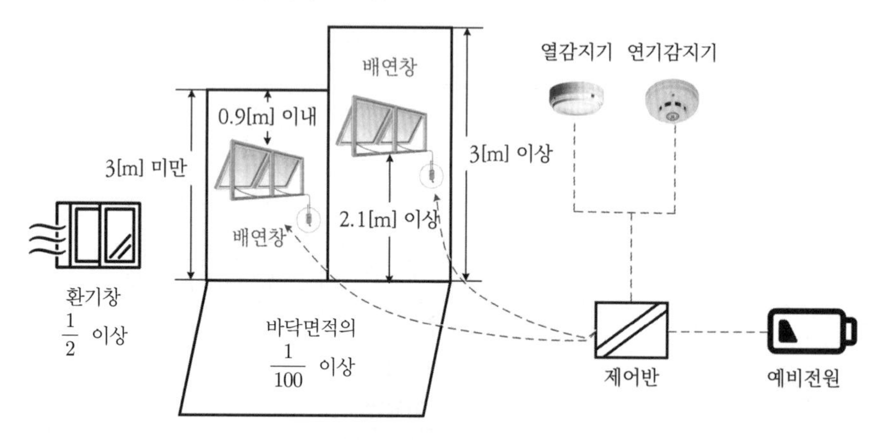

▍배연설비 설치기준▐

(3) 설치 및 면제대상

1) 거실제연 설치대상(「소방시설 설치 및 관리에 관한 법률 시행령」 [별표 4]) 76 · 74회 출제

적용 기준		설치대상
문화 및 집회, 종교, 운동	무대부 바닥면적	200[m²] 이상
	영화상영관 수용인원	100인 이상
지하층 또는 무창층	근린생활, 판매, 운수, 숙박, 위락, 의료, 노유자 또는 창고(물류터미널)로서 해당 용도로 사용되는 바닥면적의 합계	1,000[m²] 이상인 층
	시외버스정류장, 철도 및 도시철도 시설, 공항시설 및 항만시설의 대합실 또는 휴게시설	1,000[m²] 이상
지하가(터널은 제외)로서 연면적		1,000[m²] 이상
예상 교통량, 경사도 등 터널의 특성을 고려하여 행정안전부령으로 정하는 터널		길이 500[m] 이상 (도로터널지침)

2) 면제대상 105회 출제

① 공기조화설비가 화재 시 제연설비로 자동 전환되는 구조

② 직접 외기로 통하는 배출구 면적의 $\frac{1}{100}$ 이상, 배출구로부터 수평거리가 30[m] 이내 설치되고, 공기유입이 직접 자연적으로 유입 시에는 유입구의 크기는 배출구 크기 이상인 경우

③ 제연설비를 설치해야 할 특정소방대상물 중 화장실 · 목욕실 · 주차장 · 발코니를 설치한 숙박시설(가족호텔 및 휴양콘도미니엄에 한함)의 객실과 사람이 상주하지 않는 기계실 · 전기실 · 공조실 · 50[m²] 미만의 창고 등으로 사용되는 부분에 대하여는 배출구 · 공기유입구의 설치 및 배출량 산정에서 이를 제외할 수 있다.

03 설계 시 검토사항

(1) 예상제연구역

1) 면적 : 1,000[m²] 이내

2) 길이 : 60[m] 이내

3) 제연경계구획 : 보, 제연경계벽, 벽

(2) 제연방식

동일실, 인접구역 상호, 통로배출

구분	배출		급기	
	단독제연	공동제연	동일실 제연	인접구역 각각 제연
방식	① 소규모 거실 ② 대규모 거실 ③ 통로	① 제연경계 : 최대 ② 벽 : 합산	화재실 급기	① 거실 급 · 배기방식 ② 거실 배기 통로 급기방식

(3) 배출량

1) 제연경계 수직거리 증가 → 연기발생량 증가 → 연기배출량 증가
2) **통로길이** : 40[m]가 기준
3) **바닥면적** : 400[m^2]가 기준
4) 연기발생량은 화원의 크기 및 청결층 높이의 함수이지만 NFTC의 경우 배출량은 구획실 면적 및 제연구역의 직경을 고려한다.

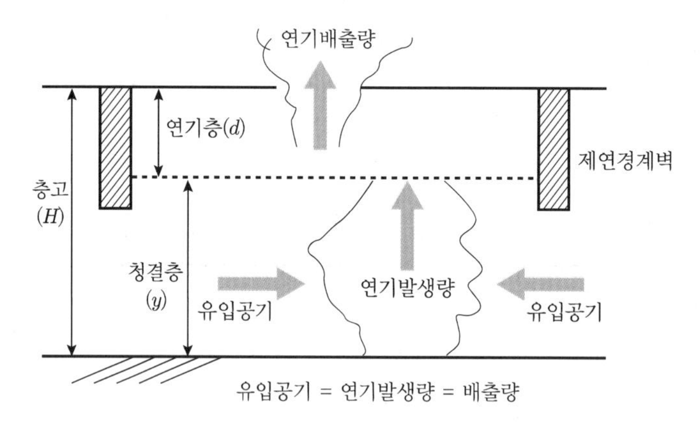

▌거실제연의 연기발생량 ▌

(4) 제연설비 정격운전시간

1) **정의** : 화재감지로부터 제연설비 정격운전까지 소요되는 시간
2) Hinkley 공식으로 계산한다.

$$t = \frac{20A}{P_f\sqrt{g}} \times \left(\frac{1}{\sqrt{y}} - \frac{1}{\sqrt{H}}\right)$$

여기서, t : 연기층이 하강하는 데 걸리는 시간[s]
P_f : 화원의 둘레[m]
A : 천장면적[m^2]
y : 바닥에서 청결층까지 높이[m]
H : 천장의 높이[m]
g : 중력가속도[m/sec^2]
공기온도 : 17[℃]
연기온도 : 300[℃]

(5) 제연설비 작동감지기(수동기동장치)의 설치, 위치, 방식

1) 각각 제연방식의 자동기동은 화재구역 외부의 감지기가 작동할 가능성이 있으므로 설계하기 전에 오동작 등에 대하여 주의깊게 검토가 필요하다.
2) 예상제연구역(또는 인접장소) 및 제어반에서 수동으로 기동할 수 있다.

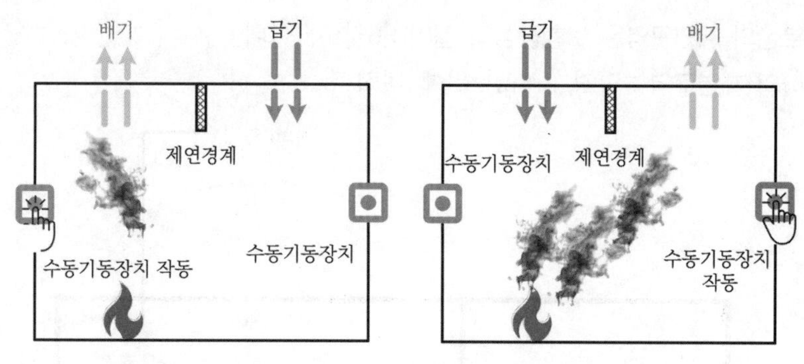

▌화재발생구역 기동 시▐ ▌비화재발생구역 기동 시(오동작)▐

(6) 배출구

1) 배출구 면적 : Plug-holing이 발생하지 않도록 설계한다.

2) 배출구 배치 : 수평거리 10[m] 이내

(7) 공기유입방식 및 유입구

1) 공기유입방식

2) 유입구 면적 증가$\left(\dfrac{h_2}{h_1}=\left(\dfrac{A_1}{A_2}\right)^2\cdot\dfrac{T_i}{T_o}\right)$ → 중성대 상부길이(h_2) 증가 → 화재실 압력 증가 → 배출속도 증가$\left(v=\sqrt{2\dfrac{\Delta P}{\rho}}\right)$ → 연기배출량 증가

04 예상제연구역 114 · 109 · 82회 출제

(1) 구획기준

1) 하나의 제연구역 면적 : 1,000[m²] 이내

2) 거실과 통로 : 각각 제연구획

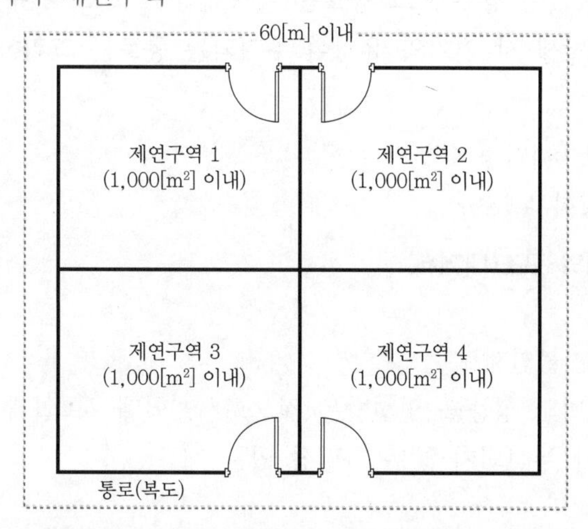

▌예상제연구역(면적제한, 통로길이제한, 거실과 통로 각각 제연)▐

3) 통로상의 제연구역은 보행중심의 길이 : 60[m] 이내

4) 하나의 제연구역 : 직경 60[m] 원에 내접

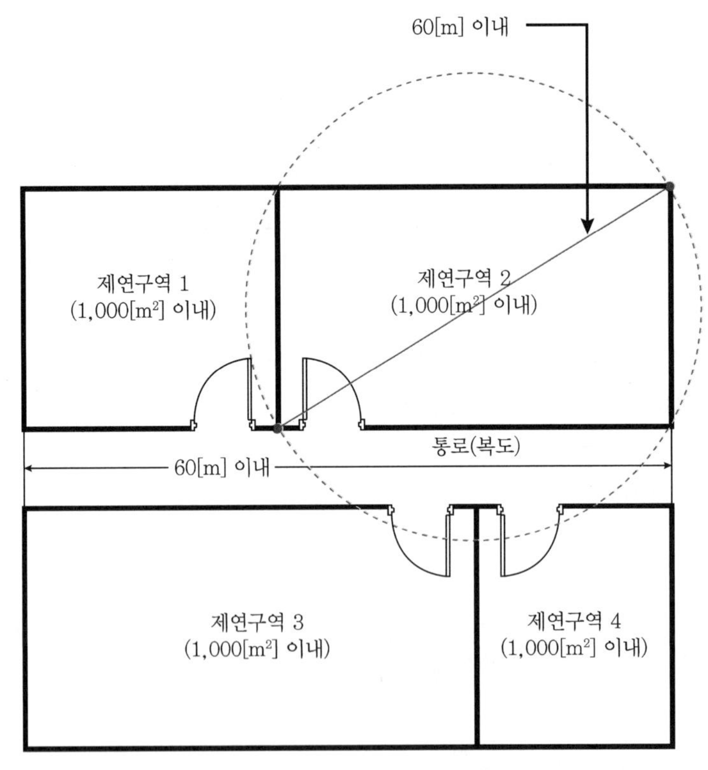

▌제연구역의 보행중심거리▐

5) 하나의 제연구역 : 2개 이상의 층에 미치지 아니할 것

6) 통로의 예외

① 주요 구조부가 내화구조이며 마감이 불연재료 또는 난연재료로 처리되고 가연성 내용물이 없는 경우에 그 통로는 예상제연구역으로 간주하지 아니할 수 있다.

② 단, 화재발생 시 연기의 유입이 우려되는 통로는 그러하지 아니하다.

(2) 구획방법

1) 제연경계 : 보, 제연경계벽

2) 벽 : 셔터, 방화문 포함

(3) 제연구역의 구획의 구조(내제제)

1) 재질(or)

① 내화구조, 불연재료

② 제연경계벽의 성능을 인정받은 것으로서, 화재 시 쉽게 변형·파괴되지 아니하고 연기가 누설되지 않는 기밀성 있는 재료

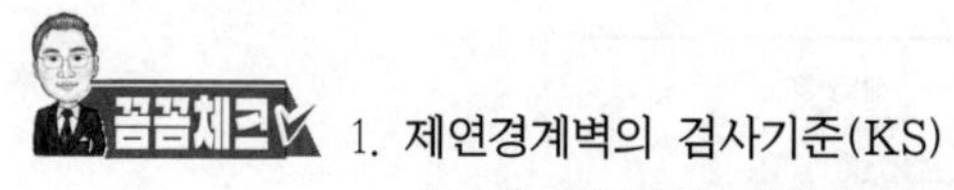

1. **제연경계벽의 검사기준(KS)**
   ① 서류에 의한 예비검사기준
   ㉠ 불연재료일 것
   ㉡ 가동식인 경우 미끄럼부가 열에 의한 변형이나 탈락 또는 녹, 먼지 등으로 인해 작동불량이 없을 것
   ㉢ 부착위치가 적절할 것
   ㉣ 제품의 높이가 적절할 것
   ㉤ 연감지기 연동식은 감지기의 부착위치가 적절할 것
   ㉥ 제어감시회로가 적정할 것
   ㉦ 전선은 내열처리할 것
   ② 부위검사기준 : 겉모양검사 및 성능검사기준
   ㉠ 장애물이 없을 것
   ㉡ 미끄럼동작 양호(가동식)
   ㉢ 작동 시 충격이 주변에 영향을 주지 않음(가동식)
2. **제연경계벽 및 제연커튼의 성능시험항목 및 시험방법**(ISO 21927-1)

시험항목	시험방법 및 성능요건	비고
일반사항	규격화된 시험체의 크기 규정(두 가지) ① 최대 폭 3[m], 작동거리 10[m] ② 최소 폭 10[m], 작동거리 3[m]	작동거리는 제연커튼에 해당
반복작동 시험	단순한 미끄럼 동작상태 확인만으로 화재 시 동작의 확실성과 신뢰성 확보가 곤란하므로 반복시험 기준을 정량화하여 주동력으로 1,000사이클, 보조동력으로 50사이클 시험 후 ϕ6[mm] 볼이나 15[mm] 줄의 통과 여부 확인	제연커튼
응답성능 시험	화재 시 제시간에 정상위치까지의 동작 여부 확인 위해 동작시간 및 동작속도 측정동작속도 0.06~0.3[m/sec]	제연커튼
연기누설 시험	화재발생 시 본래 목적인 연기저장고 역할을 확인방연벽 1[m^2]당 1시간 동안의 연기누설량 25[m^3/hr · m^2] 이하	-
내열시험	고온로에 의한 내열시험 실시, 가열로 내 온도등급 300, 600[℃] 등 표준가열곡선에 따름	-

2) 제연경계 등의 폭 : 60[cm] 이상
3) 제연경계의 수직거리 : 2[m] 이내

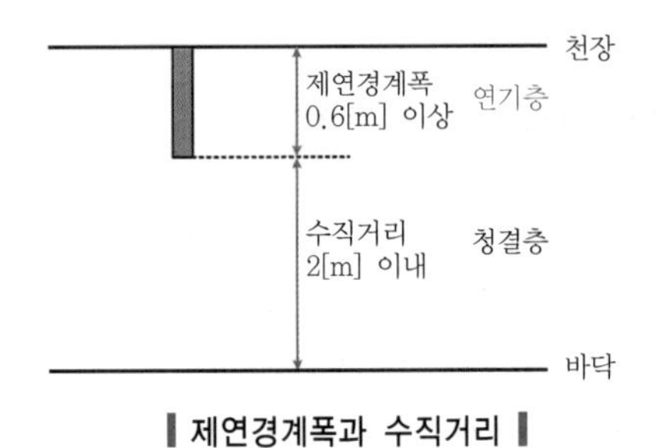

▍제연경계폭과 수직거리▍

1. 일본「소방법 시행령」 제30조 : 방연벽의 폭은 50[cm] 이상, 500[m²]당 1개 이상 설치
2. NFPA 204 Smoke & Heat venting(2012 edition) 7.3
   제연경계의 폭(d_c) 화재실의 천장높이(H)의 20[%] 이상

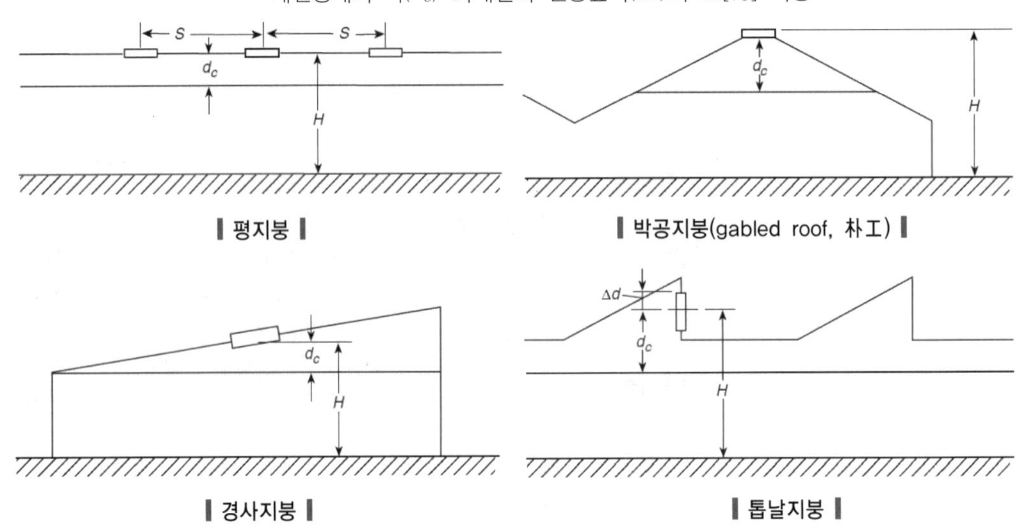

▍평지붕▍ ▍박공지붕(gabled roof, 朴工)▍

▍경사지붕▍ ▍톱날지붕▍

4) 제연경계하단 : 흔들리지 않고, 가동식인 경우는 급속하강으로 인명 위해 없을 것

(4) 예상제연구역(단독제연)

1) 화재실만 배출한다.
2) 50[m²] 미만으로 거실이 각각 구획되어 통로에 면한 경우는 화재실이 아닌 통로에서 배출한다.

(5) 공동예상제연구역

1) 거실과 통로는 공동예상제연구역으로 할 수 없다.

화재가 발생하는 장소와 묶어서 제연하면 피난경로가 피난에 장애가 될 수 있기 때문에 공동예상제연구역으로 묶을 수 없다.

2) 화재실 및 인접 예상제연구역에서 동시에 배기한다.
3) 방화문 : 화재감지기와 연동하여 자동적으로 닫히는 구조

05 제연방식 92 · 91 · 81회 출제

제연방식	배기	급기	내용
인접구역 각각 제연	화재실(거실)	인접구역(거실)	① 화재실에서 배기, 인접구역에서 급기하는 방식 ② 대상 : 백화점, 쇼핑센터 등 넓은 공간에 적용 ③ 청결층 확보에 유리함 ④ 제연구역이 많을 경우 과다한 급기로 화세가 촉진될 우려가 있음
		통로	① 화재실에서 배기, 통로에서 급기하는 방식 ② 대상 : 지하상가, 판매시설 등에서 적용 ③ 청결층 확보에 유리함 ④ 각 실로 구획되어 통로에 면해 있는 경우는 거실에서 급기하고 인접구역에서 배기방식이 곤란함 ⑤ 구획된 각 실의 복도측 외벽에 급기가 유입될 수 있는 하부에 그릴을 설치하여 화재실로 급기가 유입되도록 함
통로 배출	통로	없음	① 통로에서 배출하는 방식 ② 대상 : 여관, 모텔, 여인숙 등 ③ 거실이 50[m^2] 미만으로 거실이 각각 구획되어 통로에 면하는 경우에 한하여 적용 ④ 경유거실인 경우 : 경유거실에서 직접 배출함 ⑤ 통로의 부압으로 연기유입의 우려가 있음

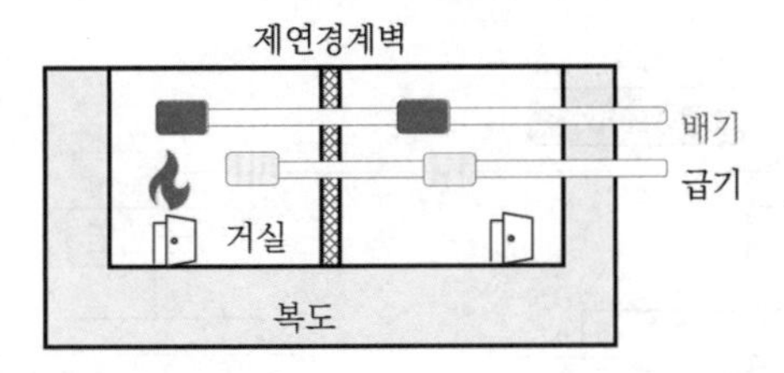

▎인접구역 각각 제연(거실 급 · 배기 방식)▎

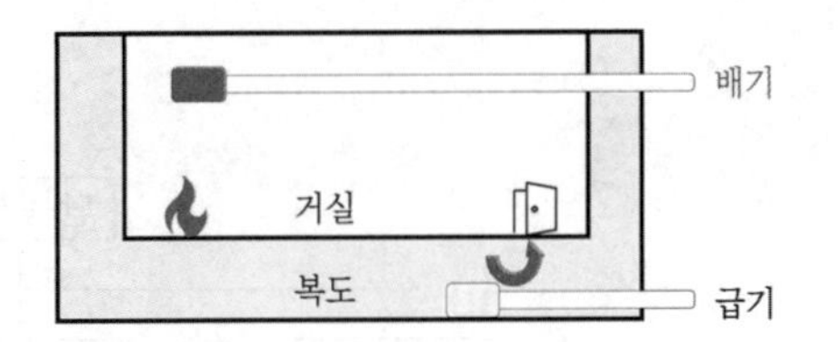

▎인접구역 각각 제연(거실 배기 통로 급기방식)▎

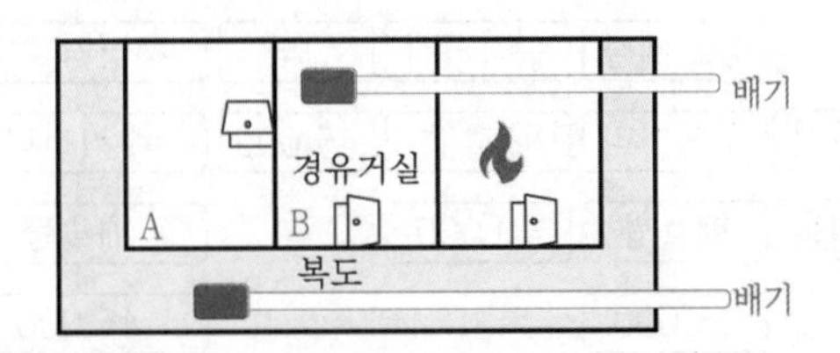

▎통로배출방식(경유거실은 직접 배기)▎

위 통로배출방식 그림의 A처럼 다른 거실 B의 피난을 위한 경유거실인 경우는 거실 A부분에서 별도로 배기를 실시하여야 한다.

SECTION 012

거실제연설비의 급 · 배기 방식

01 개요

(1) 거실제연의 시스템 종류 구분방법은 크게 배기를 화재실에서만 배기하느냐 또는 인접구역까지 같이 배기하느냐, 그리고 급기는 화재실에 하느냐, 인접구역에 급기하느냐로 구분된다.

(2) 급기구가 없다면 배출은 곤란하다. 왜냐하면 배출구를 통하여 연기층 바깥으로 나간 연기량만큼 아래로부터 공기가 그 빈 공간을 채워야 한다. 만일 채워지지 않으면 배출구가 개방되어도 연기는 빠져 나가지 못한다.

02 배출량

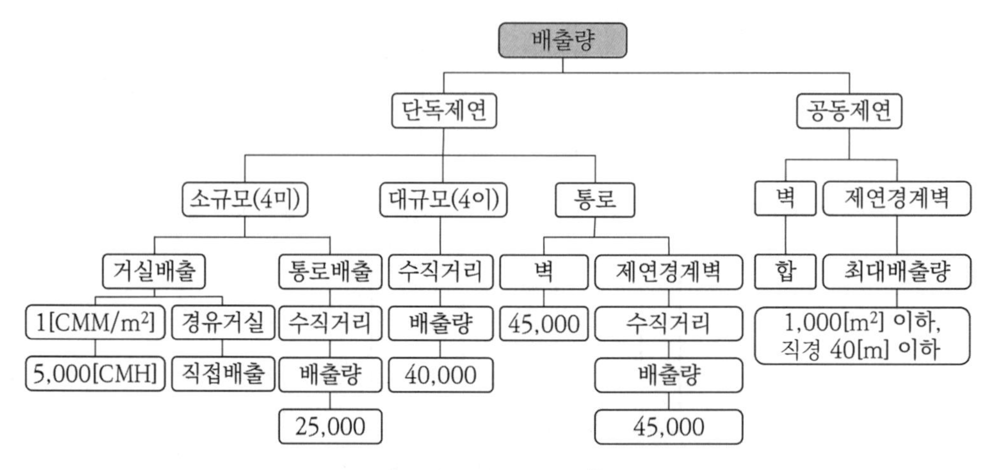

▌배출량에 대한 맵핑▐

(1) 단독제연

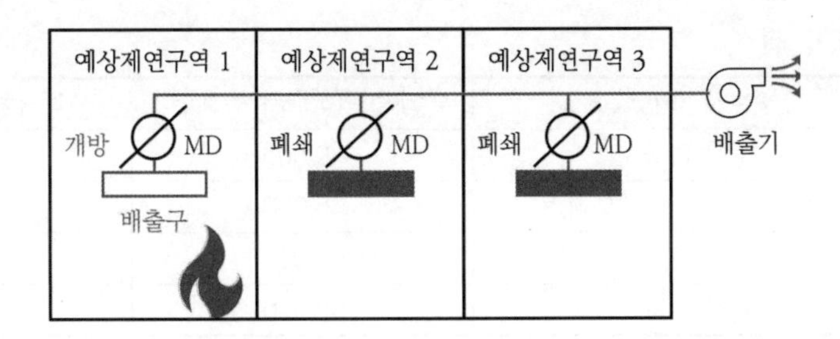

1) 소규모 거실 : 바닥면적 400[m^2] 미만

① 거실배출방식 : 바닥면적당 1[CMM/m^2], 최저 5,000[CMH] 이상(벽으로 구획)

꼼꼼체크 5,000[CMH]는 83.3[m^2](25평)의 최소 바닥면적 기준이다.

② 통로배출방식 : 제연경계 수직거리와 보행중심선의 길이에 따라서 배출량 결정

꼼꼼체크

1. **수직거리** : 제연경계의 바닥으로부터 그 수직하단까지의 거리
2. **수직거리가 구획부분에 따라 다른 경우** : 수직거리가 긴 것을 기준
3. 수직거리가 길면 청결층이 높고 연기발생량이 증대되며 보행중심선의 길이가 길어지면 이동거리가 증가되므로 배출량이 증대

수직 거리	배출량(40[m] 이하)	배출량(40 ~ 60[m])
2[m] 이하	25,000	30,000
2[m] 초과 2.5[m] 이하	30,000	35,000
2.5[m] 초과 3[m] 이하	35,000	40,000
3[m] 초과	45,000	50,000

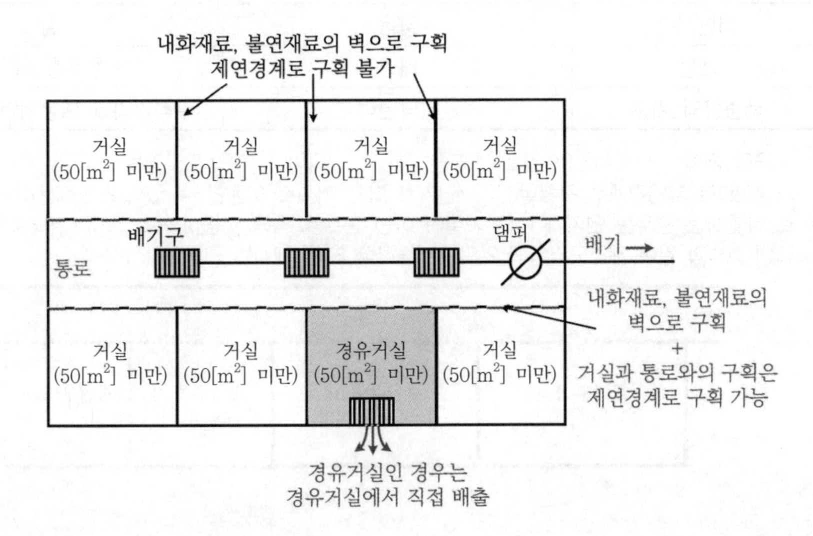

2) 대규모 거실 : 400[m^2] 이상, 제연경계 수직거리와 예상제연구역의 직경에 따라서 배출량이 결정

수직거리	배출량(40[m] 이하)	배출량(40 ~ 60[m])
2[m] 이하	40,000	45,000
2[m] 초과 2.5[m] 이하	45,000	50,000
2.5[m] 초과 3[m] 이하	50,000	55,000
3[m] 초과	60,000	65,000

3) 통로배기

<table>
<tr><th>예상제연구역</th><th>배출량</th></tr>
<tr><td>벽으로 구획</td><td>45,000[CMH] 이상(벽으로 구획되면 천장부터 바닥까지 완전구획되어 개별적으로 배출량을 계산하면 되기 때문에 수직거리와 무관함)</td></tr>
<tr><td>제연경계로 구획된 경우</td><td>제연경계 수직거리에 따라 '대규모 거실의 직경 40[m]의 원을 초과하는 기준'을 적용(제연경계는 천장에서 60[cm] 정도 아래에 설치되어 다른 공간으로 퍼져나갈 수 있으므로 수직거리와 보행중심선의 길이에 따라서 배출량이 증가하는 것임)
<table>
<tr><th>수직거리</th><th>배출량</th></tr>
<tr><td>2[m] 이하</td><td>45,000[CMH] 이상</td></tr>
<tr><td>2[m] 초과 2.5[m] 이하</td><td>50,000[CMH] 이상</td></tr>
<tr><td>2.5[m] 초과 3[m] 이하</td><td>55,000[CMH] 이상</td></tr>
<tr><td>3[m] 초과</td><td>65,000[CMH] 이상</td></tr>
</table>
</td></tr>
</table>

4) 배출량의 적용기준

구분	400[m^2] 미만(소규모 거실)	400[m^2] 이상(대규모 거실)
피난경로	짧음	길음
예상제연구역의 구획	① 칸막이, 벽*) ② 통로배출은 제연경계	칸막이, 벽, 제연경계
피난시간	짧음	길음
개념	배연	청결층 확보
배출량의 기준	바닥면적	수직거리와 예상제연구역 직경

*) 소규모 거실의 단독제연의 경우 배출량 적용은 칸막이나 벽으로 구획된 공간의 연기를 배출한다는 개념이므로 제연경계로 구획할 경우 연기가 다른 거실로 이동할 수 있으므로 적용하지 않는다. 통로로 배출하는 경우는 연기가 다른 거실이 아닌 통로를 통해 이동하므로 설치가 가능하다. 따라서, 아래의 그림과 같이 제연구역 1과 2에는 가능하나 3과 4에서는 곤란하다.

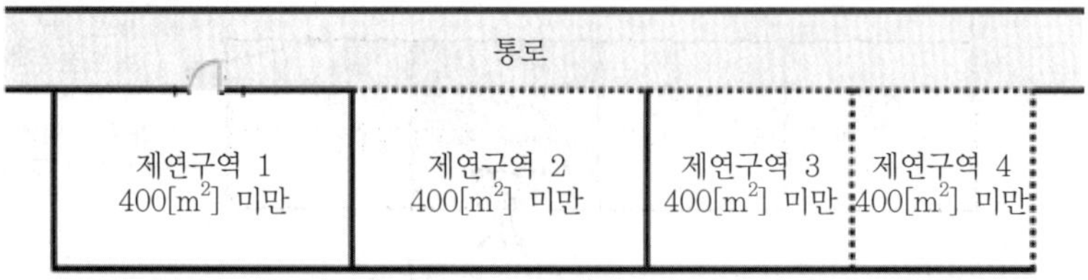

통로

제연구역 1
400[m^2] 미만

제연구역 2
400[m^2] 미만

제연구역 3
400[m^2] 미만

제연구역 4
400[m^2] 미만

(2) 공동제연

여러 개의 실들을 묶어서 동시에 배출하는 방식이다.

공동제연구역 = 제연구역 1 + 제연구역 2 + 제연구역 3

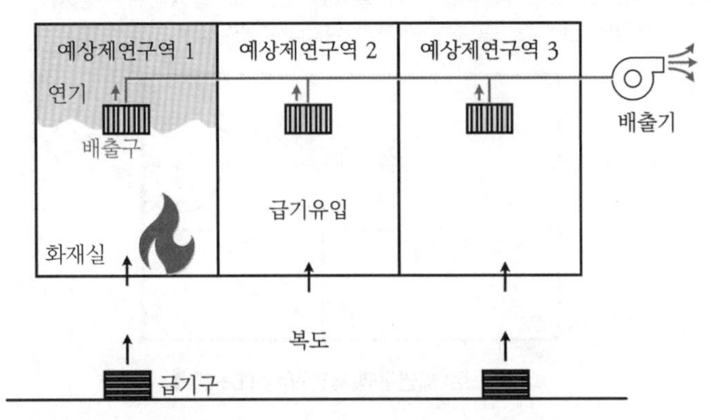

▎공동예상제연구역의 복도거실 각각 제연▐

1) 특징

① 예상제연구역과 급 · 배기별 모터댐퍼(MD) 수량을 줄일 수 있다.

② 화재 시 동작 시퀀스와 예상제연구역 설정이 단순해진다.

③ 덕트 크기와 송풍기의 용량은 증가한다.

④ 상부에 배출구를 설치하여 상부 배기하고 하부에 공기유입구를 설치하여 하부 급기를 한다.

2) 벽과 제연경계로 구획 시 비교

구분	벽으로 구획*1)	제연경계로 구획	벽과 제연경계로 구획
배출량 산정	① 모든 예상제연구역의 합*2) ② 예외 : 바닥면적 400[m²] 미만 ㉠ 배출량 : 1[m³/min · m²] 이상 ㉡ 전체 배출량 : 5,000[m³/hr] 이상 ③ 댐퍼로 화재실 외에 구획이 가능하면 최댓값을 적용	예상제연구역 중 최대량을 적용	벽으로 구획된 제연구역의 총배출량(a)과 제연경계로 구획된 각각의 제연구역별 해당 배기량 중에서 최대량(b)을 합한 양($a+b$)
면적제한	없음*3)	거실인 경우 : 1,000[m²] 이하	
길이제한	없음*3)	① 거실인 경우 : 40[m]의 원 안에 내접 ② 통로인 경우 : 보행중심선의 길이는 40[m] 이내	
의미	별도의 연기가 발생할 수 있으므로 각각의 연기배출량을 합한다. 따라서, 제연구역이 커지면 팬, 덕트 크기가 증가함	제연경계벽 내에서 하나의 구역에 배출이 일어나 어디가 되었던 제연경계구역의 최댓값이면 배출할 수 있기 때문임	벽의 모두 합한 양과 제연경계의 최댓값을 합한 것임

*1) 인접실과는 벽으로 구획되고 출입구와 통로 간에는 제연경계로 구획된 것은 벽으로 구획된 것으로 본다.

*2) 벽으로 구획된 예상제연구역은 동시에 급기와 배기를 공급해야 하므로 모든 예상제연구역의 합을 배출량으로 한다.

*3) 벽으로 구획 시 면적과 길이제한이 없는 이유는 예상제연구역의 모든 배출량을 합해야 하므로 송풍기나 덕트의 용량이 크게 증가하여 제한을 하지 않아도 일정범위를 넘지 않기 때문이다. 또한, 각각의 예상제연구역의 면적 및 길이는 기준에 적합해야 한다.

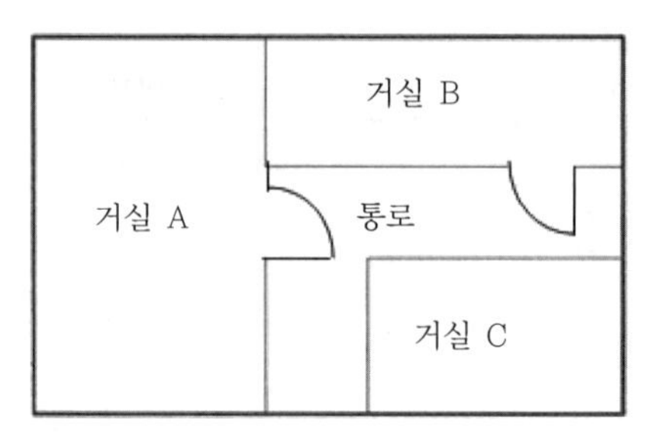

▌벽으로 제연구역(제연량=A+B+C)▐

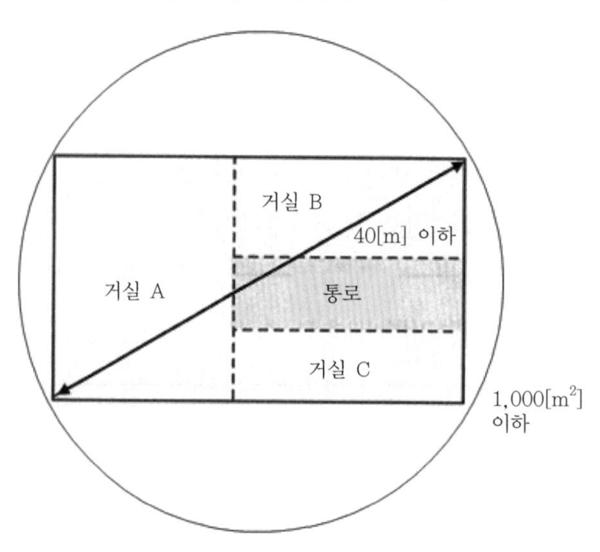

▌제연경계로 구획(제연량=A[가장 큰 배출량])▐

3) 공동예상제연구역의 일반적 방식
 ① 거실 : 동시에 배기
 ② 통로 : 급기

4) 단독제연과 공동제연의 비교

구분	예상제연구역		배출량
단독 제연 방식	소규모 거실 (A < 400[m²])	거실배출방식	① 배출량 : 1[m³/min · m²] 이상(5,000[CMH] 이상)*) ② 경유 거실인 경우 : 직접 배출
		통로배출방식 (50[m²] 미만으로 통로에 면한 경우)	① 통로길이 ≤ 40[m] : 수직거리에 따라 25,000 ~ 45,000[CMH] 이상 ② 40[m] < 통로길이 ≤ 60[m] : 수직거리에 따라 30,000 ~ 50,000[CMH] 이상

구분	예상제연구역		배출량
단독 제연 방식	대규모 거실 ($A \ge 400[m^2]$)		① 직경 40[m]인 원에 내접하는 경우 : 수직거리에 따라 40,000 ~ 60,000[CMH] 이상 ② 직경 40[m] 원의 범위를 초과하는 경우 : 수직거리에 따라 45,000 ~ 65,000[CMH] 이상
	통로의 경우	벽	45,000[CMH] 이상
		제연경계	직경 40[m] 원의 범위를 초과하는 경우 : 수직거리에 따라 45,000 ~ 65,000[CMH] 이상
공동 제연 방식	벽 구획	소규모 거실 ($A < 400[m^2]$)	① 배출량 : 1[m³/min · m²] 이상 ② 전체 배출량 : 5,000[CMH] 이상
		대규모 거실 ($A \ge 400[m^2]$)	각 거실의 배출량을 합하여 적용
	제연경계 구획		각 거실 중 최대인 배출량 적용(단, 1,000[m²] 이하, 직경 40[m])
	벽과 제연경계로 구획된 경우		제연경계 중 최대량 + 벽구획 배출량의 합

*) 소규모 거실 연기발생량 도출(1[m³/m²])

① 토마스의 연기발생량식

$$\dot{m} = 0.188\, P_f \cdot Y^{\frac{3}{2}}$$

여기서, $\dot{m}$: 연기발생량[kg/sec]

P_f : 화원의 둘레[m]

Y : 바닥에서 청결층까지 높이[m]

② 소규모 거실 연기발생량

㉠ 가정 : 화재강도 0.5[MW], 화염의 둘레값은 반경을 0.64[m]라고 하면 $2\pi r = 4[m]$, 청결층의 높이를 일반적인 층고 2.5의 80[%]를 적용하면 2[m], 화재실 온도 1,100[K]

㉡ $\dot{m} = 0.188\, P_f \cdot Y^{\frac{3}{2}} = 0.188 \times 4 \times 2^{\frac{3}{2}} = 2.17[kg/sec]$

㉢ 연기밀도(이상기체 상태방정식)

$$\rho_s = \frac{PM}{RT} = \frac{1[atm] \times 29[kg/kmol]}{0.082[atm \cdot m^3/kmol/K] \times 1{,}100[K]} = 0.32[kg/m^3]$$

㉣ 연기발생량[m³/min]

$$\frac{2.17[kg]}{[sec]} \times \frac{60[sec]}{[min]} \times \frac{[m^3]}{0.32[kg]} = 406[m^3/min]$$

$$\therefore \frac{406[m^3/min]}{400[m^2]} = 1[m^3/min/m^2]$$

03 배출구 134회 출제

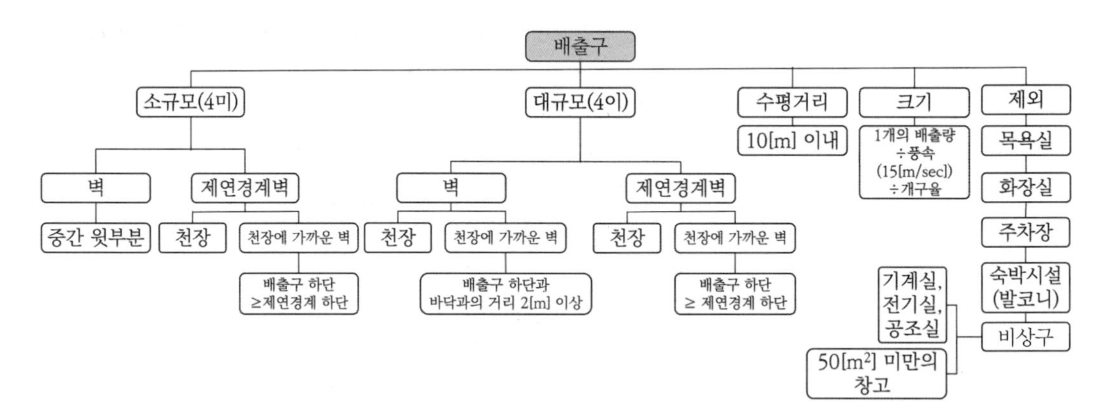

(1) 수평거리

예상제연구획 각 부분으로부터 10[m] 이내

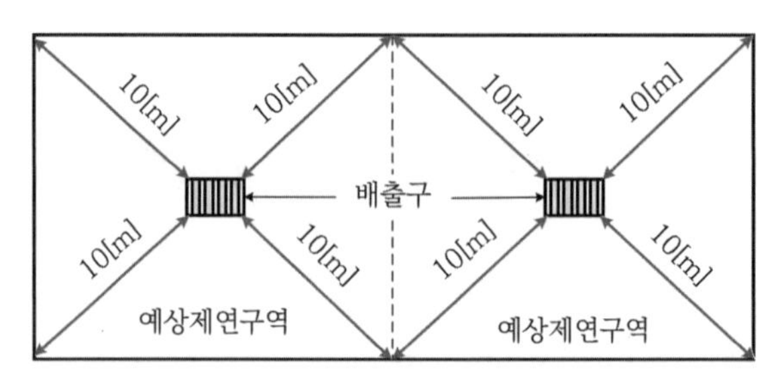

실내의 연기배출의 불평형을 최소화하기 위한 제한

(2) 배출구의 크기

1개의 배출량 ÷ 풍속 ÷ 개구율

(3) 배출구 및 배출량 산정에서의 제외대상

1) 화장실
2) 목욕실
3) 주차장
4) 발코니를 설치한 숙박시설의 객실(가족호텔 및 휴양콘도미니엄)
5) 사람이 상주하지 아니하는 기계실 · 전기실 · 공조실
6) 사람이 상주하지 아니하는 50[m^2] 미만의 창고

(4) 디퓨저의 종류

1) 격자형

① 그릴 및 레지스터(grille & register)

㉠ 배기량을 많이 필요로 하는 장소와 미관을 고려하지 않은 장소에 적합하다.

㉡ 레지스터(register) : 풍량을 조절할 수 있는 OBD(대형 날개형 댐퍼)가 일체식으로 부착되어 있는 구조이다.

㉢ 그릴(grille) : 풍향의 조절은 안 되고 풍향의 각도만 조절할 수 있는 배출구

㉣ 날개의 구조에 따른 구분 : 입형 구조(V형), 횡형 구조(H형), 입형 · 횡형 구조로 이중날개(VH형), VH형에 셔터댐퍼가 부착된 것은 VH-S형(레지스터)이 있다.

② 에어 루버(air louvers) : 벽 취부형으로 사용한다.

2) 선형(linear type)

① T-라인(T-line) : 천장에 시공, 공기취출과 풍향 및 풍량조절 Vane을 가지고 있고 미관이 우수하다.

② 브리즈 라인(breeze line) : 도달거리가 길어 천장고가 높은 장소에 사용한다. 에어커튼, 승강기 부속실 등

③ 슬롯 리니어(slot linear) : 고속 및 저속에도 기류의 교란없이 풍향조절이 가능하다.

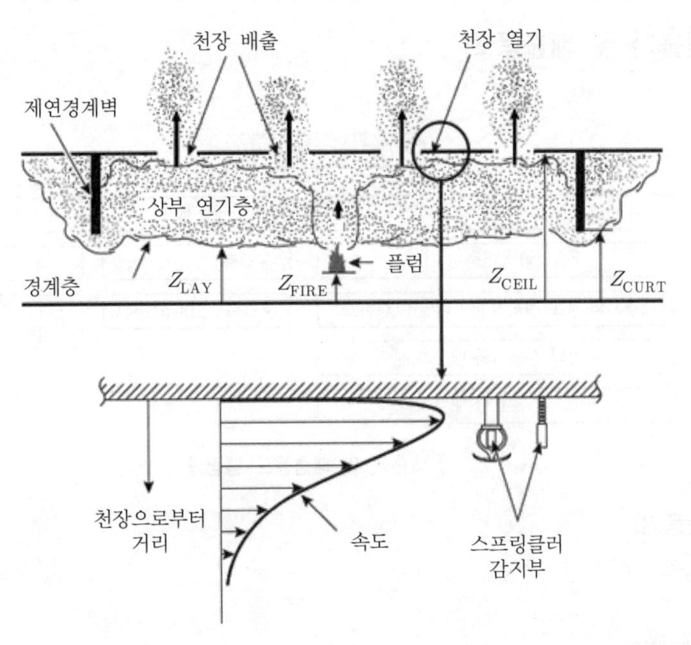

▌천장의 압력분포와 공기흐름▐

(5) 배출구의 설치장소(상부 배기)

구분	예상제연구역	배출구 설치위치
소규모 거실 ($A < 400[m^2]$)	벽	천장 또는 반자와 바닥 사이의 중간 윗부분
	제연경계	천장 · 반자 또는 이에 가까운 벽의 부분(배출구의 하단이 해당 제연경계의 하단보다 높게 설치)
대규모 거실 ($A \geq 400[m^2]$) 또는 통로	벽	천장 · 반자 또는 이에 가까운 벽의 부분에 설치. 단, 배출구의 하단과 바닥 간의 최단거리가 2[m] 이상
	제연경계	천장 · 반자 또는 이에 가까운 벽의 부분(배출구의 하단이 해당 제연경계의 하단보다 높게 설치)

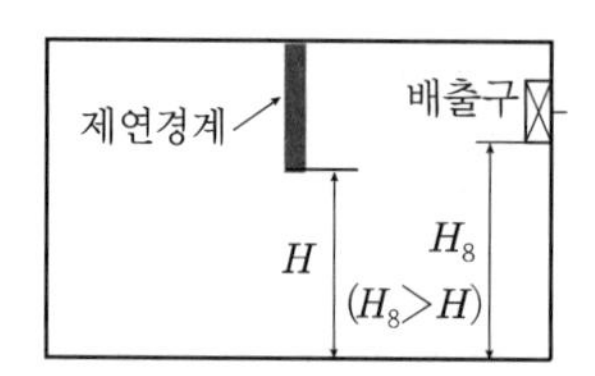

배출구의 하단이 해당 제연경계의 하단보다 높게 설치
바닥면적 400[m²] 이상

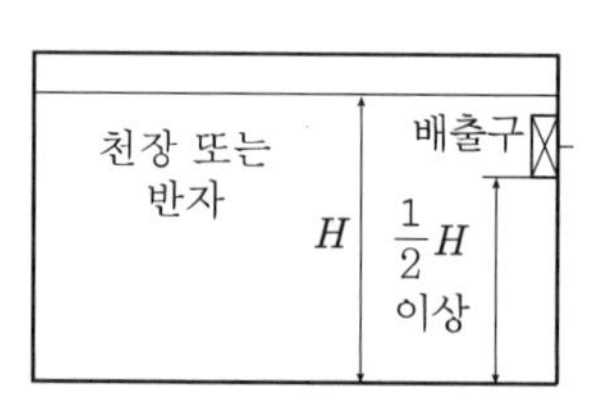

천장 또는 반자와 바닥 사이의 중간 윗부분에 배출구 설치
바닥면적 400[m²] 미만

▌소규모 건축물의 배출구 설치기준▐

04 배출기 및 배출풍도

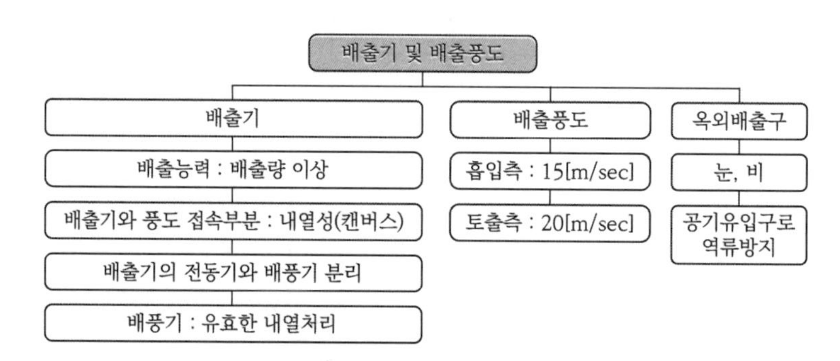

▌배출기 및 배출풍도 맵핑▐

(1) 배출기(송풍기)

1) 배출능력 : 배출량 이상

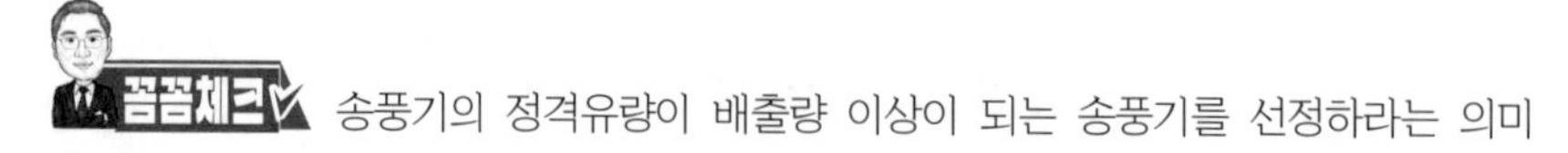

꼼꼼체크 송풍기의 정격유량이 배출량 이상이 되는 송풍기를 선정하라는 의미

2) 배출기와 풍도의 접속 부분에 사용하는 캔버스 : 내열성

캔버스(canvas)는 송풍기와 풍도의 연결부위에 설치하여 송풍기의 진동이 덕트로 전달됨을 방지하는 장치로 과거에는 석면을 사용하였는데 유해성 때문에 최근에는 사용을 금지하고 있다.

3) 배출기의 전동기 부분과 배풍기 부분 : 분리하여 설치

4) 배풍기 부분 : 유효한 내열처리

연기의 배출량은 상온(20[℃])을 기준으로 산출한 것으로, 송풍기 내열온도(250[℃])에서 배출하는 것으로 계산하면 상온에 비해 약 80[%] 정도 체적이 증가한다. 따라서, 온도상승으로 인한 자체부력효과가 체적팽창과 온도상승으로 인한 점성 증가로 인한 유동저항을 상쇄하여 배출성능이 증가하게 된다.

(2) 배출풍도 119회 출제

1) 흡입측 풍도안 풍속 : 15[m/sec] 이하

덕트는 풍속에 따라 고속 덕트와 저속 덕트로 구분할 수 있는데 저속 덕트는 15[m/sec] 이하를 말하고 고속 덕트는 15[m/sec] 초과하는 덕트를 말한다. 고속 덕트가 되면 덕트의 두께 등 시공기준이 강화되므로 흡입측 풍도의 풍속을 저속 덕트의 기준으로 제한한 것이다. 또한, 속도가 빠르게 되면 와류 등에 의한 교란 우려가 있으므로 이를 제한하는 것이다. 또한, 풍속으로 풍도의 크기가 결정된다.

2) 배출측 풍속 : 20[m/sec] 이하

토출측은 덕트가 없거나 길이가 짧아서 흡입측 풍도보다 제한하는 속도가 크다.

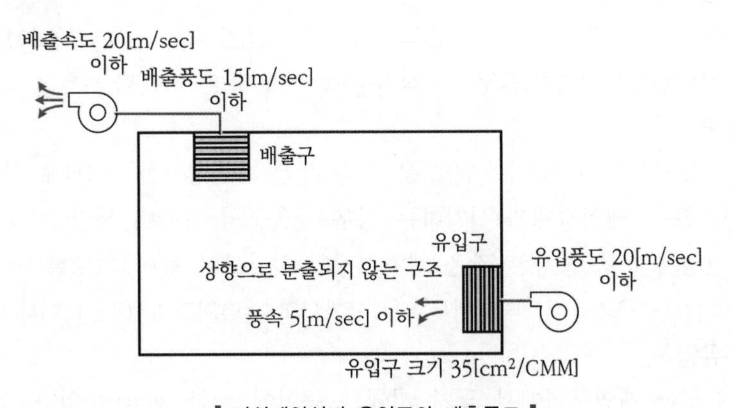

▎거실제연설비 유입구와 배출풍도 ▎

3) 단열처리 : 불연재료(석면재료를 제외)인 단열재로 풍도 외부

(3) 옥외배출구

비, 눈 등이 들어가지 않고 배출된 연기가 공기유입구로 순환 유입되지 않도록 할 것

05 급기방식 124회 출제

(1) 동일실 급기방식

1) 개념 : 화재가 발생한 동일실에서 급기와 배기가 동시에 이루어지는 방식

2) 문제점

① 화재 시 급기공급이 화점 부근이 될 경우 가연물 표면의 연소생성물을 밀어내고 신선한 공기를 공급하게 되어 연소촉진 우려가 있다.

② 좁은 실내에서 급기와 배기가 동시에 되므로 실내의 기류가 난기류가 되어 청결층과 연기층의 형성을 방해할 우려가 있다.

(2) 인접구역 유입방식(각각 제연방식)

1) 개념 : 인접 제연구역 또는 통로에 유입되는 공기를 이용하여 해당 구역으로 급기하는 방식

2) 제연구역

① 거실 : 바닥면적이 1,000[m^2] 이하이며, 직경 40[m] 원 안에 들어가야 한다.

② 통로 : 보행중심선의 길이를 40[m] 이하

③ 제연구역면적은 최소는 400[m^2] 이상으로 할 것(400[m^2] 미만은 배출량 기준이 없음)

3) 배출량

① 제연구역이 직경 40[m]인 원의 범위 안에 있는 경우 : 40,000[CMH] 이상

② 제연경계로 구획된 경우 : 수직거리에 따라 표를 따른다.

4) 배출구

① 천장 · 반자 또는 이에 가까운 벽의 부분(제연경계를 포함)에 설치한다.

② 벽 또는 제연경계에 설치하는 경우 배출구의 하단이 해당 예상제연구역에서 제연경계의 폭이 가장 짧은 제연경계의 하단보다 높이 되도록 설치한다.

③ 예상제연구역의 각 부분에서 배출구까지의 수평거리 : 10[m] 이내

5) 공기유입구

① 인접한 제연구역에서 급기 시에는 높이에 대한 제한이 없다. 따라서, 상부 급기가 가능하다.

② 벽체에 그릴을 설치하여 각각 제연방식을 적용하는 경우 바닥으로부터 1.5[m] 이하의 높이에 설치하고 그 주변 2[m] 이내에는 가연성 내용물이 없도록 할 것

③ 화재실의 유입구는 자동으로 폐쇄되도록 할 것

④ 화재실용 유입풍도에 설치된 댐퍼는 자동으로 폐쇄되도록 할 것

6) 종류

구분	거실 급 · 배기 방식	거실 배출 · 통로 급기방식
내용	예상제연구역에 제연경계를 설치한 후 화재구역에서 배출하고 인접구역에서 급기하여 제연경계 아래인 수직거리에서 급기가 유입되는 방식	거실에서 배출을 하고, 급기는 통로에서 실시하는 방식(공동제연방식)
적용 대상	내부에 복도가 없이 개방된 넓은 공간에 적용하는 방식	통로에 면하는 각 실이 구획된 경우에 적용하는 방식
사용처	판매시설 및 영업시설, 위락시설 등	지하상가, 업무시설 등
개념도	급기구 배기구 제연경계	급기구 급기구 급기구 화재실 배기구 배기구 배기구

(3) 기계력 이용에 따른 구분

1) 강제유입 : 급기풍도 및 송풍기를 이용하여 기계적으로 직접 급기를 하는 방법

2) 자연유입 : 창문 등 개구부를 이용하여 자연적으로 급기를 하는 방법

(4) 급기량이 배출량에 지장이 없는 양을 적용하는 이유

1) 연기층의 하강방지와 청결층의 형성(또는 배출압력)을 위하여 배출량 이상의 급기가 필요하다.

2) 급기량이 배출량보다 적으면 실내는 부압을 형성하게 되고 원활한 배기가 일어나지 않게 되어서 연기층이 하강한다.

일부 책에서는 NFPA 92(2021) Standard for smoke control systems A.4.4.4.1에 급기량을 배기량의 85~95[%]로 유지하여 부압을 유지하는 것이 누설측면에서 유리하다는 주장을 하고 있는데, 92는 연기의 이동을 방지하는 부속실 제연에 관한 규정이고 거실의 배연규정을 적용하려면 NFPA 204 Standard for smoke and heat venting의 경우는 배출량에 영향을 끼치지 않아야 한다는 규정을 적용하는 것이 바람직하다.

06 유입구 설치기준

(1) 단독제연 유입구 설치기준

바닥면적	설치장소 및 구획	구분	내용	급기위치
400[m²] 미만	기타(벽)	설치높이	제한없음(유입구의 반자 내 설치 가능)	상부 급기도 가능
		공기유입구와 배출구간 직선거리	① 5[m] 이상 ② 구획된 실의 장변의 $\frac{1}{2}$ 이상 (연기와 유입공기의 혼합을 방지)	
	공연장 · 집회장 · 위락시설 : 200[m²] 초과*1)(벽)	설치높이	1.5[m] 이하	하부 급기
		유입구 주변	주변 2[m] 이내 가연성 내용물이 없어야 함	
400[m²] 이상	벽	설치높이	1.5[m] 이하(청결층 형성과 연기층의 교란을 방지)	하부 급기
		유입구 주변	주변 2[m] 이내 가연물이 없어야 함 (화재의 성장 방지)	
그 외*2) (통로 포함)	벽	설치높이	바닥으로부터 1.5[m] 이하의 높이	–
		유입구 주변	주변 2[m] 이내 가연성 내용물이 없어야 함	–
	벽 외의 장소	설치위치	유입구 상단이 천장 또는 반자와 바닥 사이의 중간 아랫부분보다 낮게 설치	–
			수직거리가 가장 짧은 제연경계 하단보다 낮게 설치($H > h$)	–

*1) 면적이 작더라도 거주자의 수가 많으므로 화재 시 피해가 증가하기 때문에 보다 강화된 조건을 적용

*2) 단, 제연경계로 인접하는 구역의 유입공기가 해당 예상제연구역으로 유입되게 한 때에는 이 기준을 적용하지 아니한다.

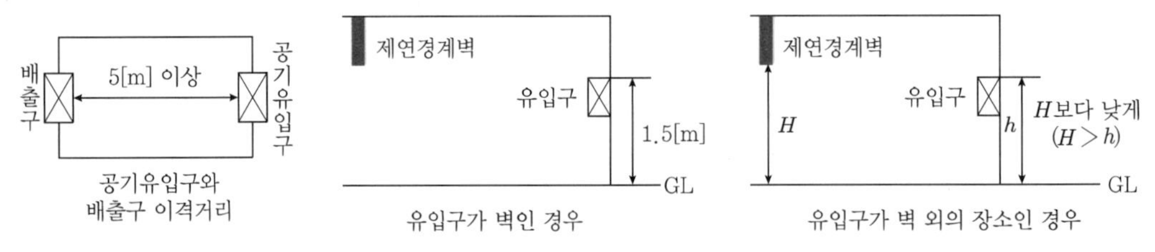

▌단독 예상제연의 유입구 설치기준▐

(2) 공동제연 유입구 설치기준

구획	설치장소	구분	내용
벽	400[m²] 이상으로 간주(면적, 직경기준 ×)	설치높이	1.5[m] 이하
		유입구 주변	주변 2[m] 이내 가연성 내용물이 없어야 함

<table>
<tr><th>구획</th><th>설치장소</th><th>구분</th><th>내용</th></tr>
<tr><td rowspan="4">일부 또는 전부가 제연경계</td><td rowspan="2">벽</td><td>설치높이</td><td>바닥으로부터 1.5[m] 이하의 높이</td></tr>
<tr><td>유입구 주변</td><td>공기유입에 장애가 없도록 할 것</td></tr>
<tr><td rowspan="2">벽 외의 장소</td><td rowspan="2">설치위치</td><td>유입구 상단 : 천장 또는 반자와 바닥 사이의 중간 아랫부분보다 낮게 설치$\left(H_3 < \frac{1}{2}H_1\right)$</td></tr>
<tr><td>유입구 상단 : 수직거리가 가장 짧은 제연경계 하단보다 낮게 설치$(H_3 < H_2)$</td></tr>
</table>

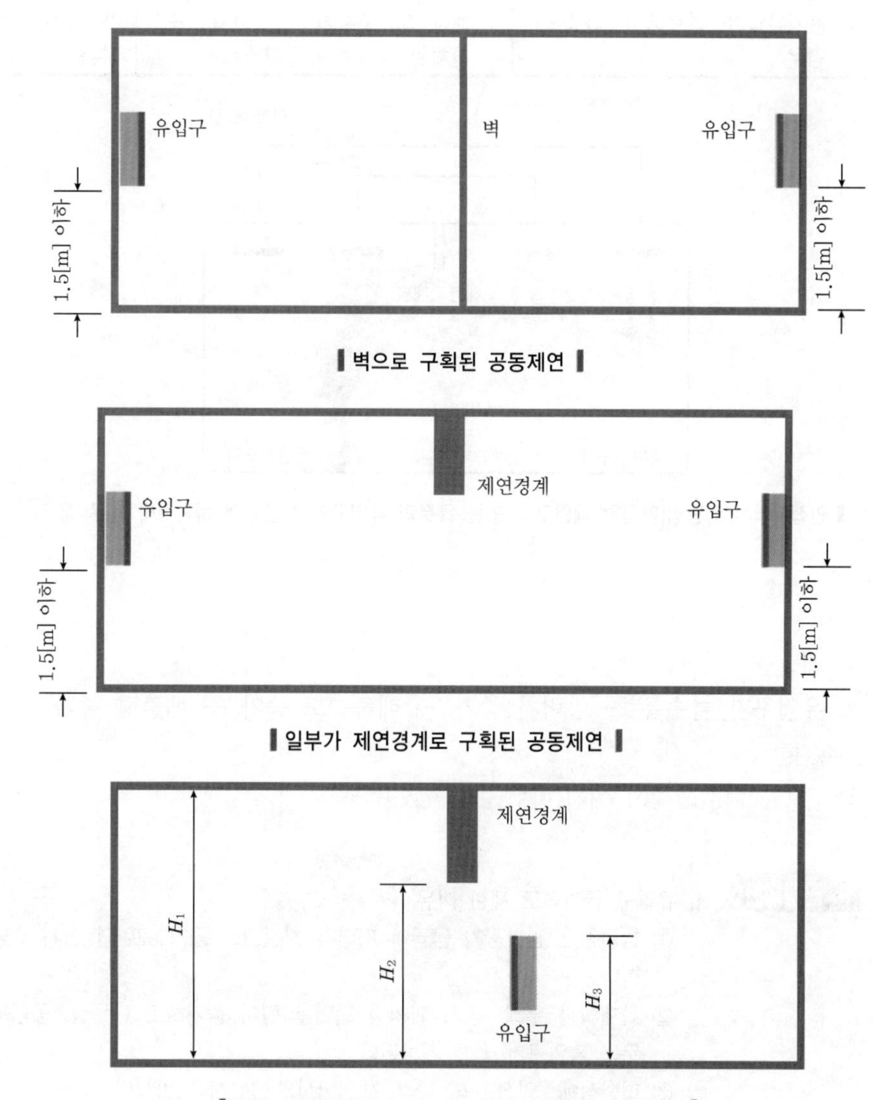

▌벽으로 구획된 공동제연▐

▌일부가 제연경계로 구획된 공동제연▐

▌일부가 제연경계로 벽 외의 장소에 설치된 유입구▐

(3) 인접제연구역의 각각 제연

1) 인접한 제연구역 또는 통로에 유입되는 공기를 해당 예상제연구역에 대한 공기유입으로 하는 경우

2) 조건에 따른 유입구 위치

조건	유입구 위치	
	인접한 제연구역 또는 통로의 유입구가 제연경계 하단보다 높은 경우	기타
① 공기유입이 인접한 구역에서 유입되는 경우 ② 공기유입이 통로에서 유입되는 경우	① 각 유입구는 자동폐쇄 ② 해당 구역 내에 설치된 유입풍도가 해당 제연구획부분을 지나는 곳에 설치된 댐퍼는 자동폐쇄	높이 기준은 없음(유입구를 인접구역이나 통로의 반자 및 벽에 설치 가능함)

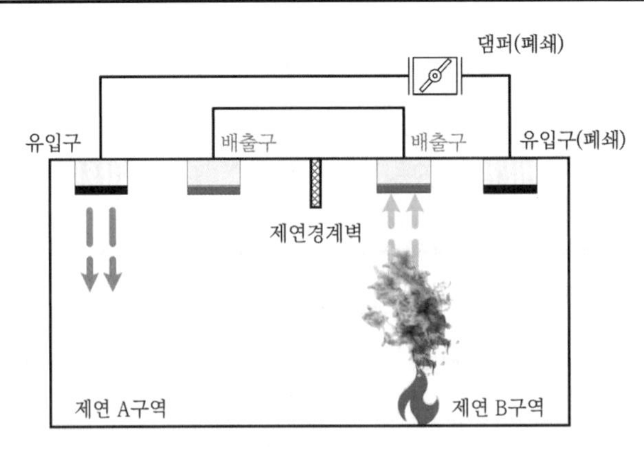

▍인접구역 유입방식(인접한 제연구역 또는 통로의 유입구가 제연경계 하단보다 높은 경우)▍

(4) 유입구

1) 크기

① 배출량 35[cm^2/CMM] 이상

② 유입구가 클수록 → 압력차 증가 → 배출속도 증가 → 배출량 증가

2) 풍속제한

① 유입구 : 5[m/sec] 이하(바닥 1[m/sec])

꼼꼼체크 1. 유입구 급기속도 제한 이유

① 청결층 오염 : 공기 공급이 되면서 청결층의 공기 교란과 공기 과잉이 발생한다.

② 화재확산 우려 : 공기 과잉이 되면 압력이 증가하고 단독실, 공동제연의 경우는 출입구가 쉽게 개방된다.

③ 피난장애 : 인접구역 각각 제연방식과 통로급기방식의 경우는 인접구역의 압이 증가해서 화재실에서 문 개방이 곤란할 수 있다.

2. $V = \dfrac{Q}{A} = \dfrac{\dfrac{1[\mathrm{m}^3]}{1[\mathrm{min}]} \times \dfrac{1[\mathrm{min}]}{60[\mathrm{sec}]}}{35[\mathrm{cm}^2] \times \dfrac{1[\mathrm{m}^2]}{(100[\mathrm{cm}])^2}} = 4.761 \fallingdotseq 5[\mathrm{m/sec}]$

3. NFPA 204(2012) 6.6.3 : 플럼에 도달하는 유입공기의 속도는 1[m/sec] (3.28[ft/sec]) 이하

② 풍도 내 : 20[m/sec] 이하

③ 방사각도 : 상향으로 분출하지 않도록 설치한다.

3) 공기유입구 설치수량 : 관계없다.

공기유입구의 거리기준이 없는 이유 : 공기유입구는 실내의 지나친 부압을 방지해서 원활하게 배연하기 위함이다. 따라서, 압을 보충해주는 개념으로 거리는 중요하지 않고 공급량이 중요하다.

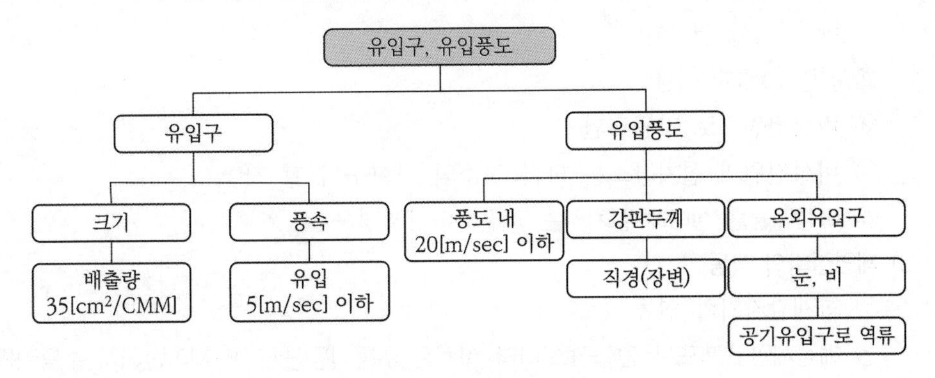

| 유입구, 유입풍도 맵핑 |

(5) 급기 덕트 내부로 연기 유입 시 급기설비를 차단(덕트 내 연기감지기로 감지)하여야 한다.

(6) 유입풍도 126 · 119회 출제

1) 풍도의 강판두께는 아래의 기준으로 설치한다.

풍도단면의 긴변 또는 직경의 크기	450[mm] 이하 (No.3)	450[mm] 초과 750[mm] 이하 (No.3 ~ No.5)	750[mm] 초과 1,500[mm] 이하 (No.5 ~ No.10)	1,500[mm] 초과 2,250[mm] 이하 (No.10 ~ No.15)	2,250[mm] 초과 (No.15)
강판두께	0.5[mm]	0.6[mm]	0.8[mm]	1.0[mm]	1.2[mm]

2) 옥외에 면하는 공기유입구

① 비 또는 눈 등이 들어가지 않아야 한다.

② 배출된 연기가 공기유입구로 순환 유입되지 않아야 한다.

(7) 제연설비에 설치되는 댐퍼

1) 제연설비의 풍도에 댐퍼를 설치하는 경우 댐퍼를 확인, 정비할 수 있는 점검구를

풍도에 설치할 것. 이 경우 댐퍼가 반자 내부에 설치되는 때에는 댐퍼 직근의 반자에도 점검구(지름 60[cm] 이상의 원이 내접할 수 있는 크기)를 설치하고 제연설비용 점검구임을 표시해야 한다.

2) 제연설비 댐퍼의 설정된 개방 및 폐쇄 상태를 제어반에서 상시 확인할 수 있도록 할 것

3) 제연설비가 공기조화설비와 겸용으로 설치되는 경우 풍량조절댐퍼는 각 설비별 기능에 따른 작동 시 각각의 풍량을 충족하는 개구율로 자동 조절될 수 있는 기능이 있어야 할 것

(8) 제연설비의 전원 및 기동

1) 비상전원 : 자가발전설비, 축전지설비 또는 전기저장장치

2) 설치기준

① 점검에 편리하고 화재 및 침수 등의 재해로 인한 피해를 받을 우려가 없는 곳에 설치할 것

② 용량 : 20분 이상

③ 비상전원으로 자동절환

④ 비상전원의 설치장소는 다른 장소와 방화구획 할 것

⑤ 비상전원을 실내에 설치하는 경우 : 비상조명등

3) 제연설비의 작동

① 화재감지기와 연동

② 예상제연구역(또는 인접장소)마다 설치된 수동기동장치 및 제어반에서 수동기동

㉠ 설치높이 : 0.8 ~ 1.5[m]

㉡ 문 개방 등으로 인한 위치 확인에 장애가 없고 접근이 쉬운 위치

4) 제연설비의 작동 시 작동내용

① 해당 제연구역의 구획을 위한 제연경계벽 및 벽의 작동

② 해당 제연구역의 공기유입 및 연기배출 관련 댐퍼의 작동

③ 공기유입송풍기 및 배출송풍기의 작동

(9) 성능확인

1) 제연설비는 설계목적에 적합한지 검토하고 제연설비의 성능과 관련된 건물의 모든 부분(건축설비를 포함)이 완성되는 시점에 맞추어 시험 · 측정 및 조정(이하 "시험 등"이라 함)을 해야 한다.

2) 시험 · 측정 및 조정 내용

① 송풍기 풍량 및 송풍기 모터의 전류, 전압을 측정할 것

② 제연설비 시험 시에는 제연구역에 설치된 화재감지기(수동기동장치를 포함)를 동작시켜 해당 제연설비가 정상적으로 작동되는지 확인할 것

③ 제연구역의 공기유입량 및 유입풍속, 배출량은 모든 유입구 및 배출구에서 측정할 것

④ 제연구역의 출입문, 방화셔터, 공기조화설비 등이 제연설비와 연동된 상태에서 측정할 것

3) 제연설비 시험 등의 평가기준

① 배출구별 배출량 : 배출구별 설계 배출량의 60[%] 이상

② 제연구역별 배출구의 배출량 합계 : 설계배출량 이상

③ 유입구별 공기유입량 : 유입구별 설계 유입량의 60[%] 이상

④ 제연구역별 유입구의 공기유입량 합계 : 설계유입량 충족

⑤ 제연구역의 구획이 설계조건과 동일한 조건에서 측정한 배출량이 설계배출량 이상인 경우에는 공기유입량이 설계유입량에 일부 미달되더라도 적합한 성능으로 볼 것

SECTION 013

제연 & 공조

113 · 69회 출제

01 개요

(1) 「소방시설법 시행령」에 의하면 제연설비를 설치해야 할 소방대상물에 공기조화설비 등을 기준에 적합하게 설치한 경우에는 제연설비를 설치하지 않을 수 있다고 규정되어 있다.

(2) 제연 전용으로 설치하는 경우와 공조설비와 겸용하는 경우에 설비의 신뢰성, 공사비용, 유지 · 관리, 동작특성 및 개보수 측면에서 장단점을 고찰해 보면 다음과 같다.

02 제연 전용과 공조 겸용의 비교

구분	제연 전용	공조 겸용
신뢰도	제어부분이 간단하여 신뢰도가 높음	여러 개의 댐퍼를 사용하며, 동작 시퀀스가 복잡하여 신뢰도가 떨어짐
층고	별도로 설치를 해야 하므로 겸용보다 600 ~ 700[mm]가 더 필요함	하나의 덕트를 설치하므로 전용보다 층고가 낮아도 되므로 공간활용 측면이 유리함
공사비	증가	감소
유지 · 관리 및 장비의 수명	① 단순하여 수명이 김 ② 점검 외에는 작동을 하지 않으므로 상시 상태감시가 곤란함	① 복잡하여 댐퍼동작, 팬 등 연동관계를 계속 시험해야 하기 때문에 유지 · 관리가 어려움 ② 항상 사용해 장비의 수명이 짧음 ③ 상시 운영하므로 상태감시가 가능함
개 · 보수	칸막이 변동에 어느 정도 대처가 용이함	추후 칸막이 변동에 대한 대체가 곤란함
에너지 절약	유리함	큰 용량의 기기를 저부하, 저효율에서 운전하는 경우가 있어 에너지 절약에 불리함

03 공조 겸용의 원인과 대책

구분	원인	대책
제연팬이 화재에 노출	제연팬의 경우는 모터가 외부에 설치되어 있어 고온의 연기에 노출될 우려가 작음	공조겸용으로 사용하는 팬의 모터부분은 열에 노출되지 않도록 설치
댐퍼제어 회로	공조설비는 건물 전체에 댐퍼 설치로 회로가 복잡함	제어회로의 주기적 점검 및 자동감시시스템 구축
누기율	건축기계설비의 공기조화 : (송풍기 토출구 압력 + 덕트말단의 압력)/2	IBC Code에 의해 송풍기 설계정압의 150[%]에서 누기시험을 행하여 누기율을 결정하여 누설을 최소화
제연풍량 미확보	공조풍량에 세팅되어 제연풍량 미확보	제연풍량에 비해 공조풍량은 60 ~ 70[%] 정도로 제연풍량에 디퓨저가 세팅되어 있는 경우 제연풍량 확보가 곤란하므로 가변형 디퓨저의 사용을 제한
제연댐퍼 및 액추에이터 오작동	① 장기간 운휴로 댐퍼 및 액추에이터 고착 ② 액추에이터의 기동 또는 진동으로 인한 접속부 이완으로 부작동 ③ 오작동으로 인한 회로분리 및 기능수동 정지	① 설치장소 주기적 점검, 작동시험 및 점검구 설치 ② 액추에이터와 댐퍼 접속방법개선 ③ 제연설비 운영메뉴얼 작성으로 운영자의 오조작 방지
공조에서 제연설비로의 전환 시간 지연	전환시간 지연으로 설계 청결층 높이보다 낮게 형성	조기 화재 감지 및 빠른 전환으로 지연시간 감소

04 신뢰도 향상을 위한 대책

(1) 대형 복합건물, 불특정 다수인이 많이 모이는 건물에는 안전에 대한 신뢰도를 증대시키기 위하여 전용 제연설비의 설치를 의무화할 필요가 있다. 대부분 경우는 경제적인 이유로 겸용 설비를 설치하는 실정이다.

(2) 겸용 설비를 적용할 경우 덕트를 겸용하여 사용하더라도 팬(fan)은 별도로 설치하는 2중화도 검토해 볼 필요가 있다.

(3) TAB의 법제화를 통해서 설비의 적정성을 담보하여야 한다.

(4) 주기적인 점검과 관리를 통하여 기능 유지에 노력을 하여야 한다.

SECTION 014

플러그 홀링(plug-holing)

122 · 121 · 115 · 97회 출제

01 개요

(1) 정의

배출량이 증대됨에 따라서 상부 연기와 함께 하부 청결층의 공기가 같이 배출되는 현상이다.

Plug-holing 발생 → 배출 연기량 감소 → 연기층 하강 → 가시도 저하, 산소 부족, 유해가스 증가 → 인명손상 가능성 증가

(2) 문제점

1) 연기층 하강 : 하부의 청결층 공기가 배출구로 빠져 나가므로 예상 배출량보다 적은 연기량이 배출되고 이로 인하여 연기층 하강이 발생한다.
2) 인명안전 위협 : 연기층이 하강하면 그만큼 청결층의 높이가 낮아지므로 피난자의 인명안전을 위협하게 되는 것이고 제연설비 기능이 약화된다.

02 자연배연

(1) 설계절차

1) 배기구의 전체 면적 : 배기량을 결정하는 중요인자이다.
2) 배기는 하나의 큰 배기구보다는 몇 개의 작은 배기구들을 사용하여 구성한다. 큰 배기구만 설치하였으면 플러그 홀링(plug-holing)의 발생 우려가 있다.
3) 배기구의 요구조건
   ① 화재 시 정확히 동작할 수 있도록 설치한다.
   ② 화재로부터 발생한 열 또는 연기에 의해서 자동으로 개방되는 구조이다.
   ③ 고장 시 개방된 상태가 유지되는 구조이다.
   ④ 배기구의 크기와 간격 : 플러그 홀링(plug-holing)이 발생하지 않도록 설치한다.
   ⑤ 하나의 배기구 면적 : $2h^2$ 이하(플러그 홀링 방지)
   h : 연기층 높이[m]

⑥ 배기구의 제한

㉠ 배기구 종횡비 : $\frac{높이}{폭} > 2$

㉡ 배기구 폭 $\leq h$

⑦ 배기구간 간격 : $S \leq 4H$(효과적 배연), 벽에서의 수평거리 $2.8H$

여기서, S : 배출구 중심 간 거리[m]

H : 천장높이[m]

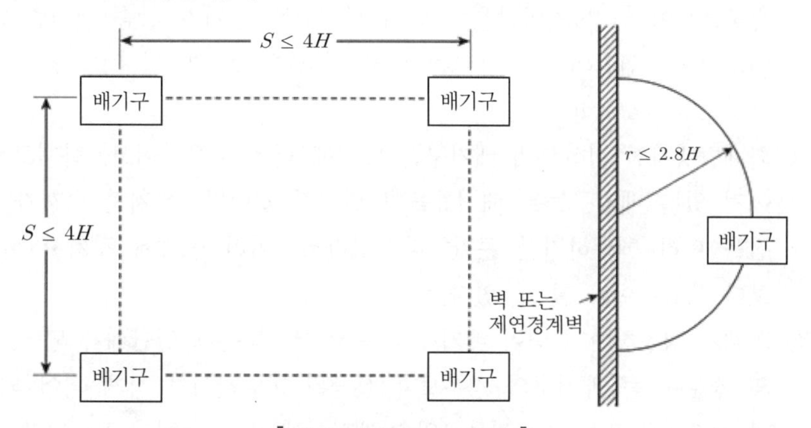

▌배기구 간격(NFPA 204)▐

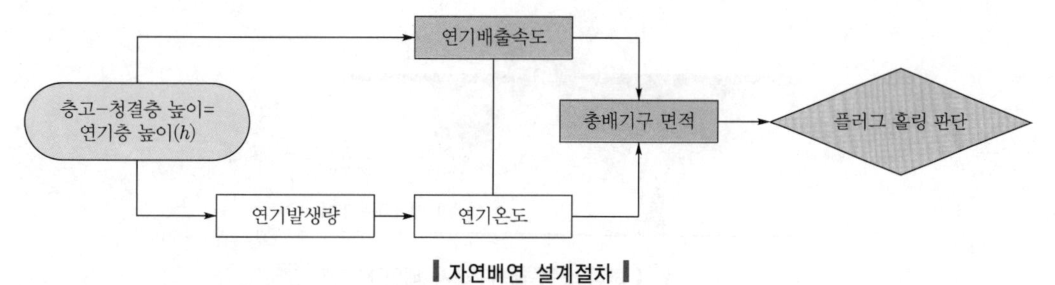

▌자연배연 설계절차▐

(2) 플러그 홀링(plug – holing) 발생 여부 판단[16)]

1) 연기층의 높이(h), 연기온도(T_s)가 고정되어 배기구 면적으로 배출량이 결정된다.
2) 배기구의 최대 면적의 제한으로 플러그 홀링의 발생 여부를 판단한다.
3) 공식

$$A < 0.4 \times h^2 \sqrt{\frac{\rho_s}{\rho_a}}$$

여기서, A : 배기구 면적[m^2]

h : 연기층 높이[m]

ρ_a : 공기의 밀도

ρ_s : 연기의 밀도

16) SFPE 51 Smoke Control by Mechanical Exhaust or Natural Venting

(3) 대책

1) 각각의 배기구의 최대 면적 제한 : NFPA에서는 하나의 배기구의 면적을 $2h^2$으로 제한(h : 연기층 높이)한다.

2) 하나의 배기구를 여러 개의 배기구로 분산배치한다. 작은 다수의 배기구가 설치되어야 하는 이유는 다음과 같다.

① 배기구가 크다면 그 크기가 연기층의 깊이와 비슷하게 되어 가스의 외부로의 방출흐름이 연기층 바닥을 교란시켜 청결층 공기가 상승 연기층으로 인입되고 이로 인해 연기의 일부가 방출되지 않고 하강하게 될 것이다. 이것이 플러그 홀링(plug-holing)이다.

② 화재발생지점 직상부의 배기구는 배기에 더욱 효율적이고, 화재로부터 멀리 떨어져 있는 배기구들은 배기효율이 떨어질 것이다. 하지만 화재가 발생하는 지점을 미리 예측하기란 곤란하다. 따라서, 여러 방향에 걸쳐서 설치하는 것이 보다 효율적이라 할 수 있다.

③ 화재가 성장하여 화염이 배기구를 통해 분출되는 화염단계가 되면, 작은 배기구의 경우는 큰 배기구의 경우보다 분출된 화염길이가 작게 되어 외부의 외벽이나 지붕재료 또는 인접건물로의 화재확산에 의한 재해가 감소된다.

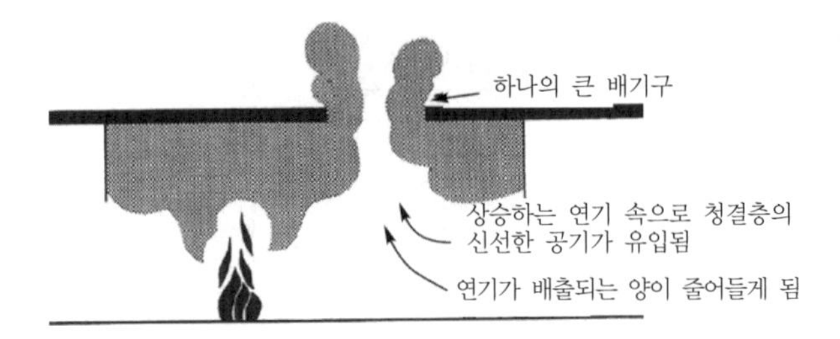

▌하나의 큰 배기구에서 배연▐

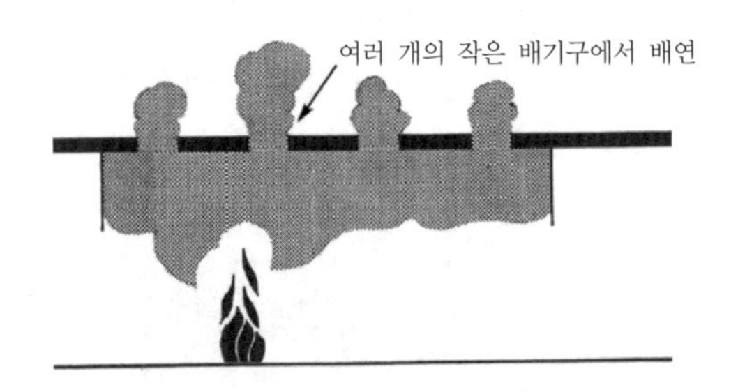

▌여러 개의 작은 배기구에서의 배연▐

03 기계배연

(1) 발생 연기량을 결정한다.

(2) 자연배연과 기계배연의 차이점

구분	자연배연	기계배연
배출속도	온도차에 의한 압력차에 의해서 배출속도가 결정	송풍기에 의해서 일정한 배출량이 결정
플러그 홀링의 원인	① 하나의 배출구의 배기용량(면적)이 큰 경우 ② 외기 바람에 의한 부압으로 인한 빠른 유속	① 하나의 배출구의 배기용량(면적)이 큰 경우 ② 송풍기 용량과다로 인한 빠른 유속
차이점	내외 온도차에 의한 압력차	송풍기에 의한 압력차
대책	배기구 최대 면적 제한 : $2h^2$	최대 배출량 제한 : $4.16\,\gamma\,h^{\frac{5}{2}}\sqrt{\frac{T_s - T_o}{T_o}}$
개념도		
배기구 간격	최소 간격 : $4H$	최대 간격 : $0.9\sqrt{V_e}$

(3) 대책

1) 플러그 홀링(plug-holing) 발생 여부 판단[17]

$$v_{\max} = 4.16\,\gamma\,h^{\frac{5}{2}}\sqrt{\frac{T_s - T_o}{T_o}}$$

여기서, $v_{\max}$: 하나의 개구부에서 플러그 홀링이 발생하지 않는 최대 배출량[m^3/sec]

γ : 배출구 위치계수(배출구 중심에서 벽까지의 거리가 직경의 2배 이상($\gamma = 1$), 그 외 ($\gamma = 0.5$)

h : 연기층 높이

T_s : 연기층 온도[K]

T_o : 주위 온도[K]

17) SFPE 51 Smoke Control by Mechanical Exhaust or Natural Venting

2) 큰 배기구보다는 여러 개의 배기구를 사용하여 배기용량을 낮춘다.

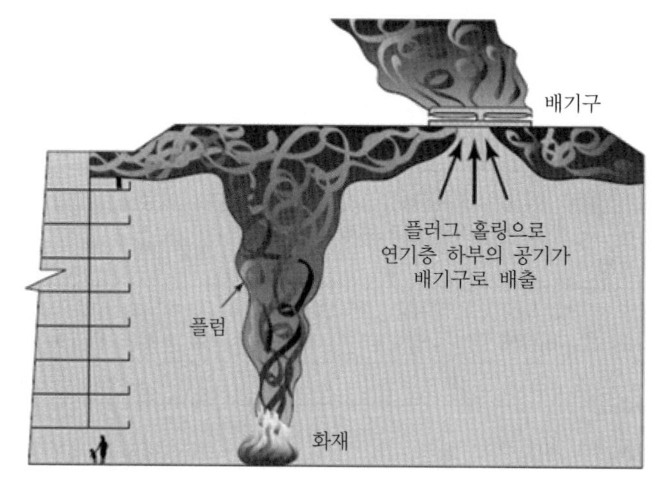

3) 배출구 최소 이격거리

$$S_{min} = 0.9\sqrt{V_e}$$

여기서, V_e: 하나의 배출구 배출량[m³/sec]

4) Plug-holing이 발생할 때는 $F_{critical}$이라는 이름의 임계 프루드수가 있다. 특정 조건에서 프루드수가 임계 프루드수보다 크면 하층의 신선한 공기가 기계식 통풍구로 직접 유입되는 것으로 추론할 수 있다. 따라서, 임계 프루드수의 값보다 낮게 유지하면 플러그 홀링을 방지할 수 있다.

① $Fr = \dfrac{v_s A}{\left(\dfrac{g\Delta T}{T_o}\right)^{\frac{1}{2}} d^{\frac{5}{2}}} = \dfrac{\text{관성력}}{\text{부력}} = \dfrac{v}{\sqrt{gD}}$

여기서, v_s : 연기배출구에서의 유속[m/sec]
A : 연기배출구의 면적[m^2]
d : 연기층의 두께[m]
ΔT : 연기층의 평균 온도 상승[K]
T_o : 주변 온도[K]
g : 중력가속도[m/sec^2]
D : 수리평균심$\left(\dfrac{A}{B}\right)$ → A : 통수단면적, B : 수로폭

② 장소에 따른 $F_{critical}$

㉠ 일반적인 밀폐된 건물의 기계배연 : 1.5[18]

18) H.P. Morgan, J.P. Gardiner, Design Principles for Smoke Ventilation in Enclosed Shopping Centres, BR186, Building Research Establishment, Garston, U.K, 1990.

㉡ 밀폐된 쇼핑센터의 측변 배출구의 기계배연 : 1.1[19]

㉢ 터널의 기계배연 : 2.1

04 Plug-holing test

(1) 개요

1) 연기 배출용 배기구의 찬공기 배출여부 평가법

2) 낮은 제연경계벽 높이, 큰 배기구 사이즈 등의 원인으로 Plug-holing 발생

(2) 필요성

1) 현재 국내에서 Plug-holing 방지 설계 미적용 상태

2) Plug-holing을 통한 인명손상 가능성 증가

3) 문제 확인 시 비교적 간단하게 조치 가능

(3) 시험방법

1) 기본 절차

① 현장확인 및 Plug-holing 발생 예상질량유량을 계산한다.

② 천장의 온도 조건을 설정(약 60[℃])한다.

③ Small scaling에 의한 Pool fire 크기를 결정한다.

④ 연막량을 결정한다.

⑤ 열전대 및 부대시설을 설치한다.

⑥ 배기구 질량유량 및 온도를 측정한다.

2) 시험내용

① Plug-holing 발생 질량유량을 측정한다.

② Plug-holing 방지대책 적용 후 재시험을 통해 미발생을 확인한다.

19) O. Vauquelin, Experimental Simulations of Fire-Induced Smoke Control in Tunnels Using an "Air-Helium Reduced Scale Model": Principle, Limitations, Results and Future, Tunn. Undergr. Sp. Tech., 23 (2008) 171-178.

SECTION 015 힝클리 공식 유도

01 연기층 하강시간 계산[힝클리(Hinkley) 공식]

(1) 연기발생량

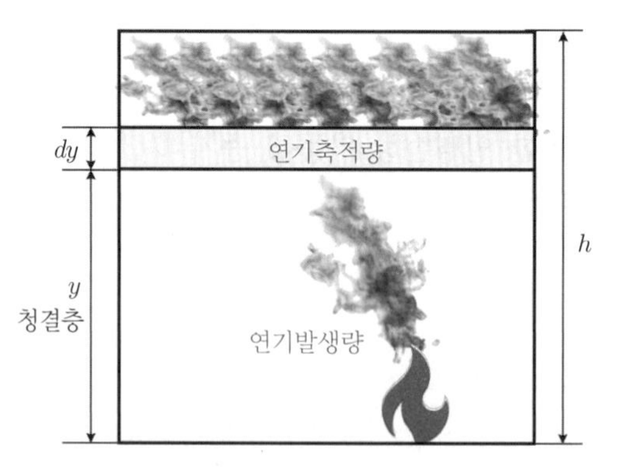

▎연기발생 개념도 ▎

1) 청결층의 높이 y에서의 연기발생량

① 공식

$$\frac{dM}{dt} = 0.096\, P_f\, \rho_0\, y^{\frac{3}{2}} \sqrt{g \frac{T_0}{T_f}}\ \text{[kg/sec]}$$

여기서, $\frac{dM}{dt}$: 시간당 연기발생량[kg/sec]

y : 바닥에서 연기층까지의 높이(청결층)

T_0 : 대기온도[K]

T_f : 화염온도[K]

P_f : 화원의 둘레[m]

ρ_0 : 대기밀도[kg/m^3]

② 연기발생량의 단순화

$$M_f = 0.188 P_f y^{\frac{3}{2}}$$

여기서, M_f : $\frac{dM}{dt}$

ρ_0 : 1.2[kg/m³]

T_0 : 290[K]

T_f : 1,100[K]

g : 9.8[m/sec²]

③ 연기발생량은 결국 청결층 높이(y)와 화원의 크기의 함수이다.

2) 임의의 청결층 높이 y에서의 연기축적량

$$\frac{dm}{dt} = -\rho_s \cdot A \cdot \frac{dy}{dt}\,[\mathrm{kg/sec}]$$

여기서, $\frac{dm}{dt}$: 시간당 연기축적량[kg/sec]

ρ_s : 연기밀도[kg/m³], 연기가 하강하므로 부호는 음의 방향(−)

A : 바닥면적[m²]

(2) 연기발생량과 연기축적량은 같다.

$$-\rho_s A \frac{dy}{dt} = 0.096\,P_f\,\rho_0\,y^{\frac{3}{2}}\sqrt{g\frac{T_0}{T_f}}$$

$0.096\,P_f\,\rho_0\sqrt{g\frac{T_0}{T_f}}$ 를 K로 놓고 정리하면

$$K \cdot y^{\frac{3}{2}} = -\rho_s \cdot A \cdot \frac{dy}{dt}$$

$dt = -\frac{\rho_s A}{K}\frac{1}{y^{\frac{3}{2}}}dy$ 에서 양변을 적분하면

$$\int dt = -\frac{\rho_s A}{K}\int_H^y \frac{1}{y^{\frac{3}{2}}}dy$$

$$t = -\frac{\rho_s A}{K}\left[-2\frac{1}{\sqrt{y}}\right]_h^y = \frac{2\rho_s A}{K}\left(\frac{1}{\sqrt{y}} - \frac{1}{\sqrt{h}}\right)$$

여기서, 연기의 온도를 570[K](300[℃]), 화염온도를 1,100[K], 대기온도를 290[K]이라고 가정하면

연기밀도 = 공기밀도 × $\frac{\text{공기온도}}{\text{연기온도}}$

$$\rho_s = \rho_0 \cdot \frac{290}{573}$$

$$t = \frac{2\rho_0\left(\frac{290}{573}\right)A}{0.096\,\rho_0\sqrt{\frac{290}{1,100}}\,\sqrt{g}\,P_f}\left(\frac{1}{\sqrt{y}} - \frac{1}{\sqrt{h}}\right) = \frac{20.54\,A}{\sqrt{g}\cdot P_f}\left(\frac{1}{\sqrt{y}} - \frac{1}{\sqrt{h}}\right)$$

(3) 연기층 하강시간

$$\text{연기층 하강시간}(t) = \frac{20\,A}{P_f\sqrt{g}}\left(\frac{1}{\sqrt{y}} - \frac{1}{\sqrt{h}}\right)$$

예제

학교 교실의 면적이 100[m²]이고, 높이가 6[m]인 곳의 바닥에서 3[m]×3[m] 크기의 화재가 발생하였다고 가정할 경우 바닥으로부터 각각 3[m] 높이까지 연기가 도달하는 시간 및 연기발생량을 힝클리 공식을 사용하여 구하시오. (단, 연기 온도는 500[℃]로 연기의 밀도는 0.456[kg/m³]이고, 실내의 환기설비는 작동하지 않는다. 기타 조건은 무시함)

$$t = \frac{20A}{P\times\sqrt{g}}\times\left(\frac{1}{\sqrt{y}} - \frac{1}{\sqrt{h}}\right)$$

[풀이]

(1) 개요

1) 힝클리(Hinkley) 공식은 토마스의 실험식에서 유도된 식으로 연기의 온도가 300[℃]

$$t = \frac{2\rho_s A}{0.096\rho_0 g^{\frac{1}{2}}\left(\frac{T_0}{T}\right)^{\frac{1}{2}}P_f}\left(\frac{1}{\sqrt{y}} - \frac{1}{\sqrt{h}}\right)$$

2) 흔히 알려진 공식은 Parnell, Butcher가 $T_0 = 290[K]$, $T_S = 300[℃]$, $T = 1,100[K]$로 가정하여 산출된 $t = \frac{20A}{P_f\sqrt{g}}\left(\frac{1}{\sqrt{y}} - \frac{1}{\sqrt{h}}\right)$이다.

3) 주어진 조건에 의해 Hinkley 식을 수정하면 다음과 같다.

$$t = \frac{2\times 0.456}{0.096\times 1.22\times\left(\frac{290}{773}\right)^{\frac{1}{2}}}\cdot\frac{A}{P_f\sqrt{g}}\left(\frac{1}{\sqrt{y}} - \frac{1}{\sqrt{h}}\right)$$

$$\left(T_0 = 290[K],\ T = 1,100[K],\ \rho_s = 0.456,\ \rho_0 = \frac{353}{290} = 1.22\right)$$

$$t = \frac{15.2A}{P_f\sqrt{g}}\left(\frac{1}{\sqrt{y}} - \frac{1}{\sqrt{h}}\right)$$

4) 연기발생률

① $\frac{1}{\sqrt{y}} = \left(\frac{P_f\sqrt{g}}{15.2A}\right) \cdot t + \frac{1}{\sqrt{h}}$

$-\frac{1}{2}y^{-\frac{3}{2}}dy = \frac{P_f\sqrt{g}}{15.2A}dt \rightarrow dy = \frac{-2P_f\sqrt{g}}{15.2A} \cdot dt \times y^{\frac{3}{2}}$

$\therefore \frac{dV}{dt} = -\frac{2P_f\sqrt{g}}{15.2} \cdot y^{\frac{3}{2}}\ (A\,dy = dV)$

② $dt = \frac{15.2A}{P_f\sqrt{g}}\left(-\frac{1}{2}y^{-\frac{3}{2}}\right)dy$

$dt = A\,dy\,\frac{15.2}{P_f\sqrt{g}}\left(-\frac{1}{2}y^{-\frac{3}{2}}\right)$

$\therefore \frac{dV}{dt} = A\frac{dy}{dt} = -\frac{2P_f\sqrt{g}}{15.2} \cdot y^{\frac{3}{2}}$

(2) 계산

1) 침대까지의 도달시간

$$t = \frac{15.2 \times 100}{(3\times4)\times\sqrt{9.8}} \cdot \left(\frac{1}{\sqrt{3}} - \frac{1}{\sqrt{6}}\right) = 82.01[\text{sec}]$$

2) 연기발생률

$$\frac{dV}{dt} = -\frac{2P_f\sqrt{g}}{15.2} \cdot y^{\frac{3}{2}} = \frac{-2\times(3\times4)\times\sqrt{9.8}}{15.2} \times 3^{\frac{3}{2}} = 25.68[\text{m}^3/\text{sec}]$$

SECTION 016

부속실 제연

92 · 91 · 81회 출제

01 개요

(1) 연기 구동력은 화재실과 인접 구역의 출입문 간에 압력 차이를 만들어 연기가 화원에게서 떨어진 곳으로 전파되도록 한다.

(2) **부속실의 의미**

1) **경유공간** : 화재 시 가압공간으로 만들어 연기가 들어오지 못하도록 하여 피난을 위한 공간이자 소화활동의 공간

2) **피난공간** : 자력으로 피난하지 못하는 거주자가 구조되기까지 일시적으로 머무는 공간

3) **제연벽** : 거실의 연기가 피난계단으로 흘러 들어가지 못하도록 하는 일종의 장벽(barrier)

(3) **부속실 제연설비**

부속실의 연기제어는 구획(벽, 문 등)과 함께 기계식 팬(fan)에 의해 생성되는 차압과 기류를 이용하여 피난경로(계단, shaft, 부속실) 등을 보호하는 제연설비

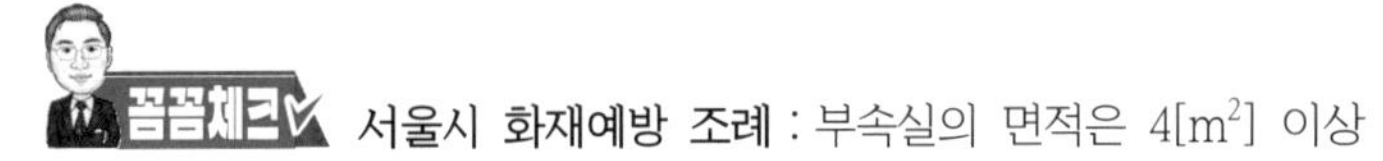

서울시 화재예방 조례 : 부속실의 면적은 $4[m^2]$ 이상

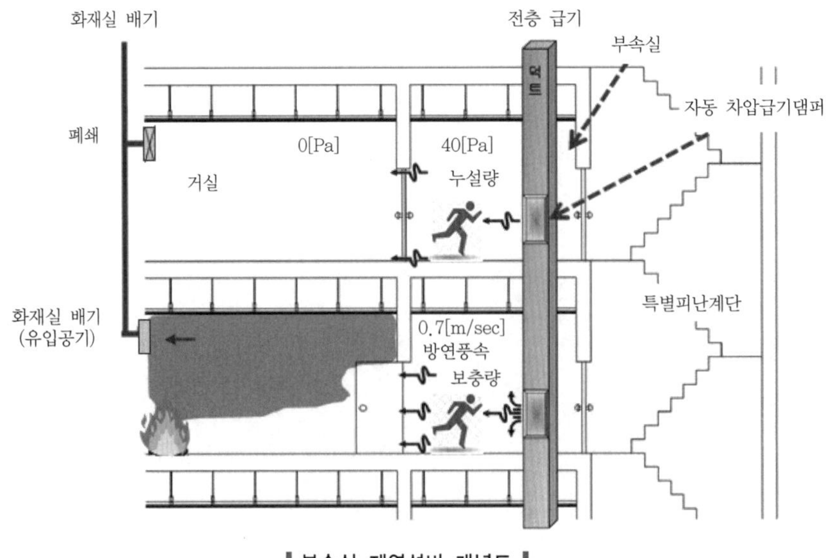

▎부속실 제연설비 개념도 ▎

(4) 부속실 제연설비의 구성요소

1) 차압
   ① 부속실에서 차압은 대기압 101,325[Pa] 중 40[Pa] 차압변화
   ② 차압 = 제연구역의 압력(부속실) - 평상시 압력
2) 방연풍속
3) 개방력
4) 폐쇄력
5) 유입공기 배출

(5) 부속실 제연방법

1) **부속실에 배기만 하는 경우** : 부속실에 배기하므로 부압이 되며, 따라서 화재실의 압력이 더 높아 발생한 연기의 유입이 우려
2) **부속실에서 급·배기를 하는 경우** : 부속실의 압력은 급·배기하기 전과 동일하며 화재실은 열에 의해 압력이 더 높아지므로 연기의 유입이 우려
3) **부속실에 급기만 실시하는 경우** : 부속실의 압력이 화재실의 압력보다 높아 연기의 유입을 방지한다.

구분	적용	제연대책	제연방식	적용 장소
부속실 제연	피난로	① 소극적 대책 ② 연기유입 방지	급기가압방식	① 부속실 ② 승강장 ③ 계단실

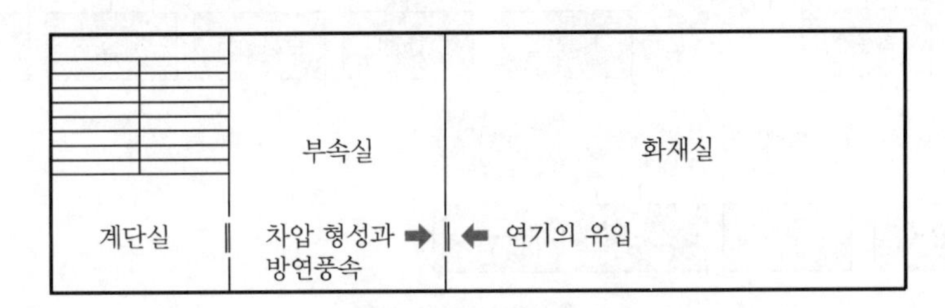

▌부속실에 급기만 하는 경우▐

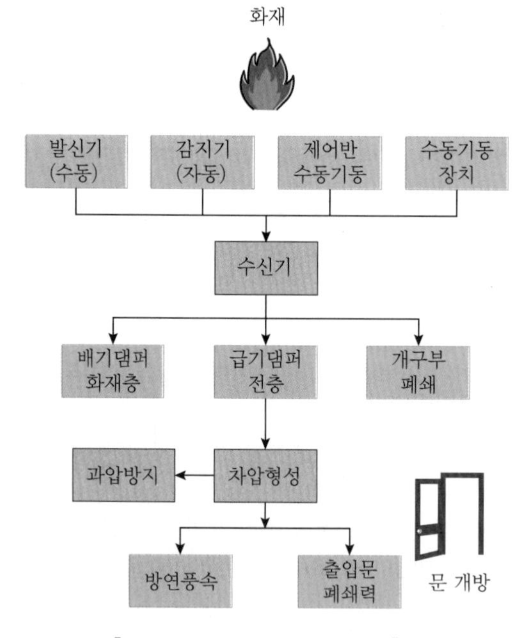

▌부속실 제연설비 작동흐름도▐

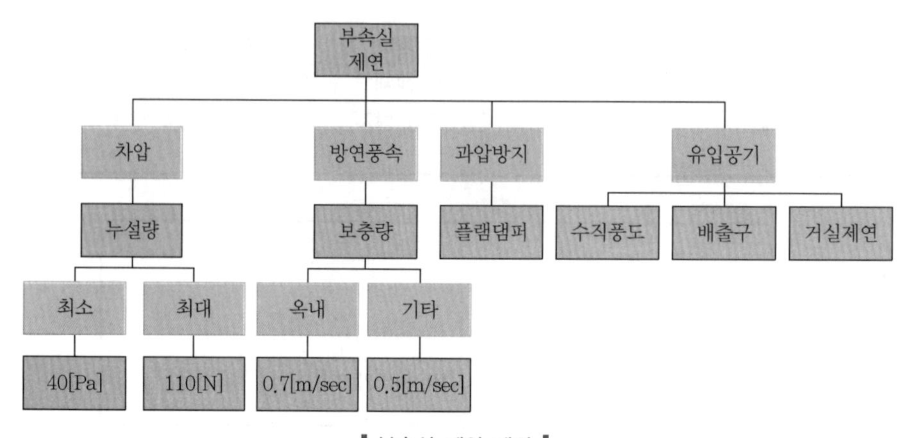

▌부속실 제연 맵핑▐

02 목적

연소생성물이 화재공간과 방호공간 사이의 누설경로를 통하여 이동하는 것을 막음으로써 방호공간이 연소가스로 오염되는 것을 최소화하는 것이다. 이 목적을 달성하기 위하여 방호공간에 조성되는 압력은 연기를 움직이게 하는 압력차보다 크고 그 방향은 반대쪽이어야 한다.

(1) 인명안전

건물 거주자가 방호된 피난경로와 피난처를 사용하고 있을 가능성이 있는 부속실에 생존 가능한 조건을 유지하여야 한다.

(2) 소화활동

소화활동을 하는 소방관의 안전을 도모할 수 있는 공간을 제공한다.

(3) 재산보호

화재공간에 인접한 구역의 물품이나 장비를 연기의 오염으로부터 방호한다.

03 부속실 제연구역 선정방법 및 급기방식 133회 출제

구분	선정이유 및 급기방식
계단실과 부속실 동시 제연	① 선정 이유 : 특별피난계단의 피난층에 부속실을 설치하지 않는 경우(피난층 화재 시 계단실로 연기가 유입될 우려가 있음) ② 급기방식 : 계단실에 대하여 그 부속실의 수직풍도에 따라 급기
부속실 단독제연	① 선정이유 ㉠ 피난층에 부속실이 설치된 경우 ㉡ 지하층만 부속실이 설치되고 피난층에 부속실이 없는 경우(지상층은 특별피난계단 설치대상이 아님) ㉢ 피난층에 부속실이 없는 공동주택의 경우(피난층에 다른 시설이 없고 바로 옥외로 피난이 가능한 구조) ② 급기방식 : 동일 수직선상의 모든 부속실은 하나의 전용 수직풍도에 따라 급기(승강로 포함)
계단실 단독제연	급기방식 : 전용 수직풍도를 설치하거나 계단실에 급기풍도 또는 급기송풍기를 직접 연결하여 급기
수직풍도	풍도마다 전용의 송풍기로 급기

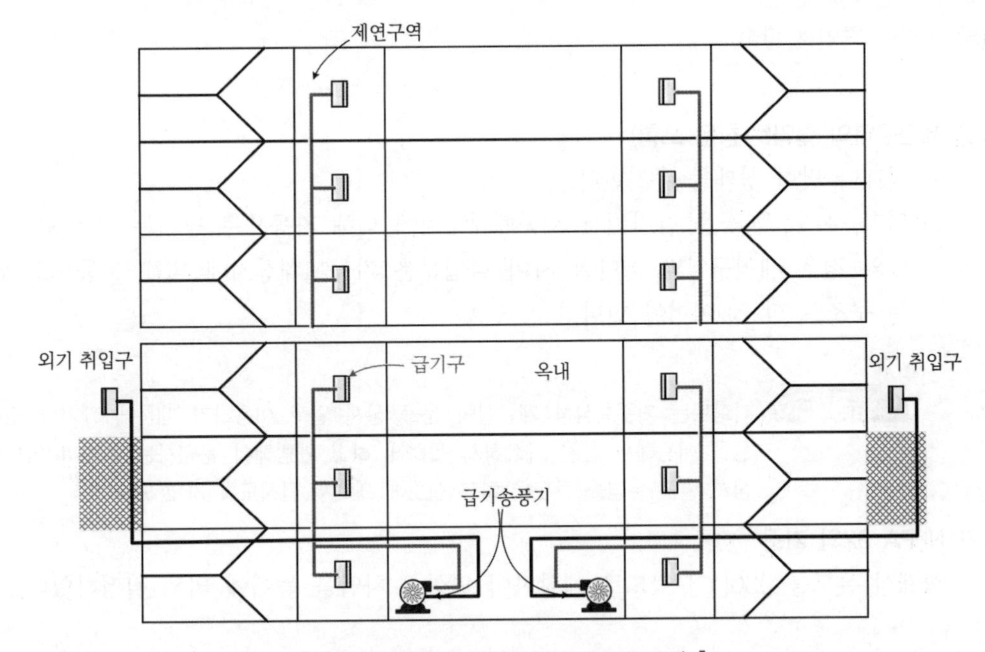

▌부속실 제연설비 계통도(부속실 단독제연)▐

04 차압

최대와 최소 모두 고려한다.

(1) 정의

예상제연구역과 옥내와의 연기를 막기 위한 최소한의 압력차

여기서, 옥내란 복도, 통로 또는 거실 등과 같은 화재실을 의미한다.

(2) 차압의 기준

구분	설치기준
최소 차압	제연구역과 옥내와의 40[Pa] 이상(스프링클러 12.5[Pa])
최대 차압	출입문 개방에 필요한 힘은 110[N] 이하 • 110/9.8 ≒ 11.2[kgf]로 노약자 및 어린이가 피난 시 최대 힘 • 방화문 면적(2[m] × 0.9[m]) × 최대 차압(60[Pa]) ≒ 110[N]
출입문이 일시적으로 개방되는 경우 비개방 부속실 차압	기준차압의 70[%] 이상
계단실/부속실 동시 제연	① 계단실 = 부속실 ② 계단실 > 부속실(5[Pa] 이하)

(3) 거실제연에서는 압력차가 중요관점이지만 특별피난계단은 압력차를 상쇄(연기의 구동력을 알아서 그보다 더 큰 힘을 공급)하여 연기의 유동을 방지하는 것이 중요관점이다.

(4) 차압은 화재 시 개념이 아닌 평상시 기준으로 산정한다.

(5) 차압의 크기와 방향

연기를 움직이게 하는 압력차보다 크고 그 방향은 반대방향이다.

(6) 제연구역의 출입문(창문 포함)

1) 언제나 닫힌 상태를 유지한다.
2) 연기, 온도, 불꽃을 감지해서 자동폐쇄장치에 의해 자동으로 닫히는 구조(단, 아파트의 경우 제연구역과 계단실 사이 출입문은 자동폐쇄장치에 의해 자동으로 닫히는 구조로 할 것)이어야 한다.

아파트는 거주특성상 계단실의 문을 상시 열고 이용하기 때문에 쐐기나 소화기 등을 이용해서 문을 폐쇄하지 못하게 하고 개방해서 운영하는 특성이 있으므로 상시 열고 운영을 하도록 하고 신호에 의해서 닫히도록 하고 있다.

(7) NFPA 92의 기준 121회 출제

화재실 온도를 930[℃] 정도로 예상하여 평상시 차압을 높이에 의해 결정하였다.

구분	층고	차압
SP 미설치	2.7[m]	25[Pa](화재 시 발생압 15 ~ 20[Pa])
	4.6[m]	35[Pa]
	6.4[m]	45[Pa]
SP 설치	–	12.5[Pa](화재 시 발생압 5 ~ 10[Pa])

1) <u>스프링클러 설치</u> : 스프링클러의 방사로 화재실 온도가 낮아지고 팽창압도 낮아지게 되며 창문 등 개구부의 파손 가능성도 낮아지므로 작은 차압으로도 연기유동의 방지가 가능하다.
2) <u>스프링클러 미설치</u> : 건축물 높이에 의해 공기유입량이 결정되므로 이에 따라 차압도 결정된다.
3) NFTC의 방연풍속 기준은 BS/EN 12101-6을 근거로 적용한 기준이다. BS의 방연풍속은 0.75[m/sec]이고 차압은 50[Pa] ± 10[%]가 기준이며 SP 설치에 따른 차압감소는 없는 기준이다. 반면 NFPA 92는 방연풍속의 내용이 없으므로 기준의 근거는 BS이고 일부 내용과 관련하여 NFPA 92 기준을 적용하는 것은 논거가 약하다.
4) 천장높이가 4.6[m]일 때를 기준으로 하여 NFPA 92에 따른 차압 선정

$$\varDelta P = 3,460\left(\frac{1}{T_o} - \frac{1}{T_i}\right)h_2 = 3,460\left(\frac{1}{273+20} - \frac{1}{273+930}\right) \times \frac{4.1}{5.1} \times 4.6$$

$$= 33.03 \fallingdotseq 35[\text{Pa}]$$

여기서, T_o : 부속실 온도(20[℃])

T_i : 화재실 온도(930[℃])

h_2 : 중성대 상부 높이$\left(\frac{h_2}{h_1} = \left(\frac{A_1}{A_2}\right)^2 \cdot \frac{T_i}{T_0} = \frac{273+930}{273+20} = 4.1,\ h_1\text{을 1이라고 하면 } h_2\text{는 5.1이 됨}\right) \rightarrow A_1 = A_2$

(8) NFPA 101의 기준

1) 자연환기
   ① 계단실까지의 접근로가 개방된 외부 발코니를 경유해야 하는 경우 : 1.5시간 방화문의 설치, 연기감지기에 의해 폐쇄 또는 자동폐쇄된다.
   ② 모든 부속실의 외부 뜰이나 구내 또는 20[ft](6.1[m]) 이상인 공공 공간에 접하는 외벽 : 16[ft^2](1.5[m^2]) 이상의 개구부가 설치되어야 한다.
   ③ 모든 부속실은 연결되는 복도에 필요한 폭 이상의 폭과 보행방향으로 72[in](183[cm]) 이상의 길이가 요구된다.
2) 기계식 환기
   ① 방연계단실
      ㉠ 부속실의 폭 : 44[in](112[cm])

㉡ 부속실의 길이 : 6[ft](183[cm]) 이상

② 부속실의 환기 : 1[회/min] 이상(배기량은 급기량의 150[%])

③ 전실의 급기와 배기 : 전용 덕트

④ 급기구 : 바닥으로부터 6[in](15.2[cm]) 이내

⑤ 배기구 : 천장으로부터 6[in](15.2[cm]) 이내

⑥ 부속실의 천장은 부속실 문 개구부보다 최소 20[in](50.8[cm]) 이상 높아야 한다(연기와 열의 체류지역 확보).

⑦ 계단실의 상단에는 릴리프 댐퍼 설치(7.2.3.8.4)

㉠ 계단과 부속실 사이의 모든 문은 폐쇄된다.

㉡ 계단실 내의 압력이 부속실보다 25[Pa] 이상 높아야 한다.

㉢ 릴리프 댐퍼를 통하여 최소 2,500[ft^3/min](70.8[m^3/min])의 공기를 배출할 수 있는 급기를 공급한다.

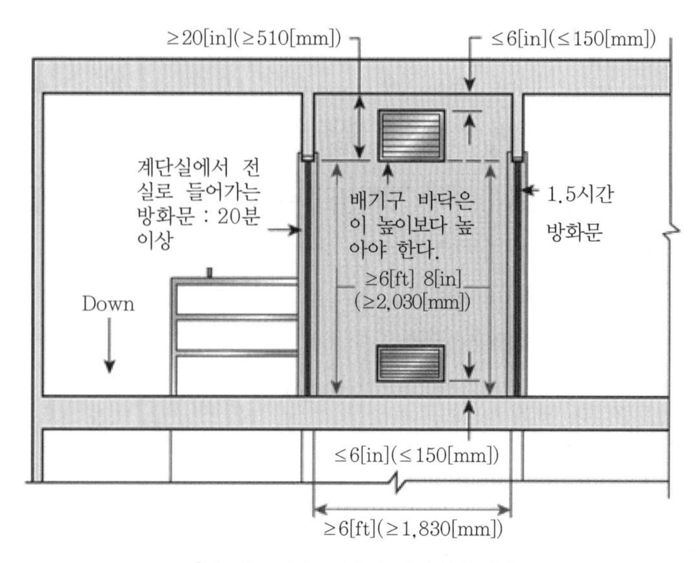

▌방연을 위한 기계적 환기방법[20] ▌

3) 급기가압

① 최소 차압

㉠ 스프링클러설비가 설치된 건물 12.5[Pa] 이상

㉡ 스프링클러가 설치되지 않은 건물 25[Pa] 이상

② 최대 차압 : 문이 개방되는 힘 133[N] 이하

③ 기타 관련 사항은 NFPA 92를 준용한다.

20) Life Safety Code Handbook 2015 Chapter 7 ● Means of Egress Exhibit 7.124

④ 덕트

㉠ 불연재료의 밀폐된 덕트로서, 계단실에 직접 연결되는 건물 외부에 위치한다.

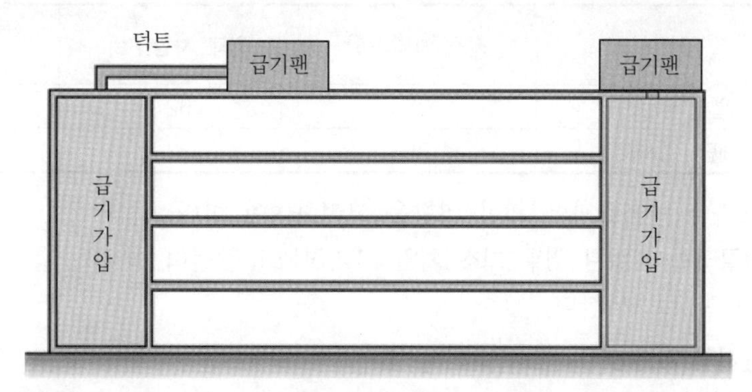

㉡ 급기와 배기가 외부로 직접 연결되어 있거나 내화성능 2시간의 밀폐된 덕트에 의해서 연결되는 계단실 내부에 위치한다.

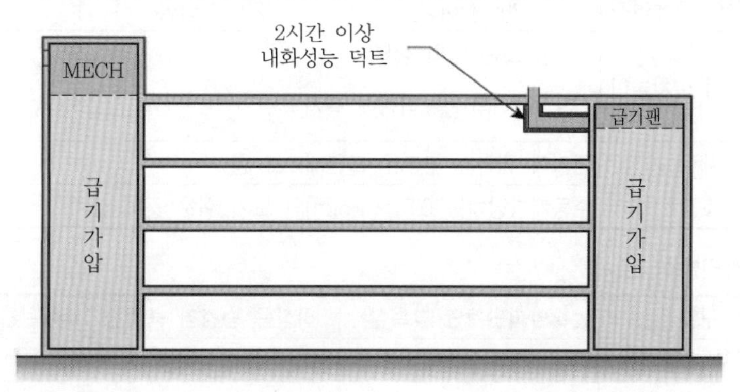

㉢ 다른 기계장치를 포함한 건물의 기타 부분으로부터 내화성능 2시간 구조에 의해서 구획된 경우의 건물 내 위치한다.

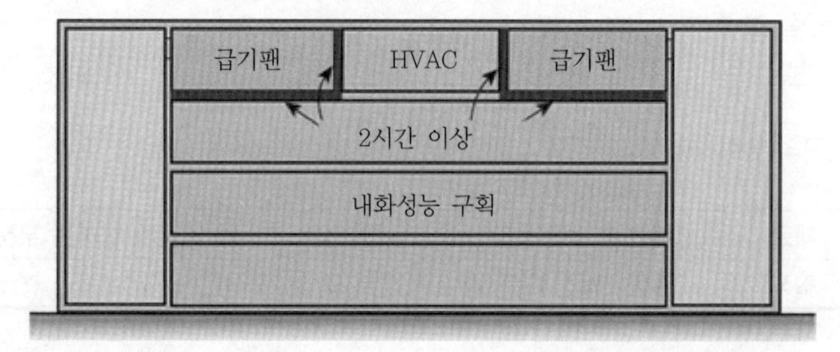

⑤ 기동장치 : 기계식 환기설비와 계단실의 가압설비는 방연계단실 입구로부터 10[ft](3[m]) 이내의 승인된 위치에 설치된 연기감지기에 의해서 작동한다.

⑥ 계단실의 문 : 일시에 폐쇄된다.

⑦ 비상전원 : 1시간 이상(연료는 2시간 이상 작동할 수 있는 양 이상)

(9) IBC code의 기준

1) 최소 차압/최대 차압(IBC code 2018 909.20.5, 909.21.1)

구분	최소 차압[Pa]	최대 차압[Pa]	SP 설치 시[Pa] (IBC 909.6.1)
엘리베이터	25	62	25
계단, 경사로	25	87	25

2) 바람효과나 연돌효과에 의한 영향을 고려하여야 한다.

3) 스프링클러가 설치된 경우 최소 차압 : 12.5[Pa] 완전히 살수되지 않은 공간의 차압은 2배 이상으로 한다.

(10) **일본 소방법의 기준**

1) 자연배연방식

구분	특별피난계단 부속실	비상용 승강기 승강장	부속실과 승강장 겸용 시
배연창의 유효면적	2[m^2] 이상	2[m^2] 이상	3[m^2] 이상
배연창의 설치높이	• 천장 또는 벽의 상부 • 천장높이의 $\frac{1}{2}$ 이상에 설치		
재료	연기에 접하는 부분은 불연재료로 함		
조작	수동개방장치는 0.8 ~ 1.5[m]의 보기 쉬운 곳에 설치		

2) 기계배연방식

구분	특별피난계단 부속실	비상용 승강기 승강장	부속실과 승강장 겸용 시
급기구 개구면적	1[m^2] 이상	1[m^2] 이상	1.5[m^2] 이상
급기 풍도단면적	2[m^2] 이상	2[m^2] 이상	3[m^2] 이상
배연기	4[m/sec] 이상	4[m/sec] 이상	6[m/sec] 이상
급기구의 높이	• 천장 또는 벽의 하부 • 천장높이의 $\frac{1}{2}$ 아래에 설치		
배연구의 높이	• 천장높이의 $\frac{1}{2}$ 이상에 설치 • 1.8[m] 이상에 설치		
재료	배연구, 배연풍도, 급기구, 급기풍도 그 외 연기에 접하는 부분은 불연재료로 함		
조작	수동개방장치는 0.8 ~ 1.5[m]의 보기 쉬운 곳에 설치		

05 급기량 116회 출제

(1) 누설량

1) 정의 : 제연구역의 출입문이 닫힌 채로 가압되고 있는 상태에서, 출입문 등의 누설틈새를 통하여 외부로 누설되어 나가는 공기의 양

2) 제연구역의 누설량을 합한 양으로, 출입문이 2개소 이상인 경우에는 각 출입문의 누설틈새면적을 합한 것

3) 목적 : 차압형성으로 연기의 침투 방지

4) 누설량 공식유도

① 연속방정식 : $Q = C \times A \times v$ ………… ㉠

여기서, Q : 유량[m³/sec]

C : 유동계수(0.64)

A : 틈새면적[m²]

v : 속도[m/sec]

② 베르누이 방정식

$$\frac{P_1}{\gamma} + z_1 + \frac{{v_1}^2}{2g} = \frac{P_2}{\gamma} + z_2 + \frac{{v_2}^2}{2g}$$

여기서, $z_1 = z_2$

$v_1 = 0$

$$\frac{P_1}{\gamma} = \frac{P_2}{\gamma} + \frac{{v_2}^2}{2g}$$

$$\frac{P_1 - P_2}{\gamma} = \frac{{v_2}^2}{2g}$$

$$\Delta P = \frac{{v_2}^2}{2g} \times \gamma$$

$$v_2 = \sqrt{2g\frac{\Delta P}{\gamma}} = \sqrt{\frac{2\Delta P}{\rho}} \quad \cdots\cdots\cdots\cdots ㉡$$

여기서, ΔP : 압력차[Pa]

ρ : 공기밀도(1.2[kg/m³])

v_2 : 누설속도[m/sec]

③ 누설량 : ㉠에 ㉡의 식을 적용

$$Q = 0.64 \times A \times \sqrt{\frac{2\Delta P}{1.2}}$$

$$\therefore \ Q = 0.827 \times A \times \sqrt{\Delta P} \quad \cdots\cdots\cdots\cdots ㉢$$

④ ㉢에 층수와 할증을 넣어주면

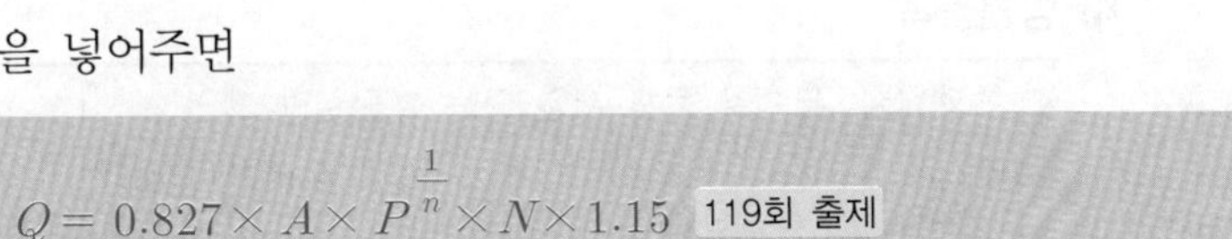

$$Q = 0.827 \times A \times P^{\frac{1}{n}} \times N \times 1.15$$ 119회 출제

여기서, Q : 누설량[m³/sec]

A : 1개층 거실쪽 누설틈새면적+1개층 계단실쪽 누설틈새면적[m²]

N : 층수

1.15 : 급기량의 1.15배 이상(보이지 않는 틈새 등을 고려한 값)

n : 문(2), 창문(1.6)

누설량의 보정지수(BS 5588) : 불확실성을 감안한 보정지수를 적용(1.15 → 1.5)

① 보정지수(factor) 1.5 : 굳건한 구조체로 방호공간을 밀폐할 때 적용한다.

② 플라스터 보드 벽이나 임시 천장 같이 큰 누설 우려가 있는 경우 보정지수(factor) 1.5를 더 크게 해야 한다.

③ 기존 건물구조의 공기 기밀성이 의심쩍을 때 그리고 대수선이 이루어진 때는 팬 성능을 결정하기 전에 잘 조정된 휴대용 팬을 이용하여 누설면적을 평가해 보는 것을 권장하고 있다.

(2) 보충량

1) 정의 : 피난을 위하여 제연구역의 출입문이 일시적으로 개방되는 경우 방연풍속을 유지하도록 옥외의 공기를 제연구역 내로 보충 공급하는 양

2) 목적 : 일시적인 문 개방 시 연기침투 방지(방연풍속)

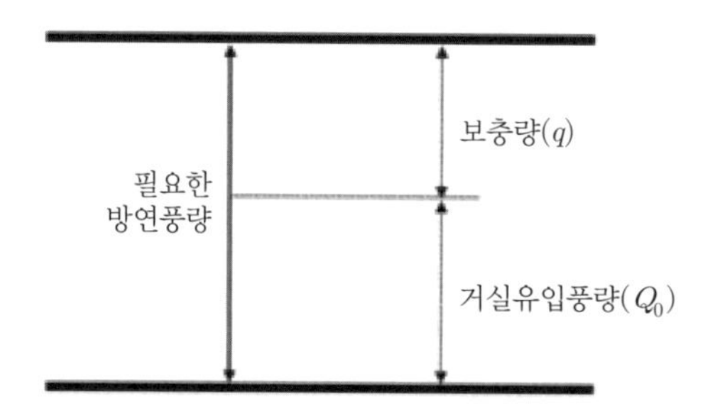

3) 보충량 계산식

$$q = k \times \left(\frac{S \times v}{0.6}\right) - Q_0$$

여기서, Q_0 : 자연적으로 문 개방 시 거실유입풍량[m^3/sec]

S : 개방되는 문의 면적[m^2]

v : 방연풍속[m/sec]

k : 층의 개수에 따른 계수로, 20층 이하 $k = 1$, 20층 초과 $k = 2$

0.6 : 문 개방 시 문 면적에 전체적으로 골고루 공기가 배출되지 않고 편향적으로 배출되는데 그 보정치가 0.6인 것임

4) 방연풍속

계단실, 부속실 동시 제연 또는 계단실만 제연		0.5[m/sec]
부속실 E/V 승강장만 단독제연	옥내가 거실	0.7[m/sec]
	옥내가 복도	0.5[m/sec]

5) 방연풍속의 의미 : 개구부를 개방했을 때 들어오는 연기유입을 방지하기 위해 기류로 밀어내는 것

꼼꼼체크 방연풍속의 측정위치

구분	측정위치
계단실만 단독으로 제연하는 경우	계단실 출입문
계단실과 부속실을 동시에 제연하는 경우	부속실 출입문
비상용 승강기 및 피난용 승강기의 승강로만 제연하는 경우	승강장 출입문
특별피난계단 부속실만 제연하는 경우	거실방향의 부속실 출입문
비상용 승강기의 승강장과 특별피난계단의 부속실을 겸용하는 경우	아파트 세대(옥내) 출입문

(3) 기타

1) 급기량$(Q_T) = (Q+q)a$

2) 급기덕트 크기$[\mathrm{m^2}] = \dfrac{Q_T[\mathrm{m^3/sec}]}{20[\mathrm{m/sec}]}$

3) 급기구 크기$[\mathrm{m^2}] = \dfrac{Q_N[\mathrm{m^3/sec}]}{5[\mathrm{m/sec}]}$

여기서, Q_N : 1개 층의 누설량$\left(\dfrac{Q}{N}\right)$+보충량$(q)$

4) 플랩댐퍼 크기$[\mathrm{m^2}] = \dfrac{q[\mathrm{m^3/sec}]}{5.85[\mathrm{m/sec}]}$

여기서, q : 보충량$[\mathrm{m^3/sec}]$

5) 급기팬 동력$[\mathrm{kW}] = \dfrac{Q_T[\mathrm{m^3/sec}] \times H[\mathrm{mmAq}]}{102 \times \eta} \times 1.15 \times 1.1$

여기서, H : 정압[mmAq]
1.15 : 여유율(15[%])
1.1 : 전달계수
η : 효율

정압 : (①+②+③+④)×1.1(여유율 10[%])
① 가압댐퍼의 압력강하량
② 송풍기 흡입측 루버 손실값
③ 덕트의 압력손실값(수직, 수평)
④ 송풍기 토출압

6) **차압댐퍼 선정** : 보충량, 댐퍼의 압력손실 등을 고려하여 댐퍼 규격을 결정한다.

7) 루버 선정 : 송풍기 흡입측 루버의 선정은 풍량, 손실, 전면풍속, 유효면적 등을 고려하여 선정(루버의 개구율은 50[%])한다.

구분		설치기준
급기량	누설량(Q)	① 제연구역의 누설량을 합한 양 ② 공식 : $Q=0.827\times A\times P^{\frac{1}{n}}\times N\times 1.15$
	보충량(q)	① 피난을 위하여 제연구역의 출입문이 일시적으로 개방되는 경우 방연풍속을 유지하도록 보충하는 양 ② 공식 : $q=k\times\left(\frac{S\times V}{0.6}\right)-Q_0$
	개방되는 문의 수(k)	① 20층 이하 : 1 ② 20층 초과 : 2
	여유율(a)	설계자의 의도

출입문이 개방된 1개의 층(부속실)에 급기하여야 할 급기량

$$\frac{Q}{N}+q$$

(4) 부속실 가압을 위한 풍량 방식

1) 정풍량(CAV : Constant Air Volume) 방식

① 공기조화방식 중에서 가장 기본적이고 고전적인 방식이다.

② 정의 : 송풍량은 일정하게 하고 실내의 부하변동에 따라 토출공기의 온도를 변화시키는 방식

③ 장단점

장점	단점
① 외기냉방이 가능하여 청정도가 높음 ② 유지관리가 용이 ③ 소규모에서 설치비가 경제적임	① 개별제어가 곤란 ② 최대 부하를 기준으로 공조기를 선정하므로 공조기 용량이 커지고, 에너지 소비량이 증가 ③ 실이 많은 경우 부족함 ④ 비교적 덕트면적이 크게 요구됨

2) 변풍량(VAV : Variable Air Volume) 방식

① 정의 : 송풍온도를 일정하게 유지하고 부하변동에 따라 송풍량을 변화시켜 실온을 제어하는 방식

② 부속실 가압에서 사용하는 방식

③ 장단점

장점	단점
① 동시부하율을 고려하여 기기용량을 선정할 수 있어 설비용량를 줄일 수 있음 ② 각 실 또는 존별로 VAV 유닛을 설치하여 부하변동에 따라 송풍량을 조절할 수 있으므로 에너지가 절약 ③ 칸막이 등 부하변동에 대해 대처가 쉬움 ④ 개별제어가 쉬움	① 최소 풍량제어 시 VAV 유닛에서 소음의 발생 우려 ② 풍량조절댐퍼의 설치공간이 필요함 ③ 초기 투자비가 큼 ④ 자동제어가 복잡하여 운전 및 유지 · 관리가 곤란함

06 과압방지조치

* SECTION 18 과압방지조치를 참조한다.

07 유입공기의 배출

* SECTION 20 유입공기의 배출을 참조한다.

08 수동 기동장치와 감시제어반의 기능

(1) 수동 기동장치

1) 목적

① 전층의 제연구역에 설치된 급기댐퍼의 개방

② 해당 층의 배출댐퍼 또는 개폐기의 개방

③ 급기송풍기 및 유입공기의 배출용 송풍기의 작동

④ 일시적으로 개방 · 고정된 모든 출입문의 해정 장치의 해정

옥내의 출입문(방화구조의 복도가 있는 경우로서, 복도와 거실 사이의 출입문)

① 출입문은 언제나 닫힌 상태를 유지하거나 자동폐쇄장치에 따라 자동으로 닫히는 구조로 설치할 것

② 거실 쪽으로 열리는 구조의 출입문에 설치하는 자동폐쇄장치는 출입문의 개방 시 유입공기의 압력에도 불구하고 출입문을 용이하게 닫을 수 있는 충분한 폐쇄력이 있는 것

2) 설치장소 : 배출댐퍼 및 개폐기의 직근 또는 제연구역

3) 발신기 : 수동 기동장치의 옥내에 설치된 수동 발신기에 의해서도 작동한다.

4) 스위치 : 0.8[m] 이상 1.5[m] 이하

(2) **감시제어반 기능** 133회 출제

1) 수동기동장치 작동 여부에 대한 감시 기능
2) 감시선로의 단선에 대한 감시 기능
3) 급기구 개구율의 자동조정장치의 작동 여부에 대한 감시기능
4) 급기용 댐퍼의 개폐 감시 및 조작
5) 배출댐퍼 또는 개폐기의 작동 여부 감시
6) 제어 · 급기 송풍기와 유입공기용 송풍기 감시 및 제어
7) 제연구역 출입문의 일시적 개방이나 고정의 해정에 대한 감시 및 조작

1. **제연설비의 제어반의 비상전원** : 제어반의 기능을 1시간 이상 유지할 수 있는 용량 이상
2. **제어반의 감시선로** : 내열성이 있는 차폐배선

09 급기가압시스템 설계의 절차

(1) 건물설계와 이용목적을 고려하고 가압이 필요한 경우에는 건축물의 구조를 고려하여 건축설계에 적용한다.

(2) 가압될 공간과 비가압 공간을 구분하고 가압공간과 비가압공간 간의 가능한 상호작용을 고려하여야 한다.

(3) 시스템이 1단계 시스템인지 다단계 시스템인지를 결정하고 비상 시에 적용될 가압수준을 결정하며 가능하면 저용량 운전을 고려한다.

(4) 가압공간으로부터 빠져나갈 수 있는 공기가 통과할 수 있는 모든 누설경로를 구분하고 각각의 차압을 통한 공기누설률을 결정한다.

(5) 각 가압공간으로부터의 공기량을 합한 후 여기에 여유량 25[%]를 추가 → 각 가압공간의 소요 공급공기량을 결정한다.

(6) 개방문을 통한 공기의 방연풍속을 계산한다. 방연풍속의 요구를 만족하지 못하면 공급공기량을 당초 제안한 양보다 증가시켜 적용한다.

(7) 위 '(5)', '(6)'에서 요구되는 공기공급량은 가압공간의 덕트 말단 부분인 디퓨저나 그릴과 같은 급기구를 통하여 공급한다.

(8) 공기공급량에 적합한 팬 용량과 덕트 크기를 결정한다.

(9) 방호구역로부터 유입공기의 방출은 고려되어야 하며 적절한 배기방법을 선정한다.

(10) 시스템의 조작방법이 고려되어야 하며 필요하다면 연기감지기의 위치도 적절하게 배치한다.

(11) 완공건물에서 만족스런 운전결과를 얻을 수 있도록 측정 및 시험 절차(TAB) 등도 규정한다.

10 문제점 및 개선방안

(1) 누설틈새 기준의 문제

문이나 창문 등의 누설틈새의 적용 규정이 일률적으로 되어 있는데, 현장의 여건에 따라 틈새면적의 오차가 심하게 나타나고 있어 다양한 데이터와 현장검측을 통하여 정확한 데이터를 확보해야 할 필요가 있다.

(2) 풍량계산 공식 적용에 있어서의 문제

보충량 산정에 구체적 내용이 없다. 과거에는 풍량산정 공식에 의하여 산정하였는데 개정 시 이것이 삭제되어 현재에는 과거의 규정을 준용하여 산정하고 있다.

(3) 무조건적인 유입공기 배출풍도의 설치규정의 문제

밀폐된 구조의 건물이 아닌 이상 옥내에 가압이 걸릴 우려는 거의 없다고 판단되므로 특수한 경우를 제외하고 유입공기 배출풍도의 설치를 강제화하는 것은 비용만 증가시키는 결과만 가져오게 되므로 강제설치 규정은 건물의 구조에 따라 차등 적용되어야 할 것이다.

(4) 제연설비의 문제점과 대책

구분	문제점	대책
거실제연	① 법적 제연풍량 확보 어려움 ② 소방준공 문제 발생 ③ 시간 · 금전적 손해 발생	① UL, AMCA의 누기율 적용 ② 공조 · 제연 덕트 겸용 시 볼륨댐퍼가 제연풍량을 제한하지 않도록 해야 함
전실제연	① 법적 제연풍량 확보 어려움 ② 소방준공 문제 발생 ③ 시간 · 금전적 손해 발생	UL, AMCA의 누기율 적용
방화댐퍼	① 기존 퓨즈링크 타입 방화댐퍼 시험의 어려움으로 신뢰성 저하 ② 방화댐퍼 기능 저하	① 연기감지기 연동모터 타입 적용 ② 스프링리턴 기능이 있는 모터 적용(fail safe)
공통	① 댐퍼 기동 · 복구 확인 안 됨 ② 댐퍼 헛도는 경우 많음 ③ 구동기 고장 잦음	① 기동 · 복구 확인 가능한 모터 적용 ② 사각축/Form fit 타입 적용으로 댐퍼 헛도는 현상 방지 ③ 보증기간 5년 이상인 제품 적용

꼼꼼체크 **스프링리턴 기능** : 전원이 OFF되면 스프링의 힘으로 댐퍼를 폐쇄시키는 기능

SECTION 017

부속실 급기가압

92 · 90 · 84회 출제

01 국내 기준 120회 출제

(1) 부속실 급기가압

동일 수직선상의 모든 부속실은 하나의 전용 수직풍도에 따라 동시에 급기

(2) 계단실 · 부속실 동시 급기가압

계단실에 대해서는 그 부속실의 수직풍도에 따라 급기

(3) 계단실 급기가압

전용 수직풍도를 설치하거나 계단실에 급기풍도 또는 급기송풍기를 직접 연결하여 급기

1) 단일 급기방식 : 하나의 지점에서 계단실로 가압공기를 공급하는 방식

① 외부 공기유입구로 연기가 흡입되면 계단실 내 연기로 가득 찰 우려가 있다.

② 한 개 층이라도 문이 개방되면 차압형성이 곤란하다.

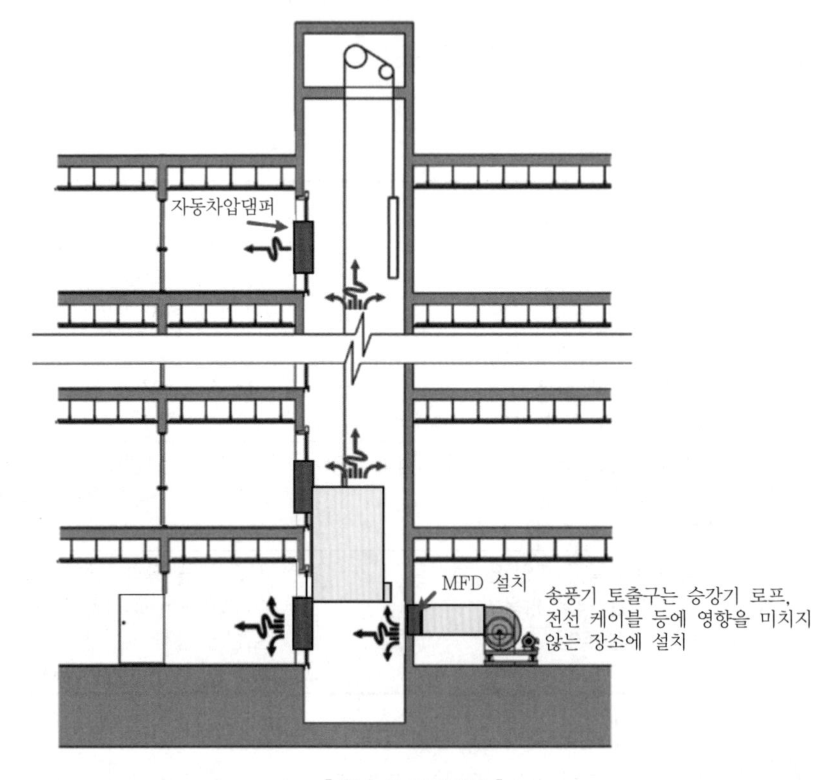

▌부속실 급기가압▐

2) **다중 급기방식** : 계단실 자체에 급기용 덕트를 배치해 층 또는 구역별 독립된 가압 공기를 공급하는 방식

① 한 개 층의 문이 개방되면 그 층 또는 그 구역의 차압형성이 곤란하고 나머지 층은 형성할 수 있다.

② 급기지점 : 3개 층 이내

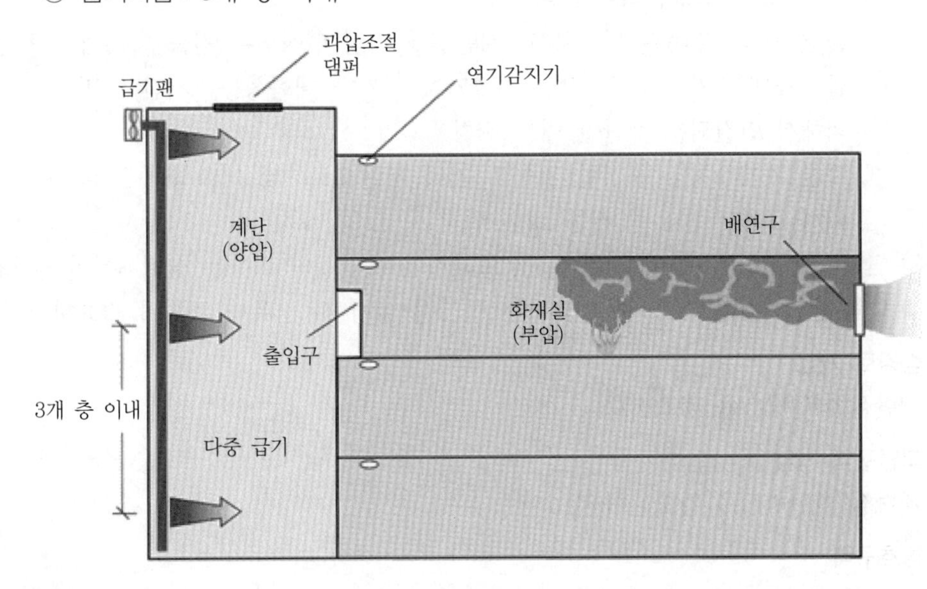

1. **지하층만 특별피난계단인 경우** : 계단실 오염이 발생될 우려
2. **지상층은 특별피난계단이고 지하층은 피난계단** : 지하층의 화재 시 계단실 오염이 발생할 우려

(4) 비상용 승강기 승강장

동일 수직선상의 모든 부속실은 하나의 전용 수직풍도에 따라 동시에 급기한다.

피난층에는 승강장과 옥내 사이에 방화문을 면제할 수 있다.[21] 따라서, 피난층에서 화재가 발생할 경우 승강로에 연기가 침입할 우려가 있다. 소화활동 측면에서는 큰 문제가 없으나, 공동주택은 특별피난계단 또는 피난계단 접근로와 승강장을 겸용하고 있기 때문에 화재 시 피난에 문제가 된다. 피난층(지상 1층)의 경우는 NFTC 501A에 따라 부속실 특별 제연설비를 설치해야 한다. 118회 출제

(5) 하나의 수직풍도마다 전용의 송풍기로 급기한다.

21) 「건축물의 설비기준 등에 관한 규칙」 제10조 제2호 나목

02 NFPA 92

(1) 계단실 가압방식

1) 연돌효과나 바람의 조건하 : 차압유지

2) 계단실 가압용 장치나 덕트의 위치(or)

① 불연구조의 밀폐된 덕트로서, 계단실에 직접 연결되는 건물 외부에 위치한다.

② 급기와 배기가 외부로 직접 연결되어 있거나 내화성능 2시간의 밀폐된 덕트에 의해서 연결되는 계단실 내부 위치

③ 다른 기계장치를 포함한 건물의 기타 부분으로부터 내화성능 2시간 구조에 의해서 구획된 경우의 건물 내부 위치

3) **단일 급기시스템** : 높이가 30.5[m] 초과하는 계단실의 경우는 설계해석이 필요하다.

4) **다중 급기시스템** : 3개 층 초과하는 급기점 설계 시 컴퓨터 해석이 필요하다.

(2) 승강로 가압

계단실 가압방식을 참조한다.

(3) 피난구역 가압

계단실 가압방식을 참조한다.

(4) 방호구역

1) **방연계단실** : 내화성능 2시간 이상

2) **부속실**

① 내화성능 2시간인 방호구역 내부에 위치하여야 한다.

② 방연계단실의 한 부분으로 간주되어야 한다.

(5) 급기가압

1) **급기가압 제연의 요구사항** : 급기가압 제연의 일반적인 의도는 화재실로부터 복도나 로비 그리고 계단실까지 순차적으로 압력이 증가되도록 설계하여 이동시간에 따른 피난경로에 피난안전성 증대

① 가압공간의 기밀도를 유지한다.

② 급기가압 시스템의 신뢰성은 피난이 완료될 때까지 유지한다.

③ 가압 : 기류의 흐름은 문이나 기타 개구부를 통해 외부로 향한다.

④ 유입공기 배출 : 화재실로 유입된 급기량은 비가압공간을 통해 외부로 배출한다.

2) 급기가압 시스템 구분

① 가압공간으로 신선한 공기의 공급

가압공간의 공기는 기계적인 장치를 통한 공급이어야 한다. 통상 덕트로서 가압공간 내 급기구를 통해 가압공기가 분배된다. 이러한 공기는 연기에 의한 오염이 발생하지 않도록 건물 외부로부터 신선한 공기가 직접 인입되어야 한다.

② 가압공간으로부터 공기의 누설(누설량)

누설틈새를 통한 공기흐름률에 의해서 누설되므로 누설양의 공기공급에 의하여 가압공간에서 유지되고 급기량이 결정(NFPA는 방연풍속에 의한 보충량 개념이 없음)된다.

③ 유입공기의 배출 : 가압공간과 비가압공간의 차압을 유지한다.

3) 급기가압 제연시스템의 설계요소

① 가압이 필요한 공간

㉠ 계단실만의 가압

- 계단실만의 가압은 가장 간단한 구조이다.
- 적용 대상 : 간단하기는 하지만 제연에는 한계가 있고 일반적으로 각 층의 피난통로 중 수평부분이 비교적 짧은 경우만 이용한다.
- 제연은 피난로의 수직부분에 계단실에 대해서만 가압이 형성된다.

㉡ 계단실과 피난통로의 일부 또는 전부에 가압

㉢ 피난통로만의 가압

- 적용 대상 : 계단실을 가압할 수 없는 경우에 설치하는 방법
- 피난통로만의 가압에 필요한 전체 공기공급량이 계단실과 피난통로가 독립적으로 가압될 때 필요한 공기량보다 많아야 한다.
- 전제조건 : 문 개방조건을 만족시키는 개구부 이외에는 다른 배기수단이 없어야 한다.

② 가압시스템의 작동

㉠ 1단계 시스템 또는 다단계 시스템

- 1단계 시스템 : 가압시스템이 화재발생과 같은 비상시에만 작동되도록 설계된 시스템
- 다단계 시스템
  - 평상시 : 건물의 통상적인 환기시스템에 의해 필요한 공간들에 낮은 수준의 압력이 항상 형성된다.
  - 비상시 : 향상된 수준의 압력이 걸리도록 운전하도록 설계한다.
  - 1단계 시스템보다 화재 초기단계부터 연기확산이 방지효과가 크고 감지설비 등이 고장 등일 경우 : 일정 성능이 확보된다.

㉡ 문 개방에 필요한 추가적 힘 : 가압구역에도 피난자가 133[N](NFTC 110N) 이하의 힘으로도 쉽게 개방이 가능하다.

03 EN 12101-6

(1) 계단실, 부속실 동시 가압

부속실 내부로 연기가 유입될 경우가 많은 구조일 경우 적용한다.

(2) 계단실, 부속실, 복도 동시 가압

1) 복도가압이 실패할 경우에도 계단실이나 부속실로 연기가 유입되지 않도록 하는 가압방법이다.

2) 화재가 발생한 층에 한정적으로 적용한다.

(3) 계단실 단독 가압

계단실만 가압되며 부속실은 단순히 간접 가압만 된다.

(4) 계단실, 승강로 동시 가압

승강기의 승강로로 연기의 전파가 발생할 우려가 있고 승강로 주변에 계단실이 있는 경우 적용한다.

(5) 일반 승강기 승강로 가압

승강기의 승강로로 연기의 전파가 발생할 우려가 있는 구조에 적용한다.

(6) 피난용 승강기 승강장

1) 조건

① 건물과 독립된 별도의 방호구역 내에 승강로가 설치한다.

② 방화구획된 승강장을 통해 승강기 이용이 가능하다.

2) 비가압된 계단실 등과 연결되면 가압하지 않는다.

(7) 소방용 샤프트 가압

1) 소방용 샤프트와 옥내 출입구 사이는 소방활동을 위해서 개방될 확률이 높으므로 보다 강화된 기준이 적용된다.

2) **소방용 샤프트는 계단실, 부속실, 승강기가 독립된 급기덕트로 가압** : 한 곳이 고장이나 성능 저하가 발생해도 다른 샤프트에 지장을 주지 않도록 하기 위함이다.

(8) 대피공간과 중앙제어실 가압

대피공간은 피난안전구역과 같은 피난거점을 말하며, 중앙제어실은 건물의 안전을 관리하고 제어하는 공간으로 안전성이 요구되므로 다른 구역과 별도로 방화구획하고 가압한다.

04 급기구 설치기준 120회 출제

(1) 설치장소

옥내와 면하는 출입문으로부터 가능한 먼 벽 또는 천장에 고정하여 설치한다.

꼼꼼체크 급기구는 옥내와 멀리 이격하여 바닥에 가까운 위치에 설치하는 것이 바람직하다.

(2) 계단실 제연 시 계단실 매 3개 층 이하의 높이마다 설치한다.

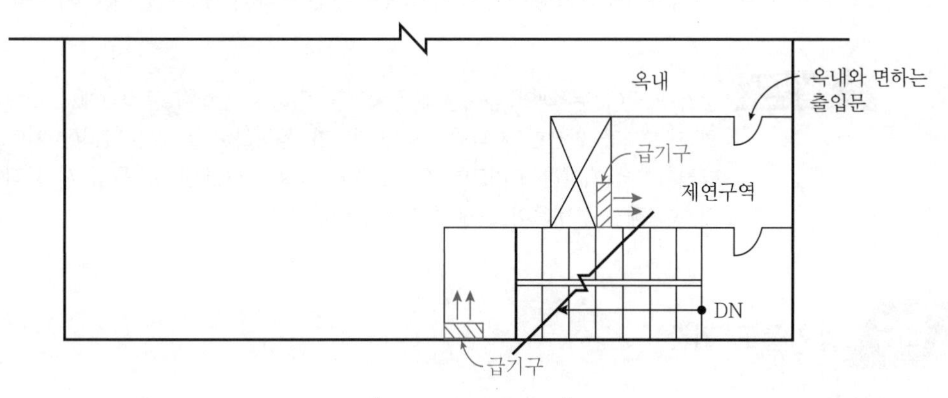

▌급기구의 설치위치▐

(3) NFPA 92

1) 30[m] 이하 : 연돌의 효과나 계단실 유동손실이 작아 단일 급기구에서 주입방법이 가능하다.

2) 30[m] 이상 : 연돌의 효과나 계단실 유동손실이 커서 다중 급기구에서 주입방법이 가능(3~5층마다 급기구 설치)하다.

(4) EN 12101-6

1) 11[m] 이하 : 연돌의 효과나 계단실 유동손실이 작아 단일 급기구에서 주입방법이 가능하다.

2) 다중 주입방식의 급기지점 : 3개 층을 초과할 수 없다.

05 급기구 댐퍼 설치기준

(1) 성능기준

두께 1.5[mm] 이상의 강판 또는 이와 동등 이상의 강도, 부식 방지 조치

(2) 설치되는 댐퍼의 종류

1) 자동 차압급기댐퍼

2) 개구율을 수동조절할 수 있는 구조

(3) 감지기와 연동

1) 원칙 : 화재감지기에 따라 모든 제연구역 급기댐퍼가 개방

2) 예외 : 둘 이상의 특정소방대상물이 지하에 설치된 주차장으로 연결되면 특정소방대상물의 화재감지기 및 주차장에서 하나의 특정소방대상물의 제연구역으로 들어가는 입구에 설치된 제연용 연기감지기의 작동에 따라 해당 특정소방대상물의 수직풍도에 연결된 모든 제연구역의 댐퍼가 개방되도록 하거나 해당 특정소방대상물을 포함한 둘 이상의 특정소방대상물의 모든 제연구역의 댐퍼가 개방되도록 할 것

상기와 같이 두 개의 건축물에 주차장을 하나로 통합한 주차장에서 화재가 발생하면 화재가 발생한 지역의 연기감지기가 동작하여 화재가 발생한 지역의 동에 대해서만 급기가압을 하도록 한 것이다. 전체의 제연설비가 동작 시 동작 시퀀스가 복잡해지고 비용이 크게 증가하기 때문이다.

06 급기풍도 기준

(1) 수직풍도

1) 내화구조일 것

최후까지 피난자의 안전을 담보해야 하므로 화재에 견딜 수 있는 구조를 요구하고 있다.

2) 두께 0.5[mm] 이상의 아연도금강관으로 마감하되 강판의 접합부에 대해 통기성이 없도록 할 것

1. 급기풍도에 마찰저항을 최소화하고 누설을 제한하기 위한 조항이다.
2. 비상용 승강기 승강로 가압방식에서는 「화재안전성능기준」 501A 제16조(급기)에 의하여 승강로를 급기풍도로 사용할 수 있고 「건축법」 또는 「승강기의 검사기준」에 따라서 승강로 구조에 적합하여야 하므로 아연도금강관으로 마감하는 수직풍도 구조는 적용되지 않는다.

(2) 수직풍도 이외의 풍도로서 금속판을 설치하는 풍도의 기준

수직풍도 이외의 경우는 내화구조의 강도를 요구하지 않고 불연재인 아연도금속판의 강도와 내식성을 요구하고 있다.

1) 아연도금강판 또는 이와 동등 이상의 내식성, 내열성이 있는 것

1. **내열성(NFPA 90A 4.3.1.2)** : ANSI/UL 181에 따른 Class 0 또는 Class 1 강성(rigid) 또는 가요성(flexible) 덕트의 온도는 121[℃](250[°F])를 초과하지 않거나 2개 층 이하인 수직풍도로 사용할 수 있다.
2. **UL 181**

구분	화염확산지수(FSI : Flame Spread Index)	발연계수(SDI : Smoke Developed Index)
Class 0	0	0
Class 1	25 이하	50 이하
Class 2	25 초과 50 이하	덕트 내부 50 이하 덕트 외부 100 이하

3. **내식성(KS D 9502(염수분무시험방법))** : 중성 염수분무시험(NSS), 아세트산 염수분무시험(AASS), 캐스시험(CASS)
4. **단열재** : 난연성능 이상

2) 불연재료(석면재료를 제외)인 단열재로 풍도 외부에 단열처리한다.
3) 풍도 누설량 : 공기의 누설로 인한 압력손실 최소화
4) 풍속 : 15[m/sec] 이하

1. 급기풍도 내의 유속기준을 15[m/sec]로 배출풍도와 동일하게 정했다.
2. 풍도의 마찰저항을 줄이기 위해 내부의 덕트 등은 돌출되지 않는 구조이어야 한다.

(3) 정기적으로 내부를 청소할 수 있는 구조 126회 출제

구분	내용
브러시 공법 (brush cleaning)	① 브러시(brush)를 이용하여 덕트 내부를 청소하는 공법 ② 주로 원형 덕트 내부를 청소할 때 사용하는 공법
브러시 로봇 공법 (brush robot cleaning)	① 로봇 + 브러시 공법 ② 주로 사각덕트(square duct) 내부를 청소할 때 사용하며 로봇에 장착된 카메라를 보면서 정밀한 청소가 가능함
에어스핀 공법 (air spin cleaning)	① 고압 공기를 이용한 호스로 덕트 내부를 빠르게 청소하는 공법 ② 엘보 또는 수직덕트 등 청소하기 힘든 덕트 라인(duct line)을 청소할 때 효과적인 방법임
에어스핀 로봇 공법 (air spin robot cleaning)	① 로봇 + 에어스핀 공법 ② 로봇을 통해 청소하고 모니터를 통한 원격조정으로 정밀한 청소가 가능함

1. **제연설비 풍도의 방화구획 관통부** : 작동온도 280[℃]의 방화댐퍼를 설치(조기의 폐쇄방지 목적)
2. **일본 소방법 배연풍도** : 방화구획 관통부위 280[℃]의 방화댐퍼를 설치

07 급기송풍기 120회 출제

(1) 풍량

급기량에 15[%]의 여유율을 준다.

(2) 배출측

1) 풍량조절용 댐퍼 등을 설치하여 풍량을 조절한다.

2) 풍량을 실측할 수 있는 유효한 조치를 하여야 한다.

(3) 설치장소

다른 장소와 방화구획되고 접근이 용이한 곳

1. 피난층(주로 1층) 발화 시 열·연기가 방화문으로 구획되지 않은 비상용 승강장 또는 계단실을 통해 전 층으로 확산 가능하다.
2. 피난층의 계단부속실을 구획하지 않은 경우 연돌효과 등으로 인해 상층부의 제연설비 성능기준을 충족하지 못할 우려가 있다.

(4) 기동장치

감지기의 동작 또는 수동 기동장치에 따라 작동한다.

(5) 캔버스

내열성(석면 제외)이 있는 것

(6) 송풍기 용량이 클 경우

1) 풍도에 과압이 형성된다.

2) 출입문 개방 후 방연풍속에 의해 송풍기 가까운 층 출입문 폐쇄가 곤란하다.

3) 출입문 폐쇄가 곤란함으로써 해당 층으로 보충량이 지속적으로 공급한다.

4) 급기댐퍼 과부화 등

(7) 송풍기 용량이 부족할 경우

보충량이 부족하면 방연풍속 형성이 곤란하다.

08 외기취입구 133·120회 출제

(1) 외기를 옥외로부터 취입하는 경우

연기 또는 공해물질 등으로 오염된 공기를 취입하지 아니하는 위치에 설치한다.

(2) 배기구와 수직 1[m] 이상, 수평 5[m] 이상 이격하여 설치한다. Short circulation의 방지를 위한 제한이다.

부분순환(short circulation) : 배기구와 급기구가 인접하여 설치하게 되면 배기구에서 배출된 공기가 급기구로 유입되면서 짧은 순환을 그리게 되는 현상으로, 이를 통해 환기의 효과를 크게 떨어트리는 현상을 말한다.

(3) 옥상에 설치하는 경우

외곽면의 상단으로부터 하부로 수직거리 1[m] 이하, 수평거리 5[m] 이상 이격하여 설치한다.

(4) 취입구

1) 빗물과 이물질이 유입하지 아니하는 구조
2) 취입공기가 옥외 바람의 속도와 방향에 따라 영향을 받지 아니하는 구조

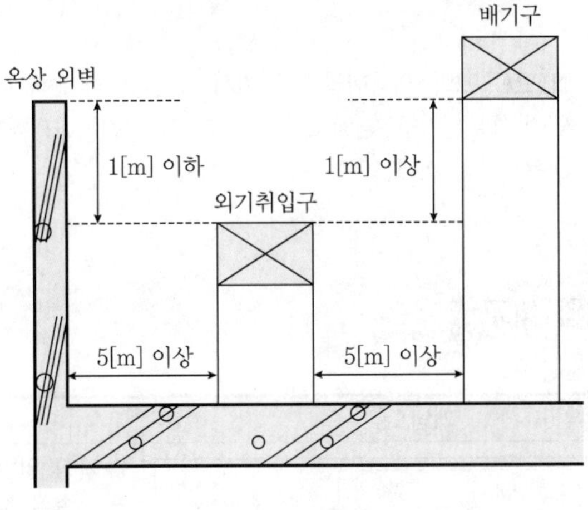

▌외기취입구▐

준초고층 건축물의 피난안전구역에 설치되는 외기취입구에 대하여는 하부층에서 화재 시 외부로 분출되어 상승하는 연기의 유입방지를 위해 외기취입구의 여러 방향에 설치하는 이중화를 검토해야 한다.

(5) 외기취입구(BS 5588 Part 4)

1) 외기취입구의 위치
 ① 화재로부터 위험성이 있는 곳에서 멀리 이격하여 설치한다.
 ② 연기로부터 오염되지 않도록 지상 또는 지하층의 배연구로부터 이격하여 설치한다.
 ③ 지상 또는 지하층의 배연구로부터 이격이 곤란한 경우는 옥상에 설치한다.

2) 2개 이상의 외기취입구가 있는 경우
 ① 서로 이격하고 다른 방향으로 설치(연기오염 방지 목적)한다.
 ② 외기취입구
  ㉠ 각각이 전체의 급기량을 공급할 수 있는 용량 이상이어야 한다.

ⓛ 한 댐퍼가 연기에 오염되어 닫히면 다른 외기취입구가 지속해서 외기를 공급할 수 있어야 한다.

3) 배연덕트와 외기취입구의 이격거리
 ① 수직으로 1[m] 이상 상부
 ② 수평으로 5[m] 이상

4) 소방관이 폐쇄된 댐퍼를 다시 열고 열린 댐퍼를 폐쇄할 수 있는 수동장치를 설치한다.

5) 외기취입구가 지붕 높이에 설치되지 않은 경우 : 연기감지기가 외기취입구 내부나 급기덕트의 근처에 설치되어 연기를 감지할 경우 자동으로 외기공급을 차단할 수 있는 구조이어야 한다.

NFPA 92의 외기취입구의 위치 : 건물의 배기구, 배연샤프트의 배기구, 지붕의 연기·열 배기구, 승강로의 개구부, 기타 건물화재에서 연기를 배출할 수 있는 개구부로부터 이격하여야 한다.

09 가압방식의 비교

구분	개념도	내용
부속실 단독 급기가압	계단실 / 부속실 / 옥내 공간 / 양압 ⊕	① 가장 일반적인 급기가압방식 ② 부속실 출입문 개방 시 유량증대로 덕트저항이 증가 ③ 덕트를 적정하게 설치하지 않은 경우 비개방층의 차압 편차가 큼 ④ 국내에서만 유일하게 사용되는 방식
부속실 및 계단실 동시 급기가압	계단실 / 부속실 / 옥내 공간 / 양압 P_2 ⊕ / 양압 P_1 ⊕ / $P_2 \geq P_1$	① 변수가 많아 엔지니어링에 어려움 ② 부속실과 계단실을 동시에 가압하므로 계단실에서 누설경로가 없음 ③ 과압발생 우려가 큼 ④ 이중덕트방식(부속실과 계단실 별도 덕트) : 과압제어 주의 필요 ⑤ 단일덕트방식 : 계단실 차압댐퍼로 인해 비개방층 차압유지 어려움 ⑥ 신뢰도가 높아 국외에서 많이 사용되는 방식

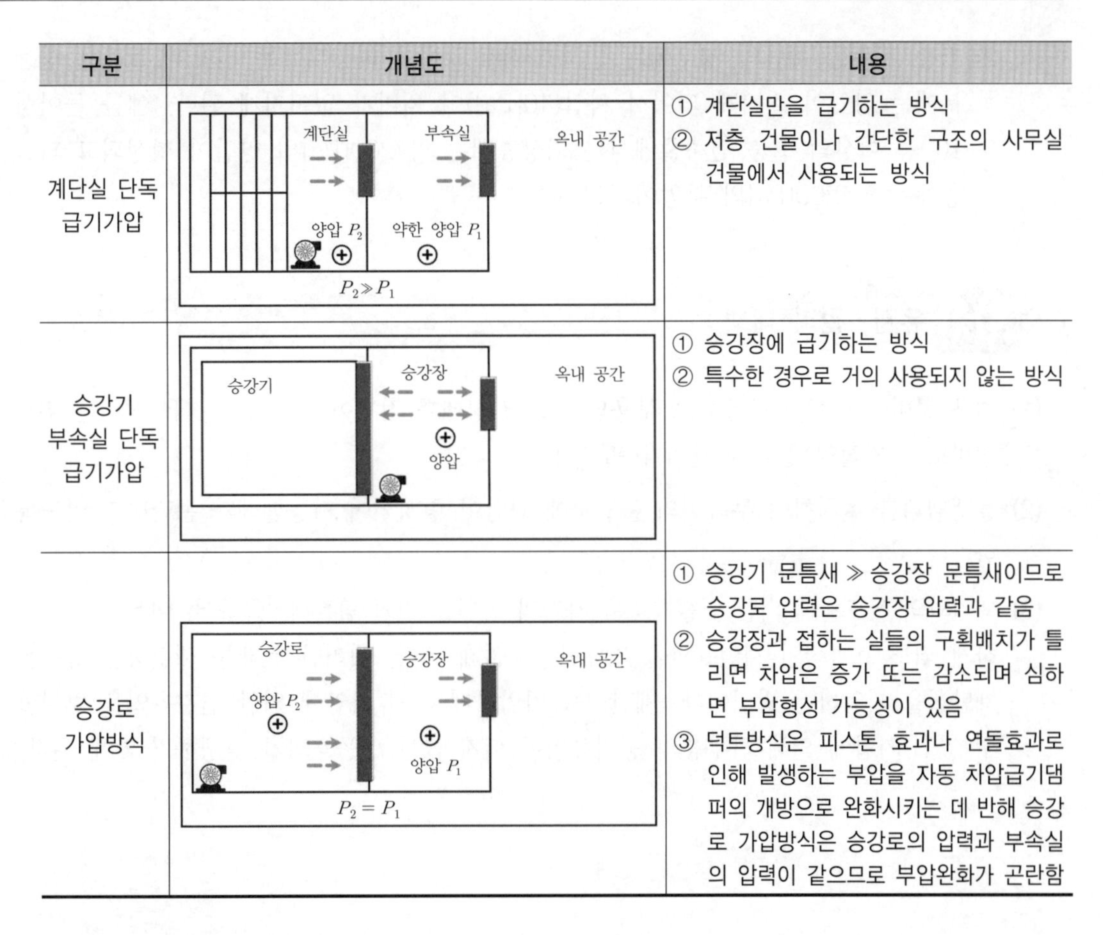

구분	개념도	내용
계단실 단독 급기가압		① 계단실만을 급기하는 방식 ② 저층 건물이나 간단한 구조의 사무실 건물에서 사용되는 방식
승강기 부속실 단독 급기가압		① 승강장에 급기하는 방식 ② 특수한 경우로 거의 사용되지 않는 방식
승강로 가압방식		① 승강기 문틈새 ≫ 승강장 문틈새이므로 승강로 압력은 승강장 압력과 같음 ② 승강장과 접하는 실들의 구획배치가 틀리면 차압은 증가 또는 감소되며 심하면 부압형성 가능성이 있음 ③ 덕트방식은 피스톤 효과나 연돌효과로 인해 발생하는 부압을 자동 차압급기댐퍼의 개방으로 완화시키는 데 반해 승강로 가압방식은 승강로의 압력과 부속실의 압력이 같으므로 부압완화가 곤란함

10 가압형성의 문제점

(1) 부속실에서의 유입공기가 화재발생구역으로 유입되어 화세를 조장할 우려가 있다.

(2) 기계설비에 의한 가압이 형성되므로 기계설비의 고장 또는 오동작으로 인해서 가압형성이 부족할 수 있다.

(3) 부속실이나 계단실에 과압형성으로 인해 출입문 도어 클로저의 자동폐쇄 장애 우려가 있어 가압형성 자체가 곤란할 수도 있다.

(4) 급기가압방식의 제연설비는 어느 층에서 화재가 발생해도 전 층의 부속실 또는 계단을 동시에 가압하도록 하고 있다.

1) 화재 시 20개 층을 초과할 경우에는 출입구가 2개, 20개 층 이하인 경우는 1개 층만 개방된다는 것은 다소 무리가 있는 규정이며, 만약 거실과 부속실 사이의 문과 부속실과 계단실 사이의 문이 동시에 개방된다면 압력차 유지가 곤란하다.

2) 고층 건축물 계단의 경우에는 연돌효과에 의해서 하층부에는 부압이 걸리고 상층부에는 양압이 걸리게 되어서 차압(40[Pa])이 의미가 없어지게 된다. 예를 들어서 100층 이상의 고층 건축물에서는 최상층에는 약 200[Pa]의 양압이 형성되고 피난층에는 약 200[Pa]의 부압이 형성된다.

11 유지 · 관리 대책

(1) 겸용 설비는 항상 공조용으로 사용되므로 그 상태를 점검이 가능하나 전용 설비는 운휴설비로 주기적인 점검과 관리가 필요하다.

(2) 플랩댐퍼를 설치하여 부속실의 출입구에 과압이 형성되어 자동폐쇄가 곤란하지 않도록 한다.

(3) 외기와의 온도차에 의한 연돌효과는 차압의 범위를 훨씬 넘는다. 따라서, 아무리 가압을 하게 되도 효과적인 제연효과를 기대할 수 없게 된다. 이러한 문제를 해결하는 방안은 계단실을 가압하는 방법이다. 계단실을 가압하게 되면 차압에 의한 연기유입을 방지할 수 있고 가압에 의해 하부층의 공기유입이 되지 않아 연돌효과가 발생하지 않게 된다.

SECTION 018 과압방지조치 150회 출제

01 개요

(1) 부속실 방화문 개방에 필요한 힘이 110[N]을 초과할 경우 피난자가 방화문을 용이하게 개방하기 어려우므로, 과압을 배출시켜 제연구역 내 적정 압력을 유지하기 위한 장치를 과압방지장치라고 한다.

(2) 과압이 발생하는 중요원인은 방연풍속을 유지하기 위한 보충량이다.

02 종류

종류	설치기준
플랩댐퍼 110회 출제	① 정의 : 부속실의 설정압력 범위(110[N])를 초과하는 경우 압력을 배출하여 설정압 범위를 유지하게 하는 과압방지장치 ② 성능 : 보충량 등을 자동으로 배출하는 성능 ③ 배출 : 제연구역에서 옥내(화재실 제외) 또는 옥외로 배출 ④ 댐퍼날개면적(A) ≥ $\frac{q}{5.85}$[m^2] 여기서, q : 제연구역에 대한 보충량 ※ $Q_A = K \times A_f \times \sqrt{P}$ 여기서, Q_A : 급기보충량[m^3/sec] A_f : 플랩댐퍼 날개면적[m^2] P가 50[Pa]인 경우, $Q_A = 0.827 \times A_f \times \sqrt{50}$ $A_f = \frac{Q_A}{0.827} \times \sqrt{50} = \frac{Q_A}{5.85}$ ⑤ 구조 : 출입문의 개방에 필요한 힘이 110[N] 초과 시에 개방하는 구조 ⑥ 재질 : 1.5[mm] 이상의 열간 압연 강관 또는 이와 동등 이상의 내식성, 내열성 ※ 1.5[mm] 이상은 250[℃]에도 성능을 발휘할 수 있는 두께 ⑦ 방화댐퍼의 설치 : 필요(플랩댐퍼가 방화구획에 개구부가 되므로 화재 확산 우려가 있기 때문) ⑧ 플램댐퍼의 날개면적과 급기보충량의 관계 : 비례 ⑨ BS 5588 Part 4 : 과압을 주거공간으로 배출하지 않고, 가압공간으로부터 외부로 직접 배출하거나 덕트를 통해 배출 ⑩ 시험 : 작동시험(최솟값 · 최댓값 ± 2[Pa]에서 작동), 성능시험(출입문이 닫힌 시점부터 5초 이내 작동압력범위 유지), 배출량시험, 내구성능, 온도환경시험, 염수분무시험, 내열성 시험, 전원전압 변동시험, 절연저항시험, 절연내력시험, 분진시험, 내식시험, 전자파 적합성

종류	설치기준
자동 차압급기댐퍼	① 정의 : 제연구역과 옥내의 차압을 차압측정공으로 감지하여 제연구역에 공급되는 풍량의 조절로 제연구역의 차압유지를 자동으로 제어할 수 있는 댐퍼 ② 재질(기술기준) ㉠ 환경변화에 따른 내구성이 있어야 한다. ㉡ 댐퍼 날개 및 프레임은 두께 1.5[mm] 이상이어야 하며, 다음의 재질 또는 이와 동등 이상의 강도가 있는 재질이어야 한다. • 열간압연 연강판 및 강대(KS D 3501) • 알루미늄 및 알루미늄합금압출형재(KS D 6759) 중 A6N01 T5 ㉢ 댐퍼에 사용되는 재료는 부식방지조치를 하여야 한다. 단, 내식성이 있는 재료는 그러하지 아니하다. ③ 자동차압급기댐퍼가 아닌 댐퍼 : 개구율을 수동으로 조절할 수 있는 구조 ④ 검증 : 성능 및 기능은 지정받은 기관에서 검증 ⑤ KFIS「자동 차압급기댐퍼의 인정기준」 제2장 시험기준 : 출입문이 닫힌 시점부터 차압이 60[Pa]로 떨어질 때까지의 평균시간을 5초 이내 ⑥ BS 5588 Part 4 : 도어가 닫히거나 열릴 때 새로운 체적유량 요구조건을 시스템이 5초 이내에 90 ~ 110[%] 사이에서 도달 ⑦ EN 12101 Part 6 : 급기팬 또는 댐퍼는 방화문의 열림과 닫힘에 따라 새로운 급기량 요구조건의 90[%] 이상을 3초 이내에 공급

▌플랩댐퍼(스프링 타입)▐

과압 공기는 반드시 복도나 거실(또는 옥외)로 배출하여야 하며, 계단실로 배출은 금지된다.

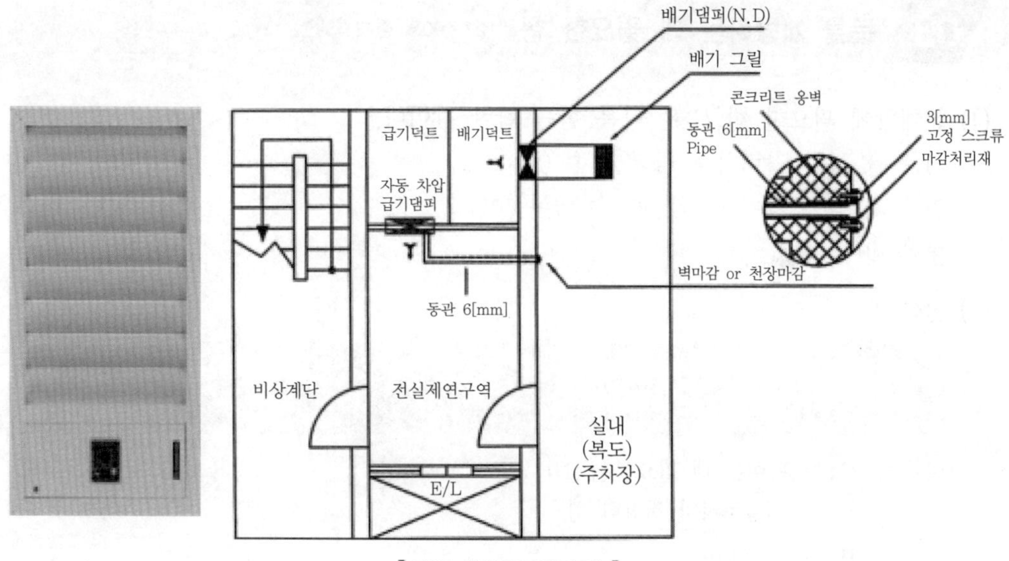

▌자동 차압급기댐퍼[22] ▌

자동 차압급기댐퍼의 성능인증 및 제품검사의 기술기준

① 개폐작동 성능시험(제5조의3) : 댐퍼는 최대 사용풍압에서 다음에 따라 시험하는 경우 댐퍼 날개의 개폐작동에 이상이 없어야 한다.

㉠ [별표 4]의 시험장치에 댐퍼를 부속장치 등과 함께 설치한 후 댐퍼날개 및 제어반을 제외한 부분의 틈새면적이 없도록 밀폐한다.

㉡ 차압측정공은 댐퍼의 풍량에 직접적인 영향을 받지 않는 위치에 설치한다.

㉢ 송풍기를 기동시켜 풍도의 압력을 최대 사용풍압이 되도록 한다. 이 경우 최대 사용풍압은 댐퍼가 폐쇄된 상태의 압력을 기준으로 한다.

㉣ 댐퍼를 기동하고 차압측정공에 가해지는 압력을 작동차압범위의 최솟값 이하 및 최댓값 이상으로 5회 반복하여 변화시키고 댐퍼날개의 정상 작동 여부를 확인한다.

㉤ 댐퍼의 기동을 정지시키고 댐퍼날개가 초기 폐쇄상태로 복귀되는지 확인한다.

② 무전기 출력반응시험(제5조의4) : 댐퍼는 다음에 따라 시험할 경우 신청자가 설계한 작동차압범위를 유지하여야 한다.

㉠ 댐퍼를 기동하고, 댐퍼 제어부 외함(보호커버)을 닫는다.

㉡ 부속실 모형의 출입문을 닫고, 작동차압범위가 유지되는 시험환경이 되도록 한다.

㉢ 댐퍼 제이부 외함(보호커버)과 무진기 사이의 수평거리를 (5±2)[cm] 유지한 상태에서 무전기를 작동시켜 제어부 외함의 좌측 끝에서 우측 끝으로 10초 간, 우측 끝에서 좌측 끝으로 10초 간 이동시킨다.

㉣ 위 '㉢'의 시험은 산업용 무전기(정격출력 4[W], 400[MHz] 대) 및 생활용 무전기(정격출력 0.5[W], 400[MHz] 대)로 각 1회씩 실시한다.

22) 미가산업 홈페이지에서 발췌

03 문을 개방하는 데 필요한 힘 127 · 90회 출제

(1) 문개방에 필요한 힘(F)은 다음 힘을 합한 값이다.

1) 문을 통한 압력차를 극복할 수 있는 힘
2) 문의 닫힘 장치를 극복할 수 있는 힘(F_{dc})
3) 문의 마찰력(F_d)

(2) **공식** [23]

$$F = F_{dc} + \frac{W \cdot A \cdot \Delta P}{2(W-d)} + F_d$$

여기서, F : 문을 여는 데 필요한 힘[N]
F_{dc} : 도어클로저의 저항력[N]
W : 문의 폭[m]
A : 문의 면적[m^2]
ΔP : 차압[Pa]
d : 문의 끝부분에서 문의 손잡이까지의 거리[m]
F_d : 문의 마찰력[N]

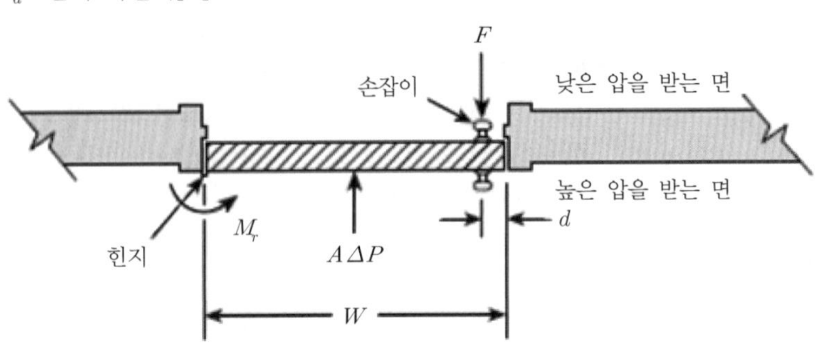

▎문을 개방하는 힘의 개념도[24] ▎

(3) **국내 도어클로저(door closer)의 문제점**

설계차압에서 50[Pa] 피난구 크기를 2.1 × 0.9 = 1.89[m^2]라고 하면 문을 누르는 힘은 50 × 1.89 = 94.5[N]이고, 이 힘으로 도어 힌지에 작용하는 회전력은 94.5[N] × 0.45[m] = 47.25[N · m]인데 국내 KSF 4505의 도어클로저의 닫히는 힘은 최대(5호)가 37[N · m]로 실제 화재 시 닫히지 않는 문제가 발생할 수 있다.

KS 도어클로저(5호)
닫히는 힘 37[N · m], 열리는 힘 100[N · m]

23) Equation 9-1. SECTION 909 SMOKE CONTROL SYSTEMS. FIRE PROTECTION SYSTEMS. 2009 INTERNATIONAL BUILDING CODE
24) NFPA 92 Recommended Practice for Smoke-Control Systems 2000 Edition 92A-22Page

예제

다음과 같은 문을 밀어서 개방할 때 필요한 힘이 110[N]이었다. 도어 체크 및 힌지 등의 마찰손실이 30[N]이고 문 손잡이에서 문 끝까지의 거리가 0.1[m]이며, 문의 크기는 폭 1[m], 높이 2[m]라면 실내외의 압력차는 몇 [Pa]인가?

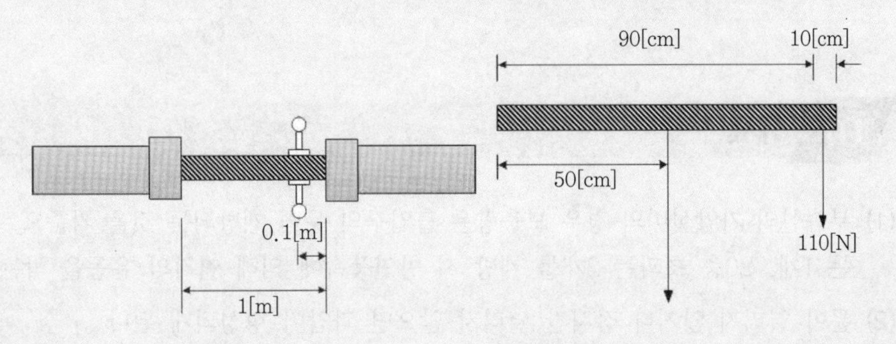

[풀이]

① 문에 가해지는 힘은 문의 기하학적 중심에 집중해서 작용하는 것으로 볼 수 있다.

② 그림에서 문의 중심에 작용하는 힘을 F라고 하면

$$50 \times F = 90 \times 110$$

$$F = \frac{90 \times 110}{50} = 198[\mathrm{N}]$$

③ 문을 열 때 문에 가해지는 힘은 도어 체크 및 힌지 등의 마찰손실에 의한 힘과 실내외의 압력차에 의해 문에 가해지는 힘의 합이 된다. 따라서, 문에 가해지는 압력은 P, 문의 면적은 A라고 하면

$$F = PA + 30$$

$$198[\mathrm{N}] = P \times 1 \times 2 + 30$$

$$P = \frac{198 - 30}{2} = 84[\mathrm{Pa}]$$

(4) 고려사항

1) 점유자의 신체상태
2) 도어클로저의 폐쇄력
3) 바닥의 미끄러운 상태
4) 도어의 크기

SECTION 019

급기가압의 과압

01 개요

(1) 부속실의 가압설비의 경우 보충량은 출입구의 문이 개방되는 것을 기준으로 20층 이하는 1개, 20층 초과는 2개를 개방 시 방연풍속에 의해 연기의 유동을 막는다.

(2) 문이 열리지 않거나 장시간 열리지 않으면 과압이 형성되게 된다.

(3) 다음 그림은 과압형성의 예를 나타낸 것이다.

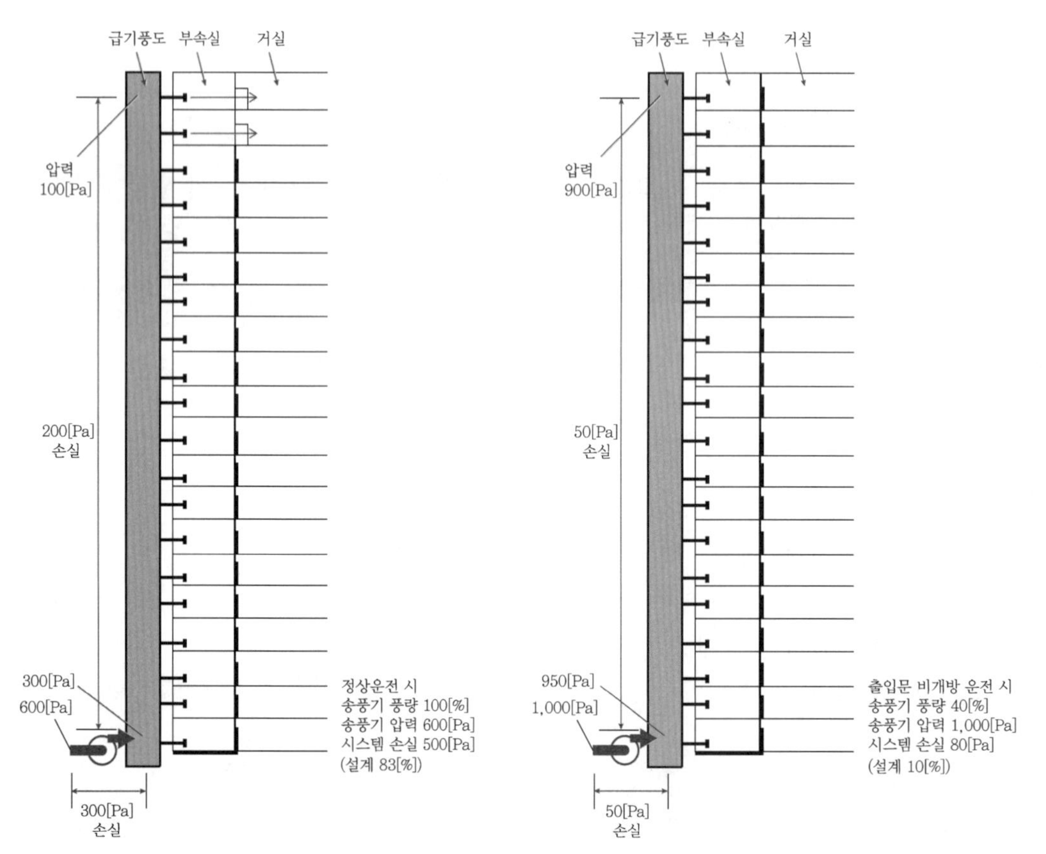

▎과압형성의 예 ▎

02 과압형성의 대책

(1) 풍도 말단에 백드래프트 댐퍼(BDD : Back Draft Damer)를 설치한다.

꼼꼼체크 **백드래프트 댐퍼** : 실내 압력에 의해 자동개폐되는 댐퍼

(2) 급기팬의 제어

1) 인버터 제어 : 풍량의 50[%] 이하는 제어가 곤란하다.

2) 기타 제어 : 팬의 풍량제어는 곤란하여 덕트나 베인을 이용해서 제어한다.

(3) 출입문의 개방

(4) 자동 차압급기댐퍼

급기량은 줄일 수 있지만 순간적으로 과압의 배출은 곤란하다.

(5) 플랩댐퍼의 개방

과압배출

SECTION 020

유입공기의 배출

01 개요

(1) 부속실에 가압을 한 경우 시간이 경과함에 따라 누설틈새로 가압된 공기가 누설되어 제연구역과 비제연구역 간에 차압 형성 및 방연풍속에 방해가 되므로 이를 배출해서 차압을 유지해야 한다.

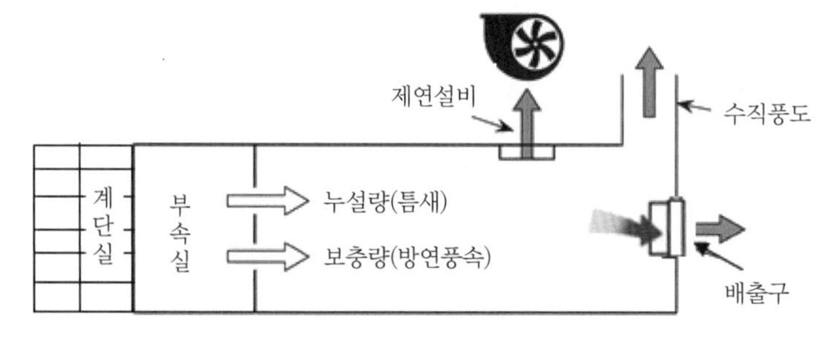

(2) **유입공기 배출의 전제조건**

방호공간의 밀폐

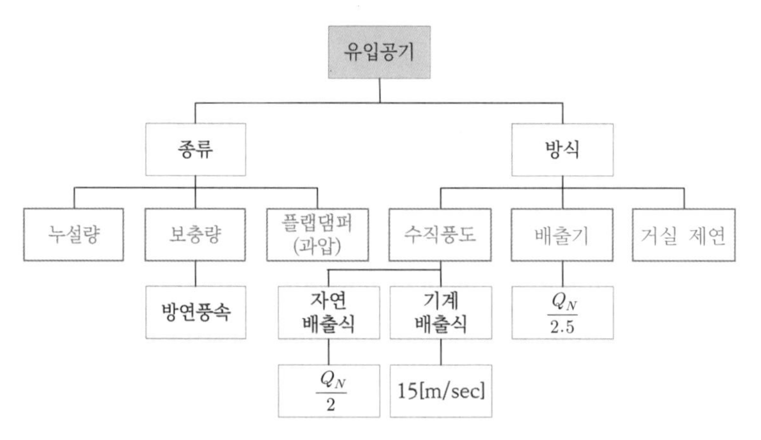

▎유입공기의 종류와 배출방식의 맵핑▎

02 유입되는 공기의 종류

(1) 누설량

(2) 방연풍속에 의한 거실유입공기량(보충량)

(3) 플랩댐퍼에 의한 과압 공기량

03 방식 133회 출제

(1) 수직풍도

1) 자연배출식

① 연돌효과(stack effect)를 이용한다.

② 효과적인 배출을 위해서는 다른 배출방식보다 풍도 단면적이 커진다.

2) 기계배출식

① 성능 : 열기류에 노출되는 부분은 250[℃]에서 1시간 이상 가동상태 유지

② 용량 : 1개 층 방연풍량

③ 송풍기와 연동 : 화재감지기와 수동 기동장치의 동작에 따라 연동

④ 유입공기 배출용 송풍기 : 수직풍도 상부에 전용으로 설치하여 강제로 배출하는 방식

⑤ 송풍기 풍량 실측 : 유효한 조치

⑥ 송풍기는 다른 장소와 방화구획되고 접근과 점검이 용이한 장소에 설치한다.

(2) 배출구

1) 설치방식 : 건물의 옥내와 면하는 외벽마다 옥외와 통하는 배출구를 설치한다.

외부에서 벽을 향해 불어오는 바람의 영향을 고려하여 외벽마다 배출구를 설치(양압이 걸리는 배출구는 풍압에 의해 닫히고 부압이 걸리는 배출구가 유입공기를 배출하는 기능을 함)

2) 개방 : 화재 시 감지기와 연동 또는 수동 기동장치로 개방할 수 있어야 한다.

3) 구조 : 배출구는 옥외쪽으로만 열리도록 하고, 옥외의 풍압에 의하여 자동으로 닫히는 구조

4) 배연창은 배출구로 인정되지 않으며 이런 기능 때문에 국내에서는 설치 사례가 거의 없다.

(3) 제연설비

기존 거실 제연설비를 이용하여 거실유입공기량을 추가로 배출한다.

BS 5588 Part 4의 유입공기 배출

① 건물 외벽의 배출구 : 건물이 밀폐된 곳은 배출구가 최소한 측면 2면 이상 설치한다.

② 배출구 : 평상시 닫힌 상태

③ 부속실 제연설비가 작동 시 배출구의 폐쇄장치가 해정되어 유입공기를 배출한다.

04 풍도의 크기

자연배출식($Q_N = s \times v$)		기계배출식	배출기	제연설비
수직 풍도 100[m] 이하	수직 풍도 100[m] 초과			
$\frac{Q_N}{2}$	$\frac{Q_N}{2} \times 1.2$	① $\frac{Q_N}{15[m/sec]}$ ② 풍속 15[m/sec] 이하	① $\frac{Q_N}{2.5}$ ② 옥외쪽으로만 열리도록 하고, 옥외의 풍압에 따라 자동으로 닫히는 구조	거실 제연설비를 이용하여 추가로 배출

여기서, Q_N : 유입풍량[m^3/sec]

s : 수직풍도가 담당하는 1개 층의 제연구역 출입문 1개의 면적[m^2]

v : 방연풍속[m/sec]

05 설치기준

(1) 유입공기 배출

1) 원칙 : 화재층의 제연구역과 면하는 옥내로부터 옥외로 배출한다.

2) 예외 : 직통계단식 공동주택의 경우

① 화재 시 한 번의 방화문 개방으로 피난이 종료된다.

② 화재실에 해당되는 세대는 60분+방화문 또는 60분 방화문으로 구획되어 있어, 화재발생 시 한 세대 내부에 국한된다.

③ 층별 수용인원에 의한 피난소요시간 : 계단식 아파트의 경우는 복도가 없어, 세대 출입문에서 계단실까지 이동거리가 매우 짧다.

(2) 수직 배출풍도

1) 구조

① 내화구조

거실 등의 화재발생 우려가 있는 장소에서 유입공기를 배출해야 하는데 그 중에 연기 등이 섞일 우려가 있기 때문에 화재에 견디는 내화구조의 성능을 요구하고 있다.

② 두께 0.5[mm] 이상의 아연도금강관으로 마감, 접합부에는 통기성이 없도록 조치한다.

③ 상부 말단은 빗물이 흘러들지 아니하는 구조

2) 옥외의 풍압에 따라 배출성능이 감소하지 않도록 유효한 조치하여야 한다.

(3) 수직풍도 댐퍼

1) 두께 : 1.5[mm] 이상의 강판, 부식방지 조치
2) 평상시 : 닫힌 구조로 기밀상태 유지
3) 개폐 여부를 해당 장치 및 제어반에서 확인할 수 있는 감지기능 내장
4) 구동부의 작동상태와 닫혀 있을 때 기밀상태를 수시로 점검할 수 있는 구조
5) 풍도의 내부마감 상태에 대한 점검 및 댐퍼의 정비가 가능한 이 · 탈착 구조
6) 댐퍼는 옥내에 설치된 감지기와 연동할 것
7) 풍도 내의 공기흐름에 지장을 주지 않도록 수직풍도의 내부로 돌출하지 않게 설치
8) 개방 시 실제 개구부 크기 : 수직풍도의 최소 내부단면적 이상

(4) 배출댐퍼의 설치위치

1) 배출댐퍼가 피난구 상단에 위치할 경우 : 연기의 이동방향을 피난구측으로 유도하는 결과를 초래할 수 있어 피난에 지장을 초래할 우려가 있다.
2) 설치위치 : 배출댐퍼는 가급적 피난구로부터 멀리 떨어진 곳에 설치한다.
3) 설치높이 : 천장에 가깝게 설치한다.

아파트에서 유입공기 배출구를 면제하는 이유

① 계단식 아파트는 하나의 특별피난계단을 중앙에 두고 2개 세대의 구조로 되어 있다. 가구의 분화에 따라서 세대당 거주인원은 평균 4인 이하가 대부분으로, 최대 8명 거주자의 특별피난계단을 통한 피난에 따른 보충량에 의한 유입공기량이 최소화되었기 때문이다.

② 누설면적도 각 세대와 비상용 승강기, 특별피난계단실 총 4개의 병렬로 구성되어 누설면적의 합으로 분산되므로 화재실인 세대에 누설되는 양이 제한되기 때문이다.

06 고층 공동주택 부속실 제연설비 중 유입공기 배출장치에 관한 기술지침

(1) 고층 공동주택 등의 유입공기 배출장치 설치 시 문제점

1) 화재발생층의 복도 구간에는 부압이 발생된다.

① 방화문 등의 성능이 향상되어 신축건물의 경우 부속실 공기 누설량이 적다.

② 부속실과 세대 사이에는 좁은(적은 체적의) 복도만 구획되어 있으며 방화문 외에는 누설량이 존재하지 않는다.

③ 소공간인 복도에 방화문 누설량 방식에 따른 배기량 적용은 실제 누설량 대비 과한 용량이다.

2) 비화재층의 복도에는 과압이 형성된다.

① 복도는 특별피난계단, 비상용 및 피난용 승강기의 부속실 등 다수의 부속실과 면하여 방화문 틈새 등의 누설로 가압공기가 유입되나 비화재층에는 유입공기 배출댐퍼가 개방되지 않으므로 복도와 부속실은 상호 자동차압조절을 위해 계속 가압되어, 비화재층 세대방화문의 폐쇄장애 발생 우려가 있다.

② 최근 에어타이트댐퍼(ATD)의 적용으로 댐퍼의 누설량이 줄어서 위 '①'의 현상이 가속화될 수 있다.

③ 건축물의 방화문 등이 경년변화로 누설량이 많아지는 경우에는 부속실문과 세대의 출입문이 서로 상이한 방향으로 개폐장애를 일으킬 수 있다.

(2) 고층건축물 유입공기 배출장치 설치 시 대안

1) 유입공기 배출장치는 통합배기장치로 설치하고 누설량의 기준은 시뮬레이션 등의 실제적 검증을 통해 정한다.

2) 유입공기 배출시스템에도 인버터 제어방식을 고려할 것을 권장한다.

3) 배출댐퍼를 Moter damper로 사용할 경우 배출팬의 토출측에는 볼륨댐퍼 및 복합댐퍼를 설치하여 흡입량을 조절하고, Moter damper는 에어타이트댐퍼(ATD) 외에 KS 방연시험을 획득한 제품을 적용하도록 한다.

4) 가능하면 복도와 건축물 외부의 외기를 통할 수 있는 공간을 형성하고 복도에 부압이 발생하지 않도록 미압플랩댐퍼를 설치한다,

5) 근본적인 대책으로 유입공기 배출장치에도 전층 '자동차압조절댐퍼'를 설치한다. 복도와 외기 또는 세대 내의 차압을 감지하여 복도 내부의 압력이 과·부압을 형성하지 않도록 한다(단, 이때의 배기팬 용량은 5개층 누설량을 고려하고, 배기댐퍼의 연동은 최소 화재층 직상·직하부 5개층을 포함할 것을 권장함).

SECTION 021

가압의 변수

01 개요

(1) 연기는 온도차에 의한 압력차에 의해 화재실 밖으로 유동한다.

(2) 피난계단이나 비상용 엘리베이터(E/V)로의 연기유동은 피난에 심각한 위험이 되므로 급기가압방식으로 연기의 유동을 막아야 한다.

(3) 일반적으로 차압, 기류(방연풍속), 개방된 문의 수, 누설면적, 날씨 데이터(data)의 5가지가 가압의 가장 큰 변수이다.

02 차압 125회 출제

(1) 최소 차압

<table>
<tr><th>구분</th><th>최소 차압</th><th>비고</th></tr>
<tr><td>NFTC 501A</td><td>① 40[Pa] → BS 5588의 규정을 인용(스프링클러 설치 시 12.5[Pa]) → NFPA 92를 인용
② 출입문 일시적 개방 시 비개방 부속실은 기준차압의 70[%] 이상
※ 계단실만 단독으로 제연하는 경우 적용 곤란
③ 계단실 · 부속실 동시 제연 : 계단실 ≤ 부속실 + 5[Pa]
※ 5[Pa] 이하는 계단실로 연기가 침입하지 못하게 하라는 의미인데 수치가 적용하기 곤란</td><td>① 연돌효과 및 바람의 영향에 대한 고려가 없다.
② 여기서의 차압은 화재 시가 아닌 평상시 옥내를 0으로 한 차압</td></tr>
<tr><td>NFPA 92[25]</td><td><table><tr><th>구분</th><th>높이[m]</th><th>차압[Pa]</th></tr><tr><td>스프링클러 설치</td><td>–</td><td>12.5</td></tr><tr><td rowspan="3">스프링클러 미설치</td><td>2.7(9[ft])</td><td>25</td></tr><tr><td>4.5(15[ft])</td><td>35</td></tr><tr><td>6.3(21[ft])</td><td>45</td></tr></table>문을 개방할 때에도 화재실 이외의 층은 최소 차압을 유지할 것</td><td>① 화재실의 압력만이 고려된 기준으로, 연돌효과와 바람의 영향 등은 설계자가 별도(성능위주의 설계)로 고려하여 적용하도록 규정
② 차압은 연기 힘의 2배 이상 주는 것을 원칙으로 하고 있다. 연기의 힘이 10 ~ 20이므로 그 두 배인 25 ~ 45 정도를 유지
③ 이때 차압은 평상시 옥내를 0으로 한 차압</td></tr>
</table>

25) 제연구역 인접의 가스온도가 925[℃]일 때를 기준으로 높이를 산정

구분	최소 차압	비고
EN 12101-6 (유럽통합기준)	① 원칙 : 50[Pa](±10[%]) ② 계단실과 부속실 동시 가압(±10[%]) ㉠ 부속실 : 45[Pa] ㉡ 계단실 : 50[Pa] ③ 문 개방 시 ㉠ 건물의 용도분류에 따라 별도의 차압규정이 있는 경우 ㉡ 최소 10[Pa] 이상의 차압	연돌효과와 바람의 영향 등은 설계자가 별도(성능위주의 설계)로 고려하여 적용하도록 규정
SFPE (미국화재기술자협회)	① 5~10[Pa](스프링클러 설치 시) ② 20~25[Pa](스프링클러 미설치 시)	화재실의 압력만이 고려된 기준으로, 연돌효과와 바람의 영향 등은 설계자가 별도(성능위주의 설계)로 고려하여 적용하도록 규정

1964년 영국의 시험결과를 보면 연기의 침입을 막기 위해서는 5[Pa] 이상만 형성하면 된다. 단, 이는 연돌효과나 바람 등을 고려하지 않은 상태이다.

(2) 최대 차압

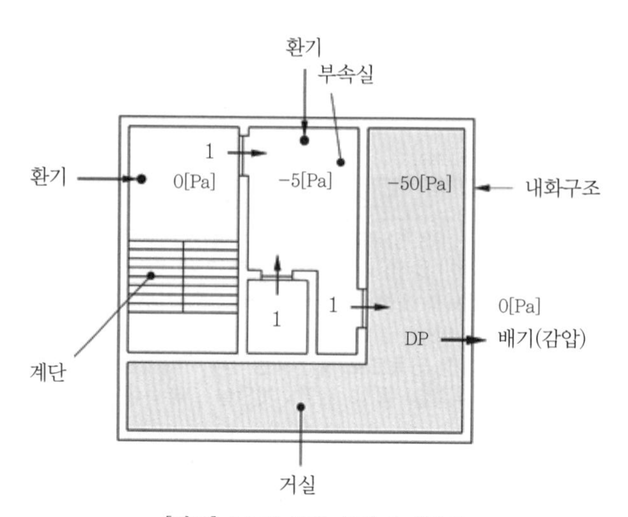

[비고] 1 : 문 등을 통한 누설경로

▎EN 12101-6의 차압형성 ▎

구분	최대 차압	비고
NFTC 501A	110[N]	따로 규정은 없고 문의 개방력으로 설정
NFPA 92	133[N]	–
EN 12101-6(유럽통합기준)	100[N]	–

점유자의 신체상태 파악이 중요하다. 노유자 시설의 경우 110[N]은 너무 클 수도 있다.

(3) 최대 허용압력차는 문개방 힘을 초과하지 않는 값이어야 하고 인간의 신체적 조건을 고려해야 한다.

NFPA 101(인명안전코드)에서는 피난로에 있는 문을 손으로 완전히 여는 데 필요한 힘

① 결쇠를 푸는 데 15[lbf](67[N]) 이하
② 문을 움직이는 데 30[lbf](133[N]) 이하
③ 최소의 필요 폭까지 문을 여는 데 15[lbf](67[N]) 이하
④ 가압된 문을 여는 데 133[N] 이하

(4) 제연시스템으로 급기가압할 경우 수시로 허용치를 초과하는 경우 플랩댐퍼(flap damper)를 설치한다.

(5) **최소 허용압력차의 기준**

피난 동안 연기가 유입되지 않는 값이어야 한다.

03 기류(방연풍속) 132회 출제

(1) 문을 개방 시 연기유동을 막는 기류(임계속도)가 연기의 역흐름을 방지할 수 있는 충분한 공기흐름이 되어야 한다. 이러한 공기흐름의 결정에는 피난시간, 화재성장속도, 건물 배치, 소화시스템 존재 여부가 주요소가 된다.

1) 각 기준의 공식

$$v = 2\sqrt{\frac{T_f - T_0}{T_f} h}$$

여기서, v : 기류[m/sec]
T_f : 연기온도[K]
T_0 : 공기온도[K]
h : 개구부 높이[m]

① IBC의 방정식[26)]

② NFPA 92[27)]

$$v = 0.64\sqrt{g\frac{T_f - T_0}{T_f} h}$$

26) Equation 9-2. SECTION 909 SMOKE CONTROL SYSTEMS. FIRE PROTECTION SYSTEMS. 2009 INTERNATIONAL BUILDING CODE

27) [5.10.1b] 5.10 Opposed Airflow. NFPA 92 2018 Edition

여기서, v : 기류[m/sec]

T_f : 연기온도[K]

T_0 : 공기온도[K]

h : 개구부 높이[m]

g : 중력가속도[m/sec^2]

상기 식으로 계산 시 기류는 2.5[m/sec] 이상이면 최성기 이후의 화재도 효과적으로 제어할 수 있다.

1. IBC(International Building Code) : 국제건축설계기준
2. **기류와 방연풍속의 차이**
   ① 기류는 일정시간 이상 열려 있는 상태
   ② 방연풍속은 일시적으로 문이 열려 있는 상태

▌화재공간에서 비화재 공간으로의 연기전파를 방지하기 위한 기류의 사용▐

2) 임계속도 공식

$$V_k = 0.292\left(\frac{Q}{W}\right)^{\frac{1}{3}}$$

여기서, V_k : 종류식 터널의 임계속도[m/sec]

W : 개구부 폭

Q : 열방출률[kW]

위 식은 계속 개방될 수 있을 때(터널의 종류식) 사용하고 일시적인 문 개방일 경우 0.5 ~ 1[m/sec]로 한다.

① 기류의 공식유도

$$V_k = k\left(\frac{gE}{W\rho CT}\right)^{\frac{1}{3}}$$

여기서, V_k : 연기의 흐름방지를 위한 공기의 유속[m/sec]

E : 복도로의 에너지 방출속도[kW]

W : 복도의 폭[m]
ρ : 상부 공기의 밀도 1.3[kg/m^3]
C : 하부 가스의 비열 1.005[kJ/kg · ℃]
T : 공기와 연기가 혼합된 하부흐름의 절대온도 + 27[℃](300[K])
k : 약 1 정도의 상수 1
g : 중력가속도 9.8[m/sec^2]

② 상수값을 넣어 정리하면 다음 공식으로 정리된다.

$$V_k = 0.2924\left(\frac{E}{W}\right)^{\frac{1}{3}}$$

구분	방연풍속(기류)		
NFTC 501A	계단실 · 부속실 동시 제연, 계단실만 단독 제연		0.5[m/sec] 이상
	부속실, 승강장 단독제연	거실	0.7[m/sec] 이상
		복도[방화구조(내화시간 30분 이상 포함)]	0.5[m/sec] 이상
NFPA 92 (아트리움, 배연, 급기)	기류의 속도는 상기 식에 의해서 도출함		
EN 12101-6 (유럽통합기준)	소방대용 샤프트(비상용 승강장 또는 화재진압용 전용 계단)		2[m/sec] 이상
	소방대용 샤프트를 제외한 기타		0.75[m/sec] 이상
SFPE (미국화재기술자협회)	별도의 제안이 없음		

(2) 기류 형성을 위해 필요한 유입공기 배출구

유입공기 배출구가 없으면 기류로 불어넣는 공기가 효율적으로 공급되지 않고 기류형성이 되지 않기 때문이다(서징과 같은 효과).

04 개방되는 문수

(1) 동시에 개방되는 문수는 건축물의 용도가 중요한 변수이다. 거주 밀도가 높은 경우 많은 문이 동시에 열릴 가능성이 높다.

(2) 화재 시 모든 문이 동시 개방되도록 설계하면 시스템의 작동은 확실하나 시스템의 비용이 과다하게 된다.

(3) 국내 화재안전기술기준(NFTC)에서는 아래와 같이 동시에 개방되는 문의 수를 산정한다.
1) 20층 이하 : 1개
2) 20층 초과 : 2개
3) 성능위주심의 : 3개((20층 초과인 경우 2개소) + 1층 또는 피난층(1개소) 출입문)

05 누설(유동)면적-유효흐름면적(effective flow areas)

(1) 가압공간으로부터 공기가 빠져나가는 (문, 창문, 환기구)누설통로의 면적 계산

1) 문의 경우 : 닫힌 문에서 틈새를 통한 누설면적이 중요한 요소

① 공식

$$A = \frac{L}{l} \times A_d$$

여기서, A : 출입문의 누설틈새[m^2]

L : 출입문의 누설틈새 길이

A_d : 계수

② 출입문에 형태에 따른 A_d와 l

출입문의 형태		A_d[m^2]	l (가로×2＋세로×2)[m]
외여닫이문	제연구연측으로 개방	0.01	5.6
	거실측으로 개방	0.02	
쌍여닫이문		0.03	9.2
승강기 출입문		0.06	8.0

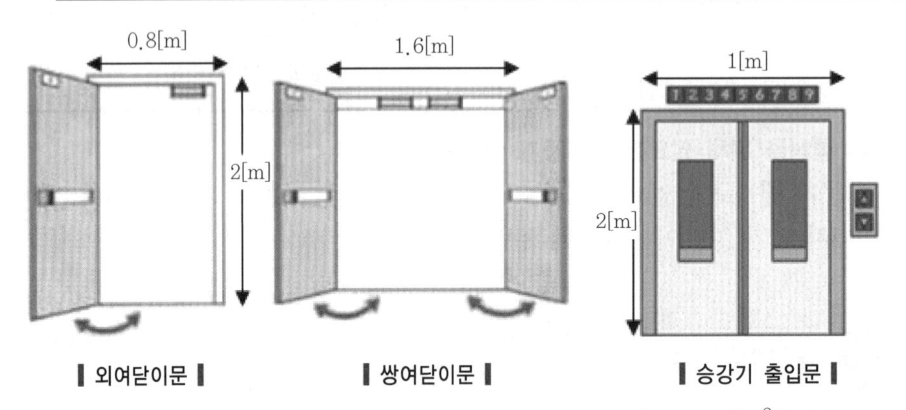

▌외여닫이문▐ ▌쌍여닫이문▐ ▌승강기 출입문▐

③ 화재안전기술기준의 누설틈새는 방화문의 시험기준(0.0076[m^2])이다.

방화문의 누설틈새(방화문 시험기준)

$$A = \frac{Q}{0.827\sqrt{P}} = \frac{0.0315}{0.827\sqrt{25}} = 0.0076[\mathrm{m}^2]$$

문사이즈는 1[m]×2.1[m]일 경우 25[Pa]에서 최대 누설량(Q)

$$= 0.9\left[\frac{\mathrm{m}^3}{\mathrm{min}\cdot\mathrm{m}^2}\right] \times \frac{(1\times 2.1)[\mathrm{m}^2]\times 1[\mathrm{min}]}{60[\mathrm{sec}]} = 0.0315[\mathrm{m}^3/\mathrm{sec}]$$

2) 창문의 경우 : 개폐형 창문의 누설면적을 고려하며, 창문의 크기가 다양하므로 누설면적은 단위길이당 값으로 표현된다.

창문의 형태		$A[m^2]$
여닫이식 창문	방수패킹 없음	$2.55 \times 10^{-4} \times$ 틈새의 길이
	방수패킹 있음	$3.61 \times 10^{-4} \times$ 틈새의 길이
미닫이식 창문		$1.00 \times 10^{-4} \times$ 틈새의 길이

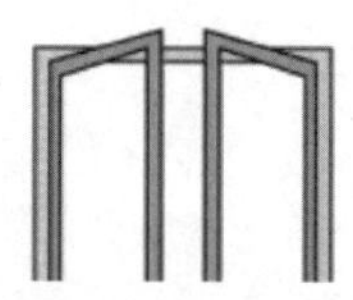

▌양여닫이창▐

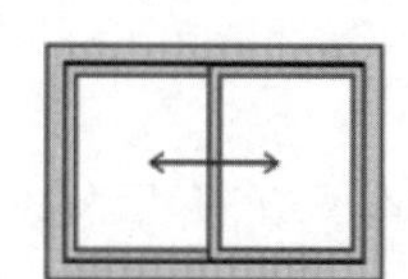

▌양미닫이창▐

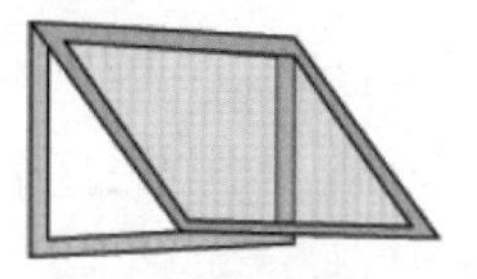

▌외측 여닫이창▐

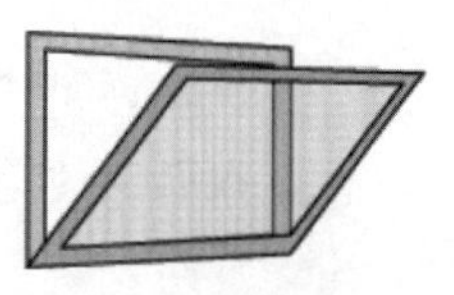

▌내측 외여닫이창▐

3) **승강로의 누설면적** : 누설되는 공기가 승강기의 승강로를 경유하여 승강로의 외부로 유출하는 유출면적은 승강로 상부의 승강로와 기계실 바닥의 개구부 면적을 합한 것을 기준으로 한다.

(2) 누설틈새는 공사능력이 가장 중요한 변수가 된다.

(3) 누설면적(유효흐름면적, effective flow areas)의 합산 원칙을 적용한다.

130 · 117 · 105회 출제

1) **병렬경로** : $A_e = \sum_{i=1}^{n} Ai$

① $P_1 = P_2 = P_3$, $Q_1 = Q_2 = Q_3$

② 각 틈새의 체적유량의 합은 전체 체적유량과 같다.

$Q_T = Q_1 + Q_2 + Q_3$

③ 각 틈새의 개구부의 합은 전체 개구부와 같다.

$A_e = A_1 + A_2 + A_3$

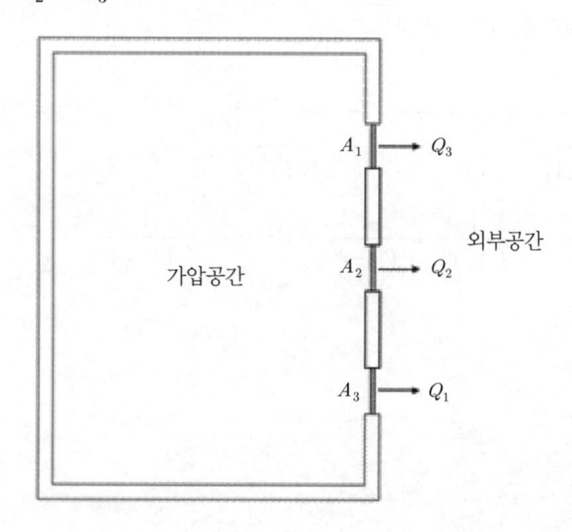

2) 직렬경로 : $\frac{1}{(A_e)^n} = \frac{1}{(A_1)^n} + \frac{1}{(A_2)^n} + \cdots\cdots + \frac{1}{(A_{k-1})^n}$, $Q_1 = Q_2 = Q_3$

① 각각의 개구부 누설량

$$Q_1 = 0.827A_1(P_1 - P_2)^{\frac{1}{n}}$$

$$Q_2 = 0.827A_2(P_2 - P_3)^{\frac{1}{n}}$$

$$Q_{k-1} = 0.827A_{k-1} \cdot (P_{k-1} - P_k)^{\frac{1}{n}}$$

② 직렬 누설틈새이므로 누설량은 $Q_1 = Q_2 = \cdots\cdots = Q_{k-1} = Q$

$$P_1 - P_2 = \frac{1}{0.827^n} \cdot \frac{Q^n}{A_1^n} \quad \cdots\cdots\cdots\cdots \text{㉠}$$

$$P_2 - P_3 = \frac{1}{0.0827^n} \cdot \frac{Q^n}{A_2^n} \quad \cdots\cdots\cdots\cdots \text{㉡}$$

$$P_{k-1} - P_k = \frac{1}{0.0827^n} \cdot \frac{Q^n}{{A_{k-1}}^n} \quad \cdots\cdots\cdots\cdots \text{㉢}$$

③ 위 '②의 ㉠~㉢'을 모두 더하면

$$P_1 - P_k = \frac{1}{0.827^n}\frac{Q^n}{A_1^n} + \frac{1}{0.827^n}\frac{Q^n}{A_2^n} + \cdots\cdots + \frac{1}{0.827^n}\frac{Q^n}{{A_{k-1}}^n}$$

$$= \frac{1}{0.827^n} Q^n \left(\frac{1}{A_1^n} + \frac{1}{A_2^n} + \cdots\cdots + \frac{1}{A_k^n} \right)$$

$$Q = 0.827 \left(\frac{1}{\frac{1}{A_1^n} + \frac{1}{A_2^n} + \cdots\cdots + \frac{1}{{A_{k-1}}^n}} \right)^{\frac{1}{n}} \cdot (P_1 - P_k)^{\frac{1}{n}}$$

$$= 0.827\, A_e (P_1 - P_k)^{\frac{1}{n}}$$

$$A_e = \left(\frac{1}{\frac{1}{A_1^n} + \frac{1}{A_2^n} + \cdots\cdots + \frac{1}{{A_{k-1}}^n}} \right)^{\frac{1}{n}}$$

$$\therefore \frac{1}{(A_e)^n} = \frac{1}{(A_1)^n} + \frac{1}{(A_2)^n} + \cdots\cdots + \frac{1}{(A_{k-1})^n}$$

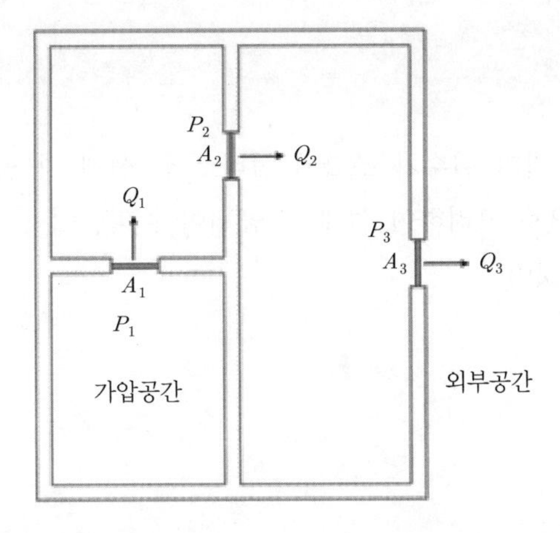

(4) 합성구조

직렬 + 병렬(외부공간으로부터 계산하여 최종 가압공간까지 방향으로 계산)

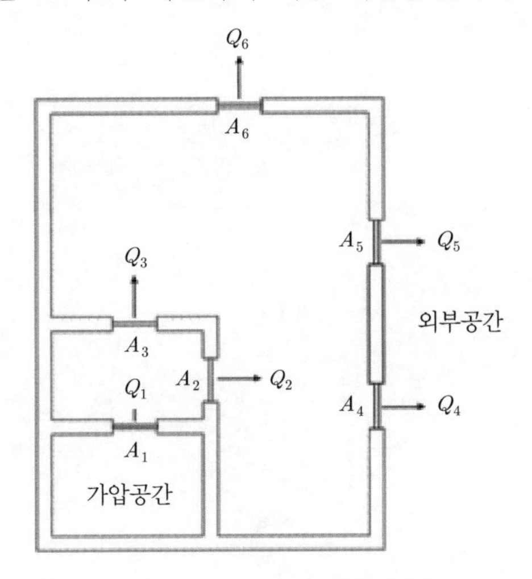

06 기상자료

(1) 차압, 기류

창문이 파손되거나 외벽 틈이 있는 경우 바람 · 온도에 의한 영향이 크다.

1) 온도와 바람에 대한 데이터가 필요하다.

2) 제연시스템은 외부 바람의 작용을 최소화할 수 있는 설계를 한다.

(2) 유입공기 배출

1) 자연 풍도방식일 때 외부 온도 및 바람의 영향을 받는다.

2) 배출구 방식이면 바람의 영향을 받는다.

07 결론

가압 제연방식은 여러 가지 변수가 조합된 설비로서, 설계 시 열방출률, 천장높이, 건축물 용도, 날씨 등을 종합적으로 고려하여 설계, 시공되어야 피난에서 중요한 피난계단 등을 연기로부터 보호할 수 있을 것이다.

SECTION 022

스프링클러 설치 시 부속실의 최소 차압이 12.5[Pa]인 이유

01 개요

화재실의 연기는 연돌효과(stack effect), 부력, 팽창, 바람(wind effect), 공기조화(HVAC) 등에 의해 유동한다.

02 화재안전기술기준(NFTC) 차압 설정 시 고려사항

(1) 공조설비(HVAC)는 정지한다.

(2) 연기의 팽창은 부력에 비해서 미미하므로 무시한다.

(3) 연돌효과(stack effect), 바람(wind effect)의 적용은 설계자의 재량에 의해서 고려한다.

(4) 차압은 화재실의 부력에 의해 결정한다.

03 부력의 영향인자

(1) 화재실(옥내) 높이

(2) **연기의 온도**

$$\Delta P = 3,460\left(\frac{1}{T_o} - \frac{1}{T_i}\right) \times H$$

04 최소 차압이 12.5[Pa]인 이유

(1) 화재 발생 시 스프링클러 설비가 동작하면 열방출률의 감소 및 연기온도가 감소하므로 부력이 약화하여 작은 차압으로도 효과적으로 제연구역을 방호한다.

(2) 실험에 의한 화재실 부력

1) 스프링클러 미설치 시 : 15 ~ 20[Pa]

2) 스프링클러 설치 시 : 5 ~ 10[Pa]

(3) 스프링클러 동작 시 창문 파손 가능성이 감소하므로 제연설비의 신뢰성도 증가한다.

(4) 위와 같은 이유로 NFTC에서는 최소 차압이 12.5[Pa]이다.

SECTION 023

승강로 가압방식

01 개요

(1) 현재 계단실 및 부속실, 비상용 승강기의 승강장 등을 가압하기 위해 전용 수직풍도를 설치하고 차압댐퍼를 설치하는 방법으로 시공하고 있지만 승강로를 급기풍도로 활용하게 되면 풍도 및 내화구조 비용을 감소할 수 있고, 급기풍도의 공간면적을 활용할 수 있다는 장점으로 최근 많이 설치되고 있다.

(2) **정의**

급기송풍기에서 공급되는 외기를 승강로에 연결하여 외기를 승강로에 공급하여 가압하는 방식

(3) **법적 기준**

1) 화재안전기술기준(NFTC 501A) 2.13.1.1 : 부속실만을 제연하는 경우 동일 수직선상의 모든 부속실은 하나의 전용 수직풍도를 통해 동시에 급기할 것. 단, 동일 수직선상에 2대 이상의 급기송풍기가 설치되는 경우에는 수직풍도를 분리하여 설치할 수 있다.

2) 2.13.1.5 : 비상용 승강기의 승강장을 제연하는 경우에는 비상용 승강기의 승강로를 급기풍도로 사용할 수 있다.

3) 특별피난계단의 부속실과 비상용 승강기의 승강장을 겸하는 공동주택을 제연하는 경우 승강로를 급기풍도로 사용하는 제연방식을 적용할 수 없는 상황이다. 따라서, 중앙 소방기술심의위원회의 승인을 얻으면 승강로를 급기풍도로 활용할 수 있다.

(4) **필요 조건**

1) 과압방지 릴리프(over pressure relief)

2) 변풍량 제어방식(feedback control) : VVVF 제어나 바이패스를 통하여 풍량을 조절하여 과압이 형성되지 않도록 한다.

3) 화재층의 배출(fire floor exhaust) : 화재층의 연기를 배출하여 발생압력을 낮춘다.

02 특성

장점	단점
면적활용성이 우수함(승강로가 급기덕트로 사용되므로 덕트의 단면적을 계산할 필요가 없음)	승강로와 승강장 사이의 벽체에 자동 차압급기댐퍼를 설치하므로 승강기 운행에 따른 피스톤 효과로 인해 승강로를 통하여 유동되는 공기가 엘리베이터 문틈 뿐 아니라 자동 차압급기댐퍼의 날개를 통하여 나오면서 소음을 유발함
경제성이 우수함	화재 시에 비상용 승강기는 피난층으로 호출된 후 승강기 문이 개방되어 소방대가 도착할 때까지 대기상태가 되면 비상용 승강기의 승강장은 피난층에서는 구획되지 않은 상태가 되어서 급기차압을 형성할 수 있을지 여부를 확인하여야 함
	승장기문에 의해 누설되는 급기량이 많아 부속실의 과압상태로 인한 옥내 출입문 개방의 어려움이 있음
송풍기의 풍량을 승강기 승강로 내로 이동할 때 풍속이 작아 마찰손실이 무시할 수 있을 정도로 줄어들어 송풍기 용량이 감소함	부속실과 접하는 실들의 구획배치가 다르면 차압은 증가 또는 감소되며 심하면 부압이 형성될 가능성이 있음
승강기 승강로 내 상하층 간 하나의 용기와 같은 일정한 압력의 정압이 유지되므로 건물 전층의 제연구역에 설정 풍량을 정확하게 공급할 수 있음	덕트방식은 피스톤 효과나 연돌효과로 인해 발생하는 부압을 자동 차압급기댐퍼의 개방으로 완화시키는 데 반해 승강로 가압방식은 승강로의 압력과 부속실의 압력이 같으므로 부압완화가 곤란함

03 승강로 가압방식 설계 시 고려사항

(1) 피난층에 비상용 승강기가 자동호출되어 승강기 출입문이 열려 있는 경우 전층의 차압이 규정차압에 미달되므로 피난층도 구획하여 제연구역으로 설정하여야 한다.

(2) 승강기 기계실에 설치된 창문 및 환기구는 화재신호에 따라 자동폐쇄하도록 하여서 전체 누설틈새를 감소시켜야 한다.

(3) 화재안전기술기준(NFTC 501A)의 기존의 문세트의 누설틈새 계산방식은 실험이나 실측 데이터를 통하여 승강기문 등에 적합하게 계산되어야 한다.

(4) 급기댐퍼가 닫혀 있는 상태에서도 엘리베이터 틈새로 승강로의 가압공기공급으로 부속실은 과압상태가 될 수 있어 출입문 개방에 필요한 힘이 110[N]을 초과할 수 있다.

(5) 계단실 피난 시 부속실의 과압으로 계단실 출입문이 완전히 닫히지 않는다.

(6) 부속실 과풍량 공급으로 계단실과 부속실이 동압될 수도 있다.

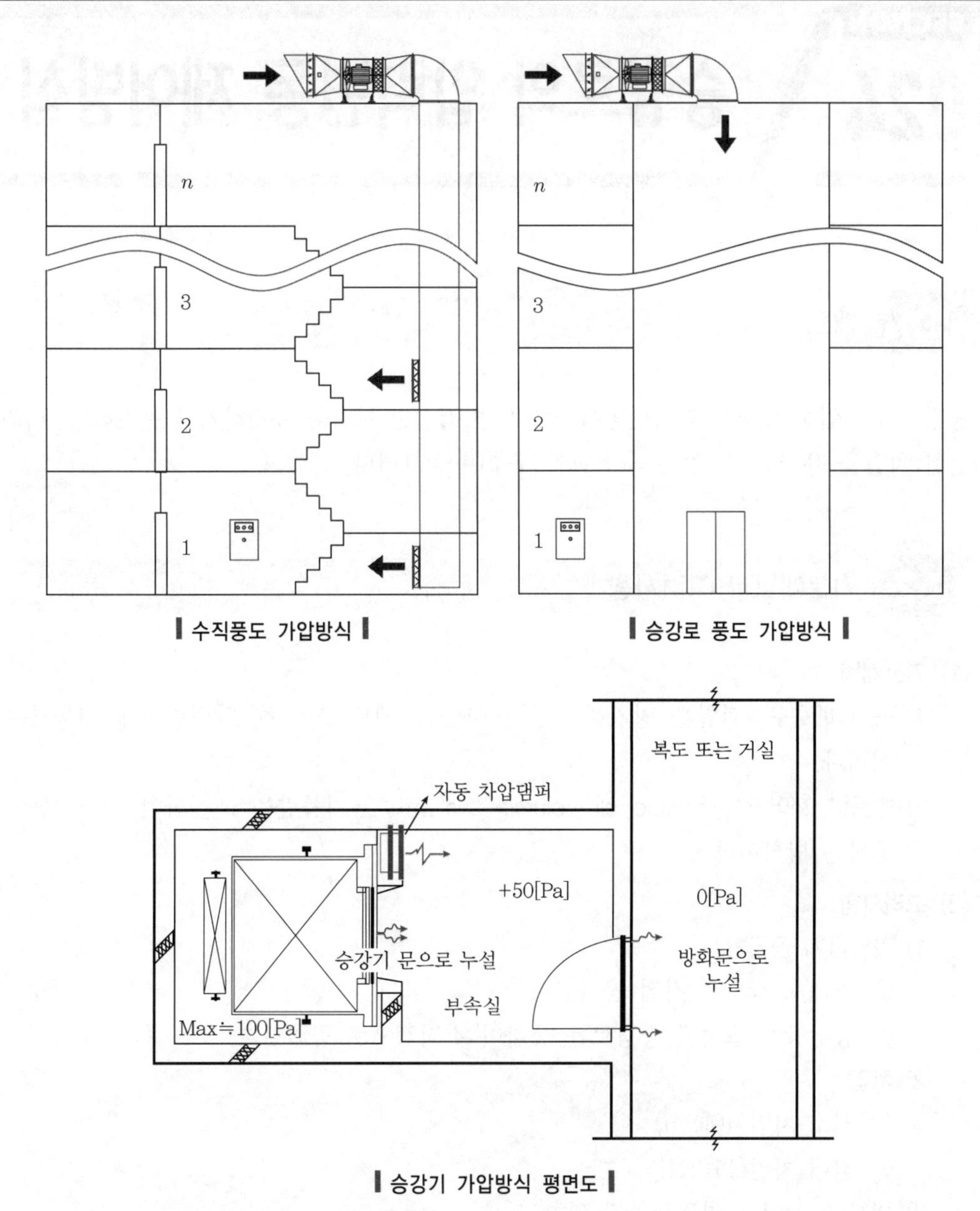

▌수직풍도 가압방식▌

▌승강로 풍도 가압방식▌

▌승강기 가압방식 평면도▌

SECTION

024 승강로의 압력변동 제어방식

01 개요

승강기를 가압하는 경우 압력변동이 발생하면 적절한 차압을 유지하기가 곤란하다. 따라서, 적절한 차압을 유지할 수 있는 시스템의 구축이 필요하다.

02 기본개념과 고려사항

(1) 기본개념

1) **공기 배출구** : 과압을 방지하기 위한 배출구(벤트)를 통해 압력변동에 대응하는 방식이다.

2) **변풍량 제어방식(variable air volumin system)** : 급기풍량을 조절하여 압력변동에 대응하는 방식이다.

(2) 고려사항

1) 가압급기 공급방식

① 각 승강장으로 직접 공급한다.

② 승강장에 접속된 승강로를 통하여 간접적으로 공급한다.

2) 차압

① 최소 차압(40[Pa])

② 최대 차압(110[N])

3) 외부 바람이나 연돌효과에 의한 영향

03 압력변동 제어방법

(1) 압력 릴리프 벤트(pressure-relief vent)

1) 정풍량(constant air volume system) 팬과 승강로 외벽면에 압력 릴리프 벤트를 이용하는 방식이다.

2) 정풍량 팬의 급기량을 제어할 수 없으므로 외벽면에 압력 릴리프 벤트가 과압일 경우 자동으로 개방되어 압력변동을 제어한다.
3) 설계 시 엘리베이터 문이 개방되었을 때에도 최소 차압이 유지될 수 있도록 설계한다.

(2) **기압 댐퍼 벤트**(barometric damper vent)

1) 벤트에 기압 댐퍼를 설치하여 압력이 최소 차압 이하가 되면 댐퍼를 자동으로 폐쇄하고 최대 차압 이상이 되면 댐퍼를 개방한다.
2) 기압에 의해서 자동으로 폐쇄 및 개방한다.

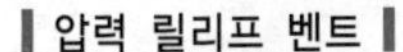

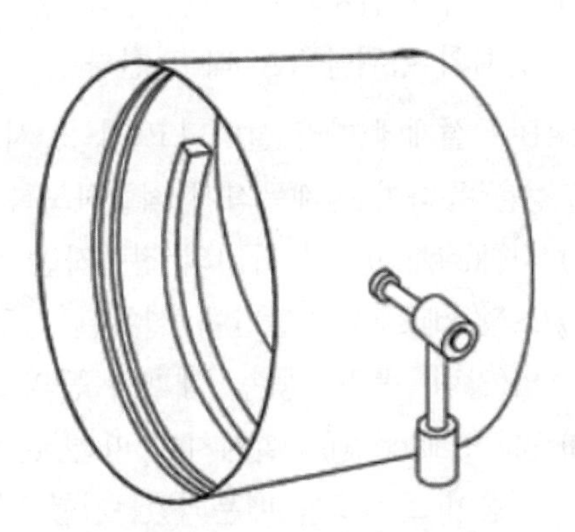

▌압력 릴리프 벤트▐ ▌기압 댐퍼 벤트(압력에 의해 개폐)▐

(3) **변풍량 급기공기**(variable supply air)

풍량은 정압센서에 의해 조절한다.

1) **변풍량 급기팬** : 인버터, VVVF 등의 방식을 이용해서 풍량을 조절한다.
2) **바이패스(by-pass) 방식** : 별도의 바이패스 덕트를 설치하여 풍량을 조절한다.

(4) **화재층의 배출**(fire floor exhaust)

송풍기의 가압이 다른 방식에 비해 적은 방식으로 이를 보완하기 위해 화재층에서 직접 배출을 해서 차압을 유지하는 방식이다.

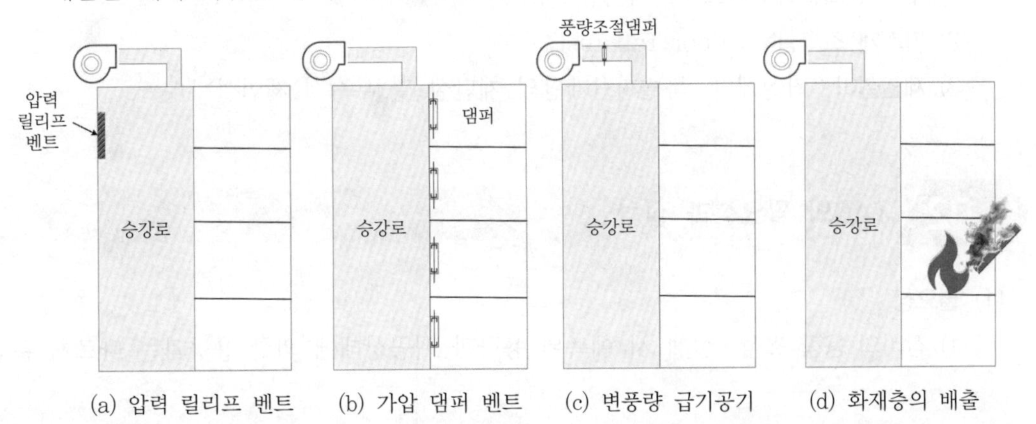

(a) 압력 릴리프 벤트 (b) 가압 댐퍼 벤트 (c) 변풍량 급기공기 (d) 화재층의 배출

SECTION 025

제연설비 TAB

134 · 126 · 123 · 113 · 86회 출제

01 개요

(1) 설계에 따라 설치되고 기능, 상태 정상 여부 확인(Tasting, Adjusting, Balancing)하는 일체의 행위를 TAB라고 한다.

(2) TAB란 설계에 따라 설치되고 기능, 시스템의 정상 여부를 종합적으로 검토하고 시험과 조정을 통하여 설계목적에 적합하도록 균형을 맞추는 작업이다.

1) **시험(testing)** : 각 장비의 정량적인 성능 판정

2) **조정(adjusting)** : 말단에 설치된 기구에서의 풍량 및 수량을 적절하게 조정하는 작업(압력, 풍량, 풍속, 개폐력 등의 조정)

3) **평가(balancing)** : 설계치에 따른 분배 시스템(주관, 분기관, 말단기구) 내에 적절한 유량이 흐르도록 배분되었는가를 확인하는 작업(압력, 풍량 등의 균형)

(3) 소방설비는 평상시에는 운휴설비이고 화재 시에만 사용하는 설비이므로, 반드시 준공 시 TAB을 통해서 장비의 성능이 설계목적에 부합되는가를 평가하고 조정할 필요가 있다.

(4) TAB에는 계획, 설계, 시공, 감리, 검사 등 모든 단계에서 시스템의 적합성을 검토하는 다중 검토과정이 필요하다. 왜냐하면 설계나 계획이 잘못되면 시공단계나 조정으로도 장비의 목적수행이 곤란하기 때문이다.

(5) **소방에서 적용 대상**

1) **수계 소화설비** : 펌프 등 가압송수장치

2) **가스계 소화설비** : Door fan test

3) **제연설비** : 거실제연, 특별피난계단의 계단실 및 부속실 제연설비

02 TAB의 필요성과 절차

(1) **필요성**

1) **장비의 용량 조정** : 설계 시 예측된 용량과 시공상태에 의한 용량과는 다르게 운전

되는 경우가 많다. 따라서, 이를 찾아내고 적정하게 운전하도록 용량을 조정할 필요가 있다.

2) 유량의 균형분배를 위한 조정이 필요하다.
3) **장비의 성능시험** : 장비의 시공과정에서 현장사정에 의하여 설치 및 운전 조건 등의 변화로 재성능을 발휘하지 못하는 경우가 있다. 따라서, 시험을 통하여 성능을 확인할 필요가 있다.
4) 자동제어 및 장비 간의 상호 연결의 확인이 필요하다.
5) 기기의 수명연장

(2) 절차

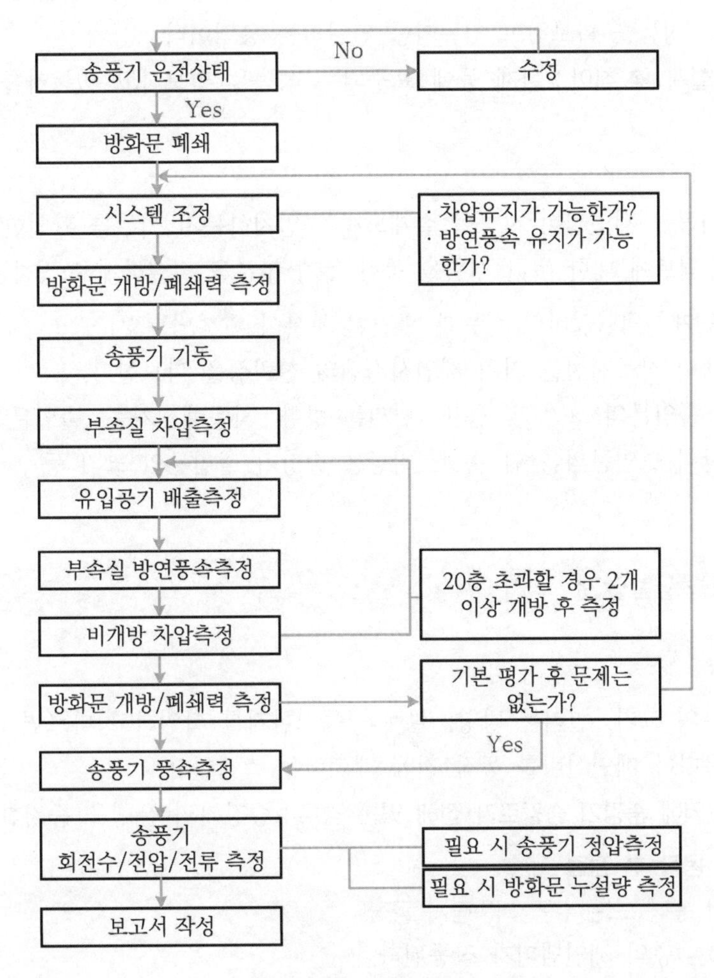

▌TAB 절차▐

03 단계별 TAB

(1) 건축물 착공 전단계

1) **설계도서 검토과정** : TAB 보고서 양식에 각 시스템별 계통도 및 장비의 사양을 기록한다.
2) **내용** : 건축구조, 시공 및 현장 환경 등의 환경적인 요소와 제연시스템의 구성, 설계에 반영한 제품의 특성과 품질, 계산서의 적합성, 방화문의 구조 등의 설계조건을 검토한다.
3) **TAB 설계 전 참여** : 설계의 적합성을 판단하고 이후에 모든 과정에서 설계 등에 요구되는 성능을 확보하고 있는가를 판단하는 용역이다.
4) **TAB 설계 후 참여** : 설계 등에 요구되는 성능을 확보하고 있는가를 판단하는 용역이다.

(2) 시공단계

1) 건축시공과 제연설비 시공이 설계도서와 일치하는지 여부를 확인한다.
2) **내용** : 덕트에 대한 누기 시험을 통한 누기 부분을 밀실하게 조정하는 작업을 한다.

(3) 성능시험단계 : 제연설비의 성능과 관련된 부분이 완성되는 시점

1) 시스템의 작동시험을 거쳐 제연시스템의 신뢰성을 확보한다.
2) **내용** : 출입문의 크기 및 틈새, 열리는 방향, 자동폐쇄기능, 출입문 폐쇄력의 크기, 쌍여닫이 출입문의 닫힘 순서, 비상용 승강기 출입문의 크기 등

04 성능시험단계 123회 출제

(1) 사전점검

1) 출입문의 크기, 열리는 방향, 설계와 동일한지를 확인하고 다르면 조정한다.
2) 출입문마다 제연설비를 동작 전에 폐쇄력을 측정한다.
3) **제연구역에 승강기 승강로가 접해 있는 경우** : 승강기의 운행을 중지한다.

(2) 제연설비 동작 후 점검

1) 감지기 동작 또는 수동 기동장치 동작
   ① 모든 층의 제연댐퍼가 작동된다.
   ② 화재층 유입공기 배출장치 동작을 확인한다.

2) 차압 측정

① 최소 차압 : 40[Pa](스프링클러 12.5[Pa]) 이상

② 다른 출입문 개방 시 기준 차압의 70[%] 이상인지 확인(비개방층 차압 측정)한다.

㉠ 측정개소 : 출입문이 열린 층의 직상 및 직하층을 기준으로 5개 층마다 1개소 측정한다.

㉡ 측정방법

- 출입문 등에 설치된 차압측정공을 통한 차압측정기구로 측정한다.
- 조작반 내의 차압관에서 T-분기한 노즐에서 측정한다.

③ 차압 측정결과 부적합한 경우

㉠ 송풍기측의 풍량조절댐퍼(VD)를 조정한다.

㉡ 플랩댐퍼의 조정 : 설치된 경우

㉢ 자동 차압급기댐퍼의 개구율을 조정한다.

㉣ 송풍기의 풀리비율 조정 : 송풍기의 회전수를 조정한다.

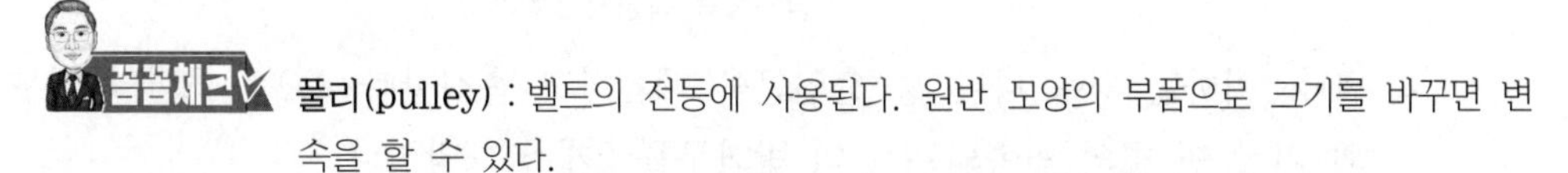

풀리(pulley) : 벨트의 전동에 사용된다. 원반 모양의 부품으로 크기를 바꾸면 변속을 할 수 있다.

④ 측정자가 다른 층에서 동시에 측정하지 않도록 주의한다.

(3) 유입공기 배출량 측정

1) **기계배출식** : 송풍기에서 가장 먼 층의 유입공기 배출댐퍼를 개방하여 측정한다.

2) **기타 방식** : 설계조건에 따라 적정한 위치의 유입공기배출구를 개방하여 측정하는 것을 원칙으로 한다.

(4) 방연풍속 측정

1) **제연(방연)설비 작동**

① 옥내 감지기 동작을 한다.

② 수동 조작함을 수동으로 기동한다.

2) **특별피난계단인 경우** : 부속실과 면하는 옥내 및 계단의 출입문을 일시적으로 동시에 개방한다.

3) 옥내측 출입문 개구부를 대칭적으로 균등분할하여 10지점 이상에서 풍속을 측정 · 기록한다.

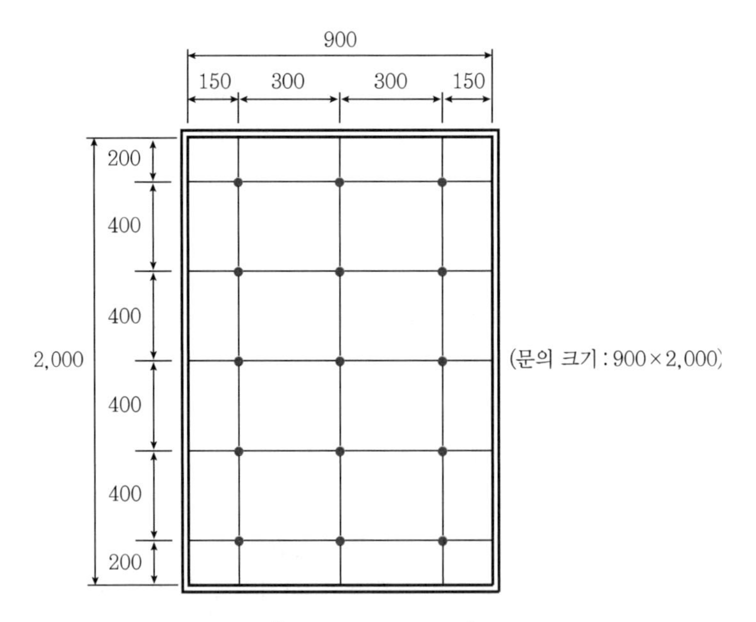

▍방연풍속 측정지점▐

4) 20층 이하일 경우 다른 층 출입문을 폐쇄하고 측정한다. 20층 초과일 경우 송풍기와 가장 먼 곳의 연속되는 층의 방화문을 2개소 개방한다.

5) 판정 : 방연풍속 기준

계단실 · 부속실 동시 제연 또는 계단실만 제연		0.5[m/sec] 이상
부속실 E/V 승강장만 단독제연	옥내의 거실	0.7[m/sec] 이상
	옥내의 복도	0.5[m/sec] 이상

6) 방연풍속 측정결과 부적합한 경우
   ① 송풍기측의 풍량조절댐퍼(VD)를 조정한다.
   ② 플랩댐퍼의 조정 : 설치된 경우
   ③ 자동 차압급기댐퍼의 개구율을 조정한다.
   ④ 송풍기의 풀리비율 조정 : 송풍기의 회전수를 조정한다.

7) 송풍기 풍속측정
   ① 측정지점 : 흡입측 또는 토출측 덕트에서 정상류가 형성되는 위치
   ② 엘보 등 풍속이 변화하는 지점 기준
      ㉠ 하류쪽은 덕트직경의 7.5배 이상
      ㉡ 상류쪽은 덕트직경의 2.5배 이상
   ③ 직관길이가 미달하는 경우 : 최적 위치를 선정하여 측정하고 측정 기록지에 기록한다.

④ 피토관 측정 시 풍속

$$v = 1.29\sqrt{P_v}$$

여기서, v : 풍속[m/sec]

P_v : 동압[Pa]

⑤ 송풍기 풍량 측정위치는 측정자가 쉽게 접근할 수 있고 안전하게 측정할 수 있는 곳

⑥ 풍량계산 : 풍량[m^3/H] = 평균속도[m/sec] × 덕트 단면적[m^2] × 3,600

8) 송풍기 정압 측정(필요한 경우)

9) **전동기 회전수 측정** : 전동기 회전수를 정확하게 계측하기 위하여 스트로보스코프를 사용한다.

10) 비상발전기와 상용 전원과의 상을 확인한다.

(5) 가압 상태에서 모든 출입문이 자동으로 닫히는지와 닫힌 상태 지속 여부를 확인한다.

1) **폐쇄력의 측정위치** : 계단실 출입문

2) **측정시점**

① 제연설비 동작 전 : 도어클로저의 폐쇄력을 측정한다.

② 제연설비 동작 후 : 제연구역에 공급되는 급기력을 충분히 이겨내고 출입문이 자동으로 닫혀야 한다.

(6) **개방력 측정** : 110[N] 이하

1) 제연구역의 모든 출입문이 닫힌 상태에서 측정한다.

2) **측정위치** : 바닥으로부터 86[cm]에서 122[cm] 사이, 개폐부 끝단에서 10[cm] 이내

3) 개방력이 부적합한 경우

① 자동 차압급기댐퍼의 정상작동 여부 확인 및 조정을 한다.

② 송풍기측의 풍량조절댐퍼(VD)를 조정한다.

③ 플랩댐퍼를 조정(설치된 경우)한다.

④ 송풍기의 풀리비율 조정 : 송풍기의 회전수를 조정한다.

(7) **수직풍도 및 댐퍼 점검**

1) 덕트 누기시험

① 시기 : 덕트시공 완료 후

② 성능기준 : 누기율 10[%] 이내

2) **댐퍼점검** : 전 층의 급기댐퍼 개방

(8) 작동층 유입공기 배출장치(배기댐퍼)의 동작을 확인한다.

05 TAB의 장점

(1) 시공의 품질향상

TAB는 현장의 공정별 시공상태를 점검하여 불합리한 부분을 개선하여 향후 합리적인 운전관리가 가능하게 하며 이에 따라 시공 측면에서 품질향상의 효과를 얻고 있다.

(2) 초기 투자비의 절감

(3) 쾌적한 실내환경 조성

공조설비 시스템에 설치시공된 설비기기의 적절한 용량과 소음·진동 등이 설계자의 의도대로 시행되어 있는지, 또한 열원분배는 적절하게 밸런싱되어 있는지를 시험·조정하여 각 실별 용도에 적합하고, 쾌적한 실내 환경을 유지해준다.

(4) 불필요한 열원 손실 제거

(5) 에너지 절감을 통한 운전비용 절감

설비기기가 과다하게 운전하는 현상을 TAB 과정을 통해 완화할 수 있다.

(6) TAB 기기의 수명연장

적정 상태로 운전 및 유지가 되어지면 기기의 수명 단축 및 사후 개보수 등을 최소화할 수 있다.

(7) 효율적이고 체계적인 시설관리

TAB를 함으로써 건물 내의 설치된 전체 기계설비 시스템의 각 장비에 대한 용량, 효율, 성능, 작동상태, 운전 및 유지 관리자의 유의사항 등에 대한 종합적인 데이터가 작성되기 때문에 설비를 효율적이며 체계적으로 관리할 수 있다.

(8) 성능시험에 대한 전문가 양성에 이바지한다.

SECTION 026 Atrium 제연

01 개요

(1) 대규모 개방된 구역의 연기제어는 구획된 공간과는 다른 연기유동특성을 가진다.

(2) 아트리움은 연기가 확산될 수 있는 큰 공간을 가지고 있기 때문에 점유자에게 심리 · 시각적 안전도를 증대시켜 준다.

(3) 아트리움에 연기가 다량으로 축적된다면 피난자나 소화활동을 하는 소방대의 생명에 큰 위험이 되므로 이를 즉시 배출시켜 주는 제연설비를 적절하게 설치해야 한다.

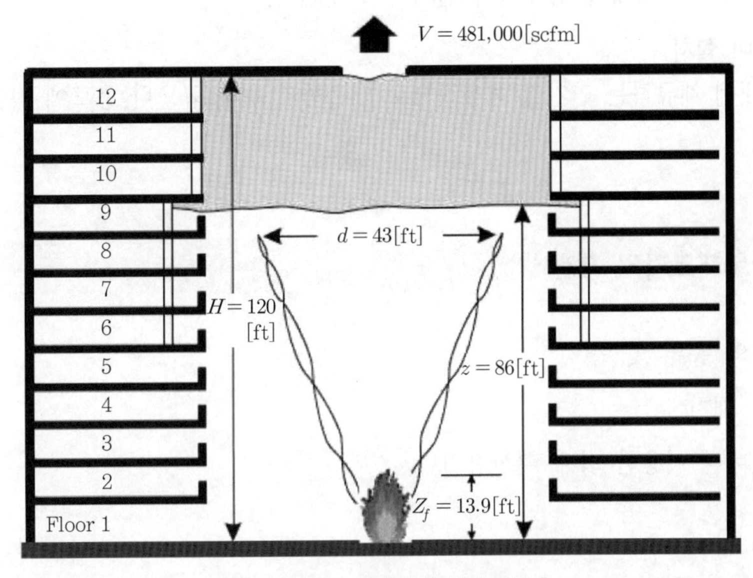

▌아트리움에서 연기의 발생과 체류▐

scfm은 standard cubic feet per min, 표준상태에서 분당 입방피트이며 standard는 표준으로 60[℉], 1기압을 나타낸다.

02 특성

(1) 차압 및 물리적 장벽을 이용한 제연방식은 공간이 크기 때문에 설치에 어려움이 있다.

(2) 높은 천장으로 인한 연기발생량 증가와 감지시간 지연발생이 된다.

(3) 넓은 공간에 다량의 공기가 유입될 수 있으므로 연기의 희석 및 냉각이 용이된다.

03 접근방식

(1) **화재크기의 제한**

가연물의 양을 제한하고 경급 · 중급의 위험용도만 수용이 가능하다.

(2) **물리적 장벽의 설치**

1시간 이상의 비내력 경계벽의 설치가 요구된다.

(3) **환기설비 설치**

공간 내에 체류하는 연기를 효율적으로 배출하기 위해 규모나 용도에 적합한 설비가 필요하다.

04 화재크기의 제한

(1) 가연물의 종류 및 양

(2) 가연물 배치

(3) 소화설비를 이용한 화재 확산방지

05 특수조건

(1) 높은 천장으로 상승하던 플럼이 구동력을 잃어버려 연기가 단층화를 형성한다.

(2) 공간 내에 제연경계벽이나 보 등에 의한 제한유동(confined flow)이 발생한다.

(3) **배출구의 적절하지 못한 설치**

과다 배출량에 의한 플러그 홀링(plug holing)의 발생 우려가 있다.

(4) 청결층 유지 및 효율적인 배출을 위한 보충급기가 필요하다.

06 NFPA의 아트리움의 제연설비(NFPA 92B) = 92A(가압) + 204(연기배출)

(1) 기동

1) 감지기 또는 화재감시용 스프링클러 헤드

① 아트리움 최상부에 스포트형 연기감지기만 설치하는 경우 : 단층 현상에 의해 화재의 감지시간이 지연될 우려가 있다.

② 광전식 분리형이나 공기흡입형(air sampling) 감지기와 같은 성능이 우수한 감지기를 설치하여 조기감지의 필요성이 있다.

2) 소방대가 쉽게 접근할 수 있는 수동식 제어장치를 설치한다.

3) 위 '2)'의 기준 외의 수동식 기동장치는 제연설비 작동에 오류가 발생할 수 있으므로 다른 위치에는 설치하지 않는다.

(2) **제연풍량** : 4 ~ 6[회/hr]

(3) **아트리움과 같은 대공간 화재의 제연방식** 134회 출제

1) 목적 : 진압과 재실자에게 안전한 대피로를 제공한다.

2) 아트리움을 부압으로 구성 : 연기의 주변 공간으로의 확산을 방지하기 위해 주변을 가압한다.

3) 부압으로 화재진압을 완료할 때까지의 유지방법 : 아트리움의 벽체로 활용되는 유리창이 파손되지 않고 방화구획의 기능을 가지도록 유리보호용 스프링클러를 설치한다.

4) 피난로는 기류를 형성해서 연기유입을 방지한다.

$$v = 0.64\sqrt{g\frac{(T_f - T_o)}{T_f}h}$$

여기서, v : 기류[m/sec]

g : 중력가속도(9.81[m/sec²])

h : 개방된 개구부의 높이[m]

T_f : 연기층의 온도[K]

T_o : 청결층의 온도[K]

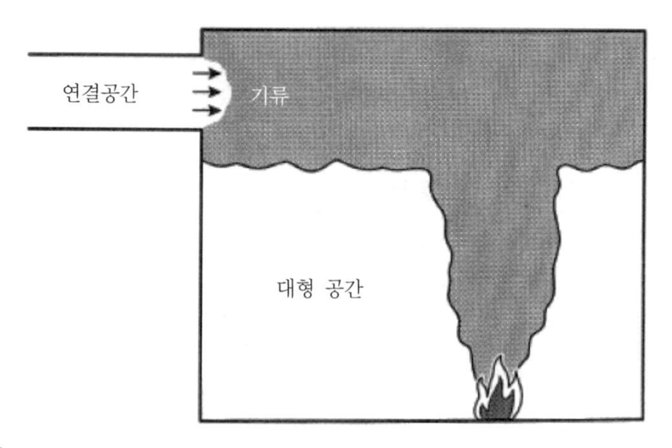

▌연결공간에서 대형 공간의 연기층 확산을 방지하기 위한 방연풍속[28] ▌

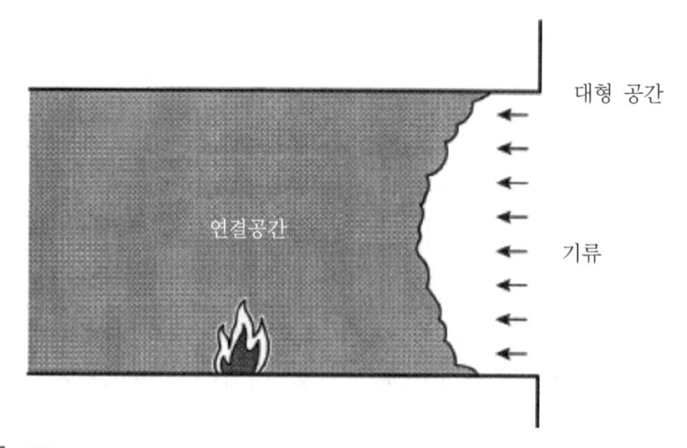

▌대형 공간에서 연결공간으로 연기층 확산을 방지하기 위한 방연풍속[29] ▌

$$v_e = 0.057\sqrt[3]{\frac{Q}{z}} \text{ (아트리움과 같은 대형 공간)}$$

여기서, v_e : 기류[m/sec]

Q : 열방출률[kW]

z : 바닥으로부터 개방된 개구부 하단까지의 높이[m]

28) FIGURE 5.5.3 Use of Airflow to Prevent Smoke Propagation from a Large-Volume Space to a Communicating Space Located Above the Smoke Layer Interface.

29) FIGURE 5.5.1 Use of Airflow to Prevent Smoke Propagation from a Communicating Space to a Large-Volume Space.

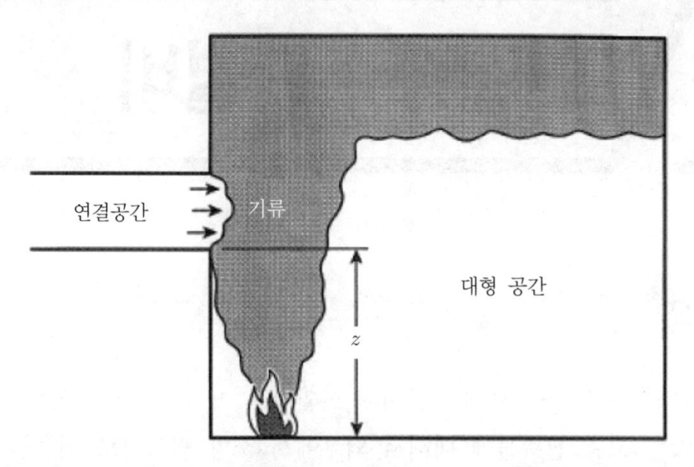

▌플럼 중간 연결공간에서 연기층의 확산을 방지하기 위한 방연풍속30)▐

5) 기계식 연기배출 및 자연배출 : 아트리움(천장높이 = 14[m])에서 안정된 연기층 경계면 열방출 결과 모델예측을 한다.

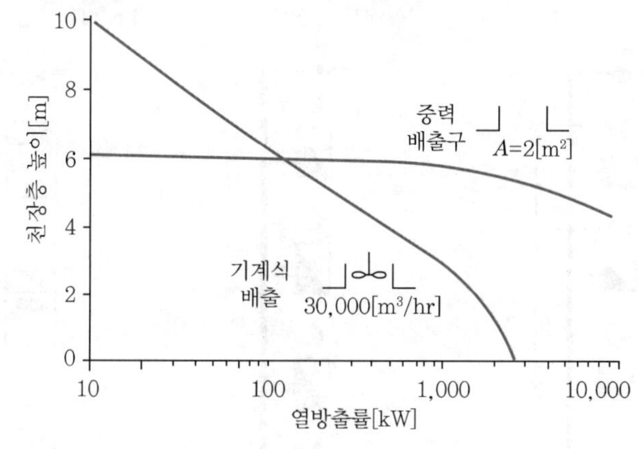

▌열방출률과 천장층 높이에 따른 기계배출과 자연배출▐

30) FIGURE 5.5.2 Use of Airflow to Prevent Smoke Propagation from a Large-Volume Space to a Communicating Space Located Above the Smoke Layer Interface.

SECTION 027 연결송수관설비

01 개요

(1) 연결송수관은 화재 발생 시 소방관이 소화활동을 할 때 소방 펌프차에 의하여 방수소화가 되지 않는 고층 건축물에 대해서 외부에서 소방 펌프차로 건축물 내부에 송수해서 방수구에 연결하여 소방관이 내부에서 유효한 소화활동을 할 수 있도록 되어 있는 소화활동설비이다.

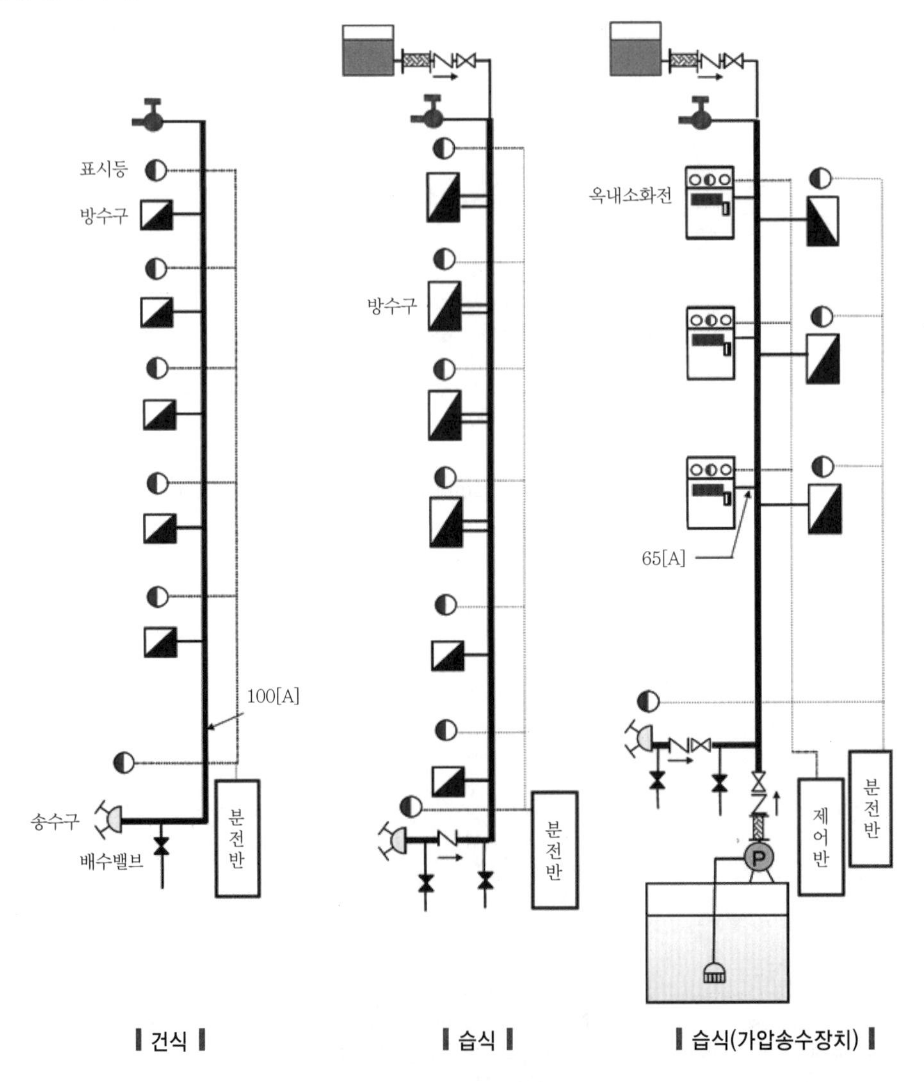

Ⅰ 건식 Ⅰ Ⅰ 습식 Ⅰ Ⅰ 습식(가압송수장치) Ⅰ

(2) 설비방식별 비교

구분	건식	습식
개념	10층 이하 저층 건물	31[m] 이상 또는 11층 이상의 고층 건물
입상관 내	소화수 없음	소화수 있음
보온	불필요	필요
송수구 주변 배관	송수구 → 자동배수밸브 → 체크밸브 → 자동배수밸브	송수구 → 자동배수밸브 → 체크밸브

02 대상

(1) 층수가 5층 이상으로 연면적 6,000[m^2] 이상

(2) 위 '(1)'에 해당되지 아니하는 소방대상물로서 7층 이상인 것

(3) 지하 3층 이상이고 지하층의 바닥면적 합계가 1,000[m^2] 이상

(4) 지하가 중 터널로서 길이가 500[m] 이상

03 송수구 설치기준

(1) 소방차가 쉽게 접근할 수 있고 노출된 장소에 설치한다.

(2) 0.5 ~ 1[m]에 설치한다(NFPA 13 지표면이나 출입 높이로부터 457[mm] ~ 1.2[m] 이하)

(3) 작업에 지장을 주지 않는 위치에 설치한다.

(4) 연결배관에 개폐밸브를 설치하는 경우 확인 및 조작할 수 있는 장소에 설치한다.

(5) 구경 65[mm]의 쌍구형을 설치한다.

(6) 송수압력범위를 표시한 표지를 설치한다.

NFPA 13의 표시

① 1[in](25.4[mm]) 이상의 양각 또는 음각 글자로 설비형식에 대한 표지를 설치한다.

② 설비의 최대 소요유량을 송수하는 데 필요한 압력을 표시한다.

③ 설비의 소요압력이 150[psi] 미만이면 압력표시가 불필요하다.

(7) 입상 배관마다 1개 이상 설치한다.

(8) 표지를 설치한다.

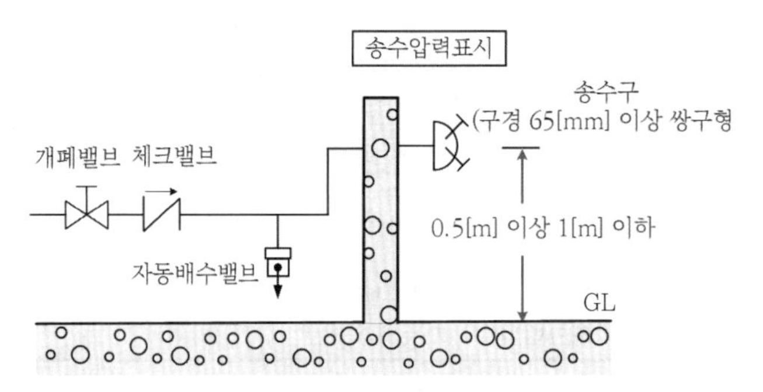

▎연결송수관 송수구 ▎

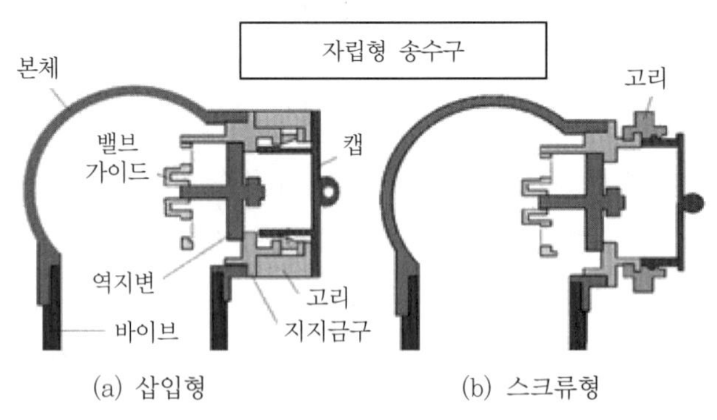

▎송수구의 형태 ▎

04 배관 134회 출제

(1) 주배관 구경

100[mm] 이상인 옥내소화전설비의 배관과 겸용이 가능하다.

(2) 31[m] 이상 지상 11층 이상은 습식으로 한다.

(3) 수직배관

내화구조로 구획된 계단실(부속실을 포함) 또는 파이프덕트 등 화재의 우려가 없는 장소에 설치(예외 : 학교 또는 공장이거나 배관주위를 1시간 이상의 내화성능이 있는 재료로 보호하는 경우)한다.

(4) 분기배관

성능시험기관으로 지정받은 기관에서 그 성능을 검증받은 것으로 설치한다.

05 방수구 134 · 124회 출제

(1) 소방대상물의 층마다 설치
  1) 아파트 1층 및 2층
  2) 소방차 접근 가능 및 소방대원이 소방차로부터 각 부분에 쉽게 도달 가능한 피난층
  3) 송수구가 부설된 옥내소화전 설치 층(집회장 · 관람장 · 백화점 · 도매시장 · 소매시장 · 판매시설 · 공장 · 창고시설 · 지하가 제외)
    ① 지하층 제외 층수 4층 이하 + 연면적 6,000[m^2] 미만인 특정소방대상물의 지상층
    ② 지하층 층수가 2 이하인 특정소방대상물의 지하층

(2) **설치위치** : 계단으로부터 5[m] 이내
  1) **바닥면적 1,000[m^2] 미만인 층(아파트 포함)** : 계단의 부속실을 포함하며 계단이 2 이상 있는 경우에는 그 중 1개 계단
  2) **바닥면적 1,000[m^2] 이상인 층(아파트 제외)** : 계단의 부속실을 포함하며 계단이 3 이상 있는 경우에는 그 중 2개 계단

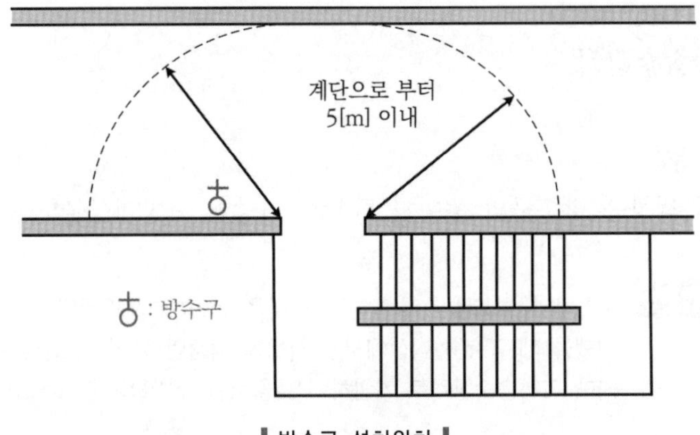

▌방수구 설치위치 ▌

(3) 방수구 수평거리
  1) 지하가, 지하층(3,000[m^2]) : 25[m]
  2) 기타 : 50[m]
  3) 터널 주행차로 측벽길이 : 50[m]

(4) **형식** : 쌍구형
  다음의 경우는 단구형으로 한다.
  1) 아파트 용도
  2) 스프링클러 + 방수구가 2개 이상

(5) 호스접결구 위치는 0.5~1[m]로 한다.

(6) 표시등 설치

(7) 개폐기능

(8) 방사구 구경은 65[mm]로 한다.

(9) **주수 위험성** 106회 출제

1) 소화과정에서 소화수에 의해 급속한 냉각 발생으로 인한 수축(열응력)으로 박리 · 박락 현상이 발생된다.

화재로 인한 고온 → 구조체의 팽창 → 소화수로 인한 냉각 → 수축(열응력) → 박리 · 박락

2) 구조체의 단면이 축소되면서 강도가 감소된다.

3) ASTM E2226 **주수시험** : 64[mm] 호스에 29[mm] 지름의 노즐을 사용하고 6.1[m] ± 0.3[m] 거리에서 90도 각도로 주수하거나 90도로 하지 않을 경우 거리를 공식에 따라 조절한다.

06 가압송수장치

(1) 설치대상

지표면에서 최상층 방수구의 높이가 70[m] 이상인 소방대상물로 한다.

소방차의 펌프에서 방출하는 압력은 110[m]의 수두압으로 마찰 등의 손실을 고려했을 때 70[m] 이상에서는 사용에 적정압(0.35[MPa])이 나오지 않는다는 전제하에 가압송수장치로 가압하여 효율적인 소방활동을 기하고자 제안한 것이다.

(2) 방사압은 0.35[MPa] 이상으로 한다.

(3) 방사량

2,400[L/min] 이상으로 한다.

1) 계단식 APT : 1,200[L/min] 이상

2) 방수구가 3개 초과 시 1개당 추가되는 방사량 : 800[L/min]

(4) **배관 내에 공기가 차는 현상**

1) **원인** : 소방 펌프실과 각 동의 송수구 사이가 멀다면 배관 내용적이 커져 펌프 흡입측 배관에 물을 채우다 보면 소방차 1대로는 연결송수관 말단 방수구에 소화수가 방수하기도 전에 물이 고갈될 수 있다. 이후에 소방차가 물을 추가로 공급한다고 해도 시간 차이가 발생하고 배관 내부에 공기가 차게 된다.

2) 문제점

① 배관 내에 공기가 차 있으면 물 순환에 장애가 발생한다.

② 펌프 과부하의 원인이 된다.

③ 맥동현상이 발생한다.

④ 캐비테이션이 발생한다.

3) 대책 : 에어벤트를 통하여 공기를 배출한다.

일본 소방법(시행규칙 제30조)

① 펌프의 토출량

㉠ 인접한 두 층에 설치되는 방수구의 설치개수를 합산한 수량 중 최대가 되는 설치개수(max 3개)에 800[L/min]을 곱한 양 이상

㉡ 예외 : 연결송수관의 수직배관마다 또는 가압송수장치를 설치하는 경우의 펌프 토출량은 각각 1,600[L/min] 이상의 토출량

② 비상전원 : 120분 이상

07 방수기구함 134회 출제

(1) 방수기구함은 피난층과 가장 가까운 층을 기준으로 3개 층마다 설치하되, 방수구로부터 보행거리 5[m] 이내에 설치한다.

(2) **길이 15[m] 호스와 방사형 관창 설치기준**

1) 담당구역 각 부분에 유효하게 물이 뿌려질 수 있는 개수 이상을 비치해 놓는다, 쌍구형의 경우는 단구형의 2배 이상을 기구함에 비치해 놓는다.

2) 관창은 단구형 1개, 쌍구형 2개 이상 비치한다.

(3) '방수기구함'이라는 표지를 부착한다.

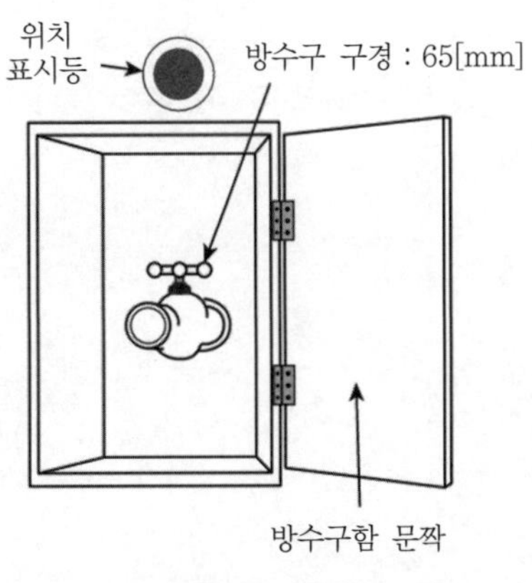

▌방수기구함▐

08 전원

(1) 가압송수장치의 상용전원회로 배선 및 비상전원

1) 저압 수전인 경우에는 인입개폐기의 직후에서 분기하여 전용 배선으로 한다.
2) 특고압 수전 또는 고압 수전일 경우
   ① 전력용 변압기 2차측의 주차단기 1차측에서 분기하여 전용 배선으로 한다.
   ② 상용 전원회로의 배선기능에 지장이 없을 때는 주차단기 2차측에서 분기하여 전용 배선으로 한다. 단, 가압송수장치의 정격입력전압이 수전전압과 같은 경우에는 '①'의 기준에 따른다.

(2) 비상전원

자가발전설비, 축전지설비(내연기관에 따른 펌프를 사용하는 경우에는 내연기관의 기동 및 제어용 축전지를 말함), 전기저장장치

1) 점검에 편리하고 화재 및 침수 등의 재해로 인한 피해를 받을 우려가 없는 곳에 설치할 것
2) 연결송수관설비를 유효하게 20분 이상, 층수가 30층 이상 49층 이하는 40분 이상, 50층 이상은 60분 이상 작동할 수 있어야 할 것
3) 상용 전원으로부터 전력의 공급이 중단된 때에는 자동으로 비상전원으로부터 전력을 공급받을 수 있도록 할 것
4) 비상전원의 설치장소는 다른 장소와 방화구획할 것. 이 경우 그 장소에는 비상전원의 공급에 필요한 기구나 설비 외의 것(열병합 발전설비에 필요한 기구나 설비는 제외)을 두어서는 안 된다.
5) 비상전원을 실내에 설치하는 때에는 그 실내에 비상조명등을 설치할 것

SECTION 028

연결살수설비

01 정의

(1) 지하층이나 무창층의 화재 시에는 연기를 완전히 제압하지 못하면 소방대의 진입 또는 소화활동이 거의 불가능하게 된다. 왜냐하면 농연과 축열로 소방대의 시야 확보와 호흡 곤란으로 소화활동에 장애가 크기 때문이다.

(2) 이와 같은 건물의 지하화재에 대하여 소방펌프 자동차가 송수구에 연결송수한 소화수는 살수헤드를 통하여 연소부분에 살수하는 설비가 연결살수설비로서, 이는 송수구, 배관, 살수헤드 등으로 구성되어 있다.

02 법적 설치대상

소방대상물	설치기준	제외 대상
판매시설, 운수시설, 창고시설 중 물류터미널	바닥면적의 합계 1,000[m^2] 이상	① 송수구를 부설한(간이) 스프링클러설비, 물분무등소화설비 등이 적합하게 설치된 경우 ② 지하구
지하층(피난층으로 도로와 접하면 제외)	바닥면적의 합계 150[m^2] 이상	
① 국민주택규모 이하의 아파트의 지하층 ② 학교의 지하층	바닥면적 700[m^2] 이상	
가스시설	노출된 탱크의 용량 30톤 이상	
판매시설 및 지하층의 연결통로 등	연결통로	

03 종류

(1) **건식의 연결살수설비**

1) 평상시 : 비어 있는 건식 배관

2) 화재 시 : 연결살수설비가 설치되어 있는 건축물의 1층 벽면에 설치된 송수구로부터 소방자동차 등에 의해서 수원을 공급받아 연결살수설비 전용 헤드로 물을 살수할 수 있게 설치된 연결된 살수설비

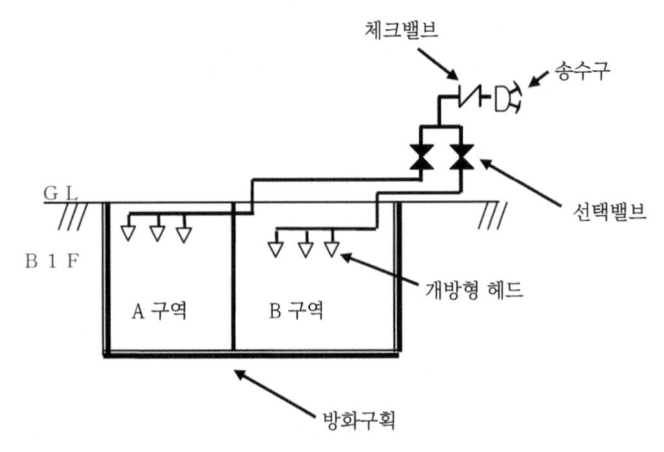

▌연결살수설비 계통도(건식)▐

(2) 습식의 연결살수설비

1) **평상시** : 옥내소화전 설비용의 수원 또는 건축물의 옥상에 설치된 수조의 수원을 사용하는 설비의 형태로서 가압수가 차 있는 배관이다.

2) **화재 시** : 옥내소화전 설비용의 수원 또는 건축물의 옥상에 설치된 수조의 수원을 사용하는 설비의 형태로서, 송수구역에 설치된 폐쇄형 스프링클러 헤드가 화재의 발생을 감지하고 개방되어 소화약재인 물을 살수하는 구조와 송수구로부터 소방자동차 등에 의해서 수원을 공급받는 구조가 겸용으로 사용할 수 있도록 배관이나 설비로 구성된다.

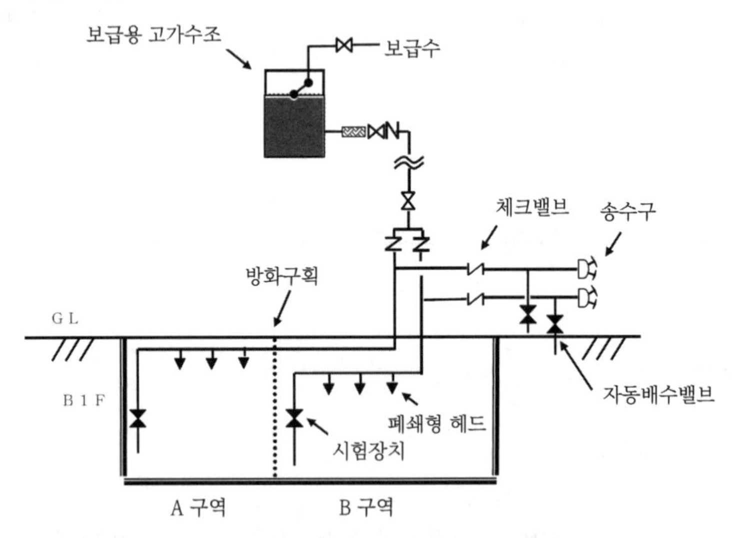

▌연결살수설비 계통도(습식)▐

(3) 비교표

구분	건식(개방형)	습식(폐쇄형)
목적	연기가 체류하여 소방대의 활동이 곤란하므로 소방활동을 보조하기 위한 소화활동설비	자동식 소화설비로서 화재 시 연소를 제어하고 소화하기 위한 소화설비
수평거리	① 연결살수설비 전용 헤드 : 3.7[m] 이하 ② 스프링클러 헤드 : 2.3[m] 이하	스프링클러 헤드 : 2.3[m] 이하
송수구역	구역당 헤드 10개 이하	전체가 하나의 구역
송수구 주변 배관	송수구 → 자동배수밸브	송수구 → 자동배수밸브 → 체크밸브

04 설치기준

(1) 송수구

1) 정의 : 건물의 외부 또는 외벽에 설치하여 소방펌프차로부터 호스를 연결하여, 소화배관 내에 가압수를 보낼 수 있는 접결구

2) 송수구 설치장소

① 소방펌프자동차가 쉽게 접근할 수 있는 노출된 장소

② 가연성 가스의 저장 취급시설

㉠ 방호대상물로부터 20[m] 이상의 거리

㉡ 방호대상물에 면하는 부분이 높이 1.5[m] 이상 폭 2.5[m] 이상의 철근 콘크리트벽으로 가려진 장소

3) 송수구의 구경

① 원칙 : 65[mm] 쌍구형

② 예외 : 하나의 송수구역에 부착하는 살수헤드의 수가 10개 이하인 것은 단구형

4) 개방형 헤드를 사용하는 송수구의 호스접결구

① 원칙 : 각 송수구역마다 설치한다.

② 예외 : 송수구역을 선택할 수 있는 선택밸브가 설치되어 있고 각 송수구역의 주요 구조부가 내화구조로 되어 있는 경우

5) 송수구역 일람표 : 송수구의 부근

(2) 살수설비의 선택밸브

1) 설치위치 : 화재 시 연소의 우려가 없는 장소로서, 조작 및 점검이 쉬운 위치에 설치

2) 자동개방밸브에 의한 선택밸브를 사용하는 경우 : 송수구역에 방수하지 아니하고 자동개방밸브의 작동시험이 가능하다.

(3) 연결살수설비의 설치순서 및 자동배수밸브의 설치위치

1) 폐쇄형 헤드를 사용하는 설비의 경우 : 송수구 → 자동배수밸브 → 체크밸브

2) 개방형 헤드를 사용하는 설비의 경우 : 송수구 → 자동배수밸브 → 체크밸브 → 자동배수밸브

3) 자동배수밸브의 설치위치

① 배관 안의 물이 잘 빠질 수 있는 위치

② 배수로 인하여 다른 물건 또는 장소에 피해를 주지 아니하여야 한다.

(4) 개방형 헤드의 하나의 송수구역에 설치하는 살수헤드의 수는 10개 이하로 한다.

(5) 배관

1) 압력에 따른 구분

구분	저압 (1.2[MPa] 미만)	고압 (1.2[MPa] 이상)
배관용 탄소강관(KS D 3507)	○	×
이음매 없는 구리 및 구리합금관(KS D 5301)	○ (습식만 가능)	×
배관용 스테인리스 강관(KS D 3576) 또는 일반배관용 스테인리스 강관(KS D 3595)	○	×
덕타일 주철관(KS D 4311)	○	×
압력배관용 탄소강관(KS D 3562)	○	○
배관용 아크용접 탄소강강관(KS D 3583)	○	○

2) 소방용 합성수지 배관

① 지하에 매설하는 경우

② 내화구조로 구획된 덕트 또는 피트의 내부에 설치하는 경우

③ 준불연·불연 재료의 천장·반자 내부에 습식으로 배관하는 경우

3) 배관의 구경

① 연결살수설비 전용 헤드를 사용하는 경우

하나의 배관에 부착하는 살수헤드의 개수	1개	2개	3개	4개 또는 5개	6개 이상 10개 이하
배관의 구경[mm]	32	40	50	65	80

② 스프링클러 헤드를 사용하는 경우 : 스프링클러설비의 화재안전기술기준(NFTC 103) 표 2.1.1.1의 기준을 준용한다.

4) 폐쇄형 헤드를 사용하는 연결살수설비의 주배관

① 옥내소화전설비의 주배관 및 수도배관 또는 옥상에 설치된 수조에 접속한다.

② 연결살수설비의 주배관과 옥내소화전설비의 주배관·수도배관·옥상에 설치된 수조의 접속부분 : 체크밸브를 점검하기 쉽게 설치한다.

5) 폐쇄형 헤드의 시험배관

① 설치위치 : 송수구에서 방수압력이 가장 낮은 헤드가 있는 가지배관의 끝으로부터 연결·설치한다.

② 시험배관의 구경 : 25[mm]

③ 시험배관의 끝

㉠ 물받이통 및 배수관을 설치하여 시험 중 방사된 물이 바닥으로 흘러내리지 아니하는 구조

㉡ 예외 : 목욕실 · 변소 또는 그 밖의 배수처리가 쉬운 장소

6) 개방형 헤드의 수평주행배관

① 헤드를 향하여 상향으로 $\frac{1}{100}$ 이상의 기울기로 설치한다.

② 주배관 중 낮은 부분에서 자동배수밸브를 설치한다.

7) 가지배관 또는 교차배관을 설치하는 경우

① 가지배관의 배열은 토너먼트 방식이 아니어야 한다.

② 한쪽 가지배관에 설치되는 헤드의 개수 : 8개 이하

8) 습식 연결살수설비의 배관의 설치장소

① 동결방지조치

② 동결의 우려가 없는 장소

③ 보온재를 사용할 경우 : 난연재료 성능 이상의 것

9) 급수배관에 설치되어 급수를 차단할 수 있는 개폐밸브

① 개폐표시형

② 펌프의 흡입측 배관 : 버터플라이밸브(볼형식의 것을 제외) 외의 개폐표시형 밸브를 설치한다.

10) 연결살수설비 교차배관의 위치 · 청소구 및 가지배관의 헤드설치

① 교차배관

㉠ 가지배관과 수평으로 설치한다.

㉡ 가지배관 밑에 설치한다.

㉢ 최소 구경 : 40[mm] 이상

② 폐쇄형 헤드를 사용하는 연결살수설비의 청소구

㉠ 주배관 또는 교차배관 끝에 40[mm] 이상 크기의 개폐밸브를 설치한다.

㉡ 호스접결이 가능한 나사식 또는 고정배수 배관식

㉢ 나사식의 개폐밸브는 옥내소화전 호스접결용의 것으로 하고, 나사보호용의 캡으로 마감한다.

③ 폐쇄형 헤드를 사용하는 연결살수설비에 하향식 헤드를 설치하는 경우

㉠ 가지배관으로부터 헤드에 이르는 헤드접속배관 : 가지관 상부에서 분기한다.

㉡ 소화설비용 수원의 수질이 먹는 물의 수질기준에 적합하고 덮개가 있는 저수조로부터 물을 공급받는 경우 가지배관의 측면 또는 하부에서 분기한다.

11) 배관에 설치되는 행가

① 가지배관

㉠ 헤드의 설치지점 사이마다 1개 이상의 행가를 설치한다.

㉡ 헤드 간의 거리가 3.5[m]를 초과하는 경우에는 3.5[m] 이내마다 1개 이상 설치한다.

㉢ 상향식 헤드와 행가 사이의 간격 : 8[cm] 이상

② 교차배관

㉠ 가지배관과 가지배관 사이마다 1개 이상의 행가를 설치한다.

㉡ 가지배관 사이의 거리가 4.5[m]를 초과하는 경우 4.5[m] 이내마다 1개 이상 설치한다.

③ 수평주행배관 : 4.5[m] 이내마다 1개 이상 설치한다.

12) 배관

① 다른 설비의 배관과 쉽게 구분이 될 수 있는 위치에 설치한다.

② 배관표면 또는 배관 보온재 표면의 색상으로 소방용 설비의 배관임을 표시한다.

㉠ 식별이 가능하도록 「한국산업표준(배관계의 식별 표시, KS A 0503)」을 따른다.

㉡ 적색

13) 분기배관을 사용할 경우 「분기배관 성능인증 및 제품검사의 기술기준」에 적합한 것으로 한다.

(6) 살수헤드

1) 연결살수설비의 헤드

① 연결살수설비 전용 헤드

② 스프링클러 헤드

2) 건축물에 설치하는 연결살수설비의 헤드는 다음의 기준에 의하여 설치하여야 한다.

① 설치위치 : 천장 또는 반자의 실내에 면하는 부분

② 천장 또는 반자의 각 부분으로부터 하나의 살수헤드까지의 수평거리

㉠ 연결살수설비 전용 헤드 : 3.7[m] 이하

㉡ 스프링클러 헤드 : 2.3[m] 이하

㉢ 살수헤드의 부착면과 바닥과의 높이가 2.1[m] 이하의 부분 : 살수헤드의 살수분포에 따른 거리로 설치할 수 있다.

3) 스프링클러 헤드를 설치하는 경우에는 「스프링클러설비의 화재안전성능기준(NFPC 103)」을 준용한다.

(7) 가연성 가스의 저장 · 취급 시설에 설치하는 헤드 127회 출제

1) 연결살수설비 전용 개방형 헤드를 설치하여야 한다.

2) **설치장소** : 가스저장탱크 · 가스홀더 및 가스발생기의 주위에 설치

3) **헤드 상호 간의 거리** : 3.7[m] 이하

4) **헤드 살수범위** : 가스저장탱크 · 가스홀더 및 가스발생기 몸체의 중간 윗부분의 모든 부분이 포함되도록 하고, 살수된 물이 흘러내리면서 살수범위에 포함되지 아니한 부분도 모두 적셔질 수 있도록 하여야 한다.

(8) 고압가스 안전관리법상 온도상승 방지설비 127회 출제

1) 적용대상

① 가연성 가스저장탱크 또는 가연성 물질을 취급하는 설비

② 다음의 거리 이내에 있는 저장탱크

㉠ 방류둑을 설치한 가연성 가스저장탱크의 경우 : 해당 방류둑 외면으로부터 10[m] 이내

㉡ 방류둑을 설치하지 아니한 가연성 가스저장탱크의 경우 : 해당 저장탱크 외면으로부터 20[m] 이내

㉢ 가연성 물질을 취급하는 설비의 경우 : 외면으로부터 20[m] 이내

2) 액화가스 저장탱크 온도상승 방지설비(고정된 분무장치)

① 저장탱크 표면적당 : 5[L/min · m^2] 이상

② 준내화구조 저장탱크 : 2.5[L/min · m^2] 이상

(9) 고압가스 안전관리법상 물분무장치

1) 적용대상

① 가연성 가스 저장탱크(저장능력이 300[m^3] 또는 3톤 이상의 것)

② 다른 가연성 가스 또는 산소저장탱크 사이에 두 저장탱크의 최대 지름을 합산한 길이의 $\frac{1}{4}$ 이상에 해당하는 거리(두 저장탱크의 최대 지름을 합산한 길이의 $\frac{1}{4}$이 1[m] 미만인 경우에는 1[m] 이상의 거리)를 유지하지 못한 경우

2) 저장탱크 간 거리에 따른 살수밀도

① 가연성 가스 저장탱크 상호 인접 시 또는 산소저장탱크와 인접 시(거리 1[m] 또는 인접탱크 최대 지름 $\frac{1}{4}$ 거리 중 큰 쪽 거리를 유지 못 한 경우) 다음과 같은 수량으로 저장탱크 전표면에 균일하게 방사할 수 있도록 할 것

㉠ 저장탱크 : 8[L/min · m^2]

㉡ 내화구조 저장탱크 : 4[L/min · m^2]

㉢ 준내화구조 저장탱크 : 6.5[L/min · m^2]

② 가연성 가스 저장탱크가 상호 인접된 경우 또는 산소저장탱크와 인접한 경우로서, 인접한 저장탱크 간의 거리가 두 저장탱크의 최대 지름을 합산한 길이의

$\frac{1}{4}$을 유지하지 못한 경우 아래의 계산된 수량을 저장탱크의 전표면에 균일하게 방사한다.

㉠ 저장탱크의 표면적 : 7[L/min · m^2]

㉡ 내화구조 저장탱크 : 2[L/min · m^2]

㉢ 준내화구조 저장탱크 : 4.5[L/min · m^2]

3) 수원 : 최대 수량×30분

05 연결송수관과 연결살수설비 비교

(1) 공통점

1) 건축물 화재의 초기 또는 중기에 있어서 전문 소방대가 출동하여 화재피해를 최소한으로 줄이기 위한 소화활동설비이다.

2) 소방자동차에 의한 소화용수가 공급되는 설비이다.

(2) 차이점

구분	연결송수관	연결살수
설치장소	소방대원이 내부의 화재 현장에 진입 가능한 장소	화재현장에 진입이 불가능한 장소
적용부위	주로 지상의 고층부	지하부분
이용방식	수동	자동
진압수단	수동으로 화원에 직접 살수하여 화재 진압	고정설비인 살수헤드로 화재를 진압
구성	송수구 + 연결송수관 + 방수구 + 호스	송수구 + 살수장치
송수구역	① 송수구역 개념없음 ② 높이가 70[m] 이상인 경우 가압송수장치가 필요	① 송수구역 구분 ② 가압송수장치 불필요

(3) 면제기준

1) 연결송수관설비를 설치해야 하는 소방대상물의 옥외에 연결송수구 및 옥내에 방수구가 부설된 옥내소화전, 스프링클러 또는 연결살수설비를 화재안전기술기준에 적합하게 설치한 경우 설비의 유효범위 안의 부분에서 설치가 면제된다.

2) 연결살수설비를 설치해야 하는 특정소방대상물에 송수구를 부설한 스프링클러, 간이스프링클러 또는 물분무설비를 NFTC에 적합하게 설치한 경우 설비의 유효범위 안의 부분에서 설치가 면제된다.

3) 가스법령에 따라 설치되는 물분무장치 등에 소방대가 사용할 수 있는 연결송수구가 설치되거나, 물분무장치 등에 6시간 이상 공급할 수 있는 수원이 확보된 경우 설치가 면제된다.

SECTION

029 소화용수설비

01 개요

(1) 소화용수설비는 넓은 대지를 갖는 대규모 건축물이나 대형 고층 건축물 등과 같이 많은 양의 소화용수를 필요로 하는 소방대상물의 인근에 설치하여 소방대상물의 화재 발생 시 소화약제로 사용되는 물을 유효 적절하게 사용할 수 있도록 상수도 · 소화수조 · 저수조 등에 저장하여 두는 설비이다.

(2) **법적 기준**
상수도 소화용수설비의 화재안전기술기준(NFTC 401)

02 설치대상 및 종류

(1) **설치대상**

설치대상	설치제외 대상
연면적 5,000[m^2] 이상	위험물 저장 및 처리 시설 중 가스시설, 지하가 중 터널 또는 지하구
가스시설로서 지상에 노출된 탱크의 저장용량의 합계가 100[t] 이상	–

(2) **면제**
수평거리 140[m] 이내에 소방용수시설 설치 시

(3) **종류**
1) 상수도 소화용수설비
2) 소화수조 또는 저수조

1. **소화수조** : 소화수 전용 수조
2. **저수조** : 소화수 + 생활용수 겸용 수조

03 설치기준

(1) **상수도 소화용수**
1) 75[mm] 이상의 수도관에 100[mm] 이상의 소화전을 접속하여 설치한다.
2) 설치위치 : 소방차 등의 진입이 쉬운 도로변 또는 공지
3) 건축물로부터 수평거리 : 140[m] 이하
4) 지상식 소화전의 호스접결구는 지면으로부터 높이가 0.5[m] 이상 1[m] 이하가 되도록 설치

(2) **소화수조 및 저수조** : 140[m] 이내에 75[mm] 이상의 수도관이 없을 경우
1) 저수량

$$Q = N \times 20\,[\mathrm{m}^3]$$

여기서, N = 연면적 ÷ 기준면적

소방대상물의 구분	기준면적
1층 및 2층 바닥면적의 합계가 15,000[m^2] 이상	7,500[m^2]
그 외	12,500[m^2]

1. 기준면적으로 나누어 얻은 수에서 소수점 이하의 수는 1로 본다.
2. 유량이 0.8[m^3/min] 이상인 경우에는 소화수조를 설치하지 않을 수 있다.

2) 설치위치 : 소방차가 2[m] 이내에 접근하도록 설치한다.
3) 흡수관 투입구 : 소방차의 펌프로 소화용수를 흡입한다.
① 투입구 직경 : 60[cm]
② 개수
㉠ 80[m^3] 미만 : 1
㉡ 80[m^3] 이상 : 2

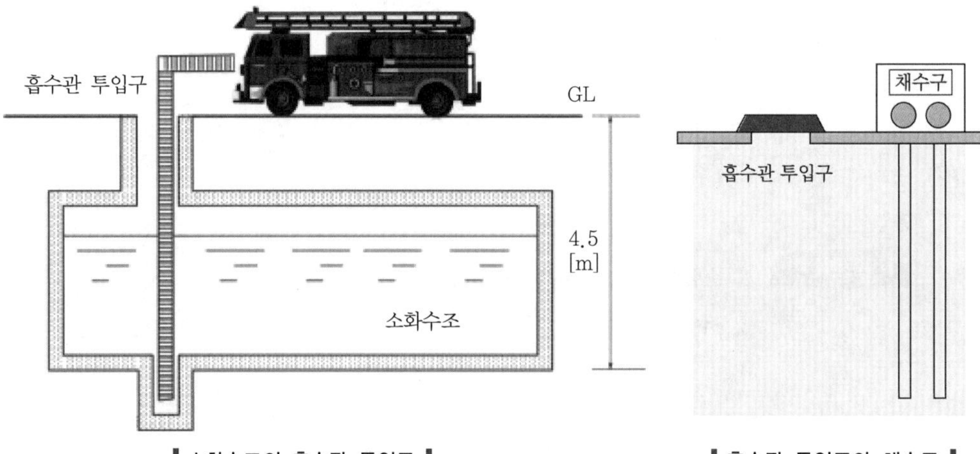

┃소화수조의 흡수관 투입구┃ ┃흡수관 투입구와 채수구┃

4) 채수구 : 4.5[m] 이상이면 소방대상물 펌프로 소화용수를 흡입한다.

꼼꼼체크 **채수구** : 소방차의 소방호스와 접결되는 흡입구

① 채수구 설치높이 : 0.5 ~ 1[m]

② 개수

수량	채수구수
20[m^3] 이상 40[m^3] 미만	1
40[m^3] 이상 100[m^3] 미만	2
100[m^3] 이상	3

③ 가압송수장치

㉠ 설치대상 : 소화수조 또는 저수조가 지표면으로부터의 깊이가 4.5[m] 이상인 지하에 있는 경우

㉡ 펌프 토출량

소요수량	40[m^3] 미만	100[m^3] 미만	100[m^3] 이상
[Lpm]	1,100	2,200	3,300

㉢ 소화수조가 옥상에 있는 경우 : 낙차가 0.15[MPa] 이상

㉣ 옥내소화전 준용

5) 지하매설배관의 종류

① 수도용 주철관

② 소방용 합성수지배관

SECTION 030

소방용수시설

01 개요

(1) 시 · 도지사는 소방활동에 필요한 소방용수시설(소화전 · 급수탑 · 저수조)을 설치하고 유지 · 관리하여야 한다.

(2) 수도법 규정에 따라 설치된 소화전의 경우에는 그 소화전의 설치자가 유지 · 관리하여야 한다.

(3) **법적 기준**

「소방기본법」 제10조

(4) **소화용수와 소방용수의 비교**

구분	소화용수	소방용수
법적 기준	화재안전기술기준(NFTC 401)	소방기본법
건축면적	연면적 5,000[m^2] 이상	무관
설치위치	건축물 내	도로
설치권자	건축주(사설)	시 · 도지사(공설)
수성	① 상수도 ② 소화수조, 저수조, 그 밖의 소화용수	① 소화전 ② 급수탑 ③ 저수조
목적	소방차에 용수공급	소방차에 용수공급

02 설치대상 및 소방용수시설 표지

(1) **설치대상**

1) 주거, 상업, 공업지역 : 수평거리 100[m] 이하

2) 기타 : 140[m] 이하

(2) **소방용수시설 표지**

1) 표지설치 : 시 · 도지사는 소방용수시설의 소방용수표지를 보기 쉬운 곳에 설치

2) 지하에 설치하는 소화전 또는 저수조의 경우

① 맨홀 뚜껑 : 지름 648[mm] 이상

② 맨홀 뚜껑의 표시 : '소화전 · 주차금지' 또는 '저수조 · 주차금지'

③ 맨홀 뚜껑 부근의 도색 : 황색반사도료로 폭 15[cm]의 선을 그 둘레를 따라 칠할 것

3) 급수탑 및 지상에 설치하는 소화전 · 저수조의 경우 문자는 백색, 내측 바탕은 적색, 외측 바탕은 청색으로 하고 반사도료를 사용한다.

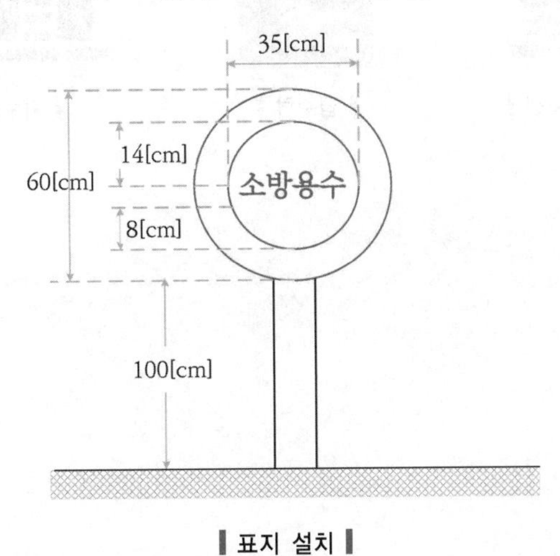

▌표지 설치▐

03 종류 및 설치기준

(1) 소화전

1) 상수도와 연결하여 지하식 또는 지상식으로 설치한다.
2) 연결 금속구 구경 : 65[mm]

(2) 급수탑

1) 급수배관 : 100[mm] 이상
2) 개폐밸브의 설치위치 : 1.5 ~ 1.7[m]

(3) 저수조

1) 지면으로부터 낙차 : 4.5[m] 이하
2) 흡수부분 수심 : 0.5[m] 이상
3) 설치위치 : 소방차가 쉽게 접근할 수 있도록 할 것
4) 토사 등을 제거할 수 있는 설비 필요
5) 투입구 : 60[cm] 이상
6) 상수도에 연결하여 자동으로 급수되는 구조

| 소화전 |

| 급수탑 |

| 저수조 |

MEMO

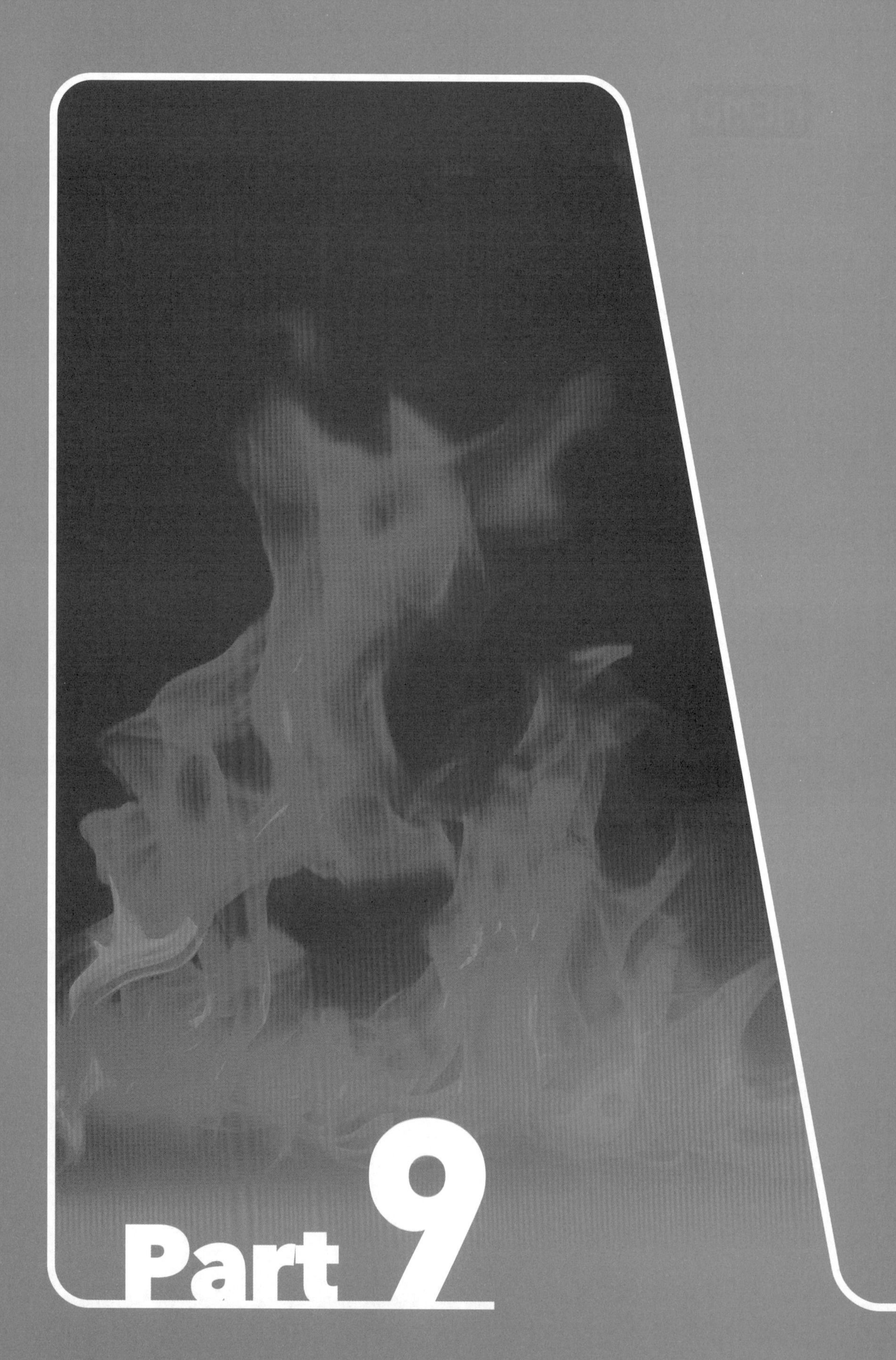

Part 9

폭발과 위험물

SECTION 001 폭발(explosion)의 분류

01 개요

(1) 폭발

1) 정의 : 화염전파, 급격한 온도, 압력변화에 의한 체적팽창으로 일시적으로 압력파 또는 충격파가 생기는 현상
2) 현상 : 일정 압력하에서 가스를 방출하거나 일정 압력하에서 가스의 방출과 생성에 의해 포텐셜(화학적 또는 기계적) 에너지를 운동에너지로 순식간에 변화시키는 반응현상

(2) 폭발에 영향을 주는 변수

폭발범위, 인화점 · 연소점, 최소 산소농도, 첨가물, 온도, 압력, 미스트 및 액적, 난류

02 폭발원에 의한 분류

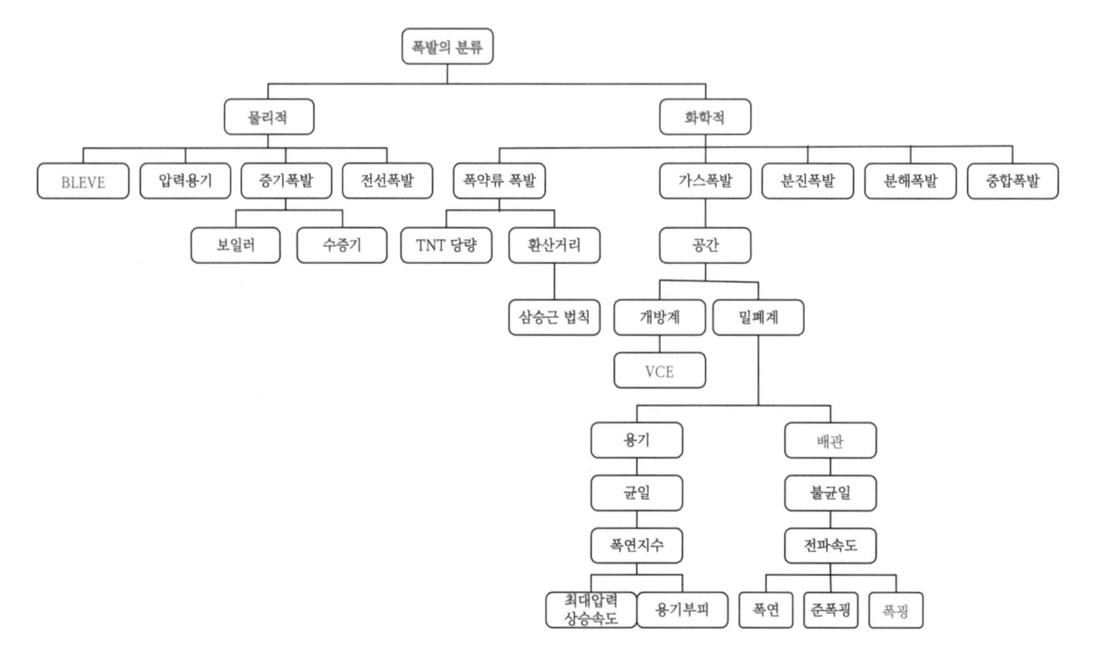

▌폭발의 종류▐

(1) 물리적 폭발(bursting) or 기계적 폭발(mechanical explosions)

1) 정의 : 화학적 변화를 수반하지 않은 고압 기체의 방출로서, 대부분 기화현상에 의해서 발생하는 화재의 범주에 속하지 않는 압력증가 현상

2) 화학적 성질상의 변화를 포함하지 않는 물리적 반응으로 생성되는 폭발

3) 물리적 폭발의 종류

① 부피증가에 의한 폭발 : 증기폭발

② 내부압력의 증가에 의한 폭발 : 공기압축기의 과압에 의한 폭발, 프로판가스 저장용기의 저장온도 상승에 의한 폭발

③ 비등액체팽창 증기폭발(BLEVEs : Boiling Liquid Expanding Vapor Explosions)

㉠ 비점 이상의 온도에서의 가압하에 액체를 수용하는 용기와 관련한 폭발이다.

㉡ 액체의 부피팽창에 의한 폭발로 인화성일 필요는 없다.

㉢ BLEVE는 기계적 폭발의 아류(subtype)이지만 큰 피해를 발생하기 때문에 개별의 폭발타입으로 다루기도 한다. BLEVE는 일회용 라이터나 에어로졸 용기처럼 작은 용기에서도, 탱크차나 산업체의 저장탱크와 같은 큰 용기에서도 일어날 수 있다.

(2) 화학적 폭발(chemical explosions) 116회 출제

1) 정의 : 화학적 특성이 짧은 시간 안에 변하는 격렬한 연소현상으로 화재에 속하는 압력증가 현상

2) 폭발과 관련된 화학반응 : 시작 지점에서 연소파가 멀리 떨어진 장소로 이동·확산을 해서 전파반응(propagation reaction)이라고 한다.

3) 연료와 산화제의 폭발성 혼합기나 고체가연성 물질도 사용되지만 공기에 혼합된 가스, 증기 또는 분진이 관련된 반응을 전파하는 것이 더 일반적인 현상이다.

4) 화학적 폭발(chemical explosions)의 종류

① 폭약류 폭발(condensed phased explosion)

㉠ 폭연 또는 폭굉을 일으키는 액체 또는 고체 상태의 물질에 의한 폭발

㉡ 폭약류 폭발을 일으키는 물질 : TNT, 질산암모늄, 유기과산화물, 염화아세틸렌, 산화에틸렌, 염소와 삼염화 질소, 액체산소와 액체염소

② 가스폭발

㉠ 공간의 밀폐와 개방에 따른 구분

구분	밀폐공간	개방공간
폭발의 종류	① 용기 폭발 : 균등(uniform explosion) ② 배관 내 폭발 : 전파(propagating explosion)	VCE

㉡ 화염선단전파(flame front propagation) 속도에 따른 구분

구분	정의	방호
폭연(deflagration)	아음속의 속도로 화염이 전파되는 현상	압력상승이 균일하여 방호가 가능한 폭발
준-폭굉(quasi detonation)	화염속도가 음속보다 약간 느려서 충격파는 발생하지 않는 폭발현상	압력상승이 불균일하여 방호가 곤란한 폭발
폭굉(detonation)	연소파와 압력파가 중첩되면서 초음속의 속도로 전파되는 현상	압력상승이 불균일하여 방호가 곤란한 폭발

③ 화학반응 폭발(chemical reaction explosion)

㉠ 분해폭발

- 높은 온도나 압력으로 인해 산소가 필요 없는 폭발
- 물질 : 아세틸렌, 에틸렌, 하이드라진, 제5류 위험물 등
- 분해폭발은 가스폭발의 특수한 경우로서, 분해폭발을 일으키는 가스를 분해폭발성 가스라고 부르고 있으나, 그 대부분이 가연성 가스로서 공기가 혼재할 때는 분해폭발의 위험도 있다.

예 아세틸렌 : $C_2H_2 \rightarrow H_2 + 2C(s) + 54.2[kal]$

㉡ 중합폭발

- 중합반응을 일으킬 때 발생하는 중합열에 의한 폭발
- 중합위험성(자기반응성)
  - 열, 충격, 빛, 불순물에 의해서 유발되어 큰 중합열이 발생
  - 제어되지 않는 중합에서는 과열된 용제의 분출화재와 해중합에 의한 폭발의 위험

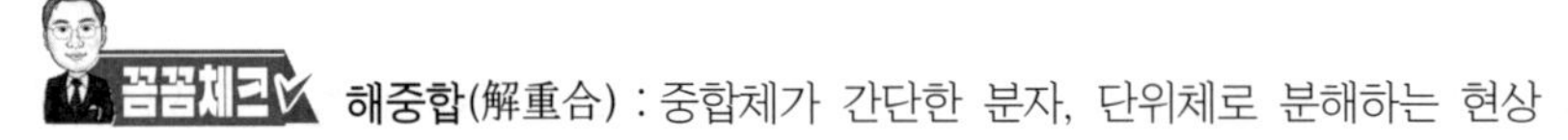

해중합(解重合) : 중합체가 간단한 분자, 단위체로 분해하는 현상

- 물질 : 사이안화수소(HCN), 염화비닐($CH_2 = CHCl$)

㉢ 분진폭발

(3) 전기폭발(electrical explosions) 또는 전선폭발(wire explosion) 122 · 120회 출제

1) 정의 : 펄스 대전류에 의해 고상에서 급격히 액상을 거쳐 기상으로 전이폭발(부피팽창에 의한 물리적 폭발)

2) 진행 : 전선(퓨즈) → 펄스 대전류 → 전선가열 → 용융(850[℃])과 기화 → 폭발

예 공기는 약 1,670배 팽창하고 구리는 고체에서 증기로 변할 때 67,000배 부피가 팽창한다.

3) 아크 플래시 폭발(arc flash blast) : 전기 고장 시 이온화된 공기와 기화된 금속에 의해 발생한다.

4) 피해 : 독성 물질 생성, 열복사 발생, 압력형성(arc blast)

5) 원인

요인	원인
내부적 요인	전기 절연감소 또는 파괴
	아크
	반단선
외부적 요인	외부충격
	지락
	동식물 접촉
	낙뢰

6) 대책

① 작업자는 보호장구 착용

② 방폭벽 설치

③ 전기작업 시 단전 및 충분한 방전조치

(4) 핵폭발(nuclear explosions)

1) 핵폭발에서 고압은 핵원자의 융합 또는 분열에 의해 만들어진 엄청난 양의 열에 의해 발생한다.

2) 핵융합 반응(thermonuclear reaction)

가벼운 몇 개의 원자핵이 합하여 한 개의 원자핵이 되는 물리 · 화학 반응

예 중수소(^2H) + 삼중수소(^3H) = 헬륨(^4He) + 중성자 + 에너지

3) 핵분열 반응(nuclear fission reaction)

① 정의 : 주로 우라늄 · 토륨 · 플루토늄과 같은 무거운 원자핵이 같은 정도 크기의 질량을 가진 두 개의 원자핵으로 분열하는 현상

② 핵분열 시 막대한 에너지를 분출하기 때문에 동력이나 폭탄으로 이용한다.

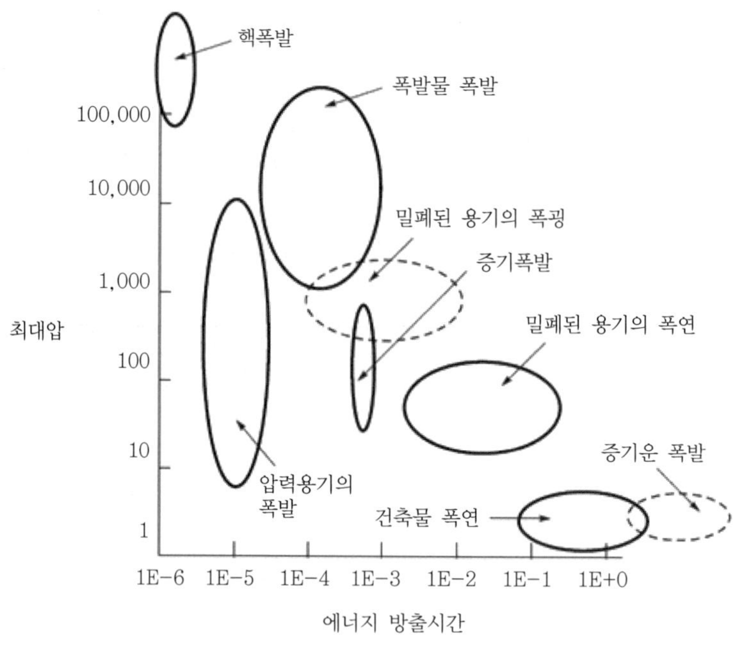

▌폭발의 종류에 따른 압력과 에너지 방출[1] ▌

03 물질의 발생상태에 의한 분류

(1) 기상폭발

1) 가스폭발(산화폭발)

① 정의 : 연료로 사용되는 기체가 급격한 화학변화를 일으켜 부피가 몹시 커져 폭발음이나 파괴가 뒤따라서 일어나는 사고, 불이 붙는 사고 등

② 가스폭발의 조건

㉠ 조성 : 폭발범위 내(상 · 하한계 사이)

㉡ 점화원 : 최소 점화에너지 이상

③ 연소속도

㉠ 결정인자 : 농도, 활성화 에너지, 온도, 압력, 촉매, 접촉면적

㉡ 화염전파속도

$$v_{ex} = v_d + \phi \cdot S_u$$

1) FIGURE 2.8.1 Peak Pressures and Energy Release Time Scales in Various Types of Explosions FPH 02-08 Explosions 2-94

여기서, v_{ex} : 화염전파속도(상태에 따라 변화하는 값, 환경의 함수)

v_d : 미연소가스의 이동속도

ϕ : $\dfrac{A_f}{A_d}$(화염의 면적/배관 단면적의 비, 보통 2 ~ 3배)

S_u : 연소속도(물질의 특성으로 고정된 값)

꼼꼼체크 **화염전파속도** : 연소기기 화염면이 이동하는 속도

㉢ 화염전파속도는 화재와는 무관하고, 폭발과는 상관관계가 있다.

화염전파속도는 변수가 많아서 물리적 정수라 하기가 어렵다. 따라서, 실험실에서 측정하는 본질적인 양으로서 미연소가스에 대한 화염면의 상대적 속도로서 미연소가스의 화염면에 직각인 속도를 연소속도라고 하여 이를 이용해 위험성을 판단한다.

④ 가스폭발의 파동

㉠ 연소파 : 일반적인 화재에서 발생하는 파장

㉡ 폭연파 : 연소파의 진행에 의해서 압력파가 생기는 파장

㉢ 폭굉파 : 연소파와 압력파가 중첩되면서 순간적으로 속도가 증가하며 생기는 파장

⑤ 밀폐계 폭발(배관, 용기)

⑥ 다량 유출된 가연성 가스폭발

㉠ 증기운 폭발(VCE)

㉡ BLEVE

2) 분무폭발

① 정의 : 가연성 액체입자가 공기 중에서 무상으로 부유 중 폭발

② 대상 : 비점, 인화점이 높은 기계유, 윤활유

③ 종류

㉠ 미스트 폭발 : 가연성 액체가 무상상태로 공기 중에 누출되어 부유상태로 공기와 폭발성 혼합기를 형성하고 점화원이 공급되면 폭발이 발생한다.

㉡ 박막폭굉(film detonation)

- 정의 : 박막의 온도가 부착된 윤활유의 인화점 이하일지라도 높은 에너지를 가진 충격파가 보내지면 관벽에 부착해 있던 윤활유가 무화(霧化)하면서 폭굉이 발생하는 현상이다.
- 조건 : 압력유, 윤활유 등의 고인화점 유기물은 가연성이나 인화점이 상당히 높아 평상시 일반적인 상태에서는 연소하기 어려우나, 고압의 공기배관이나 산소배관 중에 윤활유가 박막상으로 존재할 경우 발생한다.

④ 크기 : 0.1 ~ 100[μm]

⑤ 대책[2)]

㉠ 대체(substitution)

- 정의 : 덜 위험한 물질을 사용하는 것
- 가능하면 낮은 인화점을 가진 액체의 사용을 피하고, 보다 덜 위험하거나 위험하지 않은 액체로 대체한다.

㉡ 봉쇄(containment)와 방화구획 : 구획화, 밀폐

㉢ 환기(ventilation)

구분	목적	조건
내용	① 운전원의 위해성 저감 ② 인화성이고 위험한 증기의 농도범위 통제 ③ 흄 입자, 미스트 포집 ④ 방출하기 전에 공기로 씻거나 여과	① 통상 운전을 하는 동안 분무지역이나 분무실에서의 최대 인화성 물질의 농도 : LFL의 25[%] 이하 ② 가스 감지기가 있는 자동분무실의 인화성 물질의 농도 : LFL의 50[%] 이하

㉣ 점화원 관리

㉤ 정전기 축적(electrostatic charging) 방지

3) 분진폭발

① 정의 : 가연성 고체가 미세한 분말상태로 공기 중에서 부유 중 폭발

② 대상

㉠ 탄광

㉡ 농산 가공물 : 전분, 소맥분, 사료분

㉢ 유기약품 : 황, 탄소

㉣ 섬유류

③ 진행순서 : 점화 및 초기 화학반응 → 열과 가스 생성 → 추가적인 화학반응 → 폭발의 확산

④ 영향인자 : 미분체의 크기, 형상, 표면상태

⑤ 특징

㉠ 화염전파속도는 느리지만 발열량이 크다.

㉡ 2 · 3차 폭발 등 연쇄폭발의 우려가 있다.

⑥ 대책

㉠ 불활성 물질을 첨가한다.

㉡ 산소농도 제어 : 4[%] 이하

㉢ 현장의 청소관리 : 분진의 잔존 최소화

4) 분해폭발

2) 인화성 액체의 분무공정에서 화재폭발 예방에 관한 가이드(2011)

(2) 응상폭발(고상, 액상)

1) 고상(다이너마이트 : 제5류)과 액상의 물질이 폭발하는 것으로 응상은 기상에 비하여 그 밀도가 100 ~ 1,000배 정도이므로 응상폭발과 기상폭발은 그 양상에 있어 큰 차이가 발생한다.

2) 수증기 폭팔과 증기폭발

구분	수증기 폭팔	증기폭발
대상	물	액화가스
내용	폭발적인 비등현상으로 상전이(액상→기상)에 따른 물리적 폭발	
원인	열이동형	
개념도	고온물질 물	LPG, LNG 물

3) 고상 간(고체상태)의 전이에 의한 폭발

① 무정형 안티몬에 자극을 주면 발열반응이 발생하면서 금속 안티몬으로 상전이(相轉移)가 발생하며 이때 발생한 발열로 주위의 공기를 팽창시켜 폭발한다.

꼼꼼체크 **안티몬(Sb)** : 3가 또는 5가를 가지며, 주기율표에서 비소와 같은 족에 속하여 그 대사는 비소(As)와 유사

② 원인 : 200[℃]로 가열 또는 날카로운 물질에 의한 흠집 등의 자극으로 인해서 폭발적으로 금속 안티몬으로 변화

③ 발열량 : 약 2.4[kcal/g]

4) 전선폭발(wire explosion)

5) 혼합위험에 의한 폭발

① 정의 : 두 종류 이상의 화학물질 혼합에 따른 화학반응으로 발열 · 발화되어 화재, 폭발이 발생

② 특징 : 유해가스가 발생되는 경우가 많다.

6) 고도의 감압상태에서 폭발

① 고도의 감압상태에서 어떤 용기의 일부가 부압에 의해서 파열이 발생한다.

② 외부 기체가 감압에 의해서 흘러 들어와 폭발이 발생하여 큰 폭음과 함께 주위로 비산한다.

04 밀폐계 폭발과 개방계 폭발

(1) **밀폐계 폭발**(confined explosion)

1) 정의 : 계가 일정한 공간으로 한정되어 일어나고 물질이 외부의 출입이 없는 폭발

2) 용기나 건물 내에서 일어나는 폭발로 대부분의 폭발이다.

3) 종류

구분	배관 내 폭발	용기 내 폭발
압력	불균일한 압력	균일한 압력
반응	전파반응	균일반응
크기의 표현	화염전파속도	폭연지수
비고	폭연, 준폭굉, 폭굉	최대 압력상승속도, 용기의 부피

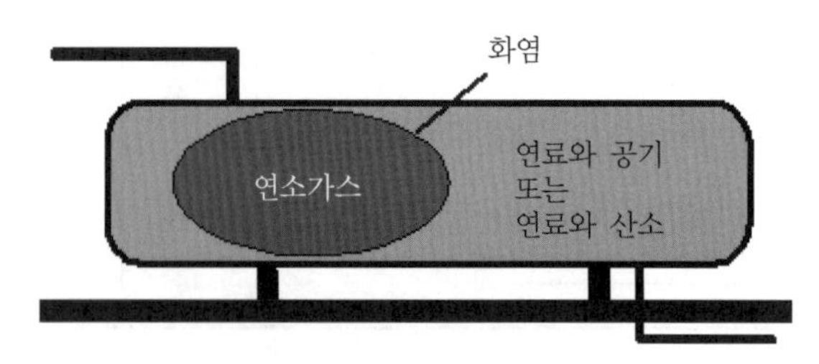

▎밀폐계 폭발의 개요도 ▎

(2) **부분 밀폐계 폭발**(partly confined gas explosion)

1) 정의 : 부분적으로 개방된 건물 내에서 가스가 누출되는 경우에 발생하는 폭발

2) 건물은 폭발을 제한하고, 폭발압력은 개구부를 통해 배출되므로 개구부의 크기와 위치에 따라 결정된다.

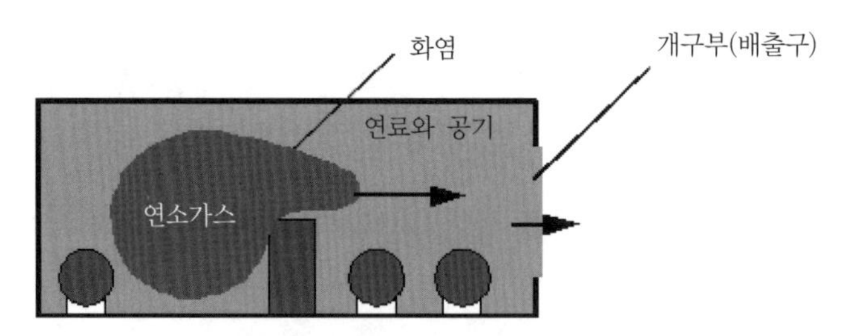

▎부분 밀폐계 폭발의 개요도 ▎

(3) **개방계 가스폭발**(unconfined gas explosion)

1) 정의 : 공정공장과 같은 열린 공간에서 폭발

2) 종류

① 작은 점화원에 의해 점화된 증기운이 연소하는 동안 작은 과압만 생성(플래시 화재)한다.

② 공정 플랜트에는 부분적으로 제한되고 막힌 지역이 있으며 이러한 공간에 발생한 폭연은 높은 폭발압력을 발생시킨다.

▌개방계 폭발의 개요도▐

(4) 증기운 폭발(VCE)

1) 증기운 폭발과 부분 밀폐계 또는 개방계 가스폭발 사이에는 본질적인 차이가 없다.
2) 진행 : 유출된 가스는 대기 중의 농도차에 의해서 분산 → 공기와 혼합되어 가연성 혼합기가 형성 → 점화원(점화되는 시간이 지연될수록 농도는 희석) → 증기운 폭발(VCE)
3) 증기운은 보통 가스의 양이 대단히 많고 가스가 분포한 면적이 크기 때문에 엄청나게 파괴적으로 발생한다.

SECTION 002

폭발 메커니즘(TNT 폭발의 관점)

01 개요

(1) 폭발의 메커니즘에 대한 연구는 가연성 고체, 특히 TNT와 같은 폭발물에 관하여 과거부터 다양한 연구와 실험이 이루어져 왔다.

(2) 현재 소방에서의 가연성 가스의 폭발을 설명하기 위해서 과거의 이러한 폭발 메커니즘에 대한 자료를 분석하여 적용해 폭발을 분석하고 설명하는 데 큰 이론적인 근거가 되고 있다.

02 폭발조건

(1) **누적기간(build-up period)** : 농도조건
공기와 가연물이 혼합되어 폭발범위를 형성하기까지의 시간이다.

(2) **폭발개시제(triggering agent)** : 에너지 조건
1) 점화원 + 예혼합기체(누적기간)
2) 가스의 물리·화학적 에너지가 기계적 에너지로 변화되는 변곡(화학적 폭발)점이다.
3) 용기파괴, 폭발압력, 폭발음 등 압력증가 현상이 발생한다.

03 폭발의 효과(effects of explosions)

(1) 폭발 파괴특성의 생성요인은 열과 압력파이다.

(2) **폭발효과**

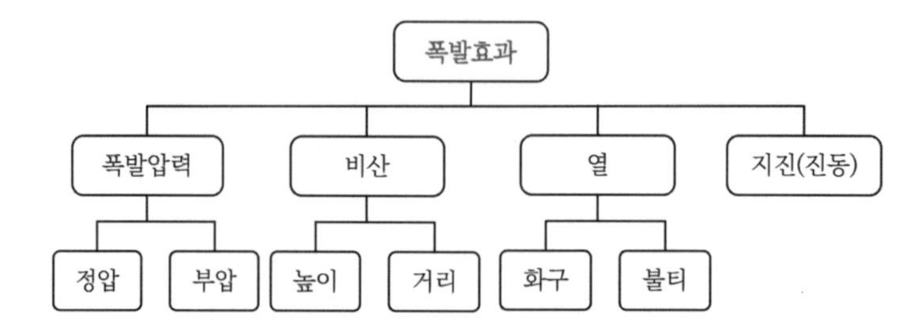

1) 폭발압력선단의 효과(blast pressure front effect)

① 물질이 폭발하면 많은 양의 가스를 생성한다.

㉠ 발생가스는 온도상승으로 인해 높은 속도로 팽창하고 발생지점으로부터 바깥으로 이동한다.

㉡ 압력선단(pressure front)을 생성 → 손상과 부상의 원인

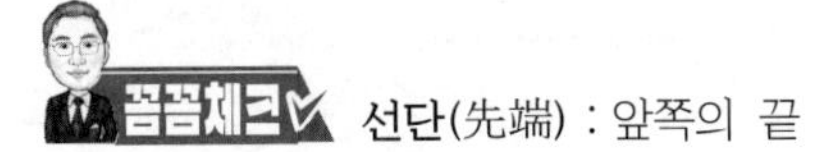

선단(先端) : 앞쪽의 끝

② 폭발압력선단의 구분 : 정압(+)단계(phase)와 부압(−)단계(phase)

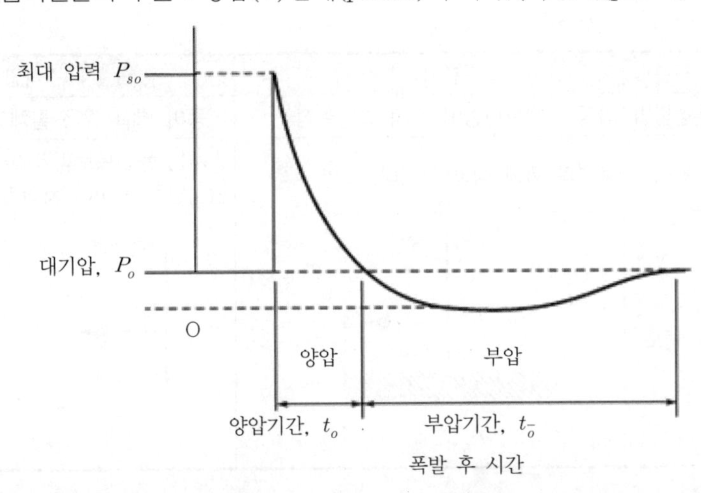

▎폭굉발생지점(point of detonation)으로부터 멀리 떨어진 지점에서 폭발파에 대한 압력−시간의 변화[3] ▎

구분	정압(+)단계 (positive pressure phase)	부압(−)단계 (negative pressure phase)
메커니즘	급속한 팽창이 폭원으로부터 바깥으로 이동하며 주변의 공기를 밀어내고, 압축 · 가열한다.	① 공기를 밀어내고 나면 주위 압력에 비해 상대적으로 낮은 공기압력 상태가 폭원 중심부에 발생(동압의 증가로 정압이 급격히 감소)한다. ② 공기압력 조건이 평형을 유지하기 위해서 주변공기는 폭원으로 역류한다.
특징	부압(−)단계보다 더 강력하고 압력손상 대부분의 원인이 된다.	2차적인 손상이 발생[정압(+)단계에 비해 현저하게 작은 힘이지만 정압단계에 의해 충격을 받은 후 구조체가 파괴될 수 있는 힘이 있음]한다.
폭발파	① 폭발파가 폭원으로부터 거리가 멀어질수록 파면의 과압은 저하된다. ② 시간에 따라 최대 과압이 감소한다.	① 정압단계에 비해서 거리가 멀어질수록 압력피해가 작다. ② 부압기간은 정압단계에 비해 크다. ③ 관찰되지 않는 경우도 있다.

3) Pressure−Time Variation for a Far−Field Blast Wave. U.S. Department of Defense

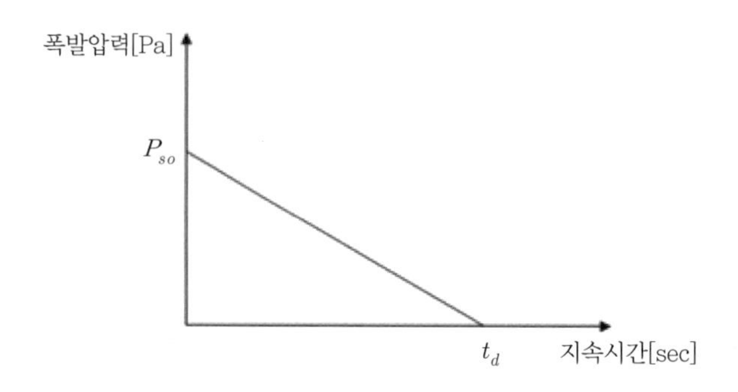

| 폭발파의 지속시간에 따른 압력의 변화 |

③ 측면압력과 반사압력

구분	측면압력	반사압력
측정방법	파동의 전파방향에 수직으로 측정	파동이 벽과 같은 물체에 부딪힐 때 측정
특징	충격파 뒤에 정압이 있다.	반사는 등엔트로피가 아니기 때문에 전압과 반사압력 사이에 차이가 있다.
개념도	충격파, 벽, $P_{측면압력}$	충격파, $P_{반사압력}$, 벽

④ 폭발선단의 형태(shape of blast front)

㉠ 이상적인 이론상황의 폭발선단의 형태 : 구형(spherical)

㉡ 구형의 특징 : 모든 방향에 균등하게 압력을 전달한다.

⑤ 제한된 용기나 건물의 압력배출(venting) : 용기나 건물의 외곽에 파괴적인 손상이 발생한다.

⑥ 폭발압력선단은 현실에서는 견고한 장애물에 의해 반사되어 방향이 바뀌어서 장애물의 특성에 따라 구형형태가 변형되어 압력상승이나 예상압력 감소를 가져올 수 있다.

⑦ 전파반응 후 가용연료가 소진되므로 팽창하는 폭발압력선단의 힘 : 폭원에서 멀어짐에 따라 감소하는 반비례 관계이다.

2) 비산효과(shrapnel effect)

① 정의 : 폭발압력선단을 수용하거나 제한하는 컨테이너, 구조물 또는 용기가 파손 시 파편조각으로 부서져서 멀리까지 날아가는 효과

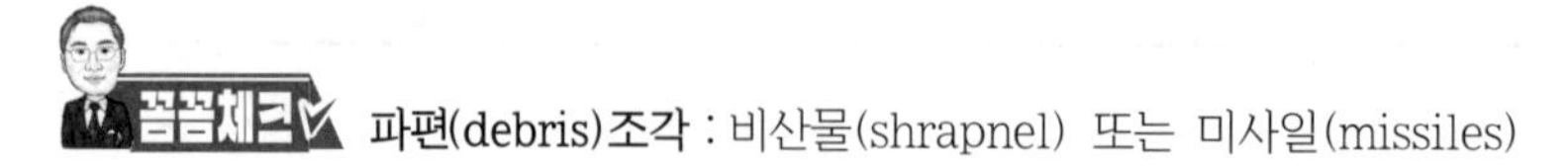

파편(debris)조각 : 비산물(shrapnel) 또는 미사일(missiles)

② 피해

㉠ 인명피해

㉡ 화재 및 폭발

③ 비산거리의 영향인자 : 비산물의 최초 각도

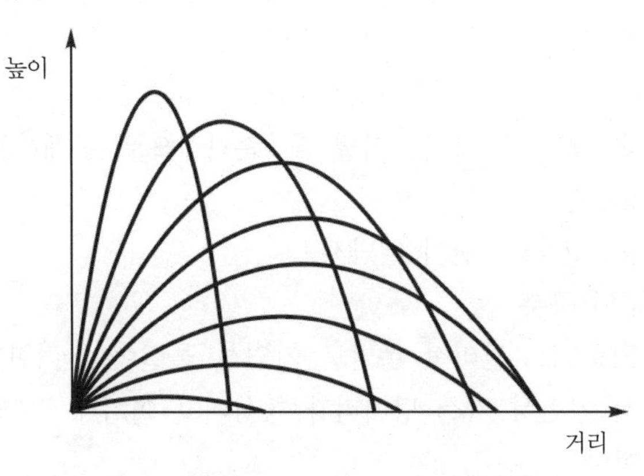

▌비산방향과 거리에 관한 다이어그램▐

④ 비산물의 최대 거리 : $L = 294\,W^{0.236}$

여기서, L : 비산물의 최대 거리[m]

W : TNT 질량[kg]

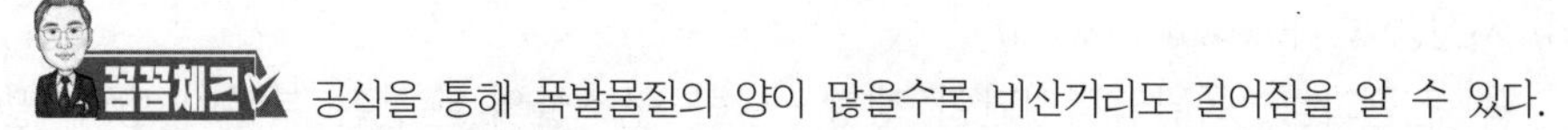

공식을 통해 폭발물질의 양이 많을수록 비산거리도 길어짐을 알 수 있다.

⑤ 비산물의 파편거리 : 대부분의 경우 최대 거리까지는 비산하지 않고 최대 거리의 0.3 ~ 0.8배 지점에 낙하한다.

⑥ 폭발이 일어나면서 발생하는 에너지

㉠ 파편 비산 : 실제 파편 운동에너지는 전체 에너지의 0.2 ~ 0.6배이다.

㉡ 폭발파를 생성하여 용기를 파괴시키고, 나머지 에너지는 폭발음을 발생한다.

⑦ 대응책 : 저장소의 지붕은 쉽게 파괴되는 재질로 하여 압력배출을 상부방향으로 유도하여 수평방향의 피해를 최소화하고 있다.

3) 열효과(thermal effect)

① 정의 : 연소폭발은 많은 양의 열을 방출하여 연소가스와 주변의 공기를 높은 온도로 가열하는 효과

② 피해

㉠ 열효과는 주변의 가연물을 발화시킨다.

㉡ 주변인에게 화상을 일으킨다.

③ 주요 인자 : 최고열, 지속시간, 폭발연료의 특성

④ 폭굉과 폭연의 열효과 특성

구분	지속시간	온도
폭굉	매우 제한된 시간	높은 온도
폭연	오랫동안 지속	낮은 온도

⑤ 폭발의 열효과

㉠ 화구(fireball)

- 정의 : 폭발 시 또는 폭발 후 순간적으로 존재하는 화염 덩어리(ball of flame)
- 특징 : 고강도, 단기 열방사
- 화구의 구분
  - BLEVE : 물리적 폭발로 가연성 물질이 급격한 누출과 플래싱에 의해서 가연성 가스 덩어리가 형성되고 여기에 점화가 되어서 화구를 형성한다.
  - VCE : 누출된 가스가 불균일하게 공기와 섞여서 일부분은 UFL 이상이 되고 여기에 점화가 되어서 화구를 형성한다.

㉡ 불티(firebrand) : 폭발 시 분출되는 고온 또는 연소 중인 불의 파편

㉢ 효과 : 폭발의 중심에서 멀리 떨어진 곳에 화재 및 열손상이 발생한다.

4) 지진성 효과(seismic effect)

① 진행과정 : 폭발압력선단이 팽창 → 큰 구조물의 손상된 부분이 땅에 떨어질 경우 → 현저한 국부적인 지진이나 땅의 진동

② 소규모 폭발의 경우 일반적으로 미미한 수준이지만, 구조물과 지하에 매설된 지원시설, 각종 배관, 탱크 또는 케이블에 추가적인 손상이 발생한다.

5) 프로빗(probit) 분석

① 프로빗 분석법 : 폭발효과에 의한 피해영향을 평가하는 통계적인 분석기법이다.

② 프로빗(Probit) 식

$$Y = k_1 + k_2 \ln V$$

여기서, Y : 피해영향 결과 확률

k_1, k_2 : Probit 매개변수

V : 원인을 제공하는 인자

③ 사용법

㉠ 화재, 폭발 또는 독성 물질 누출 시의 피해영향을 계산할 수 있는 프로빗(Probit) 모델을 선정한다.

㉡ 원인을 제공하는 인자(V)를 반영하여 피해의 영향 결과를 평가(Y값 계산)한다.

㉢ 구한 확률값(Y)을 피해영향의 백분율로 환산 : 일정 거리에서 사고로 인해 노출된 사람, 구조물 등이 해당되는 백분율만큼 사고의 영향을 받는다는 의미이다.

04 폭발효과의 제어요소(factors controlling explosion effects)

(1) 반사에 의한 폭발압력선단의 변형(blast pressure front modification by reflection)

1) 폭발압력선단이 경로상의 물체와 충돌함에 따라 폭발압력선단의 반사로 선단의 확대가 된다.

2) 반사는 과압을 증가시키며 투사각에 따라 반사면을 증폭(최대 8배)한다.

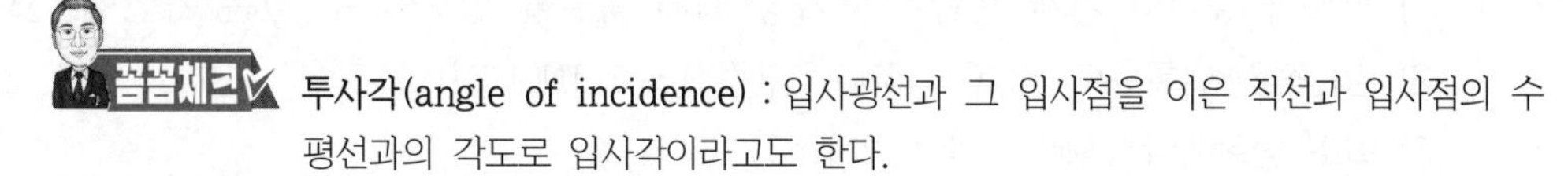

투사각(angle of incidence) : 입사광선과 그 입사점을 이은 직선과 입사점의 수평선과의 각도로 입사각이라고도 한다.

3) 반사압(reflected pressure)

$$P_r = 2P_s + (r+1)P_a$$

여기서, P_r : 반사압

P_s : 입사압력(정압의 최댓값)

P_a : 대기압

r : 비열비(1.4)

4) 폭연인 경우 이 효과는 미미한 정도이지만 폭굉의 경우는 압력을 크게 증가시키는 요인이 된다.

(2) 굴절과 폭발 초점에 의한 폭발압력선단의 변형(blast pressure front modification by refraction and blast focusing)

1) 폭발압력선단 온도가 확연히 다른 공기층과 만나게 되면 선단이 꺾이거나 굴절하여 폭발압력선단의 변형을 유발한다.

1. 음속이 공기 중 온도에 비례하기 때문에 다른 공기층과 만나면 굴절이나 꺾임이 발생한다.
2. $C = 333.1 + 0.6t$[m/sec]

여기서, C : 음속

t : 온도

2) 굴절의 예
① 낮은 온도로 대기가 역전되면 초기의 반구형 폭발선단이 굴절되어 폭발 중심 주위지면으로 향하게 된다.
② 악천후와 관련된 바람이 선단을 방향으로 돌려놓을 수도 있다.
3) **굴절의 영향** : 폭연의 경우 이 효과는 미미하고 폭굉의 경우 크게 변형시키는 요인이 된다.

05 폭발손상 해석(interpretation of explosion damage)

(1) 가스 및 증기의 최소 점화에너지(minimum ignition energy for gases and vapors)
1) 연료와 공기의 기체 혼합기는 가장 쉽게 폭발을 일으킬 수 있는 가연성 연료이다.
2) **일반적인 발화온도** : 370 ~ 590[℃](700 ~ 1,100[℉])
3) **최소 점화에너지(MIE)** : 약 0.25[mJ]

(2) 연료-공기비율(fuel-air ratio)
1) **LEL(하한계)** : 부근의 혼합기 폭발은 폭발 중에 거의 모든 가용연료가 소비되기 때문에 폭발 후 화재를 많이 일으키지는 않는다.
2) UEL(상한계)
① 부근의 혼합기 폭발은 풍부한 연료 혼합기이기 때문에 폭발 후 화재를 발생시키기도 한다.
② 종종 UEL을 초과하는 혼합기는 폭발의 부압(-)단계의 공기와 혼합될 때까지는 연소하지 않은 연료를 갖고 있다.
③ 남아 있는 연료의 지연된 연소는 폭발 이후의 화재를 발생시키는 특성을 가지게 된다.
3) 최적 혼합물(optimum mixture)
① 최적(가장 격렬한) 폭발은 화학양론적 혼합기 부근이나 바로 위의 혼합기에서 발생한다.
② 최적의 혼합기에서 가장 효과적인 연소를 일으키고 결과적으로 가장 높은 폭발속도, 압력상승속도, 높은 압력과 큰 손상을 발생시킨다.

(3) 화염전파속도

(4) 증기밀도(vapor density)
1) 공기보다 무거운 가스는 바닥으로 체류하고 가벼운 가스는 천장 부근으로 상승한다.
2) 가벼운 가스는 무거운 가스에 비해서 체류될 가능성이 작으므로 위험성이 작다.

(5) 난류(turbulence)

1) 연료 – 공기 혼합기 안에서의 난류는 화염면을 증가시켜 화염전파속도와 압력상승속도를 증대시킨다.
2) 난류는 폭발하한계(LFL) 농도만 있다 하더라도 높은 피해수준의 손상을 발생시킬 수 있다.
3) 난류 특성의 영향인자
   ① 보관하는 용기의 모양과 크기
   ② 연료배관의 위치와 압력

(6) 제한된 공간특성(nature of confining space)

1) 공간특성의 결정인자 : 구획실의 크기, 모양, 구조, 용량, 재료, 설계 등
2) 용기의 용량이 작을수록 연료 – 공기 혼합기에 대한 압력상승속도는 더 증가하고, 폭발은 더 격렬하게 진행된다.
3) 제한된 공간
   ① 정의 : 반사할 수 있는 기둥, 지주, 기계류 또는 벽 칸막이와 같은 단단한 장애물이 있는 공간
   ② 제한된 공간을 통해 난류가 발생하여 화염전파속도와 압력상승속도를 증가시킨다.

(7) 점화원의 위치와 크기(location and magnitude of ignition source)

1) 점화원이 제한된 구조물의 중앙에 있는 경우 : 가장 높은 압력상승속도가 발생한다.
2) 점화원이 제한된 용기나 구조물의 벽에 가까울수록
   ① 화염선단은 벽의 열전도에 의해 더 빨리 식게 된다.
   ② 결과적으로 에너지가 손실되고 압력상승속도는 상대적으로 더 느려지며 폭발의 격렬함은 감소된다.
3) 점화원의 에너지
   ① 일반적으로 폭발과정에 큰 영향을 주지 않는다.
   ② 비이상적으로 큰 점화원(즉, 폭발뇌관, 폭발장치 등)은 현저히 압력증가의 속도를 증가시켜서 폭연을 폭굉으로 전이시킬 수도 있다.

(8) 배출구(venting)

1) 배출구로 압력이 분출되면서 용기나 구조물의 손상 우려가 있다.
2) 형상과 위치 : 양 끝이 개방된 구조라도 배관이 매우 길다면, 이 배관의 중심부에서 파열될 수도 있다.

(9) 연료가스의 지하침투(underground migration of fuel gases)

1) 지하배관이나 공동구 주변의 토양은 주변 토양보다 움직임이 더 많아서 일반적으로 밀도가 낮고 침투성이 높다.

2) 공기보다 가볍거나 공기보다 무거운 모든 휘발성(fugitive) 연료가스는 지하구조물의 외면을 따라 이동하는 경향이 있으며 이러한 방식으로 건축물로 침투할 수 있다.
3) **일반적인 경우** : 휘발성 가스들은 토양에 침투한 후 위로 이동하여 무해하게 대기중으로 확산된다.
4) **지표면이 강우, 강설, 빙결, 또는 도로포장 등으로 차단된 경우** : 구조물로 가스가 침투하여 화재나 폭발원이 된다.

(10) 다중 폭발(multiple explosions)
1) **정의** : 첫 번째 폭발이 발생하고 난 후에 발생하는 폭발(종속폭발)
2) **원인**
① 이동(migration) : 인접한 층이나 실로 가스와 증기가 이동하는 현상
② 포켓 형성 효과(pocketing effect) : 가스와 증기가 모여서 포켓을 형성하는 현상
3) **다중 폭발이 1차 폭발보다 더 큰 경우** : 1차 폭발이 매우 강력한 발화원으로 작용하여 인접구간에서 추가적인 난류와 예압축상태(precompression)를 형성하여 과압을 만든다.

(11) 가연성 물질의 양
폭발에서 에너지를 방출하는 물질의 양이 많으면 많을수록 폭발효과가 크다.

SECTION 003

TNT 상당량

01 개요

(1) 폭약 TNT가 폭발할 때의 폭풍압이나 폭발에너지 등의 폭발 특성은 실험으로 상세히 측정되어 차트화되어 있다. 다른 물질의 폭발에너지를 TNT 당량으로 나타내면, 그 물질의 폭발에너지를 예측할 수가 있다.

(2) **정의**

가연성 물질의 양을 TNT로 환산한 질량

(3) **의미**

어떤 가연성 물질의 폭발에너지와 동일한 폭발에너지를 방출하는 TNT 등가환산량이다.

(4) **공식**

$$W_{TNT} = \frac{(\eta) M_f H_c}{H_{cTNT}}$$

여기서, W_{TNT} : TNT 상당량[kg]

η : 폭발효율[%](구획이 몇 개인지 얼마나 튼튼한지가 효율을 결정하는 중요인자)

M_f : 가연물의 질량[kg]

H_c : 연소열[kcal]

H_{cTNT} : TNT 1[kg]당 연소열(1,120[kcal/kg])

02 삼승근의 법칙

(1) **환산거리(scaled distance)**

1) 폭약량의 크기와 거리와의 관계를 이용하여 폭발압력을 산정하는 계수이다.

2) 환산거리와 TNT 당량과의 관계

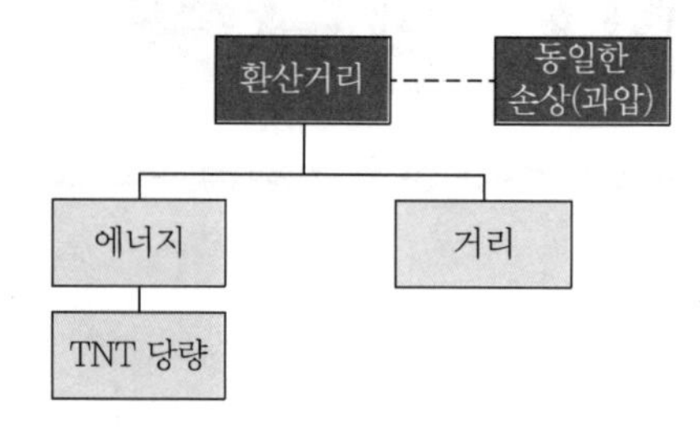

(2) 공식

1) $Z = \dfrac{R}{W_{TNT}^{\frac{1}{3}}} [\mathrm{m/kg^{\frac{1}{3}}}]$

2) $t' = \dfrac{t}{W_{TNT}^{\frac{1}{3}}} [\mathrm{sec/kg^{\frac{1}{3}}}]$

3) $i' = \dfrac{i}{W_{TNT}^{\frac{1}{3}}} [\mathrm{MPa \cdot m \cdot sec/kg^{\frac{1}{3}}}]$

여기서, R : 폭원으로부터의 거리[m]

Z : 환산거리$[\mathrm{m/kg^{\frac{1}{3}}}]$

t : 도달 또는 지속시간[sec]

i : 충격량(impulse)[MPa · m · sec]

(3) 질량이 다른 TNT W_{TNT1}[kg]과 W_{TNT2}[kg]가 폭발할 경우 같은 과압을 나타내는 거리 R_1과 R_2의 관계이다.

$$\frac{R_1}{W_{TNT1}^{\frac{1}{3}}} = \frac{R_2}{W_{TNT2}^{\frac{1}{3}}} \rightarrow \frac{R_1}{R_2} = \frac{W_{TNT1}^{\frac{1}{3}}}{W_{TNT2}^{\frac{1}{3}}}$$

(4) 특징

1) 환산거리가 같으면 같은 크기의 폭발위력(과압 등)을 나타낸다.
2) TNT를 기준으로 산정하기 때문에 다른 종류의 폭발재료일 경우 표를 이용한 환산량을 적용한다.

(5) 계산순서

1) 폭발물질을 TNT 당량(W_{TNT})으로 환산한다.
2) Scale의 삼승근 법칙에서 TNT 당량을 환산거리(Z)로 환산한다.
3) 환산거리를 이용하여 도표에서 과압[kPa]을 추산한다.

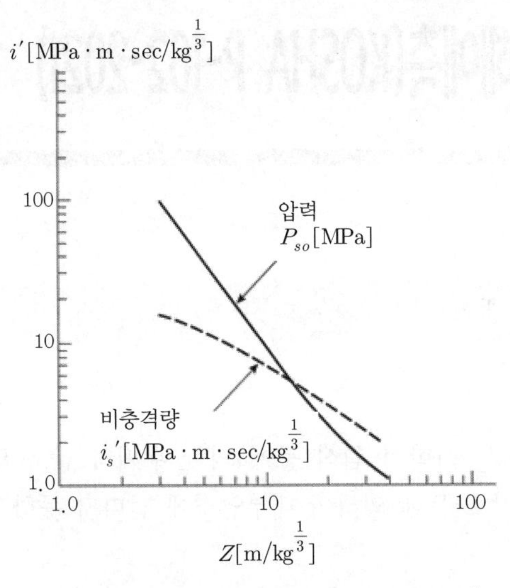

▌환산거리에 의한 압력과 비충격량 도표4) ▌

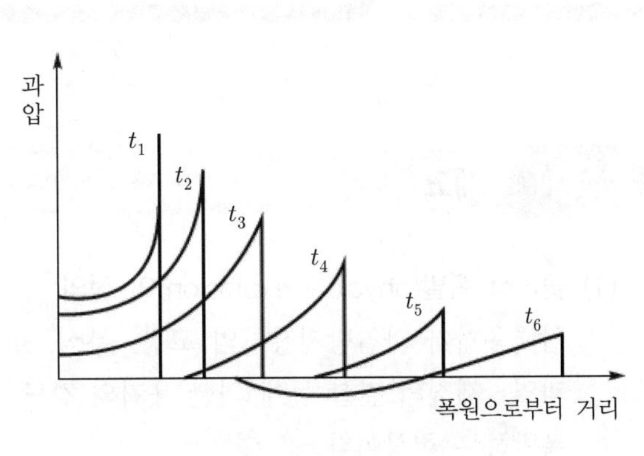

▌먼 폭굉으로부터 폭발파의 전파5) ▌

4) 환산된 과압에 의한 피해예측
   ① 0.21[kgf/cm^2] : 고막파손
   ② 0.15[kgf/cm^2] : 차량전도

4) FIGURE 2.8.4 Decay of Blast Wave Pressure and Specific Impulse with Distance from Explosion Site (Source : U.S.Department of Defense 5) FPH 02-08 Explosions 2-96

5) FIGURE 2.8.2 Blast Wave Propagation Away from Detonation Site FPH 02-08 Explosions 2-95

SECTION 004

물리적 폭발의 피해예측(KOSHA P-102-2021)

01 개요

(1) 물리적 폭발(physical explosion)의 정의

압력용기가 과압방지장치의 고장, 부식, 마모, 화학적 침식 등에 의한 두께의 감소 및 과열 · 재질의 결합 등에 의한 용기의 강도 감소 등에 의하여 내부압력에 견디지 못하고 폭발하는 현상이다.

(2) 적용범위

가압된 가스 및 액체를 저장 · 취급하고 있는 압력용기가 갑자기 파손되어 외부로 에너지가 방출되는 경우

02 압력용기 파손원인과 피해요인

(1) 압력용기 파손원인

1) 압력조절장치 또는 과압방지장치의 고장
2) 부식, 마모, 화학적 반응에 의한 부식(chemical attack)에 의한 두께의 감소
3) 과열, 자재결합, 화학적 반응에 의한 부식(응력부식, 균열, 침식, 부풀음 등) 등에 의한 압력용기의 응력 감소
4) 내부의 이상반응
5) 기타

(2) 피해요인

1) **1차 피해** : 물리적 폭발이 일어나면 폭풍파(blast wave) 및 압력용기 파편의 비산 등
2) **2차 피해(도미노 효과)** : 저장 · 취급하는 물질이 가연성 · 인화성인 경우에는 누출된 물질에 의한 화재 · 폭발

03 물리적 폭발의 피해예측

(1) 피해예측에 필요한 자료

1) 압력용기의 폭발압력(P)
2) 대기압(P_0)
3) 가스로 채워진 부분의 압력용기의 체적(V)
4) 비열비$\left(k=\dfrac{C_p}{C_v}\right)$
5) 압력용기의 형태(구형 또는 원통형)
6) 압력용기의 중심으로부터 피해지점까지의 거리(R)

(2) 계산절차

1) 폭발에너지 산정

$$E=\frac{(P-P_0)\cdot 2V}{k-1}[\mathrm{J}]$$

여기서, E : 압력용기의 폭발에너지[J]
P : 압력용기의 폭발압력[Pa]
P_0 : 대기압[Pa]
V : 용기 체적[m^3]
k : 용기 내 가스의 비열비 (공기의 경우 1.4)
2(계수) : 폭발에너지를 2배(보수적으로 계산)

2) 환산거리비($\overline{R}$) 계산

$$\overline{R}=R\times\left(\frac{P_0}{E}\right)^{\frac{1}{3}}$$

여기서, $\overline{R}$: 환산거리비(무차원)
R : 폭원으로 부터의 거리[m]
P_0 : 대기압[Pa]
E : 폭발에너지[J]

3) 환산거리(Z) 확인
① 2 이상 : 다음 절차에 따라 진행한다.
② 2 미만 : 수정된 방법을 이용하여 피해예측을 한다.

4) 환산 초과압력(scaled overpressure, P_{so})의 산정
5) 환산충격량(scaled impulse, I_{so})의 산정

6) P_{so} 및 I_{so}의 보정

① 압력용기가 원통형인 경우

② 지상보다 높이 설치된 구형인 경우

③ 지상보다 높이 설치된 원통형인 경우

7) 최대 압력 및 충격량

① 최대 압력(peak overpressure, P_s)

$$P_s = P_0(P_{so}+1)$$

여기서, P_s : 최대 압력[Pa]

P_{so} : 환산 초과압력[Pa]

P_0 : 대기압[Pa]

② 충격량(impulse, I_s)

$$I_s = \frac{I_{so} \times P_0^{\frac{2}{3}} \times E^{\frac{1}{3}}}{C}$$

여기서, I_s : 충격량[Pa]

I_{so} : 환산충격량(무차원)

P_0 : 대기압[Pa]

E : 폭발에너지[J]

C : 대기 중 음속(340[m/sec])

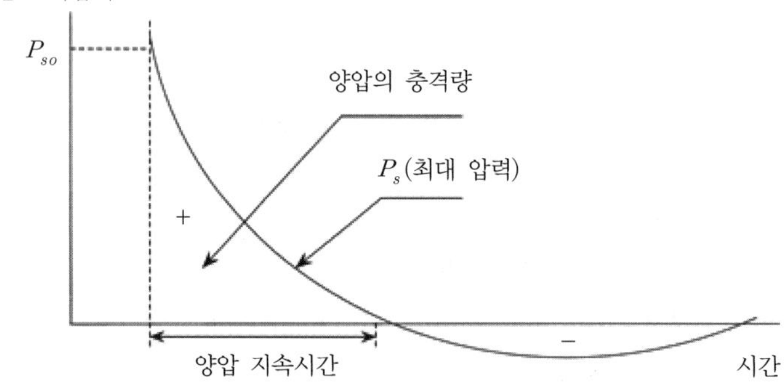

▌폭발 후 환산 초과압력▐

SECTION 005 산소지수(oxygen balance)

01 개요

(1) 정의

산소가 이산화탄소, 물, 아황산가스, 산화알루미늄 등의 폭발물질과 완전히 반응하는 산소의 양을 중량퍼센트로 표현한 것이다(Akhavan 1998).

(2) 의미

1) 화학물질로부터 완전연소 생성물(N_2, CO_2, H_2O, HCl, HF, SO_2)을 만드는 데 필요한 산소의 과부족량이다.

2) 100g의 물질로부터 완전연소생성물을 만드는 데 필요한 산소의 g수로 표시한다.

3) 산소지수가 0에 가까운 것일수록 부족한 것보다 과한 경우 폭발위력이 크다.

4) 산소지수의 값을 통해 폭발성 물질의 위력, 물질의 화학구조와의 상관관계를 표현한다.

02 산소지수의 공식

(1) Modified Oxygen Balance(MOB)

$$C_xH_yO_z + \left[x + \frac{y}{4} - \frac{z}{2}\right]O_2 \rightarrow xCO_2 + \left(\frac{y}{2}\right)H_2O$$

(2) 산소지수(산소밸런스)

1) 산소지수(OB) $= -\dfrac{3{,}200\left[x + \dfrac{y}{4} - \dfrac{z}{2}\right]}{\text{분자량}}$

2) 폭발성 물질의 산소지수

이름(name)	분자식(formula)	분자량 (weight[g/mol])	산소지수 (OB[%])
Acetone peroxide(dimer)	$C_6H_{12}O_4$	148	−151
Acetone peroxide / TATP / TCAP(trimer)	$C_9H_{18}O_6$	222	−151
Ammonium nitrate	NH_4NO_3	80	20
Ammonium perchlorate	NH_4ClO_4	117	27

이름(name)	분자식(formula)	분자량 (weight[g/mol])	산소지수 (OB[%])
Ammonium picrate	$C_6H_6N_4O_7$	246	−52
Cyclotetramethylene−tetranitramin / HMX	$C_4H_8N_8O_8$	296	−21
Cyclotrimethylenetrinitramine / RDX	$C_3H_6N_6O_6$	222	−21
Dinitrophenol / DNP	$C_6H_4N_2O_5$	184	−78
Dinitrotoluene	$C_6H_3(CH_3)(NO_2)_2$	182	−114
Glyceryl trinitrate / Nitroglycerin	$C_3H_5(ONO_2)_3$	227	3
Oxalic acid	$C_2H_2O_4$	90	−17
Pentaerythritol tetranitrate / PETN	$C_5H_8N_4O_{12}$	316	−10
Peroxyacetyl nitrate / PAN	$C_2H_3NO_5$	121	−6
Picric acid / TNP	$(NO_2)_3C_6H_2OH$	229	−45
Trinitrotoluene / TNT	$C_7H_5N_3O_6$	227	−74

3) 비례식을 이용하여 계산하는 방법

$$NH_4NO_3 \rightarrow N_2 + 2H_2O + \frac{1}{2}O_2$$

80[g] 16[g]

$$OB = \frac{16}{80} \times 100 = 20$$

4) 비폭발성 물질의 산소지수

이름(name)	분자식(formula)	분자량(weight[g/mol])	산소지수(OB[%])
산소(oxygen)	O_2	32	100
오존(ozone)	O_3	48	100
이산화탄소(carbon dioxide)	CO_2	44	0
물(water)	H_2O	18	0

5) 산소지수의 폭발위험성

산소지수(OB[%])	폭발위력	예
0	가장 크다.	−
0 ~ ± 45	크다.	나이트로글리세린 = 3 PAN(PerooxyAcetyl Nitrate) = − 6
± 45 ~ ± 90	중간	피크린산(TNP) = − 45 TNT = −74
± 90 ~ ± 135	작다.	디나이트로톨루엔 = −114 TATP(Triacetone triperoxide) = −151

SECTION

006 가스화재 및 폭발

01 용어의 정의

(1) 연소의 진행상황에서 보면 발화의 다음 단계는 무염연소의 경우를 제외하고 화염전파이며, 이것은 두 가지가 있는데 한 가지는 기상 중의 화염전파이고 다른 하나는 액상 또는 고상 표면에서의 화염전파이다.

(2) 기상 중에서 화염전파가 일어나려면 메탄이나 수소와 같은 가연성 가스가 공기와 혼합되어 가연성 혼합기를 형성하고 있는 것이 필요하고 이 혼합기가 착화하여 순간적으로 연소하는 현상이 가스폭발이며 예혼합연소이다.

(3) 표면에서의 화염전파는 가연성 액체 또는 고체의 표면에서 발생하는 석유화재나 건물화재를 비롯하여 도시가스 배관이나 저장조에서 가스가 누출되어 타는 확산연소인 가스화재가 있다.

(4) 누출 후 발화 시간지연이 화재와 폭발을 결정하는 중요한 요소이다.

02 가스폭발

(1) 정의와 메커니즘

1) 정의 : 가연성 가스와 공기의 예혼합기체가 점화원에 의해서 또는 자연발화에 의해서 발화하여 화염이 급속히 전체 가스로 전파됨으로써 큰 압력과 폭음을 내며 연소하는 현상

2) 메커니즘 : 가연성 혼합기체에서 점화원에 의해서 연소반응이 개시되어 화염이 발생하여 미연소의 혼합기체 중에 자력으로 화염전파가 일어나면서 그 속도가 증가되면서 압력파를 형성

(2) 조건

1) 농도조건(조성조건)

① 예혼합상태

② 혼합기체의 농도 : 연소범위

㉠ VCE(폭발) : 누출량이 많은 경우

ⓛ Flash fire(화재) : 누출량이 작은 경우

가연성 혼합물의 일부가 연소상한(UFL) 이상일 경우 Fire ball이 발생한다.

③ 산소농도

2) 점화원(에너지 조건)

① 자체의 발생열에 의한 점화원(자연발화)

② 외부의 점화원

(3) 특징

1) 순간적인 에너지 방출

2) 압력에 의한 피해

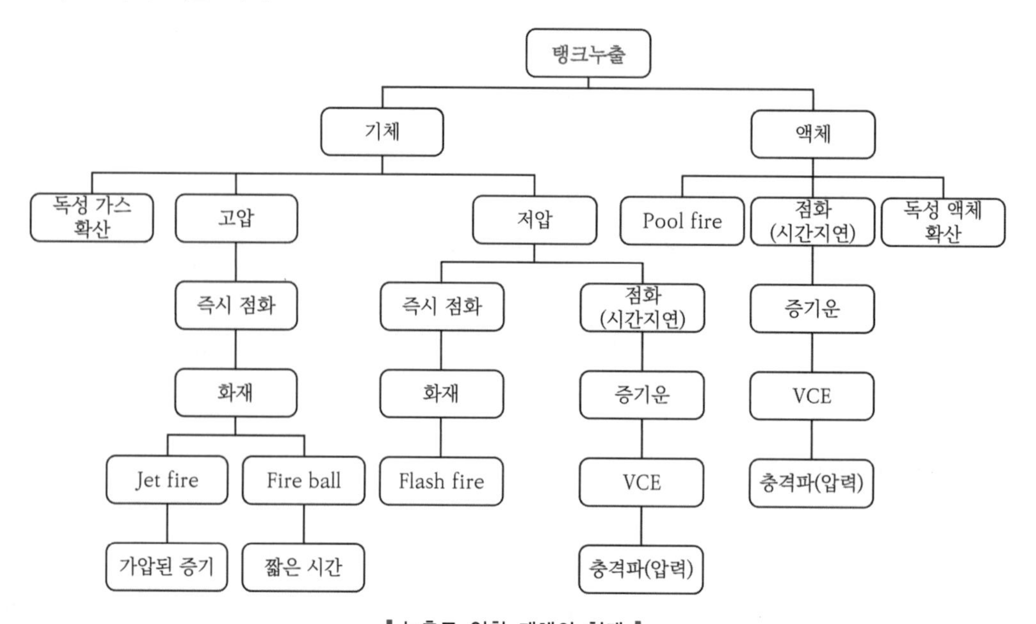

▌누출로 인한 재해의 형태▐

03 가스화재 111회 출제

(1) 조건

1) 농도조건 : 연소범위(확산연소)

2) 에너지조건 : 점화원

(2) 종류

1) 분출화재(jet fire) : 배관 등에서 분출된 고압의 가연성 가스가 즉시 점화되는 화재

2) Flash fire : 저압의 누출된 가연성 가스의 즉시 점화되는 화재

(3) 특징

1) 복사열에 의한 피해가 크다.

2) 소화보다는 가스차단이 중요(ISO C급)하다.

(4) 가스화재의 종류

종류	Vapor fire	Pool fire	Torch fire (jet fire)	Flash fire
형태	확산연소	확산연소	확산연소	확산연소
연소속도	빠르다.	용기크기 1[m] 이상 시에는 일정	빠르다.	가장 빠르다.
열방출률	대	소	중	대
근거리 피해	중	중	소	대
장거리 피해	보통	보통	크다($L = AD$).	작다.
충격파 유무	없다.	없다.	없다.	없다.

플래시 화재(flash fire) : 분진, 인화성 액체의 증기 또는 가스 등과 같은 확산연료를 통해 파괴압력을 생성시키지 않고 빠르게 확산하는 화재[6)]

① 인화성 혼합물의 점화 또는 순간 방출로 발생한다.

② 신속한 연소 및 단기 지속된다.

③ 무시할 수 있는 과압을 생성하는 미리 혼합된, 밀폐되지 않고, 개방된 증기운의 느린 폭연이다.

④ 연료공급에 따른 구분

㉠ 연료 제한 : 순간 지속시간이 몇 초에 불과하며 자체 소화가 된다.

㉡ 연료공급 : 화재는 훨씬 오래 지속되며 연료공급원이 있는 한 연소가 지속된다.

⑤ 특징 : 고온, 짧은 지속시간 및 빠르게 움직이는 화염전선

(5) 유출구

1) 공식 : $L = AD$

여기서, L[m] : 화염길이

A : 연료 종류 등에 의해 결정되는 상수

D[m] : 누출 구경

2) 화염의 길이

① 누출 구경 : 비례

② 구경이 일정한 경우

㉠ 층류 : 누출량(속도)에 의해 비례한다.

㉡ 난류 : 누출량(속도)에 관계없이 일정하다.

6) NFPA 2112

(6) 방호대책

1) 설비적 대책(active)

① 소규모 누설 : 밸브(블록밸브)를 이용해서 차단한다.

② 대규모 누설 : 밸브차단 + 연소방지설비의 동작을 통해 차단한다.

③ 연소방지설비 : 살수설비, 물분무설비 등으로 탱크냉각 및 복사열 차단을 통해서 연소방지를 한다.

④ 포소화설비를 통한 LNG 화재제어를 한다.

포소화설비를 통한 LNG 화재제어

① 누출 초기

㉠ 과정 : LNG는 저장탱크에 -162[℃]로 냉각시켜 부피를 $\frac{1}{600}$로 압축시켜 저장하므로 대기압하에서 비점이 약 -162[℃]의 액상 LNG가 대량 누출 시 초저온하에서는 공기보다 상당히 무거워 방유제 내부에서 풀 형태(pool)가 된다.

㉡ 대책 : LNG 증발량 제한으로 순간적인 폭발성 혼합기 형성방지(메탄 FL : 5 ~ 15[%])

- Passive system : 방유제 설치로 외부유출을 방지하여 증발 표면적을 제한한다.
- Active system
  - 고발포용 고정포 방출설비
    - ⓐ 방유제 상단부 여러 곳에서 방유제 안으로 동시에 액상 LNG 위에 고발포가 방출
    - ⓑ 고발포는 누출액 표면에 LNG의 증발열을 흡수해 순간적 온도차로 얼음층을 형성
    - ⓒ 얼음층에 의해 플래시율이 감소된다.
  - 물분무설비 : 방유제 상부에 수막을 형성하여 복사열을 차단한다.

② 누출 후기

㉠ 과정

- 누출과 동시에 외기에 접한 액상 LNG가 따뜻해지면 온도차 때문에 폭발적으로 기화된다.
- 증기운 형성

㉡ 대책 : 고팽창포의 얼음층이 기화하여 가연성 가스농도를 희석시켜 주고 가연성 가스를 밀어서 대기 중으로 가스를 분산한다.

2) 건축적 대책(passive)

① 방유제, 방액제

② 방화벽

③ 안전거리

④ 보유공지

04 가스화재와 가스폭발의 차이점

(1) 개요

1) 가스 : NTP(21[℃], 1[atm])에서 기체상태이다.

2) 누설, 방류, 체류에 의해 물질조건이 형성되고 점화원에 의해 에너지 조건이 형성되어 화재 및 폭발의 결과가 발생한다.

(2) 가스화재와 가스폭발의 비교

구분	가스화재	가스폭발
메커니즘	누출 → 연소(면) → 배출	누출 → 혼합 → 연소(공간) → 배출
연소범위	범위 내	① 하한계 : 10% 이하 ② 상한과 하한계의 차이 : 20% 이상
위험성	복사열에 의한 잠재적 손상 및 연소확대가 된다.	폭발에 의한 과압을 발생하며 TNT 당량으로 계산하여 환산거리로 평가한다.
공식	$\dot{q}'' = \frac{X_r \dot{Q}}{4\pi r^2}$ 여기서, $\dot{q}''$: 복사열유속[kW/m²] X_r : 총방출에너지 중 복사된 에너지 분율(0.15 ~ 0.6) $\dot{Q}$: 화재 시 연소에너지 방출률[kW] r : 화재 중심과 목표물 간 거리[m]	$W_{TNT} = \frac{(\eta) M_f H_c}{H_{cTNT}}$ 여기서, W_{TNT} : TNT 당량[kg] η : 폭발효율[%] M_f : 가연물의 질량[kg] H_c : 연소열[kcal] H_{cTNT} : TNT 1[kg]당 연소열 (1,120[kcal/kg]) $Z = \frac{R}{W_{TNT}^{\frac{1}{3}}}$ 여기서, Z : 환산거리[$\mathrm{m/kg^{\frac{1}{3}}}$] R : 폭원으로부터 거리 W_{TNT} : TNT 당량[kg] t : 도달 또는 지속시간
에너지 방출속도	작다.	크다.
연소형태	확산연소 : 픽스의 법칙(Fick's law)에 의해 농도가 높은 곳에서 낮은 곳으로 이동하여 연소면에서 연소한다.	예혼합연소 : 화염면이 스스로 전파되어 이동하여 연소하고, 공간 전체가 연소하며 전파속도에 따라서 폭연과 폭굉으로 구분한다.

SECTION 007 연소파, 폭연파, 폭굉파

01 개요

(1) 예혼합연소에서 점화원에 의하여 발생한 화염면이 혼합가스 내 공간을 이동하는 화염전파라는 현상이 발생한다.

(2) 연소 시 발생하는 파동을 연소파라고 한다.
   1) 연소파가 음속 이하로 가속되면 폭연파로 발전한다.
   2) 연소파가 음속 이상으로 가속되면 폭굉파로 발전한다.

(3) **파동의 구분**
   1) **연소파**(combustion wave) : 연소 시 발생하는 파동
   2) **압력파**(pressure wave) : 연소파 앞 공기의 상당한 압축으로 인해 발생하는 파동
   3) **충격파** (shock wave)
      ① 정의 : 에너지를 전달하고 매질을 통해 전파될 수 있지만 갑작스럽고 거의 불연속적인 매질의 압력, 온도 및 밀도 변화로 완전히 발달된 큰 진폭의 압축파(McGraw-Hill, 1978).
      ② 개체의 앞쪽 가장자리는 충격(왼쪽, 빨간색)을 일으키고 개체의 뒤쪽 가장자리는 팽창파(오른쪽, 파란색)를 유발한다.

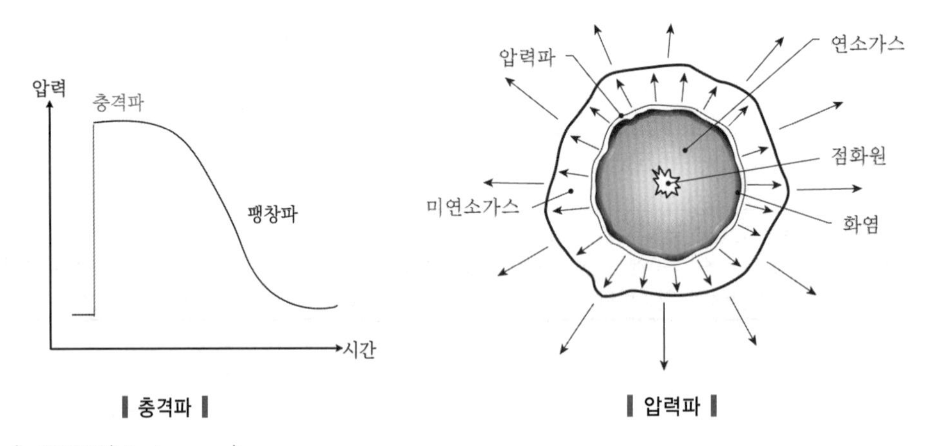

▌충격파▌ ▌압력파▌

   4) **폭풍파**(blast wave)
      ① 정의 : 폭발에 의해 움직이는 공기파(McGraw-Hill, 1978)

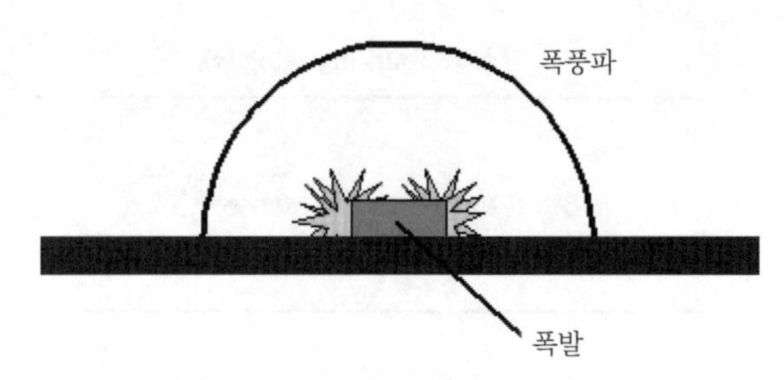

▌폭풍파의 개념도 ▌

② 근거리, 중거리 및 원거리 장 폭발파의 분류(Shepherd et al. 1991)

분류	최고 과압	
근접 범위	> 10[psi]	> 0.69[bar]
중거리	0.5 ~ 10[psi]	0.034 ~ 0.69[bar]
원거리	0.5[psi] 미만	0.034[bar] 미만

02 화염전파 메커니즘(mechanism)

(1) 반응개시

점화원에 의해 배관 등의 한쪽 끝에서 시작된다.

(2) 착화 후 화염면이 배관을 따라 이동 시작

화염면의 이동원인은 열의 전도와 분자확산운동에 의한 에너지가 전달된다.

(3) 반응에 의해 기체가 팽창하여 압력파 형성

팽창은 반응 전후의 몰수변화 및 열팽창에 기인한다.

03 연소속도와 화염전파속도

(1) 연소속도(burning velocity)

1) 정의

화염이 연료와 산화제를 연소생성물로 변형시킴에 따라 화염반응선단이 미연소 혼합기로 이동하는 속도

2) 필요성

① 폭발에 의한 피해 정도(압력)를 예측하는 요소 : 예혼합연소의 경우 발화 후 화염면이 미연소 혼합기체를 향하여 이동하는 속도인 화염속도(flame speed)이다.

② 화염속도는 다양한 변수에 의해 영향을 받아 변화한다. 따라서, 고정된 평가기준이 필요하고 이를 위한 것이 연소속도(burning velocity)이다.

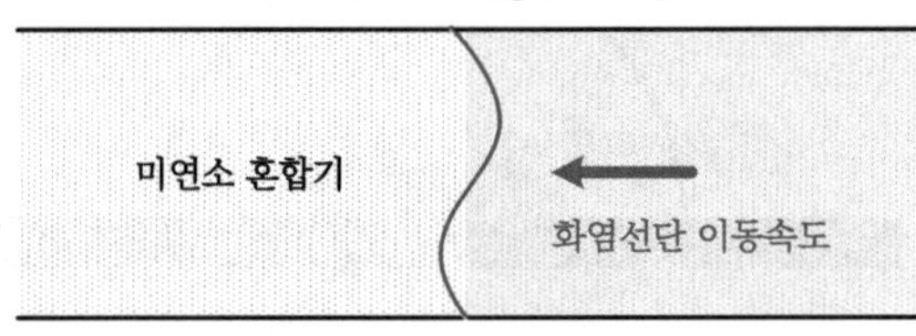

3) 연소속도는 일정한 값으로 실험실에서 측정한 실험값(NFPA 68, guide for venting of deflagrations의 값)이다. 미연소 혼합기체의 특정유량에 대한 화염선단의 면적을 측정한다.

4) **일반적으로 상온 · 상압의 탄화수소 최대 연소속도** : 0.4 ~ 0.5[m/sec] 정도(분젠버너로 측정)

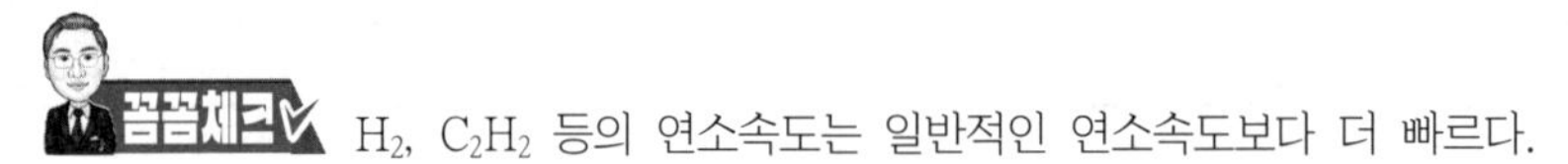

H_2, C_2H_2 등의 연소속도는 일반적인 연소속도보다 더 빠르다.

5) 영향인자

① 혼합물 조성 : 양론 혼합물보다 연료가 약간 많은 혼합물의 경우 최댓값을 가진다.

② 온도 : $S_u = 0.1 + 3 \times 10^{-6} T^2$

여기서, S_u : 연소속도

T : 절대온도

③ 연소속도와 압력의 관계 : $S_u \propto P^n$

연소속도	압력과의 관계
0.45[m/sec] 이하	반비례
0.45 ~ 1[m/sec]	변화 없음
1[m/sec] 이상	비례

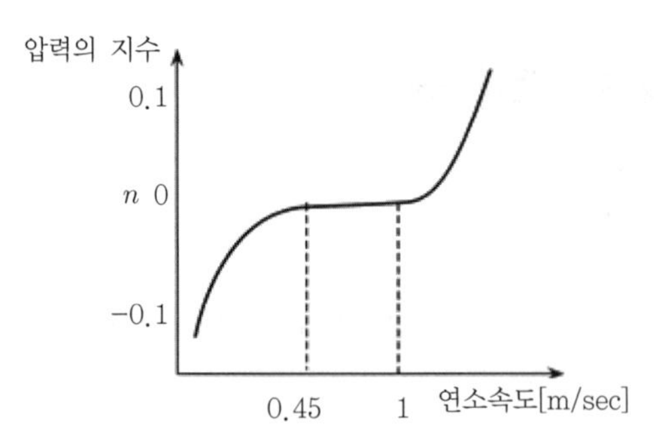

▎연소속도와 압력▎

④ 첨가제의 특성

첨가제 종류	특성
N_2, CO_2	① 불활성 가스의 비반응성에 의하여 화염온도가 낮아지고, 그에 비례하여 연소속도가 감소한다. ② 불활성 첨가제의 양이 일정 양 이상이 되면 화염이 소멸한다.
HCl	연소한계에 미치는 효과가 질소와 거의 동일하므로 불활성 가스의 첨가제 역할(일정 양 이상 시 연소한계를 벗어남)을 한다.
Br(화학억제제)	화염온도의 감소와는 관계없이 화학적 효과에 의해 연소속도가 감소한다.

⑤ 난류 : 난류가 발생하면 열전달률이 증가하여 연소속도도 증가한다.

6) 측정방법

① 노즐의 가연성 가스 분출속도를 조절하여 예혼합화염이 안정된 평판화염(flat premixed flame)을 얻을 수 있으며 이때 분출속도가 연소속도가 된다.

② 공식

$$S_u = \frac{Q}{A}$$

여기서, S_u : 연소속도[m/sec]
Q : 유량[m^3/sec]
A : 노즐단면적[m^2]

③ 예혼합화염

㉠ 변수 : 연소속도, 화염온도, 연소범위

㉡ 결정요소 : 압력, 온도 및 몰 농도 혼합비율

㉢ 예혼합연소는 일정한 연소속도(S_u)를 가진다.

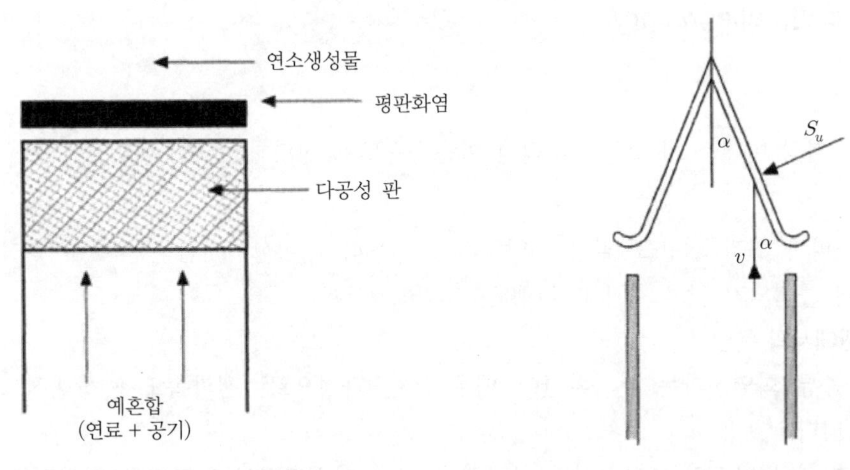

▌연소의 정의를 나타내는 평판화염▐

▌원뿔 각도(α) 및 연소속도(S_u) 정의 표시($S_u = v\sin\alpha$)▐

(2) 화염전파속도(flame speed)

1) 연소속도는 일정한 값을 가지는 정지화염이지만, 배관이나 덕트 내부의 화염전파는 화염이 유동하므로 유체의 유동성질인 점성 및 난류에 의해 변화한다.

2) **용기 내 화염전파** : 폭연의 경우 균등하게 상승한다.

3) **배관 내 화염전파** : 화염전파속도 및 압력은 배관 내를 이동하면서 증가한다.

① 노즐방향으로 배관을 따라 진행하는 화염전파속도는 균일한 속도로 진행된다.

② 화염선단의 면적(A_f)은 항상 배관의 단면적(A_d)보다 $2 \sim 3$배가 크므로 화염전파속도는 그에 비례하여 연소속도보다 빠르다.

③ 연소 후 몰수 및 온도 증가로 인한 기체 팽창에 의한 가속으로 화염 및 미연소가스를 밀어내면서 난류를 형성하고 화염전파속도는 증가한다.

④ 배관의 길이와 가속이 충분한 경우는 화염면이 피스톤처럼 미연소 가스를 밀어내어 압축하면서 화염면 전방에 충격파(shock wave)가 형성(폭연)된다.

4) $v_{ex} = v_d + \phi \cdot S_u$

여기서, v_{ex} : 화염전파속도(상태에 따라 변화하는 값, 환경의 함수)

v_d : 미연소 가스의 이동속도

ϕ : $\frac{A_f}{A_d}$($\frac{\text{화염선단 면적}(A_f)}{\text{배관의 단면적의 비}(A_d)}$, 보통 $2 \sim 3$배)

S_u : 연소속도(물질의 특성으로 고정된 값)

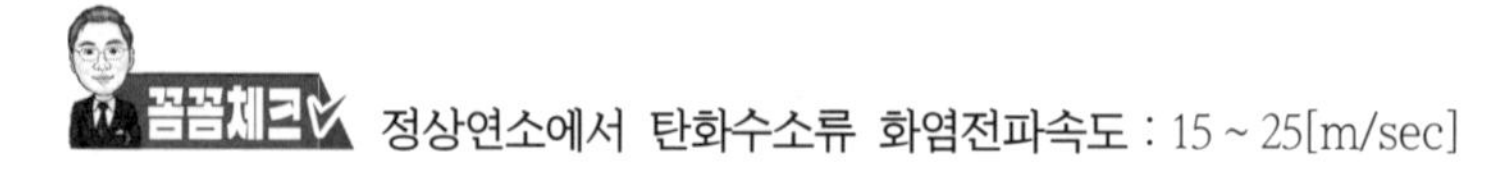

정상연소에서 탄화수소류 화염전파속도 : 15 ~ 25[m/sec]

04 폭연(deflagration) 116 · 96 · 92 · 71회 출제

(1) **정의**

화염 직전의 미연소 가스에 상대적인 아음속속도로 전파하는 연소파

(2) **특징**

1) 연소파가 열과 질량을 밀어서 압력파가 이동하는 현상이지만 아직은 거리를 두고 있어 중첩되지 않은 상태로 진행되는 폭발

2) 배관에서의 폭연

① 층류 화염전파는 분자확산이 매우 느린 과정으로, 전파속도가 상대적으로 느리다.

② 화염이 연소의 불안정성과 난류성에 의해 연소면적이 확장되면 화염전파속도가 증가한다.

③ 연소파가 압축되고 가열되면서 압력파를 만들면 폭발음이 발생한다.

④ 화염전파속도 : 음속 이하

3) 압력파의 생성 : 화학반응에 의한 기체의 팽창(몰수와 온도의 증가)

4) 폭연 : 가스폭발사고에서 가장 일반적인 화염전파의 형태

5) 폭연의 압력증가와 시간 : 비례관계

6) 폭연의 압력증가와 거리 : 압력파 발생 부근에서 최대 압력형성

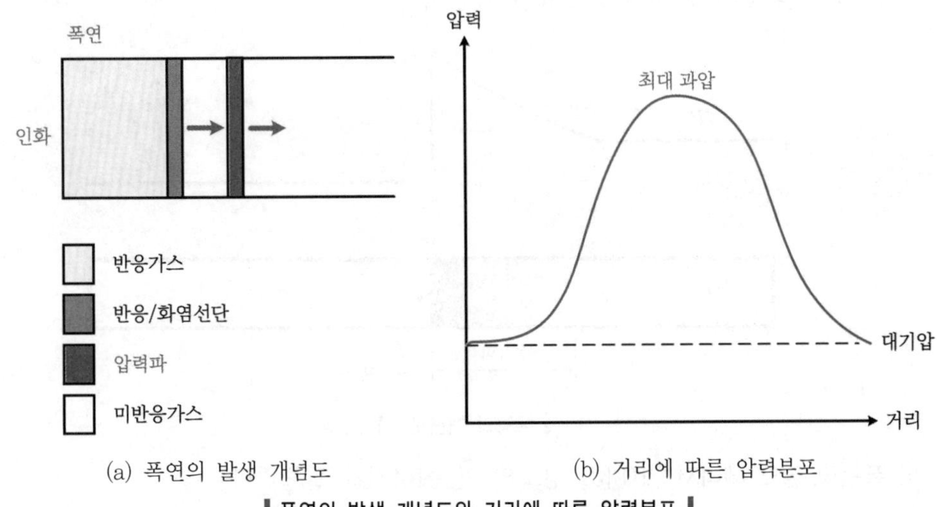

▌폭연의 발생 개념도와 거리에 따른 압력분포▐

(3) 폭연발생 메커니즘

1) 미연소 가스 유동속도 결정 : 고온 생성물이 배기되지 않아 압력을 일정하게 유지할 수 없을 때는 속도가 증가하면서 해당 생성물이 화염과 미연소 가스를 앞으로 밀어내서 압축시키며 압력파를 형성한다.

2) 팽창으로 인해 화염선단 전방의 난류 증가 : 난류가 되면 주름상이 되어 화염선단의 면적(A_f)이 증가한다.

05 폭굉(detonation) 116 · 96 · 92 · 71회 출제

(1) 정의

1) 연소파가 미연소 가스를 향하여 초음속으로 전파되어 충격파를 발생시키는 폭발

2) 극한의 온도를 생성하고 가스를 방출하며 부피를 확장시키는 에너지의 가속방출 현상

(2) 특징

1) 연소파와 압력파가 중첩되면서 화염전파속도가 초음속 이상 증가되는 현상
2) 반응면이 혼합물을 AIT 이상으로 압축시키는 강한 충격파에 의해 전파하는 현상
3) 가스폭발 중 가장 파괴적인 형태
4) 폭굉압력하중
   ① 최곳값이 높고 지속성이 짧다.
   ② 구조물 안전성 평가의 중요한 요소이다.

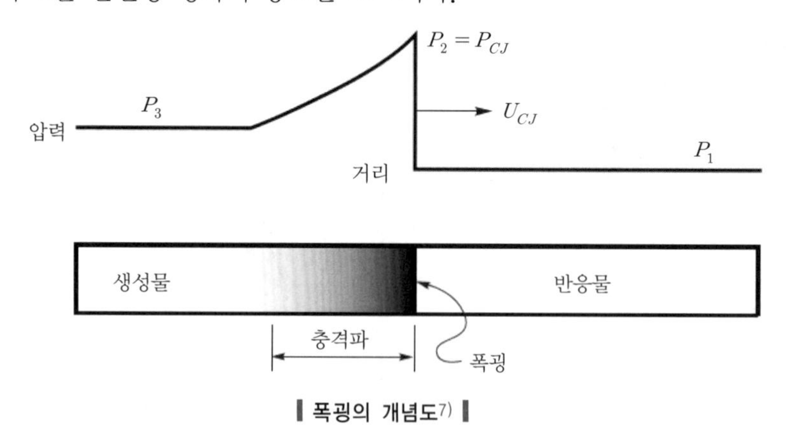

▌폭굉의 개념도[7] ▌

5) 폭굉의 필요 에너지 : 10^6[J] 정도의 큰 에너지가 필요하다.
   ① 바로 폭굉을 시작하기에는 많은 에너지가 필요하므로 발생하기가 곤란하다.
   ② 긴 배관과 같은 곳에서 폭연에 의해 압축에너지가 증가하고 난류에 의해 증폭 전파된 화염은 폭굉을 발생시킬 수도 있다.
6) 폭굉의 압력상승
   ① 불균일하며 충격파가 순간적으로 발생한다.
   ② 공간적으로 불균일한 압력상승은 폭발배출(venting)이나 폭발진압설비의 적용이 곤란하다.

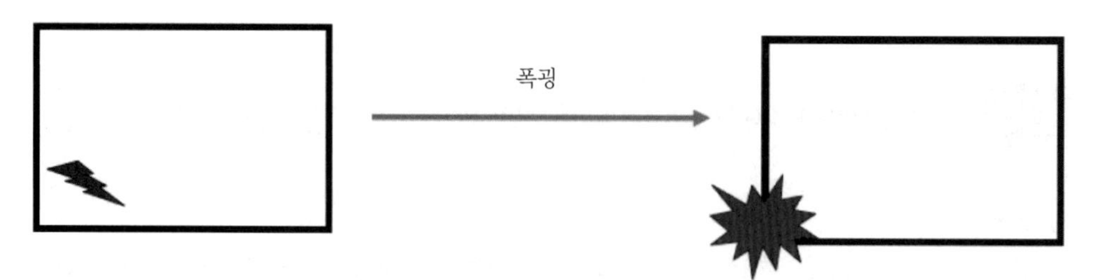

▌착화지점과 폭굉의 발생에 따른 불규칙한 압력분포▌

7) Detonation Waves and Pulse Detonation Engines. E. Wintenberger and J.E. Shepherd. Ae103, January 27, 2004

㉠ 폭굉의 최대 압력 : 버지스(Burgess)의 식

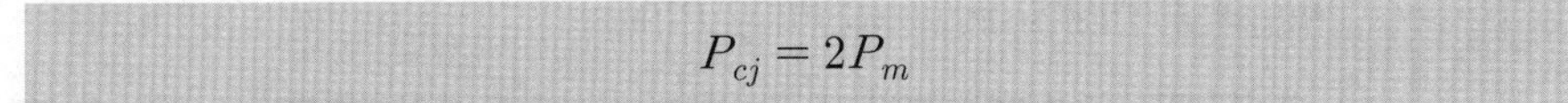

$$P_{cj} = 2P_m$$

여기서, P_{cj} : 폭굉 후 압력
P_m : 폭연 후 압력

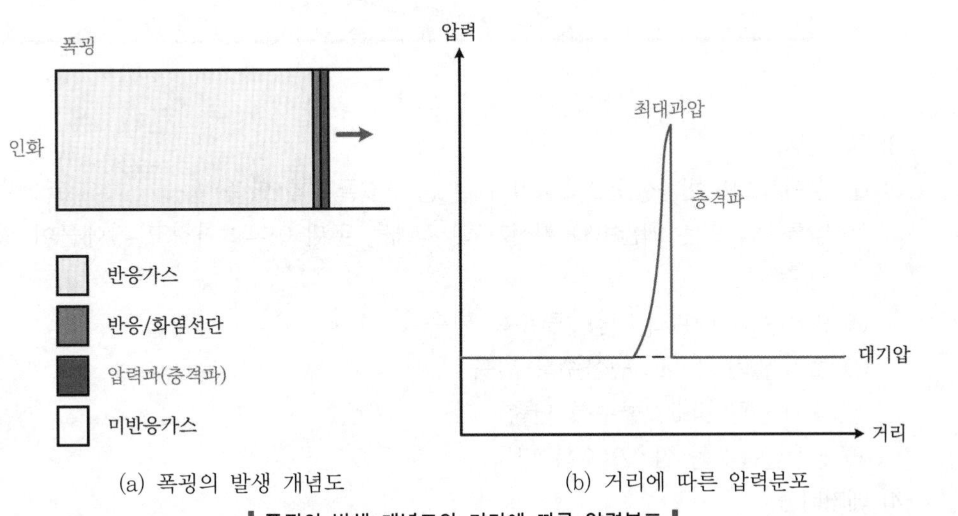

(a) 폭굉의 발생 개념도 (b) 거리에 따른 압력분포

▎폭굉의 발생 개념도와 거리에 따른 압력분포▐

㉡ 양론농도의 압력 : 약 16 ~ 20[atm]

㉢ 폭굉 시 화염전파속도

$$v_{ex} = 2M \times a$$

여기서, v_{ex} : 화염전파속도(1,000 ~ 3,500[m/sec])
M : 마하수로, 약 5
a : 음속(350[m/sec])

마하수(mach number) : 음속에 비하여 속도가 얼마나 되는지를 나타내는 수

㉣ 폰 노이만 압력(Von Neumann spike) : 폭굉파 전면에 발생하는 비정상적인 압력(ZND Model)

③ 폭굉의 압력 : 폭연 압력의 10배 이상

(3) DDT(Deflagration to Detonation Transition) : 폭연에서 폭굉으로 전이

1) 정의 : 초기 점화에 의해 폭연으로 생성된 압축파가 중첩되어 강력한 충격파를 형성해 화염면과 충격파가 거의 접근한 중첩상태의 폭굉으로 발달하는 것

2) 발생조건

① 가연성 가스의 농도 : 폭발범위 내

② 배관의 길이 : 배관 직경의 최소 10배 이상

③ 파이프의 직경 : 최소 12[mm] 이상

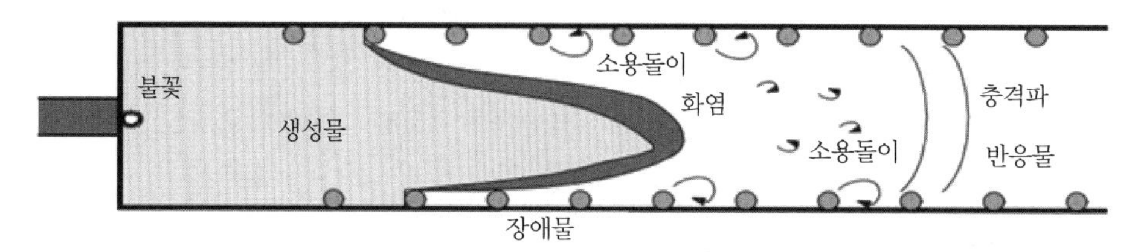

▌DDT▐

3) 영향인자

① 혼합가스의 반응성(연소속도가 빠른 정도) : 클수록 단축

② 방호구역 또는 배관벽의 거칠기 및 장애물 존재 여부 : 거칠고 장애물이 있을수록 단축

③ 방호구역 · 배관의 직경 : 클수록 단축

④ 초기 압력 · 온도 : 높을수록 단축

⑤ 초기 난류 정도 : 클수록 단축

⑥ 정상압력 : 큰 가스일수록 단축

4) 메커니즘

① 예열대 온도가 상승한다.

② 반응대가 연소반응에 의해 예열대로 이동(연소파 발생)한다.

③ 예열대가 전방의 미연소가스로 이동하면서 온도가 상승한다.

④ 난류에 의해 화염대 두께 증가로 에너지 전달면적이 증가하고 이로 인해서 압력이 상승 : 연소파 전방에 압력파가 발생$\left(\frac{PV}{T}=k\right)$한다.

⑤ 연소파와 압력파가 중첩되면서 폭굉선단에 충격파가 발생한다.

⑥ 충격파에 의해 강한 단열압축 발생 : 급격한 압력상승으로 온도가 상승한다.

$$\left(\frac{T_f}{T_i}=\left(\frac{P_f}{P_i}\right)^{\frac{K-1}{K}}\right)$$

여기서, T_f : 최종 절대온도값

T_i : 초기 절대온도값

P_f : 최종 절대압력값

P_i : 초기 절대압력값

K : 비열비$\left(\frac{C_p}{C_V}\right)$

C_p : 정압비열

C_V : 정적비열

⑦ 폭굉선단은 음속보다 높은 속도로 미연소 가스로 전파된다.

폭굉선단 앞의 가스는 충격파에 의해 분산되지 않는다. 왜냐하면 너무나도 속도가 빨라서 흩어지지 못하고 압축되면서 압축온도가 AIT 이상으로 상승하게 되면 자동발화가 일어나면서 화염이 전파되기도 전에 폭발하게 된다.

⑧ 충격파는 배후의 연소열에 의해 영향을 받는다.

⑨ 충격파에 의한 압력반사는 입사압력과 입사각도에 의존 : 약한 충격일 경우 반사압력은 입사압력의 2배 정도이고 강한 충격은 8배까지 상승한다.

입사각 : 충격파와 부딪히는 면의 각을 말하며, 90°의 입사각이란 평면에서 평행하게 이동한 것을 나타내며 0°는 충격파가 부딪히는 면과 정면충돌하는 것을 말한다.

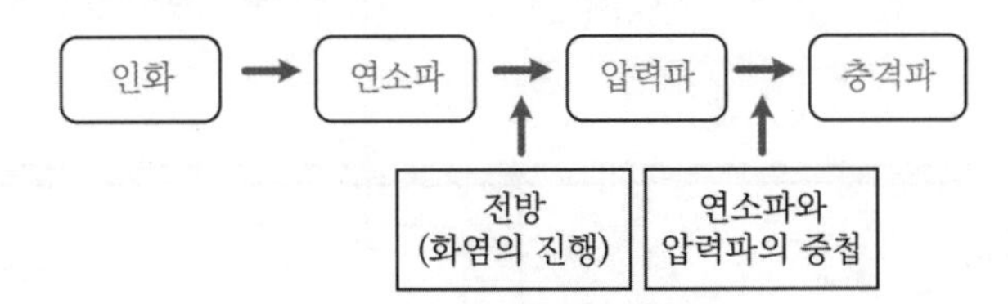

▌폭굉의 발생 메커니즘▐

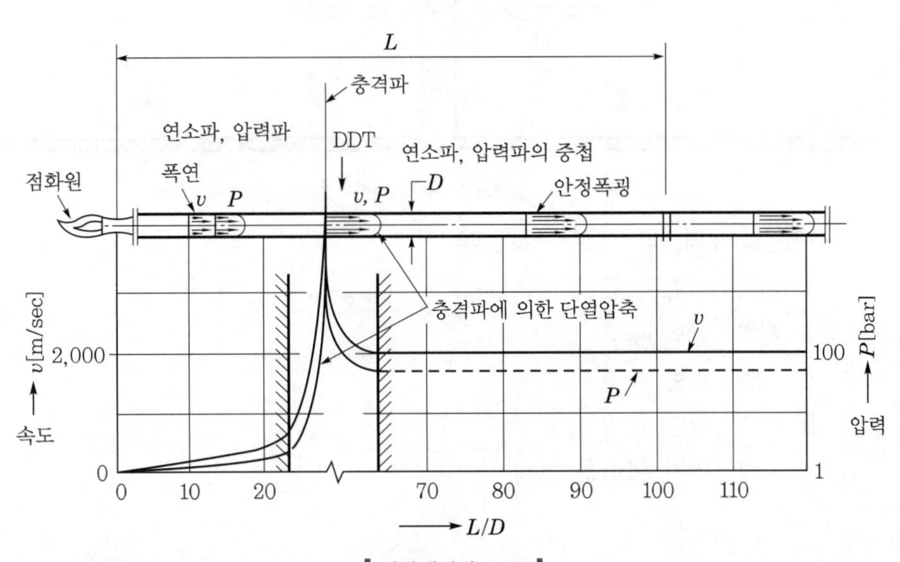

▌배관에서의 DDT▐

(4) 폭굉유도거리(DID : Detonation Induction Distance) 116회 출제

1) 정의 : 완만한 연소가 폭굉으로 발전하는 거리

2) 위험성 : 짧을수록 폭굉으로의 발전이 용이해서 위험하다.

3) 폭굉유도거리가 짧아지는 조건(DDT 참조)

4) 활용

① 진압설비 설치 시

② 화염방지기 설치 시

(5) 박막폭굉(film detonation)

1) 정의 : 고압의 공기배관이나 산소배관 중에 윤활유가 박막상으로 존재할 때 박막의 온도가 인화점 이하일지라도 어떤 원인으로 높은 에너지를 보내면 관벽에 부착되어 있던 윤활유가 무화하여 폭굉으로 되는 현상

2) 대상 : 기계유, 윤활유

(6) 채프먼-주게 이론(Chapman-Jouguet theory)

1) 목적 : 폭발(폭연 · 폭굉) 후 압력과 체적(밀도) 변화계산

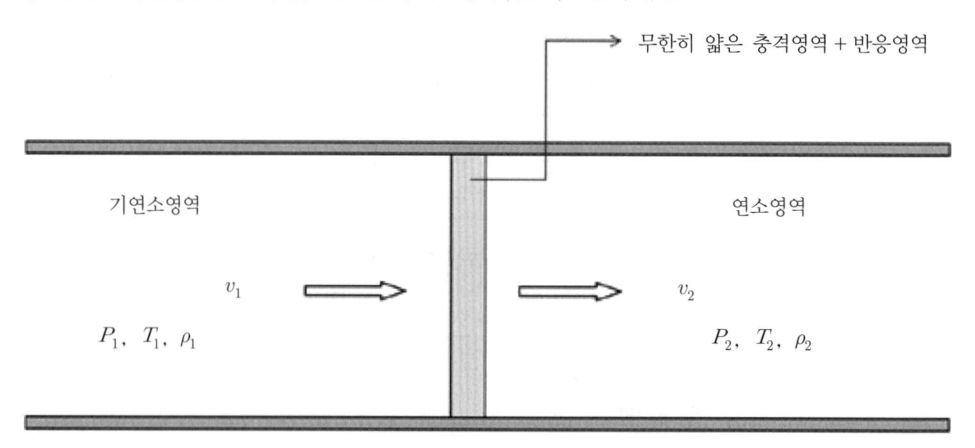

▎채프먼-주게 이론[8] ▎

2) C-J점을 5개의 지역으로 구분한다.

① Ⅰ 지역 : 강한 폭연

② Ⅱ 지역 : 약한 폭연

③ Ⅲ 지역 : 약한 폭굉

④ Ⅳ 지역 : 강한 폭굉

⑤ Ⅴ 지역 : 얻기 어려운 상태

8) Figure 1.2. Detonation schematic : Chapman-Jouguet theory. EFFECT OF FRICTION ON THE ZEL'DOVICH-VON NEUMANN-DORING TO CHAPMAN-JOUGUET TRANSITION by SUSHMA RAO. THE UNIVERSITY OF TEXAS AT ARLINGTON. August 2010

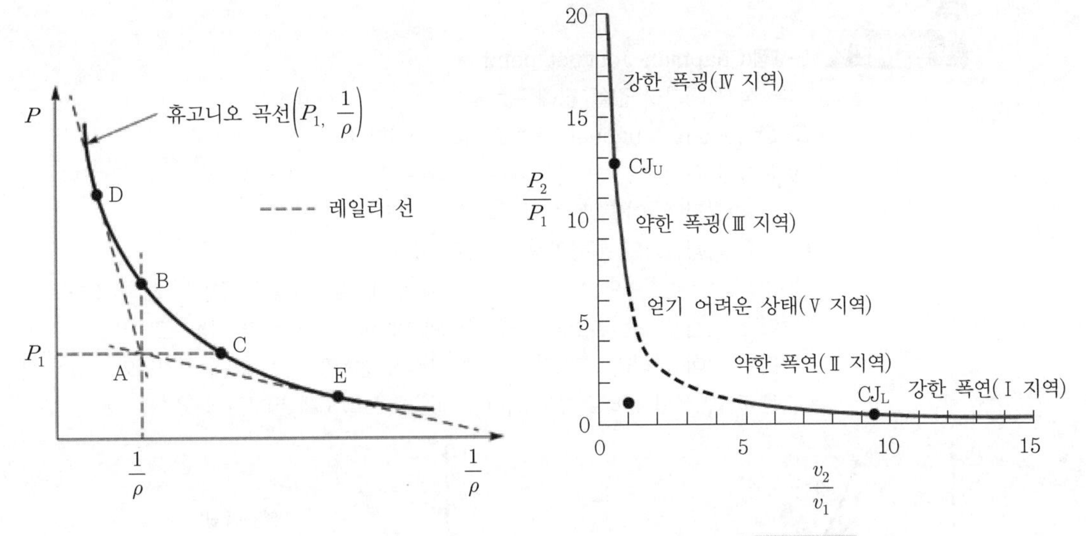

▌랭킨 휴고니오 곡선(Rankine-Hugoniot relations)▐ 129회 출제

휴고니오 곡선(Hugoniot relations) : 폭발(폭연 · 폭굉) 후 압력과 체적(밀도) 변화를 나타내는 곡선

구분		화염전파 속도	압력	(비)체적	밀도	마하수 (M)	비고
폭굉	강한 폭굉 (D점 위에)	초음속	크게 증가	크게 감소	크게 증가	1≪	드물게 볼 수 있다.
	약한 폭굉 (D–B점)	음속	작게 증가	작게 감소	작게 감소	1	드물게 볼 수 있다.
폭연	약한 폭연 (C–E점)	아음속	작게 감소	작게 증가	작게 감소	1≫	개방공간에서 볼 수 있다.
	강한 폭연 (E점 아래)	아음속	크게 감소	크게 증가	크게 증가	1>	볼 수 없다.

3) C–J점

① A점 : 파면 전의 상태의 점

② D점 : 상부 C–J점, A점과 R–H곡선의 접점($P_2 > P_1$ and $v_2 < v_1$)으로 배관 상에서 관찰이 가능한 점

③ B점 : 반응 후의 상태, 폭연과 폭굉의 경계점($v_2 = v_1$)

④ C점 : 반응 후의 상태, $P_2 = P_1$ and $v_2 = v_1$

⑤ E점 : 하부 C–J점

C-J점(Chapman-Jouguet point)

① 안정 폭굉파의 값을 정해주는 점

② Chapman-Jouguuet 가설에 따라 산정한다.

③ 산출된 폭발속도 중 가장 속도가 작은 조건(Chapman - Jouguet 조건)이 가장 안정되며, 이를 안정 폭굉파라고 한다.

④ 각종 폭굉반응의 특성치를 구할 수 있다.

⑤ 충격파는 연소영역으로부터 압력파에 의해 에너지를 공급받아 계속 강화되나, 어떤 지점부터는 연소영역으로부터의 열이나 입자 등의 이동으로 연소가 진행되는 것이 아니라 충격파에 의해 가스가 점화된다. 그래서 충격파와 연소영역은 더 안정된 상태로 진행되어 C-J점에 도달하게 된다.

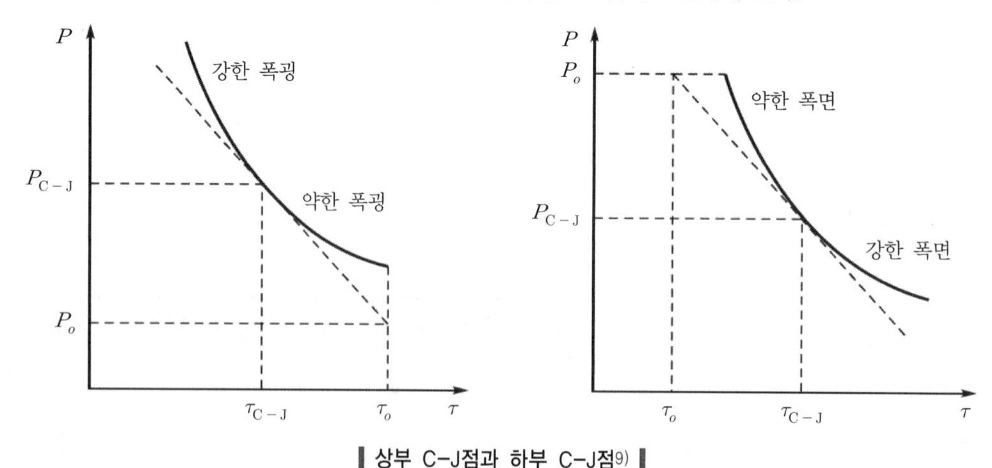

▌상부 C-J점과 하부 C-J점[9]▐

4) 채프먼-주게(Chapman-Jouguet) 파동

① 정의 : 안정된 폭굉파로 미연소된 혼합가스에 대하여 초음속으로 이동하는 파동

② 채프먼-주게의 파동은 배관이 막혀 있는 경우 종단의 반사파 중첩에 의해서 압력이 크게 상승한다.

③ 초기 발생압력의 2배에서 8배 정도로 추정 : 예를 들어 4[MPa]의 입사압력으로 시작된 충격파가 관의 종단에서 반사파에 의해서 32[MPa](4×8배)[10]로 상승시키고 이것이 다시 중첩되면서 64[MPa](2배)의 과압까지 상승하게 된다.

9) Figure 7 : Zoom on the Crussard curve : on the left side, the detonation branch($P \geq P_0$) is cut into two parts by the Chapman-Jouguet point. The upper part is the part of the strong detonations, and the lower part is called the part of the weak detonations. On the right side, the deflagration branch($P \leq P_0$) is cut into two parts by the Chapman-Jouguet point. The upper part is the part of the weak deflagrations, and the lower part is called the part of the strong deflagrations.

10) 강한 충격파가 정면으로 부딪힐 때 반사과압 · 입사과압의 최고 비율은 8배이다.

(7) ZND(ZND : Zel'dovich–von Neumann–Doring theory) model of detonation

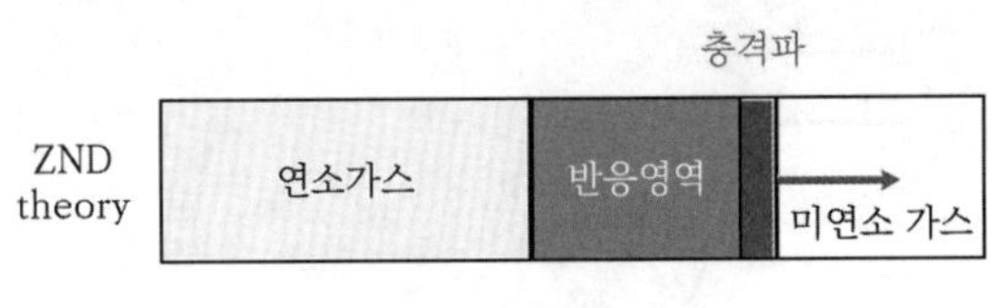

▌ZND 모델 이론▐

1) **개념** : 폭굉파는 충격파가 바로 뒤따르는 불꽃

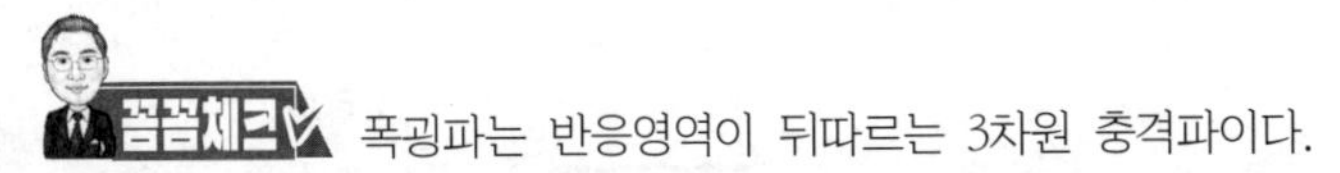

폭굉파는 반응영역이 뒤따르는 3차원 충격파이다.

2) ZND 영역 : 폭굉파면에서부터 파면에 대해 음속으로 멀어지는 면까지의 영역

3) **영역구분** : 폭굉파가 지나가면 반응 전 화약은 강한 충격파에 의해 고온 · 고압의 상태로 변하고 이후 일정 시간 동안 화학반응에 의해 에너지가 존재하며, 여기서 발생하는 에너지가 폭발파를 지속시키는 원동력이 된다.

① 화학적 유도영역(chemical induction zone)

② 화학적 에너지 방출영역(chemical energy release zone)

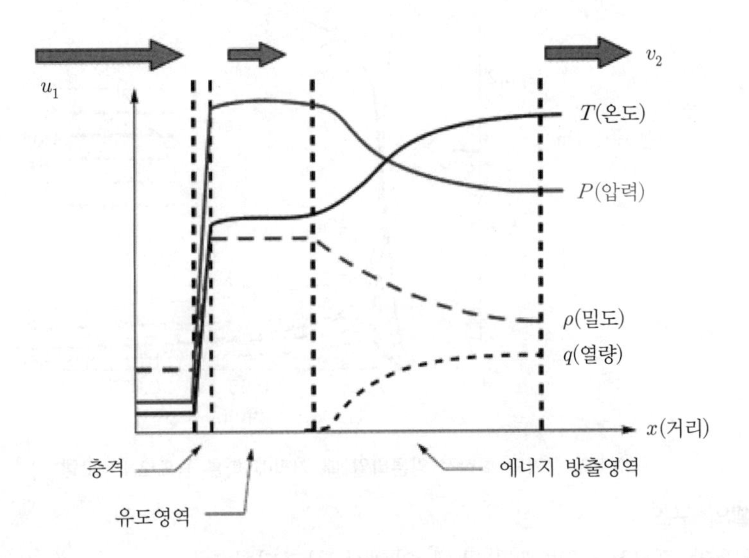

4) 의의 : ZND 영역에서 발생하는 화학반응에 의해 폭굉파의 형성과 소멸이 결정된다.

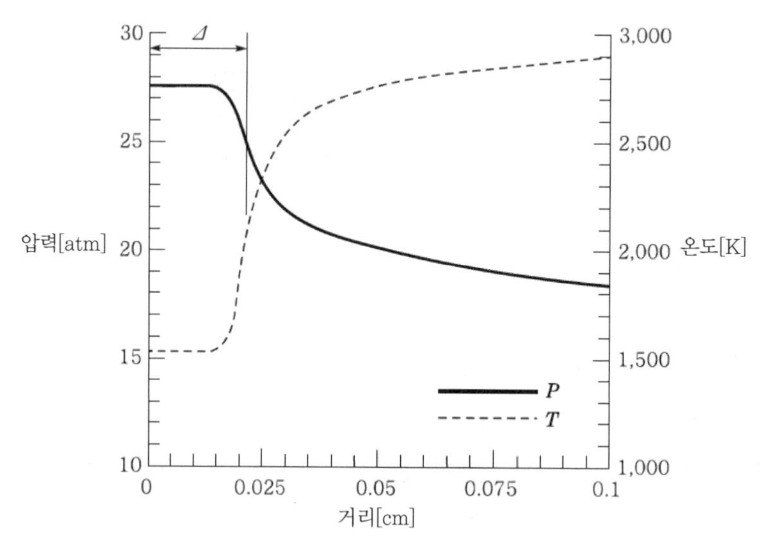

▌수소와 공기의 화학적 양론비일 때 거리에 따른 압력과 온도(ZND 모델)▐

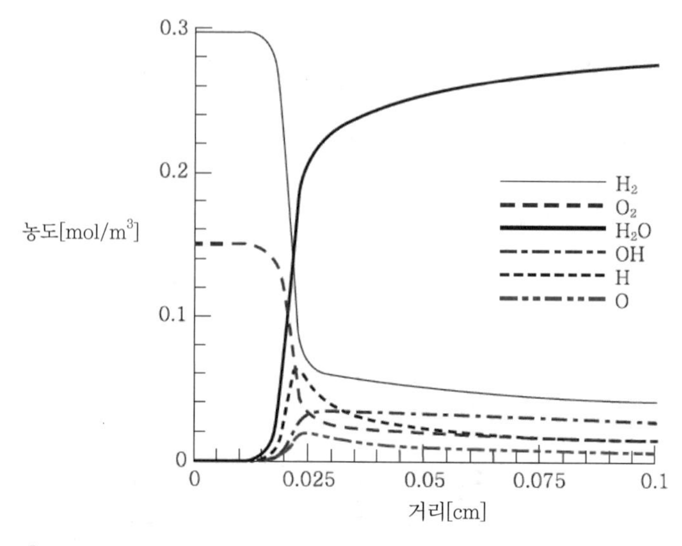

▌수소와 공기의 화학적 양론비일 때 거리에 따른 농도(ZND 모델[11])▐

(8) 폭굉셀의 구조

1) 폭발의 규모는 폭굉셀의 폭에 의해서 결정된다.

2) $S_c = 0.6L_c$

여기서, S_c : 폭굉셀의 폭

L_c : 폭굉셀의 길이

11) ZND profile of a detonation wave in stoichiometric hydrogen-air mixture at 1atm and 300K. Detonation Waves and Pulse Detonation Engines. E. Wintenberger and J.E. Shepherd. January 27, 2004

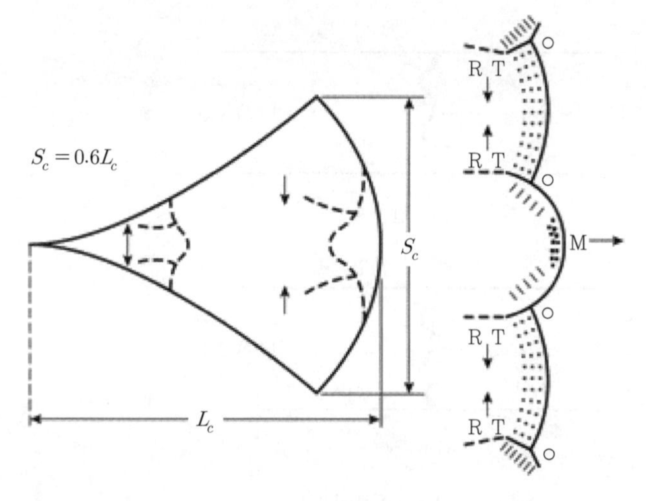

▌폭굉셀의 구조12) ▌

06 폭연과 폭굉의 비교

(1) 온도, 압력, 밀도의 변화

1) 연소파

① 연소생성물은 미연소 가스에 비해 밀도가 낮다.

② 연소생성물의 온도는 상승하며 압력은 일정하다.

2) 폭연파

① 반응지속에 의해 화염 자체 온도가 크게 상승한다.

② 밀도감소폭은 연소파보다 작고, 결과적으로 압력은 감소한다.

3) 폭굉파 : 온도, 밀도, 압력이 모두 상승한다.

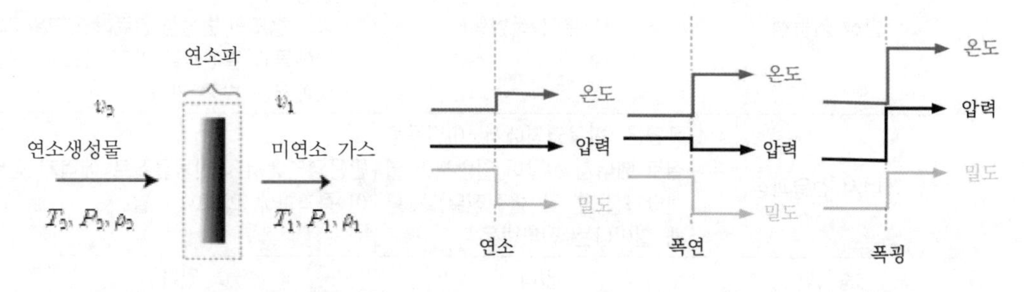

12) Figure 3-16.8. Detonation cell structure. SFPE 3-16 Explosion Protection 3-412

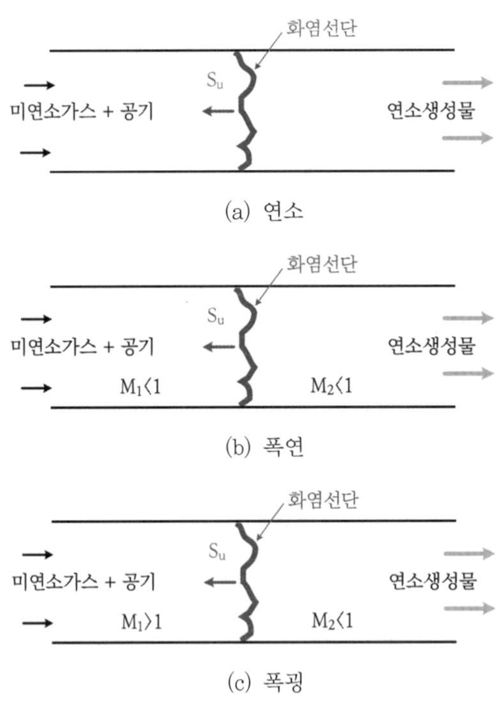

▎화염전파속도(M : 마하수)▎

(2) 폭연과 폭굉의 비교 116회 출제

구분	폭연	폭굉
연소파(압력파)의 미반응 매질 속으로 화염전파속도	아음속 (1 ~ 350[m/sec])	초음속 (1,000 ~ 3,000[m/sec])
압력증가	수기압 정도 (수[mbar] ~ 수[bar])	초기 압력의 10배 이상 (15 ~ 20[bar] 정도)
발생 가능성	대부분의 폭발형태	① 수소, 아세틸렌 등 반응성이 큰 연료 발생 가능 ② 중간 정도의 반응성 연료라도 고밀도의 장애물과 밀폐율을 가진 가스운, 배관 내에서는 발생 가능
에너지 전달과정	폭연은 반응영역에서 미반응물질로 에너지 전달이 일반적인 열전달과정(열 및 물질전달)을 통해 일어나는 전파반응	반응영역에서 미반응물질로 에너지 전달이 충격파에 의하여 전달
충격파	없다.	있다.
압력상승	균일	불균일
연소파와 충격파의 관계	없음	중첩이 발생되면서 에너지가 증폭
압력과 화염전파속도	압력증가속도 > 화염전파속도	압력증가속도 ≤ 화염전파속도
방호대책	가능(압력증가가 빠르기 때문에 파열판이 동작 가능)	곤란(압력증가보다 화염의 전파속도가 같거나 빠르기 때문에 방호가 곤란함)

구분	폭연	폭굉
압력분포	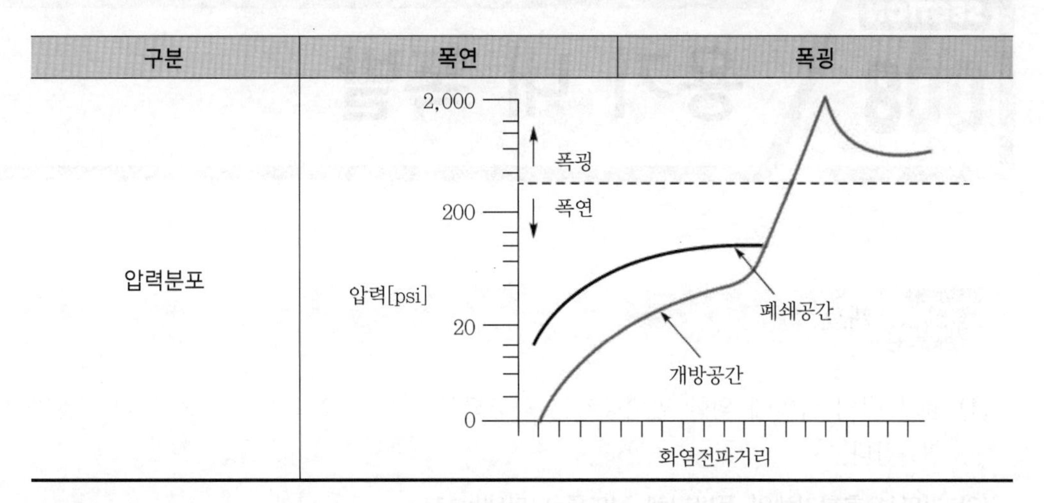	

꼼꼼체크 내연기관에서 가솔린과 공기혼합물은 폭연으로 거의 $\frac{1}{300}$초 안에 완전연소하는 반면, 폭굉의 경우 $\frac{1}{10,000}$초 안에 완전연소한다.

SECTION 008

용기 내 폭발

01 개요

(1) 용기 내의 폭연에 의한 압력증가는 화염확산 정도와 연소가스의 온도 및 조성에 따라 변화한다.

(2) 가연성 혼합기체의 폭발피해 정도를 나타내는 지수

1) 연소속도(burning velocity) : 가스

2) 폭연지수(explosion index) : 분진

(3) 주요 인자

1) 용기체적

2) 최대 압력상승률 : $\left(\frac{dP}{dt}\right)_{max}$

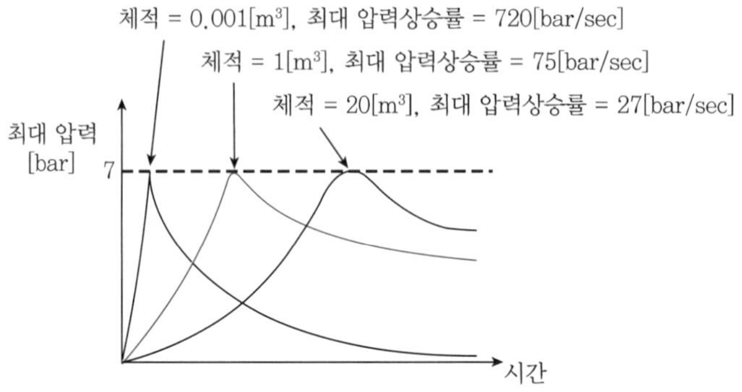

체적 = 0.001[m³], 최대 압력상승률 = 720[bar/sec]
체적 = 1[m³], 최대 압력상승률 = 75[bar/sec]
체적 = 20[m³], 최대 압력상승률 = 27[bar/sec]
최대 압력 [bar]
7
시간

▌용기체적과 최대 압력상승률 ▌

02 용기 내 폭연에 의한 압력증가 영향인자

(1) 용기 크기 및 형태

1) 최대 압력상승률은 체적대비 표면적에 비례한다.

2) 체적이 작을수록 최대 압력상승률이 증가한다.

(2) 가연물의 종류

연소속도는 가연물에 따라 다르다.

(3) 가연성 가스농도

(4) 초기 온도와 압력

(5) 초기 난류 정도

(6) 점화원의 크기

(7) 연소가스의 온도 및 조성(몰수)

$$\frac{P_n}{P_0} = \frac{n_n \cdot T_n}{n_0 \cdot T_0}$$

여기서, P : 압력

n : 몰수

T : 온도

03 균일폭발 또는 용기 내 폭발(uniform)

(1) **정의**

압력상승이 폭발발달에 따라 해당 방호구역에 전체적으로 폭발이 거의 균일하게 일어나는 현상

(2) 용기 내 압력이 고르게 분포되므로 안전밸브 등을 이용하면 방호가 가능하다.

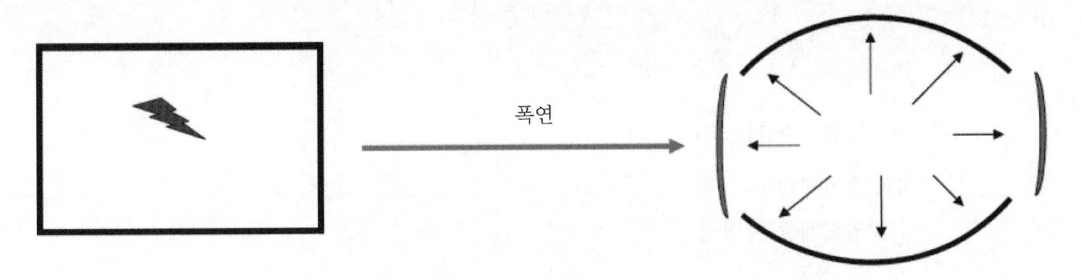

▌착화지점과 폭연 발생에 따른 공간의 균일한 압력분포▐

04 폭연지수(deflagration index)

(1) 밀폐계 폭발의 폭발특성을 나타내는 지수로, K로 표시한다.

(2) 분진의 경우는 K_{st}, 가스의 경우는 K_g로 표시한다.

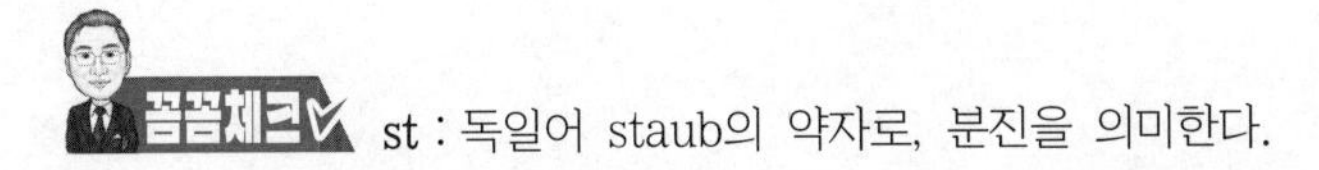

st : 독일어 staub의 약자로, 분진을 의미한다.

(3) 큐빅(cubic)의 삼승근 법칙(Bartknecth)

1) 최대 압력상승률 $\left(\left(\frac{dP}{dt}\right)_{max}\right)$과 용기체적은 일정하다.

2) 공식

$$K_{st} = \frac{dP}{dt} \cdot V^{\frac{1}{3}}$$

여기서, K_{st} : 폭연지수
P : 압력[bar]
t : 시간[sec]
V : 용기체적[m^3]

3) 분진의 폭연지수값(K_{st})[bar · m/sec] : 피해 정도를 나타내는 기준

등급	폭연지수(K_{st})	특징
st-0	0	폭발 없음
st-1	0 ≤ 200	약한 폭발
st-2	200 ≤ 300	강한 폭발
st-3	> 300	매우 강한 폭발

(4) 폭연지수 측정

$$\frac{R_L}{R_S} = \left(\frac{V_S}{V_L}\right)^{\frac{1}{3}} = \frac{A_L}{A_S}$$

여기서, R : 압력상승률$\left(\frac{dP}{dt}\right)$
V : 용기체적
A : 압력배출구 면적
L : 큰 용기
S : 작은 용기

SECTION 009

대량 유출된 가연성 증기폭발

01 증기운 폭발(VCE : Vapor Cloud Explosion) 107회 출제

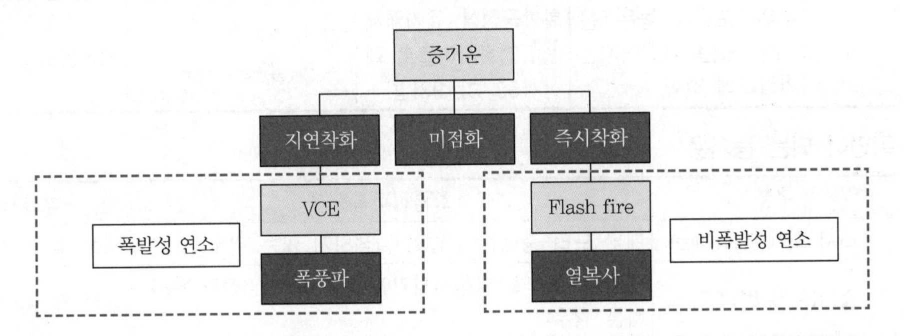

(1) 개요

1) **증기운 폭발(VCE)** : 다량의 가연성 증기가 급격히 방출되고 증발하여 공기와 혼합 상태인 증기운에서 발생하는 상당한 과압을 형성하는 폭발

2) 자유공간 증기운 폭발(unconfined vapor cloud explosion) : 물질의 양이 많고 연소속도가 빨라 개방된 공간에서 발생하는 증기운 폭발

① 완전한 자유공간 증기운 폭발이 가능하다 하더라도, 인공 또는 천연구조물에 의한 최소한의 부분적 제한이 발생한다.

② 폭발의 크기를 결정하는 중요한 요소 : 난류혼합, 제한

3) **옥외 또는 자유공간** : 공정 플랜트와 같은 개방지역에서 발생하는 폭발로 급격한 반응에 의한 개방공간 폭발을 의미한다.

① 증발이 용이한 가연성 물질이 빠르게 다량으로 대기 중에 유출되어 증기운을 형성하여 확산된다.

② 증기운이 물질의 연소하한계 이상의 농도상태에서 점화원과 접촉하여 점화된 자유공간 증기운은 연소파가 팽창흐름을 일으키고 난류혼합되어 화염전파를 발달시키며 압력파를 형성한다.

4) 재해형태로 구분 : 누설착화형

(2) 증기운 형성물질

▌유출 시 거동에 따른 증기운 형성물질의 분류▐

Class	저장상태	종류	증발형태	주위온도
Ⅰ	상압, 저온하에서 액화	LNG	열전달이 증발을 제한	임계온도 < 주위온도
Ⅱ	상온, 가압하에서 액화	액화암모니아, 액화염소, LPG 등	순간증발(flashing)	임계온도 > 주위온도 비점 < 주위온도
Ⅲ	비점 이상의 온도지만 가압하에서 액화	벤젠, 헥산 등	열전달이 증발을 제한	임계압력 > 주위압력 비점 < 주위온도
Ⅳ	주위온도보다 높은 온도에 있는 물질이지만 가압하에 액화	화학공정상 유기액체(예 액화사이클로 헥산 155[℃], 9기압)	내부에너지로 순간증발(flashing)	저장온도 > 주위온도

(3) 폭연이 되는 증기운

구분	화염전파속도	착화시점
플래시 화재(flash fire)	매우 느려 중대한 과압이 발생하지 않는 경우	누설 후 바로 착화
증기운 폭발(VCE)	중대한 과압을 발생시키기에 충분히 화염전파속도가 빠른 경우	누설 후 지연 착화

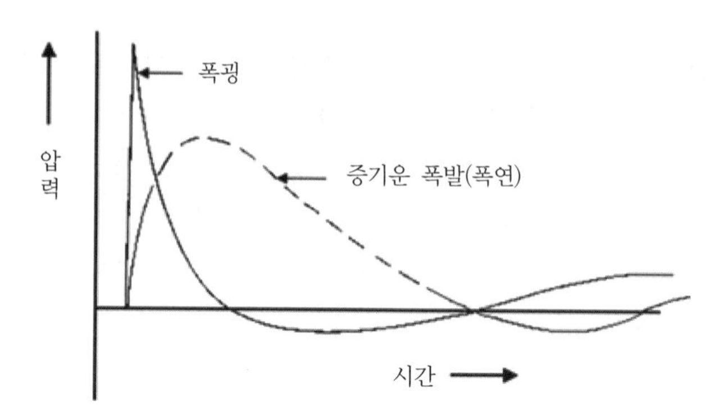

▌폭굉과 증기운 폭발의 압력상승▐

(4) 과정

1) 배관이나 용기의 파손으로 다량의 가연성 가스, 증기 및 안개처럼 분무된 액체가 누출(누출원)된다.
2) 누출된 가연성 물질이 공기와 혼합되어 폭발농도범위의 증기운을 형성한다.
3) 형성된 증기운의 점화원에 의해 점화된다.
4) 연소농도범위 안에 있는 증기운 내에 화염전파가 발생된다.

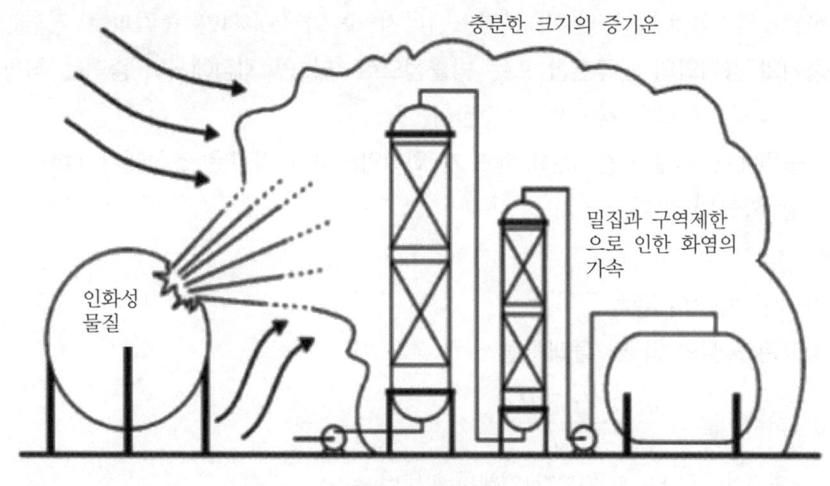

▌증기운 형성▐

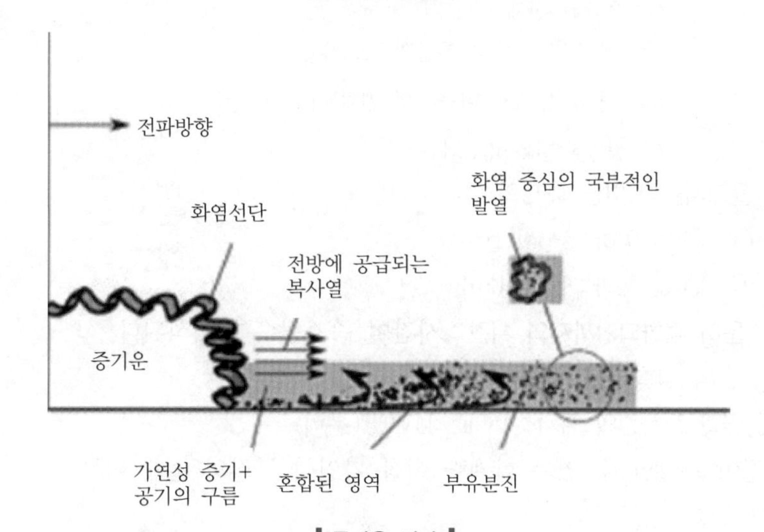

▌증기운 전파▐

(5) 개방계 증기운 폭발의 과압을 일으키는 필요인자

구분	환경조건	에너지 조건
내용	① 방출물질이 가연성 물질 ② 압력 및 온도가 폭발에 적합한 조건 ③ 가연성 가스의 불균등성 : 증기운에 가연성 가스와 공기가 불균등하게 섞인 경우는 Fire ball이 형성 ④ 발화하기 전에 충분한 크기의 증기구름이 형성되어 확산상태 ⑤ 부분적으로 제한된 공간(구획물)이나 장애물 존재 : 장애물에 의해 반사되어 난류형성을 강화	① 점화원의 크기 ② 착화시간(즉시, 지연)

(6) 특징

1) 증기운의 크기 증가 : 표면적이 증가하여 점화확률과 폭발크기도 증가한다.

2) 증기운의 재해 : 폭발보다 화재가 일반적이다.

3) 폭발효율 : BLEVE보다 작다(연소에너지 중 약 20[%]만 충격파로 전환).
4) 증기와 공기와의 난류혼합 또는 방출점으로부터 먼 지점에서의 증기운 착화 : 방호대책의 부재로 폭발의 충격이 가중된다.
5) 누출원에서 누설된 증기운의 농도가 화학양론비에 가까운 조성에서 착화 : 폭굉으로 발전할 확률이 높다.

(7) VCE 변수

1) 가연성 가스의 종류
2) 방출된 물질의 양 및 플래시율

① 플래시율 : $\frac{q}{Q} = \frac{H_{f_1} - H_{f_2}}{L}$

여기서, q : Flash 기화한 액체의 양[kg]
Q : 유출된 전체 액체량[kg]
H_{f_1} : 방출된 액체의 엔탈피[kcal/kg]
H_{f_2} : 방출된 액체 비등점의 엔탈피[kcal/kg]
L : 증발잠열[kcal/kg]

② 플래시율에 따른 화재의 분류
㉠ 30[%] 이하 : Pool fire
㉡ 30[%] 초과 : Fire ball

3) 증기운이 점화되기까지의 시간 : 시간이 증가될수록 희석된다.
4) 증기운의 점화확률
5) 누출원과 점화원의 위치 : VCE, UVCE(분리)
6) 물질이 폭발할 수 있는 한계량 이상 가연성 물질의 존재 여부
7) 폭발효율
8) 폭발범위 : 누출물질의 특성
9) 점화되기 전까지 증기운의 이동거리
10) 플래시 화재(flash fire)에서 폭발(과압)의 확률

(8) 증기운을 대지로 확산시키는 성질

1) 증발하면서 주위를 냉각시키는 냉각효과
2) 공기보다 비중이 큰 증기의 발생

(9) 증기운 폭발에서 난류성이 생기는 3가지 경우

1) 방출압에 의해서 발생하는 난류성
2) 충격파에 의해서 미연소 가스 내에 형성되는 난류성
3) 환기구에서 공급되거나 배출되는 공기로 유도되는 난류성

(10) 방지대책

1) 물질의 누출방지

① 거대한 가연성 증기운은 대단히 위험하다.

② 점화방지 안전장치를 설치해도 제어는 거의 불가능하므로 가연물질의 누출을 방지하는 대책이 가장 기본적인 대책이다.

2) 재고량을 낮게 유지

① 휘발성, 가연성 물질을 취급할 때는 재고량을 낮게 유지한다.

② 누출 또는 파열되어도 플래싱을 최소화하는 조건에서 사용한다.

3) 누설감지기 설치

4) 자동블록밸브 설치 : 누설 시 초기단계에서 시스템이 자동 차단되도록 자동블록밸브를 설치한다.

블록밸브(block valve) : 배관 중에서 메인 배관과 분기 배관에 설치하는 밸브로 분기점마다 설치하고 사고 시 그 블록만 제어를 통해 피해를 최소화하기 위한 밸브

5) 플레어 스택(flare stack) 설치 : 플레어 스택을 이용해서 재연소하여 가연성 가스를 소모한다.

02 비등액체 팽창폭발(BLEVE : Boiling Liquid Expanding Vapor Explosion) 72회 출제

(1) 개요

1) **정의** : 가연성 액화가스 주위에 화재가 발생한 경우 기상부 탱크강판이 국부가열되어 그 부분의 강도가 약해지면 탱크가 파열되고 이때 내부의 가열된 액화가스가 급속팽창해 증발하면서 폭발하는 물리적 현상이다.

2) **재해형태 구분** : 평형파탄형

평형파탄형 : 내외의 압력의 평형이 깨어지면서 압력이 높은 곳에서 낮은 곳으로 이동하여 발생되는 재해

3) 물리적 폭발이지만 화학적 폭발로 발전할 가능성이 있다.

(2) 과정[13)]

1) 가연성 액체 저장탱크 밑에서 화재발생(fire heating) → 열에 의한 기계적 응력으로 침식(corrosion)

---

13) A.M.Birk P.Eng. Oct 4, 2012. TIEMS Rome Workshop에서 발췌

2) 화재로 액체의 온도가 상승하여 높은 증기압 생성(overpressure)
   ① 넘칠 만큼 가득 차 있어서(overfill) 과압형성
   ② 반응에 의한 부피팽창으로 과압형성
   ③ 압력배출장치가 없어서 과압형성
3) 구형 탱크액면 상부의 기화부는 과압 · 과열
   ① 국부적으로 부풀어 올라 용기의 큰 압력을 가하여 종국에는 연성파괴(서서히 하중을 증대시키며 일으키는 파괴로, 반대어로 취성파괴)가 발생한다.
   ② 원인
      ㉠ 용접 불량
      ㉡ 철판강도 부족
      ㉢ 기타 결함
4) 액격현상 : 증기가 방출되고 탱크 내부의 압력은 급격하게 저하된다.
5) 취성파괴
   ① 탱크가 파열되어 내부가 대기압까지 강하된다.
   ② 액화가스가 기화(플래싱)되어 많은 가연성 증기가 발생하고 증기압이 탱크 내벽에 강한 충격으로 탱크 벽체가 파열된다.
   ③ 탱크 파편을 멀리까지 비산(충격(impact) → 충돌(collision)), 폭발(explosion) 또는 상부에 부유한다.

1. 일반적으로 철은 그 온도가 700[℃] 이상 상승하면 그 구조적 강도는 상온에서의 20 ~ 30[%] 이하로 저하된다.
2. 플래싱으로 내부의 급격한 압력상승(200배 이상의 저장액의 부피팽창)으로 용기에 가장 강도가 취약한 부분이 압력을 더 이상 견디지 못하고 파열되면서 폭발하게 된다.

6) 발생한 증기 즉시 착화 → 화구(fire ball) 형성(1[ton] 이상이면 화구로 전이)
   ① 내용물이 인화성 물질이면 거의 화재가 발생한다.
   ② 내용물이 불연성이라면 여전히 비등액체 팽창폭발(BLEVE)이 발생할 수 있지만 증기의 점화는 발생하지 않는다. → 증기보일러의 폭발
   ③ 점화는 보통 비등액체 팽창폭발(BLEVE)을 일으킨 외부 열과 폭풍이나 비산물에 의해 생기는 전기적 또는 마찰원(friction source)에 의해 발생한다.
7) 비등액체 팽창폭발(BLEVE)의 주된 피해는 폭발압력과 파편 등에 의한 피해이고 복사열은 화구(fire ball)의 피해가 발생한다.

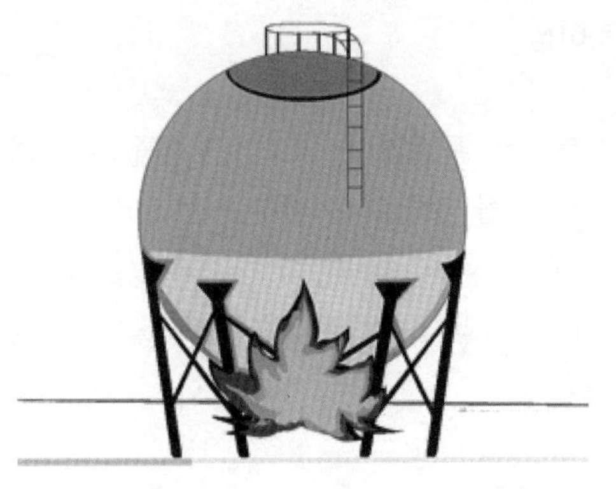

(a) 가연성 액체 저장탱크 밑에서 화재발생

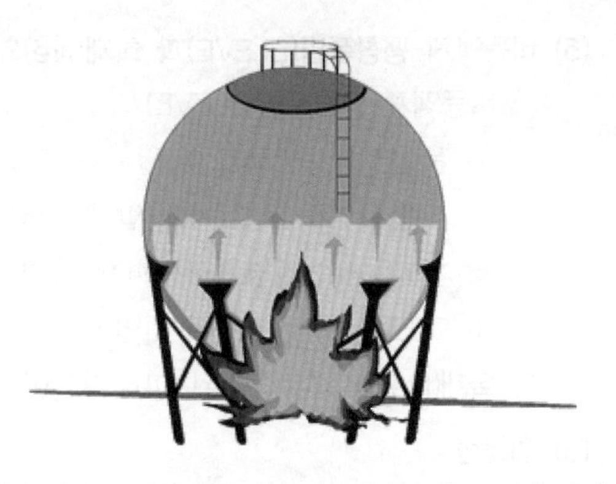

(b) 화재로 액체의 온도가 상승하여 높은 증기압 생성

(c) 기화부는 과열되어 국부적으로 부풀어올라 용기의 큰 압력을 가하여 종국에는 연성파괴

(d) 발생한 증기 즉시 착화

▌비등액체 팽창폭발 과정▐

(3) 발생원인

1) 기계적 고장 또는 손상
2) 과충전(overfilling)
3) 폭주반응(runaway reaction)
4) 과열증기-공간폭발(overheating vapor-space explosion)

(4) 영향인자

1) 저장된 물질의 종류와 형태
2) 저장용기의 재질
3) 내용물의 물리적 역학상태
4) 주위온도와 압력
5) 내용물의 인화성 및 독성
6) 화재의 크기와 발생장소

(5) 비등액체 팽창폭발(BLEVE)과 화재(fire)의 차이점

1) 비등액체 팽창폭발(BLEVE)

① 폭발압력 : 탱크가 파열되는 순간 방출되는 폭발압력으로 인근 건물의 유리창이 파손되기도 하고 폭발압에 의하여 분화구를 만들기도 한다.

② 폭발파편 : 인명, 재산피해 유발

③ BLEVE 후에 누출된 가연성 가스 : 2차 폭발 또는 화재가 발생한다.

2) 화재(fire)의 경우 : 주된 피해원인이 복사열이다.

(6) 위험성

1) 충격파(blast overpressure)

2) 비산물(projectiles)

3) 독성 증기(toxic cloud)

4) 화구(fire ball), 플래시 화재(flash fire), VCE

(7) 예방대책

1) 건축적(passive) 대책

① 방유제를 경사지게 하여 설치 : 누출된 가연성 액체가 탱크주변에 적체되지 못하도록 한다. 이로 인해 화재가 발생할 경우 화염이 직접 탱크에 접하지 않는다.

② 용기의 내압강도 강화 : 용기의 파괴시간을 지연

③ 열로부터 탱크보호

㉠ 탱크 외벽의 단열

㉡ 탱크의 지하공간에 설치

2) 설비적(active) 대책

① 용기온도상승 방지

㉠ 물분무설비

㉡ 탱크 내벽에 열전도가 우수한 물질을 설치

㉢ 불연성 단열재로 화재로부터 열전달 완화

② 자동블록밸브 : 확대범위의 제한

③ 감압시스템 설치(배출시스템) : 용기 내 압력상승방지

④ 용기의 내압강도 유지 : 경년부식에 의한 내압강도 부족을 고려한 충분한 부식여유 두께

⑤ 용기의 외력에 의한 파괴방지 : 주변 물체에 의한 기계적 충돌 방지(이격)

⑥ BLEVE와 UVCE의 비교

구분	BLEVE	UVCE
발생시설	위험물 저장탱크	모든 설비
초기 원인	인접구역 화재	누출
점화원	인접화재	Unknown
형태	폭발(압력파나 파편)	폭발(압력파)
방지대책	점화원	가연물

SECTION 010 화구(fire ball)

01 개요

(1) 정의

비등액체 팽창폭발(BLEVE)이나 증기운 폭발(VCE) 등에 의한 인화성 증기가 확산하여 공기와의 혼합비가 폭발범위에 이르렀을 때 착화하여 커다란 공의 형태로 화염을 발생시키는 현상

(2) 가연성 증기운이 강한 복사열이나 파편 또는 충격파에 순간적으로 접촉하게 되면 둥그런 화염을 발생하는 화재가 발생하는데 이러한 모양의 화재를 화구(fire ball)라고 한다.

(3) 화구(fire ball)의 발생

1) 대부분은 인화성이 강한 액체가 높은 압력에 저장되거나 취급되는 곳에서 발생한다.

2) 화구가 늘 발생되는 것이 아니라 약 20[%] 정도에서만 발생되는 현상이다.

(4) 화구(fire ball)의 온도

인화성 액체의 발열량, 발화방법 등에 따라 다르다.

1) 인화성 액체 : 1,100[℃] 정도

2) 폭발성 화학물질 : 4,500[℃] 정도

(a) 화구

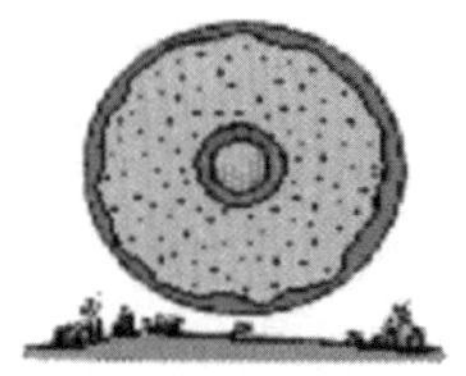
(b) 충격파, 열파

(c) 화구의 상승

(d) 버섯구름

▌다양한 상승기류에 의한 현상▐

(5) 발생형태

1) 원인 : 증기운 폭발(VCE), 비등액체 팽창폭발(BLEVE)

2) 가연성 액화저장탱크의 BLEVE와 동시에 화구가 형성되었을 경우 위험성이 크게 증대된다.

02 발생 메커니즘

(1) 액화가스의 탱크가 파열하면 플래시(flash) 증발을 일으켜 가연성의 기액혼합물이 대량 분출된다.

(2) 여기에 착화되면 지면에서는 반구상의 화염이 형성된다.

(3) 반구상의 화염이 온도상승으로 인한 부력으로 상승함과 동시에 주위의 공기를 끌어들여 공 모양을 형성한다.

(4) 더욱 상승하면 마치 버섯모양으로 발달한다.

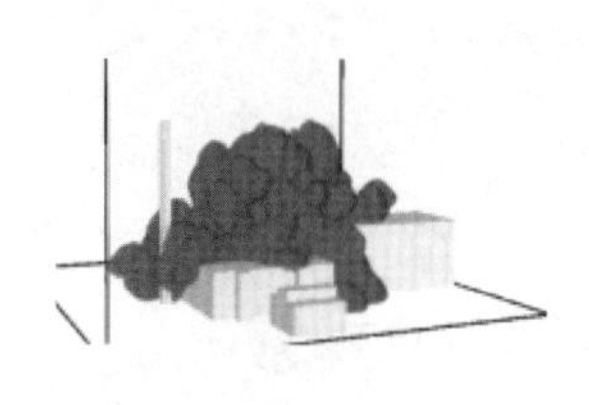

(a) 화구발생 2초(반구상)

(b) 화구발생 4초

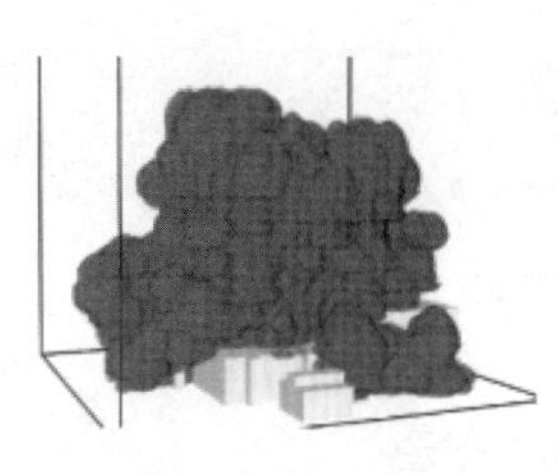

(c) 화구발생 6초(공모양)

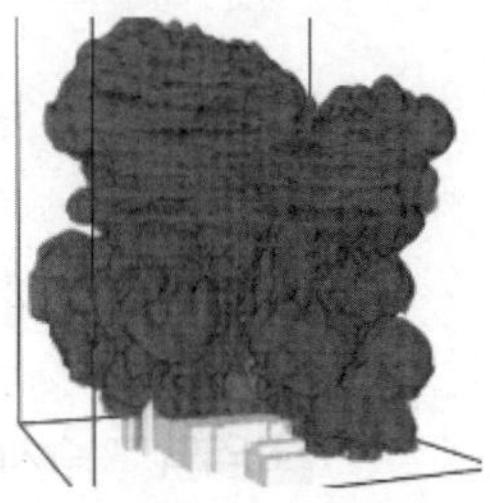

(d) 화구발생 8초(버섯모양)

| CFD로 표현한 화구의 발생과정[14] |

03 화구(fire ball)의 발생형태

(1) 비교

구분	증기운 폭발(VCE)에 의한 화구 발생	비등액체 팽창폭발(BLEVE)에 의한 화구 발생
진행과정	저장탱크의 파손이나 밸브조작 실수 등으로 가스누설 → 누설된 가스가 증기운 형성 → 점화원에 의한 점화 → 화구	BLEVE 발생 → 가연성 가스누출 → 화재에 의한 점화 → 화구
진행확률	낮다. 왜냐하면 가스가 누설되어도 주변에 점화원이 없으므로 바람이나 확산에 의해서 시간이 경과할수록 증기운의 농도가 낮아질 수 있기 때문이다.	높다. 왜냐하면 BLEVE는 점화원이 바로 있으므로 누설가스양만 1[ton] 이상이면 화구가 발생할 수가 있다.
화구의 지름	$D=3.77W^{0.32}$ 여기서, D : 화구의 지름[m] W : 가연성 혼합물질의 중량(가연성 물질 + 공기)[kg]	$D=6M^{0.333}$ 여기서, D : 화구의 지름[m] M : 연료의 질량(propane mass in kg)

14) W. Luther, W.C. Muller / Nuclear Engineering and Design 239 (2009) 2066.

구분	증기운 폭발(VCE)에 의한 화구 발생	비등액체 팽창폭발(BLEVE)에 의한 화구 발생
연소지속 시간	$T = 0.285\,W^{0.34}$ 여기서, T : 연소지속시간[sec] W : 가연성 혼합물질의 중량(가연성 물질 + 공기)[kg]	$t = 0.075D$ 여기서, t : 연소지속시간[sec] D : 화구의 지름[m]
방호특성	점화원의 제거를 통해 방호가 가능하다.	화재를 수반하기 때문에 방호가 곤란하다.
위험성	① 폭발압력 ② 화구 : 복사열	① 폭발에 의해서 비산하는 파편 ② 화구 : 복사열

(2) 비등액체 팽창폭발(BLEVE)에 의한 화구 발생(kosha code P-102-2012)

1) 화구의 지름 : 누출된 물질의 양에 비례

$$D = 5.8 \times M^{\frac{1}{3}}$$

여기서, D : 화구의 지름[m]

M : 용기 또는 배관파열 시 그 내부에 저장·취급 중인 물질의 양[kg]

2) 화염의 지속시간 산출

누출된 물질의 양(M)	공식	범례
30,000[kg] 미만	$t = 0.45 \times M^{\frac{1}{3}}$	t : 연소지속시간[sec]
30,000[kg] 이상	$t = 2.6 \times M^{\frac{1}{3}}$	

3) 화구중심의 높이 산출

$$H = 0.75D$$

여기서, H : 화구중심의 높이[m]

D : 화구의 지름[m]

4) 대기투과도(atmospheric transmissivity) 산출

$$\tau_a = 2.02(P_w \times X_s) - 0.09$$

$$P_w = 1013.25 \times R_H \times \exp\left(\frac{14.4114 - 5,328}{T_a}\right)$$

여기서, τ_a : 대기투과도(무차원)

P_w : 물의 증기압[N/m^2]

X_a : 화구표면에서부터 피해지점까지의 거리[m]$\left(X_s = \sqrt{H^2 + L^2} - \dfrac{D}{2}\right)$

H : 화구중심의 높이[m]

L : 구중심에서부터 피해지점까지의 수평거리[m]

D : 화구의 지름[m]

R_H : 절대습도[%]

T_a : 대기온도[K]

5) 표면 방사에너지 산출

$$E = \frac{R \times M \times H_c}{3.14D^2 \times t}$$

여기서, E : 표면 방사에너지[kJ/m^2 · sec]

R : 연소열의 복사비율(무차원)(용기 또는 배관이 압력방출장치의 설정압력 미만에서 터진 경우 : 0.3, 용기 또는 배관이 압력방출장치의 설정압력 이상에서 터진 경우 : 0.4)

M : 용기 또는 배관파열 시 그 내부에 저장 · 취급 중인 물질의 양[kg]

H_c : 순연소열량[kJ/kg]

D : 화구의 지름[m]

t : 연소지속시간[sec]

6) 시계인자(view factor) 산출

구분	공식	범례
$L \geq \frac{D}{2}$	$F_v = \frac{L \times \left(\frac{D}{2}\right)^2}{(L^2 + H^2)^{\frac{3}{2}}}$	F_v : 시계인자(무차원)
$L < \frac{D}{2}$	$F_v = \frac{H \times \left(\frac{D}{2}\right)^2}{(L^2 + H^2)^{\frac{3}{2}}}$	

7) 복사열 산출

$$Q = \tau_a \times E \times F_v$$

여기서, τ_a : 대기투과도

E : 표면복사율[kW/m^2]

F_v : 시계인자(무차원)

(3) 초기 지상반구의 직경[m](initial ground level hemisphere diameter)

$$D_{\text{initial}} = 1.3D_{\max}$$

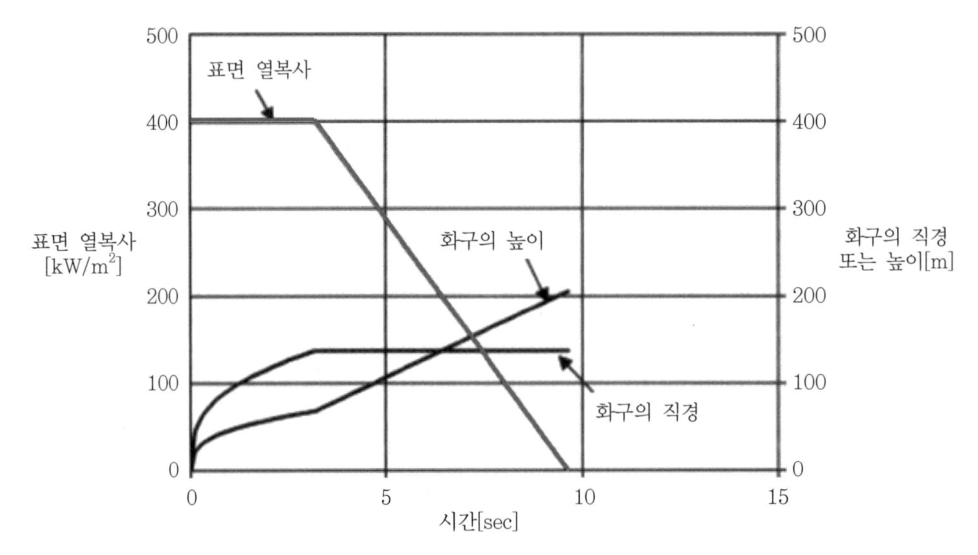

▌화구의 열복사와 직경, 높이의 관계 예▐

04 화구형성에 영향을 미치는 요인

(1) 가연성 증기 또는 가스의 폭발범위는 넓을수록 쉽게 발생한다.

(2) 주변의 점화원 존재 유무

(3) 증기밀도가 낮을수록 쉽게 발생한다.

(4) 누출 물질의 연소열이 높을수록 쉽게 발생한다.

(5) **유출조건에 따라 결정되는 증기－공기의 혼합비**
화구(fire ball)형성 조건에 가장 결정적인 영향을 미친다.

SECTION 011

증기운 폭발 시 사고영향평가

104회 출제

01 개요

(1) 증기운 폭발로 인한 주된 피해는 과압 및 과압지속시간 등으로 이를 계산하며 피해영향을 예측하고 이에 대한 대응책 수립이 가능하다.

(2) 증기운 폭발모델링 기법

1) TNT 당량 모델링

2) TNO Shock wave model

3) TNO 상관관계 모델링(correlation model)

4) TNO Multi-energy model

02 TNT 당량 모델(TNT equivalency model)

(1) 개요

1) 과거에 군사목적으로 폭발물의 파괴능력이 연구되었고 이를 통해 고성능 폭발물과 피해 사이의 관계식으로 폭발사고의 폭발력과 TNT 당량과의 관계식이 정립되었다.

2) 기존의 폭발물 데이터를 이용하기 위해서는 증기운 폭발사고에서 관측된 피해형태를 TNT 당량으로 표현하여 폭발력 예측에 자료로 사용한다.

(2) TNT 당량 모델의 특징

1) 가정

① TNT량과 증기운 내의 에너지량 사이의 비례적 관계

② 폭발원은 하나의 점

③ 거리에 따른 과압의 감소는 TNT의 경향과 유사

④ 폭발원 근방에서 과압이 과대예측

⑤ 폭발원에서 멀리 떨어질수록 과압이 과소예측

⑥ 지형, 건물 또는 장애물 효과를 고려하지 않는다.

2) 장단점

장점	단점
① 간단하고 적용하기 쉬움 ② 만족스럽지 못하더라도 일반적으로 사용함	① 사고통계에 기초한 폭발효율을 사용함에 따라 실제 효율이 불확실함 ② 단순한 폭발에너지에 대응하는 TNT량을 이용하기 때문에 다양한 폭발강도를 고려하지 않고 있음 ③ 거리의존성 효율만 고려하기 때문에 증기운 폭발의 폭풍특성과 일치하지 않음 ④ 지속시간이나 폭발파의 형태가 아닌 과압만 예측 가능함 ⑤ 가스폭발의 물리적인 동작이 고체 폭발물과 실질적으로 차이가 있으므로, 가스폭발에 적합하지 않음

(3) 폭발효율(explosion efficiency)

1) 개요

① 폭발 발생 시 폭발파 에너지는 폭발물로부터 이론적으로 계산할 수 있는 에너지 중 일부만이 폭발파의 에너지로 나타난다.

② 폭발효율 $= \dfrac{\text{실제 주위에 방출된 에너지}}{\text{이론적으로 산출되는 폭발파 에너지}}$

2) 특징

① 이론적인 폭발파 에너지(폭발에너지) : 계산 시 모든 가연물질이 전부 연소한 것으로 가정

② 총에너지 = 증기운속 가연성 물질의 총질량 × 그 물질의 연소열

③ 실제 폭발효율

㉠ 개방계 : 대략 1 ~ 10[%]

㉡ 폐쇄계 : 대략 25 ~ 50[%]

3) 국내의 화학공장 설계 시 폭발효율 : 2[%]

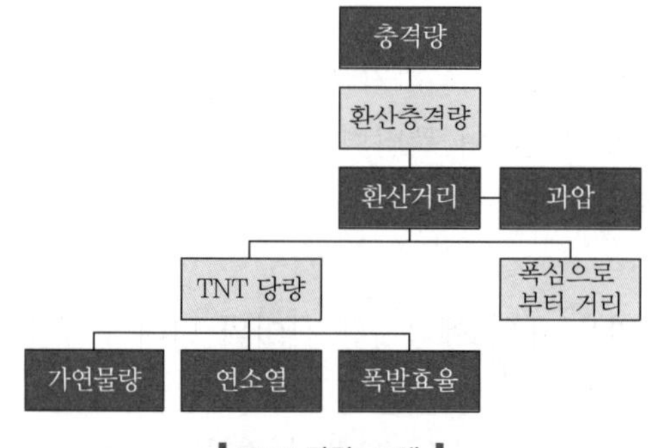

▌TNT 당량 모델▐

(4) 모델식

1) $W_{TNT} \approx 10\eta\, W_{HC}$[kg]

여기서, W_{TNT} : TNT 당량[kg]

W_{HC} : 증기운의 실제 질량[kg]

η : 경험에 근거하는 폭발효율(보통 0.03 ~ 0.05의 값을 가짐)

10 : 증기운 폭발이 TNT에 비해서 연소 시 10배 이상의 높은 열을 가지고 있다는 것을 나타냄

앞의 식을 다음과 같이 나타낸다.

$$W_{TNT} = \eta \frac{M_f \cdot \Delta H_c}{H_{cTNT}}$$

여기서, η : 폭발효율[%], M_f : 가연물의 질량[kg], ΔH_c : 연소열[kcal/kg]
H_{cTNT} : TNT 1[kg]당 연소열(1,120[kcal/kg]) KOSHA, 4,600[kJ/kg]

2) 누출된 가연성 물질의 폭발에 대응되는 TNT 상당량을 계산한 후 환산거리를 구하여 그래프로부터 과압(P_s)을 구한다.

$$Z = \frac{R}{W_{TNT}^{\frac{1}{3}}}$$

여기서, Z : 환산거리[m/kg$^{\frac{1}{3}}$]
R : 폭원으로부터 이격거리[m]
W_{TNT} : TNT 당량[kg]
t : 도달 또는 지속시간[sec]

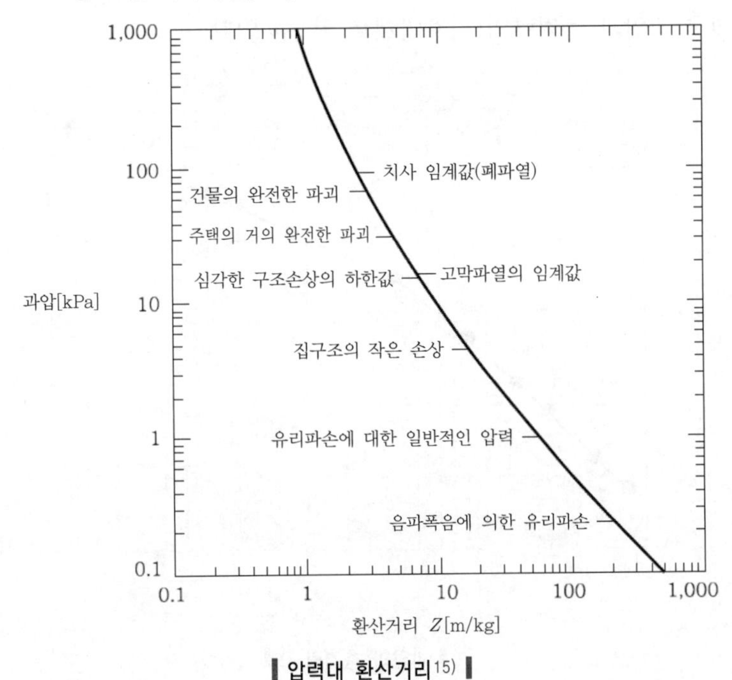

▌압력대 환산거리[15] ▌

15) Peak Side-on Overpressure versus Scaled Distance for TNT Expoision.(Brasie and Simpson, 1968 Baker, et al., 1996)

3) 환산거리를 가지고 환산충격량(i_{TNT})을 구할 수 있고 환산충격량에 TNT 질량을 곱하면 충격량(i)을 산출한다.

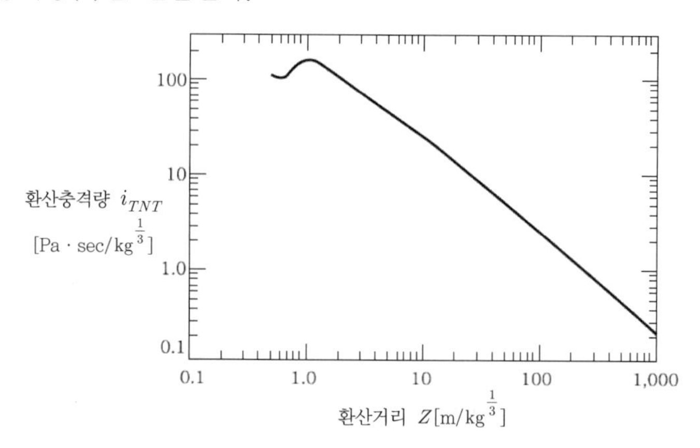

▌환산거리와 환산충격량16) ▌

① $I = i_{TNT} W_{TNT}^{\frac{1}{3}}$

여기서, I : 충격량[Pa · sec]

i_{TNT} : 환산충격량[Pa · sec/kg$^{\frac{1}{3}}$]

W_{TNT} : TNT 당량[kg]

② 결국 과압과 충격량의 상호관계를 알 수 있다.

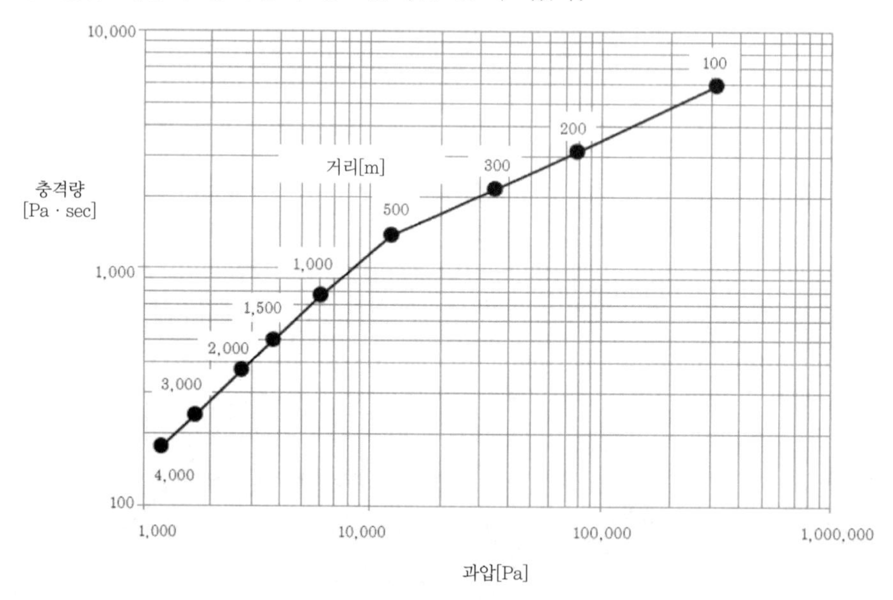

▌과압과 충격량17) ▌

16) Fig. 2. Scaled impulse vs. scaled distance for the TNT equivalent model(I.Chem.E. 1994).F. Dı́az Alonso et al. / Journal of Loss Prevention in the Process Industries 19 (2006) 725page

17) Fig. 4. Characteristic curve for a 150-ton TNT equivalent explosion, obtained with the TNT equivalent method.F. Dı́az Alonso et al. / Journal of Loss Prevention in the Process Industries 19 (2006) 726page

03 TNO Shock wave model[18)]

(1) 개념

미연소 가스의 체적이 V_0인 반구(hemisphere)형인 증기운이 폭발에 의해 V_1로 팽창한다는 가정에서 최대 과압과 지속시간을 계산하는 모델이다.

(2) 총폭발에너지 공식

1) $E_o = \int_0^\infty P\frac{dV}{dt}dt$

$\approx P_0(V_1 - V_0)$

$= n_1 R_g T_1 - n_0 R_g T_0$

$= P_0 V_0 \frac{n_1 T_1}{n_0 T_0} - 1$

여기서, E_o : 총폭발에너지[J]

n : 몰수[mol]

P : 절대압[Pa]

R_g : 기체상수[J/mol · K]

T : 절대온도[K]

V : 부피[m^3]

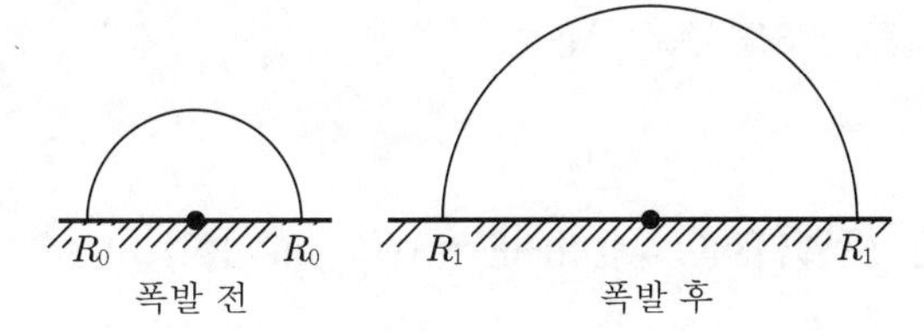

2) $E_o = \frac{2}{3}\pi {R_0}^3 E_c$

여기서, E_o : 총폭발에너지[J]

E_c : 부피당 에너지[J/m^3]

R_0 : 폭발 전 증기운의 반지름[m]

04 TNO 상관관계 모델(TNO correlation model)[19)]

(1) 폭발에 의한 피해를 거리로 나타내는 모델이다.

---

18) Lees' Loss Prevention in the Process Industries 17.28.24
19) Lees' Loss Prevention in the Process Industries 17.28.25

(2) 발생에너지 공식

$$E = M_f \cdot \Delta H_c$$

여기서, E : 발생에너지[J]
M_f : 가연물의 질량[kg]
ΔH_c : 연소열[J/kg]

(3) 특징

1) 에너지 값을 제한한다.
   ① 5×10^9(가연물 양이 약 100[kg]) 이하 : 위험성이 작으므로 무시한다.
   ② 5×10^{12} 이상 : 자료가 없어 거리추정이 곤란하다.
2) 피크 과압이나 지속시간은 알 수 없다.

(4) 피해직경 공식

$$R = C \cdot (\eta E)^{\frac{1}{3}}$$

여기서, R : 피해직경[m]
E : 발생에너지[J]
C : 상수[$m/J^{\frac{1}{3}}$]
η : 폭발효율(0.33을 주로 사용)

05 TNO ME 모델(TNO Multl-Energy model)

(1) 개요

1) 정의 : TNT 상관관계 모델과 같이 누출된 증기운의 크기보다는 누출지역의 특성(주위 위치의 복잡도 등)을 변수로 하여 계산하는 모델이다.
2) ME 모델을 분석하기 위한 조건
   ① 가연성 증기운의 부피와 위치를 알고 있거나 가정되어야 한다.
   ② 누출원 모델과 확산모델링이 선행하여야 한다.
   ③ 증기운 내의 장애물 영역의 위치, 수, 부피를 알기 위해서는 설계도 등을 분석한다.

(2) ME 모델의 특징

1) 기본적인 가스폭발의 메커니즘으로 분석을 진행하고, 증기운 부피보다 경계조건은 더욱더 중요하다.
2) 통계를 통한 폭발효율을 사용하지 않고 폭풍을 결정할 실제 조건을 사용한다.
3) 장단점

장점	단점
① 다양한 폭발강도를 고려함 ② 과압, 지속시간과 폭풍형태의 다양한 조합이 가능함 ③ 빠른 방법으로 보수적인 근사치의 값을 얻을 수 있어 신속하게 분석이 가능함 ④ TNT 상관관계 모델보다 훨씬 좋은 대안의 방법으로써 증기운 폭발에 폭넓게 인정됨 ⑤ 증기운 폭발이 증기운 내 다양한 폭발원에 대응하는 많은 하부폭발의 분석이 가능함	① 폭발원 강도 그룹의 합리적인 설정이 곤란함 ② 전체 에너지(E[J]) 계산이 곤란함 ③ 여러 복잡한 영역을 처리하는 방법이 불명확함 ④ 다양한 폭발파를 다루는 방법이 불명확함 ⑤ 밀폐공간의 모델에는 적용 곤란함

(3) 모델의 적용절차

1) 1단계 : 밀폐공간에서의 폭발에서는 적용되지 않으므로 ME 모델이 적용되는 개방공간인지를 확인한다.
2) 2단계 : 증기운 내부폭발원이 되는 지점을 확인한다.
3) 3단계 : 반밀폐 또는 장애물 지역 내 존재하는 가연성 연료와 공기혼합물의 전량이 증기운 내에서 연소되어 폭풍원이 되고 모두 폭풍에 기여한다고 가정한다.
4) 4단계 : 폭풍원으로 확인된 개별지역에서의 연료와 공기혼합물의 전체 부피 V[m^3]를 예측한다.
   ① 부피 내 장치 및 장애물 등이 폭풍원이 되는 것을 차단한다면 폭풍원 부피에서 이들 부피를 제외한다.
   ② 부피를 예측하는 방법
      ㉠ 폭발원의 경계면을 결정한다.
      ㉡ 폭발원이 두 개가 가까이 있는 경우(거리가 25[m] 이하)면 하나의 폭발원으로 간주하여 합산한다.
   ③ 누출된 물질에 의해 생성된 양론적 증기운의 부피가 전체 부피 V[m^3]보다 작은 경우 전체 부피 V[m^3] 대신에 작은 부피인 양론적 증기운 부피를 사용한다.
5) 5단계 : 폭발원이 속하는 강도(strength)의 그룹을 결정한다.

┃강도의 그룹[20]┃

점화에너지		장애물의 밀도			구획화		강도
낮다.	높다.	높다.	낮다.	없다.	존재	없다.	
	×	×			×		7 ~ 10
	×	×				×	7 ~ 10
×		×			×		5 ~ 7
	×		×		×		5 ~ 7
	×		×			×	4 ~ 6
	×			×	×		4 ~ 6
×		×				×	4 ~ 5
	×			×		×	4 ~ 5
×			×		×		3 ~ 5
×			×			×	2 ~ 3
×				×	×		1 ~ 2
×				×		×	1

[범례] × : 해당사항

① 6 ~ 7의 강도는 강한 폭연에 상당하는 값이며, 10은 폭굉에 해당하는 값이다.

② 강도를 결정하는 주요 인자

㉠ 점화원 에너지의 높고 낮음

㉡ 장애물의 밀도와 존재 유무

㉢ 구획화의 유무

6) 6단계 : 양 전체 부피 $V[m^3]$에 들어있는 에너지 $E[J]$를 계산한다.

7) 7단계 : 폭심으로부터의 거리에 대한 환산거리비($\overline{R}$)를 계산한다.

$$\overline{R} = R\left(\frac{P_0}{E}\right)^{\frac{1}{3}}$$

여기서, $\overline{R}$: 환산거리비(무차원)

R : 폭심으로부터 거리[m]

P_0 : 주위압(대기압, $[J/m^3,\ N/m^2]$)

E : 가연물의 총에너지[J]

20) Guidelines by Kinsella (1993) for choosing the class number

8) 8단계 : 최대 과압 계산

① 다음 그림으로부터 환산거리비($\overline{R}$)에 따른 환산 최대 과압비($\overline{P_s}$)를 산정한다.

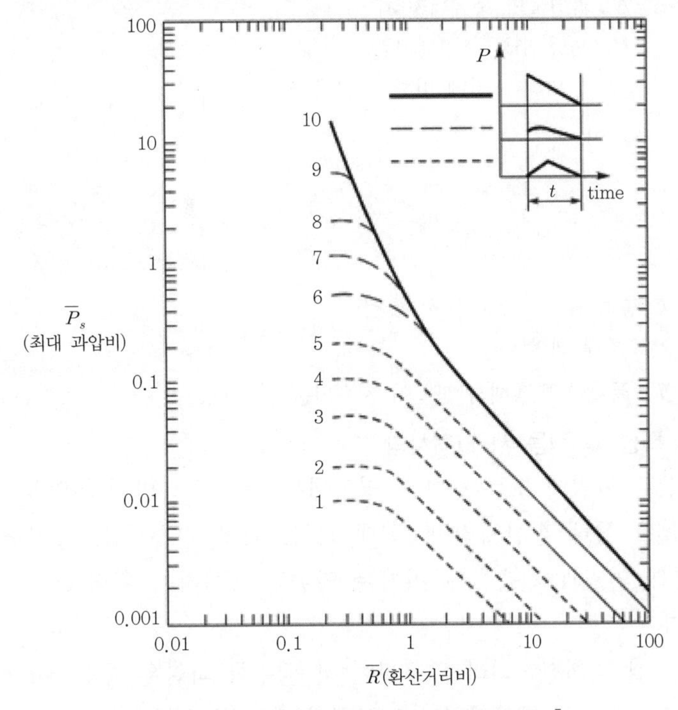

▌환산거리비에 따른 최대 과압비(무차원수)[21] ▌

② 최대 과압비 공식

$$\overline{P}_s = \frac{P_s}{P_0}$$

여기서, $\overline{P}_s$: 최대 과압비(무차원수)

P_s : 최대 과압[N/m²]

P_0 : 주위압[N/m²](대기압)

9) 9단계 : 폭발파 형태 및 과압의 지속시간 계산

① 표로부터 환산거리비($\overline{R}$)에 따른 환산 지속시간($\overline{T}_s$)을 산정한다.

② 과압 지속시간 T 계산

$$T = \overline{T}_s \times \left(\frac{E}{P_0}\right)^{\frac{1}{3}} \times \frac{1}{a_0}$$

21) Dimensionless Overpressure versus Energy Scaled Distance – TNO Multi–Energy Model.(van den Berg, 1989)

여기서, T : 폭발이 발생해서 과압이 지속되는 시간[sec]
$\overline{T}_s$: 환산 지속시간
E : 가연물의 총에너지[J]
P_0 : 주위압[N/m²](대기압)
a_0 : 주위의 조건에 따른 소리의 속도[m/sec]

10) 10단계 : 충격량 계산

$$I = \frac{1}{2} \times P_s \times T$$

여기서, I : 충격량(impulse, [Pa · sec])
P_s : 최대 과압[Pa]
T : 폭발이 발생해서 과압이 지속되는 시간[sec]

(4) ME 모델의 특성 및 적용 시 고려사항

1) ME 모델은 반밀폐 또는 장애물 영역에서 증기운 폭발의 과압형성 모델링
2) ME 모델을 통해 환산거리비, 최대 과압, 과압 지속시간, 충격량을 얻을 수 있고 이를 통해 인명과 건축물에 미치는 영향을 계산하여 위험요인을 인지하고 대응이 가능하다.
   ① 과압 : 같은 환산거리라도 구획이 잘 될수록 과압은 증가한다.
   ② 지속시간 : 같은 환산거리라도 구획이 잘 될수록 지속시간은 감소한다.

06 베이커-스트레로우 모델(Baker-Strehlow model)

(1) 이 모델은 TNO-multi-energy model과 동일한 기초식을 이용한다.

1) 개방된 공간의 증기운 모델링에 사용하는 기법이다.
2) 가연성 증기운의 전체 에너지[total energy available(E[J])]의 경우도 동일한 방법으로 계산한다.
3) 최대 과압비($\overline{P}_s$) 계산이나 환산거리비($\overline{R}$)의 경우도 동일한 방법으로 계산한다.

(2) TNO-multi-energy model과의 차이점

최대 과압비($\overline{P}_s$)와 환산거리비($\overline{R}$) 사이의 도식 그래프의 구조적인 관계 차이

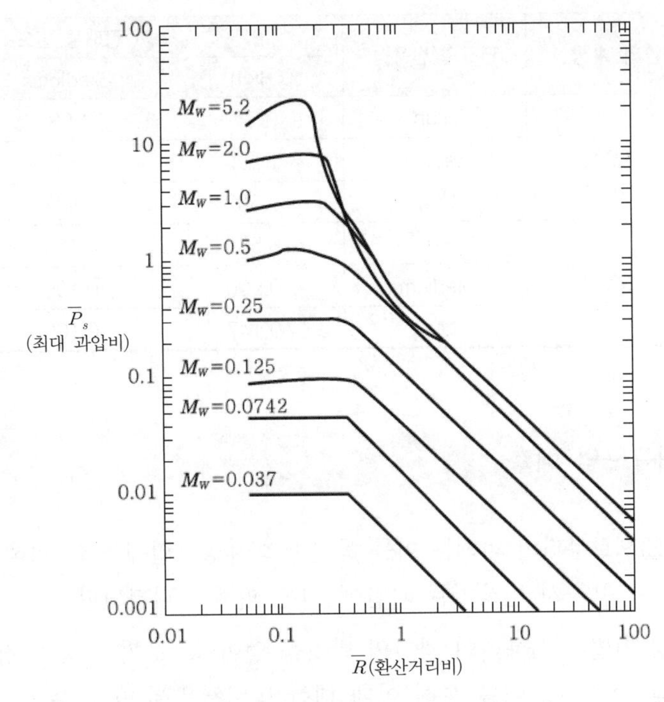

▌최대 과압비와 환산거리비의 관계 그래프22) ▌

(3) 특징

1) 베이커-스트레로우 모델에서 사용하는 그래프 곡선은 일정한 화염속도와 구형의 증기운을 통해 번지는 화염가속도의 수학적 모델링을 기초로 한다.
2) 이 방법을 통해 폭풍파(blast wave)의 강도는 증기운에서의 최대 화염속도에 비례한다.
3) 마하수(mach number)(M_W)의 변수
   ① 화염의 확장성
   ② 연료의 반응성
   ③ 장애물의 밀도

▌마하수(M_W) 23) ▌

화염의 확장성	연료의 반응성	장애물 밀도		
		High	Medium	Low
1D	High	5.2	5.2	5.2
	Medium	2.27	1.77	1.03
	Low	2.27	1.03	0.294

22) Dimensionless Overpressure versus Energy Scaled Distance – Baker–Strehlow Model.(Baker, et al, 1996)
23) A comparison of Vapor Cloud Explosion Models. the Quest Quarterly. Spring '99 Volume 4 Issue 1 3Page

화염의 확장성	연료의 반응성	장애물 밀도		
		High	Medium	Low
2D	High	1.77	1.03	0.588
	Medium	1.24	0.662	0.118
	Low	0.662	0.471	0.079
3D	High	0.588	0.153	0.071
	Medium	0.206	0.100	0.037
	Low	0.147	0.100	0.037

07 피해규모의 예측

(1) 증기운(VCE)으로부터의 피해는 이를 동반한 화재방사열에 의한 피해가 있을 수도 있으나, 주피해는 폭발 시 발생하는 과압에 의한 피해로 나타난다.

(2) 위의 모델링 기법을 사용하여 과압의 반경을 얻어냄으로써 해당 반경 내에서의 피해규모를 예측할 수 있고, 이를 통해 이에 대한 방비책을 수립할 수 있는 것이다.

(3) 증기운 폭발에 대한 위험평가 및 손실예측을 통해 각 사업장에서 보다 안전한 방재시스템을 구축하여야 한다.

SECTION 012 분해폭발

01 개요

(1) 아세틸렌을 공업적으로 이용하기 시작한 약 80년 정도 전에는 용기에 아세틸렌을 압축 액화하여 사용 중 많은 폭발재해를 경험하였다. 연구결과 아세틸렌은 산소가 없어도 2기압 이상에서 점화하면 폭발을 일으킨다는 것이 발견되었다.

(2) **정의**
자기분해성 물질이 주로 고압 조건에서 분해 시 발열에 의한 열팽창으로 압력상승과 압력의 방출에 의한 폭발이다.

(3) **분해폭발성 가스의 종류**
아세틸렌, 비닐아세틸렌, 메틸아세틸렌, 산화에틸렌, 에틸렌, 4불화에틸렌, 프로파디엔, 하이드라진, 오존, 아산화질소, 산화질소 등

02 분해폭발의 특징

(1) 산소가 없어도 폭발이 가능하다.
(2) 고압 가스에서만 발생하는 것이 아니라 저압에서도 분해에 의해 발생 가능하다.
(3) 분해폭발위험뿐만 아니라 가스폭발의 위험성도 함께 가지고 있다.

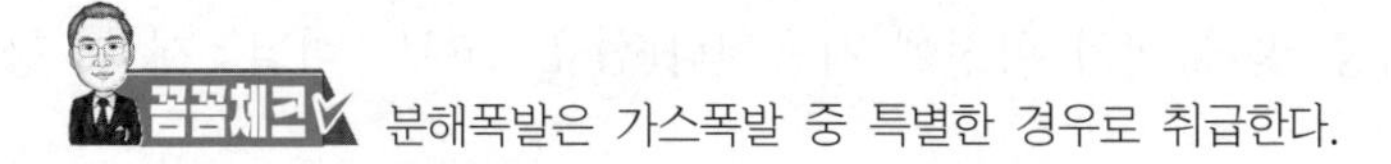

분해폭발은 가스폭발 중 특별한 경우로 취급한다.

(4) 폭발 시 분해화염이라는 특수한 화염이 발생한다.
(5) 밸브개폐 등의 단열압축열의 점화원에 의해서도 발생 가능하다.
(6) 몰(mol)당 발열량이 가스폭발보다 크며, 화염온도가 매우 높다.
(7) 배관 중에서 발생되면 폭굉으로 전이 가능하다.
(8) 폭발범위가 가스폭발과 다르고, 더 넓어서 위험하다.

03 분해폭발의 메커니즘

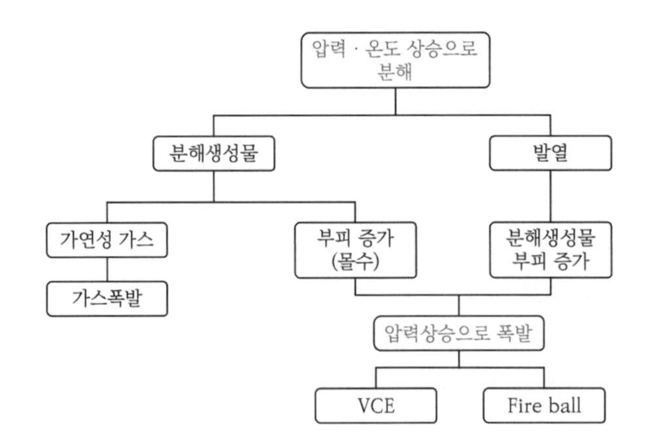

04 아세틸렌

(1) 특성

상온에서 무색 · 무취의 기체상태로 존재하며, 인화성과 폭발성을 가진다.

인화점	폭발범위	자연발화점	증기압	증기밀도
−17.8[℃]	2.5 ~ 100	305[℃]	4,450[kPa]	0.907

보통의 경우는 연소범위와 폭발범위가 같지만 아세틸렌과 산화에틸렌 같이 분해폭발을 하는 경우는 폭발범위 상한계가 100[%]가 된다. 분해폭발의 경우 산소가 없어도 폭발이 가능하기 때문이다. 아세틸렌의 연소범위는 2.5 ~ 82[%]이다.

(2) 사용처

금속용접, 절단, 가공 및 물질의 합성에 사용된다(섬유, 고무, 비닐, 제약, 향수, 알코올).

(3) 메커니즘

1) 진행순서 : 아세틸렌의 압축 → 점화 → 화염전파 → 가스압력의 상승 → 화염속도 증가 → 압력 증가 → 분해폭발

2) 분해반응 화학식 : $C_2H_2 \rightarrow 2C + H_2\uparrow - \Delta H = 54$[kcal/mol](고체탄소와 수소)

(4) 특징

1) 연소에 의한 일반적 가스폭발에 비해 발열량이 약 2.2배 크다.

2) 발열량이 큰 것이어서 열손실이 없으면 화염온도는 약 3,100[℃] 정도이다.

3) 밀폐용기 내에서 분해폭발이 발생 시 초기 압력의 9 ~ 10배가 된다.

4) 폭굉으로 발전 가능

① 배관 중에서 아세틸렌의 분해폭발이 발생하면 화염은 가속되어 폭굉으로 발전 가능하다.

② 폭굉의 경우 : 초기 압력의 20 ~ 50배

5) 구리, 은, 납 등의 금속과 반응해서 폭발성 아세틸리드를 생성 : 조그만 충격에도 폭발하여 아세틸렌을 발화시킨다.

아세틸리드(acetylide) : 아세틸렌의 수소원자 2개 또는 1개가 금속에서 치환되어 생기는 염형태의 탄화물의 총칭으로 C_2^{2-}염을 말한다.

6) 압력이 낮을 때는 많은 에너지가 필요하지만 압력이 높게 되면 적은 에너지로도 발화한다.

(5) 점화원

1) 화염, 스파크, 가열 등

2) **단열압축열** : 밸브개폐에 따른 단열압축으로 인한 열에 의해 발화하는 경우도 있다.

(6) 방호대책

1) 아세틸렌을 25[kg/cm^2]가 넘는 압력으로 보관할 경우 질소 등의 불활성 가스를 첨가한다.

2) 한계압력 이하로 저장

한계압력 : 압력을 낮게 하면 발화에 필요한 에너지가 증가하여 어떤 압력 이하에서는 화염이 전파되지 않는 압력을 지칭한다.

3) 구리, 은, 납 등의 금속 사용금지

4) 아세톤, 다이메틸폼아미드(DMF)에 용해시켜 불활성 다공성 물질 충전 : 분해열 흡수하여 열전달을 방지한다.

5) 점화원 관리

6) 고온 · 고압 형성방지 : 냉각장치, 안전장치

05 산화에틸렌(ethylene oxide) 110회 출제

(1) 특성

자극성을 가지는 가스로서, 독성(발암물질)과 가연성 · 폭발성이 있다.

인화점	폭발범위	자연발화점	증기압	증기밀도	독성자료
-55[℃]	3 ~ 100	429[℃]	146[kPa]	1.5	TWA 1[ppm], LC_{50} 800[ppm]

(2) 사용처

다른 물질(연료, 비누, 살균제, 살충제 등)을 합성하는 데에 많이 사용된다.

(3) 메커니즘

1) 진행순서 : 산화에틸렌 증기를 유리관 속에 넣는다. → 백금선을 전기로 용단하는 방법으로, 점화시킨다. → 대기압 상온에서 무색의 분해화염이 전파된다.
2) 화학반응식 : $C_2H_4O \rightarrow CH_4 + CO - 32$[kcal/mol]

(4) 최소 점화에너지

1.5기압에서 약 1[J] 정도의 에너지

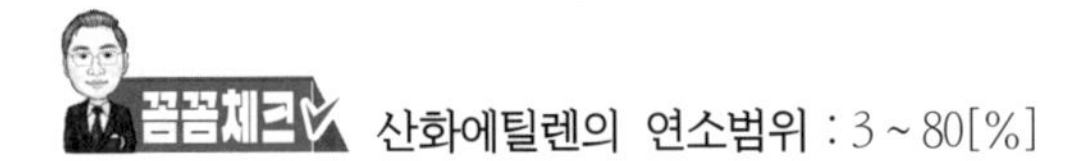

산화에틸렌의 연소범위 : 3 ~ 80[%]

(5) 방호대책

1) 점화원 관리
2) 고온 · 고압 형성방지 : 냉각장치, 안전장치

06 에틸렌

(1) 에틸렌의 분해폭발은 아세틸렌과 비교하여 비교적 큰 발화에너지가 필요하며, 저압에서의 사고는 없지만 고압법을 사용한 폴리에틸렌의 제조공정에서 2,000[kg/cm^2] 이상의 압력에서의 분해폭발사고가 발생 가능하다.

(2) 제베타키스(Zabetakis)의 실험

1) 점화원에 나이트로셀룰로오스 1[g]을 사용해서 21[℃], 1기압에서 에틸렌의 분해폭발이 발생한다.
2) 반응식 : $C_2H_4 \rightarrow 1.02C + 0.95CH_4 + 0.02C_2H_2 + 0.17H_2 - 29$[kcal/mol]

(3) 특징

1) 발생압력 : 초기 압력의 6.3배
2) 100[kg/cm^2] 이하의 압력 : 아주 큰 발화에너지가 없으면 분해폭발을 일으키지 않는다.
3) 폭발범위 : 2.7 ~ 36[%]

(4) 대책

1) 점화원 관리
2) 고온 · 고압 형성방지 : 냉각장치, 안전장치

SECTION 013

불활성화

72회 출제

01 개요

(1) 가연물을 저장하거나 취급하는 시설에서 해당 방호구역을 불활성화시켜 가연물과 공기 혼합기체가 연소하지 않도록 하고 착화 시에도 화염선단의 확산을 억제하도록 혼합농도를 조절하여 위험성을 제한하는 방법이 필요하다.

(2) 폭발방지방법으로는 크게 2가지로 구분할 수 있다.

1) 물질조건 : 물질의 농도를 제한하여 폭발을 방지하는 방법으로 불활성화한다.

① 가연물의 농도조절 : 가연물의 농도를 LFL 이하나, UFL 이상으로 유지하여 반응성을 낮추는 방법이다.

② 산소농도를 줄이는 것 : 산소의 농도를 연소를 위한 최소 산소농도(LOC) 미만으로 낮게 하는 공정으로, 이너팅(inerting)이라고 한다.

2) 에너지조건 : 점화원을 제거하는 방법

02 불활성화와 퍼징 123회 출제

(1) 불활성화

1) 정의 : 물질의 농도를 감소시켜 발화(화염전파)가 발생하지 않도록 된 상태(NFPA 69(2014))

2) 운전하는 동안 용기의 증기공간에 불활성 분위기를 장기간 유지하는 방법이다.

3) 불활성 가스 : 이산화탄소, 수증기, 불활성 기체

4) 불활성화 방법

① 산소농도를 감소시키는 방법

㉠ 대상 : 가연성 가스가 유입될 가능성이 큰 장소

㉡ 한계산소농도(Limit Oxygen Concentration ; LOC) : 가연성 가스-공기-불활성 가스 3성분계 또는 가연성 가스-산소-불활성 가스 3성분계에서 화염이 전파하는 데 필요한 최소 산소농도

- LOC의 영향인자 : 온도, 압력, 가연물 농도 등
- LOC값 추정 : LFL × $\frac{\text{산소몰수}}{\text{연료몰수}}$

㉢ 주요 가스의 LOC

구분	LOC	
	질소	이산화탄소
수소	5	5.2
에틸렌	10	11.5
에탄	11	13.5
프로판	11.5	14.5

㉣ 동일한 가연물에서 LOC값 : 8족 원소 < 질소 < 수증기 < 이산화탄소

② 가연성 가스의 농도를 감소시키는 방법

㉠ 대상 : 가연성 가스가 유입될 가능성이 작은 장소(공기는 유입)

㉡ 피크농도 : 불활성 가스를 주입하여 가연성 가스의 농도를 낮추어서 불활성화(LFL 이하)

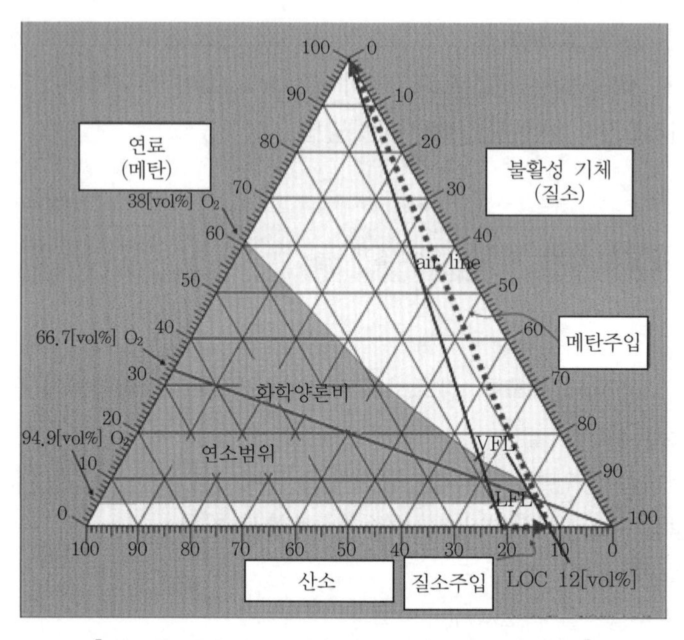

▌연소선도에서 질소주입과 메탄주입을 통한 불활성화▐

③ LOC 연소 삼각도

㉠ 상기 그림에서 질소를 주입하여 20[%]에서 12[%]로 낮추어 LOC로 불활성화한다.

㉡ 이 상태에서 메탄이 주입되면 메탄 100[vol%]로 이동하는데 가연성 가스가 아무리 유입되더라도 연소범위 밖에 위치한다.

5) 국내 규정

① 불활성화의 제어점은 LOC보다 4[%] 이상 낮게 유지한다.

대부분 가스의 LOC는 보통 10[%] 정도이고 분진은 약 8[%] 정도로 가스는 6[%], 분진은 4[%]가 될 때 불활성화가 된다.

② 비어 있는 용기는 가연성 액체를 충전하기 전에 용기 내부를 불활성 가스로 치환(퍼징)하여 액체 위의 증기공간에 불활성 분위기를 유지한다.

③ 공기가 용기 속으로 들어가는 것을 차단하기 위하여 공간 내에 일정한 불활성 가스압력을 유지하도록 시스템에 압력조정기를 설치한다.

④ 시스템은 산소분석기가 연속적으로 산소농도를 감시하여 제어점 이상인 경우 자동으로 불활성 가스가 주입된다.

6) NFPA 69(2019)

구분		관리기준
연속적 감시 (7.7.2.5*)	LOC가 5[%] 이상	LOC보다 2[%] 낮게 유지
	LOC가 5[%] 이하	LOC의 60[%] 이하
불연속적 감시 (7.7.2.8*)	LOC가 7.5[%] 이상	LOC보다 4.5[%] 낮게 유지
	LOC가 7.5[%] 이하	LOC의 40[%] 이하
	산소농도를 정기적으로 검사	

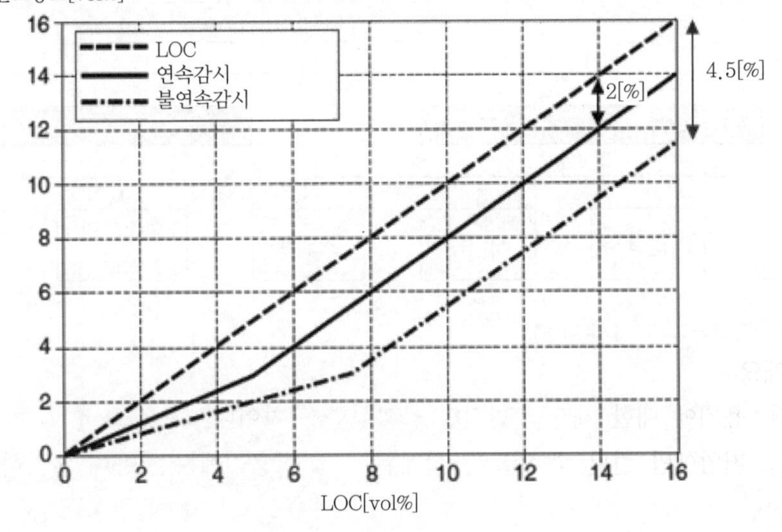

▌LOC와 산소농도▐

7) 불활성화 시스템

① 비어 있는 용기는 불활성 가스로 퍼징 후 가연성 물질로 충전되며 액체 위의 증기공간에도 불활성 분위기가 유지되도록 자동적으로 불활성 가스를 주입할 수 있는 장치를 설치한다.

② 산소분석기가 연속적으로 산소농도를 모니터하여 LOC에 접근 시 불활성 가스를 주입하는 자동 불활성 가스 공급시스템을 갖추어야 한다.

③ 증기공간 내에 일정한 불활성 가스의 압력을 유지하도록 설계된 압력조정기를 설치하여 공기가 용기 속으로 들어가지 못하도록 하여야 한다.

(2) 퍼징(purging)

1) 정의 : 용기 내의 물질을 다른 물질로 치환(NFPA 69(2014))

2) 일정시간 동안 공간에서 점화가 일어날 수 없도록 인화성 증기나 가스를 포함하는 탱크, 공정용기, 기타 공정장치의 일부에 불활성 가스나 가연성 가스를 단기간 주입하는 것이다.

3) 퍼징 가스 : 불활성 기체 또는 가연성 가스

03 퍼징방법

(1) **퍼징의 방법구분표** 110회 출제

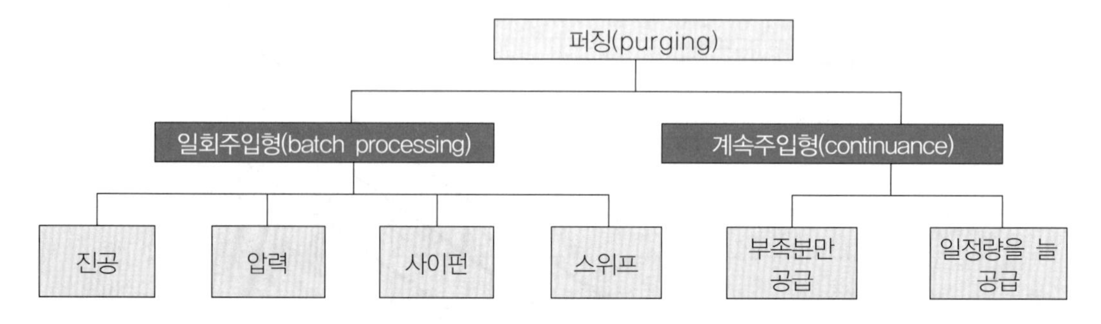

(2) 진공퍼징(vacuum purging)

1) 개요

① 용기에 대한 가장 일반적인 불활성화 절차이다.

② 저압에만 견딜 수 있도록 설계된 큰 저장용기에는 사용이 불가하다.

진공상태를 만들기 곤란한 강도가 약하거나 부피가 큰 용기에는 사용이 부적합하다.

2) 퍼징절차

① 용기 전단에 불활성 가스 공급장치를, 후단에는 진공펌프를 설치한다.

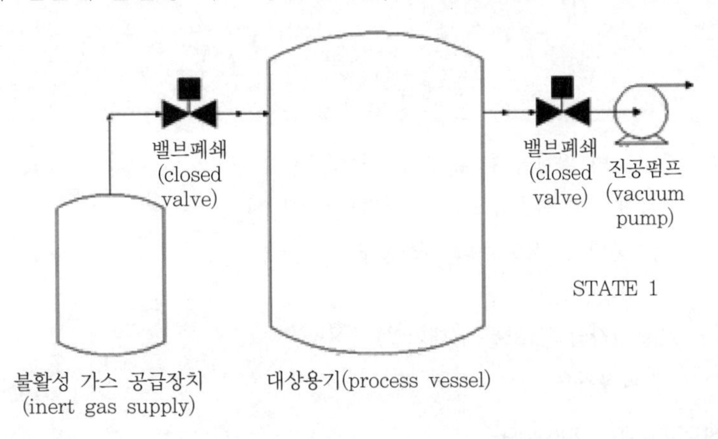

② 진공펌프를 이용하여 원하는 진공도에 이를 때까지 용기를 감압한다.

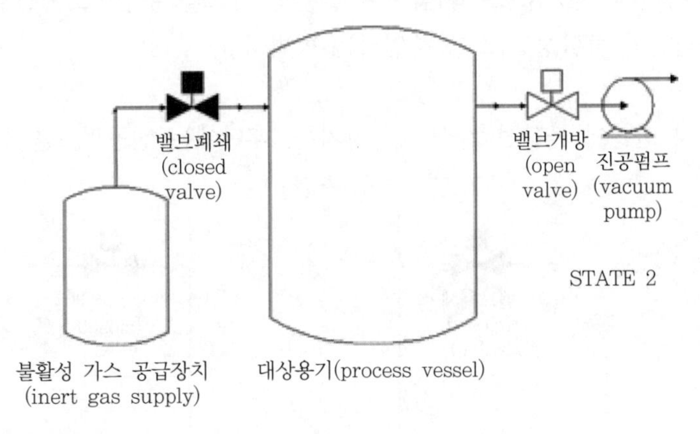

③ 불활성 가스를 주입하여 대기압과 같게 유지한다.

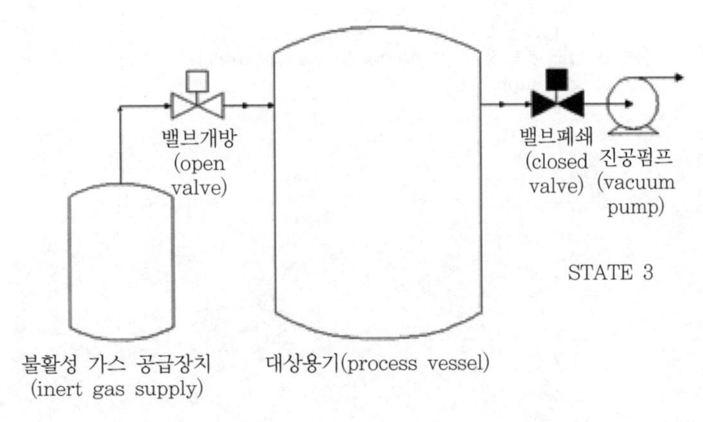

④ 원하는 산소농도가 될 때까지 위 '②'와 '③'을 반복한다.

3) 사용처 : 반응기

4) 퍼징을 한 후 산소농도를 구하는 방법[24]

$$C_n = C_p + (C_i - C_p) \cdot \left(\frac{P}{P_s}\right)^n, \quad P < P_s$$

여기서, C_n : n번 퍼징을 한 후의 산소농도

C_i : 초기의 산소농도로, 일반적으로 21[%]

C_p : 불활성 가스 내의 산소농도

P : 퍼징압력(대기압)

P_s : 시작압력, 보통 1(대기압)

n : 퍼징횟수

(3) 압력퍼징(pressure purging)

1) 개요 : 용기에 일정압으로 가압하여 불활성 가스를 주입하고, 일부를 배출한 후 다시 가압하여 불활성 가스를 주입하는 방법이다.

2) 절차

① 용기 전단에 불활성 가스 공급장치를, 후단에는 진공펌프를 설치한다.

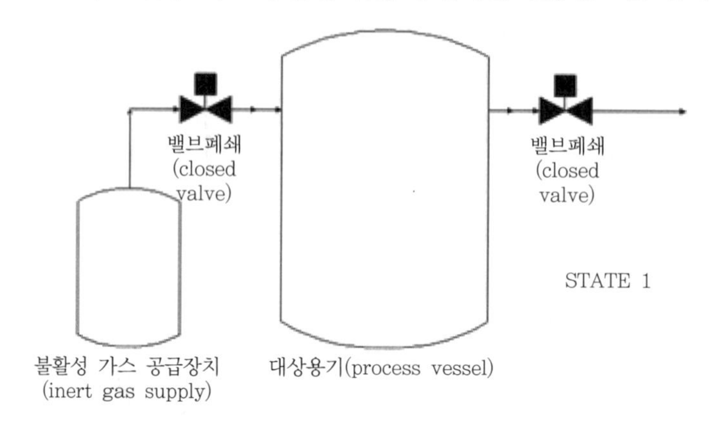

24) Preventing Explosion Hazards – Inert Gas Blanketing. First Published in Solids Handling, May/June 1994

② 압력퍼징은 용기에 가압된 불활성 가스를 주입한다.

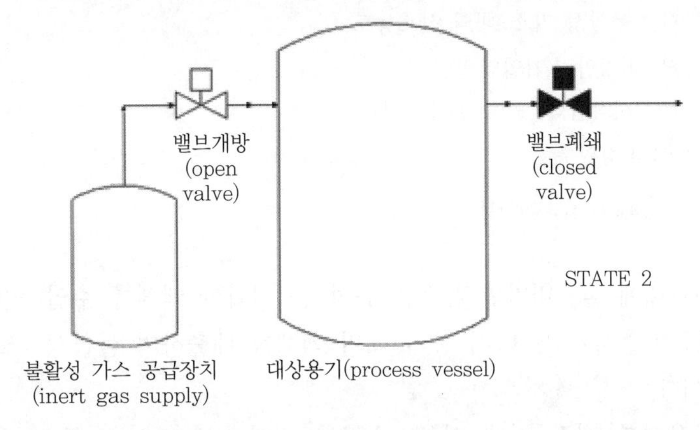

③ 주입한 가스가 용기 내에서 충분히 확산된 후 그것을 대기로 방출한다.

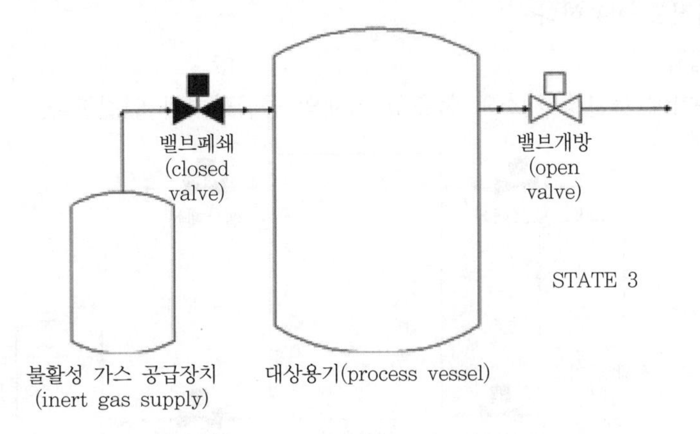

④ 원하는 산소농도를 위해 '②', '③'을 반복한다.

3) **진공퍼징과의 비교**

① 퍼징시간이 크게 감소(진공을 유도하기 위한 공정이 느림)한다.

② 훨씬 더 많은 불활성 가스가 소요된다.

③ 여러 번의 가압순환이 필요하다.

4) **사용처** : 가장 일반적인 퍼징방법, 가압에 의한 화학반응이나 용기에 문제가 발생하지 않는 경우에 적용한다.

5) **압력퍼징** : 퍼징을 한 후 산소농도를 구하는 방법[25)]

$$C_n = C_p + (C_i - C_p) \cdot \left(\frac{P_s}{P}\right)^n, \quad P > P_s$$

여기서, C_n : n번 퍼징을 한 후의 산소농도

25) Preventing Explosion Hazards – Inert Gas Blanketing. First Published in Solids Handling, May/June 1994

C_i : 초기의 산소농도로 일반적으로 21[%]

C_p : 불활성 가스 내의 산소농도

P : 퍼징압력(가압압력)

P_s : 시작압력, 보통 1(대기압)

n : 퍼징횟수

(4) 사이펀 퍼징(siphon purging)

1) 개요

① 용기 내에 물, 비가연성, 비반응성 등 적합한 액체를 주입하면서 용기 내의 가스를 배출시키고, 다시 용기 내의 액체를 배출하며 불활성 가스를 주입하는 방법이다.

② 큰 용기를 퍼징할 때 사용가스량이 적어 퍼징경비를 최소화하기 위해 사이펀 퍼징을 이용한다.

2) 퍼징절차

① 용기에 불활성 가스와 불활성 액체의 공급장치와 연결한다.

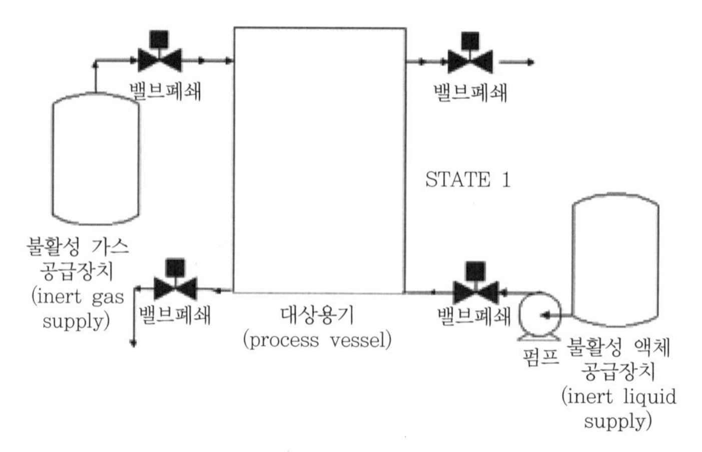

② 용기에 불활성 액체(물 또는 비가연성, 비반응성 액체)를 채운 다음 시작한다.

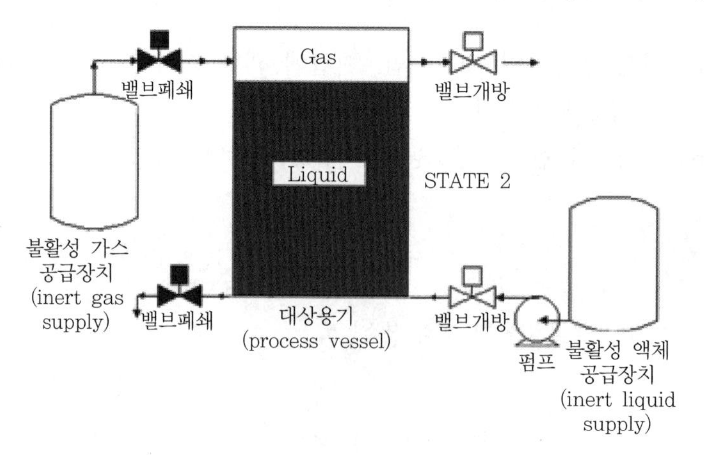

③ 용기로부터 액체를 배출해 내면서 증기층에 불활성 가스를 주입한다.

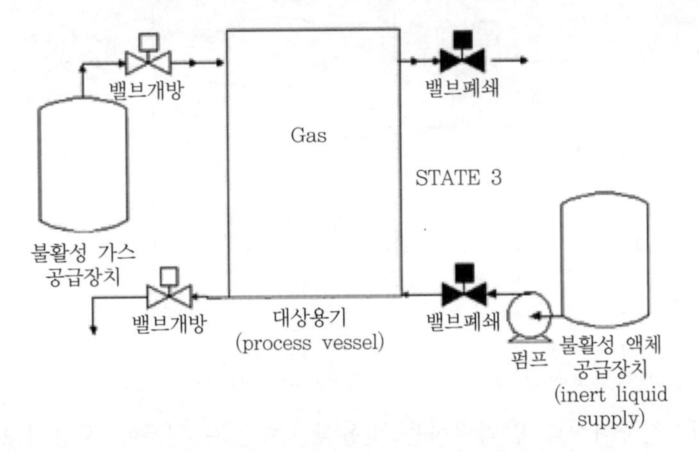

④ 요구되는 불활성 가스의 부피는 용기의 부피와 같고 퍼징속도는 액체를 방출하는 부피흐름의 속도와 같게 된다.

3) 특징

① 치환 시 불활성 기체 주입량이 용기의 부피로 가장 적다.

② 산소농도를 낮은 수준으로 감소할 수 있다.

③ 퍼징속도는 액체를 방출하는 부피의 흐름과 같다.

4) 사용처 : 공정상 용기에 주입하는 액체의 선택과 사용에 문제가 없는 경우에만 사용이 가능하다.

(5) 스위프 퍼징(sweep purging)

1) 개념

① 용기에 입구와 출구를 구분하여 연속적으로 입구에서는 불활성 가스를 주입, 출구에서는 혼합가스를 배출하여 불활성화가 될 때까지 반복하는 방법이다.

② 퍼징가스는 대기압에서 가해지고, 대기압에서 방출한다.

2) 퍼징절차 : 용기의 한 개구부로 불활성 가스를 공급하고 다른 개구부로부터 대기로 혼합가스를 배출한다.

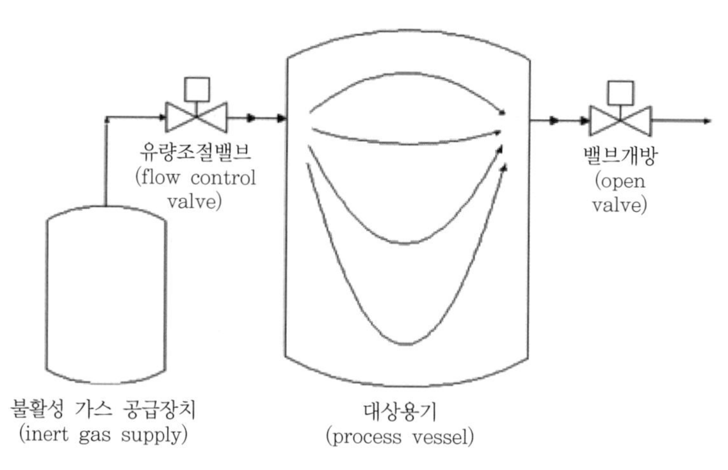

3) 사용처 : 진공퍼징과 압력퍼징을 활용할 수 없는 경우에 사용하고, 큰 저장용기의 퍼징 시 사용한다.

4) 스위프(sweep through) 퍼징(자유유출) : 퍼징을 한 후 산소농도를 구하는 방법[26]

$$C_f = C_p + (C_i - C_p)\exp\left(\frac{-Qt}{V}\right)$$

여기서, C_f : t초 후의 산소농도

C_p : 불활성 가스 내의 산소농도

C_i : 초기의 산소농도로 일반적으로 21[%]

Q : 퍼징가스의 유량흐름[m^3/sec]

t : 퍼징시간[sec]

V : 용기공조부(空槽部)의 부피[m^3]

5) 진공 · 압력 · 스위프 퍼징 가스량 비교

구분	계산식	가스량
진공 퍼징	$Q[m^3] = \frac{C_0 - C_1}{C_0} \times V$	소
압력 퍼징	$Q[m^3] = \frac{C_0 - C_1}{C_1} \times V$	대
스위프 퍼징	$Q[m^3] = \ln\frac{C_0}{C_1} \times V$	중

여기서, Q : 퍼징가스 양[m^3/sec]

C_0 : 초기 농도[vol%]

C_1 : 퍼징 후 농도[vol%]

V : 방호공간 체적[m^3]

26) Preventing Explosion Hazards-Inert Gas Blanketing. First Published in Solids Handling, May/June 1994

04 결론

(1) 일반적으로 화재예방 측면에서 가연물의 관리보다는 점화원의 관리가 중요하다. 왜냐하면 가연물은 목적물의 성능이나 품질을 만족하기 위해서 꼭 필요한 요소로, 공장이나 현장에서 필수적이기 때문에 이에 대한 양·질적 제어는 곤란하다. 하지만 점화원은 일정부분 관리가 가능하므로 이에 대한 제어를 통하여 폭발의 관리가 가능하다.

(2) 화학공정 등 가연성 가스와 공기가 혼합된 경우 아주 작은 에너지원으로도 점화가 되므로 가연물 또는 산소농도관리와 같은 물질관리를 통하여 화재, 폭발을 예방하여야 한다.

(3) 화재예방 측면에서 불활성화와 퍼징은 매우 중요한 작업으로 저장용기와 내용물에 따라 적정한 방법을 채택하여 실시하여야 한다.

SECTION 014 피크(peak)농도

01 개요

(1) 불활성 가스를 이용하여 연소범위 내에 있는 가연물의 농도를 연소범위 밖으로 보내면 연소를 방지할 수 있다.

(2) 소화약제의 소화능력에 대한 상대적 크기를 비교하는 방법의 하나로 일정한 가연성 물질이 공기와 혼합되어 최적의 상태(예혼합상태)에서 제3의 물질(가스계 소화약제)을 첨가하여 연소가 불가능하게 되는 소화제 농도의 한계치를 피크농도라하며 공기 중 [vol%]로 나타낸다.

(3) 실제 소화의 경우 소화약제 소요량의 비는 피크농도보다 낮게 형성된다.

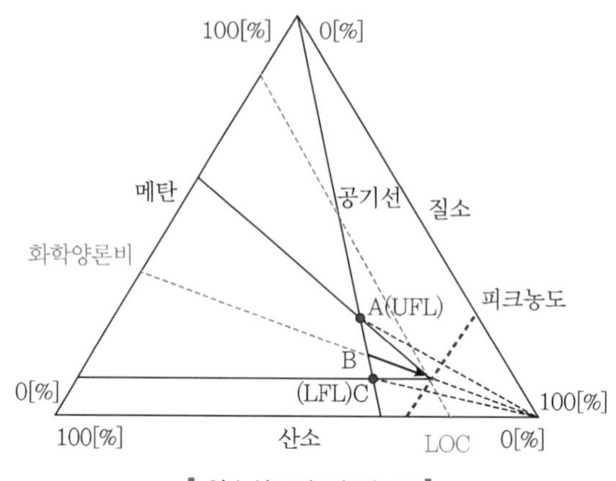

▎연소선도의 피크농도▐

02 피크농도

(1) 연소범위를 갖는 가연성 기체(증기)와 공기와의 혼합물인 제2성분이 최적의 상태인 화학양론비로 혼합되었다면, 가스계 소화약제와 같은 소화효과가 있는 제3성분(불활성 기체 또는 할로겐화합물)을 최적상태에 공급하면, 제3성분의 양이 점차 증가할수록 연소범위가 좁아져서 소화약제가 어느 농도 이상이 되면 연소범위 밖에 도달하게 된다.

(2) 이때 소화약제의 농도를 피크(peak)농도라 하고 제3성분 소화효과의 척도로 이용되고 있다. 왜냐하면 소화약제의 피크치로 이를 이용하면 아무리 농도가 최적화된 상태도 소화할 수 있는 농도가 되기 때문에 신뢰도가 높다.

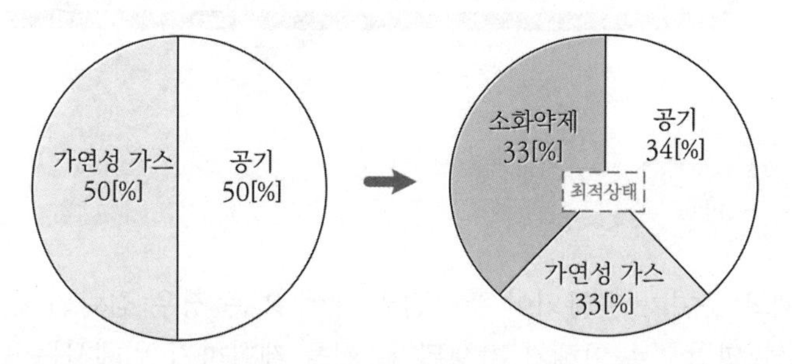

▌공기 + 가연성 가스 + 소화약제 = 연소하한계(LFL) 이하가 될 때 소화약제의 농도 ▌

(3) 연소하한계에서 연소범위 밖으로 보내기 위한 불활성 가스의 양은 비교적 적은 양으로 가능하고, 연소범위가 점점 증가될수록 더 많은 양의 소화가스가 필요해진다. 최적의 혼합(optimum mix)에서 최댓값을 가지며, 그 이상에서는 다시 소화가스양은 감소한다.

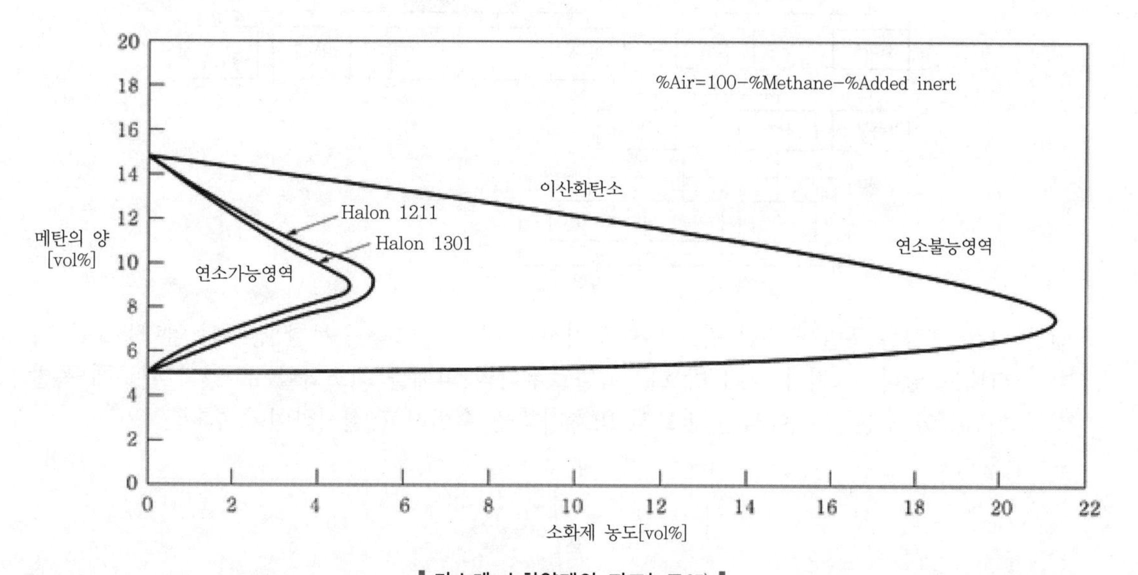

▌가스계 소화약제의 피크농도27) ▌

(4) 화학양론비 상태에서 소화가스량은 최대가 되고, 그 때의 소화가스 농도를 피크농도라고 한다. 따라서, '피크농도 > 소염농도'라고 할 수 있다.

27) Flammability Limits for Methane-Air Mixtures with Added Inerting Agents (Source : J. M. Kuchta, "Investigation of Fire and Explosion Accidents in the Chemical, Mining, and Fuel-Related Industries-A Manual," Bulletin 680, 1985

SECTION

015 폭발 예방 및 방호

01 개요

(1) 가연성 기체와 공기가 혼합되어 폭발범위 내에 있는 경우 점화원에 의해 폭발이 발생하고 이로 인해 과압으로 피해가 발생된다. 이를 제한하기 위해서는 폭발발생을 예방하거나 피해를 한정시키는 방호의 방법으로 분류할 수 있다.

(2) **폭발 예방 및 방호의 맵핑**

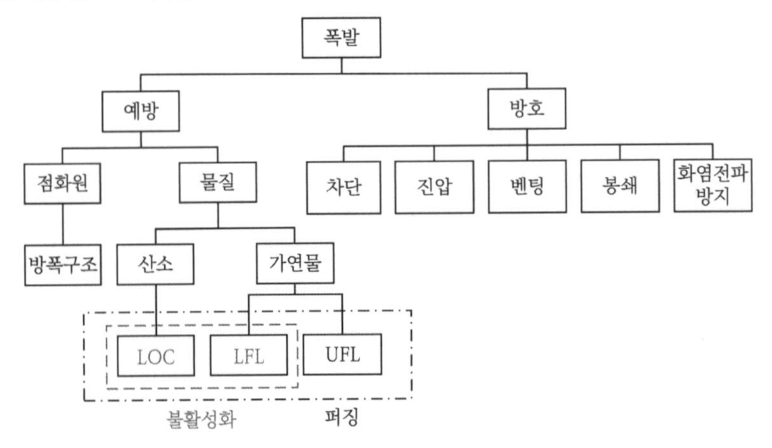

(3) 다음 그림은 폭발에 대한 방호가 이루어졌을 경우와 그렇지 못한 경우의 압력분포를 나타내고 있다. 그림과 같이 방호는 폭발로부터의 피해를 최소화할 수 있기 때문에 폭발 위험성이 있는 장소에서는 반드시 방호대책을 수립하고 실시하여야 한다.

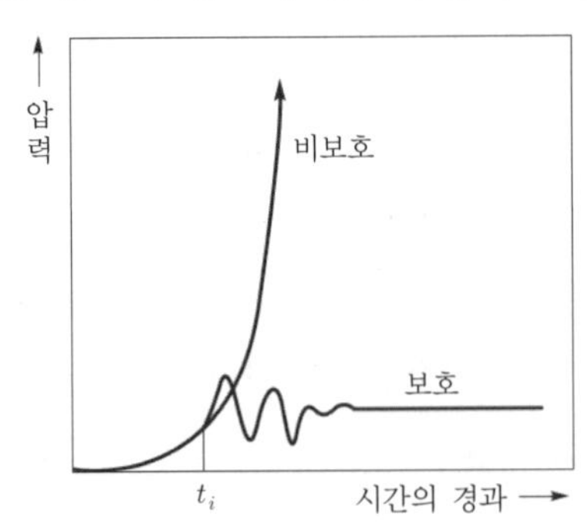

▌압력의 증가에 따른 방호대상물의 보호 · 비보호[28] ▌

28) FIGURE1 7. – Pressure Variation Following Ignition of a Flammable Mixture in Unprotected and Protected Enclosures. 18Page FLAMMABILITY CHARACTERISTICS OF COMBUSTIBLE GASES AND VAPORS By Michael G. Zabetakis

02 폭발예방조치

(1) 불활성화(inerting) : 화염전파방지

1) LFL 이하

① 가연물의 공기 중에 누설 · 누출 방지를 위한 누설탐지(locating leaks)를 통한 감시를 강화한다.

㉠ 비눗물시험(soap bubble test) : 연결부위나 누설부위에 비눗물을 발라서 가스 누설 시 기포가 발생되는 것을 육안으로 감시가 가능하다.

㉡ 가스검지기 조사(gas detector surveys) : 휴대용, 고정용의 2종류가 있으며 가스누설을 감지하면 경보로 관계자에게 통보하여 누설을 감지한다.

② 환기(배출) : 가연성 · 독성 가스를 기준치 이하로 유지한다.

2) LOC 이하

① 밀폐용기 : 외부의 공기혼합 방지

② 퍼징

(2) 점화원 제거

1) 인화 : 최소 발화에너지보다 큰 점화원 제거

① 정전기 제거

② 충격마찰방지

③ 방폭구조

2) 발화 : MIE 이하 유지(고열 및 고온 표면관리)한다.

3) 화염의 외부 확산방지 : 화염방지기

(3) 압력배출(벤팅)

1) 안전밸브

2) 파열판

3) 폭압방산공

(4) 옥외저장탱크의 계량장치

1) 기밀부유식 계량장치(위험물의 양을 자동적으로 표시) : 증기가 비산하지 아니하는 구조

2) 자동계량장치 : 전기압력 자동방식이나 방사성 동위원소를 이용한 방식

3) 유리게이지(금속관으로 보호된 경질유리 등으로 되어 있고, 게이지가 파손되었을 때 위험물의 유출을 자동적으로 정지할 수 있는 장치가 되어 있는 것에 한함)를 설치한다.

03 폭발방호대책의 진행순서

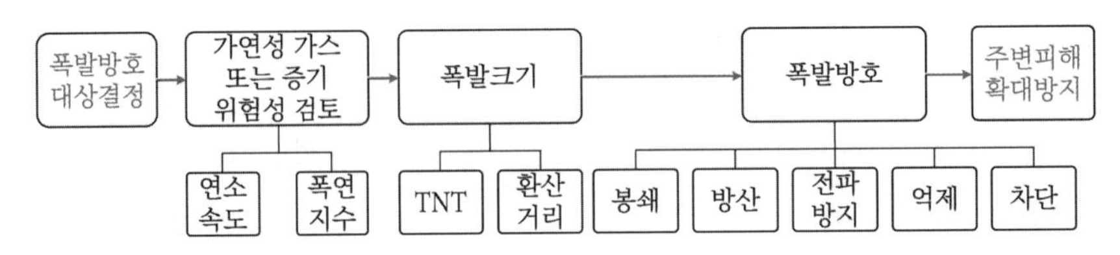

▌폭발방호대책의 순서▐

(1) 폭발방호대상을 결정한다.

(2) 가연성 가스 또는 증기의 위험성 검토

연소속도 또는 폭연지수

(3) 폭발의 위력과 피해 정도 예측

TNT 당량, 환산거리, TNO

(4) 방호방법 결정

1) 폭발봉쇄(explosion containment)

① 정의 : 폭발에 의해 발생하는 압력에 견딜 수 있는 구조의 용기나 구체를 만들어서 공간 내에서 폭발이 발생하더라도 그 압력을 견디어 더 이상의 피해가 발생하지 않도록 하는 방법이다.

② 밀폐용기나 방폭벽(blast wall)과 같은 차단물 설치 시 최대 폭발압력의 1.5배 이상의 강도이다.

③ 문제점 : 경제적 비용 증대

④ 사용처 : 독성이 큰 물질, 폭발압력이 크지 않은 경우, 작은 용기

2) 폭발방산(explosion venting)

① 정의 : 폭발압력 발생 시 용기 외부로 압력을 방출하여 압력을 낮추어 방호구역 피해경계값 미만으로 유지하는 압력상승을 제한하는 방법이다.

② 조건

㉠ 작동시점 : 폭연 초기에 작동(폭굉은 불규칙적이기 때문에 방호가 곤란)한다.

㉡ 가능한 넓은 배출구 면적

- 배출구로 배출 후 압력은 감소하지만, 그 후 다시 압력이 상승하여 두 번째의 압력피크를 형성한다.
- 두 번째의 압력피크는 실내의 남아 있는 가연성 혼합기의 연소와 개구부에서의 기체유출의 균형(balance)에 의해 결정된다.
- 배출구의 면적이 작을 경우 : 두 번째의 압력피크가 증대된다.

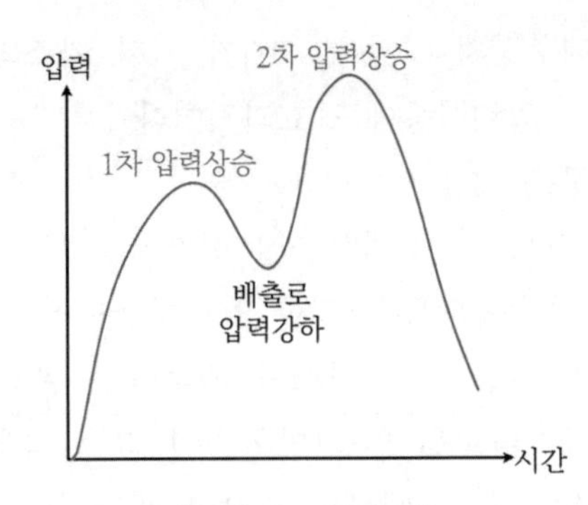

▌배출과 압력상승▐

㉢ 환기설비 : 연소가스를 무제한적으로 환기한다.

③ 배출구 면적 영향인자

㉠ 방호구역 크기

㉡ 압력상승률

- 화염온도 및 몰수
- 폭연지수 : 밀폐공간에서 연소 시 생성되는 최고 압력상승률
- 배출구 면적

$$A = \frac{C \cdot A_s}{\sqrt{P}}$$

여기서, A : 배출구의 면적
C : 가연물 특정 상수(가스는 연소속도, 분진은 폭연지수)
A_s : 내부 표면적
P : 과잉 압력피해 경계값

④ 배출구의 크기 결정방법 : Vent ratio법, Cubic root법, Theoretical법 등

⑤ 압력방출장치

㉠ 안전밸브

㉡ 가용합금 안전밸브

㉢ 폭압방산공

- 정의 : 장치, 건물, 용기 내에서 폭발을 피할 수 없는 경우 어떤 부분의 강도를 전체보다 작게 하여 1[psi] 정도 이내에서 파괴하며, 압력상승이 일어나지 않고 완전히 대기 중에 화염 및 미연소 분진-공기혼합물을 방출하는 문, 창문, 패널 등이 해당된다.

- 다른 압력배출장치에 비해 크기가 커서 가스와 증기의 폭발, 급격한 화학 반응에 의한 압력상승에도 효과적이다.
- 방산공의 구조
  - 설계나 강도계산 : 대상물질 연소특성으로 최대 폭발압력이나 최대 폭발압력 상승속도를 고려한 압력방산면적을 산출한다.
  - 개구부의 형상 : 내부가스를 배출하기 쉬운 형태
  - 설치위치 : 발화원 인근(발화원이 없는 경우는 중앙)
- 장치의 형상, 구조, 재료도 중요한 관계이다. 폭발벤트(vent)는 사이클론(cyclone), 백필터(bag-filter), 사일로(silo) 등과 같이 공간이 많고 강도가 작은 것에 설치한다.
- 폭발압력 상승속도가 아주 큰 것(폭굉)에는 압력배출의 효과가 없다.
- 유효한 방산공의 종류
  - 고정되어 교환이 불가능한 파열면 : 강도를 아주 작게 한 벽, 지붕
  - 고정되어 있어도 교환이 가능한 파열면 : 창틀, 파열판
  - 가동되는 방산공 : 회전창, 통풍밸브, 폭발밸브

㉣ 파열판식 안전장치

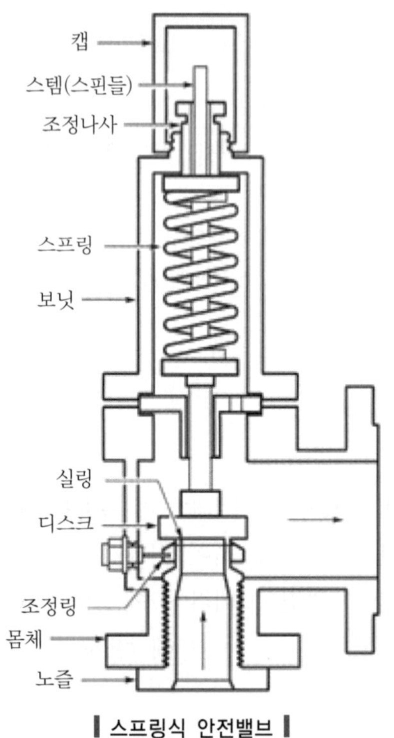

▎스프링식 안전밸브 ▎

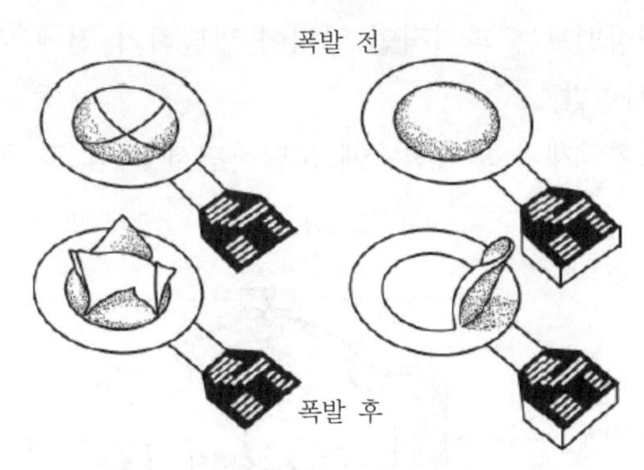

▌파열판▐

⑥ 보호덕트

㉠ 기능 : 분출물을 안전한 장소로 방산시키려는 이송경로가 된다.

㉡ 덕트류 : 자체가 압력방산의 장애물이 될 수 있으므로 지름은 크게, 길이는 짧게, 굴곡부위는 최소화하여야 한다.

㉢ 덕트류의 강도 : 방산장치의 강도와 동일하여야 한다.

⑦ 용기 등의 강도

㉠ 용기의 강도가 클수록 방산장치의 개구율을 낮출 수 있다.

㉡ 최대한 견고한 구조로 설치한다.

3) 화염전파 방지대책

① 화염방지기

② 폭굉억제기

4) 폭발억제(explosion suppression)

① 정의 : 방호구역 피해한계값까지 압력이 상승하기 전에 초기 폭발을 감지 및 진압하는 설비 또는 이상반응을 억제하는 방식

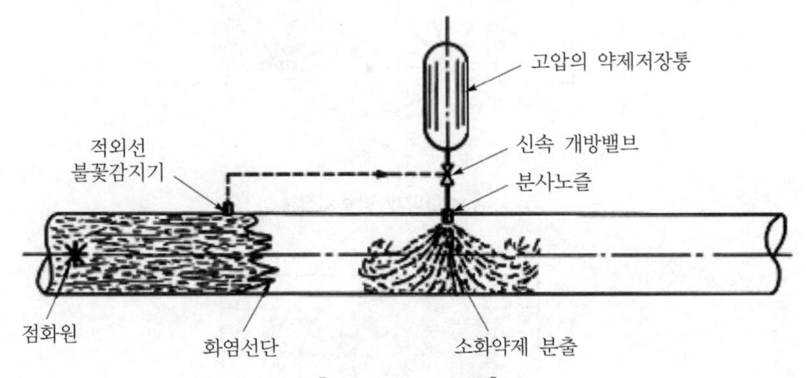

▌진압장치 개념도▐

② 동작순서

㉠ 소량의 인화성 가스나 분진연소 시 압력 또는 불꽃감지기가 초기에 감지된다.

㉡ 신속 개방밸브는 파괴적인 압력이 발달하기 전에 방호공간 내로 소화약제를 고속분사한다.

㉢ 해당 소화약제가 화염선단에 도달하면서 화염 및 폭발을 억제한다.

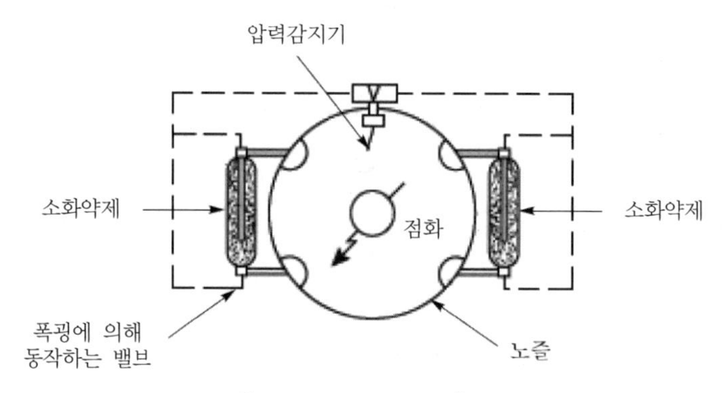

▌스파크에 의한 점화▐

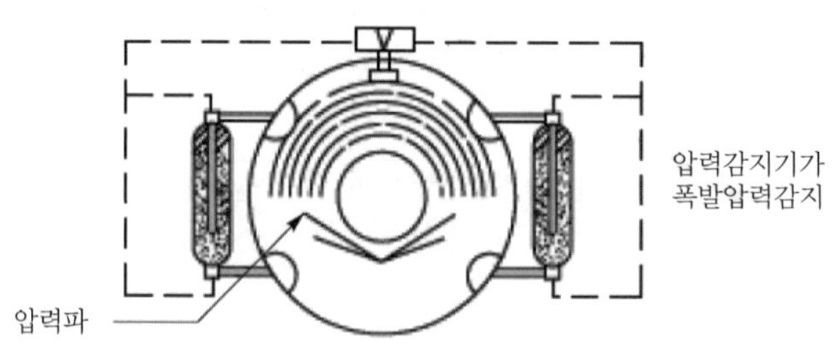

▌압력파 감지▐

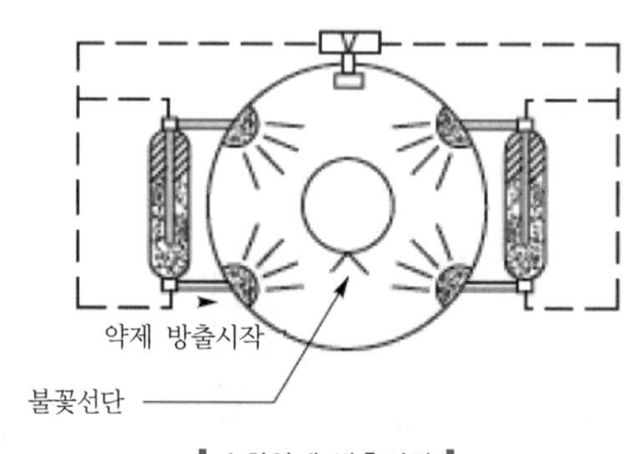

▌소화약제 방출시작▐

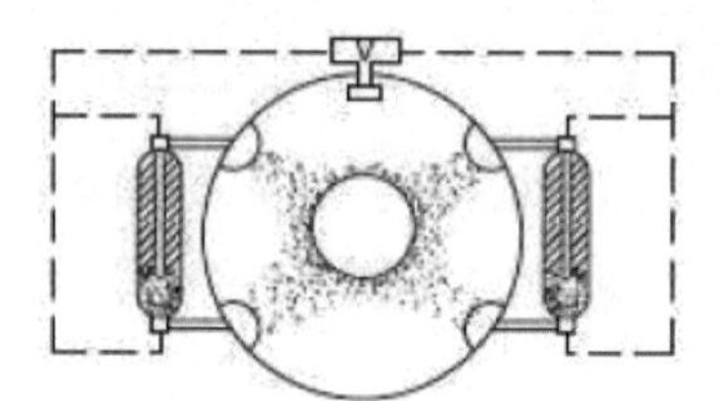

▌연소면에 소화약제 도달▐

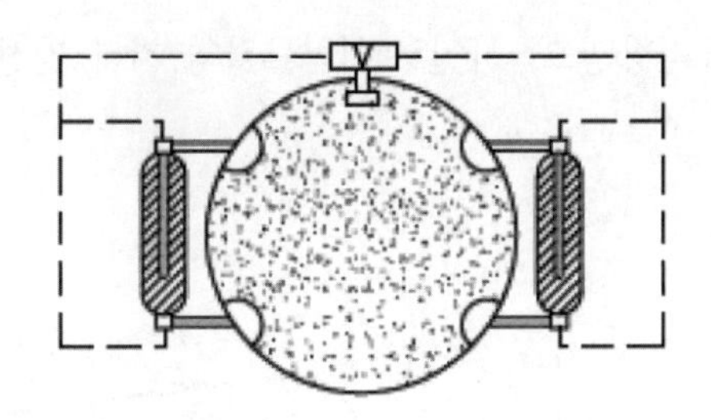

▌진압완료▐

③ 특징

㉠ 화염이나 가연물이 배출되지 않음 : 실내 장치 및 독성 물질 관련 장치에 사용이 가능하다.

㉡ 경제성 : 복잡한 설비 및 방출 후 재충전 비용이 발생한다.

㉢ 방호한계 : 폭연은 진압이 가능하지만 폭굉은 진압이 곤란하다.

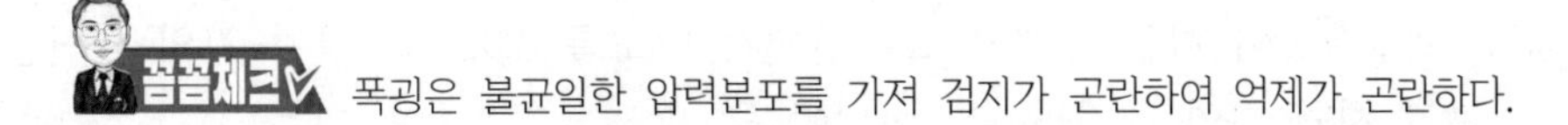

㉣ 작동시간 : 폭발개시 후 $\frac{1}{100}$초 이내

④ 구성요소 : 감지기, 배관, 살포기구, 제어장치, 소화약제

㉠ 감지기

- 분진폭발 : 압력 감지기
- 가스폭발 : 자외선 복사 감지기, 압력센서

㉡ 배관 : 모듈러(modular)방식(소화약제 이동시간 최소화)

㉢ 살포기구

- 용기에 약제를 넣고 용기를 폭발시켜 억제제를 살포
- 용기에 파열판을 설치하고 파열판이 파열되면서 억제제를 살포

㉣ 제어장치

- 기능 : 폭발발생의 감지신호를 수신하여 약제용기를 개방
- 구성 : 뇌관회로, 전기회로, 예비전원
- 폭발감지기, 뇌관회로, 전기회로의 배선은 방폭구조, 방폭배선으로 설치

㉤ 소화약제 : 할론, 할로겐화합물, 물 등

⑤ 약제선정 시 고려사항

㉠ 최대 압력

㉡ 공정물질에 대한 소화약제 적합성

㉢ 독성, 환경평가

㉣ 재발화 위험이 있는 경우 소화약제 유지시간

⑥ 설치대상 : 유류저장탱크, 사일로(위험물질의 지하 저장고), 화학반응기, 석탄분쇄기

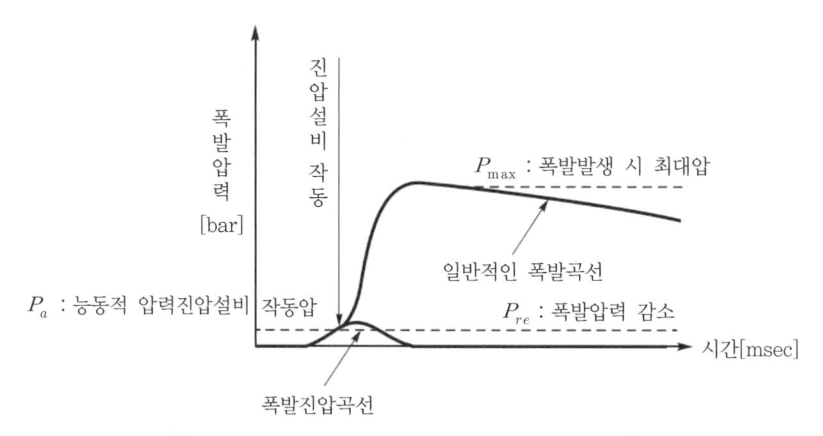

▎폭발억제 시스템 정상 동작 시 압력 대 시간[29] ▎

5) 폭발차단(explosion isolation)

① 정의 : 폭발이 다른 부분으로 전달되지 않도록 설비 및 장치 간의 차단을 자동으로 시켜 화염을 격리하는 방법이다.

② 방법 : 차단밸브를 이용하여 차단한다.

㉠ 최대 거리 : 최대 거리가 길면 폭굉의 발생 우려가 있다.

㉡ 최소 거리 : 너무 짧으면 폭발을 감지하고 차단기구가 동작할 시간이 부족해서 차단할 수 없다.

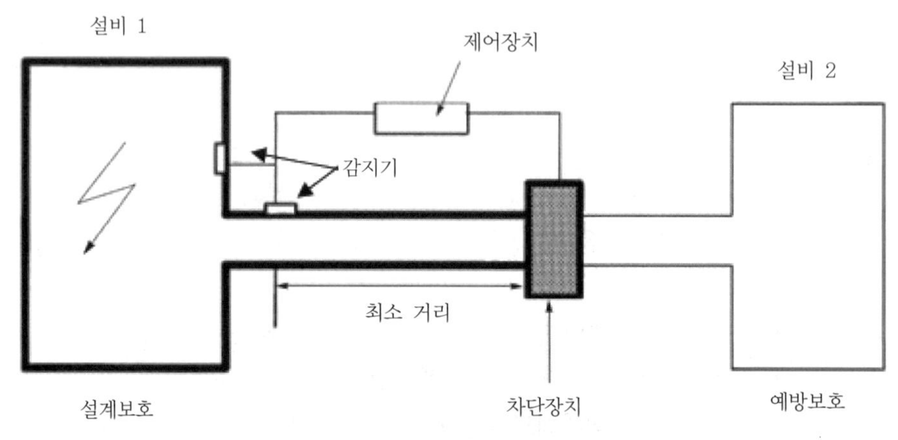

▎차단장치의 개념도[30] ▎

③ 긴급차단밸브의 종류

㉠ 배관상에 설치되어 주위의 화재 또는 배관에서 위험물질 누출 시 원격조작 스위치에 의해 유체의 흐름을 차단할 수 있는 밸브

29) SFPE 3-16 Explosion Protection 3-417

30) FIG. 23-14 Principle of the constructional measure explosion isolation. Perrys Chemical Engineers Handbook 23-21page

㉡ 긴급차단 기능을 갖는 컨트롤 밸브(control valve)

④ 긴급차단밸브 조작용 원격조작 스위치 : 운전자가 안전하고 쉽게 조작가능한 장소에 설치한다.

⑤ 설치위치

㉠ 배관상에 설치하되 탱크와 탑류에 근접하여 설치한다.

꼼꼼체크 **탑류** : 증류탑 · 흡수탑 · 추출탑 · 감압탑 등 화학물질 분리장치

㉡ 반응기와 가열로에 설치할 경우에는 원료공급배관에 설치한다.

⑥ 구조

㉠ 본체는 배관의 설계온도, 설계압력에 견딜 수 있는 구조

㉡ 전기 · 공기 등 구동용 동력원 : 차단 시 자동으로 닫히는 구조

㉢ 재질 : 취급 유체에 대해 내식성 및 내마모성

⑦ 폭발차단장치의 구성도

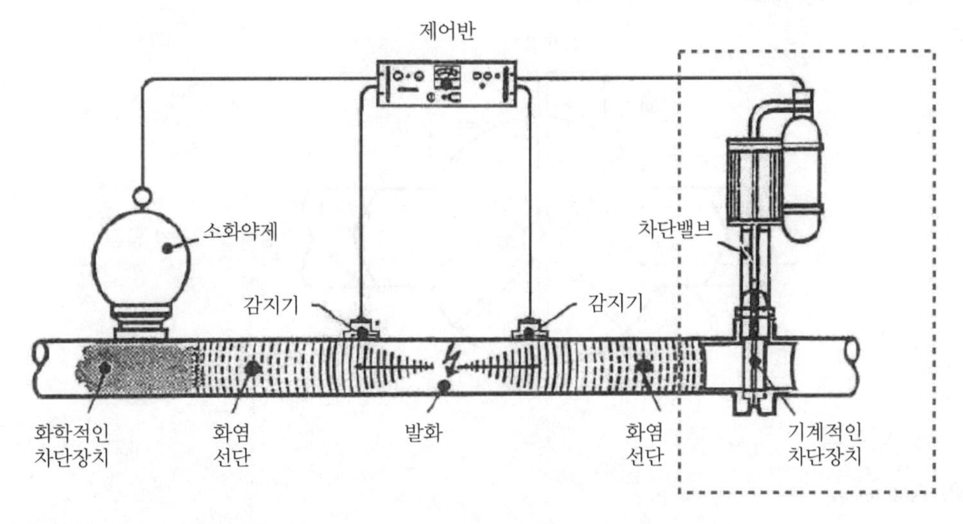

(5) 폭발에 의한 피해확대방지(주변 환경에 대한 방호)

1) 입지조건 고려 : 지형, 높이, 자연조건, 온도, 지형의 거칠기

2) 장치 등의 배치 고려사항 : 안전거리 및 보유공지확보

① 독성 가스의 확산거리 이상 이격

② 화재로 인한 복사열의 피해를 최소화할 수 있는 거리 이상 이격

③ 폭발로 인한 과업 형성으로 인해 피해를 볼 우려가 없는 장소까지 이격

3) 위험한 작업공정설비의 자동화

4) 방폭차단벽

5) 긴급배출설비 설치

6) 위험물 저장량 감소 및 화재대책

7) 안전장치의 설치
   ① 자동압력정지장치
   ② 감압밸브(안전밸브 부착)
   ③ 경보장치(안전밸브 병용)
   ④ 파괴판(안전밸브 곤란)

04 NFPA의 방호대책

(1) Passive

1) 화염방지기(flame arrest)
2) Flame front diverter
3) Passive float valve
4) 흐름조절밸브(rotary valve)

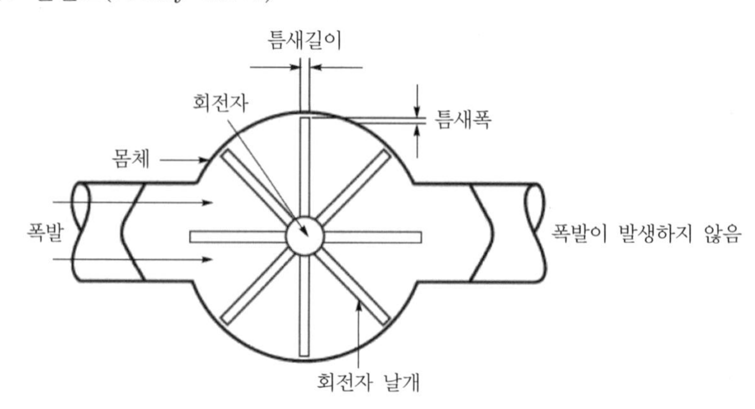

5) 액봉식

(2) Active

1) Active float valve[31]

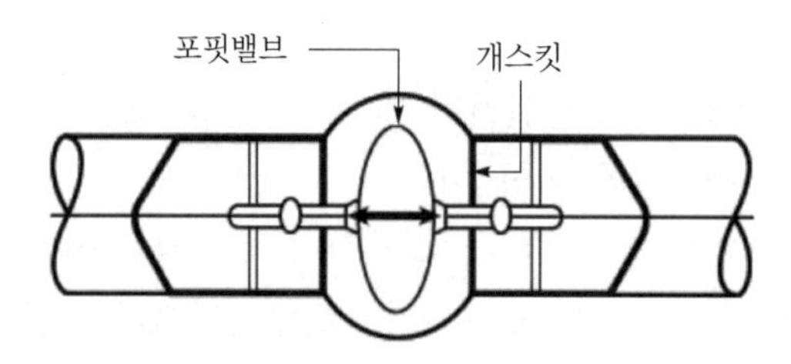

31) FPH 17-08 Explosion Prevention and Protection 17-160 FIGURE 17.8.11 Flow-Actuated Float Valve

2) Actuated pinch valve[32)]

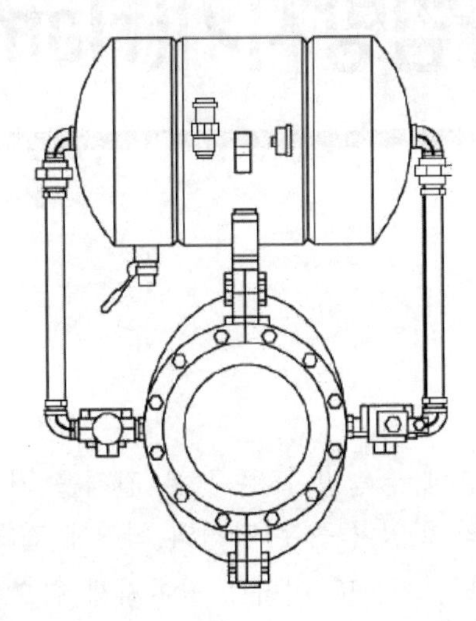

3) 소화약제를 통한 진압설비(chemical isolation system)

32) FPH 17-08 Explosion Prevention and Protection 17-162 FIGURE 17.8.14 Pinch Valve

SECTION 016

화염방지기(flame arrest)

01 개요

(1) 정의

가연성 가스의 유통부분에 금속망 혹은 좁은 간격을 가진 연소차단용 금속판, 불연성 액체를 사용하여 고온의 화염이 좁은 간격의 벽면에 접촉하면 열전도에 의해서 급속히 열을 빼앗겨 그 온도가 발화온도 이하로 낮아지게 함으로써 소염하는 장치

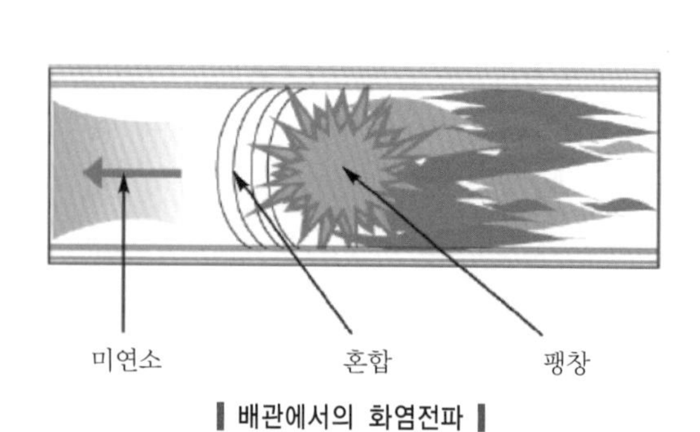

▌배관에서의 화염전파▐

방호되는 안전면

화염면

▌화염방지기의 화염차단▐

(2) 화염방지기의 이론

1) 냉각이론 : 화염방지기에 의해 화염이 냉각되면 화염의 유지온도 이하가 되어 화염 소멸이 된다.

2) 자유라디칼 이론 : 화염방지기에 화염이 충돌하면서 자유라디칼이 소멸되어서 더 이상 화염이 존재하지 못하고 소멸된다.

(3) 소염에 영향을 주는 인자

1) 소염경

$$d = \left(\frac{k}{S_u}\right)\left(\frac{T_f - T_i}{T_i - T_0}\right)^{\frac{1}{2}}$$

여기서, d : 소염경

k : 가스의 열전도도

S_u : 연소속도[m/sec]

T_f : 화염온도[K]

T_i : 발화온도[K]

T_0 : 미연소가스의 온도[K]

2) 가연물 특성

① 연소속도 : 연소속도가 빠를수록 소염 곤란

② 가연성 혼합기체의 조성 : 화학양론비 부근일수록 소염 곤란

3) 물리적 특성

① 세극의 두께(길이) : 두꺼울수록 소염성능이 우수하다.

세극(細隙) : 가느다란 틈

② 세극의 직경 : 작을수록 소염성능이 우수하다.

③ 소염소자의 재질 : 열전도율이 클수록 소염성능이 우수하다.

(4) 기능

1) 화염을 제거하는 소염능력(성능)

2) 폭발압력(구조)에 견디는 기계적 특성

02 화염방지기의 종류

(1) 크림프 메탈형(crimped metal)

1) 정의 : 접주름과 평평한 판을 연속적으로 겹쳐서 만든 화염방지기

2) 종류 : 원형, 직사각형, 정방형 등 다양한 형태로 제작이 가능하다.

3) 특징

① 제작과정에서 허용오차가 작다.

② 기계적 및 열적 충격에 견디는 충분한 강도를 보유한다.

③ 가스흐름에 대하여 작은 저항을 가진다.

화염셀 이동경로

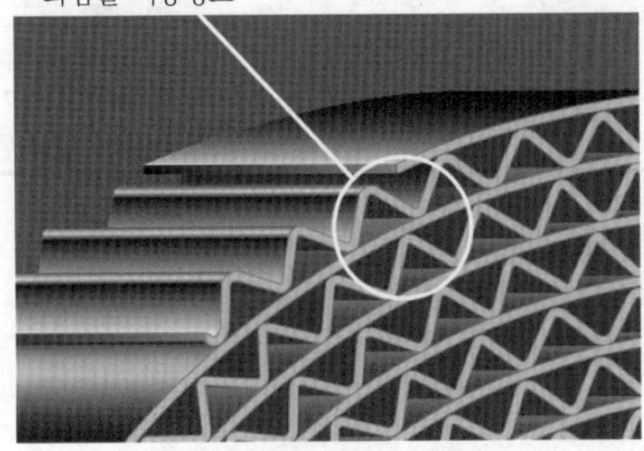

▌크림프 메탈식 화염방지기[33] ▌

33) Enardo Flame Arrestor Technology의 카탈로그에서 발췌

(2) 금속망형

1) 정의 : 금속의 망형태로 만들어진 화염방지기

2) 장단점

장점	단점
① 가격이 저렴하고 부착이 용이함 ② 열흡수가 우수함 ③ 공기저항이 최소화	① 소염효과에 한계(완만한 폭굉에 사용)있음 ② 기계적 강도가 약해 손상 우려 큼

3) 간격

① 금속망의 메시(mesh) 간격이나 금속판은 작을수록 좋다. 하지만, 간격이 너무 좁으면 먼지 등의 이물에 의해서 막히거나 겨울철에는 결빙하여 막혀버리는 경우가 많아 보통 40[mesh] 정도가 적합하다.

② 화염방지기 중 금속망형으로 된 것 : 인화방지망

4) 망을 겹치면 단일망에 비해 일정 개수까지는 효율은 상승되지만 망끼리 서로 부착시킬 방법이 곤란하다.

▎금속망형[34] ▎

(3) 다공판형

1) 정의 : 다공판 형태로 만들어진 화염방지기

2) 장단점

장점	단점
금속망에 비해서 기계적 강도가 큼	① 금속망에 비해서 눈의 크기가 작아 가스흐름 등의 저항이 증가함 ② 효율이 낮음(완만한 폭굉에나 사용 가능)

34) Westech Industrial Ltd의 카탈로그에서 발췌

▌다공판형 화염방지기(확대)▐

(4) 평판형

1) 정의 : 구멍이 없는 금속제 판과 링을 연속적으로 두어 겹친 것과 같은 형태를 가지며, 판과 링 사이의 공간을 가스가 흐르도록 하는 구조

2) 장단점

장점	단점
① 구조적으로 튼튼하여 과격한 폭발에도 견딜 수 있음 ② 분해 및 청소가 용이함	가스의 흐름에 대한 저항이 큼

3) 사용처 : 엔진 등의 배기구

(5) 충전탑형(packed tower)

1) 정의 : 모래와 라시히링(raschig ring)을 충전한 충전탑을 충진재 틈새로 통과시켜 화염의 확산을 방지하는 방식

라시히링(raschig ring) : 충진재이다. 일반적으로 도자기제가 주류이며, 스테인리스 강제 · 철제 · 폴리에틸렌제 · 폴리프로필렌제도 있다.

2) 장단점

장점	단점
① 튼튼하게 제작이 가능하여 과격한 폭발에도 견딜 수 있음 ② 화염방지기의 조립 및 분해 정비가 용이함 ③ 충진재 표면에 물과 기름을 방사하면 소염효과가 증대됨	① 형상이 커지기 쉬움 ② 가스의 흐름에 대한 저항이 큼 ③ 충진재의 틈새공간이 균일하지 않아서 가스흐름이 불규칙적임 ④ 폭발 시 충진재가 그 압력으로 이동한다면 화염방지기의 성능을 기대하기가 곤란함

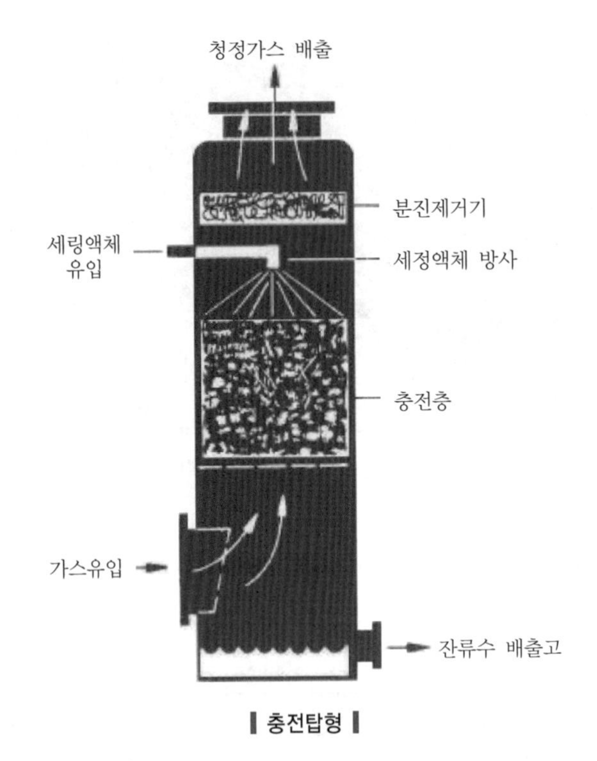

▌충전탑형▐

(6) 소결금속형(sintering metal)

1) 정의 : 소결금속 내부의 작은 구멍을 이용하여 가스를 유동시켜 냉각시키는 방법

소결(sintering) : 2개 또는 그 이상의 분말입자가 그 계의 어느 한 성분에 융점보다 낮은 온도에서 가열만으로 결합하는 현상

2) 장단점

장점	단점
① 튼튼한 기계적 강도를 가질 수 있음 ② 소결금속을 이용해서 다양한 크기의 구멍이 가능함	① 소결금속 내의 구멍이 막힐 수 있음 ② 가스의 흐름에 대한 저항이 큼

(7) 수냉형(액봉형)

1) 정의 : 액체 속에 통과시켜 가연성 증기를 액화시켜 다시 탱크로 보내는 방식

2) 장단점

장점	단점
① 인화방지효과 ② 증발손실 완화효과	① 일반적으로 편방향에만 효과 ② 항상 일정한 액의 높이를 유지하는 것이 필요함

3) 화염소자를 사용하지 않고 통기관 끝부분을 액체(비반응성, 불연성)로 담금으로 외부에 화염이 전달되지 않도록 한다.

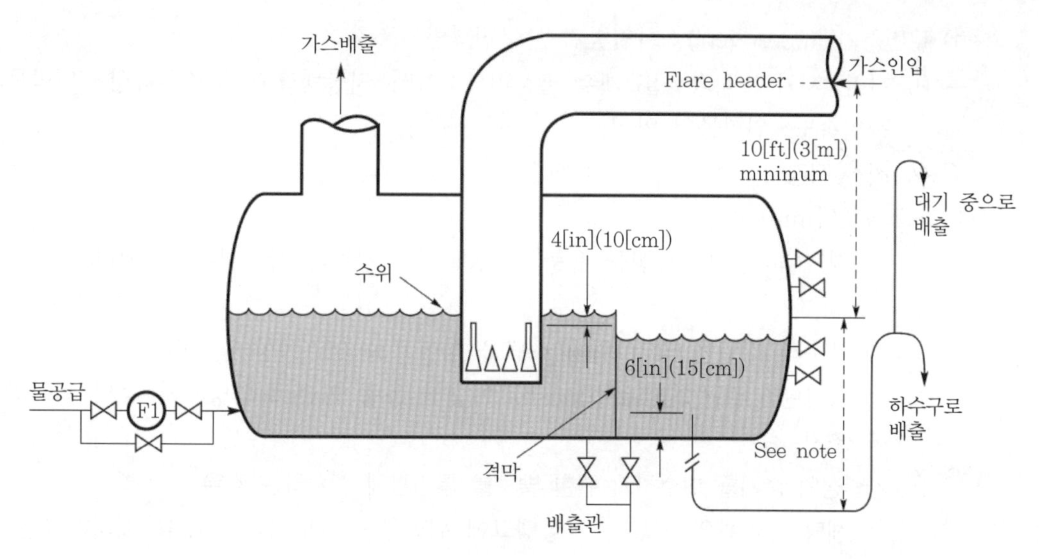

▌수냉형35) ▌

(8) 주요 화염방지기의 비교

종류	열흡수율	구조	공기흐름 저항
금속망형	중	망형 구조로 간단하고 설치가 용이한 구조	소
평판형	소	튼튼하고 분해 및 청소 용이	중
수냉형	대	통기관을 순환하는 물 속으로 통과시켜 가연성 증기를 약화시켜 탱크로 되돌려 보내는 장치	대

03 화염방지기 설치 111회 출제

(1) 외부로 배출가스를 빼낼 경우에 통기관 끝에 설치한다.

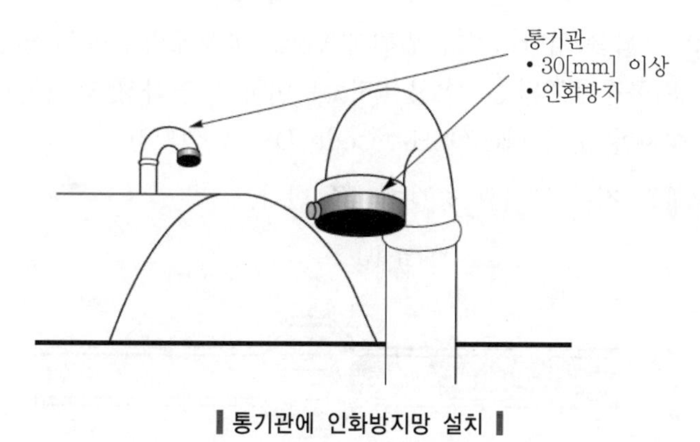

▌통기관에 인화방지망 설치 ▌

35) API representative 521, Appendix D. Reprinted courtesy of the American Petroleum Institute

1) 무변통기관(open vent) : 화염방지기로 인화방지조치
   ① 화염방지기의 직경, 필요개수 결정인자 : 실제 저장탱크의 구조, 용량, 위험물의 출입속도, 위험물의 양 등
   ② 최소 직경
      ㉠ 30[mm] 이상
      ㉡ 탱크에 설치된 위험물 유출 · 유입관의 직경보다 작아서는 안 된다.
   ③ 구조
      ㉠ 우수의 침입을 막기 위해 선단을 하향으로 45° 이상 구부린다.
      ㉡ 통기관의 말단 : 40메시(mesh) 이상의 동망 또는 화염방지기 등의 인화방지조치
   ④ 가연성의 증기를 회수하기 위한 밸브를 통기관에 설치하는 경우
      ㉠ 해당 통기관의 밸브는 저장탱크에 위험물을 주입하는 경우를 제외하고는 항상 개방되어 있는 구조이다.
      ㉡ 폐쇄 시 10[kPa] 이하의 압력에서 개방되는 구조
      ㉢ 개방된 부분의 유효단면적 : 777.15[mm^2] 이상
2) 대기변 통기관(atmos valve)
   ① 저장하는 물질이 휘발성이 커서 0.01[MPa] 이하의 압력에 동작하는 밸브를 부착한 통기관
   ② 작동압 : 5[kPa] 이하의 압력차이
   ③ 40메시(mesh) 이상의 구리망 등
      ㉠ 원칙 : 인화방지장치
      ㉡ 예외 : 인화점 70[℃] 이상의 위험물만을 인화점 미만의 온도로 저장 또는 취급하는 탱크에 설치하는 통기관
3) 인화성 물질(인화점 65[℃])을 저장 · 취급하는 화학설비에서 증기 또는 가스를 대기로 방출
   ① 화염의 흐름을 차단시키기 위해서 Vent 배관 끝부분에 화염방지기를 설치한다.
   ② 예외 : 인화점이 38[℃] 이상 65[℃] 이하의 인화성 액체인 경우에는 인화방지망을 설치할 수 있다(KOSHA Code D-13-2002).

(2) 옥내에 설치하는 경우 통기관 중간에 설치한다.

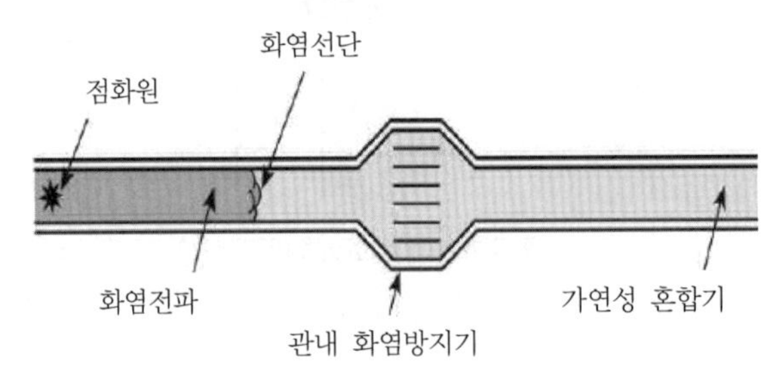

(3) 브리더 밸브(대기밸브부착 통기관)가 있는 경우에는 화학설비와 브리더 밸브 사이에 설치한다.

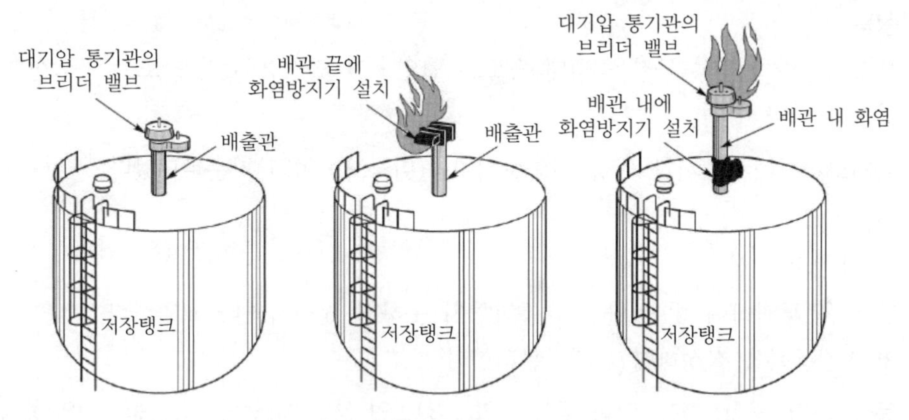

브리더 밸브와 화염방지기의 설치 예[36]

(4) 화염방지기가 결빙되어 막힐 우려가 있는 경우 보온 등 결빙조치를 한다.

(5) **화염방지기 설치 시 고려사항**

1) 유량의 저항을 고려한다.
2) 가스의 불순물과 부식으로 인한 망의 눈막힘이 발생할 수 있으므로 주기적인 보수가 필요하다.
3) 얼음이나 눈에 의한 망의 눈막힘이 발생할 우려가 있으므로 통풍모자(cowl)를 설치한다.
4) 화염전파방향에 따른 소염성능 : 상향 전파 < 수평 전파 < 하향 전파
5) 금속망의 크기 : $M_d > 0.4$
   여기서, M_d : 메시×직경
6) 금속망의 복수사용 : 겹쳐서 복수로 사용하면 소염성능이 일정매수까지는 증가한다.

04 특징

(1) **화염방지기의 크기**

통기관의 크기가 결정된다.

(2) 화염방지기는 통기능력을 저하시켜서는 안 된다.

36) FIGURE 7.2.6 Typical Arrangement of Pressure-Vacuum Conservation (Breather) Vent Valves and Flame Arresters. FPH 07 SECTION Storage and Handling of Materials CHAPTER 2 Storage of Flammable and Combustible Liquids 7-19

(3) 화학공장

부식에 주의하여 내식성이 있는 재질을 사용한다.

(4) 성능

보호대상의 인화성 물질을 최대 속도로 인입 · 인출할 경우 진공 또는 가압상태가 되지 않아야 한다.

(5) 화재조건하에서 1시간 이상 인화방지기능(미국보험협회 기준)이 있다.

(6) 점검

1) 연 2회 이상
2) 빛을 투과하여 빛이 완전히 통과하지 못하면 청소하거나 교환한다.
3) 점검목록을 작성하여 유지 · 관리한다.

(7) 응축, 동결, 중합, 결정, 막힘 우려가 있는 장소인 경우 사용하는 화염방지기의 종류

1) 액체봉인장치
2) 증기인화방지망
3) 불활성 기체 봉입장치

(8) 설치 시 발생되는 문제점

1) 미세한 간격 때문에 유체저항이 증가한다.
2) 정전기의 발생이 크게 증가하는데 많은 양의 기체를 수송하는 부분에는 화염방지기를 설치하는 것이 곤란한 경우도 발생한다.

05 재질 및 구조(망상형과 평판형 기준)

(1) 알루미늄

가볍고 저렴해서 가장 많이 이용하는 재질이다.

(2) 주조철

(3) 모넬(Ni + Cu)

(4) STS강

(5) 구조

1) **본체**

① 폭발 및 화재로 인한 압력을 견딜 것
② 폭발 및 화재로 인한 온도를 견딜 것
③ 금속체로서 내식성

2) 소염소자
① 내식·내열성 재질
② 이물질 제거를 위한 정비작업에 용이
3) 개스킷 : 내식·내열성 재질

06 설치장소

(1) 소방법상에서 위험물을 취급하는 저장소에는 인화방지망을 설치한다.

(2) 「산업안전보건기준에 관한 규칙」 제269조 기준

1) 설치대상 : 인화성 액체 및 인화성 가스를 저장·취급하는 화학설비로 증기 또는 가스를 대기로 방출할 경우
2) 설치조건 : 인화점이 섭씨 38도 이상 60도 이하인 인화성 액체를 저장하거나 취급할 때 화염방지기능을 가지는 인화방지망을 설치해야 한다.
3) 설치위치 : 대기로 연결된 통기관 끝에 설치한다.
4) 용량, 내식성, 정확도, 기타 성능이 충분한 것을 사용(항상 유지·보수를 철저히 할 것)

(3) 일반적 장소

1) 위험물을 저장·취급하는 통기관
2) 예혼합 가스를 연료로 사용하는 버너(burner)
3) 탄광의 메탄가스 방출시스템
4) 전자부품을 제조하는 공장 등에서의 용제회수시스템
5) 화학공장의 폐가스를 처리하는 플레어 스택(flare stack)
6) 하나의 프로세스를 다른 프로세스로부터 격리하는 장치
7) 버너 또는 노 등에 가연가스를 이송하는 배관설비
8) 가연성 증기 또는 가스를 배출시키기 위해 사용되는 환기장치의 배기덕트
9) 내연기관의 흡기, 배기 및 크랭크 케이스(crank case)의 환기장치
10) 인화성 분위기 내에서 작동하는 디젤엔진 등의 배기통

역화방지장치 : 플레어 스택 선단부에서 공기가 들어와 가스와 혼입되어 폭발 분위기를 만들고 역화할 우려가 있어 설치하는 장치로, 다음과 같은 종류가 있다.
① 액체실(liquid seal) 설치 : Seal drum
② 화염방지기(flame arrestor)의 설치
③ 진공실(vapour seal) 설치
④ 퍼징가스(N_2 등 불활성 가스)의 지속적인 주입 : 흐르는 가스량이 적을 때
⑤ 공기혼입방지를 위해 버너 하부에 몰레큘러 실(molecular room) 설치 : 가스와 공기 비중차 이용

SECTION 017 공장에서의 화재 · 폭발 방지대책

01 개요

화재 및 폭발로 인한 손실을 최소화하기 위한 대책은 크게 두 가지로 구분할 수가 있다. 하나는 화재 및 폭발의 발생을 방지하는 예방대책이고, 다른 하나는 화재 및 폭발이 발생 후 피해를 최소화하는 대책이다.

02 예방대책

(1) 폭발위험의 구분

1) 정적 위험성

① 외부 힘, 열응력, 상변화, 진동, 소음, 고온, 저온 등과 같은 물질의 상태에 의한 위험성

② 시간의 경과에 따라 위험성이 크게 변화가 없이 항상 일정한 위험성

예 가연성, 독성, 부식성 등

2) 동적 위험성 : 부하의 변화에 의한 위험성의 변화와 같이 공정의 진행이나 시간의 경과에 따라 변화되는 위험성

예 화학반응의 진행, 시스템의 온도 및 압력의 상승 등

(2) 공장에서 위험성 예방대책

1) 공정진행순서를 문서화하고 이를 시각적으로 표시 : 진행순서에 따라 업무가 수행

2) 물질안전보건자료(MSDS) : 원재료, 제품의 가연성, 지연성, 독성 등의 위험성을 인지하고 검토

3) 운전 시의 온도, 압력, 농도, 액위 등을 표시 : 눈으로 위험성을 인지

4) 위험성 평가 : 방호대책 수립

(3) 공장에서의 폭발예방기기, 장치 및 시스템

1) 가스누설탐지기

① 가연성 가스의 누설을 조기에 탐지하여 차단함으로써 사고예방

② 가스농도 탐지방법

㉠ 반도체식, 접촉연소식, 기체 열전도도식, 비분산형 적외선 등에는 가스누설탐지기나 가스농도분석기를 이용하여 누설 시 경보음이나 경보등에 의해 확인한다.

㉡ 배관이나 접속부 등 누설의 위험이 있는 장소 : 비눗물을 발라 기포발생 유무로 누설 확인

2) 플레어 스택(flare stack), 실 드럼(seal drum)의 수봉기구를 설치한다.

1. **플레어 스택(flare stack)** : 배출가스 연소탑
2. **실 드럼(seal drum)** : 플레어 스택의 화염이 플레어 시스템으로 전파되는 것을 방지하고, 플레어 헤더에 플레어 스택 공기가 빨려들어가는 것을 방지하기 위하여 양압을 형성시키는 설비
3. **수봉기구** : 공기흡입을 방지하기 위한 기구

3) 몰레큘러 실(molecular seal)

① 연료로 사용되는 가스의 양이 매우 적을 경우 플레어 스택 내로 공기유입 및 역화방지를 위해 버너 바로 아래 설치한다.

② 목적 : 실(seal) 내에 연료로 사용되는 가스가 정체하여 막고 있어 외부의 공기유입을 방지한다.

③ 한계 : 연료로 사용되는 가스의 평균분자량이 공기와 비슷한 경우에는 거의 효과가 없다.

플레어 팁(flare tip) : 플레어 스택의 최상단에 설치하여 방출되는 가스를 연소시켜주는 장치

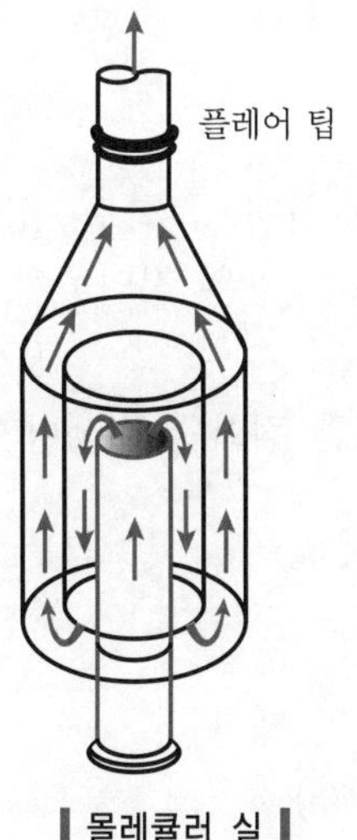

▌몰레큘러 실▐

4) 화염 감시창(flame eye) : 가열로에서 화염 감시창을 통해 연소상태 감시
5) 화염방지기
6) 가스치환(퍼징)에 의한 방폭시스템

(4) 연소의 3요소를 통한 예방대책

1) 가연물 : 혼합가스 폭발범위 외의 농도유지
① 공기 중으로 누설 · 누출 방지
② 누설 시 신속히 제거한다.
③ 환기
㉠ 목적 : 공기 속의 폭발성 증기를 희석하여 가연성 혼합물을 생성하지 못하게 함으로써 폭발을 방지한다.
㉡ 옥외 플랜트
- 평균풍속이 충분히 커서 존재할 수 있는 휘발성 화학물질이 누출되어도 안전하게 희석이 가능하다.
- 다량을 저장하고 있어서 발생할 수 있는 누출을 극소화하도록 안전조치를 실행하여야 한다.

㉢ 옥내 플랜트
- 국소배기시스템 : 가연성 가스방출을 통제하기 위한 가장 효과적인 방법
- 희석배기시스템 : 방출위험점이 많고 경제적으로 국소배기만으로 모든 방출위험점을 처리할 수 없는 제한적인 경우(비경제적)에 사용하는 방법

2) 산소 : 불활성화(inerting)
① 불활성 가스주입 : 질소, 수증기, CO_2, 할로젠화 탄화수소
② 불활성 분진(타르, 모래, 석분 등) 첨가 : 가연성 분진폭발방지
③ 불활성 가스첨가에 의한 분해폭발방지 : 아세틸렌, 산화에틸렌 등의 자기분해가스에 대한 처리방법

3) 점화원
① 점화원 관리
㉠ 화기관리 : 용접기, 토치램프, 화로, 성냥, 라이터의 관리
㉡ 고온표면 관리 : 화로와 같은 적열물체, 고온스팀이나 가스의 배관, 열교환기 표면 등
㉢ 충격이나 마찰에 의한 점화원 발생방지
② 장치 및 계장의 방폭
③ 정전기 제어
㉠ 정전기의 발생 제어
㉡ 정전기의 축적방지 및 제거
㉢ 적정 습도 유지(70[%])
㉣ 공기의 이온화

(5) 폭발재해에 따른 분류 및 예방대책 75회 출제

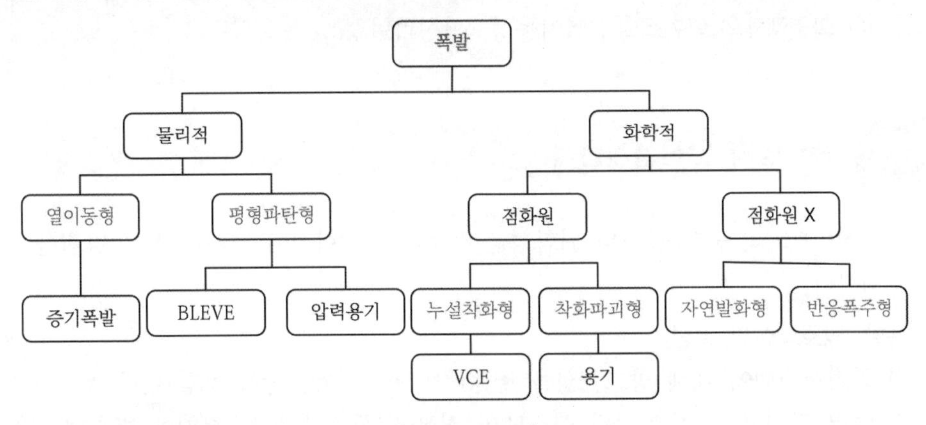

▌폭발의 종류▐

1) 화학적 폭발

구분	착화파괴형	누설착화형	자연발화형	반응폭주형
정의	용기 내 위험물 착화로 인한 압력상승으로 용기가 파열되는 재해형태	용기의 파손 때문에 위험물이 누출된 상태에 점화원이 작용해서 폭발이 발생하는 재해형태	화학반응열의 지속적인 축적 때문에 자연발화온도까지 온도가 상승하여 폭발이 발생하는 재해형태	화학반응의 개시 후 반응열에 의해서 반응폭주로 인해서 폭발이 발생하는 재해형태
예	용기 내 폭발	VCE	제3류 위험물 : 황린	반응폭주
대책 125회 출제	① 불활성 기체로 치환 ② 혼합가스 조성 관리 ③ 점화원 관리 ④ 열에 민감한 물질의 생성저지	① 위험물의 누설방지 ② 밸브의 오조작 방지를 위한 시각적 표시 ③ 누설물질의 감지 경보장치 설치 ④ 점화원 관리	① 온도, 압력의 계측관리 ② 위험물질의 분산배치 ③ 혼촉에 의한 반응물질 관리 철저	① 반응속도 계측관리 ② 냉각장치와 교반 조작을 통한 반응속도 관리 ③ 반응억제제 투입 ④ 인터록 설비를 통한 자동반응억제

2) 물리적 폭발

구분	열이동형	평형파탄형
정의	저비점 액체가 상대적으로 높은 열을 가지고 있는 물질과 만나면서 순간적인 열전달을 통해 증발이 되고 압력이 증가함으로써 폭발이 발생하는 재해형태	고압의 액체가 들어있는 용기가 파손되면서 저압으로 누출되었을 때 순간적인 증발이 발생하며 이를 통해 폭발이 발생하는 재해형태
예	수증기 폭발, 초저온 액화가스 증기폭발	BLEVE, 보일러 폭발, 압력용기 폭발
대책	① 물의 침입저지 ② 작업장소의 수분관리 ③ 고온 폐기물의 처리 시 관리 철저 ④ 저온 냉각 액화가스 취급 철저	① 용기재질 강화를 통한 강도의 유지 ② 외부하중에 의한 파괴방지 ③ 화재에 의한 용기의 가열방지

3) 폭발재해의 원인별 분류

① 발화원이 필요한 폭발 : 착화파괴형, 누설착화형

② 반응열 축적에 의한 폭발 : 자연발화형, 반응폭주형
③ 과열액체의 증기폭발 : 열이동형, 평형파탄형

03 폭발방지 안전설계순서

(1) 가연성 가스 및 증기 공정의 위험성을 검토하여 위험성이 없거나 작은 방법을 공정으로 채택한다.

(2) 폭발, 방호대상의 결정

1) 공정시스템에 대해 방호대상을 결정(작업원, 기계, 장치 포함)한다.
2) 여러 장치가 서로 연결된 시스템의 경우 위험도가 높은 장치에 방호대책의 중점을 두어야 한다.

(3) 폭발의 위력과 피해 정도 예측

실물시험으로는 비용이 크게 증가해 시뮬레이션을 통해 예측하여 이에 대한 적절한 대응책을 강구한다.

(4) 폭발화염의 전파확대와 압력 상승의 방지

1) 피해를 국한시키고, 화염전파의 범위를 가능한 한 한정한다.
2) 피해를 국한시키기 위한 방법
① 내압설계 적용
② 내부압력방출 또는 경감 : 안전장치
③ 화염전파 방지대책 : 화염방지기, 폭굉억지기
④ 폭발 초기 억제대책 : 폭발억제장치, 이상반응 억제시스템
⑤ 설비 및 장치 간의 차단 : 격리밸브, 차단밸브
⑥ 옥내설비 대신에 가능한 한 개방상태를 유지한다.
⑦ 안전장치의 설치

(5) 주변 환경에 대한 방호

1) **입지조건 고려** : 주변 주택이나 주거지와의 이격거리, 폭발압을 차단할 수 있는 건축물의 설치 여부를 확인한다.
2) 장치 등의 배치를 고려한다.
3) **위험작업 공정설비의 자동화를 통한 안전성 증대** : 인터록 설비, 위험한 장소로 사람의 출입이 곤란한 경우에는 자동차단장치 또는 배출장치를 이용하여 방호 또는 기계식 방호장치를 설치한다.
4) 방폭벽을 설치한다.
5) **긴급배출설비 설치** : 감지장치와 연결되거나 수동식 기동장치와 연결되어 자동으로 동작할 수 있도록 설치한다.

SECTION 018 반응폭주(runaway reaction)

132 · 79회 출제

01 개요

(1) 폭발은 물리적 폭발과 화학적 폭발이 있는데, 반응폭주는 화학적 폭발의 한 종류이다.

(2) **정의**

반응속도가 지수함수적으로 증대되고 반응용기 내의 온도, 압력이 급격히 이상상승되어 규정조건을 벗어나고 반응이 과격화되는 현상

(3) **폭주반응에 의한 영향**

가연성 가스누설에 의한 화재 · 폭발, 독성 가스에 의한 중독피해, 기기설비파손 등

02 반응폭주의 원인

(1) 플랜트 동력원의 부조화 또는 정지

1) 플랜트의 동력원 : 전력 또는 스팀, 냉각원으로 냉각수 또는 냉매, 계장용으로 공기 등 사용

2) 동력원 등의 이상 또는 정지 시에는 긴급사태로 인식하여 안전조치가 필요하다.

(2) 계장시스템의 오동작

1) 생산을 위한 계장시스템 : 원료 배합비율을 최적화하는 계장시스템

2) 안전제어용 계장시스템 : 이상 시 즉시 작동하고, 정상 시 복귀하는 계장시스템

(3) 원재료 배합비율의 이상

(4) 미량 불순물의 농축

증류, 분리, 정제 등 각종의 단위조작 과정에서 부반응에 의해 불순물이 생성되고 농축되어 반응폭주가 발생한다.

예 미국 텍사스주의 부타디엔 분리정제 플랜트의 반응폭주사고

꼼꼼체크 **부반응** : 여러 가지 반응이 함께 일어날 때 주된 반응 이외의 다른 반응

(5) 장치 내로 공기유입

1) 플랜트의 운전조건은 감압, 가압의 두 종류가 있으며, 많은 경우 대기압 이상으로 운전된다. 그러나 압축기의 배기측과 같이 평상시 가압이나 감압이 되는 곳도 있다.

2) 감압조건의 운전기기류는 공기가 유입될 경우 산화반응에 의해 반응폭주가 가능하다.

예 메탄올 합성원료용 가스압축기의 배기배관 이음새로부터 미량의 공기가 유입되어 온도가 상승하고 온도상승에 의하여 반응폭주에 의한 폭발이 발생할 수 있다.

(6) 혼합위험에 따른 발열

두 종류 이상의 화학물질이 어떤 사고로 혼합 또는 접촉 시 반응열이 발생하며 용기 내의 기체 및 액체가 폭발적으로 팽창하여 팽창압에 의한 용기가 파열한다.

03 반응폭주 발생현상

(1) 온도상승에 의한 반응폭주

1) 반응기 내부에서 온도제어 실패로 온도가 상승하면 반응속도가 폭발적으로 상승한다.

$$k = Ae^{\frac{-E_a}{RT}}$$

여기서, k : 화학반응속도 상수

A : 빈도계수(frequency factor)

e : 자연로그(2.718)

E_a : 활성화 에너지(activation energy)

R : 이상기체상수

T : 절대온도[K]

2) 화학반응속도 상수 k 상승으로 화학반응이 활발해지고 이에 따라 발열량이 커져서 온도가 상승하고, $\frac{PV}{T} = k$에 의해서 압력이 상승하여 폭발이 발생한다.

(2) 물질의 혼합비율에 따른 반응폭주

1) 반응기 내부로 공급되는 물질의 혼합비율 이상으로 정촉매 작용이 촉진되어 반응폭주가 발생한다.

① 정촉매 : 활성화 에너지를 낮춰 반응속도를 빠르게 한다.

② 부촉매 : 활성화 에너지를 높여 반응속도를 느리게 한다.

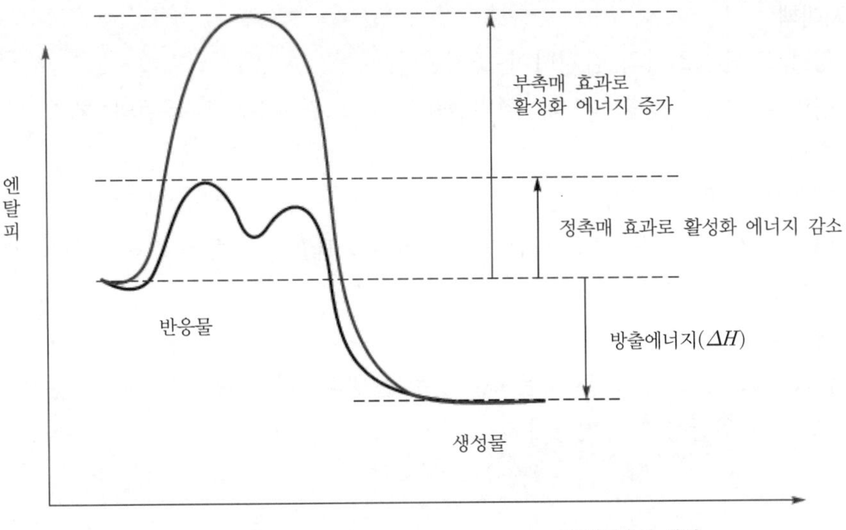

▌촉매에 의한 화학반응▐

2) 정촉매 물질투입으로 활성화 에너지가 감소하여 연쇄반응이 촉진되고 반응기 내부에 온도상승이 발생한다.

04 반응폭주의 대책

(1) 예방 및 예측

1) 예방 : 교육 및 훈련

2) 예측

① 물질안전보건자료(MSDS)에 의해 물질에 대한 위험을 사전예측

② 공정위험성 평가 : HAZOP 등

③ 설비위험기반검사(RBI : Risk Based Inspection)

설비위험기반검사(RBI) : 장치류에 대해 언제 어느 부위에 무엇을 검사해야 이 장치들의 위험도를 최소화할 수 있는가 하는 방향을 제시하는 기법으로서, 장치의 손상확률(likelyhood of failure)과 손상 정도(consequence of failure)를 체계적으로 종합하고 장치의 전반적인 위험도를 정량적 혹은 정성적으로 분석하여 검사 및 교체시기의 우선순위를 결정하는 방법이다.

3) 작업자의 실수를 최소화할 수 있는 Fool proof한 공정설계

① 작업의 방법이나 조치요령을 틀리지 않도록 쉽게 표시하거나 그림으로 나타내서 작업장에 설치한다.

② 인터록 설비를 통하여 작업자의 실수에도 사고가 발생하지 않도록 한다.

(2) 방지대책

1) 경보시스템 : 조기의 감지하여 조치한다.

2) 감압설비 : 온도상승속도와 열방출속도가 느린 경우에 폭주의 초기 단계에 작동한다.

3) 원재료의 공급차단장치

4) 내용물 긴급방출하는 장치 : 덤핑(dumping ; 배출), 플레어 스택(태워서 제거)

5) 불활성 가스주입장치

6) 냉각용수 공급장치

7) 반응정지제 등의 공급장치 : 온도를 낮추는 냉각, 화학반응속도를 낮추는 희석, 부촉매

8) 그 밖의 위급상태 방지장치

SECTION 019 방폭(explosion protection)

01 개요

(1) 폭발이란 가연성 가스와 공기의 적절한 혼합물에 에너지(점화원)가 추가되어 급격한 압력증가가 발생하는 현상이다. 연소의 3요소가 존재할 때 발생하는 것으로, 연소요소 중 하나 이상만 제어하더라도 방지할 수 있으므로 이들 중 제어가 가장 쉬운 점화원을 이용하는 방법이 가장 효과적이다. 즉, 방폭이란 폭발방지의 줄임말이다.

(2) 방폭에는 기계적 방폭과 전기적 방폭이 있으나 협의를 가진 의미의 방폭이란 이 중 가장 보편적으로 작용하는 전기설비가 점화원으로 작용하지 못하도록 하는 것을 말하기도 한다.

(3) 폭발성 분위기가 생성될 확률 × 전기설비가 점화원이 되는 확률 ≒ 0

02 관련 규정

(1) **안전인증기준(「산업안전보건법」 제83조)**
고용노동부장관은 유해하거나 위험한 기계, 기구, 설비 및 방호장치, 보호구의 안전성을 평가하기 위하여 그 안전에 관한 성능과 제조자의 기술능력 및 생산체계 등에 관한 기준을 정하여 고시하여야 한다.

(2) **안전인증(「산업안전보건법」 제84조)**
유해·위험기계 등 중 근로자의 안전 및 보건에 위해를 미칠 수 있다고 인정되어 대통령령으로 정하는 것을 제조하거나 수입하는 자는 안전인증대상기계 등이 안전인증기준에 맞는지에 대하여 고용노동부장관이 실시하는 안전인증을 받아야 한다.

(3) **안전인증대상기계 등(「산업안전보건법 시행령」 제74조)**
1) 기계, 기구 및 설비 : 프레스, 전단기, 리프트, 크레인, 압력용기 등
2) 방호장치 : 과부하방지장치, 안전밸브, 파열판, 방폭구조 전기 기계·기구 및 부품 등
3) 보호구 : 안전화, 안전모, 방독마스크, 안전대 등

방폭구조 전기 기계·기구의 안전인증 미실시 : 3년 이하의 징역 또는 3전만원 이하의 벌금

(4) 폭발위험이 있는 장소의 설정 및 관리(「산업안전보건기준에 관한 규칙」 제230조)

1) 사업주는 다음의 장소에 대하여 폭발위험장소의 구분도(區分圖)를 작성하는 경우에는 한국산업표준으로 정하는 기준에 따라 가스폭발 위험장소 또는 분진폭발 위험장소로 설정하여 관리해야 한다.

① 인화성 액체의 증기나 인화성 가스 등을 제조 · 취급 또는 사용하는 장소

② 인화성 고체를 제조 · 사용하는 장소

2) 사업주는 위 '1)'에 따른 폭발위험장소의 구분도를 작성 · 관리하여야 한다.

(5) 폭발위험장소에서 사용하는 전기 기계 · 기구의 선정 등(「산업안전보건기준에 관한 규칙」 제311조)

1) 사업주는 위 '(4)의 1)'에 따른 가스폭발 위험장소 또는 분진폭발 위험장소에서 전기 기계 · 기구를 사용하는 경우에는 한국산업표준에서 정하는 기준으로 그 증기, 가스 또는 분진에 대하여 적합한 방폭성능을 가진 방폭구조 전기 기계 · 기구를 선정하여 사용하여야 한다.

2) 사업주는 위 '1)'의 방폭구조 전기 기계 · 기구에 대하여 그 성능이 항상 정상적으로 작동될 수 있는 상태로 유지 · 관리되도록 하여야 한다.

03 방폭지역 구분절차 및 폭발성 분위기 생성방지 대책

(1) 폭발의 요소는 가연성 물질, 산소, 점화원 세 가지로 나눌 수 있다. 만약 이 세 가지 요소 중 1가지만 없어도 폭발의 가능성은 없다.

1) 폭발성 분위기(가연성 가스)의 생성 방지 : 퍼징

2) 산소농도 감소 : LOC

3) 점화원 제어 : 방폭구조

(2) 방폭지역 구분 기본요소

1) 가연성 물질의 존재 여부를 파악한다.

2) 공정 내의 폭발(위험) 분위기 형성장소를 파악한다.

3) 공정상의 탱크, 펌프 등의 각종 기기와 배관계 이음부 등은 항상 위험물질이 누출될 수 있다는 점을 고려한다.

4) 가연성 물질을 취급하지 않으면 비방폭지역, 위험물질을 취급하더라도 용접된 배관과 같이 위험물이 누출될 우려가 없는 지역도 비방폭지역으로 구분한다.

(3) 구분절차

1) 방폭지역 경계를 정하는 기준 : 누출원

2) 구분의 기초

① 개별 누출원 : 방폭지역 구분에 따라 구분

② 서로 밀집된 누출원 : 하나씩 개별요소로 파악이 힘들기 때문에 묶어서 블록(block)으로 구분

③ 무수히 많고 애매모호한 누출원 : 한 층이나 한 실로 구분

3) 다음의 어느 항목 하나라도 해당되면 방폭지역으로 구분한다.

① 인화성 액체 또는 가연성 가스가 존재가능성이 있는 지역

㉠ 인화성 또는 가연성의 증기가 쉽게 존재할 가능성이 있는 지역

㉡ 인화점 40[℃] 이하의 액체가 저장 · 취급되고 있는 지역

㉢ 인화점 65[℃] 이하의 액체가 인화점 이상으로 저장 · 취급될 수 있는 지역

㉣ 인화점 100[℃] 이하인 액체의 경우 해당 액체의 인화점 이상으로 저장 · 취급되고 있는 지역

② 가연성 물질이 그 물질의 인화점 이상에서 처리, 취급 또는 저장될 수 있는 지역

4) 폭발성 분위기의 생성방지

① 폭발성 가스 누출방지

② 폭발성 가스 체류방지(purging)

㉠ Type X purging : Division 1 to nonhazardous

Type X purging : 통전정지방식이라고 하고 퍼징압력이 손실되면 전원공급장치가 자동으로 분리되어 차단되고 전원공급장치가 복원되기 전에 재퍼징이 필요하다.

㉡ Type Y purging : Division 1 to division 2

㉢ Type Z purging : Division 2 to nonhazardous

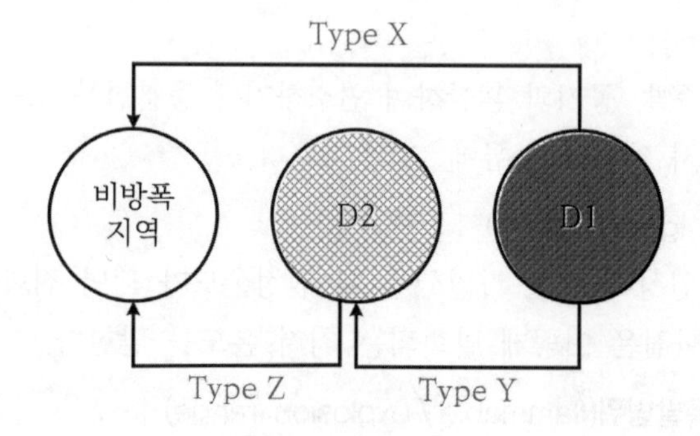

▎Type의 개념 ▎

③ 폭발성 가스 신속배출

04 방폭의 용어 정의[37]

(1) 방폭지역(hazardous area)

1) 인화성 가스 및 증기가 화재·폭발을 발생시킬 수 있는 농도로 대기 중에 존재하거나 존재할 우려가 있는 장소

2) 구분 : 가스의 존재빈도, 체류시간, 환기조건 등에 의하여 0종, 1종, 2종 장소

(2) 위험 분위기 or 폭발성 분위기(explosive atomosphere)

점화 후 연소가 계속될 수 있는 가스, 증기, 분진, 섬유, 부유물 형태의 가연성 물질이 대기상태에서 공기와 혼합되어 있는 상태

(3) 폭발성 가스 분위기(explosive gas atmosphere)

점화 후 연소가 계속될 수 있는 가스, 증기 형태의 가연성 물질이 대기상태에서 공기와 혼합되어 있는 상태

(4) 폭발위험장소(hazardous area)

기기의 구조, 설치 및 사용에 특별한 주의가 요구되는 폭발성 분위기가 존재하거나 존재할 것으로 예상되는 지역

(5) 폭발위험장소(EHA)의 범위(extent of zone)

누출원에서 가스·공기 혼합물의 농도가 공기에 의하여 폭발하한값 이하로 희석되는 지점까지의 거리

(6) 누출원(source of release)

폭발성 가스 분위기를 조성할 수 있는 인화성 가스, 증기, 미스트 또는 액체가 대기 중으로 누출될 우려가 있는 지점 또는 위치

(7) 인화성 물질(flammable substance)

자체가 인화성인 물질로 인화성의 가스, 증기 또는 미스트를 생성할 수 있는 물질

(8) 인화점(flash point)

가연성 액체가 증발, 공기와 혼합하여 연소하기에 충분한 농도를 형성하는 가연성 액체의 최소 온도로서 액체의 종류에 따라 다르다.

(9) 자연발화점(auto ignition point)

공기 중에서 가연성 물질을 가열했을 때 일정온도가 되면 점화원 없이도 발화가 일어나는데, 자연발화점은 이렇게 발화되는 최저 온도를 말한다.

(10) 인화범위 또는 폭발범위(flammable / explosion range)

인화범위는 인화상한과 인화하한으로 구분되는데, 가연성 가스가 공기와 혼합해 있을 때 점화원에 의하여 계속적으로 인화할 수 있는 가스를 발생하는 최저 농도가 인화하한

---

37) Kosha code에서 주요 내용을 발췌

값(lower flammable limit)이며 가연성 가스가 일정농도 이상일 경우 인화가 되지 않는 때의 농도는 인화상한값(upper flammable limit)이다.

(11) **가연성 물질(combustible material)**

인화성 가스, 통상적인 취급온도 또는 인화점 이상에서 취급될 경우 화재나 폭발을 일으킬 수 있는 농도의 증기를 발생하는 인화성 액체와 가연성 액체 등

(12) **인화성 액체(flammable liquid)**

통상적인 취급온도에서 인화성 가스를 발생하는 인화점이 37.8[℃] 미만이고 증기압이 37.8[℃]에서 40[psia]를 초과하지 않는 액체를 의미하며 다음과 같이 세 가지로 분류한다.

1) 인화점이 22.8[℃] 미만이고 끓는점이 37.8[℃] 미만인 액체는 Class IA
2) 인화점이 22.8[℃] 미만이고 끓는점이 37.8[℃] 이상인 액체는 Class IB
3) 인화점이 22.8[℃] 이상 37.8[℃] 미만인 액체는 Class IC

1. **인화성 액체(「산업안전보건법」 시행령 [별표 13])** : 표준압력(101.3[kPa])에서 인화점이 60[℃] 이하이거나 고온·고압의 공정운전조건으로 인하여 화재·폭발위험이 있는 상태에서 취급되는 가연성 물질을 말한다.
2. **인화성 가스(「산업안전보건법」 시행령 [별표 13])** : 인화하한계 농도의 최저한도가 13[%] 이하 또는 최고 한도와 최저 한도의 차가 12[%] 이상인 것으로서 표준압력(101.3[kPa]), 20[℃]에서 가스상태인 물질을 말한다.

(13) **가연성 액체(combustible liquid)**

인화점 이상의 온도에서 취급될 경우에만 인화성 가스를 발생하는 인화점이 37.8[℃] 이상인 액체로서, 다음과 같이 세 가지로 분류한다.

1) 인화점이 37.8[℃] 이상 60[℃] 미만인 액체는 Class II
2) 인화점이 60[℃] 이상 93.4[℃] 미만인 액체는 Class IIIA
3) 인화점이 93.4[℃] 이상인 액체는 Class IIIB

(14) **하이브리드 혼합물(hybrid mixture)** : 인화성 가스 또는 증기와 가연성 분진의 혼합물

(15) **최소 점화에너지(minimum ignition energy)**

인화범위 내의 가연성 증기를 점화시키는 데 필요한 최소 에너지

(16) **최소 점화 전류비(minimum igniting current ratio)**

메탄가스를 기준으로 하며, 가연성 증기를 점화시키는 전류의 세기를 비로 나타낸 값

(17) **공기보다 가벼운 가스(lighter than air gas)**

1) 공기보다 가벼운 가스는 대기 중에서 빠르게 확산되어 공기보다 무거운 가스보다 넓은 지역까지 영향을 미치지 않아 대부분의 전기설비가 설치된 지상에서는 인화물이 좀처럼 형성되기 어렵다.

2) 공기보다 가벼운 가스들이 충분하게 냉각될 경우에는 공기보다 무거운 가스처럼 지표면을 따라 확산되는 특성을 가지고 있다.

(18) **공기보다 무거운 가스(heavier than air gas)**

누출될 경우 지상으로 가라앉아 자연 또는 강제에 의한 환기가 형성될 때까지 지표면을 따라 확산하여 체류하며, 열을 흡수한 경우는 공기보다 가벼운 가스처럼 확산하는 특성이 있다.

(19) **압출 · 액화 가스(compressed and liquefied gas)**

액체상태로 압축되어 끓는점 이상에서 액체를 저장하는 가스로서 누출 시 즉시 팽창 · 기화되어 차가운 가스를 형성하며 공기보다 무거운 가스처럼 움직이는 특성이 있다.

(20) **초저온 액체(cryogenic liquid)**

-150[℃] 이하의 영역에서 액상일 때 초저온 액체를 의미하며 누출 시 인화성 액체처럼 움직이고 소량 누출 시는 즉시 기화 · 팽창하나 다량 누출 시에는 오랜 시간 액체상태로 존재하는 특성이 있다.

05 방폭의 위험장소 분류 111 · 109 · 104 · 97회 출제

방폭기기를 선정하기 위한 위험요소가 있는 장소의 구분으로 국내는 IEC와 NFPA를 참고로 고용노동부고시로 제정되었다.

(1) IEC 기준 방폭지역의 분류

1) 목적 : 가스의 종류 및 발화온도에 의한 온도등급 등의 환경을 분석하여 그 위험도에 따라 이에 상응하는 전기설비를 설치하기 위함이다.

2) 검토사항 : 가연성 가스 또는 증기에 의한 위험 분위기의 존재 여부, 빈도 및 지속시간

3) 위험지역의 구분(hazardoua area의 condition)[38]

영역(area)	폭발위험의 분류 (classification of the explosion hazard)	설치를 위한 필수표시 (required marking for installation)	
		장비그룹 (equipment group)	제품에 대한 EU의 ATEX 규격 (category)
메탄분진 (methane dust)	조작실수/폭발위험 (operation w/explosion hazard)	I	M1
	폐쇄실수/폭발위험 (shut down w/explosion hazard)	I	m^2 & M1

38) IEC 60079-14

영역(area)	폭발위험의 분류 (classification of the explosion hazard)	설치를 위한 필수표시 (required marking for installation)	
		장비그룹 (equipment group)	제품에 대한 EU의 ATEX 규격 (category)
가스 또는 증기 (gas or vapour)	Zone 0	Ⅱ	1G
	Zone 1	Ⅱ	2G + 1G
	Zone 2	Ⅱ	3G + 2G + 1G
분진 (dust)	Zone 20	Ⅱ	1D
	Zone 21	Ⅱ	2D + 1D
	Zone 22	Ⅱ	3D + 2D + 1D

[비고] • Ⅰ : 지하(underground)
• Ⅱ : 그 밖의 장소(other area)
• G : 가스 & 증기(gas & vapor)
• D : 분진(dust)
• M : 광산(mine)

4) 0종 장소(zone 0)

① 정의 : 폭발성 분위기가 연속적, 장기간 또는 빈번하게 존재하는 장소

0종 장소 : 폭발성 가스의 농도가 연속적으로 또는 장시간 계속해서 폭발한계 범위 내에 있는 장소

② 예

㉠ 대기와 통하는 배출구를 가지는 저장탱크 또는 용기 내부

㉡ IFRT(Internal Floating Roof Tank)의 내외부 지붕 사이

㉢ 개방된 용기, 저장탱크, 피트(pit) 등

㉣ 배출관의 내부

IFRT(Internal Floating Roof Tank)

① 정의 : 콘루프탱크 내부 액표면 위에 액표면과 같이 움직이는 부상지붕을 설치한 것

② 용도 : 콘루프탱크의 저장액체를 증기압이 높은 액체로 교체하거나 빗물 등이 제품에 유입되어서는 안 되는 것을 저장할 경우에 사용

③ IFRT는 화재의 초기에는 벽면과 부상지붕 사이의 환상의 실 부분에서만 화재가 발생하지만 장기간 방치될 때는 부상지붕이 변형되면서 액체 내부로 가라앉아 CRT와 동일한 양상으로 화재(pool fire)가 진행된다. 따라서, 2형 고정포 방출구의 사용이 가능하다.

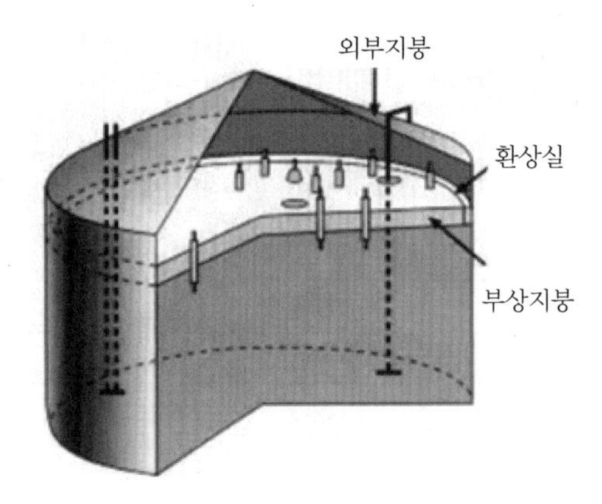

▌IFRT▐

5) 1종 장소(zone 1) 112회 출제

① 정의 : 폭발성 가스 분위기가 정상작동 중 주기적 또는 빈번하게 생성되는 장소

② 예

㉠ 운전, 보수 및 누설에 의하여 자주 위험분위기가 생성되는 장소

㉡ 설비 일부의 고장 시 가연성 물질의 방출과 전기계통의 고장이 동시에 발생되기 쉬운 장소

㉢ 환기가 불충분한 장소에 설치된 배관계통으로 배관이 쉽게 누설되는 구조의 장소

㉣ 환기가 불충분한 압축기실 또는 펌프실

㉤ 주변 지역보다 낮아 인화성 가스나 증기가 체류할 수 있는 장소

㉥ 위험물 탱크의 안전밸브 및 통기관 부근

㉦ 탱크 개구부 부근(0종 장소의 근접 주변)

6) 2종 장소(zone 2)

① 정의 : 폭발성 가스 분위기가 정상작동 중 조성되지 않거나 조성된다 하더라도 짧은 기간에만 존재하는 장소

② 예

㉠ 환기가 불충분한 장소에 설치된 배관계통으로 쉽게 누설되지 않는 구조의 장소

㉡ 개스킷(gasket), 패킹(packing) 등의 고장과 같이 이상상태하에서만 누출될 수 있는 공정설비 또는 배관이 환기가 충분한 곳에 설치된 장소

㉢ 강제환기 방식이 설치된 곳으로, 환기설비의 고장이나 이상 시에 위험분위기가 생성될 수 있는 장소

㉣ 운전원의 오조작으로 가스 또는 액체가 분출할 염려가 있는 장소

㉤ 이상반응으로 고온 · 고압이 되어 장치를 파손하여 가스 또는 액체가 분출할 염려가 있는 장소

ⓑ 0종 또는 1종 장소의 주변 영역

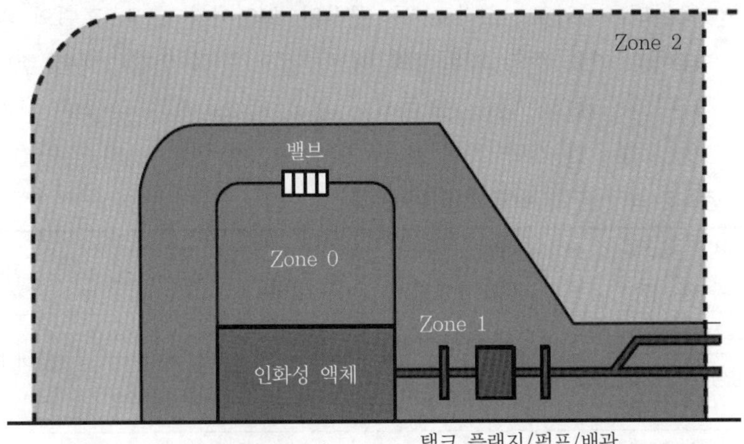

▌설비에 따른 Zone의 배치[39] ▌

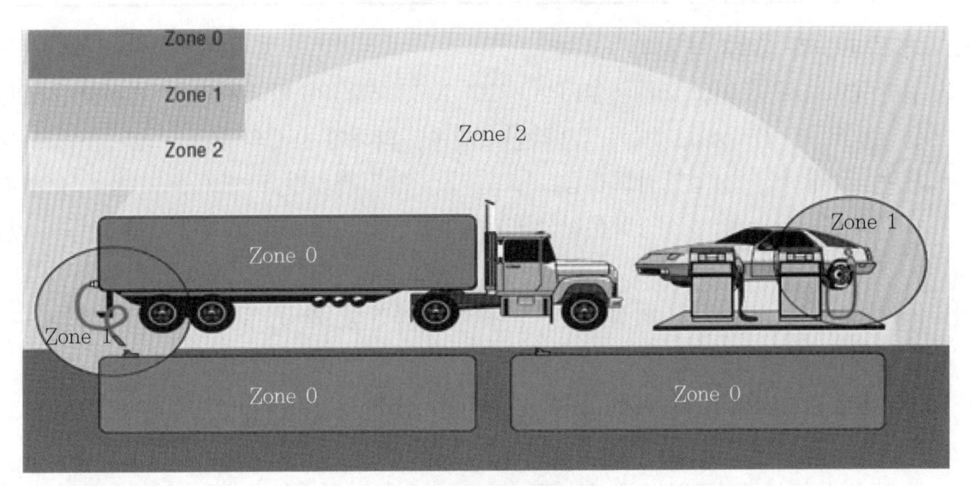

▌Zone의 구분 예[40] ▌

7) 비방폭지역(non-hazardous area)

① 정의 : 인화성 가스 및 증기가 존재할 우려가 없는 장소

② 예

㉠ 환기가 충분한 장소에 설치되고 개구부가 없는 상태에서 인화성 또는 가연성 액체가 간헐적으로 사용되는 배관으로 적절한 유지나 관리가 될 경우의 배관 주위

㉡ 환기는 불충분하지만, 밸브, 피팅(fitting), 플랜지(flange) 등 이상이 누설될 수 있는 부속품이 전혀 없고 전부 용접으로 접속된 배관 주위

39) Example of the zone classification of explosive gas atmospheres to EN 60079-10-1. Principles of Explosion-Protection 8Page Cooper Industries, Ltd. valid from January 2012

40) Protection principles. BARTEC. 카탈로그 17Page에서 발췌

ⓒ 가연물이 완전히 밀봉된 용기 속에 저장되고 있는 용기 주위

ⓓ 보일러, 가열로, 소각로 등 개방된 화염이나 고온 표면의 존재가 불가피한 설비로 연료 주입 배관상의 밸브, 펌프 등의 위험발생원 주변의 전기·기계 기구가 적합한 방폭구조이거나 연료 주입 배관 주위에 전기·기계 기구가 없는 경우의 개방 화염 또는 고온 표면이 있는 설비 주위

8) 위험 분위기의 시간과 확률에 따른 분류

구분			IEC	NEC	JIS
분위기	시간(연간)	확률			
지속적인 위험 분위기	1,000시간 이상	10[%] 이상	Zone 0	Division 1	0종 장소
정상상태에서의 간헐적 위험 분위기	10 ~ 1,000시간	0.1 ~ 10[%] 미만	Zone 1		1종 장소
이상상태에서 위험 분위기 생성 우려	0.1 ~ 10시간	0.01 ~ 0.1[%] 미만	Zone 2	Division 2	2종 장소

(2) 미국(NEC)의 방폭지역 분류

일반적으로 통용되고 있던 NFPA 497 NEC 500의 방폭지역을 분류하던 Class I Division 1, Division 2를 국제적인 흐름에 의하여 IEC의 Zone 0·1·2로 바뀌었으며, 국내법인 「산업안전보건법」, 「고압가스 안전관리법」도 IEC를 수용하고 있다.

1) Class Ⅰ Division 1 : 정상운전상태에서 가연성 가스 및 증기가 점화할 수 있는 농도로 존재하는 장소

2) Class Ⅰ Division 2 : 비정상운전상태에서 가연성 가스 및 증기가 점화할 수 있는 농도로 존재하는 장소

3) Class Ⅱ : 가연성 분진(dust)이 존재하는 장소

4) Class Ⅲ : 가연성 섬유질(fiber)이 존재하는 장소

5) IEC 등급분류기준의 0종 및 1종 지역(zone 0 & 1)은 Class 1 Division 1로, 2종 지역(zone 2)은 Class Ⅰ Division 2로 변경될 수 있다.

(3) 국내기준에 의한 폭발위험장소의 구분 결정요소(KS C IEC 60079-10-1, KOSHA GUIDE E-151) 115회 출제

폭발위험장소(hazardous area)

① 정의 : 전기설비를 제조·설치·사용함에 있어 특별한 주의를 요구하는 정도의 폭발성 가스분위기가 조성되거나 조성될 우려가 있는 장소

② 공정설비 대부분의 구성품 내부에는 공기가 인입될 가능성이 없어 인화성 분위기로 간주되지 않음에도 불구하고 그 설비 내부는 폭발위험장소로 간주한다.

③ 내부에 불활성화와 같은 특정 조치를 할 때는 폭발위험장소로 구분하지 않을 수 있다.

1) 위험장소 설정 접근법

① 도표이용 접근법(DEA : Direct Example Approach) : 인화성 물질 취급설비의 위험장소를 직접 구분하는 전형적인 방법으로, 설비 배치도 및 크기 · 취급물질의 종류 · 환기 등을 고려한 경험적 방법

② 점누출원 접근법(PSA : Point Source Approach) : 설비의 운전 온도 및 압력 · 환기의 정도 및 유형 등의 변화가 커서 도표 이용방법이 곤란한 경우에 적용하는 것으로, 누출원의 누출확률을 알아야 한다.

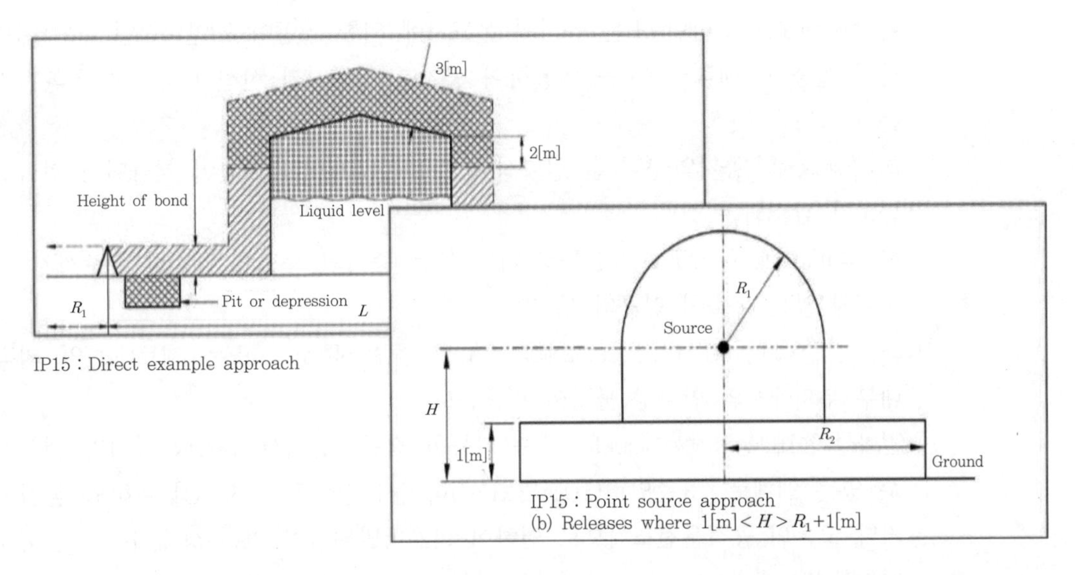

IP15 : Direct example approach

IP15 : Point source approach
(b) Releases where 1[m] < H > R_1+1[m]

③ 위험기반 접근법(RBA : Risk-Based Approach) : 누출확률을 모르거나 자주 변화되는 시스템에서 2차 누출의 크기를 결정할 때 사용하는 방법으로, 주로 기존 설비에 유용하다.

2) 폭발위험장소 종별(zones) : 폭발성 가스분위기의 생성 빈도와 지속시간을 바탕으로 하는 구분되는 폭발위험장소

구분	0종 장소	1종 장소	2종 장소
폭발성 가스분위기의 생성 빈도	정상작동 중 연속적	정상작동	이상작동
지속시간	장기간 또는 빈번	주기적 또는 빈번	짧은 기간

3) 폭발위험장소의 범위(extent of zone) : 누출원에서 가스와 공기 혼합물의 농도가 공기에 의하여 인화하한값 이하로 희석되는 지점까지의 거리

4) 누출원(source of release) : 폭발성 가스분위기를 조성할 수 있는 인화성 가스, 증기, 미스트 또는 액체가 대기 중으로 누출될 우려가 있는 지점 또는 위치

① 연속 누출등급(continuous grade of release) : 연속, 빈번 또는 장기간 발생할 것으로 예상되는 누출

② 1차 누출등급(primary grade of release) : 정상작동 중에 주기적 또는 빈번하게 발생할 수 있을 것으로 예상되는 누출

③ 2차 누출등급(secondary grade of release) : 정상작동 중에는 누출되지 않고 만약 누출된다 하더라도 아주 드물거나 단시간 동안 누출

5) 용어정의

① 누출률(누출량, release rate) : 누출원에서 단위시간당 누출되는 인화성 가스, 액체, 증기 또는 미스트의 양[kg/sec]

② 환기(ventilation) : 바람 또는 공기의 온도차에 의한 영향이나 인위적인 수단(예를 들면 환풍기, 배출기 등)을 이용하여 공기를 이동시켜 신선한 공기로 치환시키는 것

③ 희석(dilution) : 공기와 혼합된 인화성 증기 또는 가스가 시간이 지나면서 인화성 농도가 감소되는 것

④ 희석부피(dilution volume) : 인화성 가스 또는 증기의 농도가 안전한 수준까지 희석되지 않는 누출원 인근의 부피

⑤ 배경농도(background concentration) : 누출 플럼(plume) 또는 제트(jet)의 외곽 내부 부피에서의 인화성 물질의 평균농도

⑥ 인화성 액체(flammable liquid) : 예측 가능한 작동조건에서 인화성 증기가 생성될 수 있는 액체로, 표준압력(101.3[kPa])하에서 인화점이 60[℃] 이하인 물질이거나 고온의 공정운전조건으로 인하여 화재폭발위험이 있는 상태에서 취급하는 가연물질

⑦ 인화성 가스(flammable gas) : 인화한계 농도의 최저 한도가 13[%] 이하 또는 최고 한도와 최저 한도의 차가 12[%] 이상인 것으로서, 표준압력(101.3[kPa]) 하의 20[℃]에서 가스상태인 물질

6) 누출의 영향요소

① 가스, 증기 또는 액체

② 옥내 또는 옥외 상황

③ 음속 또는 아음속 제트누출, 비산(fugitive) 또는 증발 누출

④ 방해물의 유무 조건

⑤ 가스 또는 증기의 밀도

7) 누출등급

① 연속누출등급의 누출원

㉠ 대기와 연결되는 고정 통기구(vent)가 설치된 고정 지붕탱크(fixed roof tank) 내부의 인화성 액체 표면

㉡ 지속적으로 또는 장시간 동안 대기에 개방되어 있는 인화성 액체 표면

② 1차 누출등급 누출원

㉠ 정상작동 중에 인화성 물질의 누출이 예상되는 펌프, 압축기 또는 밸브의 실(seals) 등

㉡ 정상작동 중의 배수과정에서 대기로 인화성 물질이 누출될 수 있는 용기의 배수점 등

㉢ 정상작동 중 인화성 물질의 대기누출이 예상되는 시료 채취점

㉣ 정상작동 중 인화성 물질의 대기누출이 예상되는 릴리프 밸브, 통기구 및 기타 개구부 등

③ 2차 누출등급의 누출원

㉠ 설비의 정상작동 중에는 인화성 물질의 누출이 예상되지 않는 펌프, 압축기 및 밸브의 실(seals) 등

㉡ 정상작동 중에는 인화성 물질의 누출이 예상되지 않는 플랜지, 연결부, 배관 피팅부 등

㉢ 정상작동 중에는 인화성 물질의 대기누출이 예상되지 않는 시료 채취점

㉣ 정상작동 중 인화성 물질의 대기누출이 예상되지 않는 릴리프밸브, 통기구 및 기타 개구부 등

8) **누출의 합** : 하나 이상의 누출원이 있는 실내에서 위험장소의 종별 및 범위를 정하기 위해서는 희석등급 및 배경농도를 결정하기 전에 누출원을 모두 합할 필요가 있다.

9) 누출구멍 크기 및 누출원 반경

10) **누출의 형태** : 고온 가스, 저온 가스, 부력가스, 고밀도 가스 등

11) **누출률**

$$W = C_d S \sqrt{2\rho \Delta P}$$

여기서, W : 누출률[kg/sec]

C_d : 누출계수

S : 유체가 누출되는 개구부(구멍)의 단면적[m^2]

ρ : 액체밀도[kg/m^3]

ΔP : 개구부에서의 누설 압력차[Pa]

① 누출특성 및 형태

② 누출속도

③ 농도

④ 인화성 액체의 휘발성

⑤ 액체온도

12) 건물 개구부에서의 누출

① 개구부

㉠ A형(type A) : B · C · D형이 아닌 개구부

㉡ B형(type B) : 상시 닫혀 있어(자동 닫힘) 드물게 열리고 완전 밀착 폐쇄되는 개구부

㉢ C형(type C)(or)

- 상시 닫혀 있어(자동 닫힘) 드물게 열기고, 개구부 전체 둘레가 밀봉(개스킷 등) 되어 있는 개구부
- 독립적인 자동 닫힘 장치가 되어 있는 B형 개구부 2개가 직렬로 연결된 개구부

㉣ D형(type D)(or)

- 유틸리티 통로와 같이 효과적으로 밀봉되는 개구부
- 특별한 수단에 의하거나 비상 시에만 열릴 수 있는 C형을 충족하는 상시 닫혀 있는 개구부
- 위험장소에 인접한 하나의 C형 개구부와 직렬로 연결된 하나의 B형 개구부

② 누출원에서 개구부의 위험장소 종별 영향

개구부 상류의 위험장소 종별	개구부의 형태	누출원으로 간주되는 개구부의 누출등급
0종 장소	A	연속
	B	(연속)/1차
	C	2차
	D	2차/누출없음
1종 장소	A	1차
	B	(1차)/2차
	C	(2차)/누출없음
	D	누출없음
2종 장소	A	2차
	B	(2차)/누출없음
	C	누출없음
	D	누출없음

[비고] 괄호 속의 누출등급은 설계 시에 개구부의 조작빈도를 고려한다.

13) 환기의 유효성

① 인화성 물질의 누출형태

② 누출위치

③ 누출률 대비 상대적 공기의 양

14) **희석기준**

① 상대 누출률(누출률과 LFL의 비율(질량단위))

② 환기속도(대기의 불안정성을 나타내는 값, 즉 환기 또는 옥외 풍속에 의한 공기흐름)

15) **희석등급 평가** : 그래프에 의하여 평가

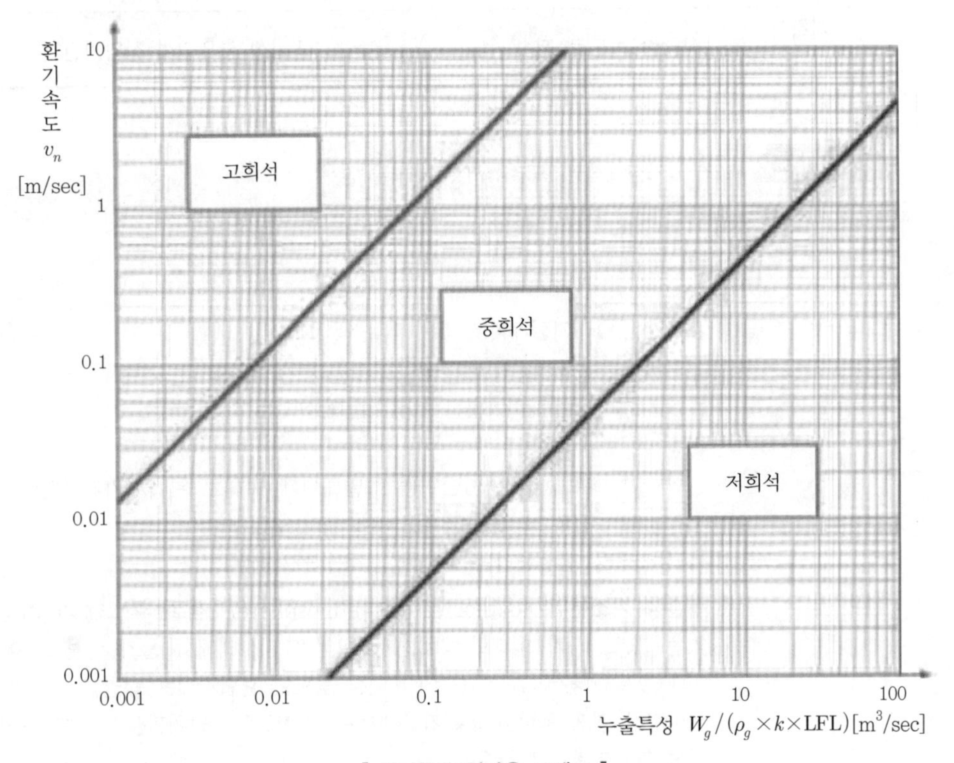

▌희석등급 평가용 그래프▐

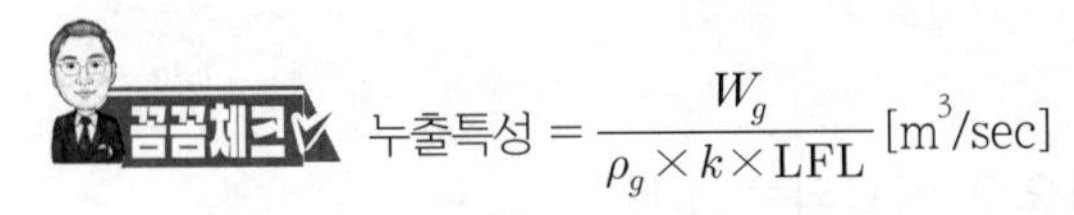

누출특성 $= \dfrac{W_g}{\rho_g \times k \times \text{LFL}}$ [m³/sec]

여기서, W_g : 가스의 질량 누출률[m³/sec]

ρ_g : 가스 또는 증기밀도[kg/m³]

k : 누출특성(연속누출 및 1차 누출 0.25, 2차 누출 0.5)

LFL 안전계수 : 일반적으로 0.5 ~ 1의 값

▌희석등급에 따른 특징▌

구분	누출 시	누출중단 후 폭발성 가스분위기
고희석 (high dilution)	누출농도를 순간적으로 감소	지속되지 않음
중희석 (medium dilution)	누출농도를 안정된 상태로 제어	더 이상 지속되지 않음
저희석 (low dilution)	상당한 농도로 지속	인화성 분위기가 상당기간 동안 지속

1. V_Z(가상체적) < 0.1[m^3]보다 작을 경우

2. $V_Z = f \times V_k = \dfrac{f\left(\dfrac{dV}{dt}\right)_{min}}{C}$

여기서, V_Z : 가상체적[m^3]

f : 가스의 희석효과를 나타내는 환기 유효성(이상상태 : 1, 일반적으로 5)

V_k : 실제환기율과 최소 환기량의 관계

$\left(\dfrac{dV}{dt}\right)_{min}$: 위험범위를 폭발하한계 이하로 완화시키기 위한 신선한 공기의 최소 환기량[m^3/sec]

C : 단위시간당 신선한 공기의 환기횟수

3. **폭발성 가스분위기(explosive gas atmosphere)** : 점화 후 연소가 계속될 수 있는 가스, 증기 형태의 인화성 물질이 대기상태에서 공기와 혼합되어 있는 상태를 말한다. 인화상한(UFL) 이상 농도의 혼합기체는 폭발성 가스분위기는 아니지만 쉽게 폭발성 분위기로 될 수 있으므로 폭발위험장소 구분 목적상 폭발성 가스분위기로 간주한다.

4. V_Z(가상체적) > V_O(고려대상 체적)

16) 환기 이용도

① 우수(good) : 환기가 실제적으로 지속되는 상태

② 양호(fair) : 환기의 정상작동이 지속됨이 예측되는 상태로, 빈번하지 않은 단기간 중단은 허용

③ 미흡(poor) : 환기가 양호 또는 우수 기준을 충족하지 않지만, 장기간 중단이 예상되지 않는 상태

누출등급	희석등급						
	고희석			중희석			저희석
	환기이용도						
	우수	양호	미흡	우수	양호	미흡	우수,양호,미흡
연속	비위험	2종 장소	1종 장소	0종 장소	0종 + 1종	0종 + 1종	0종 장소
1차	비위험	2종 장소	2종 장소	1종 장소	1종 + 2종	1종 + 2종	0종 또는 1종
2차	비위험	비위험	2종 장소	2종 장소	2종 장소	2종 장소	0종 및 1종

17) 폭발위험장소의 구분절차(KGS C 101/KS IEC 60079-10-1)

① 누출원 누출등급 : 연속, 1차, 2차 누출등급

② 누출률 계산 : 증기, 가스 누출률, 액체 누출률, 액체 증발속도

③ 환기평가 : 희석등급(고, 중, 저), 환기 이용도 평가(우수, 양호, 미흡)

④ 폭발위험 장소결정 : 0종, 1종, 2종, 비위험(NE : Negligible Extent)

⑤ 폭발위험 범위산정 : 누출원에서 수직, 수평거리 산출

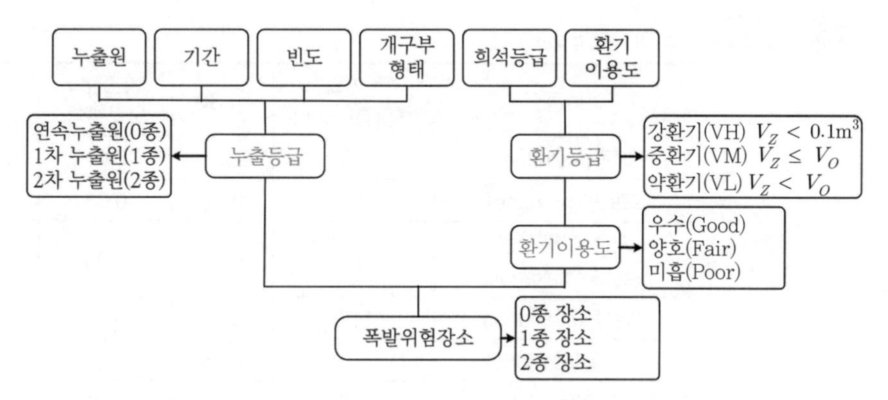

* V_O : 누출원 주위 실제 환기를 위한 총체적(환기대상 체적)

06 폭발성 가스 및 증기의 분류(explosion group)

(1) 방폭기기는 그 적용 구분 및 대상으로 하는 폭발성 가스, 증기의 위험특성에 따라서 다음과 같이 분류한다.

1) 그룹 Ⅱ : 일반 사업장용의 가스, 증기

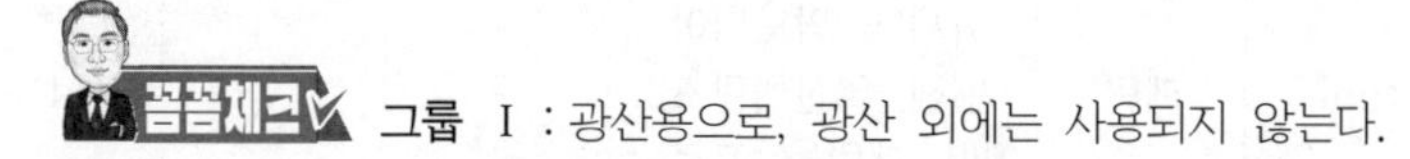

꼼꼼체크 그룹 Ⅰ : 광산용으로, 광산 외에는 사용되지 않는다.

2) 내압방폭구조, 비점화방폭구조, 본질안전방폭구조 : 가스 또는 증기의 분류(A, B, C)에 따라 각각 그룹 ⅡA, ⅡB 또는 ⅡC로 분류

3) 내압방폭구조, 비점화방폭구조 : 최대 안전틈새 범위에 대하여 A, B, C로 분류

4) 본질안전방폭구조 : 최소 점화전류비의 범위에 대하여 A, B, C로 분류

(2) 최대 안전틈새(MESG : Maximum Experimental Safe Gap)에 의한 가스등급

111 · 93 · 77회 출제

1) 정의 : 내용적 0.02에 가스를 넣고(20[cm^3]), 틈새조정장치를 이용하여 내부폭발이 25[mm](1[in])의 틈새길이를 통하여 외부로 유출되어지는 최소 틈새
2) 화염이 표준용기 외부로 미치지 않는 용기 틈의 폭을 의미하며, 이 틈새가 가스에 따라 달라 폭발등급을 구분하며 방폭기기를 제조하는 기준이 된다.
3) 폭발등급

등급	최대 안전틈새	대상
Ⅰ	–	메탄
ⅡA	0.9[mm] 이상	프로판, 메탄올
ⅡB	0.5[mm] 초과 0.9[mm] 이하	에틸렌
ⅡC	0.5[mm] 이하	아세틸렌, 수소가스

가스별 MESG

인화물질	공기와 혼합률[vol%]	MESG	MESG의 오차한계	폭발등급
메탄(methane)	8.2	1.14	0.11	Ⅰ(광산용)
프로판(propane)	4.2	0.92	0.03	ⅡA
시클로 헥산올 (cyclo hexanol)	3.0	0.95	0.03	ⅡA
메탄올(methanol)	11.0	0.92	0.03	ⅡA
에틸렌(ethylene)	6.5	0.65	0.02	ⅡB
아세틸렌(acetylene)	8.5	0.37	0.01	ⅡC
수소가스(H_2)	27.0	0.29	0.01	ⅡC

(3) 온도등급에 따른 분류(temperature classification, 'T')

1) 대상 가스가 자연발화되는 온도(AIT : Auto-Ignition Temperature)를 기준으로 6등급으로 분류
2) 온도등급에 따른 가스의 종류(T-rating of electrical apparatus)

온도등급	최대 표면온도 [℃]	Ⅰ 지역	ⅡA 등급	ⅡB 등급	ⅡC 등급	사용 가능한 기기 온도등급
T1	≤ 450	메탄	아세톤, 암모니아, 벤젠, 일산화탄소, 에탄, 메탄올, 프로판	–	수소	T1 ~ T6
T2	≤ 300	–	부탄, 에탄올	에틸렌	아세틸렌	T2 ~ T6
T3	≤ 200	–	사이클로헥산, 등유, 석유, 테레빈유, 펜테인	–	–	T3 ~ T6

온도등급	최대 표면온도 [℃]	Ⅰ 지역	ⅡA 등급	ⅡB 등급	ⅡC 등급	사용 가능한 기기 온도등급
T4	≤ 135	–	아세트알데하이드	–	–	T4 ~ T6
T5	≤ 100	–	–	–	–	T5 ~ T6
T6	≤ 85	–	–	–	이황화탄소	T6

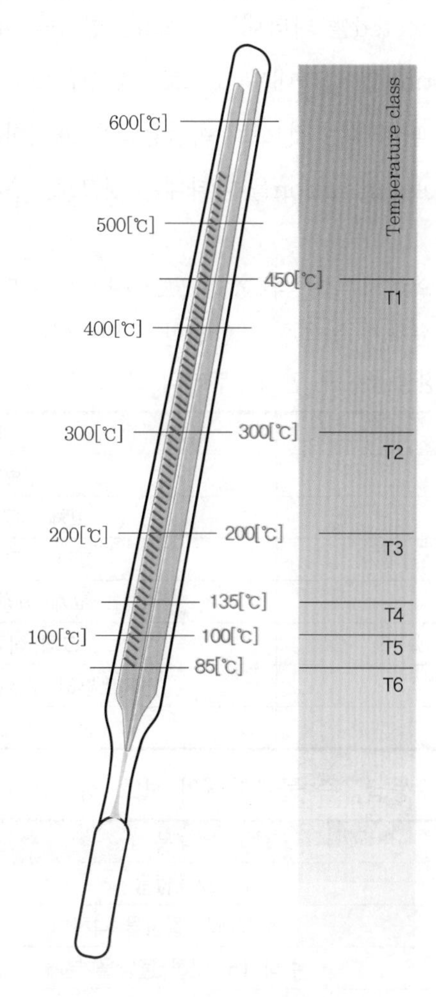

3) 폭발성 대기 중에서 사용되는 전기기기는 일반적으로 대기온도 −20[℃]에서 +40[℃] 범위에서 운전되도록 설계된다. 이 온도범위를 벗어난 지역에서 사용할 때에는 적절한 표시를 해야만 한다.
4) [(설계 시)사용주위온도 + △T(최고 허용표면온도 − 시험실 온도)] < [T등급 − 안전여유]
   여기서, 안전여유(T6 ~ T3 : 5도, T2 · T1 : 10도)를 적용
5) 최고 허용표면온도(maximum permissible surface temperature) : 발화를 회피하기 위하여 실제 사용 중에 도달하는 것이 허용된 전기기기의 최고 표면온도

07 방폭의 표기 123회 출제

전기설비의 방폭등급으로 예를 들어 'Ex d ⅡC T3 IP 54'라고 하면 다음과 같이 설명할 수 있다.

(1) Ex는 Explosion protected를 나타내는 것으로, 방폭을 표시하는 기호이다.

(2) d는 Type of protection를 나타내는 것으로, 방폭구조를 표시하는 기호이다.

(3) ⅡC는 Gas group을 나타내는 것으로, 폭발등급을 표시하는 기호이다.

(4) T3은 Temperature classification을 나타내는 것으로, 우리말로 번역하면 온도등급을 표시하는 기호이다.

(5) IP 54는 보호등급을 의미하는데, 두 자리 코드(여기서는 54)로 되어 있으며 각각 자릿수에는 의미가 있어 숫자가 높을수록 안전함을 의미한다.

1) 첫째 자릿수는 방진등급, 즉 먼지로부터의 보호 정도를 나타낸다(여기서는 5).

등급	내용
0	보호없음
1	고체 직경 ≥ 50[mm]
2	고체 직경 ≥ 12.5[mm]
3	고체 직경 ≥ 2.5[mm]
4	고체 직경 ≥ 1[mm]
5	먼지로부터 보호(기기작동 영향 없음)
6	먼지로부터 완벽한 보호

2) 둘째 자릿수는 방수등급, 즉 물로부터의 보호 정도를 나타낸다(여기서는 4).

등급	내용	접촉시간
0	보호없음	–
1	수직에서 물방울 낙하	10분
2	수직 15° 이하 물방울 분사	10분
3	수직 60° 이하 물방울 분사	5분
4	모든 방향에서 물줄기 분사	5분
5	낮은 수압 물줄기 분사	3분
6	높은 수압 물줄기 분사	3분
7	침수(15[cm] ~ 1[m])	30분
8	침수(1[m] 이상)	30분

08 방폭 전기기기의 선정(가스위험 종별에 따른 전기기기 선정)

(1) 0종 장소

1) 본질안전방폭구조(Ex i)

2) 0종 장소에서 사용하도록 특별히 고안된 방폭구조

(2) 1종 장소

1) 0종 장소 사용구조

2) 내압방폭구조(Ex d)

3) 압력방폭구조(Ex p)

4) 유입방폭구조(Ex o)

(3) 2종 장소

1) 0종 및 1종 장소 사용구조

2) 안전증방폭구조(Ex e)

3) 비점화용 방폭구조(Ex n)

4) 2종 장소에서 사용하도록 특별히 고안된 방폭구조

(4) 위험장소에 따른 방폭유형

| IEC 60079-14 |

Zone	장비에 적용된 보호의 유형(type of protection assigned to equipment)	EPL
Zone 0	Ex ia, Ex ma and types of protection suitable for Zone 0 as constructed to IEC 60079-26	Ga
Zone 1	Any type of protection suitable for Zone 0 and Ex d, Ex ib, Ex py, Ex e, Ex q and Ex mb(also see notes on Ex s protection)	Gb
Zone 2	Any type of protection suitable for Zone 0 or 1 and Ex n, Ex mc, Ex ic, Ex pz and Ex o(also see notes on Ex s protection)	Gc
Zone 20	tD A20, tD B20, iaD and maD	Da
Zone 21	Any type of protection suitable for Zone 20 and tD A21, tD B21, ibD, mbD and pD	Db
Zone 22	Any type of protection suitable for Zone 20 or 21 and tD A22, IP 6X	Dc

09 방폭전기설비 설계, 선정, 설치 및 최초 검사에 관한 기술지침(KOSHA GUIDE E-190-2023)

(1) 국제방폭인증제도에서는 EPL(Equipment Protection Level, 기기보호등급)을 방폭구조 표기 맨 끝자리에 표기하여 다양한 방폭구조가 혼용되더라도 최종 기기보호등급이 0종, 1종, 2종 및 20종, 21종, 22종에 대응하여 쉽게 이해할 수 있도록 기재하고 있고, 최근 발행되는 인증서에는 고시에 따른 인증표기법도 KS C IEC 60079－0의 개정에 따라 EPL과 고시에 따른 표기법을 병기하고 있다.

(2) 가스에 의한 폭발위험지역에는 Ga, Gb, Gc로 0종, 1종, 2종에 대응하며 분진에 의한 폭발위험지역에는 Da, Db, Dc로 20종, 21종, 22종으로 대응한다. 분진에 대한 방폭구조 tD는 용기에 의한 보호 개념으로 KS C IEC 60079－31에 따라 Ex t 구조로 표기하고 있다.

(3) KS C IEC 60079－0의 기기 그룹의 분류

기기 그룹	세부 그룹	대표 가스 · 분진
I(광산)	－	메탄
Ⅱ(가스 · 증기)	Ⅱ, ⅡA	프로판
	ⅡB	에틸렌
	ⅡC	수소
Ⅲ(분진)	ⅢA	가연성 부유물
	ⅢB	비도전성 분진
	ⅢC	도전성 분진

(4) 방폭구조별 세부 분류

방폭구조	세부 분류	허용 EPL	기존 표시
Ex d	Ex db ⅡA, ⅡB, ⅡC	Gb, Db	Ex d 1종용
	Ex dc ⅡA, ⅡB, ⅡC	Gc, Dc	Ex d 2종용
Ex e	Ex eb ⅡA, ⅡB, ⅡC	Gb, Db	Ex e
	Ex ec ⅡA, ⅡB, ⅡC	Gc, Dc	Ex nA
Ex i	Ex ia ⅡA, ⅡB, ⅡC	Ga	Ex ia
	Ex ib ⅡA, ⅡB, ⅡC	Gb	Ex ib
	Ex ic ⅡA, ⅡB, ⅡC	Gc	Ex nL
	Ex ia ⅢA, ⅢB, ⅢC	Da	Ex iaD 20
	Ex ib ⅢA, ⅢB, ⅢC	Db	Ex ibD 21
	Ex ic ⅢA, ⅢB, ⅢC	Dc	Ex icD 22

방폭구조	세부 분류	허용 EPL	기존 표시
Ex p	Ex pxb ⅡA, ⅡB, ⅡC	Gb	Ex px
	Ex pyb ⅡA, ⅡB, ⅡC	Gb	Ex py
	Ex pzc ⅡA, ⅡB, ⅡC	Gc	Ex pz
	Ex pxb/pyb/pzc ⅡA, ⅡB, ⅡC	Db, Dc	Ex pD
Ex n (※ IEC 개정으로 nA, nL은 ec, ic로 변경)	Ex nC ⅡA, ⅡB, ⅡC	Gc	Ex nC
	Ex nR ⅡA, ⅡB, ⅡC	Gc	Ex nR
Ex t	Ex ta ⅢA, ⅢB, ⅢC	Da	Ex tD A20
	Ex tb ⅢA, ⅢB, ⅢC	Db	Ex tD A21
	Ex tc ⅢA, ⅢB, ⅢC	Dc	Ex tD A22

(5) 방폭구조, 방폭기호, 근거 표준과 기기보호등급(EPL)

방폭구조	방폭기호	근거 표준	EPL
본질안전	“ia”	KS C IEC 60079-11	“Ga”
몰드	“ma”	KS C IEC 60079-18	
각기 EPL “Gb”에 맞는 2가지 독립된 보호구조	–	KS C IEC 60079-26	
광방사를 사용하는 기기와 송신시스템의 보호	“op is”	KS C IEC 60079-28	
특수방폭구조	“sa”	IEC 60079-33	
내압용기	“d”	KS C IEC 60079-1	“Gb”
안전증	“e”	KS C IEC 60079-7	
본질안전	“ib”	KS C IEC 60079-11	
몰드	“m”, “mb”	KS C IEC 60079-18	
유입	“o”	KS C IEC 60079-6	
압력	“p”, “px”, “py”, “pxb” 또는 “pyb”	KS C IEC 60079-2	
충전	“q”	KS C IEC 60079-5	
필드버스 본질안전 개념(FISCO)	–	KS C IEC 60079-27	
광방사를 사용하는 기기와 송신시스템의 보호	“op is”, “op sh”, “op pr”	KS C IEC 60079-28	
특수방폭구조	“sb”	IEC 60079-33	

방폭구조	방폭기호	근거 표준	EPL
본질안전	"ic"	KS C IEC 60079-11	"Gc"
몰드	"mc"	KS C IEC 60079-18	
비점화	"n" 또는 "nA"	KS C IEC 60079-15 또는 KS C IEC 60079-7	
통기제한	"nR"	KS C IEC 60079-15	
에너지 제한	"nL"	KS C IEC 60079-15	
스파크기기	"nC"	KS C IEC 60079-15	
압력	"pz" 또는 "pzc"	KS C IEC 60079-2	
광방사를 사용하는 기기와 송신시스템의 보호	"op is", "op sh", "op pr"	KS C IEC 60079-28	
특수방폭구조	"sc"	IEC 60079-33	
몰드	"ma"	KS C IEC 60079-18	"Da"
분진방폭(보호용기)	"ta"	KS C IEC 60079-31	
본질안전(본질안전분진)	"ia" 또는 "iaD"	KS C IEC 60079-11 또는 KS C IEC 61241-11	
특수방폭구조	"sa"	IEC 60079-33	
몰드	"mb"	KS C IEC 60079-18	"Db"
분진방폭(보호용기)	"tb" 또는 "tD"	KS C IEC 60079-31, KS C IEC 60079-1, KS C IEC 61241-1	
압력분진방폭	"pD"	IEC 61241-4	
본질안전(본질안전분진)	"ib" 또는 "ibD"	KS C IEC 60079-11 또는 KS C IEC 61241-11	
특수방폭구조	"sb"	IEC 60079-33	
몰드	"mc"	KS C IEC 60079-18	"Dc"
분진방폭(보호용기)	"tc" 또는 "tD"	KS C IEC 60079-31, KS C IEC 61241-1	
압력분진방폭	"pD"	IEC 61241-4	
본질안전(본질안전분진)	"ic"	KS C IEC 60079-11 또는 KS C IEC 61241-11	
특수방폭구조	"sc"	IEC 60079-33	

[비고] 새로운 방폭구조 기호와 그에 따른 기기보호등급은 KS C IEC 60079 관련 표준에 따라 추가하여 적용한다.

(6) 방폭기기의 선정에 관한 사항 이해

1) 폭발위험장소 구분도(기기보호등급 요구사항 포함)
2) 요구되는 전기기기 그룹 또는 세부 그룹에 적용되는 가스 · 증기 또는 분진등급 구분
3) 가스나 증기의 온도등급 또는 최저 발화온도(단, 자연발화성 물질은 방폭 관련 표준의 범주에 해당하지 않음에 유의하여야 함)
4) 분진운의 최저 발화온도, 분진층의 최저 발화온도
5) 기기의 용도
6) 외부영향 및 주위온도

(7) 기기보호등급(EPL)과 허용장소

종별 장소	기기보호등급(EPL)
0	"Ga"
1	"Ga" 또는 "Gb"
2	"Ga", "Gb" 또는 "Gc"
20	"Da"
21	"Da" 또는 "Db"
22	"Da", "Db" 또는 "Dc"

(8) 기기 그룹과 가스, 증기 또는 분진 간의 허용장소

가스, 증기 또는 분진 분류 장소	허용 기기 그룹
ⅡA	Ⅱ, ⅡA, ⅡB 또는 ⅡC
ⅡB	Ⅱ, ⅡB 또는 ⅡC
ⅡC	Ⅱ 또는 ⅡC
ⅢA	ⅢA, ⅢB 또는 ⅢC
ⅢB	ⅢB 또는 ⅢC
ⅢC	ⅢC

(9) 방폭기기를 선정할 때 고려해야 하는 외부요인

1) 극저온 또는 고온(용기강성 저하, 고온에서는 폭발압력 증가)
2) 태양복사(기후변화에 따라 직사광을 받는 경우 용기의 사용온도가 증가)
3) 압력조건(폭발 시 발생하는 압력은 가압상태에서 급격히 증가, 기타 용기파열 등)
4) 부식성 분위기(재질에 따라 화학반응에 의해 재질이 연화, 부식에 의한 강도 감소)
5) 진동, 기계적 충격, 마찰 또는 마모(마찰열, 녹슨철과 산화알루미늄 충격 시 테르밋 반응 발생, 마찰 또는 마모에 의한 구조틈새 증가 등)
6) 바람(바람은 냉각효과를 가져오나 바람에 따라 특정지역에 분진이 많이 쌓일 수도 있음)

7) 도장공정(방폭접합면에는 틈새 증가요인이 되므로 도장재 부착금지)
8) 화학물질(접합면에는 부식성이 없는 구리스 도포만 허용)
9) 물, 습기(기기오작동부터 다양한 고장 원인으로 작용)
10) 분진(회로합선 등 영향을 미침, IP 등급 관리 필요)
11) 식물, 동물, 곤충(회로합선 등 영향을 미침, IP 등급 관리 필요)

10 방폭기기 선정조건

(1) 폭발위험 장소의 구분

(2) 가연성 가스의 발화 온도(AIT), 최대 안전틈새(MESG), 최소 점화전류비(MIC ratio)

(3) 다수의 물질 존재 시 가장 위험도 높은 물질 기준

(4) 방폭기기 특성 고려

(5) **전기방폭구조의 표준환경조건(IEC)**
1) 압력 : 80 ~ 110[kPa]
2) 온도 : −20 ~ 40[℃]
3) 진동이 없는 곳
4) 상대습도 : 45 ~ 85[%]
5) 표고 : 1,000[m] 이하
6) 공해없는 장소
7) 부식성 가스 없는 장소

(6) 분진방폭구조의 경우 분진의 도전성 유무

11 방폭전기배선의 선정

(1) **0종 장소(zone 0)**
본질안전회로의 배선

(2) **1종 장소(zone 1)**
본질안전회로의 배선, 내압방폭 금속관배선, 케이블배선

(3) **2종 장소(zone 2)**
본질안전회로의 배선, 내압방폭 금속관배선, 케이블배선, 안전증방폭 금속관배선

(4) 방폭전기배선

1) 본질안전방폭회로의 배선

① 정상상태뿐만 아니라 이상상태에서도 전기불꽃 또는 고온부가 폭발성 혼합기에 점화원(잠재적인 가능성 포함)이 되지 않도록 전기회로 내에서 소비되는 전기에너지를 억제한다.

② 배선의 설계 및 시공 시 폭발성 가스의 최소 점화전류는 기본적인 데이터로서 필요하다.

③ 배선은 다른 회로와 접촉되거나 다른 회로로부터 정전유도 및 전자유도를 받지 않도록 보호조치가 필요하다.

2) **내압방폭 금속관배선** : 잠재적인 점화원인 절연전선과 그 접속부가 내장된 전선관을 특별한 성능으로, 관로 내부에서 발생하는 폭발을 주위의 폭발성 혼합기로 전파시키지 않는 배선방식이다.

3) **케이블배선** : 잠재적인 점화원인 케이블과 그 접속부가 절연체의 손상, 열화, 단선 또는 접속부의 풀림 등으로 실제적인 점화원으로 전환시키는 고장이 발생하지 않도록 케이블의 선정, 외상보호 또는 접속부의 강화 등 기계적 및 전기적으로 안전도를 증가시키는 배선방식이다.

4) **안전증방폭 금속관배선** : 잠재적인 점화원인 절연전선과 그 접속부가 절연체의 손상, 열화, 단선 또는 접속부의 풀림 등으로 실제적인 점화원으로 전환시키는 고장이 발생하지 않도록 절연전선의 선정, 접속부의 강화 등 기계적 및 전기적으로 안전도를 증가시키는 배선방식이다.

SECTION 020 방폭구조의 종류

01 개요

(1) 폭발위험을 일으키는 요소로는 점화원, 가연물질, 산소의 연소의 3요소로 이중에 가연물질과 산소는 제어가 곤란하지만 전기적 점화원은 제어가 가능하다.

(2) 전기적 점화원을 제어하는 방법으로 마찰, 충격 등의 기계적 스파크는 방폭형 공구를 사용하며, 전기적 스파크나 히터 등 고온의 점화원 격리는 방폭형 전기기기를 사용하여 점화원을 격리한다.

(3) 가연성 분위기에서 사용하는 전기기기는 사용 중에 발생할 수 있는 전기불꽃, 아크 또는 파열에 의해 폭발성 가스가 폭발하는 것을 방지할 수 있는 구조, 즉 방폭구조의 방폭 전기기기를 사용한다.

02 방폭 전기기기의 선정원칙

(1) 사용장소에 가스 등의 2종류 이상 존재할 때 가장 위험도가 높은 물질을 고려해서 선정한다.

(2) 방폭성능에 영향을 줄 우려가 있는 전기기기는 사전에 적절한 전기적 보호장치를 설치한다.

(3) 가스 등의 발화온도를 고려한다.

(4) 설치된 장소의 주변 온도, 표고 또는 상대습도, 먼지, 부식성 가스 또는 습기 등 환경조건을 고려(표준환경과 비교하여 가중치 적용)한다.

(5) 설치된 장소의 방폭지역등급을 구분하여 적합한 방폭지역을 선정한다.

(6) **본질안전방폭구조**

최소 점화전류(MIC) 이하를 유지하여 방폭하는 구조

▌최소 점화전류비▐

최소 점화전류비	0.8 이상	0.45 초과 0.8 미만	0.45 이하
가연성 가스폭발등급	A	B	C
적용 가스	CH_4, C_2H_6, CS_2	C_2H_4, HCN	H_2, C_2H_2
본질안전방폭구조의 폭발등급	ⅡA	ⅡB	ⅡC

(7) 내압방폭구조

화재안전틈새(MESG) 이하를 유지하여 화염이 전파되지 않도록 하는 구조

▌화재안전틈새▐ 125회 출제

최대 안전틈새[mm]	0.9 이상	0.5 초과 0.9 미만	0.5 이하
가연성 가스폭발등급	A	B	C
적용 가스	CH_4, C_2H_6, CS_2	C_2H_4, HCN	H_2, C_2H_2
방폭전기기기 폭발등급	ⅡA	ⅡB	ⅡC

(8) 압력, 유입, 내압, 안전증, 본질안전증방폭구조

가연물의 발화온도가 방폭대상의 최고 표면온도 이하를 유지하도록 하는 구조

▌온도등급▐ 123회 출제

온도등급(발화도)		발화온도[℃]
IEC	KS C 0906 : 1997	
T1	G1	450 초과
T2	G2	300 초과 450 이하
T3	G3	200 초과 300 이하
T4	G4	135 초과 200 이하
T5	G5	100 초과 135 이하
T6	G6	85 초과 100 이하

(9) 분진방폭구조의 경우 분진의 도전성 유무

1) 분진방폭구조에서 가장 많이 사용하는 방법이 내압방폭구조인데, 도전성의 경우 적절한 대응이 곤란하다.
2) 유입된 분진이 도전성인 경우 스파크가 일어날 우려가 있으므로 보다 철저하게 외부와 밀폐된 기구가 필요하다.
3) 일반적인 경우 22종 장소 : IP 5X를 사용할 수 있지만 도전성이 있는 경우는 IP 6X를 사용한다.

(10) 분진층의 발화

1) 열축적이 중요한 요소인데, 비도전성인 경우가 열축적이 용이하다.
2) 분진층의 관점에서는 비전도성(1,000[Ω · m] 초과)이 더 위험하다.
3) IEC 코드에서는 전도성(1,000[Ω · m] 이하)을 더 중요하게 고려하고 있다.

03 구조별 구분(type of protection)

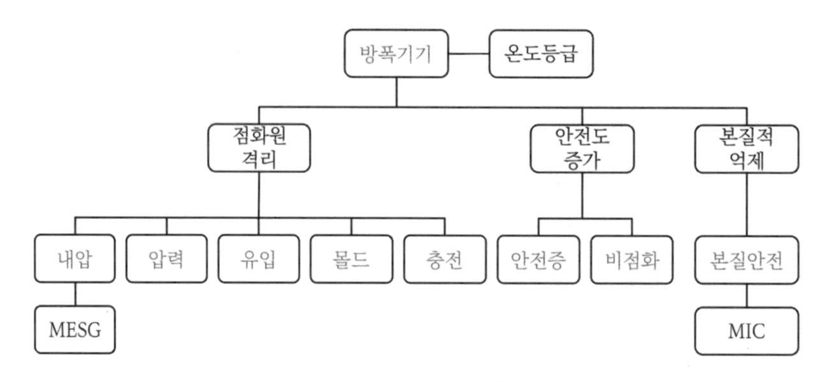

▎방폭의 구분맵핑 ▎

(1) 점화원 격리

1) **압력, 유입, 몰드, 충전** : 전기기기의 점화원이 되는 부분과 주위 폭발성 가스를 격리하여 접촉하지 않도록 하는 방법

2) 압력방폭구조(pressurization, 'p')

① 정의 : **용기 내부에** 보호기체(불활성 기체, protective aas)를 압입하여 그 압력을 용기의 외부 압력보다 높게(보통 50[Pa]) 유지함으로써 폭발성 가스 침입을 방지하는 구조

② 방식

㉠ 통풍식 : 용기 내부에 연속적으로 보호가스를 공급하여, 압력을 유지한다.

㉡ 봉입식 : 보호가스의 누설량에 따라 보호가스를 보충하여 압력을 유지한다.

③ 특성

㉠ 용기는 보호가스 내부압력에 충분하게 견디도록 제작한다.

㉡ 보호가스 누설이 적도록 제작한다.

㉢ 내부압력이 소정값 미만으로 저하 시 작동하는 보호장치가 필요하다.

㉣ 대기압보다 50[Pa] 이상의 압력을 유지한다.

㉤ 폭발성 가스의 폭발등급에 관계없이 사용이 가능하다.

㉥ 내압방폭구조보다 방폭성능이 우수하다.

㉦ 보호기체 공급설비, 보호기체 압력저하 시 자동경보 또는 운전정지 등의 보호시설이 필요하므로 가격이 고가이다.

방폭구조의 용기 내부에는 비방폭형 전기기기를 사용하기 때문에 운전실수, 불활성 가스공급설비 고장 등에 의해 가연성 가스 또는 증기가 용기 내부로 유입되어 보호효과가 상실되면 경보가 작동하거나 기기의 운전이 자동으로 정지되도록 보호장치가 필요하다.

④ 보호가스(protective gas)

㉠ 용기 내부에 압력(양압)을 유지하거나 폭발성 가스의 농도를 폭발하한값(LEL : Lower Explosion Limit) 이하로 낮추기 위하여 사용되는 가스

㉡ 종류 : 공기, 질소 혹은 기타 비인화성 가스

㉢ 보호가스 공급기준

- 보호가스는 불연성으로 깨끗하여야 한다.
- 보호가스 공급용 급기덕트는 위험장소를 피하여 설치한다.
- 보호가스의 급기온도 40[℃] 이하
- 보호가스의 공급설비가 고장난 경우 전기기기의 통전을 계속할 때는 예비 보호가스 공급설비로 전환할 수 있는 구조이다.

⑤ 대상기기

㉠ 아크가 발생할 수 있는 모든 기구로써 전기패널(panel) 등

㉡ 내압 및 안전증방폭구조에 적용되는 기기 중에 큰 장비 및 구획된 실내

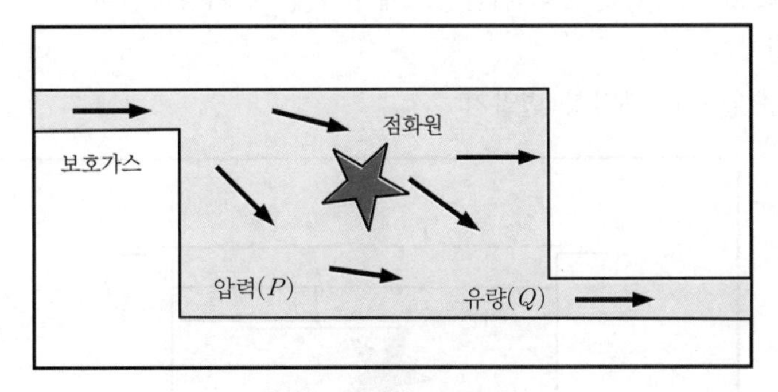

▌압력방폭구조의 개념도[41]▐

⑥ 연속희석(continuous dilution) : 퍼지 후 가압용기 내부의 인화성 물질의 농도가 잠재적인 점화원(즉, 희석지역 밖에 있는)에서 폭발한도범위 밖의 값으로 유지되도록 보호가스를 연속적으로 공급하는 것

⑦ 누설보상(leakage compensation) : 가압용기 및 그 덕트에서 발생하는 누설을 보충하기에 충분한 보호가스를 공급하는 것

⑧ 정적가압(static pressurization) : 폭발위험장소에서 보호가스를 추가하지 않고 가압용기 내의 양압을 유지

3) 유입방폭구조(oil immersion, 'o')

① 정의 : 전기불꽃, 아크, 고온이 발생하는 부분을 적절한 절연내력과 아크를 소멸시키는 특성을 갖는 광물성 기름(mineral oil) 속에 담가 액체의 상부 또는 용기의 외부에 존재할 수 있는 폭발성 가스 분위기가 발화되지 않도록 하는 방폭구조

41) Type of protection to EN 60079, Principles of Explosion-Protection 31Page Cooper Industries, Ltd. valid from January 2012

② 목적 : 전기적 절연과 폭발방지

③ 특성

㉠ 유면-점화원까지 충분한 깊이를 확보하여야 한다.

불꽃 or 아크발생 부분이 최소 25[mm] 이상 잠기도록 설치하여야 한다. 이를 위해서 유면계 설치가 필요하다.

㉡ 기름의 분해로 발생한 가연성 가스를 가스배출구 등을 통해 외부로 배출할 수 있는 구조

㉢ 항상 필요한 유량을 유지하고, 유체표면상의 폭발성 가스의 존재에 대비하여 유면의 온도상승 한계에 대하여 규정한다.

㉣ 기름의 열화, 누출 등의 문제로 사용에 한계가 있다.

㉤ 가연성 가스의 폭발등급에 관계없이 사용하므로 적용범위가 넓다.

④ 사용장소 : 1종 및 2종 위험장소에 적합한 전기방폭설비

⑤ 대상기기

㉠ 오일(oil) 봉입형 변압기

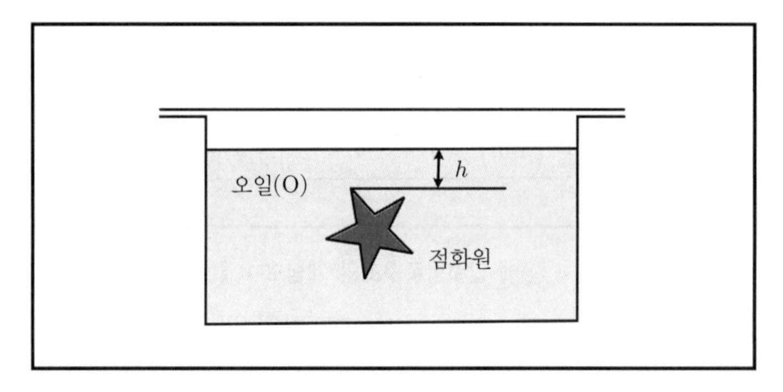

▌유입방폭구조의 개념도[42] ▌

㉡ 접점, 개폐기류, 스위치류, MCB, 저항기류 등

4) 몰드방폭구조(Ex 'm') 또는 캡슐화 방폭(encapsulation)구조

① 정의 : 폭발성 가스 또는 증기에 점화시킬 수 있는 전기불꽃이나 고온 발생 부분의 발화를 방지하기 위해 절연 콤파운드나 기타 비금속 용기로 점착하여 완전히 둘러싸인 방폭구조

콤파운드(compound) : 원어의 의미는 화합물 또는 혼합물이란 뜻이다. 전기에서의 콤파운드는 열경화수지, 열가소성 플라스틱, 에폭시수지 및 탄성물질 등과 같이 첨가물 또는 충전재로 사용되어 응고될 수 있는 물질을 의미한다.

42) Type of protection to EN 60079, Principles of Explosion-Protection 32Page Cooper Industries, Ltd. valid from January 2012

② 특징 : 보호기기를 고체로 차단시켜 열적 안전을 유지한 것으로 유지보수가 필요 없는 기기를 영구적으로 보호하는 방법에 효과가 큰 구조

③ 사용장소 : 1종 및 2종 위험장소에 적합한 전기방폭설비

④ 몰드의 기준

㉠ 몰드는 공극(void)이 없도록 제작한다.

㉡ 각 부품 사이 콤파운드의 두께 : 최소 3[mm] 이상

㉢ 스위치 접점 : 몰드 외부에 별도의 외함이 있는 구조

㉣ 공극을 줄이기 위하여 점성이 없는 충전물질을 사용해서는 안 된다.

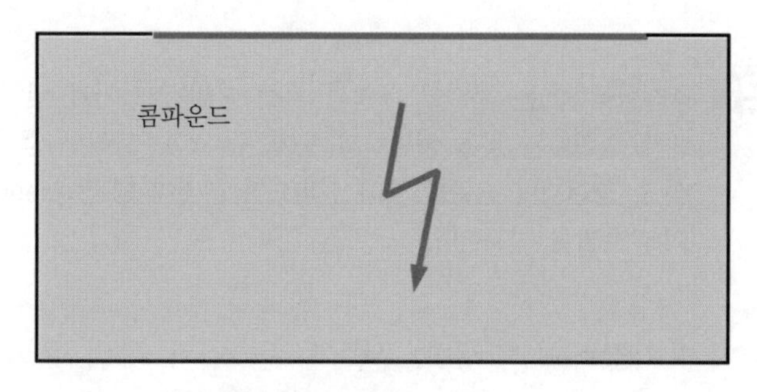

▌몰드방폭구조의 개념도43) ▌

5) 충전(充塡)방폭구조(Ex 'q')

① 정의 : 점화원이 될 수 있는 전기불꽃, 아크 또는 고온 부분을 용기 내부의 적정한 위치에 고정시키고 그 주위를 충전물질로 충전하여 폭발성 가스 분위기의 발화를 방지하기 위한 방폭구조

② 특징

㉠ 대용량에는 적합하지 않은 구조 : 정격전류가 16[A] 이하이거나 1,000[V] 이하에서 정격 소비전력이 1,000[VA] 이하인 전기기기에만 적용할 수 있다.

㉡ 아크가 발생할 수 있는 장비를 석영(quartz)이나 유리가루가 채워진 박스 내에 넣는 방식

석영 등 가루가 채워진 상자는 발화에 필요한 충분한 산소와 연료가 없기 때문에 발화 가능성이 제거된다.

③ 사용장소 : 1종 및 2종 위험장소에 적합한 전기방폭설비

④ 충전방법

㉠ 충전재 내에 공극이 생기지 않도록 충전한다.

㉡ 내부의 공간은 충전재로 완전하게 채워져야 한다.

---

43) Basics of Explosion Protection. Introduction to Explosion Protection for Electrical Apparatus and Installations. STAHL

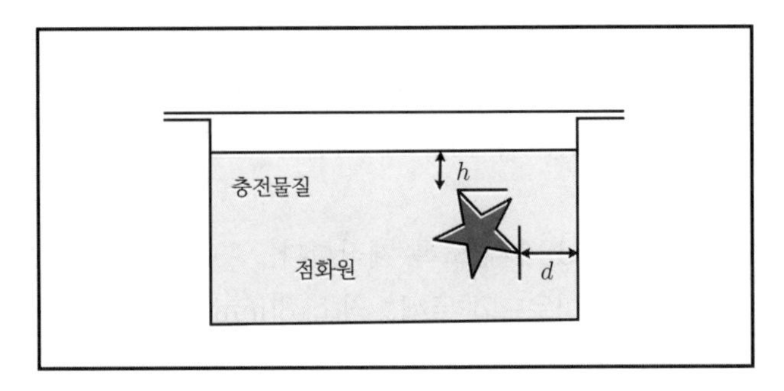

❙ 충전방폭구조의 개념도44) ❙

충전방폭구조는 주위의 폭발성 가스 분위기가 기기 및 부품에 침투하여 회로에 의해 발화되는 것을 차단하지 못할 수 있다. 그러나 충전재의 빈 공간의 체적이 작고, 충전재의 경로를 통해 전파되며 화염이 냉각(quenching of a flame)되어 외부 폭발을 방지한다.

(2) 내압

1) **정의** : 전기기기 내부에서 발생한 폭발이 전기기기 주위 폭발성 가스에 파급되지 않도록 점화원을 실질적으로 격리하는 방법

2) 내압방폭구조(flame-proof enclosures, 'd') 123회 출제

① 정의 : 폭발이 발생하더라도 압력을 견딜 수 있으며 폭발이 주위로 전파되지 않도록 막는 밀폐함의 구조

② 특성

㉠ 용기는 폭발압력에 견디도록 견고하게 제작된 전폐구조이다.

㉡ 화염이나 고열의 가스가 용기의 접합면을 지나는 동안 냉각되어 외부의 인화성 가스에 인화될 위험이 없도록 정밀하게 설계 · 제작한다.

㉢ 폭발 시 외함의 표면온도가 주변의 가연성 가스에 점화되지 않는 온도등급이다.

㉣ 용기가 내압방폭성능이면 내장하는 전기기기에 특별한 제약이 없다. 따라서, 일반제품의 사용도 가능하다.

㉤ 무겁고 비싸며, 내부폭발에 의해 손상받을 우려가 있는 기기에는 적합하지 않다.

㉥ 일반적으로 가장 많이 사용한다.

㉦ 소형 전기기기의 방폭구조 : 용기의 크기가 증가하면 비용이 증가하기 때문에 사용이 제한된다.

③ 적용 장소 : 1종 및 2종 위험장소

44) Type of protection to EN 60079, Principles of Explosion-Protection 32Page Cooper Industries, Ltd. valid from January 2012

④ 대상기기

㉠ 아크(arc)가 생길 수 있는 모든 기기 : 접점 개폐기류, 스위치류, 변압기류, MCB, 모터류, 계측기

㉡ 표면온도가 높이 올라갈 수 있는 모든 기기 : 전동기, 조명기구, 전열기

⑤ 내압방폭기기 주변의 고체 장애물 최소 거리

가스 그룹	최소 거리[mm]
ⅡA	10
ⅡB	30
ⅡC	40

⑥ 압력중첩(pressure-piling) : 용기의 구획 또는 분할된 공간에서, 예를 들어 다른 구획 또는 분할공간의 1차 방화에 의한 예압된 가스 혼합물의 방화 결과로 예상되었던 것보다 높은 최대 압력이 유도될 수 있다.

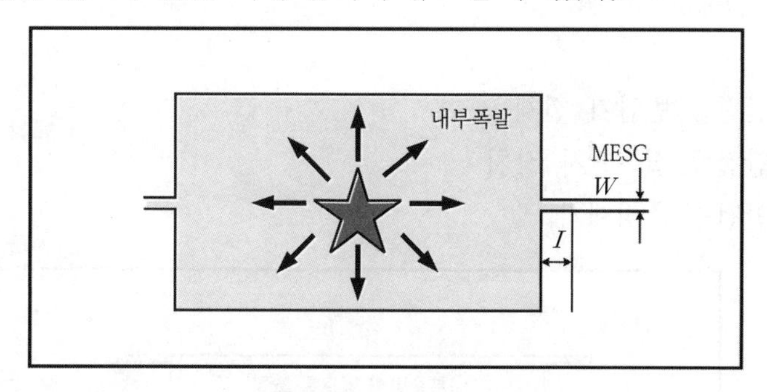

▌내압방폭구조의 개념도45) ▌

(3) 전기기기 안전도 증가(안전, 비점화)

정상상태에서 점화원이 존재하지 않는 기기에 대해서는 안전도를 증가시키고 고장의 발생을 어렵게 함으로써 종합적으로 고장을 일으킬 확률을 0에 가까운 값이 되게 하는 방법

1) 안전증방폭구조(increased safety, 'e')

① 정의 : 잠재적 점화원만을 갖는 전기기기에 대해 현재적 점화원을 만드는 것과 같은 고장이 일어나지 않도록 과도한 온도 발생 가능성과 아크 및 스파크 발생에 대한 추가적인 안전도를 증가한 구조

1. **현재적 점화원** : 정상운전 시라도 권선형 전동기의 고온부, 전기접점, 저항기, 차단기류 접점 등 전기불꽃, 아크, 고온의 점화원이 될 수 있는 것
2. **잠재적 점화원** : 사고 시에만 전기불꽃, 아크, 고온의 점화원이 될 수 있는 변압기, 전기케이블, 권선 등

45) Type of protection to EN 60079, Principles of Explosion-Protection 30Page Cooper Industries, Ltd. valid from January 2012

② 특성

㉠ 정상상태에서 점화원이 발생하지 않는 전기기기에 적합하다.

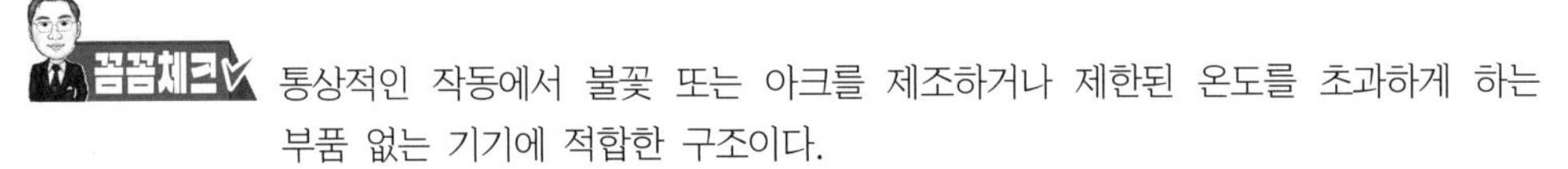

통상적인 작동에서 불꽃 또는 아크를 제조하거나 제한된 온도를 초과하게 하는 부품 없는 기기에 적합한 구조이다.

㉡ 억제수단 : 기계적 강도 증가, 절연성능의 증가, 접속부의 강화, 온도상승의 저감 등 외에도 적절한 보호장치의 부가가 필요하다.

㉢ 이론적으로는 모든 전기기기에 적용이 가능하나, 동력을 직접 사용하는 기기에는 실제로 적용이 불가능하다.

㉣ 고장 등으로 불꽃 또는 고온이 발생할 경우 방폭성능이 보장되지 않는다. 따라서, 이 구조에서는 사용상 무리나 과실이 없도록 특히 주의할 필요가 있다.

③ 적용 장소 : 1 · 2종 장소

④ 대상기기

㉠ 안전증 변압기 전체

㉡ 안전증 접속단자 장치

㉢ 안전증 측정계기

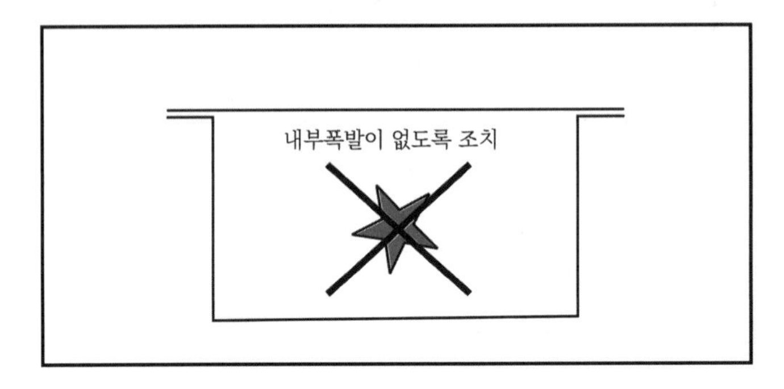

▌안전증방폭구조의 개념도46) ▌

2) 비점화방폭구조(Ex 'n')

① 정의 : 전기기기의 정상작동 및 특정된 정기적 예상고장 발생 시 주위 폭발성 가스 분위기를 발화시킬 수 없도록 적용되는 방폭구조로 발화의 원인이 되는 고장이 거의 발생되지 않도록 한 방폭구조

② 사용장소 : 2종 장소에 사용 가능

③ 종류

㉠ Ex nA : 스파크를 일으키지 않는 내부구성품 사용

46) Type of protection to EN 60079, Principles of Explosion-Protection 33Page Cooper Industries, Ltd. valid from January 2012

㉡ Ex nR : 구성품에 최대한 밀착하여 둘러쌓아 연소할 공간을 거의 없애 발화를 방지하는 방식(통기제한)

㉢ Ex nC : 발화가능성이 없는 구성품 사용

㉣ Ex nL : 발화가 될 만한 충분한 에너지가 없는 구성품 사용

④ 에너지 제한 기기(energy-limited apparatus) : 내부의 회로 및 부품이 에너지 제한 개념에 따라 제조된 전기기기

⑤ 관련 에너지 제한 기기(associated energy-limited apparatus) : 에너지 제한회로와 비에너지 제한회로가 모두 포함되어 있고, 비에너지 제한회로가 에너지 제한회로에 악영향을 미치지 않도록 제작된 전기기기

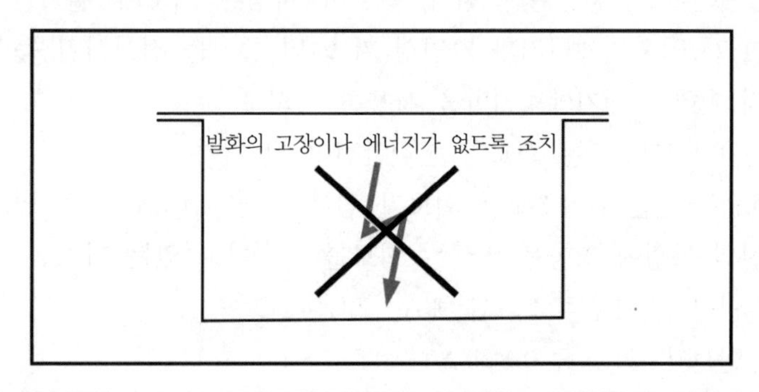

▌비점화방폭구조의 개념도▐

(4) 점화능력의 본질적 억제

약전 전기설비와 같이 정상상태일 뿐만 아니라 사고 시에도 발생하는 전기불꽃 및 고온부가 최소 점화에너지(MIE) 이하로 되어 가연물에 착화할 우려가 없는 구조

1) 본질안전방폭구조(intrinsic safety, 'ia, ib') 106회 출제

① 정의 : 정상 또는 사고 시에 발생하는 전기불꽃, 아크, 고온에 의해 폭발성 가스가 점화되지 않는 수준으로 에너지를 제한한 것으로 점화시험 등에 의해 확인된 구조

ATEX(atmospher explosion)에 규정한 Test를 통과한 구조

② Safety-barrier를 설치하여 정상 시나 사고 시에 폭발성 가스를 점화시키지 않도록 에너지를 제한하는 구조

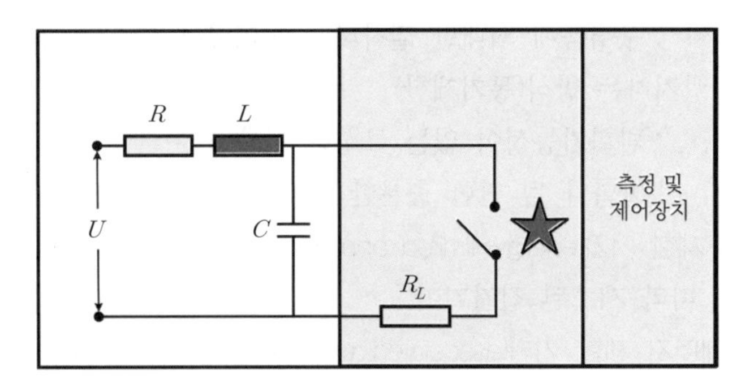

▎본질안전방폭구조의 개념도[47] ▎

③ 본질안전회로 : 정상운전 시나 특별히 지정된 사고가 일어난 조건에서 발생한 스파크 또는 열에너지가 가연성 가스 및 증기를 점화시킬 능력을 가진 한계 에너지 이하의 전기에너지만을 사용하는 회로

④ 본질안전기기 : 모든 회로가 본질안전이 된 기기

⑤ 본질안전 관련 기기 : 모든 회로가 전부 본질안전회로가 될 필요는 없지만, 본질안전의 특성에 영향을 미치는 회로를 포함하고 있는 기기

⑥ 본질안전기기의 분류 : 그룹 ⅡA, ⅡB, ⅡC

⑦ 본질안전기기의 종류 104회 출제

구분	가정한 상태	성능	적용장소
ia	① 정상상태 ② 1개의 고장을 가정한 상태 ③ 임의로 조합된 2개의 고장을 가정한 상태	불꽃 또는 열이 가연성 가스를 점화시키지 않는 구조	0 · 1 · 2종 장소
ib	① 정상상태 ② 1개의 고장을 가정한 상태		1 · 2종 장소

⑧ 본질안전방폭의 방법 126회 출제

㉠ 제너 배리어(zenner- barrier)

- 비위험장소에서 위험장소로 흘러가는 비정상적인 전압 · 전류를 제어하는 방법
  - 제너 다이오드 : 제너 다이오드는 정방향에서는 일반 다이오드와 동일한 특성으로 동작을 하지만 역방향 전압에서는 일반 다이오드보다 낮은 전압(항복전압)에서 역방향 전류가 흐르도록 만들어진 소자

1. **항복전압** : 소자가 손상되는 시점의 전압
2. 제너 다이오드는 그 항복전압을 역으로 이용하여 회로를 안정시켜주는 역할

47) Type of protection to EN 60079, Principles of Explosion-Protection 33Page Cooper Industries, Ltd. valid from January 2012

- 저항 : 전류제한
- 퓨즈(fuse) : 과전압 차단을 이용하여 제한하거나 차단하는 방식

• 특징
- 구조가 간단하고 경제적이다.
- 제어기기 및 주변 기기에 접지나 본딩이 필요하다.
- 퓨즈는 단선 시 재사용이 곤란하다.

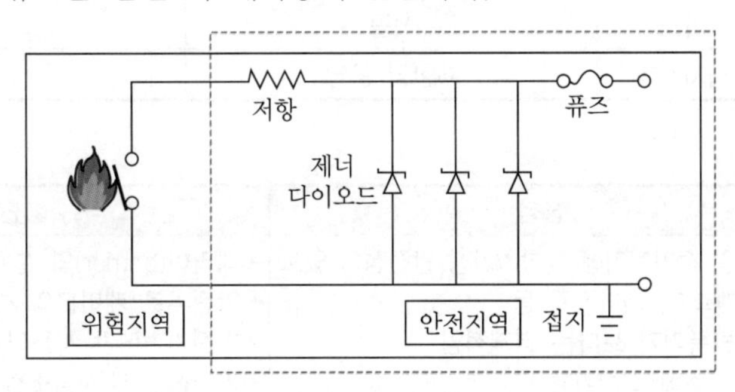

▌제너 배리어 ▌

㉡ 아이솔레이터 배리어(isolator– barrier)

• 정의 : 비위험장소에서 위험장소로 흘러가는 비정상적인 전압 · 전류를 아래와 같은 장치를 이용하여 제한하거나 차단하는 방식
- 변압기
- 광전소자
- 릴레이

• 특징
- 구조가 복잡하고 고가이다.
- 제어기기 및 주변 기기에 접지나 본딩이 반드시 필요없다.

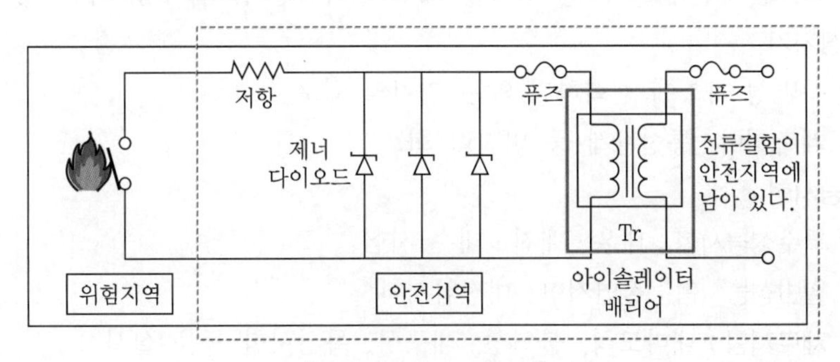

▌아이솔레이터 배리어 ▌

㉢ 제너 배리어와 아이솔레이터 배리어와의 비교

구분	제너 배리어(zenner-barrier)	아이솔레이터 배리어(isolator-barrier)
구조	간단	복잡
안전성	낮다.	높다.
접지 및 본딩	필요	필요없다.
성격	수동적 성격(passive)	능동적 성격(active)
가격	저렴	고가
접지결함	제한적 응답	유동적 반응

⑨ 장단점

장점	단점
• 소용량 전기기기에 적합 : 가장 안전성이 있으며, 계측기, 제어장치 등 • 내압방폭기기 보다는 경제적임 • 0종 장소에 설치가능 • 소형으로 좁은 장소에 설치가능 • 무정전 작업으로 시간, 경비절약이 가능	• 배리어(barrier)의 설치로 설비가 복잡함 • 약전류로 케이블의 허용길이가 제한적임 • 약전기기에만 사용이 가능함 • 기기선정 시 사용조건의 충분한 확인이 필요 : 다른 전기회로와 접촉, 정전유도, 전자유도를 받았을 때 방폭성능을 상실하는 수가 있음

⑩ 대상기기 : 측정 및 제어 기기 등의 소용량 전기기기

⑪ 갈바닉 절연(Galvanic isolation) : 두 회로 사이에 직접적인 전기적 연결 없이 두 회로 사이에 신호나 전력의 전송을 허용하는 기기 내의 배치로 자기 또는 광-결합 소자를 이용한다.

(5) 특수방폭구조(special, 's')

1) 정의 : 상기 이외의 구조로서, 폭발성 가스의 인화를 방지할 수 있는 것이 시험, 기타의 방법에 의해 확인된 구조

2) 예 : 용기 내부에 모래 등 입자를 채우는 사입방폭, 협극방폭구조 등

3) 대상기기

① 폭발성 가스에 점화하지 않는 기기의 회로

② 계측제어, 통신관계 등 미전력 회로

4) 성능시험

① 특수성능시험 : 내온 · 내진 · 내수 시험

② 일반성능시험 : 절연저항, 내전압시험

③ 재료시험 : 내마모성, 불연성, 내구성, 독성시험 등을 실시

(6) 방폭구조의 종류

보호방법	방폭 코드	방폭구조	적용지역 (zone)	적용장비(또는 특징)
점화원의 발생 자체를 방지하도록 설계	Ex e	안전증방폭	1, 2	구성품, 모터, 등기구
	Ex nA	비점화방폭	2	Zone 2 지역 적용
발화에너지 자체를 제한하도록 설계	Ex ia	본질안전방폭	0, 1, 2	측정, 통제, 자동제어기술, 센서, 작동기
	Ex ib		1, 2	
	Ex ic		2	
	Ex nL	비점화방폭	2	Zone 2 지역 적용
폭발성 증기와 점화원과의 접촉을 방지하도록 설계	Ex p	압력방폭	1, 2	스위치, 통제보드, 분석장비, 컴퓨터
	Ex px		1, 2	
	Ex py		1, 2	
	Ex pz		2	
	Ex m	몰드방폭	1, 2	모터, 계전기의 코일, 솔레노이드 밸브
	Ex ma		0, 1, 2	
	Ex mb		1, 2	
	Ex o	오일방폭	1, 2	변압기, 계전기, 중앙제어, 자기접촉기
	Ex nR	비점화방폭	2	Zone 2 지역 적용
	Ex nR	내압방폭	1, 2	중앙제어, 모터, 퓨즈, 스위치기어, 전력전자장비
	Ex q	충전방폭	1, 2	콘덴서, 변압기
	Ex nC	비점화방폭	2	Zone 2 지역 적용
특별	Ex s	특수방폭	0, 1, 2	미전력 회로

04 방폭전기설비 계획의 절차

(1) 시설장소의 조건을 검토한다.

(2) 가연성 가스, 액체의 위험특성을 확인한다.

(3) 위험장소의 종별범위를 결정한다.

(4) 전기설비의 배치를 결정한다.

(5) 방폭전기설비를 선정한다.

05 결론

(1) 폭발방지는 '물적 조건 × 에너지 조건 = 0'을 만드는 것으로, 방폭전기설비는 에너지 조건을 낮추어 폭발을 방지하는 시스템이다.

(2) 방폭구조는 해당 설치장소의 여건 및 환경을 고려하여 가장 적절한 구조로 선정하여야 한다.

SECTION

021 분진폭발

112 · 106 · 75 · 71회 출제

01 개요

(1) 분진(dust)의 정의

1) 분체(powder) : 물질의 종류에 관계없이 지름이 1,000[μm]보다 작은 입자

① 분체의 특징

㉠ 불연속성

㉡ 큰 비표면적

㉢ 유동성

㉣ 입자의 형상의 불규칙성

② 분체의 화재와 폭발

㉠ 화재 : 분체의 표면에서 발생하는 연소반응

㉡ 폭발 : 분체가 기상화하여 부유상태에서 발생하는 연소반응

③ 분체와 미스트 폭발의 특징

㉠ 전파반응이 발생하기 위해서는 최소한의 균일한 농도가 필요하다.

㉡ 미스트나 분체의 경우 반응이 표면적에 의해서 제어되므로 정해진 상한계가 없다.

㉢ 폭발에 대한 분석은 가스폭발 분석방법을 이용한다.

④ 분체의 연소형태

㉠ 표면연소(작열연소)

㉡ 분해연소

㉢ 증발연소

⑤ 분체화재의 위험성

㉠ 시간지연이 발생하여 화재의 감지가 늦을 수 있다.

㉡ 훈소 등이 발생하여 불완전 연소되어 다량의 독성 가스가 발생한다.

㉢ 분진운에 의해서 분진폭발의 우려가 있다.

2) 분진(dust)의 용어정의[48]

① 분진 : 가연성 분진과 가연성 부유물을 포함하는 포괄적인 용어

---

48) KOSHA GUIDE E – 99 – 201 분진폭발 위험장소 설정에 관한 기술지침

② 가연성 분진(combustible dust) : 대기압 및 정상 온도에서 공기와 폭발성 혼합물을 형성하고 공기 중에서 연소 및 발염할 수 있는 공기 중 부유 및 자중에 의한 침적 가능한 직경 500[μm] 이하의 미세 고체 입자

③ 도전성 분진(conductive dust) : 전기저항률이 10^3[Ω · m] 이하인 가연성 분진

④ 비도전성 분진(non–conductive dust) : 전기저항률이 10^3[Ω · m] 초과인 가연성 분진

⑤ 가연성 부유물(combustible flyings) : 대기압 및 정상 온도에서 공기와 폭발성 혼합물을 형성하고 공기 중에서 연소 및 발염할 수 있는 공기 중 부유 및 자중에 의한 침적 가능한 직경 500[μm] 초과의 고상입자(섬유 포함)

3) 분진의 미립화 특징

① 유동성의 증가

② 비열의 감소

③ 대전성의 증가

④ 복사열의 흡수량 증가

⑤ 보온성의 증가

⑥ 표면적의 증가

(2) 분진폭발

1) 분진의 고상덩어리로는 쉽게 연소하지 않는 고체가연물이 미분화하여 공기와 일정 비율로 혼합된 상태에서는 점화원이 있으면 순간적으로 격렬하게 연소하며 압력이 상승하는 현상이다.

2) 분진폭발은 가스폭발사고에 비해 빈도나 사고의 위험성은 작으나 분진폭발사고가 발생하면 폭발압력에 의한 파괴와 화재를 동반하게 되어 그 피해는 다른 재해에 비해 매우 큰 편이다.

3) 산업이 발달함에 따라 분체 취급분야의 확대, 취급량의 증대, 공정의 연속화 · 대형화 경향은 분진폭발의 잠재 위험성을 증대시킨다.

4) 분진이 가스와 다른 3가지 특징

① 밀폐를 통해 분진 유입의 차단 가능 : tD(내압방폭구조)를 이용한 방호가 가능하다.

② 분진층에 대한 고려를 하여야 한다.

③ 분진의 전도성 유무를 확인한다.

02 발생조건

(1) 분진이 언제나 폭발하는 것은 아니고 일정한 조건(연소의 3요소)이 갖춰져야 폭발위험성을 가진다. 분진의 연소폭발위험성을 구분하면 다음과 같다.

1) 분진이 공기 중 부유한 경우

① 분진의 지름이 0.1[μm] 이하로 되면 에어로졸로서 공기 중에 분산해서 콜로이드(현탁) 상태이다.

② 분진이 장시간 건류되어 건류 기체가 발생하면 가스폭발의 위험성이 있다. 왜냐하면 가연성 분진이 열 분해되면서 국부적인 가스발생이 일어서 폭발로 발전하여 전체적인 분진폭발의 원인이 될 수 있다.

꼼꼼체크 건류 가스 : 수소성분이 많은 휘발분으로 일산화탄소, 수소, 메탄 등

2) 구조물 위에 퇴적된 두 가지의 경우 : 대부분의 분진은 대체로 500[μm] 이하의 입자이므로 부유가 지속적인 것이 아니라 일정 시간 경과 후에는 침전된다.

(2) 분진이 폭발하기 위한 5요소

1) 가연성 분진의 폭발범위 내 존재 : 미세한 분진인 경우 일반적인 가연성이 아닌 것으로 알려진 아스피린, 알루미늄, 분유 등의 물질조차 폭발을 일으킬 수 있다.

① 분진의 폭발 하한농도 : 25 ~ 45[mg/L]

② 분진의 폭발 상한농도 : 80[mg/L]

2) 공기 중에 가연성 가스와 반응할 충분한 산소가 존재하여야 한다.

3) 분진의 최소 점화에너지 : 10^{-3} ~ 10^{-2}[J]

4) 부유분진 : 분진이 공기 중에 떠다니고 있을 것(suspended in air), 분진이 쌓일 정도로 일정한 분진밀도가 있어야 한다는 의미이다.

5) 한정된 공간 : 분진폭발이 발생할 때 충분한 압력이 유지되어야 한다는 의미이다.

03 분진폭발의 메커니즘(mechanism)

(1) 분진폭발은 분진분자의 표면에서 산소와 반응이 발생한다.

1) 가스폭발처럼 공기와 가연물이 균일하게 혼합된 상태에서 반응하는 것이 아니고, 일정한 덩어리로 되어 있는 가연물의 주위에 산화제가 존재하여 불균일한 상태에서 반응이 발생한다.

2) 분진폭발은 가스폭발과 고체폭발의 중간상태에 해당된다.

(2) 분진의 폭발과정

1) 흡열과정 : 부유상태의 분진입자에 점화원이 주어지면 입자표면의 온도가 상승한다.
2) 가연성 가스 발생과정 : 분진입자표면의 분자가 열분해되어 가연성 기체가 입자 주위로 방출된다.
3) 폭발범위 형성과정 : 이 가연성 가스가 주위의 공기와 혼합되어 가연성 혼합기를 형성한다.
4) 착화과정 : 점화원에 의해 발화되고 화염을 발생한다.
5) 연소과정
   ① 화염에 의해 발생한 열은 주위의 분진입자들과 열분해된 잔류물질들을 연소시킨다.
   ② 이러한 과정이 순간적으로 일어나 주위로 전파되어 급격한 압력의 상승과 화염을 발생한다.
6) 발화전파과정 : 화염으로 생긴 열은 연속적으로 미연분말의 분해를 촉진해 차례로 기상의 가연성 기체가 방출되어 발화 전파한다.
7) 다중 폭발과정 : 폭발로 인하여 분진이 주위로 부유하며 2·3차 분진폭발이 발생한다.

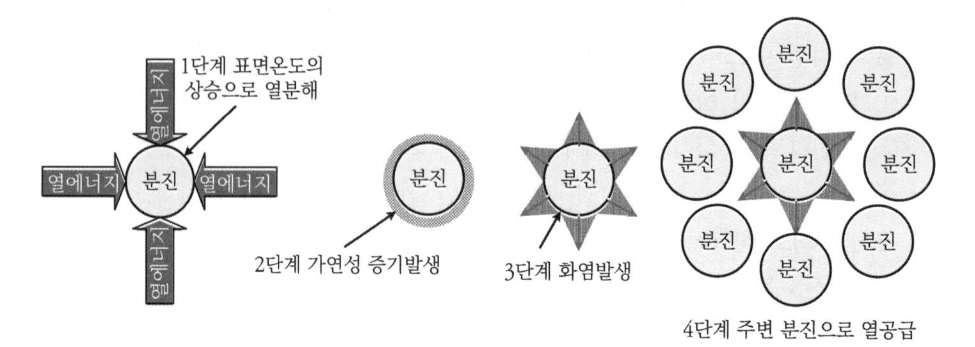

▎분진폭발의 진행 ▎

(3) 분진폭발에서 화염의 전파속도

1) 가스폭발은 가연성 가스와 공기의 혼합가스를 일정한 직경을 가진 관 속을 흐르게 하여 한 지점에서 착화시키는 경우에는 미연소 혼합가스는 착화 직전에서 예열대를 거쳐 반응대에 이르게 되어 혼합가스의 온도가 고온이 되어 흐르게 된다. 이때 예열대와 반응대의 합계 길이는 통상 1[mm] 정도로 좁아서 대부분의 열전달은 열전도로 이루어진다.
2) 분진폭발 분진운의 경우 열에너지의 공급은 열전도 외에 복사전열이 가하여지기 때문에 화염전파의 모양이 다음 그림과 같이 발생한다.

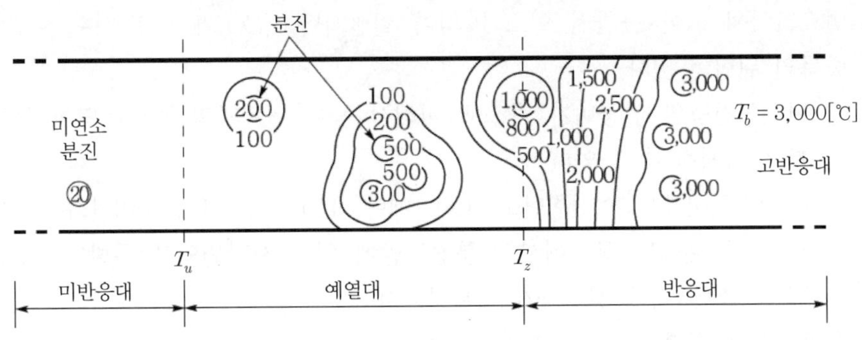

‖ 분진운의 화염전파 ‖

3) 예열대와 반응대의 합계길이는 가스폭발의 경우와 비교할 때 훨씬 길게 된다.
4) 분진은 연소 시 발생하는 분출가스 때문에 여러 방향으로 비산하고, 분진 자체도 파열, 비산하며 화염을 전파(불연속성)시킨다.
5) 분진의 연소기구는 가스에 비해 더 복잡하고 여러 가지 인자(factor)가 관련되므로 폭발특성을 정량적으로 명확하게 수치화하는 것이 곤란하기 때문에 상대적인 비교치로서 위험성을 평가하는 경우가 보편적이다.

04 분진폭발의 특성

(1) 가스폭발과 비교

1) 연소속도나 폭발압력은 작으나 연소시간이 길고 발생에너지가 크기 때문에 파괴력과 연소정도가 크다.
   ① 발생에너지는 최고치에서 비교한 경우 가스폭발의 수 배 정도이다.
   ② 최고 온도 : 2,000 ~ 3,000[℃]
   ③ 원인 : 가스에 비해 분진이 단위체적당의 탄화수소량이 많기 때문이다.
2) 발화에너지 : 가스폭발에 비해 상대적으로 크다(가스가 아닌 분진표면상에서 화학반응이 발생하므로 발화에 필요한 에너지가 많이 필요함).
3) 열에너지 공급 : 분진폭발의 과정에서 분자표면온도를 상승시키는 수단은 열전도(heat conduction)뿐만 아니라 복사열전달(heat radiation)도 큰 기능을 한다(가스는 열전도).
4) 연소열에 의해 화재가 동반된다.
5) 연소입자의 비산으로 인체에 닿으면 심한 화상이나 점화원이 될 수 있다.

6) 연료과잉에 의한 불완전 연소가 되어 일산화탄소(CO)가 다량으로 존재하여 가스 중독의 위험이 있다.
   ① 단위공간당의 연공비가 가스에 비해서 높아 연료과잉상태가 되어 불완전 연소를 발생시킬 수가 있다.
   ② 다량의 독성가스 : 이산화탄소(CO_2), 메탄(CH_4), 수소(H_2), 사이안화수소(HCN) 등
   ③ 탄광 등 폐쇄된 장소에서의 분진폭발에 의한 사망원인은 폭발압력보다 불완전 연소가스에 의한 질식사가 대부분이다.
7) 최대 폭발의 압력
   ① 가스폭발은 화학양론비 부근에서 발생한다.
   ② 분진폭발은 고체입자로 불완전 연소되기 때문에 화학양론비보다 높은 농도에서 발생한다.
8) 다중 폭발(multiple explosions)
   ① 분진폭발은 일반적으로 연속적으로 발생한다.
   ② 최초의 발화와 폭발은 대개 후속적인 2차 폭발보다 덜 격렬하다. 그러나 최초 폭발은 다른 분진을 부유물 속으로 추가하게 되어 또 다른 폭발을 유발시키고 2·3차의 폭발을 일으켜 피해를 확대시킨다.
   ③ 다중 폭발 메커니즘은 하나의 폭발에서 기인한 구조적 진동이 바로 앞의 분진을 날려 보내는 연소파보다 더 빨리 확산시킨다.

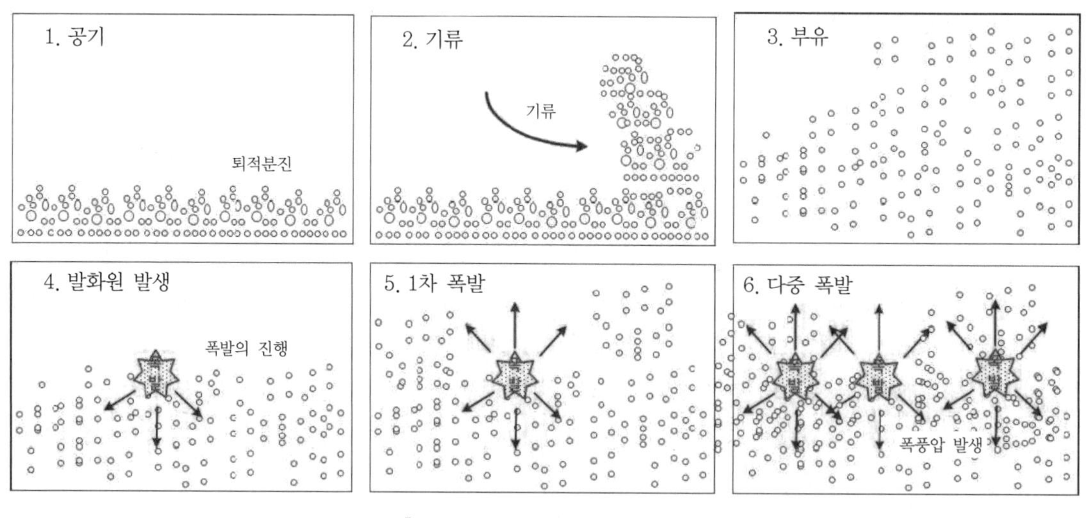

▌분진의 다중 폭발 메커니즘▐

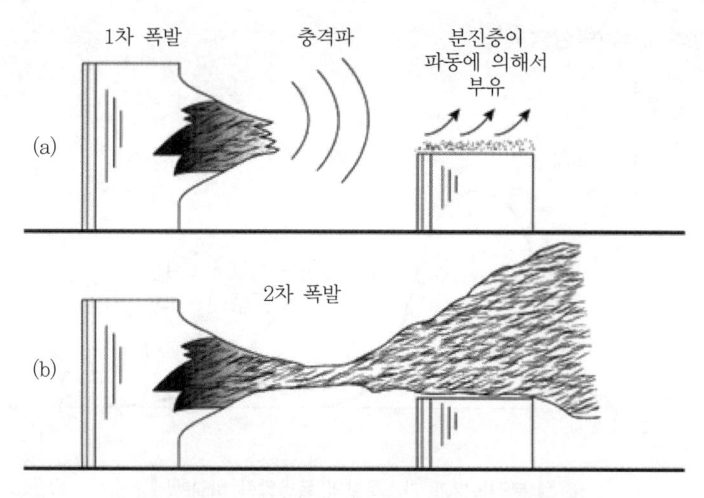

▌분진폭발이 다중 폭발을 유발하는 메커니즘[49] ▌

9) 유사점 : 분진폭발도 결국은 본질적으로 분진이 열분해되어 가연성 가스가 발생하여 발생하는 가스폭발이다.

10) 분진폭발과 가스폭발의 비교표

구분	분진폭발	가스폭발
발화필요 에너지	대	소
일산화탄소(CO) 발생량	대	소
발생에너지	대	소
파괴력	소	대
최초 폭발력	소	대
연소속도	소	대
폭발압력	소	대
반응대와 예열대의 주된 열전달	전도, 복사	전도
최대 폭발압력	양론비보다 조금 높은 농도	화학양론비
불완전 연소	대	소
발화의 지연	지연이 있음	지연이 없음
공기와의 혼합상태	불균일한 상태	균일한 상태
2 · 3차 폭발	가능성이 큼	가능성이 작음

(2) 화염의 전파속도

1) 상온 · 상압에서 초기에는 2 ~ 3[m/sec] 정도이며 연소한 분진의 팽창에 의해 압력이 상승하므로 상승한다.

2) 폭발에 의한 압력으로 화염의 전파속도 : 300[m/sec] 정도까지 증가된다.

49) FIGURE 2.8.8 Secondary Dust Explosion Schematic(Source : Eckhoff14) FPH 02-08 Explosions 2-101

(3) 최대 폭발압력 및 압력상승속도

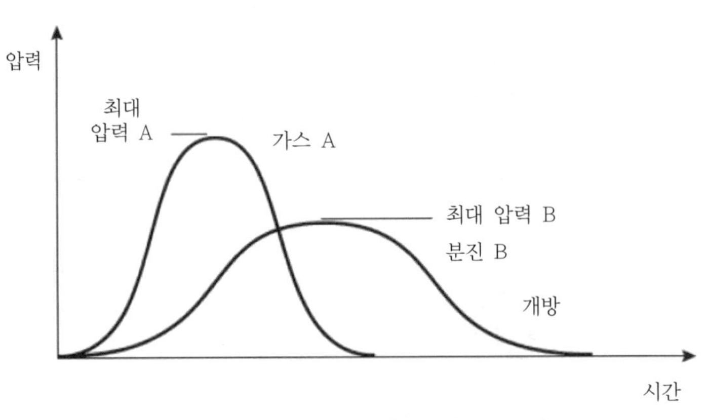

▎분진폭발과 가스폭발의 폭발압력 비교[50] ▎

1) 가연성 분진폭발 파괴력의 특성 : 폭발압력, 압력상승속도
2) 화학양론 조성부근의 분진농도
   ① 최대 폭발압력 : 약 8기압 이상
   ② 체적비 : 200 ~ 500[cm^3/m^3]로 전용적의 0.05[%] 이하의 농도로 가스의 폭발 범위와는 다르다.
3) 분진폭발의 압력-시간관계를 나타내면 위 그림의 B곡선과 같은데, 여기서 최대 압력 B가 분진폭발의 최대 폭발압력을 나타낸다.
4) 분진의 입도 : 분진의 평균경이 작아지면 압력상승속도 및 폭발압력이 상승한다.

(4) 백드래프트(backdraft) : 확산연소

1) 상대적으로 기밀한 구조물이나 실 안에서 화재가 발생했을 때 연소가 산소를 소모한다. 이런 경우에 산소가 부족하게 되면 불완전 연소로 인하여 고온으로 가열되어 부유된 고농도 미립자와 에어로졸, 일산화탄소와 기타 가연성 가스가 생성될 수 있다.
2) 위의 조건의 연료는 그 양이 불충분한 산소가 있고 배출하기에는 통기가 불충분한 구조물 안에 체류하게 된다.
3) 체류하는 연료가 창문이나 문을 열어서 순간적으로 공기와 혼합되었을 때는 폭발적인 반응이 발생한다.

(5) 연기폭발(smoke explosions) : 예혼합연소

NFPA 921에서는 백드래프트(backdraft)와 연기폭발(smoke explosion)을 동일한 것으로 보고 있다. 하지만 개념상 두 가지를 분리해서 해석하는 것이 더 바람직하다고 필자는 판단한다.

50) FIGURE 6.8.1 Total Impulse of Gas Explosion Compared to Total Impulse of Dust Explosion FPH 06-08 Dusts 6-148

05 분진폭발에 영향을 미치는 요인

(1) 분진의 화학적 성질과 조성

1) 휘발성분 함유량 : 석탄분진 등(탄진에서 휘발성분이 11[%] 이상이면 폭발성 탄진)

2) 재(ash)함유량 : 적을수록 발열량이 크다.

재(ash) : 고형물을 550[℃]로 태울 때 남은 것이 재이고 잔류고형물(FS : Fixed Solid)이라고도 한다.

3) 분진의 연소열 : 클수록 위험성 증대

4) 분진과 산소의 반응에 필요한 활성화 에너지 : 작을수록 위험성 증대

(2) 입도(granularity)와 입도분포

1) 입도의 정의 : 어떤 객체나 활동의 특성을 나타내는 상대적 크기, 비율, 자세한 정도 및 표현의 깊이

2) 연소반응은 분진입자의 표면에서 발생 : 표면적이 입자체적에 비해서 커지면 열의 발생속도가 방산속도보다 커져서 열축적이 발생한다.

3) 폭발의 격렬함은 입자크기가 감소하면 증가된다.

① 입자가 작을수록 표면적이 커서 폭발은 커지고 입경이 작을수록 긴 부유시간을 가지고 낙하속도가 늦기 때문에 공기 중에 폭발범위를 유지하는 시간이 길고 화염전파가 쉽다.

② 입자가 너무 작아지면 분진의 종류에 따라 서로 끌어당기는 힘이 커서 폭발성이 감소하는 경우도 있다.

4) 점화에너지의 크기

① 점화에너지는 분진입자 직경의 3승에 비례한다.

② 입자가 작을수록 점화에너지가 낮아져 위험성이 증대된다.

5) 폭발범위 : 입도가 작은 것일수록 폭발 하한농도가 낮아진다.

(3) 입자의 형태 및 표면의 상태

1) 표면이 거칠수록 표면적이 크므로 위험성이 증대된다.

2) 체적대비 비표면적이 클수록 위험성이 증대된다.

(4) 분진의 부유성

1) 입경이 작을수록 부유성이 커지고 공기 중에 체류시간이 길고 위험성이 증대된다.

2) 입자의 대전성이나 극성 및 흡수성에 부유성은 큰 영향을 받는다.

3) 수분의 증가에 의해 부유성은 감소한다.

(5) 수분(moisture)

1) 수분에 의하여 부유성이 감소하고 수분의 증발로 점화에 필요한 에너지가 증가한다.
2) 수증기는 불활성 가스의 역할을 한다.
3) 습도의 한계치 이상에서는 분진부유물이 착화되지 않는다. 그러나 주변 공기의 함수율은 일단 연소가 시작된 다음에는 확산반응에는 거의 영향이 없다.
4) **마그네슘(Mg), 알루미늄(Al) 등과 같은 금수성 물질** : 물과 반응하여 가연성 가스(수소)와 열을 발생하므로 위험성이 증대된다.
5) **폭발범위** : 분진에 수분이 있으면 폭발 하한농도가 높아져서 위험성이 낮아진다.

(6) 산소농도

1) **최소 산소농도** : MOC 이상
2) **폭발범위** : 산소농도를 감소시키면 폭발 하한농도가 높아져서 폭발범위가 좁아진다.

(7) 분진폭발 시 난류(turbulence in dust explosions)

1) 부유분진, 공기 혼합기 내에서의 난류는 연소속도를 심하게 증가시키고 그로 인하여 압력상승속도도 증가한다.
2) **밀폐된 용기의 모양과 크기** : 난류의 특성에 영향을 준다.

(8) 점화원

MIE는 분진 직경의 3승에 비례한다.

1) **대부분의 분진 발화온도** : 320 ~ 590[℃](600 ~ 1,100[℉])
2) 층을 이룬 분진은 일반적으로 공기 중에 부유하는 똑같은 분진보다 발화온도가 낮다.
3) 분진의 최소 점화에너지는 가스나 증기연료보다 높고, 일반적으로는 대부분의 인화성 가스나 증기보다는 높다.
4) **폭발범위** : 온도가 높고 표면적이 큰 점화원이 있는 경우 폭발 하한농도가 낮아진다.

(9) 분진층의 두께(증가할수록)

단열 능력은 향상하여 적재 시에 축열이 증대된다.

(10) 온도

상승한 온도에서 분진-공기 혼합물의 점화는 최대 폭발압력을 감소시키고 최대 압력상승률을 증가시키는 영향을 미치게 된다.

(11) 가연성 가스의 존재 여부

1) **폭발범위** : 폭발 하한농도가 저하되어 위험성이 증대된다.
2) 가스가 폭발범위에 들어가면 분진이 존재하지 않더라도 폭발하고 발화에너지도 낮아지므로 위험성이 증대된다.

(12) 분진의 농도

양론 농도보다 약간 높은 농도에서 폭발속도가 최대이다.

06 분진의 폭발위험성 평가

(1) 분진 및 위험장소의 분류

1) 분진은 그 발화온도에 따라 3등급으로 분류한다.

2) 분진의 발화도

① 가스는 T등급으로 분류하고 분진은 I등급으로 분류한다.

② 분진은 취급장소 각각의 물질실험을 통해서 그 실험결과에 적합한 기기를 사용한다.

발화도	분진의 발화온도
I1	270[℃] 이상인 것
I2	200[℃] 초과 270[℃] 이하인 것
I3	150[℃] 초과 200[℃] 이하인 것

3) 발화도에 따른 분진의 분류

분진 / 발화도	폭연성 분진	가연성 분진	
		전도성	비전도성
I1	마그네슘, 알루미늄, 알루미늄브론즈	아연, 코크스, 카본블랙	소맥, 고무, 염료, 페놀수지, 폴리에틸렌
I2	알루미늄(수지)	철, 석탄	코코아, 리그닌, 쌀겨
I3	–	–	황

4) 발화온도를 결정할 경우 : 발화온도 중 낮은 쪽을 선택한다.

(2) 분진폭발위험도의 등급

1) 분진의 위험성 : 폭발지수(explosion index) 113회 출제

폭발 정도	발화민감도 (ignition sensitivity)	폭발강도 (explosion severity)	폭발지수 (explosion index)
약한 폭발	0.2 미만	0.5 미만	0.1 미만
중간 폭발	0.2 ~ 1.0	0.5 ~ 1.0	0.1 ~ 1.0
강한 폭발	1.0 ~ 5.0	1.0 ~ 2.0	1.0 ~ 10
매우 강한 폭발	5.0 초과	2.0 초과	10 초과

2) 폭발지수 : 미국광산국이 상대적인 분진의 폭발성을 나타내는 수치로서, 미국 펜실베니아주 피츠버그시 부근에서 생산되는 석탄분진을 기준으로 하여 산출한 상대적 지수이다.

① 발화민감도 = $\frac{\text{기준분진의 MIE} \times \text{LFL} \times \text{발화온도}}{\text{시료분진의 MIE} \times \text{LFL} \times \text{발화온도}}$

② 폭발강도 = $\frac{\text{시료분진의 최대 압력} \times \text{최대 압력 상승속도}}{\text{기준분진의 최대 압력} \times \text{최대 압력 상승속도}}$

③ 폭발지수 = 발화민감도(ignition sensitivity) × 폭발강도(explosion severity)

3) 폭발 Class(Bartknecth가 개발한 3승근 법칙 Cubic-root, 1989)

① NFPA는 가연성 분진을 폭발위험 특성의 위험등급(hazard class)을 설정한다.

② 폭발 Class는 일반적인 폭발실험에 의해 최대 압력상승속도$\left(\frac{dP}{dt}\right)$를 산정한다.

③ 최대 압력속도는 폭발실험에 사용된 용기의 용적(가연물의 양)에 의해 결정된다.

$$\left(\frac{dP}{dt}\right)_{\max} \times V^{\frac{1}{3}} = K$$

여기서, P : 압력[bar]

t : 시간[sec]

V : 용기의 용적[m^3]

K_{st} : 폭연지수 가연물이 분진인 경우

K_g[bar · m/sec] : 가연물이 Gas인 경우(NFPA에서는 K_g를 사용하지 않고 연소속도를 사용)

④ K_{st}[bar · m/sec][51]

K_{st}[bar · m/sec]	폭발 Class	내용
0	St-0	폭발발생이 없는 분진
0 ~ 200	St-1	폭발성이 약한 분진, (Poly) Ethylene, Epoxy resin etc
201 ~ 300	St-2	폭발성이 격한 분진, (Poly) Methyl acrylate etc
300 초과	St-3	폭발성이 큰 격한 분진

⑤ 발화민감도(ignition sensitivity(chilworth))

MIE[mJ]	내용
> 100	전도성 품목은 접합 및 접지되어야 함(접지저항 10[Ω] 미만)
25 ~ 100	위의 예방조치를 취하고 전격방지(접지저항 10^8[Ω] 미만)
4 ~ 25	• 위의 예방조치를 취하고 정전기 방지조치를 추가 • 부피가 50[m^3] 이상인 경우 먼지구름으로 인한 발화 가능성 고려
1 ~ 4	위의 예방조치를 취하고 절연재료 사용
< 1	• 가연성 증기 및 가스에 대한 예방조치가 있어야 함 • 먼지구름에서 발화 가능성 고려

51) NFPA 68 Table D-5 Example of the zone classification of explosive dust atmospheres according to EN 60079-10-2 Principles of Explosion-Protection 8Page Cooper Industries, Ltd. valid from January 2012

4) 분진운이 존재하는 지역에서의 온도제한52)

① 기기의 최대 표면온도 : 분진운 최소 점화온도의 $\frac{2}{3}$ 이하

$$T_{\max} = \frac{2}{3} T_{CL}$$

여기서, $T_{\max}$: 기기의 최대 표면온도

T_{CL} : 분진운의 최소 점화온도

② 분진내압방폭구조의 형식구분

구분	A형	B형
방폭요구사항	성능	성능과 법령
최고 표면온도	5[mm]의 분진층에서 측정하여, 표면온도와 점화온도 사이에 75[K]의 여유가 필요	12.5[mm]의 분진층에서 측정하여, 표면온도와 점화온도 사이에 25[K]의 여유가 필요
분진침입의 측정방법	IP 코드체계	열주기시험

③ 분진층이 존재하는 지역에서의 온도제한

구분	분진층의 두께(x)	최대 허용표면온도
A형식 외함	5[mm] $\geq x$	$T_{\max} = T_{5mm} - 75$[℃] 여기서, $T_{\max}$: 분진이 없는 상태에서 기기의 최대 표면온도 T_{5mm} : 5[mm] 분진층의 최소 점화온도
	5[mm] $< x$ $\leq$ 50[mm]	① 5[mm]를 초과한 분진층이 형성되면 최대 허용표면온도는 감소 ② 5[mm]의 분진층 최소 점화온도가 250[℃]를 초과하는 경우 기기의 최대 허용표면온도 값은 아래 그림과 같이 감소 ③ 5[mm]의 분진층 최소 점화온도가 250[℃]를 이하인 경우 실험실에서 해당 전기기기의 안전성을 입증
B형식 외함	12.5[mm] $\geq x$	$T_{\max} = T_{12.5mm} - 25$[℃] 여기서, $T_{\max}$: 기기의 최대 표면온도 $T_{12.5mm}$: 12.5[mm] 분진층의 최소 점화온도

52) KOSHA CODE E-117-2014 분진폭발위험장소에서의 전기설비선정 및 설치에 관한 기술지침

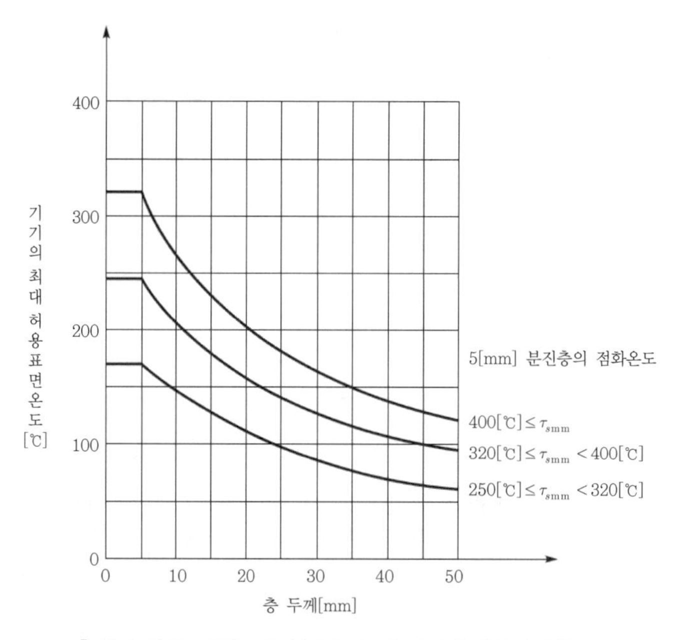

▌최대 허용표면온도와 분진층 두께 사이의 상호관계▐

분진층 두께가 증가함에 따라 기기의 허용온도가 낮아진다. 이것은 분진층이 두꺼워질수록 공기에 의한 냉각효과가 감소하기 때문에 기기의 허용표면온도를 낮추어야 함을 의미한다.

④ 외함에 분진층이 계속 축적되는 지역에서의 온도제한

㉠ 분진층이 기기의 측면과 바닥에 계속 쌓이거나, 기기의 전체가 분진에 잠기는 것을 피할 수 없는 경우 단열효과로 더욱 낮은 표면온도가 필요하다.

㉡ A형식 외함의 분진층 두께가 50[mm] 이상 또는 B형식 외함의 분진층 두께가 12.5[mm] 이상인 장소에서 사용되는 기기의 최대 표면온도는 허용된 분진층 두께에서의 최고 표면온도(T_L)로 표시한다.

㉢ 분진층 두께(L)에서의 최고 표면온도(T_L)는 분진층 두께(L)에서의 최소 점화온도보다 75[℃]가 낮은 온도가 되어야 한다.

07 예방대책

(1) 분진의 퇴적, 분진운의 생성방지

1) 분진폭발을 방지할 수 있는 가장 현실적인 방법이다.

2) 주요 방법

① 제진기

② 흡인용 배관

㉠ 분진축적 방지구조로 충분한 공기속도를 적용한다.

㉡ 비중이 작은 분체의 경우 20[m/sec]의 흡입속도가 필요하다.

③ 분체분리기

㉠ 송풍기는 청정공기측에 설치하고 밀어넣는 형식은 피한다.

㉡ 분리기에는 적절한 압력방산설비를 갖춘다.

④ 집진기

㉠ 분진발생장치별로 설치하고 집합설치는 피한다.

㉡ 자연발화발생이 많으므로 적절한 소화대책이 필요하다.

㉢ 가연성 분진에 대해서는 사용하지 않는다.

㉣ 분진분리용 필터 : 불연성 재질

⑤ 물을 뿌려도 이상 없는 분진 : 물을 분무하여 분진을 제거한다.

3) **주기적인 청소** : 퇴적량의 최소화

(2) 불활성 물질의 첨가

불활성 물질의 종류는 제품의 종류나 작업자에 미치는 영향 등을 고려한다.

1) **불활성 가스** : 산소농도제어, Ar, CO_2, N_2

2) **불활성 분진** : 분진 자체에 불활성 분진 첨가, 탄산칼슘, 규조토, 실리카겔

(3) 점화원 제거

1) **접지, 본딩**

① TN계통 : 계통 내의 모든 중성선과 보호도체가 분리된 TN-S 방식을 사용한다.

② TT계통 : 전력계통과 노출 도전부의 접지가 분리된 TT계통이 20종 또는 21종 장소에서 사용되는 경우에는 누전차단장치에 의해 보호되도록 한다.

③ IT계통 : 중성점이 접지되어 있지 않거나 고저항으로 접지된 IT계통에는 1차 지락사고를 검출하기 위한 절연감시장치를 설치한다.

④ SELV 및 PELV 계통

㉠ SELV 전기회로의 충전부는 접지 또는 타 전기회로의 충전부나 접지도체 등에 접속하여서는 안 된다.

㉡ PELV 접지전로의 경우 모든 노출 도전부는 공통등전위본딩 계통에 연결되도록 하고, 전로가 접지되지 않은 경우에는 노출 도전부를 접지 또는 비접지로 할 수 있다.

⑤ 폭발위험장소 내의 모든 설비는 등전위가 유지되어야 하며, TN, TT 및 IT계통에서 노출된 모든 도전부는 등전위본딩 계통에 연결한다.

2) 방폭

3) 열축적을 방지하여 자연발화방지
4) 용접이나 절단 작업 시 방염포로 덮어서 발생되는 불똥으로부터 착화방지

08 폭발방호

완벽한 분진폭발 방지대책은 불가능하므로 사고가 발생할 가능성을 인정하고, 폭발에 의한 피해를 최소화하기 위한 방호대책이 필요하다.

(1) 폭발봉쇄(explosion containment)

(2) 폭발억제(explosion suppression)

1) 다이어프램 검지기나 자외선 검지기 등을 사용하여 폭발 초기 압력이 어느 정도 상승하면 폭발억제장치가 작동(고압 불활성 가스 또는 할로젠 가스가 들어 있는 소화기)하여, 폭발을 진압하고 큰 파괴적인 폭발압력에 도달하지 않도록 하는 방법이다.
2) 분진의 경우
   ① 반응성이 있는 금속 분진인 경우에는 Dry powder를 이용한 소화진압 시스템을 구축한다.
   ② 분진폭발의 특징인 1차 폭발과 2 · 3차 폭발 사이의 짧은 시간에 폭발을 감지하여 폭발억제제를 살포하여 2차 폭발을 억제한다.
3) 폭발차단 : 급속작동밸브를 설치하여 폭발압력이나 화염이 다음 공정으로 진행되지 않도록 하는 방법이다.

(3) 폭발방산(explosion venting)

(4) 격리(isolation)

1) 폭발(explosion)이 다른 부분으로 전달되지 않도록 격리한다.
2) 격리시키는 기구
   ① 로터리 밸브(rotary valve) : 밸브체를 회전시킴으로써 개폐하는 밸브
   ② 신속하게 동작하는 밸브(fast-acting valves)
   ③ 기타 등등(etc)

(5) 건물의 위치 및 구조

1) 위치 : 가능한 건물을 개방식으로 하고 위험성이 작은 건물과는 안전거리를 두고 설치하여 피해가 발생하지 않도록 한다.
2) 분진이 잘 쌓이지 않는 구조
3) 건물의 내용적은 소형, 가벼운 지붕으로 하고 문짝은 열릴 수 있는 구조
4) 압력에 견디는 구조

(6) 공정 및 장치

1) **공정** : 단위별로 분리하여 설치한다.

2) **분진의 부유 억제** : 습식(wet type)공정

3) 분진의 퇴적방지 : 세정집진기(scrubber)

4) **분진 취급장치** : 밀폐하여 외부로 분진이 누출되지 않도록 한다.

5) 대기 중으로 방출(atmospheric release)하는 경우

① 집진기를 사용한다.

② 공기수송방식의 경우 공기의 흡입은 안전한 장소로부터 역화(逆火)하여도 피해가 없는 안전한 장소에 위치한다.

6) 청결유지를 위하여 분진 제거 · 청소를 한다.

전동기의 보호

정격전압 및 주파수에서의 기동전류 또는 단락전류를 연속적으로 견딜 수 없는 전동기는 다음 중 하나의 과전류 보호조치를 하여야 한다.

① 전동기의 정격전류보다 크지 않은 설정값에서 3상 전류를 감시할 수 있는 전류의존형 시간지연보호장치를 설치하되, 설정값의 1.05배에서 2시간 이내에는 작동하지 않고, 설정값의 1.2배에서는 2시간 이내에 작동하도록 설정할 것

② 내장온도감지기에 의한 직접 온도제어장치를 설치할 것

③ 기타 이와 동등 이상의 안전장치 또는 보호장치를 설치할 것

09 결론

(1) 분진폭발사고는 막대한 인적 · 물적 손해가 발생된다.

(2) 적절한 점화원의 제거와 전기방폭시설 등에 안전장치를 갖춤과 동시에 주위 환경의 청결을 유지하여 손실규모를 최소화하도록 노력이 필요하다.

1. **분진종류별 위험공정**

① 알루미늄 제조 및 분쇄작업 : 집진실, 사이클론, 백 필터, 컨베이어, 제조기, 덕트, 작업장, 건물, 볼밀 등

② 연마공정에서 발생하는 금속분 : 백 필터

③ 사료 및 면실부스러기 제조 : 분쇄기, 파쇄기, 사이클론, 백 필터의 회전드럼, 건조기, 저장소, 작업실 등

④ 석탄 : 분쇄기, 덕트, 사이클론, 백 필터 등

⑤ 마그네슘 : 햄머밀, 볼밀, 컨베이어, 사이클론, 선별기, 분쇄 · 연마공정 등

⑥ 전분 · 소맥분 : 분쇄기, 사이클론, 건조기, 집진기 등

2. **분진폭발을 일으키지 않는 물질**
   ① 탄산칼슘($CaCO_3$)
   ② 생석회(CaO)
   ③ 석회석
   ④ 시멘트
   ⑤ 소석회($Ca(OH)_2$) : 수산화칼슘

▌분진폭발을 일으키는 물질▐

SECTION

022 분진방폭

113회 출제

01 개요

(1) 분진폭발의 경우 가스폭발과는 다른 영향인자에 의해 위험도가 결정된다.

(2) 분진방폭지역(classified area)이라 함은 전기기기를 설치 · 사용함에 있어 특별히 주의해야 하는 폭발성 분진 · 공기혼합물 또는 분진층이 존재하거나 존재할 우려가 있는 지역으로, 우리가 이 환경조건을 알고 이에 적합한 에너지 조건을 가지는 분진방폭기기를 선정해야 한다.

02 고려사항

(1) 위험 분위기 발생원인

(2) 위험 분위기 지속시간

(3) **도전성** : 전기저항률이 $10^3[\Omega \cdot m]$ 이하

03 위험분위기의 구분

(1) **분진폭발위험장소의 구분**

폭발위험장소 종별(zone)	정의	IP	표시
20종 장소 (zone 20)	정상상태에서 연속적, 자주 생성되거나 존재하는 장소 (> 1,000[hr/year])	6X	
21종 장소 (zone 21)	정상상태에서 단기간 발생할 우려가 있는 장소(10 ~ 1,000[hr/year])	6X	

폭발위험장소 종별(zone)	정의	IP	표시
22종 장소 (zone 22)	비정상상태에서 단기간 발생할 우려가 있는 장소(1 ~ 10[hr/year])	5X (6X)	
비위험장소 (non-hazardous)	폭발분위기가 조성될 우려가 없는 장소	-	

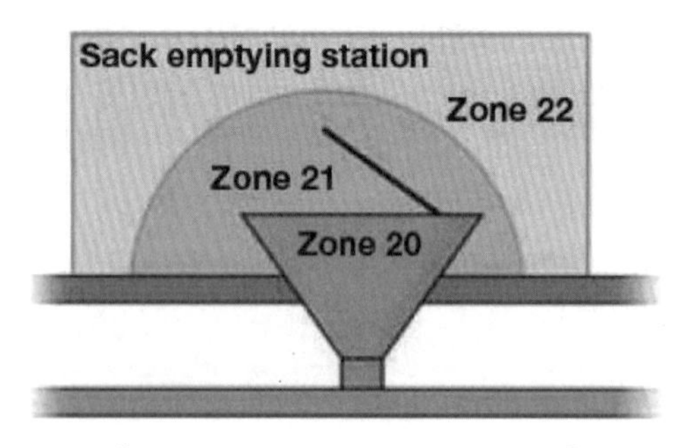

▎분진폭발의 위험장소에 관한 예시 ▎

(2) **고려사항**

1) 분진운, 분진층

2) 분진의 도전성 여부

3) 주위온도의 범위

① 원칙 : −20 ~ 40[℃] 범위 내에서 사용할 수 있다.

② 예외 : 전기설비는 그 온도에서 전기설비가 안전하게 동작한다는 것을 보증하고 이에 대한 안전성을 문서화하여 보관한다. 이때 구성품의 정격, 절연, 밀폐함의 열화, 보호방법에 악영향을 미치는 기타 요소 등을 기술한다.

(3) **성능기준**

1) **발화도** : 전기기기 용기 외면의 온도상승한도로 '05. 발화도'의 표 온도 이하

2) **분진이 침입하지 못하는 구조**

① Zone 20 · 21 : IP 6X

② Zone 22 : IP 5X, 단 도전성인 경우는 IP 6X

04 방폭기기의 종류(KS C IEC 61241-0)

(1) 분진내압방폭구조(tD)

1) 정의 : 주변의 분진입자가 침입할 수 없도록 된 특수 방진밀폐함 또는 전기설비의 안전운전에 방해될 정도의 분진이 침투할 수 없도록 한 보통 방진밀폐함을 갖는 방폭구조
2) 밀폐방진 : DIP A20, A21, B20, B21
3) 특수방진 : SDP(or)
   ① 전폐구조로서, 틈새깊이를 일정치 이상
   ② 접합면에 일정치 이상의 깊이가 있는 패킹을 사용하여 분진이 용기 내부로 침입할 수 없도록 한 구조
4) 일반방진 : DIP A22, B22
5) 보통방진 : DP
   ① 전폐구조로서 틈새깊이를 일정치 이상으로 한다.
   ② 접합면에 패킹을 사용하여 분진이 용기 내부로 침입할 수 없도록 한 구조

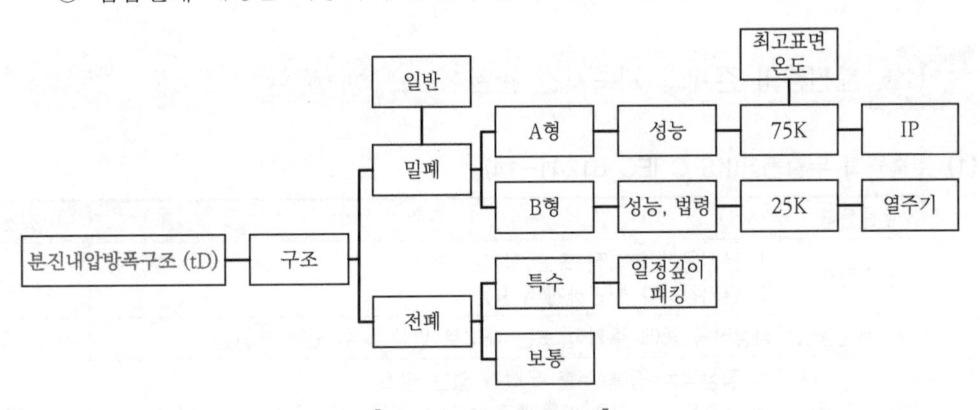

▌분진내압방폭구조 맵핑▐

(2) 분진몰드방폭구조(mD)

분진층 또는 분진운의 점화를 방지하기 위하여, 전기불꽃 또는 열에 의한 점화가 될 수 있는 부분을 콤파운드로 덮은 방폭구조

(3) 분진본질안전방폭구조(iD)

폭발성 분진분 위기에 노출되어 있는 기계 · 기구 내의 전기에너지, 권선 상호 간의 전기불꽃 또는 열의 영향을 점화에너지 이하의 수준까지 제한하는 것을 기반으로 하는 방폭구조

(4) 분진압력방폭구조(pD)

밀폐함 내부에 폭발성 분진 분위기의 형성을 막기 위하여 주위 환경보다 높은 압력을 가하여 밀폐함에 보호가스를 적용하는 방폭구조

05 발화도

(1) 전기기기 용기 외면의 온도상승한도는 아래 표의 온도 이하로 한다.

(2) 발화도

발화도	온도상승한도[℃]	
	과부하 우려가 없는 경우	과부하 우려가 있는 경우
I1	175	150
I2	120	105
I3	80	70

[비고] 과부하 우려 : 전동기, 전력용 변압기

06 분진층의 존재와 지속시간 관련 요소

(1) 누출원과 누출등급(KS C IEC 61241-14)

누출등급	누출원	장소
연속등급	① 분진운이 연속적 또는 장기간 존재 ② 단기간이나 빈번하게 누출원	20종
1차 누출등급	정상작동 중에 주기적 또는 때때로 발생할 수 있는 누출원	21종
2차 누출등급	① 정상작동 중에 누출 우려가 없는 장소 ② 누출된다면 아주 드물게 또는 아주 짧은 시간 동안만 누출될 수 있는 누출원	22종

(2) 축적률

(3) 청소등급

청소등급	분진층	화재위험성
양호(good)	누출등급과 관련이 아주 없거나 무시할 정도의 분진층이 존재	분진층으로부터 폭발성 분진운이 발생할 위험성과 화재위험성은 제거
보통(fair)	분진층이 잠깐씩 존재(1교대 이내)	분진의 열적 안정성과 장비의 표면온도가 상호 작용하여 화재가 발생하기 전에 분진은 제거
불량(poor)	분진층이 1교대 이상 존재	화재의 위험성이 높음

07 분진방폭전기설비의 선정(KS C IEC 61241-14)

분진방폭전기설비의 선정에 있어서 도전성과 비도전성을 구분하는 이유는 도전성은 Short의 우려가 있어서 위험성이 더 크게 증대되기 때문이다.

분진의 형태	20종 장소	21종 장소	22종 장소
비도전성	• tD A20 • tD B20 • iaD • maD	• tD A20 또는 tD A21 • tD B20 또는 tD B21 • iaD 또는 ibD • maD 또는 mbD • pD	• tD A20 : tD A21 또는 tD A22 • tD B20 : tD B21 또는 tD B22 • iaD 또는 ibD • maD 또는 mbD • pD
도전성	• tD A20 • tD B20 • iaD • maD	• tD A20 또는 tD A21 • tD B20 또는 tD B21 • iaD 또는 ibD • maD 또는 mbD • pD	• tD A20 또는 tD A21 또는 tD A22 IP 6X • tD B20 또는 tD B21 • iaD 또는 ibD • maD 또는 mbD • pD

[비고] 22종 장소의 경우 가연성 분진의 전기저항이 1,000[Ω · m] 이하일 때는 밀폐방진 방폭구조에 한한다. 점선의 표시는 21종에는 없고 22종에만 있는 방폭설비이다.

- tD : 분진내압방폭구조(방폭성능검정 결과에 따라 A형과 B형으로 나뉨)
- pD : 분진압력방폭구조
- iD : 분진본질안전방폭구조(방폭성능검정 결과에 따라 ia형과 ib형으로 나뉨)
- mD : 분진몰드방폭구조(방폭성능검정 결과에 따라 ma형과 mb형으로 나뉨)
- IP 6X : 용기의 보호등급(방폭성능검정 결과에 따라 부여됨)

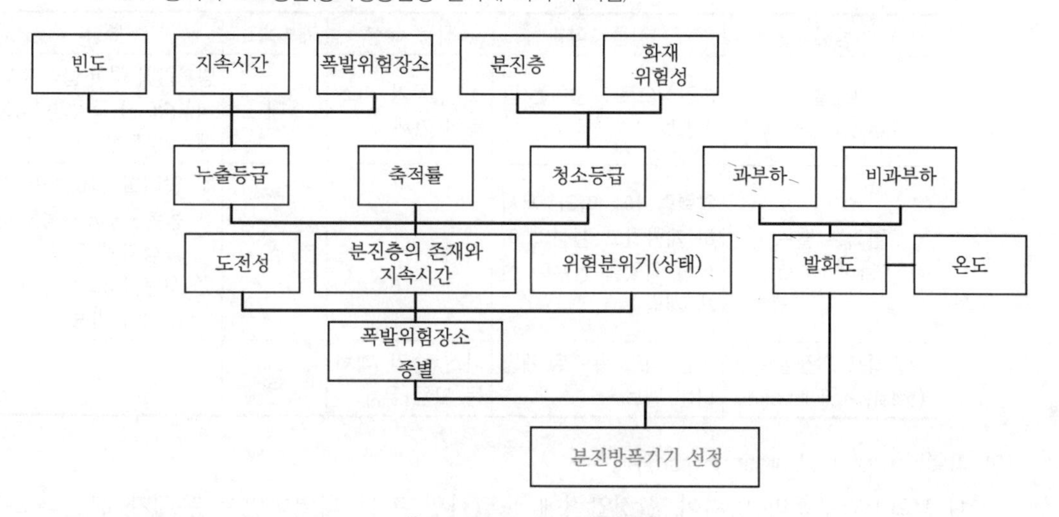

▌분진방폭기기 선정 맵핑 ▌

정체구조 : 다른 말로 자물쇠식 죄임구조라고도 하며 방폭전기기기를 구성하는 나사를 임의로 조작함으로써 위험을 초래할 수 있는 경우에 이를 방지하고자, 방폭성능보전 목적으로 사용되며 일반공구로 풀 수 없도록 하여야 한다. 특수제작된 L-렌치, 소켓렌치 등으로만 풀 수 있도록 한다.

SECTION 023 압력방출장치

01 개요

고압 가스 제조설비 또는 고압 장치에서 압력이 이상 상승하는 경우 장치의 파괴는 물론 화재, 폭발로 이어질 우려가 있으므로 내부의 가스 또는 액체를 방출함으로써 시스템 압력을 허용압력 이하로 낮추어 운전하도록 하는 안전장치이다.

02 안전장치의 종류

(1) 안전밸브

1) 정의 : 기계적 하중에 의해 밸브가 막혀 있고 이 하중보다 큰 압력이 장치 내에 발생 시 내부 유체를 방출하는 기구

2) 종류

종류	작동방식	적용 대상	개방속도	특징
안전밸브 (safety valve)	순간적으로 개방하는 팝업밸브	스팀, 공기, 가스 등의 기체	대	방출량이 적어 급격한 압력상승이나 폭발압력방출에는 부적합
릴리프 밸브 (relief valve)	압력증가에 따라 서서히 개방하고 설정압 이상이 되었을 경우에 전체 개방	액체	소	① 압력이 강하하면 자동복원되어 내용물 방출정지의 장점 ② 작동설정압력의 미세 조정이 가능
릴리프 안전밸브 (safety-relief valve)	중간 정도 속도로 개방되는 밸브	가스, 증기, 액체 등 모든 유체	중	-

(2) 파열판(rupture/bursting disc)

1) 정의 : 입구측의 압력이 설정압력에 도달하면 판이 파열하면서 유체가 분출하도록 하는 용기 등에 설치된 얇은 판으로 된 안전장치

2) 사용장소

① 급격한 압력상승을 스프링식으로는 억제할 수 없는 경우 사용한다.

② 운전상태에서 침착물이 발생하거나 고무상 물질이 고착하여 다른 안전장치의 작동기능을 저해할 경우 사용한다.

③ 독성 가스 등 운전 중 안전장치에 내장된 유체의 누설이 허용되지 않으면 사용한다.

④ 부식성이 강한 유체의 경우 사용한다.

3) 구분

① 「방호장치안전인증고시」 고용노동부고시 제2021-22호 [별표 4] 제1호에 따라 파열판 구조에 따른 구분으로 아래 표와 같다.

대분류	소분류
돔형 파열판(C)	단판형(O)
	복합형(C)
	흠집 각인형 또는 절개형(S)
역돔형 파열판(R)	흠집 각인형 또는 전단작동형(S)
	칼날붙이형(K)
평면형 파열판(F)	교환형 흑연파열판(R)
	모노블록형 흑연파열판(M)
	절개형 파열판(S)
기타 구조(X)	위 형태와 다른 제조사 특성에 따라 제작된 파열판

② 압력에 따른 구분

㉠ 낮은 압력의 구조물 : 0.01[MPa] 이하의 압력에 견딜 수 있는 금속판 벽체를 가지고 있는 구조물

㉡ 높은 압력의 구조물 : 0.01[MPa] 초과하는 압력에 견딜 수 있는 구조물

③ 설치장소에 따른 구분

㉠ 블로 아웃 패널(blow-out panel) : 건물의 폭발배출

㉡ 파열판(rupture disk) : 압력용기 등

㉢ 설치기준

- 블로 아웃 패널(blow-out panel)
  - 열리는 강도 : 벽체의 다른 부분보다 약하게 설계한다.
  - 폭발위험이 있는 장치가 다층 건물 내에 있는 경우 최상층에 위치한다.
- 파열판(rupture disk)의 강도 : 용기의 다른 부분보다 낮은 압력에서 파열하도록 한다.
- 배출구 면적 : 상승압을 충분히 배출할 수 있는 정도의 크기
- 배출되는 압력으로 인명이나 구조물에 피해를 주지 않도록 위치한다.

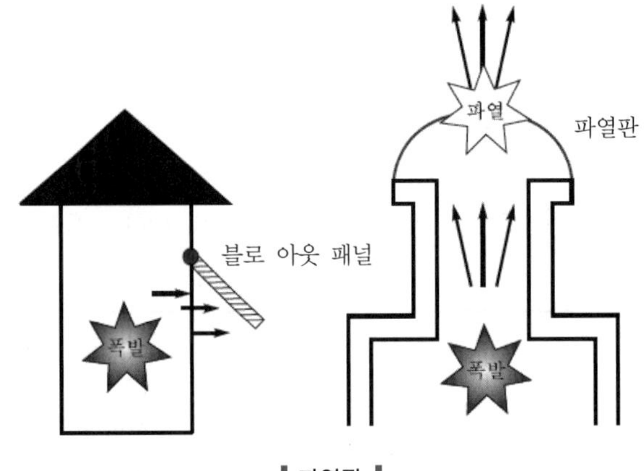

▍파열판 ▍

4) 파열판의 형식표시(「방호장치안전인증고시」 고용노동부고시 제2021-22호 [별표 4] 제1항 라목)

RS Ⅱ3
구조 호칭지름 호칭압력

5) 설치목적 : 과압 및 과진공으로부터 용기를 보호한다.

6) 적용 범위
① 토출측이 직접 대기로 방출되는 경우
② 파열판이 용기노즐로부터 연결배관지름의 8배 이내에 설치되는 경우
③ 파열판의 토출면적이 인입 배관면적의 50[%] 이상인 경우
④ 단상 흐름인 경우
⑤ 파열판 토출측 배관의 길이가 토출배관 지름의 5배 이내인 경우
⑥ 파열판 인입 및 토출측 배관의 공칭지름이 파열판의 공칭지름 이상인 경우

7) 파열판의 크기 계산 시 필요한 자료
① 분출용량(「안전밸브 설계 및 설치 등에 관한 지침」 KOSHA Code D-14-2007) 또는 이와 같은 수준 이상의 기준에 따라 산출한다.
② 분출압력
③ 분출온도
④ 취급유체의 특성
⑤ 취급유체의 비중 및 분자량

8) 파열판 설치기준
① 파열판의 설치(「산업안전보건기준에 관한 규칙」 제262조)
㉠ 반응 폭주 등 급격한 압력상승의 우려가 있는 경우
㉡ 급성 독성 물질의 누출로 인하여 주위 작업환경을 오염시킬 우려가 있는 경우
㉢ 운전 중 안전밸브에 이상 물질이 누적되어 안전밸브가 작동되지 아니할 우려가 있는 경우

② 반응기, 저장탱크 등과 같이 대량의 독성 물질이 지속적으로 외부로 유출될 수 있는 구조로 된 경우
㉠ 파열판과 안전밸브를 직렬로 설치
㉡ 파열판과 안전밸브 사이에 경보장치 설치
③ 파열판을 안전밸브 전단에 설치하는 경우 : 파열판과 안전밸브의 사이에 필요하지 않은 압력이 형성되지 않는 구조
④ 파열판을 안전밸브 후단에 설치하는 경우
㉠ 파열판과 토출배관은 안전밸브의 성능에 영향을 주지 않도록 설치
㉡ 안전밸브와 파열판의 사이에는 필요하지 않은 압력이 형성되지 않는 구조
⑤ 파열 시 온도는 파열판의 파열압력 최대 허용치와 토출측에 걸리는 압력의 합이 다음 수치를 초과하지 않도록 설치한다.
㉠ 안전밸브의 배압제한치
㉡ 안전밸브와 파열판 사이 배관의 설계압력
㉢ 관련 기준에서 허용하는 압력
⑥ 파열판과 파열판을 직렬로 설치하는 경우
㉠ 두 파열판 사이는 파열판의 기능을 발휘할 수 있도록 충분한 간격을 유지한다.
㉡ 파열판과 파열판 사이에는 필요하지 않은 압력이 형성되지 않는 구조로 한다.

9) 단독, 시리즈 또는 병렬로 스프링식 안전밸브와 연결 : 가능

(3) 폭압방산공(放散孔)

1) 폭발벤팅(venting) 또는 폭발문이라고 한다.
2) **목적** : 건물, 방, 건조기, 덕트류 등의 고압이 형성될 우려가 있는 장소에 설계강도보다 낮은 부분을 만들어 폭발압력을 방출하여 고압으로 인한 파괴현상을 방지하는 방출구
3) 다른 압력방출장치에 비해 방출량이 크므로 특히 폭발(폭연)에 대한 방호에 적합하다.
4) 재사용이 불가하다.

(4) 용전식(fusible plug)

1) **정의** : 가용합금의 비교적 낮은 온도에서 유동하는 성질을 이용하여 용기가 화재 등으로 인해 온도가 이상상승할 때 녹아서 개방하여 용기 내의 가스를 방출하는 방식

가용합금(fusible alloy) : 200[℃] 이하의 낮은 융점을 갖는 합금

2) **사용처** : 아세틸렌, 염소, 산화에틸렌 등의 용기
3) **설치장소** : 용기 어깨부에 부상을 설치하고 그 부싱구멍에 삽입하여 설치한다.
4) **원리** : 화재온도 상승 시 용기를 막고 있던 금속이 용해하여 개방공간을 만들어, 개방공간의 외부와 내부의 압력차에 의한 구배로 고압을 외부로 방출한다.
5) **폭발방출** : 폭발에 의한 순간적 고온에는 작동하지 않으므로 부적합하다.

03 안전장치의 설치기준

(1) **분출면적 계산**
스프링식 안전밸브, 파열판, 릴리프 밸브

(2) 분출량

(3) 분출압력

04 브리더 밸브(breather valve)

(1) 대기압 또는 대기압 근처에서 운전되는 저장탱크의 안전장치로, 대기밸브 또는 호흡밸브라고도 한다.

안전밸브나 파열판은 비교적 높은 압력에서 사용되는 안전장치인데 비해 브리더 밸브는 그보다 낮은 압력에서 사용되므로 브리더 밸브랑은 차이가 있다.

(2) **기능**
1) 저장탱크 내의 액체를 저장 또는 출하, 외부 기온의 변동, 증발 및 응축으로 인하여 탱크 상부공간의 공기나 증기 체적변화 시 탱크 내 과압이나 부압을 방지하는 기능
2) 대기를 탱크 내에 흡인하거나 탱크 내의 압력을 외부에 방출하여 끊임없이 탱크 내부압력을 대기압과 적정한 압력으로 유지하여 설비를 보호하는 기능
3) 탱크에서 증발하는 양을 줄이는 기능

(3) **설치기준**
1) 작동압 : 5[kPa] 이하의 압력차
2) 통상 밸브만으로는 외부 불꽃에 의한 화재를 방지할 수 없으므로 인화방지망을 같이 설치
3) 인화점(flash point)이 38[℃] 미만이거나 인화점 이상으로 운전되는 물질을 취급하는 탱크에 설치[KOSHA code(D-08-2002)]한다.

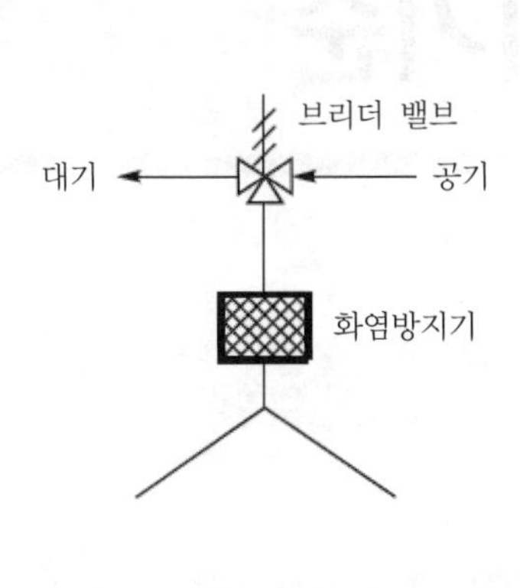

▌브리더 밸브(breather valve)의 설치위치▐

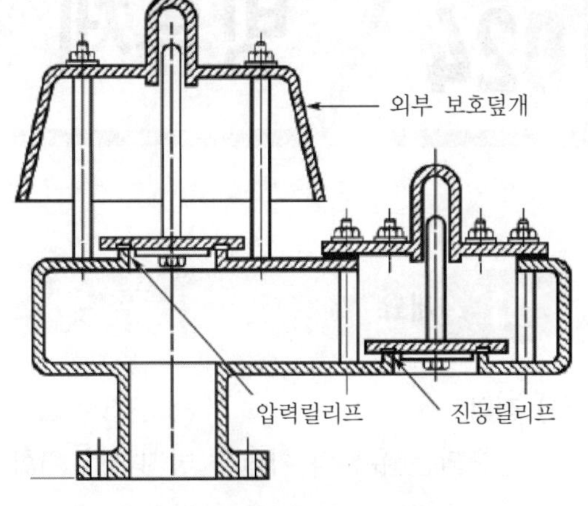

▌브리더 밸브의 구조▐

05 안전밸브에서 방출되는 배출물 처리

(1) 위험물질의 처리방법

연소, 흡수 또는 세정 등으로 외부로 배출을 방지한다.

(2) 예외적으로 아래의 경우는 배출되는 위험물을 안전한 장소로 유도해 외부로 직접 배출이 가능하다.

1) 안전밸브의 기능을 저해할 우려가 있는 경우
2) 배출물 연소처리 시 유해성 가스 발생 우려가 있는 경우
3) 공정설비와 떨어진 가연성 가스, 인화성 물질 저장탱크에 설치된 안전밸브로, 저장탱크에 냉각설비 또는 자동소화설비 등 안전조치를 했을 경우
4) 고압 상태의 위험물 대량배출로 인해 연소, 흡수, 세정처리가 곤란한 경우
5) 기타 배출량이 적거나 배출 시 급격히 확산하여 재해 우려가 없고 냉각설비 또는 자동소화설비가 설치된 경우

SECTION 024

방유제 설치기준

01 개요

(1) 정의

누출되는 유류의 확산을 방지하기 위한 지상방벽 구조물인 방류둑

(2) 목적

저장탱크 등에서 액화가스가 누출될 경우 유출범위 최소화 및 증발, 확산을 감소시켜 피해를 최소화하기 위함이다.

02 법적 설치대상(적용대상)

(1) 방유제(「위험물안전관리법 시행규칙」 [별표 6] Ⅸ)

제3류, 제4류 및 제5류 위험물 중 인화성이 있는 액체(이황화탄소를 제외함)의 옥외탱크저장소의 탱크 주위에는 기준에 의하여 방유제를 설치하여야 한다.

(2) 방유제 설치(「산업안전보건기준에 관한 규칙」 제272조)

사업주는 [별표 1] 제4호부터 제7호까지의 위험물을 액체상태로 저장하는 저장탱크를 설치하는 경우에는 위험물질이 누출되어 확산되는 것을 방지하기 위하여 방유제(防油堤)를 설치하여야 한다.

(3) 인화성 액체

1) 에틸에테르, 가솔린, 아세트알데하이드, 산화프로필렌, 그 밖에 인화점이 23[℃] 미만이고 초기 끓는점이 35[℃] 이하인 물질
2) 노르말헥산, 아세톤, 메틸에틸케톤, 메틸알코올, 에틸알코올, 이황화탄소, 그 밖에 인화점이 23[℃] 미만이고 초기 끓는점이 35[℃]를 초과하는 물질
3) 크실렌, 아세트산아밀, 등유, 경유, 테레핀유, 이소아밀알코올, 아세트산, 하이드라진, 그 밖에 인화점이 23[℃] 이상 60[℃] 이하인 물질

(4) 인화성 가스

수소, 아세틸렌, 에틸렌, 메탄, 에탄, 프로판, 부탄, 영 [별표 13]에 따른 인화성 가스

(5) 부식성 물질

1) 부식성 산류

① 농도가 20[%] 이상인 염산, 황산, 질산, 그 밖에 이와 같은 정도 이상의 부식성을 가지는 물질

② 농도가 60[%] 이상인 인산, 아세트산, 불산, 그 밖에 이와 같은 정도 이상의 부식성을 가지는 물질

2) **부식성 염기류** : 농도가 40[%] 이상인 수산화나트륨, 수산화칼륨, 그 밖에 이와 같은 정도 이상의 부식성을 가지는 염기류

(6) 급성 독성 물질

1) 쥐에 대한 경구투입실험에 의하여 실험동물의 50[%]를 사망시킬 수 있는 물질의 양, 즉 LD 50(경구, 쥐)이 kg당 300[mg] 이하인 화학물질

2) 쥐 또는 토끼에 대한 경피흡수실험에 의하여 실험동물의 50[%]를 사망시킬 수 있는 물질의 양, 즉 LD 50(경피, 토끼 또는 쥐)이 kg당 1,000[mg] 이하인 화학물질

3) 쥐에 대한 4시간 동안의 흡입실험에 의하여 실험동물의 50[%]를 사망시킬 수 있는 물질의 농도, 즉 가스 LC 50(쥐, 4시간 흡입)이 2,500[ppm] 이하인 화학물질, 증기 LC 50(쥐, 4시간 흡입)이 10[mg/L] 이하인 화학물질, 분진 또는 미스트 1[mg/L] 이하인 화학물질

03 설치기준

(1) 고려하중

정하중 + 액동하중 + 조사하중

1) 액두압에 의한 정하중

2) 지진에 의한 액동하중

3) 액유출 시 방류둑에 부딪혀 생기는 조사하중

(2) 방유제 용량

<table>
<tr><th>구분</th><th>탱크수</th><th>방유제 용량</th><th>비고</th></tr>
<tr><td rowspan="2">인화성 액체위험물(이황화탄소를 제외)의 옥외탱크저장소</td><td>1</td><td>탱크용량의 110[%] 이상</td><td rowspan="6">유효용량 = (방유제의 용량) − (해당 방유제의 내용적에서 용량이 최대인 탱크 외의 탱크의 방유제 높이 이하 부분의 용적) − (해당 방유제 내에 있는 모든 탱크의 지반면 이상 부분의 기초체적) − (간막이 둑의 체적 및 해당 방유제 내에 있는 배관 등의 체적)</td></tr>
<tr><td>2기 이상</td><td>최대인 것의 용량 110[%] 이상</td></tr>
<tr><td rowspan="2">인화성이 없는 액체위험물의 옥외저장탱크</td><td>1</td><td>탱크용량의 100[%] 이상</td></tr>
<tr><td>2기 이상</td><td>최대인 것의 용량 100[%] 이상</td></tr>
<tr><td rowspan="2">위험물 제조소의 옥외에 있는 위험물 취급탱크(이황화탄소를 제외)</td><td>1</td><td>탱크용량의 50[%] 이상</td></tr>
<tr><td>2기 이상</td><td>(탱크 중 가장 큰 탱크용량의 50[%]) + (나머지 탱크용량의 합계의 10[%]) 이상</td></tr>
<tr><td rowspan="2">위험물 제조소의 옥내에 있는 위험물 취급탱크</td><td>1</td><td>탱크용량의 100[%] 이상</td><td rowspan="2">방유턱</td></tr>
<tr><td>2기 이상</td><td>최대인 것의 용량 100[%] 이상</td></tr>
<tr><td rowspan="2">고인화점 위험물만을 100[℃] 미만의 온도로 저장 · 취급하는 경우</td><td>1</td><td>탱크용량의 100[%] 이상</td><td rowspan="2">고인화점 위험물 : 인화점이 100[℃] 이상인 제4류 위험물</td></tr>
<tr><td>2기 이상</td><td>최대인 것의 용량 100[%] 이상</td></tr>
</table>

04 방유제 구조

(1) 재질

1) 철근콘크리트, 금속, 흙 또는 이들의 조합
   ① 철근콘크리트의 경우 수밀성 콘크리트를 사용하고 균열방지를 위해 배근을 설치하고 결속한다.
   ② 저장하는 가스나 액체에 침식되지 않고 액기화온도에 견딜 수 있는 구조이다.
2) 위험물이 방유제의 외부로 유출되지 아니하는 구조

(2) 높이

1) 0.5[m] 이상 3[m] 이하로 두께 0.2[m] 이상, 지하매설깊이 1[m] 이상으로 할 것
2) 예외 : 방유제와 옥외저장탱크 사이의 지반면 아래에 불침윤성 구조물을 설치하는 경우에는 지하매설깊이를 해당 불침윤성 구조물까지로 할 수 있다.

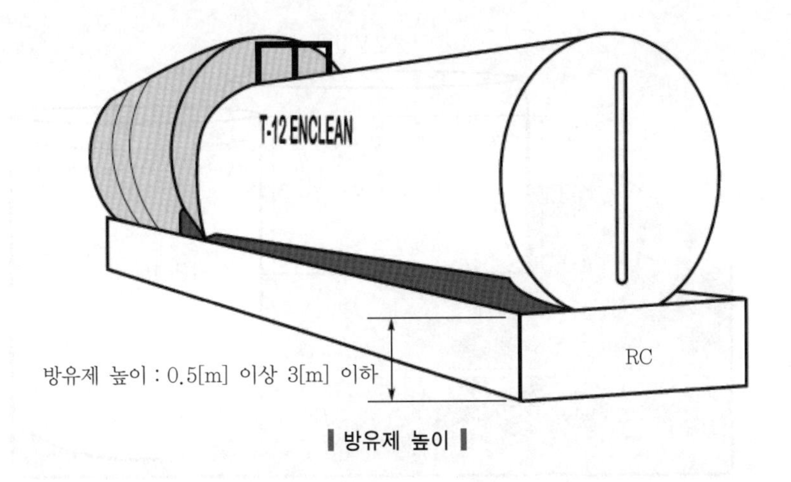

▌방유제 높이▐

(3) **면적**

80,000[m^2] 이하로 한다.

(4) 방유제 내에 설치하는 옥외저장탱크의 수

1) **원칙** : 10기 이하

2) **예외** : 옥외저장탱크의 용량이 20만[L] 이하이고, 당해 옥외저장탱크에 저장 또는 취급하는 위험물의 인화점이 70[℃] 이상 200[℃] 미만인 경우에는 20기 이하

(5) **방유제 외면의 $\frac{1}{2}$ 이상**

1) **원칙** : 3[m] 이상의 구내 도로에 직접 접하도록 할 것

2) **예외** : 방유제 내에 설치하는 옥외저장탱크의 용량합계가 20만[L] 이하인 경우에는 소화활동에 지장이 없다고 인정되는 3[m] 이상의 노면폭을 확보한 도로 또는 공지에 접하는 것으로 할 수 있다.

(6) 방유제는 옥외저장탱크의 지름에 따라 그 탱크의 옆판으로부터 다음에서 정하는 거리를 유지한다.

1) 지름이 15[m] 미만인 경우 : 탱크높이의 $\frac{1}{3}$ 이상

2) 지름이 15[m] 이상인 경우 : 탱크높이의 $\frac{1}{2}$ 이상

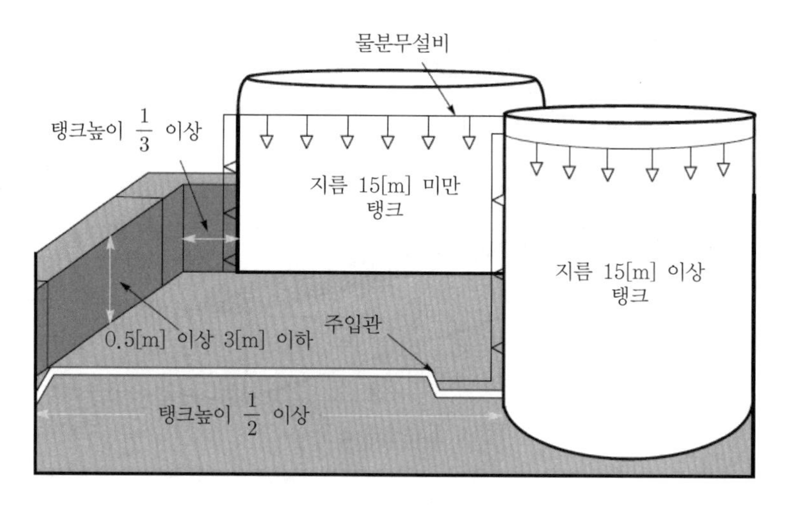

‖ 방유제와 탱크의 거리 ‖

(7) **재질과 구조**

1) 재질 : 철근콘크리트

2) 방유제와 옥외저장탱크 사이의 지표면

① 원칙 : 불연성과 불침윤성이 있는 구조(철근콘크리트 등)

② 예외 : 전용유조(專用油槽) 및 펌프 등의 설비를 갖춘 경우는 흙으로 할 수 있다.

(8) 1,000만[L] 이상 옥외저장탱크의 **탱크마다** 간막이 둑을 설치한다.

1) 간막이 둑의 높이 : 0.3[m] 이상, 방유제의 높이보다 0.2[m] 이상 낮게 설치한다.

2) 재질 : 흙 또는 철근콘크리트

3) 용량 : 설치된 탱크용량의 10[%] 이상

(9) **방류둑 내 설치가능 설비**

불활성 가스 저장탱크, 해당 저장탱크 송출입설비, 경보기, 재해설비, 조명설비, 계기시스템, 배수설비 외에는 다른 설비를 설치하지 아니할 것

(10) **방유제 또는 간막이 둑**

1) 해당 방유제를 관통하는 배관을 설치하지 아니할 것

2) 예외 : 위험물을 이송하는 배관의 경우에는 배관이 관통하는 지점의 좌우방향으로 각 1[m] 이상까지의 방유제 또는 간막이 둑의 외면에 두께 0.1[m] 이상, 지하매설깊이 0.1[m] 이상의 구조물을 설치하여 방유제 또는 간막이 둑을 이중 구조로 하고, 그 사이에 토사를 채운 후 관통하는 부분을 완충재 등으로 마감하는 경우

(11) **배수구 설치**

1) 목적 : 방유제에는 그 내부에 고인 물을 외부로 배출한다.

2) 배수구를 설치하고 이를 개폐하는 밸브 등을 방유제의 외부에 설치한다.

3) 밸브는 방류둑 밖에서 조치할 수 있도록 설치하고 항상 폐쇄상태를 유지한다.

(12) **개폐상황을 확인할 수 있는 장치 설치**

용량이 100만[L] 이상인 위험물을 저장하는 옥외저장탱크

(13) 높이가 1[m]를 넘는 방유제 및 간막이 둑의 안팎에 계단 또는 경사로 설치

1) 설치간격 : 50[m]

2) 폭 : 1.5[m] 이상

3) 경사로의 경사도 : 30° 이하

4) 안전난간 : 높이 1[m] 이상인 경우

(14) **해안유출방지**

용량이 50만[L] 이상인 옥외탱크저장소가 해안 또는 강변에 설치되어 방유제 외부로 누출된 위험물이 바다 또는 강으로 유입될 우려가 있는 경우에는 해당 옥외탱크저장소가 설치된 부지 내에 전용유조 등 누출위험물 수용설비를 설치할 것

(15) 인화성이 없는 액체위험물의 옥외저장탱크의 주위에 설치하는 방유제의 기술기준은 위 '(1). (2). (7). (13)'을 준용한다. 단, '(1)'의 '110[%]'는 '100[%]'로 본다(제6류 위험물 : 예 질산).

(16) **집합방류둑**

1) 저장탱크마다 칸막이 설치하고 칸막이는 10[cm] 낮게 설치한다.

2) 가연성, 독성, 조연성 가스를 혼합금지

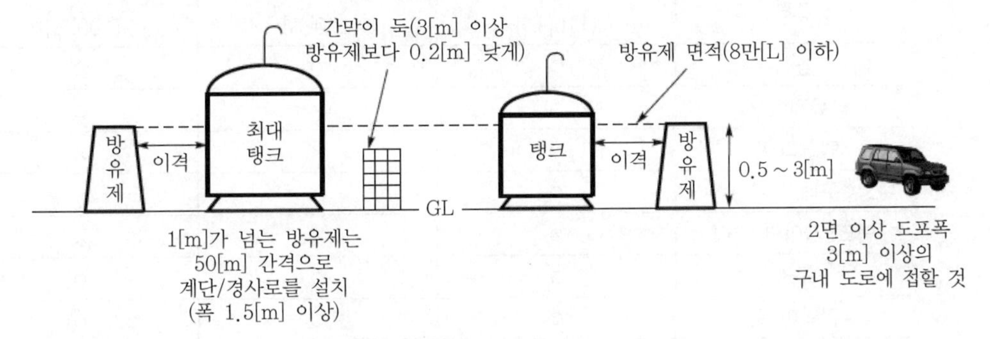

▌방유제의 입면도▐

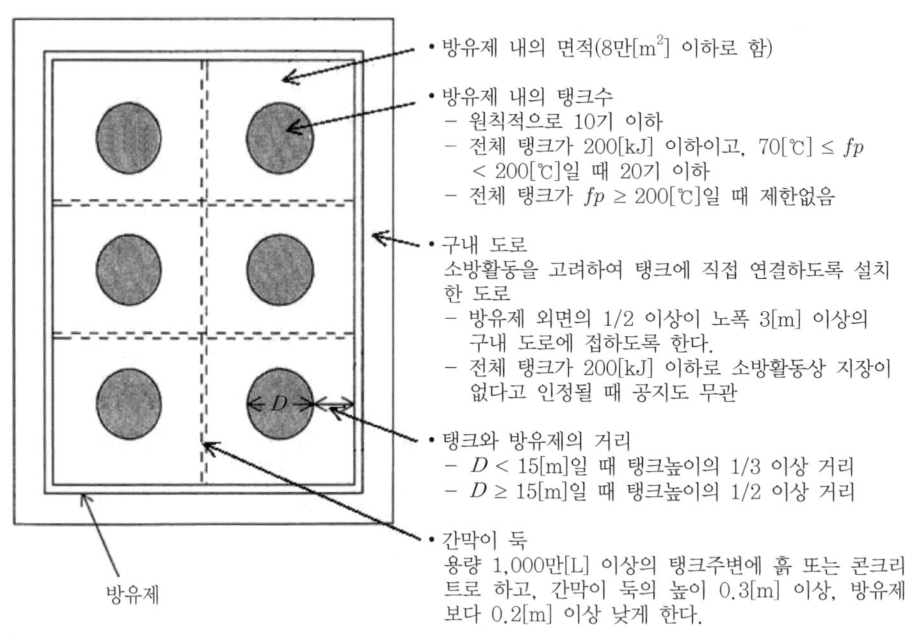

▎방유제의 평면도 ▎

3) 방유제의 적용기준

구분	인화성 액체위험물	비인화성 액체위험물	고인화점위험물
용량	○ (110[%])	○ (100[%])	○ (100[%])
높이	○	○	○
방유제 면적	○	×	○
탱크의 수	○	×	×
구내 도로	○	×	×
탱크 사이의 거리	○	×	×
구조	○	○	○
간막이 둑	○	○	○
방유제의 배관	○	○	○
배관의 관통	○	○	○
배수구	○	○	○
개폐확인장치	○	○	○
계단	○	○	○

[범례] ○ : 적용기준 있음, × : 적용기준 없음

05 방유제의 개선방안

(1) 방유제 내 기초의 구배

1) 국내기준
   ① 「위험물안전관리법」에 기준이 없다.
   ② KOSHA Code 1[%] 이상
2) NFPA Code
   ① 탱크로부터 방유제 내벽까지의 거리가 15[m] 이내인 경우 : 1[%] 이상
   ② 15[m] 이상의 경우 : 15[m]까지는 1[%]로 하고 나머지 부분은 수평 이상

(2) 간막이 둑

1) 국내기준 : 간막이 둑의 높이 0.3[m] 이상, 방유제의 높이보다 0.2[m] 이상 낮게 할 것
2) NFPA Code : 간막이 둑의 높이는 0.45[m] 이상
3) IRI Code : 간막이 둑의 높이는 0.45[m] 이상 0.9[m] 이하로 하며 방유제 높이 이하

(3) 방유제 높이

1) 국내기준 : 0.5[m] 이상 3[m] 이하
2) NFPA Code : 내측 바닥으로부터 1.8[m] 이하
3) IRI Code : 소화활동을 용이하게 하기 위하여 1.8[m] 이하
4) 국내기준의 문제점 : 3[m] 이상의 방유제는 순찰 시 내부를 들여다보기가 어려워 화재예방에 불리하고 화재진압 시 높은 방유제 벽이 장애가 되어 불리하다. 따라서, 방유제 높이를 외국의 기준과 유사하도록 개정이 필요하다.

(4) 방유제 내의 소화배관

1) 국내기준 : 기준이 없고 지상 노출배관으로 설치하는 상황이다.
2) IRI Code : 방유제 내의 배관은 화재에 노출될 경우 손상을 입지 않게 가능한한 지하 매설한다.
3) 국내기준의 문제점 : 화재 시 배관이 손상될 우려가 있기 때문에 가능한 한 지하매설배관으로 개정이 필요하다.

(5) 방유제 내의 배수

1) 국내기준 : 방유제 내에 물을 배출시키기 위한 배수구를 설치하고 그 외부에는 이를 개폐하는 밸브 등을 설치한다.
2) NFPA Code : 방유제로부터의 배수로는 인화성 또는 가연성 액체가 일반 자연배수, 공공하수시설로 침투되지 않도록 설치한다.
3) 국내기준의 문제점 : 방유제 내의 배수설비에는 유분리장치의 설치로 개정이 필요하다.

(6) 방유제 주위의 도로

1) 국내기준 : 방유제의 2면 이상에 자동차의 통행이 가능한 폭 3[m] 이상의 통로와 접하도록 하여야 한다.
2) NFPA Code : 방유제 외벽과 부지 경계선과의 거리는 최소 3[m] 이상
3) IRI Code : 탱크를 2열 이상 배치하지 않아야 하며, 소방활동을 위한 접근통로를 확보하여야 한다.
4) 국내기준의 문제점 : 소방차 등 대형차의 폭이 2.5[m] 이상이므로 도로의 폭 기준을 보다 넓은 폭으로 개정이 필요하다.

(7) 방유제 내벽과 탱크측면과의 거리

1) 국내기준 : 방유제의 구조 참조
2) NFPA Code : 탱크와 방유제 내벽 밑부분 사이의 거리는 최소 1.5[m] 이상
3) IRI Code : 탱크와 방유제 내벽 밑부분 사이의 거리는 최소 1.5[m] 이상
4) 국내기준의 문제점 : 방유제와 탱크 사이의 간격을 두다 보니 오히려 탱크 간의 간격이 줄어들어 화재 시 복사열로 인한 인접 탱크의 소손 우려가 크다. 따라서, 방유제와 탱크 간격은 1.5[m] 이상으로 하고 탱크와 탱크 사이의 간격을 확보하도록 개정이 필요하다.

(8) 방유제 관통 배관

1) 방유제를 관통하는 배관은 부동침하 또는 진동으로 인한 과도한 응력을 받지 않도록 조치하여야 한다. 왜냐하면 관통부분이 응력에 의해 파손의 우려가 있기 때문이다.
2) 방유제를 관통하는 배관보호를 위하여 슬리브(sleeve) 배관을 묻어야 하며 슬리브 배관과 방유제는 완전히 밀착되어야 하고, 배관과 슬리브 배관 사이에는 신축성이 있는 충전물을 삽입하여 완전히 밀폐하여야 한다. 배관이 유동적이므로 신축성이 없으면 슬리브와 배관의 분리가 발생하고 완전밀폐되지 않으면 개방된 경로로 화재가 확대되기 때문이다.

SECTION

025 Hazard와 Risk

01 개요

(1) 위험성 평가

위험요소를 찾아내어 사고발생 확률과 사고 크기를 분석하여 그때 발생하는 영향을 정량화하여 대책을 세우는 과정

(2) 위험요소는 해저드(hazard)라고 하며 정성적 기법으로 찾아낸다.

(3) 사고발생확률과 사고 크기는 리스크(risk)로 표현하며 정량적인 기법으로 찾아낸다.

02 Hazard 정성적 위험성 기법

(1) 개요

1) 정의 : 잠재위험으로 사람, 재산 또는 환경에 손해발생 가능성을 만드는 화학적 또는 물리적 상태

2) 손해를 일으키고 가중화, 대형화시키는 각종 상태

3) 물질의 폭발성, 독성, 유해성 등을 의미한다.

(2) 위험요소를 찾아내는 기법

'What－if, 체크리스트, 이상위험도분석법' 등의 정성적인 분석기법

03 Risk 정량적 위험성 기법

(1) 개요

1) 정의 : 인명, 재산 또는 환경에 대한 원하지 않는 불리한 결과의 실현가능성(확률개념)

2) 불확실한 상황에서 원하지 않는 결과가 발생할 확률로 정량적인 손해를 표현한다.

3) Risk : 사고발생확률(빈도) × 사고영향분석(강도)

① Risk = $a \times 10^{-b}$[Accidents/year]

② 사고발생빈도와 사고발생으로 나타내는 피해 크기를 말하며, 보험사에서는 부분적인 방호대책을 고려하는 최대 손실값인 PML을 이용한다.

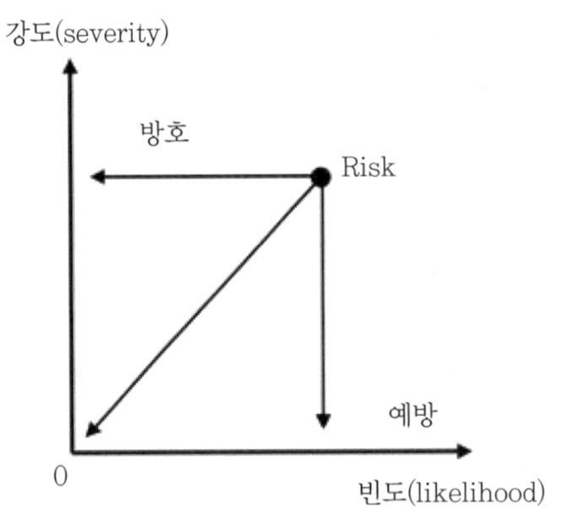

▌위험관리(빈도와 강도)[53] ▌

(2) Risk의 대상

1) 사상자
2) 재산피해
3) 복구기간 동안 피해액

(3) 사고발생 빈도

ETA, FTA 등의 정량적 방법에 의해 평가

(4) 사고영향분석

CA 등에 의하여 평가

(5) 위험성 평가절차

* SECTION 026 위험성 평가를 참조한다.

53) Figure 1. Risk management options. Low GWP refrigerants and flammability classification. 3Page

SECTION 026 위험성 평가

134 · 119 · 104 · 96 · 78 · 69회 출제

01 정의

(1) 위험을 식별하며, 각각의 위험으로부터 위험 정도를 예측하여 위험성 피해의 가능성 및 심각성을 파악하고, 현재의 대책이 위험에 견딜 수 있는지의 여부를 결정하는 과정(BS8800)이다.

(2) 사업장에서의 위험이 실제로 발생한 경우 근로자의 안전보건위험을 예측하는 과정(EU)이다.

(3) 직장에서 무엇이 안정에 장애의 원인이 될 수 있는지를 주의깊게 파악하고, 이미 충분한 대책이 세워져 있는지 아니면 그 이상의 대책을 행해야 할지 여부를 판단하는 과정(영국, HSE)이다.

(4) **화학공정의 위험성 평가**

1) **화학공정 정량적 위험성 평가(CPQRA : Chemical Process Quantitative Risk Assessment) :** 화학공정에서 공학적 평가와 수학적 기술을 토대로 사고결과와 빈도의 예측을 모아, 사고의 정량적 예측을 구현(CCPS)한다.

2) **화학공정 정성적 위험성 평가(CPQRA : Chemical Process Qualitative Risk Assessment) :** 화학공정에서 위험감소전략에 상대적 순위를 매기거나 위험목표를 비교함으로써 위험분석 결과를 의사결정에 활용하는 과정(CCPS)이다.

CCPS : Center for Chemical Process Safety로 미국의 화학공학회

(5) 공정 중에 존재하는 모든 위험을 적절한 방법에 의해 발견하고, 그 위험이 얼마나 자주 발생할 수 있는지, 위험이 발생하면 그 영향은 얼마나 큰지를 평가하는 일련의 행위이다.

02 위험성 평가목적

(1) 가동 중인 혹은 설계 중인 시설의 위험성 정량화

(2) 공정에 잠재하는 위험성의 우선순위 결정

(3) 위험성 평가를 통한 재해방지대책 제시
  1) 안전사고 사전예방
  2) 건강장해 사전예방

(4) 위험성 평가를 통한 비상대응계획 지원
  1) 발생 가능한 사고를 예측
  2) 재해특성 예측
  3) 빈도와 강도 예측

(5) 재정위험평가 : 보험요율 산정

(6) 고용인, 일반인에 대한 위험성 평가
  1) 쾌적한 작업환경 조성으로 근로자의 근로의욕 고취
  2) 주변 거주민에게 안전하다는 믿음을 제고하여 민원 등에 대응

(7) 법적 또는 규정요건 준수

(8) 합리적인 물류설계(lay-out)의 개선으로 생산성 및 품질 향상

(9) 사업주의 포괄적 재해예방의무(accountability) 확보

03 정성적 평가와 정량적 평가의 특징

(1) 정성적 평가

장점	단점
① 비교적 쉽고 빠른 결과를 도출함 ② 비전문가도 약간의 훈련을 통해 접근이 용이함 ③ 시간과 경비 절약 ④ 잠재적 위험요소 확인	① 평가자의 기술수준, 지식 및 경험의 정도에 따라 주관적인 평가가 되기 쉬움 ② 비개량화로 객관성의 확보가 곤란함 ③ 순위는 알 수 있지만 상대적인 비교가 곤란함

(2) 정량적 평가

장점	단점
① 공정 및 주변지역 안전성을 수치화(계량화) ② 공정하고 객관적인 안전성의 상대적 비교가 가능함 ③ 위험성의 경계(risk contour)를 이용한 완충지역 설정 가능 ④ 토지이용 및 위해물질 취급 시 유용하게 이용 가능 ⑤ 사고발생 빈도와 가혹도 통해 위험분석	① 사고발생확률을 예측하는 과정이 복잡하고 어려움. 따라서, 전문지식과 많은 자료가 필요하며, 전문가의 도움이 필요함 ② 시간과 경비가 과다하게 소요 ③ 분석기법의 표준화(standard)가 부족 ㉠ 위험도를 평가할 수 있는 객관적인 사회적 허용기준치의 미비 ㉡ 적합한 통계자료의 부족 및 분기확률의 산정 근거 미비 ㉢ 화재방호시스템의 유효성 · 신뢰성 판단의 어려움 ④ 위험수치에 너무 의존 시 오히려 역효과 발생 우려 ⑤ 분석기법상 방법의 적용 등에 주관적 판단이 개입 가능함 ⑥ 객관적 자료의 부족함

04 평가 방법 · 선정

(1) 화학공장의 위험성 평가방법은 크게 나누어 어떠한 위험요소가 존재하는지를 찾아내는 정성적 평가기법과 그러한 위험요소를 확률적으로 분석 · 평가하는 정량적 평가기법으로 분류할 수 있다.

(2) 선정방법

1) 위험성 평가기법은 각 기법별로 장단점이 있다.
2) 기법의 적절한 선정은 효율성과 분석비용에 많은 영향을 준다.
3) 숙련된 평가팀은 양질의 평가를 유지하기 위해서 여러 가지 기법들을 조합하여 사용한다.
4) 잘 알려진 위험요소를 포함하는 공정검토는 Check-list법이나 What-if 또는 ETA와 같이 경험을 바탕으로 한 기법을 사용한다.
5) 수많은 기계적 복잡성을 포함하거나 정교한 제어시스템을 포함하는 공정은 FMEA나 FTA가 적합하다.
6) 공정의 상태가 복잡하거나 운전상의 조건이 복잡하다면 HAZOP을 이용한다.

05 위험성 평가절차 126회 출제

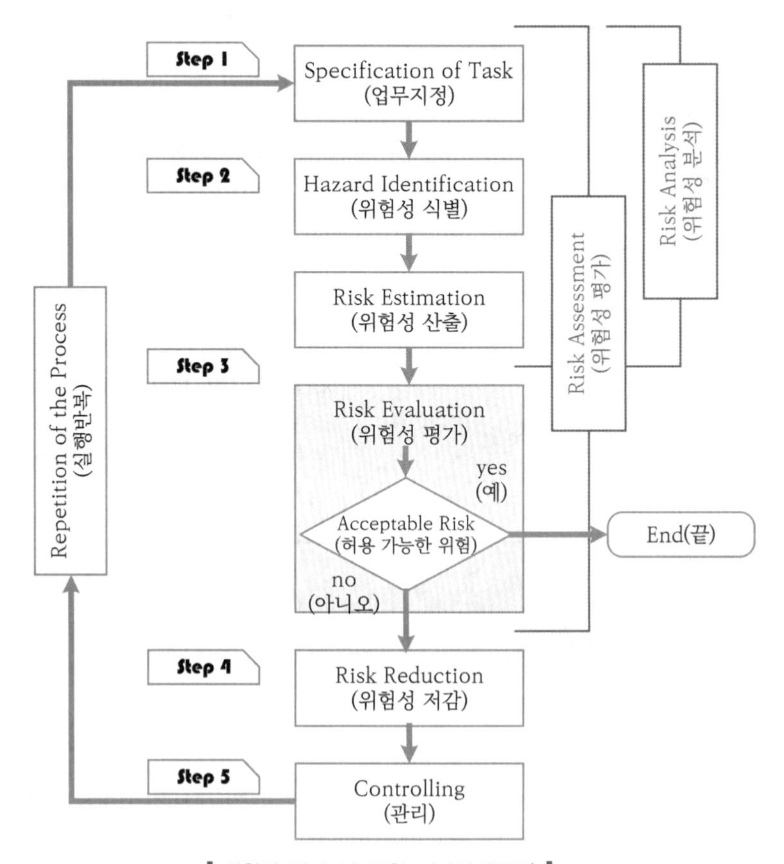

▌위험성 평가 및 위험 저감방법론[54] ▌

(1) 1단계

업무지정(specification of task)으로, 위험성 평가를 할 대상을 결정한다.

(2) 2단계

위험성 식별(hazard identification)로, 위험요소의 존재 여부를 규명하고 확인하는 절차이다.

1) 기술적 정보 수집

① 공정 및 공정 데이터(data) 수집

② 공정의 특성분석

2) 사고이력 데이터(data) 수집

54) 위험성 평가 – 일반가이드 10 위험 식별 및 평가, 대책 사양 7page '안전보건공단 발행'에서 발췌

3) **위험평가** : 정성적 위험성 평가기법을 활용하여 위험요인이 무엇이 있는지 대상을 선정한다.
   ① 안정성 검토
   ② HAZOP
   ③ 인간신뢰도 분석
   ④ 공정위험분석

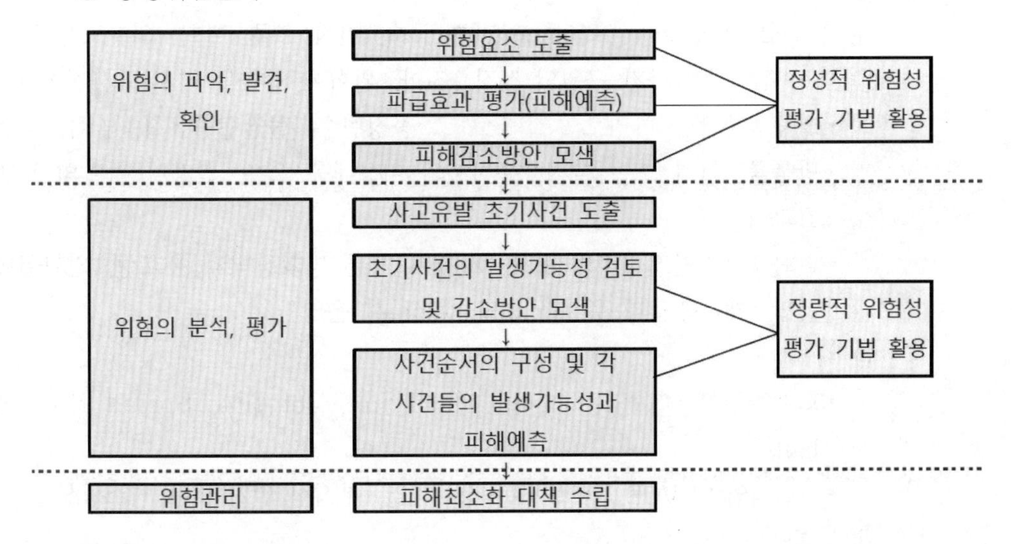

4) 위험평가 문서화
5) **위험성 식별** : 위험성 평가과정의 가장 중요한 단계로 촉발되면 바람직하지 않은 영향(부상 및 기타 건강에 대한 나쁜 영향, 물질적인 손실 및 능력손실 등의 기타 손실)을 일으킬 수 있는 모든 잠재된 위험을 식별하는 과정이다.
6) 이 단계를 실행할 때 다음 질문에 답변해야 한다.
   ① 위험의 구성요소는 무엇입니까?
   ② 위험에 노출된 사람은 누구입니까?
7) 위험식별은 무엇이, 어떻게, 어디서, 언제, 그리고 뭔가 잘못된 경로를 통해서 부정적 결과로 이어지는가를 아는 것이다.
8) 이 과정은 발생 가능한 사고나 재해의 특성을 파악하고, 나아가 발생빈도나 재해결과까지 예측하여 잠재된 위험으로부터 안전을 확보하기 위한 가장 기본적인 과정이다.

(3) 3단계

위험성 산출(risk estimation), 위험성 평가(risk evaluation), 위험도 표현(presentation of risk measures)

1) 위험성 산출(risk estimation) : 정량적인 위험성 평가기법을 사용한다.
   ① 파악된 위험성이 어느 정도 위험한지를 분석하여 위험을 이해하기 위한 과정이다.
   ② 위험이 얼마나 자주 발생하고(발생빈도, frenquency), 발생된 위험이 어느 정도(심도, severity)인가를 빈도와 심도의 곱으로 정량화한다.
   ③ 손실사건 시나리오 개발 : 사고영향분석(accident consequence analysis)
      ㉠ 초기 고장사건(누설 시나리오) : 진화 실패, 인적 오류, 발화, 외부노출 등
      ㉡ 중간사건 : 초기사건 근원의 성장, 전파, 완화에 영향을 미치는 사건이다.
         • 화재 · 폭발 시나리오의 전파요소 : 공정변수, 물질방출유형, 발화, 에너지 방출률, 환기 또는 날씨, 운전자의 비상대응 오류, 화재나 폭발의 도미노 효과
         • 완화요소 : 안전설비의 동작, 시간에 따른 방화장벽의 유효성, 완화설비의 응답, 제어응답과 운전자 응답, 비상 시 운영
      ㉢ 사고결과
         • 화재로부터 방출되는 복사열 : Pool fire, Jet fire, Spread fire, Fire ball
         • 폭발과압 : UVCE, 탱크 또는 장치파열, 부식성 연기 또는 연소생성물 농도
      ㉣ 위험의 크기분석
         • 위험이 사고로 전진되었을 때 어느 정도 피해를 줄 것인지 파악
         • 사고형태의 범위평가 : 누출, 화재, 폭발 등
      ㉤ 위험의 빈도분석(accident frequency analysis)
         • 사고발생 데이터에 기초하여 사고발생확률을 분석
         • 부분적 사고확률 → 최종 사고확률을 계산해 가는 과정
         • 사고발생 데이터에 기초인 정량적 분석법인 ETA, FTA를 이용
      ㉥ 방호대책을 고려한 예상 최대 손실(EML)
2) 위험성 평가(risk evaluation)
   ① 위험을 없애거나 최소화하려면 행동이 필요한지, 그리고 얼마나 빨리 그 행동을 취해야 하는지 결정한다.
   ② 위험성 평가 시 고려사항(EN ISO 14121-1)
      ㉠ 위험에 노출될 수 있는 모든 사람
      ㉡ 노출의 유형, 빈도, 시간
      ㉢ 위험노출과 영향의 관계
      ㉣ 인적 요인(사람 간의 상호작용, 심리적 관점 등)
      ㉤ 보호대책의 적합성

ⓑ 보호대책 위반 또는 회피가능성

ⓢ 보호대책 유지 능력

③ 위험이 수용할 만한 것인지 평가

㉠ 만일 작업조건이 안전하다고 판단되면, 추가적인 행동을 취할 필요가 없다.

㉡ 반면에 특정업무를 수행하는 것에 관한 위험을 수용할 수 없을 경우 위험 저감을 목표로 한 행동을 수행해야 한다.

3) 위험도 표현(presentation of risk measures) : 위험성 평가를 통해 의사결정을 하기 위해서는 위험도를 도표나 수치로 표현한다.

① 개인적 위험(IR)

② 사회적 위험(SR)

(4) 4단계

위험성 저감(대책 선택 및 조치, risk reduction)

1) **평가된 위험의 수준에 따라 효율적인 위험방지대책을 계획 및 실행** : 새로운 위험을 발생시키지 않으면서 기존의 위험을 없애거나 최소화한다.

① 안전장치 설치

② 방재대책 설립

2) **위험 예방행동조직의 일반적인 규칙이 적용되는 분야**

① 위험을 근본적으로 없애거나 저감시키는 기술적인 대책 : 작업과정의 자동화 및 기계화 등

② 집합적인 보호장비

③ 절차 및 조직상의 대책

④ 개인보호구

3) 계획단계에서는 다음 두 가지 질문에 대한 답을 제공해야 한다.

① 취해진 행동들이 위험수준을 예상한 만큼 낮춰줄 수 있는가?

② 적용된 해결책으로 인해 새로운 위험이 발생하지는 않는가?

4) 실행단계에서는 다음 사항의 감독에 책임을 지는 사람(또는 여러 사람)이 지정되어야 한다.

① 적절히 선택된 대책을 실행한다.

② 적절한 용도에 대한 교육을 제공한다.

③ 대책을 적절한 기술적 상태로 유지하여 모든 특성이 유지되도록 보장한다.

(5) 5단계

관리(controlling)

1) **예방대책은 전사적으로 적용 및 조율** : 정보의 흐름과 조화된 행동에 따른 효율적인 위험관리

2) 체계적인 검사
   ① 적절한 행동조치를 검사
   ② 사전에 설정된 목적달성(위험제거 또는 저감)을 하는지 검사
   ③ 특정기간 안에 실행된 해결책이 효율적으로 작동하고 있는지 검사

용어 정리

① Risk analysis : 가능성과 결과를 확인하는 절차
② Fire risk estimation : 가능한 수량적 방식으로 Risk의 특성에 대해 내리는 과학적인 판단
   ㉠ 어떤 일이 발생할 수 있는가 : 가능성
   ㉡ 발생한 경우 얼마나 나쁜 상황이 될 수 있는가 : 결과(consequence)
   ㉢ 발생할 가능성은 얼마나 되는가 : 확률
③ Risk evaluation : Risk의 중요성과 허용성에 대해 판단하는 Risk assessment의 구성요소
④ Risk assessment : 개인, 사회 또는 환경에 대한 Risk 레벨 또는 Risk의 허용 가능한 레벨에 대한 정보를 구축하는 과정

SECTION 027 Risk assessment(4M 위험성 평가)

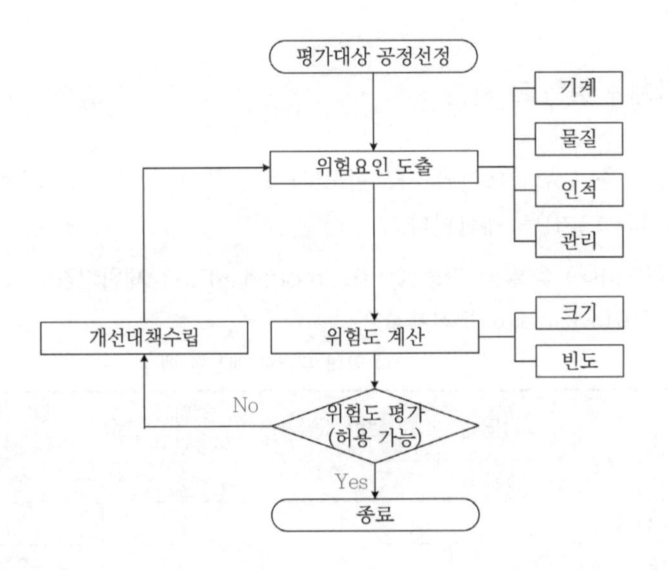

01 1단계 – 평가대상 공정(작업)선정

(1) 평가대상을 공정(작업)별로 분류하여 선정한다.

(2) 작업공정 흐름도에 따라 평가대상 공정(작업)이 결정되면 사업장 안전보건상 위험정보를 작성하여 평가대상 및 범위를 확정한다.

02 2단계 – 위험요인의 도출

위험을 기계(Machine), 물질 및 환경(Media), 인적(Man), 관리(Management) 등 4M에 의해 구분평가한다.

(1) 기계

불안전 상태를 유발시키는 물적 위험평가

(2) 물질 및 환경

소음, 분진, 유해물질 등 작업환경 평가

(3) **인적**

작업자의 불안전 행동을 유발시키는 인적 위험평가

(4) **관리**

사고를 유발시키는 관리적인 결함사항 평가

03 3단계 - 위험도 계산

(1) 2단계에서 도출된 위험요인별 사고빈도(가능성)와 사고의 강도(피해 크기)를 조합하여 위험도(위험의 크기)를 계산한다.

(2) 위험성 심각도(risk) = 발생 가능성 빈도(frequency) x 잠재위험강도(consequence)

1) 위험성 지표(risk matrix) 121회 출제

▌국내 위험도 계산의 예▐

빈도	강도	영향 없음	경미한 불휴업재해	경미한 휴업재해	중대재해
	수준	1	2	3	4
거의 없음	1	1	2	3	4
낮음	2	2	4	6	8
있음	3	3	6	9	12
높음	4	4	8	12	16
빈번함	5	5	10	15	20

▌외국 위험도 계산의 예▐

RISK ESTIMATE MATRIX					
LIKELIHOOD	Highly likely	Low	Moderate	High	High
	Likely	Negligible	Low	High	High
	Unlikely	Negligible	Low	Moderate	High
	Highly unlikely	Negligible	Negligible	Low	Moderate
		Marginal	Minor	Intermediate	Major
		CONSEQUENCES			

2) 위험성 지표에 의거하여 발생빈도(F)와 위험강도(C)의 값을 곱한 값으로, 위험도로 기재한다.

04 4단계 – 위험도 평가

(1) 3단계에서 도출된 위험도 계산값에 따라 허용할 수 있는 범위의 위험인지, 허용할 수 없는 위험인지를 판단한다.

(2) 아래와 같이 위험도를 단계별로 구분하여 관리기준에 따라 판단한다.

위험도 수준		관리기준	비고
1 ~ 3	무시할 수 있는 위험	현재의 안전대책 유지	위험작업을 수용함 (현 상태로 계속 작업 가능)
4 ~ 6	미미한 위험	안전정보 및 주기적 표준작업 안전교육의 제공이 필요한 위험	
8	경미한 위험	위험의 표지부착, 작업절차서 표기 등 관리적 대책이 필요한 위험	
9 ~ 12	상당한 위험	계획된 정비 · 보수 기간에 안전감소대책을 세워야 하는 위험	조건부 위험작업 수용 (조건부로 작업 허용 가능)
12 ~ 15	중대한 위험	긴급 임시안전대책을 세운 후 작업을 하되 계획된 정비 · 보수 기간에 안전대책을 세워야 하는 위험	
16 ~ 20	허용불가 위험	즉시 작업중단(작업을 지속하려면 즉시 개선을 실행해야 하는 위험)	위험작업 불허 (특시 작업중지)

05 5단계 : 개선대책 수립

위험도가 높은 순으로 개선대책을 수립한다.

(1) 허용불가 위험, 중대한 위험, 상당한 위험 순으로 구분하여 나열한다.

(2) 개선대책은 합리적이고 실행 가능한(ALARP : As Low As Reasonably Practical) 한 위험도를 낮게 하도록 계획 · 수립한다.

(3) **개선대책은 현재의 안전조치를 고려하여 구체적으로 수립**

개선대책 실행 후 위험도는 허용할 수 있는 범위 내의 위험수준

(4) **개선일정의 고려사항**

위험도 수준, 정비일정 및 소요경비 등

(5) 개선대책 후 잔여 유해 · 위험 요인에 대한 정보게시 및 교육실시

SECTION

028 위험성 평가방법

01 정성적 평가기법(HAZID : Hazard Identification, qualitative assessment)

(1) 개요

1) 위험요소의 존재 여부를 규명하고 확인하는 절차로서, 정성적 평가방법을 사용한다.

2) 목적 : 위험요인을 도출하고 위험요인에 대한 안전대책을 확인하고 수립한다.

(2) 위험과 운전성 분석법(HAZOP : Hazard and Operability)

1) 정의 : 위험과 운전성 분석법은 설계의도에서 벗어나는 일탈현상(이상상태)을 찾아내어 공정의 위험요소와 운전상의 문제점을 도출하는 방법

2) 목적 : 잠재적 위험요소와 문제점을 발견하기 위한 방법이다.

3) 시기 : 설계완료단계(설계가 구체화된 시점), 공장건설완료 후 시운전 바로 전, 기존 공정의 재설계

4) 인원 : 4 ~ 7명

5) 장단점

장점	단점
① 체계적 접근이 가능함 ② 각 분야별 종합적 검토가 가능함 ③ 안전상 문제뿐 아니라 운전상의 문제점도 확인 가능함 ④ 프로젝트 모든 단계에 적용 가능함 ⑤ 검토결과에 따라 정량적 평가를 위한 자료제공	① 팀의 구성에 상대적으로 많은 구성원의 참여가 필요함 ② 많은 소요시간 필요함

(3) 체크리스트법(process check list)

1) 정의 : 안전점검을 실시할 때 점검자에 의한 점검개소의 누락이 없도록 활용하는 안전점검기준표를 활용하여 최소한의 위험도를 인지하는 방법

2) 시기 : 설계, 시운전 시, 건설, 정상운전, 운전정지 시 적용한다.

3) 대상 : 설계, 운전과 관련된 사항

4) 결과 : 정성적 위험요소 확인이 가능 → 수를 늘려 통계적으로 이용하면 정량적인 분석도 가능한 방법

5) 장단점

장점	단점
① 미숙련자도 적용 가능 ② 사용이 간편하고, 소요시간이 작음 ③ 쉬운 결과 도출가능함 ④ 정보교환 용이성	① 점검표에 기재되지 않은 사항은 점검이 곤란 : 복잡하거나 예측하기 어려운 사항들을 누락 우려 ② 주기적으로 보완이 필요함 ③ 위험성 평가의 최소한 기준 ④ 체크리스트 작성자의 경험, 기술수준, 지식을 기반으로 하므로 주관적인 평가가 됨 ⑤ 위험의 상호작용을 반영하지 않음 ⑥ 코드(code)나 기준보다 덜 일반적 : 특정적이어서 복합적으로 적용이 곤란함

(4) 사고예상질문법('What if' analysis)

1) 정의 : 공장에 잠재하고 있으면서 원하지 않는 나쁜 결과를 초래할 수 있는 사고에 대하여 예상질문을 통해 사전에 위험요소를 확인하고 그 위험의 결과 및 크기를 줄이는 방법을 제시한다.

2) 목적 : 설계, 건설, 운전단계, 공정의 수정 등에서 생길 수 있는 바람직하지 않은 결과(일탈현상)를 조사하기 위함이다.

3) 방법
① 'What if ~(만약 ~라면)' 질문
② 질문에 대하여 토론(문제점, 대책)을 통하여 위험을 줄이는 방법을 도출

4) 시기 : 설계, 시운전 시, 공정변경 시

5) 결과 : 정성적 목록, 정량적 목록

6) 소요인원 : 2 ~ 3명

7) 장단점

장점	단점
적용과 운용이 간단함	비체계적, 분석자의 경험에 좌우됨

(5) 예비위험분석법(preliminary hazard analysis)

1) 정의 : 시스템의 위험분석을 하기 전 실시하는 예비작업으로 안전에 대한 지식전문가들이 공정의 위험부분을 열거하고 그 사고빈도와 심각성에 대해 토의하여 결정하는 기법

2) 목적 : 위험을 일찍 인식하여 위험이 나중에 발견되었을 때 드는 비용을 절약하기 위해 실시한다.

3) 시기 : 설계 초기 단계, 공정의 기본요소와 물질이 정해진 단계

4) 장단점

장점	단점
① 숙련된 엔지니어에 의해 다른 방법보다는 적은 노력과 경비로 수행이 가능함 ② 시스템 구조를 기능적으로 분석 ③ 주요한 리스크를 처음부터 제거하거나 최소화하여 관리할 수 있어 초기에 발생하는 위험에 대한 적절한 대응이 가능함	평가결과가 정성화된 자료임

(6) 안전성 검토법(safety review)

1) 정의 : 2 ~ 3명의 기술자가 준비한 공정에 대한 여러 가지 정보나 공정을 직접 돌아보거나 현장전문가와 인터뷰를 통해 자료를 얻고, 상호토론을 통해 공정의 위험성을 파악하는 방법
2) 목적 : 공장의 운전과 유지절차가 설계목적과 기준에 부합되는지 확인하기 위함이다.
3) 체크리스트나 사고예상질문법 등과 동시에 실시한다.
4) 시기 : 운전 중 일정 주기마다 시행한다.
5) 인원 : 2 ~ 3명
6) 대상 : 물질, 설비, 운전방법
7) 장단점

장점	단점
① 프로젝트 수행 전에 변경 가능함 ② 전문적인 지식과 책임을 진 조직에 의해서 검토 가능(다양한 각도의 검토 가능)함	① 광범위하고 세밀한 위험분석이 결여됨 ② 미지의 공정에 대한 위험분석이 곤란함

(7) 이상위험도분석법(FMECA : Failure Modes, Effects and Criticality Analysis)

1) Failure mode : 공정이나 공장장치가 어떻게 고장이 났는가에 대한 설명을 한다.
2) Effects : 고장에 대해 어떤 결과가 발생될 것인가에 대한 설명을 한다.
3) Criticality : 그 결과가 얼마나 치명적인가를 분석하여 위험도 순위를 만들어서 고장(failure mode)의 영향을 파악하는 방법이다.
4) 정의 : 설계의 불완전이나 잠재적인 결점을 찾아내기 위해 구성요소의 고장모드와 그 상위 아이템에 대한 영향을 해석하는 기법인 FMEA에서 특히 그 영향의 치명도에 대한 정도를 중요시하여 분석하는 기법
5) 시기 : 설계개선, 운전 시, 건설 중
6) 대상 : 단일사고로 발생 가능한 최악의 상황에 대해 분석이 필요한 대상
7) 인원 : 2명 이상

8) 장단점

장점	단점
① 체계적 · 단계적 접근이 가능함 ② HAZOP이나 FTA와 같은 더욱 상세한 위험평가분석법을 보충하는 것뿐만 아니라 기존설비를 평가하고 가능한 사고를 나타내는 하나의 이상을 확인하는 데 사용함	① 복합적 설비결함인 경우는 부적절함 ② 작업자의 실수를 포함하지 않음 ③ 사고를 야기하는 장치 이상들의 조합을 알아내는 데는 비효율적임

(8) 작업자 실수 분석법(HEA : Human Error Analysis)

1) 정의 : 설비의 운전원, 정비보수원, 기술자 등의 작업에 영향을 미칠만한 요소를 평가하여 그 실수의 원인을 파악하고 추적하는 기법

2) 목적 : 잠재된 작업자의 실수 및 효과를 추정하고 결과를 정성적으로 표현(정량적인 표현도 가능)이 가능

4) 방법론 : 공장의 운전절차와 공정 등에 대해서 잘 아는 분석자가 기술자와의 면담 등

5) 장단점

장점	단점
① 작업에 영향을 미치는 요소파악이 가능함 ② 작업자 실수에 대한 정량적인 데이터가 취득됨	작업자의 실수와 관련된 요소에 국한됨

(9) 상대위험순위분석법(relative ranking)

1) 정의 : 사고에 의한 피해 정도를 나타내는 상대적 위험순위와 정성적인 정보를 얻는 방법

2) 방법 : Dow and mond indices를 사용

Dow and mond indices는 화학공장에 존재하는 위험에 대해 간단하고 직접적으로 상대적 위험순위를 파악 가능하게 해주는 지표로서, 공장의 상황에 따라 위험요소(penalty)와 안전요소(credit)를 부여한다.

02 정량적 평가기법(HAZAN : Hazard Analysis, quantitative assessment)

(1) 목적

위험요인별로 사고로 발전할 수 있는 확률과 사고피해 크기를 수치로 계산해 위험도를 나타내고 허용범위를 벗어난 위험에 대해 안전대책을 수립하여 시행하기 위한 평가기법

(2) 빈도분석방법(frequency analysis)

1) 결함수분석법(fault tree analysis)

① 정의 : 대상 플랜트나 시스템에서 원하지 않는 발생사상을 원인측면에서 소급분석(연역적)함으로써 여러 인과관계를 파악하고자 하는 방법

② 수행절차 : 정상사상 선정 → 사상의 재해원인규명 → Fault tree 작성(상호관계 규명) → 개선계획 작성 → 실시계획

③ 결과는 2가지 형식(성공/실패)으로 정의할 수 있다.

④ 장단점

장점	단점
① 정상사상(재해)을 야기시킨 기기의 결함 및 운전원의 실수를 논리적인 조합으로 가시적 표현이 가능함 ② 사고의 빈도 및 확률을 측정할 수 있는 정량적 해석 가능	많은 시간과 비용이 수반됨

2) 사건수 분석법(event tree analysis)

① 정의 : 초기사건이나 고장(설비고장, 누출 등)에서부터 최종 결과까지 경로와 상관관계를 순차적, 도식적, 확률적으로 분석해 가는 귀납적 기법

② 시간적인 전후관계에 의해 조직되고 나열

③ 수행절차 : 초기사건의 선정 → 안전에 미치는 영향의 조사 규명 → 사건수 구성 → 사고형태, 결과의 확인 → 예상되는 확률로 순위결정

④ 장단점

장점	단점
① 초기사건을 따라 사고의 발생순서를 확인할 수 있음 ② 시간에 따른 기기의 결함 또는 운전원의 실수 등에 의한 사고 시나리오 확인 가능 : 복잡한 상황의 분석 가능함 ③ 분석, 목적 용도에 따라 성공 또는 실패 이외의 사상도 분석 가능함	① 각 사고의 발생확률을 확보하기가 곤란함 ② 부분적 실패에 대한 분석이 곤란함

(3) 피해영향분석법(CA : Consequence Analysis) 69회 출제

1) 정의 : 누출, 화재, 폭발, 가스확산 등의 분석에 사용되는 정량적 위험성 평가기법

2) 종류

① 누출분석 : 액상가스, 기상유체 2상 유체

② 화재분석 : Jet fire, Pool fire

③ 폭발분석 : 물리적 폭발, VCE, Bleve

④ 가스확산분석 : 연속누출 모델, 순간방출 모델

3) 장단점

장점	단점
① 정량적으로 사고피해를 표현하여 실감하게 되고 안전의식 향상에 도움됨 ② 중대산업사고 예방기법 발전을 촉진시킴 ③ 피해 크기를 지역별로 정량적으로 제시하여 사고 발생 시 피해를 최소화하는 비상조치계획의 과학적인 수립이 가능함	소요시간이 과다하고 확률데이터의 수집이 필요함

(4) 사고원인 – 결과 영향분석방법(cause – consequence analysis)

잠재된 사고의 결과와 이러한 사고의 근본원인을 찾고, 원인과 결과의 상호관계를 예측 · 평가하는 기법

03 위험성 평가기법 선정기준

공정위험성 평가기법은 사업단계와 평가의 목적 그리고 공정형태에 따라 다르게 사용되며 그 예시는 다음과 같다.

▌위험성 평가의 적용55) ▌

구분		정성적 평가기법						정량적 평가기법		
		Check list	What-if	DMI	HAZOP	FMECA	HEA	ETA	FTA	CCA
사업 단계	사업 초기	●	●	●						
	상세설계	●	●	●	●	●	●	●	●	●
목적	위험의 일반적 이해	●	●	●						
	위험의 철저한 분석				●	●	●	●	●	●
	정량적 분석							●	●	●
공정 형태	간단, 알려진 기술	●	●	●	●		●	●	●	●
	복잡, 신기술				●	●				
	제어, 연동				●	●				
	회분공정, 운전절차, 비공정조작			●	●	●	●			

04 위험의 표현방법

* SECTION 037 위험의 표현을 참조한다.

55) KOSHA 자료에서 발췌

SECTION 029

HAZOP

134 · 104회 출제

01 개요

(1) 정량적 위험성 평가를 하기 위해서는 먼저 대상설비나 공정의 위험을 도출할 수 있는 위험과 운전분석(HAZOP : Hazard and Operability Study) 같은 정성적 평가가 선행되어야 한다.

(2) **정의**

공정에 존재하는 위험요인과 공정의 효율을 떨어뜨릴 수 있는 운전상의 문제점을 찾아내어 그 원인을 제거하는 방법이다.

(3) 실제 의도에서 벗어나는 공정상의 위험요인[일탈(deviation)]과 공정의 효율을 떨어뜨릴 수 있는 운전상의 문제점을 찾아내어 그 원인을 제거하는 정성적 위험평가방법이다.

(4) **용어의 정의**

1) **위험요인** : 인적 · 물적 손실 및 환경피해를 일으키는 요인(요소) 또는 이들 요인이 혼재된 잠재적 위험요인으로 실제 사고(손실)로 전환되기 위해서는 자극이 필요하며 이러한 자극으로는 기계적 고장, 시스템의 상태, 작업자의 실수 등 물리 · 화학적, 생물학적, 심리적, 행동적 원인이 있다.

2) **운전성** : 운전자가 공장을 안전하게 운전할 수 있는 상태

3) **설계의도(design intention)** : 설계자가 바라고 있는 운전조건

4) 변수(parameter)

① 정의 : 유량, 압력, 온도, 물리량이나 공정의 흐름 조건을 나타내는 변수

② 변수의 예

㉠ Flow : 흐름 F

㉡ Temperature : 온도 T

㉢ Pressure : 압력 P

㉣ Time : 시간 t

5) 가이드워드(guide word) : 수의 질이나 양을 표현하는 간단한 용어

6) 이탈(deviation) : 가이드워드와 변수가 조합되어 유체흐름의 정지 또는 과잉상태와 같이 설계의도로부터 벗어난 상태

7) **원인(cause)** : 이탈이 일어나는 이유

8) 결과(consequence) : 이탈이 일어남으로써 야기되는 상태
9) 현재 안전조치 : 이탈에 대한 안전장치의 역할을 하고 있는 이미 설치된 장치나 현재의 관리상황
10) 개선권고사항 : 이탈에 대한 현재 안전조치가 부족하다고 판단될 때 추가적인 안전성을 확보하기 위해 도출된 장치 또는 활동 등

02 HAZOP의 목적

(1) 안전측면에서 잠재적인 위험요인이나 운전상의 문제점을 파악한다.
1) 위험요인
① 인적 · 물적 손실 및 환경피해를 일으키는 요인(요소) 또는 이들 요인이 혼재된 잠재적 위험요인으로 실제 사고(손실)로 전환되기 위해서는 자극이 필요하다.
② 자극 : 기계적 고장, 시스템의 상태, 작업자의 실수 등
2) 운전성 : 운전자가 공장을 안전하게 운전할 수 있는 상태

(2) 파악된 위험요소나 운전상의 문제점에 대한 고려가 설계상에 반영되어 있는지 확인한다.

(3) 설계상의 고려가 적합한지 확인한다.

(4) 설계상의 고려가 누락 또는 적절하지 않다고 판단된 경우 설계변경을 요구한다.

03 HAZOP 구성

(1) 구성원
5 ~ 7명

(2) 팀 리더(team leader)
3년 이상의 공장실무 경력과 HAZOP의 경험이 필요하다.

(3) 구성원
설계팀의 기술자 및 향후 운전을 담당할 운전팀의 기술자가 반드시 참여해야 한다.
1) 기존 공장의 위험성 평가를 수행하거나 소규모 공장 변경에 대한 위험성 평가 : 공장 운전팀의 공정, 계측제어, 기계, 전기기술자 및 운전조장 등
2) 신설 공장 : 사업책임자, 공정, 계측제어, 기계, 전기기술자 및 운전조장 등
3) 서기 : 위험성 평가결과 기록지 및 각 개선권고사항의 검토배경 작성

04 HAZOP 전제조건(원칙)

(1) 장치와 설비는 설계 및 제작사양에 적합하게 제작한다.

(2) 안전장치는 필요 시 정상작동한다.

(3) 동일기능의 2가지 이상 기기고장 및 사고는 발생하지 않는다.

(4) 사소한 사항이라도 간과하지 않는다.

(5) 위험의 확률이 낮으나 고가설비를 요구할 시는 안전교육 및 직무교육으로 대체할 수 있다.

(6) 작업자는 위험상황 시 필요한 조치를 취한다.

05 HAZOP 수행절차

(1) 평가대상 선정

팀 리더(team leader)가 참가자들이 공정설명 및 평가도면을 선정한다.

1) 공정정보목록 선정

공정번호	단위공정	특성

2) 도면목록 선정

도면번호	도면이름

3) 검토하고자 하는 설비에 대한 전반적인 공정설명을 한다.
4) 도면에 표기된 모든 장치 및 설비에 대한 목적과 특성을 설명하고 토의한다.

(2) 검토구간(node) 선정 및 관련 정보를 작성

1) 검토구간(node)의 정의 : 위험성 평가를 하고자 하는 설비구간
2) 설계목적(유체의 흐름방향, 온도, 압력, 액위의 증감 등)과 공정의 복잡성(화학반응, 제어 논리 등)에 따라 검토구간을 정한다. 검토구간의 고려사항은 다음과 같다.
   ① 가능한 한 공정흐름 순서를 따른다.
   ② 원료가 투입되는 배관 주변을 첫 번째 검토구간으로 정한다.
   ③ 검토구간 변경사유
      ㉠ 설계목적이 변경될 때
      ㉡ 온도, 압력, 유량 등 공정운전 조건의 변경이 있을 때
      ㉢ 다음에 연결되는 공정설비가 있을 때
   ④ 다음 도면으로 바뀌어도 배관으로 계속 연결되는 경우에는 동일한 검토구간으로 간주한다.
3) 검토구간 정보를 작성한다.

검토구간 정보

쪽 :

도면번호	구간번호	검토구간 표시	설계의도	검토일자	검토자	공정종류

4) 검토구간별 가이드 워드를 작성한다.

검토구간별 가이드 워드 [별지 4]

공정 :

쪽 :

구간번호	변수	설계의도	없음	증가	감소	반대	부가	부분	기타	잘못	기타 1	기타 2

(3) 위험성 평가 실시

1) 가이드 워드와 변수를 조합한 이탈을 도출하여 정상운전 상태로부터 벗어날 수 있는 가능한 원인과 결과를 조사한다.

‖ 연속공정에 대한 가이드 워드의 종류 및 정의 ‖ 104회 출제

Guide word	정의	예
No(없음)	설계의도에 반하여 변수의 양이 없는 상태	흐름 없음(no flow)이라고 표현할 경우 : 검토구간 내에서 유량이 없거나 흐르지 않는 상태
More(증가)	변수가 양적으로 증가한 상태	흐름 증가(more flow)라고 표현할 경우 : 검토구간 내에서 유량이 설계의도보다 많이 흐르는 상태
Less(감소)	변수가 양적으로 감소한 상태	증가(more)의 반대이며, 적은 경우에는 없음(no)으로 표현
Reverse(반대)	설계의도와 반대	유량이나 반응 등에 흔히 적용되며 반대흐름(reverse flow)이라고 표현할 경우 : 검토구간 내에서 유체가 정반대 방향으로 흐르는 상태
As well as(부가)	설계의도 외에 다른 변수가 부가	오염(contamination) 등과 같이 설계의도 외에 부가로 이루어지는 상태
Parts of(부분)	설계의도대로 완전히 이루어지지 않는 상태	조성비율이 잘못된 것과 같이 설계의도대로 되지 않는 상태
Other than(기타)	설계의도대로 설치되지 않거나 운전이 유지되지 않는 상태	밸브가 잘못 설치되거나 다른 원료가 공급되는 상태 등

2) 위험성 평가결과 수정이나 변경이 필요한 경우에는 도면에 적색으로 표시하고 평가가 끝난 구간은 녹색으로 표시하는 등 색깔을 달리하여 구분한다.

3) 모든 검토구간에 대한 위험성 평가가 완료되면 도면에 평가를 완료하였다는 서명을 한 후 다음 도면을 평가한다.

4) 과거 유사설비 또는 공정에서 발생했던 중대산업사고, 공정사고 및 2차사고에 대하여도 위험성 평가를 수행한다.

(4) 위험성 평가결과 기록지 작성

위험성 평가결과를 기록하는 때에는 육하원칙에 따라 기기, 장치, 설비 및 계기의 고유번호를 사용하여 작성한다.

위험성 평가결과 기록지

공정 :
도면 :　　　　　　　　　　　　　　　　　　　　　　　　　　　　　　검토일 :
구간 :　　　　　　　　　　　　　　　　　　　　　　　　　　　　　　쪽 :

이탈번호	이탈	원인	결과	현재 안전조치	위험도	개선번호	개선권고사항

(5) 위험도의 구분

1) 사고의 발생빈도와 강도를 조합하여 1에서 5까지 구분할 수 있다.

▍위험도 대조표 예시 ▍

강도 \ 발생빈도	3(상)	2(중)	1(하)
4(치명적)	5	5	3
3(중대함)	4	4	2
2(보통)	3	2	1
1(경미)	2	1	1

2) 위험도를 결정하는 경우 발생빈도는 현재 안전조치를 고려하여 결정하나, 강도는 현재 안전조치를 고려하지 않는다.

(6) 개선권고사항의 작성

1) 우선조치 순위를 정하여 경영진에게 보고한다.
2) 개선권고사항에 대한 후속조치를 담당할 부서에서 후속조치를 할 수 있도록 다음과 같은 자료를 개선권고사항에 첨부한다.
   ① 위험성 평가팀이 검토하였던 시나리오
   ② 이탈에 따른 가능한 결과
   ③ 위험성 평가팀이 제안한 개선권고의 요지
3) 모든 개선권고사항은 다음과 같은 사항을 고려하여 작성한다.
   ① 무슨 조치가 필요한가?
   ② 어디에 이 조치가 필요한가?
   ③ 왜 이 조치가 시행되어야 하나?

06 HAZOP 보고서 작성과 후속조치

(1) 위험성 평가 보고서 작성

1) 위험성 평가 보고서에는 다음과 같은 사항이 포함되어야 한다.
   ① 공정 및 설비 개요
   ② 공정의 위험특성
   ③ 검토범위와 목적
   ④ 위험성 평가팀 구성원 인적 사항
   ⑤ 위험성 평가결과 기록지
   ⑥ 위험성 평가결과 조치계획
2) 위험성 평가회의 시에 사용하였던 공정흐름도면, 공정배관·계장도면, 운전절차 등의 공정안전자료는 위험성 평가서류에 철하여 보관한다.
3) 서기는 위험성 평가회의에서 논의된 내용을 작업일자별로 서류화하고 논의된 내용과 결과를 기록하여야 한다.
4) 위험성 평가회의 결과 사본을 팀 구성원들에게 배포하여 검토를 거친다.

(2) 개선권고사항의 후속조치

1) 위험관리기준을 바탕으로 하여 개선권고사항을 검토한 후, 후속조치가 필요한 개선권고사항은 우선순위를 정하여 조치하여야 한다. 경영자는 위험도가 높은 위험성 평가결과에 대하여 회사의 허용 가능한 위험도 이하로 낮추기 위한 안전조치를 반드시 취하여야 한다.
2) 개선권고사항에 대한 후속조치는 회사의 특성에 따라 정비부, 기술부 또는 사업부 등에서 각각 시행할 수 있도록 책임부서를 지정하여야 한다.
3) 경영자는 개선권고사항에 대한 후속조치가 적절히 이행되는지 여부를 확인하여야 한다.

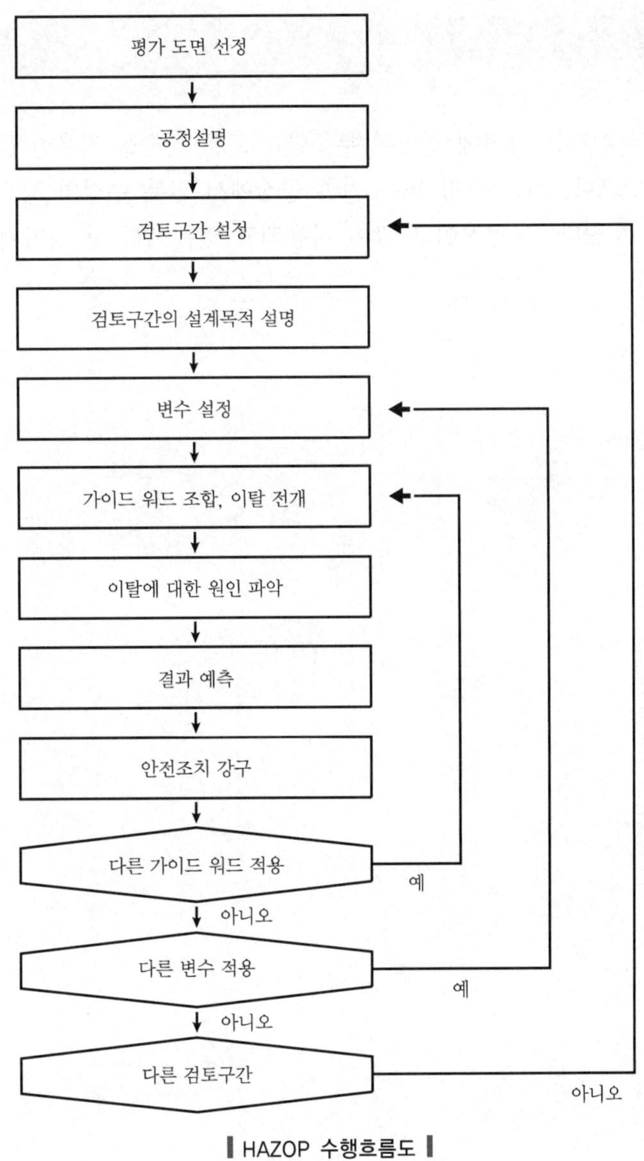

▌HAZOP 수행흐름도 ▌

07 장단점

장점	단점
① 체계적 접근, 각 분야별 종합적 검토로 완벽한 위험요소 확인이 가능함 ② 공정의 운전정지시간을 줄여 생산물의 품질향상 및 폐기물 발생의 간소화 ③ 공정안전에 대해 근로자에게 신뢰성 제공함	① 팀의 구성 및 구성원의 참여 소요기간이 과다함 ② 접근방법이 매우 지루하며, 시간이 오래 걸리고 위험과는 무관한 잠재적인 위험요소를 확인할 수 있음

08 결론

HAZOP의 근본 취지는 과거에 경험이 부족한 새로운 기술을 적용한 공장에 대하여 실시할 목적으로 개발되었으나, 기존 공장 또는 기존 공장에서 일부 수정의 경우에도 아주 효과적인 방법으로 알려지고 있다. 보편적이고 많이 사용되고 있는 위험성 평가기법 중 하나이다.

SECTION 030 공정안전성 분석기법(K-PSR) 134회 출제

01 개요

(1) 공정안전성 분석기법(K-PSR : KOSHA Process Safety Review)의 정의

설치 · 가동 중인 기존 화학공장의 공정안전성(process safety)을 재검토하여 사고위험성을 분석(review)하는 기법

(2) 위험형태

사업장에서 발생한 사고로 인하여 직 · 간접적으로 인적, 물적, 환경적 피해를 입히는 원인이 될 수 있는 잠재적인 위험의 종류

1) 누출
2) 화재 · 폭발
3) 공정 트러블
4) 상해

02 평가절차 및 적용범위

(1) 평가절차

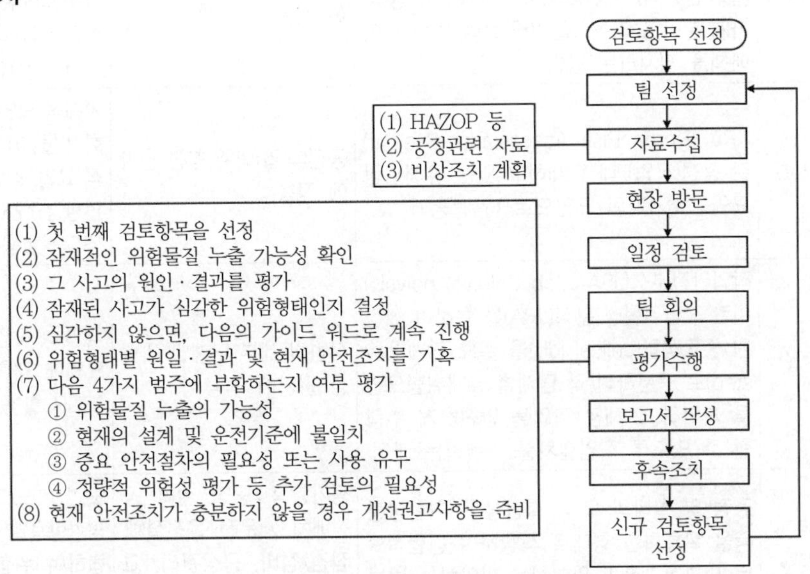

▎공정안전성 분석기법(K-PSR) ▎

(2) K-PSR 적용범위

1) 화학공장의 연속식 공정과 회분식 공정의 안전성 평가

2) 설치 · 가동 중인 기존의 화학공장에서 위험과 운전분석(HAZOP)기법 등으로 위험성 평가 실시 후 다시 공정상의 안전성 재검토 또는 분석에 활용

03 위험성 평가기법별 비교분석

대상	기법	정의	적용범위	평가대상 및 방식
공정	HAZOP	위험과 운전분석(HAZOP : Hazard and Operability Study)이란 공정에 존재하는 위험요인과 공정의 효율을 떨어뜨릴 수 있는 운전상의 문제점을 찾아내어 그 원인을 제거하는 방법	공정의 위험성 평가에 적용	도면 > 노드(검토구간) 변수/가이드워드별 이탈에 대한 위험도 평가
공정	K-PSR	공정안전성 분석기법(K-PSR : KOSHA Process Safety Review)이란 설치 · 가동 중인 기존 화학공장의 공정안전성(process safety)을 재검토하여 사고위험성을 분석(review)하는 기법	공정의 안전성을 평가하는 데에 적용한다. 특히 설치 · 가동 중인 기존의 화학공장에서 위험과 운전분석(HAZOP)기법 등으로 위험성 평가를 실시한 후 다시 공정상의 안전성을 재검토 또는 분석하는 데 활용	도면 > 노드(검토구간) (가이드워드) 위험형태와 원인에 대한 평가 : 누출, 화재 폭발, 공정 트러블 및 상해
공정(작업)	4M	공정(작업) 내 잠재하고 있는 유해위험요인을 Man(인적), Machine(기계적), Media(물리환경적), Management(관리적) 등 4가지 분야로 리스크를 파악하여 위험 제거 대책을 제시하는 방법	공정(작업)의 위험성 평가에 적용	Man(인적), Machine(기계적), Media(물리환경적), Management(관리적) 위험요인에 대한 평가 *SOP 활용
공정(작업)	KRAS	KRAS(Korea Risk Assessment System)란 공정(작업) 내 잠재하고 있는 유해위험요인을 6가지의 요인으로 나눠 평가	공정(작업)의 위험성 평가에 적용	기계적 요인, 전기적 요인, 화학(물질)적 요인, 생물학적 요인, 작업특성요인, 작업환경요인에 대한 평가 *SOP 활용
작업단계	JSA	작업안전분석(JSA : Job Safety Analysis)이란 작업위험성 분석(JRA)을 통하여 선정된 중요작업(critical job)을 주요 단계(key step)로 구분하여 각 단계별 유해위험요인을 파악하고, 해당 작업을 안전하게 수행할 수 있도록 작업절차를 마련하는 과정	작업의 세부 단계별 위험성 평가에 적용	작업 > 작업단계별 위험요인에 대한 평가 *SOP 활용
전반	Check list	공정 및 설비의 오류, 결함상태, 위험상황 등을 목록화한 형태로 작성하여 경험적으로 비교함으로써 위험성을 파악하는 방법	평가항목 : 공정, 설비, 공장배치, 시운전, 운전절차, 점검/정비, 공장관리, 교육훈련	도면 > 노드(검토구간) 평가항목별 평가기준을 수립하여 위험요인에 대한 평가

SECTION 031

작업위험성 평가[56)]

130 · 123회 출제

01 정의

(1) 작업위험성 평가(job risk assessment)

모든 작업에 대하여 유해위험요인(hazards)을 파악하고 안전한 작업절차를 마련하기 위한 과정으로서, 작업위험성 분석(Job Risk Analysis ; JRA), 작업안전분석(Job Safety Analysis ; JSA) 또는 절차서 실행분석(Procedure Implementation Analysis ; PIA), 사전작업위험분석(Pre-task Hazard Analysis ; PTA) 등 작업의 유해위험요인을 분석하는 모든 방법을 총칭하여 말한다.

(2) 작업위험성 분석(Job Risk Analysis ; JRA)

사업장에서 수행되는 모든 작업에 대해 작업위험성(risk)을 평가하여 중요작업(critical job)을 선정하는 과정을 말한다.

(3) 작업안전분석(Job Safety Analysis ; JSA)

1) 정의 : 작업위험성 분석(JRA)을 통하여 선정된 중요작업(critical job)을 주요 단계(key step)로 구분하여 각 단계별 유해위험요인을 파악하고, 해당 작업을 안전하게 수행할 수 있도록 작업절차를 마련하는 과정을 말한다.

2) 필요성 : 사고원인의 90[%] 정도는 공장운전단계에서 발생한다. 공장운전단계의 위험성을 평가하여 불안전한 행동 및 조건을 해결할 수 있는 가장 효과적인 방법이 JSA이다.

(4) 기타 작업위험분석

작업위험성 분석(JRA)을 통하여 선정된 중요작업(critical job) 이외의 위험이 작은 일반 작업에 대하여 사전 작성된 절차서의 순서, 방법 또는 수행내용의 누락 등 오류를 검토하여 안전한 작업절차를 마련하는 과정을 말하며, 동일 방법에는 절차서 실행분석(Procedure Implementation Analysis ; PIA), 사전작업위험분석(Pre-task Hazard Analysis ; PTA) 등이 사용되고 있으며, 사업장에서 이와 유사한 방식 등 현장특성에 맞게 간략히 개발한 체크리스트를 활용하여 수행하는 방법 등을 포괄하여 말한다.

(5) 절차서 실행분석(Procedure Implementation Analysis ; PIA)

통상적으로 해당 운영부서(작업수행부서)에서 작성된 절차서를 안전 또는 운영부서 등의 전문가가 개발된 체크리스트 등에 따라 적합성을 확인하고 개선의견을 통보하면 그

56) KOSHA GUIDE P-140-2020 작업위험성 평가에 관한 기술지침

내용을 운영부서가 현실에 맞게 반영하는 일련의 과정을 말하며, 동방법은 절차서의 신규 제정 또는 기존 절차서의 중대한 변경 등에 주로 활용된다.

(6) 사전작업위험분석(Pre-task Hazard Analysis ; PTA)

통상적으로 해당 운영부서의 현장 작업자를 중심으로 체크리스트 형식으로 작성한 시트를 사용하여 절차서의 적합성을 작업자가 직접 확인 · 개선하는 것으로, 위험성이 낮은 단순한 작업절차서의 갱신 등에 주로 활용된다.

(7) 중요작업(critical job)

작업이 적절히 수행되지 않을 경우 사람, 재산, 생산공정 및 환경 등에 중대한 손실을 야기할 가능성이 있는 작업을 말한다.

02 절차

(1) 작업위험성 평가 수행흐름도

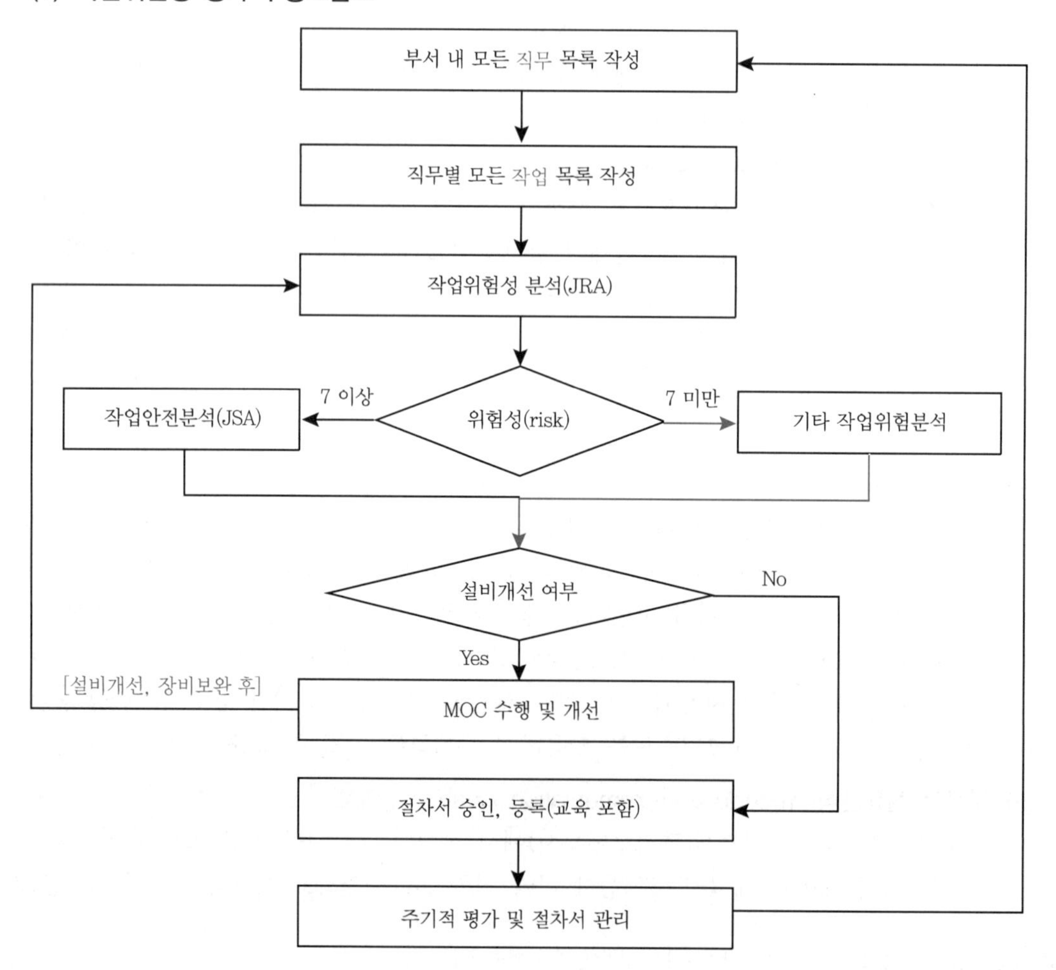

(2) 작업안전분석(JSA)

1) **평가대상 선정 :** 작업안전분석(JSA)은 작업위험성 분석(JRA) 결과 중요작업으로 선정된 작업에 대하여 실시한다.
2) **작업단계 구분 :** 작업단계는 10단계 내외가 적당하며, 그 이상으로 단계가 구분되면 작업자에게 혼란을 야기할 수 있다.
3) **유해위험요인 파악 :** 기계적 · 전기적 · 물질적 · 생물학적, 화재 및 폭발 위험요인, 작업환경조건으로 인한 요인 등
4) **단계별 안전작업절차 수립**
   ① 유해위험요인의 제거(근본적인 대책)
   ② 기술적(공학적) 대책
   ③ 관리적 대책(절차서, 지침서 등)
   ④ 교육적 대책
5) **작업안전분석(JSA) 양식작성 :** 작업안전분석(JSA)은 일반적으로 1일 이내 짧은 검토기간 내 수행할 목적이므로 사업장에서 자체적으로 평가기간, 평가항목 등에 맞게 간략한 기간, 양식 등을 규정하여 적용할 수 있다.

(3) 기타 작업위험분석 수행

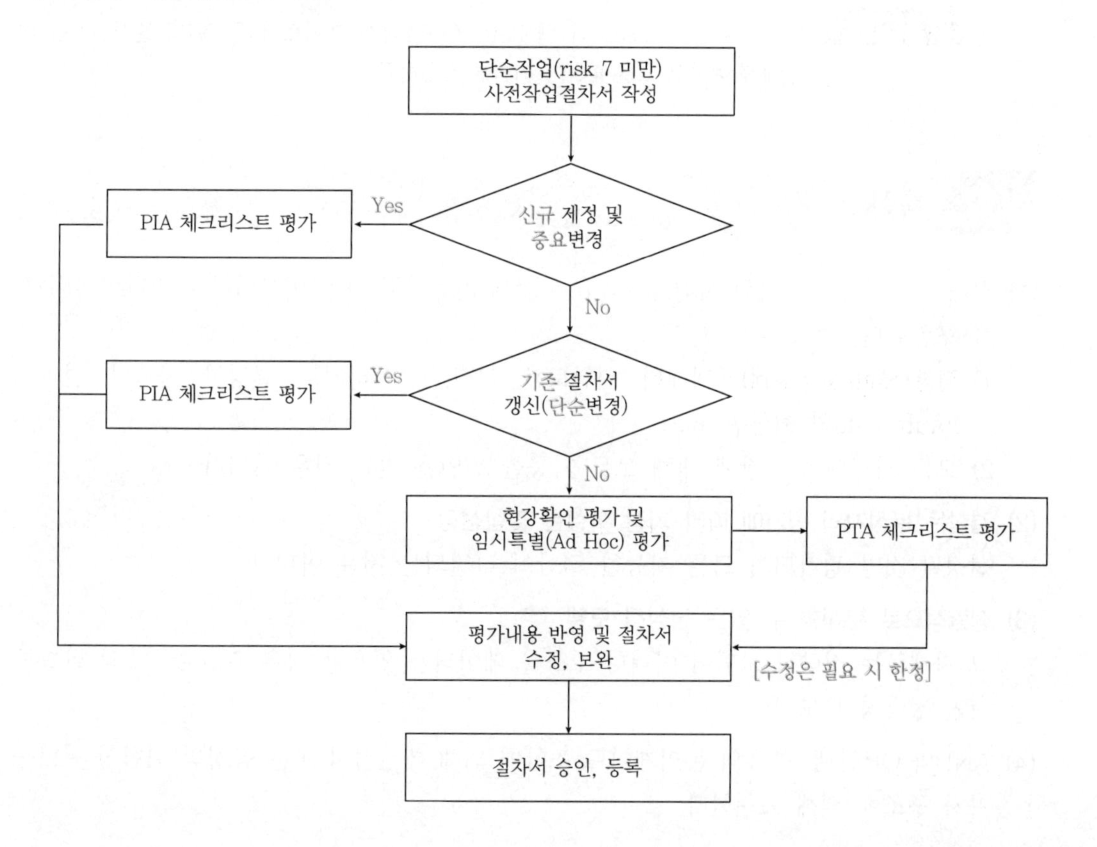

SECTION

032 결함수분석법(fault tree analysis)

122회 출제

01 개요

(1) 정의

하나의 특정한 사고에 대하여 원인을 파악하는 연역적 기법

(2) 출발하여 시간을 거슬러 원인을 찾아가는 역방향 분석기법이다.

(3) FTA는 시스템 고장을 발생시키는 원인들과의 관계를 논리적으로 사용하여 나뭇가지 모양의 그림(tree)으로 나타낸 FT(Fault Tree)를 만들고 이에 의거하여 시스템의 고장 확률을 구하여 취약부분을 찾아내어 시스템의 신뢰도를 개선하는 정량적 고장해석 및 신뢰성 평가방법이다.

1962년 왓슨(Watson)이 벨(Bell) 연구소에서 미니트맨 유도탄의 발사시스템 연구에 참여하고 있을 때, 이 기법을 창안하였다.

02 특징

(1) 정해진 정상사상(최상위 사건 = top event)에 기여하는 장치 이상이나 운전자의 실수만을 포함한다.

1) 정상사상(top event) : 재해의 위험도를 고려, 분석하기로 결정한 사고나 결과로 Fault tree의 최상위 요소

2) 모든 시스템의 고장에 대해 모든 가능한 원인을 찾는 것은 아니다.

(2) 결함은 분석자의 평가에 따라 가장 확실한 결함선정

선정된 것만 평가되어 모든 가능한 결함이 나열되는 것은 아니다.

(3) 정량적으로 분석할 수 있는 정성적 모델

그 자체로는 정량적 모델이 아니나 고장률 데이터를 활용할 경우 Top event의 확률론적인 정량평가 모델

(4) AND와 OR인 두 종류의 논리게이트 조합에 의해 대상설비 또는 공정의 위험성을 나뭇가지 구조에 의해 표현한다.

1) 시각적으로 파악하는 우수한 수단이다.

2) 여러 가지 전문 기술분야에 걸친 정보를 망라할 수 있는 유연성이 풍부한 방법이다.

(5) 재해발생 후의 규명보다 재해발생 이전의 예측기법으로서 활용 가치가 높은 유효한 방법은 재해현상과 재해원인의 상호관련을 해석하여 안전대책을 검토하는 것이다.

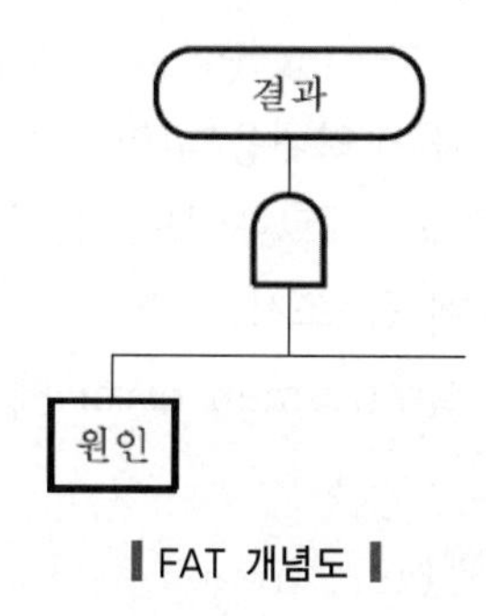

▌FAT 개념도 ▌

03 적용 대상과 시기

(1) 적용 대상

1) 공정수준(process level)에 대한 위험성 평가
2) 계통수준(system level)에 대한 위험성 평가
3) 구간수준(node level)에 대한 위험성 평가
4) 단락수준(segment level)에 대한 위험성 평가
5) 기기수준(component level)에 대한 위험성 평가
6) 작업자 실수 및 일반 원인고장에 대한 분석
7) 기타 결함수분석기법의 적용이 가능한 항목

(2) 적용 시기

1) **설계 또는 건설 중인 공장** : 공정의 개발단계, 설계 및 건설단계, 초기 시운전단계에 적용한다.
2) **기존 공장** : 공정 또는 운전절차의 변경이나 개선이 필요한 경우, 예상되는 사고나 사고원인 조사 등에 적용한다.

04 수행절차

(1) Step 1

위험성 확인(hazard identification)과 정상사상(top event) 설정

1) PHA, What-if, HAZOP 등을 통한 위험성 확인
2) 재해의 위험도를 고려하여 해석할 재해 결정
3) 재해발생확률의 목푯값인 최상위 사건(정상사상) 결정

(2) Step 2

대상 플랜트, 프로세스의 특성 파악(system description)

1) 해석하려는 시스템의 공정과 작업내용 파악
2) 재해와 관련 있는 설비배치도, 재료배치도, 운전지침서 등을 준비 및 숙지
3) 과거의 재해사례나 재해통계 등 조사
4) 재해와 관련 있는 작업자 실수(human error)에 대하여 그 원인과 영향 조사

(3) Step 3

결함수 작성(construction of fault tree)

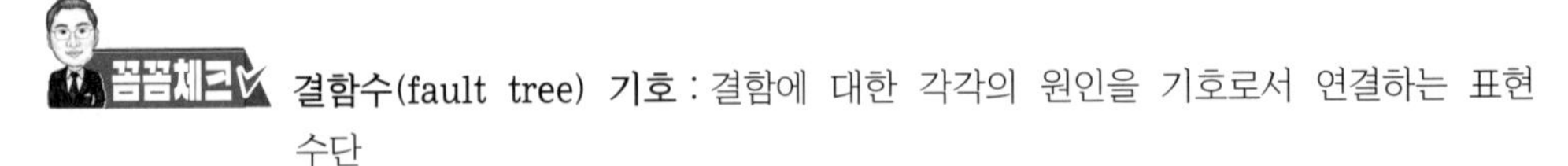

결함수(fault tree) 기호 : 결함에 대한 각각의 원인을 기호로서 연결하는 표현 수단

1) 정상사상에 대한 1차 원인분석
   ① 공정 또는 기기의 기능실패상태를 확인하고 계통의 환경 및 운전조건 등을 고려하여 기능상실을 초래하는 모든 사상과 그 발생원인을 도식적 논리로 분석한다.
   ② 확률이 정의된 대로 리스크를 계산하기에 충분하도록 결과는 2가지 형식(성공/실패)으로 정의
2) 정상사상과 1차 원인과의 관계를 논리게이트(gate)로 연결한다. 결함수 사용기호, 불대수를 이용하여 시스템 구조를 표현한다.

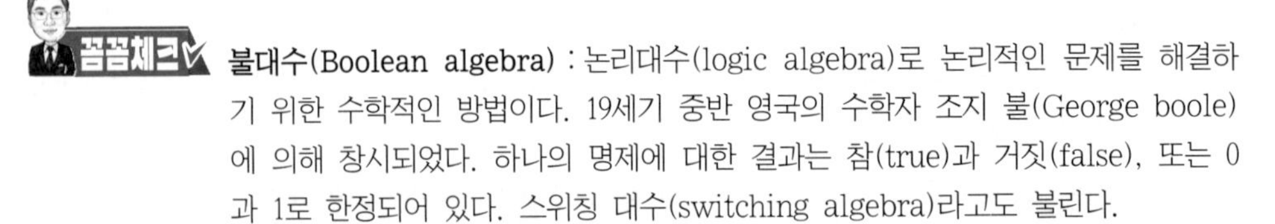

불대수(Boolean algebra) : 논리대수(logic algebra)로 논리적인 문제를 해결하기 위한 수학적인 방법이다. 19세기 중반 영국의 수학자 조지 불(George boole)에 의해 창시되었다. 하나의 명제에 대한 결과는 참(true)과 거짓(false), 또는 0과 1로 한정되어 있다. 스위칭 대수(switching algebra)라고도 불린다.

3) 1차 원인에 대한 2차 원인(결함사상)을 분석한다.
4) 1 · 2차 원인에 대한 관계를 논리게이트로 연결한다.
5) 위 '3)', '4)'를 더 이상 분할할 수 없는 기본사상(basic event)까지 반복분석한다.

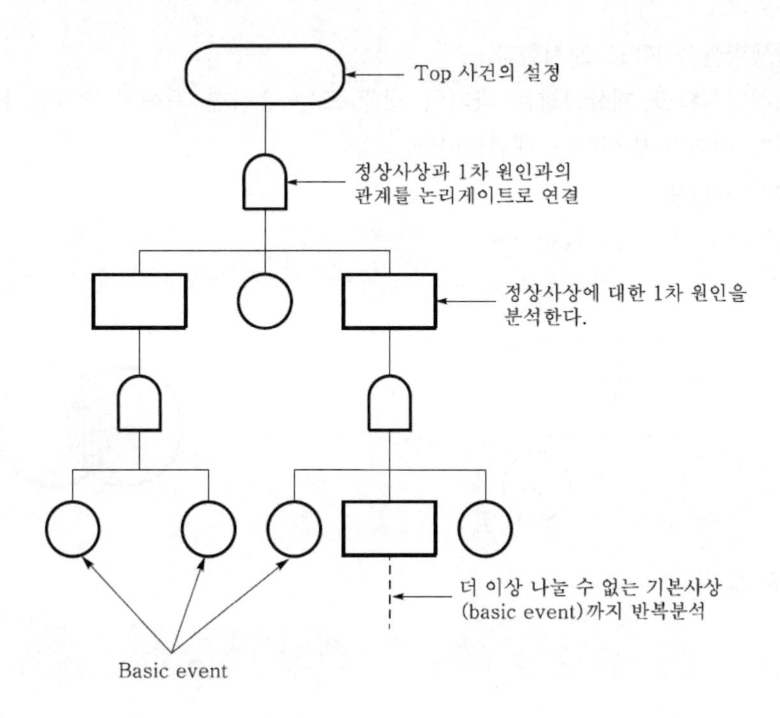

(4) Step 4

FT 구조해석(qualitative examination of structure)

1) 작성된 FT를 수학적 처리(boolean algebra)에 의해 간략화한다.
2) 미니멀 컷세트(minimal cut set), 미니멀 패스세트(minimal path set)를 산출한다.
3) 정상사상에 영향을 미치는 중요한 중간 및 기본사상 파악 : 정성적인 해를 도출(정상사상을 일으키는 시나리오를 확인)한다.

(5) Step 5

FT 정량화

1) 기본사상의 발생빈도나 고장률, 에러데이터 등을 정리하여 중간사상 및 정상사상의 발생확률을 계산한다.

예

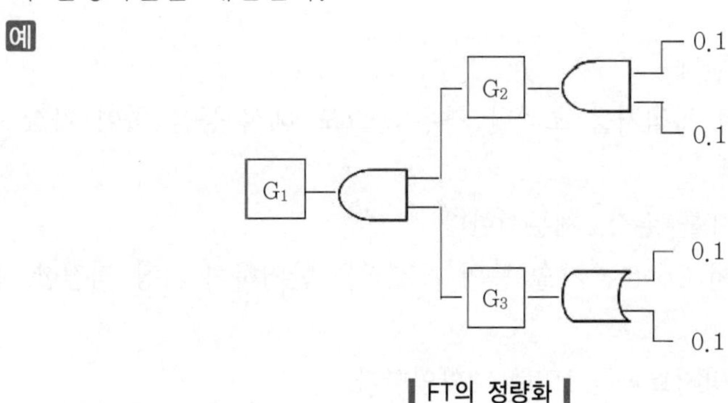

▎FT의 정량화 ▎

G_2 : $0.1 \times 0.1 = 0.01$

G_3 : $1-(1-0.1)\times(1-0.1)=0.19$

G_1 : $0.01 \times 0.19 = 0.0019(0.19[\%])$

2) 발생확률을 FT로 표시한다.
3) 재해발생확률 계산결과는 과거의 재해 또는 유사한 재해의 발생률과 비교하고 현격한 차이가 발생하면 재검토한다.
4) AND 게이트

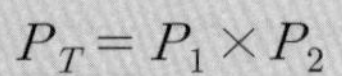

$$P_T = P_1 \times P_2$$

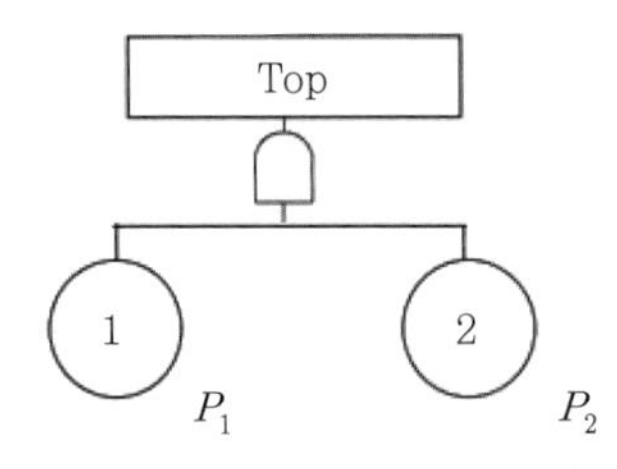

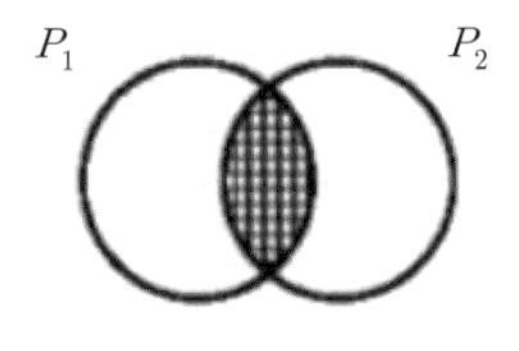

5) OR 게이트

$$P_T = P_1 + P_2 - (P_1 \times P_2)$$

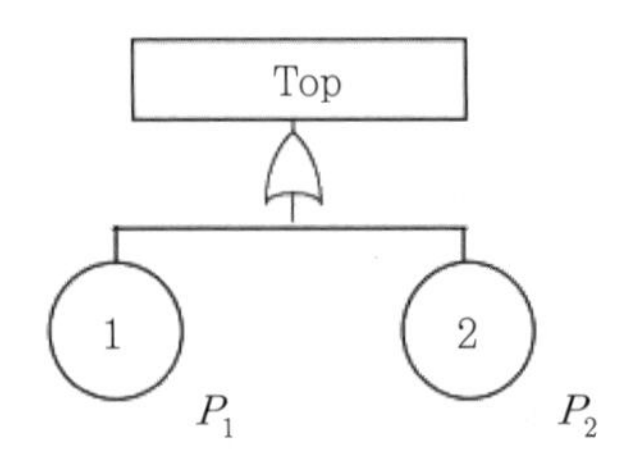

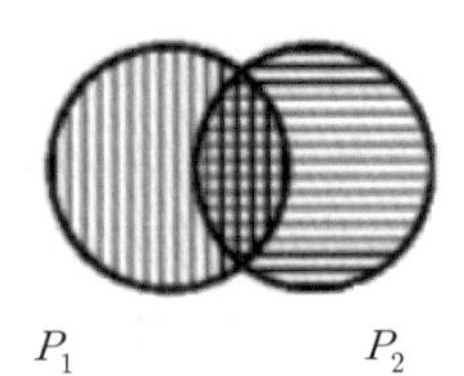

(6) Step 6

해석결과의 평가

재해발생확률이 허용할 수 있는 위험수준을 초과할 경우 감소시키기 위한 대책을 수립한다.

(7) Step 7

재해방지대책의 수립단계

1) 재해의 발생확률이 목적치를 초과할 경우 중요도 해석 등을 하여 가장 유효한 시정수단을 검토한다.
2) 그 결과에 따라 FT를 수정, 재분석한다.
3) FT도를 수정하면서 Cost나 기술 등의 제조건을 반영하여 가장 적절한 재해방지대책을 세운다.
4) 대책에 따른 재해방지효과를 FT로 재확인한다.

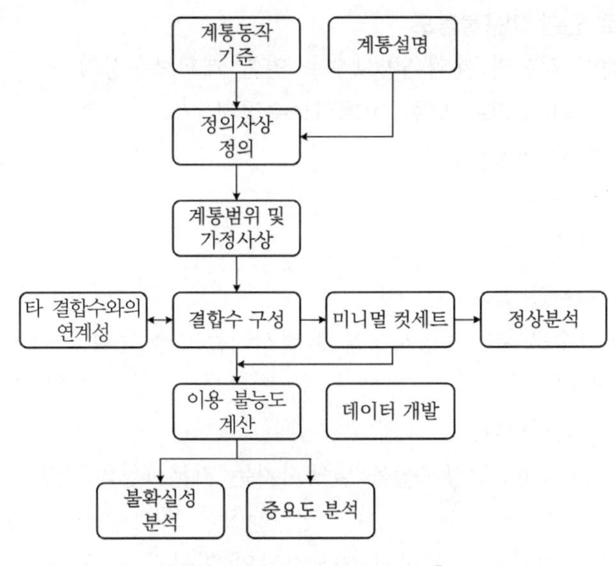

▎결합수분석법의 진행순서 ▎

05 정량화

(1) 정의

1) 입력된 모든 기본사상들의 이용불능도 계산에 필요한 고장률, 작동시간 등의 관련 정보를 입력하는 것이다.
2) 정상사상, 이용불능도의 계산 및 결과해석을 수행하는 것이다.

이용불능도(unavailability)라 함은 주어진 시간에 설비가 보수 등의 이유로 인하여 이용할 수 없는 가능성

(2) 기본사상의 정량화 방법

1) 기본사상(basic event)
   ① 정의 : 더 이상 원인을 독립적으로 전개할 수 없는 기본적인 사고의 원인
   ② 종류
      ㉠ 기기의 기계적 고장
      ㉡ 보수와 시험이용 불능
      ㉢ 작업자 실수사상
2) 기계적 고장(hardware failures)으로 인한 이용불능도
   ① 대기 중 기동실패
   ② 운전 중 작동실패

3) 보수정지로 인한 이용불능도
   ① 주기적인 시험과 계획예방보수로 인한 계획보수정지
   ② 고장기기의 수리로 인한 비계획보수정지
4) 시험으로 인한 이용불능도
5) 작업자 실수확률
6) 공통원인 고장확률

(3) 결함수분석의 정량화 절차
1) 구성된 결함수로부터 정상사상을 유발시키는 사상들의 조합을 불대수로 표현한다.
2) 불대수를 풀어 정상사상을 유발시키는 기본사상들의 조합인 미니멀 컷세트(minimal cut set)를 산정한다.
   ① 컷세트(cut set) : 정상사상을 발생시키는 기본사상의 집합
   ② 미니멀 컷세트(minimal cut set) : 정상사상을 발생시키는 기본사상의 최소 집합
3) 각각의 최소 컷세트에 포함된 기본사상의 확률값을 대입하여 미니멀 컷세트에 대한 확률값을 산정한다.
4) 정상사상을 유발시키는 모든 미니멀 컷세트에 대한 발생확률을 더하여 정상사상에 대한 확률산출을 한다.
5) 각 기본사상이 정상사상에 미치는 중요도 분석을 통해 기본사상 중요도 계산을 한다.

06 결함수분석 흐름도 및 해석의 예

예를 들어 공장창고에서 우기 때 홍수로 인하여 빗물이 침입하고 저장 중의 생석회가 발화하여 화재가 발생했다고 가정하고 이에 대한 결함수를 분석하면 아래와 같다.

(1) 화재를 발생시킨 직접 원인은 생석회와 물의 화학반응에 의한 발열이다. 그러나 물을 공급한 것은 홍수였고 홍수가 없었더라면 화재는 발생하지 않았을 것이므로 홍수는 화재발생의 간접원인이 된다.

(2) 홍수가 발생해도 방수시설이나 배수시설이 잘 만들어져 창고에 물이 들어가지 않았더라면 화재는 발생하지 않았을 것이므로 창호나 문의 기밀성이 불량했던 사실과 생석회를 내수성 밀폐용기에 저장하지 않았던 일 등 또한 이번 화재의 간접원인이 된다.

(3) 화재원인은 그 근원을 역으로 추적해 들어가면 많은 원인이 얽히고 설히게 되는데 이를 도식화한 것이 결함수라는 나뭇가지구조의 그림이다.

(4) 결함수에서 1·2·3차 간접 원인으로 차수가 증가할수록 인위적인 요인이 보다 더 많이 포함된다는 것을 알 수 있다.

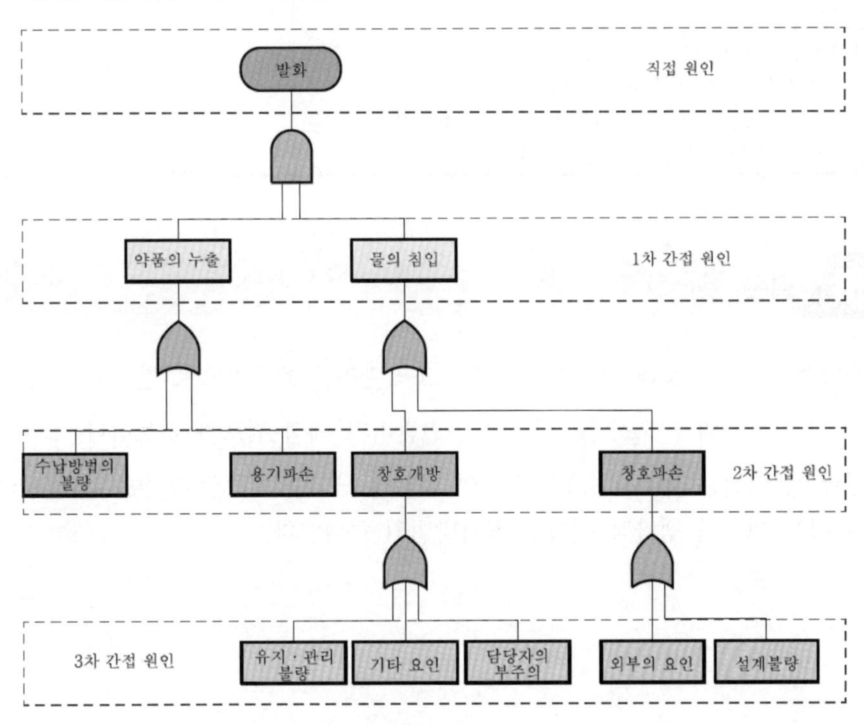

▌결함수의 예▐

07 장단점

장점	단점
① 사고원인규명의 간편화 : 사고의 세부적인 원인목록을 작성하여 전문지식이 부족한 사람도 목록만을 가지고 해당사고의 구조 파악가능 ② 사고원인 분석의 일반화 : 재해발생의 모든 원인들의 연쇄를 한눈에 알기 쉽게 Tree상으로 표현 ③ 사고원인 분석의 정량화 : FTA에 의한 재해발생원인의 정량적 해석과 예측, 컴퓨터 처리 및 통계적인 처리가 가능 ④ 사고예방을 위한 노력, 시간의 절감 ⑤ 시스템의 결함진단	① 숙련된 전문가 필요 ② 시간 및 경비의 소요 ③ 고장률 자료확보 문제 ④ 단일사고의 해석 : FTA는 분석대상작업이나 공정에서 발생 가능한 최악의 사고 시나리오를 가정하여 그 발생확률과 중요원인을 규명하는 방법으로서, 예상치 못한 사고 또는 사소한 위험성은 간과하기 쉬움

장점	단점
㉠ 복잡한 시스템 내의 결함을 최소 시간과 최소 비용으로 효과적인 교정을 통하여 재해발생 초기에 필요한 조치를 할 수 있어 재해예방 가능 ㉡ 재해가 발생한 경우 : 최소화 ⑥ 안전점검 Check list 작성 ⑦ 가장 관심있는 사건과 사고 또는 고장을 Top event로 설정하고 집중분석을 할 수 있는 유용한 방법 ⑧ 미니멀 컷세트를 구할 수 있기 때문에 정상사상이 일어나는 경로에 대해 대단히 중요한 정보를 제공	⑤ 논리게이트 선택이 신중해야 함 ⑥ 결함수 구조가 매우 복잡하여야 함

08 결론

(1) 결함수분석법을 통해 안전활동계획과 조직관리를 효율적으로 할 수 있다.

(2) 타 시스템 영역과 조정 및 시스템 안전관리의 해석 검토가 가능하다.

(3) 결함수분석법은 사고원인을 분석하여 사전에 사고를 예방할 수 있는 안전관리 시스템으로 활용 가능한 정량적 위험성 평가방법의 하나이다.

SECTION 033 사건수분석법(event tree analysis)[57]

01 개요

(1) **정의**

초기사건으로 알려진 특정 장치의 이상이나 운전자의 실수로부터 발생되는 잠재적인 사고결과를 추론해 나가는 사건의 흐름에 따른 귀납적 분석방법이다.

(2) 도식적 모델인 사건수 Diagram을 작성하여 초기사건으로부터 후속사건까지의 순서 및 상관관계를 파악하는 방법이다.

(3) 고장의 발생경로와 그 사고발생의 확률에 대한 정보를 제공하는 정량적 분석방법을 말한다.

(4) **적용시기**

공정개발단계, 설계 및 건설단계, 시운전단계, 운전단계, 공정 및 운전절차의 변경 시, 예상되는 사고나 사고원인조사 시 적용된다.

(5) **용어의 정의**

1) 초기사건(initiating event) : 시스템 또는 기기의 결함, 운전원의 실수 등

2) 안전요소(safety function) : 초기의 사건이 실제 사건으로 발전되지 않도록 하는 안전장치, 운전원의 조치 등을 말한다.

(6) **팀의 구성**

팀 리더, 사건수분석 전문가, 공정운전 기술자, 공정설계 기술자, 검사 및 정비기술자, 비상계획 및 안전관리자로 구성된다.

57) KOSHA CODE에서 발췌 정리한 것이다.

02 사건수분석법 평가절차

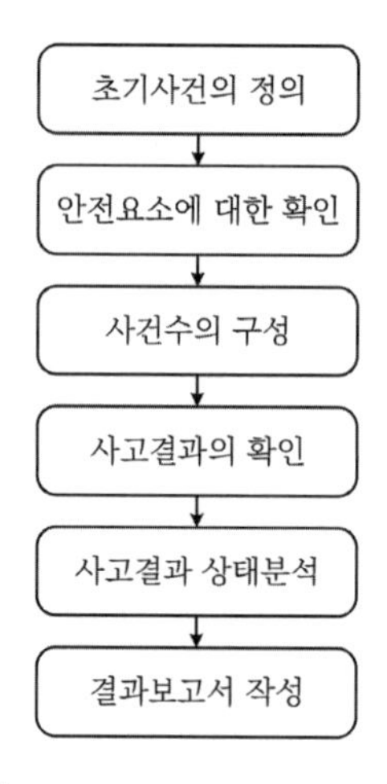

| 사건수분석의 수행흐름도 |

(1) 1단계

발생 가능한 초기사건의 선정

1) 정성적인 위험성 평가기법(HAZOP, 체크리스트 등), 과거의 기록, 경험 등을 통하여 초기사건을 선정한다.

2) 초기사건의 예

① 배관에서의 독성 물질 누출

② 용기의 파열

③ 내부의 폭발

④ 공정 이상

(2) 2단계

초기사건을 완화시킬 수 있는 안전요소 확인

1) 초기사건으로 인한 영향을 완화시킬 수 있는 모든 안전요소를 확인하여 이를 시간별 작동, 조치순서대로 도표의 상부에 나열하고 문자 또는 알파벳으로 표기한다.

2) 안전요소의 작동결과가 성공 또는 실패의 형태로 표현한다.

3) 안전요소의 예

① 초기사건에 자동으로 대응하는 안전시스템

예 가동정지 시스템

② 경보장치

③ 운전원의 조치

④ 완화장치

예 냉각 시스템, 압력방출 시스템, 세정 시스템

⑤ 초기사건으로 인한 사고의 영향을 완화시킬 수 있는 시스템

예 LNG 탱크 주위의 수막설비, 방유제 등

⑥ 주변의 상황

예 점화원 유무 및 지연 여부, 바람의 방향 등

(3) 3단계

사건수의 구성

1) 선정된 초기사건을 사건수 도표의 왼쪽에 기입하고 관련 안전요소를 시간에 따른 대응순서대로 상부에 기입하고 초기사건에 따른 첫 번째 안전요소를 평가하여 이 안전요소가 성공할 것인지 또는 실패할 것인지를 결정하여 도표에 표시한다.

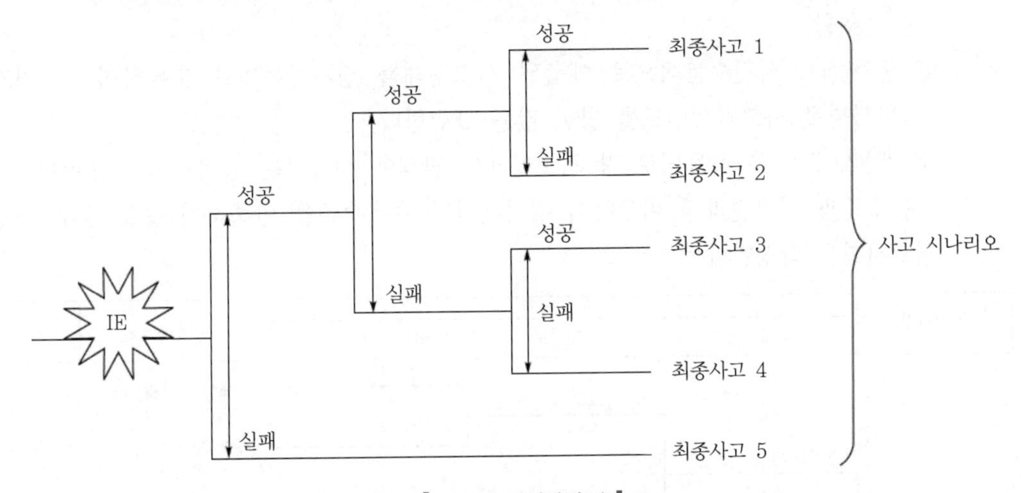

▌ETA의 작성방법[58] ▌

2) 첫 번째 안전요소의 작동, 대응결과를 평가한 후에는 위와 동일한 방법으로 두 번째 안전요소를 평가하고 마지막으로 최종안전요소를 평가하여 도표에 사건수를 표시한다.

(4) 4단계

사고결과의 확인

1) 사건의 구성이 끝난 후에는 초기사건에 따른 관련 안전요소의 성공 또는 실패의 경로별로 사고의 형태 및 그 결과 도표의 우측에 서술식으로 기술하고, 경로별로 관련된 안전요소를 문자 또는 알파벳으로 함께 표기한다.

2) 안전요소가 성공하였을 때는 안전요소의 상부에 막대를 표시하지 않으나 실패한 경우에는 안전요소의 상부에 막대로 표시한다.

58) Figure 12.2 Event tree concept. Event Tree Analysis from Hazard Analysis Techniques for System Safety. Wiley 2005. 227page

(5) 5단계

사고결과 상세분석

1) 사건수분석기법의 사고결과분석

① 평가항목 : 사고의 형태나 회사의 안전관리 목표 등을 고려하여 결정한다.

㉠ 안전-비정상조업

㉡ 폭주반응

㉢ 증기운 폭발

② 수용수준 : 회사에서 목표로 정한 위험수준

㉠ 발생빈도

㉡ 확률

③ 평가결과 : 사건수분석으로 예측된 사고형태를 평가항목별로 분류하여 각 평가항목별로 사고발생빈도를 합한 값을 표현한다.

④ 개선요소 : 평가항목별로 각 사고형태의 발생에 해당하는 안전요소를 표현한다.

2) 수용수준과 평가결과를 비교하여 평가결과가 수용수준을 만족하지 못할 경우 개선권고사항을 작성한다.

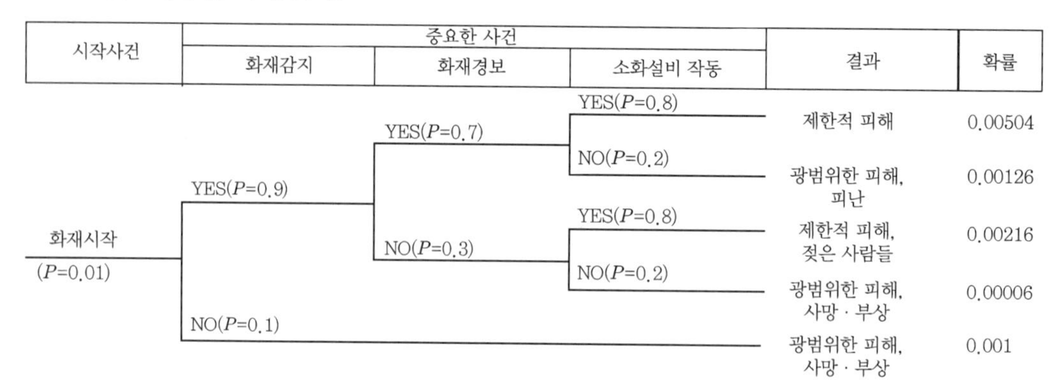

▌ETA의 정량화의 예▐

(6) 6단계

결과의 문서화

03 사건수분석법의 흐름도 및 작성순서

(1) 관심 있는 초기사건을 확인한다.

(2) 좌에서 우로 작성한다.

(3) 각 요소를 나타내는 시점에서 성공사상을 상부에, 실패사상을 아래에 분기한다.

(4) 분기 시에는 각각의 발생확률을 표현한다.

(5) 최후의 신뢰도 합이 시스템의 신뢰도이다.

(6) 분기된 각 사상의 합은 1이다.

04 특징

(1) 초기사건 다음에 가능한 결과를 확인하고 정량화하는 그래픽 논리모델이다.

1) 초기사건과 이어지는 각 사건에 대한 고장률 등 이력자료가 있는 경우 각 연속적인 사건들이 발생할 빈도를 정량적으로 평가하고 서열화한 결과를 도출한다.

2) 발생확률(고장률) 자료가 없는 경우 가능한 사고 시나리오 제시 및 안전을 위한 추천사항을 제시(정성적인 자료로 사용)한다.

(2) 사건수목도 제시

시간적인 전후관계에 의해 조직하여 일련의 연속적인 사건들로 구성된다.

(3) 결과는 대개 말단상태에 할당되지만 사건수에 따라 누적되고 결과의 합은 1이다.

(4) 여러 가능한 시나리오가 있는 복잡한 상황을 분석하기 위해 사용할 수가 있다.

(5) 활용성

1) 발생 가능한 고장형태에 관한 시나리오를 작성하는 데 유용하다.

2) 고장빈도를 예측한다.

3) 안전개선을 위한 설계변경 시 매우 유용하다.

05 장단점

장점	단점
① 체계적 · 정량적 분석이 가능함 ② 발생 가능한 사고의 유추, 초기사고 대처에 매우 효과적인 자료를 제공함 ③ 실제 공장의 공정을 매우 상세히 설명함	① 소요시간이 많이 걸림 ② 방대한 Tree : 실제 공정대상으로 Tree 작성 시 방대한 자료에 의해서 작성하는 데 많은 시간과 비용을 소모하고 방대한 수목도로 이를 파악하기가 곤란함 ③ 작성자가 특정결과를 염두하고 Tree 작성 시 원하는 결과 도출 보장이 되지 않을 수 있음 ④ 확률데이터 수집이 곤란함

SECTION 034 사고결과분석(consequence analysis)

01 개요

(1) 정의

공정상에서 발생하는 화재, 폭발, 독성 가스 누출 등의 중대산업사고가 발생하였을 때 인간과 주변시설물에 어떻게 영향을 미치고 그 피해와 손실이 어느 정도인가를 평가하는 방법

(2) 화학공정상에서 발생되는 사고의 결과는 공정 특성에 따라 그 결과가 다르게 발생한다.

(3) 종류

누출원 모델(source term model), 분산(dispersion)모델, 화재(fire)모델, 폭발(explosion)모델, 영향(effect)모델

(4) 사고의 영향을 평가할 때에는 저장 또는 사용하는 화학물질의 양만을 기준으로 화재, 폭발에 의한 영향을 평가하는 단순한 위험성 평가방법이 아닌 사고 당시의 제반환경조건, 안전장치의 상태 등 다양한 변수를 고려한 위험성 평가를 실시해야 한다.

구분	첫 번째 검토인자	두 번째 검토인자	세 번째 검토인자
누출원	폭발 (증기운, BLEVE)	과압형성, 폭풍파, 열복사, 화염접촉	부상자, 사망자, 재산피해, 환경피해, 복합요인
	화재 (pool, flash, jet fire)	열복사, 화염접촉	부상자, 사망자, 재산피해, 환경피해, 복합요인
	독성 유무	주변의 독성 농도	부상자, 사망자, 환경피해

02 위험확인 및 위험성 평가 흐름도

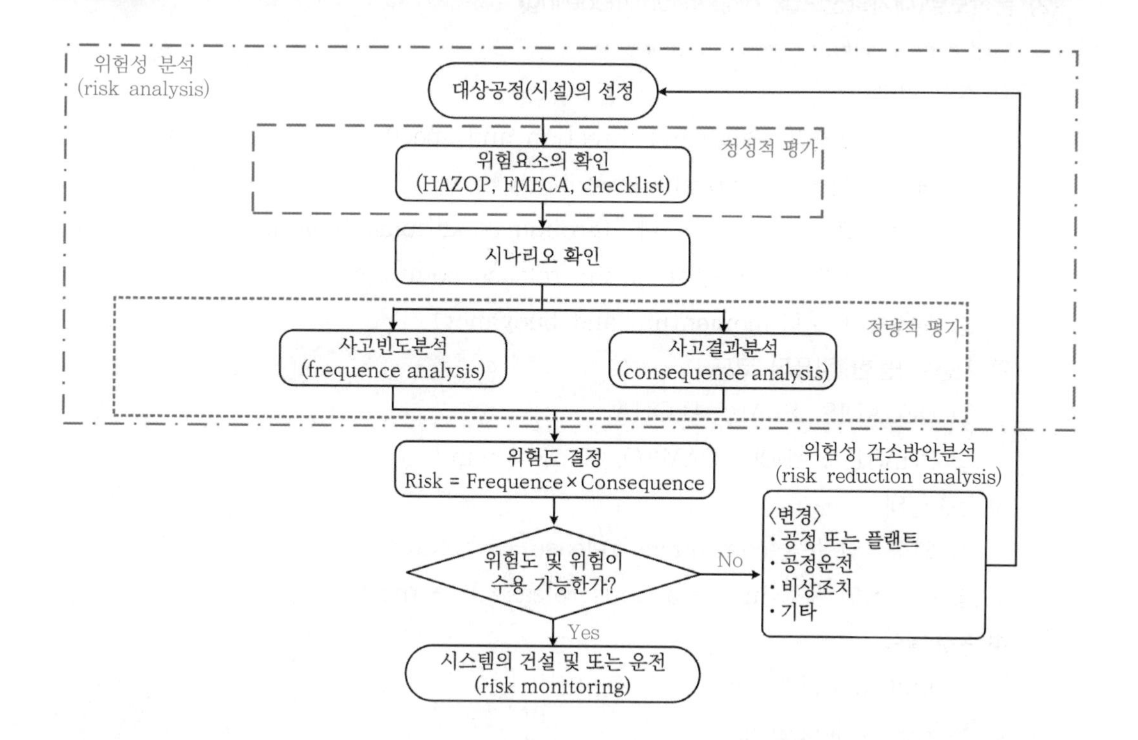

03 사고결과분석(consequence analysis)의 순서

(1) 방출속도 모델링(discharge rate modeling)

기상유출, 액상유출, 2상(액체, 기체) 유출

1) 누출속도 모델링(release rate modeling)

2) 누출원 모델링(source (term) modeling)

3) 물질의 물리적 상태

① 기체(gas)

② 액체(liquid)

③ 이상유체(two-phase)

㉠ 포화액체(saturated liquid)

- 평형(equilibrium)
- 불평형(non-equilibrium)

㉡ 과냉액체(sub-cooled liquid)

4) 용기 & 배관(vessel & pipe)

5) 물 위나 대지 위로 퍼진 액체

(2) 분산모델(대기확산모델, dispersion modeling)

Light gas, Heavy gas, Gas jet 등

1) 주요 인자

① 바람의 방향과 속도(wind direction and speed)

② 대기의 안정성(atmospheric stability)

③ 대지의 조건, 건물, 물, 나무(ground conditions, building, water, tree)

④ 방출지점의 높이(height of the release point)

⑤ 운동량과 부력(momentum and buoyancy)

2) 사용 가능한 컴퓨터 코드

① DEGADIS, SLAB, ALOHA

② PHAST, SAFER, CAMEO, Super chem

3) 누출형태

① 연속적인 누출(continuous release) → (plume)

② 순간적인 누출(instantaneous release) → (puff)

4) 누출물질

① Light(passive) gas

② Heavy(dense) gas

(3) 화재모델

Fire ball, Pool fire, Jet fire, Flash fire, Vapor cloud fire

1) 화구의 최대 직경[m] : $D_{\max} = 6.48M^{0.325}$

2) 화구의 지속시간[sec] : $t_{\mathrm{BLEVE}} = 0.825M^{0.26}$

3) 화구의 중심높이[m] : $H_{\mathrm{BLEVE}} = 0.75D_{\max}$

4) 초기 지상반구의 직경[m] : $D_{\mathrm{initial}} = 1.3D_{\max}$

5) $E = \dfrac{F_{\mathrm{rad}}MH_c}{\pi(D_{\max})^2 t_{\mathrm{BLEVE}}}$

여기서, E : 열복사[kW/m²]

M : 가연물의 질량[kg]

H_c : 연소열[kJ/kg]

F_{rad} : 복사능(0.25 ~ 0.4)

(4) 폭발모델

1) 폭발로 인한 피해예측 중 증기운 폭발예측 사용모델

2) 종류 : TNT 당량 모델, TNO 멀티에너지 모델, TNO 상관관계 모델 등

3) VCE(Vapor Cloud Explosion)

$$W = \frac{\eta M E_c}{E_{c\text{TNT}}}$$

여기서, W : TNT로 환산한 가연물의 양[kg]

M : 가연성 물질의 양[kg]

η : 폭발효율(0.01 to 0.1)

E_c : 가연물의 연소열량[kJ/kg]

$E_{c\text{TNT}}$: TNT의 연소열량(4,500[kJ/kg])

(5) 사고영향모델(effect modeling)

복사열, 과압, 독성

1) 과압의 영향(overpressure effect)

① 프로빗 모델(probit function model) : 통계학을 이용한 모델 → 아이젠버그(Eisenberg) 계산식

㉠ 폐출혈로 사망 : $P_r = -77.1 + 6.91 \ln P_s$

㉡ 구조적인 손상 : $P_r = -23.8 + 2.92 \ln P_s$

여기서, P_r : 확률값(Probit 값)

P_s : 피크과압[N/m^2]

② 과압

㉠ 0.07[bar] : 모든 유리창이 부서지며 일부 창틀이 파손되는 압력

㉡ 0.21[bar] : 건축물의 철구조물이 손상되며 기초에서 이탈되는 압력

㉢ 0.7[bar] : 대부분의 건축물이 파손되며 중장비가 파손되는 압력

2) 열복사(thermal radiation) : Flash fire, Pool fire, Jet fire, Fire ball

① 프로빗 모델(probit function model) : 통계학을 이용한 모델

㉠ 1도 화상 : $P_r = -39.83 + 3.0186 \ln (t \cdot Q^{\frac{4}{3}})$

㉡ 2도 화상 : $P_r = -43.14 + 3.0186 \ln (t \cdot Q^{\frac{4}{3}})$

㉢ 화재사망 : $P_r = -36.38 + 2.56 \ln (t \cdot Q^{\frac{4}{3}})$

여기서, P_r : 확률값(Probit 값)

t : 노출시간[sec]

Q : 복사열 강도[W/m^2]

② 열유속(heat flux)

㉠ 37.5[kW/m^2] : 장치 및 설비가 손상

㉡ 12.5[kW/m^2] : 목재 또는 플라스틱 튜브의 착화

㉢ 4[kW/m^2] : 20초 내에 보호되지 않으면 화상발생

3) 독성 영향(toxic effect)

① Probit(probability unit) function : 0 ~ 10

② 독성(toxic release) : $P_r = a + b\log_e(C^n t)$

여기서, P_r : 확률값(Probit 값)

t : 노출시간[sec]

C : 농도

a, b : 상수

Probit → Probability[%] from

확률값(프로빗값)으로부터 백분율로 환산[59)]

확률값 ▼ 백분율[%]	0	1	2	3	4	5	6	7	8	9
0	–	2.67	2.95	3.12	3.25	3.36	3.45	3.52	3.59	3.66
10	3.72	3.77	3.82	3.87	3.92	3.96	4.01	4.05	4.08	4.12
20	4.16	4.19	4.23	4.26	4.29	4.33	4.36	4.39	4.42	4.45
30	4.48	4.50	4.53	4.56	4.59	4.61	4.64	4.67	4.69	4.72
40	4.75	4.77	4.80	4.82	4.85	4.87	4.90	4.92	4.95	4.97
50	5.00	5.03	5.05	5.08	5.10	5.13	5.15	5.18	5.20	5.23
60	5.25	5.28	5.31	5.33	5.36	5.39	5.41	5.44	5.47	5.50
70	5.52	5.55	5.58	5.61	5.64	5.67	5.71	5.74	5.77	5.81
80	5.84	5.88	5.92	5.95	5.99	6.04	6.08	6.13	6.18	6.23
90	6.28	6.34	6.41	6.48	6.55	6.64	6.75	6.88	7.05	7.33
99	7.33	7.37	7.41	7.46	7.51	7.58	7.65	7.65	7.88	8.09

(6) 모델을 통한 정보

1) 잠재적인 위험(hazard)

2) 빈도확인

3) 위험의 크기

MCOPE : 화재폭발대책은 화재폭발특성에 대해 알고 이에 따른 피해방지대책을 수립함에 있다.

① M : 관리(Management) - 방재에 대한 의식과 관심, 안전방재에 관한 조직과 체계, 직원에 대한 교육과 훈련

② C : 구조(Construction) - 건물구조, 내장재료, 건물의 유지관리

59) KOSHA Code P-9-1999(사고피해영향 평가기법)

③ O : 용도(Occupancy) - 건물의 용도, 위험물의 저장, 취급상황, 안전장치, 국소소화설비 설치사항

④ P : 방화설비(Protection) - 화재, 폭발의 방호설비, 사설, 공설 소화설비의 유효성, 소방설비의 유지관리상황

⑤ E : 연소 위험(Exposure) - 건물 간의 공지, 방화구획의 유효성

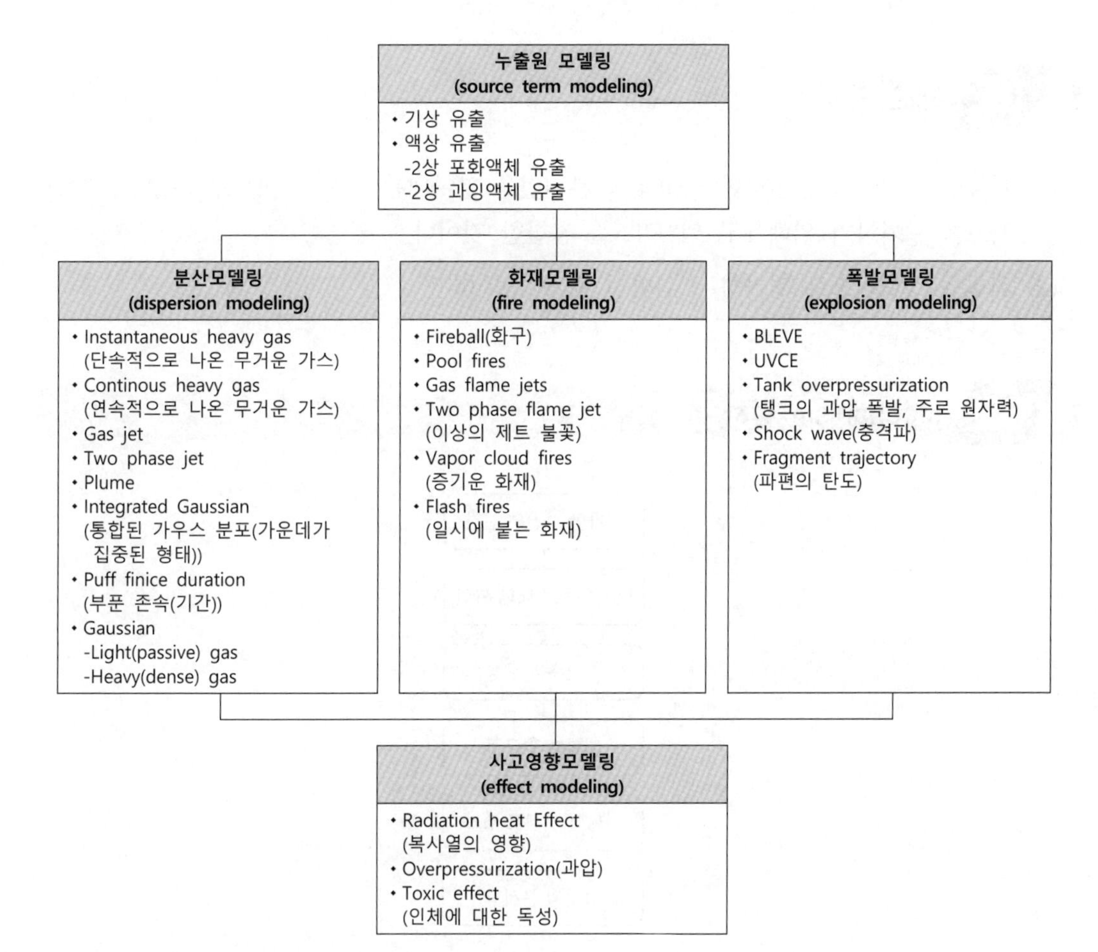

SECTION

035 원인결과분석법(cause-consequence analysis)

01 개요

(1) 가능한 사고결과와 이러한 사고의 근본원인을 알아내는 것이 목적으로 CCA는 가능한 사고를 평가하기 위해 FTA와 ETA를 혼합한 것이다.

(2) 위험을 정량적으로 평가하는 위험성 평가기법이다.

02 Mechanism 절차

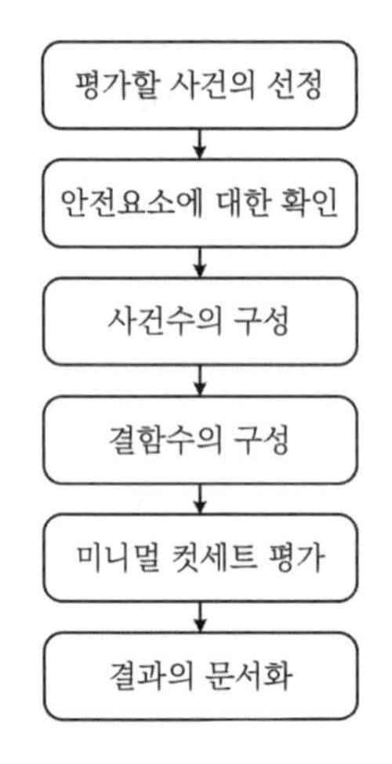

▍원인결과분석법의 진행순서▐

(1) 평가할 사건의 선정

1) FTA의 정상사상(주요 시스템 사고) 또는 ETA의 초기사건이 CCA에서 분석할 초기사건이 될 수 있다.

2) 정성적인 위험성 평가기법(HAZOP 등), 과거의 기록, 경험 등을 통해 초기사건을 선정한다.

3) 초기사건의 예

① 배관에서의 독성 물질 누출

② 용기의 파열

③ 내부폭발

④ 공정 이상

(2) 안전요소의 확인

1) 1단계에서 선정된 초기사건으로 인한 영향을 완화시킬 수 있는 모든 안전요소를 확인한다.

2) 안전요소의 예

① 초기사건에 자동으로 대응하는 안전시스템(조업정지 시스템)

② 경보장치

③ 운전원의 조치

④ 완화장치(냉각 시스템, 압력방출 시스템, 세정 시스템 등)

⑤ 초기사건으로 인한 사고의 영향을 완화시킬 수 있는 시스템

⑥ 주변의 상황(점화원 여부 및 지연 여부, 바람의 영향 등)

(3) 사건수의 구성

1) 2단계에서 확인된 모든 안전요소를 시간별 작동 및 조치순서대로 성공과 실패로 구분하여 초기사건에서 결과까지의 사건경로, 즉 사건수를 얻는다.

2) CCA의 결과물인 원인결과선도에서 ETA 부분인 사건수는 ETA 기법과 달리 기호를 사용하여 사건경로를 표현한다.

3) 안전요소의 성공과 실패에 따른 분기점은 그림 (a)의 기호로 나타내고, 사고의 결과는 그림 (b)의 기호로 표현한다.

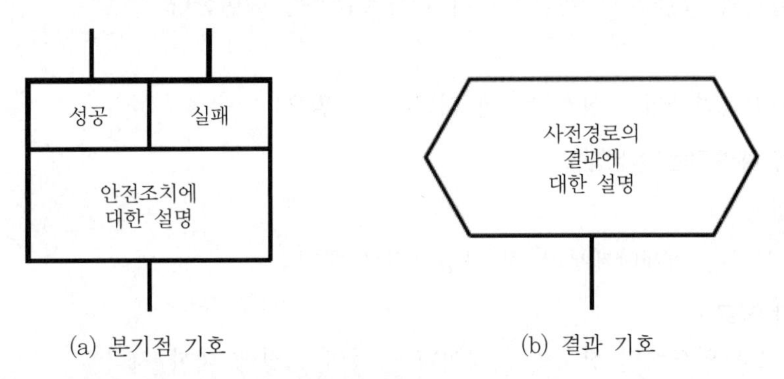

(a) 분기점 기호 (b) 결과 기호

(4) 초기사건과 안전요소 실패에 대한 결함수 구성

1) 결함수 구성 : FTA 기법을 적용하여 기본원인(기본사상)에서 초기사건까지의 사건경로를 구성한다.

2) FTA에 대한 상세한 방법 및 결함수 기호 : 안전보건기술지침의 '결함수분석기법'을 참조한다.

(5) 각 사건경로의 미니멀 컷세트 평가

1) FTA 기법을 이용하여 사건경로의 미니멀 컷세트를 결정할 수 있으며, 이를 CCA에서 확인된 모든 사건경로에 대해 반복한다.

2) CCA의 결과를 평가하는 과정
① 사건경로를 공정안전에 대한 심각도와 중요도를 기준으로 순위를 매긴다.
② 중요 사건경로에 대해 사건경로의 미니멀 컷세트의 순위를 매겨 가장 중요한 기본원인을 결정한다.

(6) 결과의 문서화
1) CCA의 문서화
① 분석한 시스템에 대한 설명
② 분석한 초기사건을 포함한 문제정의
③ 가정 목록
④ CCA의 결과물인 원인결과 선도
⑤ 사건경로 미니멀 컷세트의 리스트
⑥ 사건경로에 대한 설명
⑦ 사건경로 미니멀 컷세트의 중요도에 대한 평가
2) CCA에 의해 얻어진 개선권고사항을 포함한다.

03 특징

(1) 전달매체
사고결과와 그들의 기본원인 사이의 상호관계를 표현한다.

(2) 팀원
2 ~ 4명(숙련자이고 상호작용에 대한 경험 필요)

(3) 결과가 예측되는 발생빈도
정량화

(4) 적용 시기는 설계단계부터 전 과정까지로 한다.

(5) 필요한 자료
1) 사고를 일으켰던 장치의 이상이나 공정의 고장에 대한 지식
2) 사고의 결과에 영향을 줄 수 있는 안전시스템이나 비상 시 운전절차에 대한 지식

04 결론

결과의 정량화가 가능한 평가기법이다. 하지만 절차가 복잡하므로 이를 평가하기 위해서는 다양한 전문가를 필요로 하는 문제가 있다.

SECTION 036 Dow 화재폭발지수(FEI)

01 개요

(1) Dow Chemical사가 개발한 위험도평가기법(Dow's fire & explotion index or 간단하게 dow index)

(2) 정의

취급하는 물질의 종류와 양, 보안체제의 정비상황 등 재해발생과 그 규모 등과 관련된 많은 항목에 대해 등급을 매겨 그 등급에 따른 점수를 집계하고, 그 종합 점수로 각 단위공정의 위험도를 평가하는 방법이다.

(3) Dow index는 화재폭발사고 발생 시 예상되는 위험등급을 5단계로 구분하여 평가한다.

02 Dow index의 산정목적

(1) 잠재적 화재 및 폭발사고 시 예상되는 손실을 정량적으로 환산하기 위함이다.

(2) 사고를 유발시키거나 확대시킬 가능성이 높은 설비를 확인하기 위함이다.

(3) 화재 및 폭발로 인한 잠재적인 위험을 파악하기 위함이다.

(4) 위험가능성을 의사결정자에게 구체적인 비용으로 환산해줌으로써 의사결정에 도움을 주기 위함이다.

03 Dow index 작성 시 필수자료

(1) 정밀한 공정배치도

(2) 위험평가지침서

(3) 공정계통도(process flow sheet)

04 적용 대상

(1) 인화성, 가연성 또는 반응성 물질을 사용하는 화학공장

(2) 파일럿 플랜트(위험물질 450[kg] 이상)

(3) 기타 변압기, 보일러 발전소 등(위험물질 2,350[kg] 이상)

05 평가방법

(1) 단위공정 확인

1) 공정을 개별적인 운영 또는 단위의 공정으로 구분하고, 이들 각각을 개별적으로 고려

2) 화재 또는 폭발에 의한 손실의 경우 가장 큰 잠재적인 영향을 미친다고 간주하는 단위공정을 확인한다.

(2) 물질계수(MF : Material Factor) 결정

1) 단위공정에서 지배적 역할을 하는 가연성 재료의 열역학적 특성에 대한 물질계수를 결정한다.

2) 물질계수

① 물질로부터 방출되는 에너지가 나타내는 규모의 척도

② 범위 : 1 ~ 40까지 표시

③ 값이 클수록 인화성 및 폭발성이 높은 물질이다.

(3) 일반공정위험(F_1)

1) 정의 : 공정의 유형과 관련되며, 사고의 심도나 규모를 확대시킬 수 있는 항목

2) 과거에 화재나 폭발로 심각한 영향을 미치는 6개 항목

① 스스로 가열될 수 있는 발열반응

② 화재와 같은 외부의 열원에 의해 반응할 수 있는 흡열반응

③ 수송라인의 펌핑작용이나 연결을 포함한 물질의 취급이나 수송

④ 누출된 증기의 분산을 막기 위한 폐쇄단위공정

⑤ 긴급장비를 위한 제한된 접근과정

⑥ 단위공정으로부터 가연성 물질의 배출이 원활하지 못한 경우

3) 6개 항목 중에서 선정된 페널티를 합한 후 기본점수 1을 더하면 F_1값이 산정된다.

(4) 특별공정위험(F_2)

1) 정의 : 화재 또는 폭발의 확률을 증가시키는 항목

2) 화재 및 폭발의 주요 원인이 되는 12개 항목

① 독성 물질

② 외부의 공기가 유입됨으로써 대기압보다 낮은 압력에서 운전되는 공정조작의 경우

③ 인화성 한계범위 내에서 또는 그 범위 근처에서 조작의 경우

④ 분진폭발위험이 존재하는 경우

⑤ 대기압보다 높은 압력에서 운전되는 경우

⑥ 용기와 같은 단위공정의 프레임을 구성하는 재료인 탄소강의 기계적 강도를 약화시킬 수 있는 낮은 압력에서 조작의 경우

⑦ 인화성 물질의 양

⑧ 단위공정구조에 대한 부식과 침식이 발생 가능한 경우

⑨ 접합부와 가스의 누출을 방지하는 패킹 주변에서의 누출가능성이 있는 경우

⑩ 점화원을 제공하는 점화된 히터의 사용이 있는 경우

⑪ 뜨거운 오일의 점화온도 이상에서 작동하는 오일 열교환기 시스템의 경우

⑫ 펌프나 압축기와 같은 큰 규모의 회전장비가 완성

3) 가장 위험한 운전상태를 고려하여 선정된 페널티를 합한 후 기본점수 1을 더하면 F_2값이 구해진다.

(5) 단위공정 위험계수(F_3)

1) $F_3 = F_1 \times F_2$

2) F_3의 값의 범위 : $1 \sim 8$

(6) 폭발지수(FEI) = 단위공정 위험계수(F_3) × 물질계수

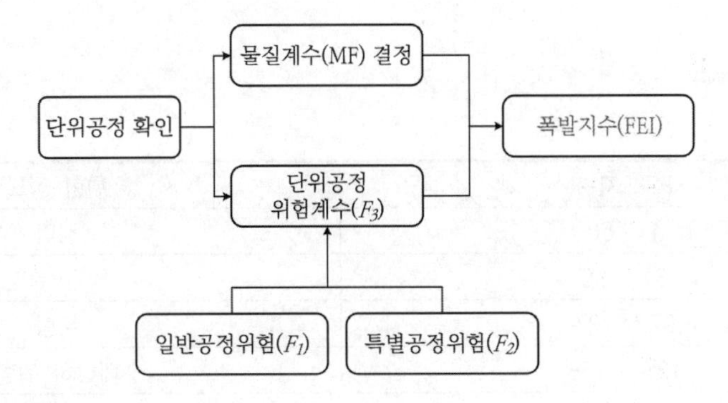

(7) 사고 시 피해반경산정(f_t)

1) 피해반경(f_t) = 0.84 × FEI

2) 장비 위치 풍향 배수시설에 따라 피해범위가 불규칙적으로 나타나므로 평균적으로 계산하여 0.84를 도입하여 적용한다.

(8) 사고 시 피해액($) 산정

피해노출지역 내의 장비 및 저장물품 등을 교체하는 비용으로 계산한다.

(9) 손실계수(D) 산정

F_3와 물질계수의 상관관계를 그래프로 표시한 0.01 ~ 1의 범위에서 산정한다.

(10) 기본 최대 예상손실 산정(base MPPD)

1) 사고 시 피해액[$] × 손실계수($D$) = 기본 최대 예상손실 산정

2) 이 값은 PML과 유사하다.

(11) 손실방지 신뢰계수(C)

$$C = C_1 \times C_2 \times C_3$$

여기서, C : 손실방지 신뢰계수

C_1 : 공정제어 신뢰계수

C_2 : 물질차단 신뢰계수

C_3 : 방화설비 신뢰계수(설비)

(12) 실제 최대 예상손실(actual MPPD) 산정

1) Actual MPPD = Base MPPD × 손실방지 신뢰계수(C)

2) 손실방지를 고려한 보험의 EML과 유사하다.

(13) 예상 최대 조업중단일수(MPDO) 산정

1) MPDO는 Actual MPPD에 의해 도표의 70[%] 범위에서 결정한다.

2) 특별한 고려사항이 있다면 도표에 의하지 않고 구할 수도 있다.

06 평가표

FEL 지수	위험 정도
1 ~ 60	경미
61 ~ 96	약간 위험
97 ~ 127	위험
128 ~ 158	대단히 위험
159 이상	심각한 위험

07 결론

(1) FEL 분석의 가장 중요한 의의는 기술자가 각 공정지역의 손실잠재력을 인식하고, 잠재적인 사고의 손실과 심도를 줄이는 방법을 확인하도록 지원하는 것이다.

(2) 또한, 이를 통해 피해금액, 조업중단일수 등 다양한 정보를 취득할 수 있는 유용한 위험성 평가기법이다.

SECTION 037 위험의 표현(risk presentation)

01 개요

(1) 많은 수의 화재 및 폭발사고빈도를 경영진의 의사결정자가 쉽게 해석하고, 이용할 수 있는 표현형식으로 통합하는 것은 매우 중요하다.

(2) 정량적인 위험성 평가에 의한 사고빈도 및 결과는 이해하기 쉽게 제시되고, 표현(presentation)되어야 한다.

02 표현방법

(1) 위험도 매트릭스(risk matrix)

1) X좌표 축에 사고의 크기를, Y좌표 축에 사고의 빈도를 각각 일정한 단계로 나누어 표시한다.

2) 개개의 사고 시나리오가 지니고 있는 사고의 크기와 사고발생빈도를 예측하여 좌표상에 표시함으로써 위험도를 등급으로 표시하는 방법이다.

3) 사고의 크기와 빈도 : 보통 1등급에서 5등급으로 구분

위험의 빈도(Y)

빈번한				
일어남직한				
종종 일어나는				
희박한				
일어날 가능성이 없는				
	무시할 정도	미미한	위험한	대재해

위험의 강도(X)

낮다 중간 높다

▎위험도 매트릭스▎

4) **등급이 1 · 2등급인 경우** : 반드시 필요한 조치를 취해 낮은 등급으로 하향 조정하여 사회적으로 허용이 가능한 영역이 되도록 한다.

5) 빈도가 높으면 빈도를 낮추는 대책이, 크기가 크면 크기를 낮추는 대책이 필요하다.

(2) F－N 곡선(Frequency Number curve)

1) 사회적 위험성을 나타낸다.

2) 위험사고로 인하여 영향을 받을 수 있는 사람의 숫자를 예측한다.

3) F(누적된 빈도) × N(사상자 숫자)

4) **위험도의 3영역** : 수용가능영역, 허용가능영역, 수용불가능영역

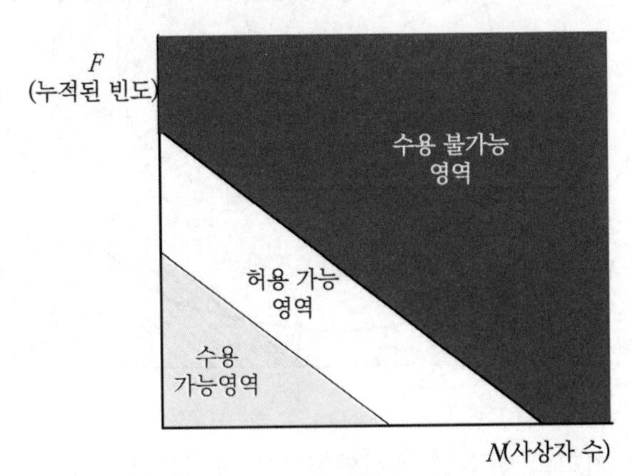

▌F-N 곡선▐

5) **문제점** : 원자력 산업에서 개발되어 주로 이용되어온 사회적인 위험성을 가지고 일반적인 위험사고에 의한 영향에 적용하여 사용되는 것으로, 그 상황이나 특수성이 다른 것을 간과한 방식이다.

6) 빈도와 사상자의 숫자는 10^{-N}으로 표시한다.

① 10^{-6} : 원자력 100만 년에 한 번 나올 확률

② 10^{-4} : 보통은 1만 년에 한 번 나올 확률

7) F－N 곡선은 사상자의 수만 고려한 평가로, 경제적 영향을 고려하지 않는다.

(3) 개인위험성 등고선(risk contour)

1) 특정 지점에서 개인위험성 추정치를 나타내는 방법이다.

2) 위험설비 주변의 위험도가 동일한 점을 연결하여 표시(등고선)한다.

3) 위험도가 높은 지역의 사람을 이주시키거나 방호대책을 세운다.

4) 개별적 위험에 대한 지역적 분포도, 등고선은 어느 특정 장소에서 특정한 정도의 위험을 야기시킬 수 있는 사건의 발생빈도를 의미한다.

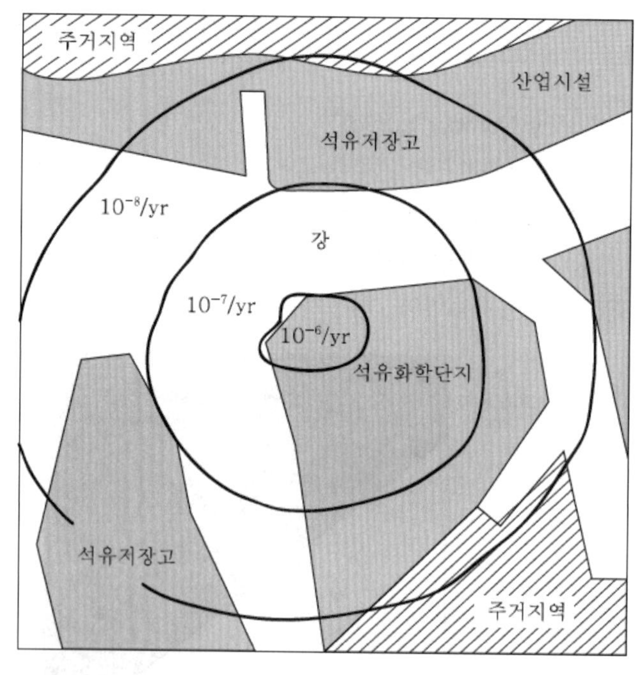

(4) 위험 프로파일(risk profile)

위험원으로부터 거리의 함수로 개인위험성을 표시한다.

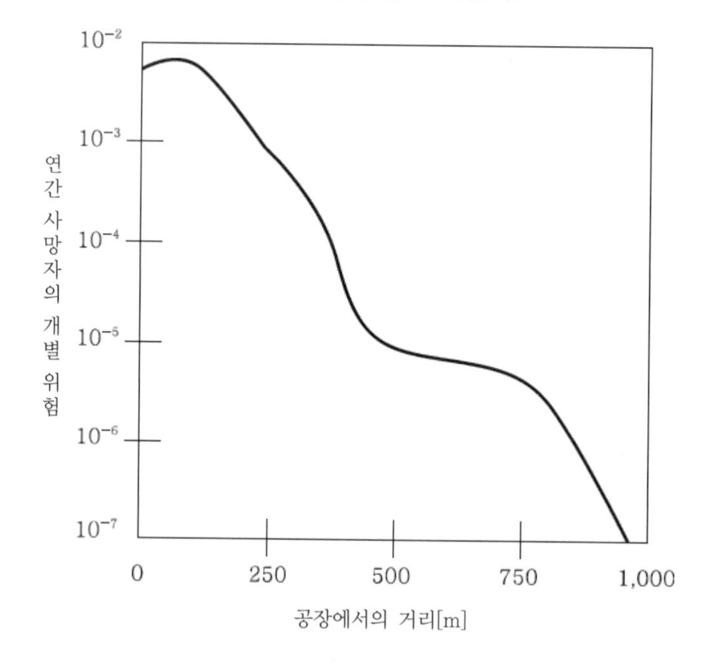

(5) 위험밀도곡선(risk density curve)

1) 위험곡선과 손실함수에 의해 계산될 수 있는 연간 위험밀도의 분포를 나타내는 곡선은 다음과 같다.

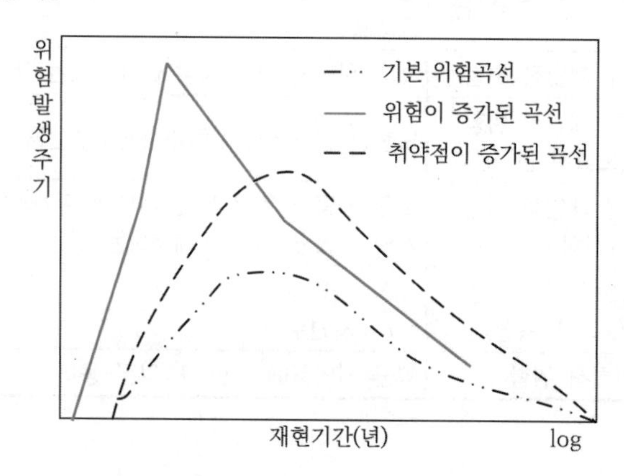

2) 위험설비 주변의 인원밀도에 의한 위험성을 그래프로 표현하여 위험성을 평가하는 방법이다.

(6) 위험지수(risk index)

1) 단순히 위험의 정도를 제시하는 간단한 숫자, 도표로 표현하는 지수이다.

2) FAR : 10^8 노출시간에 계산된 사망자 숫자

3) IRPA(Individual Risk Per Annum) $= \text{FAR} \times \dfrac{2{,}000}{10^8}$

연간 2,000시간 근무를 기준으로 사망자 숫자를 산정한다.

위험도와 표현형식

위험도		표현형식
지수	사고사망률(FAR)	$\dfrac{\text{사망 예측지점}}{10^8 \text{ 노출시간}}$
	개인적 위험지수	최대 개인적 위험 또는 FAR의 예측
	평균사망률	시간단위당 예측되는 평균 사망자수
	사망지수(equivalent fatalities)	피해결과에 대한 단일값 표시
	등가 사회적 비용지수	단일 숫자 지수값 표시

위험도		표현형식
개인적 위험	개인적 위험 등고선	현지 지도 위에 동등한 위험값의 폐쇄곡선(closed curve)을 첨가함
	개인적 위험 프로파일	명시된 방향의 플랜트에서 거리의 함수로 나타나는 개인적 위험의 그래프
	최대 개인적 위험	최대 위험에 처한 사람에 해당되는 개인적 위험의 단일 숫자값
	평균 개인적 위험 (노출된 인구)	노출된 인구에서 사람과 평균 위험을 예측하는 단일 숫자값
	평균 개인적 위험 (전체 인구)	모든 사람의 위험 노출 여부에 관계없이 사전에 결정된 인구에서 개인과 평균 위험을 예측하는 단일 숫자값
사회적 위험	사회적 위험곡선 ($F-N$ 곡선)	• N : 사망수 • F : 사건수
평균 사회적 위험		평균 사망률에 대한 또 다른 용어

SECTION

038 ALARP

01 개요

(1) ALARP는 As Low As Reasonably Practicable의 약자로, 1974년 영국의 Health & Safety at Work 법안에 나오는 법적인 요구사항에서 유래된 것으로 '실제 사용할 수 있을 만큼의 낮은 위험도'라는 뜻을 가진 말이다. 이는 안전철학의 의미이며 위험비용과 위험을 비교할 때 사용한다.

(2) **ALARP 원칙**

합리적으로 실행 가능한 범위에서 위험을 최대한 낮게 해야 한다.

02 ALARP 곡선

(1) 정의된 여건에 따른 위험도를 산정한다.

(2) 위험도가 허용 가능한 영역에 있음을 입증하여야 한다.

1) 적절한 위험 제어대책을 제시하고 이를 적용하기에 앞서 해당 위험도를 ALARP 수준으로 경감시킬 수 있음을 입증한다.

2) 위험을 경감시키기 위해서는 비용이 증가(비용을 증가시키면 초기에는 급격히 위험이 감소되다가 일정 위험 이후에는 완만히 감소함)한다.

3) 위험비용과 위험을 비교하여 가장 최적의 점을 선정(ALARP 이후에는 위험을 조금 낮추는데도 많은 비용이 수반되므로 비경제성이 증가)한다.

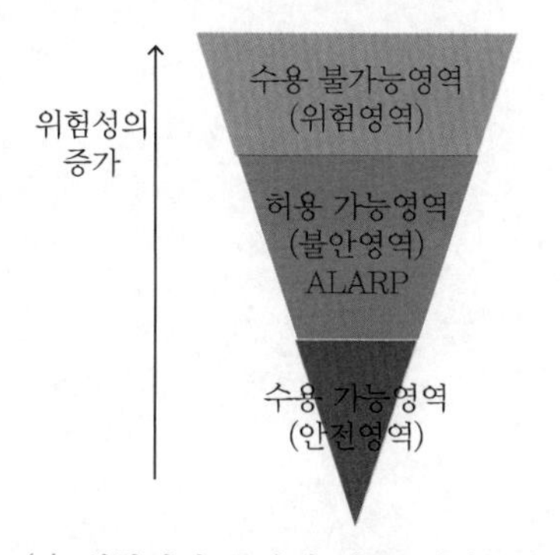

(a) 위험성의 증가에 따른 영역구분

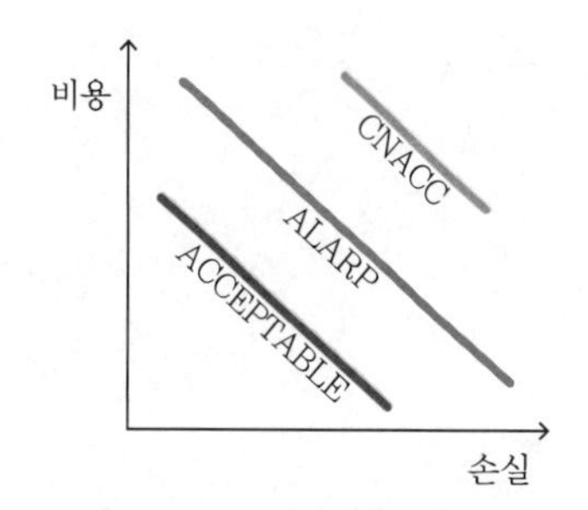

(b) 위험성과 비용, 손실의 관계

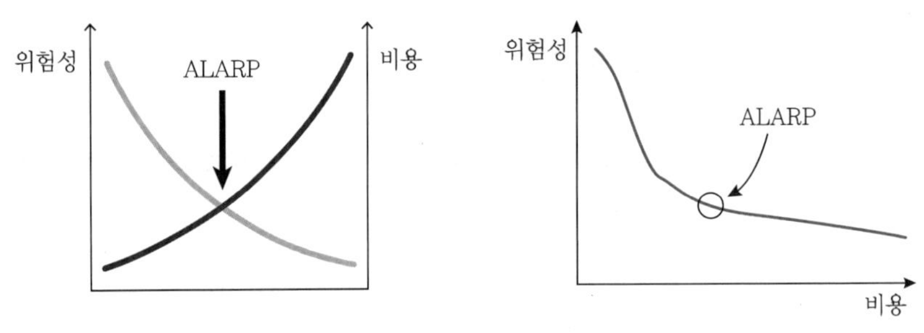

(c) 위험성과 비용곡선

(3) 위험의 구분

1) 수용 불가능영역(unacceptable) : 절대적으로 받아들일 수 없고 제거해야만 하는 매우 큰 위험영역
2) 허용 가능영역(ALARP) : 수용 가능영역과 수용 불가능영역 사이의 영역으로 줄여야만 하는 위험영역(허용 가능한 방법에 의해 허용 불가능한 위험에서 수용 가능한 위험으로 줄여나간 위험은 허용 가능)
3) 수용 가능영역(acceptable) : 대수롭지 않고 전혀 제거할 필요가 없는 작은 규모의 위험영역

SECTION 039

장외 영향평가

120 · 71회 출제

01 화학사고 Risk 관리제도

(1) 화학사고 관리제도

구분	미국	유럽	한국
신규설비 허가	주마다 다름	국가별 다른 수준	산업단지 입지심사(산업통상자원부)
안전관리 제도	• PSM(OSHA) • RMP(EPA)	Safety management system (seveso-Ⅱ, 영국 COMAH)	• 고용노동부 : 공정안전보고서(PSM) • 산업통상자원부 : 안전성 향상계획서 (SMS)

(2) 초기

1) 장외 영향평가 → 토지이용계획
2) 위해관리계획 → 안전관리시스템

(3) 현재

1) 장외 영향평가 → 설치단계의 사고예방시스템
2) 위해관리계획 → 운전 · 비상단계 사고예방 · 관리시스템

(4) 도입배경

1) 공정안전보고서(PSM), 안전성 향상계획서(SMS) : 사업장 내부의 근로자 및 시설보호
2) 장외 영향평가 · 위해관리계획 : 사업장 외부영향을 고려한 취급시설 설계 · 배치 및 관리

02 장외 영향평가

(1) 장외

유해화학물질 취급시설을 설치 · 운영하는 사업장 부지의 경계를 벗어난 바깥

(2) 보호대상

화학사고의 영향으로부터 사업장 외부의 주민과 환경보호

(3) 주민의 범위

주거시설, 기관(학교, 병원, 교도소, 공공기관 등) 및 상가 등 상업 · 산업 시설 등에 거주하는 사람(공장 등의 사업장에 정기적으로 출 · 퇴근하는 근로자 포함)

(4) 평가영역

(5) 평가대상

1) 사고영향이 사업장 외부의 사람이나 환경에 미치는지의 여부가 중요 → 유해화학물질 취급시설을 설치 · 운영하고자 하는 사업장

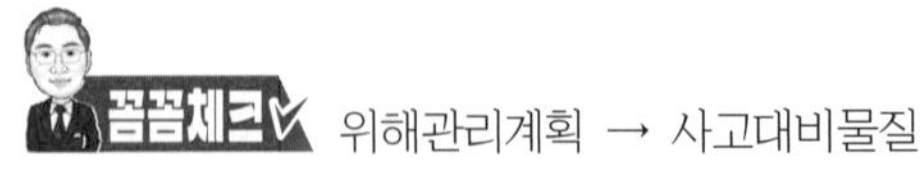

위해관리계획 → 사고대비물질

2) 신규 및 증설
   ① 단위설비용량의 100분의 50 이상 증설
   ② 시설 · 설비의 용량이 소량기준 이상으로 증가
   ③ 단위설비 위치가 사업장 부지 경계로 변경하는 경우
   ④ 영업변경 허가사항에 해당되는 경우

(6) 업무처리절차

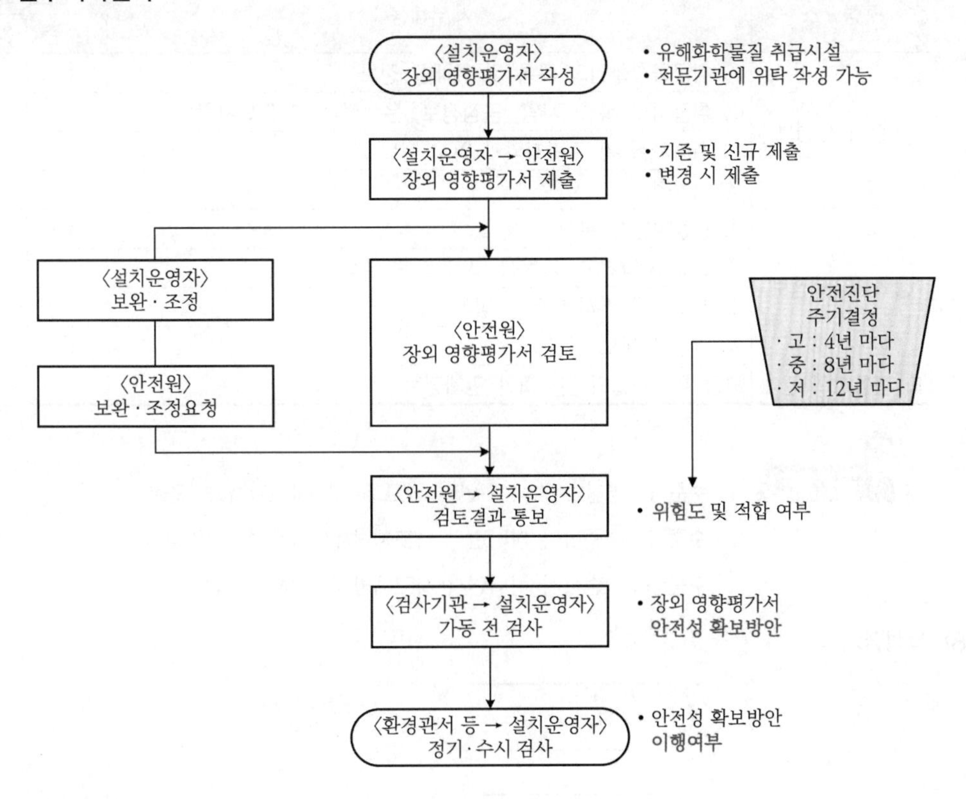

(7) 수행형태

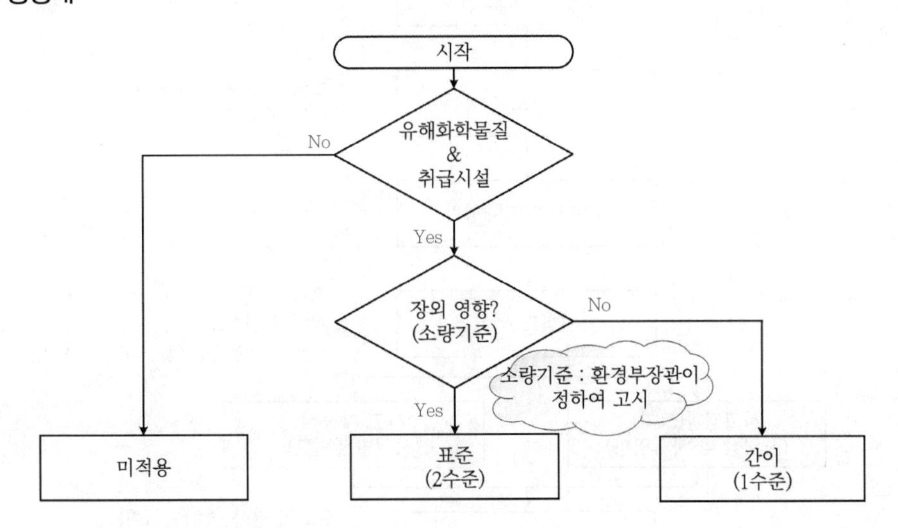

구성요소	세부내용	프로그램	
		1수준	2수준
기본평가 정보	① 취급화학물질의 목록 및 유해성 정보	○	○
	② 취급시설 목록, 사양, 공정정보, 운전절차 및 유의사항	○	○
	③ 취급시설 및 주변지역의 입지 정보	×	○
	④ 기상정보	×	○
장외 평가 정보	① 공정위험성 분석	×	○
	② 사고 시나리오, 가능성 및 위험도 분석	×	○
	③ 사업장 주변지역 영향 평가	×	○
	④ 안전성 확보 방안	×	○
타 법률과의 관계	해당 취급시설의 인·허가 관계정보	○	○

1. **수준 1** : 영향범위 내 주민이 없고 5년간 사고가 없을 경우
2. **수준 2** : 수준 1이 아니면서 사고예방제도 비적용 사업장
3. **수준 3** : 수준 1이 아니면서 사고예방제도 적용 사업장

(8) 작성절차

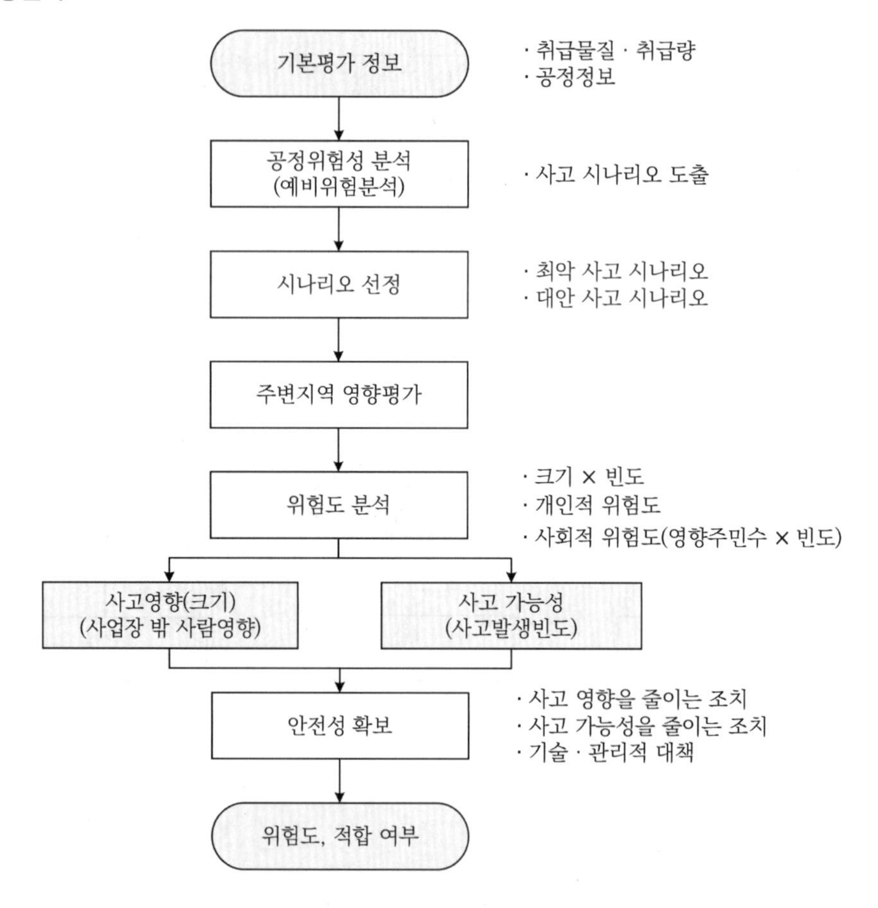

(9) 검토결과 구분

1) 적합 여부 : 적합, 조건 부적합, 부적합
2) 위험도 : 고 · 중 · 저

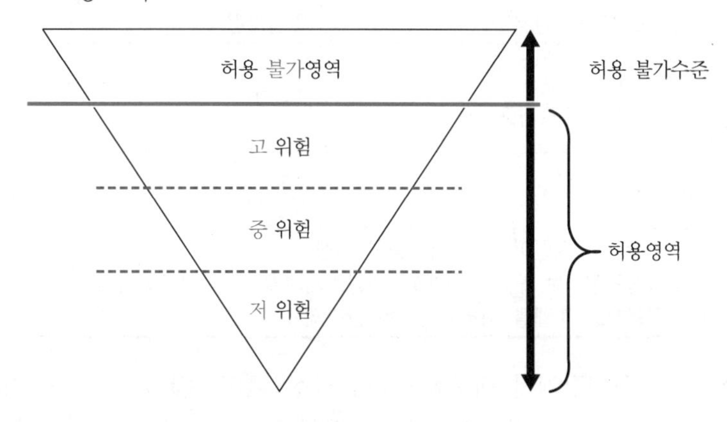

03 장외 영향평가, 위해관리계획, 공정관리계획 비교

(1) 장외 영향평가

유해화학물질 780여 종(유독물, 금지물질, 제한물질, 허가물질, 사고대비물질)

(2) 위해관리계획

사고대비물질 69종(취급기준량 이상)

(3) 위해관리계획과 장외 영향평가 비교

구분	장외 영향평가	위해관리계획
대상	유해화학물질 취급시설을 설치 · 운영하려는 자	사고대비물질(69종) 지정수량 이상 취급하는 사업장
목적	시설 주변에 대한 위험성 평가 및 위험 최소화	사업장 주변지역에 대한 응급시 대응계획 확보
시기	취급시설 설치공사 착공일 30일 이전에 제출	영업허가 전에 제출

(4) 위해관리계획과 공정관리계획(PSM) 비교

구분	위해관리계획제도	공정안전관리제도
관련 법	「화학물질관리법」 제41조	「산업안전보건법」 제49조의2
적용대상	사고대비물질(69종) 취급사업장 (약 1,000개소 + α)	① 원유정제처리업 등 7개 업종 및 유해 · 위험 물질 ② 규정량 이상 취급사업장(약 1,700개소)
작성범위	사고대비물질(지정수량 이상) 취급설비	① 업종 : 모든 설비 ② 규정수량 : 해당 물질취급설비
심사기관	환경부 화학물질안전원	안전보건공단 (6개 중대산업 사고예방센터)
제출시기	① 영업허가 전 신규제출 ② 5년마다 다시 제출	착공일 30일 전

구분	위해관리계획제도	공정안전관리제도
심사기간	30일 이내(보완기간 : 30일)	30일 이내(보완기간 : 30일)
현장확인	취급시설 신규검사 (안전보건공단, 환경공단 등)	설치과정 및 시운전 중 (안전보건공단)
비상대응 계획 적용 대상	지역주민 (인근작업장 근로자포함)	근로자
이행상태 관리	필요 시	필수 (등급제 운영)
공통점	① 화학사고 위험이 높은 사업장을 대상 ② 공정안전정보, 안전관리계획, 비상조치계획 등 작성 · 이행 유도 ③ 화학사고 피해를 최소화하려는 관리제도	

(5) 화학공장 등의 사업장에서 내부적으로는 공정안전관리(PSM)를 준수하고 사업장 외적으로는 장외 평가제도와 위해관리계획이 조화를 이룬다면 사업장 내의 근로자, 인근 지역주민, 환경의 안전성이 보다 향상될 수 있다.

SECTION 040

사고피해손실 예측분석

01 개요

(1) 사업장의 위험관리

사업장에서는 일반적으로 위험통제(risk control) 및 위험재무(risk finance)를 통해 위험을 관리할 수 있다.

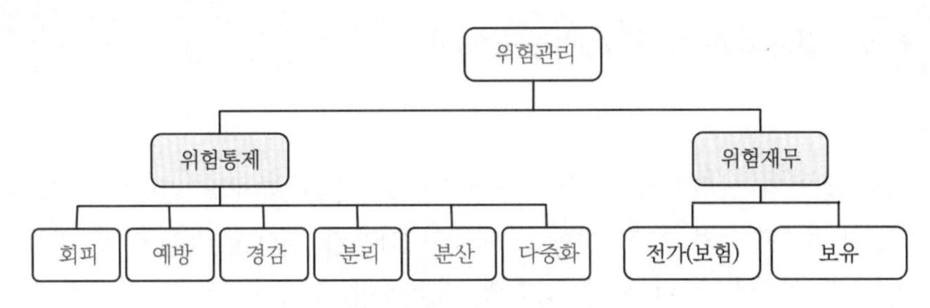

▌위험관리에 대한 맵핑▐

(2) 보험업계의 최대 예상손해금액의 산출방법 중 대표적 방법

1) MPL(Maximum Possible Loss) : 최악의 상황이 동시에 발생하는 것을 가정한 방법
2) PML(Probable Maximum Loss) : 소방설비 등이 부분적으로 유효한 것으로 가정하는 방법
3) EML(Estimated Maximum Loss) : 비정상 조건을 고려하지 않은 방법(일반적 산출방법)

(3) 사고피해손실 예측의 개념은 한 건의 화재로 인하여 예상되는 최대 사고피해손실을 예측한 금액으로서, 두 건의 화재가 동시에 발생하여 입은 피해는 배제한다.

(4) 인적 손실보다는 재산손실의 결과에 초점을 맞추고 있으며, 최대 예상손실을 평가할 때에는 자산이 가장 많이 집적되어 있는 구역 또는 건물을 대상으로 최악의 시나리오(worst scenario)에 의해 손해액을 평가한다.

(5) 스프링클러 등의 소화설비가 유효하게 작동할 때와 사업장 자체 소방대의 활동, 공공소방대의 지원, 신뢰할 만한 방화벽 또는 방화구획 등 각 항목의 적용 여부에 따라 최대 예상손해의 규모가 다르게 산출된다.

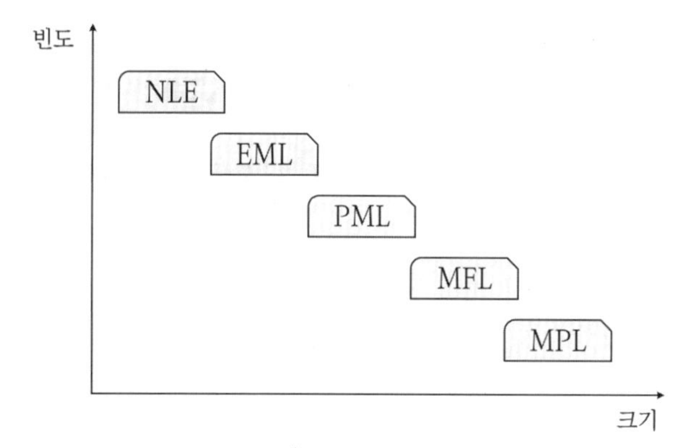

▌크기와 빈도에 따른 손실 개념▐

02 MPL(Maximum Possible Loss)

(1) 개요

1) 정의 : 최악의 상황들이 동시에 발생하여 그 결과 화재를 진압하지 못하거나, 만족할만한 소화활동을 하지 못한 상태에서 화재가 장애물(방화벽)에 의하여 연소확대가 되지 못하거나 더 이상 연소할 가연물이 없어서 화재가 중단되는 상황에서의 최대 예상손실

2) 유럽보험위원회(CEA : Comite Europeen des Assurances)의 개념이다.

3) 미국의 유사개념 : MFL(Maximum Foreseeable Loss)

(2) MPL을 감소시킬 수 있는 방법

1) 건물의 이격 : 건물 간의 적절한 거리 유지

2) 신뢰할 수 있는 건축구조상의 방화구획 : 방화벽에 의한 방화구획

(3) MPL을 평가하는 데 적용하지 않는 사항

1) 소방시설(스프링클러, 화재경보설비 등)의 유효성

2) 사설 및 공공소방대 등의 소방능력

03 MFL(Maximum Foreseeable Loss)

(1) 개요

1) 정의 : 예측 가능한 최대 손실은 불리한 사건이 발생할 경우 회사가 직면할 수 있는 손해 및 재정적 손실 측면에서 최악의 시나리오이다.

2) 예측 가능한 최대 손실은 일반적으로 그러한 손실을 제한하는 스프링클러 및 전문소방관과 같은 일반적인 보호장치의 오작동 및 무응답을 가정한다.

3) 최대 예측 가능한 손실의 3가지 원인 : 화재, 폭발, 장비고장

(2) **산출방법**

재산 및 장비의 물리적 손실뿐만 아니라 손실이 비즈니스의 정상적인 운영에 미치는 부정적인 영향도 포함하는 광범위한 프로세스이다.

04 PML(Probable Maximum Loss)

(1) **개요**

1) **정의** : 사고가 발생하였을 때 필연적으로 예상되는 가능한 최대 손실로, 방화구획과 화재하중을 고려하고 소방시설 등을 고려하지 않은 손실

2) 소방시설이 고려되지 않는다는 점은 MPL과 유사한 개념이다.

(2) **PML을 감소시킬 수 있는 방법**

1) 여러 개의 구획실과 연결된 비통상적인 수평적 공간 및 불연성 지붕

2) 가연성 또는 폭발성 물질이 없는 경우

(3) **PML을 평가하는 데 적용하지 않는 사항**

1) 소방시설(스프링클러, 화재경보설비 등)

2) 사설 및 공공소방대 등의 소방능력

05 EML(Estimates Maximum Loss)

(1) **개요**

1) **정의** : 해당 건물 내에서 소방활동, 생산, 기타 활동이 정상적인 상태에서 발생할 것으로 예상되는 화재피해의 크기

2) **특징** : 화재 시 상태를 악화시킬 수 있는 비정상적인 상황은 고려하지 않는다.

3) 유럽보험위원회(CEA : Comite Europeen des Assurances)의 개념

4) **미국의 유사개념** : NLE(Normal Loss Expectancy)

(2) **평가절차**

1) 위험을 분할한다.

2) 자산이 가장 많이 집적된 구역을 선정한다.

3) 최대 예상손실을 계산한다.

06 결론

(1) 활용

1) 추정 최대 손실 등 개념을 이용하여 보상한도액의 산정에 활용할 수 있다.
2) 보험업계에서는 추정 최대 손실 등의 개념을 이용하여 보상한도액(limit of liability) 산정에 활용하고 이에 따라 합리적인 보험료를 산정하게 된다.

(2) 의의

1) **보험사** : 담보력 확보, 균형잡힌 포트폴리오 구성, 마케팅 역량 강화, 가액평가 및 재보험처리 등 관리비용 경감 등
2) **보험계약자** : 보험료 경감을 통해 다른 위험관리방법에 투자가 가능하여 안전수준의 향상

(3) 추정 최대 손실 불확실성 및 문제점

1) 추정 최대 손실을 크게 예측 시 보험료가 과다하게 측정된다.
2) 추정 최대 손실을 작게 예측 시 보상한도액이 적어지므로 책임의 전가의미가 약해진다.

SECTION

041 화재위험지수(fire risk index)

01 개요

(1) 정의

화재원인과 방화대책을 개량화하여 점수화한 것으로, 이를 통해 쉽게 화재의 위험을 나타내기 위한 지수

(2) 목적

관리자나 의사결정자에게 유용한 정보를 제공한다.

02 화재위험지수 산정방법

(1) 자연수로 나타내는 화재위험지수(X) = 화재확대지수(Y) − 화재안전대책지수(Z)

(2) 분율로 나타내는 화재위험지수(X) = $\dfrac{\text{화재확대지수}(Y)}{\text{화재안전대책지수}(Z)}$

(3) 위험지수 공식

$$S = \sum_{i=1}^{n} W_i \cdot X_i$$ [60]

여기서, S : 건물의 화재안전을 표현하는 위험지수

n : 변수

W_i : 화재확대의 변수

X_i : 매개변수에 대한 등급

60) European study into the Fire Risk to European Cultural Heritage WG6. Fire Risk Assessment Methods. 2003.10.30

03 화재위험지수의 예

(1) 일반적으로 많이 사용하는 화재위험지수를 나타내면 다음의 표와 같다.

화재위험지수	지수산출식 (mathematical expression of the index)	위험의 한계표현 (expression of tolerable risk)	참고(reference)
Greteners index I_G [61]	$I_G = \dfrac{P(x_1,\, x_2,\, x_3) \times A(x_1,\, x_2,\, x_3)}{N(x_3) \times S(x_2) \times F(x_2)}$	$I_G \leq 1.3$	Kaiser(1979)
FRAME index I_{FR}	$I_{FR} = \dfrac{P(x_1,\, x_2,\, x_3)}{A(x_1,\, x_2,\, x_3) \times D(x_2,\, x_3)}$	$I_{FR} \leq 1.0$	FRAME(2008)
Dow' fire and explosion index (F & EI) I_D	$I_D = x_0 \times \sum_{i=1}^{6} x_{i1} \times \sum_{i=1}^{12} x_{i2}$	$I_D \leq 96$	Dow(1994)
Fire safety evaluation system (FSES) index I_F [62]	$I_F = \prod_{i=1}^{5} x_{i1}$	$I_F = \sum_{j=1}^{3}\sum_{i=1}^{12} 1_{jk}(x_{i2})x_{i2}$	Rasbash et al. (2004)
Hierarchical approach (HA) index I_H [63]	$I_H = \sum_{i=1}^{n} w_i \cdot x_i$	$I_H \leq I_{H,\,\mathrm{tol}}$	Rasbash et al. (2004), SFPE(2002)

(2) **국내에서의 활용**

1) 화재보험협회에서 사용하는 화재위험도지수

2) 다중이용업소의 화재영향평가

61) P : 잠재위험(the potential risk), A : 활성화 위험(the risk of activation), N : 기본대책(refers to standard measures), S : 특별대책(refers to special protection measures), F : 건물의 내화지수(is the fire resistance factor of the building), x_1 : 기하학적 자료의 변수(geometry data), x_2 : 화재 자료의 변수(fire-specific data), x_3 : 특별한 방법의 변수(method-specific data)

62) $1_{jk}(x_{i2})$: 화재안전 매개변수 관련 지표, x_{i2} : 표에 의한 변수

63) w_i : 표준화된 가중치 변수, $I_{H,\,\mathrm{tol}}$: 지수 I_H의 허용값

SECTION 042

안전무결성 등급(SIL : Safety Integrity Level)[64)]

100 · 86회 출제

01 개요

(1) 정의

위험(risk) 정도에 따라 안전시스템의 기능이 갖추어야 할 사항을 규정한 등급

(2) 목적

공장 내의 위험을 수용 가능한 확률 수준 밑으로 떨어뜨려 사전에 위험을 방지

(3) 안전의 종류

1) Primary safety : 감전과 같이 장비에 의한 직접적인 사고

2) Functional safety : 측정결과에 의해 위험이 제거되는 장비의 안전

3) Indirect safety : DB 에러에 의한 잘못된 정보제공 등의 간접위험

(4) 배스텁 곡선(욕조곡선 ; bathtub curve)

1) 일반적으로 전자부품을 사용하는 설비의 사간대비 고장 발생빈도를 나타내는 대표적인 사례이다.

2) 설비의 사용 초기 및 설비열화가 발생하는 후기에 고장 발생빈도가 매우 높게 발생한다.

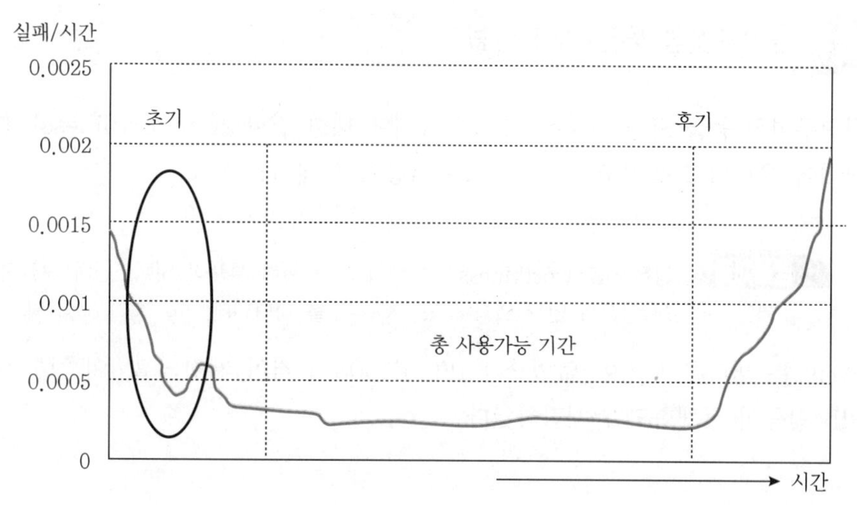

64) SCT의 공정기획팀 정인희 팀장의 PPT 자료에서 발췌 · 정리한 것이다.

02 안전무결성 등급(SIL) 국제규격

안전무결성 등급(SIL) 국제규격은 IEC 61508 Electrical/Electronic/Programmable Electronic(E/E/PE) safety-related systems이 기본이며, 각각의 산업분야에 따라 기능안전 관련 평가 또는 위험분석의 개별 규격이 적용된다.

(1) IEC 61508(기본)

(2) IEC 61511(공정설비)

(3) ISO 13849

(4) IEC 62061(기계류)

(5) IEC 62278, 62279, 62280

(6) EN 50129(철도)

(7) ISO 26262(자동차)

(8) IEC 60092-504(선박)

(9) IEC 60335-1(가정용 기기)

(10) IEC 60730(제어기)

(11) IEC 61513, 60880(원자력)

(12) IEC 62304, 60601(의료기기) 등

03 안전무결성 등급(SIL) 인증

(1) 안전무결성 등급(SIL) 인증은 최초 항공기에 대한 감항성(airworthiness) 평가에서 시작되어 유럽의 고속철도 및 자동차로 적용이 확대되었다.

감항성(airworthiness) : 비행기의 그 관련 부품이 비행조건하에서 정상적인 성능과 안전성 및 신뢰성이 있는지 여부를 나타낸다.

(2) 초기에는 별다른 명칭이 없었으나 IEC 61508 규격이 제정되고, 이후로 기능안전 및 SIL 인증이 구체화되기 시작하였다.

(3) 안전무결성 등급(SIL) 인증의 필요성(산업계)

사용자들은 장비가 적합한 안전요구수준을 갖추고 있음을 보장하기를 원하고 있다.

(4) 안전무결성 등급(SIL) 인증의 효과

1) 제품선정 시 사용자가 필요한 정보 제공
2) 사용자의 제품 및 시스템의 표준인증 확보
3) 사용자가 인증된 제품을 설치하고 공정안전의 인정된 수준 확보
4) 인정시스템 제조업체의 제품향상 기회 확보

04 안전계장시스템(SIS : Safety Instrumented System)

(1) 정의

하나 또는 그 이상의 안전계장기능을 사용하는 제어장치

(2) 안전계장기능(SIF : Safety Instrumented Functions)

1) 정의 : 안전계장시스템을 구현하는 구체적인 방법
2) 구성
   ① 입력부(sensor) : 공정상태(process condition)를 측정하기 위한 장치
   ② 논리부(logic solver) : 하나 이상의 제어장치 기능을 수행하는 장치
      예 전기장치, 전자장치, 공기압장치, 프로그래밍 가능한 전기시스템, 유압장치
3) 출력부(final element) : 안전한 상태로 만들기 위해 필요한 물리적 작동을 하는 장치
   예 밸브, 기어 스위치, 보조요소를 포함하고 있는 모터

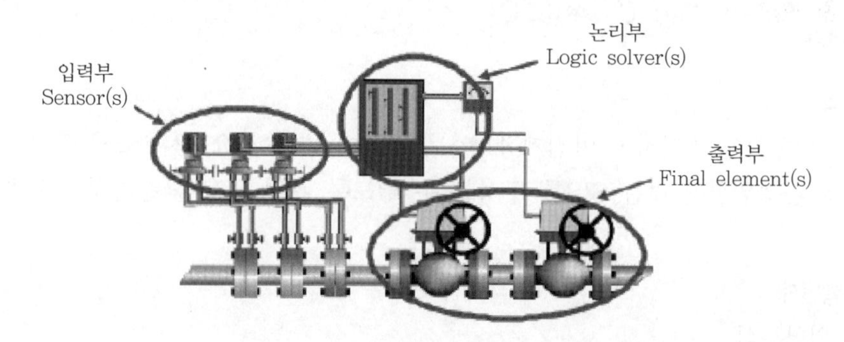

(3) 위험한 요소를 없애는 것은 아니고, 위험한 사건이 발생할 확률을 낮추는 것이다.

(4) SIS 구축효과

1) 안전사고 및 환경오염 관련 위험 최소화

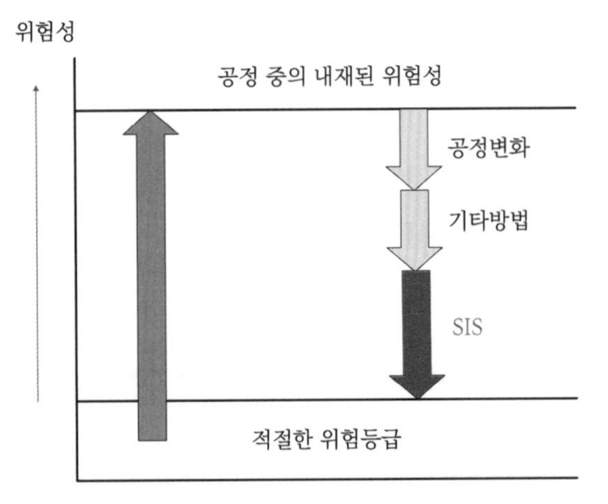

2) 안전 및 설비 신뢰도 향상
3) 점검 주기 및 방법 정립
4) 정비비용 최소화
5) 보험료 인하
6) 제품생산손실 방지
7) 안전 및 주요 계측제어장치의 최적화
8) 정비업무 수행능력 및 엔지니어링 기술향상

05 Safety Life Cycle(SLC)

(1) 정의

공정위험들을 평가하고 안전계장시스템(SIS)에 필요한 요구사항들을 정의하여 최종적으로 공정위험에 맞는 SIS를 구성할 수 있도록 관련 업무를 순차적으로 하는 일련의 단계

(2) 수행단계

1) 위험분석
2) 보호계층에 대한 안전기능의 투입
3) 안전계장시스템(SIS)을 위한 안전요구사양
4) 안전계장시스템(SIS)에 의한 설계 및 공학
5) 설치, 시운전 및 검증
6) 운영 및 유지 · 보수
7) 수정

06 안전무결성 등급(SIL : Safety Integrity Level)

(1) 정의

사고를 방지하기 위해 설계된 안전시스템(safety system)이 공정정지(shut down) 필요 시 정상작동되지 않아서 장애가 발생할 확률

(2) 안전무결성 등급(SIL)이 높을수록 요구된 SIF를 잘 수행할 확률이 더 높아지고 이용 가능성과 시스템 구성의 요구사항이 증가

(3) 안전무결성 등급(SIL)

1) 안전무결성 등급(SIL) : PFD의 음수 로그값

2) 고장확률(PFD) = 1－availability

예 90[%]의 availability라면
고장확률(PFD) = 1－0.9 = 0.1

3) SIL = －log(PFD) = －log(0.1) = 1

4) 안전무결성 등급

SIL	안전성(PFD 고장확률)	장애발생 가능성(RRF 위험감소지수)
SIL1	90 ~ 99[%]$\left(\frac{1}{10} \sim \frac{1}{100}\right)$	10 ~ 100년 사이에 예상치 못한 장애발생 가능
SIL2	99 ~ 99.9[%]$\left(\frac{1}{100} \sim \frac{1}{1,000}\right)$	100 ~ 1,000년 사이에 예상치 못한 장애발생 가능
SIL3	99.9 ~ 99.99[%]$\left(\frac{1}{1,000} \sim \frac{1}{10,000}\right)$	1,000 ~ 10,000년 사이에 예상치 못한 장애발생 가능
SIL4	99.99[%] 초과	10,000 ~ 100,000년 사이에 예상치 못한 장애발생 가능

1. **고장확률(PFD : Probability of Failure on Demand)** : 사고를 방지하기 위해 설계된 안전장치가 공정정지 필요 시 정상작동되지 않아서 사고가 발생할 확률

2. **RRF(Risk Reduction Factor)** : 위험감소지수로 PFD와는 상반되는 개념이며 위험을 줄일 수 있는 확률을 나타낸다.

   Risk Reduction Factor(RRF) = $\frac{1}{PFD}$

3. **안전계장기능(SIF : Safety Instrumented Function)** : 기능안전에 필요한 명시된 안전무결성 등급의 안전기능으로, 계장안전의 보호기능 또는 계장안전의 제어기능을 말한다.

07 안전무결성 등급(SIL)의 절차

(1) 검토의 준비

1) 안전무결성 등급(SIL) 검토의 도입검토 전 안전계장기능(SIF) 설명내용을 수집한다.
2) 안전무결성 등급(SIL) 검토에 사용되는 방법

(2) 안전무결성 등급(SIL) 검토수행

1) 안전계장기능(SIF)을 선정
2) 안전계장기능(SIF) 기술확인
3) 설계의도 확인
4) **안전계장기능(SIF) 조작을 일으키는 모든 잠재적 원인 및 요구 시나리오를 결정** : 브레인스토밍(brain stoming)
5) **요구결함의 영향과 회복대책 평가** : 시나리오의 모든 영향을 식별하여야 한다.
   ① 안전계장기능(SIF)에서 고장확률(PFD)의 영향평가
   ② 예방, 보호 및 감소를 위험감소지수(RRF)의 평가
6) **방호계층 분석(LOPA)** : 팀은 적용 가능한 곳에 고장확률(PFD)을 감소시킬 수 있는 안전계장기능(SIF)으로부터 독립방호계층(IPL)의 목록을 작성한다.
7) **조치사항 추천**
   ① 문제의 조작 혹은 추후 고려사항에 적용할 수 있으면 추천사항에 동의한다.
   ② 추적 조치서가 작성 : 프로젝트에 의해 추후 이행한다.
8) 평가
9) 다음 원인
10) 전체 검토가 수행된 후 다음 시스템의 안전계장기능(SIF)으로 이동한다.

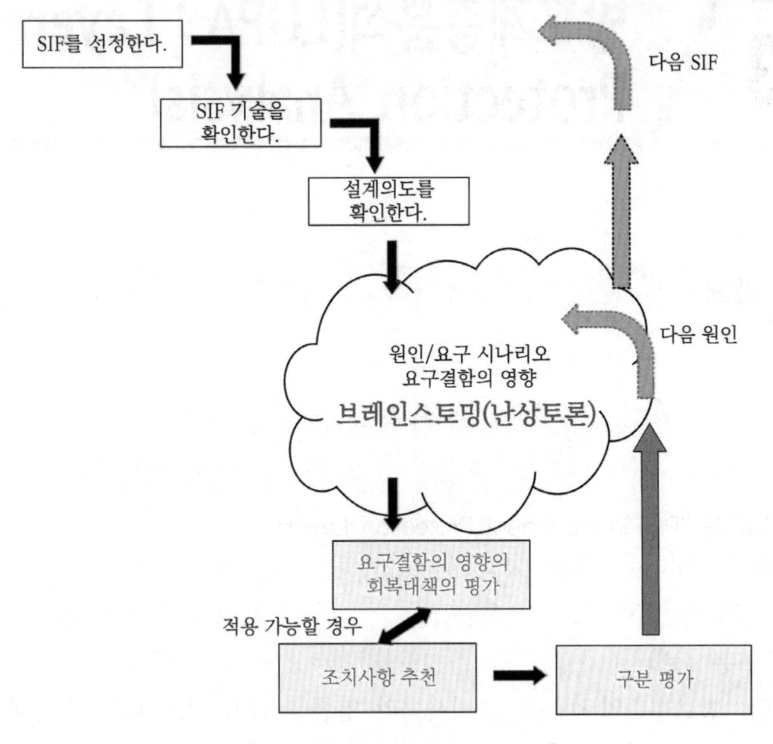

▌안전무결성 등급(SIL) 수행절차▐

SECTION 043 방호계층분석(LOPA : Layer Of Protection Analysis)[65]

01 개요

(1) 정의

원하지 않는 사고의 빈도나 강도를 감소시키는 독립방호계층(IPL)의 효과성을 평가하는 방법 및 절차

(2) 독립방호계층(IPL : Independent Protection Layer)

1) **정의** : 초기사고나 사고 시나리오와 관련한 다른 어떤 방호계층의 작동과는 관계없이 원하지 않는 결과로 전개되는 것으로부터 사고를 방호할 수 있는 장치나 시스템 또는 동작

2) **독립** : 방호계층의 성능은 초기사고의 영향을 받지 않고 다른 방호계층의 고장으로 인한 영향을 받지 않는다는 것이다.

(3) 용어의 정의

1) **초기사고(initial event)** : LOPA 분석의 대상, 사건의 발단이 되는 사건, 원하지 않는 결과로 유도하는 시나리오가 개시되는 사고

2) **시나리오(scenario)** : 초기사고(initial event)로 예상되는 결과, 원하지 않는 결과를 가져오는 사건이나 사건의 연속

3) 기본공정제어 시스템(BPCS : Basic Process Control System)

① 정의 : 공정이나 운전원으로부터 나온 입력신호에 대응하는 시스템으로서 출력신호를 발생시켜 공정이 원하는 형태(정상)로 운전되도록 하는 것이다.

② 구성요소 : 센서, 논리연산기, HMI(Human Machine Interface), 공정제어기 및 최종 제어요소

4) **공통원인고장 또는 공통형태고장** : 다중시스템에서는 동시고장을 야기하고 다중채널 시스템에서는 2 이상의 다른 채널에서의 동시고장을 야기하여 시스템 고장으로 유도하는 하나 이상의 사고결과인 고장

65) 인터넷 http://www.insightofgscaltex.com/?p=19681에서 Insight of GS Caltax의 안전계장시스템-Safety instrumented와 KOSHA CODE P-45-2009의 방호계층분석(LOPA)기법에 관한 기술지침 2009. 12에서 발췌 및 수정

5) **최종 조작요소(final control element)** : 제어를 달성하기 위하여 공정변수를 조작하는 장치

6) **영향**

① 정의 : 위험한 사고의 궁극적인 잠재적 결과

② 표현 : 재해자수(사망자수), 환경이나 재산손실, 사업중단의 측면

7) **논리해결기(logic solver)** : 상태제어, 즉 논리함수를 실행하는 기본공정제어시스템이나 안전계장시스템의 일부분을 말한다. 안전계장시스템의 논리해결기는 일반적으로 고장이 허용되는 프로그램 가능 논리제어기(PLC : Programmable logic controller)이다. 기본공정제어시스템상의 단일 중앙처리장치는 연속식공정제어와 상태제어기능을 수행할 수도 있다.

8) **작동요구 시 고장확률(PFD : Probability of Failure on Demand)** : 시스템이 특정한 기능을 작동하도록 요구받았을 때 실패할 확률

9) **방호계층(protection layer)** : 시나리오가 원하지 않는 방향으로 진행하지 못하도록 방지할 수 있는 장치, 시스템, 행위 등을 말한다.

10) **안전계장기능(SIF : Safety Instrumented function)** : 한계를 벗어나는(비정상적인) 조건을 감지하거나, 공정을 인간의 개입 없이 기능적으로 안전한 상태로 유도하거나 경보에 대하여 훈련받은 운전원을 대응하도록 하는 특정한 안전무결성등급(SIL)을 가진 감지장치, 논리해결장치 그리고 최종 요소의 조합

11) **안전계장시스템(SIS : Safety Instrumented System)** : 하나 이상의 안전계장기능을 수행하는 센서, 논리해결기, 최종 요소의 조합

12) **안전무결성등급(SIL : Safety Integrity Level)** : 작동요구 시 그 기능을 수행하는 데 실패한 안전계장기능의 확률을 규정하는 안전계장기능에 대한 성능기준을 말한다.

02 일반사항

(1) 방호계층분석 팀(team) 구성

1) 관련 공정을 운전한 경험이 있는 운전원
2) 공정 엔지니어
3) 공정제어 엔지니어
4) 생산관리 엔지니어
5) 관련 공정에 경험이 있는 계장 · 전기보수전문가
6) 위험성 평가 전문가

(2) 방호계층분석에 활용할 자료수집

(3) 방호계층분석 수행흐름도

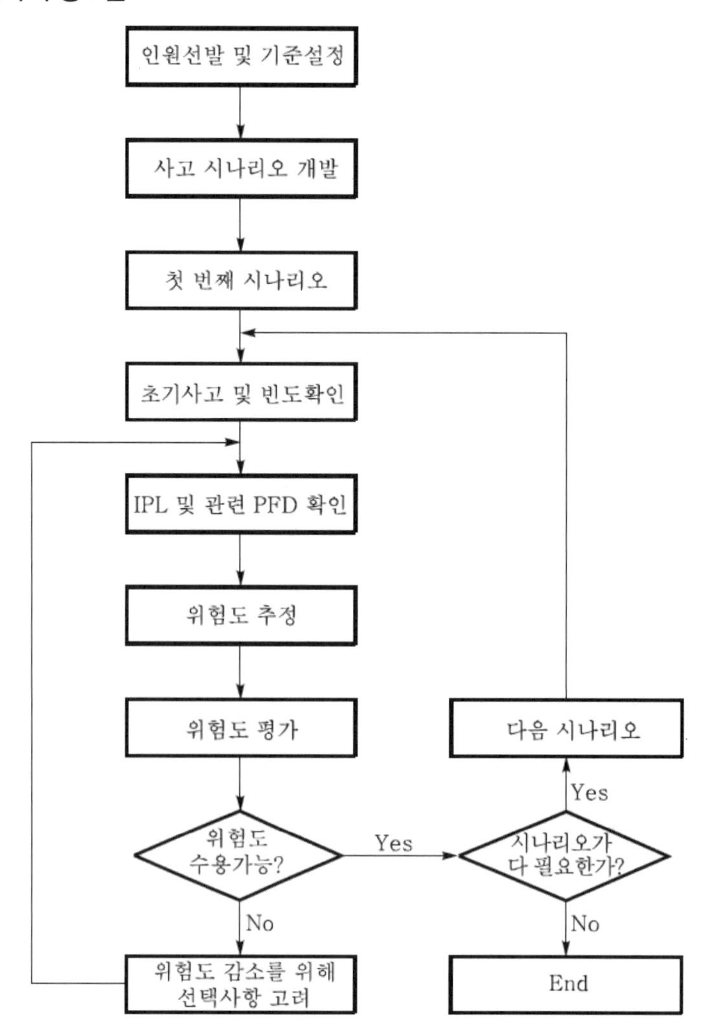

(4) 방호계층분석 단계별 수행절차

1) 1단계 : 시나리오를 선별하기 위해 영향을 확인
   ① 이전에 실시한 위험성 평가에서 개발된 시나리오를 이용하여 평가
   ② 영향은 보통 위험과 운전분석평가와 같은 정성적 위험성 평가에서 확인한다.
   ③ 다음으로 영향을 평가하고 그 크기를 추정한다.
2) 2단계 : 사고 시나리오 개발
   ① 방호계층분석은 한번에 한 시나리오에만 적용한다.
   ② 시나리오는 하나의 원인(초기사고)과 쌍을 이루는 하나의 결과로 제한한다.
3) 3단계 : 사고 시나리오의 초기사고, 사고빈도(연간 사고수) 확인

▌초기사고빈도[66] ▌

초기사고	빈도범위(/yr)	LOPA 적용을 위한 빈도선택 예시(/yr)
압력용기 잔류물 사고	$10^{-5} \sim 10^{-7}$	1×10^{-6}
배관 잔류물 사고-100[m]-배관 직경 크기의 구멍	$10^{-6} \sim 10^{-5}$	1×10^{-5}
배관누출-100[m]-배관 직경의 10[%]의 구멍	$10^{-4} \sim 10^{-3}$	1×10^{-3}
대기압탱크(atmospheric tank) 사고	$10^{-5} \sim 10^{-3}$	1×10^{-3}
개스킷/패킹 파열	$10^{-6} \sim 10^{-2}$	1×10^{-2}
터빈/디젤엔진 과속(케이징 구멍 동반)	$10^{-4} \sim 10^{-3}$	1×10^{-4}
제3자 개입(굴착기, 자동차 등의 외부 충격)	$10^{-4} \sim 10^{-2}$	1×10^{-2}
크레인 화물 낙하	$10^{-4} \sim 10^{-3}$/lift	1×10^{-4}/lift
번개 타격	$10^{-4} \sim 10^{-3}$	1×10^{-3}
안전밸브 오작동 개방	$10^{-4} \sim 10^{-2}$	1×10^{-2}
냉각수 실패(cooling water failure)	$10^{-2} \sim 1$	1×10^{-1}
펌프 기밀 실패(pump seal failure)	$10^{-2} \sim 10^{-1}$	1×10^{-1}
이충전 호스 사고	$10^{-2} \sim 1$	1×10^{-1}
BPCS Instrument loop failure ※ IEC 61511에서 8.76×10^{-2}/yr(1×10^{-5}/m) 이상 요구	$10^{-2} \sim 1$	1×10^{-1}
조정기 실패(regulator failure)	$10^{-1} \sim 1$	1×10^{-1}
소규모 외부 화재(여러 원인에 의한)	$10^{-2} \sim 10^{-1}$	1×10^{-1}
대규모 외부 화재(여러 원인에 의한)	$10^{-3} \sim 10^{-2}$	1×10^{-2}
LOTO(Lock-Out Tag-Out) 절차 실패 ※ 여러 요소 공정의 전체적인 실패	$10^{-4} \sim 10^{-3}$/기회	1×10^{-3}/기회
운전자 실패(교육이 잘되고 스트레스를 받지 않으며 피로하지 않은 상태의 운전자가 평상 절차 실행 실패)	$10^{-3} \sim 10^{-1}$/기회	1×10^{-2}/기회

4) 4단계 : 독립방호계층(IPL) 및 고장확률(PFD) 확인
   ① 주어진 시나리오에 대해 독립방호계층(IPL)의 필요조건을 충족하는 기존의 안전장치를 알아내는 것이 방호계층분석의 핵심이다.
   ② 고장확률(PFD : Probality of Failure on Demand) : 시스템이 특정한 기능을 작동하도록 요구받았을 때 실패할 확률
5) 5단계 : 위험도 추정
   접근방법은 산술적 공식과 그래프식의 방법을 이용한다.
6) 6단계 : 위험도 평가
   시나리오의 위험을 사업장의 허용위험기준이나 관련된 목표와 비교하여 평가한다.

66) 가스안전공사 자료

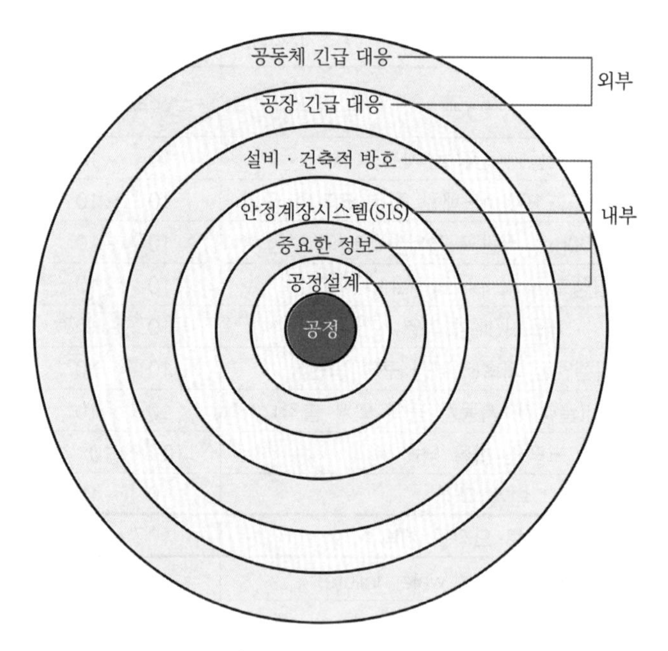

▌독립방호계층(IPL)▐

(5) 독립방호계층의 인정기준

1) 방호계층은 확인된 위험을 최소 100배 이상 감소할 수 있어야 한다.
2) 방호기능은 0.9 이상의 유용성(availability)을 제공할 수 있어야 한다.
3) 다음과 같은 중요한 특성을 지녀야 한다.
   ① 구체성 : 하나의 독립방호계층은 하나의 잠재된 위험한 사고의 결과를 유일하게 예방하거나 완화할 수 있도록 설계되어야 한다(예를 들면, 반응폭주, 독성 물질 누출, 내용물 손실, 화재 등). 다중원인이 같은 위험한 사고를 유도할 수 있다. 따라서 다중사고 시나리오는 하나의 독립방호계층 작동을 개시할 수 있어야 한다.
   ② 독립성 : 하나의 독립방호계층은 확인된 위험과 관련된 다른 방호계층으로부터 독립적이다.
   ③ 신뢰성 : 독립방호계층은 무엇을 위해 설계되었느냐에 따라 달라지므로 우발(random)고장이나 시스템 고장형태 양쪽 다 설계에서 간주되어야 한다.
   ④ 확인 가능성 : 방호기능의 정기적인 정상작동을 입증하기 위해 설계하며 입증시험과 안전시스템의 정비가 필요하다.

(6) 독립방호계층 모델

1) 공정설계 : 공정설계의 사고발생은 고장확률(PFD)로 표시한다.
2) 기본공정제어시스템(BPCS : Basic Process Control System) : 정상적인 수동제어기능이 포함되어 있으며 정상작동 중에는 첫 번째 보호수준이다.

3) 중대한 경보 및 운영자 조치 : 정상작동 중에 두 번째 보호수준이며 BPCS에 의해 활성화되어야 한다.

4) 안전계장제어시스템(SIS) : 안전계장제어시스템은 BPCS의 독립적인 기능이어야 한다.

5) 설비적 · 건축적 방호(릴리프 밸브, 파열 디스크 등)

6) 공장비상사태 대응

7) 지역사회 비상대응

(7) 방호계층분석 수행에 필요한 정보

▌방호계층분석을 위한 위험과 운전분석 개발자료▐

방호계층분석(LOPA)에 필요한 정보	위험과 운전분석(HAZOP) 개발 정보
영향사고	영향
강도수준	영향강도
초기사고원인	원인
초기사고빈도	원인발생빈도
방호계층	기존 안전장치
추가적인 완화대책	권고하는 새로운 안전장치

(8) 방호계층분석 보고서에 포함될 사항

1) 영향

2) 강도수준 : 미약, 심각, 매우 심각으로 구분

3) 개시원인 : 모든 개시원인을 나열

4) 초기사고빈도 : 연간 사고건수로 표현

5) 방호계층

① 각각의 방호계층은 다른 방호계층과 연관하여 작동하는 장치나 행정적인 제어의 결합으로 구성되어 있다. 높은 신뢰도를 가지고서 기능을 수행하는 방호계층은 독립방호계층으로서 인정이 된다.

② 내용 : 초기사고가 발생하였을 때 영향사고의 빈도를 감소시키기 위한 공정설계, 기본공정제어시스템, 경보 등 추가적인 완화대책, 독립방호계층

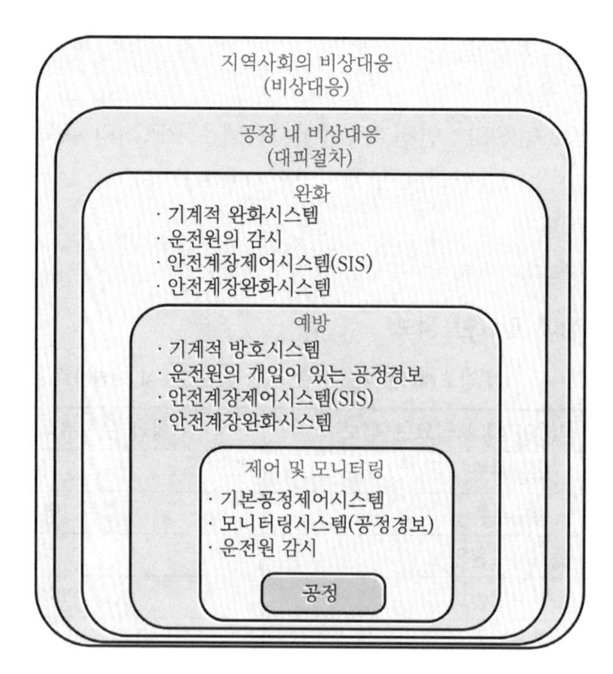

▌공정설비에서 발견되는 일반적인 위험감소방법▐

6) 중간사고빈도

① 초기사고빈도에 방호계층과 완화계층의 작동요구 시 고장확률을 곱하여 구한다.

② 계산된 수치는 연간 사고건수로 표시된다.

③ 중간사고빈도가 사업장에서 규정한 강도수준의 사고기준보다 적다면 추가적인 방호계층은 필요가 없다.

④ 중간빈도를 회사의 위험허용기준이하로 감소시키는 것이 어렵다면 안전계장시스템이 필요하다.

7) 안전무결성등급(SIL)

① 새로운 안전계장기능(SIF)이 필요하다면 필요한 안전무결성등급은 사고의 강도 수준에 대한 회사의 허용기준을 중간사고빈도로 나누어서 다시 계산할 수 있다.

② 이 수치보다 낮은 안전계장기능에 대한 PFDavg(작동요구 시 고장확률)는 안전계장시스템(SIS)에 대한 최대치로서 결정하고 입력한다.

8) **완화된 사고빈도** : 완화된 사고빈도는 중간단계의 사고빈도와 안전무결성등급을 곱해서 다시 계산하고 그 값을 다음 표 '10'에 입력한다.

9) **전체 위험도** : 같은 위험성이 있는 심각하거나 매우 심각한 범위의 영향사고에 대한 모든 완화된 사고빈도를 합한다.

03 방호계층분석(예시)

방호계층분석 결과서(예시)

#	1	2	3	4	5			6	7	8	9	10	11
					방호계층								
순서	영향 설명	강도 수준	초기 사고 원인	초기 사고 빈도	일반 적인 공정 설계	기본 공정 제어 시스템	경보 등	추가 적인 완화 대책, 접근 제한 등	독립 방호 계층, 추가 적인 완화 대책, 다이크, 압력 방출	중간 단계의 사고 빈도	안전 계장 기능 무결 수준	완화된 사고 발생 빈도	비고
1	증류탑 파열로 인한 화재	심각	냉각수 손실	0.1	0.1	0.1	0.1	0.1	PRV 01	10^{-7}	10^{-2}	10^{-9}	고압으로 인한 증류탑 파손
2	증류탑 파열로 인한 화재	심각	스팀제어루프 고장	0.1	0.1		0.1	0.1	PRV 01	10^{-6}	10^{-2}	10^{-8}	위와 동일

04 장단점

장점	단점
① LOPA는 간단한 정량적 위험평가로 쉽게 할 수 있음 ② 평가에 드는 시간과 비용이 절약 ③ 보수적 평가 : 안전성 증대	① 독립방호계층에 대한 요구사항 등도 많은 투자와 공정안전시스템의 변경이 요구됨 ② 모든 사고에 대한 시나리오 적용이 불가능 ③ 위험요인을 찾아내는 도구는 아님 ④ 보수적 평가 : 비용증가

SECTION 044

사업장 위험성 평가에 관한 지침

131 · 123회 출제

01 개요

(1) 정의

사업장의 유해 · 위험 요인을 파악하고 해당 유해 · 위험 요인에 의한 부상 또는 질병의 발생 가능성(빈도)과 중대성(강도)을 추정 · 결정하고 감소대책을 수립하여 실행하는 일련의 과정이다.

(2) 위험성 평가의 실시주체

위험성 평가는 사업주가 주체가 되어 안전보건 관리책임자, 관리감독자, 안전관리자 · 보건관리자 또는 안전보건 관리담당자, 대상 작업의 근로자가 참여하여 각자의 역할을 분담하여 실시한다.

02 위험성 평가방법

(1) 사업주의 위험성 평가방법

1) 안전보건 관리책임자 등 해당 사업장에서 사업의 실시를 총괄 관리하는 사람 : 위험성 평가의 실시를 총괄 관리
2) 사업장의 안전관리자, 보건관리자 등이 위험성 평가의 실시에 관하여 안전보건 관리책임자를 보좌하고 지도 · 조언하게 할 것
3) 관리감독자가 유해 · 위험 요인을 파악하고 그 결과에 따라 개선조치를 시행한다.
4) **기계 · 기구, 설비 등과 관련된 위험성 평가** : 해당 기계 · 기구, 설비 등에 전문지식을 갖춘 사람이 참여한다.
5) 안전 · 보건 관리자의 선임의무가 없는 경우에는 위 '2)'에 따른 업무를 수행할 사람을 지정하는 등 그 밖에 위험성 평가를 위한 체제를 구축한다.

(2) 교육

1) 사업주는 위 '(1)'에서 정하고 있는 자에 대해 위험성 평가를 실시하기 위해 필요한 교육을 실시한다.
2) **예외** : 위험성 평가에 대해 외부에서 교육을 받았거나, 관련 학문을 전공하여 관련 지식이 풍부한 경우에는 필요한 부분만 교육을 실시하거나 교육을 생략할 수 있다.

(3) 사업주가 위험성 평가를 실시하는 경우 산업 안전 · 보건 전문가 또는 전문기관의 컨설팅을 받을 수 있다.

(4) 사업주가 다음의 어느 하나에 해당하는 제도를 이행한 경우에는 위험성 평가를 실시한 것으로 본다.
   1) 위험성 평가방법을 적용한 안전 · 보건 진단(「산업안전보건법」 제47조)
   2) 공정안전보고서(「산업안전보건법」 제44조) : 공정안전보고서의 내용 중 공정위험성 평가서가 최대 4년 범위 이내에서 정기적으로 작성된 경우에 한한다.
   3) 근골격계 부담작업 유해요인조사(「안전보건규칙」 제657~662조까지)
   4) 그 밖에 법과 이 법에 따른 명령에서 정하는 위험성 평가 관련 제도

03 위험성 평가 실시절차

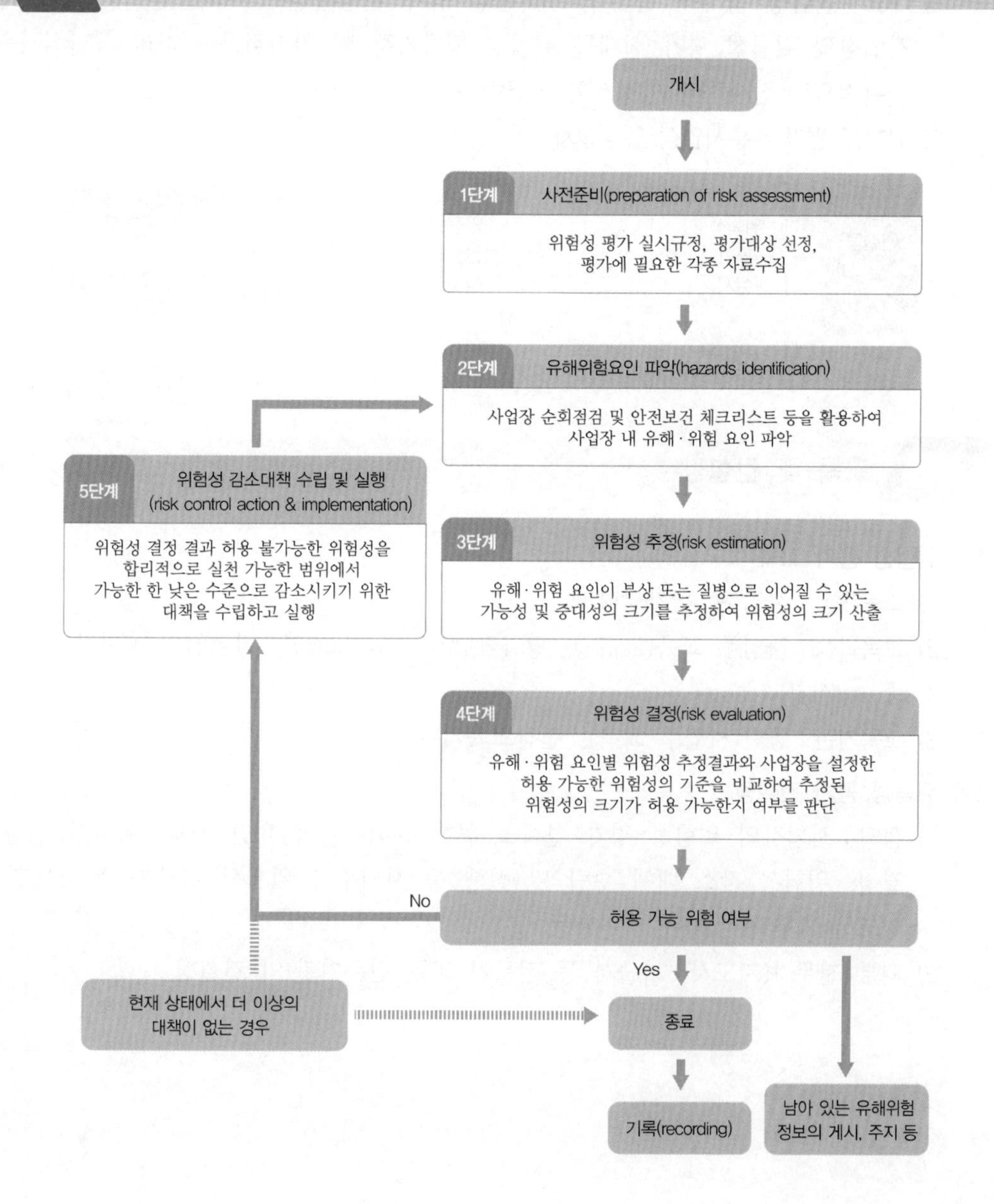

04 위험성 평가 인정

(1) 위험성 평가 인정 신청대상 사업장

1) 상시 근로자수 100명 미만 사업장
2) 건설공사 총공사금액 120억 원(토목공사 150억 원) 미만

50명 미만(건설업 120억 원 미만) 사업장은 공단에 컨설팅 신청 가능(무상지원)

(2) 위험성 평가 우수사업장 인정

1) 개요 : 위험성 평가를 실시하고 위험성 평가 인정신청서를 제출한 사업장에 대해 사업장의 위험성 평가 실태를 위험성 평가기준 및 인정절차에 따라 공단심사원이 객관적으로 심사하여 인정서를 발급하는 것
2) 위험성 평가 우수사업장 인정절차

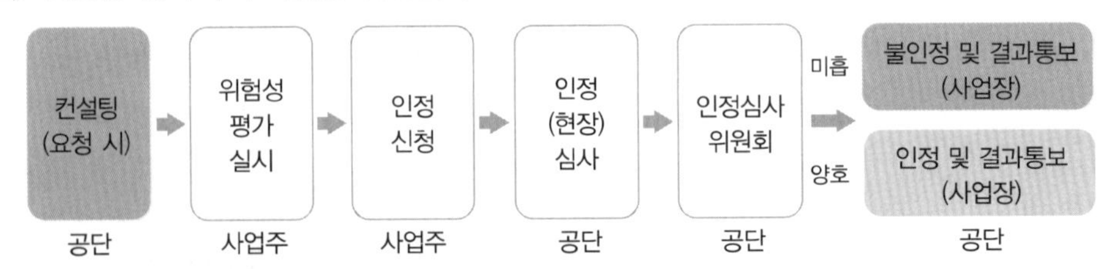

05 교육 및 컨설팅

(1) 위험성 평가 교육

1) 교육대상 : 사업주, 평가담당자
2) 교육과정 : 사업주 교육(2시간), 평가담당자 교육(제조업, 건설업 – 16시간, 이외 업종 – 8시간)
3) 교육기관 : 공단(사업주 교육), 민간교육기관

(2) 위험성 평가 컨설팅

1) 정의 : 사업장의 위험성 평가 실시를 위한 유해 · 위험 요인 파악, 위험성 추정 및 결정, 위험성 감소 대책 수립 및 실행 등 사업주가 위험성 평가를 스스로 할 수 있도록 지원하는 제반 지원활동
2) 외부 전문가(지도사, 기술사 등 전문가 또는 전문기관)의 컨설팅

SECTION 045

화재위험성 평가모델(FREM)

128 · 105회 출제

01 개요

(1) 화재위험성 평가모델 FREM(Fire Risk Evaluation Model)은 현재 유럽에서 건축허가 또는 보험업무에서 위험성 평가도구로 널리 사용되고 있는 Gretener method를 컴퓨터 프로그램으로 제작한 것이다.

(2) **목적**

화재위험성을 정량적인 지수로 나타내서 효과적으로 관리하고자 하는 평가방법

02 해석

(1) **평가대상**

1) 다중이 이용하고 화재 시 많은 인명피해가 예상되는 건물

2) 공장, 상업용 건물

3) 복합건축물

(2) **건축물의 구조**

구분	건축적 의미	소방적 의미
Z형 구조 (셀구조)	단일층 또는 층간구획이 잘 되어 있고 100[m^2] 이하의 소공간으로 방화구획되어 있는 구조	화재의 확산이 구조적 대책에 의해 방지되거나 지연시킬 수 있는 구조
G형 구조 (대공간 구조)	단층 건물이거나 1개 층이 넓은 면적으로 구획되어 있는 구조	수평으로 화재확산이 용이하고 수직으로는 원활하지 않는 구조
V형 구조 (대공간 구조)	Z형 구조 또는 G형 구조로 분류할 수 없는 건물은 V형 구조	수직, 수평으로 화재확산이 용이한 구조

(3) **기본개념**

1) $B = \dfrac{P}{M}$

여기서, B : 화재의 노출위험

P : 모든 위험인자

M : 모든 방호인자(기본대책(N), 특별대책(S), 구조적 대책(F), $M = N \times S \times F$)

2) $R = B \times A$

여기서, R : 실제 화재위험

B : 화재의 노출위험

A : 화재발생확률의 정량적 값

$\therefore\ R = \dfrac{P \times A}{M}$

(4) 평가절차

1) 제1단계 : 평가대상의 결정

2) 제2단계 : 자료입력

3) 제3단계 : 위험성 구분

실제 화재위험성의 값	위험등급
$R < 1.2$	낮은 위험
$1.2 \le R \le 1.4$	보통 위험
$1.4 < R \le 3$	증가되는 위험
$3 < R \le 5$	큰 위험
$5 < R$	매우 큰 위험

4) 제4단계 : 위험성 개선

① 산출된 위험성의 값이 보통 위험의 한계값인 1.4를 초과할 경우 위험의 개선이 필요한 것

② 개선이 필요한 경우 방호인자의 기본대책, 특별대책, 구조적 대책 등을 수립하여 보통 위험이나 낮은 위험으로 등급 개선

03 문제점

(1) 정보의 한정성

1) 각 계산요소는 건물의 화재로 인한 피해를 나타낸다.

2) 위험감소대책 적용이 곤란하다.

(2) 기본적인 안전관련 규정을 준수한 건물을 평가하는 방법으로 지켜지지 않는 건물 등에 대한 정확한 평가가 곤란하다.

(3) 가중치 부여가 되지 않고 일률적인 피해가 적용된다.

(4) 국가별 시설기준 차이에 따른 위험도에 대한 연구가 부족하다.

SECTION 046

PSM(Process Safety Management)

112회 출제

01 개요

(1) 개념

1) 대상 : 위해위험설비를 보유한 공정안전관리 대상 사업장

① 업종에 의한 대상 사업장 : 석유정재, 화학, 비료관련 업종, 화약 및 불꽃제품제조업

② 규정수량에 의한 대상 사업장 : 규정수량 이상 보유한 사업장

2) 목적 : 해당 설비로부터 위험물질의 누출 · 화재 · 폭발 등으로 인하여 사업장 내 근로자에게 피해를 주거나, 사업장 인근 지역에 피해를 줄 수 있는 사고를 예방하기 위함이다.

3) 방법 : 공정안전보고서를 작성 · 제출하고 이에 따라 사업장에서 자율적으로 안전관리를 수행한다.

(2) PSM이란 종합적으로 공정안전관리체계를 의미하며, 안전관리를 위한 조직 안전관리시스템의 개발, 안전관리의 적용으로 기획에서 적용까지 일련의 행위이다.

(3) 1984년 인도의 보팔사고 등으로 세계 각 국에 재해예방의 일환으로 도입하였고, 국내는 1996년에 「산업안전보건법」에 의해서 시행되고 있다.

02 공정안전관리(PSM)의 체계

(1) 1996년 석유화학공장을 중심으로 「산업안전보건법」에서 도입했다.

(2) 「산업안전보건법」에서는 공정안전보고서를 제출하고 이를 심사하고 확인하여 이행하도록 하고 있다.

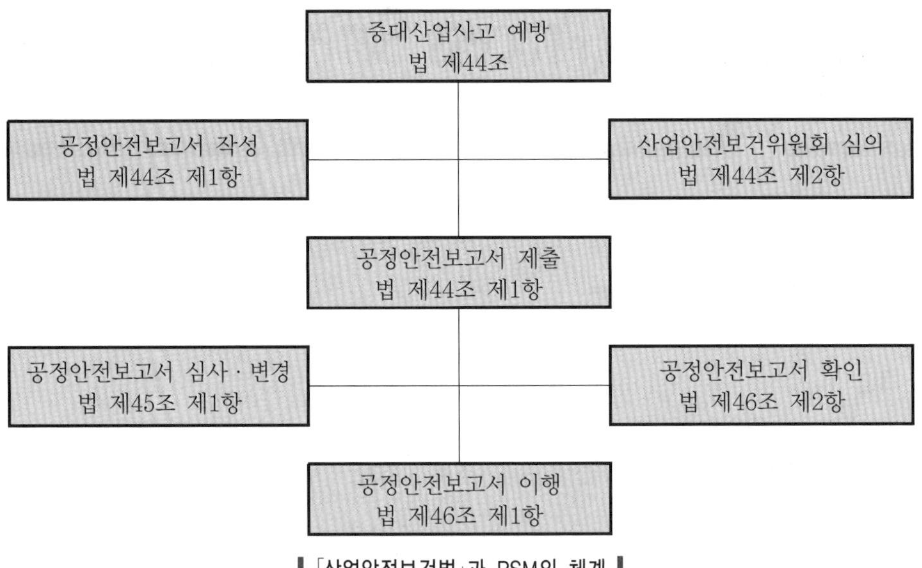

▌「산업안전보건법」과 PSM의 체계 ▌

03 공정안전보고서의 12대 요소

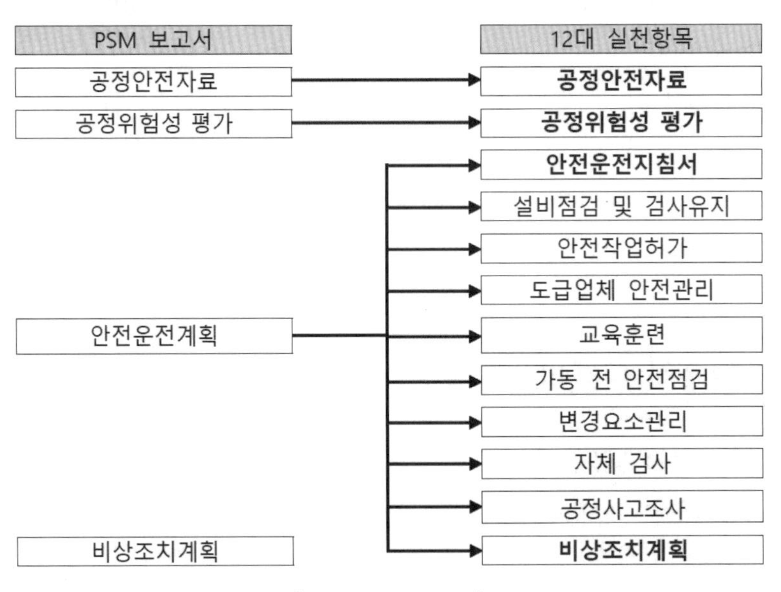

▌공정안전관리요소 ▌

04 공정안전보고서의 내용(「산업안전보건법 시행령」 제44조)

(1) 공정안전자료

1) 취급 · 저장하고 있거나 취급 · 저장하려는 유해 · 위험 물질의 종류 및 수량
2) 유해 · 위험 물질에 대한 물질안전보건자료
3) 유해 · 위험 설비의 목록 및 사양
4) 유해 · 위험 설비의 운전방법을 알 수 있는 공정도면
5) 각종 건물 · 설비의 배치도
6) 폭발위험장소 구분도 및 전기단선도
7) 위험설비의 안전 설계 · 제작 및 설치 관련 지침서

(2) 공정위험성 평가서

1) 위험성 평가기법 중 하나 이상을 선정하여 평가
2) 잠재위험에 대한 사고예방대책
3) 피해 최소화 대책(잠재위험이 있는 경우)

(3) 안전운전계획

1) 안전운전지침서
2) 설비점검, 검사 및 보수 · 유지 계획 및 지침서
3) 안전작업 허가
4) 도급업체 안전관리계획
5) 근로자 등 교육계획
6) 가동 전 점검지침
7) 변경요소 관리계획
8) 자체감사 및 사고조사계획
9) 그 밖에 안전운전에 필요한 사항

(4) 비상조치계획

재해로 전이 시 긴급조치계획

1) 비상조치를 위한 장비, 인력보유현황
2) 사고발생 시 부서 및 관련 기관과의 비상연락체계
3) 사고발생 시 비상조치를 위한 조직의 임무 및 수행절차
4) 비상조치계획에 따른 교육계획
5) 주민홍보계획
6) 그 밖에 비상조치 관련 사항

(5) 기타 필요한 사항(고용노동부장관고시)

05 공정안전관리(PSM)의 처리절차

(1) 공정안전관리 처리

1) 처리절차

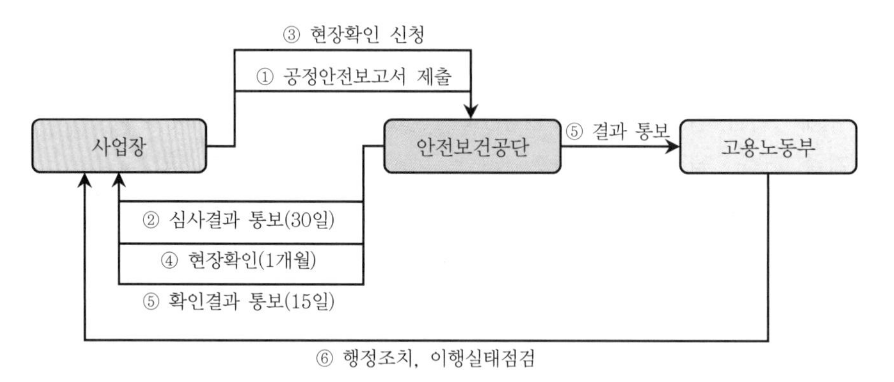

2) 공정안전보고서 이행평가 : 등급 재조정

(2) 안전보건공단과 고용노동부의 역할

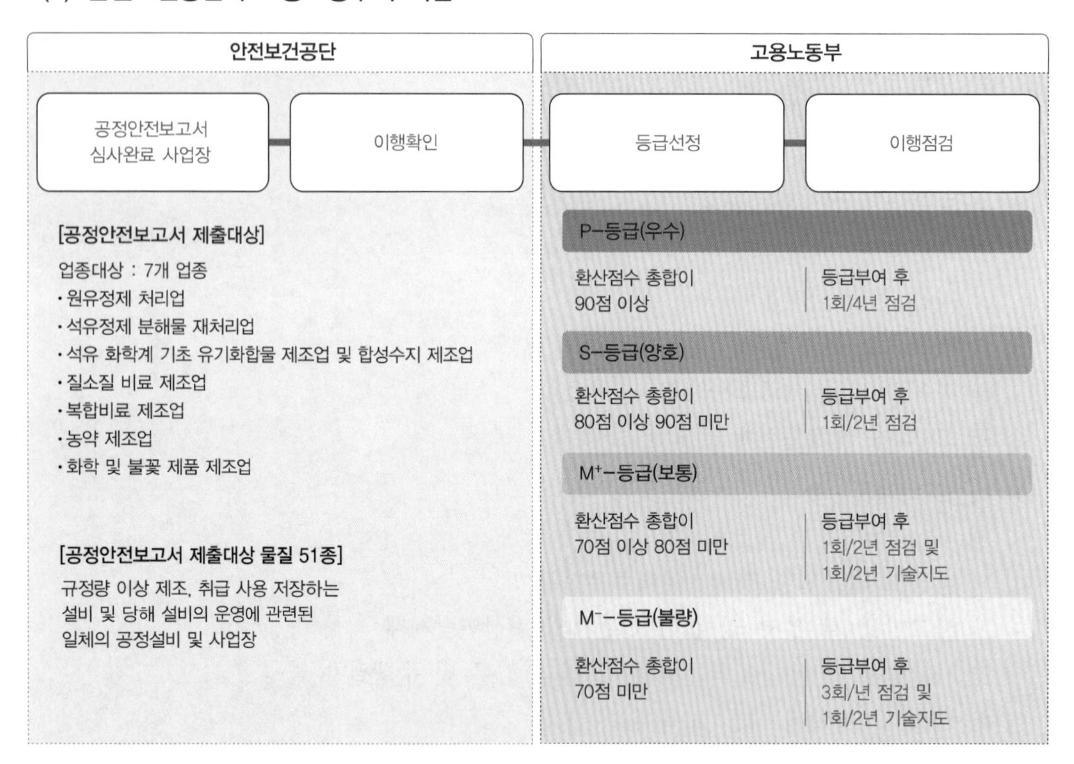

06 공정안전관리(PSM)의 시행효과

(1) 산업재해율 감소

안전활동의 효율성이 증대된다.

(2) 효율적 예산집행

공정설계, 신규사업 등에서 안전검토 등에 드는 비용의 산정이 가능하다.

(3) 품질 및 생산성이 향상된다.

(4) 운전정보의 질적 향상

가동정지횟수가 감소한다.

(5) 재보험 문제해결 및 산재보험료가 감소한다.

(6) 해외 플랜트 수출능력 향상 및 외화절감의 효과

플랜트 수출 시 국내 기술로 위험성 평가가 가능하다.

(7) 재산손실 감소

유지 · 보수 내용 감소, 공정설계, 신규사업 등에서 안전검토에 소요되는 비용절감

(8) 기업의 이미지 향상

(9) 품질 및 주민들의 신뢰도 향상

1. **하인리히의 법칙**
   ① 사망사고 1건의 비율로 재해가 발생한다.
   ② 부상사고 29건
   ③ 경미한 사고 300건
2. **파레토 법칙(8 : 2 법칙)** : 상위 20[%]의 인원이 나머지 80[%]의 성과를 낸다. 안전에서는 사고가 일어나는 원인 중 상위 20[%]에 해당하는 추락, 전도, 협착, 절단 · 베임 · 찔림, 비래, 충돌 등을 예방하면 전체 사고의 80[%]가 예방된다.

SECTION 047

공정흐름도와 공정배관계장도

118회 출제

01 공정흐름도(PFD : Process Flow Diagram)

(1) 정의

공정계통과 장치설계기준을 나타내는 도면

(2) 목적

기술적 정보파악(주요 장치, 장치 간 공정 연관성, 운전조건, 운전변수, 제어설비, 연동장치 등)

(3) 공정흐름도의 표시사항

1) 공정 처리순서 및 흐름의 방향
2) 주요 동력기계, 장치 및 설비류의 배열
3) 기본 제어논리
4) 기본설계를 바탕으로 한 온도, 압력, 물질수지 및 열수지 등
5) 주요 용기류의 간단한 사양
6) 열원설비 등의 간단한 사양
7) 동력기기의 간단한 사양

(4) 공정흐름도의 특성

1) 전체 공정을 한눈에 알아볼 수 있도록 가능한 전체 시스템을 한 장에 나타내는 것이 좋다.
2) 공정흐름순서에 따라서 좌측에서 우측으로 장치 및 기기를 배열하고 물질수지와 열수지는 도면 하단부에 표시한다.

02 공정배관계장도(P & ID : Process & Instrumentation Diagram)

(1) 정의

공정을 구성하는 기기, 배관 혹은 계기(instrument) 등의 설치위치와 기능 그리고 계기 상호 간의 연계상태 등을 나타내는 도면

(2) 목적

기기, 배관, 계기 등의 상호 간 연관관계를 나타내주며 설계, 변경, 유지 · 보수 및 운전 등의 필요한 기술적 정보를 파악하기 위함이다.

(3) 공정배관계장도의 표시사항

구분	일반사항	장치 및 동력기기	배관	계측기기
내용	① 범례표 ② 장치 및 기기, 배관, 계기 등 고유번호 부여 체계 ③ 약어, 약자 등의 정의 ④ 기타 특수요구사항	① 모든 장치 및 동력기기 표시 ② 장치 및 동력기기의 명세서 ③ 장치 및 동력기기의 연결부 ④ 장치 및 동력기기의 보온 · 보냉	① 모든 배관 및 흐름 방향 표시 ② 배관 및 덕트의 재원 및 보온 · 보냉 등 ③ 벤트와 드레인 ④ 특별한 부속품류	① 모든 계기 및 자동 조절밸브 등 표시 ② 제어계통 ③ 고유번호, 종류, 형식, 기능 ④ 밸브의 개폐위치 ⑤ 안전밸브의 크기, 설정압, 조건 ⑥ 비정상운전 및 안전운전을 위한 연동시스템

(4) 공정배관계장도의 종류

1) 계통(system)
2) 분배(distribution)
3) 보조계통(auxiliary system)

SECTION 048 재해예방의 원칙

01 개요

하인리히는 그의 저서인 '산업재해방지론'을 통해 산업안전의 원칙이라는 이론을 제시하였다. 이 원칙은 산업안전에 관한 최초의 원칙으로, 재해예방에 중요한 지침이 되고 있다.

02 산업안전 4원칙

(1) 손실우연의 법칙

재해로 인한 손실의 종류 및 정도는 우연적으로 발생한다.

(2) 원인계기의 원칙

재해는 필연적인 원인에 의해 발생한다.

(3) 예방가능의 원칙

재해는 예방 가능하다.

1) 재해방지의 대상은 우연적인 손실방지보다 사고발생을 방지한다.
2) 재해는 직접 원인에 의해서만 발생하는 것이 아니라 많은 간접 원인의 연결로도 발생한다.
3) 직접 원인에는 그것의 존재이유가 있고 이것을 2차 원인이라고 한다.
4) 2차 원인 이전에 기초원인이 존재한다.
5) 가장 효과적인 재해방지 대책선정은 원인의 정확한 분석을 통해 이루어진다.

(4) 대책선정의 원칙

사고예방을 위한 안전대책이 선정되고 적용되어야 한다.

1) **기술적 대책** : 안전설계, 작업행정 개선, 안전기준의 제정, 작업환경 개선 등
2) **교육적 대책** : 안전교육 및 훈련 실시
3) **관리적 대책** : 적합한 기준 설정, 각종 규정 및 수칙의 준수, 작업자의 동기 부여와 사기향상 등

03 재해예방활동

(1) 재해예방활동

재해요인을 발견하고 이것을 제거함과 동시에 재해요인의 발생을 사전에 예방하는 것

(2) 재해예방활동 3원칙

1) 재해요인의 발견
  ① 작업장의 점검, 검사, 조사, 순찰
    ㉠ 불안전한 상태
    ㉡ 불안전한 행동
  ② 재해분석
    ㉠ 통계분석
    ㉡ 사례분석
  ③ 작업방법의 분석
  ④ 적성검사, 건강진단, 체력측정, 심리적 결함파악
2) 재해요인의 제거 및 시정
  ① 취업의 제한 : 유해, 위험작업에 대한 유자격자 이외의 취업을 제한
  ② 유해 · 위험 요인의 제거 : 생산기술 또는 작업방법을 개선
  ③ 유해 · 위험 요인이 있는 시설의 방호, 격리, 개선
  ④ 개인용 보호장구의 착용 철저
  ⑤ 불안전한 행동의 시정
    ㉠ 안전보건규정에 의한 규제
    ㉡ 작업표준에 의한 재교육과 지도, 감독 강화
    ㉢ 적성검사, 건강진단 또는 체력측정결과에 따른 적의 조치
3) 재해요인발생의 예방
  ① 안전성 평가의 활용
  ② 제도, 기준의 이행과 검토
  ③ 과거에 일어난 재해예방대책의 이행
  ④ 원재료, 설비, 환경 등의 보전
  ⑤ 신규채용자 등의 안전교육
    ㉠ 작업 전 안전점검회의(TBM : Tool Box Meeting) 실시
    ㉡ 직장 안전보건위원회 개최
    ㉢ 작업자와 개별접촉을 통한 동기 부여

04 하인리히의 재해예방 5단계

(1) 1단계 – 안전관리조직(organization)

1) 경영자는 안전목표를 설정하여 안전관리를 함에 있어 맨 먼저 안전관리조직을 구성하여 안전활동 방침 및 계획을 수립한다.

2) 전문적인 기술을 가진 조직을 통해 안전활동을 전개함으로써 근로자의 참여하에 집단의 목표를 달성할 수 있도록 한다.

(2) 2단계 – 사실의 발견(fact finding)

1) 조직편성을 완료하면 각종 안전사고 및 안전활동에 대한 기록을 검토하고 작업을 분석하여 불안전 요소를 발견한다.

2) 불안전 요소를 발견하는 방법 : 안전점검, 사고조사, 관찰보고서의 연구, 안전토의, 안전회의 등

(3) 3단계 – 평가 및 분석(analysis)

1) 발견된 사실, 즉 안전사고의 원인분석은 불안전 요소를 토대로 사고를 발생시킨 직접 및 간접적 원인을 찾아내는 것이다.

2) 분석 : 현장조사결과의 분석, 사고보고서의 분석, 환경조건의 분석 및 작업공정의 분석, 교육과 훈련의 분석 등

(4) 4단계 – 시정방법의 선정(selection of remedy)

1) 분석을 통하여 발견된 원인을 토대로 효과적인 개선방법을 선정한다.

2) 개선방안 : 기술적 개선, 인사조정, 교육 및 훈련의 개선, 안전행정의 개선, 규정 및 수칙의 개선, 이행 독려, 체제 강하 등

(5) 5단계 – 시정방법의 적용(application of remedy)

1) 시정책방법으로 선정된 것은 문제가 해결되는 것이 아니라 반드시 적용되어야 하므로 목표를 설정하여 실시하고 결과를 재평가하여 불리한 점은 재조정되어 실시한다.

2) 시정방법 : 교육, 기술, 규제의 3E 대책 등

<table>
<tr><th>구분</th><th>1단계
안전관리조직</th><th>2단계
사실의 발견</th><th>3단계
평가 및 분석</th><th>4단계
시정방법의 선정</th><th>5단계
시정방법의 적용</th></tr>
<tr><td>내용</td><td>① 경영자의 안전목표 설정
② 안전관리자의 선임
③ 안전라인 및 참모조직
④ 안전활동 방침 및 수립계획
⑤ 조직을 통한 안전활동 전개</td><td>① 사고 및 활동 기록의 검토
② 작업분석
③ 점검 및 검사
④ 사고조사
⑤ 각종 안전회의 및 토의
⑥ 근로자의 제안 및 여론조사</td><td>① 사고원인 및 경향분석
② 사고기록 및 관련 자료분석
③ 인적·물적·환경적 조건분석
④ 작업공정분석
⑤ 교육훈련 및 보호장비의 적부
⑥ 안전수칙 및 보호장비의 적부</td><td>① 기술적 개선
② 교육훈련의 개선
③ 배치조정
④ 안전행정의 개선
⑤ 안전운동의 개선
⑥ 규정 및 수칙 등 제도개선
⑦ 이행 독려</td><td>① 교육적 대책 실시
② 기술적 대책 실시
③ 규제적 대책 실시
④ 재평가 후 보완 및 시정</td></tr>
</table>

SECTION 049

GHS & MSDS

133 · 111 · 94 · 85회 출제

01 정의

(1) GHS의 정의

화학물질 분류 · 표지 세계조화시스템으로 전 세계적으로 통일된 분류기준에 따라 화학물질의 위험성을 분류하고, 통일된 형태의 경고표지 및 MSDS로 정보를 전달하는 방법

(2) GHS는 Globally Harmonized System of classification and labelling of chemicals의 약자로, 화학물질 분류 · 표지 세계조화시스템이라고 한다.

(3) GHS와 국내법 체계의 비교

법률명	적용 대상	대상물질	성격
GHS	근로자, 유해성의 정보전달	All	권고
산업안전보건법	근로자, 유해성의 정보전달	All	권고
위험물안전관리법	소방과 관련된 시설	위험물	허가
화학물질관리법	건강에 관련된 시설과 작업종사자	유독물	허가
고압가스안전관리법	시설과 작업종사자	고압가스	허가
농약관리법	농약의 표시, 유해성의 정보전달	농약	허가

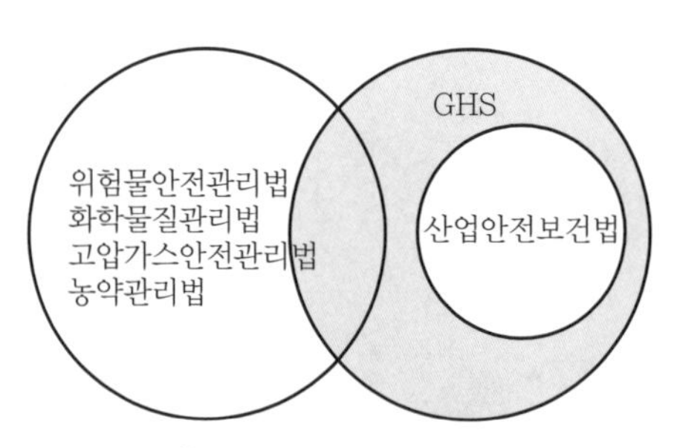

▌GHS와 국내법 체계▐

(4) GHS와 「위험물안전관리법」의 비교

구분	위험물안전관리법	GHS
등급	6종	28종
분류기준	물질품명에 의한 분류	위해와 위험성의 정도에 따른 분류
시험방법	위험물안전관리에 관한 세부기준	UN의 위험물 운송시험방법
유해전달요소	물기엄금 화기엄금	
분류목적	산업생산 및 관리에 대한 규제를 하기 위함	산업생산 및 관리와 재해의 위험에 따른 대응을 용이하게 하기 위함

(5) 위험물 관련 법규

1) **위험물안전관리법** : 위험물이란 인화성 또는 발화성 등의 물품으로서, 화재 · 폭발에 의해 사람과 재산에 피해를 주는 물질

2) **화학물질관리법** : 유해화학물질이란 인체급성유해성물질, 인체만성유해성물질, 생태유해성물질 및 사고대비물질을 말한다.

① 인체급성유해성물질 : 단회 또는 단시간 노출로 단기간 내에 사람의 건강에 좋지 않은 영향을 미칠 수 있는 화학물질로서 대통령령으로 정하는 기준에 따라 환경부장관이 지정하여 고시한 것을 말한다.

② 인체만성유해성물질 : 반복적으로 노출되거나 노출 이후 잠복기를 거쳐 사람의 건강에 좋지 않은 영향을 미칠 수 있는 화학물질로서 대통령령으로 정하는 기준에 따라 환경부장관이 지정하여 고시한 것을 말한다.

③ 생태유해성물질 : 단기간 또는 장기간 노출로 인하여 수생생물 등 환경에 좋지 않은 영향을 미칠 수 있는 화학물질로서 대통령령으로 정하는 기준에 따라 환경부장관이 지정하여 고시한 것을 말한다.

④ 사고대비물질 : 화학물질 중에서 급성독성(急性毒性) · 폭발성 등이 강하여 화학사고의 발생 가능성이 높거나 화학사고가 발생한 경우에 그 피해 규모가 클 것으로 우려되는 화학물질로서 화학사고 대비가 필요하다고 인정하여 환경부장관이 지정 · 고시한 화학물질을 말한다.

1. **유해성** : 화학물질의 독성 등 사람의 건강이나 환경에 좋지 않은 영향을 미치는 화학물질 고유의 성질
2. **위해성** : 유해성이 있는 화학물질이 노출되는 경우 사람의 건강이나 환경에 피해를 줄 수 있는 정도

3) 산업안전보건법 : 유해물질은 사업장에서 취급 중에 안전 · 보건에 유해한 물질
4) 물환경보전법 및 대기환경보전법 : 수질오염물질 또는 대기오염물질은 수질 및 대기에 오염요인이 되는 물질과 건강, 생육, 재산에 위해를 주는 오염물질

02 도입 필요성

(1) 화학물질의 사용량 증가

1) 전 세계적으로 화학물질 사용량이 지속적으로 증가하고 있는 가운데 현재 약 245천종이 상업적으로 유통된다.
2) 이 중 인간에 악영향을 줄 것으로 인정되는 유해 · 위험 물질은 약 70[%] 이상일 것으로 추정된다.

(2) 다른 분류 및 정보전달체계

1) 국가 간 뿐만 아니라 한 국가 내에서도 부처에 따라 다른 분류기준과 정보전달체계를 구성하여 분류 및 표시체계가 달라 중복비용 부담이 발생한다.
2) 서로 다른 분류에 따른 화학제품 국제무역을 제한한다.
3) 화학물질 취급자에게 혼동된 정보가 전달될 우려가 있다.

03 경과현황

(1) 1989년 ILO에서 화학물질 분류 · 표시 통일화 결의

(2) 1992년 유엔환경개발회의(UNCED : United Nations Conference on Environment and Development)

1992년 전 세계 국가지도자들이 브라질의 리우데자네이루에 모여 '아젠다 21'을 채택하였다.

아젠다 21 : 40개의 장으로 이루어진 아젠다 21은 인류의 미래를 위협하는 중대한 문제를 묘사하고 이에 대한 해결책을 제시하고 있다. 19장에서는 독성 물질의 건전한 관리를 규정하고 있으며, GHS는 여기에서 제시된 6개의 실천항목 중 하나로 채택되었다.

(3) 2002년 세계지속가능발전 정상회의(WSSD : World Summit on Sustainable Development)

1992년의 아젠다 21 채택 10주년을 맞이하여 아젠다 21의 성과를 확인하고 이행을 촉진하기 위하여 남아프리카공화국의 요하네스버그에서 개최된 정상회의이다. 이 회의에서 2008년부터 GHS를 시행하기로 합의하였다.

04 적용범위

(1) 화학물질 또는 혼합물의 건강, 환경 및 물리적 유해 · 위험성 판정기준이다.

(2) 유해 · 위험성 정보전달 도구인 경고표지와 물질안전보건자료의 구성요소를 가지고 있다.

05 주요 국가의 빌딩블록 비교(벽돌쌓기 접근방법)

(1) 물리적 위험성(16가지)

위험성(risk) = 유해성(hazard) × 노출(exposure)

물리적 위험성	UN · 일본 GHS	유럽연합 GHS	우리나라 GHS
폭발성 물질	불안정한 폭발성 물질 등급 1.1 ~ 1.6	불안정한 폭발성 물질 등급 1.1 ~ 1.6	불안정한 폭발성 물질 등급 1.1 ~ 1.6
인화성 가스	구분 1 ~ 2	구분 1 ~ 2	구분 1
에어로졸	구분 1 ~ 2	구분 1 ~ 2	구분 1 ~ 2
산화성 가스	구분 1	구분 1	구분 1
고압가스	압축가스 액화가스 냉동 액화가스 용해가스	압축가스 액화가스 냉동 액화가스 용해가스	압축가스 액화가스 냉동 액화가스 용해가스
인화성 액체	구분 1 ~ 4	구분 1 ~ 3	구분 1 ~ 3
인화성 고체	구분 1 ~ 2	구분 1 ~ 2	구분 1 ~ 2
자기반응성 물질	형식 A ~ G	형식 A ~ G	형식 A ~ G
자연발화성 액체	구분 1	구분 1	구분 1
자연발화성 고체	구분 1	구분 1	구분 1
자기발열성 물질	구분 1 ~ 2	구분 1 ~ 2	구분 1 ~ 2
물반응성 물질	구분 1 ~ 3	구분 1 ~ 3	구분 1 ~ 3
산화성 액체	구분 1 ~ 3	구분 1 ~ 3	구분 1 ~ 3
산화성 고체	구분 1 ~ 3	구분 1 ~ 3	구분 1 ~ 3
유기과산화물	형식 A ~ G	형식 A ~ G	형식 A ~ G
금속부식성 물질	구분 1	구분 1	구분 1

(2) 건강 유해성(11가지)

건강 유해성	UN · 일본 GHS	유럽연합 GHS	우리나라 GHS
급성 독성	구분 1 ~ 5	구분 1 ~ 4	구분 1 ~ 4
피부부식성 또는 자극성	구분 1(1A ~ 1C) 구분 2 ~ 3	구분 1(1A ~ 1C) 구분 2	구분 1 ~ 2
심한 눈 손상성 또는 자극성	구분 1 구분 2(2A ~ 2B)	구분 1 구분 2(2A)	구분 1 구분 2A

건강 유해성	UN · 일본 GHS	유럽연합 GHS	우리나라 GHS
호흡기 과민성	구분 1	구분 1	구분 1
피부과민성 구분	구분 1	구분 1	구분 1
발암성	구분 1(1A ~ 1B) 구분 2	구분 1(1A ~ 1B) 구분 2	구분 1(1A ~ 1B) 구분 2
생식세포 변이원성	구분 1(1A ~ 1B) 구분 2	구분 1(1A ~ 1B) 구분 2	구분 1(1A ~ 1B) 구분 2
생식독성	구분 1(1A ~ 1B) 구분 2, 수유독성	구분 1(1A ~ 1B) 구분 2, 수유독성	구분 1(1A ~ 1B) 구분 2, 수유독성
특정표적 장기독성(1회 노출)	구분 1 ~ 3	구분 1 ~ 3	구분 1 ~ 3
특정표적 장기독성(반복 노출)	구분 1 ~ 2	구분 1 ~ 2	구분 1 ~ 2
흡인유해성	구분 1 ~ 2	구분 1	구분 1 ~ 2

(3) 환경 유해성(2가지)

환경 유해성	UN · 일본 GHS	유럽연합 GHS	우리나라 GHS
수생환경 유해성	급성, 만성	급성 1, 만성 구분 1 ~ 4	급성 1, 만성 구분 1 ~ 4
오존층 유해성	구분 1	구분 1	구분 1

06 도입효과

(1) 범국가적으로 명확하고 이해하기 쉬운 분류시스템을 제공하여 인명, 재산, 환경보호를 강화할 수 있다.

(2) 화학물질의 유해성 실험 및 평가의 양을 줄일 수 있다.

(3) 물질정보전달이 용이하다.

(4) 국제적으로 통일된 유해성을 바탕으로 하여 국제무역이 용이하다.

(5) 기존 시스템이 없는 국가들에게 안정된 화학물질관리체계를 제공한다.

07 표지

그림문자, 신호어를 통해 6가지로 표현한다.

(1) 제품의 정보

(2) 그림문자

화학물질의 유해 · 위험성을 나타내는 그림

(3) 신호어(signal word)

유해 · 위험성의 심각성을 표시하는 문구(예 위험, 경고)

1) 위험 : 심각한 유해성

2) 경고 : 심각성이 낮은 유해성

(4) 유해위험문구

화학물질의 분류에 따른 유해 · 위험성을 알리는 문구

(5) 예방조치문구

예방, 대응, 저장, 폐기방법에 관한 주요 유의사항

(6) 제품 공급자 정보

제조자 또는 공급자의 업체명 및 연락처

[산업안전보건법 제115조 규정에 의한 경고표시]

화학물질명 또는 제품명

인화성 물질 **유해 물질** **발암성 물질**

유해 · 위험성에 따른 조치사항

용기를 단단히 밀폐, 보호장갑, 보안경을 착용, 호흡기 보호구를 착용, 환기가 잘되는 곳에서 취급, 피부에 묻으면 물로 씻으시오. 흡입시 신선한 공기가 있는 곳으로 옮기시오. 밀폐된 용기에 보관

기타 자세한 사항은 MSDS를 참조

명 칭

위험/경고

유해위험문구 :
인화성 가스, 흡입하면 치명적임, 암을 일으킬 수 있음

예방조치문구 :

- 용기를 단단히 밀폐하시오
- 보호장갑, 보안경을 착용하시오
- 호흡기 보호구를 착용하시오
- 환기가 잘되는 곳에서 취급하시오
- 피부에 묻으면 다량의 물로 씻으시오
- 흡입시 신선한 공기가 있는 곳으로 옮기시오
- 밀폐된 용기에 보관하시오

공급자정보 : ㅇㅇ화학, 000-0000-0000

▌경고표지 양식의 전 · 후면 비교▐

인화성 물질	산화성 물진	폭발성 물질	인화성 물질	산화성 물질	폭발성 물질
독극물	부식성 물질	유해물질	급성 독성 물질	부식성 물질	발암성, 변이원성, 생식독성, 호흡기 과민성, 장기 독성

▌화학물질 관련 안전 · 보건표지 양식의 전 · 후면 비교▐

08 물질안전보건자료(MSDS : Material Safety Data Sheet) 126 · 117 · 109 · 101 · 85회 출제

(1) 개요

1) **정의** : 화학물질의 안전한 사용을 위한 설명서로서 화학물질의 유해성 · 위험성 정보, 응급조치 요령, 취급방법 등을 비롯한 16가지 항목들로 구성되어 있다.

2) **물질안전보건자료 대상물질** : 화학물질 중 「산업안전보건법」 제104조에 따른 분류기준에 해당하는 물질(근로자에게 건강장해를 일으키는 화학물질 및 물리적 인자 등)(단, 동법 시행령 제86조에 따른 물질은 제외)

「산업안전보건법 시행령」 제86조는 관련 법령에 따른 건강기능식품, 농약, 비료, 사료, 식품 및 식품첨가물, 의약품 및 의약외품, 위생용품, 의료기기, 화학류, 폐기물, 화장품, 마약 및 향정신성약품 등이다.

(2) 필요성

1) 화학물질의 사용량 급증
2) 안전에 대한 의식증대
3) 국제적 동향 반영

(3) 사용목적

유해화학물질 관련 정보 및 사고발생 시 대처법 등을 제공함으로써 근로자 및 주민의 안전을 확보한다.

(4) 화학물질의 분류기준

1) 물리적 위험성 분류기준

① 폭발성 물질 : 자체의 화학반응에 따라 주위환경에 손상을 줄 수 있는 정도의 온도 · 압력 및 속도를 가진 가스를 발생시키는 고체 · 액체 또는 혼합물

② 인화성 가스 : 20[℃], 표준압력에서 공기와 혼합하여 인화되는 범위에 있는 가스와 54[℃] 이하 공기 중에서 자연발화하는 가스

③ 인화성 액체 : 표준압력에서 인화점이 93[℃] 이하인 액체

④ 인화성 고체 : 쉽게 연소되거나 마찰에 의하여 화재를 일으키거나 촉진할 수 있는 물질

⑤ 에어로졸 : 재충전이 불가능한 금속 · 유리 또는 플라스틱 용기에 압축가스 · 액화가스 또는 용해가스를 충전하고 내용물을 가스에 현탁시킨 고체나 액상입자로, 액상 또는 가스상에서 폼 · 페이스트 · 분말상으로 배출되는 분사장치를 갖춘 것

⑥ 물반응성 물질 : 물과 상호작용을 하여 자연발화되거나 인화성 가스를 발생시키는 고체 · 액체 또는 혼합물

⑦ 산화성 가스 : 일반적으로 산소를 공급함으로써 공기보다 다른 물질의 연소를 더 잘 일으키거나 촉진하는 가스

⑧ 산화성 액체 : 그 자체로는 연소하지 않더라도, 일반적으로 산소를 발생시켜 다른 물질을 연소시키거나 연소를 촉진하는 액체

⑨ 산화성 고체 : 그 자체로는 연소하지 않더라도 일반적으로 산소를 발생시켜 다른 물질을 연소시키거나 연소를 촉진하는 고체

⑩ 고압가스 : 20[℃], 200[kPa] 이상의 압력으로 용기에 충전되어 있는 가스 또는 냉동 액화가스 형태로 용기에 충전되어 있는 가스

㉠ 압축가스

㉡ 액화가스

㉢ 냉동 액화가스

㉣ 용해가스

⑪ 자기반응성 물질 : 열적인 면에서 불안정하여 산소가 공급되지 않아도 강렬하게 발열 · 분해하기 쉬운 액체 · 고체 또는 혼합물

⑫ 자연발화성 액체 : 적은 양으로도 공기와 접촉하여 5분 안에 발화할 수 있는 액체

⑬ 자연발화성 고체 : 적은 양으로도 공기와 접촉하여 5분 안에 발화할 수 있는 고체

⑭ 자기발열성 물질 : 주위의 에너지 공급 없이 공기와 반응하여 스스로 발열하는 물질(자기발화성 물질은 제외)

⑮ 유기과산화물 : 2가의 －O－O－ 구조를 가지고 1개 또는 2개의 수소원자가 유기라디칼에 의하여 치환된 과산화수소의 유도체를 포함한 액체 또는 고체 유기물질

⑯ 금속 부식성 물질 : 화학적인 작용으로 금속에 손상 또는 부식을 일으키는 물질

2) 건강 및 환경 유해성 분류기준

① 급성 독성 물질 : 입 또는 피부를 통하여 1회 투여 또는 24시간 이내에 여러 차례로 나누어 투여하거나 호흡기를 통하여 4시간 동안 흡입하는 경우 유해한 영향을 일으키는 물질

② 피부 부식성 또는 자극성 물질 : 접촉 시 피부조직을 파괴하거나 자극을 일으키는 물질(피부 부식성 물질 및 피부 자극성 물질로 구분)

③ 심한 눈 손상성 또는 자극성 물질 : 접촉 시 눈 조직의 손상 또는 시력의 저하 등을 일으키는 물질(눈 손상성 물질 및 눈 자극성 물질로 구분)

④ 호흡기 과민성 물질 : 호흡기를 통하여 흡입되는 경우 기도에 과민반응을 일으키는 물질

⑤ 피부 과민성 물질 : 피부에 접촉되는 경우 피부 알레르기 반응을 일으키는 물질
⑥ 발암성 물질 : 암을 일으키거나 그 발생을 증가시키는 물질
⑦ 생식세포 변이원성 물질 : 자손에게 유전될 수 있는 사람의 생식세포에 돌연변이를 일으킬 수 있는 물질
⑧ 생식독성 물질 : 생식기능, 생식능력 또는 태아의 발생 · 발육에 유해한 영향을 주는 물질
⑨ 특정 표적장기 독성 물질(1회 노출) : 1회 노출로 특정 표적장기 또는 전신에 독성을 일으키는 물질
⑩ 특정 표적장기 독성 물질(반복 노출) : 반복적인 노출로 특정 표적장기 또는 전신에 독성을 일으키는 물질
⑪ 흡인 유해성 물질 : 액체 또는 고체 화학물질이 입이나 코를 통하여 직접적으로 또는 구토로 인하여 간접적으로, 기관 및 더 깊은 호흡기관으로 유입되어 화학적 폐렴, 다양한 폐 손상이나 사망과 같은 심각한 급성 영향을 일으키는 물질
⑫ 수생환경 유해성 물질 : 단기간 또는 장기간의 노출로 수생생물에 유해한 영향을 일으키는 물질
⑬ 오존층 유해성 물질(「오존층 보호 등을 위한 특정물질의 관리에 관한 법률 시행령」 [별표 1], [별표 2])
㉠ 제1종 특정물질 : 오존층 파괴물질
㉡ 제2종 특정물질 : 수소불화탄소(HFCs)

(5) 물리적 인자의 분류기준

1) **소음** : 소음성 난청을 유발할 수 있는 85[dBA] 이상의 시끄러운 소리
2) **진동** : 착암기, 손망치 등의 공구를 사용함으로써 발생되는 백랍병 · 레이노 현상 · 말초순환장애 등의 국소 진동 및 차량 등을 이용함으로써 발생되는 관절통 · 디스크 · 소화장애 등의 전신 진동
3) **방사선** : 직접 · 간접적으로 공기 또는 세포를 전리하는 능력을 가진 알파선 · 베타선 · 감마선 · 엑스선 · 중성자선 등의 전자선
4) **이상기압** : 게이지 압력이 제곱센티미터당 1킬로그램 초과 또는 미만인 기압
5) **이상기온** : 고열 · 한랭 · 다습으로 인하여 열사병 · 동상 · 피부질환 등을 일으킬 수 있는 기온

(6) **작성항목** : 화학물질의 분류 · 표시 및 물질안전보건자료에 관한 기준 고용노동부고시 제2023-9호 제10조 제1항 [별표 4]

작성항목과 순서	내용
화학제품과 회사에 관한 정보	제품명, 제품의 권고 용도와 사용상의 제한, 공급자 정보
유해성 · 위험성	유해성 · 위험성 분류, 예방조치문구를 포함한 경고표지 항목, 기타 유해성 · 유험성
구성성분의 명칭 및 함유량	화학물질명, 이명(관용명), CAS 번호(식별번호), 함유량
응급조치 요령	눈에 들어갔을 때, 피부에 접촉했을 때, 흡입했을 때, 먹었을 때, 기타
폭발 · 화재 시 대처방법	적절한 소화제, 화학물질로부터 생기는 특정 유해성, 화재진압 시 착용할 보호구 및 예방 조치
누출사고 시 대처방법	인체 보호를 위한 조치사항 및 보호구, 환경을 보호하기 위해 필요한 조치사항, 정화 또는 제거 방법
취급 및 저장방법	안전 취급요령, 안전한 저장방법
노출방지 및 개인보호구	화확물질 및 생물학적 노출기준, 적절한 공학적 관리, 개인보호구
물리화학적 특성	외관, 냄새, pH, 녹는점, 어는점, 비점, 인화점, 인화 또는 폭발범위 상 · 하한, 증기압, 증기밀도, 비중, 자연발화온도, 점도 등
안정성 및 반응성	화학적 안정성, 유해반응의 가능성, 피해야 할 조건 및 물질, 분해 시 생성되는 유해물질
독성에 관한 정보	가능성이 높은 노출경로에 대한 정보, 건강 유해성 정보
환경에 미치는 영향	생태독성, 잔류성 및 분해성, 생물 농축성, 토양 이동성, 기타
폐기 시 주의사항	폐기방법, 폐기 시 주의사항
운송에 필요한 정보	유엔번호, 유엔 적정 선적명, 운송에서의 위험등급, 용기등급, 해양오염물질, 특별한 안전대책
법적 규제현황	산업안전보건법, 화학물질관리법, 위험물안전관리법, 폐기물관리법, 기타 국내 및 외국법에 의한 규제
그 밖의 참고사항	자료의 출처, 최초 작성일자, 개정횟수 및 최종 개정일자, 기타

(7) **활용범위**

1) 위험성 평가
2) 화학물질 평가
3) 공정안전 평가
4) 화학물질 취급설비의 재질선정
5) 위험구역의 구분
6) 근로자의 보건대책
7) 화학물질 취급절차 작성
8) 비상대책 수립
   ① 누출방지
   ② 화재예방
   ③ 소화 · 소방 대책

(8) 효과

1) 화학물질로 인한 폭발누출 및 직업병 예방과 사고 시 신속한 대처가 가능하다.
2) 산업안전에 대한 인식의 전환 및 관심을 높일 수 있다.
3) 근로자 및 지역주민에게 알 권리를 충족시킬 수 있다.
4) 제조공정의 위험성 평가가 가능하다.
5) 비상대책 수립에 활용할 수 있다.

(9) 물질안전보건자료 게시 · 비치

1) 게시 · 비치 장소(「산업안전보건법 시행규칙」 제167조)
① 물질안전보건자료 대상물질을 취급하는 작업공정이 있는 장소
② 작업장 내 근로자가 가장 보기 쉬운 장소
③ 근로자가 작업 중 쉽게 접근할 수 있는 장소에 설치된 전산장비

2) 관리요령 게시(「산업안전보건법 시행규칙」 제168조)
① 제품명
② 건강 및 환경에 대한 유해성, 물리적 위험성
③ 안전 및 보건상의 취급주의 사항
④ 적절한 보호구
⑤ 응급조치 요령 및 사고 시 대처방법

3) 물질안전보건자료에 관한 교육의 시기 · 내용 · 방법 등(「산업안전보건법 시행규칙」 제169조)
① 물질안전보건자료 대상물질을 제조 · 사용 · 운반 또는 저장하는 작업에 근로자를 배치하게 된 경우
② 새로운 물질안전보건자료 대상물질이 도입된 경우
③ 유해성 · 위험성 정보가 변경된 경우

4) 경고표시방법(「산업안전보건법 시행규칙」 제170조)
① 명칭 : 제품명
② 그림문자 : 화학물질의 분류에 따라 유해 · 위험의 내용을 나타내는 그림
③ 신호어 : 유해 · 위험의 심각성 정도에 따라 표시하는 '위험' 또는 '경고' 문구
④ 유해 · 위험 문구 : 화학물질의 분류에 따라 유해 · 위험을 알리는 문구
⑤ 예방조치 문구 : 화학물질에 노출되거나 부적절한 저장 · 취급 등으로 발생하는 유해 · 위험을 방지하기 위하여 알리는 주요 유의사항
⑥ 공급자 정보 : 물질안전보건자료 대상물질의 제조자 또는 공급자의 이름 및 전화번호 등

(10) MSDS 제출 및 대체자료 기재 심사절차

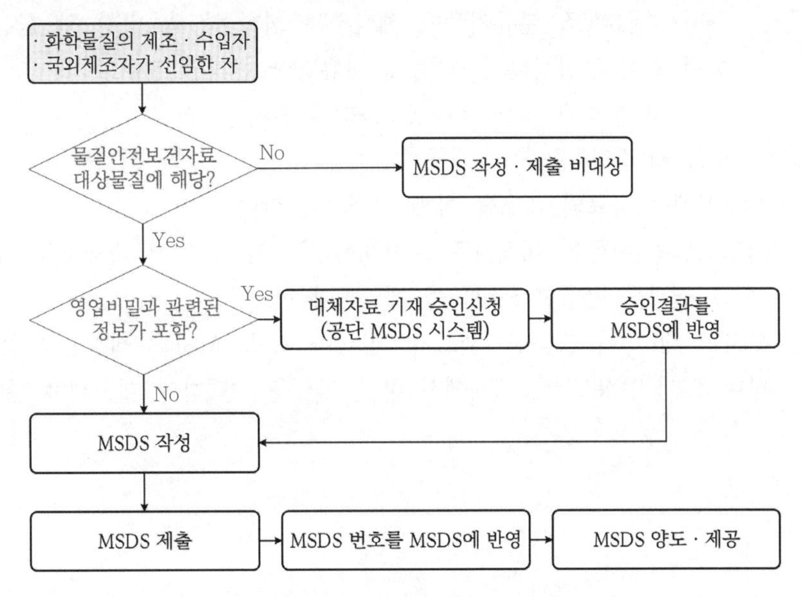

▌MSDS 제출 및 대체자료 기재 심사절차도▐

1) MSDS 제출 : 물질안전보건자료 대상물질을 제조하거나 수입하는 자는 제조 · 수입 전에 MSDS를 작성하여 공단에 제출해야 한다.
2) MSDS 제출 주체
   ① 물질안전보건자료 대상물질을 제조하거나 수입하는 자
   ② 국외제조자가 선임한 자
3) 제출서류 목록
   ① 물질안전보건자료(MSDS)
   ② 물질안전보건자료 대상물질을 구성하는 화학물질 중 「산업안전보건법」 제104조에 따른 분류기준에 해당하지 않는 화학물질의 명칭 · 함유량(MSDS에 모든 구성성분이 기재된 경우 생략 가능)
4) MSDS 제출 시기
   ① 기존 작성 MSDS 경우 : 물질안전보건자료 대상물질에 해당하는 제품의 연간 제조 · 수입량별로 시행일 이후 5년을 넘지 않는 범위 내에서 제출
   ② 신규 작성 MSDS 경우 : 2021년 1월 16일 이후의 물질안전보건자료 대상물질을 제조하거나 수입하기 전에 제출
   ③ MSDS 제출 이후 다음의 변경사항이 발생 시, 이를 반영하여 MSDS를 다시 제출
      ㉠ 제품명(구성성분 명칭 및 함유량의 변경이 없는 경우로 한정)

㉡ 물질안전보건자료 대상물질을 구성하는 화학물질 중 「산업안전보건법 시행규칙」 제141조 분류기준에 해당하는 화학물질의 명칭 및 함유량(제품명의 변경 없이 구성성분의 명칭 및 함유량만 변경된 경우로 한정)

㉢ 건강 및 환경에 대한 유해성, 물리적 위험성

5) MSDS 제출 시 주의사항

① MSDS에는 자료의 출처를 함께 기재해야 한다.

② 영업비밀인 사항을 대체자료로 기재하려는 경우, 먼저 대체자료 기재 승인신청 후 그 결과를 반영한 MSDS를 제출해야 한다.

③ MSDS 제출 시 제품명, 제조자·공급자 정보, MSDS 제정일자 등을 기재해야 하며 48가지 용도분류체계에서 하나 이상을 선택하여 제출해야 한다.

SECTION 050 산업안전보건법상 위험물

산업안전보건에 관한 규칙의 위험물질 7가지([별표 1])는 다음과 같다.

(1) 폭발성 물질 및 유기과산화물

가열, 마찰, 충격, 다른 화학물질과의 접촉으로 인하여 산소와 산화제의 공급이 없더라도(주로 제5류) 격렬한 반응을 일으킬 수 있는 고체나 액체

(2) 물반응성 물질 및 인화성 고체

스스로 발화하거나 물과 접촉하여 발화하는 등 발화가 용이하고 가연성 가스가 발생할 수 있는 물질

(3) 산화성 액체 및 산화성 고체

산화력이 강하여 열을 가하거나 충격을 줄 경우나 다른 화학물질과 접촉할 경우 격렬히 분해, 반응을 일으키는 고체 · 액체(제1 · 6류)

(4) 인화성 액체

1) 1기압에서 인화점이 65[℃] 이하인 가연성 액체(제4류)

2) 종류

① −30[℃] 미만 : 가솔린

② −30[℃] 이상 0[℃] 미만 : 아세톤, MEA(Membrane Electrode Assembly, 막전극접합체)

③ 0[℃] 이상 30[℃] 미만 : 메틸알코올, 에틸알코올

④ 30[℃] 이상 65[℃] 미만 : 등유, 경유

(5) 인화성 가스

1) 폭발한계 하한이 10[%] 이하인 가스

2) 상한과 하한의 차가 20[%] 이상인 가스

(6) 부식성 물질

금속 등을 쉽게 부식시키고 인체에 접촉하면 심한 상해(화상 등)를 입히는 물질로 다음 물질을 말한다.

1) 부식성 산류

① 20[%] 이상 염산, 황산, 질산, 기타 동등 이상의 부식성 물질

② 60[%] 이상 인산, 아세트산, 불산, 기타 동등 이상의 부식성 물질

2) 부식성 염류 : 40[%] 이상 NaOH, KOH의 동등 이상의 부식성 염류

(7) 급성 독성 물질

1) LD 50(경구투입, 쥐) 300[mg/kg](체중) 이하인 물질 : 쥐 경구투입실험으로 실험동물의 50[%] 이상 사망할 물질의 양

2) LD 50(경피투입, 토끼 또는 쥐) 1,000[mg/kg](체중) 이하인 물질 : 토끼 또는 쥐 경피흡수실험으로 실험동물의 50[%] 이상 사망할 물질의 양

3) LC 50(4시간 흡입, 쥐) 가스 2,500[ppm], 증기 10[mg/L], 분진 또는 미스트 1[mg/L] 이하 화학물질 : 쥐로 4시간 흡입실험 시 실험동물의 50[%] 이상 사망할 물질의 농도

SECTION 051 제조물책임법[67]

01 개요

(1) 제조물책임법(製造物責任法, Product Liability, PL법)의 정의

제조되어 시장에 유통된 상품(제조물)의 결함으로 인하여 그 상품의 이용자 또는 제3자(소비자)의 생명, 신체나 재산에 손해가 발생한 경우에 제조자 등 제조물의 생산, 판매과정에 관여한 자의 과실 유무에 관계없이 제조자 등이 그러한 손해에 대하여 책임을 지도록 하는 법리이다.

(2) 제조물책임법의 목적

1) 소비자의 확대손해를 보호
2) 국민생활의 안전성 향상
3) 사회적 비용을 제품의 안정성 향상에 투자하도록 유도하는 사후적 안전규제

(3) 제조물책임법의 효과

1) 제조물을 공급하는 공급자와 이를 소비하는 소비자 간의 거래상에 평등을 유지한다. 공급자는 대규모 시설과 자본 등을 가지고 있는 데 반해 개별 소비자는 이러한 것들이 없어서 정보 및 자본의 불평등을 초래하기 때문에 이를 보완하는 효과를 낳는다.
2) 인명과 재산 보호 : 고장으로 인해 재해를 유발하는 제조물의 안전성을 향상시킨다.
3) 국제적인 경쟁력 향상 : 제품의 안정성이 증대된다.

(4) 부정적 효과

1) 원가증가 : 보험료의 지출, 안전성의 확보를 위한 추가비용, 배상금 지급 등
2) 인력과 비용이 증가 : 제조물책임법에 따른 소송의 증가
3) 신제품의 개발지연 : 여러 가지 검토 등

02 배경

(1) 현대 산업사회는 제품의 대량생산 · 대량판매 · 대량소비라는 특징을 가지고 있다. 이러한 제품을 사용하거나 소비하지 않고는 사회생활, 특히 의식주를 해결할 수 없을

67) 제조물책임법에서 주요 내용 발췌

정도로 제조물이 인간생활을 유지하는 데 필수적이고 불가분의 요소로 자리를 잡고 있다.

(2) 제조물이 인간의 생활에 만족을 주는 것은 사실이기는 하지만, 제조물이 생산 · 유통되는 과정에서 결함이 생기고 이러한 결함이 해소되지 않고 소비되는 문제점이 발생하였다.

(3) 이에 따라 발생한 소비자 피해는 거래 대상인 제품의 하자로 인한 경제적 불이익을 넘어서 소비자의 생명이나 신체 또는 재산상의 직접적인 위험으로서 나타나게 되었다.

(4) 소비자 피해구조를 도모하기에는 일반적인 계약은 법적으로는 한계가 있었다. 즉, 과거의 과실 책임론하에서는 피해자가 가해자에 대한 손해배상을 청구하기 위하여 피고의 과실을 원고가 입증해야 하는 등의 어려움이 있다. 이를 개별 소비자가 입증하기는 어려운 현실적인 문제를 해결하기 위하여 피해자의 입증책임을 완화하는 소비자 피해구제를 만들게 되었고 그 산물 중 하나가 제조물책임법이다.

(5) 소비자의 보호를 위해 거래 당사자 상호 간의 자율적인 계약 법적 법리가 전개되었으나, 계약 법적 법리는 상호 간 위치나 힘에 의한 불평등으로 한계가 있어서 이를 보완하기 위해서 불법행위 법적 법리가 전개되었다. 그러나 불법행위 법적 법리 전개도 역시 소비자 보호에 충분하지 못한 점이 많아서 결국에는 제조업자에게 무과실책임을 지우고서 소비자 보호에 노력하고 있다. 이리하여 오늘날에 확립된 제조물책임법은 무과실책임의 원리에 기초한 계약 외적 손해배상책임의 특별법이다.

03 주요 법리

(1) 계약책임

제조자의 과실이나 인과관계 등을 소비자측에서 입증할 필요가 없고, 결함으로 인한 손해의 배상뿐만 아니라 제품의 수리, 교환, 대금감액 등을 피해자의 선택에 따라 청구할 수 있다.

(2) 불완전이행

제조물의 결함으로 인해 소비자가 손실을 본 경우에는 이를 불완전한 제조자의 행위로 인한 적극적인 채권침해행위로 봄으로써 파생되는 확대손해까지도 피해배상을 요청할 수 있다.

(3) 불법행위책임

피해소비자와 생산사업자 간의 계약관계가 없더라도, 직접 계약관계가 없는 사업자 등에게 불법행위로 인한 손해배상을 청구할 수 있다.

(4) 무과실책임

소비자의 제조업자의 과실 등에 관한 입증의무가 면제되어서 소비자가 제조물책임법에 기인하여 제조업자의 책임을 추궁할 수 있다(제3조 제1항).

04 용어 정의(제2조)

(1) 제조물

제조되거나 가공된 동산(다른 동산이나 부동산의 일부를 구성하는 경우 포함)

(2) 결함

해당 제조물에 다음의 어느 하나에 해당하는 제조 · 설계상 또는 표시상의 결함이 있거나 그 밖에 통상적으로 기대할 수 있는 안전성이 결여되어 있는 것

1) **제조상의 결함** : 제조업자가 제조물에 대하여 제조상 · 가공상의 주의의무를 이행하였는지에 관계없이 제조물이 원래 의도한 설계와 다르게 제조 · 가공됨으로써 안전하지 못하게 된 경우
2) **설계상의 결함** : 제조업자가 합리적인 대체설계(代替設計)를 채용하였더라면 피해나 위험을 줄이거나 피할 수 있었음에도 대체설계를 채용하지 아니하여 해당 제조물이 안전하지 못하게 된 경우
3) **표시상의 결함** : 제조업자가 합리적인 설명 · 지시 · 경고 또는 그 밖의 표시를 하였더라면 해당 제조물에 의하여 발생할 수 있는 피해나 위험을 줄이거나 피할 수 있었음에도 이를 하지 아니한 경우

(3) 제조업자

1) 제조물의 제조 · 가공 또는 수입을 업으로 하는 자
2) 제조물에 성명 · 상호 · 상표 또는 그 밖에 식별 가능한 기호 등을 사용하여 자신을 제조업자로 표시한 자
3) 제조업자로 오인하게 할 수 있는 표시를 한 자

05 주요 내용

(1) 성립조건

1) 제조물에 의한 결함 존재
2) 결함에 의해서 신체 · 재산상 손해 발생

(2) 제조사 등의 손해배상책임의 면책사유(제4조)

1) 제조업자가 해당 제조물을 공급하지 아니하였다는 사실을 입증한 경우
2) 제조업자가 해당 제조물을 공급한 당시의 과학 · 기술 수준으로는 결함의 존재를 발견할 수 없었다는 사실을 입증한 경우
3) 제조물의 결함이 제조업자가 해당 제조물을 공급한 당시의 법령에서 정하는 기준을 준수함으로써 발생하였다는 사실을 입증한 경우
4) 원재료나 부품의 경우에는 그 원재료나 부품을 사용한 제조물 제조업자의 설계 또는 제작에 관한 지시로 인하여 결함이 발생하였다는 사실을 입증한 경우

(3) 제조물에 대한 연대책임(제5조)

1) 동일한 손해에 대하여 배상할 책임이 있는 자가 2인 이상인 경우 연대하여 그 손해를 배상할 책임이 있다.
2) 민법상의 연대채무나 공동불법행위의 성립 여부에 상관없이 각각의 책임주체가 자기의 책임원인과 상당 인과관계에 있는 손해에 대하여 배상할 의무를 지게 된다.
3) 제조물책임법에 의한 피해자는 배상책임자 중 선택적으로 손해배상청구가 가능하여 피해자 구제가 더욱더 강력하다.

(4) 면책특약의 제한(제6조)

1) 제조물책임법에 따른 손해배상책임을 배제하거나 제한하는 특약(特約)은 무효이다.
2) **예외** : 자신의 영업에 이용하기 위하여 제조물을 공급받은 자가 자신의 영업용 재산에 발생한 손해에 관하여 그와 같은 특약을 체결한 경우
3) **필요성** : 계약관계의 상대적 약자인 일반소비자가 제조업자가 일방적으로 제시한 특약을 수용하지 않을 수 없는 상황이 발생할 수 있으므로 제조업자의 책임회피수단으로 면책특약이 사용될 가능성을 배제하기 위함이다.

(5) 손해배상 소멸시효(제7조)

1) **소멸시효** : 피해자 또는 그 법정대리인이 다음의 사항을 모두 알게 된 날부터 3년간 행사하지 아니하는 경우
   ① 손해
   ② 제조업자
2) **손해배상 청구권의 행사기간** : 제조업자가 손해를 발생시킨 제조물을 공급한 날부터 10년 이내
3) **행사기간의 예외** : 신체에 누적되어 사람의 건강을 해치는 물질에 의하여 발생한 손해 또는 일정한 잠복기간이 지난 후에 증상이 나타나는 손해에 대해 그 손해가 발생한 날부터 기산한다.

06 다른 법과의 차이

(1) 민법과 제조물책임법의 차이

구분	민법(제750조)	제조물책임법
책임요건	제조업자의 고의나 과실	제조물의 결함
	손해의 발생	손해의 발생
	제조업자의 고의, 과실과 손해의 발생 사이의 인과관계	제조물의 결함과 손해의 발생 사이 인과관계
관련 규정	민법에 의한 손해배상	제조물책임법에 의한 손해배상
입증책임	손해를 입은 사람이 고의 또는 과실 입증	손해를 입은 사람이 제품의 결함만 입증하면 됨

(2) 리콜(recall)과 제조물책임법의 차이

구분	리콜	제조물책임법
성격	민사적 책임원칙의 변경	행정적 규제
기능	• 사후적 손해배상 • 손해배상을 통해 간접적으로 소비자 안전확보	• 사전적 위해방지를 위한 제품 회수 • 예방적 · 직접적으로 소비자 안전확보
근거법	제조물책임법	소비자보호법, 자동차관리법, 식물위생법, 대기환경보전법, 전기용품안전관리법, 품질경영 및 공산품 안전관리법
책임요건	• 제조업자의 고의나 과실 • 손해의 발생 • 제조업자의 고의, 과실과 손해의 발생 사이 인과관계	생산물의 결함으로 인해 위해가 발생하였거나 발생할 우려가 있을 때
보상	개별적 보상	일괄적 보상

SECTION 052

화학공장 재해의 원인 및 위험성 대책

78 · 76 · 74 · 72회 출제

01 개요

(1) 화학공장에서 화재 · 폭발 또는 독성 물질의 누출사고는 다른 산업에서의 사고와는 달리 많은 인력과 막대한 재산을 동시에 앗아가는 경우가 대부분이다. 또한, 사고의 영향이 인근 주민이라든지 공공의 안녕과 사회 및 환경문제로 대두되는 경우가 많기 때문에 사업장에만 국한된 문제가 아니라 국가적 차원의 관심과 관리가 필요하다.

(2) 화학공장을 크게 분류하면 연속시스템(flow process system type), 단위시스템 또는 회분식공정(batch process system type), 반회분식공정으로 나누고 있다. 특히 이 중에서 정밀화학분야 공장의 업종 자체가 가지고 있는 공정상의 특성 때문에 단위시스템을 사용하는데, 이는 소규모 다품종 전환생산을 하므로 이로 인해 잠재된 유해 · 위험요소가 타 공정에 비하여 크다.

1) **회분식공정** : 공정 초기에만 반응물을 유입시키고, 반응기를 차단하여 유입이나 배출이 없는 상태로 일정시간 반응시킨 후 생성물을 빼내는 공정이다. 즉, 반응을 한번에 시키는 공정으로 주로 소량생산에 사용되는 공정이다.

2) **연속공정** : 유입물과 배출물이 공정반응 중에 연속적으로 흐르는 공정이다. 비교적 대량생산 시에 사용되며 가능한 정상상태에 가깝게 유지되는 공정이다.

3) **반회분식공정** : 유입물만을 연속적으로 주입시키거나, 반응물만을 연속적으로 배출시키는 공정

02 화학공장의 특징

(1) 규모가 대체로 크며 사고발생 시 그 영향이 광범위하게 파급된다(잠재적인 위험이 큼).

(2) 화학공장의 보유에너지(위험물질)가 타 산업에 비해 월등하게 크기 때문에 중대재해발생 위험이 크다.

(3) 화학물질은 대체로 유해하기 때문에 사고발생 시 환경을 오염시키고 그 영향이 광범위하게 파급된다.

(4) 화학공장은 구조가 복잡하고 고도의 자동제어시스템으로 구성되어 있어서 설계 및 관리 기술이 전문성을 필요로 하기 때문에 설계 및 관리가 어렵다.

(5) 구성요소가 다양하여 각 요소마다 신뢰성 확보가 어렵고 검사·보수 등에 고도의 숙련된 경험을 필요로 한다.

(6) 사고발생 시 막대한 인명피해와 국가경제상의 손실은 물론이고 인근 주민에게 심적 불안을 야기시켜 사회문제로 대두될 수도 있다.

03 화학공장의 재해원인

(1) 설비의 경년변화에 따른 노후화

(2) 영세 또는 중소기업의 열악한 시설 및 작업환경과 이로 인한 설비의 보수, 점검, 정비의 지연

(3) **설비 또는 시설에 대한 변경요소 관리의 소홀**

특히 한 가지 설비를 가지고 여러 종류의 제품을 생산하는 다품종 공정에 있어서는 다음과 같은 문제점을 발생시킨다.

1) 품목별 생산공정에 대한 전문기술력의 차이
2) 조직 내 직급 간, 상하 간에 의사소통 미흡
3) 안전작업지시 기법과 관리실태 미흡

(4) **전문기술자들의 인력부족**

특히 화학공장의 안전관리전문가가 부족하여 중대산업재해가 발생하고 있고 이것이 안전사고를 일으키는 중요 요인 중 하나이다.

(5) 다량의 가연성, 폭발성, 독성 물질의 사용

(6) 복잡한 제어·관리 시스템

04 화학공장의 위험요소 분석

(1) **원인과 결과로 구분**

1) 1차 위험요소(동기적 위험요소) : 화학공장을 구성하는 모든 시설에 원천적으로 잠재하는 위험요소인 정성적 성격이다.

① 열, 압력, 산소(과산화물 등 포함), 화학에너지, 각종 에너지원 및 점화원
② 시설물의 고장 및 기계적 손상, 배관의 노후화

③ 인간의 동적 행위, 기기장비의 이동

④ 인간의 실수, 광선, 바람, 지진 등의 환경적 효과 등

2) 2차 위험요소(결과로서의 위험) : 정량적 성격

① 불길의 확산, 폭발(부차적 폭발위험)

② 가연성 및 인화성(또는 폭발성) 위험물의 방출

③ 유독성 위험물의 방출, 시설물의 붕괴

④ 전도, 낙화 등

(2) 화학공장의 위험으로 구분

1) 화학물질의 위험

① 물질 자체의 위험 : 유독성, 가연성, 반응성

② 위험물질의 수송 · 운반 과정에서의 위험

2) 화학공정의 위험

① 반응폭주에 의한 화재 · 폭발 위험

② 방출, 유출의 유동상태의 위험

③ 압력, 열 등의 상태위험

④ 정밀화학 제조공정은 단위시스템이 많으며 특성은 다음과 같다.

㉠ 다품목 생산으로 설비의 중복이 많으며 라인(line)변경으로 생산계획, 취급물질, 취급물질의 수량, 작업내용의 변화가 많다.

㉡ 중간생성물의 위험성을 잘 모르는 경우가 많고 생산공정이 반응, 증류, 재증류, 추출, 여과, 건조, 분쇄공정 등으로 이루어진다.

- 반응기류의 세척, 원료공급 등이 자동화가 안 되는 경우가 많다.
- 반응조건이 매 단위(batch)마다 변하므로 중간생성물 조성이 다양한 경우가 있다.
- 단일설비에 의한 조건변화가 크므로 자동화에 어려움이 있다.

㉢ 반응기 내부의 중간생성물 종류, 발생량이 시간경과에 따라 다양한 변화가 있을 수 있다.

㉣ 제조공정상 소량 제품의 종류와 생산량이 한정되어 재처리하는 경우가 많다.

3) 화학설비의 위험

① 화학설비장치 파손 : 기계적 파손, 부식파괴, 화학반응에 의한 압력 증가

② 기계적 고장, 작업자의 실수

③ 계측제어 및 안전시스템의 고장 등

05 화학공장의 사고형태와 발전

(1) 화학공장의 사고형태

사고의 형태	발생 가능성	치명의 가능성	경제적 손실가능성
화재	높음	낮음	중간
폭발	중간	중간	높음
독성 물질 누출	낮음	높음	낮음

(2) 사고의 영향

1) 인체에 대한 영향

① 고온의 불꽃에서 발생하는 열로 인한 사상

② 화학물질 연소 시 발생되는 유독성 가스에 의한 사상

2) 건물설비에 대한 영향 : 화재로 인한 1차 피해도 크지만 연소 시에 발생하는 열로 인하여 화학설비나 배관, 전선 등의 지지대가 강도를 유지하지 못하고 파괴됨으로써 폭발 등의 2차 재해로 확산될 수 있다.

06 화학공장의 사고진행

(1) 발단(initiation)

사고가 시작되는 사건

▌화재 및 폭발사고의 원인별 현황▐

원인별	건수(비율)
계	331(100[%])
공정시설장치의 노후화 및 결함	99.3(30[%])
전기설비의 결함	66.2(20[%])
운전 잘못(작업수칙의 미준수)	45(13.6[%])
제어장치의 고장	26.5(8[%])
자연발화	10(3[%])
정전기	4(1.3[%])
낙화	3(1[%])
반응폭주	2(0.6[%])
기타	75(22.5[%])

(2) 전파(propagation)

시작된 사고가 계속 번져가는 단계

(3) 종결(termination)

발생한 사고가 끝나거나 없어져 버리는 단계

(4) 사고의 진행

1) 누설
2) 방류
3) 체류

+ 산소 → 가연성 혼합기 형성 → 점화원 → 화재 또는 폭발로 발전

07 화학공장의 폭발사고 대응책

(1) 예방대책

사고를 사전에 예방할 수 있는 대책이다.

1) 폭발범위 밖에서 운전하는 방법
   ① 연소물질, 연소조연제 또는 불활성 가스를 추가로 투입하여 운전조건이 폭발범위 밖에 위치하도록 하는 방법이다.
   ② 산화반응 : 정상운전 중 뿐만 아니라 시운전(start-up), 비정상운전, 운전정지(shut-down) 및 비상조치 운전 중에도 적용하는 방법으로 가장 많이 사용한다.
   ③ 가연성 물질이 연소하한계 부근의 농도에 있는 경우 : 환기, 신선한 공기주입 등으로 희석하여 폭발을 예방할 수 있다.
   ④ 설비 내부로의 공기혼입을 방지한다.
2) 용기 내부에 폭발압을 봉쇄(containment)시키는 방법(내압방폭구조)
   ① 이상상태가 발생하였을 경우 : 최악의 경우 최대 폭발압력을 산정한다.
   ② 최대 폭발압력을 견딜 수 있는 용기의 강도가 필요하다.
3) 폭발압력을 방출설비를 통해 배출시키는 방법
   ① 독성 물질을 취급하는 경우 사용이 곤란하다.
   ② 벤트관은 화염 또는 그 압력으로부터 근로자, 지역주민 및 설비에 영향을 주지 않도록 안전한 곳에 설치한다.
   ③ 폭연을 일으키는 경우에 한하여 적용하며 폭굉을 일으키는 경우에는 적용이 곤란하다.
   ④ Blowdown : 플랜트에서 화재나 장치의 결함 등으로 인한 비정상적인 운영상태에 따른 사고방지를 위하여, 장치 내부의 가연성 기체 등을 단시간에 밖으로 배출하여 안전한 장소로 이송시키는 운전으로 플랜트 안전을 위해 일반적으로 사용하는 방법 116회 출제
4) 점화원을 제거시키는 방법

5) 폭발억제장치(explosion suppression system)를 사용하는 방법
   ① 화학적인 폭발억제제를 폭발화염의 진행속도보다 빠른 속도로 설비 내부에 분사시켜 폭발을 방지하는 방법이다.
   ② 폭발압력 상승속도가 아주 빠른 경우 억제제의 적절한 확산속도를 얻기가 곤란하다.

(2) 긴급대책

사고가 발생하는 것이 불가피해진 경우의 대책이다.

1) 경보
2) **폭발저지** : 폭발범위의 성립저지, 점화원의 배제
3) 피난
   ① 사고와 관련한 대책시행에 필요한 필수인원을 배제한 사람들을 안전한 곳으로 신속히 피난시킨다.
   ② 피난지점
      ㉠ 폭발지점과 가깝더라도 그것에 대하여 보호되어 있는 장소
      ㉡ 폭발영향이 거의 없는 장소

(3) 방호대책

예방대책이나 긴급대책이 그 능력을 충분히 발휘하지 못하고 불행하게도 사고가 발생하였을 경우 그 피해를 되도록 줄이기 위한 대책이다.

1) 압력상승의 억제
   ① 폭발억제장치를 폭발발생과 동시에 구조물 내에 살포하여 화염전파를 중단시킨다.
   ② 압력배출장치인 벤팅설비로 이상압력의 상승을 방지한다.
2) 내폭벽과 안전거리
   ① 내폭벽을 이용하여 폭발압력을 완화하고 진압대원과 피난자의 안전을 도모한다.
   ② 안전거리 확보 : 폭발파의 피해를 최소화한다.
3) 능동적 방화대책
   ① 고정식 화재진압시스템 : 포
   ② 고정식 화재제어시스템 : 수막설비
   ③ 이동식 소화시스템 : 포소화전, 소화전, 소화기 등
4) **화재확산방지** : 1차적인 안전대책으로 폭발 재해의 사전예방이 중요하지만, 대부분의 폭발 재해는 한 번으로 끝나는 것이 아니고 1차 폭발로 주위 설비가 파괴되어 2·3차로 연쇄적인 폭발이 발생하며 대규모 피해를 줄 수 있어서 확대 방지개념도 필요하다.

① 방유제
② 탱크 간 안전거리 유지
③ 긴급차단밸브 설치
④ 안전장치 : 안전밸브, 파열판, 폭발방산구, 용융안전플러그, 폭발억제장치
⑤ 역화방지설비
⑥ 비상 시 화재에 접근하지 않고 조작할 수 있는 원격조작 자동조절밸브 설치

(4) 화학공정에서 잠재적 손실을 최소화하기 위한 전략

1) 본질적인 방법 : 위험물질 자체를 제거
2) 수동적인 방법 : 설계압력을 높이기 위해서 용기의 강도강화
3) 능동적인 방법 : 인터록, 안전장치 등
4) 절차적인 방법 : 안전운전 매뉴얼

(5) 공학적인 설계대책

1) 제거–대체–완화 : 위험물의 노출을 최소화한다.
2) 영향 최소화 : 불가피하게 노출 시에는 이로 인한 영향을 최소화한다.
3) 단순화 : Fool proof로 실수가 발생되지 않도록 하고 대응방법은 단순화한다.

08 화학공장의 정량적 위험도 평가(quantitative risk assessment) 128회 출제

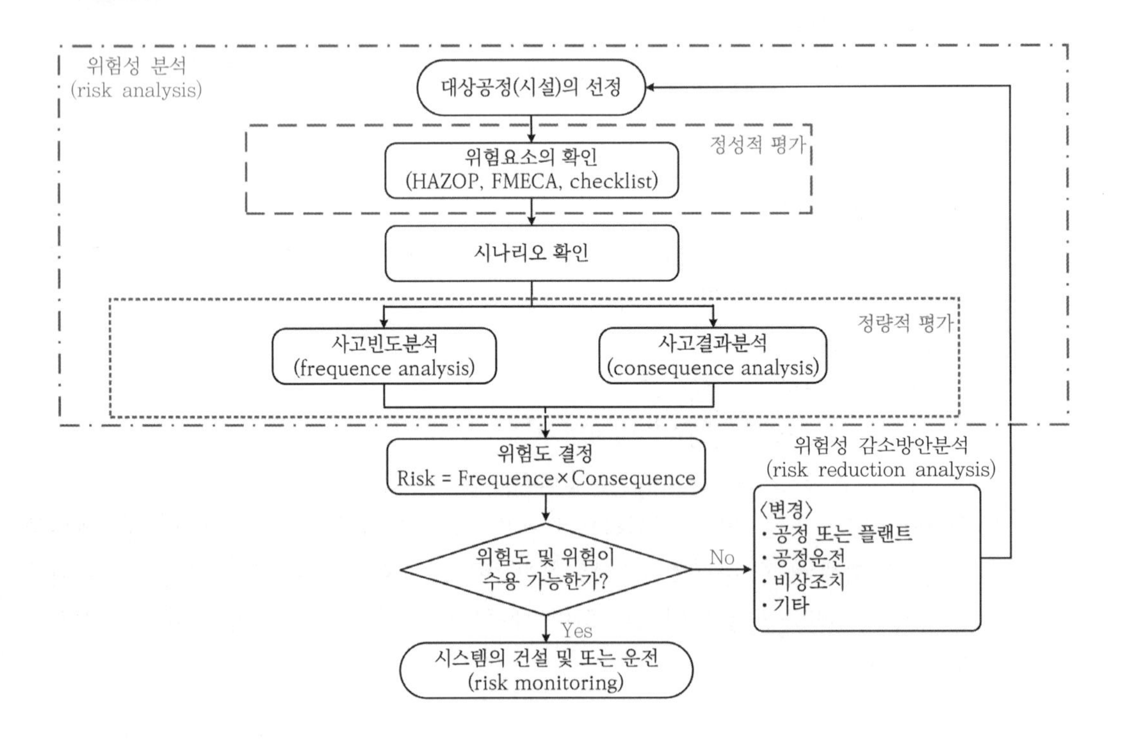

구분	내용
1단계 : 대상공정의 선정	① 화학공장의 위험물 및 가연성 물질 등의 종류 확인 ② 화학공장의 주된 용도 및 규모 확인 ③ 구조물 등의 안전성 확인 ④ 평가대상을 공정단계별 분류 ⑤ 허용 가능한 위험도 결정
2단계 : 위험요소 확인 (hazard identification)	① 생산, 취급, 저장 또는 수송되는 위험물의 물리 · 화학적 특성 파악 ② 공장의 생산공정 파악 ③ 공정상 취약점이 있는지 확인 ④ 과거의 사고기록 조사 ⑤ Checklist, What if, HAZOP, FMEA 등 적절한 방법을 이용해서 위험성을 평가 · 확인
3단계 : 시나리오 확인	① 사고의 원인 예측 ② 사고의 진행과정 예측 ③ 사고결과 예측
4단계 : 사고결과분석	① 사고 손실 예측 ② 사고의 확대 예측
5단계 : 사고빈도분석	FTA와 ETA를 조합하여 특정사고에 대한 빈도예측
6단계 : 위험도 결정	크기 × 빈도
7단계 : 위험감소방안 분석	허용 가능한 위험도를 초과하는 경우 감소대책 수립

09 화학공장의 폭발사고 대응책

위에서 살펴본 사고사례의 원인분석에서도 알 수 있듯이 사고의 원인은 대체로 다음과 같이 정리할 수 있다.

(1) 위험물질이나 설비에 대한 사전의 위험성을 파악하지 못한 인간의 실수 때문이다.

(2) 부식이나 안전장치의 결함 및 기계적인 결함으로서 기계적 성능 보전상의 원인이 있다.

(3) 예방 및 사고 발생 시의 대책 등은 수립되어 있으나 실제로는 시행이 제대로 이루어지지 않고 있다. 위와 같은 주요 원인을 이해하고 대책을 수립하기 위해서는 경영인과 안전 관계자가 안전을 최우선으로 하는 의식과 이에 따른 실천의지가 필요하다. 이러한 의지를 바탕으로 해야 예방대책, 긴급대책, 방호대책이 체계화될 수 있으며 공정안전관리시스템을 조기에 정착시키고 기업 고유의 안전문화 형성이 가능해지기 때문이다.

(4) 화학공장에서의 위험성은 일반 조립, 금속, 건설 분야에서 발생하는 단순 재해와는 달리 복잡한 시스템의 상호관계와 영향으로 기인하는 특성이 있으므로 종합적이고 거시적인 관점에서 위험요소의 규명과 평가 및 대책이 필요하다.

SECTION 053

LNG 저장조의 Rollover

129회 출제

01 용어의 정의

(1) Rollover

상 · 하층의 밀도 차이에 의한 역전현상에 따른 증발 가스가 다량 발생하는 현상

(2) 층상화

LNG의 경우 기존의 저장유치가 있는 상태에서 새로운 LNG를 주입할 때 두 LNG 간의 밀도차에 의해 밀도층을 형성하는 현상

(3) 밀도 반전현상

1) 층상화 현상을 이루고 있다가 상부층의 밀도가 하부층의 밀도보다 높아지면 순간적으로 상부층과 하부층의 위치가 서로 바뀌게 된다.
2) 하부층이 상부층이 되면서 기존의 상부층이 누르는 압에서 대기가 누르는 압력만 받게 된다.
3) 기존의 누르는 압에 비해 급격한 감소를 가져오게 된다.
4) 순간적인 압력강하에 따른 증발이 발생하고 이것이 가연성 가스이면 저장용기 상부에 폭발범위를 형성할 우려가 있다.

02 Rollover의 발생 메커니즘과 대응책

(1) 발생 메커니즘

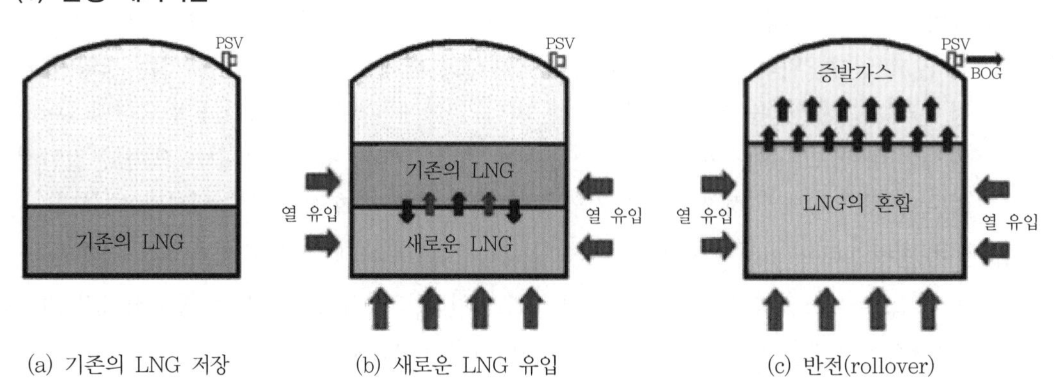

(a) 기존의 LNG 저장 (b) 새로운 LNG 유입 (c) 반전(rollover)

1) 통상 조성이나 밀도 차이가 거의 없는 경우 상층 표면은 기체·액체 평형조건이 되고 액체의 자연대류가 이루어지므로 액체 전체가 균질화가 이루어진다.
2) **층상화** : 기존 LNG에 새로운 LNG를 하부에서 공급하면 밀도차가 발생하는 현상
3) **탱크 측면 및 저부로부터의 열 유입** : 증발가스(BOG : Boiled Off Gas) 발생과 액의 농축
   ① 층상화되면 상층은 측벽 입열 : 하층액보다 작은 입열로서 적은 증발가스가 발생되고 서서히 농축되어 액밀도가 상승한다.
   ② 하층
      ㉠ 상층으로부터의 무게에 의한 가압조건이 된다.
      ㉡ 측벽 및 하부 유입열에 따라 빠르게 액온의 상승이 일어나고 액밀도가 저하된다.
4) 하층의 밀도가 상층보다 저하될 경우 상하층이 반전하며 급격한 혼합이 발생한다.
5) 하층액에 축적된 열량분과 압력 저하로 급격한 증발가스가 발생한다.

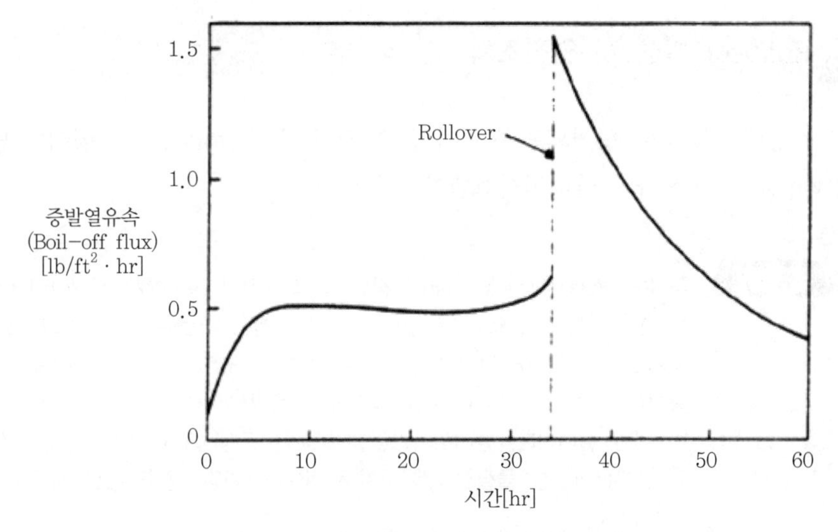

▌Rollover에 의한 순간적 증발량 증가[68] ▌

6) 반전 발생 시 현상
   ① 반전이 발생하면 단기간에 많은 증발가스가 발생하여 과압을 형성한다.
   ② Vent, Safety relief valve의 작동 : 과압 가스 방출
7) 문제점
   ① 과압으로 인한 안전밸브 작동, 가스 방출
   ② 과압으로 인한 탱크의 파괴 등

68) Modeling and Simulation of Rollover in LNG Storage Tanks A. Bashiri, PhD Student

(2) Rollover 방지방법

1) LNG 조성의 범위를 제한한다.

① LNG의 밀도에 따라 LNG 저장 : 밀도차가 10[kg/m^3] 이상은 별도의 용기에 저장한다.

② 제트 노즐로 새로운 유입 LNG와 기존의 잔류 LNG 혼합 : 저장 시 제트 노즐로 LNG를 혼합한다.

2) 탱크 내부 LNG의 순환으로 혼합 : 최소한 3주에 한 번 이상은 펌프로 탱크 내의 LNG 순환층 형성을 방지한다.

3) 탱크의 상·하층 입구를 분리하여 설치한다.

① 중질 LNG는 상부 인입구로 유입한다.

② 경질 LNG는 하부 인입구로 유입한다.

4) 안전밸브 설치 및 관리강화

03 Rollover 발생 시 안전조치

(1) LNG 저장탱크의 층이 형성되면 하역작업 수 시간 내에 Rollover가 일어나 많은 양의 증기(vapor)가 발생하며 플레어시스템이 작동한다.

플레어시스템(flare system) : 정유 및 석유화학 공정에서 설계압력 이상으로 발생하는 가스는 압력해소를 통한 공정의 안전성 확보를 위해 신속히 외부로 배출시키도록 규정되어 있으나, 제거되는 가스 그대로 대기 중에 배출될 경우 석유화학제품 특성상 증기운을 형성하여 화재·폭발을 일으킬 수 있으므로 이를 방지하기 위한 설비이다. 플레어시스템의 목적은 공정 내의 가연성 혹은 독성 가스를 연소시켜 안전한 물질로 전환시키는 것이다. 가장 일반적으로 사용되는 것은 플레어스택이다.

(2) 지속해서 저장탱크의 압력이 증가할 경우 벤팅(venting)장치 및 안전밸브(safety relief valve)에 의해 방호할 수 있다.

SECTION 054 위험물 총론

102 · 78회 출제

01 개요

(1) 소방법상의 위험물은 화재위험이 큰 것으로 「위험물안전관리법」에서 정하는 인화성, 발화성 물품을 말한다. 115회 출제

(2) 이들 물품에는 그 자체가 인화 또는 발화하는 것과 인화 또는 발화를 촉진시키는 물질로 이루어져 있다.

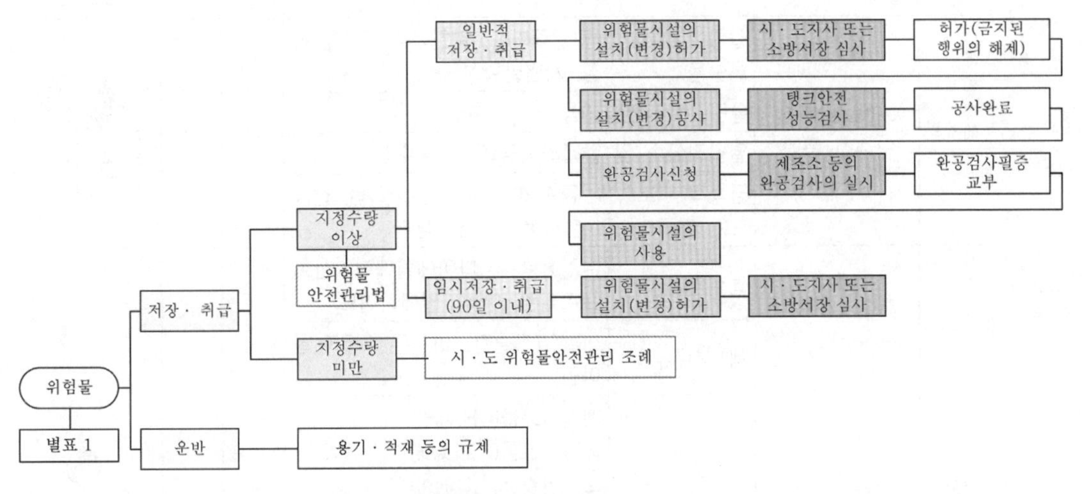

▌위험물안전관리법에 의한 규정▐

02 위험성

(1) 물리적 파괴

에너지의 집중방출에 의한 고온 · 고압으로 물체의 변형이나 파괴를 발생

(2) 화학적 변질

연소에 의한 물질의 변질, 유독가스 발생, 산소결핍 등 화재의 결과로 발생

(3) 사회적 손실

인적 · 물적 손실, 사회혼란 등으로 인한 사회적 손실을 발생

(4) 환경피해 유발

(5) 생리적 영향

고온으로 인한 기관의 손상, 연소생성물의 유독성, 산소결핍으로 무능화, 기관의 기능 장애, 영구변형, 사망 등이 발생

(6) 위험물의 종류

유별	성질	품명		고체	액체	특성도
제1류	산화성 고체	아염소산염류, 염소산염류, 무기과산화물, 과염소산염류		○	×	
		브로민산염류, 질산염류, 아이오딘산염류				
		과망가니즈염류, 다이크로뮴산염류				
제2류	가연성 고체	황화인, 적린, 황		○	×	
		철분, 금속분, 마그네슘				
		인화성 고체				
제3류	자연발화성 및 금수성 물질	칼륨, 나트륨, 알킬알루미늄, 알킬리튬, 유기금속화합물 → 금수성, 자연발화성		○	○	
		황린 → 자연발화성				
		알칼리금속 및 알칼리토금속 → 금수성				
		금속의 수소화물, 금속의 인화물(인화칼슘), 칼슘 또는 알루미늄의 탄화물 → 금수성				
제4류	인화성 액체	특수인화물	이황화탄소, 다이에틸에터, 산화프로필렌, 아세트알데하이드	×	○	
		제1석유류	휘발유(가솔린), 아세톤, 트리에틸아민			
		알코올	메틸알코올(CH_2OH) 에틸알코올(C_2H_5OH) 프로필알코올(C_3H_7OH) 변성 알코올			
		제2석유류	등유, 경유, 아세트산, 아크릴산, 클로로벤젠			
		제3석유류	중유, 크레오소트유			
		제4석유류	기어유, 실린더유, 벤젠			
		동 · 식물유류	동 · 식물유			
제5류	자기반응성 물질	유기과산화물, 질산에스터류		○	○	
		하이드록실아민, 하이드록실아민염류				
		나이트로화합물, 나이트로소화합물, 아조화합물, 다이아조화합물, 하이드라진 유도체				
제6류	산화성 액체	과염소산, 과산화수소, 질산		×	○	

(7) 위험물의 성상

유별	성상
제1류	자체는 불연성이지만 산소를 다량 함유한 산화성 고체
	반응성이 풍부하여 가열, 마찰, 충격 등에 의해 분해되어 산소 방출
	다른 가연성 물질의 연소를 돕는 지연성(조연성) 물질
	무기화합물로서 무색결정 혹은 백색분말로 조해성이 있다.
	알칼리금속의 과산화물(무기과산화물 → 과산화나트륨 ; Na_2O_2)은 물과 반응하여 산소와 열을 방출 $Na_2O_2 + 2H_2O \rightarrow 4NaOH + O_2 - Q$
	비중이 1보다 커서 물에 넣을 경우 가라앉고 물에 대체로 녹는다.
	유독성 및 부식성을 가지고 있는 것이 많다.
제2류	자체가 가연성 고체이며 환원성 고체이다.
	연소속도가 빠르고 연소 시 유독가스(자체가 독성성분을 가지고 있음)가 발생한다.
	산화제와의 접촉, 마찰 등에 의한 급격한 연소(속연성)의 우려가 있다.
	금속성분(마그네슘)은 물과 접촉 시 가연성 가스가 발생한다. $2CaO_2 + 2H_2O \rightarrow 2Ca(OH)_2 + O_2$
	가열 · 충격 · 마찰에 의해서 분해되고 발생된 가연성 가스가 공기와 혼합하고 있을 때는 연소 또는 폭발
제3류	황린과 사에틸납(유기금속화합물)을 제외한 나머지는 금수성 물질로 물과 접촉 시 가연성 가스(수소)와 열이 발생하므로 이를 금하여야 한다.
	대부분 공기 중에서 산소와 반응하여 열을 축적하고 이로 인하여 자연발화가 발생한다.

유별	성상
제4류	물보다 가볍고 물에 녹기는 어렵다. 왜냐하면 비극성 공유결합인 유기물로 극성 공유결합인 물과는 잘 섞이질 않기 때문이다.
	유기화합물로 전기가 통하지 않는 부도체이다. 따라서, 정전기의 축적이 용이하다.
	연소하한이 비교적 낮기 때문에 공기와 증기가 약간만 혼합되어 있어도 연소가 가능하고 증기는 특유의 냄새를 가지고 있다.
	증기는 공기보다 비중이 커서 증기가 바닥에 체류한다. 단, 사이안화수소(HCN)는 그렇지 아니하다. 사이안화수소의 증기 비중이 0.941이므로 부유한다.
	부도체이다. 가연성 특유의 냄새 비중이 크다. 증기 제4류 위험물 성질 물과 비교 가볍다. 녹기 어렵다. 인화점 위험성의 기준
제5류	가연성 물질로 자체 내 산소를 함유한 물질이다. 연소할 때는 다량의 유독가스가 발생한다.
	대부분 물에 녹지 않는 비수용성이고 물과 반응하지 않는 비반응성이다.
	유기과산화물을 제외하고는 질소를 함유하고 있는 유기질소화합물이다.
	연소 시 연소속도가 매우 빠른 폭발성 물질이다.
	가열, 마찰, 충격 등 외부에너지의 공급에 의해 폭발 우려가 있다.
제6류	강산화성 액체(과산화수소 제외)로 비중이 1 이상이다.
	물보다 무겁고, 물에 잘 녹으며 접촉 시 발열을 하는 물질이다.
	모두 무기화합물
	물질 자체는 불연성, 조연성 물질이다.
	증기는 유독하며 자극성으로 피부 접촉 시 손상된다.

1. 조해성(deliquescence) : 고체물질은 공기 중에 놓아두면 수분을 흡수하고 그 수분에 녹는 성질로서, 그 과정에서 열이 발생하여 이로 인한 화재나 폭발의 원인이 될 수 있다.

2. Na_2K
   ① 액체 금속나트륨과 칼륨을 2 : 1로 혼합한다.
   ② 7[℃]에서 용융된다.
   ③ 높은 비열로 뛰어난 냉각제
   ④ 위험성은 칼륨과 유사하다.
      ㉠ 공기 중에 노출 시 초과산화칼륨 생성 → 등유 및 유기물과 접촉하면 폭발
      ㉡ 물, 할론, CO_2와 반응

3. 제1류에서 제6류 중 들어 있는 금속인 것
   ① 제1류 : 무기과산화물
   ② 제2류 : 철마금(철분, 마그네슘, 금속분)
   ③ 제3류 : 황린을 제외한 나머지 제3류

(8) 위험물 시험방법 111회 출제

유별	시험종류	시험항목	적용시험
제1류	산화성 시험	연소시험	연소시험기
		대량 연소시험	대량 연소시험기
	충격민감성 시험	낙구식 타격 감도시험	낙구식 타격 감도시험기
		철관시험	철관시험기
제2류	착화성 시험	작은 불꽃 착화시험	작은 불꽃 착화시험기
	인화성 시험	인화점 측정시험	세타밀폐식
제3류	자연발화성 시험	자연발화성 시험	자연발화성 시험대
	금수성 시험	물과의 반응성 시험	물과의 반응성 시험기
제4류	인화성 시험	인화점 측정시험	태그 밀폐식(자동, 수동)
			세타밀폐식(신속 평형법)
			클리브랜드 개방식(자동, 수동)
		연소점 측정시험	태그 개방식(수동)
		발화점 측정시험	발화점 측정시험기
		비점 측정시험	비점 측정시험기
제5류	폭발성 시험	열분석 시험	DSC(시차주사열량계)
	가열분해성 시험	압력용기 시험	압력용기 시험기
제6류	산화성 시험	연소시험	연소시험기

(9) 위험물의 위험성 127회 출제

유별	성질
제1류	강산성 : 산소를 다량 함유한 산화성 고체
	분해폭발 : 반응성이 풍부하여 가열, 마찰, 충격 등에 의해 분해되어 산소를 방출
	유독성 및 부식성
	알칼리금속의 과산화물(무기과산화물)은 물과 반응하여 산소를 방출
제2류	폭발성 : 폭발의 우려가 있는 가연성 고체
	독성 : 유독가스 발생
제3류	금수성 : 물과 반응하여 가연성 가스를 발생시킴
	발화성 : 황린은 공기 중에 노출 시 자연발화
	독성 : 인화칼슘은 물과 반응 시 독성과 가연성 가스인 포스핀을 발생시킴 Ca_3P_2(인화칼슘) + $6H_2O$ → $3Ca(OH)_2$(수산화칼슘) + $2PH_3$(포스핀)

유별	성질
제4류	인화성 물질로 인화점에 의해서 제1~4류 석유류로 구분 250[℃] 200[℃] 70[℃] 21[℃] 제4석유류 – 200[℃] 이상 250[℃] 미만 제3석유류 — 70[℃] 이상 200[℃] 미만 제2석유류 — 21[℃] 이상 70[℃] 미만 제1석유류 ———— 21[℃] 미만
제5류	증기가 공기보다 무거워 공간 바닥에 체류하게 된다.
	연소범위가 넓어 폭발의 우려가 있다.
	비교적 발화점이 낮아 발화의 우려가 있다.
	폭발성 : 자체 내에 산소를 보유하고 있어 외부로부터 산소공급 없이도 가열, 마찰, 충격 등에 의해서 폭발을 일으킬 수 있다.
	유독성 : 다량의 독성 가스를 발생시킨다.
제6류	조연성 : 산화성이 커서 산소를 발생시켜 다른 물질의 연소를 돕는다.
	발열 : 과산화수소를 제외하고는 강산으로 물과 접촉하면 큰 발열을 발생시킨다.
	유독성 및 부식성

자기반응성 물질의 연소성 : 얼마나 많은 산소와 질소를 가지고 있는 것이 중요 요인

(10) 위험물의 소화방법 127회 출제

유별	기본 소화방법	그 외 소화방법
제1류	분해온도 이하로 낮추기 위한 대량주수에 의한 냉각소화	알칼리금속의 과산화물(무기과산화물)은 물과 접촉 시 산소를 대량으로 발생하므로 건조사 등에 의한 질식소화
제2류	금속분 이외(적린, 황 등)는 주수에 의한 냉각소화	금속분은 마른모래 등에 의한 질식소화
		황화인 중 오황화인, 칠황화인은 물과의 반응 시 황화수소(H_2S)와 같은 독성 물질을 발생시킴. 따라서, 물을 사용하면 안 됨
		마그네슘은 화재 초기는 마른모래, 석회분을 사용 • 물 사용 시 가연성 수소가스 발생 $Mg + 2H_2O \rightarrow Mg(OH)_2 + H_2$ • 이산화탄소 사용 시 가연성 탄소 발생 $Mg + CO_2 \rightarrow 2MgO + C$

유별	기본 소화방법	그 외 소화방법
제3류	금수성 물질은 건조사, 팽창질석, 진주암 등을 이용 질식소화	알킬알루미늄은 건조사, 팽창질석이나 팽창진주암, 금속소화약제를 이용하여 소화
	자연발화성 물질인 황린은 물을 이용한 냉각소화	나트륨(Na), 칼륨(K) 등 활성금속물질은 이산화탄소(CO_2) 및 할론(Halon)과 반응하므로 사용을 금지
제4류	포소화약제에 의한 질식 또는 냉각소화. 물분무에 의한 유화소화	주수소화는 연소면을 확대시키므로 위험함. 하지만 일부 수용성은 다량의 물을 이용한 희석소화에 적용이 가능함
		알코올의 경우에는 소포성으로 내알코올 포를 사용하여 소화함
제5류	초기 화재에는 대량주수에 의한 냉각소화	산소를 함유하고 있어서 외부의 산소공급 없이도 연소가 가능하며 질식소화는 효과가 없음
	일단 화재가 진행되면 발열량이 너무 커서 제어가 곤란하므로 확대방지를 위한 조치를 취하고 기다릴 수밖에 없다.	분해열 및 분해폭발의 발생 우려
		할로젠소화약제로는 소화가 곤란
제6류	건조사, 인산염류, 이산화탄소에 의한 질식 소화	과산화수소는 다량의 물로 소화

(11) **지정수량** 115회 출제

1) 정의 : 위험물의 종류별로 위험성을 고려하여 대통령령이 정하는 수량으로서, 제조소 등의 설치 허가 등에 있어서 최저 기준이 되는 수량

2) 적용범위

① 지정수량 $\leq \dfrac{\text{저장}}{\text{취급량}}$: 「위험물안전관리법」

② 지정수량의 $\dfrac{1}{5} \leq \dfrac{\text{저장}}{\text{취급량}}$: 소량 위험물 (시 · 도 조례)

③ 지정수량의 $\dfrac{1}{5} > \dfrac{\text{저장}}{\text{취급량}}$: 시설규제를 받지 않는다.

(12) **위험물안전관리자(「위험물안전관리법」 제15조)**

1) 제조소 등(허가를 받지 아니하는 제조소 등과 이동탱크저장소 제외)의 관계인은 위험물의 안전관리에 관한 직무를 수행하게 하기 위하여 제조소 등마다 위험물취급자격자를 위험물안전관리자로 선임하여야 한다.

2) 예외 : 제조소 등에서 저장 · 취급하는 위험물이 「화학물질관리법」에 따른 인체급성유해성물질, 인체만성유해성물질, 생태유해성물질에 해당하는 경우 등 대통령령이 정하는 경우에는 해당 제조소 등을 설치한 자는 다른 법률에 의하여 안전관리업무를 하는 자로 선임된 자 가운데 대통령령이 정하는 자를 안전관리자로 선임할 수 있다.

SECTION

055 제4류 위험물 108회 출제

01 개요

(1) 위험물안전관리법 118회 출제

1) 액체(제3석유류, 제4석유류 및 동식물유류의 경우 1기압과 20[℃]에서 액체인 것만 해당)로서 인화의 위험성이 있는 것
2) 인화점이 250[℃] 미만인 액체

(2) 성질

1) 물보다 가볍고 물에 녹기는 어렵다.
2) 공기와 증기가 약간만 혼합되어 있어도 연소가 가능하다. 연소하한이 비교적 낮기 때문이다.
3) 착화온도가 낮은 것은 위험하다.
4) 증기는 공기보다 무거워서 바닥에 체류하게 된다.

(3) 인화성 액체 중 수용성의 액체(「위험물안전관리에 관한 세부기준」 제13조 제2항)

1) 온도 20[℃], 1기압의 실내에서 50[mL] 메스실린더에 증류수 25[mL]를 넣은 후 시험물품 25[mL]를 넣을 것
2) 메스실린더의 혼합물을 1분에 90회 비율로 5분간 혼합할 것
3) 혼합한 상태로 5분간 유지할 것
4) 층분리가 되는 경우 비수용성, 그렇지 않은 경우 수용성으로 판단할 것. 단, 증류수와 시험물품이 균일하게 혼합되어 혼탁하게 분포하는 경우에도 수용성으로 판단한다.

(4) 인화성 액체의 정의(「산업안전보건법 시행규칙」 [별표 18])

표준압력(101.3[kPa])에서 인화점이 93[℃] 이하인 액체

02 종류와 알코올

(1) 인화성 액체의 종류 129 · 126 · 123회 출제

품명	종류	지정수량 (단위 : L)	조건
특수인화물	이황화탄소(CS_2), 디메틸에테르	50	① 발화점이 100[℃] 이하인 것 ② 인화점이 −20[℃] 이하이고 비점이 40[℃] 이하인 것
제1석유류	휘발유, 아세톤	200 400(수용성)	인화점 21[℃] 미만
알코올	메틸 · 에틸 알코올	400	탄소 3가 이하
제2석유류	등유, 경유	1,000 2,000(수용성)	인화점 21 ~ 70[℃]
제3석유류	중유, 크레오소트유	2,000 4,000(수용성)	인화점 71 ~ 200[℃]
제4석유류	기어유, 실린더유	6,000	인화점 200 ~ 250[℃]
동식물유류	아마인유, 야자유	10,000	인화점 250[℃] 미만

석유류의 지정수량이 200[L]를 기준으로 한 이유는 200[L]가 1드럼이기 때문이다.

(2) 동식물유류의 분류

1) 정의 : 유지 100[g]에 부가되는(유지 100[g]이 흡수하는) 아이오딘의 g수

2) 이중결합↑ = 불포화도↑ = 아이오딘가↑ = 산화↑ = 반응성↑ = 자연발화↑

3) 동식물유 구분

구분	아이오딘가	특징	종류
건성유	130 이상	이중 결합이 많아 불포화도가 높기 때문에 공기 중에서 산화되어 액표면에 피막을 만드는 기름으로 산화 발열량이 커서 섬유 등 다공성 가연물에 스며들면 공기와 잘 반응하여 높은 열을 발생시켜 산화를 가속시켜 재차 고온이 되어 자연발화함 예 헝겊에 들기름을 적셔 뜨거운 햇볕에 장시간 두면 자연발화하는 것	들기름, 아마인유, 해바라기유 등
반건성유	100 ~ 130	공기 중에서 건성유보다 얇은 피막을 만드는 기름	면실유, 참기름, 옥수수기름 등
불건성유	100 이하	공기 중에서 피막을 만들지 않는 안정된 기름. 불건성유는 공기 중에서 쉽게 굳어지지 않음	야자유, 올리브유, 피마자유 등

(3) 인화성 액체에서 제외할 수 있는 경우 118회 출제

1) 화장품 중 인화성 액체를 포함하고 있는 것
2) 의약품 중 인화성 액체를 포함하고 있는 것
3) 의약외품 중 수용성인 인화성 액체를 50[vol%] 이하로 포함하고 있는 것
4) 체외 진단용 의료기기 중 인화성 액체를 포함하고 있는 것
5) 안전확인대상 생활화학제품(알코올류에 해당하는 것은 제외) 중 수용성인 인화성 액체를 부피 50[%] 이하로 포함하고 있는 것

(4) 알코올 124회 출제

1) 정의(제외기준 포함)
   ① 1분자를 구성하는 탄소원자의 수가 1개부터 3개까지인 포화 1가 알코올(변성 알코올 포함)
   ② 제외기준
      ㉠ 1분자를 구성하는 탄소원자의 수가 1개 내지 3개의 포화 1가 알코올의 함유량이 60[vol%] 미만인 수용액
      ㉡ 가연성 액체량이 60[vol%] 미만이고 인화점 및 연소점(태그개방식 측정)이 에틸알코올 60[vol%] 수용액의 인화점 및 연소점을 초과하는 것
2) 종류와 위험성

구분	화학식	분자구조식	위험성
메틸알코올(메탄올)	CH_3OH	$H-C(H)(H)-O-H$	① 밝은 곳에서 연소 시 불꽃이 보이지 않는다. ② 연소범위(5.5 ~ 44[%]) 이상이 되면 폭발성 혼합가스가 생성되어 밀폐된 장소에서 폭발 우려가 있다. ③ 독성이 강하다. ④ 휘발성이 강하다. ⑤ 알코올 중 인화점이 가장 낮다(11[℃]).
에틸알코올(에탄올)	C_2H_5OH	$H-C(H)(H)-C(H)(H)-O-H$	① 밝은 곳에서 연소 시 불꽃이 보이지 않는다. ② 연소범위(3.4 ~ 19[%]) 이상이 되면 폭발성 혼합가스가 생성되어 밀폐된 장소에서 폭발 우려가 있다. ③ 독성이 없다. ④ 휘발성이 강하다. ⑤ 알코올 중 인화점이 낮다(13[℃]).
프로필알코올(프로판올)	C_3H_7OH	$H-C(H)(H)-C(H)(H)-C(H)(H)-O-H$	① 에틸알코올에 준하는 위험성 ② 인화점 15[℃]

3) **저급과 고급 알코올의 구분** : 탄소수 5개까지는 저급 알코올, 6개부터는 고급 알코올이다.
4) 상온에서 탄소수가 4개 이상은 액체, 탄소수가 12개 이상이면 고체이다.
5) **변성 알코올** : 공업용으로 사용하기 위해 쓴맛을 내는 첨가제가 들어 있는 알코올
6) **알코올의 탄소수**
   ① 알코올의 OH^-(하이드록실기)는 극성결합을 하므로 수용성이다.
   ② 탄소수의 증가 시 변화
      ㉠ 비극성 부분이 상대적으로 증가해 비수용성으로 변한다.
      ㉡ 인화점이 높아진다.
      ㉢ 발화점이 낮아진다.
      ㉣ 연소범위가 좁아진다.
      ㉤ 액체비중이 커진다.
      ㉥ 비등점과 융점이 좁아진다.
7) **취급상 주의사항**
   ① 상온에서 가연성 증기가 발생하기 쉬우므로 용기는 밀폐시켜 저장한다.
   ② 발생된 증기는 공기보다 무거워 낮은 곳에 체류하기 쉬우므로 환기가 잘 되는 장소에 소분하여 저장한다.
   ③ 점화원과 격리시켜 저장한다.
   ④ 취급 전기설비 : 방폭구조
   ⑤ 정전기 발생 우려가 있는 경우 : 접지
8) **소화방법** : 다량의 물, 파우더, 내알코올성 포, 이산화탄소를 사용한다.

(5) 휘발유(gasoline) 108회 출제

1) **정의** : C_5H_{12} ~ C_9H_{20}의 포화 · 불포화 탄화수소의 혼합물인 휘발성 액체
2) **종류**

구분	1호 (보통 휘발유)	2호 (고급 휘발유)
옥탄값(리서치법)	91 이상 94 미만	94 이상

3) **성상**

구분	기준	구분	기준
인화점	-43 ~ 20[℃]	비중	0.7 ~ 0.8
연소범위	1.4 ~ 7.6[%]	증기압	0.435 ~ 0.8[kgf/cm^2] (37.8[℃])
자연발화점	약 300[℃]	TLV-TWA	300[ppm](ACGIH 규정)
증기밀도	3 ~ 4	TLV-STEL	500[ppm](ACGIH 규정)

4) MSDS(보통 휘발유)

분류	구분	분류	구분
인화성 액체	2	생식 독성	2
피부 부식성/자극성	2	흡입유해성	1
눈 손상성/자극성	2	수생 환경 유해성	만성 3
발암성	1B	급성 독성(흡입 : 증기)	3

5) 안전취급요령

① 압력을 가하거나, 자르거나, 용접, 납땜, 접합, 뚫기, 연마 또는 열에 폭로, 화염, 불꽃, 정전기 또는 다른 점화원에 폭로하지 마시오.

② 용기가 비워진 후에도 제품 찌꺼기가 남아 있을 수 있으므로 모든 MSDS/라벨 예방조치를 따르시오.

③ 취급/저장에 주의하여 사용하시오.

④ 개봉 전에 조심스럽게 마개를 여시오.

⑤ 물질 취급 시 모든 장비를 반드시 접지하시오.

⑥ 피해야 할 물질 및 조건에 유의하시오.

⑦ 저지대 밀폐공간에서 작업 시 산소결핍의 우려가 있으므로 작업 중, 공기 중 산소농도 측정 및 환기를 하시오.

⑧ 모든 안전 예방조치 문구를 읽고 이해하기 전에는 취급하지 마시오.

⑨ 폭발 방지용 전기 · 환기 · 조명 · 장비를 사용하시오.

⑩ 열에 주의하시오.

⑪ 스파크가 발생하지 않는 도구만을 사용하시오.

⑫ 정전기 방지조치를 취하시오.

⑬ 분진 · 흄 · 가스 · 미스트 · 증기 · 스프레이의 흡입을 피하시오.

⑭ 옥외 또는 환기가 잘 되는 곳에서만 취급하시오.

⑮ 취급 후에는 취급부위를 철저히 씻으시오.

⑯ 이 제품을 사용할 때에는 먹거나, 마시거나 흡연하지 마시오.

⑰ 장기간 또는 지속적인 피부접촉을 막으시오.

⑱ 적절한 환기가 없으면 저장지역에 출입하지 마시오.

⑲ 가열된 물질에서 발생하는 증기를 호흡하지 마시오.

6) 안전한 저장방법

① 빈 드럼통은 완전히 배수하고 적절히 막아 즉시 드럼 조절기에 되돌려 놓거나 적절히 배치하시오.

② 피해야 할 물질 및 조건에 유의하시오.

③ 열 · 스파크 · 화염 · 고열로부터 멀리하시오.(예 금연)

④ 용기는 환기가 잘 되는 곳에 단단히 밀폐하여 저장하시오.
⑤ 환기가 잘 되는 곳에 보관하고 저온으로 유지하시오.
⑥ 용기를 단단히 밀폐하시오.
⑦ 잠금장치가 있는 저장장소에 저장하시오.
⑧ 음식과 음료수로부터 멀리하시오.

(6) 수용성 111회 출제

1) **지정수량 판정기준을 위한 수용성** : 인화성 액체 중 수용성 액체란 온도 20[℃], 기압 1기압에서 동일한 양의 증류수와 완만하게 혼합하여, 혼합액의 유동이 멈춘 후 해당 혼합액이 균일한 외관을 유지하는 것을 말한다.
2) **유분리장치 설치 여부를 위한 수용성** : 온도 20[℃]의 물 100[g]에 용해되는 양이 1[g] 미만인 것

03 저장, 취급 및 소화방법

(1) 저장 · 취급 방법

1) **증기누출 및 체류 억제** : 통풍이 잘 되는 냉 · 암소에 저장하여야 한다.
2) 화기 및 가열을 주의하여야 한다.
3) 발생된 증기와 공기의 혼합물은 최소 점화에너지가 작아 정전기 발생에 주의하여야 한다.

(2) 소화방법

1) 주수소화는 연소면을 확대하므로 위험하다. 하지만 일부 수용성은 적용할 수 있다.
2) 가스계 소화설비에 의한 질식소화를 한다.
3) 포소화약제에 의한 질식 또는 냉각 소화를 한다.
4) 수용성 액체는 내알코올 포를 사용한다.

04 산업안전보건법과 고압가스안전관리법

(1) 산업안전보건법 시행령 [별표 13] 123회 출제

1) **인화성 액체** : 표준압력(101.3[kPa])에서 인화점이 60[℃] 이하이거나 고온 · 고압의 공정운전조건으로 인하여 화재 · 폭발 위험이 있는 상태에서 취급되는 가연성 물질

2) 인화성 가스 : 인화한계 농도의 최저 한도가 13[%] 이하 또는 최고 한도와 최저 한도의 차가 12[%] 이상인 것으로서, 표준압력(101.3[kPa]), 20[℃]에서 가스상태인 물질

(2) **고압가스안전관리법 시행규칙(제2조)** 123회 출제

1) 가연성 가스 : 공기 중에서 연소하는 가스로서 폭발한계 하한이 10[%] 이하인 것과 폭발한계의 상한과 하한의 차가 20[%] 이상인 것

2) 예 : 아크릴로니트릴 · 아크릴알데히드 · 아세트알데히드 · 아세틸렌 · 암모니아 · 수소 · 황화수소 · 시안화수소 · 일산화탄소 · 이황화탄소 · 메탄 · 염화메탄 · 브롬화메탄 · 에탄 · 염화에탄 · 염화비닐 · 에틸렌 · 산화에틸렌 · 프로판 · 시클로프로판 · 프로필렌 · 산화프로필렌 · 부탄 · 부타디엔 · 부틸렌 · 메틸에테르 · 모노메틸아민 · 디메틸아민 · 트리메틸아민 · 에틸아민 · 벤젠 · 에틸벤젠

SECTION 056

특수가연물

130 · 122 · 94회 출제

01 개요

(1) 정의

가연물 중에서 특별히 관리할 필요가 있어서 그 지정수량을 대통령령으로 정하는 가연물

(2) 특수가연물 품명 및 수량(「화재예방법 시행령」 [별표 2])

품명		수량
면화류		200[kg] 이상
나무껍질 및 대팻밥		400[kg] 이상
넝마 및 종이부스러기		1,000[kg] 이상
사류(絲類)		1,000[kg] 이상
볏짚류		1,000[kg] 이상
가연성 고체류		3,000[kg] 이상
석탄 · 목탄류		10,000[kg] 이상
가연성 액체류		2[m^3] 이상
목재가공품 및 나무부스러기		10[m^3] 이상
고무류 · 플라스틱류	발포시킨 것	20[m^3] 이상
	그 밖의 것	3,000[kg] 이상

02 용어의 정의

(1) 면화류

불연성 또는 난연성이 아닌 면상 또는 팽이모양의 섬유와 마사(麻絲)원료

(2) 넝마 및 종이부스러기

불연성 또는 난연성이 아닌 것(동식물유가 깊이 스며들어 있는 옷감 · 종이 및 이들의 제품을 포함)에 한한다.

(3) 사류

불연성 또는 난연성이 아닌 실(실부스러기와 솜털을 포함)과 누에고치

(4) **볏짚류**

마른 볏짚 · 마른 북더기와 이들의 제품 및 건초(예외 : 축산용도)

(5) **가연성 고체류** : 고체로서 다음의 것 134회 출제

<table>
<tr><th>구분기준</th><th colspan="2">내용</th></tr>
<tr><td>인화점</td><td>인화점</td><td>40 ~ 100[℃] 미만</td></tr>
<tr><td rowspan="2">인화점 + 연소열량</td><td>인화점</td><td>100 ~ 200[℃] 미만</td></tr>
<tr><td>연소열량</td><td>8[kcal/g] 이상</td></tr>
<tr><td rowspan="3">인화점 + 연소열량 + 융점</td><td>인화점</td><td>200[℃] 이상</td></tr>
<tr><td>연소열량</td><td>8[kcal/g]</td></tr>
<tr><td>융점</td><td>100[℃] 미만</td></tr>
<tr><td rowspan="3">1기압과 20[℃] 초과 40[℃] 이하에서 액상</td><td>인화점</td><td>70 ~ 200[℃] 미만</td></tr>
<tr><td colspan="2">인화점 + 연소열량</td></tr>
<tr><td colspan="2">인화점 + 연소열량 + 융점</td></tr>
</table>

(6) **석탄 · 목탄류**

코크스, 석탄가루를 물에 갠 것, 조개탄, 연탄, 석유코크스, 활성탄 및 이와 유사한 것을 포함한다.

(7) **가연성 액체류**

<table>
<tr><th>구분기준</th><th colspan="2">내용</th></tr>
<tr><td rowspan="4">상태 + 가연성 액체량 + 인화점 + 연소점</td><td>상태</td><td>1기압과 20[℃] 이하에서 액상</td></tr>
<tr><td>가연성 액체량</td><td>40[vol%] 이하</td></tr>
<tr><td>인화점</td><td>40 ~ 70[℃] 미만</td></tr>
<tr><td>연소점</td><td>60[℃] 이상</td></tr>
<tr><td rowspan="3">상태 + 가연성 액체량 + 인화점</td><td>상태</td><td>1기압과 20[℃] 이하에서 액상</td></tr>
<tr><td>가연성 액체량</td><td>40[vol%] 이하</td></tr>
<tr><td>인화점</td><td>70 ~ 250[℃] 미만</td></tr>
<tr><td rowspan="4">동물의 기름기와 살코기 또는 식물의 씨나 과일의 살로부터 추출한 것</td><td>상태</td><td>1기압과 20[℃] 이하에서 액상</td></tr>
<tr><td>인화점</td><td>250[℃] 미만</td></tr>
<tr><td>법 기준</td><td>「위험물안전관리법」 제20조 제1항의 규정에 의한 용기기준과 수납 · 저장 기준에 적합</td></tr>
<tr><td>표시</td><td>물품명 · 수량 및 '화기엄금'</td></tr>
</table>

(8) **고무류 · 플라스틱류**

1) 대상 : 불연성 또는 난연성이 아닌 고체의 합성수지제품, 합성수지반제품, 원료합성수지 및 합성수지부스러기(불연성 또는 난연성이 아닌 고무제품, 고무반제품, 원료고무 및 고무부스러기 포함)

2) 예외 : 합성수지의 섬유 · 옷감 · 종이 및 실과 이들의 넝마와 부스러기

03 특수가연물의 저장 · 취급 의무(「화재예방법 시행령」 [별표 3])

(1) 특수가연물을 저장 또는 취급하는 장소의 표지 기재사항

1) 품명, 최대 저장수량, 단위부피당 질량 또는 단위체적당 질량
2) 관리책임자 성명 · 직책 · 연락처
3) 주의사항 표시

(2) 표지 규격

1) 크기 : 한변 0.3[m] 이상, 다른 한변 0.6[m] 이상, 직사각형
2) 색상 : 백색바탕, 흑색문자('화기엄금' 부분 제외)
3) 화기엄금 색상 : 적색바탕, 백색문자

(3) 표지 설치위치

특수가연물을 저장하거나 취급하는 장소 중 보기 쉬운 곳에 설치

(4) 저장기준(단, 석탄 · 목탄류를 발전용으로 저장하는 경우에는 제외)

1) 품명별로 구분하여 쌓을 것
2) 높이 및 쌓는 부분 바닥면적

구분	살수설비 설치 또는 대형 수동식 소화기 설치 시	기타
쌓는 높이	15[m] 이하	10[m] 이하
쌓는 부분의 바닥면적	200[m^2] 이하 (석탄 · 목탄류의 경우에는 300[m^2])	50[m^2] 이하 (석탄 · 목탄류의 경우에는 200[m^2])

3) 실외에 쌓아 저장하는 경우
   ① 쌓는 부분이 대지경계선, 도로 및 인접 건축물과 간격 : 6[m] 이상
   ② 예외 : 쌓는 높이보다 0.9[m] 이상 높은 내화구조 벽체를 설치한 경우
4) 실내에 쌓아 저장하는 경우
   ① 주요 구조부 : 내화구조 + 불연재료
   ② 다른 종류의 특수가연물과 같은 공간에 보관 금지
   ③ 예외 : 내화구조의 벽으로 분리하는 경우
5) 쌓는 부분 바닥면적의 사이 간격
   ① 실내 : 1.2[m] 또는 쌓는 높이의 $\frac{1}{2}$ 중 큰 값 이상
   ② 실외 : 3[m] 또는 쌓는 높이 중 큰 값 이상

04 특수가연물을 저장 · 취급하는 곳에 설치되는 소방시설

소방시설			설치대상	지정수량
소화설비	소화기	소형	능력단위 1단위 이상	50배 이상
		대형	1개 이상	500배 이상
	스프링클러		공장 또는 창고시설로 특수가연물을 저장 · 취급	1,000배 이상
			지붕 또는 외벽이 불연재료가 아니거나 내화구조가 아닌 공장 또는 창고시설로 특수가연물을 저장 · 취급	500배 이상
	옥내소화전, 옥외소화전		공장 또는 창고시설로 특수가연물을 저장 · 취급	750배 이상
경보설비	자동화재탐지설비		공장 또는 창고시설로 특수가연물을 저장 · 취급	500배 이상

SECTION 057 NFPA 704의 위험물 표시[69)]

133 · 83회 출제

01 개요

(1) 「NFPA 704」는 미국의 국제화재방재청(NFPA)에서 발표한 유독성, 가연성, 반응성에 대한 정도 표시의 일종이다.

(2) 위험물 표시는 응급상황에서 위험물질에 신속한 대응을 하기 위해 만들어진 소위 '화재 다이아몬드(fire diamond)'로 표현된다.

(3) 이 규격은 응급상황 발생 시, 만약 필요하다면 어떤 장비가 요구되는지, 어떤 처리절차가 필요한지, 혹은 어떠한 대책을 취해야 할지를 결정하는 데 정보를 주기 위해서 만들어진 것이다. 이러한 다이아몬드 표시를 보고 누구라도 쉽게 인지할 수 있다.

02 표시방법

(1) **화재 다이아몬드(fire diamond)**[70)]

1) 다음과 같은 4개의 기호체계는 일반적으로 청색은 '건강에 유해한 정도', 적색은 '인화성', 황색은 '(화학적) 반응성', 백색은 '기타 위험'에 대한 정보를 알리는 코드를 의미한다.

2) 각 분야는 '0(위험하지 않음)'에서 '4(매우 위험)'의 5가지 단계로 구분된다.

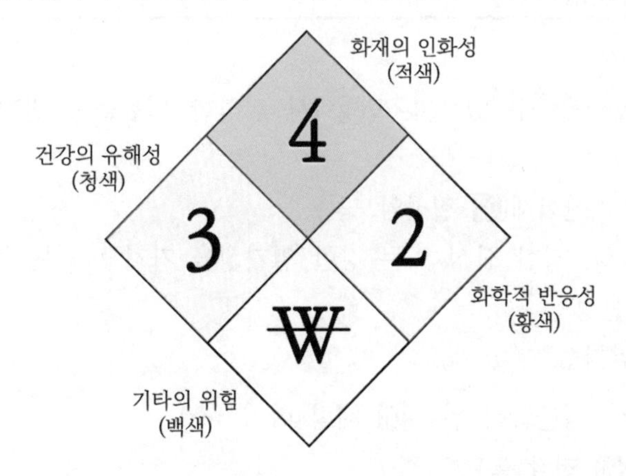

69) Wikipedia에서 발췌

70) http://www.raytownfire.com/workplace_safety.htm에서 발췌

(2) 위험정도의 표시

등급	4	3	2	1	0
건강의 유해성(청색)	매우 짧은 노출에 치명적일 수 있는 물질	매우 짧은 노출로도 일시적 혹은 만성적 부상을 야기할 수 있는 물질	만성적이지 않는 노출로 일시적 장애 혹은 부상을 유발할 수 있는 물질	노출 시 경미한 부상을 유발할 수 있는 물질	노출 시 건강상 무위험
	LC_{50} 0 ~ 1,000[ppm]	LC_{50} 1,001 ~ 3,000[ppm]	LC_{50} 3,001 ~ 5,000[ppm]	LC_{50} 5,001 ~ 10,000[ppm]	LC_{50} > 10,000
	예 시안화수소, 포스겐	예 액체수소, 일산화탄소	예 클로로포름, 이산화탄소	예 아세톤, 염화칼륨	예 목재, 설탕, 소금
인화성(적색)	평상적인 대기환경에서도 즉시 혹은 완전히 증발하거나, 공기 중에 확산되어 연소되는 물질	일반적인 대기환경에서 연소할 수 있는 인화성 액체, 고체류	발화가 발생하려면 외기의 온도가 높거나 가연물을 지속적으로 가열하여야 되는 물질	상온에서는 발화하지 않지만 충분히 가열되었을 경우 발화하는 물질	불연성 물질
	인화점 23[℃] 미만	인화점 23[℃] 이상 38[℃] 미만	인화점 38[℃] 이상 93[℃] 이하	인화점 93[℃] 초과	816[℃]에 노출되어야지 연소
	예 가솔린, 프로판, 수소	예 에탄올, 아세톤	예 경유, 종이	예 식용유, 암모니아	예 물, 철, 콘크리트
불안정·반응성(황색)	실온에서 폭발할 수 있는 폭발성 물질	밀폐상태에서 가열, 충격 또는 물과 혼합 시에 폭발의 우려가 있는 물질	기온 또는 기압상승 시 화학적 변화를 수반할 수 있고, 물과 쉽게 반응하거나 물과 혼합 시 폭발할 가능성이 있는 물질	기온 또는 기압상승 시 불안정해질 수 있는 반응성이 약한 물질	안정된 물질
	예 나이트로글리세린, TNT	예 불소	예 칼륨, 나트륨	예 아세틸렌	예 헬륨, 질소, 이산화탄소

(3) 기타의 위험(백색)

1) ₩ : 물과 반응할 수 있으며, 반응 시 심각한 위험을 수반할 수 있는 물질(예 세슘, 나트륨)
2) OX or OXY : 산화제(예 질산암모늄)
3) COR : 부식성, 강한 산성 또는 강한 염기성을 가지고 있는 물질(예 수산화나트륨)
   ① ACID : 산성
   ② ALK : 염기성
4) BIO or ☣ : 생물학적 위험(예 폐렴 바이러스)
5) POI : 독성(예 전갈 독)
6) RAD or ☢ : 방사능 물질(예 우라늄, 플루토늄)

7) CRY or CRYO : 극저온 물질

03 건강등급[71)]

「NFPA 704」에 의하면 건강위험성(health hazards)을 다음과 같이 분류하고 있으며 위험 등급이 높을수록 위험하므로 건강위험성 등급이 높은 것에 대해서는 규제가 강화된다.

(1) 건강위험성 4등급

정상적이거나 혹은 화재발생 시 피부에 접촉 혹은 흡수나 흡입될 경우에 너무 해로운 물질이 여기에 속한다.

1) 종류 : 포스겐($COCl_2$), 산화프로필렌(CH_3CHCH_2O), 사이안화수소(HCN) 등
2) 독성이 강해서 위 등급의 물품에 접근할 때는 특별한 보호장비를 갖추어야 한다.

(2) 건강위험성 3등급

매우 유독한 연소산화물을 발생하는 물질로서 노출 시 일시적 또는 영구적으로 부상을 초래할 물질이다.

1) 짧은 단 한 번의 노출로도 피부를 상하게 하고 눈에 치명적인 상처를 주는 물질
2) 종류 : 포스핀(PH_3), 나트륨(Na), 하이드라진(N_2H_4), 황린(P_4), 황화수소(H_2S), 리튬(Li), 수소화리튬(LiH) 등

(3) 건강위험성 2등급

유독하고 매우 자극성이 있는 연소산화물을 발생하는 물질로서 일시적인 마비 혹은 상흔을 남기는 물질

1) 종류 : 나프탈렌($C_{10}H_8$), 크레오소트유, 에틸벤젠($C_6H_5C_2H_5$), 디비닐벤젠 등
2) 평상시 또는 화재진압 시 공기호흡기 등의 보호장구가 필요하다.

(4) 건강위험성 1등급

화재 시 자극성이 낮은 연소산화물을 생성하는 물질로서 노출 시 자극은 주지만 큰 상처는 입히지 않는 물질

1) 약한 호흡장애와 눈을 자극하는 물질
2) 종류 : 부틸알코올(C_4H_9OH), 콜로디온, 에탄(C_2H_6), 에틸렌(C_2H_4) 등

(5) 건강위험성 0등급

1) 화재 시 노출되어도 일반적으로 특별한 해를 끼치지 않는 물질
2) 종류 : 옥수수기름, 수소(H_2), 에틸알코올(C_2H_5OH) 등

---

71) Annex B Health Hazard Rating. NFPA 704 Standard System for the Indentification of the Fire Hazards of Materials(2007)

▎건강지수표[72] ▎

위험 등급	가스 · 증기		분진 · 미스트 LC_{50}[mg/L]	구강독성 LD_{50}[mg/kg]	진피독성 LD_{50}[mg/kg]	표피 · 눈에 접촉
	흡입 LC_{50}[ppm-v]	포화증기농도 (× LC_{50} in ppm-v)				
4	0 ~ 1,000	10 이상	0 ~ 0.5	0 ~ 0.5	0 ~ 40	-
3	1,001 ~ 3,000	1 ~ 10 미만	0.51 ~ 2	0.51 ~ 50	40.1 ~ 200	부식성, 회복 불가능한 눈 부상 : pH ≤ 2 또는 ≥ 11.5인 경우 부식성
2	3,001 ~ 5,000	0.2 ~ 1 미만	2.01 ~ 10	50.1 ~ 500	201 ~ 1,000	심한 자극, 가역적 부상, 눈물, 압축 액화가스로 인한 동상
1	5,001 ~ 10,000	0 ~ 0.2 미만	10.01 ~ 200	501 ~ 2,000	1,001 ~ 2,000	경미하거나 중간 정도의 눈 자극
0	> 10,000	0 ~ 0.2 미만	> 200	> 2,000	> 2,000	비자극성

04 NFPA 704와 위험물안전관리법 비교

구분	위험물안전관리법	NFPA 704
등급	6종 • 제1류(산화성 고체) • 제2류(가연성 고체) • 제3류(자연발화성 및 금수성 물질) • 제4류(인화성 액체) • 제5류(자기반응성 물질) • 제6류(산화성 액체)	4종 • 건강의 유해성(청색) • 인화성(적색) • 불안정성, 반응성(황색) • 기타 위험(백색)
분류기준	위험물 특성 및 성질이 유사한 물질끼리 구분하여 분류	위험의 정도에 따른 분류
시험방법	위험물안전관리에 관한 세부기준	NFPA 704 Standard System for the Indentification of the Fire Hazards of Materials

72) Table B.1 Health Hazard Rating Chart. NFPA 704 Standard System for the Indentification of the Fire Hazards of Materials(2017)

구분	위험물안전관리법	NFPA 704
유해전달 요소	물기엄금 화기엄금 표지부착	화재의 인화성 (적색) 4 건강의 유해성 (청색) 3 화학적 반응성 (황색) 2 기타의 위험 (백색) ₩ ▎화재 다이아몬드(fire diamond) 표시 ▎
분류목적	산업생산 및 관리에 대한 규제를 하기 위함	인체와 재해의 위험에 따른 대응을 용이하게 하기 위함
관리기준	지정수량 이상	물질의 특성 및 주변 온도나 에너지 공급에 의해서 기준량 이상

05 위험물안전관리법의 문제점

(1) 위험물의 분류

1) 「위험물안전관리법」에서는 액체와 고체만을 다루고 있고 기체는 「고압가스안전관리법」에서 관리하여 위험물 관리의 이원화가 발생하고 있다.
2) 다양한 규정으로 관리의 어려움이 있다. 국내의 「위험물안전관리법」에서는 약 3,000여 종을 위험물로 분류하고 규제하고 있다. 위험물과 관련하여서는 「유해화학물질 관리법」, 「위험물안전관리법」, 「고압가스안전관리법」, 「총포 · 도검 · 화약류 단속법」, 「원자력 진흥법」, 「농약관리법」과 같은 다양한 규정으로 분류하고 있어서 각 법과 관리기관에 따라서 표지사항 등이 상이하여 관리가 어렵고 중복 적용이 되는 경우에 어느 법을 따라야 하는지에 대한 어려움이 있다.
3) 분류체계가 위험물의 특성이나 성질이 유사한 물질을 묶어서 종류별로 구분하고 있어 이를 생산에 이용하는 저장이나 이송에서는 관리가 용이하나, 안전관리 및 소화활동면에서는 적합하지 않은 분류체계이다.
4) 여러 법으로 중복 적용되어 신개발된 물질의 분류와 적용의 어려움이 있다.

(2) 위해전달요소

1) 위험물 운반용기 외부에 위험물의 주의사항을 표시하였지만 위험의 정도를 확인할 수 없다.
2) 저장용기에는 식별표시와 용기합격표시는 하게 되어 있지만 위험물의 주의사항에 대한 표시는 강제하지 않고 있다.

(3) 등급구분

등급은 수량에 따른 구분이지 상대적인 위험성을 비교할 수 없다.

06 개선방안

(1) 위험물을 전문적으로 관리하는 기술연구단체의 수립이 필요하다. 현재까지 화학물질로 등록된 물질은 약 1,200만 종 이상이고 해마다 신규등록되는 화학물질이 매년 증가되는 추세이다. 따라서, 이에 대한 전문적인 기술연구단체를 설립하여 이를 분류하고 관리할 수 있도록 하여야 한다.

(2) GHS의 운영 및 전문성의 강화가 필요하다. 국내에서도 2008년부터 GHS를 도입하여 시행하고는 있으나 전담 인력, 관련 법, 자료, 연구 등이 부족한 실정이므로 이를 적극적으로 도입하여 일원화된 관리체계로 나아가야 한다. 현재 소방서에 시행하는 위험물에 관한 처리 시 전문인력이 부족하므로 전문성이 있는 인력의 보충이 필요하다.

(3) 개별적인 법의 적용을 GHS로 통합관리할 필요가 있다. 다양한 법체계에서 중복관리와 서로 다른 규정 등으로 인하여 관리가 어려움이 있으므로 국제적인 기준인 GHS를 이용하여 통합관리할 수 있도록 법을 개정할 필요가 있다.

SECTION 058

유기과산화물

133 · 119 · 106 · 76 · 75회 출제

01 개요

(1) 과산화기(O−O)가 들어 있는 유기화합물(수소 1개 또는 2개가 유기기로 치환된 화합물)이다.

(2) 과산화물은 정상보다 산소가 많이 붙어 결합에너지가 약하다. 따라서, 열이나 빛에 의해서 쉽게 분해를 일으킨다.

(3) 산소 간의 결합은 상대적으로 취약하고 저온에서도 분해될 수 있기 때문에, 연쇄반응을 일으킬 수 있는 반응성이 강한 자유라디칼이 될 수도 있다.

02 무기와 유기과산화물의 비교

구분	무기과산화물	유기과산화물
종별	제1류 산화성 고체	제5류 자기반응성 물질
연소성	불연성	가연성
물과의 반응성	금수성	반응 안 함
폭발성	−	폭발
소화방법	대량주수(금속류는 피복)	냉각
안전관리	화기, 충격주의, 물기엄금	화기엄금

충격감도 또는 충격민감성(impact sensitivity)

① 제1류 위험물의 충격에 대한 민감성을 판단하기 위한 시험

② 물질이 고체였으면 최소 발화에너지에 의한 발화 특성의 위험성 지표를 구하기가 어렵다.

③ 고체인 폭발성 물질의 일정 무게 물체(쇠구슬)를 낙하시켜 충격으로 에너지를 주어 이에 의한 착화성을 알아보는 방법

④ 낙하물체의 높이를 변화시키는 것에 따라 에너지를 변화시키지만, 에너지의 정량적인 값은 구할 수 없고 상대적인 비교만을 진행한 것이다.

03 특징

(1) 열과 충격마찰에 대단히 민감하다.

(2) 분해 시 열을 방출하고 타 물질에 의한 오염에 민감하다.

(3) 분해 시 기체나 미스트를 형성하고 강한 산화력을 가지며 자발적으로 분해된다.

(4) **위험성**

1) 결합력이 매우 약하고 불안정

2) 열과 충격마찰 때문에 쉽게 분해됨

3) 폭발성

04 저장상 주의사항

(1) 물질확인, 교육, 온도, 관리를 위해서는 주의사항을 기재한다.

(2) 냉암소에 보관하고 직사광선은 차폐한다.

(3) 온도를 적정하게 유지한다.

(4) 다른 물품과 구분하여 저장한다.

(5) 용기의 전도, 전락, 이물질 혼입을 방지한다.

(6) 액체과산화물의 경우는 용기 내 압력 상승을 방지한다.

05 안전한 취급방법

(1) 취급하는 물질의 정확한 정보를 취득한다.

(2) 온도, 오염, 양을 엄격하게 통제 · 조절한다.

(3) 화원 및 다른 분해요인을 엄격하게 통제한다.

(4) 마찰충격을 피하고 작은 용기에 나누는 소분작업이나 조제 시에 금기물질이나 가연성 물질을 배제한다.

(5) 정전기 방지설비를 설치한다.

06 유기과산화물의 특성기

(1) 활성산소량(active oxygen content)

화학반응을 라디칼로 진행시킬 경우 유기과산화물이 그 반응의 개시제 또는 가교제로 기능을 할 때 과산화결합수나 방출되는 라디칼수를 표시하는 데 활성산소량[%]을 쓰고 있다.

$$\text{활성산소량}[\%] = \text{순도} \times \frac{-\mathrm{O}-\mathrm{O}-\text{결합의 수} \times 16}{\text{분자량}}$$

(2) 반감기

과산화물의 활성산소로 분해에 의해 원래의 수치의 반이 되는 데 소요되는 시간

(3) 활성화 에너지

분해시키기 위해 높지 않으면 안 되는 에너지 레벨의 상한치

(4) 분해온도

분해온도가 낮거나 활성산소량이 높아 분자 중의 산소원자 함유율이 높을 때 폭발적인 분해를 일으킬 수 있는 위험이 있다.

SECTION 059 알킬알루미늄 111회 출제

01 개요

(1) 알킬기($R = C_nH_{2n+1}$)에 알루미늄으로 치환된 유기금속 화합물로, 제3류 위험물이다.

(2) **알킬기의 탄소수**

1) 1개에서 4개까지 산소와 접촉하면 자연발화한다.

$2(C_2H_5)_3Al + 21O_2 \rightarrow Al_2O_3 + 15H_2O + 12CO_2 - \Delta Q$

2) 5개까지 점화원에 의해 착화한다.

3) 6개 이상 공기 중에서 서서히 산화하여 흰 연기가 발생한다.

(3) **물과 격렬히 반응(금수성)**

1) $(C_2H_5)_3Al + 3H_2O\uparrow \rightarrow Al(OH)_3 + 3C_2H_6$

2) $(CH_3)_3Al + 3H_2O\uparrow \rightarrow Al(OH)_3 + 3CH_4$

(4) **지정수량**

10[kg]

(5) **표시**

화기엄금 및 공기접촉엄금

02 종류 및 화학적 성질

(1) **종류**

1) 트리메틸알루미늄 : $(CH_3)_3Al$

2) 트리에틸알루미늄 : $(C_2H_5)_3Al$

3) 트리이소부틸알루미늄 : $(C_4H_9)_3Al$

4) 디에틸알루미늄 클로라이드 : $(C_2H_5)_2AlCl$

(2) 상온에서는 무색투명한 액체이다.

03 소화방법과 저장방법

(1) 소화방법

1) 물, 이산화탄소, 할론소화약제에 적응성이 없다.

2) 소화약제 : 팽창질석, 팽창진주암, 마른모래, D급 소화약제

(2) 저장방법

1) 제조소 또는 일반취급소 : 취급하는 설비에는 불활성의 기체를 봉입한다.

2) 이동탱크저장소 : 꺼낼 때에는 동시에 200[kPa] 이하의 압력으로 불활성의 기체를 봉입한다.

04 제조소의 특례기준으로 따라 설치해야 하는 설비

(1) 옥내저장소

누설범위를 국한하기 위한 설비 및 누설된 알킬알루미늄 등을 안전한 장소에 설치된 조(槽)로 끌어들일 수 있는 설비를 설치한다.

(2) 옥외저장탱크

1) 옥외저장탱크의 주위에는 누설범위를 국한하기 위한 설비 및 누설된 알킬알루미늄 등을 안전한 장소에 설치된 조에 이끌어들일 수 있는 설비를 설치할 것

2) 옥외저장탱크에는 불활성의 기체를 봉입하는 장치를 설치할 것

SECTION

060 혼재, 혼촉발화

01 정의

(1) 혼재

일반적으로 2가지 이상의 물질이 존재하는 것

(2) 혼촉발화

일반적으로 2가지 이상의 물질이 접촉하여 발화가 되는 것

02 혼촉발화 현상

(1) 물질이 섞이면서 접촉에 의해 반응이 생겨 발열 · 발화 · 폭발이 발생한다.

(2) 지연시간 경과 후 급격한 반응에 의해 발열 · 발화 · 폭발이 발생한다.

(3) 물질이 섞이면서 발생하는 화학반응으로 폭발성 물질을 생성한다.

(4) 접촉에 의해서 본 물질보다 발화하기 쉬운 혼합물을 형성한다.

03 혼재위험물질의 분류

(1) 위험물혼재 129회 출제

위험물은 크게 가연물(환원성 물질)과 지연물(산화성 물질)로 구분할 수 있어 이 둘이 섞이게 되면 급격한 연소확대 우려가 있으므로 다음 표에 의해서 혼재를 제한하고 있다.

구분	제1류 위험물	제2류 위험물	제3류 위험물	제4류 위험물	제5류 위험물	제6류 위험물
제1류 위험물	○	×	×	×	×	○
제2류 위험물	×	○	×	○	○	×
제3류 위험물	×	×	○	○	×	×
제4류 위험물	×	○	○	○	○	×
제5류 위험물	×	○	×	○	○	×
제6류 위험물	○	×	×	×	×	○

[범례] ○ : 혼재 가능, × : 혼재 곤란

(2) 산화성 염류와 강산의 혼촉

(3) 불안정한 물질을 만드는 물질의 혼촉

1) 암모니아 + 염소산칼륨 → 질산암모늄
2) 하이드라진 + 아염소산나트륨 → 질화나트륨
3) 아세트알데하이드 + 산소 → 과초산(유기과산화물)
4) 아세틸렌 + Cu, Hg, Ag 염류 → 아세틸렌화 Cu, Hg, Ag(아세틸라이드)
5) 하이드라진 + 아질산염류 → 질화수소산

04 혼촉발화 방지대책

(1) 산화제와 환원제, 가연물, 강산류는 동일 실내에 저장하지 않는다.

(2) 강산과 강염기류는 동일 실내에서 저장 · 취급하지 않는다.

(3) 유기과산화물, 폭발성 물질, 질산에스터류, 셀룰로이드류는 그 분해촉매가 되는 물질과 동일 실내에서 저장 · 취급하지 않는다.

(4) 사용빈도가 적은 물품은 폐기하고 인화성 · 가연성 물질의 저장은 최소한으로 한다(소분하여 저장).

(5) 제5류 위험물은 분해촉매물질과 동일 장소에 저장 · 취급하지 않는다.

(6) 인화성 액체 또는 가연성 가스를 취급하는 장소는 화기사용을 금지한다.

(7) 혼합 · 혼촉 발화의 가능성이 있는 물품들은 동일한 장소에 저장하지 않는다.

SECTION 061

제조소 시설기준

01 안전거리 123 · 121 · 120 · 115 · 108회 출제

(1) 목적

안전거리란 위험물 시설에서 화재 등의 재해가 발생했을 때 인적 · 물적 피해가 주위의 방호대상물에 영향을 미치지 않도록 하기 위해 위험물 시설 또는 그 구성부분과 방호대상물(건축물 등) 사이에 소방안전 또는 환경안전상 확보해야 할 수평거리를 말한다.

(2) 정의

제조소 외의 건축물의 외벽 또는 이에 상당하는 공작물의 외측으로부터 해당 건축물의 외벽 또는 이에 상당하는 공작물의 외측까지의 수평거리

(3) 확보해야 할 수평거리에 있어서는 위험물과 방호대상물 사이의 기준

1) 상호 간에 다른 물건 등이 존치할 수 있다.
2) 방화상 유효한 벽을 설치하여 안전거리를 단축할 수 있다.
3) 동일 구내에서는 안전거리가 배제된다.

(4) 수평거리

구분		안전거리[m]
문화재		50
학교, 병원, 공연장 수용인원 300명		30
복지시설 20명		
가연성 가스를 제조 · 저장하는 시설		20
주거용도		10
특고압	35,000[V] 이상	5
	7,000 ~ 35,000[V]	3

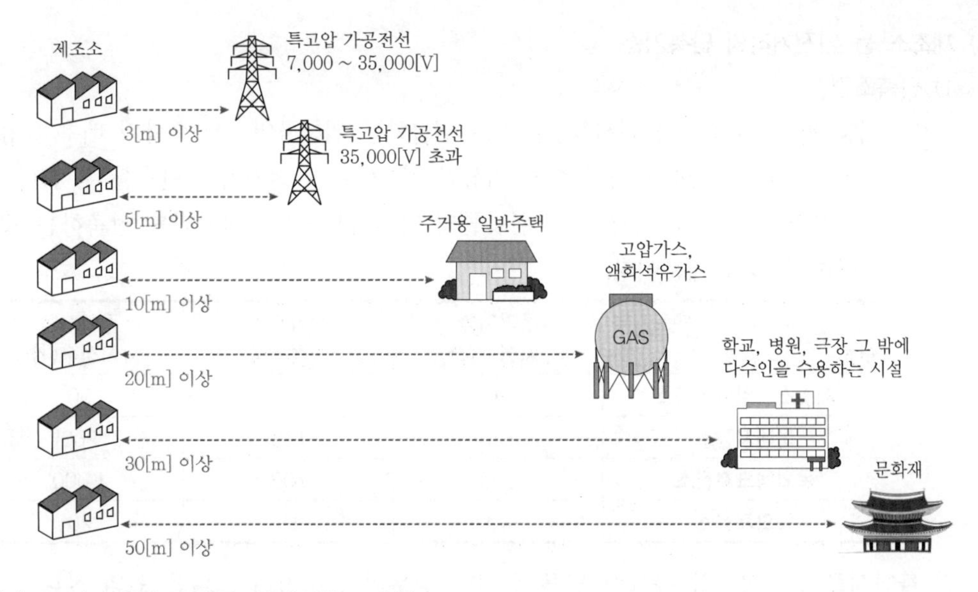

(5) 안전거리의 규제를 받지 않는 대상

구분	안전거리의 규제를 받지 않는 대상
제조소	제6류 위험물
옥내저장소	① 제4석유류 동식물유의 위험물 저장 · 취급하는 장소로서, 지정수량 20배 미만인 것 ② 제6류 위험물 ③ 지정수량의 20배(하나의 창고 바닥면적이 150[m^2] 이하인 경우는 50배) 이하의 위험물 저장, 취급장소로 다음 기준에 적합한 것 ㉠ 저장창고의 벽 · 기둥 · 바닥 · 보 및 지붕 : 내화구조 ㉡ 저장창고의 출입구 : 자동폐쇄방식의 60분 방화문 ㉢ 저장창고에 창을 설치하지 아니할 것
옥외탱크저장소	제6류 위험물
옥외저장소	제6류 위험물

(6) 안전거리 단축

1) 방화상 유효한 담 또는 벽을 설치한 경우
2) 동일 구내에 있는 경우

(7) 위험물 시설별 안전거리 적용대상

구분	적용대상(안전거리 설치대상)	비적용대상
제조소	제조소	–
저장소	옥내저장소 옥외탱크저장소 옥외저장소	옥내탱크저장소 지하탱크저장소 간이탱크저장소 이동탱크저장소 암반탱크저장소
취급소	이송취급소 일반취급소	주유취급소 판매취급소

(8) 제조소 등 안전거리의 단축기준

1) 단축조건

① 해당 위험물제조소 등에서 저장 또는 취급하는 위험물의 지정수량의 배수가 용도지역별로 다음 표에서 정한 수치 이상인 경우에는 안전거리를 단축할 수 없다.

② 왜냐하면 저장 또는 취급하는 위험물의 양이 많아서 안전거리를 단축하는 것이 타당하지 않기 때문이다.

구분 \ 용도지역	주거지역 (지정수량)	상업지역 (지정수량)	공업지역 (지정수량)
제조소 · 일반취급소	30	35	50
옥내저장소	120	150	200
옥외탱크저장소	600	700	1,000
옥외저장소	10	15	20

2) 불연재료로된 방화상 유효한 담을 설치한 경우의 안전거리는 다음 표와 같다.

(단위 : m)

구분	취급하는 위험물의 최대 수량 (지정수량의 배수)	안전거리(이상)		
		주거용 건축물	학교 · 유치원 등	문화재
제조소 · 일반취급소	10배 미만	6.5	20	35
	10배 이상	7.0	22	38
옥내저장소	5배 미만	4.0	12.0	23.0
	5배 이상 10배 미만	4.5	12.0	23.0
	10배 이상 20배 미만	5.0	14.0	26.0
	20배 이상 50배 미만	6.0	18.0	32.0
	50배 이상 200배 미만	7.0	22.0	38.0
옥외탱크저장소	500배 미만	6.0	18.0	32.0
	500배 이상 1,000배 미만	7.0	22.0	38.0
옥외저장소	10배 미만	6.0	18.0	32.0
	10배 이상 20배 미만	8.5	25.0	44.0

보호대상 중 주거시설, 학교, 병원, 극장 등 문화재에 대해서는 방화상 유효한 담 또는 벽을 설치할 때는 안전거리를 단축할 수 있다. 본 규정은 기존의 비위험물 공정을 위험물제조소로 전환하는 과정에서 안전거리 확보가 지극히 곤란한 경우 등 불가피한 경우를 예견한 것이며, 신규로 설치하는 제조소에 대해서는 될 수 있는 대로 적용하지 않는 것이 적절하다.

(9) 방화상 유효한 담의 높이 **산정** 133회 출제

1) 방화상 유효한 담의 높이 결정

① $H \leqq pD^2+a$인 경우

$h=2$(보호대상이 연소한계곡선 밖에 놓이므로 방화벽의 높이는 2[m]이면 됨)

② $H > pD^2+a$인 경우

보호대상이 연소한계곡선 안에 놓이므로 방화벽의 높이는 다음 식으로 산출한다.

$$h=H-p(D^2-d^2)$$

여기서, D : 제조소 등과 인근 건축물 또는 공작물과의 거리[m]

H : 인근 건축물 또는 공작물의 높이[m]

a : 제조소 등의 외벽의 높이[m]

d : 제조소 등과 방화상 유효한 담과의 거리[m]

h : 방화상 유효한 담의 높이[m]

p : 상수

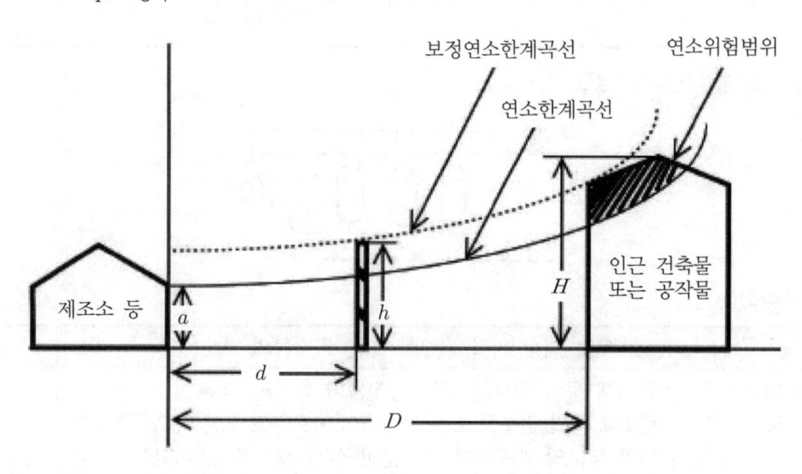

2) 제조소 등의 외벽의 높이(a)

① 제조소 · 일반취급소 · 옥내저장소의 경우

구분	제조소 등의 외벽의 높이(a)
벽체가 내화구조이고, 인접측에 면한 개구부가 없거나 개구부에 60분+방화문 또는 60분 방화문이 있는 경우	a
벽체가 내화구조이고, 개구부에 60분+방화문 또는 60분 방화문이 없는 경우	a
벽체가 내화구조 외의 것인 경우	$a=0$

구분	제조소 등의 외벽의 높이(a)
옮겨 담는 작업장에 공작물이 있는 경우	

② 옥외탱크저장소의 경우

구분	제조소 등의 외벽의 높이(a)
옥외에 있는 세로형 탱크	
옥외에 있는 가로형 탱크. 단, 탱크 내의 증기를 상부로 방출하는 구조로 된 것은 탱크의 최상단까지의 높이로 한다.	

③ 옥외저장소의 경우

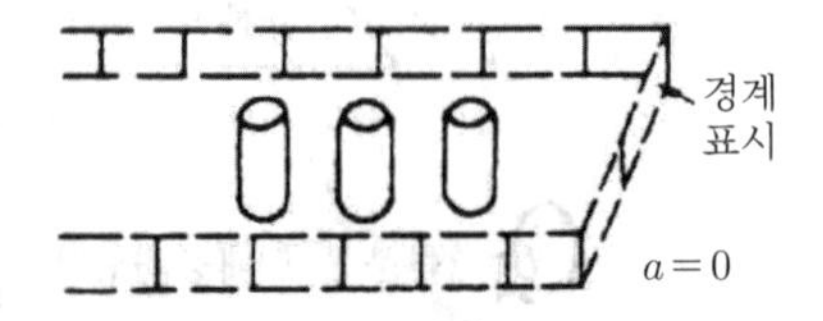

3) 상수값(p)

연소 우려 대상 인접 건축물 또는 공작물의 구분	p(상수)의 값
• 학교・주택・문화재 등의 건축물 또는 공작물이 목조인 경우 • 학교・주택・문화재 등의 건축물 또는 공작물이 방화구조 또는 내화구조이고, 제조소 등에 면한 부분의 개구부에 방화문이 설치되지 아니한 경우	0.04
• 학교・주택・문화재 등의 건축물 또는 공작물이 방화구조인 경우 • 학교・주택・문화재 등의 건축물 또는 공작물이 방화구조 또는 내화구조이고, 제조소 등에 면한 부분의 개구부에 30분 방화문이 설치된 경우	0.15
학교・주택・문화재 등의 건축물 또는 공작물이 내화구조이고, 제조소 등에 면한 개구부에 60분+ 또는 60분 방화문이 설치된 경우	∞

4) 방화상 유효한 담의 최소 높이 : $2[m]$

5) 방화상 유효한 담의 최대 높이 : $4[m]$

다음의 소화설비를 보강한다.

제조소 등의 설치대상	보강 소화설비
소형 소화기	대형 소화기를 1개 이상 증설
대형 소화기	옥내소화전설비 · 옥외소화전설비 · 스프링클러설비 · 물분무소화설비 · 포소화설비 · 불활성가스소화설비 · 할로젠화합물소화설비 · 분말소화설비 중 적응소화설비를 설치
옥내소화전설비 · 옥외소화전설비 · 스프링클러설비 · 물분무소화설비 · 포소화설비 · 불활성가스소화설비 · 할로젠화합물소화설비 또는 분말소화설비	반경 30[m]마다 대형 소화기 1개 이상 증설

(10) **방화상 유효한 담의 길이**

다음의 그림에서 제조소 등의 외벽의 양단(a_1, a_2)을 중심으로 수평거리에 정한 인근 건축물 등에 따른 안전거리를 반지름으로 한 원을 그려서 해당 원의 내부에 들어오는 인근 건축물 등의 부분 중 최외측 양단(p_1, p_2)을 구한 다음, a_1과 p_1을 연결한 선분(l_1)과 a_2와 p_2를 연결한 선분(l_2) 상호 간의 간격(L)으로 한다.

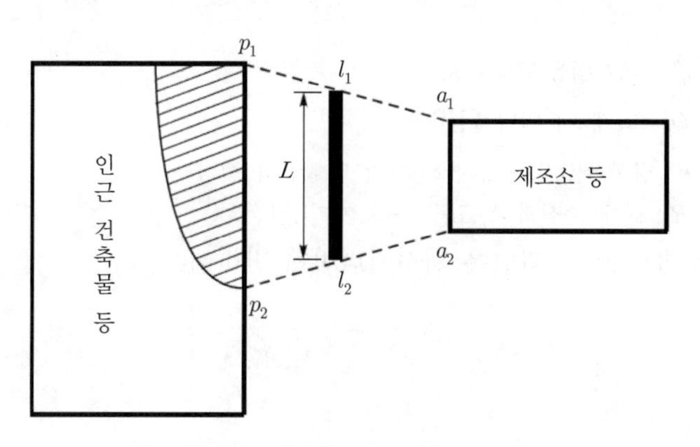

▌방화상 유효한 담의 길이(L)▐

(11) **방화상 유효한 담의 구조**

1) 구조

방화상 유효한 담의 제조소 등으로부터 거리	구조
5[m] 미만	내화구조
5[m] 이상	불연재료

2) 제조소 등의 벽을 높게 하여 방화상 유효한 담을 갈음하는 경우 : 내화구조로 하고 개구부를 설치하여서는 안 된다.

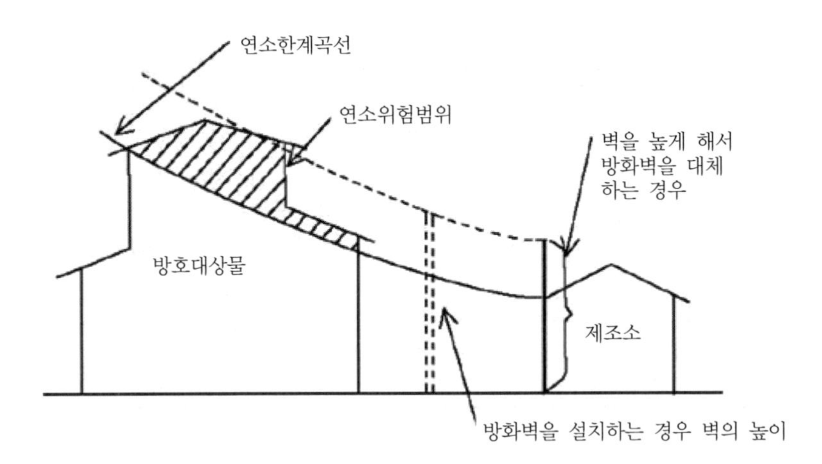

(12) **안전거리 이론적 배경**

1) **화재** : 화재에 의한 복사열유속은 거리의 제곱에 반비례

$$\dot{q}'' = \frac{\varepsilon \cdot \dot{Q}_r}{4\pi R^2}$$

여기서, $\dot{q}''$: 복사열유속[kW/m²]

$\dot{Q}_r$: 화재 시 열방출률[kW]

ε : 방사율(0.3 ~ 0.6, Soot의 발생량이 결정)

R : 화재 중심과 목표물 사이 거리[m]

2) **폭발** : 폭발로 인한 과압은 환산거리비에 반비례

$$\overline{R} = R\left(\frac{P_0}{E}\right)^{\frac{1}{3}}$$

여기서, $\overline{R}$: 환산거리비(무차원)

R : 폭원으로부터 거리[m]

P_0 : 주위압(대기압, [J/m³], [N/m²])

E : 가연물의 총에너지[J]

02 보유공지 121 · 120 · 115 · 111회 출제

(1) **목적**

이 보유공지는 연소방지상의 필요성뿐만 아니라 소화활동상의 공지까지도 의미하는 것이므로 여기에는 어떤 물건도 놓여서는 안 되는 절대공지 개념이다.

(2) **정의**

위험물 시설 또는 그 구성부분의 주위에 확보해야 할 공지

보유공지 내에 제조공정에 사용하는 설비가 있는 경우 그 설비 외측으로부터 공지를 산정한다.

(3) 안전거리가 2차원적 거리의 규제개념이면 보유공지는 공간(3차원적)의 규제개념으로 안전거리보다 엄격히 규제되어야 하는 개념이다.

(4) **공지의 너비**

취급하는 위험물 최대 수량	공지의 너비
지정수량 10배 미만	3[m] 이상
지정수량 10배 이상	5[m] 이상

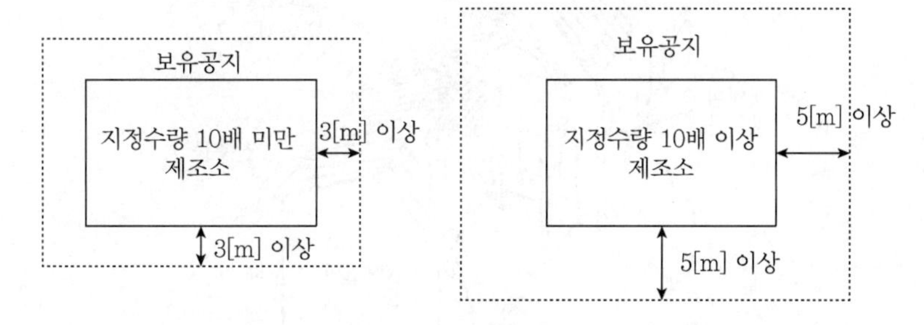

▎보유공지 ▎

(5) **다른 제조소 등과 근접 설치할 경우 그 상호 간에 확보해야 할 보유공지**

1) 그 중 가장 큰 공지의 폭을 보유하여야 한다.
2) 둘 이상의 제조소 등의 보유공지가 상호중첩되는 것을 허용한다.
3) 보유공지 내에 다른 제조소 등의 일부가 포함되어서는 안 된다.

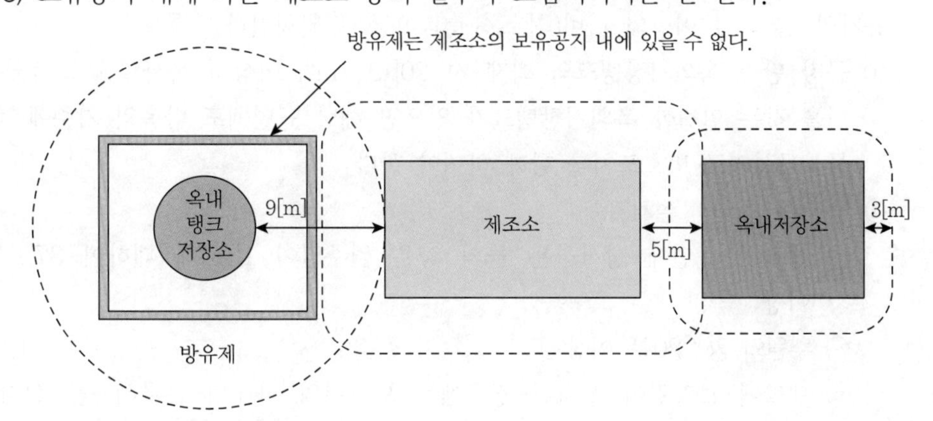

(6) 완화기준

1) 제조소 작업공정이 다른 작업장의 작업공정과 연속되어 있어 제조소 건축물, 그 밖의 공작물 주위에 공지를 두는 경우 그 제조소 작업에 현저한 지장이 생길 우려가 있고, 다른 작업장 사이에 격벽이 설치되는 경우는 보유공지 제외가 가능하다.
2) 격벽 기준
   ① 방화벽 : 내화구조(예외 : 제6류 위험물인 경우 불연재료)
   ② 방화벽에 설치하는 출입구 및 창 등의 개구부는 가능한 한 최소로 하고, 출입구 및 창에는 자동폐쇄식의 60분 방화문을 설치한다.
   ③ 방화벽의 양단 및 상단이 외벽 또는 지붕으로부터 50[cm] 이상 돌출시킨다.

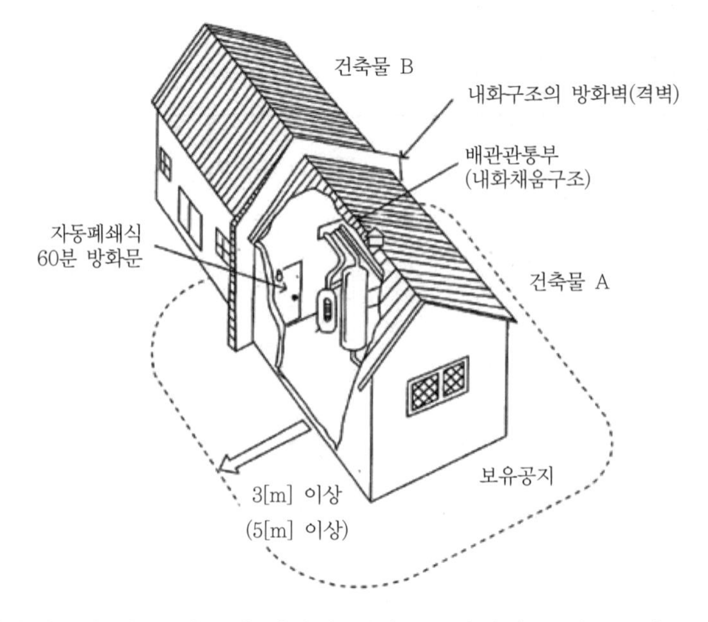

3) 옥외저장탱크에 다음 기준에 적합한 물분무소화설비로 방호조치를 하는 경우 보유공지의 2분의 1 이상의 너비(최소 3[m] 이상)로 완화한다.
   ① 공지 단축 옥외저장탱크의 화재 시 20[kW/m^2] 이상의 복사열에 노출되는 표면을 갖는 인접한 옥외저장탱크가 있으면 해당 표면에도 다음의 기준에 적합한 물분무설비로 방호조치를 함께 하여야 한다.
   ② 물분무소화설비 설치기준
      ㉠ 탱크의 표면에 방사하는 물의 양은 원주길이 1[m]에 대하여 37[L/min] 이상
      ㉡ 수원의 양 : 20분 이상
      ㉢ 탱크에 보강링이 설치된 경우에는 보강링의 아래에 분무헤드를 설치하되, 분무헤드는 탱크의 높이 및 구조를 고려하여 분무가 적정하게 이루어질 수 있도록 배치할 것

㉣ 물분무소화설비의 설치기준에 준할 것

(7) 보유공지와 안전거리의 비교

구분	보유공지	안전거리
내용	① 위험물 취급 · 저장시설 자체의 주위에 확보해야 하는 공지(보호대상의 존재를 전제로 하지 않음) ② 인접 건축물 간 화재확대방지 및 소화활동을 위한 공지 ③ 보유공지 내(지반면 및 윗부분)에 원칙적으로 다른 공작물 등이 없어야 함 ④ 보유공지는 위험물 취급 · 저장시설의 하나의 구성 부분이므로 원칙적으로 해당 시설의 관계인이 보유공지에 대한 소유권, 지상권, 임차권 등을 가지고 있어야 함	① 위험물 취급 · 저장시설과 보호대상과의 이격거리(보호대상을 전제) ② 다른 법령의 안전거리가 규정된 경우 해당 법령의 안전거리 또한 만족해야 함 ③ 안전거리 내 다른 공작물(나무, 자재 등)에 대한 규제가 없음 ④ 위험물 취급 · 저장시설과 보호대상 사이에 방화상 유효한 담을 설치할 경우 안전거리 단축 가능
결정 기준	① 위험물 취급 · 저장시설의 종류 ② 지정수량의 배수	① 보호대상물의 종류 ② 유효한 담의 존재여부

03 표지 및 게시판 121회 출제

(1) 표지

1) 제조소에는 보기 쉬운 곳에 '위험물제조소'라는 표시를 한 표지를 설치한다.

2) 60[cm] × 30[cm] 이상으로 하고, 표지의 바탕은 백색에 흑색문자로 해야 한다.

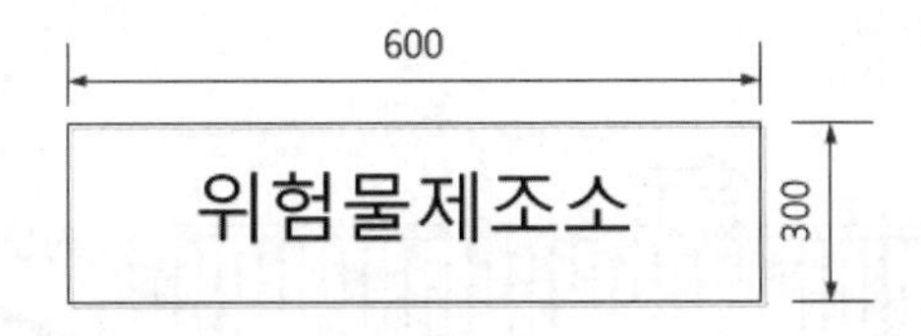

(2) 게시판 116 · 111회 출제

1) **기재사항** : 위험물의 유별, 품명, 최대 수량, 지정수량의 배수, 안전관리자 성명

2) **크기** : 60[cm] × 30[cm] 이상

3) **표시사항** : 표지의 바탕은 백색에 흑색문자

(3) 취급하는 위험물에 따른 주의사항 게시판

1) **크기** : 60[cm] × 30[cm] 이상

2) **화기** : 적색바탕에 백색문자

① 화기엄금 : 제2류(인화성 고체), 제3류 위험물 중 자연발화성 물질, 제4류, 제5류

② 화기주의 : 제2류 위험물(인화성 고체 제외)

3) **물기엄금(청색바탕 백색문자)** : 제1류(알칼리금속의 과산화물), 제3류(금수성 물질)

04 건축물의 구조[73] 123 · 108회 출제

(1) 지하층

1) 원칙적으로 지하층이 없는 구조

2) 예외 : 위험물을 취급하지 아니하는 지하층으로서, 위험물의 취급장소에서 새어나온 위험물 또는 가연성의 증기가 흘러들어갈 우려가 없는 구조로 된 경우

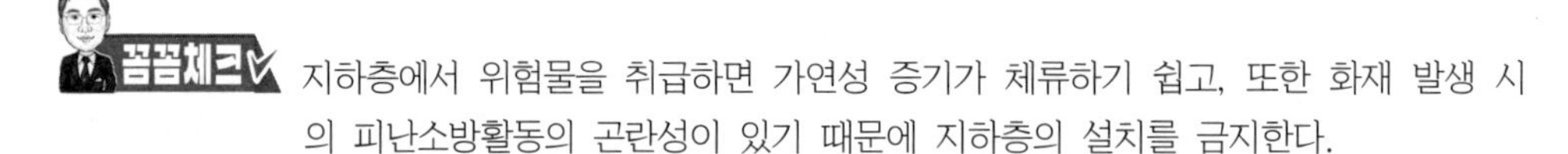

지하층에서 위험물을 취급하면 가연성 증기가 체류하기 쉽고, 또한 화재 발생 시의 피난소방활동의 곤란성이 있기 때문에 지하층의 설치를 금지한다.

(2) 벽 · 기둥 · 바닥 · 보 · 서까래 및 계단 : 불연재

(3) 연소의 우려가 있는 외벽

1) 연소의 우려가 있는 외벽(소방청장이 정하여 고시하는 것) : 규칙 [별표 4] Ⅳ 제2호

① 출입구 이외의 창 등의 개구부가 없는 내화구조의 벽

② 제6류 위험물을 취급하는 건축물에 있어서 위험물이 스며들 우려가 있는 부분에 대해서는 아스팔트, 기타 부식, 그 밖에 부식되지 아니하는 재료로 피복한다.

③ 예외 : 방화상 유효한 댐퍼 등을 설치한 경우는 환기 및 배출설비를 위한 개구부를 설치할 수 있고, 또한 외벽에 배관을 관통시킨 경우는 벽과 배관과의 틈 사이를 모르타르, 기타의 불연재료로 메우면 된다.

④ 하나의 건물에 있어서 연소 우려가 있는 외벽을 내화구조로 하고 기타 부분을 불연재료로 한다.

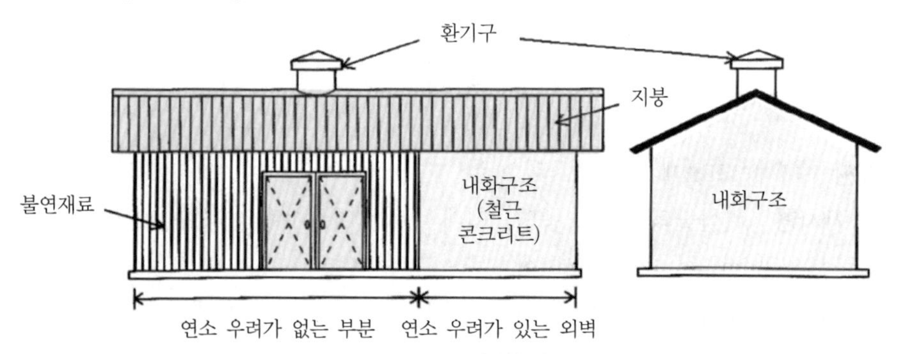

2) 위험물안전관리에 관한 세부기준 제41조 : 규칙 [별표 4] Ⅳ 제2호 연소의 우려가 있는 외벽

① 다음의 기산점으로 하여 3[m](제조소 등이 2층 이상인 경우에는 5[m]) 이내에 있는 제조소 등의 외벽

㉠ 제조소 등이 설치된 부지의 경계선

73) 「위험물안전관리법 시행규칙」 [별표 4] 제조소의 위치 · 구조 및 설비의 기준

㉡ 제조소 등에 인접한 도로의 중심선

㉢ 제조소 등의 외벽과 동일 부지 내의 다른 건축물의 외벽 간의 중심선

② 예외 : 방화상 유효한 공터, 광장, 하천, 수면 등에 면한 외벽은 제외한다.

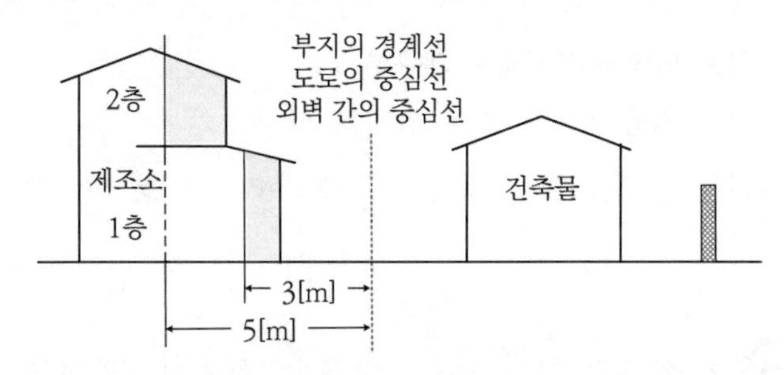

(4) 지붕

1) 폭발력이 위로 방출될 정도의 가벼운 불연재료로 덮어야 한다.

압력을 위 방향으로 방출시켜 주위에 끼치는 영향을 최소화하기 위한 목적으로 규정

2) 예외 : 위험물을 취급하는 건축물이 다음에 해당하는 경우는 지붕을 내화구조로 할 수 있다.

① 제2류 위험물(분말상태의 것과 인화성 고체를 제외), 제4류 위험물 중 제4석유류 · 동식물유류 또는 제6류 위험물을 취급하는 건축물인 경우

② 다음 기준에 적합한 밀폐형 구조의 건축물인 경우

㉠ 발생할 수 있는 내부의 과압 또는 부압에 견딜 수 있는 철근콘크리트조

㉡ 외부 화재에 90분 이상 견딜 수 있는 구조

대상 위험물이 폭발할 위험성이 작기 때문에 지붕을 내화구조로 하는 것을 인정

(5) 출입구와 비상구

60+방화문 또는 60분 방화문, 30분 방화문

산업안전보건기준에 관한 규칙 제17조(비상구의 설치)

① 사업주는 [별표 1]에 규정된 위험물질을 제조·취급하는 작업장과 그 작업장이 있는 건축물에 제11조에 따른 출입구 외에 안전한 장소로 대피할 수 있는 비상구 1개 이상을 다음의 기준에 맞는 구조로 설치하여야 한다.

1. 출입구와 같은 방향에 있지 아니하고 출입구로부터 3[m] 이상 떨어져 있을 것
2. 작업장의 각 부분으로부터 하나의 비상구 또는 출입구까지의 수평거리가 50[m] 이하

3. 비상구의 너비는 0.75[m] 이상으로 하고 높이는 1.5[m] 이상
4. 비상구의 문은 피난방향으로 열리도록 하고 실내에서 항상 열 수 있는 구조

② 사업주는 제1항에 따른 비상구에 문을 설치하는 경우에는 항상 사용 가능한 상태로 유지

(6) 연소의 우려가 있는 외벽에 설치하는 개구부

수시로 열 수 있는 자동폐쇄식 60분 방화문 설치

(7) 위험물을 취급하는 건축물의 창 및 출입구에 유리를 이용하는 경우 망입유리를 설치한다.

창 및 출입구에 이용하는 망입유리는 화재 시 파열되더라도 쉽게 불꽃이 통과할 틈새가 없어야 하며 폭발 시 유리파편이 비산되지 않아야 한다.

(8) 바닥

1) 대상 : 액상의 위험물을 취급하는 건축물
2) 불침윤재료 : 일반적으로 콘크리트를 사용한다.
3) 적당한 경사 최저부에 집유설비 설치 : 집유설비는 평상시 누설되는 소량의 위험물을 관리하기 위한 것

집유설비 : 유입된 위험물이 직접 배수구로 유입되지 않도록 위험물과 물을 분리시키는 장치

(9) 채광설비

1) 재질 : 불연재료
2) 설치위치 : 연소의 우려가 없는 장소에 설치하되 채광면적을 최소로 할 것
3) 예외 : 충분한 조도를 확보할 수 있는 조명설비가 설치되어 있는 경우는 채광설비를 설치하지 않을 수 있다.

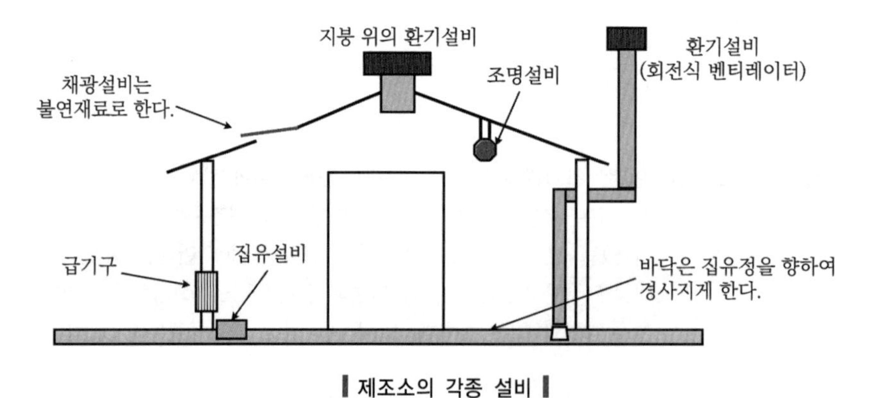

▌제조소의 각종 설비 ▌

(10) 조명설비

1) 가연성 가스 등이 체류할 우려가 있는 장소 : 조명등은 방폭등

2) 전선 : 내화 · 내열 전선

3) 점멸스위치

① 출입구 바깥 부분에 설치

② 예외 : 스위치의 스파크로 인한 화재 · 폭발의 우려가 없을 경우

(11) 환기설비

1) 환기방식 : 자연배기방식

환기설비란 옥내의 공기를 바꾸는 것을 말하는데 환기구는 지붕 위 등 높은 장소에 설치

2) 급기구

① 설치위치 : 낮은 곳

② 40메시(mesh) 이상의 구리망 등으로 인화방지망 설치

③ 설치개수

㉠ 바닥면적 150[m^2]마다 1개 이상으로 하되, 급기구의 크기는 800[cm^2] 이상

㉡ 바닥면적이 150[m^2] 미만인 경우에는 다음의 크기로 하여야 한다.

바닥면적	급기구의 면적
60[m^2] 미만	150[cm^2] 이상
60[m^2] 이상 90[m^2] 미만	300[cm^2] 이상
90[m^2] 이상 120[m^2] 미만	450[cm^2] 이상
120[m^2] 이상 150[m^2] 미만	600[cm^2] 이상

3) 환기구

① 설치위치 : 지붕 위 또는 지상 2[m] 이상의 높이

② 방식 : 회전식 고정벤티레이터 또는 루프팬방식

4) 설치 예외 규정 : 배출설비가 설치되어 유효하게 환기가 되는 건축물에는 환기설비를 하지 아니할 수 있다.

(12) 배출설비 123회 출제

1) 목적 : 가연성 증기의 체류 우려가 있는 건축물에서 증기를 높은 곳으로 배출할 수 있도록 한 설비

일반적으로 가연성 증기 또는 가연성 미분이 체류할 염려가 있는 건축물(or)

① 인화점이 40[℃] 미만의 위험물

② 인화점 이상의 온도에서 위험물을 대기에 방치한 상태로 취급

③ 가연성 미분을 대기에 방치한 상태로 취급

2) 방식 : 배풍기 등을 이용한 국소배출방식의 강제배출설비

3) 예외 : 전역배출방식

① 위험물취급설비가 배관이음 등으로만 된 경우

② 건축물의 구조 · 작업장소의 분포 등의 조건에 의하여 전역방식이 유효한 경우

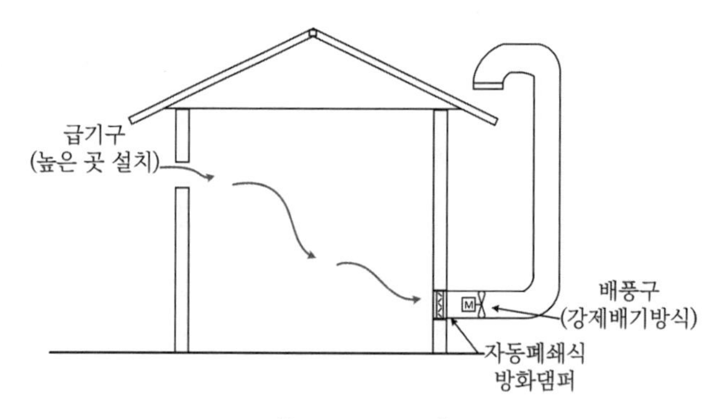

▎전역배출방식 ▎

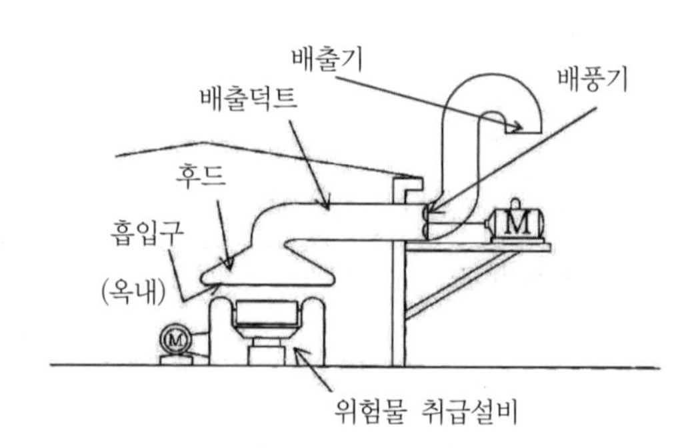

▎국소배출방식 ▎

4) 배출능력 : 배출용적은 20[배/hr] 이상(전역방식 바닥면적 1[m^2]당 18[m^3] 이상)

5) 급기구 설치기준

① 높은 곳에 설치

꼼꼼체크 높은 곳 : 처마 이상 또는 지상 4[m] 이상의 높이로 하고 화재예방상 안전한 위치

② 40메시(mesh) 이상의 구리망 등으로 인화방지망 설치

6) 배출구 설치기준 : 지상 2[m] 이상, 연소 우려가 없는 장소에 설치

7) 배출덕트가 관통하는 벽부분 : 화재 시 자동으로 폐쇄되는 방화댐퍼 설치

8) 배풍기

① 강제배기방식

② 설치위치 : 옥내덕트의 내압이 대기압 이상이 되지 아니하는 위치

작동방법
① 수동식 : 수시로 사람이 작동
② 자동식 : 일정한 온도 또는 가연성 증기농도를 감지기가 감지하여 작동

③ 환기설비와 배출설비의 비교표

구분	환기설비	배출설비
작동원리	벤티레이터 등으로 외부 바람의 풍력을 이용하여 옥내저장소 안의 유증기 등을 자연환기하는 무전원설비의 환기방식	배풍기를 설치하여 옥내저장소 안의 유증기 등을 강제적인 방법으로 외부로 배출하는 동력설비의 강제 배기방식
급기구	낮은 곳에 설치	높은 곳에 설치
설치장소	모든 장소	인화점이 70[℃] 미만을 취급하는 위험물저장소
관계	–	배출설비가 설치되면 환기설비를 설치하지 않을 수 있음

(13) 옥외 시설의 바닥

* SECTION 062 수소충전설비를 참조한다.

(14) 기타 설비

1) 위험물의 누출 · 비산 방지

① 위험물을 취급하는 기계 · 기구, 그 밖의 설비는 위험물이 새거나 넘치거나 비산하는 것을 방지할 수 있는 구조

위험물이 새거나 넘치거나 비산하는 것을 방지할 수 있는 구조 : 기계 · 기구, 기타의 설비가 각각 통상의 사용조건에 대해 충분히 여유를 가진 용량, 강도, 성능 등을 갖도록 설계되어 있는 것

② 예외 : 해당 설비에 위험물의 누출 등으로 인한 재해를 방지할 수 있는 부대설비(되돌림관 · 수막 등)를 한 경우

위험물의 누출 등으로 인한 재해를 방지할 수 있는 부대설비 : 탱크, 펌프 등의 되돌림관, 플로트스위치, 혼합장치, 교반장치 등의 덮개, 받침대, 담 등

2) 온도측정장치 설치대상

① 위험물을 가열하거나 냉각하는 설비

② 위험물의 취급에 수반하여 온도변화가 생기는 설비

온도측정장치
① 바이메탈, 금속팽창, 수은팽창식 등
② 기록을 필요로 하는 경우에는 팽창식 온도계(현장부착형), 열전대식, 저항식(원격표시) 등

3) 가열건조설비

① 위험물을 가열 또는 건조하는 설비는 직접 불을 사용하지 아니하는 구조

1. 직접 열이나 불꽃에 의한 위험물의 가열·건조는 발화 등의 원인이 될 염려가 있고 또한 위험물의 국부적 가열을 일으키기 쉬우므로 금지
2. **직접 불을 사용하지 아니하는 구조** : 스팀을 이용한 가열로, 열풍 등을 이용하는 설비 등

② 예외 : 해당 설비가 방화상 안전한 장소에 설치되어 있거나 화재를 방지할 수 있는 부대설비를 설치

4) 압력계 및 안전장치 123회 출제

① 위험물을 가압하는 설비 또는 그 취급하는 위험물의 압력이 상승할 우려가 있는 설비에는 압력계 및 아래에 해당하는 안전장치를 설치

압력이 상승할 우려가 있는 설비는 압력을 안전하게 관리를 하지 않으면 위험물의 분출설비의 파괴 등에 의해 화재 등의 사고발생

② 자동적으로 압력의 상승을 정지시키는 장치 : 안전밸브

③ 감압측에 안전밸브를 부착한 감압밸브 : 안전밸브와 감압밸브를 병용한 것

④ 안전밸브를 병용하는 경보장치 : 경보장치 부착 안전밸브

⑤ 파괴판(안전밸브의 작동이 곤란한 가압설비에 한함) : 파열판

파괴판은 안전밸브 등을 이용해도 효과가 없는 압력의 급격한 상승현상을 일으킬 우려가 있는 설비에 설치하고 탱크 등 설비의 파괴압력 이하에서 쉽게 파괴되어 내압을 방출해서 설비를 보호하는 것으로 통상 얇은 판(파열판) 또는 돔형판 등을 사용한다.

⑥ 안전장치 압력방출구의 설치위치 : 주위에 화원이 없는 안전한 장소

5) 전기설비

① 제조소에 설치하는 전기설비는 「전기사업법」에 의한 「전기설비기술기준」에 의하여 설치

다음의 장소에 설치하는 전기설비는 통상의 사용상태에서 그 전기설비가 점화원이 되어 폭발 또는 화재의 우려가 없도록 설치(「전기설비기술기준」 제1조 가연성 가스 등이 있는 장소)

① 가연성 가스 또는 인화성 물질의 증기가 새거나 체류하는 장소로 점화원이 있으면 폭발할 우려가 있는 장소

② 분진이 있는 곳으로 점화원이 있으면 폭발할 우려가 있는 장소

③ 화약류가 있는 장소

④ 셀룰로이드, 성냥, 석유류, 기타 타기 쉬운 위험한 물질을 제조하거나 저장하는 장소

② 위험물시설에 설치하는 전기설비에 대해서는 「산업안전보건법」의 기준에 따라 안전조치

6) 정전기 제거설비 : 위험물을 취급함에 있어서 정전기가 발생할 우려가 있는 설비에는 다음 아래의 해당하는 방법으로 정전기를 유효하게 제거할 수 있는 설비를 설치하여야 한다.

① 접지에 의한 방법

② 공기 중의 상대습도를 70[%] 이상으로 하는 방법

③ 공기를 이온화하는 방법

전기절연성이 높은 액체가 유동하면 정전기를 발생하지만, 정전기의 발생 정도는 그 액체의 고유저항에 의해 다르고 고유저항이 10^8[Ω]보다 큰 액체는 대전하기 쉬워 정전기 제거설비를 설치해야 한다.

7) 피뢰설비

① 지정수량의 10배 이상의 위험물을 취급하는 제조소에는 피뢰침을 설치한다.

② 예외

㉠ 제6류 위험물을 취급하는 위험물제조소

㉡ 제조소 주위의 상황에 따라 안전상 지장이 없는 경우

8) 전동기 등 : 전동기 및 위험물을 취급하는 설비의 펌프 · 밸브 · 스위치 등은 화재예방상 지장이 없는 위치에 부착하여야 한다.

(15) 위험물취급탱크

1) 위험물제조소의 옥외에 있는 위험물취급탱크의 설치기준 111회 출제

① 옥외에 있는 위험물취급탱크의 구조 및 설비는 옥외탱크저장소의 탱크구조 및 설비의 기준을 준용할 것

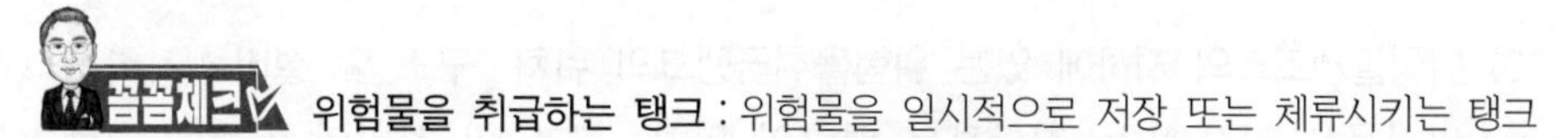

위험물을 취급하는 탱크 : 위험물을 일시적으로 저장 또는 체류시키는 탱크

② 옥외에 있는 위험물취급탱크로서 액체위험물(이황화탄소 제외)을 취급하는 것의 주위에는 다음의 기준에 의하여 방유제를 설치할 것

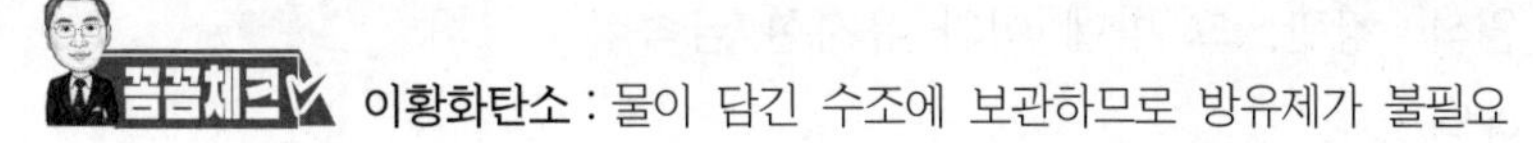

이황화탄소 : 물이 담긴 수조에 보관하므로 방유제가 불필요

㉠ 하나의 취급탱크 주위에 설치하는 방유제의 용량 : 탱크용량의 50[%] 이상

㉡ 2 이상의 취급탱크 주위에 하나의 방유제를 설치하는 경우 방유제의 용량 : 해당 탱크 중 용량이 최대인 것의 50[%] + 나머지 탱크용량 합계의 10[%]

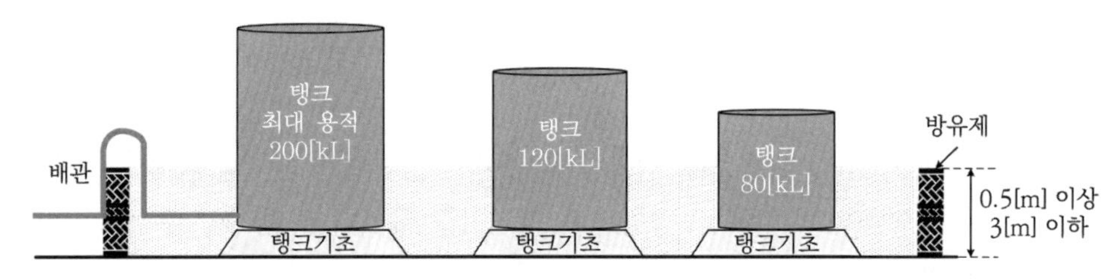

예 $\left(\text{최대 탱크용량} \times \frac{1}{2}\right) + \left(\text{나머지 탱크용량 합계} \times \frac{1}{10}\right)$

$= \left(200[\text{kL}] \times \frac{1}{2}\right) + (120[\text{kL}] + 80[\text{kL}]) \times \frac{1}{10} = 120[\text{kL}]$

㉢ 방유제의 용량 : (해당 방유제의 내용적) − (용량이 최대인 탱크 외 탱크의 방유제 높이 이하 부분의 용적) − (해당 방유제 내에 있는 모든 탱크의 지반면 이상 부분의 기초의 체적) − (간막이둑의 체적 및 해당 방유제 내에 있는 배관 등의 체적)

㉣ 방유제의 구조 및 설비는 옥외저장탱크의 방유제의 기준에 적합하게 할 것

③ 예외 : 용량이 지정수량의 $\frac{1}{5}$ 미만

2) 위험물제조소의 옥내에 있는 위험물취급탱크의 설치기준

① 탱크의 구조 및 설비는 옥내탱크저장소의 위험물을 저장 또는 취급하는 탱크의 구조 및 설비의 기준을 준용할 것

② 위험물취급탱크의 주위에는 방유턱을 설치하는 등 위험물이 누설된 경우에 그 유출을 방지하기 위한 조치 : 탱크에 수납하는 위험물의 양(하나의 방유턱 안에 2 이상의 탱크가 있는 경우는 해당 탱크 중 실제로 수납하는 위험물의 양이 최대인 탱크의 양)을 전부 수용할 수 있도록 할 것

③ 예외 : 용량이 지정수량의 $\frac{1}{5}$ 미만

3) 위험물제조소의 지하에 있는 위험물취급탱크의 위치 · 구조 및 설비 : 지하탱크저장소의 위험물을 저장 또는 취급하는 탱크의 위치 · 구조 및 설비의 기준에 준해 설치한다.

(16) 배관

1) 배관의 재질

① 재질 원칙 : 강관, 그 밖에 이와 유사한 금속성

② 재질 예외

㉠ 배관의 재질은 한국산업규격의 유리섬유강화플라스틱 · 고밀도폴리에틸렌 또는 폴리우레탄

㉡ 배관의 구조

- 내관 및 외관의 이중
- 내관과 외관의 사이에는 틈새공간을 두어 누설 여부를 외부에서 쉽게 확인할 수 있는 구조(예외 : 배관의 재질이 취급하는 위험물에 의해 쉽게 열화될 우려가 없는 경우)

③ 국내 또는 국외의 관련 공인시험기관으로부터 안전성에 대한 시험 또는 인증을 받을 것

④ 설치방법 : 지하에 매설(예외 : 화재 등 열에 의하여 쉽게 변형될 우려가 없는 재질이거나 화재 등 열에 의한 악영향을 받을 우려가 없는 장소에 설치되는 경우)

2) 내압시험 : 누설 또는 그 밖의 이상유무 확인

① 불연성 액체를 이용하는 경우 : 최대상용압력의 1.5배 이상

② 불연성 기체를 이용하는 경우 : 최대상용압력의 1.1배 이상

3) 배관을 지상에 설치하는 경우

① 지진 · 풍압 · 지반침하 및 온도변화에 안전한 구조의 지지물에 설치한다.

② 지면에 닿지 아니하도록 하고 배관의 외면에 부식방지를 위한 도장을(예외 : 불변강관 또는 부식의 우려가 없는 재질의 배관의 경우) 한다.

4) 배관을 지하에 매설하는 경우

① 금속성 배관의 외면에는 부식방지를 위하여 도복장 · 코팅 또는 전기방식 등의 필요한 조치를 한다.

② 배관의 접합 부분에는 위험물의 누설 여부를 점검할 수 있는 점검구를 설치(예외 : 용접에 의한 접합부 또는 위험물의 누설 우려가 없다고 인정되는 방법에 의하여 접합된 부분)한다.

③ 지면에 미치는 중량이 해당 배관에 미치지 아니하도록 보호한다.

5) 배관에 가열 또는 보온을 위한 설비를 설치하는 경우에는 화재예방상 안전한 구조로 하여야 한다.

(17) 금속사용제한

아세트알데하이드 또는 산화프로필렌 취급설비는 은, 수은, 구리, 마그네슘(Mg)을 포함한 합금사용을 금지한다.

(18) 불연성 가스 봉입장치 등

1) 아세트알데하이드, 산화프로필렌, 알킬알루미늄 또는 알킬리튬을 취급하는 설비 : 불활성 기체를 봉입할 수 있는 장치를 설치한다.

2) 아세트알데하이드 또는 산화프로필렌 취급시설 중 저장탱크 : 냉각장치 또는 저온을 유지하기 위한 장치를 설치한다.

SECTION 062

수소충전설비

118회 출제

01 개요

(1) 수소충전설비를 설치한 주유취급소

전기를 동력원으로 하는 자동차 등에 수소를 충전하기 위한 설비를 설치한 주유취급소

전기를 동력원으로 하는 자동차 : 수소를 자동차에 충전한 후 자동차 내에서 전기에너지로 전환하여 동력원으로 사용하는 자동차를 말하며, 충전된 수소를 직접 연소시켜 동력원으로 사용하는 수소자동차 또는 전기를 직접 자동차에 충전하여 동력원으로 하는 전기자동차와는 다른 것이다.

(2) 주유취급소 내에 압축수소를 저장 · 취급하는 설비를 설치하는 특수한 형태의 주유취급소를 위하여 설정한 특례 기술기준이다.

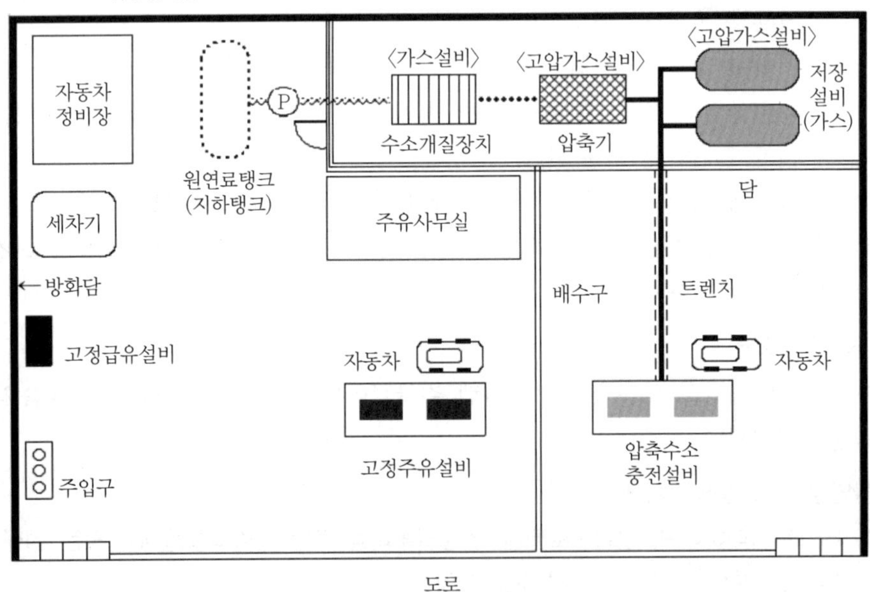

▌수소충전설비를 설치한 주유취급소의 예▐

(3) 주요 장비 및 기기

1) 압축수소 충전설비 : 압축수소를 연료로 사용하는 차량에 고정된 연료장치용기에 압축수소를 충전하기 위한 처리설비로 구성된 고정식 설비
2) 개질창치 : 나프타, 천연가스, 액화석유가스 등을 원료로 하여 수소를 제조하기 위한 장치
3) 압축기 : 수소를 압축하기 위한 장치
4) 축압기 : 압축수소를 저장하기 위한 장치
5) 충전설비 : 압축수소를 연료전지 자동차에 충전하기 위한 장치

02 개질장치

(1) 설치기준

1) 위험물의 누출 · 비산방지설비 설치
2) 가열 · 냉각설비 등 : 온도측정 장치 설치
3) 가열건조설비 : 위험물을 가열 또는 건조하는 설비는 직접 불을 사용하지 아니하는 구조
4) 압력계 및 안전장치 설치
5) 정전기 제거설비 설치
   ① 접지에 의한 방법
   ② 공기 중의 상대습도 : 70[%] 이상
   ③ 공기를 이온화하는 방법(제전기 등)
6) 전동기 및 위험물을 취급하는 설비의 펌프 · 밸브 · 스위치 등은 화재예방상 지장이 없는 위치에 부착한다.
7) 개질장치설비의 바닥
   ① 위험물 누출방지 : 바닥의 둘레에 높이 0.15[m] 이상의 턱을 설치한다.
   ② 바닥은 콘크리트 등 위험물이 스며들지 아니하는 재료로 하고, 턱이 있는 쪽이 낮게 경사지게 설치한다.
   ③ 바닥의 최저부 : 집유설비
   ④ 유분리장치 설치 : 배수구로 위험물이 흘러가지 못하도록 하기 위함이다.

(2) 배관 설치기준

1) 재질 : 강관, 그 밖에 이와 유사한 금속성
2) 수압시험 : 최대 상용압력의 1.5배 이상의 압력(누설, 그 밖의 이상이 없는 것)
3) 지상에 설치하는 경우
   ① 지진 · 풍압 · 지반침하 및 온도변화에 안전한 구조의 지지물에 설치한다.

② 지면에 닿지 아니하도록 설치한다.

③ 배관의 외면 : 부식방지 도장

4) **배관을 지하에 매설하는 경우**

① 금속성 배관 외면 : 부식방지 조치

② 배관 접합부분 : 위험물의 누설 여부를 점검할 수 있는 점검구를 설치한다.

③ 지면에 미치는 중량이 해당 배관에 미치지 아니하도록 보호할 것

5) 배관에 가열 또는 보온을 위한 설비를 설치할 경우 화재예방상 안전한 구조로 한다.

(3) 특례 기준

1) **개질장치의 설치위치** : 자동차 등이 충돌할 우려가 없는 옥외에 설치한다.

2) **개질원료 및 수소가 누출된 경우** : 운전을 자동으로 정지시키는 장치

3) **펌프설비** : 개질원료의 토출압력이 최대 상용압력을 초과하여 상승하는 것을 방지하기 위한 장치를 설치할 것

4) **개질장치의 위험물 취급량** : 10배 미만

03 압축기

(1) 압력초과 시 정지

1) 가스의 토출압력이 최대 상용압력을 초과하여 상승하는 경우 압축기의 운전을 자동으로 정지하여야 한다.

2) 압축기의 압력을 압력센서에서 검지해 전동기의 전원을 차단한다.

3) 목적 : 압축기의 운전을 정지시키는 이상고압의 발생을 방지한다.

(2) 역류방지밸브

토출측과 가장 가까운 배관에 설치한다.

(3) 자동차 등의 충돌을 방지하는 조치

압축기의 주위에 보호구조물을 설치한다.

04 충전설비 124회 출제

(1) 위치

1) 주유공지 또는 급유공지 외의 장소

2) 주유공지 또는 급유공지에서 압축수소를 충전하는 것이 불가능한 장소

(2) 충전호스

1) 자동차 등의 가스충전구와 정상적으로 접속하지 않는 경우 : 가스가 공급되지 않는 구조(충전구와 정상적으로 접속했을 경우에만 개방되는 내부밸브 설치)

2) 인장력 200[kgf] 이하의 하중에 의하여 파단 또는 이탈되는 구조

3) 파단 또는 이탈된 부분 : 가스 누출을 방지할 수 있는 구조(차단밸브를 폐쇄하는 긴급 이탈커플러)

(3) 자동차 등의 충돌을 방지하는 조치

충전설비 주위에 보호구조물 등을 설치한다.

(4) 자동차 등의 충돌을 감지하여 운전을 자동으로 정지시키는 구조에는 충돌센서 등을 설치한다.

05 압축수소의 수입설비 124회 출제

(1) 위치

1) 주유공지 또는 급유공지 외의 장소

2) 주유공지 또는 급유공지에서 압축수소를 충전하는 것이 불가능한 장소

(2) 자동차 등의 충돌을 방지하는 조치

충전설비 주위에 보호구조물 등을 설치한다.

06 가스배관

(1) 위치

1) 주유공지, 급유공지 외의 장소

2) 자동차 등이 충돌할 우려가 없는 장소, 자동차 등의 충돌을 방지하는 조치를 한 장소

(2) 가스배관으로부터 화재가 발생한 경우 연소확대를 방지하는 조치를 한다.

(3) 누출된 가스가 체류할 우려가 있는 장소에 설치하는 경우 접속부를 용접한다(예외 : 접속부의 주위에 가스누출 검지설비를 설치한 경우).

(4) 축압기로부터 충전설비로의 가스공급을 정지시킬 수 있는 장치를 설치한다.

07 압축수소충전설비 설치 주유취급소의 기타 안전조치

(1) 압축기, 축압기 및 개질장치가 설치된 장소와 주유공지, 급유공지 및 전용 탱크 · 폐유 탱크 등 · 간이탱크의 주입구가 설치된 장소 사이에는 높이 1.5[m]의 불연재료의 담을 설치한다.

(2) 누출된 위험물이 충전설비 · 축압기 · 개질장치에 도달하지 않도록 집유 구조물을 깊이 30[cm], 폭 10[cm]로 설치한다.

(3) 고정주유설비 · 고정 급유설비 및 간이탱크의 주위에는 자동차 등의 충돌을 방지하는 조치를 한다.

전기자동차용 충전설비 설치기준

① 충전기기(충전 케이블로 전기자동차에 전기를 직접 공급하는 기기)의 주위에 전기자동차 충전을 위한 전용공지(충전공지)를 확보하고, 충전공지 주위를 페인트 등으로 표시하여 그 범위를 알아보기 쉽게 할 것
② 전기자동차용 충전설비 및 부대시설을 건축물 밖에 설치하는 경우 충전공지는 폭발위험장소 외의 장소에 둘 것
③ 전기자동차용 충전설비 및 부대시설을 건축물 안에 설치하는 경우에는 다음의 기준에 적합할 것
㉠ 해당 건축물의 1층에 설치할 것
㉡ 해당 건축물에 가연성 증기가 남아 있을 우려가 없도록 제조소의 환기설비 또는 배출설비를 설치할 것
④ 전기자동차용 충전설비의 전력공급설비(전기자동차에 전원을 공급하기 위한 전기설비로서 전력량계, 인입구 배선, 분전반 및 배선용 차단기 등)는 다음의 기준에 적합할 것
㉠ 분전반은 방폭성능을 갖출 것. 단, 분전반을 폭발위험장소 외의 장소에 설치하는 경우에는 방폭성능을 갖추지 않을 수 있다.
㉡ 전력량계, 누전차단기 및 배선용 차단기는 분전반 내에 설치할 것
㉢ 인입구 배선은 지하에 설치할 것
㉣ 「전기사업법」에 따른 「전기설비기술기준」에 적합할 것
⑤ 충전기기와 인터페이스[충전기기에서 전기자동차에 전기를 공급하기 위하여 연결하는 커넥터(connector), 케이블 등]는 다음의 기준에 적합할 것
㉠ 충전기기는 방폭성능을 갖출 것. 단, 다음의 기준을 모두 갖춘 경우에는 방폭성능을 갖추지 않을 수 있다.
- 충전기기의 전원공급을 긴급히 차단할 수 있는 장치를 사무소 내부 또는 충전기기 주변에 설치할 것
- 충전기기를 폭발위험장소 외의 장소에 설치할 것

ⓑ 인터페이스의 구성부품은 「전기용품 및 생활용품 안전관리법」에 따른 기준에 적합할 것

⑥ 충전작업에 필요한 주차장을 설치하는 경우에는 다음의 기준에 적합할 것

㉠ 주유공지, 급유공지 및 충전공지 외의 장소로서 주유를 위한 자동차 등의 진입·출입에 지장을 주지 않는 장소에 설치할 것

ⓑ 주차장의 주위를 페인트 등으로 표시하여 그 범위를 알아보기 쉽게 할 것

ⓒ 지면에 직접 주차하는 구조로 할 것

SECTION 063

옥외저장탱크 누출대책

117회 출제

01 옥외설비의 바닥

(1) 액상의 위험물을 취급하는 옥외설비의 바닥은 해당 설비에서 위험물이 누설된 경우에 광범위하게 유출이 확산될 가능성이 크고, 바닥으로 스며들어 토양을 오염시킬 수 있기 때문에 이것을 방지하기 위해 다음 기준에 적합하도록 설치하여야 한다.

(2) **바닥구조**

1) 방유턱 : 바닥의 둘레에 높이 0.15[m] 이상

방유턱은 화재 등이 발생할 경우에도 기능유지를 위해 콘크리트나 두꺼운 철판 등으로 제작한다.

2) 바닥면 : 불침윤재료로 포장한다.

3) 경사 : 턱이 있는 쪽이 낮게 경사를 유지한다.

4) 최저부 : 유분리장치

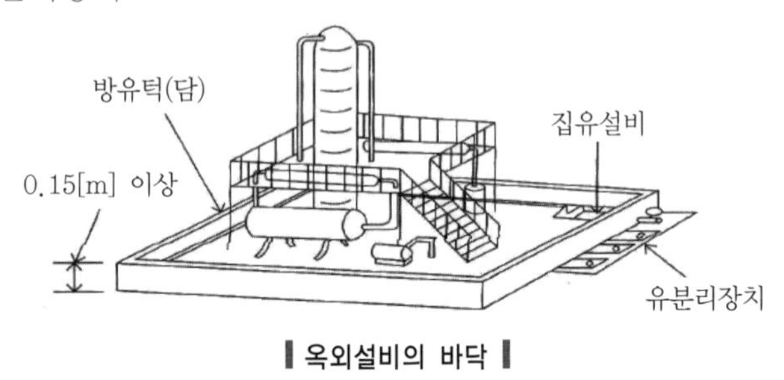

▌옥외설비의 바닥▐

02 집유시설

(1) **설치목적**

누출된 위험물을 한 곳에 모여 처리한다.

(2) **설치위치**

바닥의 최저부

(3) **유분리장치**

1) 설치대상 : 위험물(온도 20[℃]의 물 100[g]에 용해되는 양이 1[g] 미만인 것에 한함)을 취급하는 설비

2) 설치목적 : 해당 위험물이 직접 배수구에 흘러 들어가지 않도록 한다.

3) 기능 : 물과 위험물의 비중 차이를 이용해서 분리하는 기능

4) 유분리장치의 설치기준

구분	내용
재질 및 구조	콘크리트 또는 강철판 등의 재질로 함. 그 부속시설의 재질
	엘보관 : 내식성 · 내유성이 있는 금속 또는 플라스틱 등
	덮개는 두께 6[mm] 이상의 강철판 또는 이와 동등 이상의 견고한 것으로 할 것
	유분리장치는 유입물의 양, 배수상황, 해당 위험물시설의 면적 기능 등을 고려할 것
	유분리조의 크기는 최소 가로 40[cm] 이상, 세로 40[cm] 이상, 깊이 70[cm] 이상 또는 동용량 이상으로 하고, 단수는 3단 이상으로 하되 차량 등의 외부하중에 견딜 수 있도록 견고한 구조로 설치할 것
엘보관	구경은 10[cm] 이상으로 할 것
	출구는 유입물이 넘치지 않도록 유분리조의 상단으로부터 15[cm] 이상의 간격을 둘 것
	입구는 유입되는 토사 등 이물질의 양을 고려하여 유분리조의 바닥으로부터 10[cm] 이상 30[cm] 미만의 간격을 둘 것. 단, 유분리조의 규모를 고려하여 소방서장이 유분리장치의 기능에 지장이 없다고 인정하는 경우에는 30[cm] 이상으로 할 수 있음
덮개	청소 등 필요 시 개방이 쉽도록 손잡이 등을 설치하고, 덮개 상부로부터 빗물 또는 이물질이 침투되지 않는 구조로 할 것

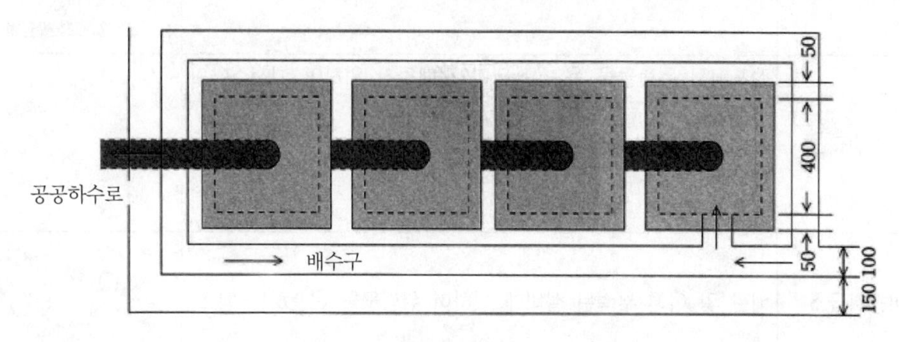

▌평면도 ▌

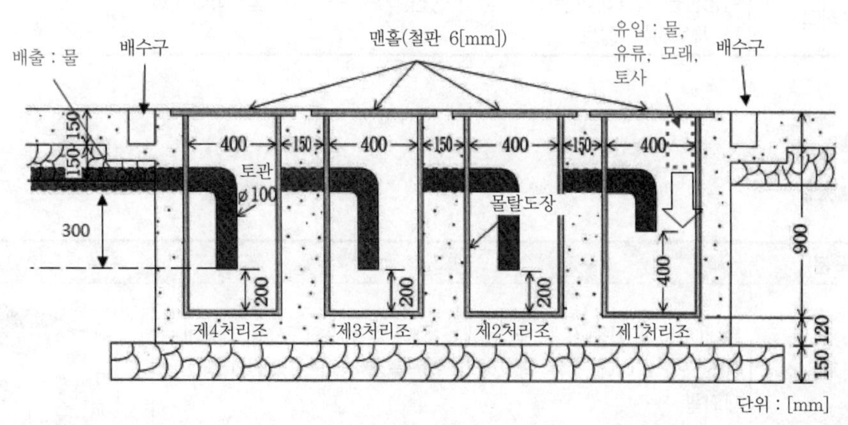

▌단면도 ▌

SECTION 064

위험물 시설의 분류

121 · 115회 출제

01 제조소

1일에 지정수량 이상의 위험물을 제조하기 위한 시설을 한 장소이다.

02 취급소

구분	정의	비고
주유취급소	고정된 주유설비로 주유공지 범위 내에서 자동차 등에 주유 · 판매하는 장소로, 대표적으로 주유소가 주유취급소이다.	GS
판매취급소	점포에서 위험물을 용기에 담아 판매하기 위하여 지정수량의 40배 이하의 위험물을 취급하는 장소 ① 1종 판매취급소 : 지정수량의 20배 이하 ② 2종 판매취급소 : 지정수량의 40배 이하	
이송취급소	배관 및 이에 부속된 설비에 의하여 위험물을 이송하는 장소	
일반취급소	위험물을 사용하여 일반 제품의 생산, 가공 등을 하거나 버너 등을 사용하는 장소	-

03 저장소

구분	정의	비고
옥내저장소	옥내(지붕과 기둥 또는 벽 등에 의하여 둘러싸인 곳)에 저장하는 장소. 단, 옥내에 있는 탱크에 위험물을 저장하는 장소의 장소를 제외함	

구분	정의	비고
옥외탱크저장소	옥외에 노출된 장소에 위험성이 낮은 다량(100만[ton] 이상)의 액체 위험물을 탱크에 저장	
옥내탱크저장소	옥내에 있는 탱크에 위험물을 저장하는 장소	
지하탱크저장소	지면으로부터 60[cm] 이하의 지하에 탱크시설을 설치하므로 온도 상승을 억제하고 공간활용을 높일 수는 있으나 토양의 오염 우려와 관리가 어렵다는 단점이 있는 액체위험물 저장소	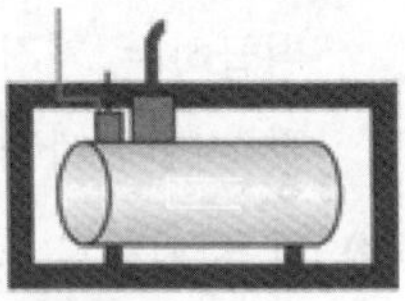
간이탱크저장소	간이탱크(600[L] 이하)에 액체위험물을 저장	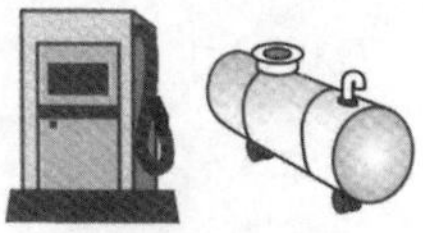
이동탱크저장소	차량에 고정된 탱크에 위험물을 저장하는 장소	
옥외저장소	옥외에 위험물을 저장하는 장소	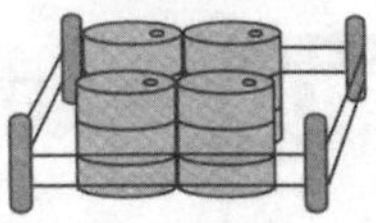
암반탱크저장소	지하수면 아래의 천연암반을 굴착하여 만든 암반 내의 비어 있는 공간에 석유류 등 액체위험물을 저장하는 저장시설	–

SECTION 065

옥외탱크저장소

111회 출제

01 개요

(1) 옥외탱크저장소는 지상에 설치된 강철제의 탱크에 지정수량 이상의 위험물을 저장 또는 취급하는 저장소를 말한다. 한편 지표면 위에 설치되므로 탱크 본체뿐만 아니라 기초 및 지반면까지도 규정하고 있는 것이 다른 위험물시설과는 다른 특징이다.

(2) 각 시설별로 차이는 있으나 대체로 다른 저장소와 비교할 때 대규모의 위험물을 저장하는 경우가 많아서 관련 시설의 기준 및 소방안전대책이 중요시되는 위험물시설 중의 하나이다.

02 안전거리

위험물제조소의 안전거리와 동일하다.

03 보유공지

저장 또는 취급하는 위험물의 최대 수량	공지의 너비
지정수량의 500배 이하	3[m] 이상
지정수량의 500배 초과 1,000배 이하	5[m] 이상
지정수량의 1,000배 초과 2,000배 이하	9[m] 이상
지정수량의 2,000배 초과 3,000배 이하	12[m] 이상
지정수량의 3,000배 초과 4,000배 이하	15[m] 이상
지정수량의 4,000배 초과	탱크의 수평단면의 최대 지름과 높이 중 큰 것과 같은 거리 이상 (30[m] 초과는 30[m], 15[m] 미만은 15[m]로 함)

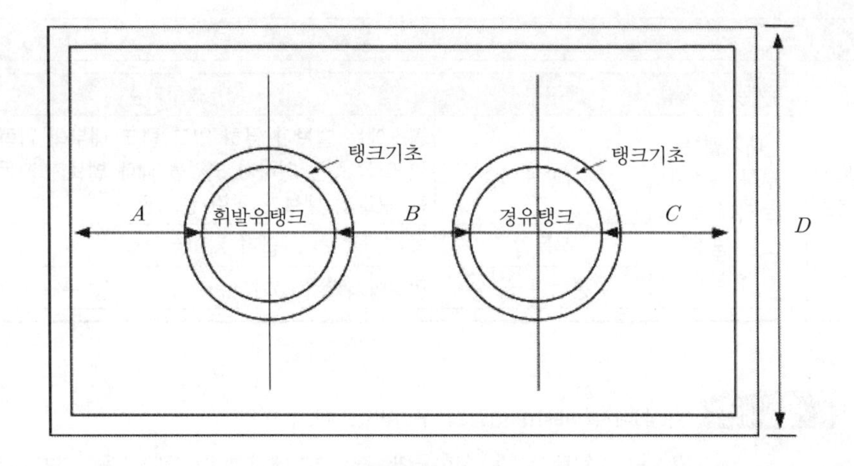

(1) 제6류 위험물 외의 위험물은 동일한 방유제 안에 설치 시 $\frac{1}{3}$ 이상으로 할 수 있다. 단, 4,000배 초과는 제외(최소 기준 3[m] 이상)한다.

(2) 제6류 위험물은 보유공지를 $\frac{1}{3}$ 이상으로 할 수 있다(최소 기준 1.5[m] 이상).

(3) 물분무소화설비 설치 시 $\frac{1}{2}$ 이상으로 할 수 있다.

04 옥외탱크의 안전장치

구분	내용
압력탱크	① 압력탱크 : 최대 상용압력이 부압 또는 정압 5[kPa]을 초과하는 탱크 ② 안전장치 ㉠ 자동적으로 압력의 상승을 정지시키는 장치 ㉡ 감압측에 안전밸브를 부착한 감압밸브 ㉢ 안전밸브를 병용하는 경보장치 ㉣ 파괴판(위험물의 성질에 따라 안전밸브의 작동이 곤란한 가압 설비에 한함)
압력탱크 외의 탱크	(아래 표)

통기관의 종류	구분	설치기준
밸브 없는 통기관	구조	늘 개방상태
	통기관의 지름	30[mm] 이상
	선단과 수평면의 각도	45° 이상 구부려 빗물 등의 침투를 막는 구조
	통기관 끝	인화방지장치(40메시(mesh) 이상의 구리망 등)
	가연성 증기를 회수하는 밸브를 부착하는 경우	① 위험물 주입 시를 제외하고 항상 개방되어 있는 구조 ② 폐쇄 시에는 10[kPa] 이하에서 개방되고 개방된 부분의 유효단면적은 777.15[mm^2] 이상

구분	내용		
	통기관의 종류	구분	설치기준
압력탱크 외의 탱크	대기밸브 부착 통기관 (브리더 밸브 또는 숨쉬는 밸브)	구조	평소에는 밸브가 닫혀 있고 탱크 내부의 압력이 설정압력 이상 또는 이하가 되었을 때에 밸브가 자동으로 열리는 구조의 밸브가 달린 통기관
		작동압	5[kPa] 이하의 압력 차이로 작동
		통기관 끝	인화방지장치(40메시(mesh) 이상의 구리망 등)

1. **40메시(mesh) 이상의 구리망** : 40메시 이하
2. 옥외저장탱크에는 위험물의 출입 빛 태양의 직사광선 등을 받을 때에 생기는 내압의 변화를 안전하게 조정하기 위하여 통기관 또는 안전장치를 설치

옥외저장탱크
- 압력탱크 이외의 탱크(제4류 위험물의 옥외저장탱크에 한함)는 밸브 없는 통기관 또는 대기밸브 부착 통기관 설치
- 압력탱크는 규칙 [별표 4] Ⅷ 제4호의 규정에 의한 안전장치 설치

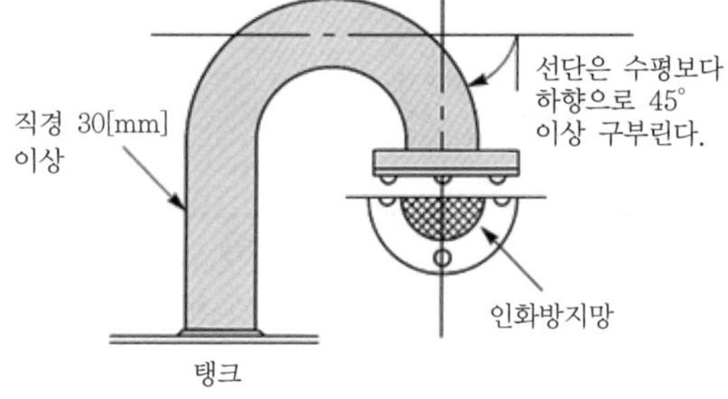

▌밸브 없는 통기관▐

▌대기밸브부착 통기관74)▐

74) ©세이프코리아뉴스 사이트의 (주)윈의 통기관 대기밸브에서 발췌

05 제조소 옥외위험물취급탱크와 옥외탱크저장소 방유제(oil retaining wall)의 비교

구분		제조소 옥외위험물취급탱크	옥외탱크저장소
방유제 용량	방유제 안에 탱크가 1기인 경우	탱크용량의 50[%] 이상	탱크용량의 110[%] 이상
	방유제 안에 탱크가 2기 이상인 경우	탱크용량이 최대인 것의 50[%] + 나머지 탱크용량 합계의 10[%] 가산한 양	탱크용량이 최대인 것의 110[%] 이상
	1,000만[L] 이상의 탱크에 간막이 둑	설치 안 함	탱크용량의 10[%] 이상의 용량이 되는 간막이 둑 설치
방유제 최대 면적		없음	8만[m^3] 이하
하나의 방유제 내에 최대 탱크설치 개수		제한없음	① 10기 이하(인화점이 200[℃] 이상은 예외) ② 20기 이하 : 탱크의 용량이 20만[L] 이하이고, 인화점이 70[℃] 이상 200[℃] 미만인 경우 ③ 인화점이 200[℃] 이상 : 제한없음
방유제 외면의 도로		접하지 않아도 됨	방유제 외면의 $\frac{1}{2}$은 3[m] 이상이 접하여야 함
방유제의 탱크 옆판으로부터 유지거리		규정없음	탱크의 지름 / 이격거리 지름이 15[m] 미만 : 탱크높이의 $\frac{1}{3}$ 이상 지름이 15[m] 이상 : 탱크높이의 $\frac{1}{2}$ 이상
방유제 내에 부속설비 외의 설비		규정없음	배관, 조명설비, 계기시스템과 이를 부속하는 설비 외에 설치할 수 없음
100만[L] 이상 탱크의 방유제 내의 배수구, 개폐밸브, 개패확인장지		규정없음	밸브의 개폐상태를 쉽게 확인할 수 있는 장치 설치
방유제 높이		0.5[m] 이상 3[m] 이하	
방유제 재질		철근콘크리트	

간막이 둑

① 정의 : 방유제 내에 작은 방유제(속에 있는 방유제)

② 간막이 둑의 높이는 0.3[m](방유제 내에 설치되는 옥외저장탱크의 용량의 합계가 2억[L]를 넘는 방유제에 있어서는 1[m]) 이상으로 하되, 방유제의 높이보다 0.2[m] 이상 낮게 한다.

③ 간막이 둑은 흙 또는 철근콘크리트로 한다.

④ 간막이 둑의 용량은 간막이 둑 안에 설치된 탱크의 용량 10[%] 이상으로 한다.

▌옥외탱크저장소의 방유제▐

06 옥외탱크저장소의 기타 안전시설

(1) 소화설비

1) 소화난이도등급 Ⅰ

<table>
<tr><th colspan="3">제조소 등의 구분</th><th>소화설비</th></tr>
<tr><td rowspan="5">옥외
탱크
저장소</td><td rowspan="3">지중탱크
또는
해상탱크
외의 것</td><td>황만을
저장·취급하는 것</td><td>물분무소화설비</td></tr>
<tr><td>인화점 70[℃]
이상의 제4류
위험물만을
저장·취급하는 것</td><td>물분부소화설비 또는 고정식 포소화설비</td></tr>
<tr><td>그 밖의 것</td><td>고정식 포소화설비(포소화설비가 적응성이 없는 경우에는 분말소화설비)</td></tr>
<tr><td colspan="2">지중탱크</td><td>고정식 포소화설비, 이동식 이외의 불활성가스소화설비 또는 이동식 이외 할로젠화합물소화설비</td></tr>
<tr><td colspan="2">해상탱크</td><td>고정식 포소화설비, 물분무소화설비, 이동식 이외의 불활성가스소화설비 또는 이동식 이외의 할로젠화합물소화설비</td></tr>
</table>

2) 소화난이도등급 Ⅱ

제조소 등의 구분	소화설비
옥외탱크저장소, 옥내탱크저장소	대형 수동식 소화기 및 소형 수동식 소화기 등을 각각 1개 이상 설치할 것

(2) **경보설비**

제조소 등의 구분	제조소 등의 규모, 저장 또는 취급하는 위험물의 종류 및 최대 수량 등	경보설비
옥외탱크저장소	특수인화물, 제1석유류 및 알코올류를 저장 또는 취급하는 탱크의 용량이 1,000만[L] 이상인 것	자동화재탐지설비, 자동화재속보설비
자동화재탐지설비 설치 대상에 해당하지 아니하는 제조소 등	지정수량의 10배 이상을 저장 또는 취급하는 것	자동화재탐지설비, 비상경보설비, 확성장치 또는 비상방송설비 중 1종 이상

(3) **탱크의 구조 등**

1) 두께 : 3.2[mm] 이상의 강철판
2) 비파괴시험 : 용량 100만[L] 이상
3) 방청도장 등 부식방지 조치
4) 이상내압 방출구조(지붕판을 측판보다 얇게 접합)
5) 통기장치 : 옥내탱크저장소 준용
6) 자동계량장치 : 액체위험물 옥외탱크저장소

(4) **탱크 내 온도상승 방지조치**

1) 탱크 외부 보온
2) 물분무설비

(5) 피뢰침 접지설비

(6) 설치완료 후 검사실시

SECTION

066 옥내탱크저장소 121회 출제

01 개요

(1) 정의

내화구조 등의 탱크 전용실에 설치된 탱크에 위험물을 저장 · 취급하는 저장소

(2) 구분

1) 단층 건축물에 설치되는 것

2) 빌딩 등 각 층 건축물 일부에 설치되는 것

02 옥내탱크저장소의 설치기준

(1) 탱크

1) **탱크의 간격** : 옥내저장탱크와 탱크 전용실의 벽과의 사이 및 옥내저장탱크의 상호 간에는 0.5[m] 이상의 간격을 유지할 것

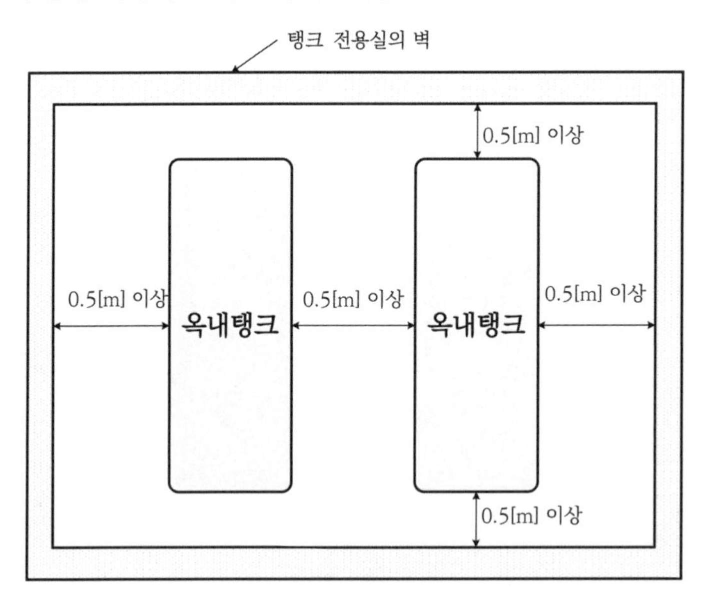

▌옥내탱크의 간격▐

2) 탱크용량

① 단층 건물에 설치된 탱크 전용실은 지정수량 40배 이하

② 단층 외의 건물에 설치된 탱크 전용실은 지정수량 10배 이하

(2) 탱크 전용실의 기준

1) **벽, 기둥 및 바닥** : 내화구조

2) **보** : 불연재료

3) **연소의 우려가 있는 외벽** : 출입구 외에는 개구부가 없도록 해야 한다.

4) **지붕** : 불연재료

5) **천장** : 설치금지

6) **창 및 출입구** : 30분 방화문을 설치하는 동시에, 연소의 우려가 있는 외벽에 두는 출입구에는 수시로 열 수 있는 자동폐쇄식의 60분 방화문을 설치하고 유리를 사용하는 경우는 망입유리를 설치한다.

7) 액상 위험물의 옥내저장탱크를 설치하는 탱크 전용실의 바닥은 불침윤재료로서 경사지게 설치한다.

8) 최저부에는 집유설비를 설치한다.

9) 통기관을 설치(인화방지망)한다.

10) **문턱** : 전용실 내의 최대 저장탱크용량을 수용할 수 있는 높이 이상으로 한다.

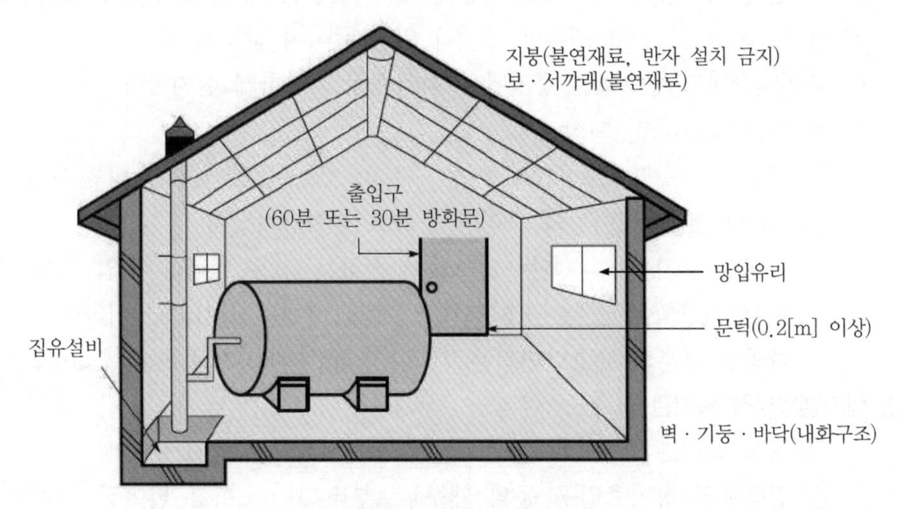

▌탱크 전용실의 구조▐

11) 탱크 전용실의 채광 · 조명 · 환기 및 배출의 설비는 옥내저장소의 채광 · 조명 · 환기 및 배출의 설비의 기준을 준용한다.

(3) 통기관

1) 설치대상

① 압력탱크(최대 상용압력이 부압 또는 정압 5[kPa]을 초과하는 탱크) 외의 탱크

② 제4류 위험물의 옥내저장탱크

옥내저장탱크에는 위험물의 출입 및 태양의 직사광선 등을 받을 때 생기는 내압의 변화를 안전하게 조정하기 위하여 통기관 또는 안전장치를 설치한다.

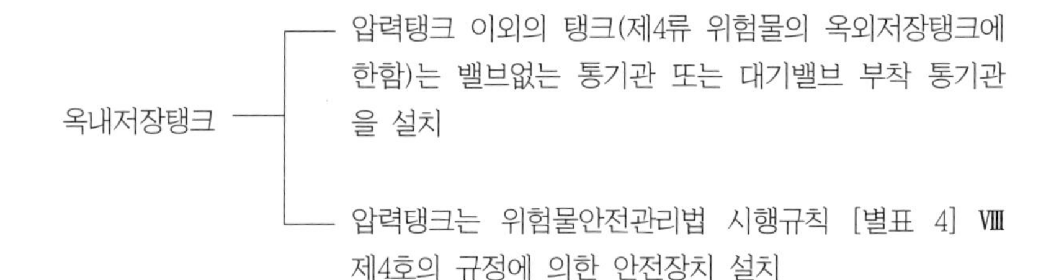

2) 밸브없는 통기관

① 통기관의 끝부분

㉠ **건축물의 창·출입구 등의** 개구부로부터 1[m] 이상 떨어진 옥외의 장소에 지면으로부터 4[m] 이상**의 높이로 설치한다.**

㉡ 인화점이 40[℃] 미만인 위험물의 탱크에 설치하는 통기관 : **부지경계선으로부터 1.5[m] 이상 이격한다.**

㉢ **고인화점 위험물만을 100[℃] 미만의 온도로 저장 또는 취급하는 탱크에 설치하는 통기관은 그 끝부분을 탱크 전용실 내에 설치할 수 있다.**

② 통기관은 가스 등이 체류할 우려가 있는 굴곡이 없도록 한다.

③ **옥외저장탱크 밸브없는 통기관 설치기준에 적합하게 설치한다.**

㉠ 직경 : 30[mm] 이상

㉡ 끝부분은 수평면보다 45° 이상 구부려 빗물 등의 침투를 막는 구조

㉢ 40메시(mesh) 이상의 구리망 등으로 인화방지장치

㉣ 가연성 증기를 회수하는 밸브를 부착하는 경우 위험물 주입 시를 제외하고 항상 개방되어 있는 구조로 하고 폐쇄 시에는 10[kPa] 이하에서 개방되며 **개방된 부분의 유효단면적은 777.15[mm^2] 이상으로 한다.**

3) 대기밸브부착 통기관

① 통기관의 끝부분

㉠ **건축물의 창·출입구 등의** 개구부로부터 1[m] 이상 떨어진 옥외의 장소에 지면으로부터 4[m] 이상**의 높이로 설치한다.**

㉡ 인화점이 40[℃] 미만인 위험물의 탱크에 설치하는 통기관 : **부지경계선으로부터 1.5[m] 이상 이격한다.**

㉢ **고인화점 위험물만을 100[℃] 미만의 온도로 저장 또는 취급하는 탱크에 설치하는 통기관은 그 끝부분을 탱크 전용실 내에 설치할 수 있다.**

② 통기관은 가스 등이 체류할 우려가 있는 굴곡이 없도록 한다.

③ 옥외저장탱크 대기밸브부착 통기관 설치기준에 적합하게 설치한다.

㉠ 5[kPa] 이하의 압력 차이로 작동할 수 있을 것

㉡ 40메시(mesh) 이상의 구리망 등으로 인화방지장치를 할 것

03 압력탱크에 설치하는 압력계 및 안전장치

(1) 설치대상

1) 위험물을 가압하는 설비

2) 취급하는 위험물의 압력이 상승할 우려가 있는 설비

(2) 압력계 및 안전장치

1) 자동적으로 압력의 상승을 정지시키는 장치

2) 감압측에 안전밸브를 부착한 감압밸브

3) 안전밸브를 병용하는 경보장치

4) 파괴판(위험물의 성질에 따라 안전밸브의 작동이 곤란한 가압설비에 한함)

SECTION

067 소화난이도[75)]

01 소화난이도 등급 Ⅰ의 제조소 등 및 소화설비 108회 출제

(1) 소화난이도 등급 Ⅰ(소화가 매우 어려운 것)에 해당하는 제조소 등

제조소 등의 구분	제조소 등의 규모, 저장 또는 취급하는 위험물의 품명 및 최대 수량 등
제조소 일반 취급소	연면적 1,000[m²] 이상인 것
	지정수량의 100배 이상인 것
	지반면으로부터 6[m] 이상의 높이에 위험물 취급설비가 있는 것
	일반취급소로 사용되는 부분 외의 부분을 갖는 건축물에 설치된 것
옥내저장소	지정수량의 150배 이상인 것
	연면적 150[m²]를 초과하는 것
	처마높이가 6[m] 이상인 단층 건물의 것
	옥내저장소로 사용되는 부분 외의 부분이 있는 건축물에 설치된 것
옥외 탱크저장소	액표면적이 40[m²] 이상인 것
	지반면으로부터 탱크 옆판의 상단까지 높이가 6[m] 이상인 것
	지중탱크 또는 해상탱크로서, 지정수량의 100배 이상인 것
	고체위험물을 저장하는 것으로서, 지정수량의 100배 이상인 것
옥내 탱크저장소	액표면적이 40[m²] 이상인 것
	바닥면으로부터 탱크 옆판의 상단까지 높이가 6[m] 이상인 것
	탱크 전용실이 단층 건물 외의 건축물에 있는 것으로서, 인화점 38[℃] 이상 70[℃] 미만의 위험물을 지정수량의 5배 이상 저장하는 것
옥외저장소	덩어리 상태의 황을 저장하는 것으로서, 경계표시 내부의 면적이 100[m²] 이상인 것
	인화성 고체, 제1석유류 또는 알코올류의 위험물을 저장하는 것으로서, 지정수량의 100배 이상인 것
암반 탱크저장소	액표면적이 40[m²] 이상인 것
	고체위험물만을 저장하는 것으로서, 지정수량의 100배 이상인 것
이송취급소	모든 대상

75) 「위험물안전관리법 시행규칙」 [별표 17] 소화설비, 경보설비 및 피난구조설비의 기준

(2) 소화난이도 등급 Ⅰ의 제조소 등에 설치해야 하는 소화설비

<table>
<tr><th colspan="3">제조소 등의 구분</th><th>소화설비</th></tr>
<tr><td colspan="3">제조소 및 일반취급소</td><td>옥내소화전설비, 옥외소화전설비, 스프링클러설비 또는 물분무등소화설비(화재발생 시 연기가 충만할 우려가 있는 장소에는 스프링클러설비 또는 이동식 외의 물분무등소화설비에 한함)</td></tr>
<tr><td rowspan="2">옥내
저장소</td><td colspan="2">처마높이가 6[m] 이상인 단층 건물 또는 다른 용도의 부분이 있는 건축물에 설치한 옥내저장소</td><td>스프링클러설비 또는 이동식 외의 물분무등소화설비</td></tr>
<tr><td colspan="2">그 밖의 것</td><td>옥외소화전설비, 스프링클러설비, 이동식 외의 물분무등소화설비 또는 이동식 포소화설비(포소화전을 옥외에 설치하는 것에 한함)</td></tr>
<tr><td rowspan="5">옥외
탱크
저장소</td><td rowspan="3">지중탱크
또는
해상탱크
외의 것</td><td>황만을 저장 · 취급하는 것</td><td>물분무소화설비</td></tr>
<tr><td>인화점 70[℃] 이상의 제4류 위험물만을 저장 · 취급하는 것</td><td>물분무소화설비 또는 고정식 포소화설비</td></tr>
<tr><td>그 밖의 것</td><td>고정식 포소화설비(포소화설비가 적응성이 없는 경우에는 분말소화설비)</td></tr>
<tr><td colspan="2">지중탱크</td><td>고정식 포소화설비, 이동식 이외의 불활성가스소화설비 또는 이동식 이외의 할로젠화합물소화설비</td></tr>
<tr><td colspan="2">해상탱크</td><td>고정식 포소화설비, 물분무포소화설비, 이동식 이외의 불활성가스소화설비 또는 이동식 이외의 할로젠화합물소화설비</td></tr>
<tr><td rowspan="3">옥내
탱크
저장소</td><td colspan="2">황만을 저장 · 취급하는 것</td><td>물분무소화설비</td></tr>
<tr><td colspan="2">인화점 70[℃] 이상의 제4류 위험물만을 저장 · 취급하는 것</td><td>물분무소화설비, 고정식 포소화설비, 이동식 이외의 불활성가스소화설비, 이동식 이외의 할로젠화합물소화설비 또는 이동식 이외의 분말소화설비</td></tr>
<tr><td colspan="2">그 밖의 것</td><td>고정식 포소화설비, 이동식 이외의 불활성가스소화설비, 이동식 이외의 할로젠화합물소화설비 또는 이동식 이외의 분말소화설비</td></tr>
<tr><td colspan="3">옥외저장소 및 이송취급소</td><td>옥내소화전설비, 옥외소화전설비, 스프링클러설비 또는 물분무등소화설비(화재발생 시 연기가 충만할 우려가 있는 장소에는 스프링클러설비 또는 이동식 이외의 물분무등소화설비에 한함)</td></tr>
<tr><td rowspan="3">암반
탱크
저장소</td><td colspan="2">황만을 저장 · 취급하는 것</td><td>물분무소화설비</td></tr>
<tr><td colspan="2">인화점 70[℃] 이상의 제4류 위험물만을 저장 · 취급하는 것</td><td>물분무소화설비 또는 고정식 포소화설비</td></tr>
<tr><td colspan="2">그 밖의 것</td><td>고정식 포소화설비(포소화설비가 적응성이 없는 경우에는 분말소화설비)</td></tr>
</table>

02 소화난이도 등급 Ⅱ의 제조소 등 및 소화설비

(1) 소화난이도 등급 Ⅱ(소화가 어려운 것)에 해당하는 제조소 등

제조소 등의 구분	제조소 등의 규모, 저장 또는 취급하는 위험물의 품명 및 최대 수량 등
제조소 일반취급소	연면적 600[m^2] 이상인 것
	지정수량의 10배 이상인 것
	일반취급소로서 소화난이도 등급 Ⅰ의 제조소 등에 해당하지 아니하는 것
옥내저장소	단층 건물 이외의 것
	제2류 또는 제4류의 위험물만을 저장 · 취급하는 단층 건물 또는 지정수량의 50배 이하인 소규모의 옥내저장소
	지정수량의 10배 이상인 것
	연면적 150[m^2] 초과인 것
	지정수량 20배 이하의 옥내저장소로서 소화난이도 등급 Ⅰ의 제조소 등에 해당하지 아니하는 것
옥외탱크저장소, 옥내탱크저장소	소화난이도 등급 Ⅰ의 제조소 등 외의 것
옥외저장소	덩어리 상태의 황을 저장하는 것으로서, 경계표시 내부의 면적이 5[m^2] 이상 100[m^2] 미만인 것
	인화성 고체, 제1석유류, 알코올류의 위험물을 저장하는 것으로서 지정수량의 10배 이상 100배 미만인 것
	지정수량의 100배 이상인 것(덩어리 상태의 황 또는 고인화점 위험물을 저장하는 것은 제외)
주유취급소	옥내주유취급소로서 소화난이도 등급 Ⅰ의 제조소 등에 해당하지 아니하는 것
판매취급소	제2종 판매취급소

(2) 소화난이도 등급 Ⅱ에 해당하는 제조소 등에 설치하여야 하는 소화설비

제조소 등의 구분	소화설비
제조소, 옥내저장소, 옥외저장소, 주유취급소, 판매취급소, 일반취급소	방사능력범위 내에 해당 건축물, 그 밖의 공작물 및 위험물이 포함되도록 대형 수동식 소화기를 설치하고, 해당 위험물의 소요단위의 $\frac{1}{5}$ 이상에 해당되는 능력단위의 소형 수동식 소화기 등을 설치할 것
옥외탱크저장소, 옥내탱크저장소	대형 수동식 소화기 및 소형 수동식 소화기 등을 각각 1개 이상 설치할 것

03 소화난이도 등급 Ⅲ의 제조소 등 및 소화설비

(1) 소화난이도 등급 Ⅲ(소화가 비교적 용이한 것)에 해당하는 제조소 등

<table>
<tr><th>제조소 등의 구분</th><th>제조소 등의 규모, 저장 또는 취급하는 위험물의 품명 및 최대 수량 등</th></tr>
<tr><td rowspan="2">제조소,
일반취급소,
옥내저장소</td><td>화학류에 해당하는 위험물을 취급하는 것</td></tr>
<tr><td>화학류에 해당하는 위험물 외의 것을 취급하는 것으로서, 소화난이도 등급 Ⅰ 또는 소화난이도 등급 Ⅱ의 제조소 등에 해당하지 아니하는 것</td></tr>
<tr><td>지하탱크저장소,
간이탱크저장소,
이동탱크저장소</td><td>모든 대상</td></tr>
<tr><td rowspan="2">옥외저장소</td><td>덩어리 상태의 황을 저장하는 것으로서, 경계표시 내부의 면적(2 이상의 경계표시가 있는 경우에는 각 경계표시의 내부의 면적을 합한 면적)이 5[m^2] 미만인 것</td></tr>
<tr><td>덩어리 상태의 황 외의 것을 저장하는 것으로서, 소화난이도 등급 Ⅰ 또는 소화난이도 등급 Ⅱ의 제조소 등에 해당하지 아니하는 것</td></tr>
<tr><td>주유취급소</td><td>옥내주유취급소 외의 것으로서 소화난이도 등급 Ⅰ의 제조소 등에 해당하지 아니하는 것</td></tr>
<tr><td>제1종
판매취급소</td><td>모든 대상</td></tr>
</table>

(2) 소화난이도 등급 Ⅲ에 해당하는 제조소 등에 설치하여야 하는 소화설비

<table>
<tr><th>제조소 등의 구분</th><th>소화설비</th><th colspan="2">설치기준</th></tr>
<tr><td>지하탱크,
저장소</td><td>소형 수동식 소화기 등</td><td>능력단위의 수치가 3 이상</td><td rowspan="7">2개 이상</td></tr>
<tr><td rowspan="8">이동탱크저장소</td><td rowspan="6">자동차용 소화기</td><td>무상의 강화액 8[L] 이상</td></tr>
<tr><td>이산화탄소 3.2[kg] 이상</td></tr>
<tr><td>브로모클로로다이플루오로메탄(CF_2ClBr) 2[L] 이상</td></tr>
<tr><td>브로모트라이플루오로메탄(CF_3Br) 2[L] 이상</td></tr>
<tr><td>다이브로모테트라플루오로메탄($C_2F_4Br_2$) 1[L] 이상</td></tr>
<tr><td>소화분말 3.3[kg] 이상</td></tr>
<tr><td rowspan="2">마른모래 및 팽창질석 또는 팽창진주암</td><td colspan="2">마른모래 150[L] 이상</td></tr>
<tr><td colspan="2">팽창질석 또는 팽창진주암 640[L] 이상</td></tr>
</table>

제조소 등의 구분	소화설비	설치기준
그 밖의 제조소 등	소형 수동식 소화기 등	능력단위의 수치가 건축물, 그 밖의 공작물 및 위험물의 소요단위의 수치에 이르도록 설치할 것. 단, 옥내소화전설비, 옥외소화전설비, 스프링클러설비, 물분무등소화설비 또는 대형 수동식 소화기를 설치한 경우에는 해당 소화설비의 방사능력 범위 내의 부분에 대하여는 수동식 소화기 등을 그 능력단위의 수치가 해당 소요단위 수치의 $\frac{1}{5}$ 이상이 되도록 하는 것으로 족함

(3) 알킬알루미늄 등을 저장 또는 취급하는 이동탱크저장소에 있어서는 자동차용 소화기를 설치하는 것 외에 마른모래나 팽창질석 또는 팽창진주암을 추가로 설치하여야 한다.

04 소화설비의 설치기준 117회 출제

(1) 전기설비의 소화기구

구분	소화기구의 세부 설치기준
전기설비(전기배선, 조명기구 등은 제외)	소형 수동식 소화기 1개/100[m^2]

(2) 소요단위 및 능력단위

1) 소요단위 : 소화설비의 설치대상이 되는 건축물, 그 밖의 공작물의 규모 또는 위험물의 양의 기준단위
2) 능력단위 : 소요단위에 대응하는 소화설비의 소화능력의 기준단위

(3) 소요단위의 계산방법

구분		소요단위
제조소 또는 취급소	외벽 내화구조	1단위/100[m^2]
	외벽 기타 구조	1단위/50[m^2]
저장소	외벽 내화구조	1단위/150[m^2]
	외벽 기타 구조	1단위/75[m^2]

1) 제조소 등의 옥외에 설치된 공작물은 외벽이 내화구조인 것으로 간주하고, 공작물의 최대 수평투영면적을 연면적으로 간주하여 제조소 또는 취급소 및 저장소의 규정에 의하여 소요단위를 산정할 것
2) 1소요단위 : 위험물은 지정수량의 10배

(4) 소화설비의 능력단위

1) 수동식 소화기의 능력단위는 수동식 소화기의 형식승인 및 검정기술기준에 의하여 형식승인받은 수치로 할 것
2) 기타 소화설비의 능력단위는 다음의 표에 의할 것

소화설비	용량[L]	능력단위
소화전용(轉用) 물통	8	0.3
수조(소화전용 물통 3개 포함)	80	1.5
수조(소화전용 물통 6개 포함)	190	2.5
마른모래(삽 1개 포함)	50	0.5
팽창질석 또는 팽창진주암(삽 1개 포함)	160	1.0

(5) 옥내소화전설비의 설치기준

구분	옥내소화전의 세부 설치기준
수평거리	25[m] 이하
설치위치	각 층의 출입구 부근에 1개 이상
수원	N(최소 5개) × 7.8[m^3]
노즐선단의 방수압력	350[kPa] 이상
노즐선단의 방수량	260[L/min] 이상
비상전원	설치

(6) 옥외소화전설비의 설치기준

구분	옥외소화전의 세부 설치기준
수평거리	40[m] 이하
최소 설치개수	2개
수원	N(최소 4개) × 13.5[m^3]
노즐선단의 방수압력	350[kPa] 이상
노즐선단의 방수량	450[L/min] 이상
비상전원	설치

(7) 스프링클러설비의 설치기준 108회 출제

구분		스프링클러설비의 세부 설치기준
스프링클러헤드 설치위치		방호대상물 천장, 건축물 최상부 부근
수평거리		1.7[m] 이하(살수밀도 기준 충족 시 : 2.6[m] 이하)
개방형 스프링클러헤드	방수구역	150[m^2] 이상으로 할 것
		바닥면적이 150[m^2] 미만 : 해당 바닥면적으로 할 것

구분		스프링클러설비의 세부 설치기준
수원의 수량	폐쇄형	30개 (30개 미만 : 해당 설치개수)
	개방형	$N \times 2.4[m^3]$ 이상 여기서, N : SP 헤드가 가장 많이 설치된 헤드 개수
방사압력		100[kPa] 이상(살수밀도기준 충족 시 : 50[kPa] 이상)
방수량		80[L/min](살수밀도기준 충족 시 : 56[L/min])
비상전원		설치

(8) 물분무소화설비의 설치기준

구분	물분무설비의 세부 설치기준
분무헤드의 개수 및 배치	① 방호대상물의 모든 표면을 유효하게 소화할 수 있도록 설치 ② 방호대상물의 표면적을 표준방사량으로 방사할 수 있도록 설치
방사구역	$150[m^2]$ 이상으로 할 것
	바닥면적이 $150[m^2]$ 미만 : 해당 바닥면적으로 할 것
수원의 수량	$N \times 20[L/min \cdot m^2] \times 30[min]$ 이상 여기서, N : 물분무 헤드가 가장 많이 설치된 헤드 개수
방사압력	350[kPa] 이상
비상전원	설치

(9) 포소화설비의 설치기준

구분		포소화설비의 세부 설치기준
고정식 포소화설비의 포방출구 등의 개수 및 배치		표준방사량으로 해당 방호대상물의 화재를 유효하게 소화할 수 있도록 필요한 개수를 적당한 위치에 설치
포소화전	옥내	수평거리 : 25[m]
	옥외	수평거리 : 40[m]
수원의 수량 및 포소화약제의 저장량		화재를 유효하게 소화할 수 있는 양 이상
비상전원		설치

(10) 불활성가스소화설비의 설치기준

구분	물분무설비의 세부 설치기준
전역방출방식의 방호구역	① 불연재료로 구획된 곳 ② 개구부 자동폐쇄장치를 설치(예외 : 추가방출설비)
전역 · 국소 방출방식의 분사헤드	표준방사량으로 방호대상물의 화재를 유효하게 소화할 수 있도록 필요한 개수를 적당한 위치에 설치
호스릴설비	호스접속구까지의 수평거리 : 15[m] 이하
소화약제량	방호대상물의 화재를 유효하게 소화할 수 있는 양 이상
비상전원	전역/국소 방출방식 설비는 설치

(11) 할로젠화합물 소화설비의 설치기준은 위 '(10)'의 불활성가스소화설비의 기준을 준용할 것

(12) 분말소화설비의 설치기준은 위 '(10)'의 불활성가스소화설비의 기준을 준용할 것

(13) **대형 수동식 소화기**

1) 보행거리 : 30[m] 이하

2) 예외 : 옥내소화전설비, 옥외소화전설비, 스프링클러설비 또는 물분무등소화설비와 함께 설치하는 경우

(14) **소형 수동식 소화기 등**

1) 설치위치

① 지하탱크저장소, 간이탱크저장소, 이동탱크저장소, 주유취급소 또는 판매취급소에서는 유효하게 소화할 수 있는 위치

② 그 밖의 제조소 등

㉠ 보행거리가 20[m] 이하

㉡ 예외 : 옥내소화전설비, 옥외소화전설비, 스프링클러설비, 물분무등소화설비 또는 대형 수동식 소화기와 함께 설치하는 경우

(15) **「위험물안전관리법」상 소화설비 설치기준**

소화설비	방수량	수원의 양	비상전원	방수압력	수평거리
옥내소화전	260[Lpm]	$N \times 7.8$[m³] (여기서, N : 최대 5개)	45분 이상	0.35[MPa] 이상	25[m] 이하
스프링클러	80[Lpm]	• 폐쇄형 : 30 × 2.4[m³] • 개방형 : 설치개수 × 2.4[m³]	45분 이상	0.1[MPa] 이상	1.7[m] 이하
옥외소화전	450[Lpm]	$N \times 13.5$[m³] (여기서, N : 최소 2개, 최대 5개)	45분 이상	0.35[MPa] 이상	40[m] 이하
물분무 소화설비	20[Lpm]	표면적 1[m²]에 대하여 20[L/min]로 30분간 방사할 수 있는 양(헤드가 가장 많은 구역의 표면적)	45분 이상	0.35[MPa] 이상	-
포소화설비	• 옥내 : 200[Lpm] • 옥외 : 400[Lpm]	$N \times Q \times T$ (여기서, N : 옥내·옥외-최대 4개, T : 30분)	방사시간 ×1.5배 이상	-	이동식 (옥내 : 25[m], 옥외 : 40[m])
불활성가스 소화설비	-	위험물 세부기준 참조	1시간	-	이동식 15[m]

05 경보설비

(1) 제조소 등 별로 설치하여야 하는 경보설비의 종류

제조소 등의 구분	제조소 등의 규모, 저장 또는 취급하는 위험물의 종류 및 최대 수량 등	경보설비
제조소 및 일반취급소	① 연면적 500[m^2] 이상인 것 ② 옥내에서 지정수량의 100배 이상을 취급하는 것 ③ 일반취급소로 사용되는 부분 외의 부분이 있는 건축물에 설치된 일반취급소	자동화재탐지설비
옥내저장소	① 지정수량의 100배 이상을 저장 또는 취급하는 것 ② 저장창고의 연면적이 150[m^2]를 초과하는 것(해당 저장창고가 연면적 150[m^2] 이내마다 불연재료의 격벽으로 개구부 없이 완전히 구획된 것과 제2류 또는 제4류의 위험물(인화성 고체 및 인화점이 70[℃] 미만인 것을 제외)만을 저장 또는 취급하는 것에 있어서는 저장창고의 연면적이 500[m^2] 이상의 것에 한함) ③ 처마높이가 6[m] 이상인 단층 건물의 것 ④ 옥내저장소로 사용되는 부분 외의 부분이 있는 건축물에 설치된 옥내저장소(옥내저장소와 옥내저장소 외의 부분이 내화구조의 바닥 또는 벽으로 개구부 없이 구획된 것과 제2류 또는 제4류의 위험물(인화성 고체 및 인화점이 70[℃] 미만인 것 제외)만을 저장 또는 취급하는 것을 제외)	
옥내탱크저장소	단층 건물 외의 건축물에 설치된 옥내탱크저장소로서, 소화난이도 등급 Ⅰ에 해당하는 것	
주유취급소	옥내주유취급소	
옥외탱크저장소	특수인화물, 제1석유류 및 알코올류를 저장 또는 취급하는 탱크의 용량이 1,000만[L] 이상인 것	자동화재탐지설비, 자동화재속보설비
위의 자동화재탐지설비 설치 대상에 해당하지 아니하는 제조소 등	지정수량의 10배 이상을 저장 또는 취급하는 것	자동화재탐지설비, 비상경보설비, 확성장치 또는 비상방송설비 중 1종 이상

[비고] 이송취급소의 경보설비는 「위험물안전관리법 시행규칙」 [별표 15] Ⅳ 제14호의 규정에 의한다.

(2) 자동화재탐지설비의 설치기준

구분	자동화재탐지설비의 세부 설치기준
경계구역	① 2 이상의 층에 걸치지 아니하도록 할 것 ② 예외 ㉠ 면적이 500[m^2] 이하이고 2개 층에 걸치는 경우 ㉡ 계단 · 경사로 · 승강기의 승강로, 그 밖에 이와 유사한 장소에 연기감지기를 설치하는 경우

구분	자동화재탐지설비의 세부 설치기준
경계구역의 면적	① 600[m²] 이하 ② 예외 : 출입구에서 그 내부의 전체를 볼 수 있는 경우는 1,000[m²] 이하
감지기의 설치위치	지붕 또는 벽의 옥내에 면한 부분에 유효하게 화재의 발생을 감지할 수 있도록 설치
비상전원	설치

06 피난구조설비

(1) 주유취급소 중 건축물의 2층 이상의 부분을 점포 · 휴게음식점 또는 전시장의 용도로 사용하는 경우의 유도등 설치위치

1) 건축물의 2층 이상으로부터 직접 주유취급소의 부지 밖으로 통하는 출입구

2) 위 '1)'의 출입구로 통하는 통로 · 계단 및 출입구

(2) 옥내주유취급소에 있어서는 해당 사무소 등의 출입구 및 피난구와 해당 피난구로 통하는 통로 · 계단 및 출입구에 유도등을 설치하여야 한다.

(3) 유도등에는 비상전원을 설치하여야 한다.

SECTION 068

반도체 제조공정의 일반취급소의 특례

01 위치 · 구조 및 설비

(1) 위험물을 취급하는 건축물의 벽 · 기둥 · 바닥 · 보 · 서까래 및 계단

1) 재질 : 불연재료 또는 내화구조

2) 연소(延燒)의 우려가 있는 외벽 : 출입구 외의 개구부가 없는 내화구조의 벽

3) 출입구 : 60분+방화문 또는 60분 방화문

(2) 위험물을 취급하는 건축물의 지붕

1) 재질 : 불연재료 또는 내화구조

2) 내화구조로 하는 경우에는 해당 건축물에 가연성의 증기 체류를 방지하기 위한 조치를 마련할 것

(3) 위험물을 취급하는 건축물의 창 및 출입구에 유리를 이용하는 경우

망입유리 또는 방화유리

(4) 액체 위험물을 취급하는 건축물의 바닥

1) 위험물이 스며들지 못하는 재료 사용

2) 위험물 취급설비의 주위에 턱 또는 도랑을 설치하는 등 해당 설비에서 누설된 액체 위험물의 유출을 방지하기 위한 조치를 할 것

(5) 환기설비 또는 배출설비를 공조설비로 갈음하는 경우

해당 공조설비는 소방청장이 정하여 고시하는 기준에 적합할 것

(6) 위험물을 취급하는 배관의 재질

강관, 그 밖에 이와 유사한 금속성으로 해야 한다. 단, 다음의 기준에 적합한 경우에는 그렇지 않다.

1) 배관의 재질은 다음의 어느 하나에 해당할 것

① 한국산업표준에서 정하는 유리섬유강화플라스틱 · 고밀도폴리에틸렌 또는 폴리우레탄

② 불소수지 중 과불화알콕시 알케인(perfluoroalkoxy alkane) 또는 이와 같은 수준 이상의 강도를 갖는 불소 중합체

PFA 특성 : 용융 성형 가능한 불소수지이다. PFA는 뛰어난 내열성, 내약품성, 내후성을 보유하고 있으며, 압출·사출 성형이 가능하다. 투명성이 높고 고온에서 기계적 강도가 뛰어나기 때문에 튜브나 이음새, 웨이퍼 캐리어, 배관 등의 성형이 가능하다.

2) 배관의 구조

① 내관 및 외관의 이중으로 하고 내관과 외관의 사이에는 틈새공간을 두어 누설 여부를 외부에서 쉽게 확인할 수 있도록 할 것

② 예외 : 배관의 재질이 취급하는 위험물에 의해 쉽게 열화될 우려가 없는 경우

3) 국내 또는 국외의 관련 공인시험기관으로부터 안전성에 대한 시험 또는 인증을 받을 것

4) 배관은 지하에 매설할 것(예외 : 화재 등 열에 의하여 쉽게 변형될 우려가 없는 재질이거나 화재 등 열에 의한 악영향을 받을 우려가 없는 장소에 설치되는 경우)

02 반도체 제조공정의 일반취급소 외의 용도로 사용하는 부분이 있는 건축물에 설치하는 반도체 제조공정

(1) 설치장소

벽·기둥·바닥 및 보가 내화구조인 건축물의 지하층 외의 층에 설치할 것

(2) 건축물 중 반도체 제조공정의 일반취급소의 용도로 사용하는 부분은 벽·기둥·바닥·보 및 지붕(상층이 있는 경우에는 상층의 바닥을 말함)을 내화구조로 할 것

(3) 건축물 중 반도체 제조공정의 일반취급소의 용도로 사용하는 부분

1) **창** : 망입유리 또는 방화유리

2) **출입구** : 60분+방화문, 60분 방화문(화재로 인한 연기·불꽃·열 등을 감지하여 자동으로 폐쇄되는 구조인 것으로 한정함)

3) **연소의 우려가 있는 외벽에 있는 출입구** : 자동폐쇄식

(4) 건축물 중 반도체 제조공정의 일반취급소의 용도로 사용하는 부분의 바닥

1) 위험물이 스며들지 못하는 재료 사용

2) 적당한 경사를 두어 그 최저부에 집유설비를 설치

3) **예외** : 위험물 취급설비의 주위에 턱 또는 도랑을 설치하는 등 위험물 취급설비에서 누설된 액체 위험물의 유출을 방지하기 위한 조치를 한 경우

(5) **환기설비 또는 배출설비를 공조설비로 갈음하는 경우** : 해당 공조설비는 소방청장이 정하여 고시하는 기준에 적합할 것

(6) 위험물을 취급하는 배관의 재질은 앞 '01의 (6)'의 기준에 적합할 것

SECTION 069

이차전지 제조공정의 일반취급소의 특례

01 위치 · 구조 및 설비

(1) 위험물을 취급하는 건축물의 벽 · 기둥 · 바닥 · 보 · 서까래 및 계단

1) 재질 : 불연재료 또는 내화구조

2) 연소(延燒)의 우려가 있는 외벽 : 출입구 외의 개구부가 없는 내화구조의 벽

(2) 위험물을 취급하는 건축물의 지붕

1) 재질 : 불연재료 또는 내화구조

2) 내화구조로 하는 경우에는 해당 건축물에 가연성의 증기 체류를 방지하기 위한 조치를 강구할 것

(3) 위험물을 취급하는 건축물의 창 및 출입구에 유리를 이용하는 경우

망입유리 또는 방화유리

(4) 액체 위험물을 취급하는 건축물의 바닥에 경사 및 집유설비를 두는 것이 곤란한 경우

위험물 취급설비의 주위에 턱 또는 도랑을 설치하는 등 해당 설비에서 누설된 액체 위험물의 유출을 방지하기 위한 조치를 할 것

(5) 환기설비 또는 배출설비를 공조설비로 갈음하는 경우

해당 공조설비는 국가건설기준센터가 정하는 기준 또는 소방청장이 정하여 고시하는 기준에 적합할 것

(6) 위험물을 취급하는 배관의 재질은 강관, 그 밖에 이와 유사한 금속성으로 해야 한다. 단, 다음의 기준에 적합한 경우에는 그렇지 않다.

1) 배관의 재질은 다음의 어느 하나에 해당할 것

① 한국산업표준에서 정하는 유리섬유강화플라스틱 · 고밀도폴리에틸렌 또는 폴리우레탄

② 불소수지 중 과불화알콕시 알케인(perfluoroalkoxy alkane) 또는 이와 같은 수준 이상의 강도를 갖는 불소 중합체

2) 배관의 구조

① 내관 및 외관의 이중으로 하고 내관과 외관의 사이에는 틈새공간을 두어 누설 여부를 외부에서 쉽게 확인할 수 있도록 할 것

② 예외 : 배관의 재질이 취급하는 위험물에 의해 쉽게 열화될 우려가 없는 경우

3) 국내 또는 국외의 관련 공인시험기관으로부터 안전성에 대한 시험 또는 인증을 받을 것
4) 배관은 지하에 매설할 것. 단, 화재 등 열에 의하여 쉽게 변형될 우려가 없는 재질이거나 화재 등 열에 의한 악영향을 받을 우려가 없는 장소에 설치되는 경우에는 그렇지 않다.

02 이차전지 제조공정의 일반취급소 외의 용도로 사용하는 부분이 있는 건축물에 설치하는 이차전지 제조공정의 일반취급소(지정수량의 30배 미만)

(1) 설치장소

벽 · 기둥 · 바닥 및 보가 내화구조인 건축물의 지하층 외의 층에 설치할 것

(2) 건축물 중 이차전지 제조공정의 일반취급소의 용도로 사용하는 부분은 벽 · 기둥 · 바닥 · 보 및 지붕(상층이 있는 경우에는 상층의 바닥을 말함)을 내화구조로 할 것

(3) 건축물 중 이차전지 제조공정의 일반취급소의 용도로 사용하는 부분의 창

1) **창** : 망입유리 또는 방화유리
2) **출입구** : 60분+방화문, 60분 방화문(화재로 인한 연기 · 불꽃 · 열 등을 감지하여 자동으로 폐쇄되는 구조인 것으로 한정함)

(4) 건축물 중 이차전지 제조공정의 일반취급소의 용도로 사용하는 부분의 바닥

1) 위험물이 스며들지 못하는 재료 사용
2) 적당한 경사를 두어 그 최저부에 집유설비를 설치
3) **예외** : 위험물 취급설비의 주위에 턱 또는 도랑을 설치하는 등 위험물 취급설비에서 누설된 액체 위험물의 유출을 방지하기 위한 조치를 한 경우

(5) 환기설비 또는 배출설비를 공조설비로 갈음하는 경우

해당 공조설비는 소방청장이 정하여 고시하는 기준에 적합할 것

(6) 위험물을 취급하는 배관의 재질은 앞 '01의 (6)'의 기준에 적합할 것

SECTION 070

예방규정

120 · 84 · 69회 출제

01 개요

(1) 대통령령으로 정하는 제조소 등의 관계인은 해당 제조소 등의 화재예방과 화재 등 재해발생 시의 비상조치를 위하여 행정안전부령이 정하는 바에 따라 예방규정을 정하여야 한다.

(2) **예방규정**

1) 제출대상 : 시 · 도지사

2) 작성기준 : 행정안전부령

3) 제출기한 : 해당 제조소 등의 사용을 시작하기 전

02 적용대상

(1) **예방규정을 적용해야 하는 제조소 등**

1) 지정수량의 10배 이상의 위험물을 취급하는 제조소, 일반취급소

2) 지정수량의 100배 이상의 위험물을 저장하는 옥외저장소

3) 지정수량의 150배 이상의 위험물을 저장하는 옥내저장소

4) 지정수량의 200배 이상의 위험물을 저장하는 옥외탱크저장소

5) 암반탱크저장소

6) 이송취급소

(2) **예방규정의 이행 실태를 정기적으로 평가하는 대상**

위 '(1)'의 제조소 등 중에서 저장 또는 취급하는 위험물의 최대 수량의 합이 지정수량의 3천배 이상인 제조소 등

(3) **정기점검 대상**

1) 예방규정을 적용해야 하는 제조소 등

2) 지하탱크저장소

3) 이동탱크저장소

4) 위험물을 취급하는 탱크로서 지하에 매설된 탱크가 있는 제조소 · 주유취급소 또는 일반취급소

03 예방규정에 포함되어야 할 내용

(1) 위험물의 안전관리업무를 담당하는 자의 직무 및 조직에 관한 사항
(2) 안전관리자가 여행 · 질병 등으로 인하여 그 직무를 수행할 수 없을 경우 그 직무의 대리자에 관한 사항
(3) 자체소방대를 설치하여야 하는 경우에는 자체소방대의 편성과 화학소방자동차의 배치에 관한 사항
(4) 위험물의 안전에 관계된 작업에 종사하는 자에 대한 안전교육 및 훈련에 관한 사항
(5) 위험물시설 및 작업장에 대한 안전순찰에 관한 사항
(6) 위험물시설 · 소방시설, 그 밖의 관련 시설에 대한 점검 및 정비에 관한 사항
(7) 위험물시설의 운전 또는 조작에 관한 사항
(8) 위험물 취급작업의 기준에 관한 사항
(9) 이송취급소에 있어서는 배관공사 현장책임자의 조건 등 배관공사 현장에 대한 감독체제에 관한 사항과 배관 주위에 있는 이송취급소 시설 외의 공사를 하는 경우 배관의 안전확보에 관한 사항
(10) 재난, 그 밖의 비상 시인 경우에 취하여야 하는 조치에 관한 사항
(11) 위험물의 안전에 관한 기록에 관한 사항
(12) 제조소 등의 위치 · 구조 및 설비를 명시한 서류와 도면의 정비에 관한 사항
(13) 그 밖에 위험물의 안전관리에 관하여 필요한 사항

MEMO

저자소개

"노력을 이기는 재능은 없고,
노력을 외면하는 결과도 없습니다!"

〈약력〉
- 소방방재학 학사
- 서울시립대 기계공학 석사
- 동양미래대학교, 고려사이버대학교, 열린사이버대학교 강의
- 소방기술사

〈저서〉
- 색다른 소방기술사 1 ~ 4권(성안당)
- 소방학개론, 소방관계법규, 소방설비기사 등
- 소방학교 교재, 소방안전원 교재, 화재안전기준 해설서 등

인강으로 합격하는 유창범의 소방기술사 하권

2025. 1. 8. 초 판 1쇄 인쇄
2025. 1. 15. 초 판 1쇄 발행

지은이 | 유창범
펴낸이 | 이종춘
펴낸곳 | BM (주)도서출판 성안당
주소 | 04032 서울시 마포구 양화로 127 첨단빌딩 3층(출판기획 R&D 센터)
10881 경기도 파주시 문발로 112 파주 출판 문화도시(제작 및 물류)
전화 | 02) 3142-0036
031) 950-6300
팩스 | 031) 955-0510
등록 | 1973. 2. 1. 제406-2005-000046호
출판사 홈페이지 | www.cyber.co.kr
ISBN | 978-89-315-8691-6 (13530)
정가 | 85,000원

이 책을 만든 사람들
기획 | 최옥현
진행 | 박경희
교정·교열 | 이은화
전산편집 | 송은정
표지 디자인 | 박현정
홍보 | 김계향, 임진성, 김주승, 최정민
국제부 | 이선민, 조혜란
마케팅 | 구본철, 차정욱, 오영일, 나진호, 강호묵
마케팅 지원 | 장상범
제작 | 김유석